정보통신분야 기획 · 설계 · 시공 · 감독 · 운영 담당자에게 필요한

정보통신설비설계 공사실무

채 해 수 저

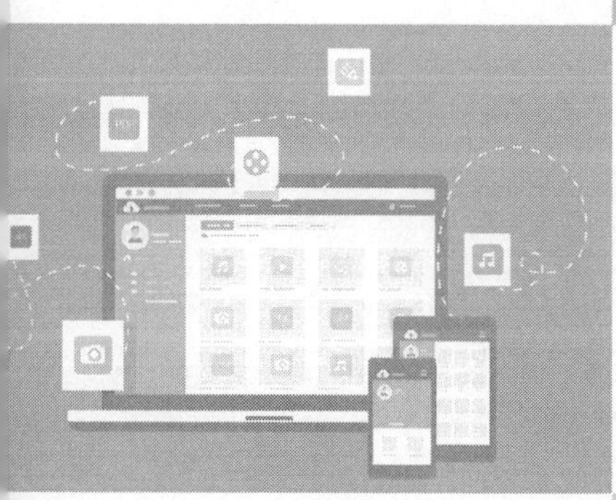

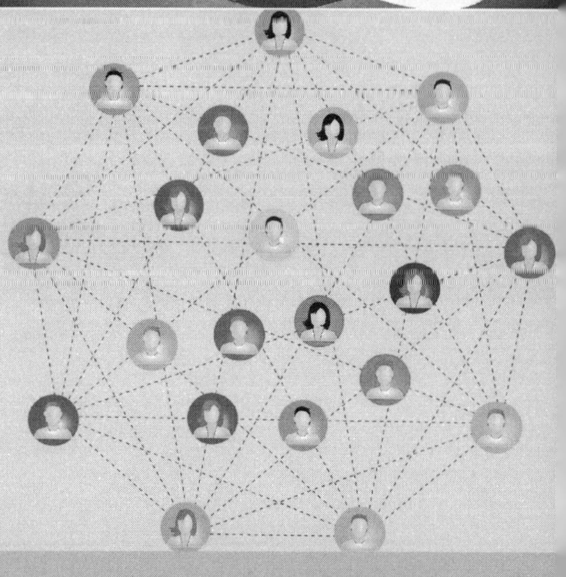

도서출판 상 학 당

欲爲大者 當爲人役

크고자 하거든 남을 섬기라

머리말

방송통신설비기술기준을 위주로 각 분야별 통신설비 도입을 위한 기획·설계·시공·감독·운영 담당자에게 도움이 되도록 업무처리 사례별로 해설하였다.

정보통신설비설계 기획과 기본 및 실시설계 방법을 설명하고, 통신설계도서 작성요령을 통한 통신공사의 설계내역서 작성을 위한 자재산출 및 단가조사와 공사의 소요인력산출 방법을 비롯하여 건축물 구내에 설치되는 정보통신설비를 기술기준에 적합하게 구내에 설치하여야 하는 기술기준을 각 조항별로 편집하였다.

건축공사와 병행하여 정보통신공사업법 제36조에 착공 전 설계도서를 시장, 군수, 구청장에게 제출하여 통신설비기술기준의 적합 유무를 확인받아야 하고, 준공 후에는 준공설계도서를 첨부하여 정보통신공사의 사용전검사를 신청하여 검사를 받는 데에 따른 설계자와 시공자의 업무내용을 이해하기 쉽도록 하였다.

네트워크설비(LAN)의 운영담당자가 통신망을 관리하는 네트워크관리시스템의 설명과 각종 해커, 바이러스 등 통신망을 보호하는 통신보안시스템의 개념을 사례별로 설명하였다.

통신시스템을 도입함에 있어서 제안입찰을 실시할 때 발주처 담당자의 제안입찰 안내서 작성방법과 기업체 담당자에게는 제안서 작성방법을 이해하여 제안평가시 높은 점수를 받을 수 있도록 제안서 작성요령을 소개하였다.

정보통신공사를 시행함에 있어 계약된 기간 내에 사업의 수익성을 높일 수 있는 관리방법을 이해함으로써 시공원가 절감과 투입인력의 효율적 배치를 계획하는 예정공정표 작성방법 등 정보통신공사의 현장기술사의 업무를 원활하게 수행할 수 있도록 각종 서류양식을 사례로 들었다.

이 책을 출판하는 데 수고해주신 도서출판 상학당의 임직원 여러분께 감사드리며, 독자 여러분들께서 이 책을 통하여 많은 도움이 되기를 기대한다.

저자 씀

차 례

제1장 정보통신설비 설계기획

제2장 통신설계도서 작성

제3장 방송통신설비의 설계기준

제4장 구내통신설비의 기술기준

제5장 방송공동수신설비 설치

제6장 무선통신설비 설치

제7장 통신접지와 정보통신 사용전검사

제8장 LAN과 통신부안시스템 설치

제9장 통신시스템 구매제안서 실무

제10장 방송 · 영상설비 설치

제11장 정보통신공사 시공관리

제12장 공사감독(감리)업무

부 록

제1장

정보통신설비 설계기획

1.1 정보통신설비설계 개요
1.2 설계의 의미와 통신설비 도입계획서 작성
1.3 정보통신설비설계의 필요성 및 근거
1.4 정보통신설비설계의 순서
1.5 기본설계
1.6 실시설계
1.7 설계용역 과업지지서 사례
1.8 엔지니어링사업대가의 기준 이해

1.1 정보통신설비설계 개요

전기통신기술의 발달과 인터넷 · 무선통신 · 방송기술 · 영상기술의 활용이 높아지는 시대에 일상생활은 점점 정보통신설비를 많이 설치하게 되었다.

정보통신설비는 유선 · 무선 · 광선, 기타 전자적 방식에 의하여 부호 · 문자 · 음향 또는 영상 등의 정보를 저장 · 제어 · 처리하거나 송신 · 수신하기 위한 기계 · 기구 · 선로, 기타 필요한 설비를 말한다(정보통신공사업 제2조 1호).

이러한 정보통신설비의 설계는 사용목적에 부합한 성능을 가진 정보통신기기를 가장 경제적으로 설치하고 운영하기 위하여 통신설비의 설계기술이 필요하게 되었으며 설계를 할 때는 정보통신분야의 기술기준에 적합하게 설계를 하여야 한다.

1.2 설계의 의미와 통신설비 도입계획서 작성

설계(design)[1]란 계획(plan)을 수반한 보이지 않는 이념적인 요소(invisible factor)와 기술적인 요소가 포함된 계획을 세우는 일이다.

1.2.1 정보통신설계의 3대 요소

정보통신설계에서 각종 통신기기들을 설치하여 그 기기들을 조작하고 운영하여야 하기 때문에 건물기능의 중추적 역할을 하는 기능성, 기술기준의 적합성, 운영의 편리성이 있도록 설계하여야 한다.

1. 기능성

건물 내부에 설치되는 통신시스템의 기능과 건물의 공간의 성질에 따라 규모나 용도 · 목적 · 사용의 편리성에 맞추어 통신시스템이 운영되도록 설계가 되어야 한다.

2. 기술기준의 적합성

전기통신 기자재의 형식승인, 무선기기들의 형식검정, 전기통신설비의 기술기준에 적합성 등 표준화와 규격화가 된 통신설비는 타 시스템을 접속하여 사용하여도 문제가 없도록 기술기준에 적합한 설계가 되어야 한다.

1) "설계"란 공사(「건축사법」 제4조에 따른 건축물의 건축 등은 제외한다)에 관한 계획서, 설계도면, 시방서(示方書), 공사비명세서, 기술계산서 및 이와 관련된 서류(이하 "설계도서"라 한다)를 작성하는 행위를 말한다(정보통신공사업법 제2조 8호).

3. 운영의 편리성

건축물의 구내정보통신설비나 기타 현장의 정보통신설비는 운영목적에 맞도록 주거생활이나 운영에 편리하고 장애가 없도록 사용자의 편의성을 고려한 설계가 되어야 한다.

1.2.2 계획과 설계

정보통신설비설계를 함에 있어서 건축물을 신축할 때는 그 건물의 신축의 목적과 운영의 계획이 선행되어야 한다. 그러한 건축물의 운영계획에 따라 정보통신설비의 운영계획을 먼저 수립하여야 한다.

정보통신설비의 도입(구입 · 설치)의 계획서 작성은 현장조사와 분석이 필요하다.

1. 정보통신설비 도입을 위한 조사와 분석

⑴ 현장조사

현장조사를 할 때는 현재 어떤 통신설비를 사용하고 있으며, 이러한 설비를 재사용할 수 있는지의 조사가 필요하다. 그리고 현장에 필요한 통신설비는 어떤 설비가 설계되어야 하고 개선방안은 무엇이 있는지 조사하여야 하며, 계획한 예산의 범위까지 도입계획을 하여야 한다.

⑵ 현장자료 수집

현재 운영중인 각종 시스템의 종류, 주장치, 단말기, 통신회선의 수, 증가되어야 하는 통신회선의 수, 근무인원, 근무형태, 업종, 업무의 내용, 건물의 내부 크기, 규모, 용도, 전원설비를 비롯하여 정보통신설비와 관련한 각종 설비에 대하여 종합적으로 자료를 수집하여야 한다.

⑶ 문제점 분석

현재 운영중인 통신설비의 문제점과 새로운 통신설비를 도입시에 문제점은 무엇이 발생되는지 그 해결방안을 제시하여야 한다.

⑷ 조사 · 분석보고서 작성

조사 · 분석보고서는 각종 통신시스템의 기능적 · 운영적인 측면과 가격적인 조사까지 수집된 자료를 체계적으로 작성하여야 한다.

2. 정보통신설비 도입계획서 작성 기본원칙

⑴ 설치의 목적

모든 통신시스템은 설치를 해야 하는 목적의식을 가지고 설치하여야 하므로 확실한 근거나 해결방안의 목표 내용을 요약하여 나타내야 한다.

(2) 설치의 필요성

목적의 내용을 좀 더 구체적으로 나열해야 하며, 그 필요성을 여러 가지 측면에서 분석 · 조사하여 왜 필요한지를 각종 관련 근거를 제시한다.

(3) 현 황

현재의 설비시설 현황, 특정한 장소나 지역의 인원, 면적, 계획서 내용과 관련한 각종 현황을 표기한다.

(4) 기술기준에 적합하고 장기적인 활용 가능성

설치할 통신설비에 적용할 기술분야와 신기술 내용 등 기술기준과 표준규격에 적합하고 장기적인 활용 가능성 등의 기술 적용분야를 분석한다.

(5) 통신설비의 운영사례

설치하고자 하는 통신설비의 운영사례를 제시한다.

(6) 운영에 적합한 통신설비

다른 지역에 설치한 사례를 조사하여 그 설비의 좋은 점, 문제점을 분석하여 좀더 좋은 통신설비를 설치할 수 있는 방향을 설정한다.

(7) 설치를 위한 추진일정 계획

현장조사, 의견수립, 관련부서와 단계별 회의실시, 예산수립, 설계, 시공발주, 시공, 시운전, 준공의 순서에 의한 일정을 설정한다.

(8) 소요예산 산출

타 지역에서의 설치사례와 생산 · 판매 · 시공사 등을 대상으로 원가를 분석하여 재료비와 시공인건비 등 구입비 성격인지, 설치공사비 성격인지 구분하여 소요예산을 산출한다.

(9) 통신설비 설치를 하기 전 다른 설비, 타 부서간 업무연관성 검토

- 다른 설비와 호환성, 다른 설비에 미치는 영향 분석
- 타 부서의 담당자간 업무협조

(10) 통신설비의 통신망도 작성

- 외부망과 접속표기
- 내부망의 형태
- 각종 단말기의 운영내용

- 중앙 시스템의 운영내용

⑾ 각 부서별 업무분장(책임) 지정

- 총괄부서, 분야별 영역지정과 수행할 내용 지정
- 분야별 책임한계 지정

⑿ 통신설비의 설치의 추진 순서표 작성

업무추진 일정을 기준으로 설계부터 시공과 준공의 절차까지 추진할 업무형태별로 순서표를 작성한다.

⒀ 향후 추진내용(계획)

- 단계적 설치
- 설치 후 효과 분석방법
- 각 부서 · 기관 간 협조할 업무확대
- 홍보방법

⒁ 기대효과

- 수익성 창출
- 예산절감
- 업무의 능률성 향상
- 현 실태가 크게 개선되는 내용

3. 정보통신설비의 구매 · 설치 계획서 작성요령

⑴ 계획서 제목 선정

계획서의 제목을 선정할 때는 세부내용이 함축된 간결한 제목을 선정한다.

⑵ 현황 및 문제점

① 해당 분야와 관련한 주요 현황 및 통계를 구체적으로 분석한다.
- 기존의 시책 · 추진계획 등의 현황을 검토한다.
- 정책목표 달성을 위해 걸림돌이 되는 사항(장애요인)을 도출한다.
- 국내외 유사사례 등과 비교하여 문제를 분석한다.
- 실태조사 결과 및 지역 의견수렴 결과를 반영한다.

② 해당 과제와 관련하여 추진되고 있는 관련시책의 내용을 검토한다.
- 기존 시책과 중장기 계획 간의 연계성 및 수정 · 보완사항을 검토하여 제시한다.

③ 현황분석에 따른 전망 및 문제점을 정의한다.

(3) 정책목표

해당 과제의 시행을 통하여 최종적으로 도달할 정책목표를 설정한다.

① 진단(현황 및 문제점 분석) 결과를 반영하여 정책적으로 달성 가능한 중장기적인 최종목표를 제시한다.

② 기본계획 수립기간이 끝나는 시점에서 달성할 수 있는 목표를 함께 제시한다.

③ 목표가 고정적인 지표인지, 가변성 있는 지표인지를 고려하여 설정한다.

④ 목표는 가능하면 정량적인 지표로 제시하되 가변적인 목표도 제시 가능하다.

예 고정(정량)지표 : 초고속통신망 보급률 90% 달성
가변(정성)지표 : 초고속통신망 보급률을 도시수준까지 제고

(4) 기본방향

문제점의 개선과 정책목표의 효율적 달성을 위한 정책추진방향을 간략하게 제시한다.

① 정책실행에 대한 바람직한 방향성 · 추진전략 등을 제시한다.

② 목표달성을 위한 최적의 정책수단을 강구하여 3~5가지 정도 제시한다.

(5) 세부 추진계획

사업(업무)별로 작성한다.

① 개요 : 배경 · 목적 · 필요성 등

② 시행근거 : 관계법령 등(관련 조항 기재)

③ 시행주체 : 국가의 경우 소관부처, 지방의 경우 해당 지자체, 민자의 경우 시행기관, 국가 · 지자체 합동 및 민관 합동의 경우는 역할분담, 시행방법 등을 명시한다. 기업체인 경우는 개발 · 생산 · 영업부서의 전략적 계획에 따라 시행주체를 선정한다.

④ 사업(업무) 성격 : 예산 · 비예산 사업, 기존 · 신규사업으로 구분한다.

- 신규사업 : 2000년 이후부터 신규로 추진될 사업
- 기존사업 내용의 변경(단가 인상, 대상 확대 등)은 기존사업으로 분류하면서 어떤 방향으로 사업을 추진할 것인지 사업의 성격을 나타낸다.

⑤ 주요 내용

- 시행대상 : 활동주체들, 지역주민, 특정인 등을 구체적으로 표시
- 특정인 : 고교생 자녀, 영유아, 여성(노인) 등
- 사업규모 : 물량 등
- 사업(업무)내용
- 향후 추진계획

⑥ 추진기간 및 일정

- 과제별로 주요 업무에 대한 전체 기간 및 단계별 일정을 명시한다.
- 확대 추진의 기간은 처음 시작에서 현재와 앞으로 추진할 기간(일정)도 나타낸다.

⑦ 시행상 문제점 및 대책
- 사업(업무) 추진에 필요한 제도정비, 부서간 협의사항, 예산확보 등 문제점 도출 및 해결방안을 제시한다.
- 기술적인 문제점, 개발 및 생산의 문제점, 영업의 문제점, 경쟁사의 기술과 영업에 대해서도 경쟁의 대책을 수립하여야 한다.

⑧ 투자계획 : 예산사업에 대하여 작성
- 총사업비 : 20××년~20××년까지 총지원액
- 재원 : 국비(보조, 융자), 지방비, 자부담, 기타(민자 등)로 구분하여 각 지원율을 표시한다. 기업체인 경우는 협력사의 지원, 영업이익금, 대출금, 투자자들의 투자자금 등
- 국비의 경우 일반회계 · 특별회계 · 기금 등 구체적인 재원을 명시
- 산출내역 : 20××년 예산을 기준으로 소요액에 대한 물량 · 단가 등

⑨ 기대효과 : 추진목표를 달성하였을 경우 예상되는 효과를 계량적인 부분과 비계량적인 부분으로 나누어 제시해야 한다.

4. 계획서 작성 시 유의사항

① 과제별 추진계획은 이미 수립되었거나 수립이 예정되어 있는 시책 등을 면밀히 검토하여 계획 간에 상호 배치되지 않도록 연계하여 수립한다.

② 계획서상의 서술기법에 있어서는 다음 사항에 유의한다.
- 계획의 내용이 양적으로 적정하여야 한다.
  ※ 추진과제나 세부항목 간에 내용이 너무 많거나 적지 않게 일정수준을 유지한다.
- 사업내용 등은 개조식으로 작성한다.
- 통계 등 참고자료는 자료 출처를 반드시 명시하도록 하고 최신의 신뢰성 있는 자료를 활용한다.
  ※ 출처 표기방법 : 저자(또는 생산부서), 자료명, 출처, 생산연도

③ 편집용지는 다음의 사항을 참고하여 작성한다.
- 용지여백
  - 위쪽, 아래쪽, 머리말, 꼬리말 : 12.6mm
  - 왼쪽, 오른쪽 : 20mm
- 글씨체 : 휴먼명조를 원칙으로 하되 필요시 일부 변경이 가능하다.
  ※ 가능하면 한글로 작성

5. 정보통신설비 설치 목표설정

발주자로 하여금 통신설비의 필요성과 설치목적(purpose)을 수립하고, 여기에 의하여

그 목적을 달성하기 위한 단계적 수단으로 목표(goal)를 세우며 방향을 설정하는 과정이다. 이것을 목표설정 단계라고 한다.

목표설정 단계에서 발주자나 이용자(운영자)의 통신설비의 도입목적과 요구사항(client's requirement) 등 두 가지를 수집해야 한다.

그러므로 발주자나 운영자는 생활의 편리성이 통신설비의 운영에서 지식과 이 시설이 무엇 때문에, 왜, 어디에, 언제까지, 얼마를 투자해서 어떤 규모로, 어떻게 완성한다는 목표를 세워야 한다.

최근에는 새로운 통신시스템들이 개발되고 있어서 시대적인 흐름에 생활의 환경이 짧게 바뀌고 있어서 시설투자에 있어서 충분한 검토와 목표설정이 중요하다.

[그림 1-1]에 통신설비설치의 흐름도를 나타내었다.

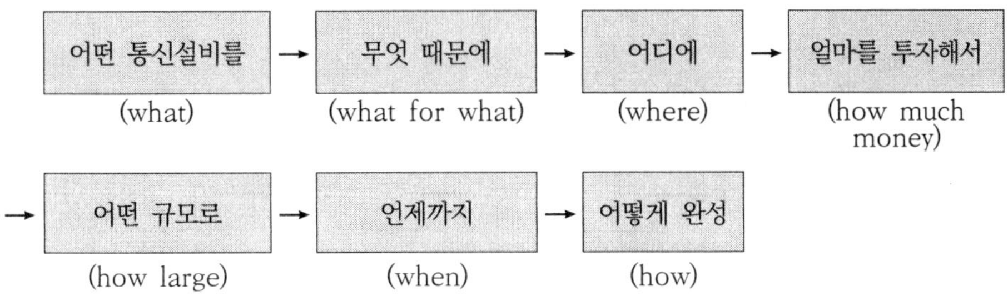

[그림 1-1] 통신설비설치의 흐름도

6. 발주자의 요구사항

발주자는 설계를 어떻게 해달라고 하는 요구사항을 제시하게 되는데 이것을 발주자의 설계조건(design provision)이라고 한다. 각 기능실별로 요구하는 경우의 사례는 다음과 같다.

① 사무실은 구내전화, 일반전화, 구내방송, 화상회의 시스템, 출입감시용 카메라 설치, 도난방지 시스템, 출입카드 시스템, TV공동시청 시스템, 무선 LAN 시설이다.

② 영화관은 인터넷 시설, 대형 스크린 시설, 영상송신 시스템, 영화용 음향 시스템 시설, 입체영화 시스템이다.

③ 상가, 수영장, 대강당, 세미나실, 전시장, 헬스클럽, 에어로빅실, 사무실, 주차장, 도서실, 대회의실, 소회의실, 화상회의실 등의 운영에 필요한 각종 통신설비를 설치하기 전 발주자의 의견을 충분히 반영하여야 한다. 대강당과 회의실, 세미나실에는 실시간으로 인터넷 생방송설비를 설계해주기를 요구한다.

④ 이러한 통신설비를 도입할 총합계의 예산규모는 계획된 규모의 범위를 초과하지 않도록 해주기를 요구한다.

⑤ 각종 통신시스템의 기능 비교를 통한 소요예산의 절감방안을 제출해주기를 요구한다.

7. 조사분석의 대상

① 발주자의 희망사항
② 발주처의 이용자 집단의 종류, 규모, 업무형태
③ 통신설비와 관련된 각종 법령 및 법규
④ 건축의 규모, 건축운영방향, 각 기능실의 운영계획
⑤ 인구, 교통
⑥ 전기시설, 냉난방시설, 정전대비시설
⑦ TV 난시청지역, 인터넷 가입구역 여부, 주거지역 형태
⑧ 공중통신망 사업자의 설비가 건물에 인입 가능한지의 여부
⑨ 설계심사위원회, 평가 및 자문위원회 등 간접적인 요소
⑩ 사용전검사, 초고속통신 건물인증제도, 건축허가, 소방시설과 관련된 분야 등의 인·허가문제 조사
⑪ 건축물 마감재에 따른 음향·영상분야 통신시스템 보완사항 조사

8. 통신설계의 팀구성

통신설계를 하기 위하여 대형 설비의 경우는 설계팀을 구성하여 운영하면 상세한 설계가 될 수 있다.

① 계획팀
② 분석·조사팀
③ 시스템 평가팀
④ 향후 운영할 운영팀

1.2.3 통신설계의 단계적 분류

1. 착수단계

착수단계(initiation phase)는 통신설계의 진행과정 중 발주자와 처음 만나 발주자가 원하는 통신설계의 규모, 소요예산 등의 현장의 요구조건을 제시함과 동시에 설계계약을 맺는 단계이다.

정부기관은 설계용역계약 이후에는 착수계를 제출하면서 설계계획서를 제출하는 단계이지만 일반적으로 정부기관이 아닌 분야를 발주자 의견을 들으면서 동시 계약이 이루어진다. 목표설정을 위한 단계라고 보아도 된다.

2. 준비단계

통신설계자가 발주자로부터 설계대상 통신설비에 관한 목표와 방향을 제시받으면

설계자는 그것을 만족시키는 계획을 수립하고 설계를 수행하기 위해서 정보와 자료를 수집하고, 그것을 분석하여 설계에 반영하게 된다. 이와 같은 각종 정보를 조사하고 수집하여 분석하는 과정을 준비단계(preparation phase)라고 한다.

각종 자료 및 정보수집 · 분석 대상은 통신설비설계에 필요한 건물 운영계획, 통신설비 운영계획, 근무인원, 환경적 요소, 각종 법규 요소 등으로 분류하여 준비한다.

정보수집 · 분석, 설계 이전의 업무과정, 조사분석의 과정, 사용자 요구분석, 실행가능성 과정 등으로 볼 수 있으나 조사 및 분석단계(investigation and analysis phase)라고 하는 것이 적절하다.

3. 설계단계

설계단계에는 기본설계와 실시설계를 동시에 시행하거나 분리하여 실시할 수 있다.

발주자가 통신설비의 규모를 대 · 소로 구분하거나 건축물 규모를 기준으로 일괄 발주할 때는 통신설비를 포함한 대형 프로젝트로 구분하여 기본설계와 실시설계를 별도로 발주하기도 한다.

4. 설계심의(자문 · 평가) 단계

기본설계와 실시설계를 1건으로 동시 발주를 한 경우이거나 별도 구분하여 발주하거나 설계가 종료되면 설계심의로 거친다. 이러한 설계심의를 거치는 것과 별도로 자문을 받을 수도 있다. 예를 들어 기본설계 심의회의, 실시설계 심의회의, 기본설계 자문회의, 실시설계 자문회의 등 전문가를 구성하여 자문이나 평가를 받는다.

여기에는 기술기준에 벗어나거나 운영의 비효율성이 나타나거나 관련법령 위반이 있으면 지적하여 개선 조치하도록 하여 보완 · 수정의 절차를 거쳐 설계를 완료한다.

1.2.4 정보통신설계의 설계진행

1. 목표설정 단계

목표설정 단계(goal setting phase)는 하나의 프로젝트를 수행함에 있어서 그 제일 첫 단계는 건축주나 발주자로 하여금 프로젝트의 필요성과 목적을 수립하고, 여기에 의해서 그 목적을 달성하기 위한 단계적 수단으로서 목표를 세우며 방향을 설정하는 일이다.

발주자는 프로젝트의 목표를 수립하기 위해서 사회적 · 환경적 · 입지적 여러 가지 기획의 배경조건들에 관한 정보와 지식을 입수하고, 그것을 바탕으로 해서 '어떤 건물 혹은 시설을', '무엇 때문에 혹은 왜', '어디에', '어떤 규모로', '얼마를 투자해서', '언제까지', '어떻게', 완성한다는 목표를 세워야 한다.

따라서 여기에는 발주자 및 이용자의 목적(purpose)과 요구사항(client's requirement)들이 분명하게 제시되어야 한다.

이렇게 해서 발주자나 이용자의 확고한 의사결정이 이루어지면 통신설계를 하기 위해 설계자를 찾아가게 된다.

2. 조사분석 단계

설계자는 건축주나 이용자로부터 프로젝트 설계를 의뢰받으면 그들의 요구조건을 최대한으로 만족시켜줌과 동시에 설계의도를 최대한으로 발휘하여 훌륭한 설계를 만들어내기 위해서 사회적(social)이고 환경적(environment)이며, 법률적(legal)이고 기술적(technical)으로 프로젝트의 전반에 관련된 문제점들이 어떤 것들이 있는가 조사하고 분석해보아야 한다. 그리고 분석된 결과를 설계과정의 다음 단계인 계획설계(schematic design)에 충실히 반영시켜야 하는데 바로 이 과정이 조사분석 단계(investigation & analysis phase)이다.

정보자료를 분석하기 위해서는 먼저 관련된 정보자료의 필요한 범위를 한정시켜야 하며, 시간적으로나 경제적으로 낭비가 가장 적은 수집방법을 활용토록 해야 한다. 따라서 각종 프로젝트의 성격과 규모, 그리고 기술조건 · 시공조건 등 여러 가지 상황을 신속 정확하게 파악할 줄 알아야 한다. 즉 정확한 문제를 정확하게 찾아내는 일(problem-seeking)이 중요하다.

그런데 오늘날에 와서는 프로젝트의 통신설비가 첨단화됨으로써 발생하는 문제들이 많을 뿐만 아니라, 건축주나 이용자들의 요구조건들도 매우 까다롭고 복잡하여 프로젝트에 관련된 일체의 정보자료를 수집하고 분석해내는 전문기획가(programmer)나 추진단의 등장과 더불어 그 역할이 매우 중요하게 인식되어가고 있다.

3. 계획설계 단계

계획설계 단계(schematic design phase)란 대부분이 도면화되어 나타나는 기본설계단계에 들어가기 전에 건축주의 각종 요구사항을 비롯한 조사분석 단계에서 분석결과 노출된 각종 문제점 등 조사분석의 결과, 일체의 문제점들에 대해서 건축주와 합의(coordination)하고 조정(regulation)하는 과정에서 설계자는 설계의 개념(design concept)을 하나씩 확정지어나감과 동시에 후속단계인 기본설계 단계에 곧바로 반영시킬 수 있도록 설계자는 발주자를 설득하고, 이해를 돕기 위해서 말로써 설득시키기 어려운 것은 그림 · 사진 · 제도 · 모형 등 여러 가지 표현방법을 동원한다.

여기서 계획설계 단계는 작품의 기본개념이라든가 사고의 틀이 짜여지고, 또 설계규준을 세워야 하기 때문에 모든 설계 진행방법 중 가장 중요한 단계라고 말할 수 있다.

4. 기본설계 단계

프로젝트에 관련된 일체의 정보자료의 분석결과가 나오면 그 결과가 설계자의 손에

넘어가서 계획을 수립하고, 설계를 진행함에 있어 정확하게 반영되어 좋은 설계를 얻기 위해 실시설계에 들어가기 전에 실시설계의 기본 틀(frame work)과 지침(guideline)이 되는 기본설계 단계(basic design phase)가 선행되어야 한다.

따라서 정보통신설비의 기본골격이 여기서 수립된다. 그런데 설계의 6단계 과정 중가장 중요한 단계인 만큼 여기서 가장 어려움이 뒤따르게 되며, 설계자의 지식과 경험을 총동원하여 최선의 작품을 창작해내는 단계이다.

기본설계 단계에서는 통신설비, 기본설계, 투자계획, 그리고 공정계획 등 일체의 실시설계를 위한 기본사항들이 완벽하게 수행된다.

기본계획에서는 통신설비의 규모계획, 통신망형태 구성계획, 통신설비계획 등이 수립된다. 공정계획(construction work planning)과 투자계획(investment planning)을 수립함으로써 기본계획을 완성한다.

5. 실시설계 단계

실시설계 단계(action design phase)는 기본설계의 지침을 받아 시공건설을 가능하게 하는 일체의 상세설계(detailed design)를 수립하는 과정이다. 따라서 여기서는 평면도면, 산출서, 통신시스템 규격서, 시방서, 내역서 등 일체의 전문적인 설계도서(construction documents) 작업이 수행된다.

그런데 앞의 기본계획에서 아무리 기본골격을 정확하게 수립하였다 하더라도 상세설계나 실시설계 단계에서는 다소의 오차가 생기기 마련이다. 따라서 이와 같은 오차를 최소화하기 위해서는 그 선행단계로서 통신시스템의 실험화(simulation) 단계를 거쳐야 하며, 평가를 해봐서 기대치에 미치지 못할 때는 되먹임을 2~3회 거쳐 그 결과에 따라 수정하고 보완해 나감으로써 명확한 실시설계가 만들어지도록 해야 한다.

6. 시공건설 단계

시공건설 단계는 지금까지 완성된 프로젝트 설계도서에 의해서 시공업자나 시공인이 통신설비를 직접 완성해내는 단계이다. 따라서 여기서도 준공에 이르기까지는 공사감리와 현장설계의 과정이 선행하게 되는데, 설계자의 의도가 명확하게 잘 반영되기 위해서 가능한 한 본 프로젝트의 설계를 수행해낸 설계자가 감리업무를 수행하는 것이 좋다.

한편, 현장설계는 프로젝트의 규모와 성격, 그리고 현장의 여러 가지 관리상황에 따라 합리적으로 잘 수행되어야 한다.

이상과 같이 프로젝트의 전과정이 완성되어 준공되고 실사용자에 의해서 사용자 평가(user evaluation)가 이루어짐으로써 평가의 결과는 다시 건축주 · 설계자에게 있어서 다른 통신계획을 위한 더 좋은 자료로 활용될 수 있어야 한다(그림 1-2).

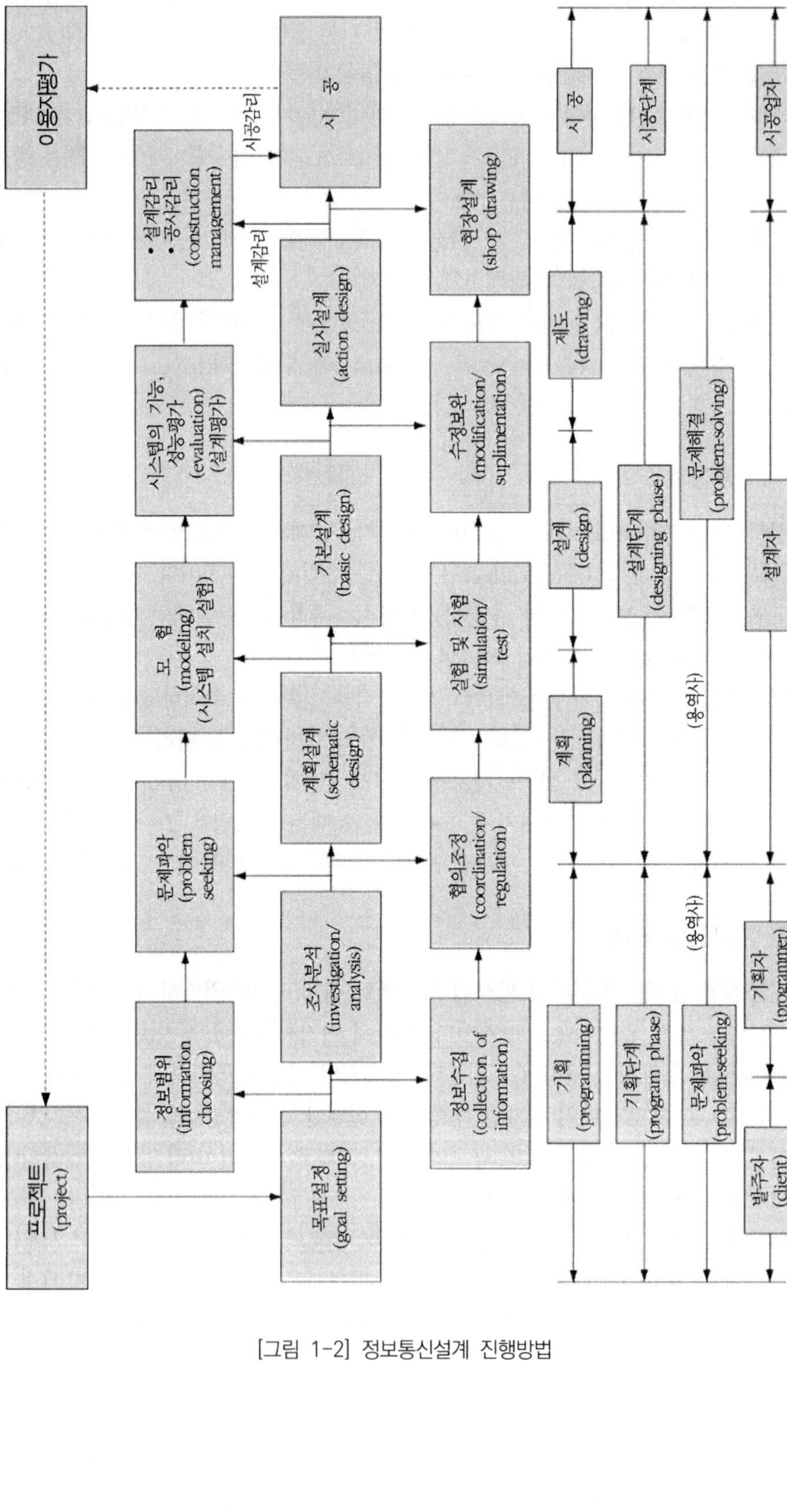

[그림 1-2] 정보통신설계 진행방법

7. 정보통신공사[2] 실시

(1) 정보통신공사업의 등록(정보통신공사업법 제14조)

① 공사업[3]을 경영하려는 자는 대통령령으로 정하는 바에 따라 특별시장 · 광역시장 · 도지사 또는 특별자치도지사(이하 "시 · 도지사"라 한다)에게 등록하여야 한다.
② 삭제
③ 시 · 도지사는 제1항에 따른 등록을 받았을 때에는 등록증과 등록수첩을 발급한다.

(2) 정보통신공사업 등록기준(정보통신공사업법 제15조)

공사업의 등록기준은 다음 각 호의 사항에 따라 대통령령으로 정한다.
① 기술능력
② 자본금(개인인 경우에는 자산평가액)
③ 그 밖에 필요한 사항

정보통신공사업의 등록기준(정보통신공사업법시행령 제21조 관련)

자본금		기술능력	사무실
법인	1억5천만원 이상	1. 기술계 정보통신기술자 3인 이상(3인 중 1인은 통신 · 전자 · 정보처리기술 분야의 중급 기술자 이상이어야 한다) 2. 기능계 정보통신기술자 1인 이상(기능계 정보통신기술자는 기술계 정보통신기술자로 대체할 수 있다)	15제곱미터 이상
개인	2억원 이상		

비고
1. 자본금
   가. 자본금은 공사업을 위한 자본금으로 공사업 외의 자본금을 제외하며, 주식회사 외의 법인의 경우 "자본금"은 "출자금"으로 한다.
   나. 법인의 경우 납입자본금과 실질자본금이 각각 등록기준의 자본금 이상이어야 한다. 다만, 외국법인(외국의 법령에 따라 설립된 법인 또는 외국법인이 자본금의 100분의 50 이상을 출자하였거나 임원수의 2분의 1 이상이 외국인인 법인을 말한다)이 지사를 설치하여 공사업을 신청한 때의 자본금은 국내지사 설립자본금(주된 영업소의 자본금을 말한다)을 기준으로 한다.
2. 정보통신기술자는 [별표 6]에 따른 정보통신기술자를 말하며, 정보통신기술자는 상근임원이나 직원의 신분으로 소속되어 있어야 한다.

(3) 정보통신공사 도급의 원칙(정보통신공사업법 제26조)

① 공사도급의 당사자는 각기 대등한 입장에서 합의에 따라 공정하게 계약을 체결하고, 신의에 따라 성실하게 계약을 이행하여야 한다.

---

2) 정보통신공사란 정보통신설비의 설치 및 유지 · 보수에 관한 공사와 이에 따르는 부대공사(附帶工事)로서 대통령령으로 정하는 공사를 말한다(정보통신공사업법 제2조2호)

3) "정보통신공사업자"란 이 법에 따른 정보통신공사업(이하 "공사업"이라 한다)의 등록을 하고 공사업을 경영하는 자를 말한다(정보통신공사업법 제2조4호)

② 공사도급의 당사자는 그 계약을 체결할 때 도급금액, 공사기간, 그 밖에 대통령령으로 정하는 사항을 계약서에 명시하여야 하며, 서명 · 날인한 계약서를 서로 내주고 보관하여야 한다.

③ 수급인은 하수급인에게 하도급공사의 시공과 관련하여 자재구입처의 지정 등 하수급인에게 불리하다고 인정되는 행위를 강요하여서는 아니된다.

④ 하도급에 관하여 이 법에서 규정하는 것을 제외하고는 「하도급거래 공정화에 관한 법률」의 해당 규정을 준용한다. [전문개정 2009.3.25]

(4) 공사도급계약서의 내용(정보통신공사업법시행령 제26조)

① 정보통신공사업법시행령 제26조제2항에서 "대통령령으로 정하는 사항"이란 다음 각 호를 말한다. 〈개정 2008.12.31, 2011.3.29〉

1. 공사내용
2. 도급금액의 선급금이나 기성금의 지급에 관하여 약정한 경우에는 각각 그 지급의 시기 · 방법 및 금액
3. 도급당사자인 일방으로부터 설계변경 · 공사중지 또는 도급해제의 요청이 있는 경우의 손해부담에 관한 사항
4. 천재 · 지변, 그 밖의 불가항력으로 인한 면책의 범위에 관한 사항
5. 설계변경 · 물가변동 등에 따른 도급금액 또는 공사내용의 변경에 관한 사항
6. 도급목적물의 인도를 위한 검사 및 인도시기
7. 공사완성 후의 도급금액의 지급시기
8. 도급의 이행이 지체되는 경우 위약금 · 지연이자의 지급 등 손해배상에 관한 사항
9. 하자담보책임기간 및 하자담보방법
10. 해당 공사에서 발생된 폐기물의 처리방법과 재활용에 관한 사항
11. 「산업안전보건법」 제30조에 따른 산업안전보건관리비의 지급에 관한 사항
12. 「고용보험 및 산업재해보상보험의 보험료징수 등에 관한 법률」에 따른 보험료, 「국민연금법」에 따른 연금보험료, 「국민건강보험법」에 따른 보험료 및 그 밖에 해당 공사와 관련하여 법령에 따라 부담하는 각종 부담금의 금액과 부담방법에 관한 사항
13. 그 밖에 다른 법령 또는 쌍방의 합의에 따라 명시되는 사항

② 과학기술정보통신부장관은 계약당사자가 대등한 입장에서 공정하게 계약을 체결하도록 하기 위하여 정보통신공사의 도급 및 하도급에 관한 표준계약서(하도급의 경우는 「하도급거래 공정화에 관한 법률」에 따라 공정거래위원회가 권장하는 정보통신공사표준도급계약서를 말한다)를 정하여 보급할 수 있다.

8. 정보통신기술자의 자격기준

(1) 자격기준

- 관련법 : 정보통신공사업법 제40조(정보통신기술자의 자격기준 등)

① 법 제39조제2항에 따른 정보통신기술자의 자격기준은 등급별로 구분하여 정하며, 등급별 세부기준은 [별표 6]과 같다. 〈개정 2011.3.29〉

② 방송통신위원회는 법 제39조제2항에 따라 정보통신기술자로 인정한 자의 등급 및 경력 등에 관한 기록을 유지·관리하여야 한다.

[별표 6] 정보통신공사업법 시행령 〈개정 2024.4.30.〉

정보통신기술자의 자격(제40조제1항 관련)

1. 기술계 정보통신기술자의 등급 및 인정범위

등급	기술자격자	학력·경력자	경력자
특급 기술자	1. 기술사자격을 취득한 사람 2. 기능장자격을 취득한 후 5년 이상 공사업무를 수행한 사람 3. 기사자격을 취득한 후 8년 이상 공사업무를 수행한 사람 4. 산업기사자격을 취득한 후 11년 이상 공사업무를 수행한 사람	1. 박사학위를 취득한 후 3년 이상 공사업무를 수행한 사람 2. 석사학위를 취득한 후 9년 이상 공사업무를 수행한 사람 3. 학사학위를 취득한 후 12년 이상 공사업무를 수행한 사람 4. 전문대학을 졸업한 후 15년(3년제 전문대학의 경우에는 14년) 이상 공사업무를 수행한 사람	
고급 기술자	1. 기능장자격을 취득한 후 3년 이상 공사업무를 수행한 사람 2. 기사자격을 취득한 후 5년 이상 공사업무를 수행한 사람 3. 산업기사자격을 취득한 후 8년 이상 공사업무를 수행한 사람 4. 기능사자격을 취득한 후 13년 이상 공사업무를 수행한 사람	1. 박사학위를 취득한 사람 2. 석사학위를 취득한 후 6년 이상 공사업무를 수행한 사람 3. 학사학위를 취득한 후 9년 이상 공사업무를 수행한 사람 4. 전문대학을 졸업한 후 12년(3년제 전문대학의 경우에는 11년) 이상 공사업무를 수행한 사람	
중급 기술자	1. 기능장자격을 취득한 사람 2. 기사자격을 취득한 후 2년 이상 공사업무를 수행한 사람 3. 산업기사자격을 취득한후 5년 이상 공사업무를 수행한 사람 4. 기능사자격을 취득한 후 10년 이상 공사업무를 수행한 사람	1. 석사학위를 취득한 후 3년 이상 공사업무를 수행한 사람 2. 학사학위를 취득한 후 6년 이상 공사업무를 수행한 사람 3. 전문대학을 졸업한 후 9년(3년제 전문대학의 경우에는 8년) 이상 공사업무를 수행한 사람 4. 고등학교를 졸업한 후 12년 이상 공사업무를 수행한 사람 5. 「국민 평생 직업능력 개발법」에 따른 직업능력개발훈련시	1. 학사학위 이상의 학위를 취득한 후 9년 이상 공사업무를 수행한 사람 2. 전문대학을 졸업한 후 12년(3년제 전문대학의 경우에는 10년) 이상 공사업무를 수행한 사람 3. 고등학교를 졸업한 후 15년 이상 공사업무를 수행한 사람 4. 공사업무를 20년 이상 수행한 사람

등급	기술자격자	학력 · 경력자	경력자
중급 기술자		설에서 1년 이상 관련 분야의 과정을 이수하고 12년 이상 공사업무를 수행한 사람 또는 2년 이상 관련분야의 과정을 이수하고 9년 이상 공사업무를 수행한 사람	
초급 기술자	1. 산업기사 이상의 자격을 취득한 사람 2. 기능사자격을 취득한 후 4년 이상 공사업무를 수행한 사람	1. 학사학위 이상의 학위를 취득한 사람 2. 전문대학을 졸업한 후 2년(3년제 전문대학의 경우에는 1년) 이상 공사업무를 수행한 사람 3. 고등학교를 졸업한 후 4년 이상 공사업무를 수행한 사람 4. 「국민 평생 직업능력 개발법」에 따른 직업능력개발훈련시설에서 1년 이상 관련 분야의 과정을 이수하고 4년 이상 공사업무를 수행한 사람 또는 2년 이상 관련분야의 과정을 이수하고 2년 이상 공사업무를 수행한 사람	1. 학사학위 이상의 학위를 취득한 후 3년 이상 공사업무를 수행한 사람 2. 전문대학을 졸업한 후 5년(3년제 전문대학의 경우에는 4년) 이상 공사업무를 수행한 사람 3. 고등학교를 졸업한 후 7년 이상 공사업무를 수행한 사람 4. 공사업무를 10년 이상 수행한 사람

비고

1. 위 표에서 "기술자격자"란 「국가기술자격법」에 따른 기술자격종목 중 아래의 기술자격을 취득한 사람으로서 법 제39조 및 이 영 제39조에 따라 학력 · 경력 등의 관리에 필요한 사항을 제출한 사람을 말하며, 경력인정방법은 과학기술정보통신부장관이 정하여 고시한다.
   가. 기술사 : 정보통신, 산업계측제어, 전자응용, 정보관리, 컴퓨터시스템응용, 토목구조, 토목시공 또는 철도신호
   나. 기능장 : 통신설비 또는 전자기기
   다. 기사 : 정보통신, 전파전자통신, 무선설비, 방송통신, 전자, 전자계산기, 반도체설계, 정보처리, 전자계산기조직응용, 토목, 철도신호, 정보보안, 빅데이터분석, 임베디드, 로봇소프트웨어개발, 로봇하드웨어개발, 로봇기구개발, 광학, 광학기기 또는 의공
   라. 산업기사 : 정보통신, 전파전자통신, 무선설비, 통신선로, 사무자동화, 방송통신, 전자, 전자계산기제어, 반도체설계, 정보처리, 토목, 철도신호, 정보보안, 광학기기 또는 의공
   마. 기능사 : 통신기기, 통신선로, 정보기기운용, 전파전자통신, 무선설비, 방송통신, 전자기기, 전자계산기, 전자캐드, 정보처리, 철도전기신호, 광학 또는 의료전자
2. 위 표에서 "학력 · 경력자"란 「초 · 중등교육법」 또는 「고등교육법」에 따른 해당 학교에서 통신 · 전자 · 정보처리기술 관련 학과의 소정의 과정을 이수하고 졸업하거나 국내 또는 외국에서 이와 동등 이상의 학력이 있다고 인정되는 사람과 「국민 평생 직업능력 개발법」에 따른 직업능력개발훈련시설에서 1년 이상 통신 · 전자 · 정보처리기술관련 분야의 과정을 이수한 사람으로서 법 제39조 및 이 영 제39조에 따라 학력 · 경력 등의 관리에 필요한 사항을 제출한 사람을 말하며, 해당 전공학과의 범위와 경력인정방법은 과학기술정보통신부장관이 정하여 고시한다.
3. 위 표에서 "경력자"란 통신 · 전자 · 정보처리기술관련 학과 외의 학과를 졸업하고, 공사업무를 수행한 사람으로서 법 제39조 및 이 영 제39조에 따라 학력 · 경력 등의 관리에 필요한 사항을 제출한 사람을 말하며, 경력인정방법은 과학기술정보통신부장관이 정하여 고시한다.
4. 위 표에서 "공사업무를 수행한 사람"이란 정보통신공사 관련 해당 분야(토목관련 기술자격자의 경우에는 별표 1의 선로설비분야만 해당한다)에서 계획 · 설계 · 시공 · 시험 · 공사감독 · 감리 · 유지관리 또는 연구업무를 수행한 사람과 통신 · 전자 · 전산관련 병과 또는 주특기를 부여받고 군복무한 사람을 말한다.
5. 외국인기술자에 대한 기술자격의 인정범위는 외국인 기술자의 기술자격 또는 학력 · 경력에 따라 인정하되, 그 인정기준에 관하여는 제1호부터 제4호까지의 규정을 준용한다.

2. 기능계 정보통신기술자의 인정범위

기술자격자	인정기술자	
	학력 · 경력자	경력자
기능사 자격을 취득한 사람	가. 고등학교를 졸업한 후 공사업무를 1년 이상 수행한 사람 나. 「국민 평생 직업능력 개발법」에 따른 직업능력개발훈련시설에서 관련 분야의 과정을 1년 이상 이수한 후 공사업무를 1년 이상 수행한 사람	가. 고등학교를 졸업한 후 공사업무를 1년 이상 수행한 사람 나. 공사업무를 5년 이상 수행한 사람

비고

1. 위 표에서 "기술자격자"란 「국가기술자격법」에 따른 기술자격종목 중 아래의 기술자격을 취득한 사람으로서 법 제39조 및 이 영 제39조에 따라 학력 · 경력 등의 관리에 필요한 사항을 제출한 사람을 말하며, 경력인정방법은 기술계 정보통신기술자에 관한 기준을 준용한다.
   기능사 : 통신기기, 통신선로, 정보기기운용, 전파전자통신, 무선설비, 방송통신, 전자기기, 전자계산기, 전자캐드, 정보처리, 철도전기신호, 광학 또는 의료전자
2. 위 표에서 "학력 · 경력자"란 「초 · 중등교육법」 또는 「고등교육법」에 따른 해당 학교에서 통신 · 전자 · 정보처리기술 관련 학과의 소정의 과정을 이수하고 졸업하거나 국내 또는 외국에서 이와 동등 이상의 학력이 있다고 인정되는 사람과 「국민 평생 직업능력 개발법」에 따른 직업능력개발훈련시설에서 1년 이상 통신 · 전자 · 정보처리기술관련 분야의 과정을 이수한 사람으로서 법 제39조 및 이 영 제39조에 따라 학력 · 경력 등의 관리에 필요한 사항을 제출한 사람을 말하며, 해당 전공학과의 범위와 경력인정방법은 기술계 정보통신기술자에 관한 기준을 준용한다.
3. 위 표에서 "경력자"란 통신 · 전자 · 정보처리기술관련 학과 외의 학과를 졸업하고, 공사업무를 수행한 사람으로서 법 제39조 및 이 영 제39조에 따라 학력 · 경력 등의 관리에 필요한 사항을 제출한 사람을 말하며, 경력인정방법은 기술계 정보통신기술자에 관한 기준을 준용한다.
4. 위 표에서 "공사업무를 수행한 사람"이란 정보통신공사 관련 해당 분야(토목관련 기술자격자의 경우에는 별표 1의 선로설비분야만 해당한다)에서 계획 · 설계 · 시공 · 시험 · 공사감독 · 감리 · 유지관리 또는 연구업무를 수행한 사람과 통신 · 전자 · 전산관련 병과 또는 주특기를 부여받고 군복무한 사람을 말한다.
5. 외국인기술자에 대한 기술자격의 인정범위는 외국인 기술자의 기술자격 또는 학력 · 경력에 따라 인정하되, 그 인정기준에 관하여는 제1호부터 제4호까지의 규정을 준용한다.

(2) 정보통신기술자 전공학과의 범위

정보통신공사업법시행령 제40조제1항 및 [별표 6]의 규정에 따라 정보통신기술자의 전공학과의 범위는 다음과 같다(과학기술정보통신부고시 제2017-7호).

1) 전자 · 통신 및 정보처리기술 관련학과(전공)의 범위

① 전자 관련학과(전공) : 정보전자, 전자, 전자계산, 전기전자제어, 전자정보, 전자제어, 전기전자, 전자전기정보, 전자컴퓨터전기제어, 컴퓨터과학, 전기전자정보, 전자컴퓨터, 메카트로닉스, 전자재료, 제어계측, 반도체, 디지털통신, 디지털전자, 디지털시스템, 디지털정보, 디지털미디어, 전자회로설계, 마이크로프로세서, IT전자공학, 전자지능로봇공학, 광전자, 전력전자, 전자전기, 전자응용, 응용전자, 영

상전자, 전자미디어, 전산시스템, 전자전기제어계측, 전자계산기, 계측제어, 매체공학

② 통신 관련학과(전공) : 전기통신설비, 국제정보통신, 방송설비, 방송통신, 이동통신, 전자통신, 컴퓨터네트워크, 통신, 컴퓨터정보기술, 전파통신, 전기전자통신, 전기전자정보통신, 전자정보통신, 전자제어통신, 전파, 정보통신, 컴퓨터통신, 항공통신정보, 전자정보통신반도체, 전기전자전파, 통신컴퓨터, 무선통신, 정보통신응용, 정보네트워크, 네트워크정보처리, 네트워크정보통신, 광통신, 광전자정보통신, 통신 및 회로시스템, 항공통신, 항공전자, 정보보안학과, 정보보호학과, 통신전자, 디지털정보통신, 컴퓨터정보통신, 정보통신시스템

③ 정보처리기술 관련학과(전공) : 시스템, 전산, 정보전산, 컴퓨터제어, 컴퓨터응용제어, 컴퓨터응용, 컴퓨터응용설계, 구조시스템, 컴퓨터정보, 멀티미디어, 정보시스템, 전산통계, 정보처리, 컴퓨터, 컴퓨터정보처리, 컴퓨터전자, 전산과학, 멀티미디어정보처리, 인터넷, 인터넷정보, 인터넷응용, 멀티미디어시스템, 컴퓨터응용전자, 멀티미디어웹전공, 정보산업, 전산정보, 영상시스템, 시스템제어, 전산응용, 유비쿼터스, 유비쿼터스시스템, 영상정보통신, 컴퓨터시스템, 컴퓨터멀티미디어, 뉴미디어

④ 위 가목 내지 다목 외에 교육과학기술부장관 또는 당해 교육기관의 장으로부터 전자·통신 및 정보처리기술 관련학과(전공)로 인정받은 기타 학과(전공)

9. 정보통신공사의 분리발주와 도급(정보통신공사업법 제25조)

「건설산업기본법」에 따른 건설공사 또는 「전기공사업법」에 따른 전기공사 등 다른 공사와 분리하여 도급하여야 한다. 다만, 공사의 성질상 또는 기술관리상 분리하여 도급하는 것이 곤란한 경우로서 대통령령으로 정하는 경우에는 그러하지 아니하다.

10. 정보통신기술자의 배치

"정보통신기술자"란 「국가기술자격법」에 따라 정보통신 관련분야의 기술자격을 취득한 사람과 정보통신설비에 관한 기술 또는 기능을 가진 사람으로서 제39조에 따라 과학기술정보통신부장관의 인정을 받은 사람을 말한다(정보통신공사업법 제2조16호).

(1) 정보통신기술자의 배치(정보통신공사업법 제33조)

① 공사업자는 공사의 시공관리와 그 밖의 기술상의 관리를 하기 위하여 대통령령으로 정하는 바에 따라 공사현장에 정보통신기술자 1명 이상을 배치하고, 이를 그 공사의 발주자에게 알려야 한다.

② 제1항에 따라 배치된 정보통신기술자는 해당 공사의 발주자의 승낙을 받지 아니하고는 정당한 사유 없이 그 공사현장을 이탈하여서는 아니된다.

③ 발주자는 제1항에 따라 배치된 정보통신기술자가 업무수행의 능력이 현저히 부족하다고 인정되는 경우에는 수급인에게 정보통신기술자의 교체를 요청할 수 있다. 이 경우 수급인은 정당한 사유가 없으면 이에 따라야 한다. [전문개정 2009.3.25]

(2) 정보통신기술자의현장배치기준(정보통신공사업법시행령 제34조)

① 법 제33조제1항에 따라 공사의 현장에 배치하여야 하는 정보통신기술자는 해당 공사의 종류에 상응하는 정보통신기술자이어야 한다.

② 공사업자는 공사가 시공 중인 때에는 다음 각 호의 구분에 따라 정보통신기술자를 현장에 상주하게 하여 공사관리를 하여야 한다. 다만, 공사가 중단된 기간은 그러하지 아니하다.

1. 도급금액이 5억원 이상의 공사 : 중급기술자 이상인 정보통신기술자
2. 도급금액이 5천만원 이상 5억원 미만인 공사 : 초급기술자 이상인 정보통신기술자

③ 공사현장에 배치된 정보통신기술자는 공사에 따른 위험 및 장해가 발생하지 아니하도록 모든 안전조치를 강구하여야 하며, 관계법령에 따라 그 업무를 성실히 수행하여야 한다.

④ 공사업자는 다음 각 호의 어느 하나에 해당하는 경우에는 발주자의 승낙을 얻어 1명의 정보통신기술자에게 2개의 공사를 관리하게 할 수 있다.

1. 도급금액이 1억원 미만의 공사로서 동일한 시(특별시 및 광역시를 포함한다) · 군에서 행하여지는 동일한 종류의 공사
2. 이미 시공 중에 있는 공사의 현장에서 새로이 행하여지는 동일한 종류의 공사

(3) 정보통신기술자의 인정(정보통신공사업법 제39조)

① 정보통신기술자로 인정을 받으려는 사람은 대통령령으로 정하는 바에 따라 과학기술정보통신부장관에 자격인정을 신청하여야 한다.

② 과학기술정보통신부장관은 제1항에 따른 신청인이 대통령령으로 정하는 정보통신기술자의 자격에 해당하는 경우에는 정보통신기술자로 인정하여야 한다.

③ 과학기술정보통신부장관은 제1항에 따른 신청인을 정보통신기술자로 인정하면 정보통신기술자로서의 등급 및 경력 등에 관한 증명서(이하 "경력수첩"이라 한다)를 그 정보통신기술자에게 발급하여야 한다.

④ 제3항에 따른 경력수첩의 발급 및 관리에 필요한 사항은 대통령령으로 정한다.[전문개정 2009.3.25]

(4) 정보통신기술자의 인정신청(정보통신공사업법시행령 제39조)

① 법 제39조제1항에 따라 정보통신기술자로 인정받으려는 자는 정보통신기술자 인

정신청서에 졸업증명서(학력사항의 기재를 원하는 경우에만 해당한다) 및 경력확인서를 첨부하여 과학기술정보통신부장관에게 제출하여야 한다. 이 경우 과학기술정보통신부장관은 「전자정부법」 제36조제1항에 따른 행정정보의 공동이용을 통하여 다음 각 호의 서류를 확인하여야 하며, 신청인이 그 확인에 동의하지 아니하는 경우 해당 서류(제1호의 경우에는 그 사본을 말하며, 제2호의 경우에는 외국인등록증 사본을 포함한다)를 각각 첨부하도록 하여야 한다. 〈개정 2010.11.2〉

1. 국가기술자격증(국가기술자격증소지자로 한정한다)
2. 「출입국관리법」 제88조제2항에 따른 외국인등록 사실증명(외국인인 경우로 한정한다)

② 정보통신기술자로서 등급의 변경을 인정받으려는 자는 등급변경신청서에 다음 각 호의 서류를 첨부하여 과학정보통신부장관에게 제출하여야 한다.

1. 경력확인서
2. 정보통신기술자 경력수첩

③ 정보통신기술자로서 경력인정을 받으려는 자는 경력인정신청서에 경력확인서를 첨부하여 과학정보통신부장관에게 제출하여야 한다.

④ 과학정보통신부장관은 제1항에 따른 정보통신기술자 인정신청인 또는 제2항에 따른 등급변경 신청인에게 정보통신기술자 경력수첩을 발급 또는 재발급하여야 한다.

⑤ 정보통신기술자가 정보통신기술자격자 경력수첩을 잃어버리거나 정보통신기술자 경력수첩이 헐어 못쓰게 되어 재발급받으려는 경우에는 재발급신청서에 정보통신기술자 경력수첩(헐어 못쓰게 된 경우에만 해당한다)을 첨부하여 방송통신위원회에 제출하여야 한다.

⑥ 과학기술정보통신부장관은 제4항에 따라 경력수첩을 발급 또는 재발급한 때에는 정보통신기술자 경력수첩 발급대장에 이를 적어야 한다.

⑦ 과학기술정보통신부장관은 정보통신기술자가 자신의 기술능력을 발주자 · 공사업자 및 용역업자 등에게 제시하기 위하여 그 경력확인을 요청하는 때에는 정보통신기술자 경력확인서를 발급할 수 있다.

11. 정보통신감리업무

(1) 감리발주(정보통신공사업법 제8조)

① 발주자는 용역업자[4]에게 공사의 감리를 발주하여야 한다.

---

4) 용역업자란 「엔지니어링산업 진흥법」 제21조제1항에 따라 엔지니어링사업자로 신고하거나 「기술사법」 제6조에 따라 기술사사무소의 개설자로 등록한 자로서 통신 · 전자 · 정보처리 등 대통령령으로 정하는 정보통신 관련분야의 자격을 보유하고 용역업을 경영하는 자를 말한다(정보통신공사업법 제2조제7호).
용역이란 다른 사람의 위탁을 받아 공사에 관한 조사, 설계, 감리, 사업관리 및 유지관리 등의 역무를 하는 것을 말한다(정보통신공사업법 제2조5호).

② 제1항에 따라 공사의 감리를 발주 받은 용역업자는 감리원에게 그 공사에 대하여 감리를 하게 하여야 한다. 이 경우 감리원의 업무범위와 공사의 규모 및 종류 등을 고려한 배치 기준은 대통령령으로 정한다. 〈개정 2018.12.24〉

③ 제1항에 따라 공사의 감리를 발주 받은 용역업자가 감리원을 배치(배치된 감리원을 교체하는 경우를 포함한다. 이하 이 조에서 같다)하는 경우에는 발주자의 확인을 받아 그 배치현황을 특별시장 · 광역시장 · 특별자치시장 · 도지사 또는 특별자치도지사(이하 "시 · 도지사"라 한다)에게 신고하여야 한다. 〈신설 2018.12.24〉

④ 감리원으로 인정받으려는 사람은 대통령령으로 정하는 바에 따라 과학기술정보통신부장관에게 자격을 신청하여야 한다. 〈개정 2013.3.23, 2017.7.26, 2018.12.24〉

⑤ 과학기술정보통신부장관은 제4항에 따른 신청인이 대통령령으로 정하는 감리원의 자격에 해당하면 감리원으로 인정하여야 한다. 〈개정 2013.3.23, 2017.7.26, 2018.12.24〉

⑥ 과학기술정보통신부장관은 제4항에 따른 신청인을 감리원으로 인정하는 경우에는 감리원 자격증명서(이하 "자격증"이라 한다)를 그 감리원에게 발급하여야 한다. 〈개정 2013.3.23, 2017.7.26, 2018.12.24〉

⑦ 감리원은 자기의 성명을 사용하여 다른 사람에게 감리업무를 하게 하거나 자격증을 빌려 주어서는 아니 된다. 〈개정 2018.12.24〉

⑧ 제1항에 따른 감리 대상인 공사의 범위, 제3항에 따른 감리원의 배치현황 신고 방법 · 절차, 그 밖에 감리에 필요한 사항은 대통령령으로 정한다. 〈개정 2018.12.24〉

[전문개정 2009. 3. 25.]

(2) 감리대상인 공사의 범위(정보통신공사업법시행령 제8조)

① 정보통신공사업법 제8조에 따라 용역업자에게 감리[5]를 발주하여야 하는 공사는 제6조제1항 각 호의 공사 및 다음 각 호의 어느 하나에 해당하는 공사를 제외한 공사로 한다.

1. 「전기통신사업법」에 따른 전기통신사업자가 전기통신역무를 제공하기 위한 공사로서 총공사금액이 1억원 미만인 공사
2. 철도, 도시철도, 도로, 방송, 항만, 항공, 송유관, 가스관, 상 · 하수도 설비의 정보제어 등 안전 · 재해예방 및 운용 · 관리를 위한 공사로서 총공사금액이 1억원 미만인 공사
3. 6층 미만으로서 연면적 5천 제곱미터 미만의 건축물에 설치되는 정보통신설비의 설치공사. 다만, 「전기통신사업법」에 따른 전기통신사업자가 전기통신

5) 감리란 공사(「건축사법」 제4조에 따른 건축물의 건축 등은 제외한다)에 대하여 발주자의 위탁을 받은 용역업자가 설계도서 및 관련 규정의 내용대로 시공되는지를 감독하고, 품질관리 · 시공관리 및 안전관리에 대한 지도 등에 관한 발주자의 권한을 대행하는 것을 말한다(정보통신공사업법 제2조9호).

역무를 제공하기 위한 공사 또는 철도 · 도시철도 · 도로 · 방송 · 항만 · 항공 · 송유관 · 가스관 · 상하수도 설비의 정보제어 등 안전 · 재해예방 및 운용 · 관리를 위한 공사로서 총공사금액이 1억원 이상인 공사는 제외한다.

4. 대 · 개체되는 기존 설비 외의 신설 부분이 제4조제1항에 따른 경미한 공사의 범위에 해당되는 공사
5. 그 밖에 공중의 통신에 영향을 미치지 아니하는 정보통신설비의 설치공사로서 방송통신위원회가 정하여 고시하는 공사

② 제1항에도 불구하고 제6조제2항제1호 및 제2호에 따른 공사로서 별표 2에 따른 감리원 자격이 있는 발주자의 소속직원이 관계법령에 따라 감리하는 공사의 경우에는 용역업자에게 발주하지 아니할 수 있되, 그 소속직원은 감리하려는 공사규모에 해당하는 제11조제1항에 따른 적합한 기술등급을 보유하여야 한다.

③ 제1항제3호의 경우 정보통신설비가 설치되지 아니하는 지하층 · 축사 · 창고 · 차고 등은 건축물의 층수 및 연면적의 계산에 포함하지 아니한다.

⑶ 감리원인정 신청(정보통신공사업법시행령 제9조)

① 법 제8조제3항에 따라 감리원으로 인정받으려는 자는 감리원인정신청서에 졸업증명서(학력사항의 기재를 원하는 경우에만 해당한다) 및 경력확인서를 첨부하여 과학기술정보통신부장관에게 제출하여야 한다. 이 경우 과학기술정보통신부장관은 「전자정부법」 제36조제1항에 따른 행정정보의 공동이용을 통하여 다음 각 호의 서류를 확인하여야 하며, 신청인이 그 확인에 동의하지 아니하는 경우 해당 서류(제1호의 경우에는 그 사본을 말하며, 제2호의 경우에는 「출입국관리법」 제33조에 따른 외국인등록증 사본을 포함한다)를 각각 첨부하도록 하여야 한다. 〈개정, 2017.7.26〉

1. 국가기술자격증(국가기술자격증 소지자만 해당한다)
2. 「출입국관리법」 제88조제2항에 따른 외국인등록 사실증명(외국인의 경우에만 해당한다)

② 감리원으로서 등급의 변경을 인정받으려는 자는 감리원등급변경신청서에 다음 각 호의 서류를 첨부하여 과학기술정보통신부장관에게 제출하여야 한다. 〈개정, 2018.4.17〉

1. 경력확인서
2. 감리원자격증
3. 졸업증명서

③ 감리원으로서 경력을 인정받으려는 자는 감리원경력인정신청서에 경력확인서를 첨부하여 과학기술정보통신부장관에게 제출하여야 한다. 〈개정 2017.7.26〉

④ 과학기술정보통신부장관은 제1항에 따른 감리원인정신청인 또는 제2항에 따른

등급변경신청인에게 감리원자격증을 발급 또는 재발급하여야 한다. 〈개정 2017.7.26〉

⑤ 감리원이 감리원자격증을 잃어버리거나 감리원자격증이 헐어 못쓰게 되어 재발급받으려는 경우에는 감리원자격증 재발급신청서에 감리원자격증(헐어 못쓰게 된 경우에만 해당한다)을 첨부하여 과학기술정보통신부장관에게 제출하여야 한다. 〈개정 2013.3.23, 2017.7.26〉

⑥ 과학기술정보통신부장관은 제4항에 따라 감리원자격증을 발급 또는 재발급한 때에는 감리원자격증 발급대장에 이를 일련번호순으로 기록한다. 〈개정 2017.7.26〉

⑦ 과학기술정보통신부장관은 감리원이 자신의 감리능력을 발주자 및 용역업자 등에게 제시하기 위하여 그 경력확인을 요청하는 때에는 감리원경력확인서를 발급할 수 있다. 〈개정 2013.3.23, 2017.7.26〉

(4) 감리원의 자격기준(정보통신공사업법 시행령 제10조)

① 정보통신공사업법 제8조제4항에 따른 감리원의 자격기준은 등급으로 구분하여 정하며, 등급별 세부기준은 별표 2와 같다.

② 방송통신위원회는 법 제8조제4항에 따라 감리원으로 인정한 자의 등급 및 경력 등에 관한 기록을 유지 · 관리하여야 한다.

[별표 2] 정보통신공사업법 시행령〈개정 2024.4.30〉

감리원의 자격(제10조제1항 관련)

등급	기술자격자	학력 · 경력자	경력자
특급 감리원	1. 기술사자격을 취득한 사람 2. 기능장자격을 취득한 후 6년 이상 공사업무를 수행한 사람 3. 기사자격을 취득한 후 9년 이상 공사업무를 수행한 사람 4. 산업기사자격을 취득한 후 12년 이상 공사업무를 수행한 사람	1. 박사학위를 취득한 후 4년 이상 공사업무를 수행한 사람 2. 석사학위를 취득한 후 10년 이상 공사업무를 수행한 사람 3. 학사학위를 취득한 후 13년 이상 공사업무를 수행한 사람 4. 전문대학을 졸업한 후 16년(3년제 전문대학의 경우에는 15년) 이상 공사업무를 수행한 사람	

등급	기술자격자	학력 · 경력자	경력자
고급 감리원	1. 기능장자격을 취득한 후 4년 이상 공사업무를 수행한 사람 2. 기사자격을 취득한 후 6년 이상 공사업무를 수행한 사람 3. 산업기사자격을 취득한 후 9년 이상 공사업무를 수행한 사람 4. 기능사자격을 취득한 후 14년 이상 공사업무를 수행한 사람	1. 박사학위를 취득한 후 1년 이상 공사업무를 수행한 사람 2. 석사학위를 취득한 후 7년 이상 공사업무를 수행한 사람 3. 학사학위를 취득한 후 10년 이상 공사업무를 수행한 사람 4. 전문대학을 졸업한 후 13년(3년제 전문대학의 경우에는 12년) 이상 공사업무를 수행한 사람	
중급 감리원	1. 기능장자격을 취득한 후 1년 이상 공사업무를 수행한 사람 2. 기사자격을 취득한 후 3년 이상 공사업무를 수행한 사람 3. 산업기사자격을 취득한 후 6년 이상 공사업무를 수행한 사람 4. 기능사자격을 취득한 후 12년 이상 공사업무를 수행한 사람	1. 석사학위를 취득한 후 3년 이상 공사업무를 수행한 사람 2. 학사학위를 취득한 후 6년 이상 공사업무를 수행한 사람 3. 전문대학을 졸업한 후 9년(3년제 전문대학의 경우에는 8년) 이상 공사업무를 수행한 사람 4. 고등학교를 졸업한 후 12년 이상 공사업무를 수행한 사람 5. 「국민 평생 직업능력 개발법」에 따른 직업능력개발훈련시설에서 1년 이상 관련 분야의 과정을 이수하고 12년 이상 공사업무를 수행한 사람 또는 2년 이상 관련분야의 과정을 이수하고 9년 이상 공사업무를 수행한 사람	1. 학사학위 이상의 학위를 취득한 후 9년 이상 공사업무를 수행한 사람 2. 전문대학을 졸업한 후 12년(3년제 전문대학의 경우에는 10년) 이상 공사업무를 수행한 사람 3. 고등학교를 졸업한 후 15년 이상 공사업무를 수행한 사람 4. 공사업무를 20년 이상 수행한 사람
초급 감리원	1. 산업기사 이상의 자격을 취득한 사람 2. 기능사자격을 취득한 후 6년 이상 공사업무를 수행한 사람	1. 학사학위 이상의 학위를 취득한 후 1년 이상 공사업무를 수행한 사람 2. 전문대학을 졸업한 후 3년(3년제 전문대학의 경우에	1. 학사학위 이상의 학위를 취득한 후 3년 이상 공사업무를 수행한 사람 2. 전문대학을 졸업한 후 5년(3년제 전문대학의 경우에

등급	기술자격자	학력 · 경력자	경력자
		는 2년) 이상 공사업무를 수행한 사람 3. 고등학교를 졸업한 후 6년 이상 공사업무를 수행한 사람 4. 「국민 평생 직업능력 개발법」에 따른 직업능력개발훈련 시설에서 1년 이상 관련 분야의 과정을 이수하고 6년 이상 공사업무를 수행한 사람 또는 2년 이상 관련 분야의 과정을 이수하고 3년 이상 공사업무를 수행한 사람	는 4년) 이상 공사업무를 수행한 사람 3. 고등학교를 졸업한 후 7년 이상 공사업무를 수행한 사람 4. 공사업무를 10년 이상 수행한 사람

비고

1. 위 표에서 "기술자격자"란 「국가기술자격법」의 기술자격종목 중 아래의 기술자격을 취득한 사람으로서 법 제8조제4항 및 이 영 제9조에 따라 학력 · 경력 등의 관리에 필요한 사항을 제출한 사람을 말하며, 경력인정방법은 기술계 정보통신기술자에 관한 기준을 준용한다.
   가. 기술사 : 정보통신, 산업계측제어, 전지응용, 정보관리, 컴퓨터시스템응용, 토목구조, 토목시공 또는 철도신호
   나. 기능장 : 통신설비 또는 전자기기
   다. 기사 : 정보통신, 전파전자통신, 무선설비, 방송통신, 전자, 전자계산기, 반도체설계, 정보처리, 전자계산기조직응용, 토목, 철도신호, 정보보안, 빅데이터분석, 임베디드, 로봇소프트웨어개발, 로봇하드웨어개발, 로봇기구개발, 광학, 광학기기 또는 의공
   라. 산업기사 : 정보통신, 전파전자통신, 무선설비, 통신선로, 사무자동화, 방송통신, 전자, 전자계산기제어, 반도체설계, 정보처리, 토목, 철도신호, 정보보안, 광학기기 또는 의공
   마. 기능사 : 통신기기, 통신선로, 정보기기운용, 전파전자통신, 무선설비, 방송통신, 전자기기, 전자계산기, 전자캐드, 정보처리, 철도전기신호, 광학 또는 의료전자
2. 위 표에서 "학력 · 경력자"란 「초 · 중등교육법」 또는 「고등교육법」에 따른 해당 학교에서 통신 · 전자 · 정보처리기술관련 학과의 소정의 과정을 이수하고 졸업하거나 국내 또는 외국에서 이와 동등 이상의 학력이 있다고 인정되는 사람과 「국민 평생 직업능력 개발법」에 따른 직업능력개발훈련시설에서 1년 이상 통신 · 전자 · 정보처리기술관련 분야의 과정을 이수한 사람으로서 법 제8조제4항 및 이 영 제9조에 따라 학력 · 경력 등의 관리에 필요한 사항을 제출한 사람을 말하며, 해당 전공학과의 범위와 경력인정방법은 기술계 정보통신기술자에 관한 기준을 준용한다.
3. 위 표에서 "경력자"란 통신 · 전자 · 정보처리기술관련 학과 외의 학과를 졸업하고, 공사업무를 수행한 사람으로서 법 제8조제4항 및 이 영 제9조에 따라 학력 · 경력 등의 관리에 필요한 사항을 제출한 사람을 말하며, 경력인정방법은 기술계 정보통신기술자에 관한 기준을 준용한다.
4. 위 표에서 "공사업무를 수행한 사람"이란 정보통신공사 관련 해당 분야(토목관련 기술자격자의 경우에는 별표 1의 선로설비분야에 한정한다)에서 계획 · 설계 · 시공 · 시험 · 공사감독 · 감리 · 유지관리 또는 연구업무를 수행한 사람과 통신 · 전자 · 전산관련 병과 또는 주특기를 부여받고 군복무한 사람을 말한다.
5. 외국인기술자에 대한 기술자격의 인정범위는 외국인 기술자의 기술자격 또는 학력 · 경력에 따라 인정하되, 그 인정기준에 관하여는 제1호부터 제4호까지의 규정을 준용한다.

(5) 감리원의 배치(정보통신공사업법제8조)

① 발주자는 용역업자에게 공사의 감리를 발주하여야 한다.

② 제1항에 따라 공사의 감리를 발주 받은 용역업자는 감리원에게 그 공사에 대하여 감리를 하게 하여야 한다. 이 경우 감리원의 업무범위와 공사의 규모 및 종류 등을 고려한 배치 기준은 대통령령으로 정한다. 〈개정 2018.12.24〉

③ 제1항에 따라 공사의 감리를 발주 받은 용역업자가 감리원을 배치(배치된 감리원을 교체하는 경우를 포함한다. 이하 이 조에서 같다)하는 경우에는 발주자의 확인을 받아 그 배치현황을 특별시장 · 광역시장 · 특별자치시장 · 도지사 또는 특별자치도지사(이하 "시 · 도지사"라 한다)에게 신고하여야 한다.
〈신설 2018.12.24〉

④ 감리원으로 인정받으려는 사람은 대통령령으로 정하는 바에 따라 과학기술정보통신부장관에게 자격을 신청하여야 한다.
〈개정 2013.3.23, 2017.7.26, 2018.12.24〉

⑤ 과학기술정보통신부장관은 제4항에 따른 신청인이 대통령령으로 정하는 감리원의 자격에 해당하면 감리원으로 인정하여야 한다.
〈개정 2013.3.23, 2017.7.26, 2018.12.24〉

⑥ 과학기술정보통신부장관은 제4항에 따른 신청인을 감리원으로 인정하는 경우에는 감리원 자격증명서(이하 "자격증"이라 한다)를 그 감리원에게 발급하여야 한다.
〈개정 2013.3.23, 2017.7.26, 2018.12.24〉

⑦ 감리원은 자기의 성명을 사용하여 다른 사람에게 감리업무를 하게 하거나 자격증을 빌려 주어서는 아니 된다. 〈개정 2018.12.24〉

⑧ 제1항에 따른 감리 대상인 공사의 범위, 제3항에 따른 감리원의 배치현황 신고 방법 · 절차, 그 밖에 감리에 필요한 사항은 대통령령으로 정한다. 〈개정 2018.12.24〉

[전문개정 2009.3.25.]

- 감리원의 배치기준(정보통신공사업법시행령 제11조)

① 정보통신공사업법 제8조제8항에 따라 용역업자는 해당 공사의 규모 및 공사의 종류에 적합하다고 인정되는 자를 감리원으로 현장에 상주시키되, 해당 공사 전반에 관한 감리업무를 총괄하는 자를 다음 각 호의 기준에 따라 배치하여야 한다. 다만, 공사가 중단된 기간은 그러하지 아니하다. 〈개정 2018.4.17〉

1. 총공사금액 100억원 이상 공사 : 특급감리원(기술사자격을 가진 자로 한정한다)
2. 총공사금액 70억원 이상 100억원 미만인 공사 : 특급감리원
3. 총공사금액 30억원 이상 70억원 미만인 공사 : 고급감리원 이상의 감리원

4. 총공사금액 5억원 이상 30억원 미만인 공사 : 중급감리원 이상의 감리원
5. 총공사금액 5억원 미만의 공사 : 초급감리원 이상의 감리원

② 용역업자는 제1항에 따라 감리원을 배치한 때에는 그 배치내용을 해당 공사의 발주자에게 통지하여야 하며, 배치된 감리원을 교체하려는 경우에는 미리 발주자의 승인을 받아야 한다.

③ 용역업자는 1명의 감리원에게 2 이상의 공사를 감리하게 하여서는 아니 된다. 다만, 다음 각 호의 어느 하나에 해당하는 공사로서 발주자의 승낙을 얻은 경우에는 그러하지 아니하다. 〈개정 2014.8.27, 2018.4.17〉

1. 총공사금액이 2억원 미만의 공사로서 다음 각 목의 어느 하나에 해당하는 공사
   가. 동일한 시(특별시 · 광역시 및 특별자치시를 포함한다) · 군에서 행하여지는 동일한 종류의 공사
   나. 공사 현장 간의 직선거리가 20킬로미터 이내인 지역에서 행하여지는 동일한 종류의 공사
2. 이미 시공 중에 있는 공사의 현장에서 새로이 행하여지는 동일한 종류의 공사

④ 용역업자는 제1항 각 호 또는 제3항제1호의 기준에 따라 감리원을 배치한 이후에 설계변경 또는 물가변동 등의 사유로 총공사금액이 변경되는 경우에는 변경된 총공사금액에 적합하게 감리원을 배치하여야 한다. 다만, 최초 총공사금액의 100분의 10 미만의 범위에서 변경되는 경우에는 기존에 배치된 감리원에게 감리업무를 계속 수행하게 할 수 있다. 〈신설 2018.4.17〉

⑤ 용역업자는 감리원이 감리업무의 수행기간 중 관계법령에 따른 교육을 받거나 질병 또는 유급휴가로 현장을 이탈하게 되는 경우에는 감리업무에 지장이 없도록 필요한 조치를 하여야 한다.〈개정 2018.4.17〉

⑥ 용역업자는 해당 공사의 규모 및 종류에 따라 필요한 경우에는 제1항에 따른 감리업무를 총괄하는 감리원을 보조하는 감리원을 배치할 수 있다.

⑹ 감리원의 업무범위(정보통신공사업법시행령 제12조)

정보통신공사업법 제8조제7항에 따른 감리원의 업무범위는 다음 각 호와 같다.

1. 공사계획 및 공정표의 검토
2. 공사업자가 작성한 시공상세도면의 검토 · 확인
3. 설계도서와 시공도면의 내용이 현장조건에 적합한지 여부와 시공가능성 등에 관한 사전검토
4. 공사가 설계도서 및 관련 규정에 적합하게 행하여지고 있는지에 대한 확인
5. 공사 진척부분에 대한 조사 및 검사

6. 사용자재의 규격 및 적합성에 관한 검토 · 확인
7. 재해예방대책 및 안전관리의 확인
8. 설계변경에 관한 사항의 검토 · 확인
9. 하도급에 대한 타당성 검토
10. 준공도서의 검토 및 준공확인

⑺ 감리원의 공사중지 명령(정보통신공사업법 제9조)

① 감리원은 공사업자가 설계도서 및 관련규정의 내용에 적합하지 아니하게 해당 공사를 시공하는 경우에는 발주자의 동의를 받아 재시공 또는 공사중지 명령이나 그 밖에 필요한 조치를 할 수 있다.

② 제1항에 따라 감리원으로부터 재시공 또는 공사중지 명령이나 그 밖에 필요한 조치에 관한 지시를 받은 공사업자는 특별한 사유가 없으면 이에 따라야 한다. [전문개정 2009.3.25]

⑻ 발주자에게 감리결과 통보(정보통신공사업법 제11조)

정보통신공사업법 제8조제1항에 따라 공사의 감리를 발주받은 용역업자는 공사에 대한 감리를 끝냈을 때에는 대통령령으로 정하는 바에 따라 그 감리결과를 발주자에게 서면으로 알려야 한다. [전문개정 2009.3.25]

⑼ 발주자에게 감리결과의 통보(정보통신공사업법시행령 제14조)

용역업자는 법 제11조에 따라 공사에 대한 감리를 완료한 때에는 공사가 완료된 날부터 7일 이내에 다음 각 호의 사항이 포함된 감리결과를 발주자에게 통보하여야 한다.

1. 착공일 및 완공일
2. 공사업자의 성명
3. 시공 상태의 평가결과
4. 사용자재의 규격 및 적합성 평가결과
5. 정보통신기술자배치의 적정성 평가결과

⑽ 특별자치도지사, 시장, 군수, 구청장에게 감리결과 통보(정보통신공사업법 제35조②항)

② 공사를 발주한 자는 제1항제1호의 경우 제14조에 따라 발주자에게 통보한 감리결과보고서의 사본(설계도면 등 부속서류는 제외한다)을 특별자치도지사 · 시장 · 군수 · 구청장(자치구의 구청장을 말한다. 이하 같다)에게 제출하여야 한다. 〈개정 2011.3.29.〉

⑾ 감리원 배치현황의 신고(정보통신공사업법시행령 제11조의2)

① 법 제8조8항에 따라 용역업자가 감리원을 배치(배치된 감리원을 교체하는 경우를 포함한다. 이하 이 조에서 같다)하는 경우에는 해당 공사의 착공한 날부터 30일 이내(해당 공사가 30일 이내에 완료되는 경우에는 해당 공사가 완료되기 이전)에 감리원 배치현황 신고서(전자문서로 된 신고서를 포함한다)에 다음 각 호의 서류(전자문서를 포함한다)를 첨부하여 시 · 도지사에게 제출하여야 한다.

1. 감리원 배치계획서(발주자의 확인을 받은 것을 말한다)
2. 공사감리용역계약서 사본
3. 감리원자격증 사본 또는 감리원의 등급을 증명하는 서류
4. 공사 현장간 거리도면(제11조제3항제1호나목에 따라 공사감리를 하는 경우에 한한다)

② 제1항에 따라 신고를 받은 시 · 도지사는 「전자정부법」 제36조제1항에 따른 행정정보의 공동이용을 통하여 다음 각 호의 서류를 확인하여야 한다. 다만, 신청인이 각 호의 확인에 동의하지 아니하는 경우에는 해당 서류를 첨부하도록 하여야 한다.

1. 감리원의 국민연금가입자 가입증명 또는 건강보험 지격득실 확인서(제8조제2항에 따라 공사감리를 하는 경우에 한한다)
2. 「엔지니어링산업 진흥법」에 따른 엔지니어링사업자 또는 「기술사법」에 따른 기술사사무소의 개설자로서 정보통신 관련 분야의 용역업을 경영하는 자임을 증명하는 등록(신고)증

③ 시 · 도지사는 제1항에 따라 감리원 배치현황을 신고한 자가 감리원 배치확인서의 발급을 신청하는 경우에는 이를 발급하여야 한다.

12. 준공 후 사용전검사 실시

⑴ 공사의 사용전검사(정보통신공사업법 제36조)

① 대통령령으로 정하는 공사를 발주한 자(자신의 공사를 스스로 시공한 공사업자 및 제3조제2호에 따라 자신의 공사를 스스로 시공한 자를 포함한다)는 해당 공사를 시작하기 전에 설계도를 특별자치도지사 · 시장 · 군수 · 구청장(자치구의 구청장을 말한다. 이하 같다)에게 제출하여 제6조에 따른 기술기준에 적합한지를 확인받아야 하며, 그 공사를 끝냈을 때에는 특별자치도지사 · 시장 · 군수 · 구청장의 사용전검사를 받고 정보통신설비를 사용하여야 한다.

② 특별자치시장 · 특별자치도지사 · 시장 · 군수 · 구청장은 필요한 경우 발주자 등, 용역업자, 그 밖의 정보통신공사 관계 기관에 제1항에 따른 착공 전 확인과 사용전검사에 관한 자료의 제출을 요구할 수 있다. 〈신설 2014.5.28〉

③ 제1항에 따른 착공 전 확인과 사용전검사의 절차 등은 대통령령으로 정한다. 〈개정

2014.5.28〉

⑵ 착공전 설계도 확인 및 사용전검사의 대상공사(정보통신공사업법시행령 제35조)

① 법 제36조제1항에서 "대통령령으로 정하는 공사"란 별표 1에 따른 구내통신선로·이동통신구내선로·방송공동수신설비의 공사를 말한다. 다만, 다음 각 호의 구분에 따른 공사는 제외한다. 〈개정 2008.10.29, 2008.12.31, 2012.7.17, 2018.4.17〉

1. 착공전 설계도 확인의 경우
   가. 연면적 150제곱미터 이하인 건축물에 설치되는 공사
   나. 「건축법」 제14조에 따른 신고대상건축물에 설치되는 공사
2. 사용전검사의 경우
   가. 제1호가목 또는 나목의 공사
   나. 감리를 실시한 공사
3. 삭제 〈2018.4.17〉

② 공사를 발주한 자는 제1항제2호나목의 경우 제14조에 따라 발주자에게 통보한 감리결과보고서의 사본(설계도면 등 부속서류는 제외한다)을 특별자치시장·특별자치도지사·시장·군수·구청장(자치구의 구청장을 말한다. 이하 같다)에게 제출하여야 한다. 〈개정 2011.3.29, 2014.8.27, 2018.7.24〉

③ 제8조제3항은 제1항제1호가목에 따른 건축물의 연면적의 계산에 있어서 이를 준용한다. 〈개정 2018.7.24〉

[제목개정 2016.6.21.]

⑶ 사용전검사의 신청(정보통신공사업법시행령 제36조)

① 정보통신공사업법 제36조에 따라 사용전검사를 받으려는 자는 정보통신공사 사용전검사신청서(전자문서로 된 신청서를 포함한다)에 공사의 준공설계도서 사본을 첨부하여 특별자치도지사·시장·군수·구청장에게 제출하여야 한다. 〈개정 2011.3.29〉

② 특별자치도지사·시장·군수·구청장은 제1항에 따른 사용전검사신청을 받은 때에는 해당 공사가 제5조에 따른 기술기준에 적합한지의 여부 및 시공상태의 적정성 여부를 검사하여야 한다. 〈개정 2011.3.29〉

③ 특별자치도지사·시장·군수·구청장은 제2항에 따라 사용전검사를 한 결과 그 시설이 사용에 적합하다고 인정한 때에는 정보통신공사 사용전검사필증을 발급하여야 한다. 〈개정 2011.3.29〉

④ 특별자치도지사·시장·군수·구청장은 제3항에 따라 정보통신공사 사용전검사필증을 발급한 때에는 정보통신공사 사용전검사필증 발급대장에 이를 일련번호순으로 기록한다. 〈개정 2011.3.29〉

⑤ 특별자치도지사 · 시장 · 군수 · 구청장은 제2항에 따라 사용전검사를 한 결과 그 공사가 기술기준에 미달하는 등 사용에 부적합하다고 인정하는 때에는 그 사유를 명시하여 보완지시를 하여야 한다. 〈개정 2011.3.29〉

13. 정보통신공사 하자담보책임(정보통신공사업법 제37조)

① 수급인은 발주자에 대하여 공사의 완공일부터 5년 이내의 범위에서 공사의 종류별로 대통령령으로 정하는 기간 내에 발생한 하자(瑕疵)에 대하여 담보책임이 있다.

② 수급인은 다음 각 호의 어느 하나의 사유로 발생한 하자에 대하여는 제1항에도 불구하고 담보책임이 없다. 다만, 수급인이 그 재료 또는 지시의 부적당함을 알고 발주자에게 고지(告知)하지 아니한 경우에는 담보책임이 있다.

1. 발주자가 제공한 재료의 품질이나 규격 등의 기준미달로 인한 경우
2. 발주자의 지시에 따라 시공한 경우

③ 공사에 관한 하자담보책임에 관하여 다른 법률(「민법」 제670조 및 제671조는 제외한다)에 특별한 규정이 있는 경우에는 그 법률에서 정한 바에 따른다. [전문개정 2009.3.25]

14. 공사의 하자담보책임의 기간(정보통신공사업법시행령 제37조)

정보통신공사업법 제37조제1항에서 "공사의 종류별로 대통령령으로 정하는 기간"이란 다음 각 호의 기간을 말한다. 〈개정 2011.3.29〉

1. 터널식 또는 개착식 등의 통신구공사 : 5년
2. 「전기통신기본법」 제2조제4호에 따른 사업용전기통신설비 중 케이블 설치공사(구내에서 시공되는 공사는 제외한다), 관로공사, 철탑공사, 교환기설치공사, 전송설비공사, 위성통신설비공사 : 3년
3. 제1호 및 제2호의 공사 외의 공사 : 1년

15. 착공전 설계도 확인(정보통신공사업법시행령 제35조의2)

① 법 제36조제1항에 따라 설계도의 확인을 받으려는 자는 정보통신공사 착공전 설계도 확인 신청서(전자문서로 된 신청서를 포함한다)에 공사의 설계도 사본(전자문서로 된 설계도를 포함한다)을 첨부하여 해당 정보통신공사를 시작하기 전에 특별자치시장 · 특별자치도지사 · 시장 · 군수 · 구청장에게 제출하여야 한다.

② 특별자치시장 · 특별자치도지사 · 시장 · 군수 · 구청장은 제1항에 따른 설계도의 확인 요청을 받은 경우에는 설계도의 내용이 법 제6조에 따른 기술기준(이하 이 조에서 "기술기준"이라 한다)에 적합한지 여부를 확인하여야 한다.

③ 특별자치시장 · 특별자치도지사 · 시장 · 군수 · 구청장은 제2항에 따른 정보통신공

사 설계도의 확인 결과를 제1항에 따른 신청인에게 알리려는 경우에는 과학기술정보통신부령으로 정하는 정보통신공사 착공전 설계도 확인결과 통보서에 적어 알려야 하며, 해당 공사의 설계가 기술기준에 미달하는 등 시공에 부적합하다고 인정하는 경우에는 통보서에 확인의견 및 보완사항 등의 내용을 적어 알려야 한다.
〈개정 2017.7.26〉

④ 특별자치시장 · 특별자치도지사 · 시장 · 군수 · 구청장은 제3항에 따라 정보통신공사 설계도 확인결과를 알린 경우에는 정보통신공사 착공전 설계도 확인업무 관리대장에 이를 일련번호순으로 기록하여야 한다.

[본조신설 2016.6.21.]

1.3 정보통신설비설계의 필요성 및 근거

1.3.1 정보통신설비의 설계의무

발주자는 용역업자에게 공사의 설계를 발주하여야 하며, 설계도서를 작성한 자는 그 설계도서에 서명 또는 날인하여야 한다(정보통신공사업 제7조 ①·②항).

설계도서를 작성한 자는 대통령령으로 정하는 기술기준에 적합하도록 설계하여야 한다(정보통신공사업법 제6조).

1. 설계에 있어서의 기술기준(정보통신공사업법시행령제5조)

정보통신공사업법제6조제1항에서 "대통령령으로 정하는 기술기준"이란 다음 각 호의 기술기준을 말한다. 〈개정, 2018.4.17〉

1. 「방송통신발전 기본법」 제28조제1항에 따른 기술기준
1의2. 「전기통신사업법」 제61조, 제68조제2항, 제69조제2항 및 제69조의2제2항에 따른 기술기준
2. 「전파법」 제37조제1항, 제45조, 제47조, 제47조의2제1항 · 제2항 및 제47조의3제1항에 따른 기술기준
3. 「방송법」 제79조제1항에 따른 기술기준
4. 「건축법 시행령」 제87조제5항 및 「주택건설기준 등에 관한 규정」 제32조, 제32조의2, 제39조 및 제42조에 따른 기술기준
5. 다른 법령에서 공사의 설계 등과 관련하여 과학기술정보통신부장관이 정하도록 한 기술기준이나 표준

2. 설계대상인 공사의 범위(정보통신공사업법시행령 제6조)

① 법 제7조에 따라 용역업자에게 설계를 발주하여야 하는 공사는 다음 각 호의 어느 하나에 해당하는 공사를 제외한 공사로 한다.

1. 제4조에 따른 경미한 공사
2. 천재 · 지변 또는 비상재해로 인한 긴급복구공사 및 그 부대공사
3. 별표 1에 따른 통신구설비공사
4. 기존 설비를 대 · 개체하는 공사로서 설계도면의 새로운 작성이 불필요한 공사

② 제1항에도 불구하고 다음 각 호의 어느 하나에 해당하는 공사로서 별표 6에 따른 기술계 정보통신기술자인 발주자의 소속직원이 관계법령에 따라 설계하는 공사의 경우에는 용역업자에게 발주하지 아니할 수 있되, 그 소속직원은 설계하려는 공사 규모에 해당하는 제11조제1항에 따른 적합한 기술등급을 보유하여야 한다. 이 경우 제11조제1항 각 호 중 "특급감리원"은 "특급기술자"로, "고급감리원 이상의 감리원"은 "고급기술자 이상의 기술자"로, "중급감리원 이상의 감리원"은 "중급기술자 이상의 기술자"로, "초급감리원 이상의 감리원"은 "초급기술자 이상의 기술자"로 본다.

1. 국방 및 국가안보 등과 관련하여 기밀유지가 요구되는 공사
2. 다음 각 목의 어느 하나에 해당하는 기관이 시행하는 공사
   가. 국가 및 지방자치단체
   나. 「지방공기업법」에 따른 지방공사
   다. 그 밖에 정보통신 관련 공공기관으로서 방송통신위원회가 정하여 고시하는 기관
3. 제1호 및 제2호에 따른 공사 외의 공사로서 총공사금액(도급금액에 발주자가 공급하는 자재비를 포함한 금액을 말한다. 이하 같다)이 1억원 미만인 공사

3. 설계발주 규정(정보통신공사업법 제2조)

① 엔지니어링활동을 영업의 수단으로 하려는 자는 기술인력 등 대통령령으로 정하는 요건을 갖추고 산업통상자원부장관에게 신고하여야 한다. 이 경우 산업통상자원부장관은 신고한 자에게 산업통상자원부령으로 정하는 바에 따라 신고증을 교부하여야 한다.

② 엔지니어링사업자[6]는 대통령령으로 정하는 중요 사항을 변경하거나 휴업 또는 폐업하려는 때에는 산업통상자원부령으로 정하는 바에 따라 그 사유가 발생한 날부터 30일 이내에 산업통상자원부장관에게 그 사실을 신고하여야 한다.

---

6) 엔지니어링사업자의 신고 : 엔지니어링산업진흥법 제21조(엔지니어링사업자의 신고 등)

③ 산업통상자원부장관은 제1항 및 제2항에 따른 신고를 받은 경우 그 신고사항에 대하여 보완이 필요하다고 인정할 때에는 3개월 이내에서 기간을 정하여 이를 보완하게 할 수 있다.
④ 제1항에 따라 엔지니어링사업자의 신고를 한 자는 타인에게 자기의 상호 또는 성명을 사용하여 엔지니어링사업을 하게 하거나 신고증을 빌려 주어서는 아니 된다.
⑤ 누구든지 제4항에서 금지된 행위를 알선하거나 타인의 신고증을 사용하여서는 아니된다.
⑥ 엔지니어링사업자의 신고절차 등에 관하여 필요한 사항은 산업통상자원부령으로 정한다.

4. 설계 발주의무 규정(정보통신공사업 제7조)

① 발주자는 용역업자에게 공사의 설계를 발주하여야 한다.

5. 설계도서 기명날인 규정(정보통신공사업 제7조)

② 제1항에 따라 설계도서를 작성한 자는 그 설계도서에 서명 또는 기명날인하여야 한다.
③ 제1항 및 제2항에 따른 설계 대상인 공사의 범위, 설계도서의 보관, 그 밖에 필요한 사항은 대통령령으로 정한다.

6. 설계도서 등의 서명날인 규정(엔지니어링산업진흥법 제27조)

엔지니어링사업자가 엔지니어링사업의 설계도서 또는 보고서(이하 "설계도서 등"이라 한다)를 작성할 경우 전부의 책임을 맡은 엔지니어링기술자와 일부의 책임을 맡은 엔지니어링기술자는 각각 책임범위에서 설계도서 등에 서명날인하여야 한다. 설계도서 등의 일부를 변경한 경우에도 또한 같다.

7. 엔지니어링기술자의 신고(엔지니어링산업진흥법 제26조)

① 엔지니어링기술자는 산업통상자원부령으로 정하는 바에 따라 근무처 · 경력 · 학력 및 자격 등(이하 "근무경력 등"이라 한다)의 관리에 필요한 사항을 산업통상자원부장관에게 신고할 수 있다. 신고사항이 변경되었을 때에도 또한 같다.
② 제21조에 따라 엔지니어링사업자가 신고를 한 경우 그 보유한 기술인력에 해당하는 엔지니어링기술자는 제1항에 따라 신고를 한 것으로 본다.
③ 산업통상자원부장관은 제1항에 따라 신고한 엔지니어링기술자가 엔지니어링기술자의 근무경력 등에 관한 증명서(이하 "엔지니어링기술경력증"이라 한다)를 신청

한 경우에는 엔지니어링기술경력증을 발급하여야 한다.

④ 산업통상자원부장관은 제1항에 따라 신고를 받은 내용을 확인하기 위하여 필요한 경우에는 중앙행정기관, 지방자치단체, 「초 · 중등교육법」 제2조 및 「고등교육법」 제2조에 따른 학교, 신고한 엔지니어링기술자가 소속 중이거나 소속되었던 엔지니어링사업자 등에 대하여 관련 자료를 제출하도록 요청할 수 있다. 이 경우 요청을 받은 자는 특별한 사유가 없으면 이에 협조하여야 한다.

⑤ 엔지니어링기술자는 제1항에 따른 신고 또는 변경신고를 할 때에 근무경력 등을 거짓으로 신고하여서는 아니된다.

⑥ 엔지니어링기술자는 타인에게 자기의 성명을 사용하여 엔지니어링활동을 하게 하거나 엔지니어링기술경력증을 빌려 주어서는 아니된다.

⑦ 제1항부터 제4항까지의 규정에 따른 엔지니어링기술자의 신고 및 엔지니어링기술경력증의 발급 · 관리 등에 필요한 사항은 산업통상자원부령으로 정한다.

8. 엔지니어링기술자의 신고서 제출(엔지니어링산업진흥법시행규칙 제13조)

① 엔지니어링산업진흥법 제26조제1항에 따라 엔지니어링기술자 경력 등을 신고하려는 자는 별지 제13호 서식의 엔지니어링기술자 경력신고서에 다음 각 호의 서류(전자문서를 포함한다)를 첨부하여 엔지니어링협회에 제출하여야 한다.

1. 국가기술자격증 사본 1부(해당자만 제출한다)
2. 졸업증명서 1부(해당자만 제출한다)
3. 경력을 증명할 수 있는 다음 각 목의 어느 하나에 해당하는 서류(해당자만 제출한다)
   가. 별지 제14호 서식의 엔지니어링기술자 경력확인서[사용자(대표자)나 발주자의 확인을 받은 것이어야 한다] 및 해당 경력사항을 증명할 수 있는 서류
   나. 「건설기술관리법」 등 다른 법령에 따라 행정기관이나 수탁기관이 발급한 경력증명서
4. 교육 · 훈련사항 및 상훈을 증명할 수 있는 서류(해당자만 제출한다)

② 엔지니어링산업진흥법 제26조제1항에 따라 엔지니어링기술자 경력 등의 변경신고를 하려는 자는 별지 제15호 서식의 엔지니어링기술자 경력 변경신고서에 제1항 각 호의 서류(전자문서를 포함한다)를 첨부하여 엔진니어링협회에 제출하여야 한다.

9. 엔지니어링기술경력증 발급

엔지니어링산업진흥법 제26조제3항 및 같은 법 시행규칙 제14조제2항에 따라 엔지니어링기술경력증을 발급한다.

10. 정보통신분야의 설계용역업자의 범위(정보통신공사업법시행령 제3조)

정보통신공사업법 제2조제7호에서 "대통령령으로 정하는 정보통신 관련분야"란 정보통신 · 정보관리 · 산업계측제어 · 전자계산기 · 전자계산조직응용 · 전자응용 및 철도신호를 말한다. 〈개정 2011.3.29〉

11. 엔지니어링사업자 종류

엔지니어링산업진흥법시행령 제3조(엔지니어링기술)법 제2조제5호에 따른 엔지니어링기술은 〈표 1-1〉과 같다.

〈표 1-1〉 엔지니어링기술 부문(엔지니어링기술진흥법시행령 제3조 관련)

1. 전문분야별 구분

기술 부문	전 문 분 야
기계부문	① 일반산업기계 ② 차량 ③ 용접 ④ 금형
선박부문	조선
항공우주부문	항공
금속부문	금속
전기부문	① 전기설비 ② 전기전자응용
정보통신부문	① 정보통신 ② 정보관리 ③ 철도신호
화학부문	화공
광업부문	① 자원관리 ② 광해방지
건설부문	① 도로 · 공항 ② 항만해안 ③ 철도 ④ 교통 ⑤ 농어업토목 ⑥ 도시계획 ⑦ 조경 ⑧ 구조 ⑨ 수자원개발 ⑩ 상하수도 ⑪ 토질 · 지질 ⑫ 측량 · 지적 ⑬ 품질시험
설비부문	설비
환경부문	① 대기관리 ② 수질관리 ③ 소음 · 진동 ④ 폐기물처리 ⑤ 자연 · 토양환경
농림부문	① 농림 ② 시설원예
해양 · 수산	해양
산업부문	① 생산관리 ② 포장 · 제품디자인 ③ 산업안전 ④ 소방 · 방재 ⑤ 가스 ⑥ 섬유 ⑦ 나노융합 ⑧ 체계공학 ⑨ 프로젝트매니지먼트
원자력부문	① 원자력 · 방사선 관리 ② 비파괴검사

2. 엔지니어링사업자의 신고기준(엔지니어링산업진흥법시행령 제33조 관련)

엔지니어링사업의 종류	신고기준		업무범위
	기술인력	사무실	
엔지니어링업	별표 2 제2호가목에 따른 특급기술자 1명 이상을 포함하여 같은 목에 따른 기술계엔지니어링기술자 5명 이상	엔지니어링업을 수행하는 데 필요한 사무실을 보유할 것	엔지니어링활동
엔지니어링컨설팅업	별표 2 제2호가목에 따른 특급기술자 1명 이상	엔지니어링컨설팅업을 수행하는 데 필요한 사무실을 보유할 것	법 제2조제1호가목에 따른 연구, 기획, 자문, 지도

비고

1. 엔지니어링사업자로 신고하려는 자는 별표 1 제2호에 따른 전문분야별로 위 표에 따른 신고기준을 갖추어야 한다.
2. 엔지니어링사업자가 별표 1 제2호에 따른 같은 기술부문에 속하는 전문분야를 추가하여 신고하는 경우에는 해당 전문분야에 속하는 고급기술자 이상인 엔지니어링기술자 1명과 초급기술자 2명의 기술인력을 갖추어 신고할 수 있다.
3. 엔지니어링사업자가(2013년 1월 1일부터는 별표 2 제3호)에 따른 기술사를 기술인력으로 신고하는 경우에는 특급기술자 1명과 초급기술자 1명을 신고한 것으로 본다.
4. 위 표의 기술인력은 다음의 요건을 모두 갖춘 사람이어야 하며, 「국가기술자격법」에 따라 그 자격이 정지된 사람은 제외한다.
   가) 법 제26조에 따라 신고한 엔지니어링기술자일 것
   나) 해당 기술분야의(2013년 1월 1일부터는 별표 2 제3호가목)에 따른 국가기술자격자나 학력자일 것. 이 경우 학력자는 전문대학 이상의 학력을 소지한 자만 해당한다.
   다) 엔지니어링활동을 전담할 것

12. 정보통신엔지니어링 기술자의 기술 등급

엔지니어링기술진흥법 시행령 제4조와 관련 엔지니어링기술자 등급은 〈표 1-2〉와 같다.

■ 엔지니어링산업 진흥법 시행령 [별표 2] 〈개정 2024.4.2〉

〈표 1-2〉 엔지니어링기술자(제4조 관련)

1. 기술계 엔지니어링기술자

구분 기술등급	국가기술자격자	학 력 자
기술사	해당 전문분야와 관련된 기술사자격을 가진 사람	
특급기술자	1) 해당 전문분야와 관련된 기사자격을 가진 사람으로서 해당 전문분야와 관련된 업무를 10년 이상 수행한 사람 2) 해당 전문분야와 관련된 산업기사자격을 가진 사람으로서 해당 전문분야와 관련된 업무를 13년 이상 수행한 사람	1) 해당 전문분야와 관련된 박사학위를 가진 사람으로서 해당 전문분야와 관련된 업무를 4년 이상 수행한 사람 2) 해당 전문분야와 관련된 석사학위를 가진 사람으로서 해당 전문분야와 관련된 업무를 9년 이상 수행한 사람 3) 해당 전문분야와 관련된 학사학위를 가진 사람으로서 해당 전문분야와 관련된 업무를 12년 이상 수행한 사람

기술등급 \ 구분	국가기술자격자	학 력 자
		4) 해당 전문분야와 관련된 전문대학을 졸업한 사람으로서 해당 전문분야와 관련된 업무를 15년 이상 수행한 사람
고급기술자	1) 해당 전문분야와 관련된 기사자격을 가진 사람으로서 해당 전문분야와 관련된 업무를 7년 이상 수행한 사람 2) 해당 전문분야와 관련된 산업기사자격을 가진 사람으로서 해당 전문분야와 관련된 업무를 10년 이상 수행한 사람	1) 해당 전문분야와 관련된 박사학위를 가진 사람으로서 해당 전문분야와 관련된 업무를 1년 이상 수행한 사람 2) 해당 전문분야와 관련된 석사학위를 가진 사람으로서 해당 전문분야와 관련된 업무를 6년 이상 수행한 사람 3) 해당 전문분야와 관련된 학사학위를 가진 사람으로서 해당 전문분야와 관련된 업무를 9년 이상 수행한 사람 4) 해당 전문분야와 관련된 전문대학을 졸업한 사람으로서 해당 전문분야와 관련된 업무를 12년 이상 수행한 사람
중급기술자	1) 해당 전문분야와 관련된 기사자격을 가진 사람으로서 해당 전문분야와 관련된 업무를 4년 이상 수행한 사람 2) 해당 전문분야와 관련된 산업기사자격을 가진 사람으로서 해당 전문분야와 관련된 업무를 7년 이상 수행한 사람	1) 해당 전문분야와 관련된 박사학위를 가진 사람 2) 해당 전문분야와 관련된 석사학위를 가진 사람으로서 해당 전문분야와 관련된 업무를 3년 이상 수행한 사람 3) 해당 전문분야와 관련된 학사학위를 가진 사람으로서 해당 전문분야와 관련된 업무를 6년 이상 수행한 사람 4) 해당 전문분야와 관련된 전문대학을 졸업한 사람으로서 해당 전문분야와 관련된 업무를 9년 이상 수행한 사람
초급기술자	1) 해당 전문분야와 관련된 기사자격을 가진 사람 2) 해당 전문분야와 관련된 산업기사자격을 가진 사람으로서 해당 전문분야와 관련된 업무를 2년 이상 수행한 사람	1) 해당 전문분야와 관련된 석사학위를 가진 사람 2) 해당 전문분야와 관련된 학사학위를 가진 사람 3) 해당 전문분야와 관련된 전문대학을 졸업한 사람으로서 해당 전문분야와 관련된 업무를 3년 이상 수행한 사람

2. 숙련기술계 엔지니어링기술자

기술등급 \ 구분	국가기술자격자	학력자
고급숙련 기술자	1) 해당 전문분야와 관련된 기능장 자격을 가진 사람 2) 해당 전문분야와 관련된 산업기사 자격을 가진 사람으로서 해당 전문분야와 관련된 업무를 4년 이상 수행한 사람	1) 해당 전문분야와 관련된 기능대학 또는 전문대학을 졸업한 사람으로서 해당 전문분야와 관련된 업무를 5년 이상 수행한 사람

구분 기술등급	국가기술자격자	학력자
	3) 해당 전문분야와 관련된 기능사 자격을 가진 사람으로서 해당 전문분야와 관련된 업무를 7년 이상 수행한 사람 4) 해당 전문분야와 관련된 기능사보자격을 가진 사람으로서 해당 전문분야와 관련된 업무를 10년 이상 수행한 사람	2) 고등학교를 졸업한 사람으로서 해당 전문분야와 관련된 업무를 8년 이상 수행한 사람 3) 직업훈련기관의 교육을 이수한 사람으로서 해당 전문분야와 관련된 업무를 8년 이상 수행한 사람
중급숙련 기술자	1) 해당 전문분야와 관련된 산업기사 자격을 가진 사람 2) 해당 전문분야와 관련된 기능사 자격을 가진 사람으로서 해당 전문분야와 관련된 업무를 3년 이상 수행한 사람 3) 해당 전문분야와 관련된 기능사보 자격을 가진 사람으로서 해당 전문분야와 관련된 업무를 5년 이상 수행한 사람	1) 해당 전문분야와 관련된 기능대학 또는 전문대학을 졸업한 사람으로서 해당 전문분야와 관련된 업무를 1년 이상 수행한 사람 2) 고등학교를 졸업한 사람으로서 해당 전문분야와 관련된 업무를 4년 이상 수행한 사람 3) 직업훈련기관의 교육을 이수한 사람으로서 해당 전문분야와 관련된 업무를 6년 이상 수행한 사람 4) 해당 전문분야와 관련된 업무를 10년 이상 수행한 사람
초급숙련 기술자	1) 해당 전문분야와 관련된 기능사 자격을 가진 사람 2) 해당 전문분야와 관련된 기능사보 자격을 가진 사람으로서 해당 전문분야와 관련된 업무를 2년 이상 수행한 사람	1) 고등학교를 졸업한 사람으로서 해당 전문분야와 관련된 업무를 1년 이상 수행한 사람 2) 직업훈련기관의 교육을 이수한 사람으로서 해당 전문분야와 관련된 업무를 1년 이상 수행한 사람 3) 해당 전문분야와 관련된 업무를 5년 이상 수행한 사람

비고

1. 위 표의 "국가기술자격자"란의 각 자격은 「국가기술자격법」에 따른 국가기술자격의 종목 중 별표 1의 전문분야와 관련되는 종목의 국가기술자격을 말한다.
2. 위 표에서 "학력자"란의 각 학력은 다음 각 목의 어느 하나에 해당하는 학력을 말한다.
   가. 「초·중등교육법」 또는 「고등교육법」에 따른 학교에서 엔지니어링기술 관련 학과의 정해진 과정의 이수와 졸업에 따라 취득한 학력
   나. 그 밖의 관계 법령에 따라 국내외에서 받은 가목과 같은 수준 이상의 학력
3. 위 표에서 "해당 전문분야"란 별표 1의 전문분야를 말한다.
4. 외국인의 경우에는 당사자의 기술자격 또는 학력·경력에 따라 위 표에 상응하는 자격기준을 가진 것으로 본다.
5. 위 표에 따른 전문분야와 관련된 업무 수행 경력을 산정하는 경우 해당 자격 또는 학력을 갖추기 전 경력의 반영비율은 해당 기간의 60퍼센트로 한다.
6. 제1호부터 제5호까지의 규정에서 정한 사항 외에 엔지니어링기술자의 관련 자격·학력 및 경력의 인정범위 등에 관한 세부기준은 산업통상자원부장관이 정하여 고시한다.

13. 엔지니어링관련 학력의 인정범위(엔지니어링위탁업무지침 제27조〈개정 2011.4.28〉)

엔지니어링산업진흥법 제44조 및 동법시행령 제56조의 규정에 의하여 한국엔지니어링협회가 산업통상자원부장관으로부터 위탁받은 업무고시

① 엔지니어링산업진흥법시행령 제4조 별표 2 제2호 비고 라목 및 제3호 비고 라목에 따른 엔지니어링기술자의 학력의 인정범위는 다음 각 호와 같다.

1. 엔지니어링기술 관련 박사학위 학력으로 인정하는 자
   가. 국내 대학원에서 엔지니어링기술 관련 학과의 교육과정을 이수하여 엔지니어링기술 관련 박사학위를 받은 자
   나. 그 밖에 이와 동등 이상의 학력이 있다고 인정되는 자
2. 엔지니어링기술 관련 석사학위 학력으로 인정하는 자
   가. 국내 대학원에서 엔지니어링기술 관련 학과의 교육과정을 이수하여 엔지니어링기술 관련 석사학위를 받은 자
   나. 그 밖에 이와 동등 이상의 학력이 있다고 인정되는 자
3. 엔지니어링기술 관련 학사학위 학력으로 인정하는 자
   가. 국내 대학에서 엔지니어링기술 관련 학과의 교육과정을 이수하여 엔지니어링기술 관련 학사학위를 받은 자
4. 이하는 생략하였으며 구체적인 사항은 관련 규정 참조

14. 정보통신분야 엔지니어링기술 관련 학과범위(엔지니어링협회고시 엔지니어링위탁업무지침 제27조)

산업통상자원부고시 제4조에 따른 해당 엔지니어링기술 관련 학과의 범위는 별표 2와 같다. 정보통신분야 인증학과는 매체공학과, 전자과, 전자전공, 전자학과, 전자학전공, 전자정보공학과, 전자정보학전공, 전자통신과, 전자통신학과, 전자통신전공, 전자통신학전공, 전자통신공학과, 전자통신공학전공, 전자통신시스템학과, 전파방송학과, 전파통신공학과, 전파통신공학전공, 전파통신전공, 정보통신과, 정보통신학과, 정보통신전공, 정보통신학전공, 정보통신공학과, 정보통신공학전공, 통신공학과, 통신공학전공, 통신과, 통신학과, 통신전공, 통신학전공, 항공통신과 등이 있다.

15. 방송통신기술기준(방송통신기발전기본법 제28조)

① 방송통신설비를 설치·운영하는 자는 그 설비를 대통령령으로 정하는 기술기준에 적합하게 하여야 한다.

② 방송통신사업자는 방송통신위원회가 정하여 고시하는 방송통신설비를 설치하거나 설치한 설비를 확장한 경우에는 방송통신서비스를 제공하기 전에 그 방송통신설비가 제1항에 따른 기술기준에 적합한지를 시험하고 그 결과를 기록·관리하여야 한다. 다만, 방송통신설비를 임차하여 방송통신서비스를 제공하는 등 대통령령으로 정하는 방송통신사업자의 경우에는 그러하지 아니하다.

③ 방송통신설비의 설치 및 보전은 설계도서에 따라 하여야 한다.
④ 제3항에 따른 설계도서의 작성에 필요한 사항은 대통령령으로 정한다.
⑤ 방송통신위원회는 방송통신설비가 기술기준에 적합하게 설치 · 운영되는지를 확인하기 위하여 다음 각 호의 어느 하나에 해당하는 경우에는 소속 공무원으로 하여금 방송통신설비를 설치 · 운영하는 자의 설비를 조사하거나 시험하게 할 수 있다.
1. 방송통신설비 관련 시책을 수립하기 위한 경우
2. 국가비상사태에 대비하기 위한 경우
3. 재해 · 재난예방을 위한 경우 및 재해 · 재난이 발생한 경우
4. 방송통신설비의 이상으로 광범위한 방송통신 장애가 발생할 우려가 있는 경우
- 정보통신공사업법 제6조①항(기술기준의 준수)으로 공사를 설계하는 자는 대통령령으로 정하는 기술기준에 적합하게 설계하여야 한다.

1.3.2 설계대상공사의 범위

1. 구내통신선로설비의 설치대상(방송통신설비설치기술기준에 관한 규정 제17조)

⑴ 제17조①항(구내통신선로설비설치대상)

「전기통신사업법」 제69조제1항에 따라 구내통신선로설비 등을 갖추어야 하는 건축물은 「건축법」 제11조제1항에 따라 허가를 받아 건축하는 건축물로 한다. 다만, 야외음악당 · 축사 · 차고 · 창고 등 통신수요가 예상되지 아니하는 비주거용은 제외한다.

⑵ 구내용 전기통신선로설비 등의 설치(전기통신사업법 제69조)

「건축법」 제2조제①항제2호의 규정에 의한 건축물에는 구내통신선로설비 등을 갖추어야 하며 전기통신회선 설비와의 접속을 위한 일정면적을 확보하여야 한다.

2. 구내용 이동통신설비의 설치

⑴ 구내용 이동통신설비의 설치대상(방송통신설비의 기술기준에 관한 규정 제17조의2)

① 「전기통신사업법」 제69조의2제1항제1호에서 "대통령령으로 정하는 건축물"이란 연면적의 합계가 1,000제곱미터 이상인 건축물로서 다음 각 호의 어느 하나에 해당하는 건축물을 말한다.
1. 「건축법 시행령」 제2조제17호에 따른 다중이용 건축물(주택단지에 건설된 건축물은 제외한다)
2. 지하층이 있는 건축물로서 제1호에 해당하지 아니하는 건축물(공중이 이용하는 지하도 · 터널 · 지하상가 및 지하에 설치하는 주차장 등 지하건축물을 포함한다)

② 제1항에도 불구하고 다음 각 호의 어느 하나에 해당하는 건축물은 「전기통신사업

법」 제69조의2제1항제1호에 따른 건축물에서 제외한다. 〈개정 2017.7.26〉

1. 제3항에 따른 주택단지에 건설된 주택 및 시설
2. 「도시철도법」 제2조제3호에 따른 도시철도시설
3. 「국방·군사시설 사업에 관한 법률」 제2조제1호에 따른 국방·군사시설
4. 통신수요가 예상되지 아니한다고 과학기술정보통신부장관이 인정하는 건축물

③ 「전기통신사업법」 제69조의2제1항제2호에서 "대통령령으로 정하는 주택단지"란 500세대 이상의 공동주택이 있는 주택단지를 말한다.

[본조신설 2017.4.25]

(1) 구내용 이동통신설비의 설치장소(방송통신설비의 기술기준에 관한 규정 제17조의3)

「전기통신사업법」 제69조의2제1항 각 호의 시설별로 구내용 이동통신설비를 설치하여야 하는 장소는 [별표 1]과 같다.

[본조신설 2017.4.25.]

[별표 1] 〈개정 2017.7.26〉

구내용 이동통신설비의 설치장소(제17조의3제1항 관련)

구 분	설 치 대 상	설 치 장 소
1. 「전기통신사업법」 제69조의2제1항제1호, 이 영 제17조의2제1항 및 제2항에 따른 건축물	가. 「건축법 시행령」 제2조제17호에 따른 다중이용 건축물(주택단지에 건설된 건축물은 제외한다)	각 지하층 및 각 지상층
	나. 가목에 해당하지 않는 지하층이 있는 건축물(공중이 이용하는 지하도·터널·지하상가 및 지하에 설치하는 주차장 등 지하 건축물을 포함한다)	각 지하층
2. 「전기통신사업법」 제69조의2제1항제2호 및 이 영 제17조의2제3항에 따른 주택 및 시설	가. 제24조의2제1항에 따라 협의하여 지상층에 이동통신구내중계설비를 설치하기로 한 주택 및 시설	각 지하층 및 과학기술정보통신부장관이 정하여 고시하는 기준에 적합한 지상층
	나. 가목에 해당하지 않는 지하층이 있는 주택 및 시설	각 지하층
3. 「전기통신사업법」 제69조의2제1항제3호에 따른 도시철도시설	과학기술정보통신부장관이 정하여 고시하는 기준에 적합한 장소	

비고

위 표에서 규정한 사항 외에 구내용 이동통신설비를 설치하여야 하는 장소에 관한 세부사항은 과학기술정보통신부장관이 정하여 고시한다.

3. 방송공동수신설비의 설치설계(방송공동수신설비의 설치기준에 관한 고시 제1조)

「건축법시행령」 제87조와 「주택건설기준 등에 관한 규정」 제42조에 따라 건축물에 설치하여야 한다.

4. 정보통신공사의 종류(정보통신공사업법시행령 제2조제②항)

〈표 1-3〉 정보통신공사의 종류(제2조제2항 관련)〈개정 2008.12.31〉

구분	공사의 종류	공사의 예시
통신설비공사	통신선로설비공사	통신구설비, 통신관로설비, 통신케이블(광섬유 및 동축케이블 · 전주 · 지지철물 · 케이블방재 · 철탑 · 배관 · 단자함 등을 포함한다)설비 등의 공사
	교환설비공사	전자식교환(ISDN 및 전전자를 포함한다)설비, 자동식교환설비, 비동기식교환(ATM)설비, 가입자선로집중운용보전시스템설비, 집단전화교환설비, 자동호분배장치설비, 중앙과금장치설비, 신호망설비, 지능망설비, 통신처리장치설비, 사설교환(PBX · CBX)설비 등의 공사
	전송설비공사	전송단국(FLC · PCM · PDH · SDH · DACS · SONET · WDM)설비, 송 · 수신설비, 중계설비, 다중화설비, 분배설비, 전력선반송설비, 종합유선방송(CATV)전송설비 등의 공사
	구내통신설비공사	구내통신선로 · 이동통신구내선로 · 방송공동수신설비, 전화설비, 방범설비, 방송설비, 방재설비 중 정보통신설비, 수직 · 수평배관 및 배선설비, 주장비실설비, 층장비실설비, 장애자용음향통신설비, 키폰전화설비 등의 공사
	이동통신설비공사	개인이동통신(PCS)설비, 휴대용이동전화(셀룰러)설비, 주파수공용통신(TRS)설비, 무선데이터통신설비, 무선호출설비, 아이엠티2000(IMT-2000)설비, 위성이동휴대전화(GMPCS)설비, 시티폰설비 등의 공사
	위성통신설비공사	위성송 · 수신국설비, 위성체설비, 지상관제소설비, 발사체설비, 위성측위시스템(GPS)설비, 소형위성지구국(VSAT)설비, 위성뉴스중계(SNG)설비 등의 공사
	고정무선통신설비공사	무선CATV(MMDS · LMDS)설비, 방송통신융합시스템(LMCS)설비, 무선가입자망(WLL)설비, 마이크로웨이브(M/W)설비, 무선적외선설비 등의 공사
방송설비공사	방송국설비공사	영상 · 음향설비, 송출설비, 방송관리시스템설비 등의 공사
	방송전송 · 선로설비공사	방송관로설비, 방송케이블(전주 · 철탑 · 배관 · 단자함 등을 포함한다)설비, 전송단국설비, 송 · 수신설비, 중계설비, 다중화설비, 분배설비, 구내전송선로설비, 위성방송수신설비 등의 공사
정보설비공사	정보제어 · 보안설비공사	인공지능빌딩시스템(IBS)설비, 관제(항공 · 교통 · 기상 · 주차)설비, 원격조정 · 자동제어(SCADA, TM/TC, 공장자동화 등의 정보통신설비를 포함한다)설비, 정보시스템관리설비, 방향탐지설비, 위치측정설비, 전자신호제어설비, 폐쇄회로텔레비전(CCTV)설비, 경비보안설비, 터널군관리(TGMS)설비, 수계통합자동제어설비, 수문제어설비, 홍수예경보설비, 민방공경보설비, 수도시설제어설비, 재해방지설비, 수처리(상수 · 하수 및 폐수 등을 포함한다)계측제어설비, 긴급구조시스템설비, 텔레매틱스(Telematics)설비 등의 공사

구분	공사의 종류	공사의 예시
정보 설비 공사	정보망 설비공사	근거리통신망(이더넷 LAN · ATM-LAN · 기가비트 LAN 등을 포함한다)설비, 부가가치통신망(VAN)설비, 광역통신망(WAN)설비, 정보시스템망관리(TMN)설비, 무선통신망설비, 전산시스템(CPU · C/S · 제어장치 등을 포함한다)설비, 인터넷(인트라넷 · 엑스트라넷 · 방화벽 등을 포함한다) 설비, 멀티미디어설비, 컴퓨터 · 통신통합(CTI)설비, 종합정보통신망(ISDN)설비, 초고속정보망(XDSL : 케이블모뎀 등을 포함한다)설비, 판매시점관리시스템(POS), 유비쿼터스설비 등의 공사
	정보매체 설비공사	화상(영상)회의시스템설비, 홈뱅킹시스템설비, 원격의료시스템설비, 원격교육시스템설비, 주문대응형 비디오시스템(VOD)설비, 홈오토메이션시스템설비, 전자식전광판설비, 지리정보시스템(GIS)설비, 원격자동검침(AMR)설비, 홈네트워크(디지털홈)시스템설비, 동시통역시스템설비, 도시정보체계(UIS)설비, 공간영상정보시스템(SIIS)설비, 객실관리시스템설비 등의 공사
	항공 · 항만 통신설비 공사	무지향표식(NDB)설비, 전방향표식(VOR)설비, 거리측정(DME)설비, 계기착륙(ILS)설비, 로란 및 레이더(ASDE · ASR · MSR)설비, 전술항행(TACAN)설비, 위성항행(CNS/ATM)설비, 위성항법시스템(GNSS)설비, 위성항법보정시스템(DGPS)설비, 항공운항정보(FIS)설비, 저고도돌풍경보장치(LLWAS), 소음측정시스템, 셀프이용안내(KIOSK)설비, 이동지역관리시스템(MAMS)설비, 종합정보통신시스템설비, 일반공중통신시스템설비, 통신자동화시스템설비, 통합경비보안시스템설비, 해안무선(VTS 및 해안지역 각종 통신시설)설비 등의 공사
	선박의 통신 · 항해 · 어로 설비공사	선박통신설비(GMDSS, 조난구조장치, MF · HF · VHF · SSB의 송수신기, 전파수신기, 위성통신기, SSAS, 선내지령장치 등), 선박항해설비(RADAR, 기상수신기, GPS, 전자해도장치, RDF, 측심기, NAVTEX, AIS, VDR, 풍속계, 선속계, 콤퍼스, 자동조타장치 등), 선박어로설비(어군탐지장치, 어망감시장치, 수온측정장치, 조류계 등) 등의 공사
	철도통신 · 신호 설비공사	역무자동화(AFC)설비, 토크백설비, 연선전화설비, 열차무선설비, 사령전화설비, 자동안내방송설비, 전자시계설비, 복합통신설비, 행선안내게시기설비, 도관전선관(HP)설비, 통신 및 신호용 트로프설비, 자동열차정지장치설비, 열차집중제어장치설비, 전자식신호제어설비, 열차내이동무선공중전화설비, 여객자동안내장치설비 등의 공사
기타 설비 공사	정보통신전용 전기시설 설비공사	정보통신전기공급설비, 전기부식방지설비, 전력 · 전철유도방지설비, 무정전전원장치(UPS)설비, 충방전 · 전압조정설비, 전동발전기설비, 접지설비, 서지설비, 낙뢰방지설비, 잡음 · 전자파(EMI · EMC · EMS 등을 포함한다)방지설비 등의 공사

1.3.3 설계도서의 보관의무

공사의 설계도서는 다음 기준에 의하여 보관하여야 한다(정보통신공사업법시행령 제7조).

① 공사 목적물의 소유자는 공사에 대한 실시·준공 설계도서를 공사의 목적물이 폐지될 때까지 보관할 것. 다만, 소유자가 보관하기 어려운 사유가 있을 때에는 관리주체가 보관하여야 한다. 시설교체시 변경된 실시, 준공도서를 보관하여야 한다.

② 공사를 설계한 용역업자는 그가 작성 또는 제공한 실시 설계도서를 당해 공사가 준공된 후 5년간 보관하여야 한다.

③ 공사를 감리한 용역업자는 그가 감리한 공사의 준공 설계도서를 하자담보 책임기간이 종료될 때까지 보관하여야 한다.

1.3.4 설계용역의 하도급

① 하도급의 범위는 다음과 같다.
- 각종 조사 측정 및 이와 유사한 작업
- 현장조사에 부수되는 시험 등 작업
- 제도 및 도면작성 등 작업
- 공사의 수량내역서 작성 및 견적업무
- 기타 발주청이 특별히 인정하는 업무

② 설계 등 용역을 하도급한 경우 당초 도급받은 설계 등 용역업자는 당해 설계 등 용역에 관하여 책임을 진다.

③ 설계 등 용역업자는 설계 등 용역을 하도급한 경우에는 하도급 계약내용을 발주청에 통보하여야 한다.

1.3.5 용역참여기술자의 업무내용 명기

설계 등 용역업자는 최종용역보고서 및 설계도면에 참여건설기술자의 성명·담당업무·참여기간 등을 구체적으로 기재하여야 하며, 당사자로 하여금 이를 확인한 후 날인하도록 하여야 한다.

1.3.6 기술기준과 기술표준

1. 기술기준 목적

① 통신망 이용자와 사업자간, 사업자와 사업자간에 준수해야 할 최소한의 원칙 제시

② 통신기술의 발전 및 통신시장의 확보, 통신품질 유지의 바탕역할
③ 공통된 판단과 평가근거가 되는 조건 · 수준 · 한계 등을 규정
④ 원활한 통신소통 보장 및 장해나 위해 등의 발생을 사전에 방지
⑤ 공중통신망을 외부의 전기적 · 물리적 위해로부터 보호
⑥ 통신망 총체적인 설계목표를 제시

2. 기술표준

① 정보통신시스템이 통신망으로 연결되어 정보통신 서비스를 하는 데 필요한 통신주체간 합의 규약의 집합을 목적으로 함
② 정보통신표준의 범위
- 정보통신기술 중 일단의 집합에 의한 공통규약이 필요한 부분
- 정보통신규약은 프로토콜로 정의

③ 표준화는 프로토콜 및 요구조건의 정립활동
④ 표준화 단계
- 기초 · 기반 연구단계
- 합의점 도출단계
- 표준에 의한 제품구현 단계
- 시험 및 서비스 단계

3. 기술기준과 표준의 비교

(1) 기술기준(강제기준)

기술표준 중 법령 등에 근거하여 정부가 전기통신사업자, 통신기기제조자, 설계 및 시공자 등에게 의무화한 강제규정

(2) 기술표준(권고기준)

① 전기통신의 효율적인 운용을 위해 통신망 상호간, 통신망과 단말장치 상호간, 단말장치 상호간에 호환성과 연동성의 확보 필요
② 호환성 및 연동성을 확보하기 위해 지켜져야 할 사항 및 수단
③ 제정기관 : 한국정보통신기술협회(TTA : Telecommunications Technology Association)

1.4 정보통신설비설계의 순서

1.4.1 정보통신공사의 기본계획

발주청(발주기관)은 건설(정보통신)공사에 대하여 기본구상을 기초로 하여 기본계획을 수립하여야 한다.

기본계획 수립내용은 다음과 같다.

① 공사의 목표 및 기본방향
② 공사내용, 공사기간, 시행자 및 공사수행계획
③ 공사비 및 재원조달계획
④ 정보통신설비의 도입에 관한 통신설비의 신기술적용과 사업비 산출
⑤ 연차별 공사시행계획
⑥ 정보통신설비 운영관리계획
⑦ 유지비용에 관한 계획
⑧ 기대효과, 기타 발주청이 필요하다고 요구하는 사항

1.4.2 정보통신공사의 기본설계

발주청은 기본계획을 반영하여 당해 정보통신공사에 있어서의 주요 설비, 공사비, 실시설계의 방침 등을 포함한 기본적인 설계를 하여야 한다.

그리고 발주청은 기본설계를 함에 있어서 자재(시스템) 및 공법 선택 등 설계내용을 적절하게 관리하여 기본계획에서 정한 공사비가 증가되지 아니하도록 노력하여야 한다.

1.4.3 정보통신공사의 실시설계

발주청은 기본설계를 토대로 실시설계를 하여야 한다.

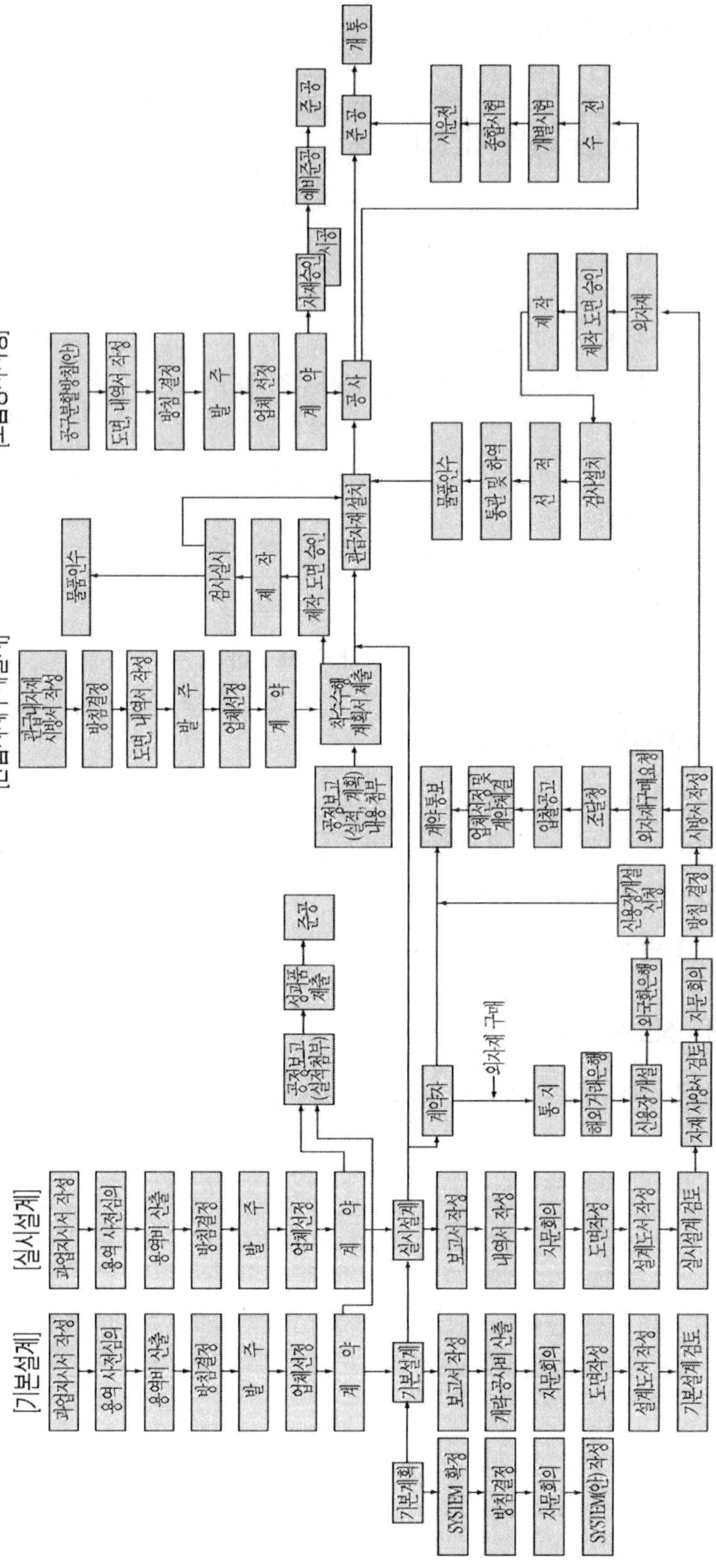

[그림 1-3] 통신분야 설계 및 시공계획 추진과정

1.4.4 정보통신공사의 관리(시공)

발주청 및 책임감리원은 시공자가 당해 공사의 공정 · 비용 · 품질 · 안전 및 하도급관리 등에 관한 계획(품질보증, 공사관리계획)과 시공에 관한 제반 대책을 적절히 이행하는지 여부를 감리 · 감독하여야 한다.

1.4.5 정보통신공사의 준공

정보통신공사의 준공보고서를 작성 시 다음의 서류를 첨부하여야 한다.

① 준공도서
② 품질기록(품질시험 또는 검사결과 총괄표)
③ 시공 · 설치 후 계산서
④ 시스템이나 설비 유지 · 관리에 필요한 사항
⑤ 신공법 또는 특수공법 평가보고서
⑥ 시운전 평가결과서

발주청 및 책임감리원은 공사의 성질 · 규모 등을 고려하여 예비준공검사를 실시할 수 있다. 이 경우 준공검사를 하는 자는 예비준공검사시 지적된 사항의 시정여부를 확인하여야 한다.

1.5 기본설계

기본설계란 건축주가 의도하는 목적, 건축의 실현과 관련된 여러 가지 조건을 종합하여 부합된 충분한 가치와 효용을 가진 정보통신설비를 설계도서의 형식으로 표현하여 설계지침서와 계략공사비를 제시하는 업무이다.

정보통신설비의 규모, 배치, 형태, 개략적 공사내역(방법 · 기간 · 공사비) 등에 대한 기본적인 예비타당성 조사, 분석, 기술적 대안과 시스템 배치, 통신시스템의 비교검토, 공사비의 경제성 등 가장 좋은 방안을 선정한다.

선정안을 가지고 기본설계와 실시설계에 필요한 관련 법규, 기술기준과 조건 등 기술자료를 작성한다. 그리고 설계지침서의 작성과 기본설계에 관한 세부시행기준을 작성하는 설계과정이다.

1.5.1 기본설계 실시

건물주의 건물이용의 계획과 운영의 목적이 정확하게 파악되어야 한다.

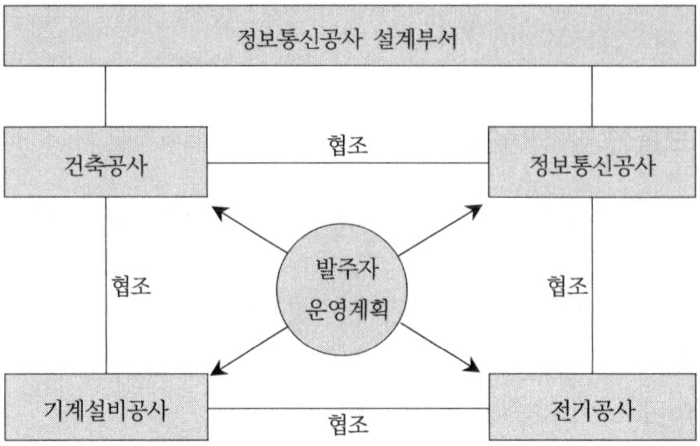

[그림 1-4] 기본설계 실시

① 건물주의 건축물 운영계획에 따라 정보통신공사 설계의 방향이 결정된다. 건축공사설계와 전기공사설계의 자료를 수집하여 협조를 통한 시공도면을 작성하여야 한다. 최근에는 건물 전체 각 기능실에 초고속통신망을 구축하여 컴퓨터와 무선통신 시스템을 이용한 통신망이 운영될 수 있어야 건물임대뿐만 아니라 업무용 건물의 기능을 할 수 있다.

② 각종 정보통신 단말기를 설치하여 사무를 할 수 있도록 제공하는 건물이 되기 위해서는 설계자가 향후 통신기술의 발전방향을 잘 예측하여야 한다. 특히 통신망과 단말기간 호환이 되지 않아서 입주자와 건물주간의 분쟁소지가 없도록 설계하여야 한다.

③ 예산범위 내에서 최대한의 설계는 예산을 고려하여 설계하여야 한다. 그렇다고 예산이 너무 적은데도 예산에 얽매여 설계하면 성능을 떨어뜨려 시공중 설계변경의 발생이나 준공 후에 기능을 하지 못하는 통신설비가 될 수 있다.

④ 유선망 분야 통신시스템 설계는 유선통신망을 기준으로 각종 단말기 운영계획이 수립되어야 한다. 유선분야의 통신망은 각종 통신케이블을 이용한 지하에서 지상층까지 아날로그 통신용 유선망과 디지털 통신용 유선망을 검토하여 설계가 되어야 하며, 아직까지는 전화, 인터폰, 구내방송 부분은 동선케이블을 설계하고 컴퓨터를 이용한 유선망은 디지털급 통신용을 UTP나 광케이블로 시공하며, 두 가지 형태의 아날로그와 디지털급의 분리설계를 하고 있다. 특히 디지털 부분의 통신망 구축시 국산과 외산의 네트워크 시스템과 단말기간 통신용 데이터 언어가 서로 달라서 표준화가 되지 못한 사례가 있으므로 설계에 신중을 기해야 한다. TV방송 공동수신설비와 자체 영상서비스를 이용하여 건물을 운영할 계획을 검토하여 설계

에 반영되어야 한다.

⑤ 무선망 분야 통신시스템 설계 : 이동통신선로설비 계획, 자체 무선망의 무선통신시스템 운용계획 등에 관한 검토가 되어야 한다. 각종 건물 내의 이동통신기지국 설치, 휴대무선망, 이동용 컴퓨터나 휴대 단말기의 이용계획에 따라 전파의 음영지역이 없도록 설계되어야 한다.

⑥ 기본설계 작성기준 : 기본계획의 제반조건과 요구사항 등을 바탕으로 하여 배치계획, 사전조사사항, 공정계획, 공사비, 공사기간 등의 기본적인 내용을 설계도서에 표기한 것을 말하며, 그 내용 및 작성기준은 다음과 같다.

⑦ 기본설계 과업내용

- 기본계획에 의한 설비의 계획적 규모와 계략공사비를 산출한다.
- 설계지침을 작성하는 과정이다.

구 분	표시하여야 할 사항
설계설명서	• 공사개요 : 위지, 설비규모, 공사기간, 공종별 계략공사비 등 • 주요 설비사항 : 각종 설비에 대한 필요성(통신설비, 비상전원 등) 설명, 비교표, 검토서 • 본 설계에 적용된 기술기준과 정보통신설비에 대한 설명
설비계산서	• 각 실별 소용용량 기준, 계략공사비 산출 • 부하 산출서(단말기 산출 등) : 세부설비별로 작성 • 계측 및 측정 기준치 산출서
내역서	공사비 내역서, 공사비 산출내역서
시방서	• 제품의 규격서 • 시공에 필요한 일반시방서, 특별시방서

- 기본설계 도면

도면의 종류	표시하여야 할 사항
부근안내도	방위, 도로, 등고선, 건축물 및 목표되는 지물
범 례	사용된 기호 · 부호
배 치 도	• 각 건축물과 시설물의 위치 및 위치 평면도 • 정보통신 단말기 배치도
간 선 도	전화, 방송, TV공동시청, LAN, CCTV, 인터폰, 이동통신망
계 통 도	간선도의 설비들 평면도 및 입상도면
기 타	신기술 현황설명서

1.5.2 정보통신공사의 설계 및 실시설계 추진순서

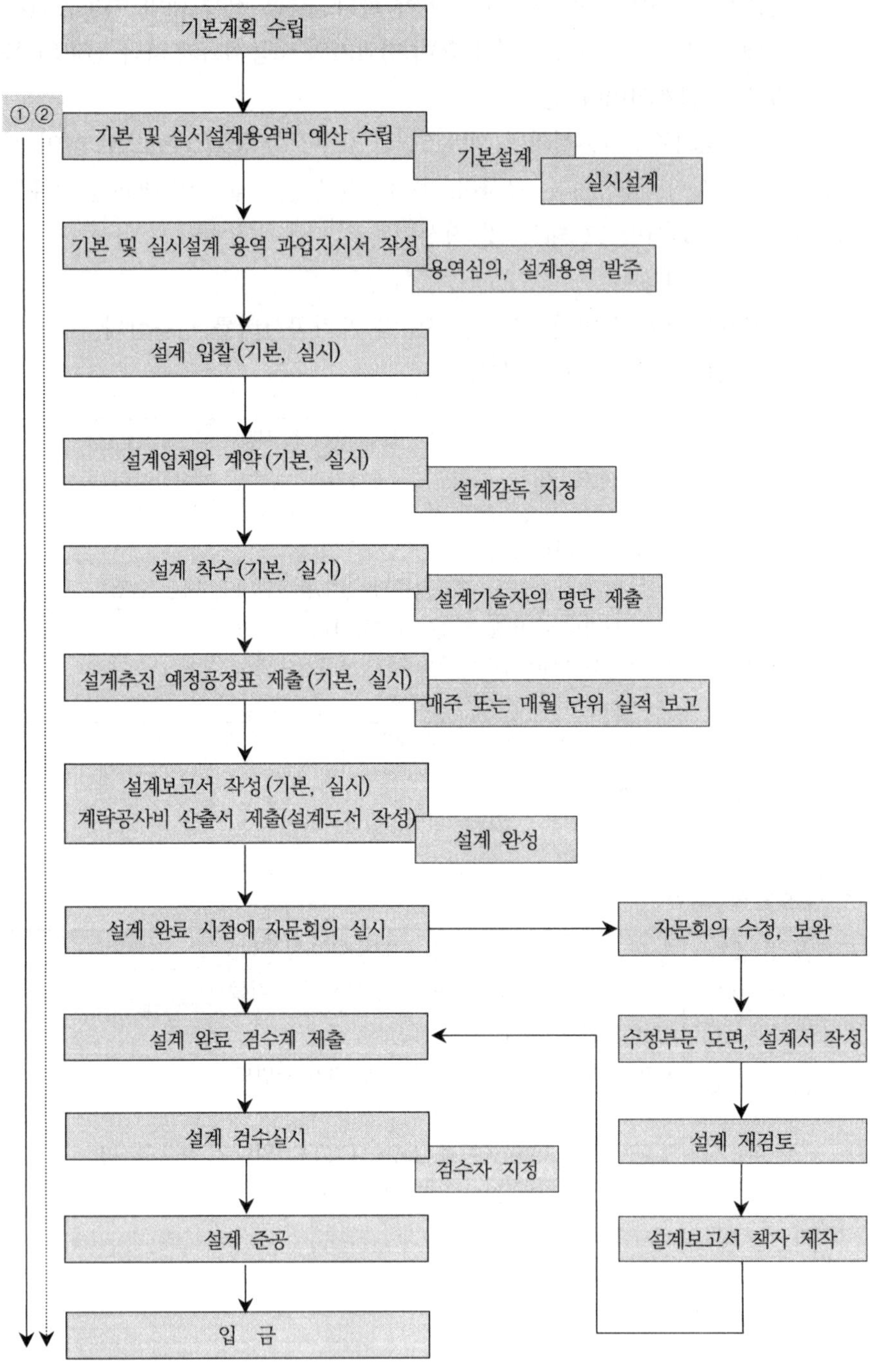

※ 기본설계와 실사설계를 용역설계 실시한 경우를 사례로 설계 추진순서를 제시함.
- 기본 및 실시설계 순서 동일 ① : 기본설계 ② : 실시설계

1.6 실시설계

1.6.1 실시설계 개요

실시설계란 기본설계 결과를 토대로 구체화하여 시공에 필요한 내용(규모 · 배치 · 형태 · 방법 · 기간 · 공사비 · 유지관리 등)을 설계자의 창의성을 바탕으로 작성하여 실제 시공에 필요한 정보를 제공하기 위한 설계도서를 작성하는 업무이다.

작성시 건축설비(전기 · 소방 · 난방 등)와 충분히 상호 협의하여 설계에 반영한다.

기본설계를 바탕으로 관계법령 및 기준 등에 적합하고 공사업자가 시공에 필요한 시공도면 및 시방서 등의 설계도서를 작성한다.

1.6.2 실시설계 과업내용

기본설계를 구체화하여 실제 시공에 필요한 내용을 설계도서에 표기하는 내용 및 작성기준은 다음과 같다.

1. 실시설계 과업 수행내용

구 분	표시하여야 할 사항
설계설명서	• 공사개요 -위치, 설비규모, 공사기간, 공종별 공사비 • 주요 설비사항 • 정보통신설비 구성과 설비방식 설명
설비계산서	• 정보통신설비의 각종 계산에 적용한 계산기준 • 부하계산서 -음향설비 용량선정, 음성망 트래픽 산출 -초고속 통신을 하는 경우 트래픽 산출 • 비상전원(배터리 · 발전기) 등 무정전 전원설비 용량산출서 • 각종 측정에 관한 산출서 • 손실계산서 - TV방송공동수신설비, 소형기지국 설치, CCTV, 방송설비, LAN설비
설계도면	• 시공상세도 • 부근 안내도 • 범례 • 정보통신기기 배치도 • 각종 간선도, 계통도 • 정보통신설비의 평면도, 단면도, 구조물도, 입면도, 기타 상세도 (자재길이를 산출한 후 숫자로 기록한 평면도) • 기기제작은 제작상세도 • 각종 결선도

구 분	표시하여야 할 사항
내 역 서	• 자재비 • 인건비 • 자재 및 인력 소요산출서, 원가계산서
조 사 서	• 단말기 설치수량 조사서 • 각종 자재의 소요량 조사서 • 현장의 문제점 조사서 • 단가의 조사서(자재단가 · 인건비단가 조사) • 단가비교표
시 방 서	• 자재시방서, 일반시방서, 특별시방서

2. 실시설계 설명서 세부내용

- 설계의 개요
- 각종 통신설비의 필요성
- 통신설비별 통신망도와 통신망 설명
- 각 시스템의 비교표, 장 · 단점
- 부하 계산에 따른 주장치 용량의 선정결과 설명
- 통신시스템의 규격과 기종 선정
- 특성표 작성 및 설비규모의 설명
- 실시설계시 문제점과 대안의 설명
- 시공시 유의할 사항
- 운영에 필요한 내용
- 향후 기술변화에 따른 각종 분석과 준비사항
- 표준화된 설비여부 분석 · 조사
- 과업지시서 내용의 실시결과 제출
- 각종 설비별 기술기준 적용내용 기록

1.6.3 실시설계 자재의 표기

1. 재료의 표기

- 사용되는 전기통신기자재의 품명 및 규격 등을 설계도면에 표기
- 도면에 표기할 수 없는 재료의 성능 및 재질 등은 시방서에 표기
- 전기통신기자재는 정보통신부의 형식승인을 받은 제품과 기타 규격은 산업표준화법에 의한 한국산업규격 등을 적용토록 표기

1.6.4 실시설계도서 작성

① 표지 및 목차
② 공사설명서
③ 일반시방서
④ 특별시방서
⑤ 예정공정표
⑥ 자재표명세
⑦ 설계내역서[설계서 용지(갑지), (을지)] - 일위대가표 작성 정부기관은 공내역서 가격내역서 별도 구분 - 산출기초
⑧ 설계도면
  - 설계자 별도 보관
    - 동원인원산출서
    - 수량산출서
    - 단가조사표
    - 용어해설서
  - 설계심의(협의) 개최

1.6.5 실시설계서 세부내용

1. 표지 및 목차 내용

- 사업년도(시행년도)
- 사업명
- 발주처, 기관명(설계서 작성기관)

  예시) ○○○○년도
  ○○○○○○공사 설계도서
  ○○시 ○○구청
- 복차내용
  - 설계서 순서목차표

2. 공사실명서 내용

- 공사명
- 장소(위치) : 주소
- 목적 : 공사시행의 목적을 설명
- 공사개요 : 주요 공정을 표기(예 시스템 설치, 배관공사, 배선공사 등)

- 공사기간 : 공사 시행기간을 표기하는데 신축의 경우 건축공사 공기와 일치시킨다.
- 주요 자재 : 시공중 단가가 높거나 주요시되는 자재명 기록
- 주요 작업량 : 시공중 인력투입이 많은 작업내용
- 소요인원 계획 : 정보통신공사의 주요 인력투입 현황도 작성

3. 시방서의 작성

① 공사수행을 위한 재료 · 공법 · 시험 및 검사 등에 관한 사항을 기술한다.
② 공사의 특수성 · 지역여건 · 층수 및 공사방법 등을 고려하여 공사별 · 공종별로 작성하며, 국토해양부 표준시방의 내용을 인용하는 경우에는 그 인용내용을 상세히 기술한다.

4. 시방서 구분

(1) 표준시방서

시설물의 안전 및 공사시행의 적정성과 품질확보 등을 위하여 시설물별로 정한 표준적인 시공기준으로서 발주자의 전문시방서 작성과 설계 등 용역업자가 공사시방서를 작성하는 경우에 활용하기 위한 시공기준이다.

(2) 전문시방서

시설물별 표준시방서를 기본으로 모든 공정을 대상으로 하여 특정한 공사의 시공 또는 공사시방서의 작성에 활용하기 위한 종합적인 시공기준을 표기한다.

(3) 공사시방서

표준시방서 및 전문시방서를 기본으로 하고, 공사의 특수성, 지역여건, 공사방법 등을 고려하여 기본설계 및 실시설계도서에 구체적으로 표시할 수 없는 내용과 공사수행을 위한 시공방법, 자재의 성능, 규격 및 공법, 품질시험 및 검사 등 품질관리, 안전관리계획 등에 관한 사항을 기술한다. 일반시방서와 특별시방서로 구분하기도 한다.

1) 일반시방서

각 공사에 공통적으로 해당되는 기본적인 사항

① 목 적
시공자의 지킬 의무사항과 안전관리 등 외 일반적인 사항을 명시하는지를 설명

② 적용법규
시공에 따른 관련된 법령을 기록

③ 공사자격

입찰이나 구매시에 조달부서에게 공사자격을 알릴 수 있도록 표기

④ 공사진도관리(공사공정표)

공사추진 예정공정표

⑤ 공사현장대리인 업무

현장대리인이 수행할 주요 업무를 사전에 알림

⑥ 공사현장관리

위험이 따르거나 특수한 현장은 사전에 관리부분을 알림

- 안전관리 : 안전관리 대책을 세우도록 명시
- 각종 제보고 : 시공중에 감독에게 보고할 제반사항을 명시
- 현장사무소 관계 : 현장사무소 설치는 어떤 장소에 설치한다는 것 명시
- 발생물 처리 : 시공중 발생하는 자재의 폐기물 또는 재활용 가능의 자재처리 요령
- 공사협회 및 시공확인 : 시공중에 감독관 · 발주처의 현장확인 내용
- 장비 및 공구관리 및 투입관계
- 현장출입
- 사고책임 및 보고
- 법규에 의한 준수사항
- 도급자의 의무사항 및 책임사항
- 자재투입사항 : 자재승인 - 반입확인 - 대체품 절차 - 사용내역
- 시공사항 도면의 설계변경시 사항
- 시공중 사진보관 및 제출(비디오물 포함)
- 준공도면 제출 : 마이크로 필름, CD에 담긴 준공도면 제출
- 시공중 검측사항
- 공사보완대책

2) 특별시방서

각 공사에 있어서 기술적 공법, 작업방법 등 공사 특별사항

① 시공의 일반사항

- 작업계획
- 책임자 선정 : 소장 · 현장대리 등
- 운반공정
- 작업지침

② 기기설치 및 선로시설에 따른 보관 및 설치기준
- 자재보관시 유의사항
- 설치기술기준에 준한 유의사항
- 공종별 특기사항

※ 배관 및 배선 공사

※ 단자함 공사, 분기회로 공사

※ 기기설치 공사

③ 시험준수 및 유의사항
- 시험방법
- 측정수치 규격 준수사항
- 시험검사시 사항(성적서 제출)

④ 준공검사시 준수사항
- 준공검사시 준비 및 결과에 따른 조치사항
- 시험결과 처리사항

5. 예정공정표 작성

① 공사명

② 공사기간

③ 공정표 작성(총괄공정표, 1차분 공정, 2차분 공정 작성)
- 공종별, 공정일정
  - 현장대리인 확인표기

    예시) ○○회사 현장대리인 ○○○(인)
  - 세부공정표 작성

6. 자재명세표 작성

- 구매자재(도급자재 · 관급자재)
- 재활용 자재
- 철거재활용 자재
- 관리전환 자재
- 작업부산물

7. 설계내역서 작성

- 설계서 용지(갑지) 작성
  - 발주년도 표기
    예시) ○○년도
  - 공사개요
    내역 도급예산액 : ________원
    관급 예산액 : ________원
  - 공사명과 설계내역서
    예시) ○○○ 공사 설계내역서
  - 총공사비 임금○○
  - 〈표 1-4〉 참고

〈표 1-4〉 설계서 용지(갑지)

부장		과장		검산		설계		년 월 일 설계

________년도

○○대학 정보통신공사 설계내역서

공사개요 :

총공사비 : ※14,532,000원 정도

내역
- 도급예산액 : 13,532,000원
- 관급예산액 : 11,000,000원

8. 내역서 을지 양식

번호	명칭(자재명)	규격	수량	단위	재료비		인거비		합계	비고
					단가	금액	단가	금액		

9. 산출 기초내역

(1) 물량산출 기초

① 설치장소, 물량수량(기기 · 배관 · 배선 · 기타) 산출

② 층별로 물량 덧셈하여 집계표 작성 : 수량계산서

(2) 인력산출 기초

① 현장명, 인원수량(○○공, ○○공, ○○공)
② 현장, 층별로 물량 덧셈하여 집계표 작성 : 인력계산서

(3) 기 타

운반비, 기계경비, 자재관리비, 공구손료, 잡자재비

10. 자재명세표

① 사급(도급)자재 조서
② 관급자재 조사 : 발주처에서 인계(인건비가 계산되어 계약된 경우만)

11. 일위대가표 작성

① 같은 공정에 반복되는 작업의 인력이 투입되는 경우 1개소의 작업현장에 인력투입의 기준표를 만들어 표준화시킨 표
② 공종별, 단위인력 수
③ 상세도면을 기준 1개의 공정에 투입되는 자재와 인력을 별도로 산출하여 만들 수 있다(예 맨홀 설치비, TV 안테나 설치, 접지공사, 가설창고 등).

12. 단가조사표 작성

① 각 자재의 품목별 단가를 조사하여 그 단가가 적정한 가격으로 결정이 되었는지 알 수 있어야 한다.
② 물가정보지를 이용하여 2~3개 업체별로 대비하여 같은 품질에 낮은 가격으로 결정
③ 가격결정 방법 : 자재의 단가 결정은 물가정보지, 가격조사를 위한 견적 등 단가에 대한 조사는 도매가격이 적정할 것이며, 부가세를 제외한 가격조사가 되어야 공사·제조 원가계산서에 부가세를 계산할 수 있으며, 부가세가 포함된 단가를 자재의 단가로 결정하지 않아야 한다.

NO.	품 명	규 격	단위	A사 단가	B사 단가	C사 단가	결정단가

④ 물가정보지에 없을 경우 문서로 보충하여(규격서 제시) 견적으로 처리한다.

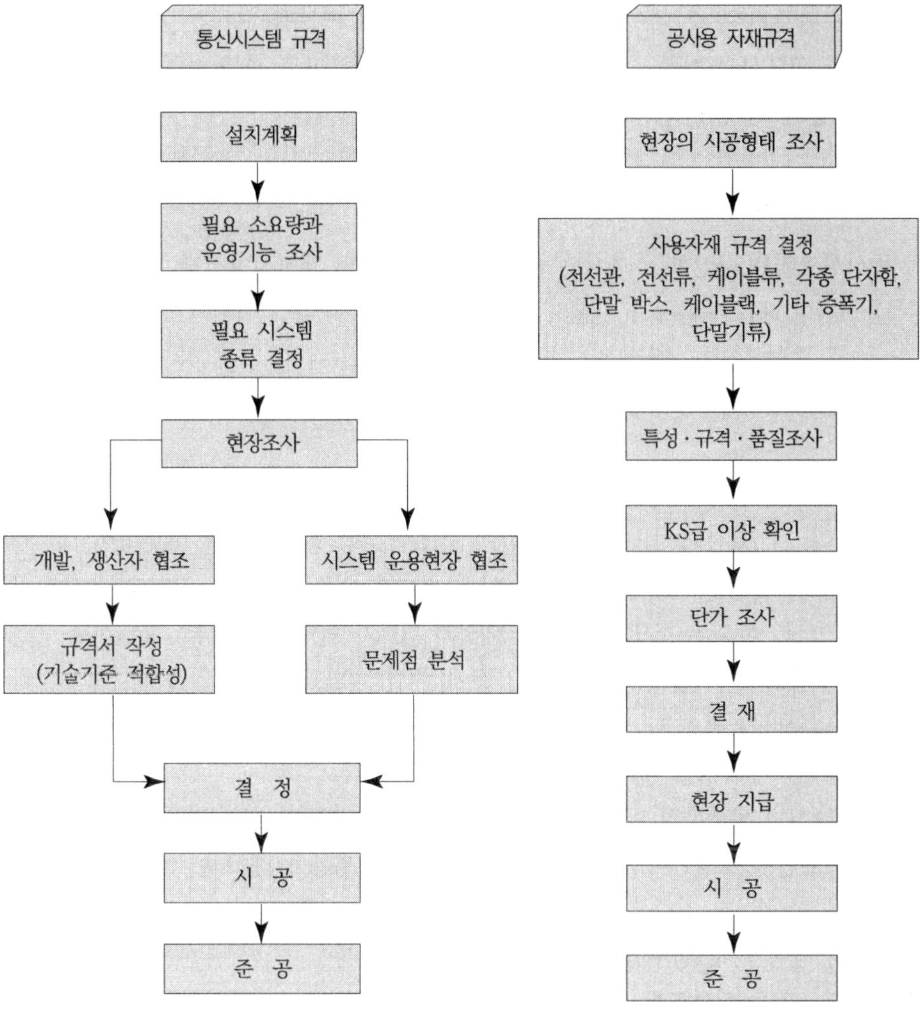

[그림 1-5] 통신시스템 규격과 공사용 자재의 규격검토 흐름도

13. 자재규격 결정방법

시중 물가정보지의 자료를 입수하여 시방별의 단가 또는 공장도가격, 도매가격, 소비자가격 등의 항목을 확인한다. 그리고 자재의 품질이나 성능·특성·규격 등이 시공하고자 하는 현장의 환경(실정)에 적합한지를 판단하여 사용할 자재의 규격을 결정한다.

만일 적합한 규격이 필요한데도 각종 물가정보지 자료들을 입수하여 찾아보았으나 없을 경우는 관련 제조업체 3개사 이상에 견적서를 요구하여 규격·성능 등을 비교하고, 동시에 가격의 적정성을 검토하여 결정한다.

그리고 고가품이나 물량이 많은 경우 견적처리가 필요하면 견적으로 결정하기 전회사 및 발주처 조직 내에서 어떤 규격과 성능의 기능을 요하는 제품들을 사용해야 하겠다는 필요성을 사장, 기관의 장까지 협의(결재)하여 결정을 마친 후에 구매에 관한 규격 결정이 되어야 운영이 원활할 것이다.

1.6.6 실시설계에 반영할 내용

통신시스템을 구성하는 기기를 결정하고 그 기기의 제작시방서를 작성한다. 제작시방서를 작성할 때는 주장치와 단말기간 그리고 주장치, 단말기 각각의 전기적 특성, 작동기능, 향후 증설부분을 반영한다. 특정 제품에 기준을 두지 말고 타 제품과 가격경쟁이 될 수 있도록 제작시방서가 작성되어야 구매가 용이하고 설치 후에 유지보수가 잘 될 수 있다.

각종 타 공사의 시공여건을 검토하여 통신용 배관과 배선의 루트를 선정하여 도면을 작성하여야 한다. 그 중 천장 내부에는 설비의 공조덕트와 전등선로를 비롯하여 냉 · 난방용 시설물이 설치되므로 타 공사의 실시설계 도면을 입수하여 검토되어야 통신용 배관과 배선의 경로를 설정할 수 있다. 배관과 배선의 경로가 원활하여야 향후 통신선로 증설에서 어려움이 없다. 천장을 마감하고 운영중에 증설이 필요하여 작업을 착수할 때 배관의 경로가 원활하지 않을 때 예비배관 활용을 전혀 할 수 없는 경우가 많이 있어 예산을 낭비하는 등 재공사를 해야 하는 사례가 빈번하다.

각 기능실별 상세운영 계획의 자료를 수집하여 건축도면 위에 배관 · 배선 · 기기 설치를 위한 도면을 작성한다. 건축도면에서 불필요한 부분을 빼고 트레이스하고 평면도에 계통도를 작성한다. 전화부문 계통도, 구내방송부문 계통도, 데이터용 초고속망 계통도, CATV망 계통도, CCTV망 계통도, 무선통신망 계통도, 기타 통신을 위한 계통도면을 작성한다. 각종 계통도를 기준으로 각 기능실에 단말기 설치위치를 선정하고 단말기 접속이 용이하도록 배관의 루트를 결정한다. 단말기의 위치를 선정하는 과정에는 단말기의 심벌 기호를 표기한다. 그림기호와 명칭, 설명을 하여 도면에 범례 또는 심벌 설명표를 만든다.

배선의 경로와 통신회선 수를 표기한다. 평면도면 위에 배관경로와 배선의 경로는 거의 일치하므로 배선의 표기 옆에 배관의 굵기와 규격을 기록한다. 배관의 굵기 결정은 배선의 수가 배관의 몇 %까지 삽입(통선)이 가능한지를 결정한다.

주장치와 단말기 소요수량 조사실시는 정보통신기기의 주장치와 단말기 수량이 결정되어야 케이블 접속을 위한 배관과 배선의 소요량이 산출되므로 주장치 설치장소와 단말기 설치장소 결정 후 배관 배선작업시 예비회선을 확보하기 위해 증설을 감안할 설계가 되어야 하므로 주장치와 단말기의 수량파악이 정확하여야 한다.

통신설비기술기준과 건축과 소방분야 법령에 포함된 통신부분 설계기준에 적합한 설계를 실시해야 한다.

① 「방송통신발전 기본법」 제28조제1항에 따른 기술기준
② 「전기통신사업법」 제61조, 제68조제2항 및 제69조제2항에 따른 기술기준
③ 「전파법」 제37조제1항, 제45조, 제47조의2제1항 · 제2항 및 제47조의3제1항에 따른 기술기준
④ 「방송법」 제79조제1항에 따른 기술기준
⑤ 「건축법시행령」 제87조제4항 및「주택건설기준 등에 관한 규정」 제42조에 따른 기술기준
⑥ 방송공동수신설비의 설치기준에 관한 고시

1. 통신망과 시스템 운영의 관리계획 반영 설계

통신망을 안정적인 운영과 장애발생 유무를 감시하는 네트워크 관리용 시스템을 운영하는 계획에 따라 실시설계시 설계에 반영하여야 한다. 각종 단말기의 전송 데이터를 주장치가 수신하여 타 상대 단말기에 전송하는 경로의 감시는 아주 중요하므로 시스템을 자동화할수록 단말기 운영계획 부서와 협조하여 설계시 기능별 시스템 규격을 결정하여야 한다.

2. 자재비 · 인건비 산출을 위한 각종 산출서 작성

공사와 기자재 설치 부분에 있어서 각종 산출의 정확성이 있어야 계약자인 시공사가 시공중 문제가 없고, 자재비 · 인건비의 산출이 정확하지 못하여 설계에 하자 발생시 발주처의 실시설계 검토 담당자와 발주 담당자가 책임을 지게 된다.

자재류의 단가결정은 배관 · 배선 등과 같이 단순품목의 경우는 자재선정에 어려움이 없지만 공급하는 시스템의 성격을 가진 기기류는 기능과 전기적인 특성과 운영부서의 요구에 따라 기종을 선정하므로 단가의 공정성을 찾기가 아주 어려운 경우가 많이 있다.

구하기 쉬운 시중의 물품이 있는가 하면 1개사만 생산하거나 특허품 · 외제품 등의 단가결정은 자재시방서의 규격에 따라 충분한 검토와 필요성에 대한 구체적인 타당성의 의견이 표현되어서 결정된 후에 설계에 반영하여야 한다. 건축물의 층별, 기능실별 소요자재의 산출과 인건비 산출의 집계표가 작성되면 수량에 단가를 곱하여 예산서(설계내역서)를 만든다.

3. 자재류의 시방서 작성

단순한 자재의 시방서는 외관과 기계적인 부분 위주의 시방서를 작성하나 시스템 부분의 시방서는 제조규격서와 같은 성격의 시방서가 된다.

1개 제조회사의 제품을 선정하여 시방서를 작성하기보다는 기존 제품이 타 현장에서 설치되어 운영하고 있는 경우 그 현장운영자 의견을 경청해본 결과 시스템의 문제점이

무엇인지 검토해보고 전기적 · 기계적 · 운영적 호환성 등의 분야를 타 제품과 비교한 후에 좋은 제품을 결정하여 시방서를 작성한다. 설계자 나름대로의 기계적 특성만 결정하여 계약한 후 제조사는 그러한 시스템을 만들 수 없는 계약불이행을 발생시키는 사례가 있으므로 제조사들과 협조를 하여 특혜성 없는 시방서를 작성하여야 한다.

4. 기존건물 내의 신설 및 증설공사

현재 운영중인 구형 통신시스템을 대체하거나 신설 · 증설 등의 정보통신공사를 하는 경우 음성급, 데이터급 영상, TV, CCTV, 방범, 각종 제어장치용 통신망을 설계할 때는 다음 사항을 유의한다.

기존 건물의 구조물, 각 기능실의 근무요원의 업무형태 분석과 단말기 형태 수량을 조사하여 설계하고, 케이블 포설시 반드시 노출형 배관을 이용하여 전선을 보호하는 설계가 되어야 한다. 천장 내의 케이블 노출은 쥐가 타 공사를 할 때 전선을 잘라버리는 등 중대한 장애를 발생시키고 있으므로 반드시 케이블을 보호하는 배관공사를 하고, 사무실 바닥은 가급적 매입배관, 플로어 덕트 시설이 되어야 한다.

흔히 PVC, 알루미늄 전선보호용 몰딩을 사용하나 정기적으로 교체하여 시설하여야 한다.

구내에 설치하는 각종 통신설비를 4가지로 구분한다.

⑴ 구내통신선로설비

구내에 설치하는 케이블, 선조, 이상전압 · 전류에 대한 보호장치 및 전주와 이를 수용하는 관로 · 통신터널 · 배관 · 배선반 · 단자 등과 그 부대설비

⑵ 종합유선방송 구내전송선로설비

유선방송 등을 수신하기 위하여 건축주(수신자)가 구내에 설치하는 선로 · 관로 · 배관 · 증폭기 · 분배기 · 분기기 및 직렬단자 등과 그 부대설비

⑶ 텔레비전, FM 라디오, 위성 공동시청 안테나설비, DMB 설비

DMB, FM 라디오, 위성, 텔레비전 방송을 공동으로 시청하기 위하여 설치하는 수신안테나 · 선로 · 관로 · 증폭기 및 분배기 등과 그 부속설비

⑷ 이동통신 구내선로설비

전기통신사업자로부터 이동전화 역무 및 무선인터넷 역무 등을 제공받기 위하여 지하, 지상의 건축물 또는 터널 등에 건축주가 설치 · 운용 또는 관리하는 관로 · 전원단자 · 케이블 · 안테나, 통신용 접지설비와 그 부대시설

1.6.7 실시설계도면

1. 설계도면의 종류

정보통신공사 부분의 설계도면이 표준화되면 각종 자재의 품질을 향상시키고 시공과 유지보수가 편리하며, 통신망 증설과 호환성을 높일 수 있다.

〈표 1-5〉 설계도면의 종류

<table>
<tr><th>분류</th><th colspan="3">도면의 종류</th><th>설 명</th></tr>
<tr><td rowspan="3">설계
분야</td><td colspan="3">기본계획도면</td><td>정보통신설비 설치·운영에 관한 기본계획시 나타난 도면</td></tr>
<tr><td colspan="3">기본설계도면</td><td>기본계획을 기초로 계략적 공사비 산출과 설비의 용량 산출</td></tr>
<tr><td colspan="3">실시설계도면</td><td>현장에서 시공할 수 있도록 작성된 실시도면</td></tr>
<tr><td rowspan="8">시공
분야</td><td rowspan="7">실
시
설
계
도
면</td><td colspan="2">계획도</td><td>시공도면의 작성시 기본이 되며, 설계 계획하는 데 쓰이는 도면</td></tr>
<tr><td colspan="2">계통도</td><td>정보통신설비의 동작계통, 시스템의 연결, 단말기 접속에 관련된 도면</td></tr>
<tr><td rowspan="5">시
공
도
면</td><td>배관도</td><td>케이블 보호를 위한 배관의 경로를 표시한 도면</td></tr>
<tr><td>배선도</td><td>배관에 따라 배선포설, 배선의 규격, 접속방법을 나타낸 도면, 결선도라고도 한다.</td></tr>
<tr><td>접속도</td><td>기기내부, 기기상호간, 단말기 등 전기적 접속상태를 나타내는 도면</td></tr>
<tr><td>배치도</td><td>건물 구내의 각 기능실에 주장치·단말기 등 설치위치도</td></tr>
<tr><td>상세도</td><td>시공상의 특수공법, 주의사항, 전체 도면에 나타내기 어려운 부분을 별도로 상세히 세부적으로 나타낸 도면</td></tr>
<tr><td colspan="3">준공도면</td><td>착공(착수)부터 준공까지 실제 시공한 내용을 나타낸 도면 및 내역서, 산출서, 사용설명서 포함</td></tr>
</table>

2. 도면의 종류와 축척

〈표 1-6〉 도면의 종류와 축척

<table>
<tr><th>축 척</th><th colspan="2">내 용</th></tr>
<tr><td>1/10, 1/20
1/30, 1/40
1/50</td><td>상세도</td><td>접시시공상세도, 단자함 설치, 플로어 덕트, 모듈러 설치위치에 따른 시공상세도, 고속 데이디용 모듈러잭 설치, ANT 설치, 스피커 설치, 시스템 내부 단자대 등의 세부상세도, 매입 박스, 매입배관 등의 상세도</td></tr>
<tr><td>1/100</td><td>표준도</td><td>배관도(후강전선관, PVC관 등 노출배관)
배선도(각종 통신케이블의 결선·포설 노선)</td></tr>
<tr><td>1/200,
1/300</td><td>일반도</td><td>옥외 스피커 설치도, 공중통신망의 구내통신 인입도
건물 내부에 따른 통신도면(결선도, 계통도, 조작회로도, 접속도)</td></tr>
<tr><td>1/600</td><td>배치도</td><td>면적·넓이도, 건물의 배치도
공중통신사업자의 케이블 대지인입에 따른 표시도</td></tr>
</table>

3. 설계도서 작성

축척의 크기를 결정하고 건축도면을 배경으로 한 통신도면을 작성한다. 도면의 테두리는 설계자 · 검토자 · 확인자 · 설계회사 · 축척 · 공사명 · 설계일자 등을 표기한다.

① 심벌 표기는 도면 내에 단말기 이름을 일일이 기록하기가 어렵고 심벌을 통한 단말기 표기를 평면도면 위에 나타내므로 단말기 설치장소를 쉽게 판독할 수 있으며, 단말기에서 주장치까지 거리산출이 용이하므로 각종 단말기의 심벌 표기는 도면 이해에 도움이 된다.

② 도면은 수작업과 CAD 작업의 두 가지 방법 중 선택 : 트레이싱에 수작업을 하는 경우는 각종 운형자 · 글자판 · 제도판 · 제도기 등의 사무용 기구가 있어야 하며, CAD로 작업시는 컴퓨터와 프린트를 이용한 도면 작성이 이루어진다.

③ 도면에 표기한 배관 · 배선 · 기기 설치 부분을 상세하게 나타내려면 상세도면을 별도의 페이지에 작성하거나 범례의 난을 만들어 설명서를 작성한다.

④ 설계기준을 정한다.
- 시스템과 단말기의 접속용 케이블 여장을 결정
- 단말기의 설치 높이를 결정
- 배관과 배선의 할증률(%) 결정. 지하, 터널 지상 부분의 할증 결정
- 매입, 노출의 배관 결정(PVC관, 후강전선관 등 선정)
- 기기의 운영에 맞는 전기적 특성을 고려한 케이블 종류를 결정

⑤ 기기의 배치도를 결정한다.
통신기계실 면적, 기기의 배열, 케이블 포설위치, 케이블랙 위치

⑥ 통신기계실 환경조사(층별 통신실 포함)
냉 · 난방시설, 조명시설, 전원공급, 접지시설, MDF 시설 등의 시설시 문제점이나 해결방안을 검토하여 설계

⑦ 상세도면 작성
단면도 · 측면도 · 평면상세도를 통한 거리 산출이 될 수 있도록 상세도면 작성

4. 인입통신선로와 단자함 크기 결정

(1) 인입통신선로 결정

인입통신선로를 건물 내부로 접속하기 위해서는 도로변의 공중통신선로가 어느 위치에 매설되어 있는지, 공중통신망사업자가 증설이 용이한지를 현장조사를 하고, 관련업체와 협의하여 맨홀의 위치를 선정한다.

건물의 운영관리상 인입선로의 통신기계실까지 케이블 증설 · 변경도 함께 검토하여 인입위치와 케이블랙이나 인입배관을 설정한다.

(2) MDF와 층별단자함 크기 결정

1) MDF 크기 결정

MDF 크기를 결정하여 설계하려면 먼저 각 기능실별, 각 층별 단말기 설치소요량, 예비량, 증설량, 향후 계획까지 산출하여 MDF 크기를 결정한다. 그리고 음성급·데이터급·영상급 등의 용도별 MDF와 IDF까지 감안하여야 한다.

2) 단자함 크기 결정

MDF의 크기와 병행하여 각 층별, 기능실별로 공급할 케이블 소요회선 수에 맞도록 층별 IDF와 각 기능실별 단말용 구내단자함의 크기를 결정하여 설계하고, 각 분야별, 층별, 실별로 회선산출서를 작성한다.

(3) 단말기와 주장치, 배관과 배선 설계

1) 단말기의 전송레벨 측정을 설계에 반영

① TV연결 단말박스의 전송레벨은 얼마의 DB가 적정한지 각 층, 실별 분배기 설치개소를 계산하여 설계변경
② 천장형·벽부형 스피커 설계시 스피커 출력을 산출하여 스피커 선로의 케이블 용량, 앰프의 출력을 계산하여 설계
③ 컴퓨터·전화기·인터폰 등 단말기 모듈러잭의 OUT 단자에 레벨 측정치를 감안하여 송·수신에 장애가 없도록 설계반영
④ 구내 CCTV용 케이블과 카메라, 모니터 설치에 따라 전송손실을 계산하여 단말기 접속부 단자에 출력레벨을 감안하여 설계
⑤ 홈네트워크 시스템의 각종 단말기간 연동의 문제점 분석과 호환성이 있도록 설계

5. 주장치 용량과 기능별 계산산출

(1) 전화용 간이교환기 용량 산출

① 시내선로 인입국선 사용회선, 예비회선
② 구내 자체용 내선 사용회선, 예비회선
③ 비상전원 배터리 용량

(2) 방송시스템의 용량 산출

① 단말스피커 출력계산
② 방송선로의 거리를 산출하여 출력손실 정도

(3) 초고속통신용 각종 전송장비의 용량 산출

① 광전송장비, 다중화장비, 라우트, 허브, 스위칭, 기타 용량 산출
② 각종 서버의 용량 산출
③ 중계용장비의 용량 산출

(4) 화상전송용 장비의 용량 산출

① 화상전송 장비
② CCTV 전송 장비
③ 각종 단말기 수량, 분배, 증폭기 개소 및 연결도면 작성

(5) TV수신 공동시청, CATV수신용 중계 및 증폭기 용량 산출

① 구내용 TV수신 공동시청 수신증폭기 용량 및 분배기 산출
② CATV 수신증폭기 용량 및 분배기 용량 산출
③ 단말기 설치 수량, 설치위치 도면 작성

(6) 홈네트워크 설비 설치설계

홈네트워크 주장치에서 연결되는 각종 단말기의 수량에 기준하여 회선, 용량의 산출

(7) 무선 LAN 시설의 설계

6. 배관 및 배선설계

① 주장치와 단말기간 설계 : 주장치에서 단말기까지 배관 및 배선을 포설하는 데 따르는 배선의 규격을 표기하고 배관 규격을 표기한다[UTP cat5×2c(28C), Empty Pipe(28C), TIV 2/C 0.8mm×2Line(16C)].
방송용인 경우 : HIV2-1.2mm(16C)-HIV 전선 2회로 배관 굵기 16mm
② 배관의 인출 상세시공도면 작성 : 단자함, 각종 단말기 아웃렛 박스를 설치할 때 벽면 마감보다 각종 박스가 튀어나오거나 들어가는 경우가 많으므로 건축의 조적공사시 박스류와 단자함 두께를 계산하여 단자함과 배관의 연결할 위치를 철근과 묶어서 처리하는 상세도면 표기
③ 박스 · 단자함의 설치높이 기준치를 정하여 바닥 마감면에서 배관을 구부려 올릴 때 찌그러지는 현상이 없도록 상세도면 표기
④ 박스 · 단자함 고정을 조적공사 부분과 단단하게 시공이 되도록 고정방법, 고정상태의 상세도면 표기
⑤ 건축공사 콘크리트 타설 전 배관의 연결작업시 배관 고정간격을 시공상세도면에 표기

⑥ 배선의 입선(통선) 작업시 A측과 B측간 배관에서 인출된 전선·케이블 등 가닥별 번호표를 붙여두어야 연장을 위한 경우나 시스템 단자연결 작업시 편리하게 처리할 수 있으므로 결선시공도면 작성
⑦ 같은 종류의 매입배관(PVC, 금속관)을 많이 작업할 때 전기·기계설비·통신용배관(음성급·데이터급·영상급)이 섞여서 시공된 후 콘크리트 타설중 거푸집이 터져서 건축시공중 문제발생시 각종 배관의 재시공과 보완조치를 할 때 배관종류별 식별이 안 될 수 있으므로 매입배관을 설계도면에 공정별 구분이 되도록 표기
⑧ 같은 종류의 노출배관(주로 금속배관)을 많이 작업할 때도 이중 천장 내부에 시공이 되고, 준공 후 유지보수·증설 등을 할 때 배관과 박스류의 구분·식별이 쉽도록 설계
⑨ 노출배관과 풀 박스(pull box)류가 많이 작업이 될 때 천장에서 하중을 계산한 배관걸이, 채널, 고정용 앙카볼트 등을 설계도면에 표기
⑩ 단자함 내부, 풀 박스 내부 등 연결 부분은 순서별로 분리되도록 설계도면에 표기
⑪ 사무실 바닥의 마감재를 확인하고 구내통신선로 포설 계획에 맞추어 구내통신선로 보호대책을 강구한다. 특히 PVC, 알루미늄 등의 몰딩을 이용하여 바닥에 깔면 통행에 아주 불편하므로 케이블 포설이 용이하도록 신축시에 배관을 매입하여 후로와 덕트를 검토하여 반영

7. 각종 단자함 크기 결정

① 구내통신선로설비용, 구내전송설비용, CCTV용, 제어용, 데이터용 단자함 시공을 위한 설계시 규격을 승인받은 제품으로 설계한다. 단자함 높이와 시공의 상세도를 작성한다.
② 단자함 인입·인출의 배관을 바닥에서 단자함과 연결작업하는 데 배관의 허용곡률 반경을 지키도록 상세도면을 그린다.
③ 단자함(방송, 모듈러잭, CCTV용, TV공시청용) 인출 상세설계도면, 단자함 설계시 단말기 접속을 위한 인출 케이블배관(인출구) 상세도를 작성한다.
④ 단자함 내의 단자반을 결선한다
- 단자반의 인출 쪽 나사 머리의 자형이 깁도되이야 하며, 녹방지형으로 규격을 선정하며 결선할 때는 완전한 결선이 되도록 상세도 작성
- 단자반의 인입 쪽 연결작업 단자는 랩핑기의 작업시 최소한 5회 정도가 감기도록 상세도 작성

⑤ 단자함 뚜껑 잠금장치의 선정 : 단자함 뚜껑 잠금장치가 좋지 않아 부서지거나 열리지 않는 제품이 많으므로 좋은 제품으로 설계한다.
⑥ 단자함 설치 시공상세도를 작성한다.

- 조적공사시 벽의 두께, 벽면 마감재료를 검토하여 유형별 단자함 설치 시공상세도를 작성
- 벽면 마감재보다 튀어나온 박스류가 없도록 상세도 작성

⑦ 각종 단말용 아웃렛 박스 시공상세도를 작성하여야 한다.
- 전화, PC, TV, 방송용 아웃렛 박스 시공상세도를 작성하여야 한다. 높이의 적정성, 단말기 설치시 외관상 정돈되어 보이도록 벽면, 천장의 마감재에 흠이 없도록 감안하여 설계

⑧ TV 아웃렛 박스 설치시 전기 콘센트와 인접하게 설치되도록 반영한다.

⑨ 방송용 스티커 소리 조절용 ATT 설치시 위치는 출입문 손잡이 근처 잘 보이는 곳에 설치 : 높이를 결정하여 상세도를 작성한다.

8. 시스템 설치상세도 작성

① 간이교환기 설치 시공상세도 작성 : 주차장 설치 높이, 비상시 예비전원의 용량 산출에 따른 설치 위치와 케이블 배선의 상세도 작성

② 방송용 스피커 설치상세도 작성 : 천장형 · 벽부형 · 매입형 · 거치형 등의 설치상세도 작성

③ 구내정보통신망의 IDF, MDF의 허브, 라우트, 기타 통신시스템과 LAN, 광케이블의 결선도 및 설치도 작성

④ 각종 단말기의 IP, 전화번호의 작성

⑤ 영상, CCTV, CATV 등의 설치상세도 작성, MATV 계통도 및 상세도

⑥ 구내전송선로설비, 유선방송설비의 각종 단자함 · 분배기 · 분기기 · 증폭기의 설치상세도

1.6.8 실시설계도면과 내역서 이해

1. 시공도면 이해

(1) 공사의 공종별 범례 확인

① 심벌과 심벌의 설명을 이해

② 전선관과 전선류의 규격 종류의 표기를 이해

③ 전선관과 전선류가 노출인지 매입인지 포설방법을 결정한 내용 확인

④ 노트란을 만들어 Ⓐ 표기한다.

UTP Cat5e 4P-0.5mm×2L 22c Empty Pipe(22C)

※ 설명 : UTP Cat5e 4페어 2개의 케이블을 22mm 배관 내에 끼워 포설하였다는 표기

⑤ 전선관은 PVC관, 금속관 등 선정된 관을 범례에 표기

(2) 공종별 계통도 이해

① 통신분야 시공도의 계통도 중 건물 내 자체 통신시스템 운영의 경우는 인입에 관한 분야가 문제시되지 않으나 외부의 공중통신망과 연결된 통신시스템의 경우는 인입에 관련된 계통도와 시공도면을 검토
② 인입 계통도면의 사례 : 전화부분 인입, 종합유선방송 인입, 이동통신 안테나부 인입, 초고속망 케이블 인입, 기타
③ 계통도면의 인입에서 주단자함 또는 국선연결 주장치에서 구내로 분배 및 분리되어가는 케이블의 경로를 지하층에서부터 지상층으로 확인하고, 각 층별의 중간단자함을 설치하고, 각 기능실로 분배하여 연결된 계통도면을 확인
④ 인입을 위한 맨홀을 확인하고 예비배관을 검토하는데, 유선전화용, 종합유선방송, 이동통신용, 각 예비배관 등을 확인

(3) 시내 통신케이블 인입 평면도

① 도면의 축척 확인(1/100, 1/200, 1/300)
② 확인방법 : 토목지형 도면에 건물이 위치하는 건축도면을 표기한 위치에 시내통신사업자 케이블이 건축대지 내로 인입할 위치가 어디인지 확인하며, 특히 도로변 쪽으로 인입이 되어야 시내통신사업자와 협의가 잘됨

(4) 도면의 설계이해

① 도면의 설계이해
- 도면작성의 책임 설계회사와 연락처 확인
- 별도의 특기사항란의 이해
- 도면작성 날짜
- 도면작성자 확인 : 엔지니어링 활동주체 신고자, 정보통신분야 기술자 이상이 작성토록 전기통신기본법 시행령 제33조에 규정
- 설계의 책임자 확인 : 정보통신기술자의 기명 날인이 되었는지
- 공사명 : ○○건축 신축 정보통신공사
- 도면명 : 구내통신선로설비공사, 구내전송선로설비공사 등

• 축척 : 1/100, 1/200, 1/300 등

② 도면 내의 각 기능실 사용목적에 따라 정보통신 단말기 소요량과 설계수량의 일치 여부 확인 : 단말기 소요량 파악은 발주처의 의견 수렴

③ 주장치, 주배선반(MDF)에서 각 기능 단말기간 연결 통신케이블 경로가 적정한지 확인과 향후 증설대비 예비량이 산출되어 설계에 반영되었는지 확인

④ 시공시 각종 단자함, 아웃렛 박스, 배관 등이 건축의 조적공사에 문제점이 없는지 확인하고, 시공상세도면을 작성했는지 검토

⑤ 각종 단말기의 설치 높이를 결정한 후 도면 작성이 되었는지 확인

• 단말기 설치에 맞추어 상세도면 작성
  - 공사 전에 도면의 설계에 문제점이 없었는지 확인
  - 발주처에서 요구한 사항
  - 운영부서에서 요구한 사항
  - 시공회사에서 문제점 요구사항
  - 전기통신기술기준에 적합한지 확인
  - 사용전검사 대비 지적사항이나 위반사항이 없이 설계가 되었는지 확인

⑥ 초고속 인증건물 대상, 홈네트워크 설계 여부 등 검토

2. 내역서 이해

⑴ 설계서 용지(갑지) 이해

① 상단부에는 발주 부서의 결제란이 있으며, 설계자는 설계용역사의 설계담당인 정보통신분야 기사 2급 이상의 기술자가 날인한다.

② 날짜는 설계 종료시점의 날짜를 기록한다. 그 이유는 자재비 · 인건비 등 단가 금액의 조사 및 선정의 시기를 알 수 있도록 하기 위함이다.

⑵ 공사 및 제조 원가계산서 이해

① 상단부에는 공사명을 표기하며 참고로 공사기간 표기도 한다.

② 순공사원가를 기준으로 재료비 · 노무비 · 경비를 덧셈한다.

• 재료비에는 직접재료비와 간접재료비, 작업부산물까지 포함된다.
• 노무비에는 직접 및 간접 노무비가 포함된다.
• 경비에는 24가지의 공사수행에 따르는 지출되는 경비(보험료, 안전관리비 포함)
  - 일반관리비 · 이윤 · 부가세의 금액 확인
  - 원가계산서 작성의 확인은 원가계산 작성 이해에 관한 내용을 참고

(3) 설계서 용지(을지)의 공사총괄표 이해

정보통신공사의 공종별 재료비 · 노무비 합산표를 확인하며 그 예는 다음과 같다.

공 종	식	자재비	인건비	소 계
1. 구내통신설비공사	1			
2. TV공시청설비공사	1			
3. 구내방송설비공사	1			
합 계				

(4) 설계서의 자재비 및 인건비 수량기준 단가의 곱셈의 합계내역서 검토양식의 사례

품 명	규 격	단 위	수 량	자재비		인건비		합 계	비 고
				단가	금액	단가	금액		

(5) 품목별 규정결정 확인

① 자재비 품목별 규격은 KS품으로 조사하여 최상의 좋은 품질의 자재를 선정하여 설계하였는지 검토

② 특히 자재규격 중 제조 의뢰하여 현장 크기를 감안한 주문생산의 경우는 품질시험 기관을 통하여 시험을 받을 수 있거나 시험에서 합격한 제품을 선정했는지 확인

③ 또한 통신시스템과 관련된 규격으로 MDF, 단자함, 주장치 등은 전선과 단말기의 수량산출에서 적정히 계산되어 규격결정이 되었는지 확인

(6) 수량산출서 확인

각종 자재의 수량집계표를 설계자로부터 인수받아 각 기능실별, 각 층별로 수량을 집계한다.

품 명	규 격	장소별	집 계	총 계	소 계	할증률
후강전선관	16C	지하1층	5+10+20+3+15	58	58	10%
PVC전선관	22C	1층	30+20+10+40	110	100	10%
UTP.cat5	25P	1층	40+40+20+60	160	160	-
세대단자함		1층	1+2+1+1	5	5	-
모듈러	8pin	1층	5+4+1+6	16	16	-

⑺ 재료의 할증율 적용방법

정보통신공사의 표준품셈 [1-1-6] 재료의 할증률 정보통신 재료

종 류	할증률(%)	철거손실률(%)
• 케이블랙, 트레이, 덕트, 레이스웨이	5	-
• **구내선, 케이블**	7.5	-
• 외선케이블(옥외선 등)	3	2.5
• **합성수지전선관 및 금속관(구내)**	10	-
• PVC, PE, 합성수지 파형전선관	3	-
• 합성수지관 소켓트	10	-
• 점퍼선	5	2.5
• 열 수축관	5	-
• 25회선 접속자(콘넥타 포함)	2	-
• 조가선, 지선	4	-
• 케이블 (지하관로 지매)	3	1.5

⑻ 공구손료 확인

직접노무비에 3%까지 재료비에 계산한다.

⑼ 잡자재비

직접재료비의 2~5%까지 계상(전선, 케이블 및 배관자재)

⑽ 자재단가 결정 확인

각종 자재의 단가는 최근의 시중 물가자료 정보지를 이용하거나 견적을 받아서 저렴한 가격에 좋은 품질을 선정하여 단가로 채택하는데 특히 시중 물가자료 정보지는 가격의 차이가 많이 없는지, 몇 개의 물가조사기관의 정보지의 월간지를 비교하면서 소매가격, 도매가격, 공장도가격을 확인하고 부가세가 포함되어 있는 단가인지도 확인하여야 한다.

공사설계서 작성시 원가계산서에 부가세를 계산하면 내역서상에 단가의 부가세를 제외하여야 한다.

시중 물가자료 정보지에 없는 품목의 자재는 관련 업종의 기업체의 견적서를 받아서 가격에 반영하는데 시중가의 낮은 가격 형성의 견적이어야 하며, 가격이 높은 회사에 이러한 견적을 이용할 때도 견적서에 부가세 별도의 내용이 반드시 기록되어야 하고, 그 부가세 별도 가격을 단가에 적용한다.

물가정보지의 견적을 받아서 가격을 결정하더라도 최소한 3개 회사 제품을 품목별로 단가비교표를 작성하여 발주처에 제출하고, 그 중 낮은 가격을 결정하며, 그 단가비교표에 관련된 가격조사시 수집한 가격정보지와 견적서를 모아서 보관해두어야 한다.

⑾ 가격조사 방법

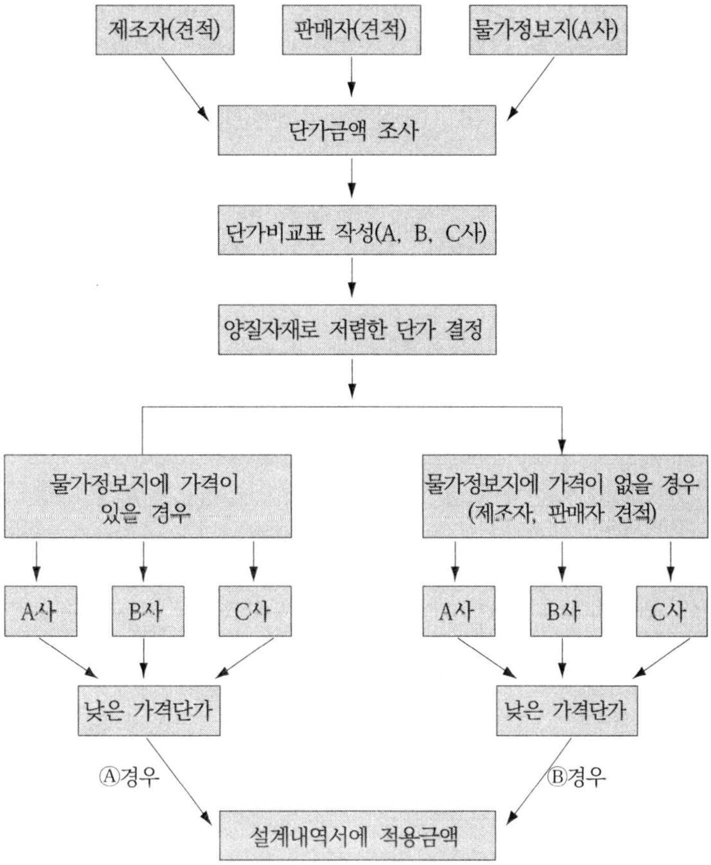

[그림 1-6] 가격조사 방법

⑿ 인건비단가 조사

인건비단가는 시중노임단가를 적용하는데 물가정보 안내지를 통하여 시중노임단가 조사표를 적용한다. 조사시기는 연 2회 5월, 9월 조사(제조 : 중소기업협동조합중앙회, 공사부분 : 대한건설협회)

인건비 산출요령은 다음과 같다.

직접인건비를 산출하기 위하여 정보통신부문 표준품셈을 적용하여 산출한다. 사용자재의 규격, 용량, 작업방법, 신규설치, 증설, 철거, 이전, 재활용 등의 현장작업 여건을 기준으로 사용량에 단위당의 시공직종의 품을 곱하여 계산한다.

⒀ 동원인원 산출

내역서 물량 산출서의 합계수량을 현장에 설치하는 공사를 수행하려면 많은 인력이 소요된다. 이러한 인력의 수가 얼마나 필요한지를 공종별 · 층별로 나누어 산출한 자료가 동원인원 산출서이다. 이 동원인원의 산출이 정확하면 향후 설계변경시에 아주 편리하고, 또 시스템 설치·시험·조정에 따른 인력의 공급이 아주 적절하게 될 것이다. 〈표 1-8〉에 그 사례를 나타내어 보았다.

〈표 1-8〉 동원인원 산출근거서

공사명 : ○○○정보통신공사

작업종별	규격	수량	단위	단위인원				소요인원				품셈표
				통신 설비공	통신 내선공	통신 케이블공	보통 인부	통신 설비공	통신 내선공	통신 케이블공	보통 인부	
단자함신설	10P 이하	3	개		0.55		.045		1.65		1.35	
〃	50P 이하	5	〃		0.65		0.45		3.25		2.25	
케이블신설	50P 이하	61	M			0.032				1.95		
〃	30P 이하	221	〃			0.023				5.08		
〃	20P 이하	61	〃			0.022				1.34		
〃	10P 이하	112	〃			0.018				2.01		
〃	4P 이하	143	〃		0.015				2.14			
케이블성단	50P	1	개소			0.125	0.062			0.125	0.062	
〃	30P	3	〃			0.09	0.045			0.27	0.135	
〃	20P	2	〃			0.06	0.03			0.12	0.06	
계									7.0	10.9	3.8	

1.7 설계용역 과업지시서 사례

1. 설계용역명

○○시 청소년문화센터 건립 기본 및 실시 설계용역

2. 설계용역의 목적

청소년 문화활동을 통하여 교육과 문화의 장을 마련하고자 함

3. 설계개요

① 위치 : ○○시, ○○구, ○○동, ○○번지 일원

② 규 모

- 부지면적 : 5,000m^2
- 시설규모 : 지하1층/지상4층, 연면적 13,000평

층 별	면 적	용 도	비 고
계	13,000평		
지하	500평	체육시설, 기타 시설	9실
1층	600평	관리시설	10실
2층	400평	복지시설	11실
3층	400평	대강당	1실

최종 건립계획에 적합하도록 하되 ○○시와 협의 후 다소 조정될 수 있다.

- 공사예정금액 : 6,000백만원[공사비(5,800), 설계비(140), 감리비(60)]
- 용역기간 : 본 용역은 기본 및 실시설계로서 용역수행기관은 착수일로부터 100일간으로 한다.
- 용역범위 : ○○시 문화센터 건립에 따른 기본 및 실시설계 용역과업에 적용한다.

4. 과업의 범위

(1) 과업수행의 순서

과업범위는 ○○시 문화센터 건립에 따른 기본 및 실시설계를 병행하여 시행토록 한다.

(2) 기본설계

우리 시에서 제시하는 기본요소의 재원과 과업지시서의 내용 및 각종 자료를 토대로 하여 건축사 자신의 창으로서 건축물의 배치, 평면, 단면, 구조, 재료, 설비, 공사비, 공사기간 등의 기본적인 내용의 계획을 입안한 계획설계를 우리 시와 협의한 후 기본설계도서를 작성한다.

(3) 실시설계

기본설계를 구체화하여 실제시공에 필요한 내용을 설계도서에 표기한 것으로 건설기술관리법령, 건설산업기본법 및 각종 규정 등에 위배되지 않아야 하고, 상기 법령에 의한 심의 또는 검토, 본원 요구시는 이에 응하여야 하며, 설계 납품 후 물가 및 노임상승 등의 사유가 발생하여 우리 시의 요구가 있을 시 공사발주 전까지 새로운 설계내역서를 작성 제출하여야 한다.

⑷ 기본 및 실시설계 설명서 및 보고서 제출

본 설계는 기본 및 실시 설계를 동시에 실시함으로써 설계설명서와 설계보고서를 제출한다.

5. 과업의 기본방향

① 본 설계는 문화복지센터의 기능, 내부구조, 공간배치, 동선 등을 구체화하되 경제적인 설계 및 시공이 되어야 한다.
② 청소년들의 미와 현대의 조형미를 이룰 수 있도록 설계한다.
③ 조경계획은 쾌적한 녹지공간을 조성토록 배치한다.
④ 건물 주위의 주차공간 및 녹지공간을 최대한 확보한다.
⑤ 모든 설계기준은 제반 관계법규 및 관계시방서의 기준치에 적합하도록 설계한다.
⑥ 내구적이고 경제적인 자재를 선택(KS 제품을 사용함을 원칙)한다.
⑦ 에너지 절약형 구조 및 설비로서 초기 투자비와 운영비가 저렴하고 유지관리면에서 경제적인 건물이 되도록 설계한다.
⑧ 타 청소년회관, 문화회관 및 기타 참고자료를 수집하여 설계에 반영한다.

6. 과업의 일반지침

⑴ 일반사항

① 수급인은 계약체결 후 7일 이내에 작업을 착수하여야 하며, 착수 전 착수계, 세부시행계획서(분야별 세부공정계획 및 업무흐름도 포함), 분야별 참여기술자 투입계획서 및 보안대책, 보안각서 등 기타 용역수행에 필요한 제반 서류를 제출하고 10일 이내에 과업추진 방법 및 본 설계안에 대한 추진계획 보고를 대표 건축사가 하여야 한다.
② 수급인은 착수계를 제출할 때에는 다음 내용의 서류를 첨부하여야 한다.
  - 사업책임기술자의 선임계(이력서, 기술자 면허수첩 사본 첨부)와 필요한 경우 분야별 책임기술자(건축 · 토목 · 기계 · 전기 · 정보통신 등)의 선임계 포함
  - 예정공정표
  - 기타 법령이나 용역과업에서 제출토록 한 사항
③ 설계추진 실적과 예정사항에 대한 다음 사항을 이해하여야 한다.
  - 본 설계안 및 추진계획 보고 : 착수일로부터 10일 이내
  - 기술설계 완료보고 : 기본설계 완료 후
  - 수시보고 : 감독관의 요청이 있을 때
  - 최종보고 : 납품 5일 전에 최종 도면 및 내역서를 감독관의 검토를 받아보고
④ 용역수행이 완료되면 완성계를 제출하여야 한다.

⑤ 본 과업 수행상 기술적인 자문과 전문지식을 최대한 활용하기 위하여 우리 시에서 전문 관련인을 초빙하여 자문회의를 개최, 자문을 구하는 경우 수급인은 자문에 필요한 설계도서를 우리 시에 제출하여야 한다.

⑥ 수급인은 수행과정에 있어서 제반규정에 의한 관련부서와 충분한 협의를 하여야 하며, 협의사항에 대해서는 우리 시의 승인을 받아 본 설계에 반영한다. 단, 협의에 따른 소요비용은 수급인 부담으로 한다.

⑦ 본 과업지시는 과업수행을 위한 사항을 규정하였는바 이에 규정되지 아니한 사항은 우리 시의 관련 규정 및 정부관련법령과 정부제정 각종 시방서에 준하되 감독관과 수시 협의하여 수행하여야 한다.

⑧ 과업수행 중 정책변경 등 불가피한 경우에 감독관은 본 용역의 일부 또는 전부를 중지하거나 과업내용을 변경할 수 있고, 본 과업지시에 명시되지 않은 사항 및 추가사항이라도 우리 시에 필요하다고 인정하는 중요한 사항은 협의하되, 협의가 되지 않을 경우 우리 시의 결정에 따르고, 추가 과업이 필요하다고 인정될 시의 소요비용은 우리 시와 수급인의 상호협의하에 결정한다.

⑨ 본 과업수행을 위한 우수사례 및 전문기술을 활용키 위하여 모범시설 및 사례를 시찰하여 충분한 자료를 수집 후 최신기술 및 시설을 본 설계에 반영하여 모범적인 시설이 되도록 한다.

⑩ 수급인은 설계상의 중대한 하자로 인하여 용역 또는 공사진행상 상당한 피해를 초래하였을 경우 관계법령에 의거 이에 대한 책임을 진다.

⑪ 수급인은 각종 심의 및 평가 · 협의 · 승인 · 인가에 필요한 도서를 제출하여야 하며, 예비검사를 필하고 수정을 요구하는 부분은 즉시 수정하여야 한다.

⑫ 과업의 일부를 하도급할 경우 관계법령에 의거 하도급업체 도급액 계약내용 등에 대하여 사전에 우리 시의 승인을 받는다.

⑬ 본 과업과 관련 건축 · 토목 · 전기 · 통신 · 기계 등 기타 관련 분야의 감독관과 긴밀히 협조하여 그 지시 및 승인에 의한 설계추진에 착오가 없도록 한다.

⑭ 수급인은 본 설계과업을 수행함에 있어 현장을 필히 답사하여 지장물 · 수목 · 진입로 등 주변 여건을 설계에 반영한다.

⑮ 용역비는 면적 증가 또는 공사비 증가가 되는 경우 예산의 범위 내에서 추가 지급할 수 있다. 단, 용역비 산출시 부수적으로 산출된 직접경비 및 추정공사비가 감소될 시는 추후 정산할 수 있다.

⑯ 수급인은 각종 심의 및 승인 · 인가 등에 필요할 시 분야별 기술자를 대동하고 기술적 사항에 대하여 우리 시를 대신하여 질의에 답변하여야 한다.

⑰ 본 과업수행 과정에서 작성되는 각종 도서는 우리 시의 승인을 얻어야 하고, 승인을 받아 작성된 도서라 할지라도 그 내용이 미비, 과오, 기술상 오류 등 결함에 대하여

수급인의 책임은 면제될 수 없으며, 제3자에 의하여 작성된 도서의 용역성과를 첨부하는 경우도 또한 같다.

⑱ 본 과업수행을 위하여 수급인은 다음의 사항을 준수하여야 한다.
- 모든 성과품은 우리 시의 허락 없이 임의로 복사 또는 외부로 유출시켜서는 안된다.
- 과업의 폐기물은 소각 처리하여야 하며, 보안이 필요한 작업용 사진은 우리 시에 제출하여야 한다.
- 기타 보안상 하자가 없도록 하여야 하며, 보안사항 불이행으로 발생되는 모든 책임은 수급인이 진다.

⑲ 보고서 앞 부분에 분야별 참여기술자가 연대서명 날인하여야 한다.

⑳ 향후 용역 완성 후 발주청에서 설계변경 또는 추가로 설계도서가 필요시 수급자는 이에 적극 협조하여야 하며, 용역비는 추가로 지급하지 않는다.

㉑ 설계예산서 및 단가산출서는 프로그램을 사용 작성하여야 하며, 공사입찰을 위한 디스켓과 CD 사용요청이 있을 경우 협조하여야 한다.

㉒ 모든 구조물의 계획 및 단면 결정은 장래계획까지 수용되도록 결정한다.

㉓ 주요 자재는 우리 시와 사전 협의하여 결정한다.

㉔ 잔토 처리는 우리 시와 사전 협의하여 결정한다.

㉕ 측량 · 토질조사 등이 추가로 필요한 경우 감독관의 요구에 따라 우리 시와 협의 시행하여야 한다.

⑵ 설계기준의 작성

① 본 과업 수행은 다음의 제규정에 따른 필요한 설계기준을 작성, 우리 시와 협의하여 설계에 적용한다.
- 국토교통부 제정 각종 시방서 및 설계기준
- 한국산업표준규격
- 우리 시에서 제시하는 관련자료 및 설계지침서
- 전기 · 통신 · 기계 등 관련 법령의 기술기준에 적합하게 설계

② 본 과업 수행중 각종 시설물은 대안을 비교 검토하여 장래 교통처리, 도시미관, 환경에 미치는 영향, 경제성 등을 종합 고려하여 최적안을 제시하여야 한다.

7. 분야별 세부지침

⑴ 공통분야

① 본 시설물 공사와 관련된 각종 법규정 등을 준수하여 설계하여야 한다.

② 타 시 · 구의 유사한 시설물을 사전에 충분히 검토하여 미비점 등을 보완하여 설계

하여야 한다.

③ 건축 · 토목 · 기계 · 전기 · 정보통신 등 분야별 연계되는 사항을 면밀히 검토하여 원활한 시공 및 기능이 유지되도록 설계한다.

④ 장애인의 이용 편의를 고려하여 설계한다.

(2) 건축 · 토목 · 기계 · 소방 · 전기 · 조경분야

세부지침 내용은 별도이며 정보통신분야만 표기

(3) 정보통신분야

1) 기본 및 실시설계

발주기관에 제시하는 기본요소의 제원과 과업지시의 내용 및 각종 자료를 토대로 하여 제반요소 기능에 알맞은 설비용량 결정, 설비의 배치 계획도서를 작성하고, 발주기관과 협의 후 기본 및 실시설계를 한다.

2) 정보통신설비 계획의 기본방향

통신설비에 따른 관련 법규 적용

3) 설계도면 작성

① 시방서(일반시방서, 특별시방서)
② 배치도(설비의 배치)
③ 계통도(정보통신설비별)
④ 평면도
⑤ 상세도
⑥ 양질의 기자재 및 신기술 도입
⑦ 에너지 절감, 유지관리 및 보수의 효율성 검토
⑧ 각 시스템 간 호환성 검토

4) 정보통신설비별 설계

① 구내통신선로설비
구내의 초고속통신망이 되도록 PC와 PC간, 라우터, 허브를 비롯하여 전화설비, 영상과 데이터의 전송이 가능하도록 설비 구축

② 시청각 및 영상설비
각 교육실에서 영상을 이용한 교육과 음향설비를 연결하여 시청각 교육에 필요한 설비

③ 이동통신선로설비
이동통신선로설비를 설치하여 각 실별로 이동전화가 될 수 있게 설비

④ 방송공동수신설비
- VHF, UHF 수신 가능한 공청안테나, 위성방송, FM 라디오 방송의 안테나
- CATV 수신 가능하도록 설계

⑤ 음향설비
강의실, 대강당, 시청각실, 소방법에 의한 구내비상방송

⑥ 피뢰설비
TV 안테나 보호와 무선설비의 안테나 보호

⑦ 정보통신설비 보호
- 피뢰침의 보호범위를 중첩시켜 낙뢰의 피해를 방지하고 접지 도선은 충분히 굵은 것으로 사용할 것
- 건물 구조체 접지를 최대한 활용하고 전력설비용 접지와 통신설비 접지를 구분 시공하여 접지 간섭현상을 배제할 것

⑧ 방범설비
각종 센서와 카메라를 이용한 디지털영상 저장장치설비

⑨ 접지설비
각종 정보통신 시스템과 케이블 보호를 위한 접지설비

⑩ 인터넷 방송설비
VOD 및 실시간으로 인터넷 방송이 되게 설비

⑪ 구내전화설비
구내와 외부간 서로 전화가 될 수 있도록 간이교환기를 설치하여 운영

⑫ CCTV 설비
사각지대가 없도록 카메라를 설치하고 영상저장장치를 설치

8. 설계도서 작성기준

(1) 일반사항

① 단위 및 숫자 : 미터법을 사용하되 mm단위, 숫자는 아라비아 숫자로 표시한다.
② 한글적용을 원칙으로 하되 필요에 따라 영문표기를 부기하고, 약자는 영문에 한해 통상적으로 사용하는 범위 내에서 사용하고 목록란에 명기하여야 한다.
③ 마스터 플랜(master plan)의 실시설계도는 위치 및 크기·방향 등을 정확히 설계하여 부대시설에 정밀을 기하도록 한다.
④ 정보통신설비도 작성은 KSA 0301 전기배선용 심벌 및 KSA 0306 전기, 통신 심벌에 준하여 작성한다.

⑤ 설계는 통신관련법규에 적합한 설계여야 한다.
⑥ 과업지시서에 포함되지 않은 사항은 분야별 감독관과 협의 후 설계도서를 작성한다.

(2) 공사비 산출

① 공사예산조서는 '국가를 당사자로 하는 계약에 관한 법률'에 따른 공사원가 계산서를 첨부하여 작성한다.
② 공사비 정산은 정부표준품셈 및 건설공사 설계지침서에 의하여 산출하고, 특수공정은 원가계산서 양식으로 2개소 이상의 견적서를 받아 경제적인 단가를 택한다.
③ 공종별 단가는 표준품셈에 의하여 산출하고, 특수공종은 2개소 이상의 견적서를 받아 경제적인 단가를 택한다. 제조원가에 의할 수 없는 공종의 단가는 전문가의 일식견적으로 단가를 적용한다.
④ 공사비 단가 적용은 조달청 발행 가격정보지를 우선 적용하고, 가격정보지에 없는 품목은 시중물가자료 2개소 이상을 비교하여 경제적인 것을 선정하며, 가격정보지 및 물가자료에 없는 품목은 2개 업체 이상 견적 처리하여 경제적인 것으로 한다(단가대비표 제출).
⑤ 노임단가는 통계청이 승인한 건설업 임금실태보고서의 단가를 적용한다.

(3) 설계도서 작성내용과 세부사항

1) 공통분야

① 설계도서
② 시방서(기자재 사양 포함)
③ 설계설명서
④ 공사비 산출관계서식 : 공사원가계산서, 내역서(CD 포함), 수량산출조서, 일위대가표 및 견적서, 물가적용조사서, 소요인력산출서, 각종 시스템 시방서 등
⑤ 공정표
⑥ 설계 심의자료 및 각종 협의 신청서류

2) 정보통신분야(별도 발주 가능토록 설계도서 작성)

① 공통분야 사항
② 부하계산서(음향설비, 공시청 TV단밀기 등)
③ 계통도 : 전화, TV, 방송, LAN, CCTV 등
④ 기본설계 분석과정 및 기타 자료
⑤ LAN(네트워크) 설비의 소요회선 수 산출

9. 특별사항

다음과 같은 경우 계약을 해지할 수 있다.

① 과업수행이 불가능하다고 인정될 때

② 우리 시의 지시에 불가능하다고 인정될 때

③ 과업수행 중 불가피할 경우 본 용역을 일부 또는 전부를 중지할 때

④ 기타 계약조건을 위배할 때

- 연도이월 등에 의한 공사비 등이 변경되었을 경우 납품 후라도 변경부분을 다시 작성하여 제출한다.
- 정보통신분야는 별도로 발주가 가능하도록 설계도서를 작성하여 제출한다.

10. 예정공정표

공 종	소요일정(일)									비 고
	10	20	30	40	50	60	70	80	90	
자료수집	—									
기본계획		—								
기본설계			—	—						
실시설계					—	—	—	—		
적산 및 예산서 작성								—	—	

11. 성과품 납품 조서

종 류	규 격	수량	단위	형 태	비 고
① 기본설계	A4 210×297				
기본설계보고서	A4 210×297	10	부	상단철	인쇄(복사)
도면	A4 210×297	10	부	1/2(반접이)	청사진
축소도면	A4 210×297	10	부	좌단철	백상지
설계설명서	A4 210×297	10	부	상단철	인쇄(복사)
② 실시설계	A4 210×297				
실시설계보고서	A4 210×297	10	부	상단철	인쇄(복사)
원도	A4 210×297	각 1	부		• 트레이싱지 • CD
축소원도	A4 210×297	각 1	부		• 트레이싱지 • CD
공사시방서	A4 210×297	5	부	상단철	인쇄(복사)
설계도면	A4 210×297	10	부	1/2(접이)	청사진
축소도면	A4 210×297	10	부	좌단철	백상지
설계예산서(실내역)	A4 210×297	5	부		CD
각종 부하계산서	A4 210×297	5	부		
물가조사서	A4 210×297	5	부		
수량, 단가, 공량, 산출기초	A4 210×297	3	부		
소요인력산출서	A4 210×297	3	부		CD 제출

1.8 엔지니어링사업대가의 기준 이해

주관 부처 : 산업통상자원부고시 제2024-217호

1.8.1 목적(엔지니어링사업대가의 기준 제1조)

이 기준은 「엔지니어링산업 진흥법」 제31조제2항에 따라 엔지니어링사업의 대가의 기준을 정함을 목적으로 한다. (엔지니어링사업대가의 기준 제1조)

1.8.2 적용(엔지니어링사업대가의 기준 제2조)

① 「엔지니어링산업 진흥법」(이하 "법"이라 한다) 제2조제4호에 따른 엔지니어링사업자(이하 "엔지니어링사업자"라 한다)가 같은 법 제2조제7호 각 목 및 시행령 제5조의 각 호의 자(이하 "발주청"이라 한다)로부터 엔지니어링사업을 발주할 경우에는 이 기준에 따라 엔지니어링사업대가(이하 "대가"라 한다)를 산출한다.

② 제1항에도 불구하고 엔지니어링사업자가 건설업자 또는 주택건설등록 업자로부터 위탁받아 작성하는 시공상세도의 경우에는 제21조 이하의 규정에 따라 대가를 산출한다.

1.8.3 정의(엔지니어링사업대가의 기준 제3조)

이 기준에서 사용하는 용어의 뜻은 다음과 같다.

1. "실비정액가산방식"이란 직접인건비, 직접경비, 제경비, 기술료와 부가가치세를 합산하여 대가를 산출하는 방식을 말한다.
2. "공사비요율에 의한 방식"이란 공사비에 일정요율을 곱하여 산출한 금액에 제17조에 따른 추가업무비용과 부가가치세를 합산하여 대가를 산출하는 방식을 말한다.
3. "공사비"란 발주청의 공사비 총 예정금액(자재대 포함) 중 용지비, 보상비, 법률수속비 및 부가가치세를 제외한 일체의 금액을 말한다.
4. "시공상세도작성비"란 관련법령에 따라 당해 목적물의 시공을 위하여 도면, 시방서 및 작업계획 등에 따른 시공상세도를 작성하는데 소요되는 비용을 말한다.
5. "품셈"이란 발주청에서 대가를 산정하기 위한 기준으로 단위작업에 소요되는 인력수, 재료량, 장비량을 말한다.
6. "표준품셈"이란 표준품셈 관리기관이 제30조에 따라 공표한 품셈을 말한다.
7. "표준품셈 관리기관"이란 품셈의 제정, 개정, 연구, 조사, 해석, 보급 등 품셈에 대한 전반적인 업무를 효율적으로 운영하기 위한 기관으로서 제26조에 따라 산업통상자원부장관이 지정한 기관을 말한다.

1.8.4 대가산출의 기본원칙(엔지니어링사업대가의 기준 제4조)

① 대가의 산출은 실비정액가산방식을 적용함을 원칙으로 한다. 다만, 발주청이 엔지니어링사업의 특성을 고려하여 실비정액가산방식을 적용함이 적절하지 아니하다고 판단하는 경우 공사비요율에 의한 방식을 적용할 수 있다.

② 제1항 단서에도 불구하고 다음 각호의 사유에 해당하는 경우 실비정액가산방식을 적용하여야 한다.

1. 최근 3년간 발주청의 관할구역 및 인접 시 · 군 · 구에 당해 사업과 유사한 사업에 대하여 실비정액가산방식을 적용한 사업이 있는 경우
2. 엔지니어링사업자가 실비정액가산방식 적용에 필요한 견적서 등을 발주청에 제공하여 거래 실례가격을 추산할 수 있는 경우

③ 실비정액가산방식 또는 공사비요율에 의한 방식으로 대가의 산출이 불가능한 구매, 조달, 노-하우의 전수 등의 엔지니어링사업에 대한 대가는 계약당사자가 합의하여 정한다.

④ 부가가치세는 「부가가치세법」에서 정하는 바에 따라 계상한다.

1.8.5 대가의 조정(엔지니어링사업대가의 기준 제5조)

① 다음 각 호의 어느 하나에 해당하는 경우에는 대가를 조정한다.

1. 계약을 체결한 날부터 90일 이상 경과하고 물가의 변동으로 입찰일을 기준으로 한 당초의 대가에 비하여 100분의 3이상 증감되었다고 인정될 경우. 다만, 천재 · 지변 또는 원자재 가격 급등으로 당해 기간 내에 계약 금액을 조정하지 아니하고는 계약 이행이 곤란한 시 계약을 체결한 날 또는 직전 조정기준일로부터 90일 이내에도 계약금액을 조정할 수 있다.
2. 발주청의 요구에 따른 업무 변경이 있는 경우
3. 엔지니어링사업 계약에 있어 사업기간, 사업규모 변경 등 계약의 내용이 변경된 경우
4. 계약당사자 간에 합의하여 특별히 정한 경우

② 제1항에서 규정된 사항에 대해서는 「국가를 당사자로 하는 계약에 관한 법률」, 「지방자치단체를 당사자로 하는 계약에 관한 법률」의 금액 조정에 관한 규정을 준용한다.

1.8.6 대가의 준용(엔지니어링사업대가의 기준 제6조)

전력시설물의 설계 및 감리, 농어촌정비사업의 측량 · 설계 및 공사감리의 위탁, 소프트웨어 개발용역, 측량용역 등 다른 법령에서 그 대가기준(원가계산기준)을 규정하고 있는 경우에는 그 법령이 정하는 기준에 따른다.

1.8.7 직접인건비(엔지니어링사업대가의 기준 제7조)

직접인건비란 해당 엔지니어링사업의 업무에 직접 종사하는 엔지니어링기술자의 인건비로서 투입된 인원수에 엔지니어링기술자의 기술등급별 노임단가를 곱하여 계산한다. 이 경우 엔지니어링기술자의 투입인원수 및 기술등급별 노임단가의 산출은 다음 각 호를 적용한다.

1. 투입인원수를 산출하는 경우에는 산업통상자원부장관이 인가한 표준품셈을 우선 적용한다. 다만 인가된 표준품셈이 존재하지 않거나 업무의 특성상 필요한 경우에는 견적 등 적절한 산출방식을 적용할 수 있다.
2. 노임단가를 산출하는 경우에는 기본급 · 퇴직급여충당금 · 회사가 부담하는 산업재해보상보험료, 국민연금, 건강보험료, 고용보험료, 퇴직연금급여 등이 포함된 한국엔지니어링협회가 「통계법」에 따라 조사 · 공표한 임금 실태조사보고서에 따른다. 다만, 건설상주감리의 경우에는 계약당사자가 협의하여 한국건설감리협회가 「통계법」에 따라 조사 · 공표한 노임단가를 적용할 수 있다.

1.8.8 직접경비(엔지니어링사업대가의 기준 제8조)

직접경비란 당해 업무 수행과 관련이 있는 경비로서 여비(발주청 관계자 여비는 제외함), 특수자료비(특허, 노하우 등의 사용료), 제출 도서의 인쇄 및 청사진비, 측량비, 토질 및 재료비 등의 시험비 또는 조사비, 모형제작비, 다른 전문기술자에 대한 자문비 또는 위탁비와 현장운영 경비(직접인건비에 포함되지 아니한 보조원의 급여와 현장사무실의 운영비를 말한다) 등을 포함하며, 그 실제 소요될 것으로 추정되는 비용의 일체를 계산한다. 다만, 공사감리 또는 현장에 상주해야 하는 엔지니어링사업의 경우 주재비는 상주 직접인건비의 30%로 하고 국내 출장여비는 비상주 직접인건비의 10%로 한다.

1.8.9 제경비(엔지니어링사업대가의 기준 제9조)

① 제경비란 직접비(직접인건비와 직접경비)에 포함되지 아니하고 엔지니어링사업자의 행정운영을 위한 기획, 경영, 총무 분야 등에서 발생하는 간접 경비로서 임원 · 서무 · 경리직원 등의 급여, 사무실비, 사무용 소모품비, 비품비, 기계기구의 수선 및 상각비, 통신운반비, 회의비, 공과금, 운영활동 비용 등을 포함하며 직접인건비의 110~120%로 계산한다. 다만, 관련법령에 따라 계약 상대자의 과실로 인하여 발생한 손해에 대한 손해배상보험료 또는 손해배상공제료는 별도로 계산한다.

② 제1항의 경비 중에서도 해당 엔지니어링사업의 수행을 위하여 직접적인 필요에 따라 발생한 비목에 관하여는 직접경비로 계산한다.

1.8.10 기술료(엔지니어링사업대가의 기준 제10조)

기술료란 엔지니어링사업자가 개발ㆍ보유한 기술의 사용 및 기술축적을 위한 대가로서 조사연구비, 기술개발비, 기술훈련비 및 이윤 등을 포함하며 직접인건비에 제경비(단 제9조제1항 단서에 따른 손해배상보험료 또는 손해배상공제료는 제외함)를 합한 금액의 20~40%로 계산한다.

1.8.11 엔지니어링기술자의 기술등급 및 자격기준(엔지니어링사업대가의 기준 제11조)

엔지니어링기술자의 기술등급 및 자격기준은 법 제2조제6호 및 시행령 제4조에 따른 [별표 2]와 같다.

- 엔지니어링산업 진흥법 시행령 [별표 2] 〈개정 2024.4.2〉

엔지니어링기술자(제4조 관련)

가. 기술계 엔지니어링기술자

구분 / 기술등급	국가기술자격자	학력자
기술사	해당 전문분야와 관련된 기술사자격을 가진 사람	
특급기술자	1) 해당 전문분야와 관련된 기사자격을 가진 사람으로서 해당 전문분야와 관련된 업무를 10년 이상 수행한 사람 2) 해당 전문분야와 관련된 산업기사자격을 가진 사람으로서 해당 전문분야와 관련된 업무를 13년 이상 수행한 사람	1) 해당 전문분야와 관련된 박사학위를 가진 사람으로서 해당 전문분야와 관련된 업무를 4년 이상 수행한 사람 2) 해당 전문분야와 관련된 석사학위를 가진 사람으로서 해당 전문분야와 관련된 업무를 9년 이상 수행한 사람 3) 해당 전문분야와 관련된 학사학위를 가진 사람으로서 해당 전문분야와 관련된 업무를 12년 이상 수행한 사람 4) 해당 전문분야와 관련된 전문대학을 졸업한 사람으로서 해당 전문분야와 관련된 업무를 15년 이상 수행한 사람
고급기술자	1) 해당 전문분야와 관련된 기사자격을 가진 사람으로서 해당 전문분야와 관련된 업무를 7년 이상 수행한 사람 2) 해당 전문분야와 관련된 산업기사자격을 가진 사람으로서 해당 전문분야와 관련된 업무를 10년 이상 수행한 사람	1) 해당 전문분야와 관련된 박사학위를 가진 사람으로서 해당 전문분야와 관련된 업무를 1년 이상 수행한 사람 2) 해당 전문분야와 관련된 석사학위를 가진 사람으로서 해당 전문분야와 관련된 업무를 6년 이상 수행한 사람 3) 해당 전문분야와 관련된 학사학위를 가진 사람으로서 해당 전문분야와 관련된 업무를 9년 이상 수행한 사람 4) 해당 전문분야와 관련된 전문대학을 졸업한 사람으로서 해당 전문분야와 관련된 업무를 12년 이상 수행한 사람
중급기술자	1) 해당 전문분야와 관련된 기사자격을 가진 사람으로서 해당 전문분야와 관련된 업무를 4년 이상 수행한 사람 2) 해당 전문분야와 관련된 산업기사자격을 가진 사람으로서 해당 전문분야와 관련	1) 해당 전문분야와 관련된 박사학위를 가진 사람 2) 해당 전문분야와 관련된 석사학위를 가진 사람으로서 해당 전문분야와 관련된 업무를 3년 이상 수행한 사람

구분 기술등급	국가기술자격자	학력자
	된 업무를 7년 이상 수행한 사람	3) 해당 전문분야와 관련된 학사학위를 가진 사람으로서 해당 전문분야와 관련된 업무를 6년 이상 수행한 사람 4) 해당 전문분야와 관련된 전문대학을 졸업한 사람으로서 해당 전문분야와 관련된 업무를 9년 이상 수행한 사람
초급기술자	1) 해당 전문분야와 관련된 기사자격을 가진 사람 2) 해당 전문분야와 관련된 산업기사자격을 가진 사람으로서 해당 전문분야와 관련된 업무를 2년 이상 수행한 사람	1) 해당 전문분야와 관련된 석사학위를 가진 사람 2) 해당 전문분야와 관련된 학사학위를 가진 사람 3) 해당 전문분야와 관련된 전문대학을 졸업한 사람으로서 해당 전문분야와 관련된 업무를 3년 이상 수행한 사람

2. 숙련기술계 엔지니어링기술자

구분 기술등급	국가기술자격자	학력자
고급숙련 기술자	1) 해당 전문분야와 관련된 기능장 자격을 가진 사람 2) 해당 전문분야와 관련된 산업기사 자격을 가진 사람으로서 해당 전문분야와 관련된 업무를 4년 이상 수행한 사람 3) 해당 전문분야와 관련된 기능사 자격을 가진 사람으로서 해당 전문분야와 관련된 업무를 7년 이상 수행한 사람 4) 해당 전문분야와 관련된 기능사보자격을 가진 사람으로서 해당 전문분야와 관련된 업무를 10년 이상 수행한 사람	1) 해당 전문분야와 관련된 기능대학 또는 전문대학을 졸업한 사람으로서 해당 전문분야와 관련된 업무를 5년 이상 수행한 사람 2) 고등학교를 졸업한 사람으로서 해당 전문분야와 관련된 업무를 8년 이상 수행한 사람 3) 직업훈련기관의 교육을 이수한 사람으로서 해당 전문분야와 관련된 업무를 8년 이상 수행한 사람
중급숙련 기술자	1) 해당 전문분야와 관련된 산업기사 자격을 가진 사람 2) 해당 전문분야와 관련된 기능사 자격을 가진 사람으로서 해당 전문분야와 관련된 업무를 3년 이상 수행한 사람 3) 해당 전문분야와 관련된 기능사보 자격을 가진 사람으로서 해당 전문분야와 관련된 업무를 5년 이상 수행한 사람	1) 해당 전문분야와 관련된 기능대학 또는 전문대학을 졸업한 사람으로서 해당 전문분야와 관련된 업무를 1년 이상 수행한 사람 2) 고등학교를 졸업한 사람으로서 해당 전문분야와 관련된 업무를 4년 이상 수행한 사람 3) 직업훈련기관의 교육을 이수한 사람으로서 해당 전문분야와 관련된 업무를 6년 이상 수행한 사람 4) 해당 전문분야와 관련된 업무를 10년 이상 수행한 사람
초급숙련 기술자	1) 해당 전문분야와 관련된 기능사 자격을 가진 사람 2) 해당 전문분야와 관련된 기능사보 자격을 가진 사람으로서 해당 전문분야와 관련된 업무를 2년 이상 수행한 사람	1) 고등학교를 졸업한 사람으로서 해당 전문분야와 관련된 업무를 1년 이상 수행한 사람 2) 직업훈련기관의 교육을 이수한 사람으로서 해당 전문분야와 관련된 업무를 1년 이상 수행한 사람 3) 해당 전문분야와 관련된 업무를 5년 이상 수행한 사람

비고
1. 위 표의 "국가기술자격자"란의 각 자격은 「국가기술자격법」에 따른 국가기술자격의 종목 중 별표 1의 전문분야와 관련되는 종목의 국가기술자격을 말한다.
2. 위 표에서 "학력자"란의 각 학력은 다음 각 목의 어느 하나에 해당하는 학력을 말한다.
   가. 「초 · 중등교육법」 또는 「고등교육법」에 따른 학교에서 엔지니어링기술 관련 학과의 정해진 과정의 이수와 졸업에 따라 취득한 학력
   나. 그 밖의 관계 법령에 따라 국내외에서 받은 가목과 같은 수준 이상의 학력
3. 위 표에서 "해당 전문분야"란 별표 1의 전문분야를 말한다.
4. 외국인의 경우에는 당사자의 기술자격 또는 학력 · 경력에 따라 위 표에 상응하는 자격기준을 가진 것으로 본다.
5. 위 표에 따른 전문분야와 관련된 업무 수행 경력을 산정하는 경우 해당 자격 또는 학력을 갖추기 전 경력의 반영비율은 해당 기간의 60퍼센트로 한다.
6. 제1호부터 제5호까지의 규정에서 정한 사항 외에 엔지니어링기술자의 관련 자격 · 학력 및 경력의 인정범위 등에 관한 세부기준은 산업통상자원부장관이 정하여 고시한다.

1.8.12 엔지니어링기술자 노임단가의 적용기준(엔지니어링사업대가의 기준 제12조)

① 엔지니어링기술자 노임단가의 적용기준은 1일 8시간으로 하며, 1개월의 일수는 「근로기준법」 및 「통계법」에 따라 한국엔지니어링협회가 조사 · 공표하는 임금실태 조사 보고서에 따른다. 다만, 토요 휴무제를 시행하는 경우와 1일 8시간을 초과하는 경우에는 「근로기준법」을 적용한다.

② 출장일수는 근무일수에 가산하며, 이 경우 수탁자의 사업소를 출발한 날로부터 귀사한 날까지를 계산한다.

③ 엔지니어링사업 수행기간 중 「민방위기본법」 또는 「향토예비군설치법」에 따른 훈련기간과 「국가기술자격법」 등에 따른 교육기간은 해당 엔지니어링사업을 수행한 일수에 산입한다.

1.8.13 공사비요율에 의한 방식의 요율(엔지니어링사업대가의 기준 제13조)

① 공사비요율에 의한 방식을 적용할 경우 건설부문의 요율은 별표 1과 같고, 통신부문의 요율은 별표 2와 같으며, 산업플랜트부문의 요율은 별표 3과 같고, 기본설계 · 실시설계 및 공사감리 업무단위별로 구분하여 적용한다.

② 제1항에도 불구하고 업무단계별로 구분하여 발주하지 않는 기본설계와 실시설계 요율은 다음 각 호와 같다.

1. 기본설계와 실시설계를 동시에 발주하는 경우에는 다음 각목에 따라 적용한다.
   가. 건설부문의 경우 해당 실시설계요율의 1.45배
   나. 통신부문의 경우 해당 실시설계요율의 1.27배
   다. 산업플랜트부문의 경우 해당 실시설계요율의 1.31배
2. 타당성조사와 기본설계를 동시에 발주하는 경우에는 다음 각 목에 따라 적용한다.
   가. 건설부문의 경우 해당 기본설계 요율의 1.35배
   나. 통신부문의 경우 해당 기본설계 요율의 1.18배
   다. 산업플랜트부문의 경우 해당 기본설계 요율의 1.22배

3. 기본설계를 시행하지 않은 실시설계를 발주하는 경우에는 다음 각 목에 따라 적용한다.
   가. 건설부문의 경우 해당 실시설계 요율의 1.35배
   나. 통신부문의 경우 해당 실시설계 요율의 1.18배
   다. 산업플랜트부문의 경우 해당 실시설계 요율의 1.22배
4. 타당성 조사를 시행하지 않은 기본설계를 발주하는 경우에는 다음 각 목에 따라 적용한다.
   가. 건설부문의 경우 해당 기본설계 요율의 1.24배
   나. 통신부문의 경우 해당 기본설계 요율의 1.09배
   다. 산업플랜트부문의 경우 해당 기본설계 요율의 1.12배

[별표 2] 통신부문의 요율

공사비	업무별 요율(%)								
	기본설계				실시설계				공사감리
	그룹 1	그룹 2	그룹 3	그룹 4	그룹 1	그룹 2	그룹 3	그룹 4	
5천만원 이하	2.27	4.15	5.02	5.63	6.82	12.46	15.07	16.89	2.70
1억원 이하	2.13	3.89	4.71	5.28	6.41	11.72	14.18	15.89	2.53
2억원 이하	1.70	3.10	3.76	4.21	5.10	9.31	11.27	12.63	2.02
3억원 이하	1.55	2.83	3.42	3.84	4.65	8.50	10.29	11.53	1.84
5억원 이하	1.41	2.58	3.12	3.49	4.21	7.70	9.32	10.44	1.68
10억원 이하	1.24	2.27	2.75	3.08	3.73	6.81	8.24	9.23	1.48
20억원 이하	1.15	2.10	2.54	2.85	3.42	6.25	7.56	8.47	1.36
30억원 이하	1.10	2.02	2.44	2.74	3.30	6.04	7.30	8.18	1.31
50억원 이하	1.08	1.98	2.39	2.68	3.25	5.93	7.18	8.05	1.29
100억원 이하	1.05	1.92	2.32	2.60	3.16	5.78	7.00	7.84	1.25
200억원 이하	1.02	1.87	2.26	2.53	3.07	5.61	6.79	7.61	1.22
300억원 이하	1.01	1.85	2.23	2.50	3.05	5.57	6.74	7.55	1.21
500억원 이하	1.00	1.83	2.21	2.48	2.98	5.45	6.59	7.39	1.18
1,000억원 이하	0.98	1.79	2.16	2.42	2.94	5.38	6.50	7.29	1.16
2,000억원 이하	0.97	1.76	2.14	2.39	2.89	5.27	6.38	7.15	1.14
3,000억원 이하	0.95	1.74	2.11	2.37	2.84	5.18	6.27	7.03	1.13
5,000억원 이하	0.94	1.72	2.09	2.34	2.80	5.12	6.20	6.95	1.11
5,000억원 초과	10.088 ×(공사비)$^{-0.0881}$	18.459 ×(공사비)$^{-0.0881}$	22.3695 ×(공사비)$^{-0.088}$	25.0452 ×(공사비)$^{-0.088}$	30.5391 ×(공사비)$^{-0.0887}$	55.843 ×(공사비)$^{-0.0887}$	67.6224 ×(공사비)$^{-0.0887}$	75.5986 ×(공사비)$^{-0.0886}$	2.3088 ×(공사비)$^{-0.0271}$ -0.00262

비고

1. "통신부문"이란 「엔지니어링산업 진흥법 시행령」 별표 1의 기술부문 및 전문분야 구분표의 정보통신부문과 산업부문의 소방 · 방재 분야를 말한다.
2. "공사감리"란 비상주 감리를 말한다.
3. 5,000억원 초과의 경우 공식에 의해 산출된 요율은 소수점 셋째자리에서 반올림한다.
4. 기본설계, 실시설계 및 공사감리의 업무범위는 제14조와 같다.
5. 그룹별 분류는 다음과 같다. 다만, 산업부문의 소방 · 방재 분야는 그룹 2를 적용한다.

구 분	대분류	세부공사
그룹 1	방송설비	방송국설비공사
그룹 2	통신설비	교환설비공사 / 전송설비공사 / 구내설비공사 / 고정무선통신설비공사
그룹 3	통신설비	선로설비공사 / 별정통신설비공사
	방송설비	방송전송, 선로설비공사
	정보설비	정보매체설비공사
	기타설비	정보통신전용 전기시설설비공사
그룹 4	통신설비	이동통신설비공사 / 위성통신설비공사
	정보설비	정보제어, 보안설비공사 / 정보망설비공사 / 철도통신, 신호설비공사 선박의 통신 · 항해 · 어로설비 공사 / 항공(항행, 보안, 전산) 및 항만통신설비공사
	유시티설비공사	유시티설비공사

1.8.14 업무범위(엔지니어링사업대가의 기준 제14조)

공사비요율에 의한 방식을 적용하는 기본설계 · 실시설계 및 공사감리의 업무범위는 다음 각 호와 같다. 다만, 공사감리란 비상주 감리를 말한다.

1. 기본설계
   가. 설계개요 및 법령 등 각종 기준 검토
   나. 예비타당성조사, 타당성 조사 및 기본계획 결과의 검토
   다. 설계요강의 결정 및 설계지침의 작성
   라. 기본적인 구조물 형식의 비교 · 검토
   마. 구조물 형식별 적용공법의 비교 · 검토
   바. 기술적 대안 비교 · 검토
   사. 대안별 시설물의 규모, 경제성 및 현장 적용 타당성 검토
   아. 시설물의 기능별 배치 검토
   자. 개략공사비 및 기본공정표 작성
   차. 주요 자재 · 장비 사용성 검토
   카. 설계도서 및 개략 공사시방서 작성
   타. 설계설명서 및 계략계산서 작성
   파. 기본설계와 관련된 보고서, 복사비 및 인쇄비
2. 실시설계
   가. 설계 개요 및 법령 등 각종 기준 검토
   나. 기본설계 결과의 검토
   다. 설계요강의 결정 및 설계지침의 작성
   라. 구조물 형식 결정 및 설계
   마. 구조물별 적용 공법 결정 및 설계
   바. 시설물의 기능별 배치 결정

사. 공사비 및 공사기간 산정
아. 상세공정표의 작성
자. 시방서, 물량내역서, 단가규정 및 구조 및 수리계산서의 작성
차. 실시설계와 관련된 보고서, 복사비 및 인쇄비

3. 공사감리
가. 시공계획 및 공정표 검토
나. 시공도 검토
다. 시공자가 제시하는 시험성과표 검토
라. 공정 및 기성고 사정
마. 시공자가 제시하는 내역서, 구조 및 수리계산서 검토
바. 기성도 및 준공도 검토

1.8.15 요율조정(엔지니어링사업대가의 기준 제15조)

요율은 다음 각 호의 사항을 참고하여 10%의 범위에 대한 증액 또는 감액을 할 수 있으나, 발주청은 사업대가의 삭감으로 인하여 부실한 설계 및 감리 등이 발생하지 않도록 적정한 대가를 지급하기 위하여 노력하여야 한다.

1. 기획 및 설계의 난이도
2. 비교설계의 유무
3. 도면 기타 자료 작성의 복잡성
4. 제출 자료의 수량 등
5. 그 밖에 위 각 호에 준하는 경우

1.8.16 대가조정의 제한(엔지니어링사업대가의 기준 제16조)

발주청은 엔지니어링사업자가 엔지니어링사업을 수행함에 있어 새로운 기술개발 또는 도입된 기술의 소화 개량으로 공사비를 절감한 경우에는 이를 이유로 대가를 감액 조정할 수 없다.

1.8.17 추가업무비용(엔지니어링사업대가의 기준 제17조)

① 제14조의 업무범위에 포함되지 않는 업무로서 다음 각 호의 어느 하나에 해당하는 경우를 추가업무로 본다. 이 경우 해당 추가업무에 대하여는 별도로 그 대가를 지급하여야 한다.

1. 발주청의 요구에 의한 추가업무
2. 엔지니어링사업자의 책임에 귀속되지 아니하는 사유로 인한 추가업무
3. 그 밖에 발주청의 승인을 얻어 수행한 추가업무

② 제1항에 따른 추가업무의 종류는 다음 각 호와 같다.

1. 각종 측량
2. 각종 조사, 시험 및 검사
3. 공사감리를 위하여 현장에 근무하는 기술자의 제비용
4. 주민의견 수렴 및 각종 인·허가에 필요한 서류 작성
5. 입목축적조사서 등 각종 조사서 작성
6. 사전재해영향검토, 자연경관영향검토, 생태환경조사 등 사전환경성 검토
7. 문화재 지표조사
8. 전파환경 분석 및 보고서 작성
9. 운영계획 등 각종 계획서 작성
10. 통신장비의 운용 및 인터페이스 등 통신소프트웨어 분석
11. 수리모형실험 및 수치모델 실험 및 시뮬레이션
12. LEED, IBS, TAB 및 EMP 등 각종 공인인증을 위한 업무
13. BIM설계업무(추가 성과품을 제공하는 경우에 한한다.)
14. 모형제작, 투시도 또는 조감도 작성
15. 제14조 업무범위에 해당하지 않는 보고서 작성, 복사비 및 인쇄비
16. 용지도 작성비 및 보상물 작성비(용지비 및 보상물 감정업무 제외)
17. 항공사진 촬영(원격조정무인헬기 포함)
18. 특수자료비(특허, 노하우 등의 사용료)
19. 홍보영상 제작
20. 관련 법령에 따라 계약상대자의 과실로 인하여 발생한 손해에 대한 손해배상보험료 또는 손해배상공제료
21. 그 밖에 위 각 호에 준하는 추가업무

③ 제2항제2호부터 13호까지의 비용은 실비정액가산방식에 따라 비용을 산출하며, 같은 항 제14호부터 제20호까지의 비용은 실제 소요된 비용만을 지급한다. 제21호의 비용은 업무의 성격에 따라 각 호의 비용산출에 준하여 정한다.

1.8.18 요율적용의 특례(엔지니어링사업대가의 기준 제18조)

여러 부문의 기술이 복합된 엔지니어링사업은 실비정액가산방식에 따라 산출한다.

1.8.19 공사비가 중간에 있을 때의 요율(엔지니어링사업대가의 기준 제19조)

공사비가 요율표의 각 단위 중간에 있을 때의 요율은 직선보간법에 따라 다음과 같이 산정한다.

〈직선보간법 산정식〉

$$y = y1 - \frac{(x - x2)(y1 - y2)}{x1 - x2}$$

※ x : 당해금액, $x1$: 큰금액, $x2$: 작은금액
y : 당해공사비요율, $y1$: 작은금액요율, $y2$: 큰금액요율

1.8.20 공사비가 5,000억원 초과시 적용요율(엔지니어링사업대가의 기준 제20조)

공사비가 5,000억원을 초과할 경우의 적용요율은 별표 1, 별표 2, 별표 3과 같다.

1.8.21 시공상세도작성비 요율(엔지니어링사업대가의 기준 제21조)

시공상세도작성비는 [별표 4]의 요율을 적용하여 산출한다.

[별표 4] 시공상세도작성비의 요율

요율 / 공사비	시설물 난이도별 요율(%)		
	단순	보통	복잡
1억원 이하	1.31	1.46	1.61
2억원 이하	1.15	1.28	1.41
3억원 이하	1.06	1.18	1.30
5억원 이하	0.96	1.07	1.18
10억원 이하	0.85	0.94	1.03
20억원 이하	0.74	0.82	0.90
30억원 이하	0.68	0.76	0.84
50억원 이하	0.62	0.69	0.76
100억원 이하	0.54	0.60	0.66
200억원 이하	0.48	0.53	0.58
300억원 이하	0.44	0.49	0.54
500억원 이하	0.40	0.44	0.48
1,000억원 이하	0.35	0.39	0.43
2,000억원 이하	0.31	0.34	0.37
3,000억원 이하	0.28	0.31	0.34
5,000억원 이하	0.25	0.28	0.31
5,000억원 초과	단순공종요율 = 45.5535 × (공사비)$^{-0.1924}$ 보통공종요율 = 50.6135 × (공사비)$^{-0.1924}$ 복잡공종요율 = 55.6734 × (공사비)$^{-0.1924}$		

비고 : 5,000억원 초과의 경우 공식에 의해 산출된 요율은 소수점 셋째자리에서 반올림한다.

1.8.22 업무범위(엔지니어링사업대가의 기준 제22조)

시공상세도는 공사시방서에서 건설공사의 진행단계별로 작성하도록 명시된 시공상세도면의 작성 목록에 따라 작성한다.

1.8.23 예정수량 산출(엔지니어링사업대가의 기준 제23조)

시공상세도면의 작성 예정수량은 별표 4의 요율에 따라 구한 시공상세도작성비를 [별표 5]에 따라 산출한 시공상세도 1장당 단가로 나누어 구한다.

[별표 5] 시공상세도 1장당 단가 산출근거

작성 난이도	1장당 단가 산출근거
단 순	{(0.24×초급기술자 노임단가)+(0.49×중급숙련기술자 노임단가)}
보 통	{(0.34×중급기술자 노임단가)+(0.70×중급숙련기술자 노임단가)}
복 잡	{(0.20×고급기술자 노임단가)+(0.44×중급기술자 노임단가)+(0.91×중급숙련기술자 노임단가)}

1.8.24 사후정산(엔지니어링사업대가의 기준 제24조)

시공상세도면의 수량은 현장여건에 따라 확정되므로 사전에 작성될 도면의 예정수량을 정하고, 현장시공시 시공상세도면의 작성 목록에 따라 작성한 후 당초 예정수량보다 실제 작성된 수량에 증감이 있는 경우 발주청의 승인을 받은 수량에 따라 사후에 정산하여야 한다.

1.8.25 시공상세도면의 난이도(엔지니어링사업대가의 기준 제25조)

시공상세도면의 작성에 요구되는 난이도는 별표 6에 따라 구분한다.

1.8.26 표준품셈의 관리기관 지정 등(엔지니어링사업대가의 기준 제26조)

① 산업통상자원부장관은 법 제33조에 따라 설립된 협회 등 엔지니어링관련 기관 및 단체 중 다음 각 호의 요건을 갖춘 자를 엔지니어링 표준품셈 관리기관(이하 '관리기관'이라 한다)으로 지정하고 제7조에 따른 표준품셈의 인가, 관리 등 업무를 위탁할 수 있다.

1. 다음 어느 하나에 해당하는 전담인력 3명 이상을 보유할 것
   가. 과학기술 분야의 박사학위를 소지한 사람
   나. 과학기술 분야의 석사학위 소지자로서 연구기관 또는 「고등교육법」 제2조에 따른 대학에서 연구원 또는 전임강사 이상의 직(職)에 6년 이상 종사한

경력이 있는 사람

다. 과학기술 분야의 학사학위 소지자로서 엔지니어링산업진흥법 시행령 제4조에 따른 고급기술자 이상인 사람

라. 학사학위 소자자로서 엔지니어링산업 관련 법인이나 단체에서 엔지니어링기술에 관한 업무에 9년 이상 종사한 경력이 있는 자

2. 엔지니어링품셈 관련 전담 조직을 갖추고 있을 것

가. 엔지니어링산업과 관련된 업무를 주된 업무로 하며, 영리 목적이 아닌 사업을 목적으로 할 것

나. 표준품셈 관리 외의 업무를 함으로써 품셈관리 업무가 불공정하게 수행될 우려가 없을 것

다. 통계법 제15조에 따라 통계작성지정기관으로 지정된 기관일 것

② 관리기관의 장은 표준품셈의 제 · 개정 등 표준품셈에 대한 전반적인 업무를 효율적으로 운영하기 위한 운영지침을 마련하여 산업통상자원부장관의 승인을 받아야 한다.

③ 산업통상자원부장관은 관리기관이 고의로 인한 업무태만 또는 공신력에 있어 물의를 야기하는 등 지속적인 업무수행이 부적절하다고 인정될 때에는 관리기관의 지정을 철회하거나 취소할 수 있다.

1.8.27 품셈의 제 · 개정 계획보고 표준품셈의 관리(엔지니어링사업대가의 기준 제27조)

① 관리기관의 장은 관계기관의 의견을 수렴하여 다음 각호의 사항이 포함된 품셈의 제 · 개정 등에 대한 추진계획을 수립하여 매년 3월말까지 산업통상자원부장관에게 제출하여야 한다.

1. 품셈의 제 · 개정 등을 위한 추진일정
2. 품셈 제 · 개정 항목 선정 및 조사방법
3. 표준품셈 심의위원회 구성 및 운영방법
4. 기타 품셈의 제 · 개정 등에 필요한 사항

② 관리기관의 장은 제1항의 규정에 따라 제출한 추진계획이 변경 된 경우 변경된 내용을 지체없이 산업통상자원부장관에게 보고하여야 한다.

③ 산업통상자원부장관은 제1항의 규정에 의거 제출된 사항을 검토하여 변경이 필요한 경우에는 관리기관의 장에게 이를 요구할 수 있다. 이 경우 관리기관의 장은 특별한 사유가 없는 한 이를 반영하여야 한다.

1.8.28 심의위원회 구성 및 운영(엔지니어링사업대가의 기준 제28조)

① 산업통상자원부는 품셈의 심의를 위하여 표준품셈심의위원회(이하 "위원회"라 한다)를 둔다.

② 위원회의 위원장은 관리기관의 장으로부터 추천받아 산업통상자원부장관이 임명한다.

③ 위원회의 위원은 관련부처 담당 공무원 및 전문적인 지식을 보유한 다음 각 호의 사람으로 구성한다.

1. 「엔지니어링산업진흥법」 제2조에 따른 발주청 및 엔지니어링기술 관련 기관에 소속되어 있는 자로서 해당 분야에 전문 지식이 있는 자
2. 엔지니어링분야의 관련 업체, 학계 및 단체에서 재직중인 전문가
3. 위원장이 해당 전문분야의 전문가로 인정하여 지정하는 자
4. 제5항에 따른 부문위원회의 장(소관하는 품셈의 심의를 위한 회의에만 참석하여 의결)

④ 위원장의 임기는 3년으로 하고, 위원의 임기는 1년으로 하되 연임할 수 있다.

⑤ 관리기관의 장은 위원회에 상정할 안건을 마련하기 위하여 별도의 부문위원회를 운영할 수 있다.

1.8.29 위원회 심의(엔지니어링사업대가의 기준 제29조)

① 위원회는 다음 각 호를 심의한다.

1. 표준품셈 제·개정 대상 항목의 선정
2. 표준품셈 제·개정 조사연구 결과에 대한 심의
3. 그 밖에 표준품셈 제·개정 등의 업무에 관한 중요사항

② 위원회는 위원장이 소집하며, 위원장을 포함한 재적위원 과반수의 출석과 출석위원 3분의2이상의 찬성으로 의결한다.

③ 위원회는 다음 각 호의 어느 하나에 해당하는 사항은 서면으로 의결할 수 있다.

1. 토론이 필요하지 않은 사항
2. 부문위원회의 검토 등을 미리 거쳐 의결만 필요한 사항
3. 긴급하게 처리할 필요가 있는 사항
4. 그 밖에 위원장이 필요하다고 인정하는 사항

1.8.30 표준품셈의 확정(엔지니어링사업대가의 기준 제30조)

① 제29조에 따라 위원회가 심의·의결한 품셈은 관리기관의 장이 산업통상자원부장관에게 보고 후 공표함으로써 산업통상자원부장관이 인가한 표준품셈으로 본다.

② 제1항에 따라 인가된 표준품셈은 다음연도 1월 1일부터 시행함을 원칙으로 한다. 다만, 적용의 시급성 등 필요에 따라 그 시행일을 달리할 수 있다.

1.8.31 사업비의 지원(엔지니어링사업대가의 기준 제31조)

산업통상자원부장관은 관리기관의 품셈의 제정, 개정, 연구, 조사, 해석, 보급 및 위원회 운영 등 품셈 업무의 원활한 운영관리를 위하여 사업비를 지원할 수 있다.

1.8.32 재검토기한(엔지니어링사업대가의 기준 제32조)

산업통상자원부장관은 「훈령 · 예규 등의 발령 및 관리에 관한 규정」에 따라 이 고시에 대하여 2025년 1월 1일 기준으로 매3년이 되는 시점(매 3년째의 12월 31일까지를 말한다)마다 그 타당성을 검토하여 개선 등의 조치를 하여야 한다.

1.8.33 부칙

〈제2024-217호, 2024.12.31〉
이 기준은 고시하는 날로부터 시행한다.

제2장

통신설계도서 작성

2.1 정보통신설비설계 표준품셈의 이해

2.1.1 적용방법

표준품셈은 정보통신공사업법의 적용을 받는 정보통신공사 중 가장 대표적이고 보편적인 공종·공법을 기준으로 하였으며, 지역이나 기후의 특성 및 기타 조건에 따라 조정 적용하되 예산의 효율적인 운용을 기하도록 한다.

표준품셈 및 이 기준에 명시되지 않은 각종 사항은 각종 사업을 발주하는 각 국가기관, 지방자치단체, 정부투자기관, 전기통신사업자(기간통신사업자, 부가통신사업자, 별정통신사업자), 방송법에 의한 사업자(종합유선방송사업자, 전송망사업자, 중계유선방송사업자)를 포함하여 발주처 장의 책임하에 표준품셈 및 이 기준의 목적에 부합되도록 적의 결정하여 적용한다.

공사비 산정시 공사규모, 내용, 공기 및 현장조건 등을 감안하여 기계화 시공과 인력 시공을 비교하여 가장 경제적이고 합리적인 공법을 채택, 적정 산정한다.

본 품셈에 명시되지 않은 사항은 타 부문 표준품셈(토목·건축·기계·전기)을 적용하고, 타 부문과 유사한 공정의 품은 본 품셈을 우선하여 적용한다.

전기사업법, 전기공사업법, 소방법, 총포·도검·화약류단속법, 산업재해보상보험법, 산업안전보건법, 건설기술관리법, 대기환경보전법, 소음·진동규제법 등 관계법령이나 계약조건에 따라 소요되는 비용은 별도로 계상한다.

2.1.2 특정기계 사용

공사를 시행하는 데 있어 특정한 기계 사용이 사전에 확인되었을 때는 본 기준에 의하지 않고 개별적으로 그 특성에 의한 작업능력과 제경비를 산정하여 적용할 수 있다.

2.1.3 수량의 계산

① 수량은 MKS 단위를 사용한다.

② 수량의 단위 및 소수위는 표준품셈 단위표준에 의한다.

③ 수량의 계산은 지정 소수위 이하 1위까지 구하고, 끝 수는 4사5입한다.

④ 계산에 쓰이는 분도(分度)는 분까지, 원둘레율(圓周率), 삼각함수 및 호도(弧度)의 유효숫자는 3자리(3位)로 한다.

⑤ 곱하거나 나눗셈에 있어서는 기재된 순서에 의하여 계산하고, 분수는 약분법을 쓰지 않으며, 각 분수마다 그의 값을 구한 다음 전부를 계산한다. 단, 계산은 1회 곱하거나 나눌 때마다 소수 세째자리에서 4사5입하여 소수 2자리까지로 한다.
예 0.012 → 0.01, 0.015 → 0.02

⑥ 면적의 계산은 보통 수학공식에 의하는 외에 좌표면적계산법 · 삼사법(三斜法) · 구적기(planimeter) 또는 전자면적계산 등에 의한다. 다만, 구적기를 사용할 경우에는 3회 이상 측정한 평균값으로 한다.

⑦ 체적계산은 의사공식(擬似公式)에 의함을 원칙으로 하나 토사입적은 양단면적을 평균한 값에 그 단면간의 거리를 곱하여 산출하는 것을 원칙으로 한다. 단, 거리평균법으로 고쳐서 산출할 수도 있다.

2.1.4 재료의 할증률

공사용 재료의 할증률은 일반적으로 〈표 2-1〉의 값 이내로 하며, 정보통신재료를 〈표 2-1〉에 나타내었다.

〈표 2-1〉 정보통신재료

종 류		할증률(%)	철거손실률(%)
• 케이블랙(트레이), 덕트(Duct), 레이스웨이		5	-
• 구내선 및 케이블		7.5	-
• 외선케이블(옥외선등)		3	2.5
• 합성수지전선관 및 금속관(구내)		10	-
• PVC, PE 또는 합성수지파형전선관(파상형 경질 폴리에틸렌)		3	-
• 합성수지관 소켓		10	-
• 점퍼선		5	2.5
• 열수축관		5	-
• 25회선 접속자(커넥터 포함)		2	-
• 조가선 · 지지선		4	-
• 가공선로철물류	100개 미만	3	6
	100개 이상	2.5	5
	200개 이상	2	4
	500개 이상	1.5	3
	1,000개 이상	1	2
• 케이블(지하관로, 직매)		3	1.5

◀해설▶

1. 철거손실률이란 통신시설공사에서 철거작업시 발생하는 폐자재를 환입할 때 재료의 파손, 손실, 망실 및 일부 부식 등에 의한 손실률을 말한다.
2. 피스표에 의한 케이블 잔량(불용)은 포함하지 않는다.

2.1.5 가설공사

가설공사비는 〈표 2-2〉와 같이 그 성질에 따라 계상할 수 있다.

〈표 2-2〉 콘테이너형 가설건축물

구분	3m		6m		9m		12m	
	비계공	특별인부	비계공	특별인부	비계공	특별인부	비계공	특별인부
폭 2.4m	0.17	0.08	0.28	0.15	0.35	0.11	0.36	0.18
3.0m	0.20	0.09	0.29	0.17	0.39	0.19	0.38	0.20
3.5m	0.20	0.13	0.31	0.17	0.42	0.21	0.50	0.25
4.8m	0.25	0.13	0.38	0.19	0.47	0.24	0.70	0.35
6.0m	0.28	0.14	0.40	0.20	0.51	0.26	0.75	0.38

◀해설▶

1. 본 품셈은 설치 또는 해체시 각각 적용
2. 10톤 트럭탑재형크레인을 기준하였으며, 기계경비 및 콘테이너형 가설건축물의 운반비는 별도 계상
3. 트럭탑재형크레인 사용시간은 1개 설치당 60분 기준
4. 콘테이너형 가설건축물의 손율

구분	3개월	6개월	12개월	24개월	36개월	48개월	60개월
손율(%)	12	16	25	38	53	70	100

5. 지정 및 하부구조 등은 별도 계상
6. 복층으로 설치할 경우 계단, 난간, 캐노피 등은 별도 계상
7. 통신, 전기, 위생설비 등은 설계에 따라 별도 계상
8. 특수구조의 콘테이너형 가설건축이 필요한 때에는 설계에 따라 별도 계상

2.1.6 주요 자재

공사에 대한 주요자재의 관급은 '국가를 당사자로 하는 계약에 관한 법률' 시행규칙 및 재정경제부 회계예규 등 관계규정이나 계약조건에 따른다.

자재구입은 필요에 따라 시방서를 작성하고, 그 물건의 기능·특징·용량·제작방법·성능·시험방법·부속품 등에 관하여 명시하여야 한다.

국내에서 생산되는 자재를 우선적으로 사용함을 원칙으로 하고, 그 중에서도 형식승인용품·KS표시품 또는 국제공인제품(ISO, UL 등) 및 해당 성능기준 규격에 적합한 제품을 우선한다.

정부의 형식승인용품·KS표시품 또는 국제공인제품(ISO, UL 등) 및 해당 성능기준 규격에 없는 제품 사용시 공사조건에 맞는 관련 규격 및 시방(외국 규격 등) 등을 검토하여 사용하도록 한다.

2.1.7 재료시험의 결과 이용

설계는 재료시험에 의하여 제원을 결정함을 원칙으로 한다.

2.1.8 공구손료

공구손료는 일반공구, 통신공사용 특수공구 및 특수시험 검사용 기구류의 손료로서 공사 중 항상 일반적으로 사용하는 것을 말하며, 직접노무비(노임할증률 제외)의 3% 계상한다.

2.1.9 경장비 손료

중장비에 속하지 않는 동력장치에 의해 구동되는 장비류와 각종 통신용 측정기류의 손료를 말하며, 별도 계상한다.

경장비의 시간당 손료에 대하여는 기계경비산정표에 명시된 가장 유사한 장비의 제수치(내용시간, 연간 표준가동시간, 상각비율, 정비비율, 연간 관리비율 등)를 참조하여 계상한다.

〈표 2-3〉 측정기 및 시험기

종 류	내 용 시 간	연간표준 가동시간	상 각 비 율	정비 비율	연간 관리비율	시 간 당(10-7)			
						상각비계수	정비계수	관리비계수	계
일반형	12,600	2,100	0.9	0.3	0.14	714	238	416	1,368
거치형	43,200	7,200	0.9	0.3	0.14	208	69	121	398

◀해설▶

1. 외자구입 기기는 CIF(Cost, Insurance and Freight : 운임 · 보험료 포함 조건) 가격을 기준한다.
2. 거치형 측정기 및 시험기는 동일 측정개소에서 24시간 계속 자동 측정하는 기기를 말한다.

2.1.10 잡재료 및 소모재료

잡재료 및 소모재료는 설계내역에 표시하여 계상한다. 단, 계상이 어렵고 금액이 근소한 공사의 소모품에 대해서는 직접재료비(전선, 케이블 및 배관자재)의 2~5%까지 계상한다.

① 잡재료 : 재료비의 산출에는 필요한 재료를 가능한 한 품목별로 계상하는 것을 원칙으로 하고 있으나 소량이나 소금액의 재료는 명세서 작성이 곤란하므로 잡재료로 일괄 계상한다(Bolt류, Nut류, Plug류, 잡나사류, 단자류, 못 등).

② 소모재료 : 작업중에 소모되어 없어지거나 작업이 끝난 후에 모양이나 형태가 변하여 남아있는 재료(땜납, 토치램프용 휘발유, 테이프류, Oil, 용접봉, 산소가스 등)이다.

2.1.11 공드럼과 발생재의 처리

재활용이 가능한 공드럼은 재활용을 원칙으로 하되, 이에 필요한 운송비, 상 · 하차비 등과 재활용이 불가능한 공드럼 및 산업폐기물 처리비용은 별도 계상한다.

※ 재활용 여부에 대한 상태판정은 공사현장에서 공사감독이 판정

2.1.12 노 임

노임은 관계법령에 정하는 바에 따른다(주로 시중노임단가를 적용).

2.1.13 노임의 할증

근로시간 외, 야간 및 휴일의 근무가 불가피한 경우에 근로기준법 제55조, 유해 위험 작업인 경우 산업안전보건법 제46조에 정하는 바에 따른다.

근로기준법

제55조(연장 · 야간 및 휴일근로) 사용자는 연장근로(제53조 · 제59조 및 제69조 단서의 규정에 의하여 연장된 시간의 근로)와 야간근로(하오 10시부터 상오 6시까지 사이의 근로) 또는 휴일근로에 대하여는 통상임금의 100분의 50 이상을 가산하여 지급하여야 한다.

산업안전보건법

제46조(근로시간연장의 제한) 사업주는 유해 또는 위험한 작업으로서 대통령령이 정하는 작업에 종사하는 근로자에 대하여는 1일 6시간, 1주 34시간을 초과하여 근로하게 하여서는 아니된다.

2.1.14 품의 할증

1. 지세별 할증률

① 보통 : 0%
② 불량 : 25%
③ 매우 불량 : 50%
④ 물이 있는 논 : 20%
⑤ 농작물이 있는 논밭 : 10%
⑥ 소택지 또는 깊은 논 : 50%
⑦ 번화가 1 : 20%(지중 케이블공사는 30%)
번화가 2 : 10%(지중 케이블공사는 15%)
⑧ 수택지 : 10%
⑨ 도서지구(본토에서 파견된 인력동원 수에 한함) : 50%까지
⑩ 고속도로 : 20%

2. 터널 내 작업

① 전력선 첨가 및 외선 증설(조가선, 케이블 가설 등) : 20%
② 터널 내 작업(인도) : 15%
터널 내 작업(철도) : 30%
터널 내 작업(고속도로) : 30%
- 터널 내 사다리 작업으로 작업능률이 현저하게 저하될 시는 위 할증률에 10% 가산한다.
- 터널 내 작업 할증률은 터널입구에서 25m 이상 터널 속에 들어가서 작업시에 적용한다.

③ 군 작전지구 내 작업 : 20%까지

3. 야간작업

공사성질상 부득이 야간작업을 하여야 할 경우에는 작업능률 저하에 따른 20%와 근로기준법에 명시된 야간작업에 대한 노임할증 50%를 계상하여 직접노무비의 87.5%를 할증한다.

예시

[작업능률 저하 20%일 경우 적용예시 : 1/(1−0.2)=1.25]
[야간작업 노임할증 50% 적용예시 : A×1.5=1.5A]
[야간 8시간 작업시의 직접노무비 : A(8/8×1.25×1.5)=1.875A]
(A=노임단가)

4. 건물층수별 할증률

(1) 지상층 할증

2층~5층 이하 1%
10층 이하 3%
15층 이하 4%
20층 이하 5%
25층 이하 6%
30층 이하 7%
30층 초과에 대하여는 매 5층 이내 증가마다 1% 가산

(2) 지하층 할증

지하 1층 1%
지하 2~5층 2%
지하 6층 이하는 지하 1개층 증가마다 0.2% 가산

5. 운전빈도별 할증률

본선상의 열차 통과에 따라 작업이 중단되는 경우에 한하여 적용한다.

2.1.15 제경비 및 산재보험료

공사원가에 대한 경비 계상은 산업통상자원부 회계예규인 예정가격 작성 기준에 따른다.

2.1.16 소운반의 운반거리

품에 포함된 소운반 거리는 20m 이내의 거리이며, 소운반 거리가 20m를 초과할 경우에는 초과분에 대하여 이를 별도 계상하되 경사면의 소운반 거리는 직고 1m를 수평거리 6m의 비율로 본다.

2.1.17 운반기계의 유류 산정

트럭 또는 기타 운반기계로 기자재를 운반할 경우 적사에 소요되는 시간이 10분을 초과할 때에는 주행거리에 해당하는 유류만을 계상한다.

손료 산정에서 동력이 포함되어 있지 않는 경우에는 해당되는 디젤·가솔린엔진 또는 모터의 손료 및 운전경비를 적용한다.

유류가격은 해당지역의 고시가격으로 한다.

2.1.18 운전사 노임

운전사(중기운전사, 운전사, 기계운전사 및 조정원 포함)의 노임은 상시 고용일 경우 월정액을 지급함을 원칙으로 하며, 원가계산에 의한 예정가격 작성 준칙에 의거 계상한다.

2.1.19 운반 및 수송

1. 운반차량의 구분

공사용 자재의 운반차량은 운반재료의 종류와 물량에 따라 결정한다. 다만, 전주 등 장척물의 경우는 자동차의 길이가 적재하고자 하는 장척물 길이의 10/11 이상인 차종으로 한다. 화물자동차의 운반비는 자동차운수사업법에 의한 건설교통부 관계규정에 따르고, 화물 상차 및 하차에 대한 경비는 조달청 물자조달 요율표를 기준한다.

2.1.20 설계서의 작성

설계서의 작성순서 및 작성요령은 다음과 같다.

순위	원 설 계 서	순위	변 경 설 계 서
1	표 지	1	표 지
2	목 차	2	목 차
3	설계설명서	3	변경이유서
4	일반시방서		이하 원설계서와 같음
5	특별시방서		
6	예정공정표		
7	동원인원 계획표		
8	예산서(내역서)		
9	일위대가표		
10	자재표		
11	중기사용료 및 잡비 계산서		
12	수량계산서(토적표)		
13	설계도면		
14	설계지침서(원본)		
15	산출기초(원본)		

① 설계서의 크기는 A4용지로 사용한다.

② 변경설계서 작성시의 원설계는 적색, 변경설계는 청색 또는 흑색으로 하고, 동일한 상부에 원설계(적색), 하부에 변경설계를 기재한다.

③ 설계변경 도면은 변경부분을 적색으로 표시한다. 다만, 식별이 곤란할 때는 별도로 작성한다.

④ 적산자는 도면과 시방서에 재료의 종류, 공법 등의 명기가 누락된 사항은 적산과정에서 설계도면이나 시방서에 보완하여야 하며, 공사 시공상 당연히 추가되어야 할 사항은 보완 또는 수정하여야 한다.

2.1.21 설계도면의 제도

설계도면 작성을 위한 제도는 KS F1001 토목제도 통칙과 KS F1501 건축제도 통칙에 따르며, 통신시설 표준설계 요령을 준용할 수 있다.

2.1.22 시공직종

1. 기술자

① 통신기술자(통신관련기사, 통신관련산업기사)의 품은 표준품셈에 명시된 바에 따라 계상한다.

② 직접 작업에 종사하지 않으나 공사현장에서 보조작업에 종사하는 감독, 공사관리자, 현장사무소 직원 등 간접인력에 대한 품은 회계예규의 간접노무비율 범위 내에서

계상한다.

③ 통신관련기사 및 통신관련산업기사의 적용구분은 관계법령 또는 규정에 따라 계상한다.

④ 통신관련기사 및 통신관련산업기사의 직종 구분과 자격에 대하여는 국가기술자격법에 준한다.

- 통신관련기사 : 정보통신공사업법상의 통신기술자격자(기사)로서 전기통신설비의 시험 · 측정 · 조정 등에 종사하는 사람(광단말장치 및 광중계장치 제외)
- 통신관련산업기사 : 정보통신공사업법상의 통신기술자격자(산업기사)로서 전기통신설비의 시험 · 측정 · 조정 등에 종사하는 사람(광단말장치 및 광중계장치 제외)

2. 기능공

직 종	구 분
통신관련 기능사	정보통신공사업법상의 통신기술 자격자(기능사)로서 정보통신설비의 유지보수 및 엔지니어링 업무보조자로 종사하는 사람
통신외선공	전주, PF내관(전선관)포설, 조가선, 나선로 등의 시공 및 보수업무에 종사하는 사람
통신내선공	구내에 통신용 합성수지관 및 배선을 시공 또는 유지보수 등의 업무에 종사하는 사람
통신설비공	무선기기 및 반송기기, 영상 · 음향 · 정보 · 제어설비 등의 시공 및 유지보수 업무에 종사하는 사람
통신케이블공	각종 동선케이블의 가설, 포설, 접속, 연공, 시험 및 유지보수 등의 업무에 종사하는 사람
무선안테나공	철탑, 항공, 항만, 선박통신, 철도신호의 각종 안테나설비 설치 및 도색 등 유지보수 업무에 종사하는 사람

3. 특수기술자

직 종	구 분
H/W 시험사	전자교환기, 기지국, 컴퓨터시스템이 기계설비(하드웨어 포함)의 실치, 시험, 분석, 운영, 시공시도, 유지보수 등의 업무에 종사하는 사람
S/W 시험사	전자교환기, 기지국, 컴퓨터시스템(CPU 등 포함)의 소프트웨어 및 프로그램 설계, 작성, 입력, 시험, 분석, 설치, 유지보수 등의 업무에 종사하는 사람
광케이블 설치사	광섬유케이블 및 전송장치(단말장치, 중계기 포함)의 설치, 각종 시험, 교정 및 유지보수 등의 업무에 종사하는 사람

2.1.23 자재보관 및 관리품

통신공사에 소요되는 자재보관 및 관리품은 필요에 따라 별도 가산한다.

2.1.24 공장가공 간접비

① 철물 · 철재 · 강재 등을 공장에서 가공시의 공장간접비는 소재관급시는 직접노무비의 75%까지, 소재업자 부담시는 직접공사비의 17%까지 계상할 수 있다.

② 공장간접비 = 간접재료비 + 간접노무비 + 간접경비 + 시험비 + 도면비 등

③ 직접공사비 = 직접재료비 + 직접노무비

2.1.25 설계서의 단위 및 소수위 표준

① 설계서 수량의 단위와 소수위 표시는 본 표에 따르고, 본 표에서 지정한 소수의 이하는 버리는 것으로 한다.

② 1위대가표 또는 설계기초 계산과정에서는 표준품셈의 내용에 따르는 것으로 말한다.

③ 본 표에 없는 품종에 대하여는 MKS 단위로 하는 것을 원칙으로 하며, 단위는 그 자격에 따라 의사(擬似)품종의 소수위의 정도를 채용토록 한다.

종 목	규 격		단위수량		비 고
	단위	소수	단위	소수	
공사연장	m	2 위	m	단위한	
공사폭원			m	1 위	
공사면적			m^2	1 위	
용지면적			m^2	단위한	
토적(높이 · 너비)			m	2 위	
토적(단면적)			m^2	1 위	단면적
토적(체적)			m^2	2 위	체적
토적(체적합계)			m^2	단위한	집계체적
떼	cm	단위한	m^2	1 위	
모래 · 자갈	cm	단위한	m^2	2 위	
조약돌	cm	단위한	m^2	2 위	
견치돌 · 깬돌	cm	단위한	m^2	1 위	
견치돌 · 깬돌	cm	단위한	개	단위한	
야면석(野面石)	cm	단위한	개	단위한	
야면석(野面石)	cm	단위한	m^3	1 위	
야면석(野面石)	cm	단위한	m^2	1 위	
돌쌓기 및 돌붙임	cm	단위한	m^2	1 위	
돌쌓기 및 돌붙임	cm	단위한	m^2	1 위	
사석(捨石)	cm	단위한	m^2	1 위	
다듬돌(切石板石)	cm	단위한	개	2 위	

종 목	규 격		단위수량		비 고
	단위	소수	단위	소수	
벽돌	mm	단위한	개	단위한	
블록	mm	단위한	개	단위한	
시멘트			kg	단위한	
모르터			m^2	2 위	대가표에서 3위까지, 이하 버림
콘크리트			m^3	2 위	
석분			kg	단위한	
석회			kg	단위한	
화산회			kg	단위한	
관류(管類)	길이m				
	지름mm	2 위	개	단위한	
	두께mm	단위한			
수로연장			m	1 위	
옹벽			m^2	1 위	
승강장옹벽 및 울타리			m	1 위	
궤도부설			km	3 위	
시험하중			Ton	단위한	
보링(試錐)			m	1 위	
방수면적			m^2	1 위	
건물(면적)			m^2	2 위	
건물(지붕, 벽붙이기)			m^2	1 위	
우물	깊이	단위한	m	1 위	
가마니			장	단위한	

2.1.26 금액의 단위 및 표준

종 목	단위	지위(止位)	비 고
설계서의 총액	원	1,000	이하 버림(단, 10,000원 이하의 공사는 100원 이하 버림)
설계서의 소계	원	1	이하 버림
설계서의 금액란	원	1	이하 버림
1위대가표의 계금	원	1	이하 버림
1위대가표의 금액란	원	0.1	이하 버림

1위대가표 금액란 또는 기초계산금액에서 소액이 산출되어 공종이 없어질 우려가 있어 소수위 1위 이하의 산출이 불가피한 경우에는 소수위의 정도를 조정 계산할 수 있다.

2.1.27 정보통신설비설계의 표준품셈(일부)

〈표 2-4〉

통신 : 4-1-2-2

광섬유케이블 분배함(반) 및 광단자함 신설

공 정	규 격	단 위	광케이블 설치사	통신 설비공	특별 인부	보통 인부
광분배함(OFD) 및 저장함 설치	-	개	-	0.09	-	0.09
광분배반(FDF)	-	대	-	0.23	-	0.23
광단자함(OTP)	-	개	-	0.29	-	0.15
광분배기	4분배기 이하	개	0.06	-	-	-
국내성단	12코어 이하	코어당	0.14	-	0.14	-
	13-71코어	코어당	0.12	-	0.09	-
	72코어 이상	코어당	0.08	-	0.06	-

◀해설▶

1. 기존 광분배함(반)에 저장함 설치시는 광분배함 및 저장함 설치품셈의 30% 적용
2. 국내성단 규격은 작업개소당 적용기준이며, 성단접속 품량 포함
3. 동일장소에 2개 설치시 본 품셈의 180%, 3개 초과하는 경우에는 초과 1개당 80% 가산
4. 광분배반(FDF) 신설은 바닥 고정물 설치 및 도어 조립품 포함이며, 미니(MINI) FDF 또는 광분배반을 랙 또는 단자함 내에 설치 시 "광분배함(OFD) 및 저장함 설치" 품셈 적용
5. 광분배함(반) 및 광단자함에 광섬유케이블수용은 국내성단품셈 적용
6. 광단자함(OTP) 신설품셈은 전봇대 설치 기준으로, 옥내 설치시 광단자함 신설 품셈의 80% 적용. 또한 IJP Box(Injection Point Box)는 광단자함 품셈을 적용하며 함체내부 설치시 본 품의 80%를 적용하고, 분기마다 30%를 가산
7. 광단자함(OTP)에 선번 스티커 부착품셈 포함하며, 기설 광단자함 선번기입은 개당 통신설비공과 보통인부를 각각 0.03인씩 가산
8. 현장조립 광커넥터(페룰연마 등)에 의한 성단작업은 국내성단품셈 적용
9. 광분배기(Optical Splitter 또는 Remote Node)는 4분배기 이하 설치 품셈이며, 8분배기는 본 품셈의 160%, 8분배기를 초과하는 경우 4분배 추가당 60% 가산
10. 재해 예방과 작업자의 안전을 위해 투입되는 인력(신호수 등) 및 안전시설(표지판, 라바콘 등) 설치는 "1-1-27-1 안전시설" 및 "1-2-2-5 위험 할증률" 품셈 적용
11. 철거(불용 50%, 재사용 80%)

〈표 2-5〉

통신 : 3-1-1 구내통신배관

(10m당)

합성수지 전선관		후강 전선관		금속제 가요 전선관		나사 없는 전선관		박강 전선관	
호칭	통신 내선공	호칭	통신 내선공	호칭	통신 내선공	호칭	통신 내선공	호칭	통신 내선공
14	0.40	-	-	-	-	-	-	-	-
16	0.50	16	0.80	16	0,44	19	0.50	19	0.50
22	0.60	22	1.10	22	0.59	25	0.60	25	0.60
28	0.80	28	1.40	28	0.72	31	0.80	31	0.80
36	1.00	36	2.00	36	0.87	39	1.00	39	1.00
42	1.30	42	2.50	42	1.04	51	1.30	51	1.30
54	1.90	54	3.40	54	1.36	63	1.90	63	1.90
70	2.80	70	4.40	70	1.56	75	2.80	75	2.80
82	3.70	82	5.40	82	1.76	-	-	-	-
92	4.50	92	6.00	92	1.96	-	-	-	-
104	4.60	104	7.10	104	2.16	-	-	-	-
125	5.10	-	-	-	-	-	-	-	-

◀해설▶

1. 본 품셈은 콘크리트 매입 기준으로, 관의 절단, 나사내기, 구부리기, 나사조임, 관내청소, 점검품셈 포함
2. 콘크리트 노출(앙카볼트 설치 및 구멍뚫기는 "3-7 부대공사" 별도 적용) 및 블록 칸막이 벽내는 120%, 목조건물은 110%, 철강조 노출은 125% 적용
3. 천정속, 마루밑 공사 130% 적용
4. 방폭 설비시는 120% 적용
5. 폴리에틸렌 전선관 및 합성수지제 휨(가요) 전선관(CD관, PF관)은 합성수지 전선관 품셈의 80% 적용
6. 후강 전선관 및 합성수지 전선관(KS규격품 4m기준)을 지중 매설시는 해당품셈의 70%를 적용, 합성수지 주름관을 지중 매설시는 "2-1-3 합성수지관(주름관 포함)"품셈을 적용하며 굴착, 되메우기, 잔토처리는 별도 계상
7. 공동주택 및 교실과 같이 동일 반복공정으로 비교적 쉬운 공사의 경우는 본 품셈의 90% 적용
8. 여러개의 전선관을 동시에 배관하더라도 각각의 해당품셈을 적용
9. 재해 예방과 작업자의 안전을 위해 투입되는 인력(신호수 등) 및 안전시설(표지판, 라바콘 등) 설치는 "1-1-27-1 안전시설" 품셈 적용
10. 철거(불용 30%, 재사용 40%)

〈표 2-6〉

통신 : 3-1-2 전선관 부속품률

전선관 상호접속, 굴곡, 가공 및 전선관과 박스의 접속에 필요한 부속품의 가격은 전선관 가격에 다음 표의 부속품률을 곱하여 계상한다.

공 정	부속품률
박강 전선관, 후강 전선관, 합성수지 전선관, 금속제 가요 전선관	20%
가요성 금속피(알루미늄, 스틸) 케이블	15%
합성수지제 휨(가요) 전선관(CD관, PF관)	40%

◀해설▶

1. 이 부속품률은 은폐 및 콘크리트 매입 배관의 경우를 기준한 것임
2. 전선관 부속품에는 커플링, 부싱, 커넥터, 로크너트를 포함
3. 노멀밴드(28mm 이상), 나사 없는 전선관용 부속품은 실소요량을 별도 계상
4. 노출배관의 경우에는 엔트랜스캡, 터미널캡, 유니버설, 서비스엘보 등의 실소요량을 별도 계상

〈표 2-7〉

통신 : 3-3-1 단자함

공 정	규 격	단 위	통신내선공	보통인부
단자함 (외함)	200mm×250mm×100mm 이하	개	0.50	0.50
	400mm×450mm×130mm 이하	〃	0.60	0.60
	700mm×750mm×150mm 이하	〃	0.70	0.70
	1000mm×1100mm×150mm 이하	〃	0.86	0.86
	1300mm×1400mm×180mm 이하	〃	1.10	1.10
	1600mm×1700mm×250mm 이하	〃	2.10	2.10

◀해설▶

1. 본 품은 중간단자함, 층단자함, 동단자함, 세대단자함, 통합단자함 설치시 적용
2. 단자함은 콘크리트 매입기준이며, 노출은 본 품의 120%
3. 접지시설공사, 성단 및 시험은 제외함

〈표 2-8〉

통신 : 3-2-1

박스(Box), 풀박스(Pull-Box), 시스템 박스 등 설치

(단위 : 개)

공 정			통신내선공
Concrete Box			0.11
Outlet Box			0.18
Switch Box(3개용 이하)			0.18
Switch Box(4개용 이상)			0.25
연결용 박스			0.04
시스템 박스			0.21
풀박스	-천정면 :	단면적 $100cm^2$ 이하(깊이 10cm 이하)	0.04
		단면적 $625cm^2$ 이하(깊이 20cm 이하)	0.22
		단면적 $900cm^2$ 이하(깊이 30cm 이하)	0.30
		단면적 $1,600cm^2$ 이하(깊이 30cm 이하)	0.35
		단면적 $4,900cm^2$ 이하(깊이 40cm 이하)	0.66
		단면적 $10,000m^2$ 이하(깊이 15cm 이하)	0.95
		단면적 $14,400cm^2$ 이하(깊이 15cm 이하)	1.30
		단면적 $22,500cm^2$ 이하(깊이 25cm 이하)	2.50
		단면적 $40,000cm^2$ 이하(깊이 30cm 이하)	4.70
	-벽 면 :	단면적 $100cm^2$ 이하(깊이 10cm 이하)	0.17
		단면적 $625cm^2$ 이하(깊이 20cm 이하)	0.55
		단면적 $900cm^2$ 이하(깊이 30cm 이하)	0.60
		단면적 $1,600cm^2$ 이하(깊이 30cm 이하)	0.66
		단면적 $4,900cm^2$ 이하(깊이 40cm 이하)	0.95
		단면적 $10,000cm^2$ 이하(깊이 15cm 이하)	1.23
		단면적 $14,400cm^2$ 이하(깊이 15cm이하)	1.56
		단면적 $22,500cm^2$ 이하(깊이 25cm 이하)	3.00
		단면적 $40,000cm^2$ 이하(깊이 30cm 이하)	5.64

◀해설▶

1. 콘크리트 매입 경우임
2. Box 위치의 먹줄치기, 구멍뚫기, 첨부커버 포함
3. Block 벽체의 공동내 설치 120% 적용
4. 방폭형 및 방수형 300% 적용
5. 공동주택 및 교실과 같은 공사의 경우는 이 품셈의 90% 적용
6. 그 외는 "3-1-1 구내통신배관" 해설항 적용
7. 풀박스 설치시 깊이 3cm 초과 시 마다 해당 품셈의 20%씩 가산
8. 노출시 본 품셈의 120% 적용(앙카볼트 또는 칼블럭 공정 포함)
9. 벽면에 거푸집 설치시는 별도 계상
10. 재해 예방과 작업자의 안전을 위해 투입되는 인력(신호수 등) 및 안전시설(표지판, 라바콘 등) 설치는 "1-1-27-1 안전시설" 품셈 적용
11. 철거 30% 적용

〈표 2-9〉

통신 : 11-5-1

1. 접지시설공사

공 정	규 격	단위	통신외 선공	통신내 선공	보통인부
접지봉 타설	길이 1~2m × 1본	개	0.20	-	0.10
	길이 1~2m × 2본 연결	개	0.30	-	0.15
	길이 1~2m × 3본 연결	개	0.45	-	0.23
접지동판 매설	0.3m × 0.3m 이하	매	0.30	-	0.30
	1.0m × 1.5m 이하	매	0.50	-	0.50
	1.0m × 2.5m 이하	매	0.80	-	0.80
망형접지동판 매설	롤형	20m	0.26	-	0.26
	판형	매	0.07	-	0.06
	테두리 보강형	매	0.07	-	0.07
접지동판 가공	-	매	0.16	-	-
탄소봉매설 (지하 1.5m 기준)	ϕ150 × 1,000 미만	개	0.27	-	0.46
	ϕ150 × 1,000 이상	개	0.43	-	0.73
	ϕ300 × 1,000 미만	개	0.59	-	1.00
접지선 부설	600V 비닐전선	10개소	0.50	-	0.25
접지선 매설	10mm^2 이하	10m	0.10	-	-
	35mm^2 이하	10m	0.12	-	-
	95mm^2 이하	10m	0.15	-	-
	150mm^2 이하	10m	0.20	-	-
	150mm^2 초과	10m	0.25	-	-
접속 및 단자 설치	C형 및 원형 슬리브	개	0.10	-	-
	압착단자	개	0.03	-	-
	용접(발열) 또는 납땜	개	0.19	-	-
	볼트 체결형	개	0.05	-	-
접지 단자함	-	개	-	0.66	-

◀해설▶

1. 접지봉 타설은 접지선 연결, 접지저항 측정 포함이며, 접지저항만을 측정할 때는 개소당 통신외선공 0.18명 계상
2. 접지봉 3본초과 1본 추가시마다 1본 설치품셈의 70%를 가산하고, 1m미만의 접지봉을 설치할 경우 1본 설치품셈의 50% 적용
3. 동일 장소에 접지동판을 2매 이상을 동시 매설시 1매 증가마다 30%씩 가산
4. 접지선 부설은 콘크리트 전봇대(CP) 신설을 기준한 것이며, 기설 콘크리트 전봇대(CP)는 150% 적용
5. 터파기 및 되메우기는 "2-1-8-1 인력 터파기" 품셈 적용
6. 지세별 할증률은 "1-2-2 품의 할증" 품셈 적용
7. 접속 및 단자설치는 주접지선과 분기 접지선의 접속 또는 단자 설치시에 해당 규격 적용
8. 접지선을 케이블랙, 덕트(Duct) 및 전선관 등으로 옥내 포설시는 접지선 매설품셈의 150% 적용. 단, 직종은 통신내선공을 적용
9. 전봇대에 설치되는 정보통신설비 보호를 위해 접지용 PVC전선관 설치시 "2-3-2 인 · 수공 철개 및 입상관(오름관)" 중 입상관(오름관) 설치 품셈을 적용
10 망형 접지동판 롤형은 20m기준이며, 기준규격 이하는 본 품셈에 비례하여 계상
11. 철거 50% 적용. 다만, 동판 또는 동봉을 버리는 경우는 통신외선공 품셈의 10% 적용

〈표 2-10〉

통신 : 7-1-1

VHF(100W 이하) 이동국 송·수신기 신설(무선시설)

(대당)

공 정	통신관련 산업기사	통신 설비공	용접공	철공	보통 인부
철대 재단 및 차량 가공	-	-	-	1.00	-
설치가공 및 용접	-	-	0.65	0.65	-
세부가공 및 끝손질	-	-	-	0.65	-
공중 선단자 설치 가공	-	-	-	1.00	-
설치대 제작	-	1.00	-	-	-
조립설치	-	0.50	-	0.50	1.00
배선 및 결선	-	1.00	-	-	-
국부점검 및 조정시험	4.00	-	-	-	-
대국시험	2.00	-	-	-	-

◀해설▶

1. SSB(100W 이하) 이동국도 본 공량에 준힘
2. 철거 30%(철거 해당부품에 한함)
3. 비행점검을 요할시는 국부점검 및 조정시험, 대국시험품의 200%
4. 운행중인 기관차에 설치할 경우 50% 가산
5. 멀티플 채널(multiple channel)에서 매 채널 증가당 점검 및 대국시험품을 20% 가산

〈표 2-11〉

통 신 : 7-1-2

VHF 또는 UHF(100W 이하) 고정국 송·수신기 신설

(대당)

공 정	통신관련산업기사	통신설비공	보통인부
조립설치	-	0.50	1.00
배선 및 결선	-	3.00	2.00
국부점검 및 조정시험	4.00	-	-
대국시험	2.00	-	-

◀해설▶

1. 철거 30%(철거 해당 분품에 한함)
2. 멀티플 채널은 매 채널 증가당 점검 및 대국시험품을 20% 가산
3. VHF 또는 UHF(50W 이하) 고정국 송·수신기 신설은 본 품의 60% 적용

〈표 2-12〉

통신 : 4-2-1

(1) 동축케이블 포설

구 분	규 격	단 위	통신케이블	보통인부
옥 내 포 설	5C	10m	0.17	-
	7C	10m	0.22	-
	10C	10m	0.32	-
지 하 관 로 포 설	5C	100m	0.41	0.41
	7C	100m	0.65	0.52
	8C	100m	0.74	0.59
	10C	100m	0.93	0.74
	12C	100m	1.11	0.89
	17C	100m	1.58	1.26

◀해설▶

1. 터파기, 되메우기, 관로설치, 트로프(Trough) 설치품셈 별도 적용
2. 자기지지형 케이블은 지하관로 포설품셈의 120% 적용
3. PE 내관 포설품셈 및 견인선 포설 품셈은 "4-1-1 광섬유케이블 포설" 품셈 적용
4. 통신구 및 동도내의 케이블 포설시는 지하관로 포설품셈의 115% 적용
5. 가공설치시 지하관로 포설품셈의 120% 적용(자기지지형 케이블을 제외한 동축 케이블에 적용)하며, 가공케이블 이설은 가공설치품셈의 70% 적용
6. 인입선 가설은 조당 본 품셈의 48% 적용(부속품 바인딩 별도 적용)
7. RG(17, 8/H, 11/U) 케이블 포설은 지하관로 포설품셈 적용
8. 케이블 2열 동시설치 180%, 3열 260%, 4열 340%, 4열 초과하는 경우 초과 1열당 80%씩 가산
9. 가요성 금속피(알루미늄, 스틸) 케이블을 옥내 포설시 본 품셈의 150% 적용하고, 앙카볼트 설치품셈은 별도 계상
10. 재해 예방과 작업자의 안전을 위해 투입되는 인력(신호수 등) 및 안전시설(표지판, 라바콘 등) 설치는 "1-1-27-1 안전시설" 품셈 적용
11. 철거 케이블을 풀어서 다시 감는 경우는 신설의 40% 적용
12. 철거 50% 적용. 단, 재활용을 목적으로 철거하여 드럼에 감는 경우는 90% 적용

통신 : 7-5-6 방송공동수신 안테나

공 정		단 위	무선안테나공	통신설비공
지상파 TV 및 FM라디오 방송	수신 안테나	Set	0.17	0.33
	폴(Pole)	기	-	0.10
위성방송 안테나	지름 1.2m 이하	기	0.60	0.53
	지름 1.8m 이하	기	0.76	0.60

◀해설▶

1. 안테나 설치 품셈에는 영상품위 수상기 입력, 수상범위 수신품질, 신호대 잡음비(전파신호의 강도와 잡음신호의 강도비)등 제시험 포함
2. 혼합기 설치시 통신설비공 0.19인 가산
3. 지름 1.8m 초과 위성방송 안테나는 "7-5-1 파라볼릭(Parabolic) 안테나" 품셈 적용
4. 기초구조물공사(콘크리트타설, 거푸집공사 등)는 별도 계상
5. 철거(불용 50%, 재사용 80%)

7-12-3 분배기 및 분기기 설치

규 격	단 위	설 치		S-MATV 시험
		통신설비공	보통인부	통신관련 산업기사
2분배기(1분기기)	개	0.11	0.11	0.02
3분배기(2분기기)	개	0.20	0.09	0.03
4분배기(3분기기)	개	0.16	0.16	0.04
5분배기(4분기기)	개	0.26	0.15	-
6분배기	개	0.30	0.18	0.06
8분배기	개	0.36	0.19	0.08
12분배기	개	0.48	0.36	-
16분배기	개	0.60	0.48	-
(8분기기)	개	0.38	0.27	-
전력분배기(10포트 기준)	개	0.10	-	-

◀해설▶

1. 본 품셈은 부속품 부착품셈 및 분배기, 분기기측의 커넥터 설치품셈 포함
2. 방향성결합기(DC)는 분배기 설치품셈 적용
3. 가공 설치시는 통신외선공 적용
4. 채널혼합기(Combiner)는 입력 Port수를, 분리기(Divider)는 출력 Port수에 따라 분배기 품셈 적용
5. S-MATV(Satellite-MATV) 시험은 스펙트럼 아날라이저(Spectrum Analyzer)로 위성 분배기(분기기)의 입 · 출력 레벨 측정, C/N비(영상반송파대 잡음비)의 측정시험품셈을 말함
6. 철거(불용 50%, 재사용 80%)

7-13-11 동축케이블 급전용 전원공급장치

공 정	단 위	통신설비공	저압케이블전공	보통인부
축전지 내장형	조	-	0.97	0.79
축전지 비내장형	조	-	0.30	0.44
전력삽입기	개	0.13	-	0.13

◀해설▶

1. 전력선 포설품 및 접지품은 별도 적용
2. 축전지 내장형은 축전전압 측정, 부동충전전압과 부하전류 측정 및 자동 절체동작시험품 포함이며, 축전지 비내장형 설치는 기성설치 기준으로 사용 이외의 장소에 설치시는 본 품의 80% 적용

7-12-2 증폭기 신·증설

공정 및 규격		단위	증폭기 설치		시험 및 조정	
			통신설비공	보통인부	통신관련산업기사	통신설비공
간선(옥외용)		대	0.26	0.25	0.31	0.31
분기 분배	2포트	대	0.27	0.26	0.38	0.38
	3포트				0.43	0.43
	4포트				0.49	0.49
연장(옥내·외)		대	0.25	0.25	0.30	0.30
채널자동이득조절앰프		대	0.26	0.07	0.47	0.09
헤드앰프(주전송증폭기)		대	0.26	0.07	0.47	0.09
신호처리기		대	0.26	0.07	0.47	0.09

◀해설▶

1. 시험 및 조정에는 입·출력 전압 및 레벨(상향·하향), 수상범위, C/N비 측정과 조정, 시험성적서 작성품이 포함되었음
2. 커넥터 설치품과 접지설치품은 별도 적용
3. 연장증폭기는 옥내설치 기준으로 가공 및 맨홀에 설치시는 본 품의 120% 적용하며, 구내전송증폭기 설치는 연장증폭기 설치품의 80% 적용
4. S-MATV(Satellite-MATV) 구내전송 증폭기의 시험 및 조정품은 연장(옥내·외) 증폭기 시험 및 조정품의 170%를 적용하며, 본 품은 위성(CS/BS) 신호의 레벨편차, C/N비(영상반송파 대 잡음비) 시험과 채널별 이득조정 및 경사조정을 말함

4-5-2 커넥터

규 격	단 위	통신내 선공
φ 1/2″	개	0.06
φ 7/8″	개	0.07
φ 1 5/8″	개	0.09
φ 3 1/8″	개	0.11
φ 4″	개	0.12
φ 5″	개	0.13
φ 6″	개	0.14

◀해설▶

철거(불용 30%, 재사용 80% 적용)

7-12-1 전파 수신상태 조사

공 정	단 위	통신관련산업기사	통신관련기능사	보통인부
전파 수신상태 조사	개소당	0.76	0.38	0.38

〈표 2-13〉

9-2-1 CCTV 및 통합관제센터 System 설치

9-2-1-1 CCTV 시스템

공 정			단위	통신관련 산업기사	통신 설비공	통신 내선공	특별 인부	보통 인부
촬상부 설치	카메라 설치	일반형	대	-	0.24	-	0.24	-
		돔(Dome)형	대	-	0.18	-	0.18	-
		스피드 돔형	대	-	0.32	-	0.32	-
		P/T 일체형	대	-	0.32	-	0.32	-
	브라켓 (Bracket)	일반형	대	-	0.23	-	-	0.23
		천정형	대	-	0.31	-	-	0.31
	팬틸트(Pan/Tilt) 설치		대	-	-	0.53	-	0.53
	투광등 설치		대	-	0.52	0.34	-	-
	안내판 설치		개	-	0.09	-	-	0.09
	오토 리프트	리프트	대	0.34	0.34	-	-	-
		제어반	대	0.34	0.34	-	-	-
감시부 설치	Receiver 판넬		개	0.43	0.32	-	-	-
	중앙콘트롤 조작반		CH	0.10	0.74	0.43	-	0.54
	영상저장장치		대	0.18	0.18	-	-	-
	각종 부대장치		CH 또는 세트	0.18	0.18	-	-	0.18
	하드디스크 증설		대	-	0.25	-	-	-
전송부 설치	엔코더		대	-	0.20	-	-	0.20
	디코더		대	-	0.20	-	-	0.20
시험	송수신 제어신호 및 영상 Level 조정		세트	0.52	0.65	-	-	-
	종 합		대	0.04	0.08	-	-	-

◀해설▶

1. 일반형 카메라 설치는 하우징(Housing) 및 렌즈 설치 포함이며, 하우징(Housing)이 포함되지 않는 경우는 본 품셈의 80% 적용하고, 팬틸트(Pan/Tilt)형, 폴(Pole)에 설치시는 120% 적용, 렌즈교체 설치는 카메라 설치품셈의 80% 적용
2. 오토리프트 설치는 실외 기준으로 폴은 "9-2-1-3 CCTV Pole" 품셈을 적용하고, 실내에 설치시는 본 품셈의 180% 적용
3. 중앙콘트롤 조작반은 CPU제어방식으로 1CH 기준
4. 각종 부대장치(Ground Loop Corrector, Video Line AMP, Video Sensor, Video Auto Selector, Video Distribution AMP, Time 및 I/D Generator, Power 및 P/T Zoom Controller, Quad Spliter, Multiplexer, Controller Keyboard, Camera Controller)는 각각 부대장치당 설치 품셈임
5. 영상저장장치(DVR, NVR)설치는 영상보드 및 프로그램 셋업작업 등 포함이며, 8CH이하는 본 품셈을 적용하고, 9CH이상은 1CH당 본 품셈의 6% 가산. 6 고소작업 등 특수여건에 따른 위험할증은 "1-2-2 품의 할증" 품셈 적용
6. 고소작업 등 특수여건에 따른 위험할증은 "1-2-2 품의 할증" 품셈 적용
7. 비디오 모니터 설치는 "7-11-1 방송국 설비" 중 "TV Monitor" 품셈 적용

8. 영상화면을 보정하는 영상보정장비는 광 · 송수신장치 적용
9. 광 송 · 수신기 설치품은 "7-12-5 광 송수신기 등" 품셈 적용
10. RGB케이블 및 Video케이블(동축 5C~10C까지) 포설은 "4-2-1 동축케이블 포설" 품셈 적용
11. 함체설치는 "3-3-1 단자함" 품셈 적용
12. 종합시험의 단위 '대'는 카메라 수량을 말하며, 10대 이하는 카메라 수량에 따라 본 품셈을 비례 적용하고 11대 이상은 1대당 본 품셈의 6% 가산
13. 재해 예방과 작업자의 안전을 위해 투입되는 인력(신호수 등) 및 안전시설(표지판, 라바콘 등) 설치는 "1-1-27-1 안전시설" 품셈 적용
14. 하드디스크 증설은 기존 영상정보저장장치(NVR, DVR) 하드디스크 베이에 하드디스크를 추가 증설하는 공정으로 증설 후 하드디스크 세팅(포맷, 속도측정, 저장상태 확인)을 포함하며, 하드디스크 2대 이상 증설시 1대당 본품의 20% 가산 적용
15. 철거(불용 30%, 재사용 80%)

9-2-1-2 통합관제센터

(1) 통합관제서버

공 정		단위	통신관련 산업기사	통신 설비공	S/W 시험사	H/W 시험사
블레이드 (blade)	본체설치	대	-	0.45	-	0.45
	OS 및 S/W	식	-	-	1.06	0.82
	시스템 백업	식	-	-	0.38	0.38
	종합시험	식	-	-	0.45	0.45
스토리지 (storage)	본체설치	대	-	0.90	-	-
	동작확인	대	0.42	-	-	0.42
	시스템 세팅	식	-	-	-	0.98

◀해설▶

1. 블레이드 서버(Blade Server)는 영상입력, 저장, 관리 분배 등의 모든 기능이 통합되어 하나의 서버에서 동작하는 서버로서, 본 서버는 12개의 서버 모듈(GIS 서버모듈 1개, 통합메인 서버모듈 1개, 저장/분배 서버모듈 8개, Fail-Over 서버모듈2개)로 구성
2. 서버모듈 1개추가 시 마다 본체설치 품셈의 20%씩 가산
3. 철거(불용 30%, 재사용 80%)

(2) 네트워크 설비

공 정		단위	통신관련 산업기사	통신 설비공	S/W 시험사	H/W 시험사
L3 스위치	본체설치	대	0.20	0.20	-	-
	Card 설치	대	0.18	0.18	-	-
	조정	식	-	-	0.42	0.42
	Control Consol 시험	식	-	-	0.40	0.40
	종합시험	식	-	-	0.89	0.89
네트워크 비디오 서버	본체설치	Set	0.19	0.18	-	-
	이중화작업		0.05	0.05	-	-
	시험/조정	CH	-	-	0.02	0.02

◀해설▶

1. 본 L3스위치는 "9Slot Chassis" 1대, "파워모듈(1400W)" 2대, "엔진모듈(848Gbps)" 2개, "데이터 전송 모듈(84Port, Rj45/24Port, SFP)" 1개씩 설치기준이며, 모듈 1개 추가 시마다 통신 관련산업기사 0.01, 통신설비공 0.01씩 가산
2. L2스위치는 L3스위치 품셈 적용하고 L4스위치는 L3스위치 품셈의 120% 적용
3. UTP 케이블 포설 및 RJ45 커넥터 및 접속시에는 "7-1-1 네트워크 신설" 품셈 별도 계상
4. 본 NVS는 8CH 기준이며, 본체설치에는 비디오 분배기 및 전원장치와의 결선 품셈 포함

(3) LED-DLP 큐브 및 기타 설비

공 정		단위	통신관련 산업기사	통신 설비공	S/W 시험사	H/W 시험사	보통인부
Base Frame		면	-	0.09	-	-	0.02
LED-DLP 큐브	큐브설치	내	0.10	0.10	-	-	-
	스크린설치		0.10	0.10	-	-	-
	부속장비 조립/설치		0.08	0.08	-	-	-
	시험/조정		0.10	-	-	0.05	-
RGB Matrix	본체설치	대	0.38	0.38	-	-	-
	시험/조정		-	-	-	1.15	-
Wall Controller	본체설치	대	0.35	0.35	0.80	-	-
	시험/조정		-	-	0.91	1.82	-
게이트 웨이	본체설치	대	-	-	1.10	1.10	-
	시험/조정		-	-	1.29	1.29	-
KVM Switch		대	-	-	0.19	0.19	-
KVM Extender		세트	-	-	0.14	0.14	-
VGA Extender		세트	-	-	0.11	0.11	-

◀해설▶

1. 큐브 2단 설치 시에는 본 품셈의 120% 적용, 3단 설치 시에는 본 품셈의 150% 적용
2. 큐브 부속장비에는 엔진, 램프, 컬러휠 포함
3. LED-DLP 큐브는 52인치 기준이며, 52인치 초과는 20% 가산
4. RGB Matrix는 32×32 기준으로 DVI(HDMI) Matrix는 본 품셈을 적용
   단, 기준규격 초과시에는 동 규격에 비례하여 계상
5. Touch Screen Set 및 통합제어시스템 설치 시에는 "7-11-1 방송국 설비" 품셈 적용
6. Touch Screen Set에는 제어PC, S/W 및 Touch 모니터 설치 품셈 포함
7. Power Distributor 설치 시에는 "7-11-2 구내방송 설비" 품셈 적용
8. KVM Switch는 LCD형을 기준
9. DID 설치품은 LED-DLP큐브 설치품 적용
10. 게이트웨이 설치는 광대역게이트웨이와 미디어게이트웨이 설치 기준임
11. KVM Extender 및 VGA Extender는 1세트(2대) 설치 기준임
12. 철거(불용 30%, 재사용 80%)

〈표 2-14〉

RFID 시스템

8-3-1 13.56MHz 대역 리더기 및 안테나

공 정	단 위	통신관련 기사	S/W 시험사	통신 케이블공	통신 설비공
리더기부	대	-	-	-	1.17
안테나	대	-	-	0.23	0.43
경광등	개	-	-	0.21	0.26
시험	Set	0.37	0.64	-	-

◀해설▶

1. 리더기 및 안테나 일체형인 경우 리더기 설치품셈의 150% 적용

〈표 2-15〉

8-3-2 900MHz 대역 리더기 및 안테나

공 정	단 위	통신관련 기사	S/W 시험사	통신 케이블공	통신 설비공
리더기부	대	-	-	-	1.19
안테나	조	-	-	0.67	0.27
경광등	개	-	-	0.21	0.26
센서	개	-	-	0.21	0.18
전광판	대	-	0.17	-	0.60
시험	Set	0.64	0.78	-	-

◀해설▶

1. 리더기 및 안테나 일체형인 경우 리더기 설치품셈의 150% 적용
2. 안테나는 송·수신 분리형 1조 기준이며, 송·수신 일체형인 경우는 본 품셈의 80% 적용
3. 전광판은 7모듈(1모듈 : 200mm×200mm) 기준
4. 시험은 기본 Link 및 동작상태, 전파환경, TAG 인식영역 확인시험을 포함하며, 근접 설치된 안테나로 인한 오동작 방지를 위한 전파상호 간섭유무 확인 및 조정품셈은 본 품셈의 150% 적용

〈표 2-16〉

8-3-3 433MHz 대역 리더기 및 안테나

공 정	단 위	통신관련기사	S/W 시험사	통신 케이블공	통신설비공
리더기부	대	-	-	-	0.92
안테나	대	-	-	0.56	0.25
시험	Set	0.65	0.35	-	-

◀해설▶

1. 리더기 및 안테나 일체형인 경우 리더기 설치품셈의 150% 적용
2. 시험공정은 IP address 설정확인, Tag와 리더기간 동작상태 확인, 전파환경 및 인식영역 시험 등을 포함

〈표 2-17〉

4-3 꼬임케이블

4-3-1 꼬임케이블 포설

공 정			단위	통신 케이블공	통신 내선공
UTP, STP, FTP	구내	4P	10m	0.15	-
		25P	10m	0.24	-
		50P	10m	0.35	-
		100P	10m	0.50	-
	옥외	4P 이하	10m	0.05	-
Thin			10m	0.18	-
Thick			10m	0.32	-
RS-Cable		10P 이하	10m	0.18	-
		10P 초과	10m	0.23	-
AUI			10m	0.20	-
Token Cable(2P)			10m	-	0.17

◀해설▶

1. 관로 및 Pit 기준. 벽잠핑, 플로어덕트, 케이블 트레이, 랙(Rack)에 설치시는 본 품셈의 120% 적용
2. UTP, STP, FTP케이블 200P는 100P의 180%, 300P는 260%, 400P는 340%, 400P 초과는 100P 초과당 80% 가산
3. 본 품셈은 포설품셈이며 포박실로 포박하는 경우에는 본 품셈의 148% 적용하며, 케이블타이로 포박하는 경우에는 110% 적용
4. 성단품셈은 "4-3-3 Patch Panel 및 성단 등" 품셈 적용
5. 8자케이블 포설시는 본 품셈의 115% 적용
6. 강대가 있는 케이블 포설시 본 품셈의 120% 적용
7. UTP, STP, FTP(옥외)는 가공가설품셈으로, 인입 클램프 설치 포함이며, 자기 지지형 케이블은 120% 적용

8. 2열 동시설치를 하는 경우에는 180%, 3열 260%, 4열 340%, 4열 초과는 초과 1열당 80% 가산
9. 본 품셈에서 명시하지 아니한 철가 및 케이블 포설포박은 "5-1-1 기초설치(공통)" 품셈 적용
10. 가요성 금속피(알루미늄, 스틸) 케이블을 옥내 포설시 본 품셈의 150% 적용하고, 앙카볼트 설치 품셈은 별도 계상
11. 재해 예방과 작업자의 안전을 위해 투입되는 인력(신호수 등) 및 안전시설(표지판, 라바콘 등) 설치는 "1-1-27-1 안전시설" 품셈 적용
12. 철거(불용 50%, 재사용 90%)

4-3-2 커넥터 및 Jack 접속

공 정	단 위	통신내선공
RS-232C(10Pin)	10개	0.49
Modular(RJ45-8Pin Plug)	10개	0.13
Modular(Outlet)	10개	0.28
TELCO(50Pin)	10개	1.19
Token Ring용 Data Line	10개	0.84

◀해설▶

1. RS-232C중 11Pin 이상은 본 품셈의 130% 적용
2. STP, FTP용 Modular Jack은 Modular 품셈의 130% 적용
3. Modular (Outlet) 2구형은 본 품셈의 120%, 3구형은 140%, 4구형은 160% 적용
4. Cat6 Modular설치는 "Modular(RJ45-8Pin Plug)" 품의 135% 적용
5. 본 품셈에서 명시하지 아니한 철가 및 케이블 포설포박은 "5-1-1 기초설치(공통)" 품셈 적용
6. 철거(불용 30%, 재사용 80%)

4-3-3 Patch Panel 및 성단

공 정	규 격	단 위	통신 케이블공	통 신 설비공	통 신 내선공	보통 인부
MDF 설치	23″ Standard (공 철가기준)	열	-	1.80	-	0.78
Box 설치	Outlet Box (4구 이하 노출. 매입)	개	-	-	0.17	-
110 Block 설치	25P	Set	-	0.16	-	0.08
	50P	Set	-	0.25	-	0.13
	100P	Set	-	0.31	-	0.17
	300P	Set	-	0.43	-	0.24
Patch Panel 설치(24Port)		대	-	0.28	-	0.20
Patch 및 Line Cord 설치 및 정리		10개	0.40	-	-	0.54
성단(24Port, 25P 4Line)		개	0.58	-	-	0.42
회선시험		Port당	0.05	-	-	0.03
19″ Rack	2.2m 미만	대	-	0.52	-	-
	2.2m 이상	대	-	0.54	-	-

◀해설▶

1. Outlet Box 6구는 본 품의 130%, 12구는 6구의 품의 250% 적용
2. 110용 Connecting Block(4P, 5P) 취부는 110 Block 설치품에 포함되었으며, 2세트 취부시 (100P 또는 300P) 본 품의 180%, 3세트 260%, 4세트 340%, 4세트 초과는 1세트 추가당 80% 가산적용
3. MDF 설치 중 Rack에 설치시는 본 품의 120% 적용
4. Cat5e, Cat6. 및 STP, FTP는 본 품의 130% 적용하고, Cat3은 본 품에 준함
5. MDF 19″ 타입은 '13. 음향 및 영상설비 신·증설'의 '(3) 부대시설공사' Rack 설치품 준용
6. Patch Panel 48Port는 본 품의 180% 적용
7. 4P 24Line Cable 성단은 25P 4Line 성단품의 150% 적용
8. 단순 도통시험은 포트(port)당 통신케이블공 0.01명, 보통인부 0.01명을 적용하며, 링크성능 테스트는 포트당 전송성능 데이터의 시험품으로 회선시험품을 적용하되 시험성적서 작성은 포트당 통신관련산업기사 0.01인을 별도 계상한다.

8-1-1 네트워크 설비(공통)

공 정		단위	통신관련 기사	통신관련 산업기사	통 신 설비공	S/W 시험사	H/W 시험사	보통 인부
단말기(PC) 설치		대	-	-	0.20	-	-	0.16
PC용 LAN Card 설치		대	-	-	0.14	-	0.14	-
PC용 LAN S/W Install (Config & Test)		대	0.10	-	-	0.28	-	-
Transceiver 설치		대	-	-	0.20	-	-	0.14
DSU/MODEM 설치 및 기능시험(입·출력 Test)		대	-	-	-	0.38	0.23	-
Box Type 장비 설치 (새시, Slot의 일체형)		대	-	0.42	0.12	0.66	-	-
서버 (sever)	본체 설치	대	-	-	0.33	-	0.50	-
	OS/Patch 설치	식	-	-	-	0.77	0.85	-
	Device 설치	대	-	-	-	0.17	0.25	-
	Data 백업	식	-	-	-	0.46	0.33	-
	종합시험	식	-	-	-	0.56	0.31	-
허브	Dummy	대	-	-	-	0.18	0.11	-
	Intelligent(스위칭)	대	-	-	-	0.36	0.22	-
장비설치 (slot type)	Box(새시) 설치	대	-	-	0.23	-	-	0.16
	Card 설치(Module)	대	-	-	0.16	-	0.26	-
	S/W Install	대	-	0.26	-	1.46	-	-
Router Switching Intelligent 장비 Set up	설치 및 Control Consol 운용시험	대	-	-	-	1.12	0.80	-
	S/W설치 및 기본기능시험	대	-	-	-	0.88	-	-
	종합시험	대	-	-	-	1.28	1.08	-

공 정		단위	통신관련 기사	통신관련 산업기사	통 신 설비공	S/W 시험사	H/W 시험사	보통 인부
ATM Switch 장비 Set up	설치 및 Control Console 운용시험	대	-	-	-	1.08	1.10	-
	S/W 설치 및 기본 기능시험	대	-	-	-	1.00	-	-
	일반, 국부기능 측정 및 시험	대	-	-	-	1.40	-	-
	종합시험	대	-	-	-	1.92	1.32	-

◀해설▶

1. UPS 설치는 '무정전 전원장치(UPS, CVCF) 신설'품 적용
2. 단말기(PC) Set-Up 및 업그레이드는 PC용 LAN S/W Install품 적용
3. 포장해체품은 해당 장비설치품의 20% 적용
4. 장비 내 카드 회로팩 설치 및 S/W Install은 회로팩 4개를 기본으로 하며, 1개 추가마다 10% 가산
5. 서버(sever) 본체설비는 단독형 설치로 Device HDD 1개, CPU 4개, 시스템 보드 4개(CPU/메모리 보드), 시리얼 I/O보드, 그래픽 I/O보드, PCI I/O보드, 전원장치, CD-RW(ROM) 포함이며, 랙(캐비닛) 타입은 본 품의 120% 적용
6. Device[각종 보드, CPU, 메모리, CD-RW(ROM), HDD, 전원장치 등] 1개 추가시마다 Device 설치품의 20%씩 가산

7-9-5 무선 AP(Access Point)

공 정		단위	통신관련 산업기사	통신 설비공	무선 안테나공	S/W 시험사	보통 인부
단독형	AP 설치	대	0.41	0.41	-	-	0.41
	외장안테나 설치	대	-	-	0.25	-	0.25
	종합시험	대	0.33	-	-	0.33	-
통합형	AP 설치	대	0.09	0.09	-	-	-
	종합시험	대	0.16	-	-	0.16	-

◀해설▶

1. 단독형 AP(Access Point) 설치에는 AP를 설치하기 위한 사전 전파환경 측정 포함
2. 외장 안테나 설치는 AP 안테나 케이블 포설을 포함한 것으로 무지향성 외장 안테나 설치시 적용하며, 지향성 외장 안테나는 본 품의 120% 적용
3. 단독형 AP 종합시험은 AP Manager를 이용한 DHCP 서버 및 릴레이 기능시험, 인증시험, 네트워크 연동시험, 속도측정 및 셀커버리지 측정에 대한 도면작성 등을 포함한다.
4. 동일 Hot Spot 내 AP 설치시 2대인 경우 AP 설치품의 180%, 3대 260%, 4대 340%, 4대 초과시 추가 1대마다 80% 가산
5. 통합형 AP 설치품은 UTP(AP-LAN 카드) 케이블 포설과 전원(어댑터) 연결공정을 포함
6. 통합형 AP 종합시험품은 가입자댁내 셀커버리지 확인을 포함
7. 함체 설치와 단독형 별도 전원 케이블 포설은 별도 계상

[공통적용 해설]

1. 철거(불용 30%, 재사용 80%)
2. 2열 동시설치 180%, 3열 260%, 4열 340%, 4열 초과는 초과 1열당 80% 가산 적용(케이블, MDF, 랙)
3. 본 품에서 명시하지 아니한 철가 및 케이블 포설 포박은 '전자교환기 신 · 증설(공통)'품을 적용

〈표 2-18〉

통신 : 8-2 지능형 홈네트워크 설비

8-2-1 홈네트워크

8-2-1-1 홈네크워크 신설

1) 홈 서버 설치

공 정	단위	통신관련 산업기사	통 신 설비공	통 신 내선공	S/W 시험사
기기 매입박스 점검 및 선로 기능시험	개소	-	0.25	0.25	-
홈 서버 설치	식	-	0.16	0.16	-
터미널 보드 설치 및 결선	개소	-	0.34	0.34	-
IP 입력 및 기기 세팅	대	0.10	-	-	-
장치별 기능 및 종합시험	세대	0.73	0.85	0.19	0.60

◀해설▶

홈 서버(home sever)는 세대 내 홈 게이트웨이(home gateway) 기능을 수행하는 홈네트워크 기기로 세대현관 지문인식기, 현관공동기, 경비실기, 세대 터치스크린, 무선 홈 패드(home pad)의 VoIP 통화기능, 지문인식기 기능, 비상전원 공급 기능, 리모트(remote) 소프트웨어(S/W) 다운로드 및 업그레이드 기능 등을 처리하는 기기를 말함

1. 선로 기능시험에는 다음 공정이 포함되어 있음
   가. 기기 매입박스 내 선로 입선상태 확인
   나. 배선 입선작업 완료 후 선로 테스트
   다. 건축 천장마감 완료 후 선로 테스트
   라. 본체 설치 후 결선작업 전 선로 테스트
2. 홈 서버 설치는 베이스 플레이트(base plate) 및 어댑터 설치 포함
3. 터미널 보드 설치 및 결선은 세대 내 홈네트워크 기기간 단자결선과 세대 공용부 기기와 세대 ACU간 결선 포함
4. 장치별 기능 및 종합시험은 세대 내 게이트웨이 기능 테스트, 세대현관 지문인식기, 현관공동기, 경비실기, 세대 터치스크린, 무선 홈 패드의 VoIP 통화기능 테스트, 지문인식기 기능 테스트(RS422 통신), 비상전원 공급 기능 테스트, 리모트 S/W 다운로드 및 업그레이드 등의 기능시험과 로컬 서버(local server) 연동 테스트, 게이트 키퍼 서버(gate keeper server) 연동 테스트, 통합단지관리 서버 연동 테스트, 원격검침/주차관제 서버 연동 테스트 등의 종합시험 포함
5. 장치별 기능 및 종합시험 중 원격검침 또는 주차관제 기능이 없는 경우의 시험은 본 품의 80% 적용

8-2-1-2 세대 Wall PAD(터치스크린[15″ TFT LCD]) 설치

공 정	단위	통신관련 산업기사	통 신 설비공	통 신 내선공	S/W 시험사
기기 매입박스 점검 및 선로 기능시험	개소	-	0.25	0.25	-
터치스크린 설치	식	-	0.16	0.16	-
터미널 보드 설치 및 결선	개소	-	0.34	0.34	-
IP 입력 및 기기 세팅	대	0.06	-	-	-
장치별 기능 및 종합시험	세대	0.50	0.63	0.25	0.19

◀해설▶

세대 Wall PAD(터치스크린[15″TFT LCD])은 일반전화, 세대간/경비실 통화기능, 세대현관, 로비(현관공동기) 방문객 영상확인 및 통화기능, 세대현관, 로비(현관공동기) 출입문 제어기능, 세대 내 방범 및 비상통보 기능, 홈 서버를 통한 프로그램 다운로드 기능 등을 가진 기기를 말함

1. 선로 기능시험에는 다음 공정이 포함되어 있음
   가. 기기 매입박스 내 선로 입선상태 확인
   나. 배선 입선작업 완료 후 선로 테스트
   다. 건축 천장마감 완료 후 선로 테스트
   라. 본체 설치 후 결선작업 전 선로 테스트
2. 세대 Wall PAD(터치스크린[15″TFT LCD]) 설치는 베이스 플레이트(base plate) 및 어댑터 설치 포함
3. 터미널 보드 설치 및 결선은 AC전원과 비상전원 결선, 세대, 공용부기기, 출입통제 관련 결선, 네트워크 LAN 포트(port) 결선 포함
4. 장치별 기능 및 종합시험은 일반전화, 세대간, 경비실 통화기능 테스트, 세대현관, 로비(현관공동기) 방문객 영상확인 및 통화기능 테스트, 세대현관, 로비(현관공동기) 출입문 제어기능 테스트, 세대 내 방범 및 비상통보 기능 테스트, 홈 서버를 통한 프로그램 다운로드 등의 기능시험과 인터넷 서비스 기능 테스트, 시설관리/편의시설/통합과금 관련 정보의 원격검침 서버와 연동 테스트, 세대 내 차량통보 관련정보의 주차관제 서버와 연동 테스트 등의 종합시험 포함
5. 장치별 기능 및 종합시험 중 원격검침 또는 주차관제 기능이 없는 경우의 시험은 본 품의 80% 적용
6. 세대 Wall PAD(터치스크린[15″TFT LCD]) 추가 설치시는 본 품의 80% 적용

8-2-1-3 무선 홈 패드(10.4″ TFT LCD) 설치

공 정	단위	통신관련 산업기사	통 신 설비공	통 신 내선공	S/W 시험사
무선 홈 패드 설치	식	-	0.05	0.05	-
IP 입력 및 기기 세팅	대	0.10	-	-	-
Configuration 작업	대	0.06	-	-	-
장치별 기능 및 종합시험	세대	0.50	0.94	0.56	0.19

◀해설▶

무선 홈 패드는 일반전화, 세대간, 경비실 통화기능, 세대현관, 로비(현관공동기) 방문객 영상확인 및 통화기능, 세대현관, 로비(현관공동기) 출입문 제어기능, 세대 내 방범 및 비상통보 기능, 홈 서버를 통한 프로그램 다운로드 등의 기능을 가진 기기를 말함

1. 무선 홈 패드 설치는 무선 홈 패드 본체와 Access Point 모두 포함
2. IP 입력 및 기기 세팅은 홈 서버와 자체 IP 입력, 게이트웨이, 서브넷 마스크, DNS 입력, 로컬 서버 IP와 동·호수 정보입력 포함
3. Configuration 작업은 본체 및 Access Point 무선 네트워크 동기화 작업 포함
4. 장치별 기능 및 종합기능은 일반전화, 세대간, 경비실 통화기능 테스트, 세대현관, 로비(현관공동기) 방문객 영상확인 및 통화기능 테스트, 세대현관, 로비(현관공동기) 출입문 제어기능 테스트, 세대 내 방범 및 비상통로 기능 테스트, 홈 서버를 통한 프로그램 다운로드 등의 기능시험과 인터넷 서비스 기능 테스트, 시설관리, 편의시설, 통합과금 관련 정보의 통합 단지관리 서버와 연동 테스트, 세대 내 전기·가스·수도 검침량 관련 정보의 원격검침 서버와 연동 테스트, 세대 내 차량통보 관련 정보의 주차관제 서버와 연동 테스트 등의 종합시험 포함
5. 장치별 기능 및 종합시험 중 원격검침 또는 주차관계 기능이 없는 경우의 시험은 본 품의 80% 적용
6. 무선 홈 패드 추가 설치시는 본 품의 80% 적용

8-2-1-4 세대 지문인식기 설치

공 정	단위	통신관련 산업기사	통 신 설비공	통 신 내선공
세대 지문인식기 설치	식	-	0.10	0.10
선로 테스트 및 결선	개소	-	0.36	0.36
장치별 기능 및 종합시험	세대	0.30	0.46	0.17
지문등록	세대	0.13	0.19	-

◀해설▶

세대 지문인식기는 문열림 기능이 지문인식, ID+지문인식, ID+패스워드, 패스워드+키, 정전시 키열림 등을 가진 기기를 말함

1. 지문인식기 설치는 지문인식기 본체 설치, 플레이트(plate) 취부 포함
2. 선로 테스트 및 결선은 홈 서버 연결선로 테스트 결선, 전기정 도어락(door lock) 연결선로 테스트와 결선 포함
3. 장치별 기능 및 종합시험은 문열림 기능(지문인식, ID+지문인식, ID+패스워드, 패스워드+키, 정전시 키열림) 테스트 등의 기능시험과 외출 설정기능 연동 테스트, 전기정 강제 해체시 비상통보기능 연동 테스트, 세대 입주민 지문등록 완료 후 테스트 등의 종합시험 포함
4. 지문등록은 지문인식기에 세대 거주하는 인원에 대한 지문을 등록하는 과정으로, 세대 입주민 지문등록과 주요 기능에 대한 설명도 포함

8-2-1-5 세대 전기정 Door Lock 설치

공 정	단위	통신관련 산업기사	통 신 설비공	통 신 내선공
출입문 타공	개소	-	0.15	0.15
세대 전기정 Door Lock 설치 및 한지 고정	식	-	0.19	0.13
선로 테스트 및 결선	개소	-	0.31	0.31
장치별 기능 및 종합시험	세대	0.15	0.15	-

◀해설▶

세대 전기정 Door Lock은 방범확인(강제 해체 및 침입) 기능, Door Lock 시건 확인 기능, Door Lock 강제 해체시 비상통보 기능, 터치 스크린, 홈 패드 기기와 연동되는 기능을 가진 기기를 말함

1. 출입문 타공은 출입문 타공과 선로 입선상태 확인 포함
2. 선로 테스트 및 결선시 전기정 Door Lock과 힌지 선로 테스트 및 결선 포함
3. 장치별 기능 및 종합시험은 방범확인 기능(강제해체 및 침입) 테스트, Door Lock 시건 확인, Door Lock 강제 해체시 비상통보기능 연동 테스트, 터치스크린, 무선 홈 패드와 연동 테스트 포함

8-2-1-6 무선수신기(세대 비상용) 설치

공 정	단위	통신관련 산업기사	통 신 설비공	통 신 내선공
무선수신기 설치	식	-	0.16	0.16
선로 테스트 및 결선	개소	-	0.29	0.29
장치별 기능 및 종합시험	세대	0.13	0.32	0.13

◀해설▶

무선수신기는 비상 · 구급 버튼 단방향 무선통신 기능, 정상동작 여부 확인 LED 기능, 비상 · 구급 버튼 조작에 의한 등록 · 확인 · 삭제 기능 등을 가진 기기를 말함

1. 선로 테스트 및 결선시 선로 입선상태 확인 포함
2. 무선수신기 설치는 세대 내 신발장 상부 설치(눈에 잘 안 보이는 곳) 기준
3. 장치별 기능 및 종합시험은 세대 내 방별 비상기능 테스트 등의 기능시험과 비상 · 구급버튼 연동 테스트는 비상, 구급버튼 단방향 무선통신 테스트, 정상동작 여부 확인 LED 기능 테스트, 비상 · 구급버튼 조작에 의한 등록 · 확인 · 삭제 기능 테스트 등의 종합시험 포함

8-2-1-7 현관공동기(벽부형) 설치

공 정	단위	통신관련 산업기사	통 신 설비공	통 신 내선공
기기 매입박스 점검 및 선로 기능시험	개소	-	0.42	0.42
현관공동기 설치	식	-	0.13	0.13
IP 입력 및 카드리더 세팅	세대	0.19	0.19	-
장치별 기능 및 종합시험	세대	0.30	0.42	0.36

◀해설▶

현관공동기는 RF 카드에 의한 출입제어기능, 세대 · 경비실 호출과 통화기능, 방문자 영상전송기능, 출입문 개폐제어(RF 카드, 비밀번호) 기능 등을 가진 기기를 말함

1. 기기 매입박스 점검 및 선로 기능시험은 기기 매입박스 점검과 청소, 선로 입선상태 확인, 배선 입선작업 완료 후 선로 테스트, 본체 설치 후 결선작업 전 선로 테스트 포함
2. 현관공동기 설치는 현관공동기 본체 설치, 어댑터 및 누전차단기 설치, 카드리더 설치 포함
3. IP 입력 및 카드리더 세팅은 IP 입력과 세팅, 카드리더, 세팅, 카드입력(세대 입주자 정보 입력) 포함
4. 장치별 기능 및 종합시험은 RF 카드에 의한 출입제어 기능 테스트, 세대 · 경비실 호출 및 통화기능 테스트, 방문자 영상전송기능 테스트, 출입문 개폐제어(RF 카드, 비밀번호) 기능 테스트 포함
5. 현관공동기(벽부형) 추가 설치시는 본 품의 80% 적용

8-2-1-8 경비실기(15″TFT LCD) 설치

공 정	단위	통신관련 산업기사	통 신 설비공	통 신 내선공
기기 매입박스 점검 및 선로 기능시험	개소	-	0.32	0.32
경비실기 설치	식	-	0.06	0.06
터미널 보드 설치 및 결선	개소	-	0.23	0.23
IP 입력 및 기기 세팅	세대	0.10	-	-
장치별 기능 및 종합시험	세대	0.25	0.38	0.32

◀해설▶

경비실기는 세대호출 및 음성통화(경비실→현관공동기, 경비실→세대간) 기능, 현관공동기 문열림 기능, 방재실 및 경비실간 상호 호출 기능, 세대 내 방범/방재 발생시 호출 기능, 원격 모니터링(단지 영상서버와 연동) 기능, VoIP 통신기능 등을 가진 기기를 말함

1. 기기 매입박스 점검 및 선로 기능시험은 기기 매입박스 점검과 청소, 선로 입선상태 확인,

배선 입선작업 완료 후 선로 테스트, 본체 설치 후 결선작업 전 선로 테스트 포함
2. 경비실기 설치는 경비실기 본체 설치, Bracket 및 어댑터 설치 포함
3. 터미널 보드 설치 및 결선은 AC전원과 비상전원 결선, 세대·공용부 출입통제 관련 결선, 네트워크 LAN 포트(port) 결선 포함
4. 장치별 기능 및 종합시험은 세대호출 및 음성통화 기능(경비실→공동현관기, 경비실→세대간) 테스트, 공동현관기 문열림 기능 테스트, 방재실 및 경비실간 상호 호출 기능 테스트, 세대 내 방범·방재 발생시 호출 기능 테스트 등의 기능시험과 원격 모니터링(단지 영상서버와 연동) 기능 테스트, VoIP 통신기능, 테스트, 세대 비상통보 기능 테스트 등의 종합시험 포함
5. 경비실기 추가 설치시는 본 품의 80% 적용

8-2-2 홈 오토메이션 신설

8-2-2-1 주방 TV 신설

공 정	단위	통신관련산업기사	통신설비공
커넥터 취부	개소	0.15	0.15
취부용 구멍 타공	개소	0.17	0.17
주방 TV 설치	식	0.05	0.05
시험(test)	세대	0.04	0.04
방음 코킹 작업	개소	-	0.03

◀해설▶

주방 TV 본체는 기본적인 TV 기능에 라디오 기능, 인터폰 기능을 포함한 것을 말함
1. 커넥터 취부는 기능별 사용되는 선로 구분과 선로 이상유무 확인작업(line test) 및 커넥터별 취부작업 포함
2. 취부용 구멍 타공은 구멍위치 표시, 구멍뚫기, 구멍 주변미장 및 청소 포함
3. 본체 설치는 주방 TV 고정용 비스 조임 작업, 인터폰 커넥터, 동축케이블 커넥터, 전원코드 연결작업 포함
4. 시험(test)은 TV 채널별 수신상태, 라디오 채널별 수신상태, 인터폰 통화상태 등을 점검하고 조정하는 작업 포함
5. 방음 코킹 작업은 작업 마무리 후 인접 세대 간 방음을 위한 마무리 처리공정임

8-2-2-2 주방 라디오(Radio)

공 정	단 위	통신설비공
주방 라디오 설치	식	0.05
시험(test)	세대	0.02
방음 코킹 작업	개소	0.03

◀해설▶

주방 라디오는 기본 기능인 라디오 기능과 전화수신 기능을 포함하는 것을 말함
1. 본체 설치는 주방라디오 고정용 비스 조임 작업, 안테나선 연결, 전원코드 연결작업 포함
2. 시험(Test)은 라디오 채널별 수신상태, 전화 수신상태를 점검하고 조정하는 작업 포함
3. 방음 코킹 작업은 작업마무리 후 인접세대간 방음을 위한 마무리 처리 공정임
4. 철거(불용 30%, 재사용 80%)

8-2-2-3 화장실용 비상콜

공 정	단 위	통신설비공
화장실용 비상콜 설치	식	0.14
시험(test)	세대	0.04

◀해설▶

1. 비상콜 설치는 접속용 케이블 탈피, 케이블 결선 및 커넥터 처리 포함
2. 시험(Test)은 화장실용 비상콜 자체 시험 및 동작상태를 확인하는 과정 포함
3. 철거(불용 30%, 재사용 80%)

8-2-2-4 세대 스피커 설치

공 정	단 위	통신설비공
세대 스피커 설치	개	0.13
시험(test)	세대	0.03

◀해설▶

1. 세대 스피커 설치는 접속용 케이블 탈피, 케이블 결선 및 커넥터 처리 포함
2. 시험(Test)은 세대 스피커 자체 시험 및 동작상태를 확인하는 과정 포함
3. 철거(불용 30%, 재사용 80%)

8-2-2-5 스피커 Outlet

공 정	단 위	통신설비공
스피커 Outlet 설치	개	0.15

◀해설▶

1. 스피커 Outlet 설치는 접속용 케이블 탈피, 케이블 결선, 케이블 상태확인 처리 포함
2. 철거(불용 30%, 재사용 80%)

8-2-2-6 비디오폰

공 정	단 위	통신설비공
비디오폰 설치	개	0.25

◀해설▶

1. 비디오폰 설치는 콘크리트매입 기준이며 노출은 본 품셈의 80% 적용하고, 결선 및 시험조정을 포함(외함 설치품셈은 별도 적용)
2. 철거(불용 30%, 재사용 80%)

〈표 2-19〉

통신 : 9-2-4 경보 및 보안기기

9-2-4-1 주장치

공 정	단 위	통신설비공	통신케이블공
신호전송기	대	0.12	0.12
메인 주장치	대	0.18	0.18
알람표시기	대	0.11	0.22
로컬 컨트롤러	대	0.12	0.12
셔터 신호전송기	대	0.14	0.32
락 신호전송기	대	0.13	0.13
조작표시기	대	0.15	0.29

◀해설▶

1. 중앙센터와 주장치간의 연동시험품셈 포함
2. 본 품셈은 건물벽면 설치 기준으로 매입은 본 품셈의 120% 적용
3. 음성안내장치중 스피커 설치는 "7-11-5 방송 및 음향영상설비 부대공사" 품셈 적용
4. 은행용 컨트롤러는 일반용 신호전송기 품셈을 적용.
5. 철거(불용 50%, 재사용 80%)

9-2-4-2 감지기

공 정	단 위	통신설비공
적외선감지기	조	0.14
자석감지기	개	0.07
열선감지기	개	0.07
동체감지기	개	0.06
유리감지기	개	0.04
셔터감지기	개	0.09
휀스(장력)감지기	개	0.07
금고감지기	개	0.08
진동감지기	개	0.03
벽(충격)감지기	개	0.07
누수감지기	개	0.08
누액감지기	개	0.07
화재감지기	개	0.06
가스감지기	개	0.09
음향감지기	개	0.07
(CD)충격감지기	개	0.03

◀해설▶

1. 본 품셈은 건물벽면 또는 천정에 설치하는 기준임
2. 감지기의 감도체크 및 주장치와의 연동시험품셈 포함.(단, 옥외에 설치하는 휀스(장력)감지기의 조정 및 시험품셈은 "8-6-3 자력(부착)식 케이블센서 감지 시스템" 중 구간시험품셈 적용)
3. 적외선감지기 품셈은 투. 수광기 분리형 기준이며, Dual방식은 120% 적용
4. 자석감지기 벤트형은 자석감지기 품셈의 180%(Stopper 설치포함), 매입형은 150% 적용
5. 본 품셈은 유선감지기 기준이며, 무선감지기는 본 품셈의 130% 적용
6. 누액감지기는 포인트형 설치 기준임
7. 철거(불용 50%, 재사용 80%)

9-2-4-3 경비 · 보안 주변기기

공 정	단 위	통신설비공	통신내선공
보조전원장치	개	0.11	0.28
프린터	개	0.04	0.05
카드리더	개	0.10	0.10
출입관리기	개	0.08	0.11
회선제어기	개	-	0.17
가스이보기	개	-	0.09
화재이보기	개	-	0.05
누수감지신호기	개	-	0.08
비상(통보)스위치	개	-	0.06
비상램프	개	-	0.05
방범사이렌	개	-	0.08
락 개폐기	개	0.10	0.24
방범용 라우터	개	0.11	0.25
폐점예고등	개	-	0.07
CD/ATM 감시반	개	-	0.22
음성안내장치	개	0.12	0.18
설비제어장치	개	0.17	0.32
키 박스(key box)	개	-	0.04

◀해설▶

1. 해당기기 설치에는 동작상태 확인 등 간이시험품셈 포함
2. 보조전원장치는 12[V]로, 주장치와 별도 설치되는 보조전원장치 기준임
3. 회선제어기는 유선방식 기준이며, 무선방식은 130% 적용
4. 음성안내장치중 스피커 설치는 "7-11-5 방송 및 음향영상설비 부대공사" 품셈 적용
5. KEY BOX는 건물벽면 설치 기준이며, 매입시 본 품셈의 120% 적용
6. 해당기기에 부착되는 감지기 등의 설치품셈은 별도 계상
7. 철거(불용 30%, 재사용 80%)

2.2 원가계산서 작성

2.2.1 관련규정 및 원가계산서 작성방법

1. 관련규정

'국가를 당사자로 하는 계약에 관한 법률' 시행령 제9조 제①항 제2호 및 '국가를 당사자로 하는 계약에 관한 법률' 시행규칙(이하 '시행규칙'이라 한다) 제6조의 규정에 의하여 원가계산에 의한 예정가격을 작성함에 있어서 적용하여야 할 기준을 정함을 목적으로 한다.

2. 원가계산의 구분

원가계산은 제조원가 계산과 공사원가 계산 및 용역원가 계산으로 구분하되 용역원가 계산에 관하여는 용역원가 계산의 규정에 의한다.

3. 원가계산의 비목

원가계산은 재료비 · 노무비 · 경비 · 일반관리비 및 이윤으로 구분 작성한다.

4. 비목별 가격결정의 원칙

재료비 · 노무비 · 경비는 각각 아래에서 정한 산식에 의함을 원칙으로 한다.

- 재료비 = 재료량 × 단위당 가격
- 노무비 = 노무량 × 단위당 가격
- 경 비 = 소요(소비)량 × 단위당 가격

재료비 · 노무비 · 경비의 각 세비목별 단위당 가격은 시행규칙 제7조의 규정에 의하여 계산한다.

재료비 · 노무비 · 경비의 각 세비목 및 그 물량(재료량 · 노무량 · 소요량) 산출은 계약목적물에 대한 규격서 · 설계서 등에 의하거나 제35조의 규정에 의한 원가계산 자료를 근거로 산정하여야 한다.

제③항의 각 세비목 및 그 물량 산출에 있어서는 계약목적물의 내용 및 특성 등을 고려하여 그 완성에 적합하다고 인정되는 합리적인 방법이어야 한다.

2.2.2 제조원가계산

1. 제조원가

제조원가라 함은 제조과정에서 발생한 재료비 · 노무비 · 경비의 합계액을 말한다.

2. 작성방법

제조원가계산을 하고자 할 때에는 제조원가 계산서를 작성하고, 비목별 산출근거를 명시한 기초계산서를 첨부하여야 한다.

3. 재료비

재료비는 제조원가를 구성한 다음 내용의 직접재료비 · 간접재료비로 한다.

① 직접재료비는 계약목적물의 실체를 형성하는 물품의 가치로서 다음 각 호를 말한다.
- 주요 재료비 : 계약목적물의 기본적 구성형태를 이루는 물품의 가치
- 부분품비 : 계약목적물에 원형대로 부착되어 그 조성부분이 되는 매입부품, 수입부품, 외장재료 및 외주가공비에 의한 경비로 계산되는 것을 제외한 외주품의 가치

② 간접재료비는 계약목적물의 실체를 형성하지는 않으나 제조에 보조적으로 소비되는 물품의 가치로서 다음 각 호를 말한다.
- 소모재료비 : 기계오일 · 접착제 · 용접가스 · 장갑 · 연마재 등 소모성 물품의 가치
- 소모공구 · 기구 · 비품비 : 내용연수 1년 미만으로서 구입단가가 법인세법(소득세법) 규정에 의한 상당 금액 이하인 감가상각 대상에서 제외되는 소모성 공구 · 기구 · 비품의 가치
- 포장재료비 : 제품포장에 소요되는 재료의 가치

재료의 구입과정에서 당해 재료에 직접 관련되어 발생하는 운임 · 보험료 · 보관비 등의 부대비용은 재료비로서 계산한다. 다만, 재료구입 후 발생되는 부대비용은 경비의 각 비목으로 계산한다.

계약목적물의 제조중에 발생되는 작업설 · 부산품 · 연산품 등은 그 매각액 또는 이용가치를 추산하여 재료비로부터 공제하여야 한다.

4. 노무비

노무비는 제조원가를 구성하는 다음 내용의 직접노무비 · 간접노무비를 말한다. 직접노무비는 제조현장에서 계약목적물을 완성하기 위하여 직접 작업에 종사하는 종업원 및 노무자에 의하여 제공되는 노동력의 대가로서 다음 각 호의 합계액으로 한다. 다만, 상여금은 기본급의 연 400%, 제수당, 퇴직급여충당금은 근로기준법상 인정되는 범위를

초과하여 계산할 수 없다.

① 기본급(통계법 제15조의 규정에 의한 지정기관이 조사 · 공표한 단위당 가격 또는 재정경제부 장관이 결정 · 고시하는 단위당 가격으로서 동 단가에는 기본급의 성격을 갖는 정근수당 · 가족수당 · 위험수당 등이 포함된다)
② 제수당(기본급의 성격을 가지지 않는 시간외수당 · 야간수당 · 휴일수당 등 작업상 통상적으로 지급되는 금액을 말한다)
③ 상여금
④ 퇴직급여충당금

간접노무비는 직접 제조작업에 종사하지는 않으나 작업현장에서 보조작업에 종사하는 노무자 · 종업원과 현장감독자의 기본급과 제수당 · 상여금 · 퇴직급여충당금의 합계액으로 한다.

직접노무비는 제조공정별로 작업인원 작업시간 · 제조수량을 기준으로 계약목적물의 제조에 소요되는 노무량을 산정하고 노무비 단가를 곱하여 계산한다.

간접노무비는 원가계산 자료를 활용하여 직접노무비에 대하여 간접노무비율(간접노무비/직접노무비)을 곱하여 계산한다.

간접노무비는 직접노무비를 초과하여 계산할 수 없다.

5. 경 비

경비는 제품의 제조를 위하여 소비된 제조원가 중 재료비 · 노무비를 제외한 원가를 말하며, 기업의 유지를 위한 관리활동부문에서 발생하는 일반관리비와 구분된다.

경비는 당해 계약목적물 제조기간의 소요(소비)량을 측정하거나 원가계산 자료나 계약서 · 영수증 등을 근거로 하여 예정하여야 한다.

경비의 세비목은 다음 각 호의 것으로 한다.

① 전력비 · 수도광열비는 계약목적물을 제조하는 데 직접 소요되는 당해 비용을 말한다.
② 운반비는 재료비에 포함되지 않는 운반비로서 원재료 또는 완제품의 운송비 · 하역비 · 상하차비 · 조작비 등을 말한다.
③ 감가상각비는 제품생산에 직접 사용되는 건물 · 기계장치 등 유형고정자산에 대하여 세법에서 정한 감가상각 방식에 따라 계산한다. 다만, 세법에서 정한 내용연수의 적용이 불합리하다고 인정된 때에는 당해 계약목적물에 직접 사용되는 전용기기에 한하여 그 내용연수를 별도로 정하거나 특별상각할 수 있다.
④ 수리수선비는 계약목적물을 제조하는 데 직접 사용되거나 제공되고 있는 건물, 기계장치, 구축물, 선박차량 등 운반구, 내구성공구, 기구제품의 수리수선비로서 당해 목적물 제조과정에서 그 원인이 발생될 것으로 예견되는 것에 한한다. 다만,

자본적 지출에 해당하는 대수리 수선비는 제외한다.

⑤ 특허권 사용료는 계약목적물이 특허품이거나 또는 그 제조과정의 일부가 특허의 대상이 되는 때로서 특허권 사용계약에 의하여 제조하고 있는 경우의 사용료로서 그 사용비례에 따라 계산한다.

⑥ 기술료는 당해 계약목적물을 제조하는 데 직접 필요한 노하우(know-how)비 및 동 부대비용으로서 외부에 지급되는 비용을 말하며, 연세법(법인세법상의 시험연구비)에서 정한 바에 따라 계산하여 사업연도로부터 이연상각하되 그 적용비례를 기준하여 배분 계산한다.

⑦ 연구개발비는 당해 계약목적물을 제조하는 데 직접 필요한 기술개발 및 연구비로서 시험 및 시험제작에 소요된 비용 또는 연구기간에 의뢰한 기술개발용역비와 법령에 의한 기술개발촉진비 및 직업훈련비를 말하며, 세법(법인세법상의 시험연구비)에서 정한 바에 따라 이연상각하되 그 생산수량에 비례하여 배분 계산한다. 다만, 연구개발비 중 장래 계속 생산으로의 연결이 불확실하여 미래수익의 증가와 관련이 없는 비용은 특별상각할 수 있다.

⑧ 시험검사비는 당해 계약의 이행을 위한 직접적인 시험검사비로서 외부에 이를 의뢰하는 경우의 비용을 말한다. 다만, 자체시험 검사비는 법령이나 계약조건에 의하여 내부검사가 요구되는 경우에 계상할 수 있다.

⑨ 지급임차료는 계약목적물을 제조하는 데 직접 사용되거나 제공되는 토지 · 건물 · 기술 · 기구 등의 사용료로서 당해 계약물품의 생산기간에 따라 계산한다.

⑩ 보험료는 산업재해보험료 및 고용보험료 등 법령이나 계약조건에 의하여 의무적으로 가입이 요구되는 보험의 보험료를 말하며, 공사손해보험료 및 재료비에 계상되는 보험료는 제외한다.

⑪ 복리후생비는 계약목적물의 제조작업에 종사하고 있는 노무자 · 종업원 등의 의료위생약품대, 공상치료비, 지급피복비, 건강진단비, 급식비("중식 및 간식 제공을 위한 비용을 말한다." 이와 같다) 등 작업조건 유지에 직접 관련되는 복리후생비를 말한다.

⑫ 보관비는 계약목적물의 제조에 소요되는 재료 · 기자재 등의 창고 사용료로서 외부에 지급되는 경우의 비용만을 계상하여야 하며, 이 중에서 재료비에 계상되는 것을 제외한다.

⑬ 외주가공비는 재료를 외부에 가공시키는 실가공비용을 말하며, 부분품의 가치로서 재료비에 계상되는 것은 제외한다.

⑭ 안전관리비는 작업현장에서 산업재해 및 건강장애 예방을 위하여 법령에 의거 요구되는 비용을 말한다.

⑮ 소모품비는 작업현장에서 발생되는 문방구 · 장부대 등 소모품을 말하며, 보조재료

로서 재료비에 계상되는 것은 제외한다.

⑯ 여비 · 교통비 · 통신비는 작업현장에서 직접 소요되는 여비 및 차량유지비와 전신전화 사용료, 우편료를 말한다.

⑰ 세금과공과금은 공장이 당해 제조와 직접 관련되어 부담하여야 할 재산세 · 차량세 등의 세금 및 공공단체에 납부하는 공과금을 말한다.

⑱ 폐기물처리비는 계약목적물의 제조와 관련하여 발생되는 오물 · 잔재물 · 폐유 · 폐알칼리 · 폐고무 · 폐합성수지 등 공해유발물질을 법령에 의거 처리하기 위하여 소요되는 비용을 말한다.

⑲ 도서인쇄비는 계약목적물의 제조를 위한 참고서적 구입비, 각종 인쇄비, 사진제작비(VTR 제작비를 포함한다) 등을 말한다.

⑳ 지급수수료는 법률로서 규정되어 있거나 의무화된 수수료에 한하며, 다른 비목에 계상되지 않은 수수료를 말한다.

㉑ 기타 법정경비는 위에서 열거한 이외의 것으로서 법령으로 규정되어 있거나 의무화된 경비를 말한다.

6. 일반관리비의 내용

일반관리비는 기업의 유지를 위한 관리활동부문에서 발생하는 제비용으로서 제조원가에 속하지 아니하는 모든 영업비용 중 판매비 등을 제외한 다음의 비용, 즉 임원급료, 사무실 직원의 급료, 제수당, 퇴직급여충당금, 복리후생비, 여비, 교통 · 통신비, 수도광열비, 세금과공과금, 지급임차료, 감가상각비, 운반비, 차량비, 경상시험연구개발비, 보험료 등을 말하며, 기업 손익계산서를 기준으로 산정한다.

일반관리비는 제조원가에 정한 일반관리비율(일반관리비가 매출원가에서 차지하는 비율)을 초과하여 계상할 수 없다.

7. 이 윤

이윤은 영업이익을 말하며, 제조원가 중 노무비 · 경비와 일반관리비의 합계액(이 경우 기술료 및 외주가공비는 제외한다)에 이윤을 25%를 초과하여 계상할 수 없다.

(노무비+경비+일반관리비)의 15%

8. 부분품비

공사목적물에 원형대로 부착되어 그 조성부분이 되는 매입부품, 수입부품, 외장재료 및 외주가공비의 경비로 계상되는 것을 제외한 외주품의 가치를 말한다.

간접재료비는 공사목적물의 실체를 형성하지는 않으나 공사에 보조적으로 소비되는 물품을 가치로서 다음과 같다.

⑴ 소모재료비

기계오일 · 접착제 · 용접가스 · 장갑 등 소모성 물품의 가치

⑵ 소모공구 · 기구 · 비품비

내용연수 1년 미만으로서 구입단가가 법인세법(소득세법) 규정에 의한 상당금액 이하인 감가상각 대상에서 제외되는 소모성 공구 · 기구 · 비품의 가치

⑶ 가설재료비

비계 · 거푸집 · 동바리 등 공사목적물의 실체를 형성하는 것은 아니나 동 시공을 위하여 필요한 가설재의 가치

⑷ 재료의 구입과정

재료의 구입과정에서 당해 재료에 직접 관련하여 발생하는 운임 · 보험료 · 비관비 등의 부대비용은 재료비로서 계산한다. 다만, 재료구입 후 발생되는 부대비용은 경비의 각 비목으로 계산한다.

⑸ 재료비 공제

계약목적물의 시공중에 발생하는 작업설 · 부산물 등은 그 매각액 또는 이용가치를 추산하여 재료비로부터 공제하여야 한다.

2.2.3 통신공사 설계내역서 작성방법

1. 설계내역서 작성

① 설계내역서는 발주처, 입찰담당계약부서(조달청)과 데이터 호환 txt파일을 작성한다.

- 시설공사 계약요청 시 설계도면, 시방서, 설계내역서, 일위대가, 단가산출서(견적서 포함) 각 1부씩을 제출

  ※ 조달청에 송부된 설계서는 최종 확정된 설계서와 동일하여야 함
- 설계내역서는 조달청 원가계산 프로그램과 호환 가능한 프로그램으로 작성, 데이터 호환 포맷인 txt파일(.txt)로 변환하여 디스켓이나 CD-ROM 송부 또는 G2B 계약요청에 전산파일첨부
- 설계도면은 CD-ROM이나 G2B로 송부하실 경우 FONT파일 함께 저장하여 송부

② 설계내역서 공종별 구분 작성 : 건축, 토목, 기계, 전기, 통신, 소방, 조경공사는 각각 공종별로 구분하여 설계내역서를 작성하되 건축공사에 부대되는 소규모 토목

공사나 조경공사는 건축공사에, 소규모 소방설비는 설비공사에 각각 포함시킬 수 있음

③ 공사원가계산 제비율 적용 : 간접노무비, 기타경비 등 공사원가계산 제비율은 조달청에서 발표 하는 "공사원가계산 제비율"(붙임2)을 반영, 산출할 것

- 설계업체가 설계내역서 작성시 예산액보다 설계금액이 초과될 경우 간접노무비, 기타경비, 일반관리비, 이윤 등의 제비율을 임의로 축소조정
- 조달청이 제시한 "공사원가 제비율"에 따라 제비율을 적용하므로 조달청 산출 공사금액이 예산액을 초과하는 경우 이에 따른 예산증액 조치여부 등의 예산협의 행정처리에 많은 시간이 소요됨

④ 관급자재 : 설계내역서의 관급자재내역(수량, 금액)은 도급예정자(시공업체 등)가 시공 또는 설치할 관급자재와 관급자(제조업체 등)가 설치할 관급자재를 구분 표기하여 주시기 바람

- 도급자(시공업체)설치 관급자재 : 키폰교환기, 전화기, 스위치허브 등
- 관급자(제조업체)설치 관급자재 : 음향장비, 교환기 등

조달청 예산협의 사례

제목 예산증액 요청(0500000-00)

1. OO시-001호(2005.12.30)관련입니다.
2. 위 호로 00시에서 계약 요청한 "0000 정보통신공사"의 공사비 계산 결과 아래와 같이 약 16,939,000원이 부족될 것으로 예상되오니 예산증액이나 부족예산에 따른 공사량 조정여부 등 조치사항을 조속·회신하여 주시기 바랍니다.

- 아 래 -

가. 가용예산 : 101,948,000원
나. 조사금액 : 118,887,000원
다. 부족금액 : 16,939,000원
라. 부족사유 : 수요기관 제잡비율 과소 적용

구 분	조달청적용기준	수요기관	부족률
간접노무비	9.9 %	3.4%	6.5%
기타 경비	5.0 %	1.0%	4.0%
일반관리비	4.7 %	1.0%	3.7%
이 윤	15.0 %	6.0%	9.0%

끝.

• 관급자재 내역서 작성사례

품 명	규 격	단위	수량	재료비		노무비		경비	
				단가	금액	단가	금액	단가	금액
〈도급자(시공업체)설치 관급자재 내역〉									
키폰교환기	A TYPE	식	*						
전화기	B TYPE	대	*						
			*						
---- 이하생략 ----									
〈관급자재(제조업체)설치 관급자재 내역〉									
음향장비		대	*						
교환기	국선100 내선600회선	대	*						
		대	*						
		대	*						
---- 이하생략 ----									

⑤ 잠정금액(PS) 처리방법 : 사후 정산항목(특수시설, 장식예술품설치, TAB 등)이 있을 경우에는 특기시방서 또는 현장설명서에 기재하시고 공사원가계산서의 PS(잠정금액)란에 항목 및 금액을 표기함

⑥ 해당 견적서 송부 : 설계내역서 중 전문업체 견적가격을 적용한 품목은 조달청 가격 조사시 해당업체의 견적가격이 참고가 될 수 있으므로 해당 견적서를 첨부하여 송부함

⑦ 설계서 품명, 규격의 통일 : 품명, 규격 등은 설계도면, 시방서, 설계내역서에 상호 일치시켜야 하며, 설계과정에서 수정 횟수가 많을수록 상호 불일치하는 경우가 많으며 품명과 규격이 서로 상이할 경우 적정가격 산정이 곤란하며 향후 설계변경 등 분쟁요인이 됨

⑧ 세부 규격 명시 : 일반적으로 통용되는 재료나 제품이 아닌 특정재료나 특정규격일 경우에는 적정한 공사비를 적용할 수 있도록 설계내역서 및 시방서, 도면 등에 제품의 규격 및 사양을 명시함

⑨ 1식 공사 내역서분

- 전관방송시스템, 무대장비, 접지설비 등 1식 공사는 세부내역을 작성하거나 또는 일위대가로 작성해야 함
- 1식 공사로 설계내역서를 작성할 경우 적정한 공사비 산정 및 시공업체, 공사 감독시 기준이 없으며 설계변경이 발생할 경우 적정한 조치가 곤란할 것으로 예상됨

• 1식 공사 사례

〈불명확한 설계내역서〉

설명부호	품명	규격	단위	수량	재료비	노무비	경비	합계	Code NO.
	CCTV설비(일위대가)		식	1					

〈명확한 설계내역서〉

CCTV설비(일위대가)

설명부호	품명	규격	단위	수량	재료비	노무비	경비	합계	Code NO.
	DOME COLOR CAMERA	0.01LUX	EA	*					
	COLOR CAMERA	0.3LUX	EA	*					
	ZOOM LENS	10~100mm	EA	*					
	HOUSING	옥외형	EA	*					
	HOUSING	옥내형	EA	*					
	PAN/TILE DIRVER	옥외형	EA	*					
	BRACKET	옥내형	EA	*					
	POLE STAND	4M	EA	*					
	POLE STAND &BASE	MADE	EA	*					
	노무비	내선전공	인	*					
	노무비	통신설비공	인	*					
	노무비	보통인부	인	*					

⑩ 사용선검사 수수료 : 원가계산서상에 포함될 사용선 검사수수료

⑪ 환경보전비 : 환경보전비는 건설산업기본법 제2조제4호의 규정에 의한 건설공사에 적용하도록 되어 있는바 통신은 건설산업기본법에 포함되지 않음으로 계상할 수 없음

⑫ 건설하도급대금지급 보증서발급수수료 : 건설산업기본법시행규칙 제30조(하도급대금지급보증서교부 등) 및 하도급거래공정화에 관한 법률 제13조의 2 등의 규정에 의한 건설하도급대금 지급보증서발급수수료로 일반건설공사에 적용하며, 전문공사, 통신공사 등에는 적용하지 않음으로 계상할 수 없음

2. 원가계산 작성방법 설명

(1) 공사원가계산서 구성(예시)

공사원가계산서

공사관리번호 :

공사명				
1. 순공사원가	[가+나+다]			
가. 재료비				
가-1. 직접재료비				
나. 노무비				
나-1. 직접노무비				
나-2. 간접노무비	[나1]의	★	%	
다. 경비				
다-1. 산출경비				
다-2. 산재보험료	[나]의	★	%	
다-3. 고용보험료	[나]의	★	%	
다-4. 건강보험료	[나1]의	★	%	
다-5. 연금보험료	[나1]의	★	%	
다-6. 퇴직공제부금	[나1]의	★	%	
다-7. 노인장기요양보험료	국민건강보험료의	★	%	
다-8. 안전관리비	※관급포함시 : ⓑ와 ⓒ 비교 후 적은 금액 적용			
ⓐ. 일반경우	[가+나1]의	★	% +	★
ⓑ. ⓐ의 1.2배				
ⓒ. [가+나1+관급자재대]의		★	% +	★
다-9. 기타경비	[가+나]의	★	%	
2. 일반관리비	[1]의	★	%	
3. 이윤	[1나+1다+2]의	★	%	
4. 총원가	순공사원가, 일반관리비, 이윤을 합한 금액			
5. 부가가치세	총원가의	10%		
6. 총공사금액	총원가와 부가가치세를 합한 금액			

(2) 공사원가계산 항목별 산정방법

① 직접재료비(가-1)는 공종별 집계표의 재료비 합계금액을 명기

② 직접노무비(나-1)는 공종별 집계표의 노무비 합계금액을 명기

③ 간접노무비(나-2)는 직접노무비에 조달청에서 고시한 간접노무비율을 곱하여 산정

④ 산출경비(다-1)는 공종별 집계표의 경비 합계금액을 명기

⑤ 산재보험료(다-2)는 산업재해보상보험법시행령 제60조에 의거 노무비(직접노무비와 간접노무비의 합계금액)에 건설부장관이 고시한 요율을 곱하여 산정

⑥ 고용보험료(다-3)는 노무비(직접노무비와 간접노무비의 합계금액)에 건설부장관이 고시한 요율을 곱하여 산정

⑦ 국민건강보험료(다-4)는 국민건강보험법시행령 제10조에 의거 직접노무비에 건설부장관이 고시한 요율을 곱하여 산정

⑧ 국민연금보험료(다-5)는 국민연금법시행령 제2조에 의거 직접노무비에 건설부장관이 고시한 요율을 곱하여 산정

⑨ 건설근로자퇴직공제부금(다-6)은 건설산업기본법시행령 83조 및 건설근로자의 고용개선 등에 관한 법률 제8조에 의거 직접 노무비에 조달청에서 고시한 요율을 곱하여 산정

⑩ 산업안전보건관리비(다-7)는 산업안전보건법시행령 제26조의5 및 건설업 업안전보건 관리비 계상 및 사용기준 (노동부고시 제2005-32호)에 의거 아래와 같이 노동부장관이 고시한 요율을 적용하여 아래와 같이 산정

- 관급자재가 없는 경우 : (재료비+직접노무비)×적용률
- 관급자재가 있는 경우 : 아래 ⓐ와 ⓑ 비교하여 적은 금액 적용
  - ⓐ (재료비+직접노무비)×적용률×1.2
  - ⓑ (재료비+직접노무비+관급자재금액)×적용률

⑪ 기타경비(다-8)는 재료비와 노무비의 합계금액(가+나)에 조달청에서 고시한 요율을 적용

⑫ 공사이행보증서발급수수료(다-9)는 최저가입찰대상공사에 대하여 공사이행보증서 발급기관이 최고등급업체에 대해 적용하는 보증요율 중 최저요율을 적용하여 아래와 같이 산정

- [(재료비+직접노무비+산출경비)×적용률+6.6백만원]×공기(년)

⑬ 건설하도급대금지급보증서발급수수료(다-10)는 건설산업기본법 제34조 및 하도급거래공정화에 관한 법률 제13조의2에 의거 재료비, 직접노무비, 산출경비 합계금액에 건설교통부에서 고시한 요율을 곱하여 산정

⑭ 환경보전비(다-11)는 재료비, 직접노무비, 산출경비의 합계금액에 건설기술관리법시행규칙 제28조의 환경관리비 산출기준에 의거한 요율을 곱하여 산정

⑮ 일반관리비(2)는 순공사원가에 조달청에서 고시한 일반관리비 요율을 곱하여 산정
⑯ 이윤(3)은 노무비, 경비, 일반관리비의 합계금액에 조달청에서 고시한 요율을 적용하여 산정
⑰ PS(4)는 사후정산 항목으로 발주시 공사금액을 확정할 수 없는 특수시설이나 장식예술품설치, TAB공사 등의 잠정금액을 명기
⑱ 총원가(5)는 순공사원가, 일반관리비, 이윤, PS금액의 합계금액 명시
⑲ 공사손해보험료(6)는 회계예규 공사손해보험가입업무집행요령에 규정한 공사에 대하여 국가계약법시행령 제53조에 의거 공사 손해보험가입비를 순공사원가, 일반관리비, 이윤의 합계금액에 보험회사에서 징구한 요율을 곱하여 산정
⑳ 소계(7)는 총원가, 공사손해보험료 합산금액을 명기
㉑ 부가가치세(8)는 소계에 부가가치세법에 의거한 요율을 곱하여 산정
㉒ 총계(9)는 소계와 부가가치세 합산금액을 명기

3. 내역서 작성

작성시 유의할 사항은 공종별로 재료비, 노무비, 경비의 금액을 명기하고 집계표와 내역서상의 공종별 합계금액이 동일하도록 작성한다.

(1) 집계표 예시

품 명	규격	단위	수량	재료비		노무비		경비		합계		비고
				단가	금액	단가	금액	단가	금액	단가	금액	
1. 구내통신선로설비공사		식	1									
2. 방송공동수신설비공사		식	1									
3. 음향설비공사		식	1									
4. CCTV설비공사		식	1									
5. 주차관제설비공사		식	1									
6. CABLE TRAY설비공사		식	1									
7. 컨테이너가설사무소		식	1									
8. 이동통신구내선로 공사		식	1									
9. 접지 및 피뢰침공사		식	1									
합 계												

2.2.4 통신공사 공종별 세부 설계내역 작성방법

1. 구내통신선로 설비공사

1-A. 세부공종(예시)

설명부호	품 명	규 격	단위	수량	재료비	노무비	경비	합계	Code NO.
	경질비닐전선관	HI 16mm	M	*					
	경질비닐전선관	HI 22mm	M	*					
	경질비닐전선관	HI 28mm	M	*					
	폴리에틸렌 전선관	PE 54mm	M	*					
	파상형 경질폴리에틸렌 전선관	ELP 30mm	M	*					
	1종금속제가요전선관	16mm Ⓚ 비방수	M	*					
	1종금속제가요전선관	22mm Ⓚ 비방수	M	*					
	1종가요관 커넥터	16mm Ⓚ 비방수	개	*					
	1종가요관 커넥터	22mm Ⓚ 비방수	개	*					
	전선관부속품비	전선관의 15%	식	*					
	노말밴드	PVC 28C	개	*					
	접지용비닐절연전선(F-GV)	$14mm^2$	M	*					
	접지용비닐절연전선(F-GV)	$60mm^2$	M	*					
	UTP 케이블(CAT.5E)	0.5mm×4P	M						
	UTP 케이블(CAT.5E)	0.5mm×25P	M	*					
	UTP 케이블(CAT.6)	0.5mm×4P	M	*					
	잡재료비	배관배선의 2%	식	*					
	아웃렛박스	중형4각 54mm	개	*					
	박스커버	4각, 평형	개	*					
	박스커버	4각, 2개용 S/W(오목)	개	*					
	박스커버	4각, 2개용 S/W(평)	개	*					
	스위치박스	1개용 54mm	개	*					
	스위치박스	2개용 54mm	개	*					
	풀박스	100×100×75	개	*					
	MODULAR OUTLET	DATA, 2구	개	*					
	MODULAR OUTLET (SYSTEM BOX용)	DATA 1구×2EA	개	*					
	케이블표지시드	0.15×150	M	*					
1-1	통합배선함 LAN-R1	24PORT 14EA, 국선 50/200P	SET	*					
1-2	통합배선함 LAN-R2	24PORT 8EA	SET	*					
1-3	통합배선함 LAN-R3	24PORT 2EA	SET	*					

설명부호	품 명	규 격	단위	수량	재료비	노무비	경비	합계	Code NO.
	ACCESS POINT	MAX 54bps-speed	개	*					
	무지향안테나	옥외access point용	개	*					
	방수함체	옥외access point용	개	*					
	지지대	옥외access point용	개	*					
	피그테일CABLE	옥외access point용	개	*					
1-4	핸드홀(수공1호)	950×450×700	개소	*					
1-5	접지공사	1종	개소	*					
1-6	접지공사	3종	개소	*					
	접지단자함	1회로	면	*					
1-7	관로구방수	D30	개소	*					
1-8	관로구방수	D50	개소	*					
	터파기(기계 80%, 인력 20%)	보통 토사	M3	*					
	되메우기(기계 80%, 인력 20%)	보통 토사	M3	*					
1-9	NETWORK구축장비		식	*					
1-10	통합배선장비		식	*					
	노무비	내선전공	인	*					
	노무비	배전전공	인	*					
	노무비	보통인부	인	*					
	노무비	통신내선공	인	*					
	노무비	통신케이블공	인	*					
	노무비	통신설비공	인	*					
	공구손료	노무비의 3%	식	*					

1-B. 작성시 유의사항

① 전선관부속품비는 15~20% 범위 내에서 적용하도록 되어 있지만 전선관(경질비닐전선관, 강제전선관, 가요전선관 등)의 15%를 계상할 것

② 잡자재비는 내선설비공사 부문에서 계상이 어렵고 금액이 근소한 소모품에 대하여 2~5% 범위 내에서 적용하도록 되어 있지만 전선과 전선관의 2%를 계상할 것

③ 공구손료는 일반공구 및 시험용 계측기구류의 손료로서 공사중 상시 일반적으로 사용하는 것을 말하며 직접노무비(노임할증과 작업시간 증가에 의하지 않은 품할증 제외)의 3%를 계상할 것

④ 터파기, 되메우기, 잔토처리 등은 가급적 건설기계사용 산출방식을 적용하되 작업조건(토질계수, 현장조건)을 일관성 있게 적용하고 규격란에 공법에 적용되는 중기

종류 및 규격을 명시하고, 잔토처리는 운반거리까지 명시, 기계와 인력이 혼용으로 작업시 해당 부분의 비율 명시(예, 기계 80%+인력 20%)

⑤ NETWORK 구축장비, 통합배선장비 등(설명부호 1-9~10)은 도급자가 제조, 설치할 수 있는지를 파악한 후 관급자(도급자) 관급자재로 분리 바라며 사급자재로 포함시켜 발주시킬 경우 세부상세도와 특기사항을 도면 및 시방서에 상세히 기술하고 견적에 의할 경우 견적서를 첨부바람

⑥ 통합배선함, 핸드홀, 접지공사 등(설명부호 1-1~8)은 세부 일위대가로 작성하여 단가를 산출바람(아래 일위대가표 참조)

1-C. 통합배선함 LAN-R1(예시)

설명부호	품 명	규 격	단위	수량	재료비	노무비	경비	합계	Code NO.
	통합배선함 LAN-R1	(일위대가)	SET						
	RACK CABINET	19" RACK	대	*					
	PATCH PANEL	24PORT	개	*					
	플러그	RJ 45	개	*					
	피뢰탄기반	50회선	대	*					
	110배선반	100P	SET	*					
	노무비	보통인부	인	*					
	노무비	통신산업기사	인	*					
	노무비	통신내선공	인	*					
	노무비	통신설비공	인	*					

2. 방송공동수신 설비공사

2-A. 세부공종(예시)

설명부호	품 명	규 격	단위	수량	재료비	노무비	경비	합계	Code NO.
	경질비닐전선관	HI 16mm	M	*					
	경질비닐전선관	HI 22mm	M	*					
	경질비닐전선관	HI 28mm	M	*					
	폴리에틸렌 전선관	PE 36mm	M	*					
	1종금속제가요전선관	16mm Ⓚ 비방수	M	*					
	1종가요관 커넥터	16mm Ⓚ 비방수	개	*					
	전선관부속품비	전선관의 15%	식	*					
	위샤캡	16C	개	*					

설명 부호	품 명	규 격	단위	수량	재료비	노무비	경비	합계	Code NO.
	위샤캡	28C	개	*					
	노멀밴드	PVC 28 C	개	*					
	600V 2종비닐절연전선 (HIV)	2.0mm	M	*					
	접지용비닐절연전선 (F-GV)	5.5mm^2	M	*					
	고발포 동축 케이블	5C-HFBT(3중차폐)	M	*					
	고발포 동축 케이블	7C-HFBT(3중차폐)	M						
	잡재료비	배관배선의 2%	식	*					
	아웃렛박스	중형 4각 54mm	개	*					
	박스커버	4각, 평형	개	*					
	박스커버	4각, 2개용 S/W(오목)	개	*					
	스위치박스	1개용 54mm	개	*					
	스위치박스	2개용 54mm	개	*					
	TV 유니트	종단	개	*					
	TV 유니트	직렬	개	*					
2-1	관로구방수	D30	개소	*					
2-2	TV공청안테나(기초부)	SUS	개소	*					
2-3	TV장치함	MB	개소	*					
2-4	TV분배기함	TV-B1A	개소	*					
2-5	TV분배기함	TV-B1B	개소	*					
	노무비	내선전공	인	*					
	노무비	통신케이블공	인	*					
	노무비	통신내선공	인	*					
	공구손료	노무비의 3%	식	*					

2-B. 작성시 유의사항

① 전선관부속품비는 15~20% 범위 내에서 적용하도록 되어 있지만 전선관(경질비닐전선관, 강제전선관, 가요전선관 등)의 15%를 계상할 것

② 잡자재비는 내선설비공사 부문에서 계상이 어렵고 금액이 근소한 소모품에 대하여 2~5% 범위 내에서 적용하도록 되어 있지만 전선과전선관의 2%를 계상할 것

③ 공구손료는 일반공구 및 시험용 계측기구류의 손료로서 공사중 상시 일반적으로 사용하는 것을 말하며, 직접노무비(노임할증과 작업시간 증가에 의하지 않은 품

할증 제외)의 3%를 계상할 것

④ 관로구방수, TV공청안테나, TV장치함 등(설명부호 2 - 1~5)은 세부 일위대가로 작성하여 단가를 산출바람(아래 일위대가표 참조)

2-C. TV장치함 예시

설명부호	품 명	규 격	단위	수량	재료비	노무비	경비	합계	Code NO.
	TV장치함 MB(일위대가)		개소						
	외함(DOOR SUS)	650(W)×700(H)×150(D)	SET	*					
	증폭기	쌍방향	조	*					
	분기기	쌍방향유니트, 4분기기	개	*					
	분배기	쌍방향유니트, 6분배기	개	*					
	콘센트	노출-접지형, 15A 250V 원형	개	*					
	노무비	내선전공	인	*					
	노무비	무선안테나공	인	*					
	노무비	보통인부	인	*					
	노무비	통신설비공	인	*					

3. 전관방송(A/V) 설비공사

3-A. 세부공종(예시)

설명부호	품 명	규 격	단위	수량	재료비	노무비	경비	합계	Code NO.
	경질비닐전선관	HI 16mm	M	*					
	경질비닐전선관	HI 22mm	M	*					
	경질비닐전선관	HI 28mm	M	*					
	경질비닐전선관	HI 36mm	M	*					
	경질비닐전선관	HI 42mm	M	*					
	파상형 경질폴리 에틸렌 전선관	ELP 30mm	M	*					
	1종금속제가요전선관	16mm Ⓚ 비방수	M	*					
	1종가요관 커넥터	16mm Ⓚ 비방수	개	*					
	전선관부속품비	전선관의 15%	식	*					
	노멀밴드	PVC 28 C	개	*					
	노멀밴드	PVC 36 C	개	*					
	600V 2종비닐절연전선 (HIV)	1.2mm	M	*					
	접지용비닐절연전선 (F-GV)	5.5mm^2	M	*					

설명부호	품 명	규 격	단위	수량	재료비	노무비	경비	합계	Code NO.
	소방용내열전선(FR-3)	코어형, 2C×1.6mm	M						
	소방용내열전선(FR-3)	코어형, 10C×1.6mm	M	*					
	소방용내열전선(FR-3)	코어형, 20C×1.6mm	M	*					
	600V 비닐 캡타이어 케이블	VCT, 3심 2.0mm^2	M	*					
	고주파 동축케이블	ECX CABLE, 5C-2V	M	*					
	제어케이블	CVV 3C×2.0mm^2	M	*					
	제어케이블	CVV-S, 2C×3.5mm^2	M	*					
	제어케이블	CVV-SB, 10C×1.25mm^2	M	*					
	통신케이블	2E	M	*					
	통신케이블	RGB	M	*					
	통신케이블	4S8	M	*					
	통신케이블	L-2T2S	M	*					
	통신케이블	MW-3100	M	*					
	통신케이블	SW-9100/2C	M	*					
	잡재료비	배관배선의 2%	식	*					
	아웃렛박스	8각 54mm	개	*					
	아웃렛박스	중형4각 54mm	개	*					
	박스커버	8각, 평형	개	*					
	박스커버	4각, 평형	개	*					
	박스커버	4각,2개용S/W(평)	개	*					
	스위치박스	1개용 54mm	개	*					
	스위치박스	2개용 54mm	개	*					
	풀박스	200×200×100	개	*					
	풀박스	300×300×150	개	*					
	풀박스	300×300×200	개	*					
	케이블표지시트	0.15×150	M	*					
	ATT	4단 3W	개	*					
	ATT	4단 30W	개	*					
	PA용 스피커	천정용(AL, 3W)	개	*					
	PA용 스피커	벽부형(3W)	개	*					
	PA용 스피커	벽부형(3W, 방수형)	개	*					
	PA용 스피커	35W(BALL형, 벽부)	개	*					
	PA용 스피커	20W(BALL형, 천정)	개	*					
	방송단자함	10P, 노출연강	면	*					
	방송단자함	20P, 노출연강	면	*					

설명부호	품 명	규 격	단위	수량	재료비	노무비	경비	합계	Code NO.
	관로구방수	D30	개소	*					
	스피커천정타공	8인치 이하	개소	*					
	터파기(기계 80%, 인력 20%)	보통 토사	M3	*					
	되메우기(기계 80%, 인력20%)	보통 토사	M3	*					
3-1	전관방송AV설비	전관방송	식	*					
3-2	문예창작실AV설비	문예창작실	식	*					
3-3	시청각실AV설비	시청각실	식	*					
3-4	다목적 세미나실AV설비	다목적 세미나실	식	*					
3-5	다목적 강당AV설비	다목적 강당	식	*					
	노무비	내선전공	인	*					
	노무비	배전전공	인	*					
	노무비	보통인부	인	*					
	노무비	저압케이블전공	인	*					
	노무비	통신설비공	인	*					
	노무비	통신케이블공	인	*					
	노무비	통신내선공	인	*					
	공구손료	노무비의 3%	식	*					

3-B. 작업시 주의사항

① 전선관 부속품비는 15~20% 범위 내에서 적용하도록 되어 있지만 전선관(경질비닐전선관, 강제전선관, 가요전선관 등)의 15%를 계상할 것

② 잡자재비는 내선설비공사 부문에서 계상이 어렵고 금액이 근소한 소모품에 대하여 2~5% 범위 내에서 적용하도록 되어 있지만 전선과 전선관의 2%를 계상할 것

③ 공구손료는 일반 공구 및 시험용 계측기구류의 손료로서 공사중 상시 일반적으로 사용하는 것을 말하며, 직접노무비(노임할증과 작업시간 증가에 의하지 않은 품할증 제외)의 3%를 계상할 것

④ 터파기, 되메우기, 잔토처리 등은 가급적 건설기계사용 산출방식을 적용하되 작업조건(토질계수, 현장조건)을 일관성 있게 적용하고 규격란에 공법에 적용되는 중기종류 및 규격을 명시하고, 잔토처리는 운반거리까지 명시, 기계와 인력이 혼용으로 작업시 해당 부분의 비율 명시(예 기계 80%+인력 20%)

⑤ 전관방송A/V설비, 문예창작실 A/V 설비 등(설명부호 3-1~5)은 도급자가 제조, 설치할 수 있는지를 파악한 후 관급자(도급자)관급자재로 분리 바라며 사급자재로

포함시켜 발주시킬 경우 세부상세도와 특기사항을 도면 및 시방서에 상세히 기술하고 견적에 의할 경우 견적서를 첨부바람. 아울러 세부일위대가로 작성하여 단가를 산출할 것 (아래 일위대가표 참조)

3-C. 전관방송A/V설비(예시)

설명부호	품 명	규 격	단위	수량	재료비	노무비	경비	합계	Code NO.
	전관방송A/V설비 (일위대가)		식						
	MONITOR PANEL	10CH	EA	*					
	AUTO BLOWER	AUTO FAN	EA	*					
	SIGNAL EXCHANGER	4CCT	EA	*					
	EMERGENCY UNIT	W/MIC	EA	*					
	EM SPEAKER SELECTOR	20CCT	EA	*					
	SPEAKER SELECTOR	20CCT	EA	*					
	mixer PRE AMP	10IN/2OUT	EA	*					
	DIGITAL TUNER	AM/FM	EA	*					
	CASSETTE DECK	DOUBLE	EA	*					
	CD PLAYER	5CD	EA	*					
	BLANK PANEL	1H	EA	*					
	POWER AMP	360W	EA	*					
	POWER AMP	240W	EA	*					
	RELAY GROUP	20CCT	EA	*					
	EM POWER SUPPLY		EA	*					
	BATTERY	12V 100AH	EA	*					
	TERMINAL BOARD	36CCT	EA	*					
	POWER DISTRIBUTOR	AC220V/60Hz	EA	*					
	RACK CABINET	AL/STEEL	EA	*					
	MICROPHONE	DYNAMIC	EA	*					
	MIC EXT CORD	L-10M	EA	*					
	MIC STAND	STAND	EA	*					
	노무비	저압케이블전공	인	*					
	노무비	통신설비공	인	*					
	노무비	통신케이블공	인	*					

4. CCTV 설비공사

4-A. 세부공종(예시)

설명부호	품 명	규 격	단위	수량	재료비	노무비	경비	합계	Code NO.
	경질비닐전선관	HI 16mm	M	*					
	경질비닐전선관	HI 22mm	M	*					
	경질비닐전선관	HI 28mm	M	*					
	경질비닐전선관	HI 36mm	M	*					
	파상형 경질폴리에틸렌 전선관	ELP 40mm	M	*					
	파상형 경질폴리에틸렌 전선관	ELP 50mm	M	*					
	전선관부속품비	전선관의 15%	식	*					
	600V 폴리에틸렌 케이블	CV 2C×2.0mm^2	M	*					
	고발포 동축 케이블	5C-HFBT(3중차폐)	M	*					
	제어케이블	CVV 3C×2.0mm^2	M	*					
	제어케이블	CVV-SB, 4C×1.25mm^2	M	*					
	잡재료비	배관배선의 2%	식	*					
	풀박스	100×100×100	개	*					
	풀박스	150×150×100	개						
	풀박스	200×200×150	개	*					
	풀박스	200×200×200	개	*					
	풀박스	300×300×200	개	*					
4-1	CCTV설비	CCTV	식	*					
	관로구방수	D50	개소	*					
	노무비	내선전공	인	*					
	노무비	배전전공	인	*					
	노무비	보통인부	인	*					
	노무비	저압케이블전공	인	*					
	노무비	통신케이블공	인	*					
	공구손료	노무비의 3%	식	*					

4-B. 작성시 유의사항

① 전선관부속품비는 15~20% 범위 내에서 적용하도록 되어 있지만 전선관(경질비닐전선관, 강제전선관, 가요전선관 등)의 15%를 계상할 것

② 잡자재비는 내선설비공사 부문에서 계상이 어렵고 금액이 근소한 소모품에 대해 2~5% 범위 내에서 적용하도록 되어 있지만 전선과 전선관의 2%를 계상할 것

③ 공구손료는 일반공구 및 시험용 계측기구류의 손료로서 공사중 상시 일반적으로 사용하는 것을 말하며, 직접노무비(노임할증과 작업시간 증가에 의하지 않은 품할증 제외)의 3%를 계상할 것

④ CCTV설비(설명부호 4-1)은 도급자가 제조, 설치할 수 있는지를 파악한 후 관급자(도급자)관급자재로 분리 바라며 사급자재로 포함시켜 발주시킬 경우 세부상세도와 특기사항을 도면 및 시방서에 상세히 기술하고 견적에 의할 경우 견적서를 첨부 바람. 아울러 세부일위대가로 작성하여 단가를 산출 (아래 일위대가표 참조)

4-C. CCTV설비(예시)

설명부호	품 명	규 격	단위	수량	재료비	노무비	경비	합계	Code NO.
	CCTV설비(일위대가)		개소						
	COLOR CAMERA	0.05LUX	EA	*					
	AUTO IRIS LENS	6~12mm	EA	*					
	HOUSING	실내형	EA	*					
	BRACKET	천장형	EA	*					
	SPEED DOME CAMERA	0.1LUX	EA	*					
	V.D.A	2IN 4OUT	EA	*					
	M.P.U	RS-485	EA	*					
	D.V.R	16CH	EA	*					
	광장비	(TX.RX)	EA	*					
	QUAD	RS-485	EA	*					
	QUAD RECIVER	1CH	EA	*					
	LCD MONITOR	19"	EA	*					
	POWER CONTROLLER	10CH	EA	*					
	SYSTEM RACK	제작	EA	*					
	노무비	통신기사2급	인	*					

5. 주차관제 설비공사

5-A. 세부공종(예시)

설명부호	품 명	규 격	단위	수량	재료비	노무비	경비	합계	Code NO.
	경질비닐전선관	HI 16mm	M	*					
	경질비닐전선관	HI 22mm	M	*					
	경질비닐전선관	HI 28mm	M	*					
	전선관부속품비	전선관의 15%	식	*					
	노말밴드	PVC 28 C	개	*					
	600V 2종비닐절연전선(HIV)	1.2mm	M	*					
	600V 2종비닐절연전선(HIV)	1.6mm	M	*					
	600V 2종비닐절연전선(HIV)	2.0mm	M	*					
	600V 폴리에틸렌 케이블	CV 2C×5.5mm^2	M	*					
	접지용비닐절연전선(F-GV)	3.5mm^2	M	*					
	고발포 동축케이블	5C-HFBT(3중차폐)	M	*					
	UTP 케이블(CAT.5E)	0.5mm×4P	M	*					
	UTP 케이블(CAT.5)	0.5mm×4P	M	*					
	STP 케이블(CAT.5)	0.5mm×4P	M						
	잡재료비	배관배선의 2%	식	*					
	JUNCTION BOX	100×100×54	개	*					
	풀박스	150×150×100	개	*					
	주차권발행기	자기식	SET	*					
	요금계산기	자기식	SET	*					
	요금표시기	디지털	SET	*					
	자동차단기	크랭크구동	SET	*					
	ZONE COMPUTER	펜티엄	SET	*					
	정기권 리더기	50CM	SET	*					
	정기권 컨트롤러	50CM	SET	*					
	요금부스	SUS, 에어컨포함	SET	*					
	LOOP COIL	4LC	SET	*					
	차량검지기	1회로	SET	*					
	차량검지기	2회로	SET	*					
	출차주의등	자립형, SUS	SET	*					
	입구표시만차등	디지털, 1개층	SET	*					
	중앙감시반	벽부형, 1개층	SET	*					
5-1	설치시험조정비		식	*					
	노무비	내선전공	인	*					
	노무비	통신케이블공	인	*					
	노무비	저압케이블전공	인	*					
	노무비	통신내선공	인	*					
	노무비	저압케이블전공	인	*					
	노무비	통신내선공	인	*					
	공구손료	노무비의 3%	식	*					

5-B. 작성시 유의사항

① 전선관부속품비는 15~20% 범위 내에서 적용하도록 되었지만 전선관(경질비닐전선관, 강제전선관, 가요전선관 등)의 5%를 계상할 것
② 잡자재비는 내선설비공사 부문에서 계상이 어렵고 금액이 근소한 소모품에 대하여 2~5% 범위 내에서 적용하도록 되어 있지만 전선과 전선관의 2%를 계상할 것
③ 공구손료는 일반공구 및 시험용 계측기구류의 손료로서 공사중 상시 일반적으로 사용하는 것을 말하며, 직접노무비(노임할증과 작업시간 증가에 의하지 않은 품할증 제외)의 3%를 계상할 것
④ 주차관제자재는 도급자가 제조, 설치할 수 있는지를 파악한 후 관급자(도급자) 관급자재로 분리 바라며 사급자재로 포함시켜 발주시킬 경우 세부상세도와 특기사항을 도면 및 시방서에 상세히 기술하고 견적에 의할 경우 견적서를 첨부
⑤ 설치시험조정비(설명부호 5-1)는 표준품셈에 의한 공량산출로 작성할 것

6. CABLE TRAY 설치공사

6-A. 세부공종(예시)

설명부호	품 명	규 격	단위	수량	재료비	노무비	경비	합계	Code NO.
	경질비닐전선관	HI 36mm	m	*					
	경질비닐전선관	HI 42mm	m	*					
	전선관부속품비	전선관의 15%	식	*					
	접지용비닐절연전선 (FGV)	95mm^2	M	*					
	접지용비닐절연전선 (FGV)	120mm^2	M	*					
	잡재료비	배관배선의 2%	식	*					
	압착단자	볼트식단자 100mm^2	개	*					
	압착단자	볼트식단자 150mm^2	개	*					
	케이블트레이	STRAIGHT, St W300×100H×2.3t	m	*					
	케이블트레이	STRAIGHT, St W450×100H×2.3t	m	*					
	케이블트레이	STRAIGHT, St W600×100H×2.3t	m	*					
	TRAY COVER	W600	M	*					
	GROUNDIG JUMPER	WIRE TYPE	EA	*					
	HOR. ELBOW	W300	SET	*					
	HOR. ELBOW	W450	SET	*					

설명부호	품 명	규 격	단위	수량	재료비	노무비	경비	합계	Code NO.
	HOR. ELBOW	W600	SET	*					
	H. TEE	W600	SET	*					
	H. CROSS	W600	SET	*					
	V. TEE	W600	SET	*					
	VER. ELBOW	W600	SET	*					
	REDUCER	W600×H300	EA	*					
	SHANK BOLT/NUT	SUS	EA	*					
6-1	케이블트레이지지대	W300	개소	*					
6-2	케이블트레이지지대	W450	개소	*					
6-3	케이블트레이지지대	W600	개소	*					
6-4	케이블트레이지지대	W600 벽부	개소	*					
	덕트형 케이블트레이	DUCT, W450	m	*					
	케이블트레이부속품	JOINT CONNECTOR, 아연도 100H×2.6	개	*					
	케이블트레이부속품	BONDING JUMPER, $38mm^2$	개	*					
	덕트형 케이블트레이 부속품	CONNECTOR, W 450	개	*					
	덕트형 케이블트레이 부속품	CONNECTOR, W 600	개	*					
6-5	DUCT 지지금구	W450 벽부	개소	*					
6-6	방화구획 연소방지	W700×D200×H200	개소	*					
	노무비	내선전공	인	*					
	노무비	저압케이블공	인	*					
	노무비	할석공	인	*					
	공구손료	인력품의 3%	식	*					

6 B. 작성시 유의사항

① 전선관부속품비는 15~20% 범위 내에서 적용하도록 되어 있지만 전선관(경질비닐전선관, 강제전선관, 가요전선관 등)의 15%를 계상

② 잡자재비는 내선설비공사 부문에서 계상이 어렵고 금액이 근소한 소모품에 대하여 2~5% 범위 내에서 적용하도록 되어 있지만 전선과 전선관의 2%를 계상

③ 공구손료는 일반공구 및 시험용 계측기구류의 손료로서 공사중 상시 일반적으로 사용하는 것을 말하며, 직접노무비(노임할증과 작업시간 증가에 의하지 않은 품할증 제외)의 3%를 계상

④ 케이블트레이는 규격 및 시방서, 도면에 Ladder Type, Hi-Tec Tray 등을 기재하

고 재질이 Steel 혹은 Aluminium인지를 명시

⑤ 케이블트레이지지대, Duct 지지금구(설명부호 6-1~6) 등은 세부 일위대가로 작성하여 단가를 산출(아래 일위대가표 참조)

- 피뢰침기초(예시)

설명부호	품 명	규 격	단위	수량	재료비	노무비	경비	합계	Code NO.
	케이블트레이지지대 (일위대가)		개소						
	U 채널	41×41×2.6t	M	*					
	행거볼트	∮9×1000mm	개	*					
	스트롱앵커	3/8"	개	*					
	너트, 와샤	M10	개	*					
	스프링 와샤	D10	EA	*					
	RAIL CLAMP		개	*					
	노무비	보통인부	인	*					

7. 컨테이너 가설 사무소 설치

7-A. 세부공종(예시)

설명부호	품 명	규 격	단위	수량	재료비	노무비	경비	합계	Code NO.
7-1	컨테이너가설사무소	6×2.4×2.6m, 6개월	동	*					
7-2	컨테이너가설창고	6×2.4×2.6m, 6개월	동	*					

7-B. 작성시 유의사항

컨테이너가설사무소, 창고(설명부호 7-1, 2)는 품명 및 규격란에 용도와 크기 사용기간 등을 상세히 기술하며 경비금액에 계상

8. 이동통신구내선로 설비공사

8-A. 세부공종(예시)

설명 부호	품 명	규 격	단위	수량	재료비	노무비	경비	합계	Code NO.
	강제전선관(노출)	아연도 28mm	M	*					
	경질비닐전선관	HI 28mm	m	*					
	전선관부속품비	전선관의 15%	식	*					
	강재전선관용 부품	노멀밴드, 아연도 28mm	개	*					
	경질비닐전선관용 부품	노멀밴드, HI 28C	EA	*					
	강재전선관용 부품	파이프크램프, 28C	개	*					
	JOINT BOX	100×100×50	EA	*					
	FEEDER CABLE	ECX-FR 10D-2V	m	*					
	누설동축케이블	RADIAX, RFL12D-324FR	m	*					
	FEEDER CABLE	LDF 120D-4FR	m	*					
	잡재료비	배관배선의 2%	식	*					
	CONNECTOR	10D-2V	개	*					
	CONNECTOR	12D-324	개	*					
	CONNECTOR	12D-4FR	개	*					
	DUMMY LOAD	종단저항	개	*					
	TERMINAL BOX	INDOOR	면	*					
	TERMINAL BOX	OUTDOOR	면	*					
	DEAD END BRAKET	천정부착용	SET	*					
	SUSPENSION CLAMP	천정부착용	SET	*					
	SPLITTER	4공용기	SET	*					
	DISTRIBUTER	2분배기	SET	*					
	OUTDOOR ANT		SET	*					
	이동통신 중계기		SET	*					
	파이프행거	28 C	개소	*					
	파이프지지대	W100	개소	*					
	노무비	내선전공	인	*					
	노무비	무선안테나공	인	*					
	노무비	보통인부	인	*					
	노무비	비계공	인	*					
	노무비	통신기사1급	인	*					
	노무비	통신기사2급	인	*					
	노무비	통신설비공	인	*					
	노무비	통신외선공	인	*					
	공구손료	노무비의 3%	식	*					

8-B. 작성시 유의사항

① 전선관부속품비는 15~20% 범위 내에서 적용하도록 되어 있지만 전선관(경질비닐전선관, 강제전선관, 가요전선관 등)의 15%를 계상
② 잡자재비는 내선설비공사 부문에서 계상이 어렵고 금액이 근소한 소모품에 대하여 2~5% 범위 내에서 적용하도록 되어 있지만 전선과 전선관의 2%를 계상
③ 공구손료는 일반공구 및 시험용 계측기구류의 손료로서 공사중 상시 일반적으로 사용하는 것을 말하며, 직접노무비(노임할증과 작업시간 증가에 의하지 않은 품할증 제외)의 3%를 계상
④ 무선통신보조장비는 규격란에 정확한 규격을 명기하고 견적서에 의할 경우 견적서를 첨부바라며 세부상세도를 도명과 시방에 명기

9. 접지 및 피뢰침 설비공사

9-A. 세부공종(예시)(무전기 안테나 보호용)

설명부호	품 명	규 격	단위	수량	재료비	노무비	경비	합계	Code NO.
	경질비닐전선관 (지중)	HI 36mm	m	*					
	전선관부속품비	전선관의 15%	식	*					
	접지용비닐절연전선(FGV)	$95mm^2$	M	*					
	잡재료비	배관배선의 2%	식	*					
	노멀밴드	PVC 36C	개	*					
	압착단자	볼트식단자 $100mm^2$	개	*					
	낙뢰계수기		SET	*					
8-1	광역피뢰침	보호반경 71M	SET	*					
	피뢰침지지대	5M	SET	*					
8-2	피뢰침기초	550×700×300	개소	*					
	접지봉	18Φ×2400mm×3본	개	*					
	접지첨가제	접지저항저감제, 아스판, 10kg	포	*					
	볼트형커넥터	U 볼트형, Φ19	개	*					
	경고테이프	300×250	M	*					
	터파기(백호우 80%, 인력 20%)	보통토사	M3	*					
	되메우기(백호우 80%, 인력 20%)	토사	M3	*					
	노무비	내선전공	인	*					
	노무비	저압케이블공	인	*					
	노무비	보통인부	인	*					
	공구손료	인력품의 3%	식	*					

9-B. 작성시 유의사항

① 전선관부속품비는 15~20% 범위 내에서 적용하도록 되어 있지만 전선관(경질비닐전선관, 강제전선관, 가요전선관 등)의 15%를 계상
② 잡자재비는 내선설비공사 부문에서 계상이 어렵고 금액이 근소한 소모품에 대하여 2~5% 범위 내에서 적용하도록 되어 있지만 전선과 전선관의 2%를 계상
③ 공구손료는 일반공구 및 시험용 계측기구류의 손료로서 공사중 상시 일반적으로 사용하는 것을 말하며, 직접노무비(노임할증과 작업시간 증가에 의하지 않은 품할증 제외)의 3%를 계상
④ 터파기, 되메우기, 잔토처리 등은 가급적 건설기계사용 산출방식을 적용하되 작업조건(토질계수, 현장조건)을 일관성 있게 적용하고 규격란에 공법에 적용되는 중기종류 및 규격을 명시하고, 잔토처리는 운반거리까지 명시, 기계와 인력이 혼용으로 작업시 해당 부분의 비율 명시(예 기계 80%+인력 20%)
⑤ 광역피뢰침(설명부호 8-1)은 규격 및 시방서, 도면에 보호반경과 유도광역, 고전압펄스식 등 세부사항을 명시
⑥ 피뢰침기초(설명부호 8-2)는 세부 일위대가로 작성하여 단가를 산출 (아래 일위대가표 참조)

• 피뢰침기초 (예시)

설명부호	품 명	규 격	단위	수량	재료비	노무비	경비	합계	Code NO.
	피뢰침기초 (일위대가)		개소						
	용적배합 콘크리트	1 : 3 : 6	M3	*					
	합판거푸집	4회 사용시	M2	*					
	노무비	내선전공	인	*					

2.2.5 공사원가계산 제비율 적용기준 해설

1. 제비율 적용 대상 항목의 적용기준

(1) 공사의 종류

발주하고자 하는 공사의 종류는 정보통신공사업법 제2조②항 같은 법 시행령 제2조②항 기준으로 분류하여 적용한다.

(2) 공사규모

공사원가계산시 적용하는 비목별 공사의 규모(5억 미만~50 이상의 4단계 구분)와 적용대상

① 간접노무비, 기타경비 : 직접공사비(재료비+직접노무비+산출경비)의 합계액을 기준으로 적용
② 산업안전보건관리비 : 재료비(관급자재대 포함)+직접노무비의 합계액을 기준으로 적용
③ 반관리비, 이윤 : 추정가격(설계금액 - 부가가치세)을 기준으로 적용

(3) 공사기간

당해공사 시공에 소요되는 기간을 말하며 공사원가계산시에는 설계시 책정된 공사기간을 사용한다.

(4) 직접노무비(직노)

직접노무비는 당해공사의 작업에 직접 종사하는 근로자 노임의 합계를 말하며 공사원가계산시에는 표준품셈에서 단위당 공량을 구하여 단가산출서 또는 일위대가표에서 해당공종의 노임을 계산하고 공사비 산출내역서에서 최종적인 노무비의 합계를 구하며, 노임단가는 대한건설협회에서 발표하는 시중노임단가(연 2회 1월, 9월 발표)를 적용하여 산출한다[예정가격 작성기준(이하 기준이라 함) 제4조, 제5조, 제10조, 제18조].

(5) 재료비(재)

재료비는 당해공사의 최종 목적물에 실체를 형성하는 직접재료비와 실체를 형성하지 않으나 보조적으로 소비되는 간접재료비의 합계를 말하며, 공사비 산출내역서의 최종적인 재료비 합계액을 말한다(사급자재비도 당연히 포함됨). 설계시 제경비를 제외하여 원가계산서에 별도 반영한 사급자재대(비)도 직접공사비의 재료비에 포함하여 제경비를 적용하고 있으며, 지방자치단체 발주공사도 행자부 회계통첩(재정정책과-403, 2005.1.27) "재료비의 원가산정관련 유의사항"에 의해 사급자재비를 재료비에 포함하여 원가계산 하도록 의무화했으며, 예정가격 작성기준 제16조에 '재료비, 노무비, 경비 중 일부를 별표 2의 공사원가계산서상 일반관리비 또는 이윤 다음 비목으로 계상하여서는 아니된다'라고 규정(2005.12.30)하여 일부재료비에 대하여 기타경비, 일반관리비 등을 반영하지 아니하는 사례를 방지함(기준 제4조, 제5조, 제8조, 제9조, 제16조, 제17조).

⑹ 관급자재비(관급자재)

당해공사에 소요되는 주요 자재를 발주자가 구매하여 시공자에게 지급하여 시공하는 재료비(도급자 설치 관급자재대만을 의미하며, 관급자 설치 관급자재대는 해당하지 않으므로 공사예정금액에서도 제외됨)로서 도급공사비에는 포함되지 않으나, 공사원가계산시에는 산업안전보건관리비 계산(14번항 참조) 및 공사손해보험료 산출(20번항 참조)시 적용된다. 일부에서는 주요 자재비에 대하여 사급자재대(비)라는 명칭으로 내역서에 반영하여 공사원가계산시 제경비를 계상하지 않는 경우가 있는데 이는 관급자재비 제도를 잘못 활용하고 있는 것이며 사급자재대(비)에 대한 제경비는 반영하는 것이 원칙

⑺ 산출경비(산경)

산출경비는 당해공사에 소요되는 경비 중 공사원가계산시 비율로서 계상되는 제경비 항목을 제외하고 단가산출서, 일위대가표, 산출내역서 등에 직접 계산하는 직접공사비 중의 경비를 말한다. 대표적인 산출경비로는 중기경비, 시험비, 운반비, 전력비, 계측비 등을 들 수 있다.

⑻ 간접노무비(건축공사는 공사의 유형별로 요율이 세분화됨)

직접 공사현장에 종사하지 않으나, 공사현장에서 보조작업에 종사하는 노무자, 종업원과 현장감독자 등의 비용(기본급, 제수당, 상여금, 퇴직급여충당금의 합계액)을 말하며, 간접노무비 계산시 공사규모 구분은 산출내역서에서 계상된 재료비와 직접노무비 및 산출경비의 합계액(직접공사비)으로 하고 간접노무비의 계산은 직접노무비에 공사규모, 공사기간, 공사의 종류별 해당률을 곱하여 산정한다. 회계예규 "원가계산시 실무처리 보완자료", 대한건설협회 발간 완성공사원가분석, 우리청 발주공사의 외주비를 감안한 원가계산서를 분석한 간접노무비율 등을 참조하여 간접노무비율을 결정(기준 제4조, 제5조, 제16조, 제18조, 제34조)

⑼ 산재보험료

산재보험료는 산업재해보상보험법 제63조와 시행령 제60조, 고용보험 및 산업재해보상보험의 보험료징수 등에 관한 법률 제5조 등의 규정에 의거 건설근로자의 산업재해를 보상하기 위한 제도로서 공사원가계산시는 직접노무비와 간접노무비의 합계액(노무비)에 산재보험료율을 곱하여 산정하며 산재보험료율을 매년도말 노동부에서 고시(제2005-41호, 2005.12.31) 하고 있다(2006년부터 모든 건설공사에 적용 됨) 단, '총공사금액이 2천만원 미만인 공사로 건설업자가 아닌 자가 시공하는 경우에는 적용하지 않음'(노동부고시 제04-73호, 2004.12.31)의 고시는 2006년부터 폐지됨(노동부고시 제2005-53호, 205.12.30) (기준 제19조제③항제10호).

⑽ 사회보험의 보험료 적용기준(국토교통부 고시 제2021-905호)

1) 고용보험의 보험료

① 보험료 비용 : 노무비×율

② 보험료 요율

공사배정규모(추정금액)	요 율
[1등급] 1,200억 이상	1.57
[2등급] 800억~1,200억 미만	1.30
[3등급] 520억~800억 미만	1.13
[4등급] 340억~520억 미만	1.06
[5등급] 210억~340억 미만	1.03
[6등급] 130억~210억 미만	1.02
[7등급] 고시금액~130억 미만	1.01
7등급 미만	

※ 등급은 조달청의 유자격자명부기준에 따름

③ 적용대상

- 모든 건설공사
  다만, 총공사금액[(도급금액+관급재료)에서 부가세 제외] 2천만원 미만의 건설공사를 건설업자가 아닌 자가 시공시 적용제외

④ 적용기준

- 일반(등급)공사 : 해당등급 요율 적용
- PQ, 실적대상공사 : 공사금액에 따라 해당 등급(토목, 건축 구분)요율 적용
- 수의계약 대상공사 : 해당 업체 시공능력평가액의 등급요율 적용
- 그 밖의 공사 : 공사금액에 따라 해당 등급요율 적용

2) 산업재해보상보험의 보험료

① 보험료 비용 : 노무비×율

② 보험료 요율 : 고용보험 및 산업재해보상보험의 보험료징수 등에 관한 법률 제14조 제③항 및 제④항, 같은 법 시행령 제13조 및 같은 법 시행규칙 제12조에 따라 노동부장관이 고시하는 요율

③ 적용대상

- 모든 건설공사
- 다만, 총공사금액[(도급금액+관급재료)에서 부가세 제외] 2천만원 미만의 건설공사를 건설업자가 아닌 자가 시공시 적용제외

3) 국민연금보험의 보험료

① 보험료 비용 : 직접노무비(공사예정금액이 있는 경우에는 공사 예정금액상의 직접 노무비를 말함)×율

② 보험료 요율 : 4.5%

③ 적용대상 : 공사기간이 1개월 이상인 모든 건설공사

4) 국민건강보험의 보험료

① 보험료 비용 : 직접노무비(공사예정금액이 있는 경우에는 공사예정금액상의 직접 노무비를 말함)×율

② 보험료 요율 : 3.545%

③ 적용대상 : 공사기간이 1개월 이상인 모든 건설공사

5) 노인장기요양보험의 보험료

① 보험료 비용 : 국민건강보험의 보험료(라항)×율

② 보험료 요율 : 노인장기요양보험법 제9조제①항 및 같은 법 시행령 제4조에 따른 요율

③ 적용대상 : 공사기간이 1개월 이상인 모든 건설공사

2. 공사 원가계산서의 각종 보험료의 지급확인 방법

(1) 보험료 정산방법

사회보험 사후정산제도의 도입으로 공사의 원가계산시 지방자치단체에서는 4대 사회보험료를 반영하여 예정가격을 확정하였으나, 건설현장의 비정규직 사회보험 실제가입이 극히 저조한 실정이어 일용직 근로자들은 법적으로 보정된 사회안정망인 사회보험에서 배제되는 문제점이 발생하였다.

2006년 10월 빈부격차 차별시정위원회 의결사항으로 원도급자의 하도급자에 대한 보험료 미계상, 미지급 관행을 개선하고 일용직 근로자 보호를 위해 지식경부에서 2006.12.29일부터 시행하고 있는 사후정산제도가 도입되었고 당해 공사에 대한 일용 근로자에 대한 보험료납부는 사업장명이 기재되어야 한다. 건설공사현장에 한하여 사업장명의로 가입할 수 있도록 되어 있다.

보험료 납부/확인/가입내용 등에 대해서는 건강관리공단 및 연금공단에 문의하여야 하고 동일한 사업자가 유사한 동일시기에 2~3개의 공사를 동시에 시행하는 경우 원가계산은 당해 사업에 한하여 계상된 만큼 해당 사업장에 한하여 관련보험 납입확인으로 정산을 하여야 한다.

사후정산대상에서 고용 및 산재보험은 제외되며, 보험가입기간은 근로자가 현장에 근무한 기간에 해당하는 월을 기준으로 하는 것이 원칙이나, 구체적으로는 각 공단의

보험가입 및 보험료 납부기준에 따라 결정될 사항이며, 보험료 사후정산대상에서 고용 및 산재보험은 제외되며, 납입확인서가 실질적으로 계약상대자가 공단에 납입한 보험료의 증빙서류는 모두 인정된다.

⑵ 노인장기요양보험, 산재보험, 고용보험 납입증명원

공사계약체결 이후 노인장기요양보험, 국민건강보험료 또는 국민연금보험료의 사후정산은 지방자치단체 입찰 및 계약 집행기준[행자부예규 제234호(2007.3.27)] 제8장(공사의 국민건강보험료 및 국민연금보험료 사후정산 등) 동 기준 제39조(공사의 국민건강보험료 및 국민연금보험료 사후정산 등), 제41조(입찰공고시 안내 등), 제42조(대가지급시 정산절차 등), 제43조(선금의 사용)의 규정에 의하여 당초 지방계약법시행령 제73조(사후원가검토조건부 계약)에 의한 기준 및 절차, 계약조건, 계약이행상황, 계약상대자의 귀책여부 등을 종합 고려해 계약담당공무원이 결정해야 적용된다.

⑶ 노인장기요양보험, 건강보험, 연금보험료 사후 정산방법

1) 의무가입

공사 현장사업장별로 4대 보험에 가입하여야 하며, 산재보험료 및 고용보험료는 가입증명원 그리고 노인장기요양보험, 국민건강보험 및 국민연금보험은 가입증명원 및 납부영수증을 첨부한 자료에 의하여 정산을 하되, 산재보험료 및 고용보험료에 대한 가입증명원을 제출하지 않을 경우에는 전액 감액하여야 하고 국민건강보험료 및 국민연금보험료는 산출내역서에 계약된 보험료(입찰공고에 고지된 보험료와 동일)를 기준으로 하여 납부영수증의 금액이 계상된 금액에 미달할 경우에는 대가지급시 감액하여 지출하여야 한다.

2) 노인장기요양보험, 국민연금보험 및 국민건강보험을 정산

노인장기요양보험, 국민연금보험 및 국민건강보험을 정산할 경우에는 최종 정산된 금액으로 변경계약을 체결하고 준공대가를 지급한다. 이 경우 계약내역서에 정한 일반관리비, 이윤, 부가가치세 요율에 의하여 변경 조정하여야 하며 변경계약금액 기준으로 실적증명서를 발급하여야 한다,

⑷ 준공대가 지급 후 별도로 정산방법

준공대가 지급 후 별도로 정산을 할 수는 없을 것이나 만약, 국민연금보험 및 국민건강보험을 준공대가 이전에 정산을 할 수 없을 경우에는 3대 보험료 전체에 대하여 감액을 하고 공사대금(기성금으로 판단)을 지급하고 최종 정산이 확정된 후 변경계약을 체결하시고 정산금액을 지급하기도 한다.

(5) 최종 정산금액이 정상적으로 정산되지 않아 계약상대자에게 과지급 경우

최종 정산금액이 정상적으로 정산되지 않아 계약상대자에게 과지급되었을 경우에는 과지급에 대한 금액에 대하여 계약상대자에게 반납고지를 하여 반납을 받되 최종 정산된 금액으로 변경계약서를 체결하고 실적증명서 역시 계약서 및 대금지급 금액과 일치하여 발급한다.

3. 정보통신공사의 원가계산서 작성 예시(2010년도 경비요율 기준)

총공사금액이 76,000,000원인 원가계산서 작성(공사기간 5개월)

가. 순공사원가

1. 재료비 : 26,000,000원
2. 노무비
   - 2-1 직접노무비 : 38,000,000원
   - 2-2 간접노무비 : 직접노무비의 14% 이하
     (공사종류별 통신 : 15%, 공사규모 5억원 이하 : 14%,
     공사기간 6개월 미만 : 13%의 평균값)
   - ※ 노무비 합계 : 직접노무비 + 간접노무비
3. 경비
   - 3-1 기계경비 : 통신토목공사의 굴삭기 기계사용 상세내역서를 작성한 경우
   - 3-2 산재보험료 : 노무비의 3.70%
   - 3-3 고용보험료 : 노무비의 0.69%(5등급 이하)
   - 3-4 국민건강보험료 : 직접노무비의 1.59%
   - 3-5 노인장기보험료 : 국민건강보험료의 6.55%
   - 3-6 연금보험료 : 직접노무비의 2.48%
   - 3-7 안전관리비 : 재료비와 직접노무비를 합한 금액의 2.48%(건축신축공사와 병행한 통신공사의 경우 일반건설(갑)적용, 통신공사 별도 발주 경우는 1.24%)
   - 3-8 기타경비 : 재료비와 노무비를 합한 금액의 5.2% 이하
   - ※ 경비 합계 : 3-1에서 3-8까지를 합한 금액

나. 일반관리비 : 재료비, 노무비, 경비를 합한 금액의 5.5% 이하

나. 이윤 : 노무비, 경비, 일반관리비를 합한 금액(50억원 미만은 15% 이하)

다. 총원가 : 순공사원가(재료비, 노무비, 경비), 일반관리비, 이윤을 합한 금액

마. 부가가치세 : 총원가의 10%

바. 총공사금액 : 총원가와 부가가치세를 더한 금액(76,000,000원)

2.2.6 건축 산업환경설비공사, 정보통신공사 원가계산 제비율 적용기준

<table>
<tr><th rowspan="3">공사규모
(직접공사비)</th><th rowspan="3">공사기간</th><th colspan="2">[간접노무비]</th><th colspan="2">[기타경비]</th><th rowspan="3">공사규모
(추정가격)</th><th colspan="2">[일반관리비]</th><th>[이윤]</th></tr>
<tr><th colspan="2">(직노) × 율</th><th colspan="2">(재+노) × 율</th><th colspan="2">(재+노+경)×율</th><th rowspan="2">(노+경+일)
×율</th></tr>
<tr><th>건축</th><th>산업
설비
(건축)</th><th>건축</th><th>산업
설비
(건축)</th><th>건축,
산업설비</th><th>전문·전기·
통신·소방·
기타</th></tr>
<tr><td rowspan="4">50억 미만</td><td>6개월 이하 (183일)</td><td>12.2</td><td>12.2</td><td>5.8</td><td>5.8</td><td rowspan="3">5억 미만</td><td rowspan="8">6.0</td><td rowspan="3">6.0</td><td rowspan="8">15.0</td></tr>
<tr><td>7~12개월 (365일)</td><td>12.2</td><td>12.2</td><td>5.7</td><td>5.7</td></tr>
<tr><td>13~36개월 (1095일)</td><td>12.0</td><td>12.0</td><td>6.0</td><td>6.0</td></tr>
<tr><td>36개월 초과 (1096일)</td><td>11.7</td><td>11.7</td><td>5.8</td><td>5.8</td><td rowspan="3">5억~
30억 미만</td><td rowspan="3">5.5</td></tr>
<tr><td rowspan="4">50억~
300억 미만</td><td>6개월 이하 (183일)</td><td>11.7</td><td>11.7</td><td>5.8</td><td>5.8</td></tr>
<tr><td>7~12개월 (365일)</td><td>11.7</td><td>11.7</td><td>5.8</td><td>5.8</td></tr>
<tr><td>13~36개월 (1095일)</td><td>11.5</td><td>11.5</td><td>6.1</td><td>6.1</td><td rowspan="2">30억~
50억 미만</td><td rowspan="4">5.0</td></tr>
<tr><td>36개월 초과 (1096일)</td><td>11.2</td><td>11.2</td><td>5.9</td><td>5.9</td></tr>
<tr><td rowspan="4">300억~
1000억
미만</td><td>6개월 이하 (183일)</td><td>11.5</td><td>11.5</td><td>5.9</td><td>5.9</td><td rowspan="2">50억~
100억 미만</td><td rowspan="4">5.5</td><td rowspan="4">12.0</td></tr>
<tr><td>7~12개월 (365일)</td><td>11.5</td><td>11.5</td><td>5.8</td><td>5.8</td></tr>
<tr><td>13~36개월 (1095일)</td><td>11.3</td><td>11.3</td><td>6.1</td><td>6.1</td><td rowspan="2">100억~
300억 미만</td><td rowspan="6">4.5</td></tr>
<tr><td>36개월 초과 (1096일)</td><td>11.0</td><td>11.0</td><td>5.9</td><td>5.9</td></tr>
<tr><td rowspan="4">1000억
이상</td><td>6개월 이하 (183일)</td><td>11.1</td><td>11.1</td><td>5.6</td><td>5.6</td><td rowspan="3">300억~
1,000억
미만</td><td rowspan="3">5.0</td><td rowspan="3">10.0</td></tr>
<tr><td>7~12개월 (365일)</td><td>11.1</td><td>11.1</td><td>5.6</td><td>5.6</td></tr>
<tr><td>13~36개월 (1095일)</td><td>10.9</td><td>10.9</td><td>5.9</td><td>5.9</td></tr>
<tr><td>36개월 초과 (1096일)</td><td>10.5</td><td>10.5</td><td>5.6</td><td>5.6</td><td rowspan="3">1,000억
이상</td><td rowspan="3">4.50</td><td rowspan="3">9.0</td></tr>
<tr><td colspan="6">* 기타경비항목: 수도광열비, 복리후생비, 소모품비 및 사무용품비, 여비·교통·통신비, 세금과공과, 도서인쇄비</td></tr>
<tr><td colspan="6">□ 산업설비(건축) 해당공종 : 지열공사, 소각시설 등</td></tr>
</table>

산업안전보건관리비

구분	산출식
□ 도급자관급 미포함 공사	(재 + 직노) × 율 + 기초액
□ 도급자관급 포함 공사	(재 + 직노 + 도급자관급) × 율 + 기초액과 [재 + 직노) × 율 +기초액] × 1.2 중에 작은 금액

안전관리비 대상액[주]		구 분	요 율	기초액(천원)
5억 미만		일반건설공사(갑)	2.93	
		일반건설공사(을)	3.09	
		중건설공사	3.43	
		철도 · 궤도신설공사	2.45	
		특수 및 기타건설공사	1.85	
5억~ 50억 미만		일반건설공사(갑)	1.86	5,349
		일반건설공사(을)	1.99	5,499
		중건설공사	2.35	5,400
		철도 · 궤도신설공사	1.57	4,411
		특수 및 기타건설공사	1.20	3,250
50억 이상	추정금액 800억 미만 건설공사	일반건설공사(갑)	1.97	
		일반건설공사(을)	2.10	
		중건설공사	2.44	
		철도 · 궤도신설공사	1.66	
		특수 및 기타건설공사	1.27	
	추정금액 800억 이상 건설공사	일반건설공사(갑)	2.15	
		일반건설공사(을)	2.29	
		중건설공사	2.66	
		철도 · 궤도신설공사	1.81	
		특수 및 기타건설공사	1.38	

주) 총 공사금액(도급금액 + 도급자관급금액) 2천만원 이상 건설공사

□ 산업안전보건관리비 적용시 건설업의 분류(고용노동부 고시 제2017-8호)
- 일반건설(갑) : 건축건설, 도로신설, 기타건설, 철도 · 궤도의 보수복구공사, 기설로 면에 레일만 부설하는 공사
- 일반건설(을) : 기계장치공사, 삭도건설공사
- 철도 또는 궤도신설 : 철도, 궤도신설(기설노반 또는 구조물에 한함) 및 그에 따른 역사 · 과선교, 송전선로
- 중건설 : 고제방(댐)(높이20m이상의 제방, 방파제, 안벽), 수력발전시설, 터널(지하10m이상 복개식 지하철도, 지하도, 지하상가 및 통신선로 등의 인입통신구등) 신설공사
- 특수 및 기타건설 : 준설, 조경(조경관련 전문 포함), 택지조성(경지정리포함), 포장 등의 단독발주공사에 한함(타 공사와 병행하는 경우 : 일반건설(갑) 적용) 전기공사, 정보통신공사는 타 공사와 독립하여 행하는 공사에 한함.

□ 적용기준 등(※ 상세 내용은 해당부처 고시 참조)
- 산업안전보건관리비 : 총 공사금액(도급금액+도급자관급금액) 4천만원 이상 건설공사
- 산재보험료 : 모든 건설공사에 적용(고용노동부 고시 제2018-90호, 산업재해보상보험법 시행령 제2조)
- 고용보험료 : 모든 건설공사에 적용(주택건설업자, 건설업자, 전기공사업자, 정보통신공사업자, 소방시설업자, 문화재수리업자) 다만 총금사금액([도급금액+관급금액]에서 부가세 제외) 2천만원 미만의 건설공사를 건설업자가 아닌 자가 시공 시 적용제외(고용노동부 고시 제2017-75호, 국토교통부 고시 제2016-781호)
- 건강보험료, 연금보험료, 노인장기요양보험료 : 공사기간 1개월(30일) 이상 모든 공사에 반영(국토교통부 고시 제2018-462호, 국민건강보험법 시행령 제44조, 노인장기요양보험법 시행령 제4조)
- 퇴직공제부금비 : 추정금액 3억원 이상 건설공사(국토교통부 고시 제2015-610호)
- 공사이행보증수수료 : 종합심사(평가)낙찰제공사, 기술제안입찰공사, 대안입찰 및 일괄입찰 등 대형공사(국가계약법시행령 제52조제1항제3호)
- 환경보전비 : 환경관리비의 산출기준 및 관리에 관한 지침(국토교통부 고시 제2018-528호) 직접공사비(환경오염방지시설 설치 · 운영 · 철거에 직접소요되는 비용)와 간접공사비(시험검사비, 점검비, 교육훈련비 등 산출이 곤란한 금액)를 병행 계상

□ 전기 · 통신 · 소방 · 전문 및 기타공사의 경우 일반관리비요율을 제외한 각종 요율은 건축, 토목 등 관련 공사업종을 따라 적용(단, 공사규모 및 기간은 해당 공종〈전기 · 통신 · 소방 · 전문 및 기타공사〉을 기준으로 함)

□ 기타경비 항목 : 수도광열비, 복리후생비, 소모품비 및 사무용품비, 여비 · 교통 · 통신비, 세금과공과, 도서인쇄비

2.2.7 기성준공공사 원가계산서 작성사례

공사명 : ○○시 문화복지센터 신축 정보통신공사(기성금액 지급을 위한 원가계산서)

비 목			계약금액	기성금액	잔여금액	구성비(최초설계)	비고
순공사원가	재료비	직 접 재 료 비	36,447,828	1,386,874	35,060,954		
		간 접 재 료 비					
		작업설, 부산물(△)					
		[소 계]	36,447,828	1,386,874	35,060,954		
	노무비	직 접 노 무 비	14,227,433	2,367,640	11,859,793	직접노무비×7.0%	
		간 접 노 무 비	995,920	165,734	830,186		
		[소 계]	15,223,353	2,533,374	12,689,979		
	경비	운 반 비					
		기 계 경 비	16,240	-	16,240		
		산 재 보 험 료	578,487	96,268	482,219	노무비×3.80%	
		고 용 보 험 료	101,996	-	101,996	노무비×0.67%	
		건 강 보 험 료	199,184	-	199,184	직접노무비×1.40%	
		연 금 보 험 료	342,881	-	342,881	직접노무비×2.41%	
		퇴직공제부금비		-		직접노무비×1.55%	
		안 전 관 리 비	1,256,746	93,112	1,163,634	(재료비+직노)×2.48%	
		기 타 경 비	1,240,108	-	1,240,108	(재료비+노무비)×2.40%	
		환 경 보 전 비		-			
		[소 계]	3,735,642	189,380	3,546,262		
계			55,406,823	4,109,628	51,297,195		
일 반 관 리 비			1,108,136	-	1,108,136	계×2.00%	
이 윤			1,532,386	54,008	1,478,378	(노무비+경비+일반관리비)×7.6363%	
관 급 자 재 비				-			
합 계			58,047,345	4,163,636	53,883,709		
부 가 가 치 세			5,804,735	416,364	5,388,371	공급가액×10.00%	
총 공 사 비			63,852,080	4,580,000	59,272,080		

※ 구성비 설명 : 정보통신공사를 건축공사와 같은 현장에 병행하는 공사, 즉 건축공사(신축)현장공사 일정, 같은 장소를 병행한 발주는 구성비를 건축공사의 구성비를 따라 적용한다. 그러나 정보통신공사만의 발주(기존 건축물에 설치)는 구성비를 정보통신구성비를 적용한다.

2.3 정보통신공사내역서 작성사례

2.3.1 설계서용지(갑지)

년 월 일 설계	
설 계 자	
심 사 자	
과 장	
부 장	

년도

○○정보통신공사 설계예산서

총공사비 : ₩101,640,000(일금일억일백육십사만원정)

도급금액 : ₩101,640,000(일금일억일백육십사만원정)

2.3.2 원가계산서 작성사례

원 가 계 산 서

공 사 명 : 00정보통신공사

공사금액 : 일금일억일백육십사만원정 (₩101,640,000.-)

구 분	구 성 비	금 액
1. 총원가	가+나+다	82,639,329
가. 재료비	가 1)+가 2)	52,380,304
1) 직접재료비		52,380,304
2) 부산물공제		-
나. 노무비		23,945,731
1) 직접노무비		21,041,943
2) 간접노무비	나 1)의 13.8%(6개월 이하 9.8%)	2,903,788
다. 경 비	다 1)+다2)+다3)+다4)+다5)	6,313,294
1) 내역서 산출경비		252
2) 산재보험료	나 의 2.9%(2005년 이후 3.1%)	694,426
3) 안전관리비	가+나 1)의 2.48%(건축공사와 병행)	1,820,871
4) 고용보험료	나 의 0.56%(2005년 이후 0.67%)	134,096
5) 기타경비	가+나 의 4.8%(7~12개월 적용)	3,663,649
2. 일반관리비	1 의 5.5% (2005년 이후 4.7%)	4,545,163
3. 이 윤	1 의 나+1 의 다+2 의 15%	5,215,508
4. 소 계	1+2+3	92,400,000
5. 부가가치세	4 의 10%	9,240,000
6. 합 계	4+5	101,640,000
7. 관급 자재		
8. 총 합 계	6+7	101,640,000

※ 건강보험, 연금보험, 퇴직공제부품비는 적용을 제외하고 원가계산서를 작성한 사례임

2.3.3 설계내역의 집계표

개정된 정보통신공사법시행령 제25조 관련 근거로 구내통신선로설비공사와 LAN 설비 중 배관 · 배선은 구내통신선로설비공사로 변경, 방송공동수신설비와 유선방송수신설비는 구내전송선로 설비로 변경

품명	규격	단위	수량	재료비 단가	재료비 금액	노무비 단가	노무비 금액	경비 단가	경비 금액	계 단가	계 금액	비고
정보통신공사 (집계표)												
1. 구내통신선로설비공사		식	1		2,654,302		4,274,344				6,928,646	
2. 방송공동수신설비공사		식	1		1,806,567		3,984,547		252		5,791,366	
3. 방송 설비공사		식	1		2,570,857		3,062,872				5,633,729	
4. CCTV 설비공사		식	1		14,709,590		924,198				15,633,788	
5. 너스콜 설비공사		식	1		9,759,654		5,874,308				15,633,962	
6. LAN 설비공사		식	1		1,082,144		1,165,714				2,247,858	
7. VIDEO PROJECTOR 설비공사		식	1		19,797,190		1,755,960				21,553,150	
합 계					52,380,304		21,041,943		252		73,422,499	

2.3.4 설계내역서(을지)

품 명	규 격	단위	수 량	재료비		노무비		경 비		계		비 고
				단가	금액	단가	금액	단가	금액	단가	금액	
1. 구내통신선로설비공사												
가) 재료비												
경질비닐 전선관	HI 16C	M	251	223	55,973						55,973	
경질비닐 전선관	HI 22C	M	43	268	11,524						11,524	
경질비닐 전선관	HI 28C	M	3	519	1,557						1,557	
경질비닐 전선관	HI 36C	M	18	751	13,518						13,518	
경질비닐 전선관	HI 54C(지중)	M	73	1,393	101,689						101,689	
접지용전선	F-GV 2.0㎟	M	9	154	1,386						1,386	
접지용전선	F-GV 14㎟	M	16	691	11,056						11,056	
UTP CABLE	CAT-5 4P 0.5㎜	M	489	204	99,756						99,756	
UTP CABLE	CAT-5 25P 0.5㎜	M	316	2,040	644,640						644,640	
노말밴드	PVC 36C	EA	2	1,080	2,160						2,160	
노말밴드	PVC 54C	EA	4	2,040	8,160						8,160	
PVC 박스(카바부)	O/L 4각	EA	12	890	10,680						10,680	
PVC 박스(카바부)	S/계 용	EA	15	580	8,700						8,700	
전화수구	8PIN 모듈라잭 1구	EA	32	4,500	144,000						144,000	
접지동봉(콘넥타부)	16Φx1800㎜X3EA	SET	1	16,800	16,800						16,800	
UTP단자함 전비스텐	50P+50P	면	2	37,400	74,800						74,800	
국선 단자함 전비스텐	국100P,내300P	면	1	460,000	460,000						460,000	
피뢰 보안기	100P	EA	1	160,000	160,000						160,000	
기폰 주장치(디지탈)	국선8회선, 내선16회선	대	1	644,000	644,000						644,000	

품명	규격	단위	수량	재료비		노무비		경비		계		비고
				단가	금액	단가	금액	단가	금액	단가	금액	
전선관 부속품비	배관의 20%	식	1	184,261	36,852						36,852	
잡재료비	선,배관의 2%	식	1	941,099	18,821						18,821	
소 계					2,526,072						2,526,072	
나) 노무비												
통신내선공		인	42.7			79,008	3,373,641				3,373,641	
통신설비공		인	2.0			90,296	180,592				180,592	
통신케이블공		인	5.5			112,799	620,394				620,394	
보통인부		인	1.9			52,483	99,717				99,717	
공구손료	노무비의 3%	식	1	4,274,344	128,230						128,230	
소 계					128,230		4,274,344				4,402,574	
합 계					2,654,302		4,274,344				6,928,646	

품명	규격	단위	수량	재료비		노무비		경비		계		비고
				단가	금액	단가	금액	단가	금액	단가	금액	
2. 방송공동수신설비공사												
가) 재료비												
경질비닐 전선관	HI 16C	M	212	223	47,276						47,276	
경질비닐 전선관	HI 22C	M	37	268	9,916						9,916	
경질비닐 전선관	HI 28C	M	67	519	34,773						34,773	
경질비닐 전선관	HI 36C(저중)	M	110	751	82,610						82,610	
접지용전선	F-GV 2.0㎟	M	2	154	308						308	
고발포동축케이블	5C-FBT	M	544	330	179,520						179,520	
고발포동축케이블	7C-FBT	M	40	580	23,200						23,200	
노말밴드	PVC 28C	EA	4	960	3,840						3,840	
노말밴드	PVC 36C	EA	6	1,080	6,480						6,480	
PVC 박스(카바부)	C/L 4각	EA	21	890	18,690						18,690	
PVC 박스(카바부)	S/W 용	EA	6	580	3,480						3,480	
CATV UNIT	직렬형	EA	27	2,444	65,988						65,988	
FLOOR BOX (PUSH)	150x150x80 주물	SET	2	13,500	27,000						27,000	
위시캡	22C	EA	1	1,980	1,980						1,980	
위시캡	28C	EA	2	2,430	4,860						4,860	
TV증폭기함	1600x700x180)	면	1	649,600	649,600	245,114	245,113				894,713	
안테나지지대+기초	300x500x500)	개소	1	485,043	485,043	111,413	111,413	253	252		596,708	
전선관 부속품비	배관의 20%	식	1	174,575	34,915						34,915	
잡재료비	선,배관의 2%	식	1	377,603	7,552						7,552	

품명	규격	단위	수량	재료비		노무비		경비		계		비고
				단가	금액	단가	금액	단가	금액	단가	금액	
소 계					1,687,031		356,526		252		2,043,809	
나) 노무비												
통신내선공		인	31.5			79,008	2,488,752				2,488,752	
통신케이블공		인	10.1			112,799	1,139,269				1,139,269	
공구손료	노무비의 3%	식	1	3,984,547	119,536						119,536	
소 계					119,536		3,628,021				3,747,557	
합 계					1,806,567		3,984,547		252		5,791,366	

품명	구격	단위	수량	재료비		노무비		경비		계		비고
				단가	금액	단가	금액	단가	금액	단가	금액	
3. 방송 설비공사												
가) 재료비												
경질비닐 전선관	HI 16C	M	224	223	49,952						49,952	
후렉시블 전선관	16C 일반	M	42	430	18,060						18,060	
2종 비닐절연전선	HIV 1.2mm	M	637	55	35,035						35,035	
PVC 박스(카바부)	C/T 4각	EA	4	950	3,800						3,800	
PVC 박스(카바부)	C/T 3각	EA	37	840	31,080						31,080	
PVC 박스(카바부)	O/L 4각	EA	4	890	3,560						3,560	
CEILING SPEAKER	6" 3W-A_원형	EA	38	14,000	532,000						532,000	
WALL SPEAKER	6" 3W-WOOD	EA	4	18,000	72,000						72,000	
단자함 전비스텐	10P	면	1	23,000	23,000						23,000	
전관방송 시스템		식	1	1,694,822	1,694,822						1,694,822	
전선관 부속품비	배관의 20%	식	1	68,012	13,602						13,602	
잡재료비	선,배관의 2%	식	1	103,047	2,060						2,060	
소 계					2,478,971						2,478,971	
나) 노무비												
통신내선공		인	23.5			79,308	1,856,688				1,856,688	
통신설비공		인	13.3			90,296	1,200,936				1,200,936	
보통인부		인	0.1			52,483	5,248				5,248	
공구손료	노무비의 3%	식	1	3,062,872	91,886						91,886	
소 계					91,886		3,062,872				3,154,758	
합 계					2,570,857		3,062,872				5,633,729	

품 명	규 격	단위	수 량	재료비		노무비		경 비		계		비 고
				단가	금액	단가	금액	단가	금액	단가	금액	
4. CCTV 설비공사												
가) 재료비												
경질비닐 전선관	HI 16C	M	13	223	2,899						2,899	
경질비닐 전선관	HI 22C	M	93	268	24,924						24,924	
600V 가교PE 케이블	CV 2C 2.0㎟	M	55	385	21,175						21,175	
고발포동축케이블	5C-FBT	M	126	330	41,580						41,580	
PULL BOX	100x100x75	EA	4	1,500	6,000						6,000	
PULL BOX	100x100x100	EA	2	1,780	3,560						3,560	
CCTV CONSOLE 및 기자재		식	1	14,574,352	14,574,352						14,574,352	
전선관 부속품비	배관의 20%	식	1	27,823	5,564						5,564	
잡재료비	선,배관의 2%	식	1	90,578	1,811						1,811	
소 계					14,681,865						14,681,865	
나) 노무비												
통신내선공		인	7.7			79,008	608,361				608,361	
통신케이블공		인	2.8			112,799	315,837				315,837	
공구손료	노무비의 3%	식	1	924,198	27,725						27,725	
소 계					27,725		924,198				951,923	
합 계					14,709,590		924,198				15,633,788	

품 명	규 격	단위	수 량	재료비		노무비		경 비		계		비 고
				단가	금액	단가	금액	단가	금액	단가	금액	
5. 너스콜 설비공사												
가) 재료비												
경질비닐 전선관	HI 22C	M	499	268	133,732						133,732	
제어용비닐케이블	CVV-S 2C 1.25㎟	M	98	452	44,296						44,296	
제어용비닐케이블	CVV-S 3C 1.25㎟	M	73	506	36,938						36,938	
제어용비닐케이블	CVV-S 5C 1.25㎟	M	10	713	7,130						7,130	
제어용비닐케이블	CVV-S 4C 1.25㎟	M	337	626	210,962						210,962	
PVC 박스(카바부)	O/L 4각	EA	76	890	67,640						67,640	
PVC 박스(카바부)	S/W 용	EA	44	580	25,520						25,520	
FLOOR BOX (PUSH)	150x150x80 주물	SET	2	13,500	27,000						27,000	
단자함 전네스텐	10P	면	15	23,000	345,000						345,000	
너스콜 시스템		식	1	8,649,800	8,649,800						8,649,800	
전선관 부속품비	배관의 20%	식	1	133,732	26,746						26,746	
잡재료비	선,배관의 2%	식	1	433,058	8,661						8,661	
소 계					9,583,425						9,583,425	
나) 노무비												
통신내선공		인	56.7			79,008	4,479,753				4,479,753	
통신케이블공		인	11.2			112,799	1,263,348				1,263,348	
보통인부		인	2.5			52,483	131,207				131,207	
공구손료	노무비의 3%	식	1	5,874,308	176,229						176,229	
소 계					176,229		5,874,308				6,050,537	
합 계					9,759,654		5,874,308				15,633,962	

품 명	규 격	단위	수 량	재료비		노무비		경 비		계		비 고
				단가	금액	단가	금액	단가	금액	단가	금액	
6. LAN 설비공사												
가) 재료비												
경질비닐 전선관	HI 16C	M	122	223	27,206						27,206	
접지용전선	F-GV 8㎟	M	18	454	8,172						8,172	
UTP CABLE	CAT-5 4P 0.5㎜	M	137	204	27,948						27,948	
PVC 박스(카바부)	O/L 4각	EA	2	890	1,780						1,780	
PVC 박스(카바부)	S/W 용	EA	7	580	4,060						4,060	
LAN 수구	8PIN 모듈라잭 1구	EA	9	4,500	40,500						40,500	
접지동봉(콘넥타부)	16Φx1800㎜X3EA	SET	1	16,800	16,800						16,800	
HUB	8PORT	EA	1	80,000	80,000						80,000	
HUB	24PORT	EA	1	250,000	250,000						250,000	
PATCH PANEL	24PORT	EA	2	143,500	287,000						287,000	
LAN 단자함	300x450x180	면	1	45,000	45,000						45,000	
LAN RACK	19"	면	1	252,000	252,000						252,000	
전선관 부속품비	배관의 20%	식	1	27,206	5,441						5,441	
잡재료비	선.배관의 2%	식	1	63,326	1,266						1,266	
소 계					1,047,173						1,047,173	
나) 노무비												
통신내선공		인	10.4			79,008	821,683				821,683	
통신설비공		인	2.6			90,296	234,769				234,769	
보통인부		인	1.5			52,483	78,724				78,724	

품 명	규 격	단위	수 량	재료비		노무비		경비		계		비 고
				단가	금액	단가	금액	단가	금액	단가	금액	
통신산업기사		인	0.3			101,796	30,538				30,538	
공구손료	노무비의 3%	식	1	1,165,714	34,971						34,971	
소 계					34,971		1,165,714				1,200,685	
합 계					1,082,144		1,165,714				2,247,858	

품명	규격	단위	수량	재료비		노무비		경비		계		비고
				단가	금액	단가	금액	단가	금액	단가	금액	
7. VIDEO PROJECTOR 설비공사												
가) 재료비												
경질비닐 전선관	HI 16C	M	103	223	22,969						22,969	
경질비닐 전선관	HI 22C	M	139	268	37,252						37,252	
경질비닐 전선관	HI 28C	M	7	519	3,633						3,633	
2종 비닐절연전선	HIV 1.2mm	M	143	55	7,865						7,865	
600V 가교PE 케이블	CV 3C 2.0㎟	M	14	478	6,692						6,692	
제어용비닐케이블	CVV-S 7C 1.25㎟	M	50	861	43,050						43,050	
고발포동축케이블	5C-FBT	M	21	330	6,930						6,930	
영상 CABLE	RGB	M	35	2,500	87,500						87,500	
MIC CABLE		M	7	1,200	8,400						8,400	
PULL BOX	100x100x100	EA	2	1,780	3,560						3,560	
PVC 박스(카바부)	C/T 4각	EA	2	950	1,900						1,900	
PVC 박스(카바부)	O/L 4각	EA	8	890	7,120						7,120	
FLOOR BOX (PUSH)	150x150x80 주물	SET	2	13,500	27,000						27,000	
단자함 전비스텐	20P	면	2	27,000	54,000						54,000	
VIDEO PROJECTOR 시스템		식	[illegible]	19,409,386	19,409,386						19,409,386	
전선관 부속품비	배관의 20%	식	1	63,854	12,770						12,770	
잡재료비	선,배관의 2%	식	1	224,291	4,485						4,485	
소 계					19,744,512						19,744,512	
다) 노무비												

품 명	규 격	단위	수 량	재료비		노무비		경비		계		비 고
				단가	금액	단가	금액	단가	금액	단가	금액	
통신내선공		인	17.6			79,008	1,390,540				1,390,540	
통신케이블공		인	3.1			112,799	349,676				349,676	
보통인부		인	0.3			52,483	15,744				15,744	
공구손료	노무비의 3%	식	1	1,755,960	52,678						52,678	
소 계					52,678		1,755,960				1,808,638	
합 계					19,797,190		1,755,960				21,553,150	

2.3.5 인력산출근거서 작성사례

1. 구내통신선로설비공사

품명	규격	단위	산출근거				자재소계	할증율(%)	자재총계	통신내선공		통신설비공		통신케이블공		보통인부		비고
			옥외	1F	2F	3F				단위공량	공량계	단위공량	공량계	단위공량	공량계	단위공량	공량계	
경질비닐 전선관	HI 16C	M		87.3	80.1	60.5	227.9	10%	251	0.05	11.395							
경질비닐 전선관	HI 22C	M		5.5	11.5	22.5	39.5	10%	43	0.06	2.370							
경질비닐 전선관	HI 28C	M				3.0	3.0	10%	3	0.08	0.240							
경질비닐 전선관	HI 36C	M		4.5	6.2	6.1	16.8	10%	18	0.10	1.680							
경질비닐 전선관	HI 54C(지중)	M	66.0				66.0	10%	73	0.133	8.778							
접지용전선	F-GV 2.0㎟	M			4.1	4.0	8.1	5%	9	0.01	0.081							
접지용전선	F-GV 14㎟	M		15.5			15.5	5%	16	0.01	0.155							
UTP CABLE	CAT-5 4P 0.5㎜	M		132.3	177.0	156.5	465.8	5%	489	0.012	5.590							
UTP CABLE	CAT-5 25P 0.5㎜	M	268.0	11.0	8.2	14.2	301.4	5%	316					0.0184	5.546			
노말밴드	PVC 36C	EA		2			2		2									
노말밴드	PVC 54C	EA	4				4		4									
PVC 박스(카바부)	O/L 4각	EA			6	6	12		12	0.20	2.400							
PVC 박스(카바부)	S/W 용	EA		6	5	4	15		15	0.20	3.000							
전화수구	8PIN 모듈라잭 1구	EA		11	11	10	32		32	0.063	2.016							
접지동봉(콘넥타부)	16Φx1800㎜X3EA	SET		1			1		1	0.45	0.45					0.23	0.23	
UTP단자함 전비스텐	50P+50P	면			1	1	2		2	0.65	1.30					0.45	0.90	
국선 단자함 전비스텐	국100P, 내300P	면		1			1		1	1.25	1.25					0.86	0.86	
피뢰 보안기	100P	EA		1			1		1									
키폰 주장치(디지탈)	국선8회선, 내선16회선	대		1			1		1	2.0	2.0	2.0	2.0					
소 계											42.7		2.0		5.5		1.9	

2. 방송공동수신설비 공사

품 명	구 격	단위	산출근거				자재 소계	할증율(%)	자재 총계	통신내선공		통신케이블공						비고
			옥외,1F	2F	3F	PH				단위 공량	공량계	단위 공량	공량계					
경질비닐 전선관	HI 16C	M	55.1	61.9	75.4		192.4	10%	212	0.05	9.620							
경질비닐 전선관	HI 22C	M				33.3	33.3	10%	37	0.06	1.998							
경질비닐 전선관	HI 28C	M				60.6	60.6	10%	67	0.08	4.848							
경질비닐 전선관	HI 36C(지중)	M	100.4				100.4	10%	110	0.07	7.028							
접지용전선	F-GV 2.0㎟	M	2.0				2.0	5%	2	0.01	0.020							
고발포동축케이블	5C-FBT	M	378.1	63.4	76.9		518.4	5%	544			0.018	9.331					
고발포동축케이블	7C-FBT	M				37.8	37.8	5%	40			0.022	0.832					
노말밴드	PVC 28C	EA				4	4		4									
노말밴드	PVC 36C	EA	6				6		6									
PVC 박스(카바부)	O/L 4각	EA	5	9	7		21		21	0.20	4.20							
PVC 박스(카바부)	S/W 용	EA	2	2	2		6		6	0.20	1.20							
CATV UNIT	직렬형	EA	7	11	9		27		27	0.08	2.16							
FLOOR BOX (PUSH)	150x150x80 주물	SET		1	1		2		2	0.20	0.40							
위사캡	22C	EA				1	1		1	0.03	0.03							
위사캡	28C	EA				2	2		2	0.03	0.06							
TV증폭계함	(600x700x180)	면	1				1		1									
안테나지지대-기초	(300x500x500)	개소				1	1		1									
소 계											31.5		10.1					

3. 방송설비공사

품 명	규 격	단위	산 출 근 거				자재 소계	할증 율(%)	자재 총계	통신내선공		통신설비공		보통인부				비고
			BM	1F	2F	3F,PH				단위 공량	공량계	단위 공량	공량계	단위 공량	공량계			
경질비닐 전선관	HI 16C	M	24.1	52.6	60.6	66.3	203.6	10%	224	0.05	10.180							
후렉시블 전선관	16C 일반	M	1.0	11.0	14.0	12.0	38.0	10%	42	0.039	1.482							
2종 비닐절연전선	HIV 1.2mm	M	50.2	161.4	180.6	186.6	578.8	10%	637	0.01	5.788							
PVC 박스(카바부)	C/T 4각	EA		1	2	1	4		4	0.12	0.48							
PVC 박스(카바부)	C/T 8각	EA	3	10	13	11	37		37	0.12	4.44							
PVC 박스(카바부)	O/L 4각	EA	3			1	4		4	0.20	0.800							
CEILING SPEAKER	6" 3W-AL원형	EA	1	11	14	12	38		38			0.33	12.54					
WALL SPEAKER	6" 3W-WOOD	EA	3			1	4		4			0.198	0.79					
단자함 전비스텐	10P	면		1			1		1	0.34	0.34			0.17	0.17			
전관방송 시스템		식		1			1		1									
소 계											23.5		13.3		0.1			

4. CCTV 설비공사

품 명	규 격	단위	산출근거				자재 소계	할증 율(%)	자재 총계	통신내선공		통신케이블공						비고
			1F	2F	3F					단위 공량	공량계	단위 공량	공량계					
경질비닐 전선관	HI 16C	M			12.0		12.0	10%	13	0.05	0.600							
경질비닐 전선관	HI 22C	M	46.4	26.0	12.0		84.4	10%	93	0.06	5.064							
600V 가교PE 케이블	CV 2C 2.0㎟	M	27.2	13.0	12.0		52.2	5%	55			0.014	0.731					
고발포동축케이블	5C-FBT	M	81.6	26.0	12.0		119.6	5%	126			0.018	2.153					
PULL BOX	100x100x75	EA		2	2		4		4	0.35	1.40							
PULL BOX	100x100x100	EA	2				2		2	0.35	0.70							
CCTV CONSOLE 및 기자재		식	1				1		1									
소 계											7.7		2.8					

5. 너스콜 설비공사

품 명	규 격	단위	산출근거				자재 소계	할증 율(%)	자재 총계	통신내선공		통신케이블공		보통인부				비고
			2F	3F						단위 공량	공량계	단위 공량	공량계	단위 공량	공량계			
경질비닐 전선관	HI 22C	M	225.4	228.6			454.0	10%	499	0.06	27.240							
제어용비닐케이블	CVV-S 2C 1.25㎟	M	56.6	36.4			93.0	5%	98			0.014	1.302					
제어용비닐케이블	CVV-S 3C 1.25㎟	M	32.1	37.4			69.5	5%	73			0.019	1.321					
제어용비닐케이블	CVV-S 4C 1.25㎟	M	153.5	167.1			320.6	5%	337			0.026	8.336					
제어용비닐케이블	CVV-S 5C 1.25㎟	M	4.7	5.2			9.9	5%	10			0.032	0.317					
PVC 박스(카바부)	O/L 4각	EA	42	34			76		76	0.20	15.200							
PVC 박스(카바부)	S/W 용	EA	24	20			44		44	0.20	8.800							
OR BOX (PUSH)	150x150x30 =물	SET	1	1			2		2	0.20	0.40							
단자함 전비스텐	10P	면	9	6			15		15	0.34	5.10			0.17	2.55			
너스콜 시스템		식	1				1		1									
소 계											56.7		11.2		2.5			

6. LAN 설비공사

품 명	규 격	단위	산 출 근 거				자재 소계	할증 율(%)	자재 총계	통신내선공		통신설비공		보통인부		통신산업기사		비고
			1F	2F	3F					단위 공량	공량계	단위 공량	공량계	단위 공량	공량계	단위 공량	공량계	
경질비닐 전선관	HI 16C	M	74.0	16.6	20.5		111.1	10%	122	0.05	5.555							
접지용전선	F-GV 8㎟	M	16.0				16.0	10%	18	0.01	0.160							
UTP CABLE	CAT-5 4P 0.5㎜	M	73.0	24.7	33.0		130.7	5%	137	0.012	1.568							
PVC 박스(카바부)	O/L 4각	EA	1		1		2		2	0.20	0.400							
PVC 박스(카바부)	S/W 용	EA	5	1	1		7		7	0.20	1.400							
LAN 수구	8PIN 모듈라잭 1구	EA	6	1	2		9		9	0.063	0.567							
접지동봉(콘넥타부)	16Φx1800㎜X3EA	SET	1				1		1	0.45	0.45			0.23	0.23			
HUB	8PORT	EA		1			1		1			0.28	0.28	0.20	0.20			
HUB	24PORT	EA	1				1		1			0.28	0.28	0.20	0.20			
PATCH PANEL	24PORT	EA	1	1			2		2			0.28	0.56	0.20	0.40			
LAN 단자함	300x450x180	면		1			1		1	0.35	0.35							
LAN RACK	19"	면	1				1		1			1.50	1.50	0.50	0.50	0.30	0.30	
소 계											10.4		2.6		1.5		0.3	

7. VIDEO PROJECTOR 설비공사

품 명	규 격	단위	산출근거				자재소계	할증율(%)	자재총계	통신내선공		통신케이블공		보통인부				비고
										단위공량	공량계	단위공량	공량계	단위공량	공량계			
경질비닐 전선관	HI 16C	M	93.2				93.2	10%	103	0.05	4.660							
경질비닐 전선관	HI 22C	M	126.0				126.0	10%	139	0.06	7.560							
경질비닐 전선관	HI 28C	M	6.0				6.0	10%	7	0.08	0.480							
2종 비닐절연전선	HIV 1.2mm	M	130.4				130.4	10%	143	0.01	1.304							
600V 가교PE 케이블	CV 3C 2.0㎟	M	13.0				13.0	5%	14			0.019	0.247					
제어용비닐케이블	CVV-S 7C 1.25㎟	M	48.0				48.0	5%	50			0.039	1.872					
고발포동축케이블	5C-FBT	M	20.0				20.0	5%	21			0.018	0.360					
영상 CABLE	RGB	M	33.0				33.0	5%	35			0.018	0.594					
MIC CABLE		M	7.0				7.0	5%	7			0.018	0.126					
PULL BOX	100x100x100	EA	2				2		2	0.35	0.70							
PVC 박스(카바부)	C/T 4각	EA	2				2		2	0.12	0.24							
PVC 박스(카바부)	O/L 4각	EA	8				8		8	0.20	1.600							
FLOOR BOX (PUSH)	150x150x80 주물	SET	2				2		2	0.20	0.40							
단자함 전비스텐	20P	면	2				2		2	0.34	0.68			0.17	0.34			
VIDEO PROJECTOR 시스템		식	1				1		1									
소 계											17.6		3.1		0.3			

2.3.6 자재산출근거서 사례

공사명 : 구내통신선로 설비공사

전선관 및 전선 산출근거서

분전함	회로	품명 및 규격		산출내역	전선관	전선
옥외		UTP CAT_5 $25P\times4^{L}$	-지중- 54C	$35+(0.^{5}\times2)+30$	66	268
1ST	T-1	GV 1-14°	16C	$0.^{5}+4.^{5}+1+3+(2\times3)$	9	$15.^{5}$
	기술	UTP CAT_5 25P×2L	36C	$3.^{5}+(0.^{5}\times2)+(1^{"-})$	$4.^{5}$	11
		UTP CAT_5 4P	16C	$4.^{5}+2.^{5}+4.^{5}+3+3+(0.^{5}\times8)+(0.^{5}\times3)+0.^{8}+4.^{5}+18$	$46.^{3}$	47.5
		UTP CAT_5 4P×2L	16C	$3.5+(0.^{5}\times2)+(0.^{5}\times5)+11+6+12$	32	67
		UTP CAT_5 4P×3L	22C	$(0.^{5}\times2)+4.^{5}$	$5.^{5}$	18
2HD	T-2	UTP CAT_5 25P×2L	36C	$3.^{1}+(1^{"-})$	$3.^{1}$	$8.^{2}$
		GV 1-2	16C		$3.^{1}$	$4.^{1}$
		EMPTY PIPE	36C		$3.^{1}$	
		UTP CAT_5 4P	16C	$3.^{5}+6.^{5}+(0.^{5}\times2)+(1.^{5}\times2)+0.^{5}+3$	$17.^{5}$	18
		UTP CAT_5 4P×2L	16C	$3.^{5}+(1.^{5}\times2)+(0.^{5}\times8)+10+14+19+6$	$59.^{5}$	123
		UTP CAT_5 4P×3L	22C	$22C+0.^{5}+1.^{5}+9.^{5}$	$11.^{5}$	36

2.3.7 단가대비표 사례

품 명	재료.규격	단위	적 용	가 격 정 보		물가자료(2003/08)		물가정보(2003/08)		견 적 1		견 적 2	
				페이지	금 액	페이지	금 액	페이지	금 액	페이지	금 액	페이지	금 액
경질비닐 전선관	HI 16C	M	223		306	874	267	931	223				
경질비닐 전선관	HI 22C	M	268		367	874	353	931	268				
경질비닐 전선관	HI 28C	M	519		710	874	683	931	519				
경질비닐 전선관	HI 36C	M	751		998	874	991	931	751				
경질비닐 전선관	HI 36C(지중)	M	751		998	874	991	931	751				
경질비닐 전선관	HI 54C(지중)	M	1,393		1,850	874	1,835	931	1,393				
후렉시블 전선관	16C 일반	M	430			869	430	934	650				
2종 비닐절연전선	HIV 1.2mm	M	55			842	55	905	55				
접지용전선	F-GV 2.0㎟	M	154			847	154	906	166				
접지용전선	F-GV 8㎟	M	454			847	454	906	490				
접지용전선	F-GV 14㎟	M	691			847	691	906	745				
600V 가교PE 케이블	CV 2C 2.0㎟	M	385			845	385	917	419				
600V 가교PE 케이블	CV 3C 2.0㎟	M	478			845	478	917	520				
제어용비닐케이블	CVV-S 2C 1 25㎟	M	452			843	452	908	487				
제어용비닐케이블	CVV-S 3C 1.25㎟	M	506			843	506	908	544				
제어용비닐케이블	CVV-S 4C 1.25㎟	M	626			843	626	908	674				
제어용비닐케이블	CVV-S 5C 1.25㎟	M	713			843	713	908	767				
제어용비닐케이블	CVV-S 7C 1.25㎟	M	861			843	861	908	926				
UTP CABLE	CAT-5 4P 0.5mm	M	204			851	204	913	225				
U.. CABLE	CAT-5 25P 0.5mm	M	2,040			851	2,040	913	2,272				
고발포동축케이블	5C-FBT	M	330			854	330	915	330				
고발포동축케이블	7C-FBT	M	580			854	580	915	580				

품 명	재료.규격	단위	적 용	가 격 정 보		물가자료(2003/08)		물가정보(2003/08)		견 적 1		견 적 2	
				페이지	금 액	페이지	금 액	페이지	금 액	페이지	금 액	페이지	금 액
영상 CABLE	RGB	M	2,500								2,500		
MIC CABLE		M	1,200			982	1,200						
노말밴드	PVC 28C	EA	960			874	960	931	1,005				
노말밴드	PVC 36C	EA	1,080			874	1,080	931	1,370				
노말밴드	PVC 54C	EA	2,040			874	2,040	931	2,677				
PULL BOX	100x100x75	EA	1,500			873	1,570	947	1,500				
PULL BOX	100x100x100	EA	1,780			873	1,850	947	1,780				
PVC 박스(카바부)	C/T 4각	EA	950			876	1,287	932	950				
PVC 박스(카바부)	C/T 8각	EA	840			876	1,193	932	840				
PVC 박스(카바부)	O/L 4각	EA	890			876	1,205	932	890				
PVC 박스(카바부)	S/W 용	EA	580			876	905	932	580				
접지동봉(콘넥타부)	16Φx1800mmX3EA	SET	16,800			936	16,800	993	16,800				
노출콘센트-접지	15A 250V 1구	EA	1,100		1,100	939	1,144	995	1,133				
전화수구	8PIN 모듈라잭 1구	EA	4,500			852	4,500	917	4,500				
LAN 수구	8PIN 모듈라잭 1구	EA	4,500			852	4,500	917	4,500				
CATV UNIT	직렬형	EA	2,444			939	2,444	1000	2,628				
분배기	2 WAY	EA	5,000			997	5,000	1063	5,000				
TV AMP 쌍방향	PRE	EA	280,000			997	280,000	1063	350,000				
TV 안테나	VHF LOW (SUS)	EA	160,000			997	160,000	1063	170,000				
TV 안테나	VHF HIGH (SUS)	EA	150,000			997	150,000	1063	160,000				
TV 안테나	UHF (SUS)	EA	140,000			997	140,000	1063	150,000				
MIXER	H/L , U/V	EA	6,000			997	6,000	1063	6,000				

품 명	재료.규격	단위	적 용	가 격 정 보		물가자료(2003/08)		물가정보(2003/08)		견 적 1		견 적 2	
				페이지	금 액	페이지	금 액	페이지	금 액	페이지	금 액	페이지	금 액
FILTER		EA	40,000			996	60,000	1063	40,000				
FLOOR BOX (PUSH)	150x150x80 주물	SET	13,500			884	26,000	938	13,500				
TV 장치함(스텐)	600x700x180	면	130,000					1046	130,000				
CEILING SPEAKER	6" 3W-AL원형	EA	14,000			973	14,000	1060	18,000				
WALL SPEAKER	6" 3W-WOOD	EA	18,000			981	23,000	1060	18,000				
COLUMN SPEAKER	20W	EA	32,000			873	32,000	1060	37,000				
U-CHANNEL	41x25x2.6t	M	2,500			880	2,800	940	2,500				
위샤캡	22C	EA	1,980			868	1,980						
위샤캡	28C	EA	2,430			868	2,430						
케이블표시시트	200x250	M	170			958	170	1019	170				
지중매설표시기	황동	EA	5,400					990	5,400				
단자함 전비스텐	10F	면	23,000			1006	23,000						
단자함 전비스텐	20F	면	27,000			1006	27,000						
국선 단자함 전비스텐	국100P, 내300P	면	460,000			1006	460,000	1047	580,000				
피뢰 보안기	100P	EA	160,000			1006	160,000						
UTP단자함 전비스텐	50P+50P	면	37,400			1006	37,400						
키폰 주장치(디지탈)	국선8회선, 내선16회선	대	644,000			1002	644,000	1042	644,000				
내선카드	16회선	EA	644,000			1002	644,000	1042	644,000				
케이블 받침대	75x40x5x1 50	EA	7,000			956	7,000	1004	7,000				
케이블 걸이쇠	1조용	EA	1,500			956	1,500	1004	1,510				
앙카볼트	16Φx250	EA	780			956	780	1004	780				
맨홀뚜껑	KS-통신규격	EA	150,000			182	150,000	181	150,000				

품 명	재료.규격	단위	적 용	가격정보		물가자료(2003/08)		물가정보(2003/08)		견 적 1		견 적 2	
				페이지	금 액	페이지	금 액	페이지	금 액	페이지	금 액	페이지	금 액
HUB	8PORT	EA	80,000					1037	80,000				
HUB	24PORT	EA	250,000					1037	250,000				
PATCH PANEL	24PORT	EA	143,500			852	143,500						
LAN 단자함	300x450x180	면	45,000								45,000		
LAN RACK	19"	면	252,000			982	252,000						

2.3.8 일위대가내역서 사례

품 명	규 격	단위	수 량	재 료 비		노 무 비		경 비		계		비 고
				단가	금액	단가	금액	단가	금액	단가	금액	
(제 01호표) TV AMP BOX(600x700x130)		면										
함(전비스텐1.5T)	600x700x180	면	1.00	130,000	130,000						130,000	
TV AMP	쌍방향(옥내)	EA	1.00	280,000	280,000						280,000	
분배기	3WAY	EA	1.00	6,000	6,000						6,000	
분배기	6WAY	EA	3.00	8,000	24,000						24,000	
노출-접지용콘센트	250V 5A	EA	1.00	1,100	1,100						1,100	
레벨 조정기		EA	1.00	140,000	140,000						140,000	
방향성 결합기		EA	1.00	45,000	45,000						45,000	
피뢰보안기	10P	EA	1.00	18,500	18,500						18,500	
NAME PLATE	3Tx200x30	EA	1.00	2,000	2,000						2,000	
DOOR HANDLE	KEY BUTTON	EA	1.00	3,000	3,000						3,000	
통신설비공		인	1.35			90,296	121,900				121,900	
무선안테나공		인	0.72			99,578	71,696				71,696	
통신산업기사		인	0.47			101,796	47,844				47,844	
보통인부		인	0.07			52,483	3,674				3,674	
소 계					649,600		245,114				894,714	

품 명	규 격	단위	수 량	재료비		노무비		경비		계		비 고
				단가	금액	단가	금액	단가	금액	단가	금액	
(제 02호표) 안테나지지대+기초(300x500x500)		개소										
지지대	구조용STS관2T 외경31.8C	M	3.00	5,470	16,410						16,410	
스텐레스강판	5Tx320x320	EA	1.00	8,665	8,665						8,665	
안테나(SUS)	UHF	EA	1.00	140,000	140,000						140,000	
안테나(SUS)	VHF HIGH	EA	2.00	150,000	300,000						300,000	
혼합기	U/V	EA	1.00	6,000	6,000						6,000	
혼합기	VHF HIGH	EA	1.00	6,000	6,000						6,000	
앙카볼트	16x250	EA	4.00	780	3,120						3,120	
콘크리트치기	1:3:6	㎥	0.08	24,765	1,981	111,875	8,950	3,161	253		11,184	
합판거푸집	4회	㎡	0.80	3,584	2,867	11,541	9,233				12,100	
통신내선공		인	0.30			79,008	23,702				23,702	
통신설비공		인	0.77			90,296	69,528				69,528	
소 계					485,043		111,413		253		596,709	

2.3.9 정보통신공사의 시방서 작성사례

1. 목 적

본 시방서는 정보통신공사 전반에 관한 일반적인 사항으로서 시공상 지켜야 할 사항을 규정함을 목적으로 한다.

2. 적용범위

본 공사를 시행함에 있어서 별도 특이한 사항을 제외하고는 본 시방서, 설계서 및 설계도면에 따라 시공하여야 한다.

3. 용어의 정의

① '발주자'라 함은 ○○광역시를 말한다.
② '수급자'라 함은 근로자종합복지관 정보통신설비분야 공사를 도급받은 정보통신공사업자(하수급 포함)를 말한다.
③ '감리원'이라 함은 정보통신공사업법에 의한 감리원으로 등록한 자로서 발주자로부터 위임받은 업무를 일정한 자격을 갖추고 책임감리업무를 수행하는 자를 말한다.
④ '업무담당관'이라 함은 정보통신공사업법의 규정에 따라 공사수행에 따른 업무연락 및 문제점 파악, 민원해결, 기타 필요한 업무를 수행하게 하기 위한 발주자의 소속직원을 말한다.

4. 적용법규

① 정보통신공사업법, 동 시행령
② 방송통신발전기본법, 동 시행령
③ 전파법, 동 시행령
④ 방송법, 동 시행령
⑤ 주택건설기준 등에 관한 규정
⑥ 방송통신설비의 기술기준에 관한 규정
⑦ 구내통신선로설비 기술기준(고시)
⑧ 방송공동수신설비의 설치기준
⑨ 단말장치 기술기준
⑩ 국제전자산업협회(EIA)
⑪ 국제통신산업협회(TIA)
⑫ 무선설비규칙

5. 공사의 시행

① 수급자는 착공 전 공정표를 제출하여야 하며, 매일 공사내용과 예정공정, 투입인원 등을 보고하고 현장감리원의 지시를 받아야 한다.

② 수급자는 공사현장에 필요한 기술자를 상주하게 하고, 감리원의 지시에 따라 각종 업무와 보안의 책임을 담당하게 한다.

③ 제작 또는 타 공종 등과의 관계 및 시공상 필요한 도면은 공사 전에 시공도(Shop DWG) 및 제작도를 작성하여 감리원의 승인을 받고 시공 또는 제작하여야 한다.

④ 특기가 있거나 감리원이 필요하다고 인정하는 경우 및 시공 후 매물되거나 은폐되어 감사가 불가능하거나 곤란한 부분은 감리원의 검사를 받아야 하며, 특히 감리원이 필요하다고 인정하는 부위는 컬러로 사진 촬영하여야 한다.

⑤ 건축, 토목 구조물, 기계설비, 전기설비, 기타 관련공사의 변경으로 변경이 부득이할 때는 감리원에게 보고한다.

⑥ 본 공사는 모든 설비의 기능시험을 완료하여 모든 관계관서와의 인·허가 수속이 완료된 시점을 준공으로 본다.

⑦ 준공도면

- 준공도면 원도는 양질의 트레이싱 페이퍼에 하고, 기재하는 문자·축척 및 범례 등은 설계도서에 준한다.
- 제작승인도는 시공 전 제출하여 승인을 받고, 준공 후 현장기준에 맞게 작성 준공도를 제출하여야 한다.
- A1 원도 1부, A1 및 청사진 3부, A3 백도 5부, CD(CDA작업)를 제출하여야 한다.

⑧ 공사 시행시 본 시방에 명기되지 않거나, 해석상 이견이 발생시는 감리원과 협의하여 결정한다.

6. 사용 자재 및 기기

본 공사에 사용하고자 하는 주요 자재는 견본품을 제출하여 감리원의 승인을 득한 후 사용하여야 한다(다만, KS제품이나 형식승인제품에 대하여는 제작자의 카탈로그 및 제작도를 제출하여 승인을 받을 수 있다).

7. 정보통신공사 사용전검사 입회

수급자는 정보통신공사의 사용전검사시에 입회하고 각 시험 및 검사에 합격하여 공사 준공과 동시에 즉시 사용할 수 있게 하여야 한다.

8. 시설물의 훼손

공사중 시설물을 파괴 또는 손상시켰을 시는 즉시 현장감리원의 지시에 따라 복구 또는 재시공하여야 하며, 이에 소요되는 경비는 수급자 부담으로 한다.

9. 안전관리 및 재해방지

① 착공 전 안전관리 책임자를 선임하고 그 명단을 제출하여야 하며, 안전 및 재해방지에 만전을 기하여야 한다.

② 수급자는 공사중 발생된 안전 및 재해사고에 대하여 모든 책임을 지며, 발주처는 손해를 입혔을 경우에는 즉시 변상하여야 한다.

10. 기기 및 자재의 시험

① 본 시방서에 명시된 시험품목 및 공인기관 시험품목은 시험성적서와 같이 현장에 반입하고, 제작자 자체 시험품목은 감리원의 입회하에 시험하고 현장반입 후 시험성적서를 제출하여야 한다.

② 본 시험에 소요되는 재비용은 수급자 부담으로 한다.

11. 공정표 및 시공도면 제출

① 공사의 착공에 앞서 공사시행에 대한 공정표를 공사감리원에게 제출하여 승인을 받아야 한다.

② 공사시행에 있어 주요 설비가 설치되는 공정 및 감리원이 시공상 필요로 하는 시공도면은 시공도 및 시공에 필요한 자료를 작성하여 공사감리원의 승인을 득한 후 시공하여야 하고, 시공 후 검사를 받는다.

12. 공사진행 방향

본 시방서에 명시되지 않았거나 누락된 사항이라도 전체 공사를 위하여 필요한 사항은 감리원의 지시에 따라 시행하여야 하며, 시방서 해석상에 이의가 있을 경우는 감리원의 해석이 우선한다.

13. 통신배관 · 배선공사

(1) 통신배관공사의 일반적용 기준

1) 사용 전선

배관 내에 설치하는 전선은 반드시 전기통신설비기술기준에 적합한 케이블이어야 한다. 상세한 전선의 종별 및 규격은 도면에 의한다. 어떠한 경우라도 전선관 내에서는 전선의 접속을 시행할 수 없으며, 특별히 허가되지 아니하는 한 공기 중에서 접속할 수 없다. 회로의 제어용 전선은 경우에 따라 연선을 사용하여야 한다.

2) 관의 굵기 선정

전선관의 규격 및 종류는 도면에 의하여 도면에 표시된 규격보다 적은 것이나 낮은 품질의 것을 사용할 수는 없다. 전선관은 반드시 전선류 설치에 적합한 통신용의 규제제품이어야 한다. 호칭관경 104mm를 초과하는 전선관이 필요한 경우에는 통신용 이외의 전선관을 사용할 수 있으나 관의 내부마감 및 재질이 전선관과 같거나 그 이상의 것이어야 한다. 지중용의 경우나 설치가 가능한 정소, 또는 기타 특수한 개소의 경우에는 HI-PVC 전선관을 사용한다. 전선관의 단면적은 통신케이블 피복 절연물을 포함한 단면적의 총합계가 전선과 내부 단면적의 32% 이하가 되도록 한다.

3) 전선관의 부속품

전선관과 박스 등의 부속품은 '전기용품에 관한 법률'에 적합한 것으로 사용 배선통로에 맞는 표준품이어야 한다.

4) 금속제의 접지

전선관으로 사용되는 모든 금속제는 관계법 및 규정 등에 의하여 소정의 접지를 시행하여야 한다.

5) 건축물(구조물의 경우도 같다)에 대한 유의사항

전선관 등을 건축물에 설치할 때에는 건축물의 구조적 강도를 감소시키지 아니하도록 주의하여야 하며, 건축물의 마감과 미관을 감소시키지 아니하도록 유의하여야 한다.

① 건축물에 과대한 구멍(슬라브를 포함)이나 틈을 내지 말 것
② 지나치게 굵은 관이 건축물(구조물 포함)을 관통되지 않도록 유도할 것
③ 전선관 등을 콘크리트 슬라브 내에 설치할 때에는 관의 바깥지름이 슬라브 두께의 1/3 이내가 되도록 하여야 하며, 전선관의 호칭관경이 36mm 이상인 것은(외경이나 수직면의 일변이 40mm 이상인 것은 전부 같다) 원칙적으로 슬라브 내에 설치할 수 없으나(슬라브의 두께가 전선관 등의 외경의 3배) 불가피한 경우에는 구조적 결함이 없도록 충분히 검토하여 시공도면을 작성한 후 감리원의 사전허가를 얻은 후 시공하여야 한다.

6) 금속제의 부식(녹)방지

① 모든 금속제 통로 및 그 부속 중 시공과정에서 도금 또는 부식방지 마감이 손상을 입은 경우에는 현장에서 재도장하여 부식을 방지하여야 한다.
② 용접부위, 구멍뚫기 또는 나사를 냄으로써 금속체가 노출되는 부위의 경우도 같다. 부식방지용 도장의 성능은 원래의 도금 정도 등과 같거나 그 이상이 되도록 하여야 한다. 마감색은 손상을 입지 아니한 곳과 같아야 하며, 만약 부분도장으로 색채가 차이가 나서 미관상 문제가 발생할 때에는 수급자 부담으로 전체를 재도장하여야

한다. 손상부위의 재도장은 손상을 입은 직후에 시행하여야 한다. 도금 등이 손상되지 아니한 금속제라 할지라도 수분 등 부식성 가스가 상존하는 장소에 노출되는 금속제는 환경조건에 따른 부식을 방지하기 위하여 녹막이도장 2회, 마감도장 2회를 하여 마감하여야 하며, 대지 또는 습기진 바닥에 매설되는 것은 설치 전에 아스팔트 컴파운드(부식방지용)를 도장한 후 시행 후에 감리원의 검사를 받아 합격하여야 한다.

7) 콘크리트 매입 배관시의 유의사항

콘크리트에 유입되는 배관은 0.8mm 이상의 결속선으로 철근 등에 고정하여 콘크리트 타설시 움직이지 아니하도록 하여야 하며, 결선관은 상부와 하부 중간에 위치하도록(슬라브 중간) 설치하여야 하며, 전선관 설치시 철근과 철근을 결속한 결속선을 함부로 끊어버리거나 철근 받침을 제거하여서는 아니된다.

제거된 결속선이나 받침은 즉시 원상복구한다. 전선관 연결부위 등으로 콘크리트가 새어들어가지 아니하도록 충분한 조치를 취하며, 전선관 양단의 콘크리트 등의 불순물과 우천시 빗물이 유입하지 못하도록 공사시 플러그 등으로 잘 막아놓아야 한다.

이 플러그 등은 배관의 연장 등이 필요한 경우 일시적으로 제거할 수는 있으나 즉시 재설치하며, 기구의 설치 직전 또는 배선공사를 시작하기 직전에 완전 철거하여야 한다. 배선의 설치는 배관을 완전히 청소한 후 시행하여야 한다.

8) 개구부의 방치 금지

모든 박스·함 등의 불필요한 개구부는 박스나 함 등과 같은 재질의 마감인 플러그로 막아야 한다.

9) 금속관 배관의 접지저항 저감대책

접지전으로부터 금속관 배관의 최종단에 이르는 사이의 전기저항(최종단의 함이나 박스의 경우에는 이를 포함한다)은 2Ω 이하이어야 하며, 접지선으로부터 최종단까지의 배관경로 상에는 목재 및 절연재를 삽입하여 시공하지 아니한다. 다만 불가피하게 시설되는 경우에는 접지 본딩 설비 등을 설치하여 접지의 연속성을 부여하여야 한다.

전선관과 전선관의 연결은 반드시 전선관과 같은 재질의 커플링(유니언 커플링 포함)을 사용하여 견고히 연결하고, 금속관과 박스(기디 함류를 포함한다) 등과를 연결할 때에는 나사식 연결을 하는 경우를 제외하고 2개의 로크너트를 사용하여 양면에 견고히 조어 연결하고 절연 붓싱(절연 붓싱의 주체는 금속이어야 한다)을 채워야 한다. 다만 2개의 로크너트를 사용하여 조일 수 없는 경우에는 1개의 로크너트의 절연 붓싱(주체는 금속인 것)으로 견고히 조여 연결할 수도 있으나 불가피한 경우를 제외하고는 사용할 수 없다.

함이나 박스 등에 절연성 도료가 칠하여져 있는 경우에는 이들을 완전히 벗겨낸 다음 로크너트, 붓싱 또는 접지장치를 부착하여야 하며, 부착 후 즉시 절연도료를 재도장하여야 한다(전기적 · 기계적으로 적절한 접지 클램프를 사용하여 완전한 접속을 하는 경우에는 예외로 한다).

(2) 합성수지관 공사

1) 합성수지관 배관의 시공

합성수지관 배관공사는 전기 제194조, 동 고시 제 32조에 의하는 외에 다음 내선규정을 참고하여 시공하여도 된다.

CD주름관(플렉시블 합성수지 전선관)의 사용은 신중을 기하여야 한다.

사람이 밟는 장소의 노출배관, 기계적 압력, 차량의 통행, 콘크리트 두께가 얇은 매입배관 현장 등 CD 주름관의 변형이 일어날 현장에는 시공을 피하여야 한다. 즉 통신용 전선의 보호가 어렵거나 전선관의 형태가 변형된다면 Hi-PVC를 사용하여야 한다.

항 목	내선규정(조)
전 선	415 - 1
시설장소의 제한	415 - 2
합성수지관 및 부속품의 선정	415 - 3
관의 굵기 선정	415 - 4
배 관	415 - 5
관 및 부속품의 연결과 지지	415 - 6
아웃렛 박스류	415 - 7
접 지	415 - 8
습기 및 먼지의 방지(준용)	410 - 12
전선의 인입(준용)	410 - 13
수직배관 내의 전선(준용)	410 - 14
우선의 배관(준용)	410 - 15
건물에 대한 주의(준용)	410 - 17

2) 합성수지관 및 전선의 종류와 규격

합성수지관 및 사용전선의 종류와 규격은 도면에 표시한 바와 같으며, 도면에 표시된 종류의 것보다 그 성능이 같거나 그 이상의 제품을 사용하여야 하며, 규격도 필요한 최소의 것을 표시한 것이므로 같거나 그 이상의 것을 사용하여야 한다.

다만, 배관 및 배선의 설치장소 조건(설치방법을 포함한다)이 도면에 명기된 조건과 달라지는 경우에는 달라지는 조건에 따라 종류와 규격이 변경될 수도 있으나 도면에 표시된 종류나 규격보다 낮은 품질 또는 적은 규격의 것을 사용할 수 없다. 전선류의 규격이 변경될 때에는 이에 따라 배관의 규격을 같이 변경하여 제규정에 적합하도록 시설하여야 한다.

3) 합성수지관과 그 부속품

합성수지관과 함께 사용하는 커플링, 박스 커넥터, 일반용 박스(규격품), 노멀밴드, 캡 및 새들 등의 제반 부속은 합성수지제로서 사용하는 합성수지관에 맞는 것으로서 설치하는 환경조건에 적합한 것을 선택하여 사용하여야 한다.

다만, 리듀서 규격품의 박스를 사용할 수 없는 경우에 사용될 대형박스 콘크리트 내에 시설하는 박스, 분진 방폭형 플렉시블 피팅 등 도면에 별도로 명시된 제품에 한하여 기타 제품(금속체 등)을 사용할 수 있다.

4) 합성수지관의 굴곡

합성수지관을 구부리거나 변형시켜 사용하고자 할 때에는 합성수지관의 단면이 심하게 변형되지 아니하도록 하며, 굴곡의 바깥 지름은 전선과 안지름의 6배 이상이어야 한다.

전선관의 변형을 위하여 가열할 때에는 전선관의 표피가 변형되지 아니하는 온도 범위 내에서 가열하여야 하며, 변형이 필요한 부위가 골고루 가열되도록 유의하고, 가열 후에 호스 밴더 또는 스프링 밴더를 즉시 끼워 소정의 굴곡을 시행하여 서서히 식힌 후 밴디를 빼도록 하여야 한다(전선관이 찌그러지는 현상이 없도록 한다).

이 이외의 사항에 대하여는 본 시방서 중 금속관의 굴곡에 대하여 정하여진 제반사항에 따른다.

5) 건축물에 설치시 유의사항

본 시방서 중 건축물에 대한 유의사항들을 따르는 외에 콘크리트 내에 매설하는 경우 배관이 어떤 일정한 장소로 한 곳에 집중되어 건축물의 강도를 저하시킬 우려가 없도록 3개 이상의 배관이 한데 묶여서 동일 방향으로 배관되는 일이 없도록 하며, 가능한 한 서로 격리하며 배관하도록 한다.

콘크리트에 매설하는 배관은 가능한 한 철근을 따라가면서 배관하고, 벽 내에서는 가능한 한 수직배관(종배관)으로 하고 수평배관(횡배관)을 피하도록 하여야 한다.

합성수지관을 노출로 설치하는 경우에는 주위의 온도 변화에 의한 신축 재해방지를 위하여 25mm 내지 30mm마다 신축장치를 설치하여야 한다.

6) 합성수지관의 연결

합성수지관 상호간 및 합성수지관과 박스와의 연결 등은 기계적으로 완전하게 연결하여야 하며, 관과 관의 연결은 커플링을 사용하여 삽입식으로 연결하고 전선관이 삽입되는 깊이는 전선관 외경의 1.2배 이상(접착제를 사용하는 경우는 0.8배 이상)으로 하며 연결방법에 준한다.

도면에서 허용하는 경우를 제외하고는 전부 접착제를 사용하여 관과 관 또는 관과 박스 커넥터 사이를 접속하여야 한다. 합성수지관은 나사 접속으로 연결할 수 있다.

특히 습기가 많은 장소나 물기가 많은 장소 등에 설치되는 배관은 접착제로 완전히 접속하여 습기나 물기가 있는 장소 내(기타의 액체 등이 유입될 우려가 있는 경우를 포함한다)에 매설하는 경우에는 접착제로 접속한 후 완전히 건조한 후 연결부위 주위에 PVC 테이프를 3회 이상 중첩되게 감은 후 매설하여야 한다.

7) 금속관 공사

합성수지관 공사에 대하여 정하여지지 아니한 다음 사항에 대하여는 본 시방서 중 금속관 공사에 대하여 정하여진 사항들을 준용한다.

① 전선관과 절단
② 콘크리트 매입 배관시의 유의사항
③ 개구부의 방치 금지
④ 건축물의 신축과 이에 대응한 배관
⑤ 배관 종단부와 U형 관의 조치

8) 금속체의 접지

모든 금속체(풀 박스, 기계기구 등)는 접지설비를 설치하여야 한다.

9) 합성수지관의 설치 금지장소

다음의 장소에는 특별한 방호조처를 취하지 아니하는 한 합성수지관 배관(부속 등의 설치를 포함한다)을 설치할 수 없다.

① 콘크리트 내에 매입하는 경우를 제외하고는 중량물의 심한 압력 또는 심한 기계적 충격을 받을 우려가 있는 장소
② 기계 기구를 연결하기 위한 바닥 입상관으로 사람의 통행이 빈번한 장소나 그 주위로서 배관에 손상을 줄 수 있는 곳
③ 주위에 발열체가 있어서(난방 배관, 연도 등의 열 이송 배관을 포함한다) 전선관의 표피온도를 40℃ 이상으로 가열시킬 우려가 있는 장소나 직사광선에 의하여 전선관의 표피온도를 40℃ 이상으로 가열시킬 우려가 있는 장소
④ 합성수지관에 위해한 화학제품을 취급하거나 저장하는 곳
⑤ 화기를 취급하는 곳(용접기 등을 사용하는 장소를 포함한다)으로 불똥 등이 전선관에 튀어올 우려가 있는 곳
⑥ 소방법상 합성수지관의 사용이 금지된 장소
(폭발성 분말, 가연성가스, 화약 제조소 등의 분말 발생장소)
⑦ 기타 합성수지관 배관에 위해를 줄 수 있는 장소

⑶ 케이블 트레이 배선공사

① 규격 및 재질은 도면에 우선한다.

② 케이블 트레이의 지지는 수직 설치시 2m 이내, 수평 설치시 1.5m 이내로 행가 또는 철제로 견고히 고정하고 하중이 많은 장소에는 거리에 관계없이 지지한다.
③ 기계적인 외부 압력이 가해질 우려가 있는 장소, 수평으로 설치될 때 벽 등을 관통할 때에도 커버를 씌운다.
④ 케이블 트레이의 접속은 트레이 커넥터로 하고 볼트에 의해 전기적 · 기계적으로 완전하게 접속하여야 한다.
⑤ 케이블 트레이의 접속 개소마다 접지용 점퍼를 설치한다.
⑥ 트레이 내에 설치되는 전선 케이블류의 규격 및 종류 등은 도면에 명시된 바와 같다.
⑦ 설치되는 전선류는 유지 · 보수 · 관리 등을 고려하고, 사고 파급을 저감시키기 위하여 각 회로별로 구분되지 아니하고 섞이거나 꼬여서는 아니되며 최하단의 전선 등이 상부에 시설되는 전선 등에 의하여 압력을 받지 않도록 시설하여야 한다.
⑧ 전선류의 배치는 수평배열 방식 또는 삼각배열 방식 등을 택할 수 있으나 도면에 명기된 이격거리를 확보하여야 하며, 이들 이격거리를 확보하기 힘들어 좁힐 때에는 소정의 전류체감률을 고려하여 전선류의 규격을 상승 조절하여야 한다.
⑨ 전선이나 단심 케이블은 각 회로별로 소정의 밴드 등에 의하여 묶여서 설치하여야 하며, 묶는 재료는 재사용이 가능한 것이어야 한다.
⑩ 트레이 내의 전선류는 가능한 한 중첩되게 설치하여서는 아니되고, 가능한 한 열별로 분류장치(전선류의 지지장치)를 시설하여 통풍을 고려하여 적절한 공간을 두도록 하여야 한다.

(4) 배선공사

① 배선은 구내통신설비기술기준, 전기설비기술기준, 내선규정 등을 준수하여 설계도 및 시방서에 의거 시공하여야 한다.
② 전선 · 케이블 및 코드 등은 특기한 것을 제외하고 KS 규격품을 사용하여야 한다.
③ 케이블을 굴곡할 때에는 피복이 손상되지 않도록 주의를 하여 그 굴곡반경을 케이블 완성 바깥지름의 6배 이상으로 한다.
④ 기기와 기구단자와의 접속은 아래에 의한다.
- 단자의 접속은 원칙으로 단말측을 우측으로 한다.
- 단자에 납땜 접속할 때는 심선을 단자에 1.5회 감고 완전히 납땜한다.
- 단자에 삽입 접속할 때는 와셔를 사용하여 나사를 조인다.
- 단자의 스터드 지름은 사용하는 비스 또는 볼트 지름에 적합한 것을 사용한다.

⑤ 동축케이블 배선은 아래에 의한다.
- 입선시 케이블이 손상되지 않고 특성 임피던스에 나쁜 영향이 가지 않도록 관내 청소, 관 끝부분 감기 등을 한다.

- 기기 수용상자와 풀 박스 내의 동축케이블은 곡률반경이 케이블 반경의 6배 이상이어야 한다.
- 모든 기기의 케이블 접속부분은 스크루형 황동제 커넥터를 사용하여야 하며, 유닛은 납땜 또는 나사 조임 등으로 접속하여 절연강도 250M 이상이어야 한다.
- 동축케이블은 기기 단자에 접속되는 경우를 제외하고 상호 접속하여서는 안 된다.

⑥ 비닐전선을 배선할 때는 다음 표와 같이 전선을 색별하여야 한다.

배 선 종 별	색 별	비 고
구내방송(음향) 표시기(교류) 표시기(직류) 접지선	흑, 황 또는 적(백) 흑(백) 청(적) 녹	( ) 안의 색은 한쪽 또는 공통 쪽을 말한다.

⑦ 옥내통신선은 옥내전류 전선과 다음과 같이 이격 설치하여야 한다.
- 강전류 전선이 300V 미만일 경우에는 6cm 이상
- 강전류 전선이 300V 이상일 경우에는 15cm 이상
  (단, 벽 내 또는 용이하게 보이지 아니하는 장소에는 2배 이상)

⑸ 케이블 공사

① 케이블은 특기한 것을 제외하고 다음 표에 의하며, 그 종류, 심선수 및 굵기는 다음 규격에 따른다.

규 격	명 칭
KSC-3330	제어용 케이블
KSC-3610	고주파 동축케이블
KSC-3342	통신케이블(UTP)
KSC-3609	엘리베이터용 이동케이블
KSC-3617	텔레비전 수신용 동축케이블

② 케이블을 조영재에 포설할 때는 케이블에 적합한 새들, 스태플 등으로 그 피복을 손상하지 않도록 조영재에 튼튼하게 부설하고 그 지지점의 거리는 2m 이하로 한다. 단, 조영재의 측면 또는 하면에 시설한 경우 케이블 지지는 0.6m(도체 단면적 8일 때는 1m) 이하로 한다.

③ 케이블은 은폐배선에 있어서 케이블 장력이 가하지 않도록 시설할 때에는 감리원의 지시에 따라 지지점 없이 배선할 수 있다.

④ 케이블을 보에서 보로 건너띄워 시설할 경우는 감리원의 지시에 따라 반지 등을 시설하여 포설하든가 메신저 와이어를 쳐서 이에 매단다.

⑤ 케이블을 벽 · 기둥 · 바닥 · 천장 등에 매입할 때에는 케이블 외경 1.5배 이상 내경의 강제전선관 등에 넣는다.

⑥ 케이블이 중량물의 압력, 현저한 기계적 충격 또는 못 등으로 외상을 입을 우려가 있을 때에는 원칙으로 케이블 외경을 1.5배 이상의 내경 강제전선관에 넣어서 보호한다. 보호관의 높이는 1.8m 이상으로 한다.

⑦ 케이블을 굴곡할 때는 그 피복이 상하지 않도록 주의하여야 한다. 통신케이블에 있어서 미관을 중요시하는 곳의 비닐케이블의 노출배선에서 감리원의 지시에 따라 전선피복이 상하지 않을 정도로 구부릴 수 있다.

⑧ 케이블의 분기 또는 접속은 단자함, 풀 박스, 아웃렛 박스 또는 케이블 전용의 조인트 박스 안에서 한다.

⑨ 케이블 배선에서 금속관 배선에 이행하는 개소에는 절연 붓싱 유니버셜, 터미널 캡 등을 사용한다.

⑩ UTP 케이블은 포설 중 짧아서 중간 접속을 하지 않아야 한다.

⑪ 기타 : 통신케이블 종단 및 중간 개소(직선구간 20m마다)에는 케이블 마크(cable mark)를 하여야 한다.

(6) 풀 박스

① 박스의 모양은 설치장소에 적합한 것으로 규격은 설계도면에 의하고 함 1.6T 이상의 두께를 갖는 철판재로서 내외부에 방청도장 2회 후 지정색 도장 2회 한다.

② 풀 박스 내면의 파이프는 커넥터(로크너트 및 붓싱)로 마감할 것

③ 천장에 설치되는 수구용 박스는 천장틀 또는 천장틀 목에 인서트 등을 취부하여 견고하게 고정하여야 하며, 점검용 개구부는 보수유지에 편리하도록 하여야 한다.

(7) 접지공사

교환설비 · 전송설비 등 통신케이블과 금속으로 된 단자함(구내통신단자함, 옥외분배함 등), 장치함 및 지지물 등이 사람이나 전기통신시설에 피해를 줄 우려가 있을 때에는 다음과 같이 접지되어야 한다.

① 교환설비 · 전송설비 및 통신케이블의 접지저항

구 분	접지저항	비 고
가. 사업용전기통신설비(이동통신 구내선로설비를 포함한다)	10Ω 이하	통신회선 이용자의 건축물, 전주 또는 맨홀 등의 시설에 설치된 통신설비로서 통신용 섭시 시공이 곤란한 경우에는 그 시설물의 접지를 이용할 수 있으며, 이 경우 접지저항은 해당 시설물의 접지 기준에 따름
나. 사업용전기통신설비 이외의 설비	100Ω 이하	

② 금속으로 된 단자함(구내통신단자함, 옥외분배함 등), 장치함 및 지지물의 접지저항

구 분	접지저항	비 고
가. 101회선 이상의 회선을 수용한 경우	10Ω 이하	회선수는 수요가 예상되는 국선수를 기준으로 함
나. 101회선 이하의 회선을 수용한 경우	100Ω 이하	

③ 접지선은 직경 1.6mm 이상의 PVC 동선 또는 그 이상의 절연효과가 있는 전선을 사용하고, 접지극은 부식이나 토양오염 방지를 고려한 도전성 재료를 사용하여 지하의 안전한 깊이에 매설한다.

④ 일반용 접지극은 특기가 없는 한 하기의 것이나 이와 동등 이상의 접지성능이 있는 것으로 한다.

- 동판일 경우 두께 1.5mm, 종횡치수 300mm의 것
- 동봉일 경우는 동용복동봉 또는 동복강봉으로서 직경 18mm, 길이 2,400mm인 것. 단, 규정의 접지저항치를 얻을 수 없을 때에는 감독원의 지시에 따라 봉상·관상·대상 등의 동 또는 동복강재 보조접지극을 사용할 수 있다.

⑤ 접지공사의 시공방법은 다음과 같다.

- 접지공사의 접지선은 감독원이 지시하는 개소에서 지하 0.75m에서 지표상 2.5m까지의 부분을 합성수지관 또는 동등 이상의 효력 및 강도가 있는 것으로 배관한다.
- 접지공사의 접지극은 가급적 습기가 많은 장소로 가스선 등에 의한 부식의 우려가 없는 장소를 골라 접지극의 상단이 지하 0.75m 이상 깊이에 배선한다.
- 피뢰침 및 피뢰기의 접지선은 철판 등에 넣어서는 안된다.

⑥ 각종 접지공사는 합성 접지저항치가 3Ω 이하이면 감독원의 승인을 받아 공동접지선으로 할 수 있다. 단, 피뢰기 및 피뢰침의 접지는 공용하지 않는다.

⑦ 규정의 접지저항치를 얻을 수 없을 때에는 보조접지극을 사용한다.

⑧ 접지선의 포설은 원칙적으로 합성수지관 배관으로 한다.

⑨ 접지극 및 나동선의 지중부분은 피뢰침 접지극 및 그 나동선의 지중부분과 5m 이상, 다른 접지극 및 나동선의 지중부분과는 2m 이상 이격하는 것을 원칙으로 한다. 단, 부득이한 경우는 감독원의 지시에 따른다.

⑩ 접지선을 수도관이나 가스관과 연결하여서는 안된다.

⑪ 접지종별, 접지극의 배선위치, 깊이, 매설, 연·월·일을 명시한 표주 또는 표찰을 접지극 가까운 개소에 설치한다.

⑫ 통신실·국선단자함 등 별도의 접지단자함을 만들어 10Ω, 100Ω의 접지단자대에서 서로 분기(분배)하여 경로를 표시하여 각각의 용도별로 접지선이 설치되도록 한다.

⑬ 설치장소는 감리원의 협의 지시에 따른다.

14. 구내통신선로 설비공사

① 구내통신선로 설비공사는 방송통신설비기술기준의 규정에 위배됨이 없도록 시공되어야 한다.

② 단자함은 제작도를 작성하여 감리원의 승인을 받은 후 제작에 착수하여야 하며, 일반적인 사항은 다음과 같다.

- 국선 수용에 관한 규격은 방송통신설비의 기술기준에 관한 규칙에 따른다.
- 외관이 미려하고, 흠 · 휨 · 녹 · 균열 등이 없어야 하며, 도장의 손상이 있을 시 검인 · 검토 부분을 제외하고 재도장하여야 한다.
- 절연저항은 500V 절연저항계로 측정하여 단자 상호간 및 단자 외함과의 절연저항이 각각 50MΩ 이상이어야 한다.
- 단자함 내 배선은 질서정연하게 배선하여야 한다.
- 단자함 내 각 단자는 회로별 명칭을 표시하고 단자함 내면에 회로명판을 내구성있는 재질을 사용하여 부착 기재하여야 한다.

③ 통신단자함에서 각 아웃렛까지의 배선은 UTP Cat5 이상의 케이블을 사용하고, 각 단자함의 간선의 배선은 UTP Cat5 이상의 케이블을 사용한다.

④ 모듈러 형식승인품을 사용하여야 한다.

⑤ UTP 간선을 케이블 트레이(cable tray)에 배선하는 경우에는 케이블에 손상이 가지 않고 장력에 충분히 견딜 수 있도록 PVC제의 케이블 타이(tie)로 바인드하여야 한다.

15. 구내정보통신망 시스템 설치

(1) 구내정보통신망(LAN)의 성능

① 각종 단말기와 원활하게 연동되어야 한다.

② 케이블링 시스템은 구조적 케이블링(cabling) 기법으로 구성하여 유지보수 관리가 용이하여야 한다.

③ 포트별 링크상태를 지원하여야 모듈이 제공되어야 한다.

(2) 설치공사

1) IDF

① 각 층의 EPS실에 위치하는 IDF의 구성은 시공자의 상세한 도면구성에 의하여 설치된다(냉방설비를 갖추도록 시설하여야 한다).

② 모든 IDF 패치 패널(patch panel)은 외함 내에 설치한다.

③ 시공자는 패치 패널, 백 보드(back board) 등을 조합하여 외함 내에 구성하고

외함과의 이격 설치는 일정하게 유지한다.

④ IDF 내 패치 패널 구성은 1차측과 2차측으로 구분하여 도면상의 용량으로 설치하고, 패치 패널의 1차·2차 측간에 백 보드를 설치한다.

⑤ 분배되는 케이블의 경로가 표기되도록 라벨부착과 IP 대장을 만든다.

2) 패치 패널의 성단

① 패치 패널의 각 블록은 횡으로 25페어 단위로 구성하며, 종으로는 IDF의 회선용량에 따라 결정한다.

② 케이블 성단작업은 패치 패널의 각 단자 블록에 25페어씩 성단한다.

③ 케이블 성단시의 유의사항은 다음과 같다.

- 성단하기 위한 케이블 재단시에 30cm 이상의 여유분을 주어야 한다.
- 케이블 각 가닥을 정해진 홈에 삽입시 꼬이거나 엉키지 않아야 하며 케이블 통로를 통하여 홈에 각 케이블이 삽입되는 각도는 90°를 유지하여야 한다.
- 케이블 성단시 케이블 피복이 벗겨진 부분은 그 부분을 절단 후 재성단하여야 한다.

④ 시공자는 패치 패널의 1차측과 2차측을 구분하여 간선케이블은 1차측, 지선 케이블은 2차측에 접속한다.

- 1차측 : IDF의 인(in)
- 2차측 : IDF의 아웃(out)

⑤ 시공자는 1차측의 간선케이블을 패치 패널에 접속시 커넥팅 블록(connecting block)을 적용한다.

⑥ 시공자는 패치 패널에 접속되는 모든 케이블에 대하여 설치위치, 설치 페어 수, 사용되는 서비스 종류의 구분이 가능하도록 단자반에 110레이블(lable)을 적용하여 표기하도록 한다.

3) 아웃렛

① 덕트 플레이트 설치층의 아웃렛(outlet) 설치는 평면도를 기준하여 설치한다.

② 각각의 데이터 및 보이스(voice)용 아웃렛의 크기는 동일하므로 일정한 규칙으로 접속한다.

16. 구내방송 설비공사

안내 및 공지사항 전달 등의 일반방송과 재난사태 발생시 경보 및 대피유도 방송을 할 수 있고, 화재발생시 수신반과 연동하여 자동적으로 경보 및 대피유도 방송하는데 목적이 있다.

① 구내방송은 일반방송과 그룹 및 전체 방송이 가능하여야 한다.

② 화재발생 및 비상훈련시의 대표 유도방송이 가능하여야 한다.

③ 비상방송은 일반방송보다 우선하여야 하며, 작동시 일반방송은 자동적으로 차단되어야 한다.

17. 구내전송선로 설비공사

1개소에 전 채널의 텔레비전을 수상할 수 있는 집합안테나를 설치하여 증폭기 및 분배기 등을 거쳐 각 텔레비전용 아웃렛까지의 배선장치이다.

① 안테나는 수신채널 수 및 수신상황에 따라 광대역인 것 또는 단채널인 것으로 합한 것으로 한다.

② 케이블은 고발포 동축케이블을 사용하며 사용구분 · 종류는 특기에 의한다.

③ 증폭기는 전송손실 · 분배손실 또는 수신전계강도가 낮을 때에는 증폭기를 사용한다. 그 종류는 특기에 의한다.

④ 수구 말단 수신이득 레벨은 최소 45~75dBμV 이상으로 한다.

(1) 안테나 설치

① 안테나 설치위치는 감리원의 지시에 따른다.

② 보수가 용이하고 안전한 장소에 설치한다.

③ TV 유닛(unit) 박스의 설치높이는 보통 바닥 위 30m 높이로 한다.

④ 안테나의 설치는 다음에 의한다.

- 설치위치의 상세 및 방향은 감리원의 지시에 따르고, 혼신잡음 및 고스트가 없게 전계방향 및 입지조건을 고려해서 결정한다.
- 다른 통신용전선 또는 강전선류의 전선 등에서 원칙으로 3m 이상 이격시켜 설치한다.
- 안테나에 설치하는 정합기는 가급적 짧게 해서 설치한다.
- 방향성 결합기 또는 분배기 및 증폭기는 금속제 단자함에 수용한다.
- 먼지 · 습기 또는 물기가 많은 장소에서는 적당한 보호장치를 한다.

⑤ 위성수신용 안테나는 고정할 때 태풍이나 재해로부터 파손이 없도록 설치하여야 한다.

⑥ 헤드엔드 시스템은 통신실에 설치한다.

⑦ TV 증폭기는 재해방송을 수신할 수 있도록 정전에 대비하여 무정전 전원장치와 연결하여야 한다.

⑧ 무정전 전원장치는 통신실이나 보수가 용이하고 안전한 장소에 설치하여야 한다.

18. 폐쇄회로 CCTV 설비공사

① 영상저장장치는 영상물을 백업받기 좋은 장소에 설치한다.

② 카메라 설치는 가급적 습기가 없는 장소에 설치한다.

③ 옥외에 설치되는 커넥터는 취부 후 방수처리한다.

19. 간이교환기(키폰) 설치공사

(1) 장비제작 조건

키폰 시스템은 첨단 통신환경 구축을 위해 원격제어 기능을 내장하며, 각종 멀티미디어 장비를 연결하여 사용할 수 있는 시스템으로서 국선 · 내선 최대 300회선까지 확장 가능한 시스템으로 제작된 제품이어야 한다.

(2) 기기사양

1) 주장치

① 기 능

- 키폰 주장치는 PCM/TDM 축적 프로그램 방식으로 마이크로프로세서를 사용하여야 한다.
- 기본 주장치는 9개의 유니버셜 슬롯을 가지고 있어야 한다.
- 보조 주장치 포함 3단까지 구성할 수 있어야 한다.
- 시스템 각 슬롯의 지정값은 초기 전원이 입력될 때에 설치되어 있는 보드의 종류에 따라 자동 지정되며(슬롯 번호순으로 번호체계 할당), 사용자의 용도에 따라 변경이 가능하여야 한다.
- VoIP 기능이 가능하여야 한다.

② 기기 특성

- 제어방식 : PCM/TDM 방식의 축척 프로그램 방식 또는 IP 기술적용 방식
- 통화방식 : Non-Blocking 방식, IP 기술적용 방식
- 입력전압 : AC 110V/220V 60Hz
- 출력전압 : +5V, -5V, 24V, -48V
- 구내배선 : 디지털 - 2선식
- 사용전화기 : 디지털 키폰전화기, 일반전화기
- 배터리 : 24V

2) 중앙제어 보드

① 중앙제어 보드는 시스템 전체를 제어하는 보드이어야 한다.
② MPB(Main Processor Board) 카드는 32비트 프로세서가 탑재되어야 한다.
③ CPU와 기억장치(ROM, RAN)를 실장하고 있어야 하며, 전원이 꺼지거나 시스템이 오작동하여도 지워지지 않는 메모리(memory) 사용으로 완벽한 데이터 백업이 되어야 한다.

3) 국선 카드 및 LAN 카드

① 국선 접속보드는 아날로그용으로 루프 스타트(loop start) 방식인 국선의 사용이 가능하여야 한다.

② 링 검출회로, 루프 전류를 감지하는 루프의 개·폐쇄로 상태 감지회로, 다이얼 펄스 송출회로 등으로 구성되어야 한다.

③ 국선의 동작상태(사용중, 사용 가능상태) 등을 카드 전면의 LED 램프로 표시해주어야 한다.

④ LAN 카드 및 라우트 기능을 포함한다.

4) 내선 카드

① 디지털 키폰전화기 접속보드는 내선용 디지털 키폰전화기를 연결할 수 있어야 한다.

② 내선 카드에는 중앙처리장치가 있어 MPB의 주중앙처리장치와 데이터 송수신을 하고 신호를 해석·처리하며, 디지털 키폰전화기와도 데이터 송수신을 하여 신호를 해석·처리하여야 한다.

5) 제안기기의 세부부품 내역

① 주제어카드(MPB)

시스템 전체를 제어하는 카드로서 CPU와 기억장치(ROM, RAN)를 실장, 그밖에 이더넷(Ethernet) LAN 포트 1개, RS-232C 포트 1개, 내부보류 음악(MOH) 1개, DTMF 수신 4회로, 외부보류 음악 연결 1단자, 외부방송 연결 1단자 등을 실장

② 국선 카드(LCOB)

국선접속 카드는 국선의 종류가 루프 스타트 방식 사용

- 수용능력 : 4회선 / 1장(CLCOB4), 8회선 / 1장(CLCOB8)
- 국선의 동작상태(사용중, 보류, 사용 가능상태) 등을 카드 전면의 LED 램프로 표시

③ 디지털 국선 카드(R2DCOB)

국선의 종류가 디지털 국선(R2 방식의 E1)일 경우 사용되는 카드

- 수용능력 : 디지털 국선 30회선/1장
- 슬롯 어느 슬롯에나 최대 2장까지(40CH까지 지원) 설치 가능

④ 디지털 키폰전화기 카드(DTIB 12/24)

디지털 키폰전화기를 연결할 수 있는 카드

- 수용능력 : 12, 24회선

⑤ 일반전화기 카드(SLIB24/48/SLIB2E)
일반전화기를 연결할 수 있는 카드
- 수용능력 : 6, 12회선

⑥ 공통기능 카드(MISB)
- 외부보류 음악(MOH), 외부방송을 추가로 증설하고자 할 때 사용
- 공통기능 카드는 6번 슬롯에만 실장할 수 있다.

20. 화상전화기 설치공사

① 각 실별로 화상전화기를 설치할 수 있도록 8핀 모듈러를 설치한다.
② 시공자는 각 실별로 화상전화기 시험을 한 후에 발주자의 입회하에 최종시험을 한다.

21. 방범시스템 설치공사

① 열선감지기 설치는 노출되는 통신선로가 없도록 완전 매입으로 설치한다.
② 자석감지기용 통신케이블은 노출되는 통신선로가 없도록 완전 매입으로 설치한다.
③ 방범시스템의 주장치는 통신실에 설치한다.
④ 원격시험이 가능한 인터넷용 회선이 연결되어야 하고, 비상발생시 출동이 즉시 될 수 있도록 비상벨을 당직실에 설치한다.

제3장

방송통신설비의 설계기준

3.1 방송통신설비의 기술기준 규정
3.2 분계점의 기술기준
3.3 이용자방송통신설비
3.4 사업용방송통신설비
3.5 보 칙

3.1 방송통신설비의 기술기준 규정

3.1.1 방송통신설비의 기술기준 규정의 목적

방송통신설비의 기술기준에 관한 규정을 목적으로 하는 대통령령은 「방송통신발전기본법」 제28조제1항, 「전기통신사업법」 제35조의2 · 제61조 · 제68조제2항 · 제69조제2항 · 제69조의2 제2항, 「전파법」 제58조의2제1항 및 「주택건설기준 등에 관한 규정」 제32조에 따라 방송통신설비 · 관로 · 구내통신선로설비 및 구내용 이동통신설비 및 방송통신기자재 등의 기술기준을 규정함을 목적으로 하고 있다. (제1조) [전문개정 2011.1.4]

3.1.2 방송통신설비의 기술기준에 관한 규정의 용어정의(제3조)

① 방송통신설비의 기술기준에 관한 규정에서 사용하는 용어의 뜻은 다음과 같다. 〈개정 2017.4.25〉

1. "사업용방송통신설비"란 방송통신서비스를 제공하기 위한 방송통신설비로서 다음의 설비를 말한다.
   가. 「전기통신기본법」 제7조에 따른 기간통신사업자 · 별정통신사업자 및 부가통신사업자(이하 "사업자"라 한다)가 설치 · 운용 또는 관리하는 방송통신설비
   나. 「방송법」 제2조제14호에 따른 전송망사업자가 설치 · 운용 또는 관리하는 방송통신설비(이하 "전송망사업용설비"라 한다)
   다. 「인터넷 멀티미디어 방송사업법」 제2조제5호가목에 따른 인터넷 멀티미디어 방송 제공사업자가 설치 · 운용 또는 관리하는 방송통신설비
2. "이용자방송통신설비"란 방송통신서비스를 제공받기 위하여 이용자가 관리 · 사용하는 구내통신선로설비, 이동통신구내선로설비, 방송공동수신설비, 단말장치 및 전송설비 등을 말한다.
3. "국선"이란 사업자의 교환설비로부터 이용자방송통신설비의 최초 단자에 이르기까지의 사이에 구성되는 회선을 말한다.
4. "국선접속설비"란 사업자가 이용자에게 제공하는 국선을 수용하기 위하여 설치하는 국선수용단자반 및 이상전압전류에 대한 보호장치 등을 말한다.
5. "방송통신망"이란 방송통신을 행하기 위하여 계통적 · 유기적으로 연결 · 구성된 방송통신설비의 집합체를 말한다.
6. "전력선통신"이란 전력공급선을 매체로 이용하여 행하는 통신을 말한다.
7. "강전류전선"이란 전기도체, 절연물로 싼 전기도체 또는 절연물로 싼 것의 위를 보

호피막으로 보호한 전기도체 등으로서 300볼트 이상의 전력을 송전하거나 배전하는 전선을 말한다.

8. “교환설비”란 다수의 방송통신회선(이하 “회선”이라 한다)을 제어 · 접속하여 회선 상호 간의 방송통신을 가능하게 하는 교환기와 그 부대설비를 말한다.
9. “전송설비”란 교환설비 · 단말장치 등으로부터 수신된 방송통신콘텐츠를 변환 · 재생 또는 증폭하여 유선 또는 무선으로 송신하거나 수신하는 설비로서 전송단국장치 · 중계장치 · 다중화장치 · 분배장치 등과 그 부대설비를 말한다.
10. “선로설비”란 일정한 형태의 방송통신콘텐츠를 전송하기 위하여 사용하는 동선 · 광섬유 등의 전송매체로 제작된 선조 · 케이블 등과 이를 수용 또는 접속하기 위하여 제작된 전주 · 관로 · 통신터널 · 배관 · 맨홀(manhole) · 핸드홀(handhole) · 배선반 등과 그 부대설비를 말한다.
11. “전력유도”란 「철도건설법」에 따른 고속철도나 「도시철도법」에 따른 도시철도 등 전기를 이용하는 철도시설(이하 “전철시설”이라 한다) 또는 전기공작물 등이 그 주위에 있는 방송통신설비에 정전유도나 전자유도 등으로 인한 전압이 발생되도록 하는 현상을 말한다.
12. “전원설비”란 수변전장치, 정류기, 축전지, 전원반, 예비용 발전기 및 배선 등 방송통신용 전원을 공급하기 위한 설비를 말한다.
13. “단말장치”란 방송통신망에 접속되는 단말기기 및 그 부속설비를 말한다.
14. “구내통신선로설비”란 국선접속설비를 제외한 구내 상호간 및 구내 · 외간의 통신을 위하여 구내에 설치하는 케이블, 선조(線條), 이상전압전류에 대한 보호장치 및 전주와 이를 수용하는 관로, 통신터널, 배관, 배선반, 단자 등과 그 부대설비를 말한다.
15. “이동통신구내선로설비”란 사업자로부터 이동통신서비스 및 휴대인터넷서비스 등을 제공받기 위하여 건축물에 건축주가 설치 · 관리하는 설비로서 관로 · 전원단자 · 통신용접지설비와 그 부대시설을 말한다.
16. “주거용건축물”이란 「건축법시행령」 별표 1 제1호 및 제2호에 따른 단독주택 및 공동주택을 말한다.
17. “업무용건축물”이란 「건축법시행령」 별표 1 제14호에 따른 업무시설을 말한다.
18. “정보통신설비”란 유선 · 무선 · 광선이나 그 밖에 전자적 방식에 따라 부호 · 문자 · 음향 또는 영상 등의 정보를 저장 · 제어 · 처리하거나 송수신하기 위한 기계 · 기구 · 선로나 그 밖에 필요한 설비를 말한다.
19. 삭제 〈2022.12.6〉

20. 삭제 〈2022.12.6〉
21. 삭제 〈2022.12.6〉
22. "국선단자함"이란 국선과 구내간선케이블 또는 구내케이블을 종단하여 상호 연결하는 통신용 분배함을 말한다.

② 제1항에서 규정한 것 외에 이 영에서 사용하는 용어는 「방송통신발전 기본법」(이하 "법"이라 한다) 및 「전기통신기본법」에서 정하는 바에 따른다. 〈신설 2011.1.4〉

3.2 분계점의 기술기준

3.2.1 분계점의 기준(제4조)

① 방송통신설비가 다른 사람의 방송통신설비와 접속되는 경우에는 그 건설과 보전에 관한 책임 등의 한계를 명확하게 하기 위하여 분계점이 설정되어야 한다. 〈개정 2011.1.4〉

② 방송통신망 간 접속기준은 사업자 상호 간의 합의에 따른다. 다만, 과학기술정보통신부장관이 접속기준을 고시한 경우에는 이에 따른다.

3.2.2 분계점에서의 접속기준(제5조)

① 분계점에서의 접속방식은 간단하게 분리 · 시험할 수 있어야 하며, 방송통신위원회가 그 접속방식을 정하여 고시한 경우에는 이에 따른다.

② 방송통신망 간 접속기준은 사업자 상호 간의 합의에 따른다. 다만, 방송통신위원회가 접속기준을 고시한 경우에는 이에 따른다. 〈개정 2011.1.4〉

③ 사업자는 이용자로부터 단말장치의 접속을 요청받은 경우 기술기준에 부적합하거나 그 밖에 특별한 경우를 제외하고는 이를 거부하여서는 아니된다.

3.2.3 위해 등의 방지실시

방송통신설비의 기능에 지장을 주는 경우를 예방하기 위한 규정은 다음과 같다(제6조).

① 방송통신설비는 이에 접속되는 다른 방송통신설비를 손상시키거나 손상시킬 우려가 있는 전압 또는 전류가 송출되는 것이어서는 아니된다. 〈개정 2011.1.4〉

② 방송통신설비는 이에 접속되는 다른 방송통신설비의 기능에 지장을 주거나 지장을 줄 우려가 있는 방송통신콘텐츠가 송출되는 것이어서는 아니된다. 〈개정 2011.1.4〉

③ 전력선통신을 행하기 위한 방송통신설비는 다음 각 호의 기능을 갖추어야 한다.

〈개정 2011.1.4〉

1. 전력선과의 접속부분을 안전하게 분리하고 이를 연결할 수 있는 기능
2. 전력선으로부터 이상전압이 유입된 경우 인명 · 재산 및 설비자체를 보호할 수 있는 기능

④ 제3항에 따른 전력선통신을 행하기 위한 방송통신설비의 위해방지 등에 대한 세부기술기준은 과학기술정보통신부장관이 정하여 고시한다. 〈개정 2011.1.4, 2013.3.23, 2017.7.26〉

3.2.4 보호기 및 접지 설치(제7조)

① 낙뢰 또는 강전류전선과의 접촉 등으로 이상전류 또는 이상전압이 유입될 우려가 있는 방송통신설비에는 과전류 또는 과전압을 방전시키거나 이를 제한 또는 차단하는 보호기가 설치되어야 한다. 〈개정 2011.1.4〉

② 제1항에 따른 보호기와 금속으로 된 주배선반 · 지지물 · 단자함 등이 사람 또는 방송통신설비에 피해를 줄 우려가 있을 경우에는 접지되어야 한다. 〈개정 2011.1.4〉

③ 제1항 및 제2항에 따른 방송통신설비의 보호기 성능 및 접지에 대한 세부기술기준은 과학기술정보통신부장관이 정하여 고시한다. 〈개정 2011.1.4, 2013.3.23, 2017.7.26〉

3.2.5 전송설비 및 선로설비의 보호(제8조)

① 전송설비 및 선로설비는 다른 사람이 설치한 설비나 사람 · 차량 또는 선박 등의 통행에 피해를 주거나 이로부터 피해를 받지 아니하도록 하여야 하며, 시공상 불가피한 경우에는 그 주위에 설비에 관한 안전표지를 설치하는 등의 보호대책을 마련하여야 한다.

② 제1항에 따른 전송설비 및 선로설비 설치방법에 대한 세부기술기준은 과학기술정보통신부장관이 정하여 고시한다. 〈개정 2013.3.23, 2017.7.26〉

3.2.6 전력유도의 방지(제9조)

① 전송설비 및 선로설비는 전력유도로 인한 피해가 없도록 건설 · 보전되어야 한다.

② 전력유도의 전압이 다음 각 호의 제한치를 초과하거나 초과할 우려가 있는 경우에는 전력유도 방지조치를 하여야 한다. 〈개정 2011.1.4〉

1. 이상시 유도위험전압 : 650볼트. 다만, 고장시 전류제거시간이 0.1초 이상인 경우에는 430볼트로 한다.
2. 상시 유도위험종전압 : 60볼트

3. 기기 오동작 유도종전압 : 15볼트. 다만, 해당 방송통신설비의 통신선로가 왕복 2개의 선으로 구성되어 있는 경우에는 적용하지 아니하되, 통신선로의 2개의 선 중 1개의 선이 대지를 통하도록 구성되어 있는 경우(대지귀로방식)에는 적용한다.
4. 잡음전압 : 0.5밀리볼트. 다만, 전철시설로 인한 잡음전압이 0.5밀리볼트보다 크고 2.5밀리볼트 보다 작은 경우에는 1분 동안에 0.5밀리볼트보다 크고 2.5밀리볼트보다 작은 잡음전압과 그 잡음전압이 지속되는 시간(초)을 곱한 전압의 총 합계가 30밀리볼트 · 초를 초과하지 아니하여야 한다.

③ 제2항에 따른 전력유도전압의 구체적 산출방법에 대한 세부기술기준은 과학기술정보통신부장관이 정하여 고시한다. 〈개정 2013.3.23, 2017.7.26〉

3.2.7 전원설비(제10조)

① 방송통신설비에 사용되는 전원설비는 그 방송통신설비가 최대로 사용되는 때의 전력을 안정적으로 공급할 수 있는 용량으로서 동작전압과 전류의 변동률을 정격전압 및 정격전류의 ±10퍼센트 이내로 유지할 수 있는 것이어야 한다. 〈개정 2011.1.4〉

② 제1항에 따른 전원설비가 상용전원을 사용하는 사업용방송통신설비인 경우에는 상용전원이 정전된 경우 최대 부하전류를 공급할 수 있는 축전지 또는 발전기 등의 예비전원설비가 설치되어야 한다. 다만, 상용전원의 정전 등에 따른 방송통신서비스 중단의 피해가 경미하고 예비전원설비를 설치하기 곤란한 경우에는 그러하지 아니하다. 〈개정 2011.1.4〉

③ 사업용방송통신설비 외의 방송통신설비에 대한 전원설비의 설치기준에 필요한 세부 기술기준은 과학기술정보통신부장관이 정하여 고시한다.
〈개정 2011.1.4, 2013.3.23, 2017.7.26〉

3.2.8 삭제

3.2.9 절연저항(제12조)

선로설비의 회선 상호 간 회선과 대지 간 및 회선의 심선 상호 간의 절연저항은 직류 500볼트 절연저항계로 측정하여 10메가옴 이상이어야 한다.

3.2.10 누화(제13조)

평형회선은 회선 상호 간 방송통신콘텐츠의 내용이 혼입되지 아니하도록 두 회선사이의 근단누화 또는 원단누화의 감쇠량은 68데시벨 이상이어야 한다. 다만, 과학기술정보통신부장관이 별도로 세부기술기준을 고시한 경우에는 이에 따른다.

3.3 이용자방송통신설비

3.3.1 단말장치의 기술기준

방송통신설비에 설치되는 단말장치의 기술기준은 제14조를 따라 설치하여야 한다.

① 과학기술정보통신부장관은 방송통신설비의 운용자와 이용자의 안전 및 방송통신서비스의 품질향상을 위하여 다음 각 호의 사항에 관한 단말장치의 기술기준을 정할 수 있다. 〈개정 2011.1.4〉

1. 방송통신망 및 방송통신망 운용자에 대한 위해방지에 관한 사항
2. 방송통신망의 오용 및 요금산정기기의 고장방지에 관한 사항
3. 방송통신망 또는 방송통신서비스에 대한 장애인의 용이한 접근에 관한 사항
4. 비상방송통신서비스를 위한 방송통신망의 접속에 관한 사항
5. 방송통신망과 단말장치 간 또는 단말장치와 단말장치 간의 상호작동에 관한 사항
6. 전송품질의 유지에 관한 사항
7. 전화역무 간의 상호운용에 관한 사항
8. 그 밖에 방송통신망의 보호를 위하여 필요한 사항

② 과학기술정보통신부장관은 제1항 각 호의 사항에 관한 단말장치의 세부 기술기준을 정한 때에는 이를 고시하여야 한다.

③ 기간통신사업자는 제1항 각 호의 사항에 관하여 제2항에 따른 기술기준 외의 기술기준을 정할 수 있으며, 그 기준을 정한 경우에는 과학기술정보통신부장관의 승인을 받아 이를 공시하여야 한다.

3.3.2 전자파장해 방지기준 등(제15조)

단말장치의 전자파장해 방지기준 및 전자파장해로부터의 보호기준 등은 전파에 관한 법령이 정하는 바에 따른다.

3.3.3 전파를 사용하는 단말장치(제16조)

전파를 사용하거나 전파를 사용하는 기능이 부가되어 있는 단말장치의 기술기준에 관하여 이 영에서 정한 것 외에는 전파에 관한 법령이 정하는 바에 따른다. 〈개정 2011.1.4〉

3.3.4 구내통신선로설비의 설치대상(제17조)

「전기통신사업법」 제69조제1항에 따라 구내통신선로설비 등을 갖추어야 하는 건축물은 「건축법」 제11조제1항에 따라 허가를 받아 건축하는 건축물로 한다. 다만, 야외음악당 · 축사 · 차고 · 창고 등 통신수요가 예상되지 아니하는 비주거용 건축물은 제외한다. [전문개정 2017.4.25]

3.3.5 구내용 이동통신설비의 설치대상(제17조의2)

① 「전기통신사업법」 제69조의2제1항제1호에서 "대통령령으로 정하는 건축물"이란 연면적의 합계가 1,000제곱미터 이상인 건축물로서 다음 각 호의 어느 하나에 해당하는 건축물을 말한다.

1. 「건축법 시행령」 제2조제17호에 따른 다중이용 건축물(주택단지에 건설된 건축물은 제외한다)
2. 지하층이 있는 건축물로서 제1호에 해당하지 아니하는 건축물(공중이 이용하는 지하도 · 터널 · 지하상가 및 지하에 설치하는 주차장 등 지하건축물을 포함한다)

② 제1항에도 불구하고 다음 각 호의 어느 하나에 해당하는 건축물은 「전기통신사업법」 제69조의2제1항제1호에 따른 건축물에서 제외한다. 〈개정 2017.7.26〉

1. 제3항에 따른 주택단지에 건설된 주택 및 시설
2. 「도시철도법」 제2조제3호에 따른 도시철도시설
3. 「국방 · 군사시설 사업에 관한 법률」 제2조제1호에 따른 국방 · 군사시설
4. 통신수요가 예상되지 아니한다고 과학기술정보통신부장관이 인정하는 건축물

③ 「전기통신사업법」 제69조의2제1항제2호에서 "대통령령으로 정하는 주택단지"란 500세대 이상의 공동주택이 있는 주택단지를 말한다.

[본조신설 2017.4.25]

3.3.6 구내용 이동동신설비의 설치장소(제17조의3)

「전기통신사업법」 제69조의2제1항 각 호의 시설별로 구내용 이동동신설비를 설치하여야 하는 장소는 별표 1과 같다. [본조신설 2017.4.25]

[별표 1] 〈개정 2017.7.26〉

구내용 이동통신설비의 설치장소(제17조의3제1항 관련)

<table>
<tr><th>구 분</th><th>설치대상</th><th>설치장소</th></tr>
<tr><td rowspan="2">1. 「전기통신사업법」 제69조의2제1항제1호, 이 영 제17조의2제1항 및 제2항에 따른 건축물</td><td>가. 「건축법 시행령」 제2조제17호에 따른 다중이용 건축물(주택단지에 건설된 건축물은 제외한다)</td><td>각 지하층 및 각 지상층</td></tr>
<tr><td>나. 가목에 해당하지 않는 지하층이 있는 건축물(공중이 이용하는 지하도 · 터널 · 지하상가 및 지하에 설치하는 주차장 등 지하건축물을 포함한다)</td><td>각 지하층</td></tr>
<tr><td rowspan="2">2. 「전기통신사업법」 제69조의2제1항제2호 및 이 영 제17조의2제3항에 따른 주택 및 시설</td><td>가. 제24조의2제1항에 따라 협의하여 지상층에 이동통신구내중계설비를 설치하기로 한 주택 및 시설</td><td>각 지하층 및 과학기술정보통신부장관이 정하여 고시하는 기준에 적합한 지상층</td></tr>
<tr><td>나. 가목에 해당하지 않는 지하층이 있는 주택 및 시설</td><td>각 지하층</td></tr>
<tr><td>3. 「전기통신사업법」 제69조의2제1항제3호에 따른 도시철도시설</td><td colspan="2">과학기술정보통신부장관이 정하여 고시하는 기준에 적합한 장소</td></tr>
</table>

비고

위 표에서 규정한 사항 외에 구내용 이동통신설비를 설치하여야 하는 장소에 관한 세부사항은 과학기술정보통신부장관이 정하여 고시한다.

3.3.7 설치방법(제18조)

① 구내통신선로설비 및 이동통신구내선로설비는 그 구성과 운영 및 사업용방송통신설비와의 접속이 쉽도록 설치하여야 한다. 〈개정 2011.1.4〉

② 구내통신선로설비의 옥외회선은 지하로 인입(引入)하여야 한다. 〈개정 2017.4.25〉

③ 구내통신선로설비를 구성하는 접지설비와 이동통신구내선로설비를 구성하는 접지설비는 공동으로 사용할 수 있도록 설치하여야 한다. 〈개정 2017.4.25〉

④ 구내통신선로설비를 구성하는 배관시설과 이동통신구내선로설비를 구성하는 배관시설은 공동으로 사용할 수 있도록 설치하여야 하며, 설치된 후 배선의 교체 및 증설시공이 쉽게 이루어질 수 있는 구조로 설치하여야 한다. 〈개정 2017.4.25〉

⑤ 제1항부터 제4항까지의 규정에 따른 구내통신선로설비 및 이동통신구내선로설비의 구체적인 설치방법 등에 대한 세부기술기준은 과학기술정보통신부장관이 정하여 고시한다. 〈개정 2017.4.25, 2017.7.26〉

[제목개정 2017.4.25.]

3.3.8 구내통신실의 면적확보(제19조)

「전기통신사업법」 제69조제2항에 따른 전기통신회선설비와의 접속을 위한 면적기준은 다음 각 호와 같다. 〈개정 2011.1.4, 2017.4.25, 2022.12.6〉

1. 업무용건축물에는 국선·국선단자함 또는 국선배선반과 초고속통신망장비, 이동통신망장비 등 각종 구내통신선로설비 및 구내용 이동통신설비를 설치하기 위한 공간으로서 다음 각 목의 구분에 따라 집중구내통신실과 층구내통신실을 확보하여야 한다.
   가. 집중구내통신실 : 별표 2에 따른 면적확보 기준을 충족할 것
   나. 층구내통신실 : 각 층별로 [별표 2]에 따른 면적확보 기준을 충족할 것
2. 주거용건축물 중 공동주택 및 준주택오피스텔에는 별표 3에 따른 면적확보 기준을 충족하는 집중구내통신실을 확보해야 한다.
3. 하나의 건축물에 업무용건축물과 주거용건축물 중 공동주택 또는 준주택오피스텔이 복합된 건축물에는 각각 [별표 2] 및 [별표 3]에 따른 면적확보 기준을 충족하는 집중구내통신실을 용도별로 각각 분리된 공간에 확보하여야 하며, 업무용건축물에 해당하는 부분에는 별표 2에 따른 면적확보 기준을 충족하는 층구내통신실을 확보하여야 한다. 다만, 업무용건축물에 해당하는 부분의 연면적이 500제곱미터 미만인 건축물로서 다음 각 목의 요건을 모두 충족하는 경우에는 집중구내통신실을 용도별로 분리하지 아니하고 통합된 공간에 확보할 수 있다.
   가. 집중구내통신실의 면적이 별표 2와 별표 3에 따른 면적확보 기준을 합산한 면적 이상일 것
   나. 집중구내통신실이 해당 용도별 전기통신회선설비와의 접속기능을 원활히 수행할 수 있을 것

[별표 2] 〈개정 2017.4.25.〉

업무용 건축물의 구내통신실면적확보 기준(제19조제1호 및 제3호 관련)

건축물 규모	확보대상	확보면적
1. 6층 이상이고 연면적 5천제곱미터 이상인 업무용 건축물	가. 집중구내통신실	10.2제곱미터 이상으로 1개소 이상
	나. 층구내통신실	1) 각 층별 전용면적이 1천제곱미터 이상인 경우에는 각 층별로 10.2제곱미터 이상으로 1개소 이상 2) 각 층별 전용면적이 800제곱미터 이상인 경우에는 각 층별로 8.4제곱미터 이상으로 1개소 이상 3) 각 층별 전용면적이 500제곱미터 이상인 경우에는 각 층별로 6.6제곱미터 이상으로 1개소 이상 4) 각 층별 전용면적이 500제곱미터 미만인 경우에는 각 층별로 5.4제곱미터 이상으로 1개소 이상
2. 제1호 외의 업무용 건축물	집중구내통신실	건축물의 연면적이 500제곱미터 이상인 경우 10.2제곱미터 이상으로 1개소 이상. 다만, 500제곱미터 미만인 경우는 5.4제곱미터 이상으로 1개소 이상.

비고

1. 같은 층에 집중구내통신실과 층구내통신실을 확보하여야 하는 경우에는 집중구내통신실만을 확보할 수 있다.
2. 층별 전용면적이 500제곱미터 미만인 경우로서 각 층별로 통신실을 확보하기가 곤란한 경우에는 하나의 층구내통신실에 2개층 이상의 통신설비를 통합하여 수용할 수 있다. 이 경우 층구내통신실 확보면적은 통합 수용된 각 층의 전용면적을 합하여 위 표 제1호 중 층구내통신실의 확보면적란의 기준을 적용한다.
3. 같은 층에 층구내통신실을 2개소 이상으로 분리 설치하려는 경우에는 층구내통신실의 면적은 최소 5.4제곱미터 이상이어야 한다.
4. 집중구내통신실은 외부환경에 영향이 적은 지상에 확보되어야 한다. 다만, 부득이한 사유로 지상확보가 곤란한 경우에는 침수우려가 없고 습기가 차지 아니하는 지하층에 설치할 수 있다.
5. 집중구내통신실에는 조명시설과 통신장비전용의 전원설비를 갖추어야 한다.
6. 각 통신실의 면적은 벽이나 기둥 등을 제외한 면적으로 한다.
7. 집중구내통신실의 출입구에는 잠금장치를 설치하여야 한다.

[별표 3] 〈개정 2022.12.6.〉

공동주택 및 준주택오피스텔의 구내통신실면적확보 기준(제19조제2호 및 제3호 관련)

구 분	확보면적
1. 50세대 이상 500세대 이하 단지	10제곱미터 이상으로 1개소
2. 500세대 초과 1,000세대 이하 단지	15제곱미터 이상으로 1개소
3. 1,000세대 초과 1,500세대 이하 단지	20제곱미터 이상으로 1개소
4. 1,500세대 초과 단지	25제곱미터 이상으로 1개소

비고

1. 집중구내통신실은 외부환경에 영향이 적은 지상에 확보되어야 한다. 다만, 부득이한 사유로 지상 확보가 곤란한 경우에는 침수우려가 없고 습기가 차지 아니하는 지하층에 설치할 수 있다.
2. 집중구내통신실에는 조명시설과 통신장비전용의 전원설비를 구비하여야 한다.
3. 각 통신실의 면적은 벽이나 기둥 등을 제외한 면적으로 한다.
4. 집중구내통신실의 출입구에는 잠금장치를 설치하여야 한다.

3.3.9 구내통신선로설비의 회선 수(제20조)

① 구내통신선로설비에는 다음 각 호의 사항에 지장이 없도록 충분한 회선을 확보하여야 한다.

1. 구내로 인입되는 국선의 수용
2. 구내회선의 구성
3. 단말장치 등의 증설

② 제1항의 규정에 따라 확보하여야 하는 최소 회선 수의 기준은 [별표 3]과 같다.

[별표 4] 방송통신설비의 기술기준에 관한 규정 [별표 4] 〈개정 2022.12.6.〉

구내통신 회선 수 확보기준(제20조제2항 관련)

대상건축물	회선 수 확보기준
1. 주거용건축물	다음 각 목의 기준 중 어느 하나 이상을 충족할 것 가. 국선단자함에서 세대단자함 또는 인출구까지 단위세대당 1회선(4쌍 꼬임케이블 기준) 이상 및 단일모드 광섬유케이블 2코어 이상 나. 광다중화 기능을 갖는 국선단자함과 동단자함이 있는 경우에는 국선단자함에서 동단자함까지 단일모드 광섬유케이블 12코어 이상, 동단자함에서 세대단자함이나 인출구까지 단위세대당 1회선(4쌍 꼬임케이블 기준) 이상 및 단일모드 광섬유케이블 2코어 이상
2. 업무용건축물	다음 각 목의 기준 중 어느 하나 이상을 충족할 것 가. 국선단자함에서 실단자함 또는 인출구까지 업무구역(10제곱미터)당 1회선(4쌍 꼬임케이블 기준) 이상 및 단일모드 광섬유케이블 2코어 이상 나. 광다중화 기능을 갖는 국선단자함과 동단자함이 있는 경우에는 국선단자함에서 동단자함까지 단일모드 광섬유케이블 12코어 이상, 동단자함에서 실단자함이나 인출구까지 업무구역(10제곱미터) 당 1회선(4쌍 꼬임케이블 기준) 이상 및 단일모드 광섬유케이블 2코어 이상

비고

1. 위 표 제1호 및 제2호 외의 건축물은 건축물의 용도를 고려하여 위 표 제1호 또는 제2호에 따른 회선 수 확보기준을 신축적으로 적용할 수 있다.
2. 위 표에서 "세대단자함"이란 세대에 인입되는 통신선로 등의 배선을 효율적으로 분배 · 접속하기 위하여 이용자의 주거 용도로만 쓰이는 실내공간에 설치되는 분배함을 말한다.

2의2. 위 표에서 "단일모드 광섬유케이블"이란 빛의 전파 형태가 한 가지인 광섬유케이블을 말한다.

3. 위 표에서 "동단자함"이란 건물 상호간을 연결하는 통신케이블과 건물 내 수직 구간을 연결하는 통신케이블을 종단하여 상호 연결하는 통신용 분배함을 말한다.
4. 위 표에서 "실단자함"이란 고정된 벽 등으로 반영구적으로 구분된 장소에 인입되는 통신선로 등의 배선을 효율적으로 분배 · 접속하기 위하여 이용자의 업무 용도로만 쓰이는 실내공간에 설치되는 분배함을 말한다
5. 위 표 제1호나목 및 제2호나목에 따른 국선단자함에서 동단자함까지의 단일모드 광섬유케이블 12코어 이상 중 8코어 이상은 국선과 접속하기 위한 용도로 사용한다.

3.4 사업용방송통신설비

3.4.1 안전성 및 신뢰성(제22조)

① 사업자는 이용자가 안전하고 신뢰성 있는 방송통신서비스를 제공받을 수 있도록 다음 각 호의 사항을 구비하여 운용하여야 한다. 〈개정 2011.1.4〉

1. 방송통신설비를 수용하기 위한 건축물 또는 구조물의 안전 및 화재대책 등에 관한 사항
2. 방송통신설비를 이용 또는 운용하는 자의 안전 확보에 필요한 사항
3. 방송통신설비의 운용에 필요한 시험·감시 및 통제를 할 수 있는 기능에 관한 사항
4. 그 밖에 방송통신설비의 안전성 및 신뢰성 확보를 위하여 필요한 사항

② 제1항에 따라 방송통신서비스에 사용되는 방송통신설비가 갖추어야 할 안전성 및 신뢰성에 대한 세부기술기준은 과학기술정보통신부장관이 정하여 고시한다. 〈개정 2011.1.4, 2013.3.23, 2017.7.26〉

3.4.2 사업용방송통신설비와 단말장치 간의 상호연동(제23조)

방송통신사업자는 사업용방송통신설비를 단말장치와 상호연동이 되도록 설치·운용하여야 한다. 〈개정 2011.1.4〉

3.4.3 국선접속설비 및 옥외회선 등의 설치 및 철거(제24조)

① 기간통신사업자는 해당 역무에 사용되는 방송통신설비가 벼락 또는 강전류전선과의 접촉 등으로 그에 접속된 이용자방송통신설비 등에 피해를 줄 우려가 있는 경우에는 이를 방지하기 위하여 국선접속설비 또는 그 주변에 제7조에 따른 보호기를 설치하여야 한다. 〈개정 2011.1.4, 2017.4.25, 2019.6.25〉

② 기간통신사업자는 국선을 5회선 이상으로 인입하는 경우에는 케이블로 국선수용단자반에 접속·수용하여야 한다.

③ 기간통신사업자는 국선 등 옥외회선을 지하로 인입하여야 한다. 다만, 같은 구내에 5회선 미만의 국선을 인입하는 경우에는 그러하지 아니하다. 〈신설 2017.4.25〉

④ 제3항 단서에도 불구하고 기간통신사업자는 건축주등이 제4조제2항제2호의 분계점과 사업자가 이용하는 인입맨홀·핸드홀 또는 인입주까지 지하인입배관을 설치한 경우에는 옥외회선을 지하로 인입하여야 한다. 〈신설 2017.4.25〉

⑤ 기간통신사업자는 「전기통신사업법」 제35조의2제2항에 따른 공중케이블 정비계획에 따라 정비대상으로 선정된 지역의 건축물에 5회선 미만의 국선 등 옥외회선

을 공중으로 인입하는 경우에는 건축물마다 하나의 인입경로로 옥외회선을 설치하여야 한다. 다만, 방송통신설비를 안전하게 설치, 운영 또는 관리하기 위한 건축물로서 과학기술정보통신부장관이 정하여 고시하는 바에 따른 건축물은 두 개의 인입경로로 옥외회선을 설치할 수 있다. 〈신설 2017.4.25, 2017.7.26〉

⑥ 기간통신사업자는 「전기통신사업법」 제28조에 따른 이용약관에 따라 체결된 서비스 이용계약이 해지된 경우에는 과학기술정보통신부장관이 정하여 고시하는 기간 이내에 제3항 단서에 따라 설치된 국선 등 옥외회선을 철거하여야 하며, 그 내역을 기록·관리하여야 한다. 다만, 서비스 이용계약이 일부만 해지된 경우에는 그러하지 아니하다. 〈신설 2017.4.25, 2017.7.26〉

⑦ 제1항부터 제6항까지에서 규정한 사항 외에 국선접속설비 및 옥외회선 등의 설치 및 철거에 필요한 세부기술기준은 과학기술정보통신부장관이 정하여 고시한다. 〈신설 2017.4.25, 2017.7.26〉

[제목개정 2017.4.25.]

3.4.4 이동통신구내중계설비의 설치 및 철거(제24조의2)

① 「전파법」에 따라 할당받은 주파수를 사용하여 전기통신역무를 제공하는 기간통신사업자와 건축주등은 건축주등이 다음 각 호의 어느 하나에 해당하는 서류를 제출하기 전까지 이동통신구내중계설비의 설치장소 및 설치방법 등을 협의하여야 한다.

1. 「건축법」 제11조제3항에 따른 허가신청서
2. 「주택법」 제15조제2항 또는 제3항에 따른 사업계획승인신청서
3. 「도시철도법」 제7조제1항에 따른 사업계획 승인신청서

② 제1항에 따른 기간통신사업자는 해당 기간통신사업자 모두를 대표하여 건축주등과 제1항에 따른 협의를 전담하는 자(이하 "협의대표"라 한다)를 선정하여 해당 기간통신사업자의 인터넷 홈페이지 등에 게시하여야 한다.

③ 협의대표는 「주택법」 제2조제10호에 따른 사업주체(이하 "사업주체"라 한다)와 제1항에 따른 협의를 하는 경우 미리 주택단지 내 전파음영을 고려한 이동통신구내중계설비의 설계결과를 사업주체에게 제시하여야 한다.

④ 사업주체는 제1항에 따른 협의 결과를 누구든지 쉽게 알 수 있도록 해당 주택의 청약 신청 접수일 5일 이전에 「주택법」 제60조에 따른 견본주택 또는 사이버견본주택이 전시되는 인터넷 홈페이지 등에 게시하는 등 필요한 조치를 하여야 한다.

⑤ 제1항에 따른 기간통신사업자는 해당 건축물이 제17조의2에 따른 구내용 이동통신설비의 설치대상에서 제외되고 통신수요가 없는 경우에는 즉시 이동통신구내중계설비를 철거하여야 한다.

⑥ 제1항부터 제5항까지에서 규정한 사항 외에 이동통신구내중계설비의 설치 및 철거

에 필요한 세부기술기준은 과학기술정보통신부장관이 정하여 고시한다. 〈개정 2017.7.26〉

[본조신설 2017.4.25]

3.4.5 통신공동구 등의 설치기준(제25조)

① 통신공동구ㆍ맨홀 등은 통신케이블의 수용과 설치 및 유지ㆍ보수 등에 필요한 공간과 부대시설을 갖추어야 하고, 관로는 차도의 경우 지면으로부터 1미터 이상의 깊이에 매설하여야 한다.

② 통신공동구 또는 관로를 「국토의 계획 및 이용에 관한 법률」 제2조제7호에 따른 도시계획시설 또는 「도로법」 제2조에 따른 도로 등에 설치하는 경우 관련 법령에 그 설치기준이 규정된 경우에는 그 법령에서 정한 기준을 적용한다.

③ 통신공동구 또는 관로를 다른 법령에 따라 설치된 설비에 덧붙여 설치하는 경우에는 이 영에서 정한 기준에도 불구하고 다른 법령의 기준을 적용할 수 있다. 〈개정 2011.1.4〉

④ 제1항에 따른 통신공동구, 관로, 맨홀 등의 설치에 대한 세부기술기준은 과학기술정보통신부장관이 이를 정하여 고시한다.

3.4.6 전송망사업용설비(제26조)

① 전송망사업용설비와 수신자설비의 분계점에서 수신자에게 종합유선방송신호를 전송하기 위한 전송설비 및 선로설비에 대한 세부기술기준은 과학기술정보통신부장관이 정하여 고시한다. 〈개정 2011.1.4〉

② 전송망사업용설비에는 전송되는 종합유선방송신호가 정상적으로 제공되고 있는지를 확인할 수 있도록 전송선로시설의 감시장치를 설치하여야 한다.

③ 전송망사업용설비에 관하여 이 영에서 정하는 것 외에는 전파에 관한 법령에서 정한 기준을 적용한다. 〈개정 2011.1.4〉

④ 「방송법」 제79조제3항에 따라 종합유선방송사업자 및 중계유선방송사업자가 자체적으로 설치하는 전송설비 및 선로설비의 설치 및 철거 등에 관하여는 제1항부터 제3항까지(중계유선방송사업자의 경우에는 제3항만 해당한다) 및 제18조를 준용한다. 〈개정 2011.1.4〉

3.4.7 통신규약(제27조)

① 사업자는 정보통신설비와 이에 연결되는 다른 정보통신설비 또는 이용자설비와의 사이에 정보의 상호전달을 위하여 사용하는 통신규약을 인터넷, 언론매체 또는 그 밖의 홍보매체를 활용하여 공개하여야 한다.

② 제1항에 따라 사업자가 공개하여야 할 통신규약의 종류와 범위에 대한 세부 기술기준은 과학기술정보통신부장관이 정하여 고시한다. 〈개정 2013.3.23, 2017.7.26〉

3.4.8 준용규정(제28조)

자가방송통신설비에 관하여는 제22조를 준용한다. 이 경우 “사업자”는 “자가방송통신설비설치자”로, “방송통신설비”는 “자가방송통신설비”로 본다. 〈개정 2011.1.4〉

3.5 보 칙

3.5.1 표준시험방법의 권장(제29조)

과학기술정보통신부장관은 이 영에서 정한 기준을 효율적으로 시행하기 위하여 방송통신설비의 기술기준에 관한 표준시험방법을 정하여 권장할 수 있다. 〈개정 2011.1.4〉

3.5.2 세부규격 등의 권장(제30조)

과학기술정보통신부장관은 이 영에서 정한 기술기준의 효율적인 시행을 위하여 다음 각 호의 자가 정한 방송통신설비의 설계 · 제조 · 설치 및 보전에 관한 세부규격 등의 사용을 권장할 수 있다. 〈개정 2011.1.4〉

1. 법 제18조에 따른 연구기관 · 단체와 사업자
2. 법 제34조에 따른 한국정보통신기술협회

3.5.3 적용배제(제31조)

다음 각 호의 어느 하나에 해당하는 경우로서 이 영 및 이 영에 따른 고시 또는 공시된 기술기준을 적용하기 곤란한 때에는 과학기술정보통신부장관의 승인을 받아 이를 적용하지 아니할 수 있다. 〈개정 2011.1.4〉

1. 새로운 방송통신기술 등이 개발되어 이의 시험적 운용이 필요하다고 인정하는 경우
2. 다른 사람의 방송통신에 지장을 미칠 우려가 없는 방송통신설비로서 통신보안의 확보나 그 밖에 불가피한 사유가 있는 경우

3.5.4 권한의 위임(제32조)

과학기술정보통신부장관은 법 제44조제1항 및 「전기통신사업법」 제93조에 따라 다음 각 호의 권한을 전파연구소장에게 위임한다.

1. 법 제28조제1항에 따른 방송통신설비의 기술기준에 관한 사항 중 제6조제4항, 제7조제3항, 제8조제2항, 제9조제3항, 제10조제3항, 제11조, 제13조, 제14조제2항 및 제29조에 따른 세부기술기준의 고시에 관한 사항
2. 「전기통신사업법」 제61조 · 제68조제2항 및 제69조제2항에 따른 사업용방송통신설비의 기술기준, 관로 설치기준 및 전기통신선로설비 등의 설치기준에 관한 사항 중 제18조제6항, 제22조제2항, 제25조제4항, 제26조제1항, 제27조제2항에 따른 세부기술기준의 고시에 관한 권한 [전문개정 2011.1.4]

제4장

구내통신설비의 기술기준

4.1 구내통신설비의 설계 기술기준 근거

4.1.1 구내통신설비의 설계 기술기준

「방송통신설비의 기술기준에 관한 규정」 제7조제3항 · 제8조제2항 · 제10조제3항 · 제18조제6항 및 제25조제4항의 규정에 의한 접지설비 · 구내통신설비 · 선로설비 및 통신공동구 등에 대한 기술기준(국립전파연구원장 제2018-30호)

4.1.2 설비에 대한 적용범위(제2조)

1. 규정 제7조 규정에 의한 방송통신설비의 보호기 및 접지설비
2. 규정 제8조 규정에 의한 전송설비 및 선로설비
3. 규정 제10조 규정에 의한 전원설비
4. 규정 제17조 및 「주택건설기준 등에 관한 규정」 제32조 · 제32조의2 · 제42조의 규정에 의한 건축물에 설치하는 구내통신선로설비 · 이동통신구내선로설비 및 방송공동수신설비 · 홈네트워크설비
5. 「전기통신사업법」 제69조의2의 규정에 의한 도시철도시설에 설치하는 구내통신선로설비 · 구내용 이동통신설비

4.1.3 용어의 정의(제2조)

① 이 고시에서 사용하는 용어의 정의는 다음과 같다.

1. 〈삭제 2014.7.2〉
2. "통신선"이라 함은 절연물로 피복한 전기도체 또는 절연물로 피복한 위를 보호피복으로 보호한 전기도체 및 광섬유 등으로써 통신용으로 사용하는 선을 말한다.
3. "이격거리"라 함은 통신선과 타물체(통신선을 포함한다)가 기상조건에 의한 위치의 변화에 의하여 가장 접근한 경우의 거리를 말한다.
4. "강전류절연전선"이라 함은 절연물만으로 피복되어 있는 강전류전선을 말한다.
5. "강전류케이블"이라 함은 절연물 및 보호물로 피복되어 있는 강전류전선을 말한다.
6. "강풍지역"이라 함은 벌판, 도서 또는 해안에 인접한 지역 등으로서 바람의 영향을 많이 받는 곳을 말한다.
7. "회선"이라 함은 전기통신의 전송이 이루어지는 유형 또는 무형의 계통적 전기통신로를 말하며, 그 용도에 따라 국선 및 구내선 등으로 구분한다.

8. “기타건축물”이라 함은 업무용건축물 및 주거용건축물을 제외한 건축물을 말한다.
9. “이용자”라 함은 구내통신설비를 소유하거나 사용하는 자를 말한다.
10. “사업자”라 함은 방송통신서비스를 제공하는 방송통신사업자를 말한다.
11. “구내간선케이블”이라 함은 국선단자함에서 동단자함 또는 동단자함에서 동단자함까지(건물간 구간)를 연결하는 통신케이블을 말한다.
12. “건물간선케이블”이라 함은 동단자함에서 층단자함까지 또는 층단자함에서 다른 층의 층단자함까지(건물내수직 구간)를 연결하는 통신케이블을 말한다.
13. “수평배선케이블”이라 함은 층단자함에서 통신인출구까지(건물내수평 구간)를 연결하는 통신케이블을 말한다.
14. 〈삭제〉
15. “동단자함”이라 함은 구내간선케이블 및 건물간선케이블을 종단하여 상호 연결하는 통신용 분배함을 말한다.
16. “층단자함”이라 함은 건물간선케이블 및 수평배선케이블을 종단하여 상호 연결하는 통신용 분배함을 말한다.
17. “세대단자함”이라 함은 세대내에 인입되는 통신선로, 방송공동수신설비 또는 홈네트워크설비 등의 배선을 효율적으로 분배·접속하기 위하여 이용자의 주거전용면적에 포함되는 실내공간에 설치되는 분배함을 말한다.
18. “세대내 성형배선”(이하 “성형배선”이라 한다)이라 함은 세대단자함 또는 이와 동등한 기능이 있는 단자함에서 각 인출구로 직접 배선되는 방식을 말한다.
19. “급전선”이라 함은 이동통신서비스 또는 휴대인터넷서비스 등에 사용되는 무선송수신기와 안테나간에 연결하는 선로를 말한다.
20. “중계장치”라 함은 선로의 도달이 어려운 지역을 해소하기 위해 사용하는 증폭장치 등을 말한다.
21. “홈네트워크 주장치(홈게이트웨이, 월패드, 홈서버 등을 포함한다)”라 함은 세대 내에서 사용되는 홈네트워크 기기들을 유·무선 네트워크 기반으로 연결하고 홈네트워크 서비스를 제공하는 기기를 말한다.

② 제1항에서 사용하는 용어의 정의를 제외하고는 규정에서 정하는 바에 의한다.

4.2 보호기 성능 및 접지설비 설치방법

4.2.1 보호기성능(제4조)

① 보호기의 기본회로도는 별표 1과 같으며, 보호기의 성능은 제2항 내지 제4항의 조건을 만족하여야 한다.

② 보호기의 과전압 성능은 다음 각 호와 같아야 한다.

1. 보호기는 직류 100V/sec의 상승전압을 L1-E, L2-E간에 인가할 때 180V 이상 300V 이하에서 접지를 통하여 방전이 개시되어야 한다.
2. 보호기는 100V/㎲의 상승전압을 L1-E, L2-E간에 인가할 때 180V 이상 700V 이하에서 접지를 통하여 방전되어야 한다.
3. 보호기는 1000V/㎲의 상승전압을 L1-E, L2-E간에 인가할 때 180V 이상 900V 이하에서 접지를 통하여 방전되어야 한다.

③ 보호기의 과전류 성능은 다음 각 호와 같아야 한다.

1. 보호기는 L1-T1, L2-T2간에 교류 110V 250mA를 인가할 때 1분이내, 교류 110V 1A를 인가할 때 2초 이내에 동작하여 부동작 전류 이하로 전류를 제한하고, 과전류가 제거되면 자기 복구되어야 한다.
2. 보호기는 L1-T1, L2-T2간에 직류 150mA를 3시간 인가할 때 과전류 제한소자는 동작하지 않아야 한다.

④ 보호기의 발화방지 성능은 다음 각 호와 같아야 한다.

1. 보호기는 L1-E, L2-E간에 60Hz, 5A를 15분간 인가할 때 과전압 방전소자의 발화방지 장치가 동작하여 보호기의 발화 및 변형이 없어야 한다.
2. 보호기는 과전압 방전소자가 삽입되지 않은 상태에서 L1-T1, L2-T2간에 교류 220V, 3A을 15분간 인가할 때 과전류 제한소자가 손상되지 않아야 하며, 보호기의 발화 및 변형이 없어야 한다.

[별표 1]

보호기의 기본회로도(제4조제1항 관련)

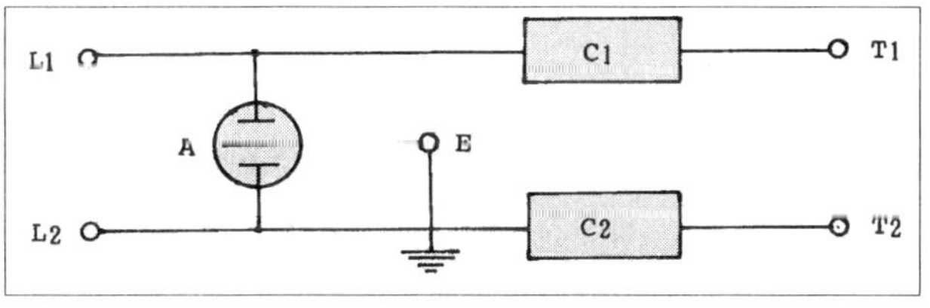

㈜ L1, L2 : 외선측 단자　　T1, T2 : 내선측 단자　　E : 접지선 단자
A : 과전압방전소자　　C1, C2 : 과전류제한소자

4.2.2 접지저항(제5조)

① 교환설비 · 전송설비 및 통신케이블과 금속으로 된 단자함(구내통신단자함, 옥외분배함 등) · 장치함 및 지지물 등이 사람이나 방송통신설비에 피해를 줄 우려가 있을 때에는 접지단자를 설치하여 접지하여야 한다.

② 통신관련시설의 접지저항은 10Ω 이하를 기준으로 한다. 다만, 다음 각 호의 경우는 100Ω 이하로 할 수 있다.

1. 선로설비 중 선조 · 케이블에 대하여 일정 간격으로 시설하는 접지(단, 차폐케이블은 제외)
2. 국선 수용회선이 100회선 이하인 주배선반
3. 보호기를 설치하지 않는 구내통신단자함
4. 구내통신선로설비에 있어서 전송 또는 제어신호용 케이블의 쉴드 접지
5. 철탑 이외 전주 등에 시설하는 이동통신용 중계기
6. 암반지역 또는 산악지역에서의 암반 지층을 포함하는 경우 등 특수 지형에의 시설이 불가피한 경우로서 기준 저항값 10Ω을 얻기 곤란한 경우
7. 기타 설비 및 장치의 특성에 따라 시설 및 인명 안전에 영향을 미치지 않는 경우

③ 통신회선 이용자의 건축물, 전주 또는 맨홀 등의 시설에 설치된 통신설비로서 통신용 접지시공이 곤란한 경우에는 그 시설물의 접지를 이용할 수 있으며, 이 경우 접지저항은 해당 시설물의 접지기준에 따른다. 다만, 전파법시행령 제24조의 규정에 의하여 신고하지 아니하고 시설할 수 있는 소출력중계기 또는 무선국의 경우, 설치된 시설물의 접지를 이용할 수 없을 시 접지하지 아니할 수 있다.

④ 접지선은 접지 저항값이 10Ω이하인 경우에는 2.6mm이상, 접지 저항값이 100Ω 이하인 경우에는 직경 1.6mm 이상의 피 · 브이 · 씨 피복 동선 또는 그 이상의 절연효과가 있는 전선을 사용하고 접지극은 부식이나 토양오염 방지를 고려한 도전성 재료를 사용한다. 단, 외부에 노출되지 않는 접지선의 경우에는 피복을 아니할 수 있다.

⑤ 접지체는 가스, 산 등에 의한 부식의 우려가 없는 곳에 매설하여야 하며, 접지체 상단이 지표로부터 수직 깊이 75cm 이상되도록 매설하되 동결심도보다 깊도록 하여야 한다.

⑥ 사업용방송통신설비와 전기통신사업법 제64조의 규정에 의한 자가전기통신설비 설치자는 접지저항을 정해진 기준치를 유지하도록 관리하여야 한다.

⑦ 다음 각 호에 해당하는 방송통신관련 설비의 경우에는 접지를 아니할 수 있다.

1. 전도성이 없는 인장선을 사용하는 광섬유케이블의 경우
2. 금속성 함체이나 광섬유 접속등과 같이 내부에 전기적 접속이 없는 경우

4.3 선로설비 설치방법

4.3.1 사용 가능한 통신선의 종류(제6조)

방송통신설비에 사용하는 통신선은 절연전선 또는 케이블이어야 한다. 다만, 절연전선이나 케이블을 사용하기가 곤란한 경우에 있어서 타인이 설치한 방송통신설비에 방해를 줄 염려가 없고 인체 또는 물건에 손상을 줄 염려가 없는 경우에는 예외로 할 수 있다.

4.3.2 가공통신선의 지지물과 가공강전류전선간의 이격거리(제7조)

① 가공통신선의 지지물은 가공강전류전선사이에 끼우거나 통과하여서는 아니된다. 다만, 인체 또는 물건에 손상을 줄 우려가 없을 경우에는 예외로 할 수 있다.
② 가공통신선의 지지물과 가공강전류전선간의 이격거리는 다음 각 호와 같다.
  1. 가공강전류전선의 사용전압이 저압 또는 고압일 경우의 이격거리는 다음 표와 같다.

가공강전류전선의 사용전압 및 종별		이격거리
저 압		30cm 이상
고 압	강전류케이블	30cm 이상
	기타 강전류전선	60cm 이상

  2. 가공강전류전선의 사용전압이 특고압일 경우의 이격거리는 다음 표와 같다.

가공강전류전선의 사용전압 및 종별		이격거리
35,000V 이하의 것	강전류케이블	50cm 이상
	특고압 강전류절연전선	1m 이상
	기타 강전류전선	2m 이상
35,000V를 초과하고 60,000V 이하의 것		2m 이상
60,000V를 초과하는 것		2m에 사용전압이 60,000V를 초과하는 10,000V마다 12cm를 더한 값 이상

4.3.3 가공통신선의 높이(제11조)

① 설치장소 여건에 따른 가공통신선의 높이는 다음 각 호와 같다.
  1. 도로상에 설치되는 경우에는 노면으로부터 4.5m 이상으로 한다. 다만, 교통에 지장을 줄 우려가 없고 시공상 불가피할 경우 보도와 차도의 구별이 있는 도로의 보도상에서는 3m 이상으로 한다.

2. 철도 또는 궤도를 횡단하는 경우에는 그 철도 또는 궤조면으로부터 6.5m 이상으로 한다. 다만, 차량의 통행에 지장을 줄 우려가 없는 경우에는 그러하지 아니하다.
3. 7,000V를 초과하는 전압의 가공강전류전선용 전주에 가설되는 경우에는 노면으로부터 5m 이상으로 한다.
4. 제1호 내지 제3호 및 제3항 이외의 기타지역은 지표상으로부터 4.5m이상으로 한다. 다만, 교통에 지장을 줄 염려가 없고 시공상 불가피한 경우에는 지표상으로부터 3m이상으로 할 수 있다.

② 가공선로설비가 하천 등을 횡단하는 경우에는 선박 등의 운행에 지장을 줄 우려가 없는 높이로 설치하여야 하며, 헬리콥터 등의 안전운항에 지장이 없도록 안전표지(항공표지 등)가 설치되어야 한다.

4.3.4 지중통신선(제21조)

① 지중통신선을 지중강전류전선으로부터 30cm(지중강전류전선이 특고압일 경우에는 60cm) 이내의 거리에 설치하는 경우에는 지중통신선과 지중강전류전선간에는 설치장소에서 발생할 수 있는 화염에 견딜 수 있는 격벽을 설치하여야 한다. 다만, 전기용품안전관리법에 의한 전기용품기술기준 중 수직트레이 불꽃시험에 적합한 보호피복을 사용하고 상호 접촉되지 아니하도록 설치하는 경우로서 지중강전류전선 설치자의 승낙을 얻은 경우에는 예외로 할 수 있다.

② 지중통신선의 금속체의 피복 또는 관로는 지중강전류전선의 금속체의 피복 또는 관로와 전기적 접촉이 있어서는 아니된다. 다만, 전기철도 또는 전기궤도의 귀선으로부터 누출되는 직류전선에 의한 부식 또는 강전류설비로부터 방송통신설비에 유입되는 위험전류를 방지하거나 제한하기 위하여 휴즈 · 개폐기 또는 이와 유사한 보안장치를 통하여 접속하는 경우에는 예외로 할 수 있다.

4.3.5 옥내통신선 이격거리(제23조)

① 옥내통신선은 300V 초과 전선과의 이격거리는 15cm 이상, 300V 이하 전선과의 이격거리는 6cm 이상(애자사용 전기공사시 전선과 이격거리는 10cm 이상)으로 하고 도시가스배관과는 혼촉되지 않도록 한다.

② 제1항의 규정에도 불구하고 다음 각 호의 경우에는 그러하지 아니할 수 있다.
1. 옥내통신선이 절연선 또는 케이블이거나 광섬유케이블(전도성 인장선이 없는 것)일 경우(전선 또는 전선관과 접촉이 되지 아니하여야 함).
2. 전선이 케이블(캡타이어 케이블을 포함한다)일 경우(옥내통신선과 접촉되지 아니하여야 함)

3. 전선이 57V(15.4W) 이하의 직류 전원을 공급하는 경우
4. 전선(300V 이하로서 케이블이 아닌 경우)과 옥내통신선간에 절연성의 격벽을 설치할 때 또는 전선을 전선관(절연성 · 난연성 및 내수성을 갖춘 것)에 수용하여 설치한 경우
5. 통신선과 전선을 별도의 배관에 수용하여 설치하는 경우

③ 옥내통신선과 전선을 동일의 관 · 덕트 · 트레이함 또는 인출구(이하 “관등”이라 한다)에 수용할 경우에는 그 관등의 내부에 옥내통신선과 전선을 분리하기 위하여 견고한 격벽(난연성을 갖춘 것)을 설치하여야 하고, 그 관등의 금속제의 부분에는 제5조 규정에 준하여 접지를 한다.

4.4 구내통신설비 설치방법

4.4.1 국선의 인입(제26조)

① 국선인입을 위한 관로, 맨홀, 핸드홀 및 전주 등 구내통신선로설비는 사업자의 맨홀, 핸드홀 또는 인입주로부터 건축물의 최초 접속점까지의 인입거리가 가능한 최단거리가 되도록 설치하여야 한다.

② 국선을 지하로 인입하는 경우에는 배관, 맨홀 및 핸드홀 등을 [그림 4-1] 별표 2의 표준도에 준하여 설치하여야 한다. 다만 다음 각 호의 하나에 해당되는 경우에는 구내의 맨홀 또는 핸드홀을 설치하지 아니하고 사업자의 전주에 인입배관만을 설치하여 지하로 인입할 수 있다.

1. 인입선로의 길이가 246m 미만이고 인입선로상에서 분기되지 않는 경우
2. 5회선 미만의 국선을 인입하는 경우

③ 건축주가 5회선 미만의 국선을 지하로 인입시키기 위해 사업자가 이용하는 인입맨홀 · 핸드홀 또는 인입주까지 지하배관을 설치하는 경우에는 [그림 4-2] 별표 2의1 표준도에 준하여 설치하여야 한다

④ 국선을 가공으로 인입하는 경우에는 별표 3의 표준도에 준하여 설치하며, 사업자는 국선을 인입배관으로 인입하고 이용자가 서비스 이용계약을 해지한 후 30일 이내에 인입선로를 철거하여야 한다.

가. 맨홀을 설치하여 국선단자함에 수용하는 경우

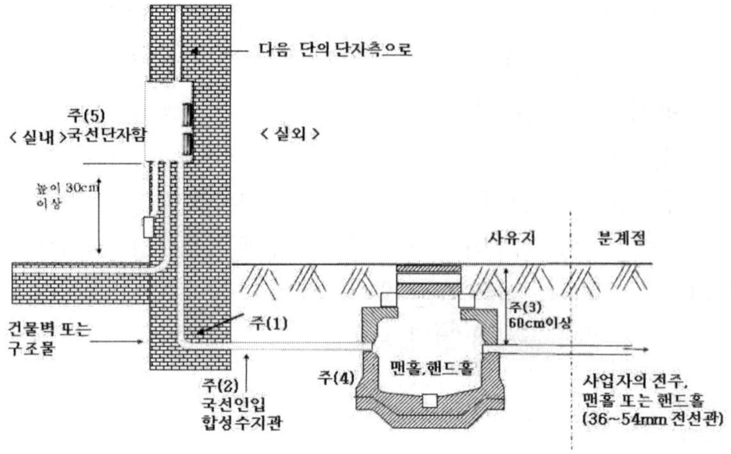

㈜ 1. R≥6Φ(Φ는 관내경으로서 선로외경의 2배 이상일 것)
2. 내부식성철관 또는 KSC 8455 동등 이상의 합성수지관
3. 토피의 두께는 60cm 이상일 것(차도의 경우에는 100cm 이상일 것)
4. 맨홀 또는 핸드홀은 외부하중 및 충격에 충분히 견딜 수 있는 강도와 내구성을 갖출 것
5. 국선단자함은 실내에 설치할 것

(a)

나. 맨홀을 설치하지 않고 국선단자함에 수용하는 경우

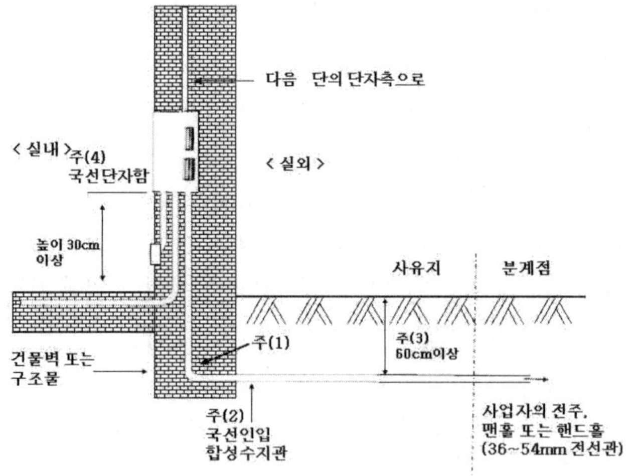

㈜ 1. R≥6Φ(Φ는 관내경으로서 선로외경의 2배 이상일 것)
2. 내부식성철관 또는 KSC 8455 동등 이상의 합성수지관
3. 토피의 두께는 60cm 이상일 것(차도의 경우에는 100cm 이상일 것)
4. 국선단자함은 실내에 설치할 것

(b)

[그림 4-1] 별표 2 지하인입관로의 표준도(제26조제②항 관련)

⑤ 국선을 가공으로 인입하는 경우에는 [그림 4-2]의 표준도에 준하여 설치하며, 사업자는 국선을 인입배관으로 인입하도록 하여야 한다.

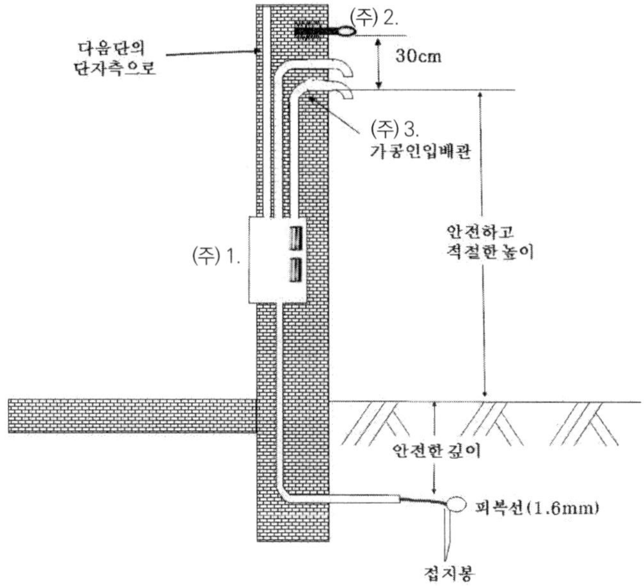

㈜ 1. 국선단자함
2. 인입배선 지지용 용융아연도금 앙카볼트(지름 16mm 이상)
3. 인입케이블 또는 인입선용의 관으로 양측에는 절연부싱이 있어야 하고 인입측은 침수되지 아니하도록 곡처리되어야 한다.

[그림 4-2] 별표 2의1 가공인입의 표준도(제26조제③항 관련)

⑥ 가공통신선을 지하로 인입을 하는 경우 국선의 4회선 이하 맨홀설치 제외와 국선 5회선 이상 맨홀설치를 하는 방법은 다음과 같다(기술기준에 준하여 설치 사례).

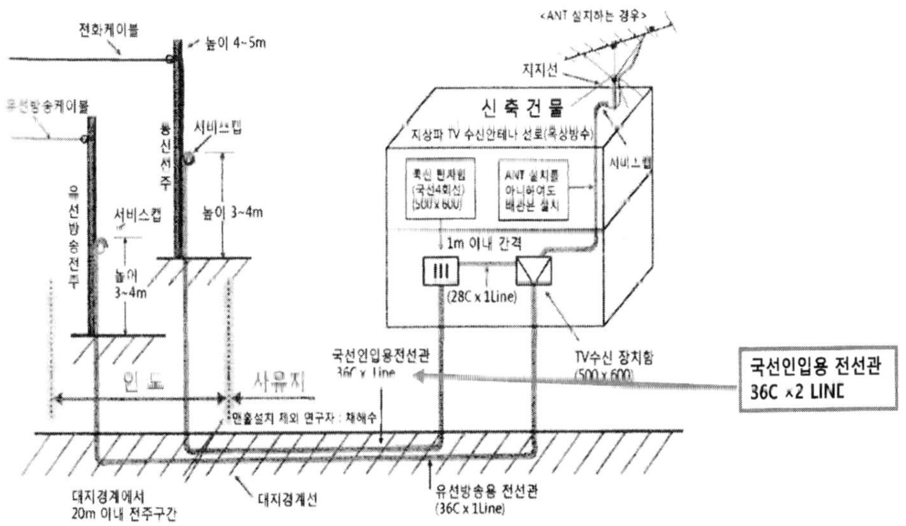

[그림 4-3] 국선 4회선 이하 사업자 전주배관 지하인입 상세도면-1

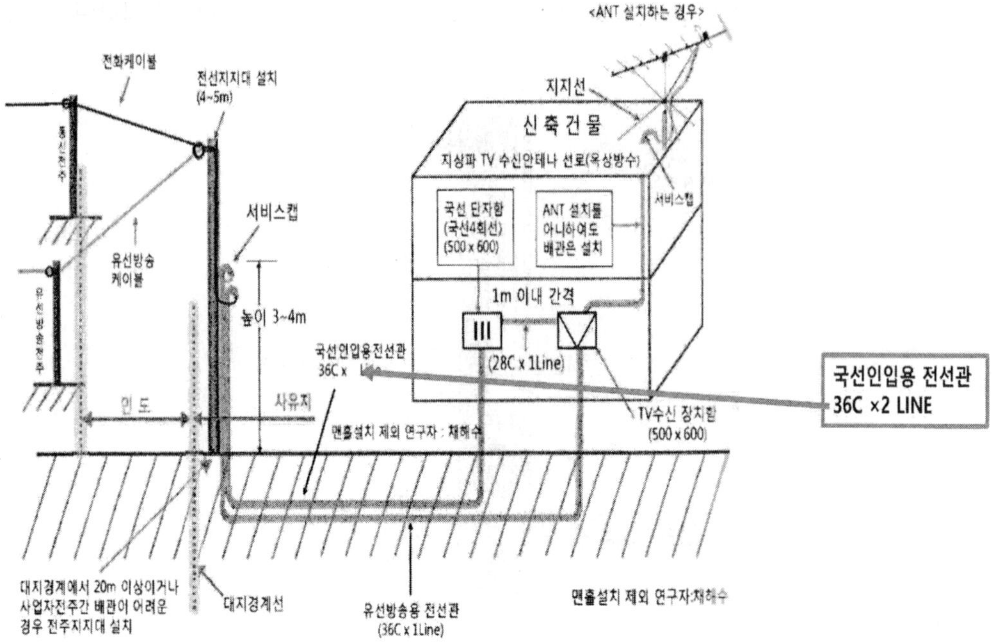

[그림 4-4] 국선 4회선 이하 전선지지대설치 지하인입 상세도면-2

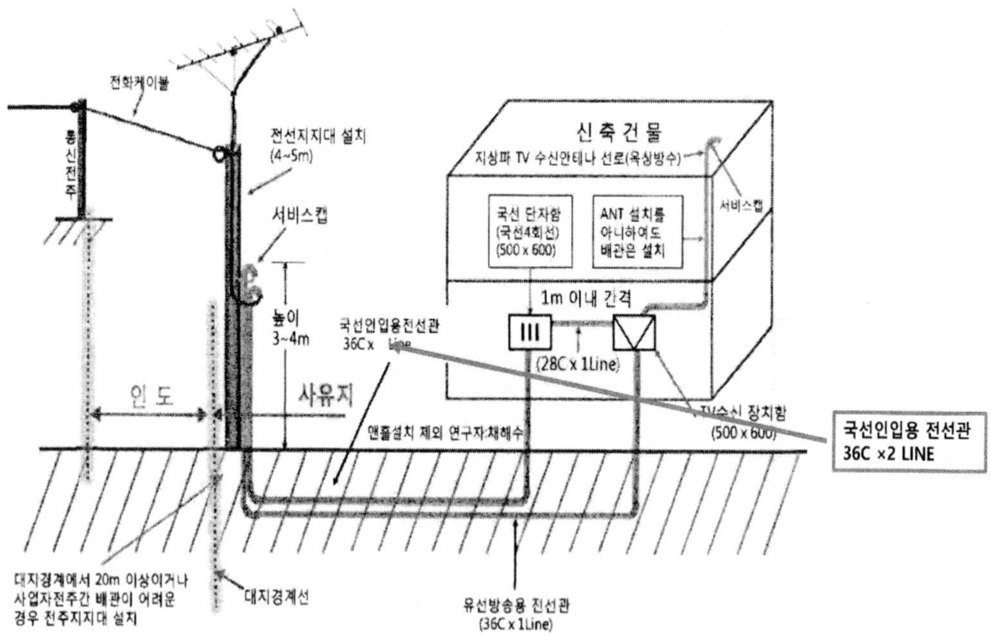

[그림 4-5] 국선 4회선 이하 전선지지대설치 지하인입 상세도면-3

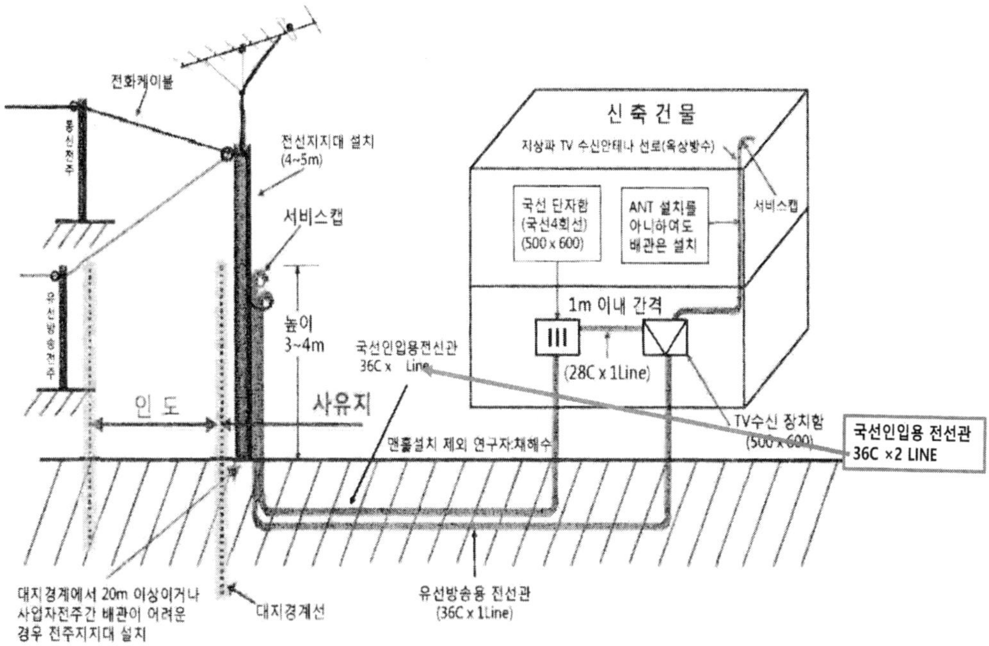

[그림 4-6] 국선 4회선 이하 전선지지대설치 지하인입 상세도면-4

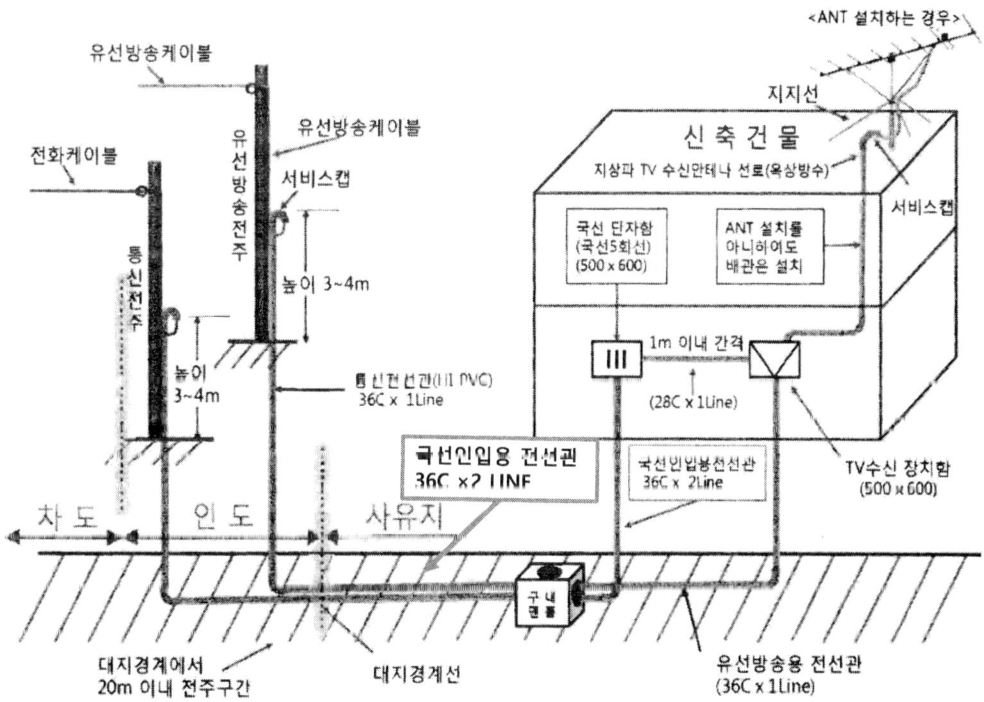

[그림 4-7] 국선 5회선 이상 사업자 전주배관 지하인입 상세도면-5

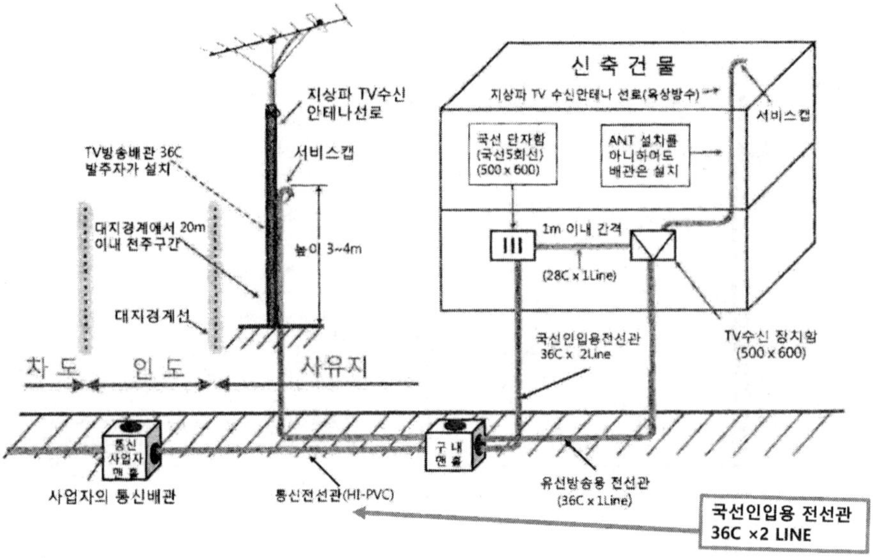

[그림 4-8] 국선 5회선 이상 사업자 맨홀배관 지하인입 상세도면-6

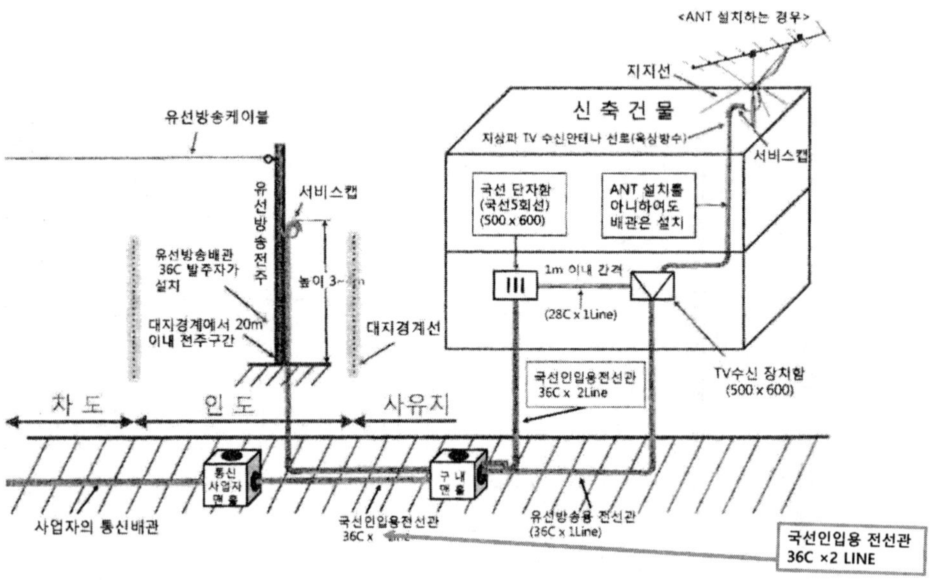

[그림 4-9] 국선 5회선 이상 사업자 맨홀배관 지하인입 상세도면-7

4.4.2 국선의 인입배관(제27조)

국선의 인입배관은 국선의 수용 및 교체, 증설이 용이하게 시공될 수 있는 구조로서 다음 각 호와 같이 설치되어야 한다.

① 배관의 내경은 선로외경(다조인 경우에는 그 전체의 외경)의 2배 이상이 되어야 하며, 주거용건축물 중 공동주택의 인입배관의 내경은 다음 각 목의 기준을 만족하

여야 한다.

1. 20세대 이상의 공동주택 : 최소 54mm 이상
2. 20세대 미만의 공동주택 : 최소 36mm 이상

② 국선 인입배관의 공수는 주거용 및 기타건축물의 경우에는 1공 이상의 예비공을 포함하여 2공 이상, 업무용건축물의 경우에는 2공 이상의 예비공을 포함하여 3공 이상으로 설치하여야 한다. 다만, 통신구 또는 트레이 등의 설비를 설치할 경우에는 향후 증설을 고려하여 여유 공간을 확보한다.

4.4.3 구내배관(제28조)

① 구내에 설치되는 건물의 옥내·외에는 선로를 용이하게 설치하거나 철거할 수 있도록 한국산업표준 규격의 배관, 덕트 또는 트레이 등의 시설을 설치하여야 하고 주택에 홈네트워크설비를 설치하는 경우 세대단자함과 홈네트워크 주장치간에는 홈네트워크용 배관을 1공 이상 설치하여야 한다. 다만 제5항제2호의 규정보다 통신용 배관에 여유가 있는 경우에는 공동으로 사용할 수 있으며 통신소통에 지장이 없도록 하여야 한다.

② 구내간선계 및 건물간선계의 배관 공수는 동등 이상 내경을 가진 예비공 1공 이상을 포함하여 2공 이상을 설치하여야 한다. 다만, 트레이 및 덕트 등을 설치할 경우에는 향후 증설을 고려하여 여유 공간을 확보한다.

③ 수평배선계의 배관은 성형구조 또는 성형배선이 가능한 구조이어야 한다.

④ 업무용건축물로서 구내선이 7.5m를 넘는 실내(고정된 벽 등으로 반영구적으로 구분된 장소)에는 다음 각 호와 같이 바닥덕트 또는 배관을 설치하여야 한다.

1. 바닥덕트 또는 배관은 실내의 용도와 규모를 고려하여 성형 또는 망형 등으로 설치하여야 한다.
2. 바닥덕트 또는 배관의 매구간 교차점 또는 완곡부에는 각 1개씩의 실내접속함을 설치하여야 하며 실내접속함의 간격은 7.5m 이내가 되도록 하여야 한다. 다만, 직선관로로서 선로작업에 지장이 없는 경우에는 간격을 12.5m 이내로 할 수 있다.
3. 접속함 및 인출구는 상면에 돌출되거나 침수되지 않도록 설치하여야 한다.

⑤ 구내에 설치되는 옥내·외 배관의 요건은 다음 각 호와 같다.

1. 배관은 외부의 압력 또는 충격 등으로부터 선로를 보호할 수 있는 기계적 강도를 가진 내부식성 금속관 또는 KSC(한국산업규격) 8454 동등규격 이상의 합성수지제 전선관을 사용하여야 한다.
2. 배관의 내경은 배관에 수용되는 케이블단면적의 총합계가 배관 단면적의 32% 이하가 되도록 하여야 한다.
3. 배관의 굴곡은 가능한 완만하게 처리하여야 하되, 곡률반경은 배관내경의 6배

이상으로 한다. 이 경우 엘보우 등 부가장치를 사용하여서는 아니된다.

4. 배관의 1구간에 있어서 굴곡개소는 3개소 이내이어야 하며, 1개소의 굴곡 각도는 90° 이내로 하며 3개소의 합계는 180° 이내이어야 한다. 다만, 옥내통신선을 수용하는 경우에는 굴곡개소를 5개소 이내로 하고 그 굴곡각도의 합계는 270°이내로 한다.

⑥ 옥내에 설치하는 덕트의 요건은 다음 각 호와 같다.

1. 덕트는 선로를 용이하게 수용할 수 있는 구조와 유지 · 보수를 위한 충분한 공간을 갖추어야 하며, 수직으로 설치된 덕트의 주변에는 선로의 포설, 유지 및 보수의 작업을 용이하게 할 수 있는 디딤대 등을 설치하여야 한다.
2. 덕트의 내부에는 선로의 포설에 필요한 선로 받침대를 60cm 내지 150cm의 간격으로 설치하여야 한다. 다만, 선로용 배관을 따로 설치하는 경우에는 그러하지 아니하다.
3. 덕트의 내부에는 유지 · 보수 작업용 조명 또는 전기콘센트가 설치되어야 한다. 다만, 바닥덕트의 경우에는 그러하지 아니하다.

4.4.4 국선수용 및 국선단자함(제29조)

① 구내로 인입된 국선은 구내선과의 분계점에 설치된 주단자함 또는 주배선반(이하 "국선단자함" 이라 한다)에 수용하여야 한다.

② 국선단자함은 다음 각 호와 같이 구분하여 설치하여야 한다. 다만, 구내교환기를 설치하는 경우에는 주배선반에 수용하여야 한다.

1. 광섬유케이블 또는 300회선 미만의 동케이블을 수용하는 경우 : 주단자함 또는 주배선반
2. 300회선 이상의 동케이블을 수용하는 경우 : 주배선반

③ 국선단자함은 다음 각 호와 같이 설치 및 관리를 하여야 한다.

1. 이용자는 국선단자함 및 구내케이블을 수용하기 위한 단자를 설치하고 운영 · 관리를 하여야 한다.
2. 사업자는 국선을 수용하기 위한 단자 및 보호기를 국선단자함에 설치하여야 한다. 다만, 국선이 광케이블인 경우는 보호기를 설치하지 아니할 수 있다.
3. 사업자는 보호기를 설치하는 경우 국선단자함에서 보호기를 통하여 국선과 이용자 구내케이블간의 회선접속을 하여야 하며, 이용자가 회선접속 정보를 요구할 경우에는 관련 정보를 제공하여야 하며 세부사항은 별표 4와 같다.

④ 국선단자함은 다음 각 호의 요건을 갖추어야 한다.

1. 국선단자함은 국선수용 단자, 단자반 및 보호기를 설치할 수 있는 충분한 공간 및 구조를 갖추어야 하며 관로의 분계점과 가장 가까운 곳에 설치하여야 한다.
2. 국선단자함은 실내에 설치하고 다음 각 목의 장소에 설치하여서는 아니되며,

선로를 수용할 단자함의 하부는 바닥으로부터 30cm 이상에 시설되어야 한다.
가. 세면실, 화장실, 보일러실, 발전기계실
나. 분진 · 유해가스 및 부식증기를 접하는 장소
다. 소화 호수시설을 갖춘 벽장 내

⑤ (삭제 2013.11.18)

⑥ 공동주택 및 업무용건축물을 제외한 연면적 합계 5천제곱미터 미만의 건축물에는 종합유선방송 신호의 분배를 위한 증폭기와 분배기, 보호기 등을 국선단자함에 설치할 수 있다. 다만, 집중구내통신실을 설치한 경우에는 그러하지 아니하다.

⑦ 제6항에 따른 국선단자함은 제1항부터 제4항 및 다음 각 호의 기준에 맞도록 설치해야 한다.

1. 국선단자함 내부에는 절연보조장치와 통풍구 등을 설치할 것
2. 용도별 회선설비와의 접속 및 선로설비의 수용을 원활하게 수행할 수 있도록 격벽을 설치하고 충분한 공간을 확보할 것
3. 용도별 설비의 설치 시 타 설비에 피해를 주지 않아야 하며, 설비 상호간 기능에 장해를 주지 아니할 것

[별표 4] (제29조제4항 관련)

국선단자함 등의 요건

구 분		주배선반 또는 주단자함	
		동케이블	광섬유케이블
케이블의 전기적 특성	절연저항	50MΩ 이상	-
	접속저항	0.01Ω 이하	-
단자함의 구성 요건	보호 및 지지물	함체 또는 지지대	
	단자 또는 접속어댑터	배선 케이블 등급과 동등 이상의 성능	삽입손실 0.5 dB 이하[주3]
	회선표시물	각인 또는 표시판[주4]	
	개폐장치	잠금장치가 구비된 문	
	보호장치	휴지기능, 피뢰기능 및 접지기능	접지기능
	전원시설	AC전원 단자	
	크기	$0.2m^2$ 이상(깊이 80mm 이상, 한변의 길이 400mm 이상)[주5]	

주) 1. 절연저항 측정조건 : 상온 및 상습상태에서 보호·지지물과 접속자간 및 접속자 상호간
2. 접속저항 측정조건 : 정상배선 연결시 접속자와 배선간
3. 삽입손실은 광섬유케이블 접속에 대한 손실임
4. 제29조제7항에 경우 국선단자함과 종합유선방송설비를 구분하여 표시할 것
5. 제29조제7항에 따른 국선단자함의 크기는 $0.56m^2$ 이상(깊이 130mm 이상, 한 변의 길이 700mm 이상)일 것. 다만, 「건축법 시행령」 별표1의 제1호 가목에 해당하는 단독주택은 그러하지 아니하다.
6. (삭제 2013.11.18)
7. 외부에 노출되게 설치되는 주배선반은 잠금장치를 구비할 것
8. 국선단자함과 장치함을 별도로 설치하는 경우에는 국선단자함과 장치함 구간에 28㎜ 이상 배관 1개 이상을 설치할 수 있다.

4.4.5 국선단자함 설치

국선단자함을 이용한 광통신단말기를 설치하거나 홈네트워크장치, 방송수신증폭기 분배 등을 설치할 수 있는 두 가지의 통신단자함의 설치 사례는 다음과 같다.

① 국선단자함 : 전기콘센트를 설치하고 절연·보조패널을 부착하여 단독주택, 소형 공장, 제1종과 제2종의 근린생활시설, 소형업무용건축물 등에 설치한 사례

② 국선단자함과 장치함(TV증폭기함)을 별도로 설치하고 있다(기술기준에 구분하고 있음). 두 개의 통신용도의 단자함을 하나의 통신단자함에 두 가지 기능을 하는 방법을 저자가 연구하여 현장에 설치하여 실시한 사례를 2018.12.24. 기술기준에 적용. 하나의 배관에 통신용도의 전화, 인터넷의 UTP케이블과 TV수신용 동축케이블을 같이 시공하여 공사비용을 절감할 수 있는 장점이 있다. 사용용도는 단독주택 제1종과 제2종의 근린생활시설, 소형 공장과 업무용건축물 등 사용전검사 대상의 건축물에 적합한 방법이다.

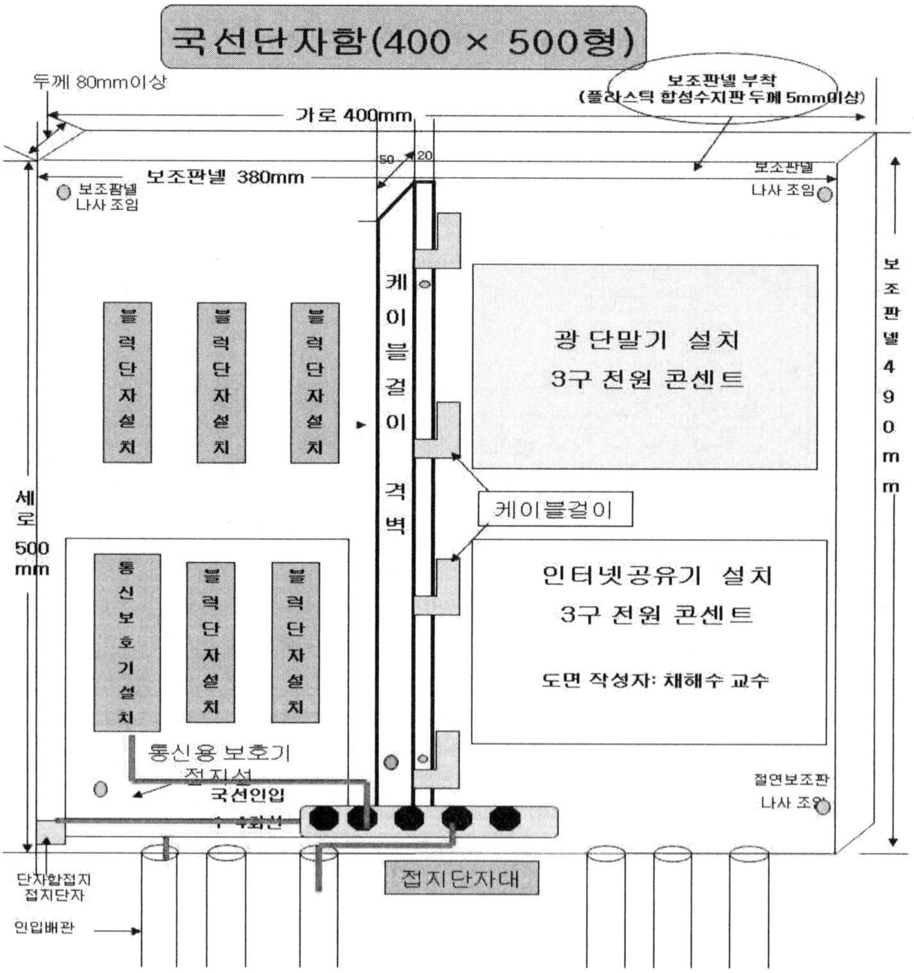

[그림 4-12] 통신국선단자함

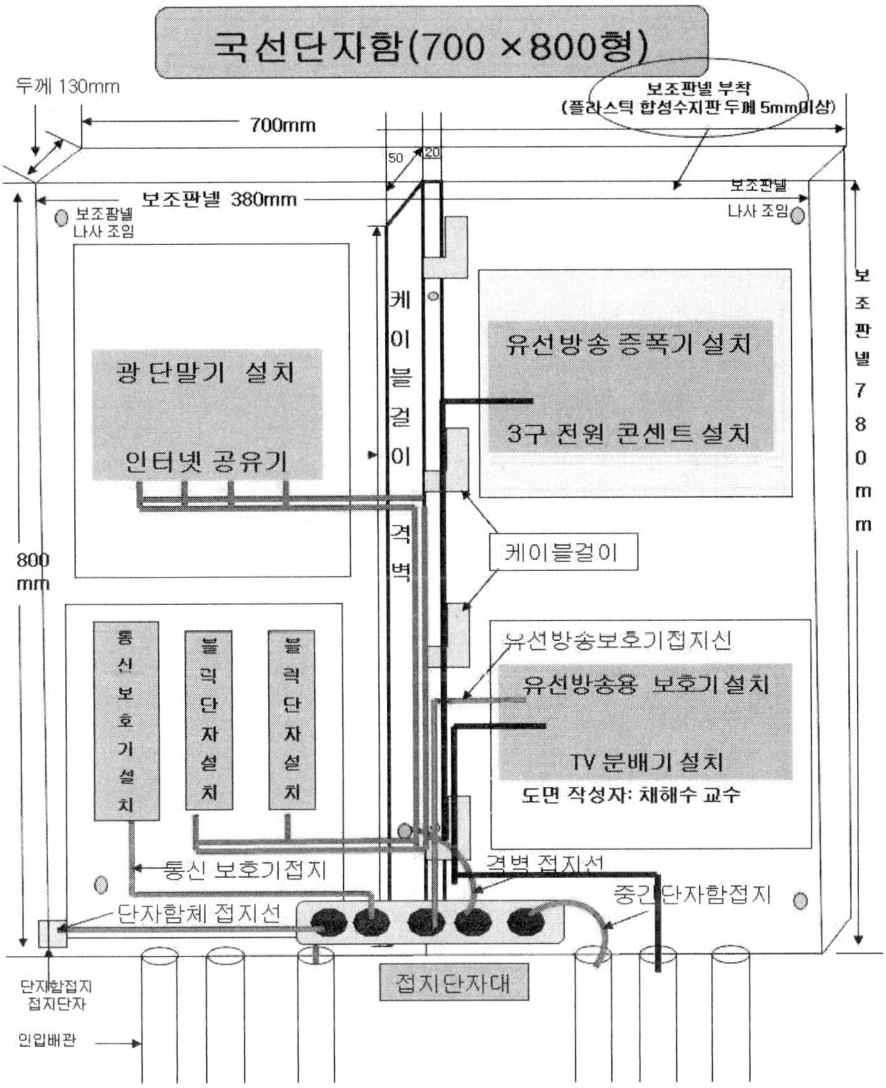

[그림 4-13] 방송통신단자함

4.4.6 중간단자함 및 세대단자함(제30조)

① 선로를 용이하게 수용하기 위한 접속함(선로간을 직접 연결하기 위한 함) 또는 중간단자함(국선단자함과 세대단자함의 사이에 설치하는 단자함) 등은 국선단자함으로부터 세대단자함까지의 구간 중에서 다음 각 호의 1에 해당하는 장소에 설치되어야 한다.

1. 제28조제5항제4호의 규정에 부적합한 배관의 굴곡점
2. 선로의 분기 및 접속을 위하여 필요한 곳

② 주거용건축물 중 공동주택의 경우에는 세대별로 배선의 인입 및 분기가 용이하도

록 세대단자함을 설치하여야 한다. 단, 세대내에서 분기가 없는 기숙사 및 주택법 시행령 제3조제1항제2호에서 규정하는 원룸형 주택의 모든 요건을 갖춘 주택은 제외한다.

③ 제①항 및 제②항의 규정에 의한 중간단자함 및 세대단자함의 요건은 별표 5와 같다.

[별표 5]

중간단자함 또는 세대단자함 등의 요건(제30조제3항)

구 분		중간단자함 또는 세대단자함	
		동 케이블	광섬유케이블
전기적 특성	절연저항	50MΩ 이상	-
	접속저항	0.01Ω 이하	-
구성 요건	보호 및 지지물	함체 또는 지지대	
	단자 또는 접속어댑터	배선 케이블 등급과 동등 이상의 성능	삽입손실 0.5dB 이하
	회선표시물	각인 또는 표시판	
	개폐장치	문	
	보호장치	접지기능	접지기능
	전원시설	AC전원 단자	AC전원 단자

㈜ 1. 절연저항 측정조건 : 상온 및 상습상태에서 보호접속자간 및 접속자 상호간
2. 접속저항 측정조건 : 정상배선 연결시 접속자와 배선간
3. 함체의 크기는 필요한 용량을 충분히 수용할 수 있고 작업에 지장이 없을 것
4. 보호장치의 접지기능은 함체가 금속으로 된 경우에 한한다.
5. 삽입손실은 단자함 내의 광섬유케이블 접속에 대한 손실임
6. 중간단자함과 외부에 노출되게 설치되는 세대단자함은 잠금장치를 구비할 것
7. 세대단자함의 보호장치는 홈네트워크설비를 설치하는 경우에 한한다.
8. 중간단자함과 세대단자함의 전원시설은 홈네트워크설비를 설치하는 경우에 한한다.

4.4.7 회선종단장치(제31조)

① 주거용건축물의 통신용 인출구는 모듈러잭이나 동축커넥터 또는 광인출구 등으로 종단하여야 한다.

② 업무용 및 기타건축물의 경우에는 각 실별(고정된 벽 등으로 반영구적으로 구분된 장소) 단위로 제1항의 통신용 인출구 또는 통신용 단자함으로 종단하여야 한다.

③ 인출구의 효율적인 사용을 위하여 통신용선로, 방송공동수신설비, 홈네트워크설비 등을 하나의 인출구로 종단할 경우에는 선로상호간 누화로 인한 통신소통에 지장이 없도록 하여야 한다.

4.4.8 구내선의 배선(제32조)

구내선은 다음 각 호와 같은 선로로 설치하여야 한다.

① 옥내에 설치하는 선로는 100MHz 이상의 전송대역을 갖는 꼬임케이블(이하 "꼬임케이블"이라 한다), 광섬유케이블, 동축케이블을 사용하여야 한다.

② 옥외에 설치하는 선로는 옥외용 꼬임케이블, 옥외용 광섬유케이블, 동축케이블을 사용하여야 한다.

4.4.9 구내배선 요건(제33조)

① 주거용건축물에 설치하는 구내배선은 다음 각 호의 기준에 적합하게 설치되어야 한다.

1. 한 개의 공동주택인 경우에는 [별표 11]의 제1호 표준도에 준하여야 한다.
2. 두 개 이상의 공동주택이 하나의 단지를 형성할 때는 [별표 11]의 제2호 표준도에 준하여야 하며, 국선단자함이 설치된 공동주택에서 각 공동주택별로 구내간선케이블을 설치하여 동단자함에 배선하여야 한다.
3. 세대단자함에서 각 인출구까지는 성형배선 방식으로 하여야 한다.
4. 국선단자함에서 세대내 인출구까지 꼬임케이블을 배선할 경우에 구내배선설비의 링크 성능은 100MHz 이상의 전송특성이 유지되도록 하여야 한다. 다만, 동단자함이 설치 된 경우에는 링크성능 구간은 동단자함에서 세대내 인출구까지로 한다.
5. 홈네트워크설비를 설치하는 경우에는 홈네트워크 주장치와 홈네트워크 기기간에 꼬임케이블, 신호전송용케이블 등을 사용하여 통신소통에 지장이 없도록 하여야 한다.
6. 제30조제1항의 각 호에 해당하지 아니하여 국선단자함 또는 동단자함에서 세대단자함 또는 세대 내 인출구까지 직접 배선하는 경우는 수평배선계의 케이블을 설치한 것으로 본다.

② 업무용 및 기타건축물에 설치하는 구내배선은 다음 각 호의 기준에 적합하게 설치되어야 한다.

1. 한 개의 건축물인 경우에는 [별표 12]의 제1호 표준도에 준하여야 한다.
2. 하나의 부지에 두 개 이상의 건축물이 있는 경우에는 [별표 12]의 제2호 표준도에 준하여야 하며, 국선단자함이 설치된 건축물에서 각 건축물별로 구내간선케이블을 설치하여 동단자함에 배선하여야 한다.
3. 층단자함에서 각 인출구까지는 성형배선 방식으로 하여야 한다.
4. 국선단자함에서 인출구까지 꼬임케이블을 배선할 경우에 구내배선설비의 링크성능은 100MHz 이상의 전송특성이 유지되도록 하여야 한다. 다만, 동단자함이 설치된 경우 링크성능 구간은 동단자함에서 인출구까지로 한다.
5. 제30조제1항의 각 호에 해당하지 아니하여 국선단자함 또는 동단자함에서

인출구까지 직접 배선하는 경우는 수평배선계의 케이블을 설치한 것으로 본다.

③ 제1항제4호 및 제2항제4호의 링크성능 기준은 [별표 6]과 같다.

④ 통신용선로, 방송공동수신설비, 홈네트워크설비 등을 동일 배관에 함께 수용할 경우에는 선로상호간 누화로 인하여 통신소통에 지장이 없도록 하여야 한다.

⑤ 구내배선에 사용하는 접속자재는 배선케이블 등급과 동등 이상의 제품을 사용하여야 한다.

[별표 6] (제33조제3항 관련) 링크성능 기준

1. 꼬임케이블의 링크성능 기준

측정항목	측정 주파수 (MHz)	기준값	
		100MHz	250MHz
반사손실 (dB)	1	17.0 이상	19.0 이상
	16.0	17.0 이상	18.0 이상
	100.0	10.0 이상	12.0 이상
	250.0	-	8.0 이상
감쇠 (dB)	1.0	2.2 이하	3.0 이하
	16.0	9.1 이하	8.0 이하
	100.0	24.0 이하	21.3 이하
	250.0	-	35.9 이하
근단 누화손실 (dB)	1.0	60.0 이상	65.0 이상
	16.0	43.6 이상	53.2 이상
	100.0	30.1 이상	39.9 이상
	250.0	-	33.1 이상
근단 누화 전력합 손실(dB)	1.0	57.0 이상	62.0 이상
	16.0	40.6 이상	50.6 이상
	100.0	27.1 이상	37.1 이상
	250.0	-	30.2 이상
원단감쇠대누화비(dB)	1.0	57.4 이상	63.3 이상
	16.0	33.3 이상	39.2 이상
	100.0	17.4 이상	23.3 이상
	250.0	-	15.3 이상
원단감쇠대누화비전력합 (dB)	1.0	54.4 이상	60.3 이상
	16.0	30.3 이상	36.2 이상
	100.0	14.4 이상	20.3 이상
	250.0	-	12.3 이상
전달지연(ns)	10.0	555 이하	555 이하
전달지연변이(ns)	10.0	50 이하	50 이하

2. 광섬유케이블의 링크성능 기준

가. 공동주택 및 업무용건축물

종 류	파장(nm)	채널손실
단일모드	1,310	7dB 이하
	1,550	7dB 이하
다중모드	850	13dB 이하
	1,300	9dB 이하

주) 링크성능은 집중구내통신실에서 광섬유케이블의 종단 (세대단자함 또는 인출구)까지의 기준임

나. 공동주택 외 주거용 건축물 및 기타건축물

종 류	파장(nm)	채널손실
단일모드	1,310	3.45dB 이하
	1,550	3.45dB 이하

주) 링크성능은 국선단자함에서 광섬유케이블의 종단 (세대단자함 또는 인출구)까지의 기준임

[별표 11] (제33조제1항 관련) 주거용건축물의 구내배선 표준도

1. 한 개의 공동주택 및 준주택오피스텔인 경우

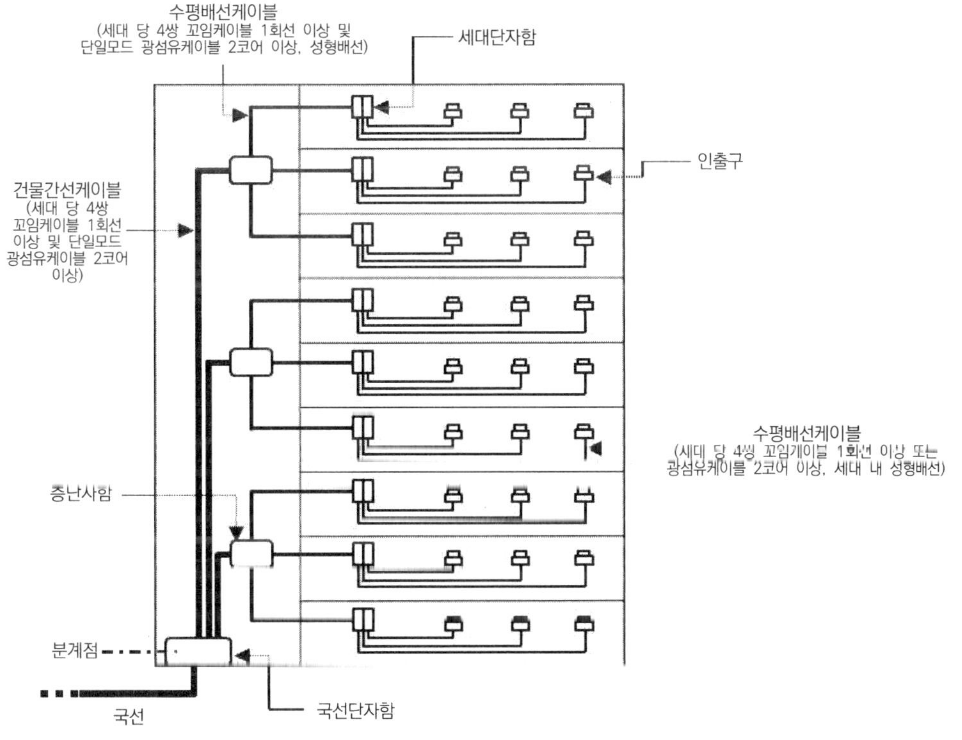

주) 1. 단독주택의 구내 배선 시, 건축물의 규모를 고려하여 이 표준도를 신축적으로 적용할 수 있다.

2. 제3조제1항제11호의2의 단서 조건에 따라 국선단자함이 설치되는 공간을 별도의 건물로 적용하고자 하는 경우 구내간선케이블을 설치하여 동단자함에 배선할 수 있다.

2. 두 개 이상의 공동주택 및 준주택오피스텔인 경우

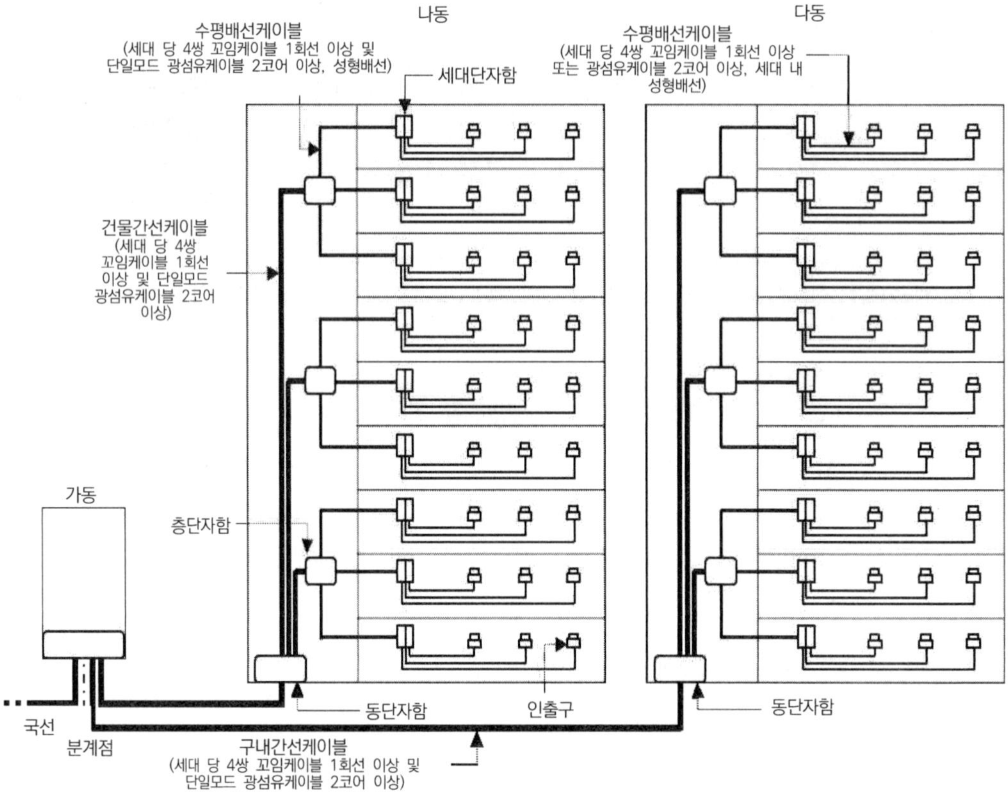

주) 1. 국선단자함과 동단자함이 광다중화 기능을 갖는 경우, 구내간선케이블은 단일모드 광섬유케이블 12코어 이상, 동단자함에서 세대단자함 또는 인출구까지의 건물간선케이블 및 수평배선케이블은 단위세대당 1회선(4쌍 꼬임케이블 기준) 이상 및 단일모드 광섬유케이블 2코어 이상을 설치하여야 한다.

2. 국선단자함이 나동 또는 다동 등 어느 하나의 공동주택 및 준주택오피스텔 내부 또는 인접하여 설치된 경우에는 제3조제1항제11호의2의 단서 조건에 따라 국선단자함이 설치되는 공간을 별도의 건물로 적용할 수 있으며, 해당 공동주택 및 준주택오피스텔에 구내간선케이블을 설치하여 동단자함에 배선할 수 있다.

[별표 12] (제33조제2항 관련) 업무용 및 기타건축물의 구내배선 표준도

1. 한 개의 건축물인 경우

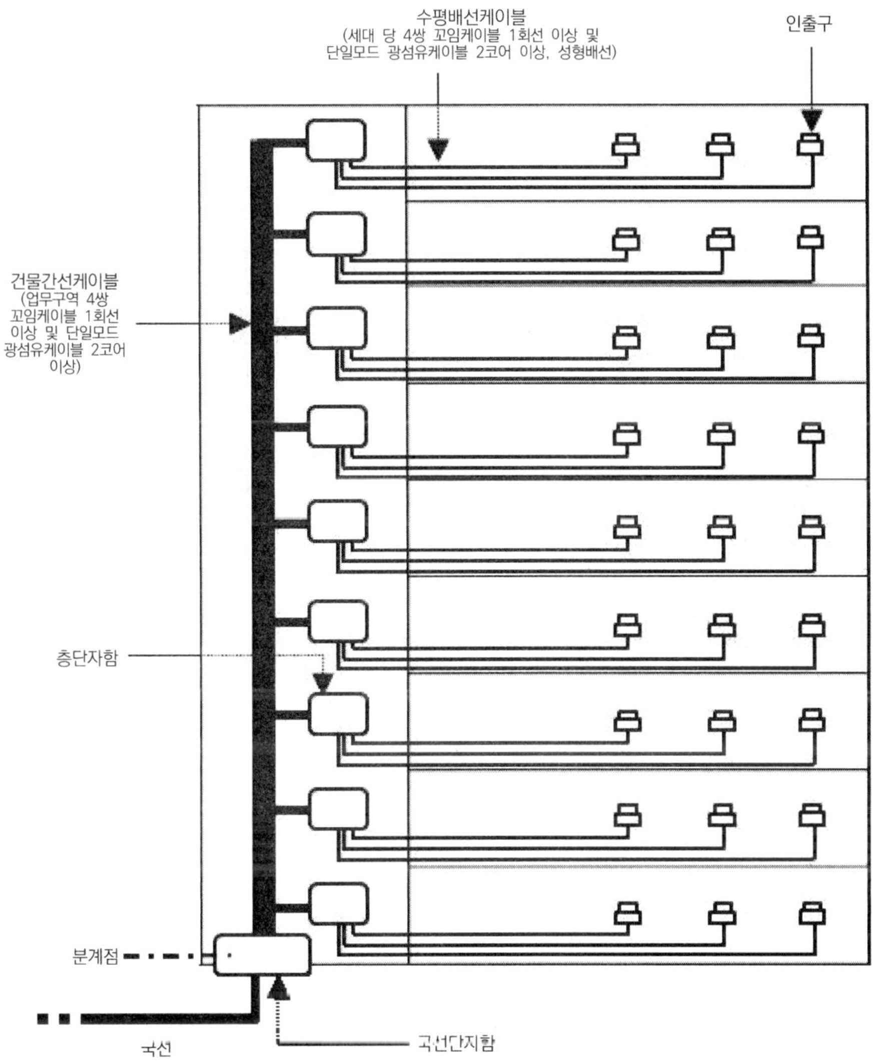

주) 1. 제3조제1항제11호의2의 단서 조건에 따라 국선단자함이 설치되는 공간을 별도의 건물로 적용하고자 하는 경우 구내간선케이블을 설치하여 동단자함에 배선할 수 있다.

2. 규정 제3조제1항제16호 따른 준주택오피스텔은 제외한다.

2. 두 개 이상의 건축물인 경우

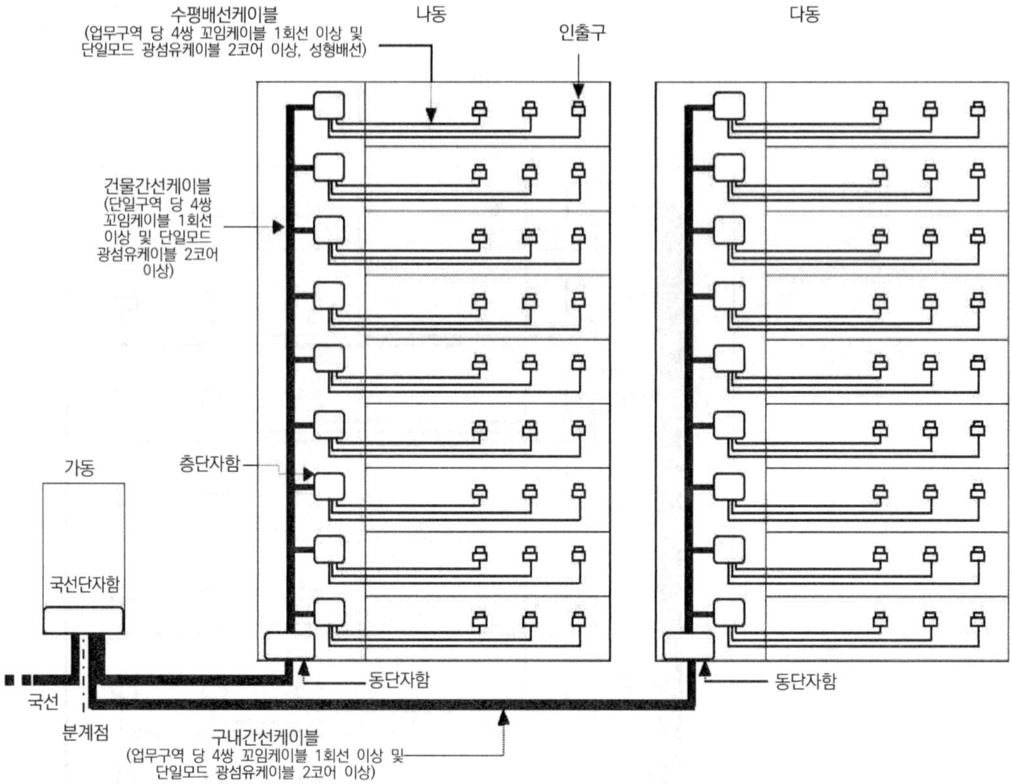

주) 1. 국선단자함과 동단자함이 광다중화 기능을 갖는 경우, 구내간선케이블은 단일모드 광섬유케이블 12코어 이상, 동단자함에서 실단자함 또는 인출구까지의 건물간선케이블 및 수평배선케이블은 각 업무구역(10제곱미터) 당 1회선(4쌍 꼬임케이블 기준) 이상 및 단일모드 광섬유케이블 2코어 이상을 설치하여야 한다.
2. 국선단자함이 나동 또는 다동 등 어느 하나의 건물 내부 또는 인접하여 설치된 경우에는 제3조제1항제11호의2의 단서 조건에 따라 국선단자함이 설치되는 공간을 별도의 건물로 적용할 수 있으며, 해당 건물에 구내간선케이블을 설치하여 동단자함에 배선할 수 있다.
3. 규정 제3조제1항제16호에 따른 준주택오피스텔은 제외한다.

4.4.10 폐쇄회로텔레비전장치의 설치(제33조의1)

공동주택의 구내에 폐쇄회로텔레비전 장치를 설치하는 경우에는 배관은 제28호제5항과 구내선의 배선은 제23조 및 제32조의 규정을 준용하여 설치하여야 한다.

4.4.11 예비전원 설치(제34조)

사업용방송통신설비외의 방송통신설비에 대한 예비전원설비의 설치기준은 다음 각 호와 같다.

① 국선 수용 용량이 10회선 이상인 구내교환설비의 경우에는 상용전원이 정지된 경우 최대부하전류를 공급할 수 있는 축전지 또는 발전기 등의 예비전원설비를 갖추어야 한다. 다만 정전이 되어도 국선으로부터의 호출에 대하여 응답이 가능한 경우에는 예외로 한다.

② 재난 및 안전관리기본법 제3조제5호 및 제7호의 규정에 의한 재난관리책임기관과 긴급구조기관의 장이 설치 또는 운용하는 국선수용용량 10회선 이상인 교환설비 및 광전송설비의 경우에는 상용전원이 정지된 경우 최대부하전류를 3시간이상 공급할 수 있는 축전지 또는 발전기 등의 예비전원설비를 갖추어야 한다.

4.5 이동통신 구내선로설비

4.5.1 급전선의 인입 배관(제35조)

방송통신설비비기술기준에 관한 규정 제17조의2 및 제17조의3에 따른 대상 시설에 급전선 또는 광케이블을 인입하기 위한 배관 등은 [별표 7]의 제1호부터 제3호의 표준도에 준하여 다음 각 호와 같이 설치하여야 한다.

1. 옥외 안테나(옥상 또는 지상에 설치하는 안테나를 말하며 이하 같다.)에서 기지국의 송수신장치 또는 중계장치(이하 "중계장치 등"이라 한다)까지 급전선 또는 광케이블을 설치하기 위한 시설은 배관, 덕트 또는 트레이로 설치한다.
2. 옥외 안테나에서 중계장치 등까지 설치하는 배관은 다음 각 목에 적합하여야 하며, 건물 내 통신배관실을 이용하여 설치하는 경우에는 그러하지 아니하다.
   가. 급전선을 수용하는 배관의 내경은 36mm 이상 또는 급전선 외경(다조인 경우에는 그 전체의 외경)의 2배 이상이 되어야 하며, 3공 이상을 설치하여야 한다.
   나. 광케이블을 수용하는 배관의 내경은 22mm 이상이어야 하며, 예비공 1공 이상을 포함하여 2공 이상을 설치하여야 한다.
3. 제1호 및 제2호의 규정에도 불구하고 도시철도시설에서 배관의 설치 구간은 선로의 분계점에 가까운 맨홀에서 중계장치 등까지로 한다.
4. 배관 및 덕트는 제28조제4항제1호, 제5항 및 제6항의 규정을 준용하여 설치해야 하며, 중계장치 등에서 옥내 안테나까지 배관 등을 설치하고자 하는 경우에도 이와 같다. 다만, 구내통신선로설비의 배관이 제28조제5항제2호의 요건을 만족하고 상호 소통에 지장이 없는 경우에는 공동으로 사용할 수 있다.
5. 중계장치 등에서 옥내 안테나(또는 종단장치)까지의 급전선은 「화재예방, 소방시

설 설치 · 유지 및 안전관리에 관한 법률」 제2조제1항제1호의 소방시설 중 무선통신보조설비와 상호 기능에 지장이 없는 경우 공용할 수 있다.

[별표 7] (제35조 및 제36조, 제37조, 제38조, 제39조 관련)

구내용 이동통신설비 설치 표준도

1. 규정 별표 1의 제1호에 따른 건축물의 경우

가. 건축물의 경우

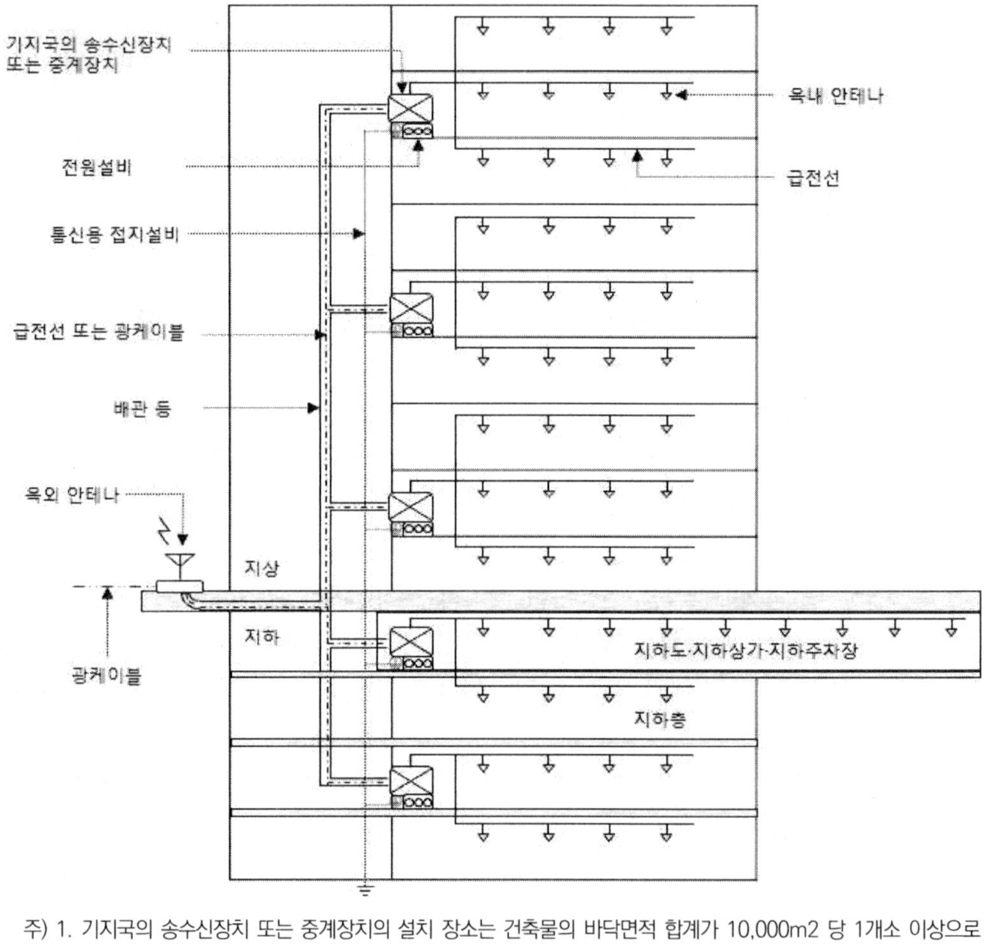

주) 1. 기지국의 송수신장치 또는 중계장치의 설치 장소는 건축물의 바닥면적 합계가 10,000m2 당 1개소 이상으로 한다.

2. 건축물이 공동주택에 해당하는 경우에는 제2호의 표준도를 따른다.

나. 터널의 경우

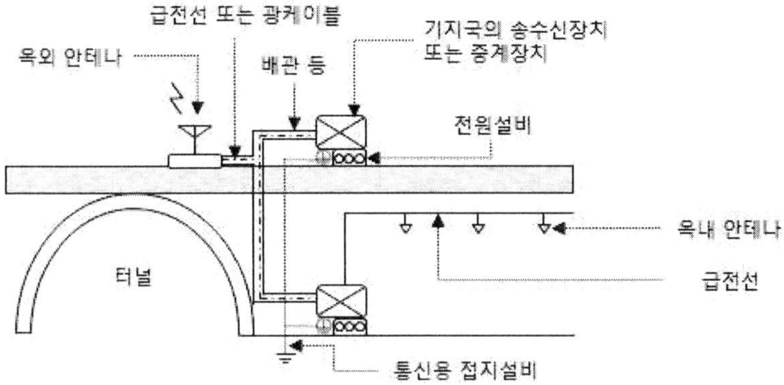

주) 1. 터널의 기지국 송수신장치 또는 중계장치는 터널 내부 또는 지상에 설치할 수 있으며, 지상에 설치하는 경우 접지시설 및 전원설비 등을 지상에 확보하여야 한다.
2. 터널의 길이에 따라 신호의 전달이 어려운 경우에는 터널 내부에 2개 이상의 중계장치를 설치해야 한다.
3. 복수 터널인 경우 각 터널 별로 각각의 관로를 설치하여야 하며 지상에서 터널 내부로 관통할 때에는 방수처리를 철저히 해야 한다.

2. 규정 별표 1의 제2호에 따른 공동주택의 경우

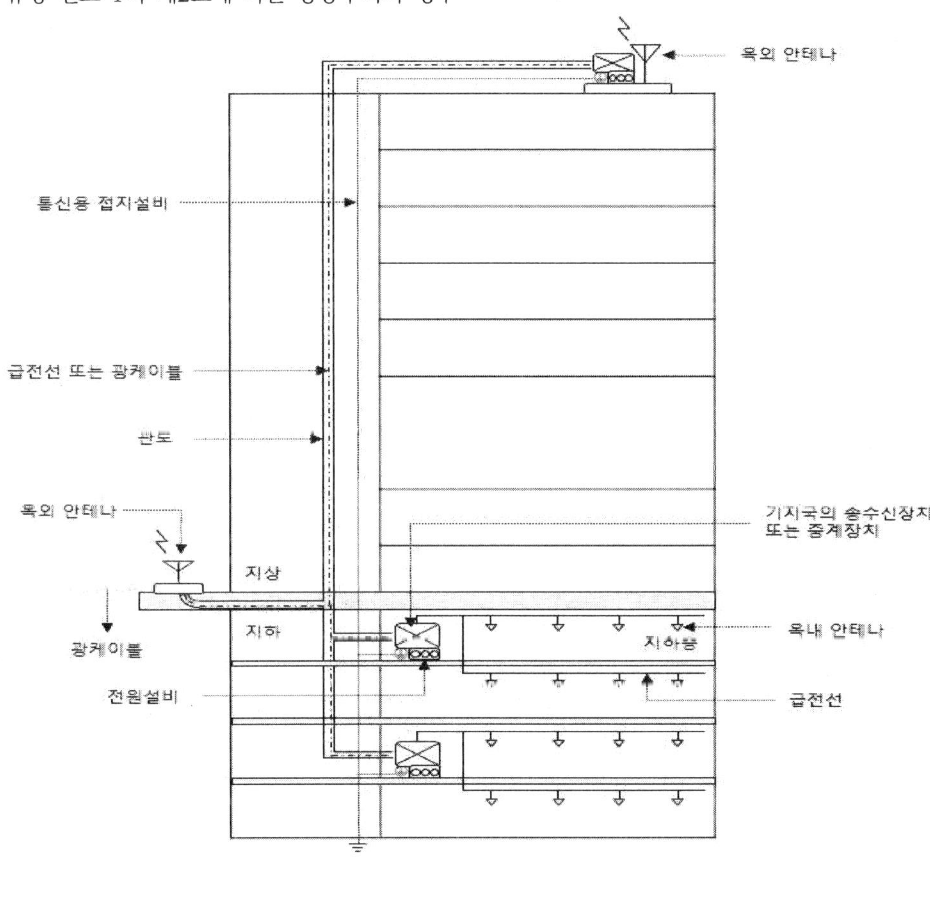

주) 1. 기지국의 송수신장치 또는 중계장치를 옥상에 설치하는 경우에는 단지 내 1개소 이상의 장소를 확보하여야 하며, 지하층에 설치하는 경우에는 지하층 바닥면적의 합계 5,000m2 당 1개소 이상의 장소를 확보하여야 한다.
2. 옥상의 기지국 송수신장치 또는 중계장치를 별도의 실 안에 설치하고자 하는 경우에는 실내 적정 온도 유지를 위해 환기구를 갖추어야 한다.
3. 옥상에 옥외안테나 등을 설치하는 경우에는 접지시설 및 전원시설 등이 옥상까지 확보되어야 하며, 옥상을 관통할 때에는 방수 처리를 철저히 해야 한다.
4. 옥외 안테나를 옥상에 설치하는 경우 기간통신사업자는 옥외 안테나에서 기지국의 송수신장치 또는 중계장치까지 배관, 덕트 또는 트레이를 설치해야 한다.
5. 500세대 미만의 공동주택의 경우에는 지상층을 제외한 지하층에만 구내용 이동통신설비를 설치할 수 있다.

3. 규정 별표 1의 제3호에 따른 도시철도시설의 경우

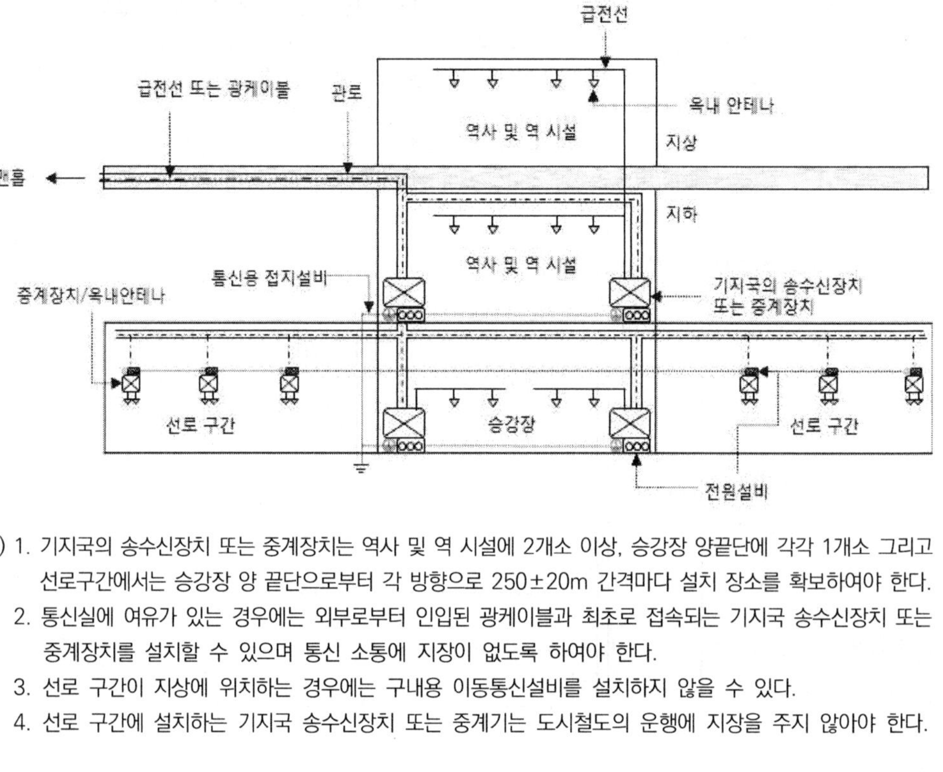

주) 1. 기지국의 송수신장치 또는 중계장치는 역사 및 역 시설에 2개소 이상, 승강장 양끝단에 각각 1개소 그리고 선로구간에서는 승강장 양 끝단으로부터 각 방향으로 250±20m 간격마다 설치 장소를 확보하여야 한다.
2. 통신실에 여유가 있는 경우에는 외부로부터 인입된 광케이블과 최초로 접속되는 기지국 송수신장치 또는 중계장치를 설치할 수 있으며 통신 소통에 지장이 없도록 하여야 한다.
3. 선로 구간이 지상에 위치하는 경우에는 구내용 이동통신설비를 설치하지 않을 수 있다.
4. 선로 구간에 설치하는 기지국 송수신장치 또는 중계기는 도시철도의 운행에 지장을 주지 않아야 한다.

4. 접속함의 성능

구 분	함 체
절 연 저 항	50MΩ 이상
개 폐 장 치	여닫이식
재 질 조 건	두께 1.5mm 이상의 연강판 또는 동등 이상

4.5.2 접속함(제36조)

급전선 또는 광케이블의 포설 및 철거가 용이하도록 다음 각 호의 하나에 해당하는 경우에는 [별표 7]의 제4호에 적합한 접속함을 설치하여야 한다.

1. 배관의 길이가 40m를 초과할 경우
2. 제28조제5항제4호의 규정에 부적합한 배관의 굴곡점

4.5.3 접지시설(제37조)

접지시설은 제5조의 규정 및 [별표 7]의 제1호부터 제3호의 표준도에 준하여 다음 각 호에 적합하게 하여야 한다.

1. 접지단자는 중계장치 등이 설치되는 각 층에 중계장치 등으로부터 최단거리에 설치하여야 한다.
2. 전파법 제11조에 따라 대가에 의한 주파수를 할당받는 기간통신사업자(이하 본 절에서 "기간통신사업자"라 한다)는 접지단자로부터 중계장치 등까지 접지선을 설치하여야 한다.

4.5.4 상용전원(제38조)

중계장치 등의 전원은 용량이 4kW 이상으로서 교류 220 V 전원단자가 3개 이상이어야 하며, 별표 7의 제1호부터 제3호의 표준도에 준하여 다음 각 호에 적합하게 하여야 한다.

1. 전원단자는 중계장치 등이 설치되는 각 층에 중계장치 등으로부터 최단거리에 설치하여야 한다.
2. 기간통신사업자는 전원단자로부터 중계장치 등까지 전원선을 설치하여야 한다.

4.5.5 장소확보(제39조)

① 규정 제17조의2 및 제17조의3에 따른 대상 시설에는 송수신용 안테나, 중계장치 등의 설치 또는 운영을 위하여 다음 각 호의 기준에 적합한 장소를 확보하여야 한다.

1. 옥외 안테나의 설치를 위하여 전파의 송수신이 가장 양호한 곳으로서 각각 $4m^2$ 이상의 면적을 갖는 1개소 이상의 설치장소. 다만, 분계점에 가까운 맨홀에서 중계장치 등까지 광케이블을 통해 신호를 전달하는 경우에는 그러하지 아니하다.
2. 중계장치 등의 설치를 위하여 분진이나 유해가스로부터 격리된 각각 $2m^2$ 이상의 면적(높이 2m 이상)을 갖는 1개소 이상의 설치장소
3. 설치장소는 옥외안테나 또는 중계장치 등의 설치 및 유지 · 보수를 위한 작업

등에 지장이 없어야 한다.

② 기간통신사업자는 제1항에 따라 확보된 장소에 송수신용 안테나 또는 중계장치 등을 별표 7의 제1호부터 제3호의 표준도에 준하여 설치하여야 한다.

③ 규정 제24조의2제2항에 의한 협의대표는 건축허가 또는 사업계획승인이 지연되지 않도록 건축주 등의 요청 후 10일(공휴일 및 토요일 제외) 이내에 이동통신구내중계설비의 설치장소 및 설치방법, 설치시기 등의 협의를 완료하여야 하며, 이동통신구내중계설비의 설치 및 철거 시에는 건축주 등과 협의하여 원활한 설비 운용이 될 수 있도록 하여야 한다.

4.6 통신공동구 · 관로 및 맨홀 등의 설치방법

4.6.1 통신공동구의 설치기준(제46조)

① 통신공동구는 통신케이블의 수용에 필요한 공간과 통신케이블의 설치 및 유지 · 보수 등의 작업시 필요한 공간을 충분히 확보할 수 있는 구조로 설계하여야 한다.

② 통신공동구를 설치하는 때에는 조명 · 배수 · 소방 · 환기 및 접지시설 등 통신케이블의 유지 · 관리에 필요한 부대설비를 설치하여야 한다.

③ 통신공동구와 관로가 접속되는 지점에는 통신케이블의 분기를 위한 분기구를 설치하여야 하며, 한 지점에서 여러 개의 관로로 분기될 경우에는 작업이 용이하도록 분기구간에는 일정거리이상의 간격을 유지하여야 한다.

4.6.2 관로 등의 매설기준(제47조)

① 관로에 사용하는 관은 외부하중과 토압에 견딜수 있는 충분한 강도와 내구성을 가져야 한다.

② 지면에서 관로상단까지의 거리는 다음 각 호의 기준에 의한다. 다만, 시설관리기관과 협의하여 관로보호조치를 하는 경우에는 다음 각 호의 기준에 의하지 아니할 수 있다.

1. 차도 : 1.0m 이상
2. 보도 및 자전거도로 : 0.6m 이상
3. 철도 · 고속도로 횡단구간 등 특수한 구간 : 1.5m 이상

③ 관로 상단부와 지면사이에는 관로보호용 경고테이프를 관로 매설경로에 따라 매설하여야 한다.

④ 관로는 가스 등 다른 매설물과 50cm 이상 떨어져 매설하여야 한다. 다만, 부득이 한 사유로 인하여 50cm 이상의 간격을 유지할 수 없는 경우에는 보호벽의 설치 등 관로를 보호하기 위한 조치를 하여야 한다.
⑤ 맨홀 또는 핸드홀간에 매설하는 관로는 케이블 견인에 지장을 주지 아니하는 곡률을 유지하는 등 직선성을 유지하여야 한다.

4.6.3 맨홀 또는 핸드홀의 설치기준(제48조)

① 맨홀 또는 핸드홀은 케이블의 설치 및 유지 · 보수 등의 작업 시 필요한 공간을 확보할 수 있는 구조로 설계하여야 한다.
② 맨홀 또는 핸드홀은 케이블의 설치 및 유지 · 보수 등을 위한 차량출입과 작업이 용이한 위치에 설치하여야 한다.
③ 맨홀 또는 핸드홀에는 주변 실수요자용 통신케이블을 분기할 수 있는 인입관로 및 접지시설 등을 설치하여야한다.
④ 맨홀 또는 핸드홀 간의 거리는 246m 이내로 하여야 한다. 다만, 교량 · 터널 등 특수구간의 경우와 광케이블 등 특수한 통신케이블만 수용하는 경우에는 그러하지 아니할 수 있다.

4.7 공동주택의 정보통신설비 설치

4.7.1 공동주택 정보통신설비의 종류

1. 구내통신선로설비

① 동단자함은 다음과 같이 설치한다.
- EPS실이 없는 경우 : 일반통신용과 LAN 시스템용(DATA용)을 통합하여 지하층, 1층 또는 2층계단(중층은 중앙계단)에 설치하되 시공성과 미관을 고려하여 위치 선정한다.
- EPS실이 있는 경우 : 일반통신용과 LAN 시스템용을 분리하여 일반통신용은 1층 또는 2층에 설치하고, LAN 시스템용은 중간층에 설치한다.

② 구내통신용 케이블은 UTP 케이블을 사용한다.
③ 인출구는 침실에는 각 2개, 거실에 2개소에 설치한다.

2. 방송공동수신설비

① 2~6개층 단위로 장치함을 설치한다.
② TV공시청용 케이블은 3중차폐 동축케이블(7C-FB 또는 5C-FB)을 사용한다.
③ TV 유닛은 거실에 1~2개소, 침실에 1개소씩 설치한다.
④ 방송공동수신설비의 기술기준에 충족하도록 설치한다.
⑤ 세대단자함에는 CATV, MATV 수신단자를 별도로 구성 · 설치한다.

3. 비디오폰 및 인터폰

① 각 세대에는 경비실 · 관리소와 통화기능이 있는 비디오폰을 설치한다.
② 경비실 · 관리소에는 각 세대와 통화할 수 있는 모기를 설치한다.
③ 경비실 · 관리소 및 세대간 비디오폰 배선은 공통선 배선방식으로 한다.
④ 무인경비지구는 관리소 방재실에 모기를 설치하며 아파트 1층 주 현관에 공동현관기(로비폰)를 설치한다.

4. 방송설비공사

① 각 세대에는 천장형 또는 벽부형 스피커를 설치한다.
② 각 동 방송용 앰프 랙(amp rack)은 관리소에 통합 설치한다.
③ 고층 아파트 방송배선은 비상방송이 가능하도록 한다.

5. 원격자동검침 시설공사

① 세대에 설치된 전기 · 수도 · 가스 · 온수 · 난방 등 각종 계량기의 사용량을 세대를 방문하지 않고 전용선, 전력선, 초고속 LAN선 등 통신선로를 이용하여 중앙처리장치가 설치된 관리소 등에서 원격자동검침이 가능해야 한다.
② 중앙처리장치에서 통신상태 표시 및 계량기의 이상유무 기능이 있어야 한다.
③ 월보, 일보, 고지서 발행, 추이 그래프 등 다양한 검침정보를 제공해야 한다.
④ 정전시 데이터 보존 및 검침업무가 가능하도록 정전보상용 배터리 등을 설치한다.

6. 옥외구내통신 관로공사

① 배관은 내충격성 경질 비닐전선관과 광케이블 사용에 적합한 내 · 외관 일체형 다공관을 병행 시설한다.
② 공동구내는 약전덕트 또는 케이블 트레이를 이용한다.

7. 통신실 설치공사

① 광전송장치 및 부대설비 전원공급을 위한 전력분전반을 설치한다.

② 주배선반(MDF)의 보안기반은 1종 접지, 외함은 3종 접지시설을 하며, 접지시험은 단자를 설치한다.

8. 복지관 TV공동시청 설비공사

① 생활편익시설의 TV공동시청설비는 CATV 방식으로 인근 아파트의 분배기에서 분기 공급하고 복지관은 헤드 엔드(head end)에서 공급한다.
② 배관은 합성수지제 가요전선관(CD-P)을 지중매설 직경 100mm 이상은 파상형 경질폴리에틸렌 전선관(FEP)을 사용한다.
③ 배관의 강도가 있는 합성수지전선관(Hi-PVC)을 매입하되 설계시에 외부충격 · 강도를 감안하여 Hi-PVC를 결정한다.

4.7.2 공동주택 설계시 반영사항

1. 통신용 배선 및 배관

(1) 사용전선

① 옥내 사용전선
- UTP 케이블 : 구내통신용
- 고주파 동축케이블(5C-FB,7C-FB) : TV수신용 고발포 3중차폐 저손실 동축케이블(HFBT : High Foam Braid Triple) 이상
- PVC 국내 케이블 : 구내통신용

② 옥외 사용 케이블
- 고주파 동축케이블(5C-FB,7C-FB) : TV수신용 고발포 3중차폐 저손실 동축케이블(HFBT : High Foam Braid Triple) 이상

(2) 전선의 굵기

TV배선 중 간선은 7C-FB, 함내부 결선 및 세대까지는 5C-FB를 사용한다.

(3) 사용 전선관

① 합성수지관(내충격성 경질비닐전선관) : 건물 또는 지하매입시 사용하며, 외부압력 또는 기계적 충격이 없는 장소에 사용한다.
② 강제전선관(아연도) : 외부노출 또는 지하실 · 전기실에 사용하며, 외부압력과 기계적 충격이 우려되는 장소에 사용한다.
③ 합성수지제 가요전선관(CD) 혹은 Hi-PVC 사용(정부기관에는 아직도 Hi-PVC 설계적용) : 콘크리트 매입배관에 사용한다.

④ 직경 100mm 이상은 사업자 통신케이블 인입, 단지 내 방송관로 등에 사용한다.
⑤ 금속제 가요전선관 : 이중 천장 내 매입 박스와 기구 연결시 등 건조한 장소에는 제1종, 조인트 박스와 스피커 연결에는 제2종 가요전선관을 사용한다.

(4) 전선관의 굵기

① 전선관은 16mm 이상 사용을 원칙으로 하고 전선의 굵기 및 통신회선의 가닥수에 따라 전선관의 굵기 산정을 적용한다.
② 단독스위치, 감지기 및 방송회로용 배관(3선 이하)은 14mm 이상을 사용한다. 다만, CD관은 16mm 이상을 사용한다.
③ 전선의 굵기가 다른 전선을 동일관 내에 넣은 경우는 전선단면적의 합계가 관 내 단면적 합계는 32% 이하가 되도록 한다.
④ 관의 굴곡이 적어 쉽게 전선을 교체할 수 있는 경우에는 전선관 내 배선의 단면적 합계가 48% 이하가 되도록 하되, 동일 굵기의 8m^2 이하 전선은 내선규정을 적용한다.
⑤ 케이블배관은 케이블외경의 1.5배(통신용은 32% 이하의 점적률을 갖을 것) 이상의 굵기를 선정한다.

(5) 전선관 설치

① 슬라브 내 매입하는 경우 배관 굵기는 36mm 이하가 되도록 한다.
② 노출배관시 지지간격은 2m(합성수지관 1.5m) 이하로 하고 관 말단, 박스의 접속점에서 0.3m 이내에 지지되도록 한다.
③ 노출배관은 행거 또는 트레이를 적용하며, 지지 배관수에 따라 해당 규격을 적용한다.
④ 사용전압 400V 미만인 금속관 및 그 부속품은 제3종 접지공사를 한다.
⑤ 배관용 박스는 천장 콘크리트 매입시 콘크리트 박스를 사용하고, 벽체 매입은 아웃렛 박스를 사용하며, 박스 종류는 다음에 의한다.
  - 천장슬라브 매입 전선관 3개 이하 입출시 : 콘크리트 8각
  - 천장슬라브 매입 전선관 4개 이상 입출시 : 콘크리트 4각
  - 천장슬라브 매입 전선관 2개 동일방향 입출시 : 콘크리트 4각
  - 벽체 매입시 : 아웃렛 4각(말단용은 스위치 1개용)
  - 벽체 매입 동일방향 3분기 입출시 : 스위치 2개용(CSW2S)

⑥ 강제전선관은 후강전선관을 사용한다.
⑦ 배관의 굴곡개소가 3개소 이상과 분기접속개소에는 풀 박스를 사용한다.
⑧ 건축외벽 옹벽부위 마감선과 박스간 이격거리는 아래 기준을 원칙으로 한다.
  - 외벽 옹벽 부위 : 건축마감 벽면에서 500mm
  - 기타 부위 : 문틀 또는 벽면에서 200mm

2. 단위세대 정보통신시설설계

(1) 구내통신선로 설비설계

① 아웃렛을 침실 1개소, 거실 2개소에 설치한다(인출구는 각각 2개 이상).
② 거실에서의 인출구는 장식장 있는 벽면 및 반대편 벽면에 콘센트와 연계하여 시설한다.
③ 설치높이는 거실 장식장 위치벽면에는 450mm, 기타는 300mm로 한다.
④ 네트워크 설비를 예상하여 베란다(앞뒤) 인출구를 2개씩 설치한다.

(2) TV공동시청시설

① TV유닛은 침실에 1대소, 거실에 1~2개소를 콘센트와 연계하여 설치한다.
② 설치높이는 거실장식장 위치 벽면에서는 450mm, 기타는 300mm로 한다.

(3) 스피커시설

① 스피커는 세대 내 1개소를 설치하며, 1세대가 복층(2개층)으로 구성되는 경우는 2개소에 설치한다.
② 스피커의 음성입력은 1W 이상으로 천장형 또는 벽면매입형으로 한다.
③ 설치위치는 주방 또는 거실에 설치한다.

(4) 비디오폰시설

① 세대현관 외부에는 도어카메라, 세대 내에는 모니터를 매입형으로 설치한다.
② 세대모니터의 설치위치는 건축평면을 감안하여 주방 또는 거실에 설치한다.
③ 설치높이는 도어카메라의 경우 1,350mm이며, 모니터는 1,500mm로 한다.
④ 무인경비지구 공동현관기는 매입형(1,050mm)으로 설치한다.

3. 구내통신시설

(1) 계통 구성

① 구내통신선로의 계통은 MDF에서 각 세대 인출구까지 계층적 성형박스식으로 구성하며, 각 계층은 다음과 같이 구분한다.
- MDF에서 동단자함까지(고층계단형 아파트일 경우 각 계단별, 복도식 및 중층아파트일 경우 각 동별 배선방식)
- 동단자함에서 층단자함까지
- 층단자함에서 세대단자함까지
- 세대단자함에서 인출구까지

② 구내통신선로와 TV전송선로는 다음과 같은 구간에서 관로를 공용하는 배선구조로 한다.

- 동단자함에서 층단자함까지의 트레이 관로
- 층단자함에서 세대단자함까지의 배관
- 세대단자함에서 인출구까지의 배관

(2) 단자함의 구성

① 세대단자함은 세대 TV분배기를 수용할 수 있도록 설치하며, 위치는 부엌 식탁하부 설치를 원칙으로 하되 불가피한 경우 거실 장식장 위치벽면 부엌 쪽 등 최적의 위치를 선정한다.

② 단자함의 단자수 산정은 4쌍케이블 기준으로 산정하며, 세대단자함으로 직접분기하는 층단자함 또는 동단자함은 격벽과 배선공간을 확보하여 TV분배함과 통합구성한다.

③ 중층아파트의 경우 동단자함은 중앙계단 1층에 설치하고, 기타 계단에는 층단자함을 설치한다.

④ 고층아파트의 경우 단자함의 설치는 홀 또는 계단부위에 설치하는 것을 원칙으로 한다.

- 동단자함 : 고층계단식 아파트는 계단별 지하층, 1층 또는 2층에 설치한다.
- 층단자함 : 복도형의 경우 매층 단위, 계단형의 경우 계단별 층수 고려 3개층 단위로 하되 관리를 위하여 매층 층단자함 설치를 원칙으로 한다.

⑤ 동단자함에는 MDF 단자반에서 각 동단자함까지 배선을 위한 인입용 배관 및 예비배관을 시설하여야 한다.

⑥ 동단자함에서 광단자함(FDF) 연결용 PB까지 홈네트워크망 구축을 대비한 예비관로를 구성한다.

⑦ 각 동단자함은 예비단자를 필요한 회선수의 20% 이상을 확보해야 한다.

(3) 회선수

① MDF에서 각 동단자함까지 인입회선수는 세대당 4쌍 케이블로 한다.

② 동단자함에서 세대단자함간의 케이블 회선수는 세대당 4쌍 케이블 2가닥으로 산정(4쌍 케이블 1가닥을 LAN망 구축용)하기도 했으나 앞으로는 4쌍 케이블 4가닥씩 인입한다.

③ 세대단자함에서 인출구까지의 회선은 초고속정보통신 특등급일 경우 광케이블 4코어, UTP Cat5e 4회선으로 산정한다.

(4) 배관 및 배선

① 노출배관이 180° 이상 굴곡 또는 5개층을 초과할 경우에는 풀 박스를 설치한다.

② EPS실이 있는 경우 건물간선계 케이블 수용을 위해 트레이를 사용하며, 예비공간(30mm 이상)을 확보한다.

③ 각 단자함 또는 인출구 상호간의 배관규격은 케이블 점적률의 32% 이하로 한다.

④ 동단자함에서 세대인출구까지 케이블은 90m 이내로 한다.

⑤ 세대단자함에서 인출구까지의 배선은 UTP 케이블(0.5mm×4Pr Cat5급 이상)을 사용한다.

⑥ 동단자함에서 층단자함 사이의 배선은 UTP 케이블(0.5mm×24Pair Cat5급 이상)을 사용하고, 층단자함에서 세대단자함 사이의 배선은 UTP 케이블(0.5mm×4Pr×2Cat5급 이상)을 사용하며, 25페어 케이블은 LAN용과 일반용을 분리하여 구성토록 한다.

⑦ 동단자함에서 층단자함 사이는 접지배선은 공용접지단자함에 연결한다.

- 수용회선(옥외인입 회선수)당 접지종별 기준
  - 100회선 이하 : 100Ω 이하
  - 101회선 이상 : 10Ω 이하
    ※ 1회선이란 4쌍 꼬임케이블을 기준함
- 접지선 규격
  - 용접지단자함에서 동단자함까지 : GV14mm²
  - 동단자함에서 층단자함까지 : 트레이 - GV14mm²(복도식), 배관 - IV5.5mm²

⑧ 전선관을 이용하는 입상간선은 길이 20m 이내마다 케이블 지지용 풀 박스를 설치한다.

⑨ 입상간선용 매입배관은 54mm 이하 굵기를 사용한다. 단, 지하층에서 동단자함까지는 70mm까지 사용할 수 있다.

⑩ 입상 예비배관은 해당 구간의 최대 굵기의 배관을 기준으로 구성한다.

⑪ 구내통신선로용 수평배선 케이블은 UTP 0.5mm×4Pr를 사용한다.

(5) 광케이블

① 광케이블의 계통구성은 MDF실 광단자함에서 각 동 광단자함까지 성형(스타)구조로 구성한다.

② 광단자함(FDF)

- 통신실과 각 동 공용부(지하층 또는 아파트 중간층)의 함 속에 설치하며, 함의 크기는 상세도를 참조한다.
- 규격은 통신실에 설치되는 것은 각 동 코어 수의 합으로 산정하고, 동에 설치되는 것은 해당 동 케이블의 코어 수로 산정한다.
- 광단자함의 내부에는 광케이블과 광케이블 또는 광케이블과 장비를 상호 연결할 수 있는 어댑터 등으로 구성되어 있다.

③ 광케이블

- 케이블은 멀티모드와 싱글모드로 구분되고, 설계는 싱글모드형으로 적용하며,

공동주택의 규격은 다음과 같다.

종 류	파장(nm)	채널 손실
단일모드	1,310	7dB 이하
	1,550	7dB 이하

- 사용용도에 따라 옥내형 · 옥외형 · 관로형 · 직매형 등으로 구분하며, 케이블 구조에 따라 Tight Buffer형과 Loose Tube형이 있다.
- 통신실에서 각 동의 코어 수 산정은 계단형의 경우 주계단에 6코어를 기본으로 하고, 세대당 4코어씩 산정한다.
- 광커넥터는 케이블을 종단처리하는 자재로 형태에 따라 ST타입, SC타입 등이 있다.

4. 방송공동수신설비

(1) 지상파 · 위성방송 · 종합유선방송 수신장치, FM 라디오 수신장치, 지상파 DMB 안테나

1) 안테나 설치

FM 라디오, 지상파 DMB 안테나(디지털) 및 위성(무궁화) 수신 안테나는 복지관 인근의 가장 높은 동의 옥상에 설치한다.

2) 지상파 신호수신 장치함

옥탑 1층에 벽체 매입 또는 노출로 설치한다.

(2) 헤드 엔드(head end)

복지관 내의 방재실에 설치한다.

(3) 증폭기 · 분기기 · 분배기

① 헤드 엔드(head end)에서 각 동 최초 증폭기까지는 단독배선으로 한다.
② 분기기 및 분배기는 출력레벨 및 동축케이블 거리 손실에 따른 레벨을 계산하여 적정하게 선택하여 설치한다.
③ 간선증폭기는 선로 입력레벨이 70dB 이하로 내려가기 전에 설치한다.
④ 간선증폭기 출력레벨은 케이블 및 기기의 내구성을 고려하고, 증폭기의 최대 이득을 감안하여 5dB 여유를 두어 100dB로 한다.
⑤ 각 동 최초 증폭기까지 입력레벨을 70dB~90dB로 유지한다.
⑥ 세대 내 TV유닛의 수신전계강도는 68~73dB 이내가 되도록 한다.
⑦ 증폭기 · 분배기 · 분기기 · TV유닛 등 TV공청 자재는 지상파(아날로그 및 디지털), 위성방송(무궁화, NHK, STAR), 종합유선방송(상향 및 하향신호)에 적합한 것을

사용한다.

⑧ 분기기 · 분배기 · 증폭기는 장치함 내에 설치한다.

⑨ 선로장치함은 벽체에 견고하게 설치한다.

⑩ 단위세대는 성형배선방식으로 설치하며, 종단형 유닛에는 75Ω의 유휴종단저항이 부착되어야 한다.

⑪ 선로장치함 규격은 〈표 4-10〉과 같다.

〈표 4-10〉 선로장치함 규격

구 분	선로장치함 규격(mm)			비고
	W	H	D	
간선분기기 또는 간선분배기	300	300	200	
간선증폭기	400	400	200	
간선증폭기+분기기	500	400	200	
간선증폭기+분배기	500	400	200	
간선증폭기+분기기+분배기	600	600	200	
구내증폭기	400	500	130	

⑫ 옥내장치함은 아파트 2~6개 층당 계단실 부위에 설치하고, 설치높이는 상단까지 2.3m로 한다.

⑬ 옥내장치함 규격은 〈표 4-11〉과 같다.

〈표 4-11〉 옥내장치함 규격

구 분	옥내장치함 규격(mm)			비고
	W	H	D	
아파트 - 증폭1기	600	600	120	
아파트 - 증폭2기	600	900	120	
부대복리시설 - 증폭3기	600	700	120	

⑭ 수신선계 상노계산은 다음 값을 참고한다.

• 분기기

〈표 4-12〉 분기기 손실값

구 분		단위	기 준 값										비고
분기손실		dB	8	11	14	17	20	23	26	29	32	35	
삽입손실	1분기	dB	3.2	2.3	1.7	1.5	1.3	1.3	1.2	1.2	1.2	-	
	2분기	dB	4.6	3.0	2.0	1.6	1.3	1.3	1.2	1.2	1.2	-	
	4분기	dB	-	4.6	3.0	2.0	1.6	1.3	1.3	1.2	1.2	1.2	
	8분기	dB	-	-	4.8	3.0	2.0	1.6	1.6	1.3	1.2	1.2	

• 분배기

〈표 4-13〉 분배기 손실값

구 분	단위	기 준 값								비고
분 배 수		2	3		4	6	8	12	16	
			균형	불균형						
분배손실	dB	4.6	7.8	4.6/8.2	8.2	11.0	13.0	16.0	17.0	

• TV유닛(중간형)

〈표 4-14〉 TV유닛 중간형 손실값

구 분		단위	기 준 값									비고
분기손실		dB	8	11	14	17	20	23	26	29	32	
삽입 손실	중간형	dB 이하	3.2	2.3	1.7	1.5	1.3	1.3	1.2	1.2	1.2	
	중간분기형	dB 이하	4.6	3.0	2.0	1.6	1.3	1.3	1.2	1.2	1.2	

• TV유닛(종단형)

〈표 4-15〉 TV유닛 종단형 손실값

구 분	단위	기 준 값									비고
삽입손실	dB	1	3	5	8	11	14	17	20	23	

• 동축케이블

〈표 4-16〉 동축케이블 감쇠량

구 분	단위	기 준 값							비고
주파수 대역	MHz	10	50	150	250	350	450	750 이상	
5C	감쇠량 dB/km	23.8	47.2	77.2	98.9	117.1	137.0	185.0	
7C		15.7	30.7	55.1	71.0	86.2	95.9	124.3	
10C		12.0	25.4	42.2	54.0	65.7	73.4	96.2	
12C		7.8	17.6	31.9	41.8	50.0	57.2	70.9	
17C		5.1	9.1	12.1	22.0	28.6	34.6	47.0	

(4) 배 선

① TV간선선로는 3중차폐 고주파 동축케이블(7C-FB)을 사용하고, 장치함 내부의 연결 및 아파트 TV유닛간의 배선은 3중차폐 고주파 동축케이블(5C-FB)을 사용한다.

② 벽체 또는 바닥 매입인 경우는 전선관, 공동구(지하주차장 포함) 내는 약전덕트, EPS 입상시에는 트레이를 이용하고, 기타 노출인 경우 강제전선관을 사용한다.

③ 증폭기의 전원은 중층의 경우 계단 등 회로에서 분기공급하고, 고층의 경우 분전반에서 분기공급한다.

④ TV장치함의 접지선은 지름 1.6mm 굵기로 인접한 층 단자함에 연결한다.
⑤ 고주파 동축케이블은 3중차폐 이상 또는 알루미늄 튜브형을 사용한다.

5. 음향(방송)설비(비상방송설비의 화재안전기준)

(1) 기기의 설치 및 구성

① 방송반은 관리소 내 상시 사람이 근무하는 실 또는 감시실에 설치한다.
② 방송반은 랙형으로 하며, 랙의 구성은 메인앰프, 프리앰프, 튜너, 차입 및 사이렌, 마이크로폰, 카세트 데크, 비상전원장치 등으로 한다.
③ 방송은 동별 방송이 가능토록 하여야 하며, 소방관련법률에 의한 비상방송설치 대상인 경우에는 R형 수신반 및 중계기와 연계하여 비상방송(화재시에 해당 층 및 직상층 경보 등)이 되도록 한다.
④ 메인앰프는 동별로 각각 설치(고층지구 비상방송 설치대상에 한함)하며, 100W부터 50W 단위로 선정한다.
⑤ 비상전원장치는 메인앰프 용량을 기준으로 한다.

(2) 기기의 특성 및 제원

1) 메인앰프

① 특 성

- 정격출력 : 100, 150, 200, 250W(RMS)
- 출력 임피던스 : 4, 8, 16Ω 및 70V line, 100V line
- 입력레벨 및 임피던스 : 0dB, 600Ω
- 주파수특성 : 100~15,000Hz ± 3
- 의율 : 2% 이하
- 신호 대 잡음비 : 65dB 이상

② 세 원

- 선원은 AC 220V, DC 24V
- 전원스위치, 전원표시램프, 퓨즈 등을 갖추어야 한다.
- 회로의 절단 및 단락표시용 램프를 설치하여야 한다.

2) 믹서앰프(프리앰프)

① 출력레벨 및 임피던스 : 0dB 600Ω×3
② 입력레벨 및 임피던스

- AUX : 0dB 50,000Ω×1
- 마이크 : -60dB 600Ω×2

- 라디오 : 0dB 50,000Ω×1
- 테이프 : 0dB 50,000Ω×1
- 차 임 : 0dB 50,000Ω×1
- 사이렌 : 0dB 50,000Ω×1

③ 주파수특성 : 100~15,000Hz ± 3

④ 의율 : 0.4%

⑤ 신호 대 잡음비 : 60dB 이상

⑥ 제 원

- 전원은 AC 220V, DC 24V
- 전원스위치, 전원표시램프 및 컨트롤 마스터 볼륨을 설치한다.

3) 튜 너

① 특 성

- 수신대역 : AM 530~1,650kHz
FM 88~108MHz
- 수신감도 : AM S/N -30dB에서 35dB 이상
FM S/N -20dB에서 40dB 이상
- 출력 : 0dB, 50,000Ω

② 제 원

- 전원은 AC 220V, DC 24V
- 튜닝다이얼, 밴드, 선택스위치, 튜닝미터, 전원스위치 및 전원램프를 설치한다.

4) 전자차임 및 사이렌

① 특 성

- 전자차임 : 4단계(440, 554, 659, 880Hz) 차임벨로서 차임멜로디를 구성한다.
- 전자사이렌 : 민방위규격 사이렌으로 경계(1분간연속) 및 공습(3분간 4초~2초 파상) 경보를 발하도록 한다.

② 제 원

- 전원은 AC 220V, DC 24V
- 사이렌은 경계 · 공습경보를 발하는 스위치 및 발신도중 정지시키는 정지스위치를 설치한다.

5) 마이크로폰

① 특 성

- 주파수특성 : 50~15,000Hz
- 출력레벨 : -60dB

② 제 원
- 다이나믹형
- 벽걸이형

6) 카세트데크

① 특성(녹음 및 재생)
- 주파수특성 : 50~15,000Hz
- 신호대잡음비 : -50dB

② 제 원
- 전원은 AC 220V, DC 24V
- 전원스위치는 별도로 설치하지 않는다.

7) 옥내스피커

① 특 성
- 환형(콘스피커)
  - 정격입력 : 1W(RMS)
  - 공칭임피던스 : 8Ω
  - 출력음압레벨 82dB 이상
  - 출력음압주파수 : KSC6501 표 5에 의한다.
- 매칭트랜스
  - 정격출력 : 1W(RMS)
  - 임피던스 : 10Ω/8Ω

8) 비상전원장치

① 기 능
- 상용전원 정전시 자동으로 상용전원에서 비상전원으로 교체되고, 정전복구가 되었을 때는 자동으로 비상전원에서 상용전원으로 교체되어야 한다.
- 축전지의 과방전 및 과충전 방지회로를 설치하며, 항상 충전방전이 적정한 상태로 이루어져야 한다.

② 제 원
- 축전지 : 밀폐고정형
- 축전지 충전 종지전압 : DC 28V ± 0.5
- 축전지 방전 종지전압 : DC 21V ± 0.5

③ 축전지 및 강압기 용량

용 량(W)	축전지 용량(Ah)		강 압 기
100	12V	35×2	200V
150	12V	45×2	200V
200	12V	60×2	200V
250	12V	75×2	350V
300	12V	100×2	350V
350	12V	100×2	350V
400	12V	120×2	350V
450	12V	150×2	600V
500	12V	150×2	600V
550	12V	150×2	600V
600	12V	200×2	600V

(3) 음향설비의 배관 및 배선

1) 중층 아파트

① 각 동에는 분기형 조인트 박스를 1층 계단실에 설치한다.
다만, 지하실이 있는 아파트는 지하실 내에 설치한다.

② 주계단 조인트 박스에서 각 계단 1층 스피커까지 매입배관한다.

③ 1층에서 5층까지 배관은 수직배관방식으로 한다.

④ 배관 및 배선은 HIV1.2mm 전선을 사용한다.

2) 고층 아파트

① 각 동 주계단의 지하층 또는 1층에 방송용 단자함(인터폰용과 공용)을 설치한다.

② 비상방송을 위해 비상방송용 릴레이를 각 층 R형 중계기가 설치된 비상경보세트함에 설치한다.

③ 비상방송용 릴레이는 R형 중계기의 화재신호와 연동되어 비상방송이 되도록 최소로 구성한다.

④ 비상방송용 릴레이 부착 및 릴레이 전원결선은 소방설비공사에서 한다.

⑤ 층간 및 세대간 스피커 배관배선은 2-①항에 의하며 릴레이간 배관배선은 HIV1.2mm×3(HI 14)로 하고, 릴레이와 스피커간 배관배선은 HIV1.2mm×2(HI 14)으로 한다.

6. 비디오폰 및 인터폰 시설

(1) 기기의 설치 및 구성

1) 일반지구의 기기설치

① 경비실 모기는 각 세대와의 통화 기능과 모기의 중계에 의하여 세대와 세대간 통화기능이 있어야 한다.
② 비디오폰 모기는 경비실에 설치한다.
③ 각 세대 현관에는 도어카메라를, 세대 내에 모니터를 설치하며 규격은 매입형으로 한다.
④ 비디오폰의 기능에는 현관차임벨, 경비실 통화, 외출표시, 비상경보 및 전화기능(전화기능 비디오폰)이 내장된 것으로 한다.
⑤ 중층 아파트인데 경비실이 없는 경우 비디오폰 모기를 설치하지 아니하며, 비디오폰 기능 중 외출표시 및 비상표시 기능은 제외한다.
⑥ 경비실에는 승강기 카 및 승강기 기계실과 통화할 수 있도록 인터폰을 시설한다.

2) 무인경비지구의 기기설치

① 복지관 방재실에 설치되는 비디오폰 모기는 각 세대와의 통화기능, 모기의 중계에 의하여 세대와 세대간 통화기능, 공동현관기(로비폰)와 통화기능이 있어야 하며, 상호식 인터폰 기능이 내장되어야 한다.
② 비디오폰 모기는 상호식 인터폰 기능이 내장되며, 복지관 방재실에 설치한다.
③ 각 세대 현관에는 도어카메라를, 세대 내에 모니터를, 아파트 1층 공동현관에는 공동현관기(로비폰)를 설치하며, 매입형으로 한다.
④ 로비폰은 각 세대와의 통화기능, 세대에서의 방문자 화상확인, 복지관 방재실과의 통화기능이 있어야 한다.
⑤ 복지관 방재실에는 승강기 카 및 승강기 기계실과 통화할 수 있도록 인터폰을 시설한다.
⑥ 비디오폰 기능에는 공동현관 및 세대현관 방문자 화상확인, 현관차임벨 관리소통화, 외출표시, 비상경보, 공동현관문 열림, 전화기능(전화기능 비디오폰)이 내장된 것으로 한다.

(2) 배관 및 배선

1) 일반지구의 배관 · 배선

① 비디오폰용 단자함 및 풀 박스는 방송용과 공용으로 한다.
② 세대간 비디오폰 배관은 수직배관으로 하며, 1계통당 최대 세대 수는 80세대 이하로 하고, 배선은 공통선 배선방식으로 UTP 0.5mm×4P로 한다.

③ 세대 현관 도어카메라와 비디오폰간 배선은 UTP 0.5mm×2P로 한다.
④ 비디오폰의 전원공급은 전등회로에서 분기공급한다.
⑤ 경비실에서 약전단자함간의 배선은 동일 승강로 내 승강기 설치대수에 따라 1대인 경우에는 CPEV 0.5mm×5P, 2대인 경우에는 CPEV 0.5mm×10P 케이블로 한다.
⑥ 경비실에서 약전단자함까지 승강기 CCTV용 배선은 ECX 5C-7B로 한다.
⑦ 약전단자함에서 승강로 피트까지 승강기 인터폰 및 CCTV 배선용 배관을 시설한다.

2) 무인경비지구의 배관 · 배선

① 비디오폰, 공동현관기용 단자함 및 풀 박스는 방송용과 공용으로 한다.
② 세대간 비디오폰 배관은 수직배관으로 하며, 배선은 공동선 배선방식으로 UTP 0.9mm×5P, ECX 5C-FB×1로 한다.
③ 세대현관 도어카메라와 비디오폰간 배선은 UTP 0.5mm×2P로 한다.
④ 비디오폰 전원은 세대 내 전등회로에서 분기공급하며, 공동현관기(로비폰)용 전원은 LEM의 별도 전용 분기차단기에서 공급한다.
⑤ 관리소에서 동별 주약전단자함까지의 배선은 아파트 동당 승강기 설치대수 4대까지 CPEV 0.5mm×5P로 한다.
⑥ 방재실에서 약전단자함까지 승강기 CCTV용 배선은 ECX 7C-FB로 한다.

7. 피뢰침시설

(1) 피뢰침시설

1) 피뢰침시설 설치대상

① 건축물 높이가 20m를 넘는 건물
② 굴뚝 · 광고탑 · 고가수조 등으로 높이가 20m를 넘는 시설물
③ 소방법에 의한 위험물 제조소(시설기준 제160조)
④ 낙뢰로 인한 피해가 크게 예상되는 건물 : 학교 · 사원 · 백화점 · 극장 · 목욕탕 · 축사 · 박물관 등
⑤ 낙뢰가 우려되는 평야지, 산 정상, 언덕의 정상, 벼랑 위의 건축물 또는 시설물
⑥ TV공시청 안테나 보호용

2) 피뢰침시설의 구성

① 돌침부

- 피보호물이 보호각 60° 범위 내로 들어오도록 설치한다.

- 돌침의 앞 끝은 피보호물에서 25cm 이상 돌출시킨다.

② 용마루(패러핏) 위의 수평도체

- 피보호물이 보호각 60° 이내 또는 수평거리 10m 이내 들어오도록 설치한다.
- 수평도체 지지간격은 2m 이하이며, 인하도선은 50m 이하마다 분기하여 접지한다.

③ 피뢰도선(인하도선)

- 길이가 가장 짧도록 피보호물의 외측을 따라 내린다.
- 2조 이상이며, 돌침부 또는 용마루 위의 수평도체가 2 이상일 경우 연접하여 접속한다.

④ 접 지

- 제1종 접지공사로 한다.
- 다른 용도의 접지와 2m 이상 이격한다.

(2) 배관 및 배선

① 고층 아파트의 패러핏에는 수평도체를 설치한다.
② 수평도체의 지지간격은 2m로 하고 인하도선은 50m 이하마다 분기하여 접지한다.
③ 피뢰침용 접지극 및 접지선은 다른 용도의 접지와 2m 이상 이격하여 설치한다.
④ 피뢰침 인하도선은 IV $30mm^2$(HI 22)로 하고, 접지단자함에서 접지까지는 GV $30mm^2$(HI 16)으로 한다.
⑤ 피뢰침용 접지단자함의 설치는 발코니 하단에 지표면에서 300mm(하단기준) 이상 설치한다(단, 발코니가 없는 부위는 지하층 창문 옆 MH : 2,500mm에 설치).
⑥ 피뢰침용 접지는 제1종 접지공사로 한다.

4.7.3 정보통신설비설계

(1) 구내통신선로의 관루설비

① 인입관로는 기간통신사업자의 맨홀에서 단자 내 수공 2호를 경유하여 단지 내 통신실(MDF)로 인입한다.
② 구내통신 관로는 도로의 보도 또는 녹지 측으로 한전선로와 반대방향으로 구성한다.
③ 구내통신관로는 1공 이상의 예비공을 포함하여 3공(종합유선방송용 1공 포함)을 기본으로 설치하며, 추후 다수의 서비스 사업자를 고려하여 다공관을 설치한다. 관로의 경간은 최대 245m를 넘지 않도록 한다.
④ 인입관로는 내충격성 경질비닐전선관으로 54mm 이상의 규격으로 한다.

⑤ 지중관로의 매설깊이는 0.6m 이상, 차도의 경우는 1.0m 이상, 철도 · 고속도로의 횡단구간 등 특수한 구간은 1.5m 이상으로 한다.
⑥ 공동구 내의 구내통신선로의 관로는 구내통신선로용 트레이 또는 덕트를 이용한다.

(2) 공중전화시설

단지 내에는 공중전화 설치를 위한 공배관을 설치한다. 공중전화 관로는 합성수지제 가요전선관(CD-P 22, Empty)이다.

(3) 주배선반(MDF) 설치

1) 시설내용

복지관 내 MDF설치 및 MDF에서 각 동단자함까지 구내통신선로 케이블 포설(상가, 공중전화 포함)한다.

2) 케이블 배선방법

MDF와 각 동별 직접접속 방식으로 하고, 회선수는 세대당 4페어(UTP 0.5mm Cat 5 이상)로 케이블 규격을 산정한다.

(4) 옥외방송간선설비

1) 중층지구

① 간선 구성
- 방송앰프 용량은 스피커 용량(W)을 합하여 선정한다.
- 방송간선은 앰프별로 회로를 구성한다.
- 동별로 조인트 박스 위치를 표시하고, 앰프 용량은 50W 단위로 선정한다.
- 1개 회로의 길이는 300m를 초과하지 않도록 한다.

② 배관배선
- 간선배관은 합성수지제 가요전선관(CD-P)을 사용한다.
- 배관의 매설깊이는 전화관로 시설기준에 의한다.
- 사용 케이블은 CCV-S 1.2mm를 사용한다.

2) 고층 및 초고층 지구

① 간선구성은 옥내설계를 기준한다.
② 배관배선
- 간선배관은 약전용 와이어덕트와 공용한다.
- 복지관의 동별 앰프와 각 동 아파트 약전단자함간의 배선은 CCV-S 1.2mm 로 한다.

③ 관리소간의 리모트 방송용 간선은 CPEV 0.65mm를 사용한다.

④ 지하주차장 방송 및 어린이 놀이터의 옥외스피커는 복지관 앰프에서 인근 아파트 약전단자함을 통해 CCV-S 1.2mm로 각각 배선한다.

⑤ 단지 내 생활편익시설에 자체 방송앰프가 없는 경우에는 복지관앰프에서 옥외스피커 배선과 같은 방법으로 한다.

(5) 비디오폰 · 인터폰 시설

1) 설치기준

관리사무소, 기계감시실, 오수정화관리인실, 통합경비실, 출입현관 초소 등에는 상호식 비디오폰 · 인터폰을 설치한다.

2) 배관배선

① 인터폰 간선은 인터폰 수량이 30개 이하까지 CPEV 0.65mm×5Pr, 30 초과 99개 이하는 CPEV 0.65mm×10Pr를 사용한다.

② 간선배관은 통신용 와이어덕트와 공용한다.

(6) 인터컴설비

1) 설치기준

기계감시실, 중간기계실, 펌프실, 오수정화시설의 브로와기계실 및 액화가스저장시설의 관리인실에는 인터컴 설치를 위한 배선을 한다.

단, 인터컴 기기는 기계공사 시공분이다.

2) 배관배선

간선배관은 약전용 와이어덕트와 공용한다. 인터컴 간선규격은 구간별로 다음에 의한다.

인터컴 대수	간선규격
5대 이하	CPEV 0.65mm×5Pr
10대 이하	CPEV 0.65mm×10Pr
15대 이하	CPEV 0.65mm×15Pr

(7) 종합유선방송관로설비

인입관로는 내충격성 경질비닐전선관(HI) 54ϕ×1공관을 설치한다.

(8) 지하주차장 CCTV 옥외설비

① 모니터는 지하주차장 관리가 용이한 인근 통합경비실에 각각 설치한다.
② 지하주차장에서 인근 동까지의 배관배선은 지하주차장의 카메라 설치대수에 따라 설치한다.

대 수	감시배관배선	제어배관배선	전원배관배선
가동형 고정형	대수별 : ECX 5C-2V (HI 22) 대수별 : ECX 5C-2V (HI 22)	대수별 : CVV-S 1.25m^2×5C (HI 28)	대수 관계없이 CV 2.0×2C×1 (HI 22)

③ 지하주차장과 동 인입구 사이에는 핸드홀을 설치한다.
④ 동 지하배관은 와이어덕트 또는 강제전선관으로 설치한다.

(9) TV공청설비

생활편익시설은 난시청 해소를 위하여 관리 동 또는 인근 동에서 동축케이블로 연결한다.

(10) 놀이터 CCTV설비

① 카메라는 전용주에 설치한다.
② 카메라 설치기준 : 놀이터 1개소당 1대를 기준으로 한다.
③ 카메라에서 헤드 엔드(head end)까지 배선은 ECX 7C-FB(3중차폐)로 하고, 카메라 설치대수에 따라 설치한다.
④ 동 지하배관은 와이어덕트 또는 강관으로 한다.

4.7.4 부대시설의 구내통신설계

1. 생활편익시설, 복지관, 지하주차장 및 유치원

(1) 구내시설

1) 구내통신 인출구 수(8핀 모듈러잭) 및 단자함

① 생활편익시설의 인출구 수 및 단자함은 다음과 같이 설치한다.
- 30m^2 이하의 단위점포 및 오픈매장은 구획별 단위점포당 8핀 모듈러잭 2구형(4Pr×2) 2개를 설치한다.
- 슈퍼마켓 또는 30m^{2}를 초과하는 단위 점포 및 오픈 매장의 인출구 수는 8핀 모듈러잭 2구형(4Pr×2) 2개 이상을 설치한다.

- 슈퍼마켓 또는 50m^{2}를 초과하는 단위점포 및 오픈매장은 단자함 설치를 원칙으로 한다.

② 복지관 및 유치원의 인출구 수는 사용성을 고려하여 다음 기준 이상으로 설치한다.

- 숙직실 · 감시실 : 각 1개소
- 관리소 · 노인정 · 목욕탕 등 용도 확정구획 : 각 2개소
- 유치원 · 주민공동시설 : 경간(6m×6m)당 1개소
- 기타 필요 개소에는 용도에 따라 1개소

③ 인출구의 설치높이는 다음에 의한다.

- 지하층 : MH 500mm
- 기타 층 : MH 300mm

④ 회선수는 인출구(8핀 모듈러잭 2구형)당 2회선으로 한다.

2) TV 수구

① TV 수구의 설치수는 각 구획마다 1개 이상 설치하고, 50m^2 이상은 칸막이를 감안하여 1경간(6m×6m)당 1개를 추가 실시한다.

② 매장에는 1경간(6m×6m)당 1개씩 설치하며, 슈퍼마켓은 계산대 위치를 감안하여 2개를 설치한다.

③ TV 수구 설치높이는 다음에 의한다.

- 지하층 : MH 500mm
- 기타 층 : MH 300mm

④ TV 수구의 박스는 중간용은 4각 아웃렛 박스이며, 종단용은 스위치 박스를 사용한다.

3) 스피커

① 각 구획마다 1개씩 설치하며, 면적이 큰 구획은 60m^{2}마다, 지하주차장은 수평거리 25m마다 1개씩 추가 설치한다.

② 스피커 용량은 정격출력 1W 이상을 설치한다. 다만, 복지관 지하층 및 지하주차장의 스피커는 벽부형으로 스피커 용량은 정격출력 3W를 설치한다.

③ 스피커 설치는 다음에 의한다.

- 이중 천장인 경우 : 매입형으로 ABS 수지제품
- 슬라브 및 벽체인 경우 : 매입형으로 알루미늄 제품

4) 인터폰시설

유치원의 사무실 · 교실 등에는 상호식 인터폰을 설치한다.

(2) 통신간선시설

1) 구내통신시설

① 생활편익시설의 단자함 규격 및 옥외인입 케이블
- 주단자함 규격은 최소한 UTP 8회선 이상은 설계에 반영한다.
- 중간단자함의 내부 접속자재 산정은 주단자함의 경우와 동일하게 한다.
- 주단자함에 인입되는 옥외간선은 광케이블 4코어, UTP 케이블 0.5mm, 구내는 Cat5, Cat5e, Cat6으로 한다.
- 옥외인입 케이블(UTP 케이블 0.5mm Cat5급 이상)의 규격은 모듈러잭의 총 수량(인출구당 4Pr)으로 산출한다.
- 옥외인입 UTP 케이블 및 광케이블은 별도 배관배선하며, 예비배관을 각각 설치한다.

② 복지관 및 유치원의 회선수 산정
- 주단자함은 실별 1회선 이상으로 한다.
- 단자함 내부의 접속자재 산정은 회선수의 20% 이상을 확보한다.

③ 예비공관 설치
- 슈퍼마켓에는 이중 천장까지 산출회선수에 해당하는 배관 굵기로 예비배관을 설치한다.
- 단자함을 설치하는 점포에는 이중 천장까지 예비배관을 설치한다.

④ 일반사항
- 단자함 설치높이는 하단을 기준하여 지하층은 0.5m 이상, 기타 층은 0.3m 이상으로 한다.
- 중간단자함 접지선은 IV5.5mm^2로 한다.

2) 방송공동수신설비

① TV공시청설비는 관리 동 또는 단지 내 인근 아파트의 TV장치함에서 분기하여 인입한다.
② TV 수구가 4개 이상은 TV장치함을 설치하여 분기공급한다.
③ TV 앰프전원은 공용차단기에서 인출한다.
④ 수신전계강도 산출 및 기준은 2-7항에 의한다.
⑤ TV장치함은 계단 · 통로 등 공용부분에 설치하고, 설치높이는 함 상단까지 2.3m로 한다.
⑥ 지상에 설치된 DMB안테나와 FM안테나를 통하여 FM과 DMB용 증폭기를 설치하여 지하주차장의 DMB중계기와 FM중계기를 재 전송한 전파가 지하주차장 전체에 수신이 가능하도록 한다.

3) 방송시설(소방법 적용)

① 아파트단지용 방송반은 관리소 내 방재실 또는 사람이 상시 근무하는 실에 설치한다.
② 생활편익시설의 방송반 설치는 자체 관리인실이 있는 경우에 관리인실에 설치하고, 관리인실이 없는 경우에는 별도 방송반을 설치하지 아니하고, 인근 아파트에서 분기하여 방송토록 한다.
③ 유치원의 방송반 설치는 사무실 등 사람이 상시 근무하는 실에 설치한다.
④ 방송반은 랙형으로 하며, 랙의 구성은 메인앰프, 프리앰프, AM · FM 튜너 카세트 데크, 비상전원장치 등으로 한다.
⑤ 방송시설에 대한 특성은 기기별 특성과 기능의 규격서에 의한다.
⑥ 단지 내 아파트에서 분기하는 경우는 생활편익시설 내에 조인트 박스를 설치하여 분기한다.
⑦ 소방법상 비상방송설비를 해야 할 때는 수신반과 연동할 수 있도록 설치한다.

(3) 기타 시설

1) CCTV시설(주차장법 적용)

① 지하주차장, 아파트 1층 공동현관 및 승강기 카 내에는 감시 및 방범을 위하여 CCTV를 설치한다.
② CCTV 설비는 카메라, 렌즈, 디지털 영상녹화기(NVR), 모니터, Pan/Tilt Controller, Housing 등으로 구성한다.
③ 감시용 카메라는 감시 여건에 따라 고정식 또는 회전식, 조도 변화에 따라 자동 또는 수동 조리개형을 설치한다.
④ 디지털 영상녹화기(DVR)와 모니터의 규격은 감시카메라 설치대수에 따라 4, 8, 16CH를 사용하도록 한다.
⑤ 감시설비는 통합경비실에 두고 감시 및 원격제어할 수 있도록 설치한다.
⑥ 어린이놀이터에는 세대 내에서 TV수상기로 감시할 수 있도록 CCTV카메라를 설치한다.
⑦ 놀이터 CCTV설비는 카메라, 렌즈, 영상신덕기, 변조기 등으로 구성하고, 헤드엔드 시스템(head end system)에서 별도의 1개 채널을 설치한다.

2) 주차관제시설

① 주차관제설비는 차량의 출입을 원활히 할 수 있도록 시설한다.
② 주차관제설비는 차량검지기, 루프코일, 검지기 박스, 입출차 주의 등 및 차량 유도 등으로 구성한다.
③ 입출차 주의 등은 입구 · 출구측에 설치하여 미리 주의 경광 및 경보음을 발하여 원활히 소통을 할 수 있도록 한다.

3) 방범설비(주차장법 시행규칙 제6조)

① 지하주차장에는 경비실에서 지하주차장 상황을 음성 감시할 수 있는 비상호출 시스템을 설치한다.
② 비상호출 시스템은 비상인터폰 모기, 자기 및 전원장치(power supply) 등으로 구성한다.

4) 이동통신예비시설

지하주차장에는 방송통신설비에 관한 기술기준 제17조의 3에 따른 이동통신중계기 설치장소 확보와 구내통신설비기술기준고시 제35조 부터 제39조에 따른 배관설치, 접지설비, 전원설비를 하여야 한다.

5) 무선통신보조설비시설(무선통신보조설비의 화재안전기준)

지하주차장에는 소방관들이 무선통신을 할 수 있도록 무선통신보조설비를 설치하여야 한다(세부 내용은 제6장에서 해설).

4.8 초고속정보통신건물 인증과 홈네트워크 인증설계

4.8.1 설계 적용대상

① 초고속정보통신건물 인증에 적합한 통신설비설계
  1. 「건축법」 제2조제②항제2호의 공동주택 중 20세대 이상의 건축물 또는 같은 항 제14호의 업무시설 중 연면적 3,300m^2 이상인 건축물을 대상으로 한다.

② 홈네트워크건물 인증 통신설비설계
  2. 용어의 정의
    가. "초고속정보통신건물"이라 함은 초고속 정보통신서비스를 편리하게 이용할 수 있도록 일정 기준 이상의 구내정보통신 설비를 갖춘 건축물을 말한다.
    나. "홈네트워크건물"이라 함은 원격에서 조명, 난방, 출입통제 등의 홈네트워크 서비스를 제공할 수 있도록 일정 기준 이상의 홈네트워크용 배관, 배선 등을 갖춘 건축물을 말한다.
    다. "공동주택"이라 함은 건축법시행령에서 분류된 아파트, 연립주택, 다세대주택, 기숙사를 말한다.
    라. "업무시설"이라 함은 건축법시행령에서 분류된 국가 또는 지방자치단체의 청사, 금융업소, 사무소, 신문사, 오피스텔 등을 말한다.

4.8.2 구내배관설비 설치요건

1. 설계 반영사항

① 집중구내통신실, TPS 또는 동별통신실, 동단자함, 중간단자함 등은 2개 이상 사업자의 통신장비를 설치하고 구내배선설비와 접속, 운용하는데 지장을 주지 않는 구조 및 형태로 설계한다.

② 구내간선계, 건물간선계, 수평배선계(세대인입 및 댁내)의 배관시설은 심사기준을 적용하여 성형배선이 가능하도록 설계한다.

③ 심사기준에 규정된 배선자재를 설계반영하고 성형배선이 가능하며 외부의 압력 또는 충격 등으로부터 선로를 보호할 수 있는 기계적 강도의 제품을 설계에 반영한다.

④ 향후 배선용량 증설, 신규 배선설비 인입, 유지보수의 필요성에 대비하여 규정된 예비배관설비를 설계하여야 한다. 단, 통신구, 덕트 또는 트레이를 설치한 구간에는 그러하지 아니하다.

2. 집중구내통신실의 환경시설 설계

집중구내통신실은 구내정보통신 인프라 시설 및 구내통신용 장비를 설치, 운용하는데 필요한 다음의 요건을 갖추도록 설계한다.

① 바닥설비는 액세스 플로어 또는 집중구내통신실의 바닥으로 배선의 설치, 증설 및 철거 등이 용이한 배관시설을 설치하도록 설계

② 집중구내통신실의 주배선반 등(IN/OUT 배선 연결)은 2개 사업자 이상이 서비스를 제공하는데 지장이 없는 구조 및 형태로 설치되도록 설계

③ 집중구내통신실의 주배선반 등(IN/OUT 배선)을 연결하는데 필요한 구내용 배선설비(배선반, 배선단자, 패치패널 등)로 설치되도록 설계

④ 상온 상습을 유지할 수 있도록 냉난방기 또는 환풍기 설치

⑤ 집중구내통신실이 지하수위보다 아래에 위치하고 있거나 물의 침투위험이 존재하는 경우에는 필요한 방수 및 배수시설 설계

⑥ 조명스위치는 출입문 근처에 설치

⑦ 집중구내통신실 전용의 전원시설(분전반)을 설지 설계반영

⑧ 잠금장치는 드라이버 또는 칼 등을 사용하여 쉽게 열리지 않는 튼튼한 구조의 제품사용

3. TPS 또는 동별 통신실 및 업무용 통신실 환경시설 설계

① TPS 또는 동별 통신실(동별 통신장비 설치공간확보 포함)은 다음 요건에 맞도록 설계
② 구내간선계에 설치되는 광케이블(구내간선계를 확장하여 집중구내통신실로부터 건물 내의 중간배선반 등까지 광케이블을 설치하는 경우를 포함한다)의 종단 및 광배선반(FDF) 설계
③ TPS 또는 동별 통신실의 중간배선반 등(IN/OUT 배선 연결)은 2개 사업자 이상이 서비스를 제공하는데 지장이 없는 구조 및 형태로 설치되도록 설계
④ TPS 또는 동별 통신실의 중간배선반 등(IN/OUT 배선 연결)을 연결하는데 필요한 구내용 배선설비(배선반, 배선단자, 패치패널 등) 설계
⑤ 지하수위보다 아래에 위치하고 있거나 물의 침투위험이 존재하는 경우에는 필요한 방수 및 배수시설 설계
⑥ 조명스위치는 출입문 근처에 설치(TPS는 제외)
⑦ 통신용 전원시설은 전용회로로 설치
⑧ 잠금장치는 드라이버 또는 칼 등을 사용하여 쉽게 열리지 않는 튼튼한 구조제품 사용

4. 옥내배관설비 요건

① 건축물의 옥내에는 선로를 용이하게 설치하거나 철거할 수 있도록 배관 또는 덕트 등의 배관시설을 설치하여야 한다.
② 배관의 내경은 수용되는 선로(다조인 경우에는 그 전체) 단면적의 총합계가 배관 단면적의 32% 이하가 되도록 설치하여야 한다.
③ 배관의 굴곡은 완만하게 처리하여야 하며, 곡률반경은 배관내경의 6배 이상을 유지토록 한다.
④ 하나의 배관구간에 있어서 굴곡개소는 3개소 이내이어야 하며, 1개소의 굴곡각도는 90° 이내이고 3개소의 굴곡각도의 합계는 180° 이내이어야 한다.

5. 배관설계 주의사항

세대단자함으로부터 실내 인출구까지 전선관 방식으로 설치할 경우에는 전선관을 통해 근방의 다른 인출구로 경유할 수 있는 인출구는 1개소를 초과하지 않도록 설계되었다. 전선관 방식에 의거 인출구(4각 아웃렛 박스)를 1회 경유하는(구부림) 것은 허용되지만, 인출구(4각 아웃렛 박스)를 2회 이상 경유하여 배선하는 것은 허용되지 않는다.

6. 세대단자함의 설치 설계

세대단자함은 입주자에게 다양한 서비스를 원활하게 제공할 수 있도록 설계한다. 세대단자함의 구체적인 설치요건은 "주거용 건축물의 구내통신선로설비 기술표준(TTA)"을 참조한다.

다음은 공동주택 특등급건물의 세대단자함 구성예시도이다.

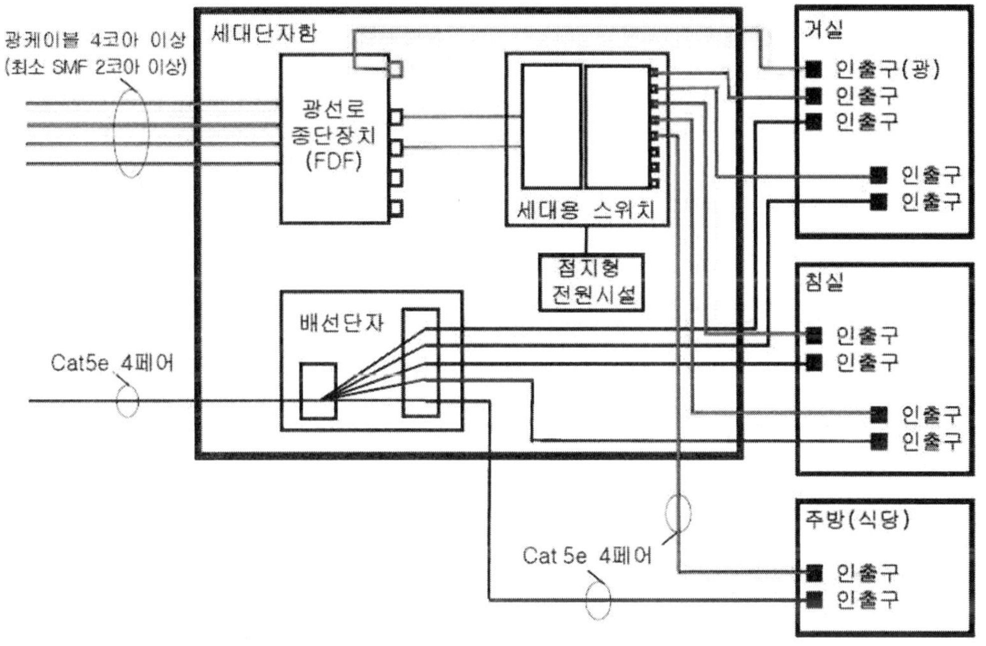

주) 1. 상기 예시도는 인증 심사기준이 아니며, 민원인의 이해를 돕기 위하여 작성된 것임
2. 세대단자함으로 인입되는 광케이블 4코어는 모두 광선로종단장치(FDF)에서 종단된다. 광선로종단장치는 광패치코드를 통해 세대용 스위치의 입력단(광포트)에 연결되며, 세대용 스위치 내부에서는 광신호가 전기신호로 변환된다. 세대용 스위치의 출력단에서는 변환된 전기신호가 출력되어 각 실의 인출구까지 Cat5e 4페어 케이블을 통해 데이터 서비스가 제공된다.
3. 세대단자함으로 입력되는 Cat5e 4페어 케이블은 배선단자(Cat5e급 이상)에서 종단된다. 배선단자의 출력단에서 각 실의 인출구까지 Cat5e 4페어 케이블을 통해 음성급 서비스가 제공된다.

4.8.3 공동주택 특등급의 광선로 채널성능에 맞게 설계

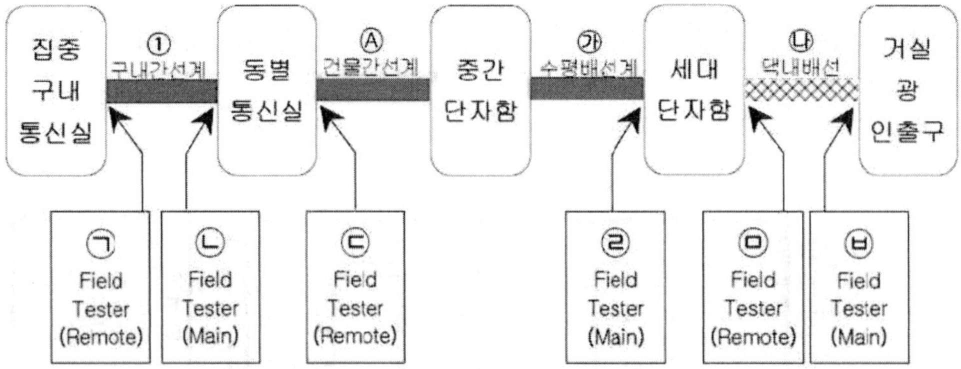

주) 1. 광선로 구간에 대한 채널성능은 동일한 광배선매체가 설치된 구간을 채널로 구성(광통신장비, 스플리터 등은 제외)하고 Field Tester를 사용하여 각각의 구간별에 대하여 시험한다.

2. 광선로 구간에 대한 채널성능 시험은 상기 예시도와 같이 측정한다. ㉠ - ① - ㉡에 대한 측정치와 ㉢ - A - ㉮ - ㉣의 측정치와의 합의를 의미한다(㉠ - ① - ㉡ = ⓐ, ㉢ - A - ㉮ - ㉣ = ⓑ, ⓐ + ⓑ)

3. 댁내 광배선인 거실 광인출구에 대한 시험은 ㉤ - ㉯ - ㉥을 별도로 측정한다.

광케이블 시스템은 구현하고자 하는 광전송 장비의 채널성능을 기준으로 아래와 같이 광케이블손실, 커텍터접속손실, 케이블접속 손실을 계산했을 때에 규정된 최대손실 값을 초과하지 않도록 설계할 것을 권장한다.

- 채널손실 설계방법
  = 케이블손실 + 커텍터접속손실 + 케이블접속손실
  = 케이블손실율(dB/km) × 케이블 길이(km) × 커넥터 접속점수 × 0.75dB(커텍터 손실)
  + 케이블 접속점수 × 0.3dB(접속손실)

4.8.4 공동주택 배관 및 구내배선설계

1. 공동주택(1등급)의 배선시스템

(1) 동별 통신실(집중형 배선구조) 적용 설계사례

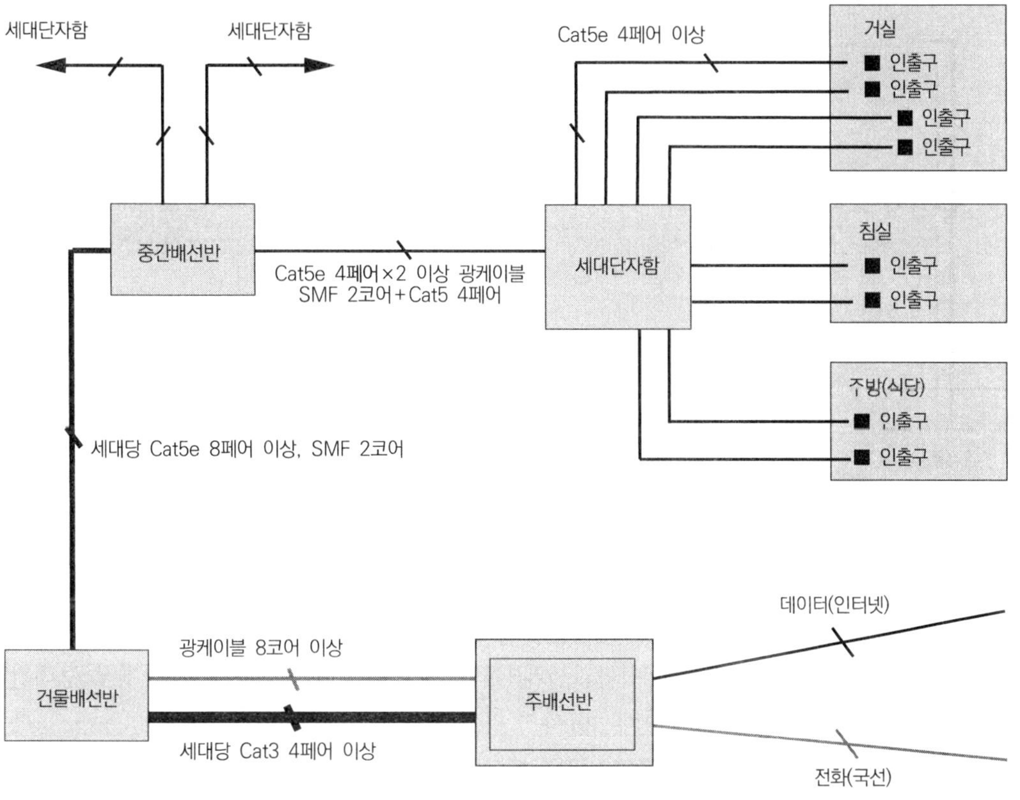

① 건물간선계에는 간선용 multi-pair 케이블(25페어 단위의 UTP Cat5e 등)을 설치하며, 건물배선반 등에 FDF를 설치하고 2개 이상 사업자설비 등이 수용될 수 있도록 설계한다.

② 세대단자함은 400mm×500mm×80mm(깊이) 이상의 크기로 설계한다.
- 구내간선계 : 주배선반 등에서 건물배선반 등까지
- 건물간선계 : 건물배선반 등에서 중간배선반 등까지
- 수평배선계 : 중간배선반 등에서 세대단자함을 경유하여 실내인출구까지

(2) 동별 통신실(분산형 배선구조) 설계사례

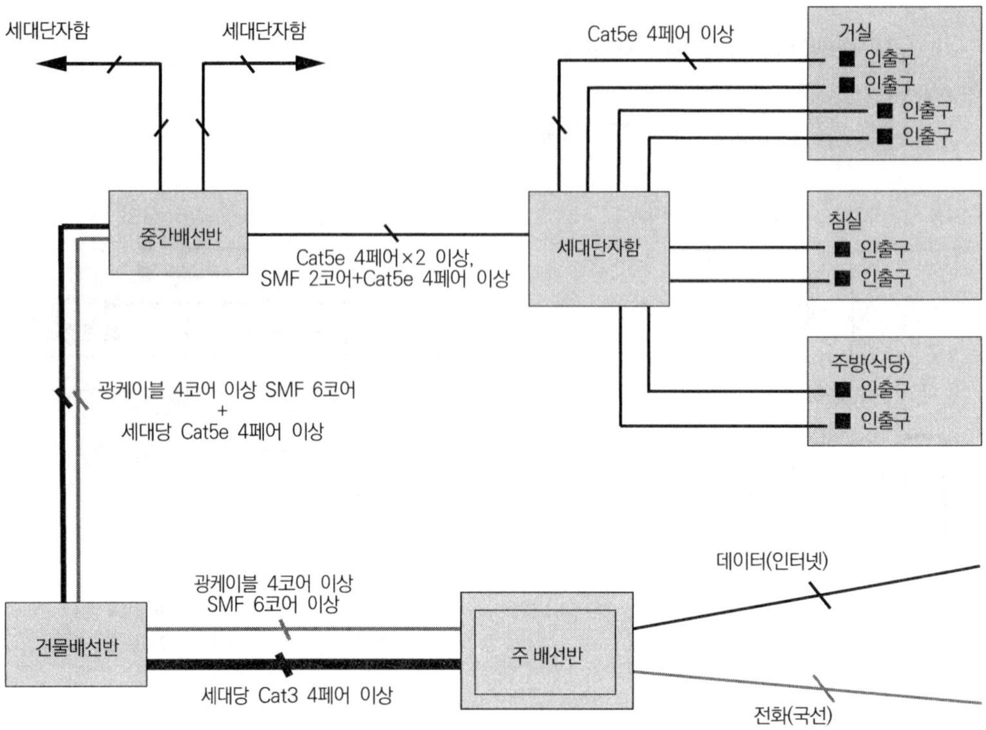

① 건물간선계(UTP 구간)에는 간선용 multi-pair 케이블(25페어 단위의 UTP Cat5e 등)을 설치한다. 건물간선계(UTP 구간)에 광케이블을 설치할 경우 구내간선계의 광케이블이 중간배선반까지 확장된 것으로 간주하여 "세대당 Cat5e 4페어" 대신 "광케이블 8코어(SMF6 코어) 이상"을 설치할 수 있으며, 중간배선반 등에 FDF를 설치하고 2개 이상 사업자설비 등이 수용될 수 있도록 설계한다.

② 세대단자함은 400mm×500mm×80mm(깊이) 이상의 크기로 설계한다.

- 구내간선계 : 주배선반 등에서 중간배선반 등까지(광케이블 구간) 주배선반에서 건물배선반 등까지(UTP 구간)
- 건물간선계 : 건물배선반 등에서 중간배선반 등까지(UTP 구간)
- 수평배선계 : 중간배선반 등에서 세대단자함을 경유하여 실내인출구까지

(3) TPS(분산형 배선구조) 설계사례

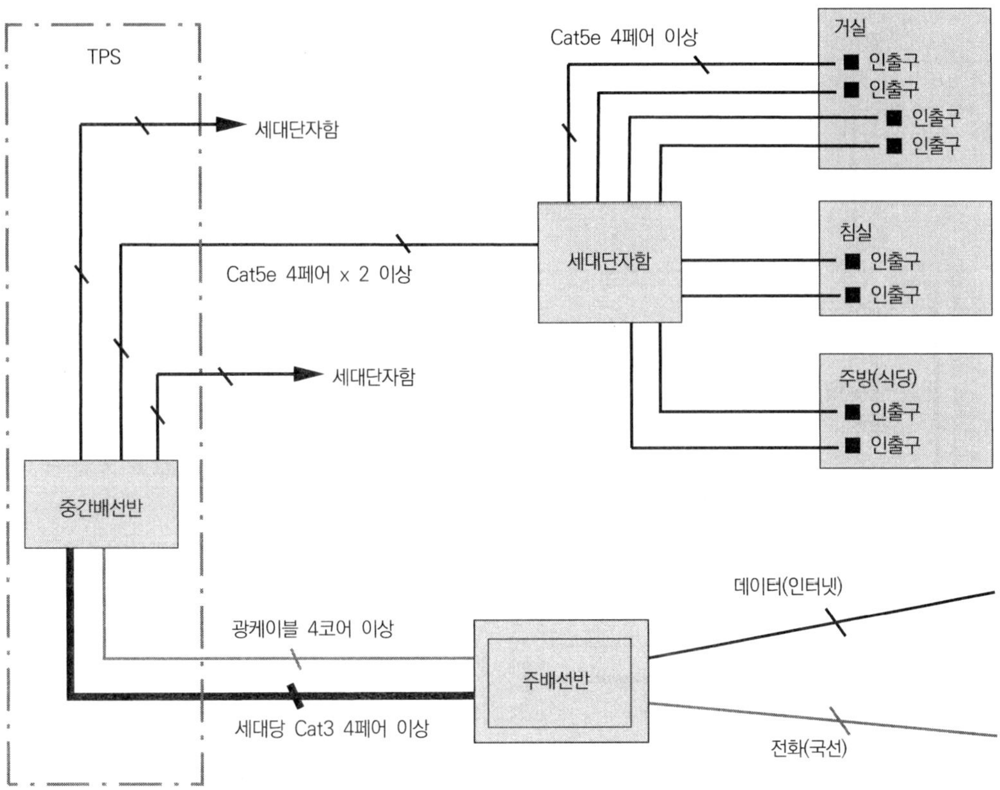

① TPS를 설치할 경우에는 FDF를 설치하고 2개 이상 사업자설비 등이 수용될 수 있도록 설계한다.

② 세대단자함은 400mm×500mm×80mm(깊이) 이상의 크기로 설계한다.

- 구내간선계 : 주배선반 등에서 중간배선반 등까지
- 건물간선계 : 없음
- 수평배선계 : 중간배선반 등에서 세대단자함을 경유하여 실내인출구까지

2. 공동주택(특등급)의 배선시스템 예시도

(1) 동별 통신실(집중형 배선구조) 적용사례

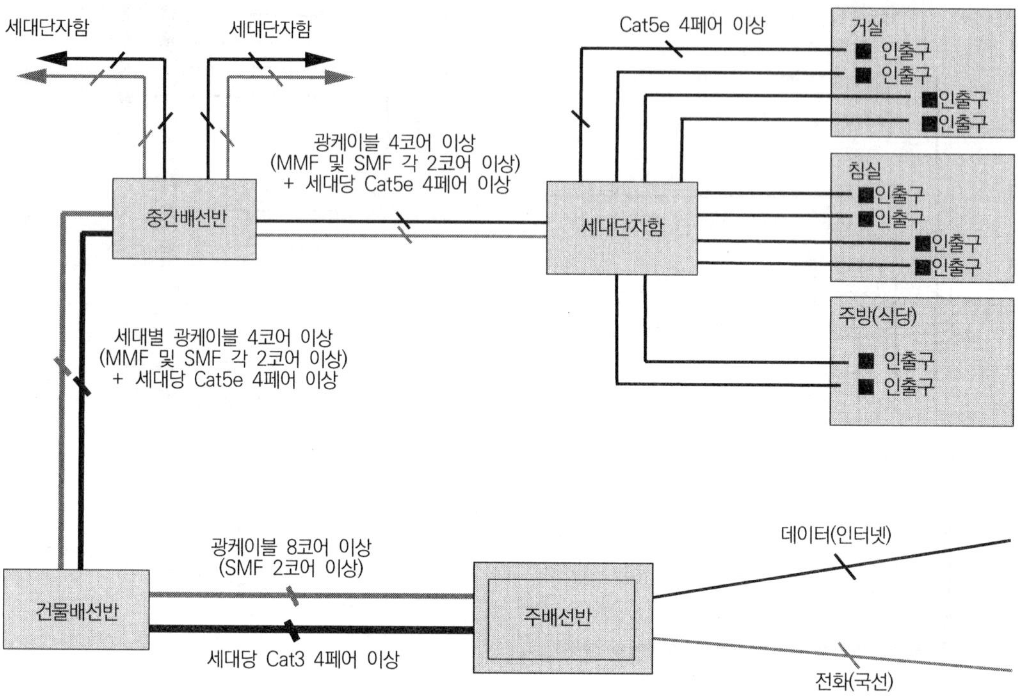

① 건물간선계에는 간선용 multi-pair 케이블(25페어 단위의 UTP Cat5e 케이블, 12코어 MMF 광케이블, 12코어 케이블 중 최소한 SMF 6코어 이상)을 설치하며, 건물배선반 등에 FDF를 설치하고 2개 이상 사업자설비 등이 수용될 수 있도록 설계한다.

② 세대단자함은 400mm×500mm×80mm(깊이) 이상의 크기로 설계한다.

- 구내간선계 : 주배선반 등에서 건물배선반 등까지
- 건물간선계 : 건물배선반 등에서 중간배선반 등까지
- 수평배선계 : 중간배선반 등에서 세대단자함을 경유하여 실내인출구까지

(2) 동별 통신실(분산형 배선구조) 적용사례

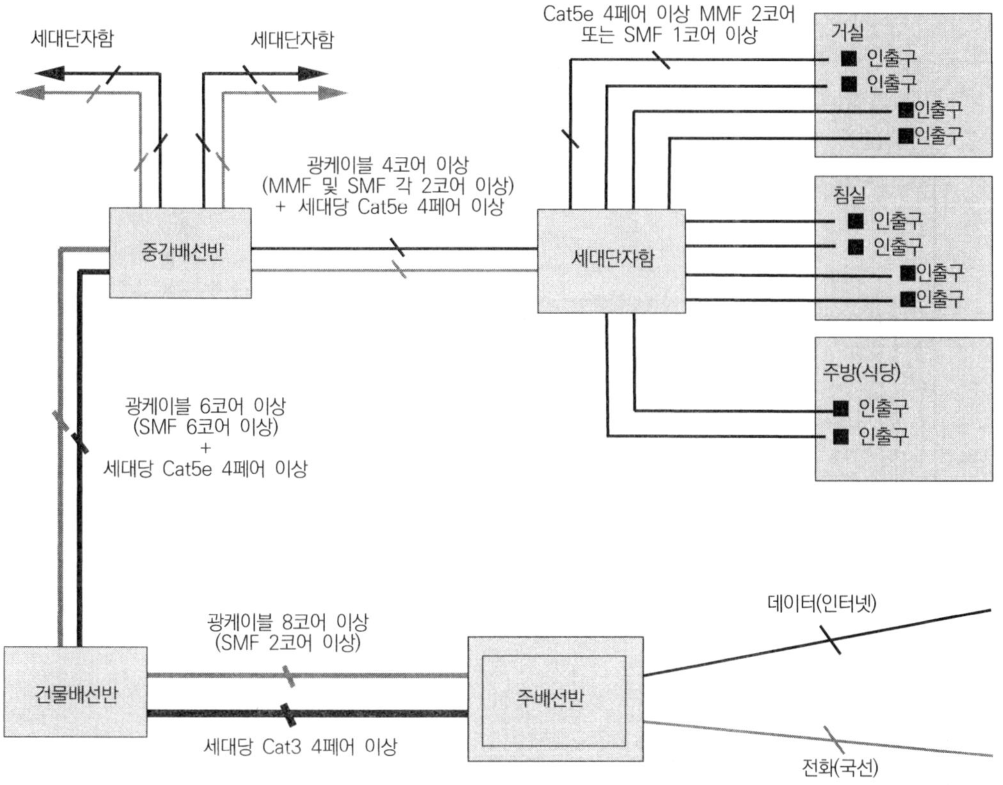

① 건물간선계(UTP 구간)에는 간선용 Multi-pair 케이블(25페어 단위의 UTP Cat5e 케이블 등)을 설계. 구내간선계를 건물 내까지 확장하는 경우에는 주배선반에서 중간배선반까지 광케이블 8코어 이상(SMF 2코어 이상)을 설치하며, 중간배선반 등에 FDF를 설치하고 2개 이상 사업자설비 등이 수용될 수 있도록 설계한다.

② 세대단자함은 400mm×500mm×80mm(깊이) 이상의 크기로 설계한다.

- 구내간선계 : 주배선반 등에서 중간배선반 등까지(광케이블 구간) 주배선반에서 건물배선반 등까지(UTP 구간)
- 건물간선계 : 건물배선반 등에서 중간배선반 등까지(UTP 구간)
- 수평배선계 : 중간배선반 등에서 세대단자함을 경유하여 실내인출구까지

(3) TPS(분산형 배선구조) 적용사례

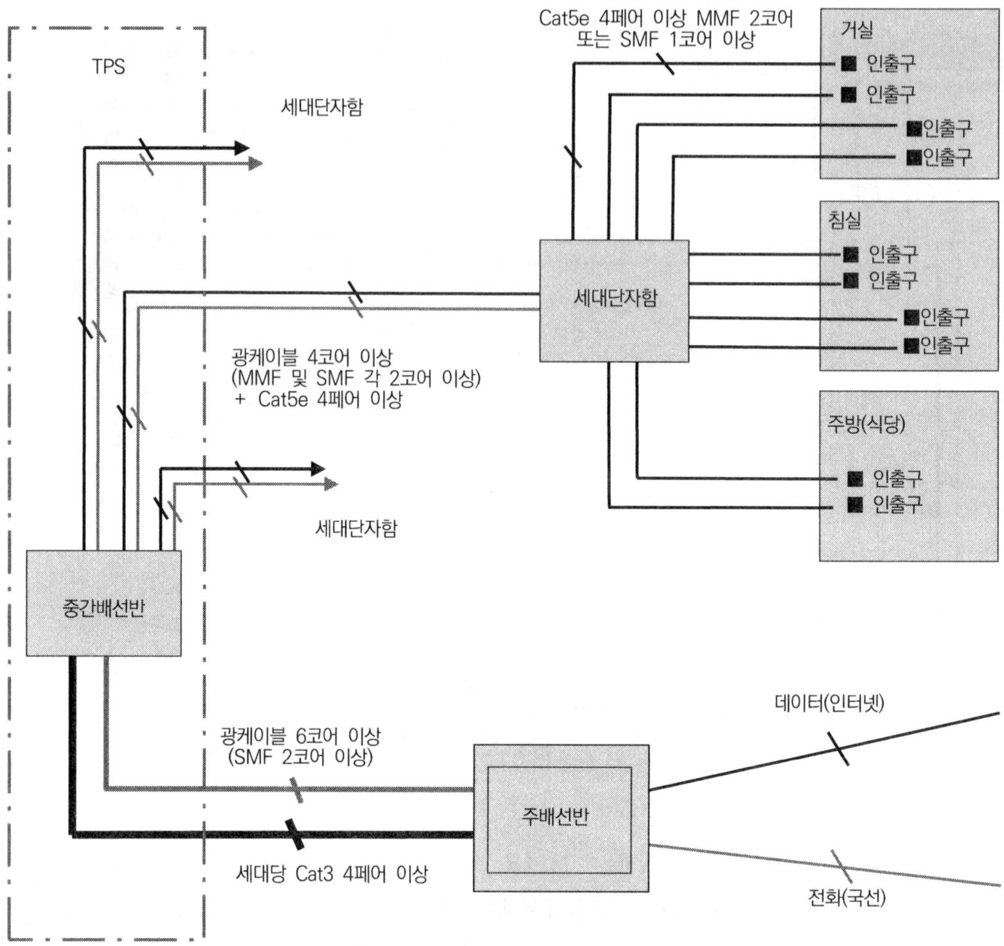

① TPS를 설치할 경우에는 FDF를 설치하고 2개 이상 사업자설비 등이 수용될 수 있도록 설계한다.

② 세대단자함은 400mm×500mm×80mm(깊이) 이상의 크기로 설계한다.

- 구내간선계 : 주배선반 등에서 중간배선반 등까지
- 건물간선계 : 없음
- 수평배선계 : 중간배선반 등에서 세대단자함을 경유하여 실내 인출구까지

⑷ 하나의 건물(동)로 구성된 배선 설계사례

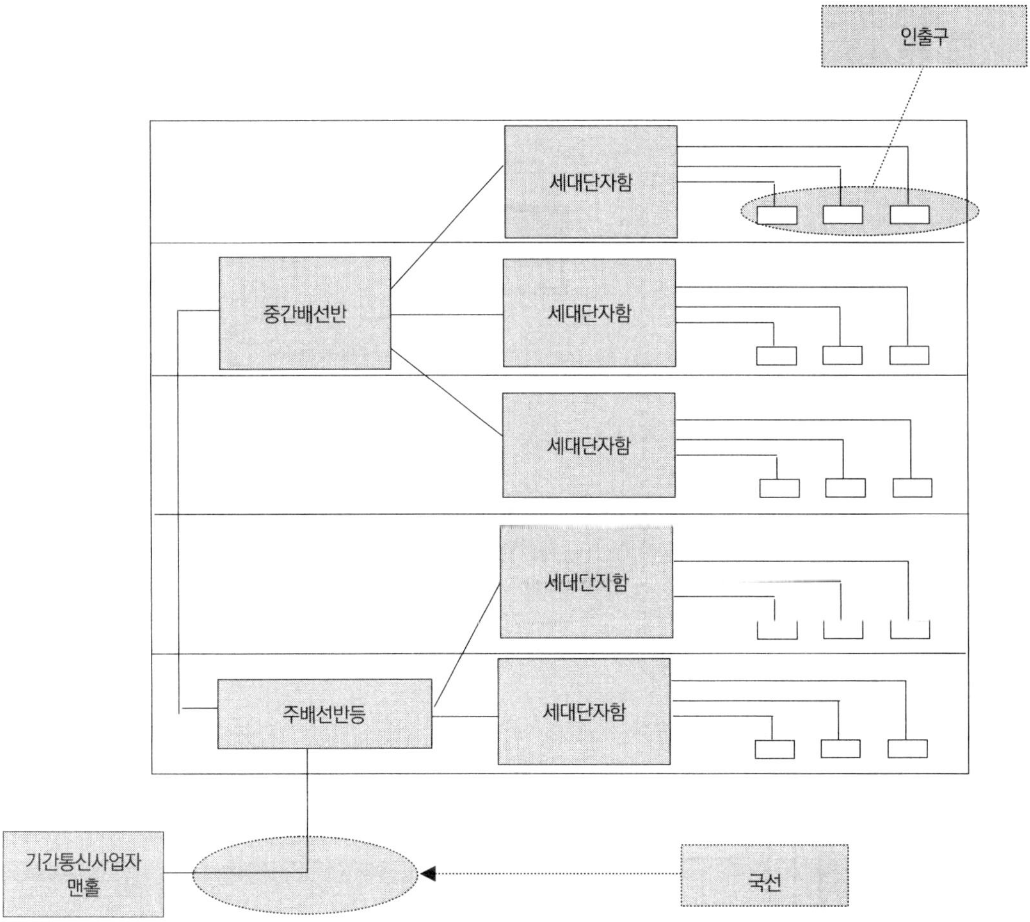

① 구내간선계 : 없음

② 건물간선계 : 주배선반 등에서 중간배선반 등까지

③ 수평배선계 : 2가지 배선유형 존재

- 중간배선반 등에서 세대단자함을 거쳐 인출구까지
- 주배선반 등에서 세대단자함을 거쳐 인출구까지
- 주배선반은 건물배선반의 기능과 중간단자함의 기능을 함

(5) 공동주택 홈네트워크 배선 예시도

경비실, CCTV, 단지관리서버, 주차관제서버, 원격검침서버와 동 스위치와의 배선은 홈네트워크 심사항목은 아니지만 설계에 반영한다.

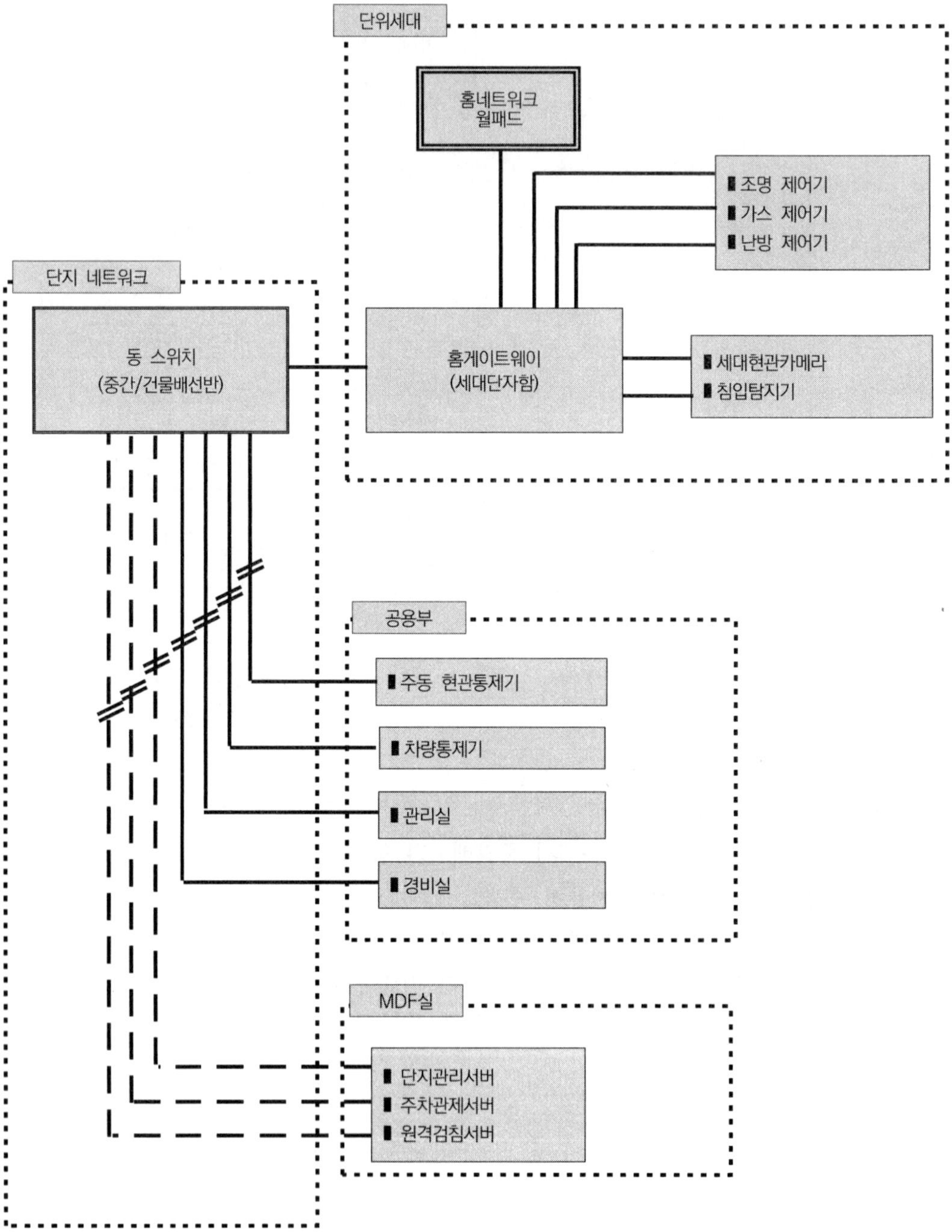

(6) 홈게이트웨이와 홈네트워크 월패드 일체형

세대단자함은 500mm×400mm×80mm(깊이) 이상의 크기로 설계한다.

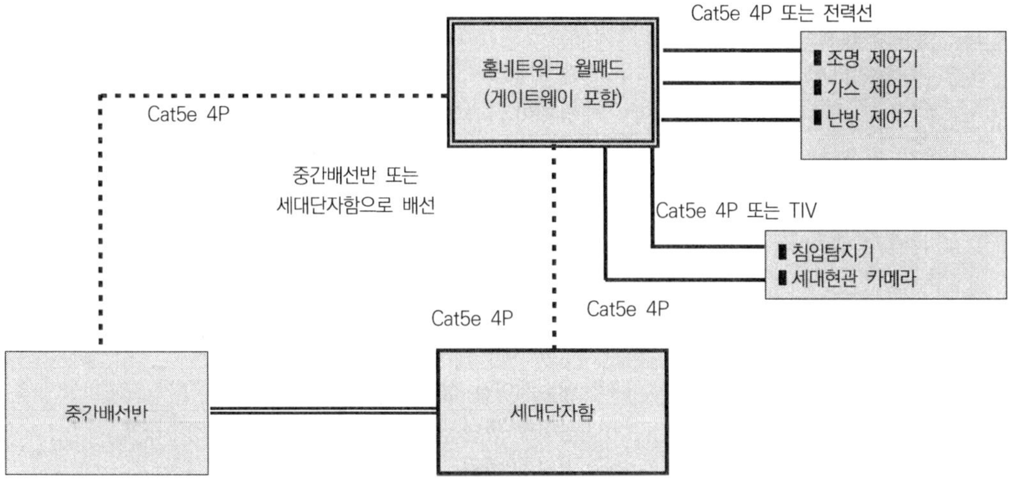

(7) 홈게이트웨이와 홈네트워크 월패드 분리형

세대단자함은 500mm×400mm×80mm(깊이) 이상의 크기로 설치한다.

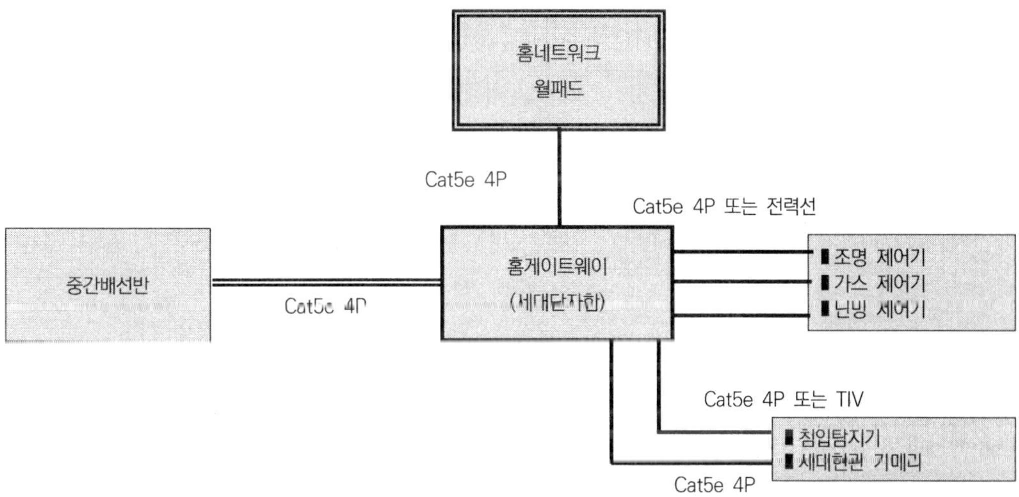

4.8.5 초속정보통신건물 설계

1. 공동주택, 준주택오피스텔(특등급)인증에 적합한 설계(2023.06.07. 기준)

<table>
<tr><th colspan="4">설계 대상</th><th colspan="2">설계 반영</th></tr>
<tr><td rowspan="13">배선
설비</td><td colspan="3">배선방식 (세대내)</td><td colspan="2">성형배선</td></tr>
<tr><td rowspan="4">케이블</td><td colspan="2">구내간선계</td><td colspan="2">광케이블(SMF) 12코어 이상+세대당 Cat3 4페어 이상</td></tr>
<tr><td colspan="2">건물간선계</td><td colspan="2">세대당 광케이블(SMF) 4코어 이상+세대당 Cat5e 4페어 이상</td></tr>
<tr><td rowspan="2">수평
배선계</td><td>세대
인입</td><td colspan="2">세대당 광케이블(SMF) 4코어 이상+세대당 Cat5e 4페어 이상</td></tr>
<tr><td>댁내
배선</td><td colspan="2">실별 인출구 2구당 Cat6 4페어+Cat5e 4페어 이상,
거실 인출구 광1구(SMF 1코어 이상)</td></tr>
<tr><td colspan="3">접속자재</td><td colspan="2">배선케이블 성능등급과 동등 이상으로 설치</td></tr>
<tr><td colspan="3">세대단자함</td><td colspan="2">광선로 종단장치(FDF), 디지털방송용 광수신기,
접지형 전원시설이 있는 세대 단자함 설치,
무선AP 수용시 전원콘센트 4구 이상 설치</td></tr>
<tr><td rowspan="4">인출구</td><td colspan="2">설치 대상</td><td colspan="2">침실, 거실, 주방(식당)</td></tr>
<tr><td colspan="2" rowspan="2">설치 갯수</td><td>침실 및
거실</td><td>실별 4구 이상 [2구(Cat6 1구, Cat5e 1구)씩 2개소로 분리 설치], 거실 광인출구 1구 이상 [단, 무선AP 수용시 거실을 제외한 실별 2구(Cat6 1구, Cat5e 1구) 이상]</td></tr>
<tr><td>주방(식당)</td><td>2구(Cat6 1구, Cat5e 1구) 이상</td></tr>
<tr><td colspan="2">형태 및 성능</td><td colspan="2">케이블 성능등급과 동등 이상의 8핀 모듈러잭(RJ45) 또는 광케이블용 커넥터</td></tr>
<tr><td rowspan="2">무선 AP</td><td colspan="2">단지공용부(필수)</td><td colspan="2">단지내(주민공동시설, 놀이터 등) 1개소 이상, 무선AP까지 광케이블 또는 Cat6 4페어 이상</td></tr>
<tr><td colspan="2">세대내(선택)</td><td colspan="2">1개소 이상, 세대단자함에서 무선AP까지 Cat6 4페어 이상</td></tr>
<tr><td rowspan="5">배관
설비</td><td colspan="3">구조</td><td colspan="2">성형배선 가능 구조</td></tr>
<tr><td colspan="3">건물간선계</td><td colspan="2">단면적 1.12m^2(깊이 80cm 이상) 이상의 TPS
또는 5.4m^2 이상의 동별 통신실 확보
출입문에는 관계자 외 출입통제 표시 부착</td></tr>
<tr><td rowspan="3">예비배관</td><td colspan="2">설치구간</td><td colspan="2">구내간선계, 건물간선계</td></tr>
<tr><td colspan="2">수량</td><td colspan="2">1공 이상</td></tr>
<tr><td colspan="2">형태 및 규격</td><td colspan="2">최대 배관 굵기 이상</td></tr>
<tr><td rowspan="4">집중
구내
통신실</td><td colspan="3">위치</td><td colspan="2">지 상</td></tr>
<tr><td rowspan="3">면적</td><td colspan="2">~300세대</td><td colspan="2">12m^2 이상</td></tr>
<tr><td colspan="2">~500세대</td><td colspan="2">18m^2 이상</td></tr>
<tr><td colspan="2">~1,000세대</td><td colspan="2">22m^2 이상</td></tr>
</table>

설계 대상			설계 반영
		~1,500세대	28m² 이상
		1,501세대~	34m² 이상
		디지털방송설비 설치시	3m² 추가(단, 방재실에 설치할 경우 제외)
	출입문		유효너비 0.9m, 유효높이 2m 이상의 잠금장치가 있는 방화문 설치 및 관계자외 출입통제 표시 부착
	환경 · 관리		통신장비 및 상온/상습장치 설치, 전용의 전원설비 설치
구내 배선 성능	구내간선계		광선로 채널성능 이상
	건물간선계		광선로 채널성능 이상
	수평배선계	세대인입	광선로 채널성능 이상
		댁내배선	광선로 채널성능 이상+동선로 채널성능 이상
도면 관리			배선, 배관, 통신실 등 도면 및 선번장
디지털 방송	배선		헤드엔드에서 세대단자함까지 광케이블 1코어 이상 설치(SMF 설치 권장)

주) 1. 구내간선계 광케이블(SMF) 12코어 이상 중 최소 SMF 8코어 이상은 초고속 인터넷사업자가 사용할 수 있도록 확보하여야 한다.

2. 디지털방송을 위한 전송선로는 구내간선계, 건물간선계, 수평배선계(세대인입)의 통신용 광케이블을 사용할 수 있다(기존의 특등급 공동주택 및 오피스텔에서 예비 광케이블을 활용하여 디지털방송 수신환경 설비를 추가로 설치할 경우 재인증 가능).

3. 세대단자함 내에 네트워크 기능을 갖는 세대용스위치를 설치하는 경우에는 1G/10Gbps 이상 스위칭 허브 및 IGMP SNOOPING 기능을 지원하여야 하며, TTA 시험성적서를 제출하여야 한다.

4. 무선AP는 TTA로부터 IEEE 802.11ax이상의 성능과 WPA3 보안 규격을 만족하는 시험성적서를 제출하여야 한다. 또한 PoE 방식일 경우에는 IEEE 802.3af 이상의 시험성적서를 제출하여야 한다.

5. 세대 전용면적이 60m² 미만인 경우 디지털방송용 광케이블(광수신기)을 장치함에 설치할 수 있다.

2. 공동주택, 준주택오피스텔(1, 2등급)인증에 적합한 설계(2023.06.07. 기준)

설계 대상				설계 반영	
				1등급	2등급
배선 설비	배선방식			성형배선	
	케이블	구내간선계		광케이블(SMF) 12코어 이상 +세대당 Cat3 4페어 이상	광케이블(SMF) 12코어 이상 +세대당 Cat3 4페어 이상
		건물간선계		세대당 광케이블 SMF 2코어 이상 +세대당 Cat5e 4페어 이상	세대당 광케이블(SMF) 2코어 이상 +세대당 Cat5e 4페어 이상
		수평 배선 계	세대 인입	세대당 광케이블(SMF) 2코어 이상 +세대당 Cat5e 4페어 이상	세대당 광케이블(SMF) 2코어 이상 +세대당 Cat5e 4페어 이상
			댁내 배선	인출구당 Cat5e 4페어 이상(거실 4구 중 2구는 Cat6 4페어 이상)	인출구당 Cat5e 4페어 이상

<table>
<tr><th colspan="4" rowspan="2">설계 대상</th><th colspan="2">설계 반영</th></tr>
<tr><th>1등급</th><th>2등급</th></tr>
<tr><td rowspan="7"></td><td colspan="3">접속자재</td><td colspan="2">배선케이블 성능등급과 동등 이상으로 설치</td></tr>
<tr><td colspan="3">세대단자함</td><td colspan="2">접지형 전원시설이 있는 세대 단자함 설치, 광선로종단장치(FDF) 설치</td></tr>
<tr><td rowspan="4">인출구</td><td colspan="2">설치대상</td><td colspan="2">침실, 거실, 주방(식당)</td></tr>
<tr><td rowspan="2">설치 갯수</td><td>거실</td><td>4구 이상[2구(Cat6 1구, Cat5e 1구)씩 2개소로 분리 설치]</td><td rowspan="2">실별 2구(Cat5e 2구) 이상</td></tr>
<tr><td>침실 및 주방(식당)</td><td>2구(Cat5e 2구) 이상</td></tr>
<tr><td colspan="2">형태 및 성능</td><td colspan="2">케이블 성능등급과 동등 이상의 8핀 모듈러잭(RJ45) 또는 광케이블용 커넥터</td></tr>
<tr><td colspan="3">무선AP(단지공용부)</td><td colspan="2">단지내(주민공동시설, 놀이터 등) 1개소 이상, 무선AP까지 광케이블 또는 Cat6 4페어 이상</td></tr>
<tr><td rowspan="5">배관 설비</td><td colspan="3">구조</td><td colspan="2">성형배선 가능 구조</td></tr>
<tr><td colspan="3">건물간선계</td><td colspan="2">• 트레이 형태인 경우 단면적 0.24m^2(깊이 30cm) 이상의 TPS 또는 5.4m^2 이상의 동별 통신실 확보
• 배관 형태인 경우 통신장비 설치 공간 확보, 출입문에는 관계자외 출입통제 표시 부착</td></tr>
<tr><td rowspan="3">예비 배관</td><td colspan="2">설치구간</td><td colspan="2">구내간선계 및 건물간선계</td></tr>
<tr><td colspan="2">수량</td><td colspan="2">1공 이상</td></tr>
<tr><td colspan="2">형태/규격</td><td colspan="2">최대 배관 굵기 이상</td></tr>
<tr><td rowspan="9">집중 구내 통신실</td><td colspan="3">위치</td><td colspan="2">지상</td></tr>
<tr><td rowspan="6">면적</td><td colspan="2">~300세대</td><td>10m^2 이상</td><td>10m^2 이상</td></tr>
<tr><td colspan="2">~500세대</td><td>15m^2 이상</td><td>10m^2 이상</td></tr>
<tr><td colspan="2">~1,000세대</td><td>20m^2 이상</td><td>15m^2 이상</td></tr>
<tr><td colspan="2">~1,500세대</td><td>25m^2 이상</td><td>20m^2 이상</td></tr>
<tr><td colspan="2">1501세대 ~</td><td>30m^2 이상</td><td>25m^2 이상</td></tr>
<tr><td colspan="2">디지털방송설비 설치시</td><td colspan="2">3m^2 추가(단, 방재실에 설치할 경우 제외)</td></tr>
<tr><td colspan="3">출입문</td><td colspan="2">유효너비 0.9m, 유효높이 2m 이상의 잠금장치가 있는 방화문 설치 및 관계자외 출입통제 표시 부착</td></tr>
<tr><td colspan="3">환경·관리</td><td colspan="2">통신장비 및 상온/상습 장치 설치, 전용의 전원설비 설치</td></tr>
<tr><td rowspan="4">구내 배선 성능</td><td colspan="3">구내간선계</td><td colspan="2">광선로 채널성능 이상</td></tr>
<tr><td colspan="3">건물간선계</td><td>광선로 채널성능 이상</td><td>광선로 채널성능 이상</td></tr>
<tr><td rowspan="2">수평 배선계</td><td colspan="2">세대인입</td><td>광선로 채널성능 이상</td><td>광선로 채널성능 이상</td></tr>
<tr><td colspan="2">댁내배선</td><td>동선로 채널성능 이상</td><td>동선로 채널성능 이상</td></tr>
<tr><td colspan="4">도면 관리</td><td colspan="2">배선, 배관, 통신실 등 도면 및 선번장</td></tr>
</table>

주) 1. 구내간선계 광케이블(SMF) 12코어 이상 중 최소 SMF 8코어 이상은 초고속 인터넷사업자가 사용할 수 있도록 확보하여야 한다.
2. 구내간선계를 건물간선계까지 확장한 경우 (세대당 광케이블 SMF 2코어 이상+세대당 Cat5e 4페어 이상 → 광케이블(SMF) 12코어 이상+세대당 Cat3 4페어), 건물간선계 구내배선성능 기준은 구내간선계 기준을 적용한다.
3. 무선AP는 TTA로부터 IEEE 802.11ax이상의 성능과 WPA3 보안 규격을 만족하는 시험성적서를 제출하여야 한다. 또한 PoE 방식일 경우에는 IEEE 802.3af 이상의 시험성적서를 제출하여야 한다.
4. 세대단자함 내에 네트워크 기능을 갖는 세대용 스위치를 설치하는 경우에는 1G/10Gbps 이상 스위칭 허브 및 IGMP SNOOPING 기능을 지원하여야 하며, TTA 시험성적서를 제출하여야 한다.

3. 업무시설(특등급) 인증에 적합한 설계(2023.06.07. 기준)

설계 대상			설계 반영
배선설비	배선방식		성형배선
	케이블	구내간선계	광케이블(SMF) 12코어 이상+(광케이블 12코어 이상 또는 단위면적당 Cat3 4페어 이상)
		건물간선계	단위면적당 광케이블(SMF) 2코어 이상 +단위면적당 Cat5e 4페어 이상
		수평배선계	단위면적당 광케이블(SMF) 2코어 이상+단위면적당 Cat6A 4페어 및 Cat5e 4페어 이상
	접속자재		배선케이블 성능등급과 동등 이상으로 설치
	인출구	설치 갯수(단위면적당)	3구 이상(광 1구, Cat6A 1구, Cat5e 1구)
		형태 및 성능	케이블 성능등급과 동등 이상의 8핀 모듈러잭(RJ45) 또는 광케이블용 커넥터
배관설비	구조		성형배선 가능 구조
	예비배관	설치 구간	구내간선계 및 건물간선계
		수량	2공 이상
		형태/규격	최대 배관 굵기 이상
구내통신실	집중구내통신실	면적	$15m^2$ 이상으로 1개소 이상, 디지털방송설비 설치시 $3m^2$ 추가(단, 방재실에 설치할 경우 제외)
		위치	지상 설치
	층구내통신실	면적	• 층 전용면적이 $1,000m^2$ 이상인 경우 : $10.2m^2$ 이상 • 층 전용면적이 $800m^2$ 이상인 경우 : $8.4m^2$ 이상 • 층 전용면적이 $500m^2$ 이상인 경우 : $6.6m^2$ 이상 • 층 전용면적이 $500m^2$ 미만인 경우 : $5.4m^2$ 이상
		위치	• 층별 설치를 원칙으로 함 • 2개 층 이상의 통신설비를 1개의 통신실에 통합수용 가능(각 층의 면적을 합산하여 상기 기준을 적용하되 합산된 면적이 1천m^2를 초과할 때 마다 층 구내통신실을 1개씩 추가 확보해야 함) • 동일층에서 층 구내통신실을 2개소 이상으로 분리설치 가능(각 통신실은 최소 $5.4m^2$이상이고 각 통신실 면적의 총합은 상기 면적기준을 충족하여야 함)

설계 대상		설계 반영
	출입문	유효너비 0.9m, 유효높이 2m 이상의 잠금장치가 있는 방화문 설치 및 관계자외 출입통제 표시 부착
	통신실 환경	통신장비 및 상온/상습 장치 설치, 전용의 전원설비 설치
구내 배선 성능	구내간선	광선로 채널성능 이상
	건물간선	광선로 채널성능 이상
	수평배선	광선로 채널성능 이상+동선로 채널성능 이상
도면 관리		배선, 배관, 통신실 등 도면 및 선번장
디지털 방송 (연면적 5천제곱미터 이상)	배선	헤드엔드에서 층 구내통신실까지 광케이블 1코어 이상 설치(SMF 설치 권장)
	층구내통신실	디지털방송용 광수신기 설치

주) 1. 구내간선계 광케이블(SMF) 12코어 이상 중 최소 SMF 8코어 이상은 초고속인터넷사업자가 사용할 수 있도록 확보하여야 한다.
2. 인출구 단위 면적당은 업무구역(10제곱미터씩 나누어서) 10제곱미터당 광1구이며 광케이블 2코어이다.
3. 디지털방송을 위한 전송선로를 구내간선계, 건물간선계의 통신용 광케이블을 사용할 수 있다.

4. 업무시설(1, 2등급) 인증에 적합한 설계(2023.06.07. 기준)

설계 대상			설계 반영	
			1등급	2등급
배선 설비	배선방식		성형배선	
	케이블	구내간선계	광케이블(SMF) 12코어 이상 +(광케이블 12코어 이상 또는 단위면적당 Cat3 4페어 이상)	광케이블(SMF) 12코어 이상 +(광케이블 12코어 이상 또는 단위면적당 Cat3 4페어 이상)
		건물간선계	단위면적당 광케이블(SMF) 2코어 이상+단위면적당 Cat5e 4페어 이상	단위면적당 광케이블(SMF) 2코어 이상+단위면적당 Cat5e 4페어 이상
		수평배선계	단위면적당 광케이블(SMF) 2코어 이상+단위면적당 Cat6 4페어 및 Cat5e 4페어 이상	단위면적당 광케이블(SMF) 2코어 이상+단위면적당 Cat5e 4페어 × 2 이상
	접속자재		배선케이블 성능등급과 동등 이상으로 설치	
	인출구	설치 갯수 (단위면적당)	3구 이상(광 1구, Cat6 1구, Cat5e 1구)	3구 이상(광 1구, Cat5e 2구)
		형태 및 성능	케이블 성능등급과 동등 이상의 8핀 모듈러잭(RJ45) 또는 광케이블용 커넥터	
배관 설비	구조		성형배선 가능 구조	
	예비 배관	설치구간	구내간선계 및 건물간선계	
		수량	2공 이상	
		형태/규격	최대 배관 굵기 이상	
	집중구내 통신실	면적	$15m^2$ 이상으로 1개소 이상	$10.2m^2$ 이상으로 1개소 이상
			디지털방송설비 설치시 $3m^2$ 추가(단, 방재실에 설치할 경우 제외)	

<table>
<tr><th colspan="3" rowspan="2">설계 대상</th><th colspan="2">설계 반영</th></tr>
<tr><th>1등급</th><th>2등급</th></tr>
<tr><td rowspan="6">구내
통신
실</td><td></td><td>위치</td><td colspan="2">지상설치</td></tr>
<tr><td rowspan="2">층 구내
통신실</td><td>면적</td><td colspan="2">• 층 전용면적이 1,000m² 이상인 경우 : 10.2m² 이상
• 층 전용면적이 800m² 이상인 경우 : 8.4m² 이상
• 층 전용면적이 500m² 이상인 경우 : 6.6m² 이상
• 층 전용면적이 500m² 미만인 경우 : 5.4m² 이상</td></tr>
<tr><td>위치</td><td colspan="2">• 층별 설치를 원칙으로 함
• 2개 층 이상의 통신설비를 1개의 통신실 통합 수용 가능(각 층의 면적을 합산하여 상기 기준을 적용하되 합산된 면적이 1,000m²를 초과할 때마다 층 구내통신실을 1개씩 추가 확보해야함)
• 동일층에서 층 구내통신실을 2개소 이상으로 분리 설치 가능(각 통신실은 최소 5.4m² 이상이고 각 통신실 면적의 총합은 상기 면적기준을 충족)</td></tr>
<tr><td colspan="2">출입문</td><td colspan="2">유효너비 0.9m, 유효높이 2m 이상의 잠금장치가 있는 방화문 설치 및 관계자외 출입통제 표시 부착</td></tr>
<tr><td colspan="2">통신실환경</td><td colspan="2">통신장비 및 상온/상습 장치 설치, 전용의 전원설비 설치</td></tr>
<tr><td colspan="2" style="display:none"></td></tr>
<tr><td rowspan="3">구내
배선
성능</td><td colspan="2">구내간선</td><td>광선로 채널성능 이상</td><td>광선로 채널성능 이상</td></tr>
<tr><td colspan="2">건물간선</td><td>광선로 채널성능 이상</td><td>광선로 채널성능 이상</td></tr>
<tr><td colspan="2">수평배선</td><td>광선로 채널성능 이상+동선로 채널성능 이상</td><td>동선로 채널성능 이상</td></tr>
<tr><td colspan="3">도면 관리</td><td colspan="2">배선, 배관, 통신실 등 도면 및 선번장</td></tr>
</table>

주) 구내간선계 광케이블(SMF) 12코어 이상 중 최소 SMF 8코어 이상은 초고속인터넷사업자가 사용할 수 있도록 확보하여야 한다.

5. 연립, 다세대, 기숙사, 도시형생활주택(특등급) 인증에 적합한 설계

<table>
<tr><th colspan="4">설계 대상</th><th>설계 반영</th></tr>
<tr><td rowspan="10">배선
실비</td><td colspan="3">배선방식</td><td>성형배선</td></tr>
<tr><td rowspan="4">케
이
블</td><td colspan="2">구내간선계</td><td>광케이블(SMF) 12코어 이상+세대당 Cat3 4페어 이상</td></tr>
<tr><td colspan="2">건물간선계</td><td>세대당 광케이블 SMF 2코어 이상+세대당 Cat5e 4페어 이상</td></tr>
<tr><td rowspan="2">수평
배선계</td><td>세대인입</td><td>세대당 광케이블 SMF 2코어 이상+세대당 Cat5e 4페어 이상</td></tr>
<tr><td>댁내배선</td><td>실별 인출구 2구당 Cat6 4페어+Cat5e 4페어 이상</td></tr>
<tr><td colspan="3">접속자재</td><td>배선케이블 성능등급과 동등 이상으로 설치</td></tr>
<tr><td colspan="3">세대단자함</td><td>광선로종단장치(FDF), 접지형 전원시설이 있는 세대단자함 설치, 무선AP 수용시 전원콘센트 2구 이상 설치</td></tr>
<tr><td rowspan="2">인
출
구</td><td colspan="2">설치 대상</td><td>침실, 거실, 주방(식당)</td></tr>
<tr><td colspan="2">설치 갯수
(단위면적당)</td><td>실별 4구 이상[2구(Cat6 1구, Cat5e 1구)씩 2개소로 분리 설치]/주방 2구(Cat6 1구, Cat5e 1구) 이상[단, 무선AP 수용시 거실을 제외한 실별 2구(Cat6 1구, Cat5e 1구) 이상]</td></tr>
</table>

설계 대상			설계 반영
		형태 및 성능	케이블 성능등급과 동등 이상의 8핀 모듈러잭(RJ45) 또는 광케이블용 커넥터
	무선 AP	단지공용부(필수)	단지내(주민공동시설, 놀이터 등) 1개소 이상, 무선AP까지 광케이블 또는 Cat6 4페어 이상
	무선 AP	세대내(선택)	1개소 이상, 세대단자함에서 무선AP까지 Cat6 4페어 이상
배관설비	구조		성형배선 가능 구조
배관설비	건물간선계		• 트레이 형태인 경우 단면적 $0.24m^2$(깊이 30cm 이상) TPS 또는 $5.4m^2$ 이상의 동별 통신실 확보 • 배관 형태인 경우 통신장비 설치 공간 확보, 출입문에는 관계자 외 출입통제 표시 부착
배관설비	예비배관	설치구간	구내간선계 및 건물간선계
배관설비	예비배관	수량	1공 이상
배관설비	예비배관	형태/규격	최대 배관 굵기 이상
집중구내통신실	위치		지상 설치
집중구내통신실	50세대 미만		400mm×500mm×80mm(깊이) 이상의 주단자함 설치
집중구내통신실	면적	~500세대	$10m^2$ 이상
집중구내통신실	면적	~1,000세대	$15m^2$ 이상
집중구내통신실	면적	~1,500세대	$20m^2$ 이상
집중구내통신실	면적	1501세대 ~	$25m^2$ 이상
집중구내통신실	면적	디지털방송설비 설치시	$3m^2$ 추가(단, 방재실에 설치할 경우 제외)
집중구내통신실	출입문		유효너비 0.9m, 유효높이 2m 이상의 잠금장치가 있는 방화문 설치 및 관계자 외 출입통제 표시 부착
집중구내통신실	환경·관리		통신장비 및 상온/상습 장치 설치, 전용의 전원설비 설치
구내배선성능	구내간선계		광선로 채널성능 이상
구내배선성능	건물간선계		광선로 채널성능 이상
구내배선성능	수평배선계	세대인입	광선로 채널성능 이상
구내배선성능	수평배선계	댁내배선	동선로 채널성능 이상
도면 관리			배선, 배관, 통신실 등 도면 및 선번장

주) 1. 집중구내통신실은 외부환경에 영향이 적은 지상에 확보되어야 한다. 다만, 부득이한 사유로 지상 확보가 곤란한 경우에는 침수우려가 없고습기가 차지 아니하는 지하층에 설치할 수 있다.

2. 실 구획이 없는 특등급 원룸형 주택의 인출구 설치 갯수는 4구[2구(Cat6 1구, Cat5e 1구)]씩 2개소로 분리 설치)이어야 한다.

3. 무선AP는 TTA로부터 IEEE 802.11ax이상의 성능과 WPA3 보안 규격을 만족하는 시험성적서를 제출하여야 한다. 또한 PoE 방식일 경우에는 IEEE 802.3af 이상의 시험성적서를 제출하여야 한다.

4. 세대단자함 내에 네트워크 기능을 갖는 세대용스위치를 설치하는 경우에는 1G/10Gbps 이상 스위칭 허브 및 IGMP SNOOPING 기능을 지원하여야 하며, TTA 시험성적서를 제출하여야 한다.

5. 구내간선계 광케이블(SMF) 12코어 이상 중 최소 SMF 8코어 이상은 초고속 인터넷사업자가 사용할 수 있도록 확보하여야 한다.

6. 연립, 다세대, 기숙사, 도시형생활주택(1, 2등급) 인증에 적합한 설계

설계 대상				설계 반영	
				1등급	2등급
배선설비	배선방식			성형배선	
	케이블	구내간선계		광케이블(SMF) 12코어 이상 +세대당 Cat3 4페어 이상	광케이블(SMF) 12코어 이상 +세대당 Cat3 4페어 이상
		건물간선계		세대당 광케이블 SMF 2코어 이상 +세대당 Cat5e 4페어 이상	세대당 광케이블(SMF) 2코어 이상 +세대당 Cat5e 4페어 이상
		수평배선계	세대인입	세대당 광케이블 SMF 2코어 이상 +세대당 Cat5e 4페어 이상	세대당 광케이블(SMF) 2코어 이상 +세대당 Cat5e 4페어 이상
			댁내배선	인출구당 Cat5e 4페어 이상(거실 4구 중 2구는 Cat6 4페어 이상)	인출구당 Cat5e 4페어 이상
	접속자재			배선케이블 성능등급과 동등 이상으로 설치	
	세대단자함			접지형 전원시설이 있는 세대단자함 설치, 광선로종단장치(FDF)설치	
	인출구	설치 대상		침실, 거실, 주방(식당)	
		설치 갯수		실별 2구(Cat5e 2구) 이상(거실은 4구 이상, 2구[Cat6 1구, Cat5e 1구)씩 2개소로 분리 설치]	실별 2구(Cat5e 2구) 이상
		형태 및 성능		케이블 성능등급과 동등 이상의 8핀 모듈러잭(RJ45) 또는 광케이블용 커넥터	
	무선AP(단지공용부)			단지내(주민공동시설, 놀이터 등) 1개소 이상, 무선AP까지 광케이블 또는 Cat6 4페어 이상	
배관설비	구조			성형배선 가능 구조	
	건물간선계			• 트레이 형태인 경우 단면적 0.24m² 이상(깊이 30cm 이상)의 TPS 또는 5.4m² 이상의 동별 통신실 확보 • 배관 형태인 경우 통신장비 설치 공간 확보, 출입문에는 관계자 외 출입통제 표시 부착	
	예비배관	설치구간		구내간선계 및 건물간선계	
		수량		1공 이상	
		형태/규격		최대 배관 굵기 이상	
집중구내통신실	위치			지상	
	면적	50세대 미만		400mm×500mm×80mm(깊이) 이상의 수단자함 설치	
		~500세대		10m² 이상	
		~1000세대		15m² 이상	
		~1500세대		20m² 이상	
		1501세대~		25m² 이상	
		디지털방송설비 설치시		3m² 추가(단, 방재실에 설치할 경우 제외)	
	출입문			유효너비 0.9m, 유효높이 2m 이상의 잠금장치가 있는 방화문 설치 및 관계자 외 출입통제 표시 부착	

<table>
<tr><th colspan="3" rowspan="2">설계 대상</th><th colspan="2">설계 반영</th></tr>
<tr><th>1등급</th><th>2등급</th></tr>
<tr><td></td><td colspan="2">환경·관리</td><td colspan="2">통신장비 및 상온/상습 장치 설치, 전용의 전원설비 설치</td></tr>
<tr><td rowspan="4">구내 배선 성능</td><td colspan="2">구내간선계</td><td>광선로 채널성능 이상</td><td>광선로 채널성능 이상</td></tr>
<tr><td colspan="2">건물간선계</td><td>광선로 채널성능 이상</td><td>광선로 채널성능 이상</td></tr>
<tr><td rowspan="2">수평 배선계</td><td>세대인입</td><td>광선로 채널성능 이상</td><td>광선로 채널성능 이상</td></tr>
<tr><td>댁내배선</td><td>동선로 채널성능 이상</td><td>동선로 채널성능 이상</td></tr>
<tr><td colspan="3">도면 관리</td><td colspan="2">배선, 배관, 통신실 등 도면 및 선번장</td></tr>
</table>

주) 1. 집중구내통신실은 외부환경에 영향이 적은 지상에 확보되어야 한다. 다만, 부득이한 사유로 지상 확보가 곤란한 경우에는 침수우려가 없고 습기가 차지 아니하는 지하층에 설치할 수 있다.
2. 실 구획이 없는 1등급 원룸형 주택의 인출구 설치 갯수는 4구[2구(Cat6 1구, Cat5e 1구)씩 2개소로 분리설치]이어야 한다.
3. 구내간선계 광케이블(SMF) 12코어 이상 중 최소 SMF 8코어 이상은 초고속 인터넷사업자가 사용할 수 있도록 확보하여야 한다.
4. 무선AP는 TTA로부터 IEEE 802.11ax이상의 성능과 WPA3 보안 규격을 만족하는 시험성적서를 제출하여야 한다. 또한 PoE 방식일 경우에는 IEEE 802.3af 이상의 시험성적서를 제출하여야 한다.
5. 세대단자함 내에 네트워크 기능을 갖는 세대용스위치를 설치하는 경우에는 1G/10Gbps 이상 스위칭 허브 및 IGMP SNOOPING 기능을 지원하여야 하며, TTA 시험성적서를 제출하여야 한다.

7. 홈네트워크건물 인증에 적합한 설계(2023.06.07. 기준)

<table>
<tr><th colspan="3" rowspan="2">설계 대상</th><th colspan="3">설계 반영</th></tr>
<tr><th>AAA등급(홈IoT)</th><th>AA등급</th><th>A등급</th></tr>
<tr><td colspan="3">등급 구분 기준</td><td>심사항목(1)+심사항목(2) 중 16개 이상+심사항목(3)</td><td>심사항목(1)+심사항목 (2) 중 16개 이상</td><td>심사항목(1)+심사항목 (2) 중 13개 이상</td></tr>
<tr><td colspan="3">배선방식</td><td colspan="3">성형배선</td></tr>
<tr><td rowspan="6">심사항목 (1)</td><td>배선</td><td>세대단자함과 세대단말기 간</td><td colspan="3">Cat5e 4페어 이상</td></tr>
<tr><td>예비 배관</td><td>세대단자함과 세대단말기 간</td><td colspan="3">16C 이상(세대단자함과 세대단말기와의 배선 공유시 22C 이상)</td></tr>
<tr><td>설치 공간</td><td>블로킹필터</td><td colspan="3">• 3상 4선식 : 150mm× 200mm× 60mm
• 단상 2선식 : 70mm× 160mm× 60mm</td></tr>
<tr><td>면적</td><td>집중구내 통신실 면적</td><td colspan="3">2m²</td></tr>
<tr><td colspan="2">통신배관실(TPS)
- 공동주택 -</td><td colspan="3">• 출입문은 외부인으로부터 보안을 위하여 유효너비 0.7m, 유효높이 1.8m 이상의 잠금장치가 있는 출입문으로 설치하고, 관계자외 출입통제 표시부착
• 외부 청소 등에 먼지, 물 등이 들어오지 않도록 50mm 이상의 문턱 설치(다만, 차수관 또는 차수막을 설치하는 때에는 그러하지 아니함)</td></tr>
<tr><td colspan="2">단지서버실</td><td colspan="3">• 별도의 공간을 확보할 경우 3m² 이상</td></tr>
</table>

<table>
<tr><th colspan="2" rowspan="2">설계 대상</th><th colspan="3">설계 반영</th></tr>
<tr><th>AAA등급(홈IoT)</th><th>AA등급</th><th>A등급</th></tr>
<tr><td rowspan="2"></td><td></td><td colspan="3">• 이중바닥 방식으로 설치하고, 출입문은 외부인으로부터 보안을 위하여 유효너비 0.9m, 유효높이 2m 이상의 잠금장치가 있는 방화문 설치 및 관계자외 출입통제 표시부착</td></tr>
<tr><td>예비전원장치</td><td colspan="3">• 정전을 대비하여 무정전전원장치 또는 발전기 또는 에너지저장시스템(ESS)를 통해 비상전원이 자동 절체시스템에 의해 공급
• 공용부 : 단지 서버, 백본, 방화벽, 워크그룹스위치
• 세대부 : 홈게이트웨이(세대단말기와 통합 가능), 세대단말기(무선망을 이용하는 휴대용 기기는 제외)</td></tr>
<tr><td rowspan="12">심
사
항
목
(2)</td><td rowspan="2">영상정보처리기기</td><td>배선</td><td colspan="2">• 전선 : UTP Cat5e 4P*1 이상
• 구간 : CCTV의 DVR 또는 WEB 변환기에서 단지네트워크 장비(워크그룹스위치)까지</td></tr>
<tr><td>기기설치</td><td colspan="2">• 공용부에 CCTV 또는 Web 변환기가 설치되어 있고, 세대단말기에 CCTV를 볼 수 있는 사용자인터페이스(UI) 기능이 있어야 함</td></tr>
<tr><td rowspan="2">가스밸브제어기
(고시 : 전기차단장치)
※가스 및 전자레인지 전용</td><td>배선</td><td colspan="2">• 전선 : UTP Cat5e 4P*1 이상
• 구간 : 세대단말기 또는 홈게이트웨이와 가스밸브 제어기(전기차단장치)
• 전력선 제어일 경우 배선 심사를 하지 않고 전력선 모뎀의 설치 유무를 확인</td></tr>
<tr><td>기기설치</td><td colspan="2">• 감지기, 제어기, 차단기가 설치되어 있어야 함</td></tr>
<tr><td rowspan="2">조명제어기</td><td>배선</td><td colspan="2">• 전선 : UTP Cat5e 4p*1 이상
• 구간 : 세대단말기 또는 홈게이트웨이와 조명제어 스위치
• 전력선 제어일 경우 배선 심사를 하지않고 전력선 모뎀의 설치 유무를 확인</td></tr>
<tr><td>기기설치</td><td colspan="2">• 조명제어 스위치가 설치되어 있어야 함</td></tr>
<tr><td rowspan="2">난방제어기</td><td>배선</td><td colspan="2">• 전선 : UTP Cat5e 4P*1 이상
• 구간 : 세대단말기 또는 홈케이트웨이와 난방 제어기 또는 온도조절기
• 전력선 제어일 경우 배선 심사를 하지 않고 전력선 모뎀의 설치 유무를 확인</td></tr>
<tr><td>기기설치</td><td colspan="2">• 난방제어기가 설치되어 있어야 함</td></tr>
<tr><td rowspan="2">현관방범감지기
(고시 : 개폐감지기)</td><td>배선</td><td colspan="2">• 전선 : UTP Cat5e 4P*1 이상
• 구간 : 세대단말기 또는 홈게이트웨이와 현관방법 감지기</td></tr>
<tr><td>기기설치</td><td colspan="2">• 현관문에 현관 방범감지기가 설치되어 있어야 함</td></tr>
<tr><td rowspan="2">주동현관통제기
(고시 : 전자출입 시스템)</td><td>배선</td><td colspan="2">• 전선 : UTP Cat5e 4P*1 이상
• 구간 : 주동현관통제기(인터폰)와 단지네트워크장비(워크그룹스위치)까지</td></tr>
<tr><td>기기설치</td><td colspan="2">• 주동현관에 자동문과 인터폰이 설치되어 있어야 하며, 인터폰에는 카드리더기도 설치되어 있어야 함</td></tr>
</table>

<table>
<tr><th colspan="2" rowspan="2">설계 대상</th><th colspan="3">설계 반영</th></tr>
<tr><th>AAA등급(홈IoT)</th><th>AA등급</th><th>A등급</th></tr>
<tr><td rowspan="18"></td><td rowspan="2">원격검침전송장치
(고시 : 원격검침
시스템)</td><td>배선</td><td colspan="2">• 전선 : UTP Cat5e 4P*1 이상
• 구간 : 원격검침 전송장치와 계량기간</td></tr>
<tr><td>기기설치</td><td colspan="2">• 원격검침 전송장치와 계량기가 설치되어 있어야 하고, 공용부에 원격검침용 서버가 설치되어 있어야 함</td></tr>
<tr><td rowspan="2">침입감지기</td><td>배선</td><td colspan="2">• 전선 : UTP Cat5e 4P*1 이상
• 구간 : 세대단말기 또는 홈게이트웨이와 침입감지기</td></tr>
<tr><td>기기설치</td><td colspan="2">• 세대 또는 베란다 외부에 침입감지기가 세대별 1개소 이상 설치되어 있어야 함</td></tr>
<tr><td rowspan="2">환경감지기</td><td>배선</td><td colspan="2">• 전선 : UTP Cat5e 4P*1 이상
• 구간 : 세대단말기 또는 홈게이트웨이와 환경감지기</td></tr>
<tr><td>기기설치</td><td colspan="2">• 환경감지기는 세대내에 1종 이상 설치되어 있어야 함</td></tr>
<tr><td rowspan="2">차량통제기</td><td>배선</td><td colspan="2">• 전선 : UTP Cat5e 4P*1 이상
• 구간 : 차량통제기(인터폰)와 단지네트워크장비(워크그룹스위치)</td></tr>
<tr><td>기기설치</td><td colspan="2">• 차량통제기가 설치되어 있어야하고, 주차서버 및 주차용 인터폰이 설치되어 있어야 함</td></tr>
<tr><td rowspan="2">전자경비시스템</td><td>배선</td><td colspan="2">• 전선 : UTP Cat5e 4P*1 이상
• 구간 : 전자경비스템과 단지네트워크장비(워크그룹스위치)</td></tr>
<tr><td>기기설치</td><td colspan="2">• 경비실 또는 관리실에 전자경비시스템이 설치되어 있을 것</td></tr>
<tr><td rowspan="2">무인택배시스템</td><td>배선</td><td colspan="2">• 전선 : UTP Cat5e 4P*1 이상
• 구간 : 택배서버와 단지네트워크장비(워크그룹스위치)</td></tr>
<tr><td>기기설치</td><td colspan="2">• 공용부에 택배서버가 설치되어 있고, 세대단말기에 택배 도착용 사용자인터페이스(UI) 기능이 있어야 함
• 택배함 수량은 소형주택(60m^2 이하)의 경우 세대수의 최소 10~15%, 중형주택(60m^2 초과) 이상은 세대수의 최소 15~20% 정도 설치되어야 함</td></tr>
<tr><td rowspan="2">욕실폰</td><td>배선</td><td colspan="2">• 전선 : UTP Cat5e 4P*1 이상
• 구간 : 세대단말기 또는 홈게이트웨이와 욕실폰</td></tr>
<tr><td>기기설치</td><td colspan="2">• 욕실폰은 1개 이상의 욕실에 설치되어 있을 것</td></tr>
<tr><td rowspan="2">주방TV</td><td>배선</td><td colspan="2">• 전선 : UTP Cat5e 4P*1 이상
• 구간 : 세대단말기 또는 홈게이트웨이와 주방 TV</td></tr>
<tr><td>기기설치</td><td colspan="2">• 주방에 주방TV가 설치되어 있을 것(모니터 포함 설치되어 있어야 함)</td></tr>
<tr><td rowspan="2">에어콘제어</td><td>배선</td><td colspan="2">• 전선 : UTP Cat5e 4P*1 이상
• 구간 : 세대단말기 또는 홈게이트웨이와 실외기
• 전력선 제어일 경우 배선 심사를 하지 않음</td></tr>
<tr><td>기기설치</td><td colspan="2">• 에어콘이 빌트인 되어 있고, 세대는 세대단말기에 에어콘 제어용 사용자 인터페이스(UI) 기능이 있어야 함
• 전력선 제어의 경우 대단말기와 에어콘실외기에 전력선 모뎀이 설치되어 있을 것</td></tr>
</table>

설계 대상		설계 반영		
		AAA등급(홈IoT)	AA등급	A등급
일괄소등제어	배선	• 전선 : UTP Cat5e 4P*1 이상 • 구간 : 세대단말기 또는 홈게이트웨이와 일괄소등 스위치 또는 세대 분전반의 일괄소등 릴레이		
	기기설치	• 세대 현관 출입구 주위에 일괄소등 스위치가 설치되어 있거나 또는 세대 분전반에 일괄소등 릴레이가 설치되어 있을 것		
디지털도어락	배선	• 전선 : UTP Cat5e 4P*1 이상 • 구간 : 세대단말기 또는 홈게이트웨이와 디지털 도어록, 만일 문열림 방식이 무선일 경우 배선은 심사하지 않음		
	기기설치	• 세대 현관문에 디지털 도어록이 설치되어 있어야 하며, 무선의 경우는 문열림이 가능한 무선모듈이 부착되어 있거나 문열림 동작을 확인이 할 수 있어 함 • 유선 방식의 경우 현관문에 흰지가 설치되어 있어야 함		
엘리베이터 호출 연동제어	배선	• 전선 : UTP Cat5e 4P*1 이상 • 구간 : 엘리베이터 연동서버와 단지네트워크장비(워크그룹스위치)		
	기기설치	• 공용부에 엘리베이터 연동서버가 설치되어 있을 것 • 세대 호출방식의 경우 세대단말기에 엘리베이터 호출용 사용자인터페이스(UI) 기능이 있어야 하고, 로비호출용일 경우 로비에 호출연동장치가 설치되어 있을 것		
주차위치 인식시스템	배선	• 전선 : UTP Cat5e 4P*1 이상 • 구간 : 주차차량 위치인식 서버와 단지네트워크장비(워크그룹스위치)		
	기기설치	• 공용부에 주차 위치인식용 서버가 설치되어 있어야 하며, 지하 주차장에 차량위치를 파악할 수 있는 장비가 설계도면과 동일하게 설치되어 있어야 함		
현관도어 카메라	배선	• 전선 : UTP Cat5e 4P*1 이상 • 구간 : 세대단말기 또는 홈게이트웨이와 현관도어 카메라		
	기기설치	• 세대 현관문 외부에 현관카메라가 설치되어 있어야 함		
홈뷰어 카메라	배선	• 전선 : UTP Cat5e 4P*1 이상 • 구간 : 세대단말기 또는 홈게이트웨이 또는 세대 통신단자함에서 홈뷰어 카메라		
	기기설치	• 세대내에 홈뷰어용 카메라가 설치되어 있어야 하고, 공용부에 홈뷰어 세어용 서버가 설치되어 있어야 함		
대기전력 차단장치	배선	• 전선 : UTP Cat5e 4P*1 이상 • 구간 : 세대단말기 또는 홈게이트웨이에서 대기전력차단장치		
	기기설치	• 세대내에 대기전력 자동차단콘센트 또는 대기전력 차단스위치가 설치되어 있어야 함		
세대단말기와 데이터통신이	배선	• 전선 : UTP Cat5e*1 이상 • 구간 : 홈 분전반과 세대단말기		

<table>
<tr><th colspan="2" rowspan="2">설계 대상</th><th colspan="4">설계 반영</th></tr>
<tr><th colspan="2">AAA등급(홈IoT)</th><th>AA등급</th><th>A등급</th></tr>
<tr><td rowspan="7"></td><td>가능한 홈 분전반</td><td>기기설치</td><td colspan="3">• 홈분전반 내부 또는 댁내 부하의 이상상태(과전류, 누설전류, 아크)를 감지하고 차단기를 차단할 수 있으며, 세대단말기와 데이터 통신이 가능한 분전반이 설치되어 있어야 함
• 홈분전반은 댁내에 설치된 접촉 불량 감지 콘센트와 통신이 가능하여야 함</td></tr>
<tr><td rowspan="2">환기장치제어</td><td>배선</td><td colspan="3">• 전선 : UTP Cat5e 4P*1 이상
• 구간 : 세대단말기또는홈게이트웨이에서 환기제어기</td></tr>
<tr><td>기기설치</td><td colspan="3">• 세대내에 환기장치제어기가 설치되어 있고, 세대단말기에 환기장치를 제어할 수 있는 사용자 인터페이스(UI) 기능이 있어야 함</td></tr>
<tr><td rowspan="2">에너지효율
관리시스템</td><td>배선</td><td colspan="3">• 전선 : UTP Cat5e 4P*1 이상
• 구간 : 에너지효율관리시스템 서버와 단지네트워크장비(워크그룹스위치)</td></tr>
<tr><td>기기설치</td><td colspan="3">• 에너지효율 관리시스템 서버(원격검침서버와 통합 가능)가 설치되어 있고, 세대단말기에 댁내 에너지 사용량을 확인할 수 있는 사용자인터페이스(UI) 기능이 있어야 함</td></tr>
<tr><td rowspan="2">음성인식제어기</td><td>배선</td><td colspan="3">• 전선 : UTP Cat5e 4P*1 이상
• 구간 : 세대단말기 또는 홈게이트웨이 또는 세대용 스위치에서 음성인식제어기</td></tr>
<tr><td>기기설치</td><td colspan="3">• 세대 내부에 음성인식제어기가 설치되어 있어야 함</td></tr>
<tr><td rowspan="2">심사항목(3)</td><td>스마트기기용 앱</td><td colspan="4">• 심사항목(2)에서 설치된 기기 중 9개 이상을 세대단말기 외에 스마트기기용 앱으로 제어하거나 기기의 상태정보(알림 포함)를 조회할 수 있어야 함</td></tr>
<tr><td>IoT 기기 연결
확장성 확보
(①, ②번 중 선택)</td><td colspan="4">• 설치된 홈네트워크 기기를 포함하여
① 품목이 서로 다른 5개 이상의 기기(제품)를 스마트기기용 앱으로 제어하거나 상태정보(알림 포함)를 조회할 수 있어야 함
② 제조사가 서로 다른 2개 이상의 기기(제품)를 세대단말기에 추가 연결하고, 스마트기기용 앱으로 제어 또는 상태정보(알림 포함)를 조회할 수 있어야 함
※ 심사시 홈IoT 기기 제어 확인을 위해 스마트기기용 앱 및 2개 이상의 기기(제품) 준비 필수(②번은 기기 준비 제외 가능)
※ 신청인은 입주민에게 제공할 IoT 기기 연결 매뉴얼(IoT 기기(제품) 목록 포함)을 제출하여야 함</td></tr>
</table>

주) 1. 집중구내통신실 면적 $2m^2$는 초고속정보통신건물 인증 심사기준에 명시된 집중구내통신실 면적에 추가하여야 한다.
2. 전력선은 '한국전기설비규정(KEC)이 정하는 전선규격(HFIX) 이상'을 말한다.
3. 전력선 방식을 적용할 경우에만 블로킹필터 설치공간을 확보한다.
4. 단지서버실을 설치하지 않고, 단지서버를 집중구내통신실이나 방재실에 설치할 수 있다. 다만, 단지서버가 설치되는 장소는 보안을 고려하여 영상정보처리기기(CCTV)를 설치하여야 한다.
5. 홈네트워크 심사항목의 기기를 무선으로 적용할 경우 배선심사는 제외하고 작동 여부를 확인한다.
6. 차량통제기의 인터폰은 문제발생시 관리자와 통화할 수 있는 설비이다.

7. 세대내 기기 수량을 1개 이상 설치하는 경우 세대단말기 또는 홈게이트웨이와 첫 번째 기기까지만 배선을 심사한다.
8. 대기전력 차단장치의 자동 차단콘센트는 배선심사를 제외한다.
9. 2개 이상의 심사항목을 하나의 기기에 통합 설치할 수 있으며, 배선은 UTP Cat5e 4P*1 이상 적용(무선방식일 경우 제외)하고 각각의 기능에 대하여 작동 여부를 확인한다.
10. 국토교통부장관과 사전에 협의하고, 「국가균형발전 특별법」 제22조에 따른 지역발전위원회에서 선정한 단지서버 설치 규제특례 지역의 경우에는 「클라우드컴퓨팅 발전 및 이용자 보호에 관한 법률」 제2조제3호에 따른 클라우드컴퓨팅서비스를 이용하는 것으로 할 수 있다. 이 경우 이를 증명 할 수 있는 문서를 제출하여야 한다.
11. 홈네트워크건물인증을 받고자하는 신청인은 「지능형 홈네트워크 설비 설치 및 기술기준」 제14조의2(홈네트워크 보안)에 해당하는 사항에 대하여 한국정보통신진흥협회 보안점검단이 발급한 보안점검성적서, 보안점검결과서를 제출하여야 한다. 다만, AAA등급(홈IoT)을 신청하는 경우에는 홈IoT 기기를 제어하는 앱과 심사항목(2) 중 설치된 무선기기를 포함한다(「정보통신망 이용촉진 및 정보보호 등에 관한 법률」 제48조의6에 따라 정보보호인증을 받은 기기 및 앱의 경우 보안요구사항을 충족한 것으로 인정한다).

제5장

방송공동수신설비 설치

5.1 방송공동수신설비 설치대상

방송공동수신설비[1]의 설치기술기준에 관한 고시(방송통신위원회 고시 제2008-16호-2008.5.19)에 다음과 같이 규정하고 있다.

가. 주택건설기준 등에 관한 규정 제42조(방송수신을 위한 공동수신설비의 설치)에 의무화하고 있다.

① 공동주택에는 방송통신위원회가 정하여 고시하는 바에 따라 텔레비전방송·에프엠(FM)라디오방송 공동수신안테나 및 그 부속설비와 종합유선방송의 구내전송선로설비를 설치하여야 한다.〈2008.2.29〉

② 공동주택의 각 세대에는 텔레비전방송·에프엠(FM)라디오방송 공동수신안테나 및 그 부속설비와 종합유선방송의 구내전송선로설비를 설치 규정에 의한 텔레비전방송 및 에프엠(FM)라디오방송 공동수신안테나와 연결된 단자를 2개소 이상 설치하여야 한다. 다만, 세대당 전용면적이 60제곱미터 이하인 주택의 경우에는 1개소로 할 수 있다. 〈개정 2006.1.6〉에 따라 건축물에 설치하는 방송공동수신설비의 설치기준을 규정한다.

나. 건축법시행령 제87조④항에 규정에 설치 의무화하고 있다.

④ 건축물에는 방송수신에 지장이 없도록 공동시청안테나, 유선방송수신시설, 위성방송 수신설비, 에프엠(FM)라디오방송 수신설비 또는 방송공동수신설비를 설치할 수 있다. 다만, 다음 각 호의 건축물에는 방송공동수신설비를 설치하여야 한다.

1. 공동주택
2. 바닥면적의 합계가 5천제곱미터 이상으로서 업무시설이나 숙박시설의 용도로 쓰는 건축물

⑤ 제④항에 따른 방송 수신설비의 설치기준은 방송통신위원회가 정하여 고시하는 바에 따른다.

5.1.1 방송공동수신설비 배관의 설치방법(제3조)

① 방송공동수신설비에 사용하는 배관 등은 배선의 교체와 증설시공이 쉽도록 설치하여야 한다.

② 건축물의 벽이나 바닥 안에 설치하는 증폭기[2]와 분배기[3] 등의 장치는 외부에서

1) 방송공동수신설비란 방송공동수신안테나시설과 종합유선방송 구내전송선로설비를 말한다.

2) 증폭기란 동축케이블·광케이블·분배기 및 분기기 등으로 인하여 발생한 신호의 손실을 회복하기 위하여 사용하는 장치를 말한다.

교체하기 쉬운 장치함에 설치하여야 하고, 이들 장치와 접속하는 동축케이블이나 광(광) 케이블은 적당한 길이의 여분을 가져야 한다.

5.1.2 방송공동수신설비의 안전조건(제4조)

① 방송공동수신설비에는 보호기를 설치하여야 한다.

② 방송공동수신설비 설치에 따른 보호기[4]의 성능 및 접지에 관하여는 전기통신설비의 기술기준에 관한 규정 제7조의 보호기 및 접지를 다음과 같이 준용하도록 규정하고 있다.

1) 낙뢰 또는 강전류전선과의 접촉 등으로 이상전류 또는 이상전압이 유입될 우려가 있는 전기통신설비에는 과전류 또는 과전압을 방전시키거나 이를 제한 또는 차단하는 보호기가 설치되어야 한다.

2) 낙뢰, 강전류전선과의 접촉, 이상전류, 이상전압 유입으로 보호기와 금속으로 된 주배선반 · 지지물 · 단자함 등이 사람 또는 전기통신설비에 피해를 줄 우려가 있을 경우에는 접지되어야 한다.

③ 방송공동수신안테나시설은 전기사업법시행령 제43조에 다음과 같이 규정하고 있다.

1) 사람이나 다른 물체에 위해 또는 손상을 주지 아니하도록 할 것

2) 내구력의 부족 또는 기기 오작동에 의하여 전기공급에 지장을 주지 아니하도록 할 것

3) 다른 전기설비 그 밖에 물건의 기능에 전기적 또는 자기적인 장애를 주지 아니하도록 할 것

4) 에너지의 효율적인 이용 및 신기술 · 신공법의 개발 · 활용 등에 지장을 주지 아니하도록 할 것

5.1.3 방송공동수신설비의 직렬단자(제5조)

직렬단자[5]는 임피던스 75옴인 출력단자에 접속하여 지상파텔레비전방송, 위성방송, 에프엠라디오방송 및 종합유선방송을 수신할 수 있어야 한다.

---

3) 분배기란 입력신호에너지를 둘 이상으로 분배하는 장치를 말한다.

4) 보호기란 벼락이나 강전류 전선과의 접촉 등에 따라 발생하는 이상전류 또는 이상전압이 수신안테나 등으로 흘러들어오는 것을 제한하거나 차단하는 장치를 말한다.

5) 직렬단자란 선로와 직렬로 접속되어 지상파텔레비전방송, 위성방송, 에프엠라디오방송 및 종합유선방송의 신호를 분배하거나 분기할 수 있으며, 그 내부에 텔레비전수상기 및 에프엠라디오수신기에 방송신호를 전달하여 주는 접속단자가 내장되어 있는 것을 말한다.

5.1.4 방송공동수신설비의 장치함(제6조)

① 장치함[6]은 다음에 해당하는 곳에 설치하여야 한다.

1) 방송공동수신설비와 최초로 접속되는 곳
2) 케이블의 분배 · 분기 또는 접속을 위하여 필요한 곳

② 장치함은 다음의 기준에 맞도록 설치하여야 한다.

1) 장치함의 내부에는 절연 보조장치, 잠금장치 및 통풍구 등을 설치할 것
2) 장치함은 계단이나 복도 등 실내의 공용부분에 설치할 것
3) 장치함의 크기는 증폭기, 분배기, 분기기, 보호기 및 케이블 등 필요한 설비를 수용할 수 있는 충분한 공간을 확보할 것
4) 증폭기 · 분배기[7] 등 간에 신호의 간섭이 없도록 할 것

5.1.5 방송공동수신설비의 구내배관(제7조)

① 방송공동수신설비에 사용되는 구내 관로의 배관은 다음의 기준에 맞도록 설치하여야 한다.

1) 배관은 외부의 압력 또는 충격 등으로부터 선로를 보호할 수 있고, 부식에 강한 금속관 또는 통신용 합성수지관을 사용하여야 한다.
2) 배관의 안지름은 배관에 들어가는 케이블 단면적의 총합계가 배관 단면적의 32퍼센트 이하가 되도록 하여야 한다.
3) 배관의 굴곡은 가능하면 완만하게 처리하여야 하고, 곡률반지름은 배관 안지름의 6배 이상으로 한다. 이 경우 굴곡을 유지하기 위한 다른 보조장치를 사용하여서는 아니된다.
4) 장치함부터 세대단자함[8]까지 또는 장치함에서 다른 장치함까지 등 한 구간의 배관은 굴곡부분은 3개소 이하로 하고, 1개소의 굴곡각도는 90° 이하로 하며, 그 굴곡각도의 합계는 180° 이하로 한다.

② 세대단자함부터 직렬단자까지의 배관은 성형배선[9]이 가능한 구조로 하여야 한다.

③ 세대단자함부터 직렬단자까지는 통신용 배관을 공동으로 사용할 수 있다.

---

6) 장치함이란 지상파텔레비전방송, 위성방송, 에프엠라디오방송 및 종합유선방송의 신호를 각 세대별로 분배하기 위하여 증폭기와 분배기 등을 설치한 분배함을 말한다.

7) 분기기란 입력신호에너지를 간선에서 지선으로 나누는 장치를 말한다.

8) 세대단자함이란 세대 안으로 들어오는 통신선로 또는 방송공동수신설비 등의 배선을 효율적으로 분배 · 접속하기 위하여 이용자의 전용공간에 설치하는 분배함을 말한다.

9) 성형배선이란 세대단자함에서 각각의 직렬단자까지 직접 배선되는 방식을 말한다.

5.1.6 방송공동수신설비의 구내배선(제7조의2)

① 방송 공동수신설비의 구내배선(이하 "구내배선"이라 한다)은 동축케이블 또는 광섬유케이블을 사용하여야 하며, 성형배선을 하여야 한다. 다만, 동일 실내에서는 직렬단자를 활용하여 분배 또는 분기할 수 있다.

② 구내배선은 다음 각 호와 같이 설치하여야 한다.

1. 방송 공동수신 안테나 시설 및 종합유선방송 구내전송선로설비의 배선은 장치함까지 각각 단독으로 설치하여야 한다.
2. 공동주택(세대 내에서 분기가 없는 기숙사 및 「주택법 시행령」 제3조제1항 제2호의 규정에 따른 원룸형 주택의 모든 요건을 갖춘 주택은 제외한다)인 경우에는 세대단자함까지 따로 설치하여야 하며, 세대내는 성형배선을 하여야 한다. 다만 이 경우, 동일 실내에서 방송공동수신 안테나 시설과 종합유선방송 구내전송선로설비의 이용이 동시에 가능하도록 세대단자함부터 직렬단자까지 각각 배선을 설치할 수 있다.

③ 구내배선 상호간 또는 그 밖의 사용설비와 접속할 때에는 접속기구(커넥터)를 사용하여야 한다.

④ 구내배선은 통신용 케이블이 들어오는 세대단자함을 같이 사용할 수 있으며, 통신용 배관을 이용하여 배선을 할 경우에는 통신용 케이블의 손상 등으로 인한 통신소통에 지장이 없도록 하여야 한다.

⑤ 「전기사업법 시행령」 제43조의 기술기준에 따라 방송용 선로와 전력선은 상호영향을 받지 않도록 하여야 한다.

5.2 방송공동수신안테나시설

5.2.1 설계 전 전파조사(제8조)

방송공동수신안테나시설[10]의 설계자는 방송공동 수신안테나[11] 시설에 대한 설계를 하기 전에 수신전계강도 등 필요한 전파조사를 하여야 한다. 다만, 전파방송관련 산업기사 이상의 자격자를 보유한 정보통신공사업자가 전파조사를 한 결과가 있으면 전파조사를 하지 아니할 수 있다.

---

10) 방송공동수신안테나시설이란 지상파 텔레비전 방송, 위성방송 및 에프엠(FM) 라디오 방송을 공동으로 수신하기 위하여 설치하는 수신안테나 · 선로 · 관로 · 증폭기 및 분배기 등과 그 부속설비를 말한다.

11) 수신안테나란 지상파텔레비전방송, 위성방송 및 에프엠라디오방송의 신호를 수신하기 위하여 건축물의 옥상 또는 옥외에 설치하는 안테나를 말한다.

5.2.2 방송공동수신안테나시설 설계(제9조)

① 방송공동수신안테나시설의 설계자는 설계 전 전파조사에 따른 전파조사의 결과와 방송공동수신안테나시설을 설치할 건축물의 규모와 형태 등을 고려하여 설계하여야 한다.

② 방송공동수신안테나시설의 설계자는 전파조사를 위한 설계를 할 때에 방송신호의 손실이 가장 많은 경로에 접속되는 직렬단자에서의 예상 신호의 세기를 「건축법」에 따른 설계도서에 적어 넣어야 한다.

5.2.3 방송공동수신안테나시설 신호의 전송(제10조)

① 방송공동수신안테나시설은 수신안테나로부터 들어오는 방송의 신호를 주파수의 변환 없이 그대로 전송하여야 한다.

② 선로에서의 방송신호가 손실되는 등의 이유로 수신이 양호하지 아니한 경우에는 〈표 5-1〉 방송주파수대역[12]의 범위에서 주파수를 변환하여 전송하게 할 수 있다.

③ 주파수를 변환하여 전송하는 경우에는 「전파법시행령」 제2조제12호("데이터방송"이란 데이터와 이에 따르는 영상 · 음성 · 음향 등을 보내는 방송으로서 중파방송, 단파방송, 초단파방송, 텔레비전방송에 해당하지 아니하는 방송을 말한다.)에 따라 해당 건축물이 위치한 지역을 방송구역으로 하는 지상파텔레비전방송신호와 서로 간섭이 없도록 하여야 한다.

〈표 5-1〉 방송주파수대역(제10조제②항 관련)

1) 지상파텔레비전방송

(주파수 단위 : MHz)

채널	주파수대	할당 주파수	영상	음성	채널	주파수대	할당 주파수	영상	음성
2	54~60	57	55.25	59.75	36	602~608	605	603.25	607.75
3	60~66	63	61.25	65.75	37	608~614	611	609.25	613.75
4	66~72	69	67.25	71.75	38	614~620	617	615.25	619.75
5	76~82	79	77.25	81.75	39	620~626	623	621.25	625.75
6	82~88	85	83.25	87.75	40	626~632	629	627.25	631.75
7	174~180	177	175.25	179.75	41	632~638	635	633.25	637.75
8	180~186	183	181.25	185.75	42	638~644	641	639.25	643.75
9	186~192	189	187.25	191.75	43	644~650	647	645.25	649.75
10	192~198	195	193.25	197.75	44	650~656	653	651.25	655.75
11	198~204	201	199.25	203.75	45	656~662	659	657.25	661.75
12	204~210	207	205.25	209.75	46	662~668	665	663.25	667.75

12) 방송주파수대역이란 방송을 수신하기 위하여 방송공동수신설비에서 사용하는 주파수대역을 말한다.

채널	주파수대	할당 주파수	영상	음성	채널	주파수대	할당 주파수	영상	음성
13	210~216	213	211.25	215.75	47	668~674	671	669.25	673.75
14	470~476	473	471.25	475.75	48	674~680	677	675.25	679.75
15	476~482	479	477.25	481.75	49	680~686	683	681.25	685.75
16	482~488	485	483.25	487.75	50	686~692	689	687.25	691.75
17	488~494	491	489.25	493.75	51	692~698	695	693.25	697.75
18	494~500	497	495.25	499.75	52	698~704	701	699.25	703.75
19	500~506	503	501.25	505.75	53	704~710	707	705.25	709.75
20	506~512	509	507.25	511.75	54	710~716	713	711.25	715.75
21	512~518	515	513.25	517.75	55	716~722	719	717.25	721.75
22	518~524	521	519.25	523.75	56	722~728	725	723.25	727.75
23	524~530	527	525.25	529.75	57	728~734	731	729.25	733.75
24	530~536	533	531.25	535.75	58	734~740	737	735.25	739.75
25	536~542	539	537.25	541.75	59	740~746	743	741.25	745.75
26	542~548	545	543.25	547.75	60	746~752	749	747.25	751.75
27	548~554	551	549.25	553.75	61	752~758	755	753.25	757.75
28	554~560	557	555.25	559.75	62	758~764	761	759.25	763.75
29	560~566	563	561.25	565.75	63	764~770	767	765.25	769.75
30	566~572	569	567.25	571.75	64	770~776	773	771.25	775.75
31	572~578	575	573.25	577.75	65	776~782	779	777.25	781.75
32	578~584	581	579.25	583.75	66	782~788	785	783.25	787.75
33	584~590	587	585.25	589.75	67	788~794	791	789.25	793.75
34	590~596	593	591.25	595.75	68	794~800	797	795.25	799.75
35	596~602	599	597.25	601.75	69	800~806	803	801.25	805.75

2) 에프엠라디오방송

(주파수단위 : MHz)

채널	할당주파수	채널	할당주파수	채널	할당주파수	채널	할당주파수
1	88.1	26	93.1	51	98.1	76	103.1
2	88.3	27	93.3	52	98.3	77	103.3
3	88.5	28	93.5	53	98.5	78	103.5
4	88.7	29	93.7	54	98.7	79	103.7
5	88.9	30	93.9	55	98.9	80	103.9
6	89.1	31	94.1	56	99.1	81	104.1
7	89.3	32	94.3	57	99.3	82	104.3
8	89.5	33	94.5	58	99.5	83	104.5
9	89.7	34	94.7	59	99.7	84	104.7
10	89.9	35	94.9	60	99.9	85	104.9
11	90.1	36	95.1	61	100.1	86	105.1

채널	할당주파수	채널	할당주파수	채널	할당주파수	채널	할당주파수
12	90.3	37	95.3	62	100.3	87	105.3
13	90.5	38	95.5	63	100.5	88	105.5
14	90.7	39	95.7	64	100.7	89	105.7
15	90.9	40	95.9	65	100.9	90	105.9
16	91.1	41	96.1	66	101.1	91	106.1
17	91.3	42	96.3	67	101.3	92	106.3
18	91.5	43	96.5	68	101.5	93	106.5
19	91.7	44	96.7	69	101.7	94	106.7
20	91.9	45	96.9	70	101.9	95	106.9
21	92.1	46	97.1	71	102.1	96	107.1
22	92.3	47	97.3	72	102.3	97	107.3
23	92.5	48	97.5	73	102.5	98	107.5
24	92.7	49	97.7	74	102.7	99	107.7
25	92.9	50	97.9	75	102.9	100	107.9

3) 위성방송 할당주파수대 : 950~2150MHz

5.2.4 방송공동수신안테나시설의 사용설비 및 기술기준(제11조)

① 방송공동수신안테나시설에 사용하는 설비는 다음과 같다.

1) 수신안테나
2) 레벨조정기[13]
3) 〈삭제〉
4) 보호기
5) 신호처리기[14]
6) 증폭기
7) 분배기 및 분기기
8) 동축케이블, 광케이블
9) 직렬단자
10) 중계기용 무선기기

② 〈삭제〉

③ 방송공동수신안테나시설의 기술기준에 관하여는 제3조의2부터 제7조의2 및 제12조부터 제18조까지 규정한 사항 외에는 〈표 5-2〉를 적용한다.

13) 레벨조정기란 수신안테나로부터 들어오는 각 채널별 지상파텔레비전방송신호의 세기를 고르게 조정하는 장치를 말한다.

14) 신호처리기란 지상파텔레비전방송, 위성방송 또는 에프엠라디오방송의 신호를 수신하여 증폭하고, 불필요한 신호의 제거 등을 통하여 일정수준 이상으로 출력하여 주는 장치를 말한다.

〈표 5-2〉 사용설비의 성능기준(제11조제③항 관련)

1. 수신안테나

가. 지상파텔레비전방송 및 에프엠라디오방송

항 목	단위	54~88MHz	88~108MHz	174~216MHz	470~608MHz	608~806MHz
이득	dBi 이상	7	8	8	9	10
임피던스	ohm(Ω)	75	75	75	75	75
반사손실	dB 이상	8	8	8	8	8

나. 위성방송

안테나				저잡음 블록 변환기 (LNB: Low Noise Block down converter)					
안테나 타입	이득	편파 분리도	VSWR	입력주파수 범위	L.O	출력 정재파비	이득	잡음지수	출력 임피던스
Offset 파라볼라	41dBi 이상 (12GHz)	20dB 이상	1.3 이하	11.70~12.75㎓	10.75GHz ±2MHz 이내 (-30~+60℃)	2.5 이하	55dB 이상	1.0dB 이하 @25℃	75ohm

비고 : 방송법 제2조에 따른 위성방송에 한함

2. 레벨조정기

가. 단일채널형

구 분	단위	기준값	비 고
주파수범위	MHz	470~771	UHD TV 채널 14번에서 56번 중 1개 채널
입력레벨	dBμV	37~87	
연속가변 감쇠량	dB 이상	18	
주파수응답	dB 이내	±2	5.83MHz 대역 내에서
입출력 임피던스	ohm(Ω)	75	공칭
입출력 반사손실	dB 이상	14	
대역외 감쇠량 (S21파라미터)	dB 이상	fc±4.5MHz에서 10, fc±5.0MHz에서 40, fc±6.0MHz이상 대역에서 60	fc=채널중심주파수 대역외: 54~2,150MHz
신호대잡음비 (MER) 변화량	dB 이하	1	연속으로 인접한 20dB ±1dB 이내의 입력 신호
입출력 삽입이득	dB 이상	25	
자동이득 조정범위	dB 이내	±3	출력변화범위
스퓨리어스	dB 이상	60	

나. 다중채널형

구 분	단위	기준값	비 고
주파수범위	MHz	470~771	UHD TV 채널 14번에서 56번 중 5개 채널 이상
입력레벨	dBμV	37~87	
연속가변 감쇠량	dB 이상	18	채널별
주파수응답	dB 이내	±2	5.83MHz 대역 내에서
입출력 임피던스	ohm(Ω)	75	공칭
입출력 반사손실	dB 이상	14	
대역외 감쇠량 (S21파라미터)	dB 이상	fc±4.5MHz에서 10, fc±5.0MHz에서 40, fc±6.0MHz이상 대역에서 60	fc=채널중심주파수 대역외: 54~2,150MHz
신호대잡음비 (MER) 변화량	dB 이하	1	연속으로 인접한 20dB ±1dB 이내의 입력 신호
입출력 삽입이득	dB 이상	20	
자동이득 조정범위	dB 이내	±3	출력변화범위
스퓨리어스	dB 이상	60	

다. 700MHz 주파수대역형

구 분	단위	기준값	비 고
주파수범위	MHz	698~771	UHD TV 채널 (52,53,54,55,56)
입력레벨	dBμV	37~87	
연속가변 감쇠량	dB이상	15	대역
주파수응답	dB이내	±2	5.83MHz 대역 내에서
입출력 임피던스	ohm(Ω)	75	공칭
입출력 반사손실	dB 이상	10	
대역외 감쇠량 (S21 파라미터)	dB 이상	54~692MHz, 718~748MHz및 773~2150MHz에서 60dB이상 695MHz, 714MHz, 750.5MHz, 772MHz에서 40dB 이상	그림 참조
신 호 대 잡 음 비 (MER) 변화량	dB 이하	1	연속으로 인접한 20dB ±1dB 이내의 입력 신호
입출력 삽입 이득	dB 이상	20	
스퓨리어스	dB 이상	60	

비고

가. 입력채널과 출력채널은 지상파 초고화질텔레비전방송 기준으로 동일채널이어야 한다.

나. 채널의 시험조건은 변조방식 256QAM, FEC 부호율 10/15(64K LDPC), FFT 크기 32K, 심벌간 보호구간 1/16(GI7_2048), 파일럿패턴 SP12_2(Dx, Dy = 12, 2), 최소 신호대잡음비 17.1dB(가우시안 채널), 유효 데이터전송률 27 Mbps 등 표준방식을 적용한다.

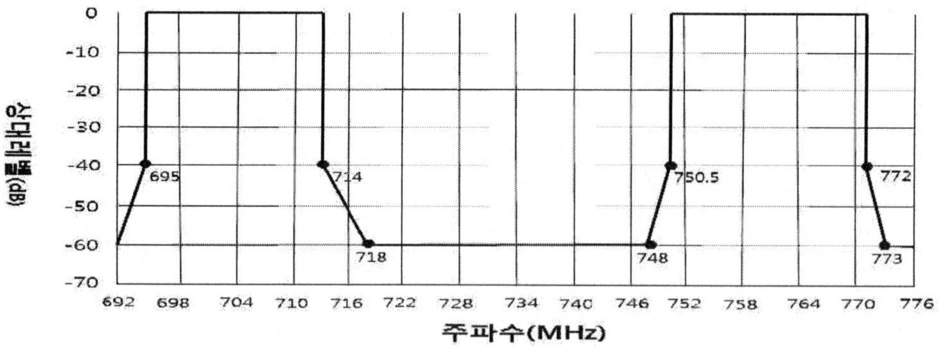

3. 디지털 재변조형 주파수변환기 〈삭제〉

4. 증폭기

가. 54 ~ 806MHz용

<table>
<tr><th colspan="2">구 분</th><th>단 위</th><th>기준값</th><th>비고</th></tr>
<tr><td colspan="2">최대이득</td><td>dB 이상</td><td>30/35</td><td></td></tr>
<tr><td colspan="2">대역 내 이득편차</td><td>dB 이내</td><td>±1</td><td></td></tr>
<tr><td colspan="2">정격출력레벨</td><td>dBμV 이상</td><td>105</td><td></td></tr>
<tr><td colspan="2">이득조정범위</td><td>dB 이상</td><td>10</td><td></td></tr>
<tr><td colspan="2">경사조정범위</td><td>dB 이상</td><td>10</td><td></td></tr>
<tr><td colspan="2">3차 상호변조(CTB)</td><td>dB 이하</td><td>-55</td><td rowspan="3">77채널 기준
정격출력 기준</td></tr>
<tr><td colspan="2">2차 상호변조(CSO)</td><td>dB 이하</td><td>-55</td></tr>
<tr><td colspan="2">혼변조</td><td>dB 이하</td><td>-55</td></tr>
<tr><td colspan="2">잡음지수</td><td>dB 이하</td><td>10</td><td></td></tr>
<tr><td colspan="2">험 변조</td><td>dB 이하</td><td>-63</td><td></td></tr>
<tr><td colspan="2">반사손실</td><td>dB 이상</td><td>14</td><td></td></tr>
<tr><td colspan="2">자동이득조정(AGC)범위</td><td>dB 이상</td><td>±4</td><td>AGC적용제품</td></tr>
<tr><td rowspan="3">누설
전자파</td><td>54MHz 이하</td><td>μV/m 이하</td><td>15</td><td>30m 기준</td></tr>
<tr><td>54~216MHz</td><td>μV/m 이하</td><td>20</td><td>3m 기준</td></tr>
<tr><td>216MHz 이상</td><td>μV/m 이하</td><td>15</td><td>30m 기준</td></tr>
</table>

나. 54~2150MHz용

<table>
<tr><th>구 분</th><th>단 위</th><th colspan="2">기준값</th><th>비고</th></tr>
<tr><td>주파수대역</td><td>MHz</td><td>54~806</td><td>950~2150</td><td></td></tr>
<tr><td>최대이득</td><td>dB 이상</td><td>30/35</td><td>40</td><td></td></tr>
<tr><td>대역 내 이득편차</td><td>dB 이내</td><td>±1</td><td>±2</td><td></td></tr>
<tr><td>정격출력레벨</td><td>dBμV 이상</td><td>105</td><td>110</td><td></td></tr>
</table>

구 분		단 위	기준값		비고
이득조정범위		dB 이상	10	10	
경사조정범위		dB 이상	10	6	
3차 상호변조(CTB)		dB 이하	-55	-	77채널 기준 정격출력 기준
2차 상호변조(CSO)		dB 이하	-55	-	
혼변조		dB 이하	-55	-	
잡음지수		dB 이하	10	10	
험 변조		dB 이하	-63	-63	
반사손실		dB 이상	14	8	
자동이득조정(AGC)범위		dB 이상	±4	-	AGC적용제품
3차 상호변조왜곡(IMD3)		dB 이하	-	-50	2tone 입력시
누설 전자파	54MHz 이하	μV/m 이하	15	15	30m 기준
	54~216MHz	μV/m 이하	20	20	3m 기준
	216MHz 이상	μV/m 이하	15	15	30m 기준

5. 광(光)증폭기

구분	규격	기준값	비 고
광 파장	nm	1550 ± 10	
광 입력	dBm 이상	0	
광 출력	dBm	(15/17/19/21/23/25/27/29/31/33)±1	
잡음지수	dB 이하	6	0dBm 광 입력 기준

6. 분배기

가. 54~806MHz용

구 분	단위	기 준 값							
분배수		2	3 균등	3 불균등	4	5/6	8	12	16
분배손실	dB 이하	4.6	7.8	4.6/8.2	8.2	11.0	13.0	16.0	17.0
단자 간 결합손실	dB 이상	20							
반사손실	dB 이상	15							
주파수응답	dB 이내	±0.75							
험변조	dB 이하	-65(전류통과형에만 적용)							
전류통과용량	A 이상	3(전류통과형에만 적용)							
임피던스	Ohm	75							

나. 54~2150MHz용

항 목	단 위	기 준 값										비고
주파수대역	MHz	54~806					950 ~ 2150					
분배수		2	3	4	6	8	2	3	4	6	8	
분배손실	dB 이하	4.5	7.5	8.5	11.5	13	6	9.5	11	16	18.5	
단자 간 결합손실	dB 이상	20	20	20	20	20	17	17	17	17	17	
반사손실	dB 이상	12	11	10	9	9	12	11	10	9	9	
주파수응답	dB 이내	±1.5					±3					
전류통과용량	이상	DC 15V 0.5A (전류통과형에만 적용)										1단자 이상

7. 광(光)분배기

구분	규격	기준값									
분배수		2	3	4	6	8	12	16	32	40	64
분배손실	dB 이하	4	7	8	11	12	14	15	18	21	22

8. 분기기

가. 54~806MHz 용

구 분		단 위	기 준 값									
분기손실		dB	8	11	14	17	20	23	26	29	32	35
삽입 손실	1분기	dB 이하	3.2	2.3	1.7	1.5	1.3	1.3	1.2	1.2	1.2	-
	2분기	dB 이하	4.6	3.0	2.0	1.6	1.3	1.3	1.2	1.2	1.2	-
	4분기	dB 이하	-	4.6	3.0	2.0	1.6	1.3	1.3	1.2	1.2	1.2
	8분기	dB 이하	-	-	4.8	3.2	2.0	1.6	1.6	1.3	1.2	1.2
역결합 손실	1분기	dB 이상	22	24	27	28	31	34	36	38	40	-
	2분기	dB 이상	22	24	26	28	31	34	35	37	40	-
	4분기	dB 이상	-	22	25	27	30	33	33	35	38	41
	8분기	dB 이상	-	-	23	26	27	30	33	36	37	38
분기손실오차		dB 이하	±1.5									
단자 간 결합손실		dB 이상	20									
반사손실		dB 이상	15									
주파수응답		dB 이내	±0.75(분기손실오차범위 내)									
험변조		dB 이하	-65(전류통과형에만 적용)									
전류통과용량		A 이상	3(전류통과형에만 적용)									

나. 54~2150MHz 광대역용

항 목		단 위	기 준 값										비고
주파수대역		MHz	54~806					950~2150					
분기손실		dB	8	11	14	17	20	8	11	14	17	20	
삽입 손실	1분기	dB 이하	2.5	2.0	1.5	1.3	1.0	4.5	3.5	3.0	2.7	2.5	
	2분기		5.0	2.7	2.5	2.0	1.5	6.5	5.0	3.5	3.0	2.7	
	4분기		-	-	5.5	3.0	2.5	-	-	7.0	4.0	3.2	
	8분기		-	-	8.7	4.5	3.5	-	-	10.5	6.0	5.5	
역결합 손실	1분기	dB 이상	21	23	25	27	29	20	22	22	22	25	
	2분기		21	23	25	28	30	20	20	20	20	20	
	4분기		-	-	21	22	30	-	-	20	20	22	
	8분기		-	-	22	24	25	-	-	20	20	20	
분기손실오차		dB 이하	±1.5					±2.5					
단자간 결합손실			20					18					
반사손실			10					9					
주파수응답		dB 이내	±0.75					±2					분기손실 오차 내
전류통과용량		이상	DC15V 0.5A(전류통과형에만 적용)										IN-OUT간

9. 신호처리기

가. 디지털 지상파텔레비전방송 신호처리기

구 분	단 위	기 준 값	비 고
주파수 대역	MHz	54~806	
입력레벨	dBμV	35~85	ATSC 8-VSB변조방식 기준
출력레벨	dBμV	110±5	
인접채널 감쇄특성 (내역 외)	dB 이하	그림참조	경계선 이내
스퓨리어스	dB 이하	-60	
주파수편차	ppm 이내	±5	
반사손실	dB 이상	10	임피던스 75Ω 기준
위상잡음	dBc/㎐ 이하	-98	동기(pilot) 주파수로부터 20㎑ 이격지점에서
주파수응답	dB 이내	±0.5	5.38MHz 대역 내에서
그룹지연응답	ns 이내	±50	5.38MHz 대역 내에서
신호대잡음비	dB 이상	27	연속으로 인접한 17dB 이상의 입력 신호에서 수신 등화를 행하지 아니한 경우

비고 : 입력채널과 출력채널은 지상파 텔레비전방송 기준으로 채널 2번부터 69번까지 변환할 수 있어야 한다.

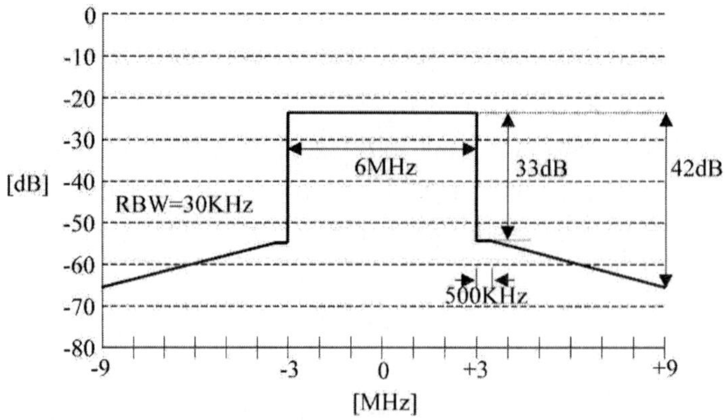

나. 아날로그 지상파텔레비전방송신호처리기 〈삭제〉

다. 에프엠라디오방송 신호처리기

(1) 채널형

구 분	단 위	기 준 값	비 고
입력레벨	dB㎶	40~60	
출력레벨	dB㎶ 이상	95	
자동이득 조정범위	dB 이상	-10~+10	입력변화범위
	dB 이내	±1	출력변화범위
반사손실	dB 이상	10	
스퓨리어스	dB 이하	-60	
주파수특성	dB	±1	
채널 대역폭	kHz	280	
험변조	dB 이하	-60	

(2) 광대역형

구 분	단 위	기 준 값	비 고
주파수대역	MHz	88 ~ 108	
입력레벨	dBμV	40 ~ 60	
출력레벨	dBμV 이상	95	
자동이득 조정범위	dB 이상	-10 ~ +10	입력변화범위
	dB 이내	±1	출력변화범위
반사손실	dB 이상	10	
주파수특성	dB 이내	±1	
출력레벨 안정도	dB 이내	±1	
스퓨리어스	dB 이하	-60	
출력조정범위	dB 이상	15	
잡음지수	dB 이하	10	

구 분	단 위	기 준 값	비 고
혐변조	dB 이하	-60	
감쇠특성	dB 이상	40	

라. 이동멀티미디어방송신호처리기

구 분	단 위	기 준 값	비 고
주파수대역	MHz	6	174~216MHz 범위 중
임피던스	Ω	75	공칭
입력레벨	dBμV	40 ~ 60	
출력레벨	dBμV 이상	95	
자동이득 조정범위	dB 이상	-10 ~ +10	입력변화범위
	dB이내	±1	출력변화범위
반사손실	dB 이상	10	
주파수특성	dB 이내	±1	
주파수안정도	kHz	±10	
출력레벨 안정도	dB 이내	±1	
스퓨리어스	dB 이하	-60	
출력조정범위	dB 이상	15	
잡음지수	dB 이하	10	
혐변조	dB 이하	-60	
인접채널 감쇄특성(대역 외)	dB 이하	그림 참조	경계선 이내

(인접채널 감쇄특성)

1) 단일채널인 경우

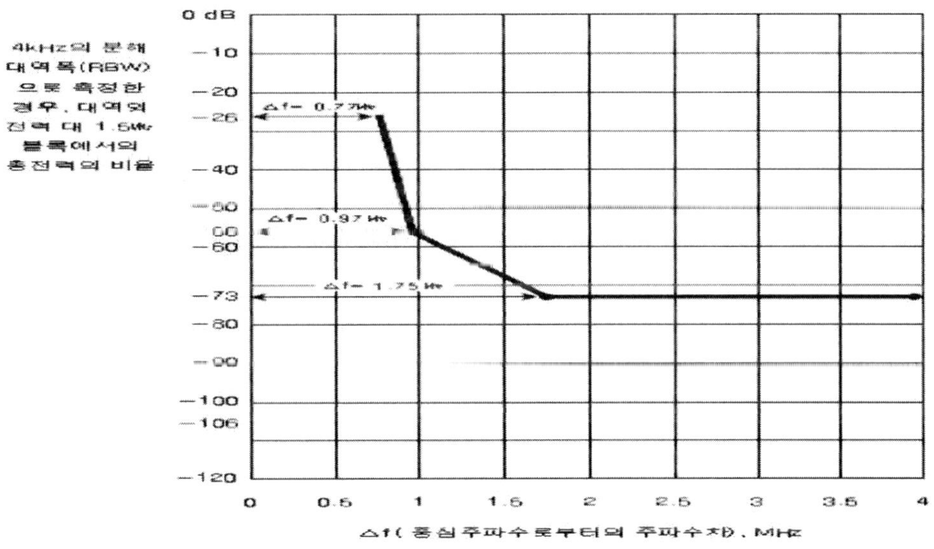

2) 복수채널인 경우

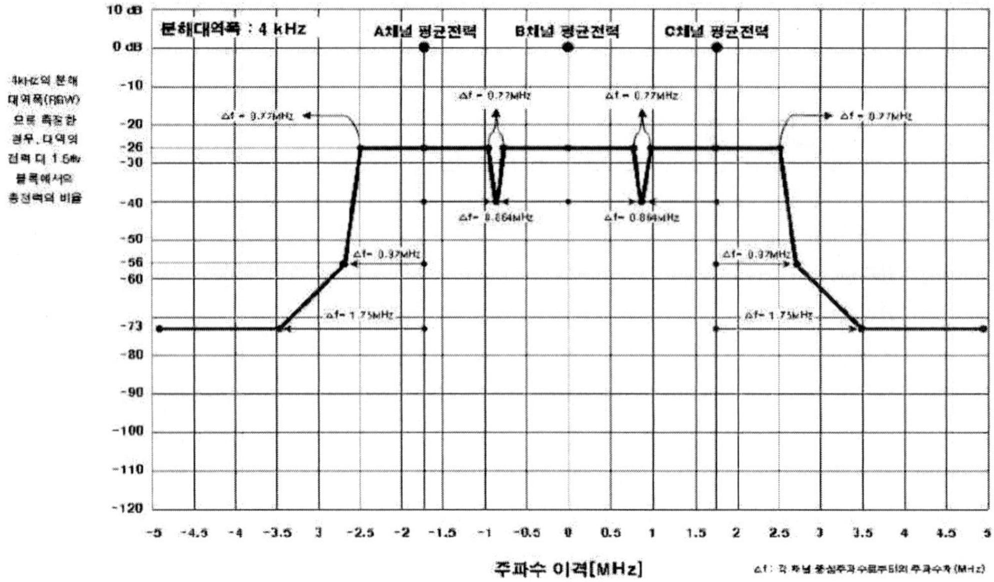

마. 지상파 초고화질 텔레비전방송 신호처리기

구 분	단 위	기 준 값	비 고
주파수 대역	MHz	54~771	
입력레벨	dBμV	37~87	ATSC 3.0 전송방식 기준
출력레벨	dBμV	112±5	
인접채널 감쇄 특성 (대역외)	dB 이하	그림참조	경계선 이내
스퓨리어스	dB 이하	-60	
주파수편차	ppm 이내	±5	
반사손실	dB 이상	10	임피던스 75Ω 기준
위상잡음	dBc/㎐ 이하	-98	LO 주파수로부터 20kHz 이격지점 단, 기준 측정이 어려운 경우 부품사양으로 대체
주파수응답	dB 이내	±1	5.83MHz 대역 내에서
첨두전력대평균 전력비(PAPR)	dB 이하	13	시간율 99.9% 기준
신호대잡음비	dB 이상	27	연속으로 인접한 18dB 이상의 입력 신호에서 수신등화를 행하지 아니한 경우

비고

1. 입력채널과 출력채널은 지상파 초고화질텔레비전방송 기준으로 채널 2번부터 56번까지 변환할 수 있어야 한다.
2. 채널의 시험조건은 변조방식 256QAM, FEC 부호율 10/15 (64K LDPC), FFT 크기 32K, 심벌간보호구간 1/16(GI7_2048), 파일럿패턴 SP12_2(Dx, Dy=12, 2), 최소 신호대잡음비 17.1dB(가우시안 채널), 유효 데이터전송률 27 Mbps 등 표준방식을 적용한다.

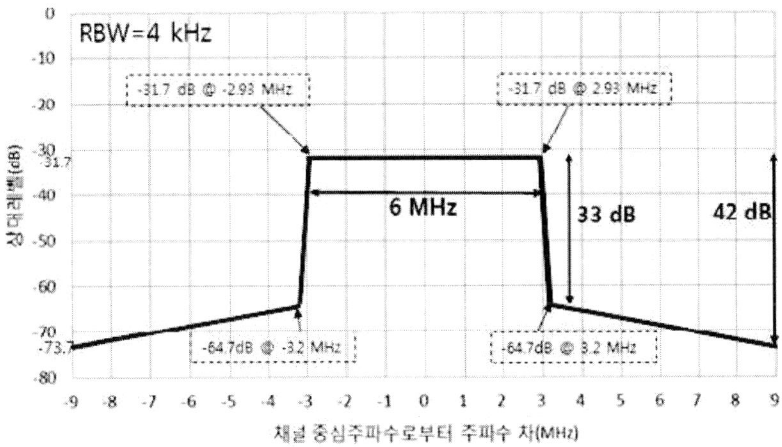

10. 직렬단자

가. (54~806 용)

(1) 중간형 및 중간분기형

구 분		단 위	기 준 값								
수파수대역		MHz	54 ~ 806								
분기손실		dB	8	11	14	17	20	23	26	29	32
삽입손실	중간형(직렬형)	dB 이하	3.2	2.3	1.7	1.5	1.3	1.2	1.2	1.2	1.2
	중간분기형 (병렬형)	dB 이하	4.6	3.0	2.0	1.6	1.3	1.3	1.3	1.2	1.2
역결합손실	중간형(직렬형)	dB 이상	23	25	29	30	33	35	38	40	42
	중간분기형 (병렬형)	dB 이상	22	23	27	30	33	33	35	38	41
분기손실오차		dB 이하	±1.5								
단자간결합손실		dB 이상	20 (중간분기형에만 적용)								
반사손실		dB 이상	15								
주파수 응답		dB 이내	±0.75								

(2) 종단형

구 분	단 위	기 준 값								
주파수대역	MHz	54 ~ 806								
삽 입 손 실	dB	1	3	5	8	11	14	17	20	23
삽입손실오차	dB 이내	±1.5								
반 사 손 실	dB 이상	15								
주파수 응답	dB 이내	±0.75								

비고 : 삽입손실 1dB, 3dB, 5dB는 정합형으로 사용

나. 54~2150MHz 광대역용

(1) 중간형 및 중간분기형

구 분		단 위	기 준 값										비 고
주파수대역		MHz	54 ~ 806					950 ~ 2150					
분기손실		dB	8	11	14	17	20	8	11	14	17	20	
삽입손실	중간형 (직렬형)	dB 이하	3	2.5	2	1.4	1.2	4.5	3.5	3.0	2.7	2.5	
	중간분기형 (병렬형)		5	3	2.5	2	1.4	6.5	5.0	3.5	3.0	2.7	
역결합 손실	중간형 (직렬형)	dB 이상	22	24	26	27	30	20	22	22	22	25	
	중간분기형 (병렬형)		20	22	24	25	27	20	20	20	20	20	
분기손실오차		dB 이하	±1.5					±2.5					
단자간결합손실		dB 이상	20					20					
반사손실		dB 이상	10					9					
주파수응답		dB 이내	±0.75					±1.5					분기손실 오차범위 내
전류통과용량		이상	DC15V 0.5A(전류통과형에만 적용)										IN-OUT간

(2) 종단형

구 분	단 위	기 준 값								비고
주파수대역	MHz	54 ~ 2150								
분기손실	dB	1	3	5	8	11	14	17	20	
분기손실오차	dB 이하	±1.5								
반사손실	dB 이상	13(54~806MHz) / 10(950~2150MHz)								
주파수응답	dB 이내	±1								

비고 : 삽입손실 1dB, 3dB, 5dB는 정합형으로 사용

11. 동축케이블

구 분		단 위	기 준 값	비고
반사손실		dB 이상	21	
절연저항		MΩ/km 이상	1,000	
임피던스		ohm(Ω)	75	
내전압		V	AC 1,000	내·외부 도체간/분
정전용량		pF/km	52±3	
누설	54MHz 이하	μV/m 이하	15	30m기준

구 분		단 위	기 준 값												비고
전파	54~216MHz	μV/m 이하	20												3m기준
	216MHz 이상	μV/m 이하	15												30m기준
감쇄량(20℃)		주파수(MHz)	54 ~ 806MHz용							950 ~ 2150MHz용					
			50	150	250	350	450	750	806	950	1200	1450	1800	2150	
		dB/km (최대치)	9.1	12.1	22.0	28.6	34.6	47.0	52	-	-	-	-	-	17C
			17.6	31.9	41.8	50.0	57.2	70.9	74.5	78.5	93.5	103.6	116.6	128.9	12C
			25.4	42.2	54.0	65.7	73.4	96.2	101.2	107.2	118.1	129.6	148.1	162.1	10C
			30.7	55.1	71.0	86.2	95.9	124.3	129.7	134.7	151.2	165.8	190.2	203.5	7C
			47.2	77.2	98.9	117.1	137.0	178	188.9	201.8	244.7	262.4	287.3	315.3	5C
차 폐			3중 차폐 이상 또는 알루미늄 튜브형												

12. 광(光)케이블

광섬유 케이블	단일모드광섬유(SMF)	
파장(nm)	1310	1550
손실(dB/㎞)	0.5 이하	0.4 이하

비 고

가. 광배선구간이 짧을 경우에는 광섬유의 크래딩에 가하는 광 파워는 수신기에 과부하를 주지 아니하도록 주의하여야 한다.

나. 공동주택(특등급)의 경우에는 전송데이터가 집중되는 구내 간선계는 단일모드 광섬유케이블(SMF)을 설치할 것을 권장한다.

13. 광(光) 송(수)신기

구 분	규격	기 준 값		비고
광 파장	nm	1310 ±10 또는1550 ±10		
광 입출력	dBm	광 출력	0 이상	광 송신기
		광 입력	-8~-3	광 수신기
주파수대역	MHz	MATV	54~806	
		위성대역	950~2150	
주파수응답	dB 이내	MATV	±1	
		위성대역	±2	
CNR	dB 이상	48		광 수신기 -6dBm 입력기준
2차 상호변조(CSO)	dB 이하	-58		MATV대역, 15채널 전송기준
3차 상호변조(CTB)	dB 이하	-60		MATV대역, 15채널 전송기준
3차 상호변조왜곡(IMD3)	dB 이하	-55		위성대역, 2톤 테스트
광케이블전송거리	km이상	10		왜곡성능을 만족하는 거리

14. 디지털 아날로그 신호변환기 〈삭 제〉
15. 중계기용 무선기기 특성과 관련한 기술기준은 다음의 기술기준을 각각 준용(주파수 허용편차, 불요발사 허용치, 전계강도)한다.
   가. 「방송표준방식 및 방송업무용 무선설비의 기술기준」 고시 제11조 지상파 디지털멀티미디어방송용 무선설비
   나. 「신고하지 아니하고 개설할 수 있는 무선국용 무선설비의 기술기준」 고시 제7조 특정소출력무선국용 무선설비

5.2.5 수신안테나(제12조)

① 수신안테나는 지상파텔레비전방송, 위성방송 및 에프엠라디오방송의 신호를 잘 수신할 수 있도록 설계 · 제작하여야 하며, 기계적 · 화학적으로 내구성이 우수하여야 한다.

② 수신안테나와 동축케이블의 접속부는 방수구조이어야 하며, 동축케이블과 접속할 수 있어야 한다.

5.2.6 수신안테나의 설치방법(제13조)

① 수신안테나는 모든 채널의 지상파텔레비전방송, 위성방송 및 에프엠라디오방송의 신호를 수신할 수 있도록 안테나를 조합하여 설치하여야 한다.

② 둘 이상의 건축물이 하나의 단지를 구성하고 있는 경우에는 한 조의 수신안테나를 설치하여 이를 공동으로 사용할 수 있다.

③ 수신안테나는 벼락으로부터 보호될 수 있도록 설치하되, 피뢰시설과 1미터 이상의 거리를 두어야 한다.

④ 수신안테나를 지지하는 구조물은 풍하중 기본풍속 25~45m/sec에서 견딜 수 있도록 견고하게 설치하여야 한다. (풍하중의 산정에 관하여는 건축물의 구조기준 등에 관한 규칙 제13조)

5.2.7 방송공동수신안테나시설의 레벨조정기(제14조)

① 수신안테나로부터 들어오는 각 채널별 텔레비전방송신호의 세기 차이가 6데시벨을 넘는 경우에는 레벨조정기를 사용하여야 한다.

② 수신안테나로부터 들어오는 각 채널별 텔레비전방송신호의 세기를 조정할 수 있어야 한다.

5.2.8 디지털재변조형주파수변환기(제15조)(삭제)

5.2.9 방송공동수신안테나시설의 증폭기(제16조)

① 증폭기는 수신안테나로부터 입력된 신호를 수신주파수대역별로 분리증폭한 후 이를 다시 혼합하여 출력하거나 전 대역을 광대역으로 증폭하여야 한다.

② 증폭기는 다음의 기준에 맞아야 한다.

1) 수동으로 출력신호의 세기를 조정할 수 있을 것
2) 지상파텔레비전방송, 위성방송 및 에프엠라디오방송의 신호를 균일하게 증폭할 수 있을 것
3) 케이블 또는 별도의 전력선으로부터 전원을 공급받을 수 있어야 하고, 공급되는 전원을 수동으로 연결하거나 차단할 수 있을 것

5.2.10 방송공동수신안테나시설의 분배기 및 분기기(제17조)

분배기와 분기기는 다음의 기준에 맞아야 한다.

① 〈삭제〉

② 유휴분배단자와 유휴분기단자는 사용회선에 영향을 미치지 아니하도록 75옴으로 종단할 것

5.2.11 디지털 지상파텔레비전방송 신호처리기(제18조)

① 〈삭제〉

② 디지털 지상파텔레비전방송 신호처리기는 사용성비의 성능기준 〈표 5-2〉의 기술기준에 맞게 입력채널과 출력채널을 변환할 수 있어야 한다.

5.2.12 디지털 아날로그 신호변환기(제19조)(삭제)

5.2.13 방송공동수신안테나시설의 동축케이블(제20조)(삭제)

5.2.14 방송공동수신안테나시설의 구내배선(제21조)(삭제)

5.2.15 방송공동수신안테나시설의 질적 수준(제22조)

지상파텔레비전방송, 위성방송, 에프엠(FM) 라디오방송의 신호를 전송하기 위한 송공동수신안테나시설의 질적 수준은 〈표 5-3〉과 같다.

〈표 5-3〉 방송 공동수신 안테나 시설의 질적 수준(제22조 관련)

측 정 항 목		기 준 값
주파수대역		54~2,150MHz
출력레벨(75Ω 연결 시)	아날로그채널(FM포함)	55~85dBμV
	디지털 채널(8VSB) 초고화질 채널(OFDM, QAM)	37~67dBμV 39~69dBμV
	이동멀티미디어방송채널	23~53dBμV
	디지털위성방송채널	36~66dBμV
채널 간의 레벨 차(동일변조방식)	인접사용 채널 간	5dB 이내
	비인접사용 채널 간	10dB 이내
신호대잡음비(S/N비)	아날로그채널	삭제
	디지털 채널(8VSB) 초고화질 채널(OFDM, QAM)	22dB 이상 24dB 이상
	이동멀티미디어방송채널	14dB 이상
	디지털위성방송채널	14dB 이상

비고

가. 기준 값은 댁내 직렬단자에서의 질적 수준(단, 안테나 최초 입력신호의 S/N비가 미달할 경우 정상품질의 신호원 인가 시 기준)이며, 이동멀티미디어방송 기준 값은 지하층의 층 단자함에서의 질적 수준을 말하고, 측정항목 중 출력레벨은 채널전력을 말한다.

나. 삭제

5.3 종합유선방송 구내전송선로설비

5.3.1 구내전송선로설비 설치범위(제23조)

① 종합유선방송 구내전송선로설비[15](이하 "구내전송선로설비"라 한다)는 도로와 택지 또는 건축물의 경계점으로부터 세대단자함까지로 한다. 다만, 구내전송선로설비에 사용되는 동축케이블의 설치범위는 제28조의 규정에 의한 인입접속점으로부터 세대단자함까지로 한다.

- 제28조 : 방송법 제79조제③항의 규정에 의하여 종합유선방송사업자 또는 전송망사업자가 설치한 전송선로설비를 구내전송선로설비와 연결하기 위한 접속점은 구내전송선로설비 중 보호기의 인입커넥터로 한다.

② 구내전송선로설비와 방송공동수신안테나시설은 장치함까지 따로 설치하여야 한다. 다만, 공동주택인 경우에는 세대단자함까지 따로 설치하여야 하고, 세대내는 성형배선으로 배선하여야 한다.

15) 종합유선방송 구내전송선로설비란 종합유선방송을 수신하기 위하여 수신자가 구내에 설치하는 선로 · 관로 · 증폭기 및 분배기 등과 그 부속설비를 말한다.

5.3.2 종합유선방송 구내전송선로설비에 사용되는 설비 및 기술기준(제24조)

① 구내전송선로설비에 사용되는 설비는 다음과 같다.

1) 분기기 및 분배기
2) 동축케이블
3) 증폭기
4) 보호기
5) 직렬단자

② 구내전송선로설비의 기술기준에 관하여는 방송공동수신설비의 설치기술기준에 관한 고시 제5조(직렬단자), 제6조(장치함), 제7조(구내배관), 제24조(증폭기), 제25조(분배기 및 분기기), 제26조(동축케이블), 제27조(인입접속점), 제28조(가입자설비 및 가입자단말장치), 제29조(가입자단말장치 입력단 질적 수준)외에는 〈표 5-4〉를 적용한다.

〈표 5-4〉 종합유선방송 구내전송선로설비의 기술적 조건(제24조제②항 관련)

1) 증폭기의 특성

구 분		단 위	기 준 값	비 고
하향특성	주파수대역	MHz	54~1,002 또는 88~1,002	
	대역내 이득편차	dB 이내	±1.25	
	정격출력레벨	dBμV 이상	105	
	최대이득	dB 이상	20/25/30/35/40	상한주파수 기준
	이득조정범위	dB 이상	10	
	경사조정범위	dB 이상	10	
	3차 상호변조(CTB)	dB 이하	-55	정격출력 기준, 750MHz 기준 (110개 채널 평탄)
	2차 상호변조(CSO)	dB 이하	-55	정격출력 기준, 750MHz 기준 (110개 채널 평탄)
	혼변조	dB 이하	-55	정격출력 기준, 750MHz 기준 (110개 채널 평탄)
	잡음지수	dB 이하	10	
	험변조	dB 이하	-63	
	반사손실	dB 이상	14	
상향특성	주파수대역	MHz	5.75~41.75	
	대역내이득편차	dB 이내	±0.75	
	정격출력레벨	dBμV 이상	97	
	최대이득	dB 이상	20	상한주파수 기준
	이득조정범위	dB 이상	10	
	경사조정범위	dB 이상	4	
	상호변조	dB 이하	-63	정격출력 기준

구 분		단 위	기 준 값	비 고
	혼변조	dB 이하	-63	정격출력 기준
	잡음지수	dB 이하	10	
	험변조	dB 이하	-63	
	반사손실	dB 이상	15	
전원	전송망전원 사용시	V	AC 60~90	
	상용전원 사용시	V	AC 110/220±10%	

※ 하향특성 중 최대이득은 증폭기에 전달되는 전계의 세기에 따라 그 이득을 달리 할 수 있다.

2) 분기기의 특성

구 분		단 위	기 준 값										비 고
주파수대역		MHz	5.75~1,002										
분기손실		dB	8	11	14	17	20	23	26	29	32	35	
삽입손실	1분기	dB 이하	3.2	2.3	1.7	1.5	1.3	1.3	1.2	1.2	1.2	-	
	2분기	dB 이하	4.6	3.0	2.0	1.6	1.3	1.3	1.2	1.2	1.2	-	
	4분기	dB 이하	-	4.6	3.0	2.0	1.6	1.3	1.3	1.2	1.2	1.2	
	8분기	dB 이하	-	-	4.8	3.2	2.0	1.6	1.6	1.3	1.2	1.2	
역결합손실	1분기	dB 이상	22	24	27	28	31	34	36	38	40	-	
	2분기	dB 이상	22	24	26	28	31	34	35	37	40	-	
	4분기	dB 이상	-	22	25	27	30	33	33	35	38	41	
	8분기	dB 이상	-	-	23	26	27	30	33	36	37	38	
분기손실오차		dB 이하	±1.5										공칭손실
단자간 결합손실		dB 이상	20										
반사손실		dB 이상	15										
주파수응답		dB 이내	±0.75										분기손실 오차범위내
험변조		dB 이하	-65										전류통과형에 한하여 적용
전류통과용량		A 이상	3										전류통과형에 한하여 적용

3) 분배기의 특성

구 분	단 위	기 준 값								비 고
주파수대역	MHz	5.75~1,002								
분배수		2	3 균등	3 불균등	4	5/6	8	12	16	
분배손실	dB 이하	4.6	7.8	4.6/8.2	8.2	11.0	13.0	16.0	17.0	
단자간결합손실	dB 이상	20								
반사손실	dB 이상	15								
주파수응답	dB 이내	±0.75								
험변조	dB 이하	-65								전류통과형에 한하여 적용
전류통과용량	A 이상	3								전류통과형에 한하여 적용

4) 직렬단자의 특성

가. 중간형 및 중간분기형

구 분		단 위	기 준 값									비 고
주파수대역		MHz	5.75~1,002									
분기손실		dB	8	11	14	17	20	23	26	29	32	
삽입손실	중간형 (직렬형)	dB 이하	3.2	2.3	1.7	1.5	1.3	1.2	1.2	1.2	1.2	
	중간분기형 (병렬형)	dB 이하	4.6	3.0	2.0	1.6	1.3	1.3	1.3	1.2	1.2	
역 결합 손실	중간형 (직렬형)	dB 이상	23	25	29	30	33	35	38	40	42	
	중간분기형 (병렬형)	dB 이상	22	23	27	30	33	33	35	38	41	
분기손실오차		dB 이하	±1.5									공칭손실
단자간 결합손실		dB 이상	20									중간분기형에만 적용(TV 단자와 분기단자 사이)
반사손실		dB 이상	15									
주파수응답		dB 이내	±0.75									

나. 종단형

구 분	단 위	기 준 값									비 고
주파수대역	MHz	5.75~1,002									
삽입손실	dB	1	3	5	8	11	14	17	20	23	
삽입손실오차	dB 이하	±1.5									공칭손실
반사손실	dB 이상	15									
주파수응답	dB 이내	±0.75									

5) 동축케이블 특성

구 분		단 위	기 준 값	비 고
주파수대역		MHz	5.75~1,002	
정재파비		이하	1.2	
절연저항		MΩ/km 이상	1,000	
임피던스		Ω	75	공칭
내전압		V	AC 1,000	내·외부 도체간/분
정전용량		pF	52±3	
누설전파	54MHz 이하	μV/m 이하	15	30m 기준
	54~216MHz	μV/m 이하	20	3m 기준
	216MHz 이상	μV/m 이하	15	30m 기준

구 분	단 위	기 준 값								비 고
감 쇠 량	MHz	10	50	150	250	350	450	750	864 이상	
	dB/km (최대치)	5.1	9.1	12.1	22.0	28.6	34.6	47.0	52	17C
		7.8	17.6	31.9	41.8	50.0	57.2	70.9	76.5	12C
		12.0	25.4	42.2	54.0	65.7	73.4	96.2	106.2	10C
		15.7	30.7	55.1	71.0	86.2	95.9	124.3	133.7	7C
		23.8	47.2	77.2	98.9	117.1	137.0	178	195	5C
차폐		3중차폐 이상 또는 알루미늄튜브형								

6) 보호기의 특성

구 분		단 위	기 준 값	비 고
주파수대역		MHz	5.75~1,002	
임피던스		Ω	75	공칭
삽입손실		dB 이하	1.2	
반사손실		dB 이상	15	
절연저항		MΩ 이상	1	
직류방전개시전압		V	DC 180~300	
절연전압		V 이상	AC 1,000(1분간)	
잡음특성		dBmV 이하	-30	
충격파 방전개시전압	DC 100V/μs	V 이하	700	
	DC 1000V/μs		900	

5.3.3 종합유선방송 구내전송선로설비의 증폭기(제25조)

구내전송선로설비에 사용되는 증폭기는 다음의 기준에 적합하여야 한다.

① 케이블의 특성에 의하여 자연적으로 감쇠된 상향신호 및 하향신호를 분리하여 증폭하는 기능이 있을 것

② 수동으로 증폭기능을 조정할 수 있을 것

③ 등화기 및 감쇠기로 입력레벨을 등화 또는 감쇠할 수 있을 것

④ 전원을 수동으로 연결 또는 차단할 수 있어야 하며 접지단자를 구비할 것

5.3.4 종합유선방송 구내전송선로설비의 분배기 및 분기기(제26조)

분배기와 분기기는 다음의 기준에 맞아야 한다.

① 종합유선방송 신호를 임피던스의 변화 없이 분배하거나 분기할 수 있을 것

② 유휴분배단자와 유휴분기단자는 사용회선에 영향을 미치지 아니하도록 75옴으로 종단할 것

5.3.5 종합유선방송 구내전송선로설비의 동축케이블(제27조)(삭제)

5.3.6 종합유선방송 구내전송선로설비의 인입접속점(제28조)

「방송법」 제79조제③항의 규정에 의하여 종합유선방송사업자 또는 전송망사업자가 설치한 전송선로설비를 구내전송선로설비와 연결하기 위한 접속점은 구내전송선로설비 중 보호기의 인입커넥터로 한다.

5.3.7 종합유선방송 구내전송선로설비의 가입자설비 및 가입자단말장치(제29조)

① 종합유선방송을 수신하기 위한 가입자설비는 다음의 기준에 적합하여야 한다.
 1) 종합유선방송을 수신할 수 있는 주파수로 변환하는 기능이 있을 것
 2) 자동 주파수조정기능 및 자동 이득조정기능이 있을 것
② 〈삭제〉
③ 종합유선방송사업자가 임대하는 가입자단말장치는 제38조의 규정에 의한 대역 외 하향채널 및 상향채널에서 ATM 셀구조 또는 IP 패킷 구조 중 선택하여 지원할 수 있다.

5.3.8 가입자단말장치 입력단에서의 질적 수준(제30조)

디지털종합유선방송신호를 수신하기 위한 가입자단말장치 입력단에서의 질적 수준은 〈표 5-6〉과 같다.

〈표 5-6〉 종합유선방송 구내전송 선로설비의 질적수준(제30조 관련)

<table>
<tr><th colspan="3">측 정 항 목</th><th>기 준 값</th></tr>
<tr><td colspan="3">주파수범위</td><td>54~1,002MHz</td></tr>
<tr><td rowspan="5">출력레벨
(75Ω 연결 시)</td><td colspan="2">아날로그채널</td><td>55~85dBμV</td></tr>
<tr><td rowspan="4">디지털채널</td><td>8VSB</td><td>37~67dBμV</td></tr>
<tr><td>QPSK</td><td>29~59dBμV</td></tr>
<tr><td>64QAM</td><td>35~65dBμV</td></tr>
<tr><td>256QAM</td><td>42~72dBμV</td></tr>
<tr><td>채널 간의 레벨차
(동일 변조 방식)</td><td colspan="2">인접사용 채널 간</td><td>5dB 이내</td></tr>
<tr><td rowspan="5">신호대 잡음비(S/N비)</td><td colspan="2">아날로그채널</td><td>40dB 이상</td></tr>
<tr><td rowspan="4">디지털채널</td><td>8VSB</td><td>22dB 이상</td></tr>
<tr><td>QPSK</td><td>14dB 이상</td></tr>
<tr><td>64QAM</td><td>20dB 이상</td></tr>
<tr><td>256QAM</td><td>27dB 이상</td></tr>
</table>

비고 : 기준 값은 댁내 직렬단자에서의 질적수준이고 측정항목 중 출력레벨은 채널전력을 말한다

5.3.9 방송공동수신설비 설치의 설명

「건축법」 제87조 규정에 따른 공동주택과 업무용건축물, 숙박시설에는 세대단자함 내에 방송공동수신안테나시설을 설치한다.

옥상에는 FM 라디오 수신안테나, 지상파디지털TV안테나, 위성안테나 DMB 안테나를 설치하고 디지털TV방송신호처리기를 설치하여야 한다.

지하 맨홀을 통하여 인입한 CATV 인입선로는 공동주택의 최초 장치함에 증폭기와 분배기를 설치한다.

지상파방송수신신호 증폭과 종합유선방송신호를 증폭하여 두 가지의 분배기 다른 영상을 각 세대단자함까지 배관, 배선하여 세대단자함 내부에는 지상파디지털방송, 위성방송, 케이블티비방송, FM라디오가 수신되게 분배기를 설치하고 각 실의 벽면에는 4가지의 방송수신이 가능하게 시설하여야 한다.

제6장

무선통신설비 설치

6.1 이동통신구내선로설비설계

6.1.1 구내용 이동통신설 비의 설치대상(방송통신설비의 기술기준에 관한 규정 제17조의2)

① 「전기통신사업법」 제69조의2제1항제1호에서 "대통령령으로 정하는 건축물"이란 연면적의 합계가 1,000제곱미터 이상인 건축물로서 다음 각 호의 어느 하나에 해당하는 건축물을 말한다.

1. 「건축법 시행령」 제2조제17호에 따른 다중이용 건축물(주택단지에 건설된 건축물은 제외한다)
2. 지하층이 있는 건축물로서 제1호에 해당하지 아니하는 건축물(공중이 이용하는 지하도 · 터널 · 지하상가 및 지하에 설치하는 주차장 등 지하건축물을 포함한다)

② 제1항에도 불구하고 다음 각 호의 어느 하나에 해당하는 건축물은 「전기통신사업법」 제69조의2제1항제1호에 따른 건축물에서 제외한다. 〈개정 2017.7.26.〉

1. 제3항에 따른 주택단지에 건설된 주택 및 시설
2. 「도시철도법」 제2조제3호에 따른 도시철도시설
3. 「국방 · 군사시설 사업에 관한 법률」 제2조제1호에 따른 국방 · 군사시설
4. 통신수요가 예상되지 아니한다고 과학기술정보통신부장관이 인정하는 건축물

③ 「전기통신사업법」 제69조의2제1항제2호에서 "대통령령으로 정하는 주택단지"란 500세대 이상의 공동주택이 있는 주택단지를 말한다.

[본조신설 2017.4.25.]

6.1.2 구내용 이동통신설비의 설치장소(방송통신설비의 기술기준에 관한 규정 제17조의3)

「전기통신사업법」 제69조의2제1항 각 호의 시설별로 구내용 이동통신설비를 설치하여야 하는 장소는 [별표 1]과 같다.

[본조신설 2017.4.25.]

[별표 1] 〈개정 2017.7.26.〉

구내용 이동통신설비의 설치장소(제17조의3제1항 관련)

구 분	설 치 대 상	설 치 장 소
1. 「전기통신사업법」 제69조의2제1항제1호, 이 영 제17조의2제1항 및 제2항에 따른 건축물	가. 「건축법 시행령」 제2조제17호에 따른 다중이용 건축물(주택단지에 건설된 건축물은 제외한다)	각 지하층 및 각 지상층
	나. 가목에 해당하지 않는 지하층이 있는 건축물(공중이 이용하는 지하도 · 터널 · 지하상가 및 지하에 설치하는 주차장 등 지하건축물을 포함한다)	각 지하층
2. 「전기통신사업법」 제69조의2제1항제2호 및 이 영 제17조의2제3항에 따른 주택 및 시설	가. 제24조의2제1항에 따라 협의하여 지상층에 이동통신구내중계설비를 설치하기로 한 주택 및 시설	각 지하층 및 과학기술정보통신부장관이 정하여 고시하는 기준에 적합한 지상층
	나. 가목에 해당하지 않는 지하층이 있는 주택 및 시설	각 지하층
3. 「전기통신사업법」 제69조의2제1항제3호에 따른 도시철도시설	과학기술정보통신부장관이 정하여 고시하는 기준에 적합한 장소	

비고

위 표에서 규정한 사항 외에 구내용 이동통신설비를 설치하여야 하는 장소에 관한 세부사항은 과학기술정보통신부장관이 정하여 고시한다.

6.1.3 이동통신구내선로설비 설치방법(방송통신설비의 기술기준에 관한 규정 제18조)

① 구내통신선로설비 및 이동통신구내선로설비는 그 구성과 운영 및 사업용방송통신설비와의 접속이 쉽도록 설치하여야 한다. 〈개정 2011.1.4〉

② 구내통신선로설비의 옥외회선은 지하로 인입(引入)하여야 한다. 〈개정 2011.1. 4, 2017.4.25〉

③ 구내통신선로설비를 구성하는 접지설비와 이동통신구내선로설비를 구성하는 접지설비는 공동으로 사용할 수 있도록 설치하여야 한다. 〈개정 2017.4.25〉

④ 구내통신선로설비를 구성하는 배관시설과 이동통신구내선로설비를 구성하는 배관시설은 공동으로 사용할 수 있도록 설치하여야 하며, 설치된 후 배선의 교체 및 증설시공이 쉽게 이루어질 수 있는 구조로 설치하여야 한다. 〈개정 2011.1.4, 2017.4.25〉

⑤ 제1항부터 제4항까지의 규정에 따른 구내통신선로설비 및 이동통신구내선로설비의 구체적인 설치방법 등에 대한 세부기술기준은 과학기술정보통신부장관이 정하여 고시한다. 〈개정 2011.1.4, 2013.3.23, 2017.4.25, 2017.7.26〉

[제목개정 2017.4.25.]

6.1.4 이동통신설비 급전선의 인입(구내통신설비기술기준 고시 제35조)

방송통신설비비기술기준에 관한 규정 제17조의2 및 제17조의3에 따른 대상 시설에 급전선 또는 광케이블을 인입하기 위한 배관 등은 [별표 7]의 제1호부터 제3호의 표준도에 준하여 다음 각 호와 같이 설치하여야 한다.

1. 옥외 안테나(옥상 또는 지상에 설치하는 안테나를 말하며 이하 같다.)에서 기지국의 송수신장치 또는 중계장치(이하 "중계장치 등"이라 한다)까지 급전선 또는 광케이블을 설치하기 위한 시설은 배관, 덕트 또는 트레이로 설치한다.
2. 옥외 안테나에서 중계장치 등까지 설치하는 배관은 다음 각 목에 적합하여야 하며, 건물 내 통신배관실을 이용하여 설치하는 경우에는 그러하지 아니하다.
   가. 급전선을 수용하는 배관의 내경은 36 mm 이상 또는 급전선 외경(다조인 경우에는 그 전체의 외경)의 2배 이상이 되어야 하며, 3공 이상을 설치하여야 한다.
   나. 광케이블을 수용하는 배관의 내경은 22 mm 이상이어야 하며, 예비공 1공 이상을 포함하여 2공 이상을 설치하여야 한다.
3. 제1호 및 제2호의 규정에도 불구하고 도시철도시설에서 배관의 설치 구간은 관로의 분계점에 가까운 맨홀에서 중계장치 등까지로 한다.
4. 배관 및 덕트는 제28조제4항제1호, 제5항 및 제6항의 규정을 준용하여 설치해야 하며, 중계장치 등에서 옥내 안테나까지 배관 등을 설치하고자 하는 경우에도 이와 같다. 다만, 구내통신선로설비의 배관이 제28조제5항제2호의 요건을 만족하고 상호 소통에 지장이 없는 경우에는 공동으로 사용할 수 있다.
5. 중계장치 등에서 옥내 안테나(또는 종단장치)까지의 급전선은 「화재예방, 소방시설 설치·유지 및 안전관리에 관한 법률」 제2조제1항제1호의 소방시설 중 무선통신보조설비와 상호 기능에 지장이 없는 경우 공용할 수 있다.

[별표 7](제35조 및 제36조, 제37조, 제38조, 제39조 관련)

구내용 이동통신설비 설치 표준도

1. 규정 별표 1의 제1호에 따른 건축물의 경우

가. 건축물의 경우

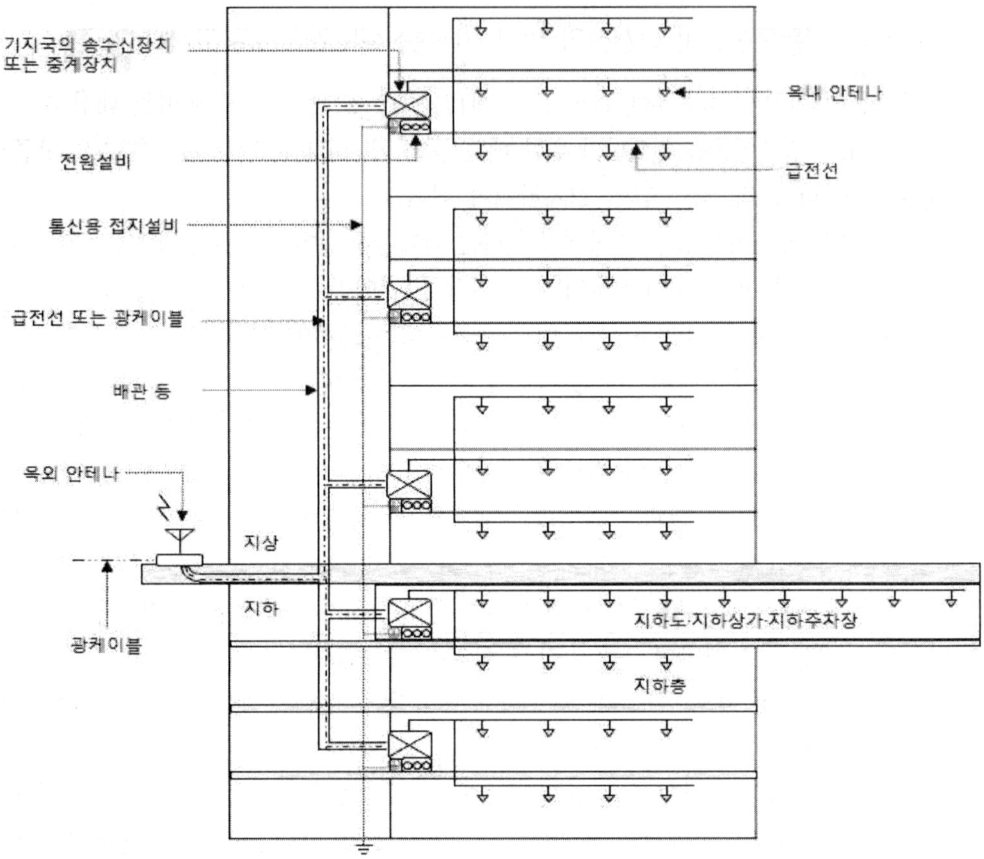

주) 1. 기지국의 송수신장치 또는 중계장치의 설치 장소는 건축물의 바닥면적 합계가 10,000m2 당 1개소 이상으로 한다.

2. 건축물이 공동주택에 해당하는 경우에는 제2호의 표준도를 따른다.

나. 터널의 경우

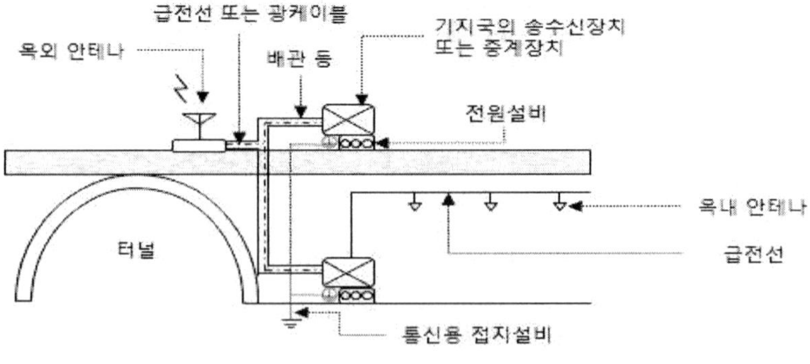

주) 1. 터널의 기지국 송수신장치 또는 중계장치는 터널 내부 또는 지상에 설치할 수 있으며, 지상에 설치하는 경우 접지시설 및 전원설비 등을 지상에 확보하여야 한다.
2. 터널의 길이에 따라 신호의 전달이 어려운 경우에는 터널 내부에 2개 이상의 중계장치를 설치해야 한다.
3. 복수 터널인 경우 각 터널 별로 각각의 관로를 설치하여야 하며 지상에서 터널 내부로 관통할 때에는 방수처리를 철저히 해야 한다.

2. 규정 별표 1의 제2호에 따른 공동주택의 경우

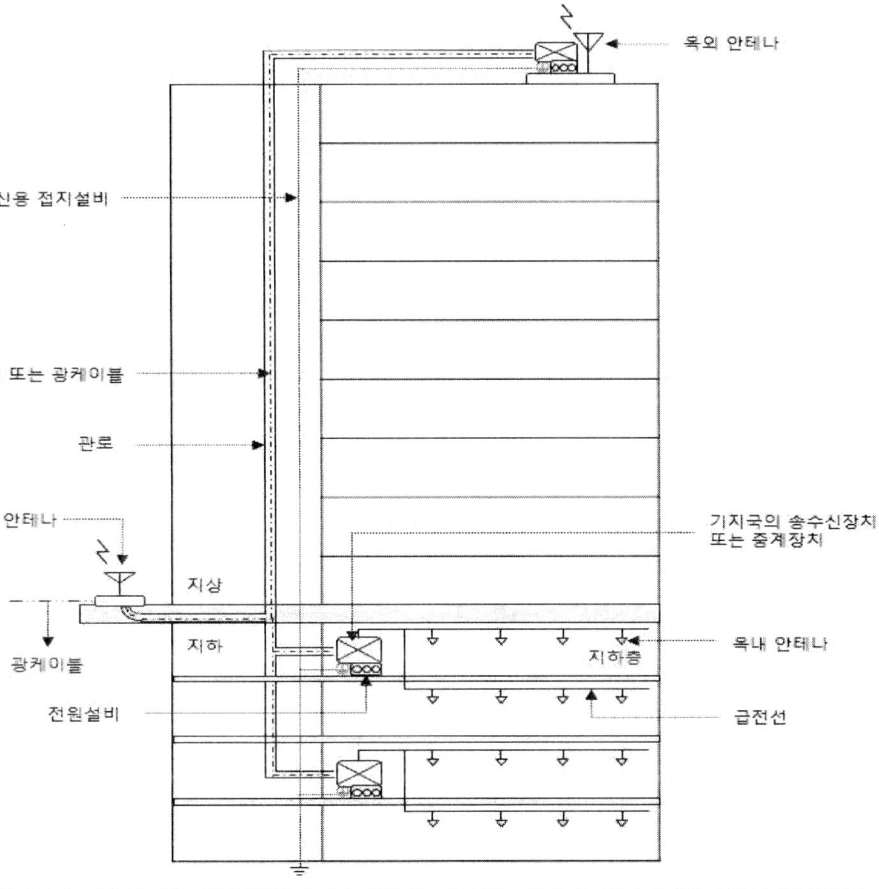

주) 1. 기지국의 송수신장치 또는 중계장치를 옥상에 설치하는 경우에는 단지 내 1개소 이상의 장소를 확보하여야 하며, 지하층에 설치하는 경우에는 지하층 바닥면적의 합계 5,000 m2 당 1개소 이상의 장소를 확보하여야 한다.
2. 옥상에 기지국 송수신장치 또는 중계장치를 별도의 실 안에 설치하고자 하는 경우에는 실내 적정 온도 유지를 위해 환기구를 갖추어야 한다.
3. 옥상에 옥외안테나 등을 설치하는 경우에는 접지시설 및 전원시설 등이 옥상까지 확보되어야 하며, 옥상을 관통할 때에는 방수 처리를 철저히 해야 한다.
4. 옥외 안테나를 옥상에 설치하는 경우 기간통신사업자는 옥외 안테나에서 기지국의 송수신장치 또는 중계장치까지 배관, 덕트 또는 트레이를 설치해야 한다.
5. 500세대 미만의 공동주택의 경우에는 지상층을 제외한 지하층에만 구내용 이동통신설비를 설치할 수 있다.

3. 규정 별표 1의 제3호에 따른 도시철도시설의 경우

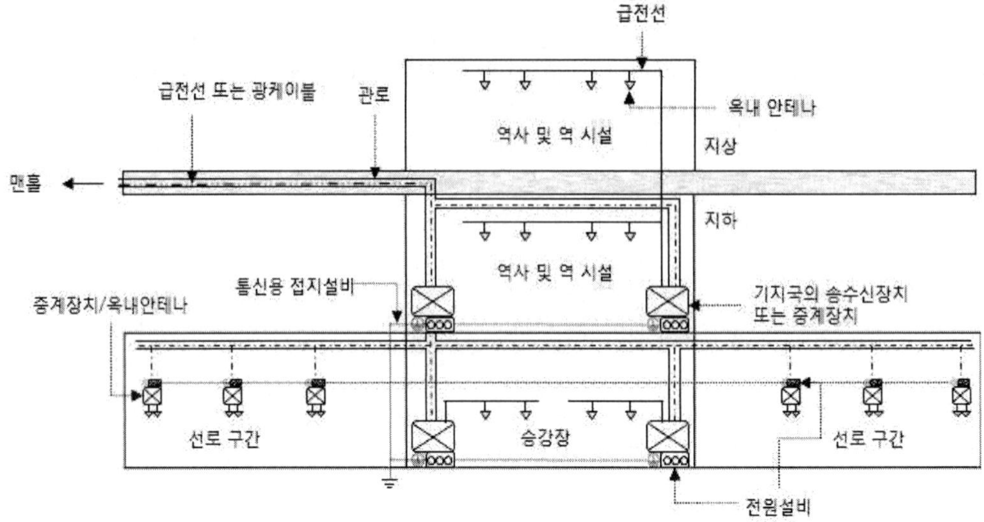

주) 1. 기지국의 송수신장치 또는 중계장치는 역사 및 역 시설에 2개소 이상, 승강장 양끝단에 각각 1개소 그리고 선로구간에서는 승강장 양 끝단으로부터 각 방향으로 250±20 m 간격마다 설치 장소를 확보하여야 한다.
2. 통신실에 여유가 있는 경우에는 외부로부터 인입된 광케이블과 최초로 접속되는 기지국 송수신장치 또는 중계장치를 설치할 수 있으며 통신 소통에 지장이 없도록 하여야 한다.
3. 선로 구간이 지상에 위치하는 경우에는 구내용 이동통신설비를 설치하지 않을 수 있다.
4. 선로 구간에 설치하는 기지국 송수신장치 또는 중계기는 도시철도의 운행에 지장을 주지 않아야 한다.

4. 접속함의 성능

구 분	함 체
절연저항	50MΩ 이상
개폐장치	여닫이식
재질조건	두께 1.5mm 이상의 연강판 또는 동등 이상

6.1.5 이동통신용 전파음영지역 설치방법

1. 전파음영지역의 해소 필요성

① 이동통신이 발달과 이용자 이용형태의 다양화
② 시간과 공간에 제약을 받지 않은 통신수요 발생
③ 건물의 내부, 지하구조물(터널 · 지하철 · 지하공간) 등의 전파음영 해소

2. 일반적 설치방법

(1) 방법 1

① 건물옥상 · 옥외장소 등 수신점이 양호한 위치에 안테나 설치

② 지하구조물 내 중계기 설치
③ 누설 동축케이블 또는 방사형 동축케이블을 이용하여 전파를 방사

(2) 방법 2

① 건물옥상 · 옥외장소 등 수신점이 양호한 위치에 안테나 설치 또는 이동통신사업자 모국간 광케이블 등을 설치
② 지하구조물 내 중계기 설치
③ 수신감도 등을 고려하여 구간별 소출력 증폭기, 소형안테나 등을 설치
④ 소출력 증폭기 또는 안테나간은 광케이블, 동축케이블 및 꼬임케이블 등을 활용

6.1.6 누설(LCX) 동축케이블과 방사형(radiax) 동축케이블

1. LCX(Leaky Coaxial cable)

① 특정 사용 주파수대역에 맞추어서 제조하여 케이블 구조물의 주위공간으로 전자계를 형성한다. 외부도체에 슬롯(slot)을 내어 전파가 케이블 외부에 방사전자계를 형성한다(수도관에 일정한 간격의 구멍을 만들어 물을 방사하는 형태).
② 특정 주파수에서 균일한 전파를 방사(주파수대역별 규격화)한다.
③ 길이 방향으로 길게 포설하는 터널 지하구간 등에 널리 사용한다.
④ LCX 끝에는 그레이딩(grading)을 실시하고 종단저항을 설치한다(지하철 기둥 및 터널에 설치).

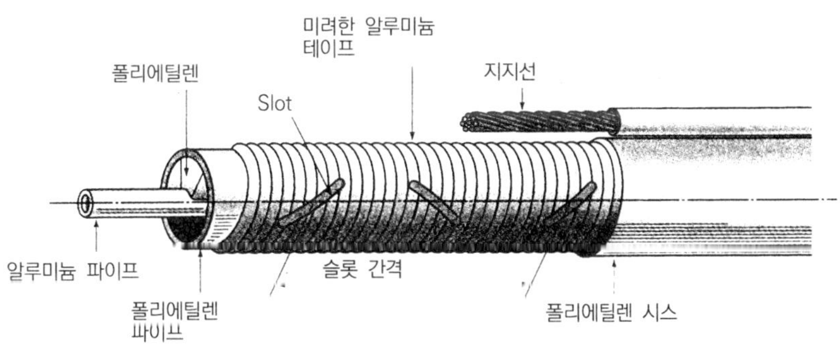

[그림 6-3] LCX 구조

2. Radiax

① Radiax의 외부도체 부분에 일정간격의 홈을 내어 광대역 주파수대역 사용 가능
② 케이블의 직경이 작으면서 포설이 쉽고, 허용곡률 반경이 작아서 설치가 용이
③ 지하상가나 지하주차장 등에 사용
④ LCX와 같은 원리이며, SLOT의 구조 · 간격이 일정

3. 중계기

① 이동전화중계기란 전파가 미치지 못하는 곳에서도 이동전화를 이용할 수 있도록 이동전화기지국과 이동전화기 사이에서 미약한 전파를 증폭해 무선으로 접속시켜 주는 장치

② 종류 : 전송매체의 종류에 따라 광중계기, 주파수 변환중계기, M/W 중계기, 레이저 중계기, Interference Canceller 중계기 등

4. 설치 모형도

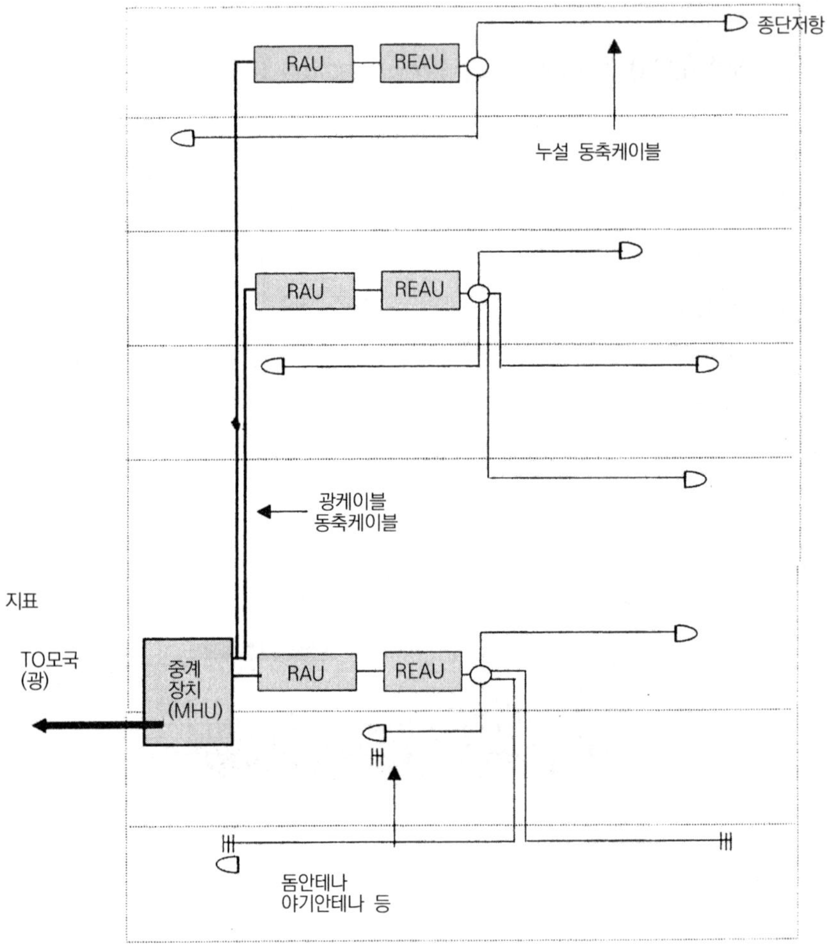

5. LCX와 안테나의 결합

(1) 결합손

LCX의 근처에 안테나를 두면 케이블에서 방사된 전자계를 수신할 수 있다. 즉, LCX

와 안테나의 결합이 일어난다. 이때 안테나에서 수신되는 전력을 P_r, 케이블 내를 통과하여 전송되는 전력을 P_t라 하면

$$L_C = 10\log 10\left(\frac{P_t}{P_r}\right)\text{dB}$$

은 안테나와 LCX 간의 결합손이라 한다.

결합손은 SLOT의 모양과 배열에 따라 결정되는 LCX의 신호누설 비율, 안테나의 모양, 안테나와 LCX 간의 거리 등의 요인에 따라 변화한다. 일반적으로 LCX와 1.5m 떨어진 지점에 놓아 둔 반파장 표준 DIPOLE 안테나와 LCX의 결합손을 간단히 결합손이라 하는 경우가 많다.

LCX는 케이블 단면 내에서 거의 원형에 가까운 방사패턴을 가지고 있으며, 케이블이 충분히 긴 경우는 케이블축상에 있는 선파원(線波源)이라고 생각할 수 있다. 자유공간에 직선상으로 가설된 LCX의 방사파의 전력밀도는 LCX로부터 거리에 반비례한다. LCX와 안테나의 거리가 1.5m인 경우의 결합손을 L_{CO}라 하면, 거리 R_m인 경우의 결합손은 다음과 같이 나타낸다.

$$L_C = L_{CO} 10\log_{10}\left(\frac{R}{1.5}\right)\text{dB}$$

단, 안테나와 LCX의 거리가 1파장 정도 이하까지 접근하여 LCX의 전자계를 완전한 전자계라 할 수 없게 되면 이 관계는 반드시 성립하지는 않는다.

(2) 그레이딩

LCX의 한 끝에서 신호전력을 공급하여 케이블과의 간격을 일정하게 유지하면서 이동하는 안테나를 고려하면, 안테나가 급전점에서 멀어짐에 따라 LCX의 전송손으로 인해 안테나의 수신전력은 감소한다. 이것을 방지하기 위하여 결합손이 다른 케이블을 조합시켜 LCX 선호를 구성하고 그 전송손을 보상하도록 급전점에서 먼 장소일수록 결합손이 작은(전파누설량이 많은) 케이블을 사용하면 일정한 결합손이 있는 LCX로만 구성하는 것보다 중계기 간격이 크고, 동시에 수신 레벨의 변동폭이 작은 통신시스템을 구성할 수 있다. 이같은 선로 구성방법을 그레이딩(grading)이라 하며 자주 사용되고 있다.

6.2 무선통신보조설비설계

6.2.1 무선통신보조설비 설치의 대상

무선통신보조설비를 설치하여야 할 소방대상물은 다음과 같다. 다만, 가스시설 또는 지하구의 경우에는 그러하지 아니한다.

① 지하가(터널을 제외한다)로서 연면적 1,000m^2 이상인 것
② 지하층의 바닥면적의 합계가 3,000m^2 이상인 것 또는 지하층의 층수가 3 이상이고 지하층의 바닥면적의 합계가 1,000m^2 이상인 것
③ 지하가 중 터널로서 길이가 500m 이상인 것

6.2.2 무선통신보조설비의 설치(무선통신보조설비의 화재안전기준)

소방시설 설치유지 및 안전관리에 관한 법률 제9조제①항 및 같은 법 시행령 별표 4 소화활동설비의 소방시설 적용기준란 제5호의 규정에 따른 무선통신보조설비를 설치하고 유지관리하여야 한다. 다만, 지하층으로서 소방대상물의 2면 이상의 바닥부분이 지표면과 동일하거나 지표면으로부터의 깊이가 1m 이하인 경우에는 해당 층에 한하여 무선통신보조설비를 설치하지 아니할 수 있다.

6.2.3 무선통신보조설비의 누설 동축케이블 등(제5조)

① 무선통신보조설비의 누설 동축케이블 등은 다음의 기준에 의하여 설치하여야 한다.
- 소방전용 주파수대에서 전파의 전송 또는 복사에 적합한 것으로서 소방전용의 것으로 할 것. 다만, 소방대 상호간의 무선연락에 지장이 없는 경우에는 다른 용도와 겸용할 수 있다.
- 누설 동축케이블과 이에 접속하는 공중선 또는 동축케이블과 이에 접속하는 공중선에 의한 것으로 할 것
- 누설 동축케이블은 불연 또는 난연성의 것으로 습기에 의하여 전기의 특성이 변질되지 아니하는 것으로 하고, 노출하여 설치한 경우에는 피난 및 통행에 장애가 없도록 할 것
- 누설 동축케이블은 화재에 의하여 당해 케이블의 피복이 소실된 경우에 케이블 본체가 떨어지지 아니하도록 4m 이내마다 금속제 또는 자기제 등의 지지금구로 벽 · 천장 · 기둥 등에 견고하게 고정시킬 것. 다만, 불연재료로 구획된 반자 안에 설치하는 경우에는 그러하지 아니한다.
- 누설 동축케이블 및 공중선은 금속판 등에 의하여 전파의 복사 또는 특성이 현저하게 저하되지 아니하는 위치에 설치할 것

- 누설 동축케이블 및 공중선은 고압의 전로로부터 1.5m 이상 떨어진 위치에 설치할 것. 다만, 당해 전로에 정전기 차폐장치를 유효하게 설치한 경우에는 그러하지 아니한다.
- 누설 동축케이블의 끝부분에는 무반사 종단저항을 견고하게 설치할 것

② 누설 동축케이블 또는 동축케이블의 임피던스는 50Ω으로 하고, 이에 접속하는 공중선·분배기, 기타의 장치는 당해 임피던스에 적합한 것으로 하여야 한다.

6.2.4 무선기기 접속단자(제6조)

무선기기 접속단자는 다음의 기준에 의하여 설치하여야 한다.

① 지상에서 유효하게 소방활동을 할 수 있는 장소, 또는 수위실 등 상시 사람이 근무하고 있는 장소에 설치할 것

② 단자는 한국산업규격에 적합한 것으로 하고, 바닥으로부터 높이 0.8m 이상 1.5m 이하의 위치에 설치할 것

③ 지상에 설치하는 접속단자는 보행거리 300m 이내마다 설치하고, 다른 용도로 사용되는 접속단자에서 5m 이상의 거리를 둘 것

④ 지상에 설치하는 단자를 보호하기 위하여 견고하고 함부로 개폐할 수 없는 구조의 보호함을 설치하고, 먼지·습기 및 부식 등에 의하여 영향을 받지 아니하도록 조치할 것

⑤ 단자의 보호함의 표면은 적색으로 도색하고 '무선기 접속단자'라고 표시한 표지를 할 것

6.2.5 분배기 등(제7조)

분배기·분파기·혼합기 등은 다음의 기준에 의하여 설치하여야 한다.

① 먼지·습기 및 부식 등에 의하여 기능에 이상을 가져오지 아니하도록 할 것

② 임피던스는 50Ω의 것으로 할 것

③ 점검에 편리하고 화재 등의 재해로 인한 피해의 우려가 없는 장소에 설치할 것

6.2.6 증폭기(제8조)

증폭기를 설치하는 경우에는 다음의 기준에 의하여 설치하여야 한다.

① 전원은 전기가 정상적으로 공급되는 축전지 또는 교류전압 옥내간선으로 하고, 전원까지의 배선은 전용으로 할 것

② 증폭기의 전면에는 주회로의 전원이 정상인지의 여부를 표시할 수 있는 표시등 및 전압계를 설치할 것

③ 증폭기에는 비상전원이 부착된 것으로 하고 당해 비상전원용량은 무선통신보조설

비를 유효하게 30분 이상 작동시킬 수 있는 것으로 할 것

④ 무선이동중계기를 설치하는 경우에는 전파법 제46조의 규정에 따른 형식검정을 받거나 형식등록한 제품으로 설치할 것

6.3 무선국의 설치설계

6.3.1 무선국의 설치순서

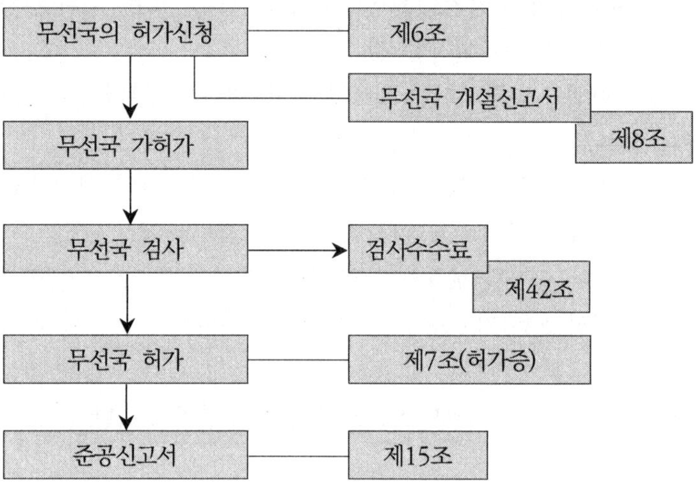

① 산업용, 정부기관, 아마추어 등 간이한 방법의 무선설비(휴대용, 기지국용, 차량용)의 설치를 할 때는 무선국 개설허가서와 설계서를 정부기관에 제출하여 허가의 절차를 거쳐야 한다.

② 무선국의 설치 · 운영에 관한 관계법령을 이해하여 무선설비를 설계 · 운영하여야 한다.

6.3.2 변조특성

① 변조신호에 의하여 반송파가 진폭변조되는 송신장치는 변조도가 100%를 초과하지 아니하여야 하고, 반송파가 주파수 변조되는 송신장치는 최대 주파수편이의 범위를 초과하지 아니하여야 한다.

② 무선설비는 최고 통신속도 또는 최고 변조주파수에서 안정적으로 동작하여야 한다.

6.3.3 공중선계

공중선계는 다음의 조건을 충족하여야 한다.

① 공중선은 이득이 높고 능률이 좋을 것
② 정합이 충분할 것
③ 만족스러운 지향성을 얻을 수 있을 것

6.3.4 수신설비

① 수신설비로부터 부차적으로 발사되는 전파의 세기는 수신공중선과 전기적 상수가 같은 의사공중선회로(擬似空中旋回路)를 사용하여 측정한 경우에 -54dBmW 이하이어야 한다.
② 수신설비는 다음의 조건을 충족하여야 한다.
  - 수신주파수의 범위가 적정할 것
  - 선택도가 클 것
  - 내부잡음이 적을 것
  - 감도가 충분할 것
  - 명료도가 충분할 것

6.3.5 보호장치 및 특수장치

① 공중선전력 10W를 초과하는 무선설비에 사용하는 전원회로에는 퓨즈 또는 자동차단기를 갖추어야 한다.
② 원활한 통신소통을 위하여 필요하다고 인정되는 무선국으로 정보통신부 장관이 정하여 고시하는 무선국에는 선택호출장치 또는 식별장치 등의 특수장치를 갖추어야 한다.

6.3.6 전 원

① 무선설비의 운용을 위한 전원은 전압변동률이 정격전압의 ±10% 이내로 유지할 수 있어야 한다.
② 의무선박국 및 의무항공기국의 전원은 다음 각 호의 조건을 충족하는 데 필요한 충분한 전력을 공급할 수 있어야 한다.
  - 항행중 당해 무선국의 무선설비를 동작시킬 것
  - 예비전원용 축전지를 충전할 수 있을 것
③ 비상국의 전원은 다음 각 호의 조건에 적합하여야 한다.
  - 수동발전기, 원동발전기, 무정전전원설비 또는 축전지로서 24시간 이상 상시

운용할 수 있을 것
- 즉각 최대 성능으로 사용할 수 있을 것

6.3.7 무선설비 동작안정을 위한 조건

① 무선설비는 전원이 정격전압의 ±10% 이내의 범위에서 변동된 경우에도 안정적으로 동작할 수 있어야 한다. 다만, 축전지를 사용하는 무선설비 중에서 저전압에 의하여 자동으로 전원이 차단되는 전압과 당해 무선설비에 사용되는 축전지의 최고 전압의 범위 안에서 안정적으로 동작할 수 있어야 한다.
② 무선설비는 사용상태에서 통상 접하는 온도 및 습도의 변화, 진동 또는 충격 등의 경우에도 지장없이 동작할 수 있어야 한다.
③ 무선설비는 외부의 기계적 잡음 등의 방해를 받지 아니하는 안전한 장소에 설치하여야 한다.

6.3.8 무선설비의 안전시설

① 무선설비에 전원의 공급을 위하여 고압전기(600V를 초과하는 고주파 및 교류전압과 750V를 초과하는 직류전압을 말한다. 이하 같다)를 발생시키는 발전기나 고압전기가 인입되는 변압기 · 정류기 등을 이용하는 경우에는 당해 기기들은 외부에서 용이하게 닿지 아니하도록 절연차폐체 내 또는 접지된 급속차폐체 내에 수용된 것이어야 한다. 다만, 취급자 외의 자가 출입하지 못하도록 된 장소에 설치하는 경우에는 그러하지 아니한다.
② 송신설비의 각 단위장치 상호간을 연결하는 전선으로서 고압전기를 통하는 것은 선구, 견고한 절연차폐체 또는 접지된 금속차폐체 내에 수용하여야 한다. 다만, 취급자 외의 자가 출입하지 못하도록 된 장소에 설치하는 경우에는 그러하지 아니한다.
③ 송신설비의 조정판 또는 케이스로부터 노출된 전선이 고압전기를 통하는 경우에는 그 전선이 절연되어 있을 때에도 전기사업법 제39조의 규정에 의한 전기설비의 안전관리를 위한 기술기준에 의하여 보호하여야 한다.
④ 송신설비의 공중선 · 급전선 등 고압전기를 통하는 장치는 사람이 보행하거나 기거하는 평면으로부터 2.5m 이상의 높이에 설치되어야 한다. 다만, 다음에 해당하는 경우에는 그러하지 아니한다.
  - 2.5m 미만의 높이의 부분이 인체에 용이하게 닿지 아니하는 위치에 있는 경우
  - 이동국으로서 그 이동체의 구조상 설치가 곤란하고 무선종사자 외의 자가 출입하지 아니하는 장소에 있는 경우

6.3.9 공중선 등의 안전시설

무선설비의 공중선계에는 피뢰기 및 접지장치를 설치하여야 하고, 피뢰기에는 별도의 접지장치를 설치하여야 한다. 다만, 육상이동국 등 휴대형 무선설비의 공중선은 그러하지 아니한다. 산업용 전파응용설비의 안전시설, 산업용 전파응용설비는 그 설비의 조작에 의하여 인체에 위해를 주거나 물건에 손상을 주지 아니하도록 다음의 조건에 적합하여야 한다.

① 무선설비 기술기준조건에 적합할 것. 다만, 고주파 용접장치, 진공관전극, 가열용 장치 등과 같이 전극을 직접 노출하지 아니하면 사용목적을 달성할 수 없는 것을 제외한다.
② 설비의 조작에 의하여 설비에 접근하는 인체와 전기적 양도체에 고주파 전력을 유발할 우려가 있을 경우에는 그 위험을 방지하기 위하여 필요한 설비를 할 것
③ 인체의 안전을 위하여 접지장치를 설치할 것

6.3.10 무선국 설치 관련서식

① 무선국 개설신고서
② 무선국 준공신고서
③ 무선설비의 시설개요서
④ 무선국 허가신청서
⑤ 무선설비의 공사설계서
⑥ 무선설비의 시설개요서 및 공사설계서

1. 무선국 개설신고서

[별지 제11호 서식]

(앞쪽)

<table>
<tr><td colspan="8">무선국 개설신고서</td><td colspan="2">처리기간
2 일</td></tr>
<tr><td rowspan="2">신
고
인</td><td>① 성 명
(상호 또는 대표자명)</td><td colspan="3"></td><td colspan="2">주 민 등 록 번 호
(사업자등록번호)</td><td colspan="3"></td></tr>
<tr><td>③ 주 소
(본점 또는 주된 사무소)</td><td colspan="8">(-)
(담당자 : 전화 : 팩스 :
E-mail :)</td></tr>
<tr><td colspan="2">④ 개설목적</td><td colspan="4"></td><td colspan="2">⑤ 무선국수</td><td colspan="2"></td></tr>
<tr><td colspan="2">⑥ 설치장소</td><td colspan="8"></td></tr>
<tr><td colspan="2">⑦ 주 파 수</td><td colspan="2"></td><td>⑧ 전파
형식</td><td colspan="2"></td><td>⑨ 공중선
전 력</td><td colspan="2"></td></tr>
<tr><td colspan="2" rowspan="2">⑩ 무선기기
내 역</td><td>(1) 제조자명</td><td>(2) 기기의 형식
및 명 칭</td><td colspan="2">(3) 형식검정
(등록)번호</td><td colspan="2">(4) 기 기
일련번호</td><td colspan="2">(5) 형식검정
(등록)연월일</td></tr>
<tr><td></td><td></td><td colspan="2"></td><td colspan="2"></td><td colspan="2"></td></tr>
<tr><td colspan="2">⑪ 기 타</td><td colspan="8"></td></tr>
<tr><td colspan="10">전파법 제19조제①항제1호 · 제2호 및 동법시행령 제28조제①항의 규정에 의하여 무선국을 개설하고자 위와 같이 신고합니다.

년 월 일

신고인 (서명 또는 인)

○ ○ 장 귀하</td></tr>
<tr><td colspan="9">※ 구비서류 : 없 음</td><td>수수료
없 음</td></tr>
</table>

210mm×297mm(신문용지 54g/m2(재활용품))

2. 무선국 준공신고서

[별지 제17호 서식]

(앞쪽)

무선국 준공신고서				처리기간 14 일
신고인 (시설자)	성 명 (상호 또는 대표자명)		주민등록번호 (사업자등록번호)	
	주 소 (본점 또는 주된 사무소)	(-) (담당자 : 전화 : 팩스 : E-mail :)		
공사업자	성 명 (상호 또는 대표자명)	(인)	등록번호	
	주 소 (본점 또는 주된 사무소)	(-) (담당자 : 전화 : 팩스 : E-mail :)		
개설허가·신고(변경포함) 문서번호			준공기한	
무선국명 및 호출부호(명칭)			허가(신고) 번호	
준공(변경) 검사희망지				
준공(변경) 검사희망일				

전파법 제24조제①항 · 제26조제②항 및 동법시행령 제17조의 규정에 의하여 무선국을 준공하였음을 신고합니다.

년 월 일

신고인 (시명 또는 인)

○ ○ 장
한국무선국관리사업단이사장 귀하

※ 구비서류 · 전파법 시행규칙 별표 1에 의한 성능성적표(전파법시행령 제17조 단서의 규정에 의한 무선국에 한합니다)	수수료 없 음

210mm×297mm(신문용지 54g/m²(재활용품))

3. 무선설비의 시설개요서

[별지 제6호서식(1)]

(앞쪽)

<table>
<tr><td colspan="8">무선설비의 시설개요서(방송국 및 아마추어국 외의 무선국)</td></tr>
<tr><td>①목 적</td><td colspan="4"></td><td colspan="2">② 무선국 종 별</td><td></td></tr>
<tr><td>③개설을 필요로 하는 이유</td><td colspan="4"></td><td colspan="2">④ 이동범위</td><td></td></tr>
<tr><td>⑤통신사항</td><td colspan="7"></td></tr>
<tr><td>⑥통신상대방</td><td colspan="2"></td><td>⑦운용시간</td><td></td><td colspan="2">⑧운용개시 예 정 일</td><td></td></tr>
<tr><td rowspan="5">⑨무선설비의 설치장소 또는 상치장소</td><td>(1) 송신소</td><td colspan="6"></td></tr>
<tr><td>(2) 수신소</td><td colspan="6"></td></tr>
<tr><td>(3) 통신소</td><td colspan="6"></td></tr>
<tr><td colspan="2">(4) 송신공중선의 위치</td><td colspan="2">(5) 수신공중선의 위치</td><td colspan="3">(6) 이동국의설치(상치)장소</td></tr>
<tr><td colspan="2">동경 도 분 초
북위 도 분 초</td><td colspan="2">동경 도 분 초
북위 도 분 초</td><td colspan="3"></td></tr>
<tr><td rowspan="2">⑩ 희망하는 전파 형식 · 주파수 및 공중선 전력</td><td colspan="2">(1) 장치별</td><td colspan="2">(2) 전파형식</td><td colspan="2">(3) 주파수 (kHz, MHz)</td><td>(4) 공중선전력 (W, kW)</td></tr>
<tr><td colspan="2"></td><td colspan="2"></td><td colspan="2"></td><td></td></tr>
<tr><td rowspan="3">⑪ 선박 또는 항공기 관련사항</td><td>(1) 소유자</td><td></td><td>(2) 선박명 (항공기형식)</td><td></td><td>(3) 등록번호</td><td colspan="2"></td></tr>
<tr><td>(4) 용 도</td><td></td><td>(5) 총 톤 수</td><td></td><td>(6) 항행구역</td><td colspan="2"></td></tr>
<tr><td>(7) 여객정원</td><td></td><td>(8) 주정박항 (주기장)</td><td></td><td>(9) 전 장</td><td colspan="2"></td></tr>
<tr><td rowspan="3">⑫ 무선설비 의 공사업자 및 준공예정일</td><td colspan="2">(1) 성명 (상호 또는 대표자명)</td><td colspan="2"></td><td>(2) 주민등록 번 호</td><td colspan="2"></td></tr>
<tr><td>(3) 소 재 지</td><td colspan="3">(전화번호 :)</td><td>(4) 등록번호</td><td colspan="2"></td></tr>
<tr><td>(5) 준공예정일</td><td colspan="3"></td><td>(6) 검사희망지</td><td colspan="2"></td></tr>
<tr><td>⑬ 기 타</td><td colspan="7"></td></tr>
</table>

210mm×297mm(신문용지 54g/m²(재활용품)

4. 무선국 허가신청서

[별지 제6호서식(2)]

(앞쪽)

무선국 허가신청서 (전파법시행령 제19조제①항제1호의 규정에 의한 무선국에 한합니다)	처리기간 10 일

신청인	성 명 (상호 또는 대표자명)		주민등록번호 (사업자등록번호)	
	주 소 (본점 또는 주된 사무소)	(-) (담당자 : 전화 : 팩스 : E-mail :)		

선 박 사 항	소유자			설치장소 (선 박 명)		선박등록 번 호	
	총톤수		선체길이		항해구역		주정박항	

송수신 설 비	무선설비의 종 류	제조자명	형식 및 명칭	형식검정 (등록)번호	기기일련번호
	송신설비				
	수신설비				
기 타 설 비					

희망하는 전파형식, 주파수 및 공중선전력	

공 중 선 계	형 식	이 득	편 파	길 이(m)	조수 또는 기수

시 험 전 파	발 사 기 간	
	발사내용(주파수, 전 파형식, 출력)	

무선설비의 공사업자와 준공예정일	성 명 (상호 또는 대표자명)	(인)		주민등록 번 호	
	소 재 지	(전화번호 :)		등록번호	
	준 공 예 정 일		검 사 희망지		운용개시 예 정 일	

전파법 제21조제1항 및 동법시행령 제14조 본문의 규정에 의하여 무선국을 개설하고자 위와 같이 신청합니다

년 월 일

신청인 (서명 또는 인)

○ ○장 귀하

※ 구비서류	수 수 료
1. 법인등기부등본(법인인 경우에 한하되, 기존의 무선국 시설자가 추가로 무선국의 개설허가를 받고자 하는 경우에는 그 대표자 또는 임원이 변경된 경우에 한합니다) 2. 출입국관리법 제33조의 규정에 의한 외국인등록증 사본 또는 여권법에 의한 여권의 사본(전파법 제20조제①항제1호 내지 제3호에 해당하는 자에 한합니다)	전파법 시행규칙 제41조의 규정에 의한 해당 수수료

210mm×297mm(신문용지 54g/m²(재활용품))

5. 무선설비의 공사설계서

[별지 제7호서식(3)]

(앞쪽)

무선설비의 공사설계서 (형식검정에 합격하거나 형식등록을 한 무선기기를 사용하는 무선국)

통 신 방 식	

송수신기 및 기타설비	구 분	제조자명	기기의 명칭	기기의 형식명	형식검정(등록) 번 호	기기의 일련번호
	송수신기					
	수 신 기					
	기타설비					

최고 변조주파수 또는 최고 통신속도	kHz(또는 bps 등)

전원설비	구 별	교직류의 구별	개 수	용 량	전 압	상수 및 주파수

공중선계	구분	형식	구 성		길이 (m)	주파수 또는 주파수 범위	이 득	높 이(m)		조수 또는 기수
			편파면	지향각				해발고	지상고	

의사공중선	종 류	용 량	개 수	비 고

기타	

※ 구비서류

1. 공중선계를 표시하는 도면 1부(휴대용 무선설비를 제외합니다)
2. 기기배치도 1부(휴대용 무선설비를 제외합니다)

210mm×297mm(신문용지 54g/m²(재활용품))

6. 무선설비의 시설개요서 및 공사설계서

[별지 제8호 서식]

<table>
<tr><th colspan="8">무선설비의 시설개요서 및 공사설계서(아마추어국)</th></tr>
<tr><td rowspan="15">시
설
개
요
서</td><td>① 설치장소</td><td colspan="3"></td><td>② 신청구분</td><td colspan="2">□ 개인
□ 가족
□ 단체</td></tr>
<tr><td rowspan="4">③ 운 용 자</td><td>(1) 성명</td><td>(2) 주민등록번호 또는 여권번호</td><td>(3) 자 격 종 별</td><td>(4) 기술자격증 번 호</td><td colspan="2">(5) 시설자와의 관 계</td></tr>
<tr><td></td><td></td><td></td><td></td><td colspan="2"></td></tr>
<tr><td></td><td></td><td></td><td></td><td colspan="2"></td></tr>
<tr><td></td><td></td><td></td><td></td><td colspan="2"></td></tr>
<tr><td rowspan="5">④ 희망하는 전파형식, 주파수 및 공중선전력</td><td colspan="2">(1) 장 치 별</td><td colspan="2">(2) 전파형식 및 주파수(kHz, MHz)</td><td colspan="2">(3) 공중선전력(W)</td></tr>
<tr><td colspan="2"></td><td colspan="2"></td><td colspan="2"></td></tr>
<tr><td colspan="2"></td><td colspan="2"></td><td colspan="2"></td></tr>
<tr><td colspan="2"></td><td colspan="2"></td><td colspan="2"></td></tr>
<tr><td colspan="2"></td><td colspan="2"></td><td colspan="2"></td></tr>
<tr><td rowspan="5">⑤ 무선설비 제 원</td><td>(1) 장치별</td><td>(2) 제조자명</td><td>(3) 기기의 형식 및 명 칭</td><td>(4) 기 기 일련번호</td><td>(5) 형식등록 번 호</td><td>(6) 부가설비</td></tr>
<tr><td></td><td></td><td></td><td></td><td></td><td></td></tr>
<tr><td></td><td></td><td></td><td></td><td></td><td></td></tr>
<tr><td></td><td></td><td></td><td></td><td></td><td></td></tr>
<tr><td></td><td></td><td></td><td></td><td></td><td></td></tr>
<tr><td rowspan="5">공
사
설
계
서</td><td rowspan="2">⑥ 발사가능 전파형식 주파수범위</td><td>1장치</td><td>2장치</td><td colspan="2">3장치</td><td colspan="2">4장치</td></tr>
<tr><td></td><td></td><td colspan="2"></td><td colspan="2"></td></tr>
<tr><td>⑦ 발진방식과 주파수</td><td></td><td></td><td colspan="2"></td><td colspan="2"></td></tr>
<tr><td>⑧ 변조방식</td><td></td><td></td><td colspan="2"></td><td colspan="2"></td></tr>
<tr><td>⑨ 공중선의 형식 및 높이</td><td colspan="3"></td><td>⑩ 준공예정일</td><td colspan="2"></td></tr>
<tr><td colspan="2">⑪ 기 타</td><td colspan="6"></td></tr>
<tr><td colspan="8">※ 구비서류 : 주민등록표등본 1부(가족단위로 신청하는 경우에 한합니다)</td></tr>
</table>

210mm×297mm(신문용지 54g/m²(재활용품))

제7장

통신접지와 정보통신 사용전검사

7.1 통신접지

시설물의 일부와 대지를 전기적으로 상호연결하여 낙뢰·강전류전선 등과 접촉 등으로 인한 전위상승을 안전하게 대지로 흘려 인명과 장비보호를 목적으로 한다.

7.2 접지설치 목적과 접지저항

7.2.1 접지설치 목적

① 낙뢰·과도전류·과도전압 등으로부터 인명 및 장비(시스템)의 보호
② 낙뢰 및 전원개폐기에서 발생되는 서지(surge)에 대한 방전로 제공
③ 정전기로부터의 시스템 보호
④ 랙 및 함체 외부로부터 불요전자파의 영향 제거 또는 감소
⑤ 대지에 대한 회로기준전위의 안정화

7.2.2 접지저항(구내통신선로설비고시 제5조)

① 교환설비·전송설비 및 통신케이블과 금속으로 된 단자함(구내통신단자함, 옥외분배함 등)·장치함 및 지지물 등이 사람이나 방송통신설비에 피해를 줄 우려가 있을 때에는 접지단자를 설치하여 접지하여야 한다.
② 통신관련시설의 접지저항은 10Ω 이하를 기준으로 한다. 다만, 다음 각 호의 경우는 100Ω 이하로 할 수 있다.
1. 선로설비중 선조·케이블에 대하여 일정 간격으로 시설하는 접지(단, 차폐케이블은 제외)
2. 국선 수용 회선이 100회선 이하인 주배선반
3. 보호기를 설치하지 않는 구내통신단자함
4. 구내통신선로설비에 있어서 전송 또는 제어신호용 케이블의 쉴드 접지
5. 철탑 이외 전주 등에 시설하는 이동통신용 중계기
6. 암반 지역 또는 산악지역에서의 암반 지층을 포함하는 경우등 특수 지형에의 시설이 불가피한 경우로서 기준 저항값 10Ω을 얻기 곤란한 경우
7. 기타 설비 및 장치의 특성에 따라 시설 및 인명 안전에 영향을 미치지 않는 경우

③ 통신회선 이용자의 건축물, 전주 또는 맨홀 등의 시설에 설치된 통신설비로서 통신용 접지시공이 곤란한 경우에는 그 시설물의 접지를 이용할 수 있으며, 이 경우 접지저항은 해당 시설물의 접지기준에 따른다. 다만, 전파법시행령 제24조의 규정에 의하여 신고하지 아니하고 시설할 수 있는 소출력중계기 또는 무선국의 경우, 설치된 시설물의 접지를 이용할 수 없을 시 접지하지 아니할 수 있다.

④ 접지선은 접지 저항값이 10Ω이하인 경우에는 2.6mm 이상, 접지 저항값이 100Ω 이하인 경우에는 직경 1.6mm 이상의 피・브이・씨 피복 동선 또는 그 이상의 절연효과가 있는 전선을 사용하고 접지극은 부식이나 토양오염 방지를 고려한 도전성 재료를 사용한다. 단, 외부에 노출되지 않는 접지선의 경우에는 피복을 아니할 수 있다.

⑤ 접지체는 가스, 산 등에 의한 부식의 우려가 없는 곳에 매설하여야 하며, 접지체 상단이 지표로부터 수직 깊이 75cm 이상되도록 매설하되 동결심도보다 깊도록 하여야 한다.

⑥ 사업용방송통신설비와 전기통신사업법 제64조의 규정에 의한 자가전기통신설비 설치자는 접지저항을 정해진 기준치를 유지하도록 관리하여야 한다.

⑦ 다음 각 호에 해당하는 방송통신관련 설비의 경우에는 접지를 아니할 수 있다.
1. 전도성이 없는 인장선을 사용하는 광섬유케이블의 경우
2. 금속성 함체이나 광섬유 접속등과 같이 내부에 전기적 접속이 없는 경우

7.3 용도별 구분

① 통신용 접지
② 낙뢰방지용 피뢰접지
③ 통신시설의 시설용 보안접지 등

7.4 접지설계

① 소요 접지저항 기준에 필요한 접지저항 기본계획을 수립
- 대지도전율 측정 및 분석을 실시하여 위치를 선정하고 접지극 종류를 결정
- 접지저항은 접지선 및 접지전극의 도체저항, 접지전극과 대지간 접촉저항 및 접지전극 주위의 대지저항으로 구분되며, 대지저항이 가장 중요

② 접지공사 장소, 접지분야별 기준 접지저항, 접지구성방식(공통 · 단독), 접지공법, 접지시스템의 구성도(접지전극, 접지저항 계산, 접지선 등)를 설계
③ 접지저항의 측정이 용이한 장소에 접지시험 단자함 설치
④ 접지자재 선정
- 영구적일 것
- 과도전류를 충분히 흘려보낼 수 있는 용량일 것
- 낮은 임피던스 특성을 가질 것
- 외부에 노출된 자재는 물리적인 강도가 충분할 것
- 사용자재(접지선 · 동판 · 동봉 · 접속류 등)는 KS 규격품
- 매설되는 접지극 및 접지선 등은 특히 내부식성이 강한 규격품

7.4.1 접지종류

1. 보안용 접지(강전용 접지)

인명과 설비의 안전을 목적으로 한다.

2. 기능용 접지(통신용 접지)

전자 · 통신 장비나 시스템의 안정적인 운용을 목적으로 한다.

3. 형태별 접지

단독접지 · 공용접지가 있다.

4. 배전접지

고압과 저압의 혼촉에 의해 발생하는 재해를 예방하기 위해 변압기 2차측(중성선)에 설치한다. 주로 고압 수 · 변전 설비시 시설한다.

5. 기기접지

일명 프레임(frame) 접지라 하며, 기기의 외함 · 철가에 하는 접지를 말한다. 기기의 절연이 파괴되어 노출된 금속제로 전류가 흘러 감전되는 사고를 방지하기 위함이다.

6. 정전기 방지접지

장비 내에 축적된 정전기를 대지에 방전시키지 못하면 기기에 내장된 IC나 유닛(unit)에 장해 및 파손을 입힌다. 기기를 보호하고 안정적 장비 운용을 확보하기 위해서 정전기 방지용 접지의 중요성이 강조된다.

7. 잡음(noise) 방지접지

전자장치에 의해 발생된 고주파나 저주파 에너지의 영향을 받아 기기의 오동작을 일으키는 장해를 방지하기 위한 접지를 말한다.

8. 등전위(공용) 접지

현대장비는 첨단의 IC를 사용하기에 서지전압이나 잡음 전압에도 손상되기 쉽기 때문에 장비나 시스템간의 전위차를 없애 이를 방지하기 위해 모든 기기를 등전위로 구성해야 한다.

참고로 장비간 전위차가 발생하면 한쪽 장비가 손상을 입을 수 있다.

9. 단독접지

각 접지공사별 접지저항치를 규정에 맞게 시설유지한 것을 말한다. 특히, 피뢰설비의 접지공사는 타 접지와 20m 이상 이격 시설하여 타 기기와 전위차가 발생하지 않도록 하여야 한다.

위의 모든 접지는 정확한 접지가 된 경우이며, 확실한 접지극 공사가 안 된 상태에서는 상기 내용의 접지를 한다 해도 실효가 없다. 따라서 접지극, 접지시스템의 중요성을 다시 한번 강조한다.

10. 피뢰접지

낙뢰는 뇌운 속에서 전하의 축적에 따라 그 바로 아래의 지표면에는 운저 전하와 역극성 전하가 유기되므로 양자간 전계강도의 증가로 공기절연 파괴내력을 넘으면 양자 사이에 불꽃방전이 발생하고, 이른바 낙뢰(대지 낙뢰)가 발생한다.

이런 낙뢰로부터 피해를 방지하기 위해 피뢰침을 설치한다. 그 구성요소는 피뢰침(수뢰부), 피뢰 인하도선, 접지극으로 구성되며, 그 중 접지극을 대지에 시설하는 접지설비를 피뢰접지라 한다.

11. 뇌서지 보호설비

내부에 설치된 첨단통신 시스템, 계측장비, 컴퓨터 등 통신설비는 낙뢰로 인한 뇌전류나 뇌서지에 피해를 받기 쉬우므로 장비 및 인명의 보호와 안정적인 장비운용을 위해서는 서지 보호기(surge protector)를 설치해야 한다.

7.4.2 접지 시공시방서 사례

1. 한국산업규격(KS)

① KS C 2621 동선용 나압착 슬라브
② KS C 3103 전기용 연동연선(AS)
③ KS C 3302 600V 비닐 절연전선(IV)
④ KS C 0804 접지선 및 접지측 전선의 색별 통칙
⑤ KS D 3706 스테인리스 강봉(STS304)
⑥ KS D 3752 기계구조용 탄소 강재(SM25C)

2. 제출물

(1) 자재 제품자료

① 제작도면
- 접지시험 단자함 외형도(측면도 · 정면도 포함)
- 접지단자 및 연결버스바 규격 및 형태

② 시공 상세도면
- 옥내 및 옥외 접지설비 배선도
- 건물(바닥 · 벽체) 관통 또는 인출입 부분상세도
- 접지도선 인출 및 연결부위 접속상세도

③ 자재승인 또는 신고제품 : 접지동봉, 접지단자함

(2) 견 본

① 접지극(접지동봉, 심타접지봉) 1조
② 동선용 나압착 슬라브 및 클램프 각 3개

(3) 보고서

접지저항 측정보고서

3. 시공 전 협의

① 접지신과 접지극 매립시 도목공사의 오 · 배수 관로, 지역난방 및 도시가스 배관 등과 밀착되지 않도록 해당 시공하여야 한다.
② 지하층 내부에 접지시험 단자함을 설치할 때에는 건축 우수 드레인이나 설비배관 등과 밀착되지 않도록 설치하여야 한다.

4. 배 관

① 배관의 종류 및 크기는 설계도면에 따른다.
② 배관은 배선공사 섹션에 따른다.

5. 접지선

① 접지선의 종류 및 크기는 설계도면에 따른다.
② 비닐절연전선(IV)은 KS C 3302에 적합한 제품이어야 한다.
③ 전선색상은 녹색을 사용하여야 한다.
④ 접지단자함에서 접지극에 이르는 전선은 접지용 비닐절연전선(GV)을 사용한다.
⑤ 배선은 배선공사 섹션에 따른다.

6. 접지단자함

① 함 크기 및 설치 위치는 설계도면에 따른다.
② 재질
- 1극용 접지단자함 : 두께 5mm 이상의 고강도 ABS 수지로 하중에 의한 변형이 없도록 RIB를 만들어야 한다.
- 기타 접지단자함 : 강판 두께 1.6mm 이상을 사용하여야 하며, 도어는 두께 1.2mm 이상의 스테인리스재를 사용하여야 한다.

③ 철재함의 도장은 소부 도장이나 정전분체 도장으로 하여야 한다.
- 소부 도장은 피도면 내·외부의 이물질 제거 및 인산염 피막처리를 하고 멜라민 프라이머를 칠한 후 멜라민 프라이머를 가열건조하여야 한다(도막두께 45μm 이상).
- 정전분체 도장은 함체의 내·외면에 인산염을 피막처리한 후 도막두께 45μm 이상으로 도장을 하고, 표면온도를 14분 이상 가열건조하여야 한다.

④ 접지단자 및 뚜껑의 볼트는 스테인리스 제품을 사용하여야 한다.
⑤ 연결버스는 동대를 가공한 일체형으로 25mm×3mm 이상을 사용한다.
⑥ 베크판은 두께 10mm 이상을 사용한다.
⑦ 접지단자는 20mm×20mm×50m 이상이어야 한다.

7. 접지극

① 접지방식은 접지극의 형태에 따라 다음과 같이 구분한다.

종 류	기 호	적용장소
봉접지(방사형)	Era, Erb	표준형
봉접지(행열형)	Erc, Erd	좁고 긴 지역
심타봉접지	Ed	협소하거나 깊이에 따라 대지 고유저항이 낮은 지역
매설지선접지	Ec	암반지역이나 지표면의 대지 고유저항이 낮은 지역
망접지	Em	방재·통신실 구조체 하부, 기타 건물구조체 하부
구조체본딩 접지	Eb	구조체 일부가 지하에 매설된 지하층 바닥 슬라브

② 접지공사(E1, E2, E3, E3s)에 따른 접지방식은 기본적으로 표준형(Era, Erb)을 적용하되 현장여건을 감안하여 사용한다.

8. 배 관

배관은 배관공사 섹션에 따른다.

9. 접지공사의 종류

접지공사의 종류는 다음과 같다.

종 류	저 항 치
제 1 종	10Ω 이하
제 2 종	150V/1선 지락전류(A) 이하
제 3 종	100Ω 이하

10. 접지대상 기기

① 접지대상 기기 및 위치는 설계도면에 따른다.
② 접지대상 기기에 따른 접지공사의 종류는 다음과 같다.
- 전기설비
- 통신설비

접지대상 기기	접지종류
주배선반(MDF)	10Ω 이하
국선단자함(101회선 이상)	10Ω 이하
국선단자함(100회선 이하)	100Ω 이하
각 동 주전화단자함(101회선 이상)	10Ω 이하
각 동 주전화단자함(100회선 이상)	100Ω 이하
보안기용 접기	100Ω 이하
확성기용 증폭기	100Ω 이하

③ 전기보호접지와 통신접지를 공통접속하여 이용하는 공용접지의 전기보호접지와 통신접지는 각각 제1종으로 통신실 망접지는 5Ω 이하로 한다.

11. 접지시공

① 접지극은 지하 1m 이상의 깊이에 매설한다.

② 2개 이상의 접지극을 같은 장소에 시공할 경우 접지극 상호간의 간격은 2m 이상이 되도록 한다.

③ 접지선은 가스관으로부터 1.5m 이상 이격시켜야 한다.

④ 접지극은 건축물로부터 2m 이상 이격시켜야 한다.

⑤ 접지선이 외상을 받을 우려가 있는 경우에는 금속관 또는 합성수지관 등에 넣어서 보호하여야 한다. 다만 피뢰침의 경우는 강제금속관에 넣지 않는다.

⑥ 접지도선의 접속은 전기적으로나 기계적으로 완전하게 접속하여야 한다.

⑦ 설계도면에 따라 접지극을 설치하여도 요구되는 접지저항치를 얻을 수 없는 경우에는 접지봉의 추가 및 길이 확장, 접지망의 면적확대, 대지 고유저항의 저감, 접지방식의 변경 등 접지 보완대책을 강구하여 필요한 접지저항을 확보하여야 한다.

⑧ 전등 · 전력 및 약전류용 접지극과 접지선은 피뢰침용의 접지극과 접지선에서 2m 이상 이격하여 설치하여야 한다.

⑨ 정보통신공사의 접지는 통신기기에 장애가 발생하지 않도록 전력의 계통접지와 분리하여 시공하여야 한다.

⑩ 접지단자는 접지저항 측정이 편리하도록 시설하여야 하며, 접지시험 단자함은 누수가 되지 않도록 시설하여야 한다.

⑪ 접지극과 접지선은 다음과 같은 방법으로 전기적 · 기계적으로 견고히 접속하여야 한다.

- 구조체 강재와 접지선 : 용접
- 접지봉 및 철근과 접지선 : 접속 클램프 또는 용접
- 접지선 상호간 : 동슬라브, 접속 클램프 또는 용접

⑫ 접지저항 측정을 위한 보조접지극은 다음을 기본으로 한다.

- 전력 및 피뢰접지 측정용과 통신접지 측정용 보조극은 서로 공용한다.
- 건물외벽 및 측정대상 접지극 매설위치로부터 30m 이상, 보조극간 20m 이상 이격한다.
- 보조접지극의 접지저항은 각각 500Ω 이하이어야 한다.

⑬ 배선은 배선공사 섹션에 따른다.

7.4.3 접지방법

1. 소규모 통신시설의 경우

동봉접지, 동판접지, 동선접지 방식 등

2. 대규모 통신시설의 경우

병렬접지, 메쉬접지, 루프접지 방식 등

3. 통신접지 개략도

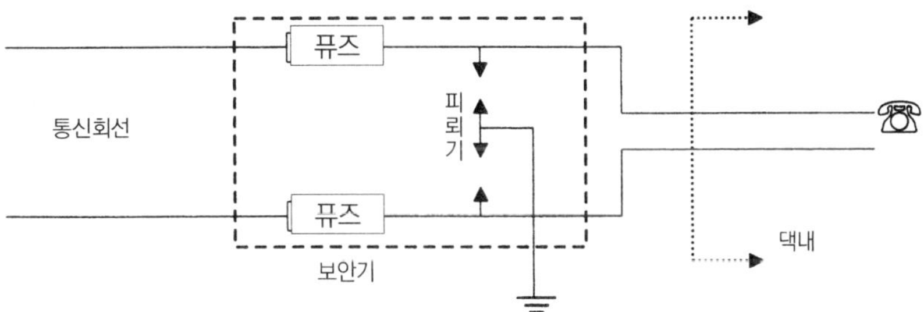

[그림 7-1] 통신접지 개략도

(1) 일반 접지봉 시공방법

① 시공위치 폭 50cm, 깊이 75cm 이상 터파기
② 일반봉을 해머로 박음
③ 접지봉의 간격은 접지봉 길이의 2배 이상 이격
④ 봉과 봉은 나동선을 이용하여 압착슬라브 접속
⑤ 외부접지선(GV)은 나동선과 접속
⑥ 시공위치 되메우고 마무리
⑦ 접지저항을 측정하고 기록

(2) 일반 접지봉의 문제점

대지의 도양과 직접 접촉하여 지언부식하고, 접지봉통한 접지전류로 인한 화학적 전기분해 반응으로 접지봉이 손상된다. 이로 인해 접지봉은 4~5년 내 완전 파손(접지기능 상실)된다.

(3) 건물구조체 대용접지

철골 · 철근 콘크리트 구조 건축물의 지하부 하층구조를 전극접지의 일부로 활용하는 것으로 전극접지의 문제점은 접지도선에 많은 잡음전류와 서지전류가 유입되고, 방전되는 과정에서 철골구조체의 하부에 전식의 발생이 심화되며, 서지전류로 콘크리트의 균열이 발생할 수 있으므로 신뢰성과 안전성 문제가 제기된다.

건축물 하부에 안정한 접지시스템을 시공 구축하고 철골구조체 접지전극의 효과를 안전과 접지저항의 여유분으로 활용하는 것이 건물 내부의 인명과 시설물을 효과적으로 보호하도록 하는 것이 올바른 접지방식이라 생각한다. 이와 같이 철골·철근 구조체 접지를 공용하면 건물 전체를 등전위 구성하는 데 효과적이라고 판단된다.

(4) 토양별 개략적인 고유저항

지 질	고유저항(Ω·m)
논·습지(점토질)	0~15
밭(점토질)	1~20
논·밭(표토하사리층)	10~100
산지(점토질)	20~200
산지(암반지대)	200~500
하천·해안(사리·암석질)	100~500

대지 고유저항(대지비저항)은 접지저항과 전위분포 특성을 결정하는 중요한 요소로서 분포된 토양의 구조·특성·종류·습기 등 변화요인에 따라 차이가 크다(측정은 4-전극법을 널리 사용).

7.4.4 공사별 접지공사 시공방법

접지공사는 통신공사 중 중요한 공종이며, 대부분 공사 초기에 접지극 혹은 접지봉을 부설하여야 한다. 접지극이나 접지봉의 분류방법으로는 목적에 의한 분류, 시공법에 의한 분류로 크게 나눌 수 있으며, 공사별 분류에 의한 접지공사 시공법이 다를 수 있다. 접지공사의 주요 자재는 접지봉, 접지판, 화학적 저감제, 접지선, 나동선, 접지단자함 등이 필요하며, 접지극 시공 후 규정된 접지저항치를 측정하기 위한 접지테스터(tester)를 준비하여야 한다.

1. 접지극의 매설방법

① 보통 지하 75cm 이하로 매설하나 최하 동결방지층 이하로 매설하는 것이 바람직하다.

② 지하 75cm부터 2m 이상까지의 접지선은 합성수지관 또는 이와 동등한 절연효과와 세기를 갖는 전선관으로 보호하여야 한다.

③ 접지선은 절단될 우려가 없는 장소에 부설한다.

④ 접지극판은 일반적으로 수직 매설하는 것이 바람직하다.

⑤ 복수의 접지극을 시설하는 경우 접지극 상호간을 2m 이상 이격하는 것이 바람직하다.

⑥ 접지저항의 측정을 용이하게 하기 위하여 점검이 용이한 곳에 접지단자함을 시설하는 것이 좋다.

⑦ [그림 7-2]는 접지극 매설 상세도이다.

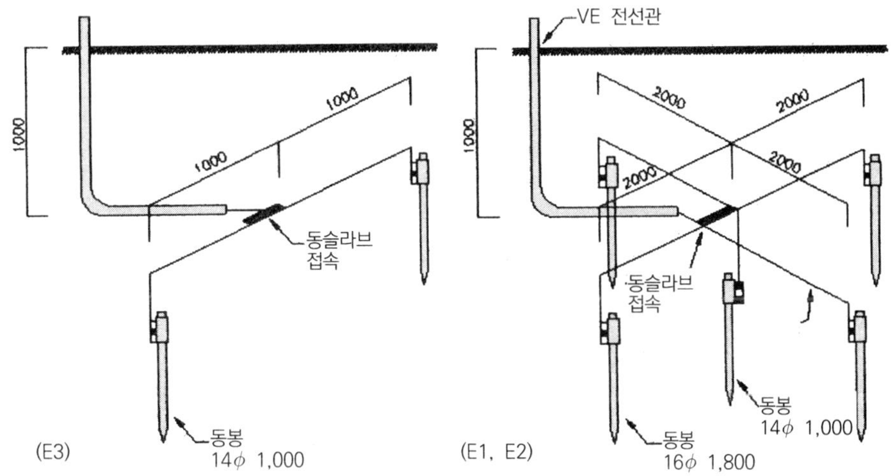

[그림 7-2] 접지극 매설 상세도

2. 접지극의 매설시기

접지시공 시점은 토목공사의 오 · 배수관로, 지역난방 및 도시가스 배관 등과의 시공시 마찰을 피하기 위하여 건축구조물 거푸집 제거 후 되메우기 전에 GL-3m 정도의 깊이에 먼저 시공함이 바람직하다.

3. 매설위치 및 방법

① 매설위치는 가능한 한 습기가 있는 장소로서 가스 · 산 등에 의한 부식의 우려가 없어야 한다.

② 접지선 · 접지봉은 원칙적으로 유효간격을 유지하면서 표준도에 의거 시공하여야 하나, 지장물 등에 의하여 불가능할 경우 접지봉간의 거리를 2m 이상 유지하면서 일직선상에 다중접지한다.

4. 접지배관

① 접지배관은 GL 상부에 조인트 박스를 설치하고, 조인트 박스를 거쳐 접지단자함에 이르도록 시공하여 배관을 통한 누수를 방지한다.

② 접지선의 배관이 끝나는 부분에서 수절단자 처리하여 전선의 모세관현상에 의한 누수를 방지한다.

5. 접지선 연결

자재의 부식에 따른 접지극의 수명단축을 예방하기 위하여 접지봉은 전선 일체형을 사용하되 일체형이 없을 경우 동봉과 접지선을 바인드선으로 묶고 납땜 처리하며(클램프 사용금지), 접지선 상호간의 연결은 동관 슬라브를 사용하거나 전선 접속방법에 의하여 접속한다.

6. 시험용 접지단자

① 통신실 옥외에 설치되는 접지군으로부터 5~10m 간격으로 L1, L2 단자를 설치한다.
② 접지단자는 접지군으로부터 직각 방향으로 설치하는 것이 바람직하다.

7.5 일반적인 접지공법

7.5.1 접지봉 매설공법

① 가장 보편적인 시공방법으로 시공면적이 넓고 대지저항이 낮은 지역이 유리하며, 접지의 추가시공 용이
② 암반 등 산악지역, 강전류지역, 해안지역 등은 동봉의 파손 또는 부식으로 분리
③ 동봉은 순동의 구리봉과 강철봉에 동도금 또는 동피복을 입힌 구조
- 동봉의 길이는 1, 1.5, 1.8, 2.4, 3m, 지름은 11, 16Ø로 종류별 선택하여 시공
- 해안지역의 경우 아연도금된 접지봉 사용 권장

④ 접지선과 접지극 설치시 매설심도 깊이(75cm) 이상 터파
⑤ 단독매설
- 접지봉 1개로 기준 측정값을 만족할 경우
- 접지봉 매설시 [그림 7-3]과 같이 직경 30cm, 깊이 60cm의 구덩이를 터파
- 접지봉의 상단부가 구덩이의 밑바닥에서 15cm 더 들어가도록 타입(打入)
- 접지봉과 접지선(나동선) 접속 후 되메우기

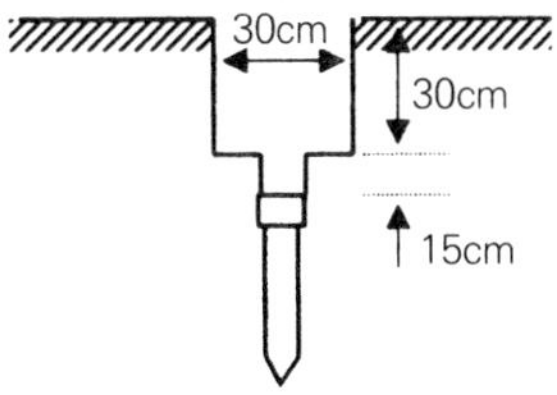

[그림 7-3] 단독매설

⑥ 병렬매설법(일직선형법)

- 1개의 접지봉으로 기준 접지저항값을 얻을 수 없는 경우
- 매설방법에는 일직선형법, ㄷ자형법, ㄱ자형법, ㄹ자형법 등이 있음
- 매설법은 환형매설법과 마찬가지로 접지봉의 접지봉 리드선과 접지선을 동압착 슬라브 등을 사용하여 연결
- 접지봉 상호간 간격은 접지봉 길이의 최소 2배 이상 이격하여 매설
- 접지봉과 접지선의 매설심도는 단독접지를 준용

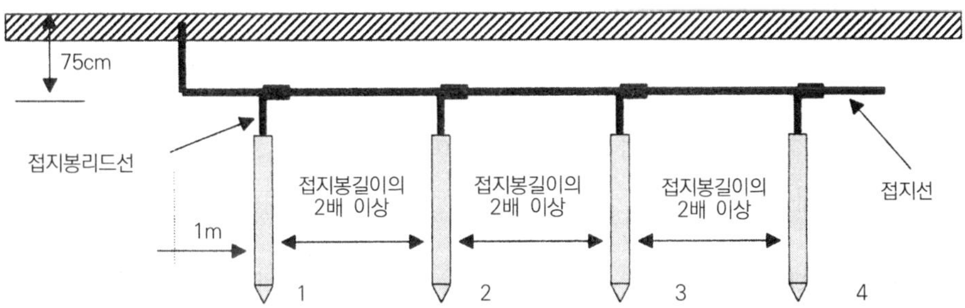

[그림 7-4] 병렬매설법

⑦ 병렬매설법(환형매설법)

- 일정한 원형을 만들어 원형상에 동일한 간격으로 접지봉을 매설하는 방법
- 접지봉의 매설방법은 우선 폭 30cm, 깊이 60cm의 둥근 도랑을 파고 동일한 간격으로 접지봉을 삽입
- 접지봉 상호간은 전기적으로 병렬접속이 되도록 설치
- 접지봉 리드선과 접지선은 동압착 슬라브 등을 사용하여 완전한 접속이 되도록 설치

7.5.2 기타 접지공법

1. 띠형 접지공법

① 암반지역과 같이 접지봉의 매설이 곤란한 경우 접지선을 이용하여 매설하는 방법

으로 더욱 좋은 접지를 얻기 위해서는 접지선을 그물 모양으로 만들어서 지하에 매설하는 방법도 가능

② 연동연선을 이용한 시공법으로 폭 40cm, 깊이 75cm 이상을 터파(현장여건에 따라 폭과 두께 조정 가능)

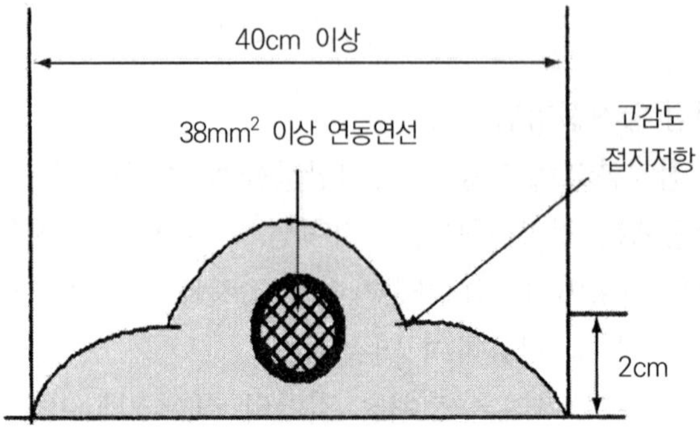

[그림 7-5] 띠형 접지공법

③ 주접지용 GV전선과 매설지연(연동연선 $38mm^2$) 상호간을 C형 접지선 연결 슬라브를 사용하여 접속

④ 연동연선을 터파기의 중앙에 위치한 후 고강도 접지저항 저감재를 물과 혼합하여 연동연선이 충분히 감싸지도록 2cm 이상 도포하여 토양 내 습기로 인한 부식 방지에 유의하여 시공

2. 심타 접지공법

① 접지장소가 협소한 장소에서 낮은 접지저항을 얻기 위하여 사용되는 공법

② 지하 5~20m 이하의 깊이까지의 평균 대지 비저항이 표피보다 낮거나 비슷할 때 유리

③ 대지비저항이 600Ω · m 이하일 때만 적용 가능

④ 접지봉 병렬매설법과는 대조적으로 접지봉을 수직으로 연결하여 타입하는 공법

⑤ 심도깊이로 터파하고 접지선을 연결한 심타용 접지봉의 노출부분이 20cm 정도가 되도록 타입하며, 이때 심타용 접지봉을 타입하면서 접지효과를 상승시키기 위하여 접지봉 주위에 물과 혼합된 도전성 콘크리트를 주입

3. 기 타

망형(mesh)접지, 동판접지, 보링접지, 복합접지, 구조체접지 등

4. 주배선반 접지 예시도

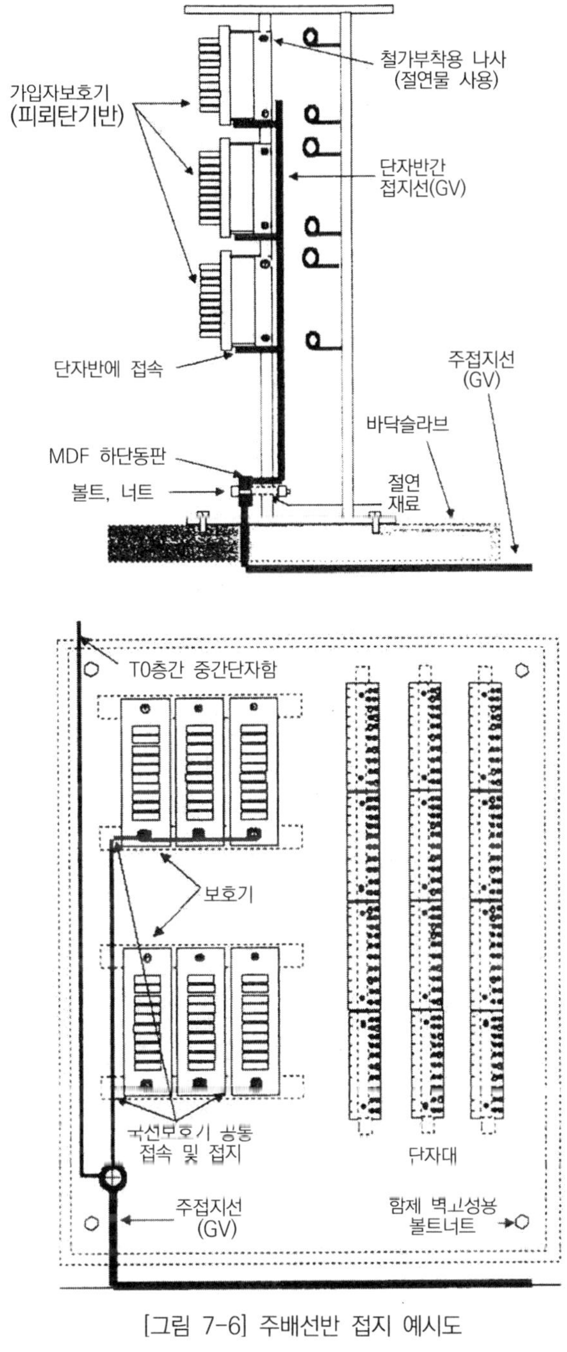

[그림 7-6] 주배선반 접지 예시도

7.5.3 접지선의 매설방법

① 접지봉의 리드선과 접지봉(판)간을 연결하는 접지선은 연동연선(나동선 등)을 사용한다.
② 접지선은 강전류를 대지로 안전하게 방전시킬 수 있는 굵기를 사용한다.
③ 동결심도는 접지저항의 변동요인이 되므로 접지선은 지하 75cm 이상 깊이로 매설한다.
④ 통신용 접지시설과 피뢰접지의 지중매설 도체는 최소 5m 이상 이격하여 설치한다.
⑤ 접지봉 간격은 접지봉 길이의 최소 5배 이상 이격하여 설치한다.
⑥ 장애물이 있는 경우에는 접지선은 최소한 지표면과 10cm 이상의 토피가 유지되게 매설한다.

7.5.4 접지봉 설치

① 매설심도 깊이(75cm) 이상 터파하여 망치(해머 등)를 이용하여 타입설치
② 타입 시공시 접지봉의 상단부가 누그러지거나 피박 등이 파손되지 않도록 설치시 유의
※ 암반·산악지역 등의 경우 동판 사용권고
③ 접지봉은 지표면과 수직으로 매설하여, 각 접지극의 매설간격은 접지극 길이의 2배를 기준으로 하되 부득이한 경우는 최소한 접지극 길이 이상
※ 접지극은 건물과 2m 이상 이격하여 설치
④ 접지봉은 토양과 접촉면적이 크고 부식에 강한 제품을 사용하며, 해변지역에는 아연도금 접지봉을 사용하고, 기타 지역은 동피복 접지봉 등으로 매설
⑤ 분뇨구덩이 등 오염물질 주변 근접한 곳에는 접지봉 매설을 피하며, 접지저항을 구하기가 극히 어려운 장소에도 화학제품(아스롱, 아스판 등) 또는 목탁 및 코크스 등의 사용을 가능한 한 억제

7.5.5 접지선의 접속 등

① 매설된 접지선과 접지봉간의 접속시 납땜 또는 압착슬라브 등으로 완전하게 접속
② 압착슬라브(C형) 접속시 유압식 압착기 등을 사용하여 견고하게 조임
③ 접지선과 동판의 접속시는 황동용접으로 완전하게 접속
④ 접지선간 접속은 접지선 단면적의 5배 이상이 되도록 접촉면을 크게 시공
⑤ 접지극 및 접지선은 매설깊이 및 외상 등을 고려하여 보호관 등을 씌우는 방호설비를 설치

⑥ 접지시공 과정(터파, 봉 매설, 결선과정, 측정과정 등) 사진촬영 보관
- 접지봉 매설시는 감독자의 입회하에 설치
- 정확한 매설위치를 준공도면에 표시 및 제출

⑦ 접지선과 접지봉의 접속완료 후 1차 접지저항 측정 후 적합시 되메우기
※ 접지저항의 개선 : 동봉 수를 늘리거나 긴 접지봉 사용 또는 매설깊이를 깊게 설치

7.5.6 접지 측정방법

① 측정방법은 전위강하법(3점전위차 측정), 크램프온 미터방식을 사용하며, 정확한 접지 측정을 위하여 접지선을 주배선(함) 또는 장비 등과 분리하여 측정
② 접지저항은 접지체의 부식 · 전식으로 인한 성능저하와 외부환경 변화(계절)를 받음
③ 정기점검 또는 측정능률을 극대화하기 위하여 시설 후 시설점검 및 측정
※ 최소한 연 1회 이상 측정 및 관리
④ 기술기준에서 정하고 있는 접지저항값은 최대값이므로 이 값보다 항상 적은 값으로 유지될 수 있도록 시공
⑤ 통신접지의 기준
- 100회선 이하의 회선(국선 기준) : 접지저항 100Ω 이하
- 101회선 이상의 회선(국선 기준) : 접지저항 10Ω 이하
- 접지선은 직경 1.6m 이상의 PVC 피복동선 또는 그 이상의 절연효과가 있는 전선을 사용하고, 접지극은 동판 · 동관 · 동봉 또는 나동선을 사용하여 지하의 안전한 깊이에 매설

7.5.7 집중구내통신실의 통신접지설비

① 구내환경과 구성장비와의 배열 등에 따라 설계 및 시공
② 기본적으로 전원용 접지설비와 별도로 분리하여 시설
③ 피뢰접지는 통신용설비와 일정거리를 이격 설치
④ 피뢰접지선이 부득이 실내에 노출 시공시 반드시 절연관을 사용하며, 가스관 등의 폭발 및 화재 위험성이 있는 곳을 피하여 포설
⑤ 철가 MDF 방식의 접지
- MDF 하단(상단)에 동부스바 또는 접지반을 부착시 철가와 절연에 유의
- 주접시선은 가능한 한 $38mm^2$ 이상의 접지선을 사용하여 주접지반과 접속
- 피뢰탄기반(가입자 보호기)은 $5.5 \sim 14mm^2$ 이상의 접지선을 사용하여 접속

7.5.8 통신접지 구성도(표준 참조)

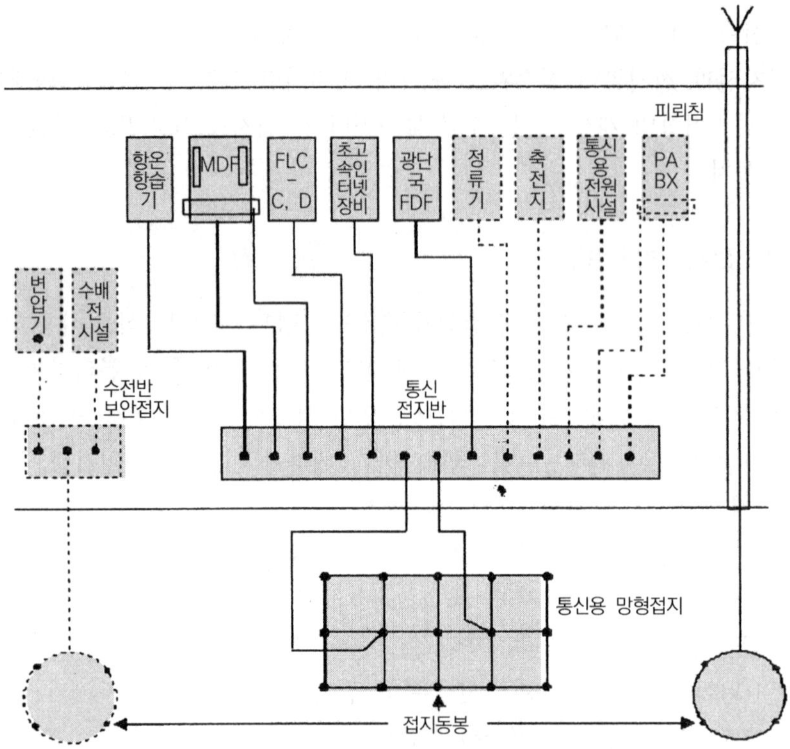

[그림 7-7] 통신접지 구성도

7.6 접지저항 측정

7.6.1 목 적

전기통신설비에 대한 불량접지 등으로 인한 인명피해 및 시설파괴를 방지하기 위하여 접지저항이 안정적으로 유지되는지 측정한다.

7.6.2 기준값

① 교환설비 · 전송설비 및 통신케이블의 접지저항

구 분	접지저항	비 고
가. 사업용전기통신설비(이동통신 구내선로설비를 포함한다)	10Ω 이하	통신회선 이용자의 건축물, 전주 또는 맨홀 등의 시설에 설치된 통신설비로서 통신용 접지 시공이 곤란한 경우에는 그 시설물의 접지를 이용할 수 있으며, 이 경우 접지저항은 해당 시실물의 실치기준에 따름
나. 사업용전기통신설비 이외의 설비	100Ω 이하	

② 금속으로 된 단자함(구내통신단자함, 옥외분배함 등), 장치함 미지지물

구 분	접지저항	비 고
가. 101회선 이상의 회선을 수용한 경우	10Ω 이하	회선수는 수요가 예상되는 국선수를 기준으로 함
나. 100회선 이하의 회선을 수용한 경우	100Ω 이하	

7.6.3 측정방법

1. 측정회로

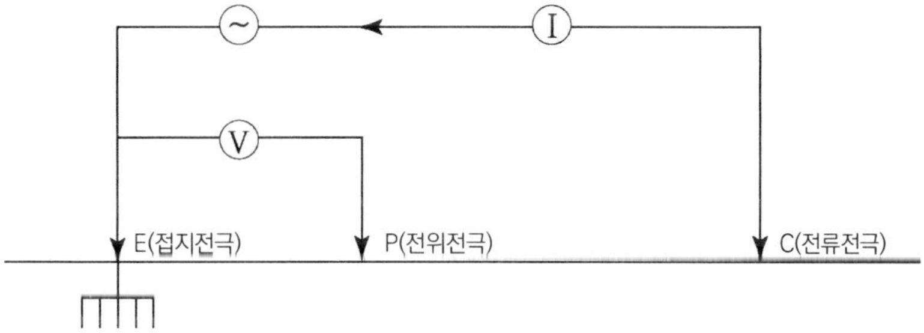

[그림 7-8] 측정회로

2. 측정조건

① 측정은 상 · 하수도 등 매설지역을 피해 시행한다.

② 접지저항 측정기는 최소한 접지전극(E), 전위전극(P), 전류전극(C)의 세 가지 기능을 가져야 한다.

③ 전류전극의 위치는 접지전극에 영향(커플링 등)이 미치지 않도록 충분한 거리를 두어야 한다(최소 50m 이상).
④ 전류전극의 저항은 500Ω 이하이어야 한다.
⑤ 시험전류는 측정기가 인지할 수 있는 충분한 양이어야 한다.
⑥ 교류전원은 상용전원으로 한다.

3. 측정절차

① 전압계로 전압측정을 하는 경우
- 전류전극과 접지전극 사이에 시험전류를 인가한다.
- 이때 접지전극과 전위전극에 나타나는 전압을 측정하여 접지저항(R)을 계산한다.
  $R = V$(측정전압)$/I$(시험전류)[Ω]

② 접지저항 측정기를 사용하는 경우
- 측정에 앞서 전위전극의 위치를 전극 E로부터 단계적으로 이(예 80m씩)하여 각 경우의 접지저항을 측정했을 때 거리에 대하여 평탄한(flat) 형태의 접지저항값이 산출되는지 확인한다.
- 실제 접지저항의 측정을 위해 전위전극의 위치를 토양이 균일한 경우 전류전극과 접지전극간의 거리의 중간지점으로 선정한다. 단, 접지봉이 반구 모양인 경우는 $X = 0.618d$로 한다.

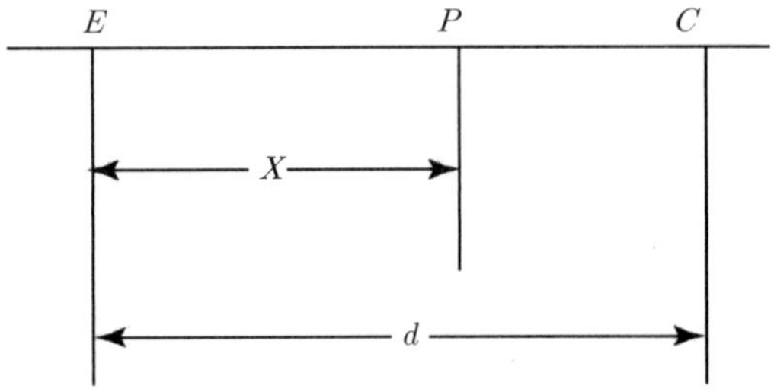

[그림 7-9] 접지저항 측정기를 사용하는 경우

4. 측정장비

① 전압계
② 전류계
③ 접지저항 측정기

7.7 정보통신공사의 사용전검사

7.7.1 정보통신공사의 사용전검사 관련 근거

1. 정보통신공사업법 제36조(공사의 사용전검사)

① 대통령령이 정하는 공사를 발주한 자(자신의 공사를 스스로 시공한 공사업자 및 제3조제2호의 규정에 의하여 자신의 공사를 스스로 시공한 자를 포함한다)는 해당 공사의 착공 전에 설계도를 시장 · 군수 · 구청장(자치구의 구청장을 말한다. 이하 같다)에게 제출하여 제6조의 규정에 따른 기술기준 적합 여부 등의 확인을 받아야 하며, 해당 공사가 완료된 때에는 시장 · 군수 · 구청장의 사용전검사를 받고 정보통신설비를 사용하여야 한다. 〈개정 2004.1.29, 2005.12.30〉

② 특별자치시장 · 특별자치도지사 · 시장 · 군수 · 구청장은 필요한 경우 발주자 등, 용역업자, 그 밖에 정보통신공사 관계 기관에 제1항에 따른 착공 전 확인과 사용전검사에 관한 자료의 제출을 요구할 수 있다. 〈신설 2014.5.28〉

③ 제1항에 따른 착공 전 확인과 사용전검사의 절차 등은 대통령령으로 정한다. 〈개정 2014.5.28〉

2. 착공전 설계도 확인 및 사용전검사의 대상공사(정보통신공사업법시행령 제35조)

① 정보통신공사업법 제36조제1항에서 "대통령령으로 정하는 공사"란 별표 1에 따른 구내통신선로 · 이동통신구내선로 · 방송공동수신설비의 공사를 말한다. 다만, 다음 각 호의 구분에 따른 공사는 제외한다. 〈개정 2018.4.17〉

1. 착공전 설계도 확인의 경우
   가. 연면적 150제곱미터 이하인 건축물에 설치되는 공사
   나. 「건축법」 제14조에 따른 신고대상건축물에 설치되는 공사
2. 사용전검사의 경우
   가. 제1호가목 또는 나목의 공사
   나. 감리를 실시한 공사
3. 삭제 〈2018.4.17〉

② 공사를 발주한 자는 제1항제2호나목의 경우 제14조에 따라 발주자에게 통보한 감리결과보고서의 사본(설계도면 등 부속서류는 제외한다)을 특별자치시장 · 특별자치도지사 · 시장 · 군수 · 구청장(자치구의 구청장을 말한다. 이하 같다)에게 제출하여야 한다. 〈개정 2011.3.29, 2014.8.27, 2018.7.24〉

③ 제8조제3항은 제1항제1호가목에 따른 건축물의 연면적의 계산에 있어서 이를

준용한다. 〈개정 2018.7.24〉
[제목개정 2016.6.21]

3. 착공전 설계도 확인 (정보통신공사업법시행령 제35조의2)

① 정보통신공사업법 제36조제1항에 따라 설계도의 확인을 받으려는 자는 정보통신공사 착공전 설계도 확인 신청서(전자문서로 된 신청서를 포함한다)에 공사의 설계도 사본(전자문서로 된 설계도를 포함한다)을 첨부하여 해당 정보통신공사를 시작하기 전에 특별자치시장 · 특별자치도지사 · 시장 · 군수 · 구청장에게 제출하여야 한다.
② 특별자치시장 · 특별자치도지사 · 시장 · 군수 · 구청장은 제1항에 따른 설계도의 확인 요청을 받은 경우에는 설계도의 내용이 법 제6조에 따른 기술기준(이하 이 조에서 "기술기준"이라 한다)에 적합한지 여부를 확인하여야 한다.
③ 특별자치시장 · 특별자치도지사 · 시장 · 군수 · 구청장은 제2항에 따른 정보통신공사 설계도의 확인 결과를 제1항에 따른 신청인에게 알리려는 경우에는 과학기술정보통신부령으로 정하는 정보통신공사 착공전 설계도 확인결과 통보서에 적어 알려야 하며, 해당 공사의 설계가 기술기준에 미달하는 등 시공에 부적합하다고 인정하는 경우에는 통보서에 확인의견 및 보완사항 등의 내용을 적어 알려야 한다. 〈개정 2017.7.26〉
④ 특별자치시장 · 특별자치도지사 · 시장 · 군수 · 구청장은 제3항에 따라 정보통신공사 설계도 확인결과를 알린 경우에는 정보통신공사 착공전 설계도 확인업무 관리대장에 이를 일련번호순으로 기록하여야 한다.
[본조신설 2016.6.21]

4. 사용전검사 절차(정보통신공사업법시행령 제36조)

① 정보통신공사업법 제36조에 따라 사용전검사를 받으려는 자는 정보통신공사 사용전검사신청서(전자문서로 된 신청서를 포함한다)에 공사의 준공설계도면 사본을 첨부하여 특별자치시장 · 특별자치도지사 · 시장 · 군수 · 구청장에게 제출하여야 한다. 〈개정 2011.3.29, 2014.8.27〉
② 특별자치시장 · 특별자치도지사 · 시장 · 군수 · 구청장은 제1항에 따른 사용전검사 신청을 받은 때에는 해당 공사가 제5조에 따른 기술기준에 적합한지의 여부 및 시공상태의 적정성 여부를 검사하여야 한다. 〈개정 2011.3.29, 2014.8.27〉
③ 특별자치시장 · 특별자치도지사 · 시장 · 군수 · 구청장은 제2항에 따라 사용전검사를 한 결과 그 시설이 사용에 적합하다고 인정한 때에는 정보통신공사 사용전검사필증을 발급하여야 한다. 〈개정 2011.3.29, 2014.8.27〉

④ 특별자치시장 · 특별자치도지사 · 시장 · 군수 · 구청장은 제3항에 따라 정보통신공사 사용전검사필증을 발급한 때에는 정보통신공사 사용전검사필증 발급대장에 이를 일련번호순으로 기록한다. 〈개정 2011.3.29, 2014.8.27〉

⑤ 특별자치시장 · 특별자치도지사 · 시장 · 군수 · 구청장은 제2항에 따라 사용전검사를 한 결과 그 공사가 기술기준에 미달하는 등 사용에 부적합하다고 인정하는 때에는 그 사유를 명시하여 보완지시를 하여야 한다. 〈개정 2011.3.29, 2014.8.27〉

⑥ 특별자치시장 · 특별자치도지사 · 시장 · 군수 · 구청장은 제5항에 따른 보완지시를 받은 자가 정보통신공사 사용전검사신청서 처리기간 이내에 보완을 완료한 경우에는 제1항에 따른 신청절차를 다시 거치지 아니하고 제2항 및 제3항에 따라 사용전검사를 실시한 후 사용전검사필증을 발급할 수 있다. 〈신설 2018.4.17〉

7.7.2 사용전검사대상의 구내통신선로설비설치대상(방송통신설비설치에 관한 규정 제17조)

① 전기통신사업법 제69조제1항에 따라 구내통신선로설비 등을 갖추어야 하는 건축물은 건축법 제11조제1항에 따라 허가를 받아 건축하는 건축물로 한다. 다만, 야외음악당 · 축사 · 차고 · 창고 등 통신수요가 예상되지 아니하는 비주거용 건축물의 경우에는 그러하지 아니하다. 〈개정 2017.4.25〉

7.7.3 구내통신실 면적 확보(방송통신설비의 기술기준에 관한 규정 제19조)

전기통신사업법 제69조제2항에 따른 전기통신회선설비와의 접속을 위한 면적기준은 다음 각 호와 같다. 〈개정 2011.1.4〉

① 업무용건축물에는 국선 · 국선단자함 또는 국선배선반과 초고속통신망장비, 이동통신망장비 등 각종 구내통신선로설비를 설치하기 위한 공간(이하 "집중구내통신실"이라 한다) 및 각 층에 구내통신선로설비를 설치하기 위한 공간(이하 "층구내통신실"이라 한다)을 확보하여야 한다. 이 경우 최소한 확보하여야 하는 면적의 기준은 별표 1과 같다.

② 주거용건축물 중 공동주택에는 집중구내통신실을 확보하여야 한다. 이 경우 최소한 확보하여야 하는 면적의 기준은 별표 2와 같다.

1. 방송통신설비의 기술기준에 관한 규정 제21조(종합유선방송 구내전송선로설비 등)

종합유선방송 구내전송선로설비 및 공동시청안테나시설의 설치방법에 대한 세부기술기준은 방송법 제79조 및 건축법시행령 제87조 및 주택건설기준 등에 관한 규정에서 정하는 바에 따른다.

2. 주택건설기준 등에 관한 규정 제32조(통신시설)

① 주택에는 세대마다 전화설치 장소(거실 또는 침실을 말한다)까지 구내통신선로설비를 설치하여야 하되 구내통신선로설비의 설치에 필요한 사항은 따로 대통령령으로 정한다. 〈개정 2008.2.29〉
② 경비실을 설치하는 공동주택의 각 세대에는 경비실과 통화가 가능한 구내전화를 설치하여야 한다.
③ 주택에는 세대마다 초고속정보통신을 할 수 있는 구내통신선로설비를 설치하여야 한다. 〈신설 2001.4.30〉

3. 주택건설기준 등에 관한 규정 제42조(방송수신을 위한 공동수신설비의 설치)

① 공동주택에는 방송통신위원회가 정하여 고시하는 바에 따라 텔레비전방송, FM라디오방송 공동수신 안테나 및 그 부속설비와 종합유선방송의 구내전송선로설비를 설치하여야 한다. 〈개정 2008.2.29〉
② 공동주택의 각 세대에는 제①항의 규정에 의한 텔레비전 FM 라디오 공동수신 안테나와 연결된 텔레비전 단자를 2개소 이상 설치하여야 한다. 다만, 세대당 전용면적이 $60m^2$ 이하인 주택의 경우에는 1개소로 할 수 있다. 〈개정 2006.1.6.〉

7.7.4 정보통신공사의 설계

1. 정보통신공사업법 제7조(설계 등)

① 발주자는 용역업자에게 공사의 설계를 발주하여야 한다.
② 제①항의 규정에 의하여 설계도서를 작성한 자는 그 설계도서에 서명 또는 기명날인하여야 한다.
③ 제①항 및 제②항의 규정에 의한 설계대상인 공사의 범위, 설계도서의 보관, 기타 필요한 사항은 대통령령으로 정한다.

2. 방송통신발전기본법시행령 제20조(설계도서의 작성)

① 법 제28조제3항에 따른 설계도서는 다음 각 호의 어느 하나에 해당하는 자가 작성하여야 한다. 〈개정 2011.1.17.〉
  1. 엔지니어링산업진흥법시행령 별표 1에 따른 통신·정보처리부문의 엔지니어링사업자
  2. 기술사법 제6조제1항에 따라 기술사사무소의 개설 등록을 한 기술사로서 같은 법 시행령 별표 1에 따른 통신정보처리분야의 기술사
  3. 정보통신공사업법시행령 별표 6 제1호에 따른 기술계 정보통신기술자

② 미래창조과학부장관은 필요하다고 인정하는 경우에는 제1항제1호에 해당하는 자만이 설계할 수 있는 방송통신설비 설치공사의 범위를 정하여 고시할 수 있다. 〈개정 2013.3.23〉

7.7.5 수수료 · 벌칙 · 과태료

1. 정보통신공사업법 제73조(수수료)

다음 각 호의 어느 하나에 해당하는 자는 대통령령으로 정하는 바에 따라 수수료를 납부하여야 한다.

① 제8조제3항에 따른 감리원의 인정을 받으려는 사람
② 제14조제1항에 따라 공사업의 등록을 신청하는 자
③ 제14조제3항에 따른 등록증 및 등록수첩의 재발급을 신청하는 자
④ 제27조제2항에 따라 시공능력의 평가를 받으려는 자와 같은 조 제4항에 따라 정보의 제공을 받으려는 자
⑤ 제36조제1항에 따라 공사의 사용전검사를 신청하는 자
⑥ 제39조제1항에 따른 정보통신기술자의 인정을 받으려는 사람

2. 정보통신공사업법 제75조, 76조(벌칙)

① 다음 각 호의 어느 하나에 해당하는 자는 1년 이하의 징역 또는 1천만원 이하의 벌금에 처한다(제75조).

1. 제8조제2항에 따른 감리원이 아닌 사람에게 감리를 하게 한 자
2. 제8조제6항을 위반하여 다른 사람에게 자기의 성명을 사용하여 감리업무를 수행하게 하거나 자격증을 빌려 준 사람 또는 다른 사람의 성명을 사용하여 감리업무를 하거나 다른 사람의 자격증을 빌려서 사용한 사람
3. 제31조제1항 또는 제2항을 위반하여 하도급을 한 자
4. 제36조제1항에 따른 착공 전 확인을 받지 아니하고 공사를 시작하거나 사용전검사를 받지 아니하고 정보통신설비를 사용한 자
5. 제40조제2항을 위반하여 경력수첩을 빌려 준 사람 또는 다른 사람의 경력수첩을 빌려서 사용한 사람[전문개정 2009.3.25]

② 다음 각 호의 어느 하나에 해당하는 자는 500만원 이하의 벌금에 처한다(제76조).

1. 제6조에 따른 기술기준을 위반하여 설계 또는 감리를 한 자
2. 제7조제1항을 위반하여 발주한 자
3. 제8조제1항을 위반하여 발주한 자

3의2. 제8조2항에 따른 감리원 배치기준을 위반하여 공사의 감리를 발주하거나 감리원을 배치한다.

4. 제25조를 위반하여 분리하여 도급하지 아니한 자
5. 제29조를 위반하여 공사업자가 아닌 자에게 도급한 자
6. 제33조제1항에 따른 정보통신기술자를 공사현장에 배치하지 아니한 자

3. 정보통신공사업법제78조(과태료)

① 다음 각 호의 어느 하나에 해당하는 자에게는 300만원 이하의 과태료를 부과한다.
1. 제7조제2항을 위반하여 설계도서에 서명 또는 기명날인하지 아니한 자
1의2. 제8조3항을 위반하여 감리원 배치현황을 신고하지 아니한다.
2. 거짓이나 그 밖의 부정한 방법으로 제8조제5항에 따른 감리원의 자격증을 발급받은 사람
3. 제11조에 따른 감리 결과의 통보를 하지 아니한 자
4. 제23조에 따른 신고 또는 폐업신고를 하지 아니하거나 거짓으로 신고한 자
5. 제27조제3항을 위반하여 공사실적, 자본금, 그 밖에 대통령령으로 정하는 사항에 관한 서류를 거짓으로 제출한 자
6. 제33조제2항을 위반하여 정당한 사유 없이 그 공사의 현장을 이탈한 사람
7. 거짓이나 그 밖의 부정한 방법으로 제39조제3항에 따른 정보통신기술자의 경력수첩을 발급받은 사람
8. 제40조제1항을 위반하여 동시에 두 곳 이상의 공사업체에 종사한 사람
9. 제63조제1항에 따른 조사 또는 검사를 거부·방해 또는 기피하거나 자료 제출 또는 보고를 거짓으로 한 자

② 다음 각 호의 어느 하나에 해당하는 자에게는 100만원 이하의 과태료를 부과한다.
1. 제22조제2항에 따른 통지를 하지 아니한 자
2. 제63조제1항에 따른 자료를 제출하지 아니하거나 보고를 하지 아니한 자

③ 제1항 및 제2항에 따른 과태료는 대통령령으로 정하는 바에 따라 미래창조과학부 장관 또는 시·도지사가 부과·징수한다. 〈개정 2013.3.23.〉

4. 수수료

① 정보통신공사업법시행령 제57조
- 방송통신위원회, 시·도지사 또는 시장·군수·구청장은 정보통신망을 이용하여 전자화폐·전자결제 등의 방법으로 수수료를 납부하게 할 수 있다. [2004.7.30. 전문개정]
- 정보통신공사업법 제73조제2호, 제3호 및 제5호에 의한 수수료 : 당해 지방자치단체의 수입증지
- 정보통신공사업법 제36조제①항의 규정에 의하여 사용전검사를 신청하는 자

5. 정보통신공사의 사용전검사 수수료(정보통신공사업법시행령 제57조 관련)

신 청 내 용	수 수 료
1. 공사업의 등록 2. 등록증 및 등록수첩의 재교부 3. 공사업 양도신고 및 법인 합병신고	3만원 5천원 5천원
4. 공사의 사용전검사 가. $500m^2$ 미만 건축물 나. $500m^2$ 이상 $1,000m^2$ 미만 건축물 다. $1,000m^2$ 이상 $3,300m^2$ 미만 건축물 라. $3,300m^2$ 이상 건축물 마. 재검사수수료	 2만원 3만원 4만원 6만원 가목 내지 라목 수수료액의 50%

6. 방송통신설비의 기술기준에 관한 규정 관련(면적 및 회선수 확보기준)

[별표 1] 업무용건축물의 구내통신실 면적 확보기준(제19조제1호 관련)

건축물 규모	확보대상	확 보 면 적
1. 6층 이상이고 연면적 $5,000m^2$ 이상인 업무용 건축물	가. 집중구내 통신실	$10.2m^2$ 이상으로 1개소 이상
	나. 층구내 통신실	(1) 각 층별 전용면적이 $1,000m^2$ 이상인 경우에는 각 층별로 $10.2m^2$ 이상으로 1개소 이상 (2) 각 층별 전용면적이 $800m^2$ 이상인 경우에는 각 층별로 $8.4m^2$ 이상으로 1개소 이상 (3) 각 층별 전용면적이 $500m^2$ 이상인 경우에는 각 층별로 $6.6m^2$ 이상으로 1개소 이상 (4) 각 층별 전용면적이 $500m^2$ 미만인 경우에는 $5.4m^2$ 이상으로 1개소 이상
2. 제①항 외의 업무용 건축물	집중구내 통신실	건축물의 연면적이 $500cm^2$ 이상인 경우 $10.2m^2$ 이상으로 1개소 이상 다만 $500m^2$ 미만인 경우 $5.4m^2$ 이상으로 1개소 이상

비고

1. 같은 층에 집중구내통신실과 층구내통신실을 확보하여야 하는 경우에는 집중구내통신실만을 확보할 수 있다.
2. 층별 전용면적이 500제곱미터 미만인 경우로서 각 층별로 통신실을 확보하기가 곤란한 경우에는 하나의 층구내통신실에 2개층 이상의 통신설비를 통합하여 수용할 수 있다. 이 경우 층구내통신실 확보면적은 통합 수용된 각 층의 전용면적을 합하여 위 표 제1호 중 층구내통신실의 확보면적란의 기준을 적용한다.
3. 같은 층에 층구내통신실을 2개소 이상으로 분리 설치하려는 경우에는 층구내통신실의 면적은 최소 5.4제곱미터 이상이어야 한다.
4. 집중구내통신실은 외부환경에 영향이 적은 지상에 확보되어야 한다. 다만, 부득이한 사유로 지상확보가 곤란한 경우에는 침수우려가 없고 습기가 차지 아니하는 지하층에 설치할 수 있다.
5. 집중구내통신실에는 조명시설과 통신장비전용의 전원설비를 갖추어야 한다.
6. 각 통신실의 면적은 벽이나 기둥 등을 제외한 면적으로 한다.
7. 집중구내통신실의 출입구에는 잠금장치를 설치하여야 한다.

[별표 2] 공동주택의 구내통신실 면적 확보기준(제19조제2호 관련)

건축물 규모	확보대상	확 보 면 적
1. 50세대 이상 500세대 이하 단지	집중구내통신실	$10m^2$ 이상으로 1개소
2. 500세대 초과 1,000세대 이하 단지	집중구내통신실	$15m^2$ 이상으로 1개소
3. 1,000세대 초과 1,500세대 이하 단지	집중구내통신실	$20m^2$ 이상으로 1개소
4. 1,500세대 초과 단지	집중구내통신실	$25m^2$ 이상으로 1개소

비고

1. 집중구내통신실은 외부환경에 영향이 적은 지상에 확보되어야 한다. 다만, 부득이한 사유로 지상확보가 곤란한 경우에는 침수 우려가 없고 습기가 차지 아니하는 지하층에 설치할 수 있다.
2. 집중구내통신실에는 조명시설과 통신장비 전용의 전원설비를 구비하여야 한다.

[별표 3] 구내통신 회선수 확보기준(제20조 관련)

대상건축물	회선수 확보기준
1. 주거용건축물	단위세대당 1회선(4쌍 꼬임케이블 기준) 이상
2. 업무용건축물	각 업무구역($10m^2$)당 1회선(4쌍 꼬임케이블 기준) 이상

비고

제1호 및 제2호 외의 건축물은 건축물의 용도를 감안하여 제1호 또는 제2호의 규정을 신축적으로 적용할 수 있다.

7.8 정보통신공사의 착공전 설계도 검토기준

정보통신공사업법제36조에 근거하여 정보통신공사의 발주자는 실시설계를 종료하고 착공전에 시, 군, 구청장에게 설계도를 제출하여 기술기준에 적합여부를 확인받고 그 결과를 통보 받은 후 착공하도록 규정하고 있다. 이에 따라 발주자,시공자, 감리자, 지방자치단체공무원이 착공 전 도면검토를 하고 시공하여야 한다.

착공 전 도면검토와 사용전검사의 체크리스트를 필자가 작성한 내용을 과학기술정보통신부(국립전파연구원)에서 검토 후 전국 지방자치단체 통신담당부서에 2018년12월 통보하였다.

7.8.1 구내통신선로설비공사의 착공전 설계도 확인

※ 검토결과 : 설계 보완 : △, 설계 적합 : ○, 설계 부적합 : X

1. 방송통신기자재 설계반영 여부 확인

항목	도면번호	검토내용	검토결과	근거
방송통신 기자재 규격품		1. 공사시방서에 방송통신기자재는 전파법의 적합인증 제품(KC)과 정부인증규격품(KS)을 시공하도록 기록 확인 1) 모듈러 잭/플러그, 배선반(110블럭) 등		전파법제58조의2

2. 분계점 도면 검토

항목	도면번호	검토내용	검토결과	근거
분계점		1. 사업용방송통신설비와 이용자방송통신설비의 분계점은 도로와 택지 또는 공동주택단지의 각 단지와의 경계점 기준 설계 2. 국선과 구내선의 분계점을 사업용방송통신설비의 국선접속설비와 이용자방송통신설비가 최초로 접속되는 점(국선단자함)으로 설계		방송통신설비의 기술기준에 관한 규정 제4조
분계점 접속기준		분계점에서의 접속방식은 간단하게 분리·시험할 수 있도록 국선단자함 설계		방송통신설비의 기술기준에 관한 규정 제5조

3. 옥외회선 도면검토

항목	도면번호	검토내용	검토결과	근거
옥외회선 지하인입		구내통신선로설비의 옥외회선은 지하로 인입(引入)하도록 설계		방송통신설비의 기술기준에 관한 규정 제18조

4. 맨홀 설치 장소

항목	도면번호	검토내용	검토결과	근거
맨홀 장소		1. 맨홀 또는 핸드홀은 케이블의 설치 및 유지·보수 등의 작업 시 필요한 공간을 확보할 수 있는 구조로 설계 2. 맨홀 또는 핸드홀은 케이블의 설치 및 유지·보수 등을 위한 차량출입과 작업이 용이한 위치에 설치하도록 설계 3. 맨홀 또는 핸드홀에는 주변 실수요자용 통신케이블을 분기할 수 있는 인입 관로를 설치하도록 설계		집지실비·구내통신설비·선로설비 및 통신공동구 등에 대한 기술기준 제48조

5. 지하관로 매설

항목	도면번호	검토내용	검토결과	근거
지하관로 매설		1. 지면에서 관로상단까지의 거리는 기준에 맞게 설계 1) 「도로법 시행령」[별표 2] 제1호 마목 : 0.8m 이상 2) 철도, 고속도로 횡당구간 등 특수한 구간 : 1.5m 이상 2. 시방서에 관로 상단부와 지면사이에는 관로보호용 경고테이프를 관로 매설경로에 따라 매설하도록 설명 설계 3. 관로는 가스등 다른 매설물과 50cm 이상 떨어져 매설하도록 설계 4. 맨홀 또는 핸드홀간에 매설하는 관로는 케이블 견인에 지장을 주지 아니하는 곡률을 유지하고 직선성을 유지하도록 설계		접지설비 · 구내통신설비 · 선로설비 및 통신공동구 등에 대한 기술기준 제47조

6. 보호기 및 접지

항목	도면번호	검토내용	검토결과	근거
보호기 및 접지		1. 보호기, 금속으로 된 주배선반, 단자함(구내통신단자함, 옥외분배함 등) · 장치함 및 지지물 접지단자를 설치하여 접지하도록 설계		방송통신설비의 기술기준에 관한 규정 제7조

7. 맨홀설치

항목	도면번호	검토내용	검토결과	근거
맨홀설치		1. 국선인입을 위한 관로, 맨홀, 핸드홀 및 전주 등 구내통신선로설비는 사업자의 맨홀, 핸드홀 또는 인입주로부터 건축물의 최초 접속점까지의 인입거리가 가능한 최단거리 설치하도록 설계 2. 국선을 지하로 인입하는 경우에는 배관, 맨홀 및 핸드홀 등을 [별표 2] 제1호 표준도에 준하여 설치하도록 설계 3. 구내의 맨홀 또는 핸드홀을 설치하지 아니하고 [별표 2] 제2호 표준도에 준하여 설치하도록 설계 - 인입선로 길이가 246m 미만이고 인입선로상 분기되지 않은 경우 - 5회선 미만의 국선을 인입하는 경우 4. 건축주가 5회선 미만의 국선을 지하로 인입시키기 위해 사업자가 이용하는 인입맨홀 · 핸드홀 또는 인입주까지 지하배관을 설치하는 경우에는 [별표 2의1] 표준도에 준하여 설계 5. 종합유선방송설비의 인입을 위한 배관의 공수는 1공 이상으로 하며, 인입관로상 맨홀 및 핸드홀 등은 구내통신선로설비의 맨홀 및 핸드홀 등과 공용으로 사용할 수 있도록 설계		접지설비 · 구내통신설비 · 선로설비 및 통신공동구 등에 대한 기술기준 제26조

8. 접지설비

항목	도면번호	검토내용	검토결과	근거
접지저항		1. 통신관련 접지저항은 10Ω 이하를 기준으로 설계 1. 다음의 경우는 100Ω 이하로 설계 확인 1) 선로설비중 선조 · 케이블에 대하여 일정 간격으로 시설하는 접지(단, 차폐케이블은 제외) 2) 국선 수용 회선이 100회선 이하인 주배선반 3) 보호기를 설치하지 않는 구내통신단자함		접지설비 · 구내통신설비 · 선로설비 및 통신공동구 등에 대한 기술기준 제5조
접지선		접지선은 PVC 피복 동선 또는 그 이상의 절연효과를 갖는 절연전선을 사용하고 접지극은 부식이나 토양오염 방지 를 고려한 도전성 재료를 설계 1) 10Ω 이하인 경우 직경 2.6mm 이상 2) 100Ω 이하인 경우 직경 1.6mm 이상		
접지체		접지체는 가스, 산 등에 의한 부식의 우려가 없는 곳에 매설하여야 하며, 접지체 상단이 지표로부터 수직 깊이 75cm 이상 되도록 매설하되 동결심도보다 깊도록 하여 설계		

9. 옥내통신선 이격거리

항목	도면번호	검토내용	검토결과	근거
옥내통신선 이격거리		1. 옥내통신선은 이격거리를 기준으로 설계 1) 300V 초과 전선과의 이격거리는 15cm 이상 2) 300V 이하 전선과의 이격거리는 6cm 이상(애자사용 전기공사시 전선과 이격거리는 10cm 이상) 3) 도시가스배관과는 혼촉 되지 않도록 설계		접지설비 · 구내통신설비 · 선로설비 및 통신공동구 등에 대한 기술기준 제23조

10. 업무용 건축물의 통신실 면적 확보

항목	도면번호	검토내용	검토결과	근거
업무용 건축물 통신실 확보		1. 6층 이상이고 연면적 5,000m^2 이상인 업무용 건축물의 집중구내통신실과 층구내통신실 설계 1) 집중구내통신실 : 10.2m^2 이상으로 1개소 이상 확보하여 설계 확인 2) 층 구내통신실을 확보하여 설계 (1) 각 층별 전용면적이 1,000m^2 이상인 경우에는 각 층별로 10.2m^2 이상으로 1개소 이상 (2) 각 층별 전용면적이 800m^2 이상인 경우에는		방송통신설비의 기술기준에 관한 규정 제19조

항목	도면 번호	검토내용	검토 결과	근거
		각 층별로 8.4m^2 이상으로 1개소 이상 (3) 각 층별 전용면적이 500m^2 이상인 경우에는 각 층별로 6.6m^2 이상으로 1개소 이상 3) 각 층별 전용면적이 500m2 미만인 경우에는 각 층별로 5.4m^2 이상으로 1개소 이상 2. 6층 이상이고 연면적 5,000m^2 이상인 업무용 건축물외의 업무용 건축물은 집중구내통신실을 확보하여 설계 1) 건축물의 연면적이 500m^2 이상인 경우 10.2m^2 이상으로 1개소 이상 확보 2) 500m^2 미만인 경우는 5.4m^2 이상으로 1개소 이상 3) 같은 층에 집중구내통신실과 층구내통신실을 확보하여야 하는 경우에는 집중구내통신실만을 확보 4) 층별 전용면적이 500m^2 미만인 경우로서 각 층별로 통신실을 확보하기가 곤란한 경우에는 하나의 층구내통신실에 2개층 이상의 통신설비를 통합하여 수용할 수 있다. 이 경우 층구내통신실 확보면적은 통합 수용된 각 층의 전용면적을 합하여 층구내통신실의 확보 면적란의 기준을 적용 확인 5) 같은 층에 층구내통신실을 2개소 이상으로 분리 설치하려는 경우 층구내통신실의 면적은 최소 5.4m^2 이상 3. 집중구내통신실은 지상에 설계하고 조명시설과 통신장비전용의 전원설비를 갖추어야 하며 출입구에 잠금장치를 설계		

11. 공동주택 통신실의 면적 확보

항목	도면 번호	검토내용	검토 결과	근거
공동주택 통신실 확보		1. 공동주택의 구내통신실 면적 확보 기준에 맞게 확보 확인 1) 50세대 이상 500세대 이하 단지 : 10m^2 이상으로 1개소 2) 500세대 초과 1,000세대 이하 단지 : 15m^2 이상 1개소 3) 1,000세대 초과 1,500세대 이하 단지 : 20m^2 이상 1개소 4) 1,500세대 초과 단지 : 25m^2 이상으로 1개소 2. 집중구내통신실은 외부환경에 영향이 적은 지상에 확보 3. 집중구내통신실에는 조명시설과 통신장비전용의 전원설비 구비여부 4. 집중구내통신실의 출입구에는 잠금장치를 설계		방송통신설비의 기술기준에 관한 규정 제19조

12. 홈 네트워크배관 공수

항목	도면 번호	검토내용	검토 결과	근거
홈네트워크 배관 공수		1. 구내의 옥내와 옥외에 한국산업표준 규격의 배관, 덕트 또는 트레이 설계 확인 1) 주택에 홈네트워크설비를 설치하는 경우 세대단자함과 홈네트워크 주장치간에는 홈네트워크용 배관을 1공 이상 설세(세5항세2호의 규정보나 동신용 배관에 여유가 있는 경우 공용 가능)		접지설비·구내통신설비·선로설비 및 통신공동구 등에 대한 기술기준 세28조

13. 인입배관

항목	도면 번호	검토내용	검토 결과	근거
인입배관		1. 배관의 내경은 선로외경의 2배 이상이 되도록 설계 확인 1) 주거용 건축물 중 공동주택의 인입배관의 내경은 다음의 기준에 적합하게 설계 가. 20세대 이상의 공동주택 : 최소 54mm 이상 나. 20세대 미만의 공동주택 : 최소 36mm 이상 2) 주거용 및 기타건축물의 경우 - 1공 이상의 예비공을 포함하여 2공 이상, 3) 업무용건축물의 경우에 - 2공 이상의 예비공을 포함하여 3공 이상		접지설비·구내통신설비·선로설비 및 통신공동구 등에 대한 기술기준 제27조

14. 옥내배관

항목	도면 번호	검토내용	검토 결과	근거
배관의 요건		1. 배관은 기계적 강도를 가진 내부식성 금속관 또는 한국산업표준 KS C 8454 (지하에 매설되는 배관의 경우에는 KS C 8455) 규격 이상의 합성수지제 전선관을 설계 2. 배관의 내경은 배관에 수용되는 케이블단면적의 총합계가 배관 단면적의 32% 이하로 설계 3. 배관의 굴곡은 가능한 완만하게 처리하여야 하되, 곡률반경은 배관내경의 6배 이상으로 설계 4. 배관이 1구간에 있어서 굴곡개소는 3개소 이내이어야 하며, 1개소의 굴곡 각도는 90°이내로 하며 3개소의 합계는 180° 이내로 시공하도록 시방서에 설명		접지설비·구내통신설비·선로설비 및 통신공동구등에 대한 기술기준 제28조
수평 배선계		성형구조 또는 성형배선으로 설계		

15. 덕트의 설치

항목	도면 번호	검토내용	검토 결과	근거
덕트 요건		1. 덕트는 선로를 용이하게 수용할 수 있는 구조와 유지·보수를 위한 충분한 공간이 있도록 설계 2. 수직으로 설치된 덕트의 주변에는 선로의 포설, 유지 및 보수의 작업을 용이하게 할 수 있는 디딤대 등을 설치하도록 설계여부. 3. 덕트의 내부에는 선로의 포설에 필요한 선로 받침대를 60cm 내지 150cm의 간격으로 설계(선로용 배관 별도 설치 시 예외 가능) 4. 바닥 덕트 외의 덕터는 내부에 유지·보수 작업용 조명 또는 전기콘센트가 설치되도록 설계		접지설비 · 구내통신설비 · 선로설비 및 통신공동구등에 대한 기술기준 제28조
덕트 설치		1. 덕트는 유지·보수를 위한 충분한 공간이 있도록 설계 확인 2. 수직으로 설치된 덕트의 주변에는 선로의 포설, 유지 및 보수의 작업을 용이하게 디딤대 설치하도록 설계 확인 3. 덕트의 내부에 선로 받침대를 60cm 내지 150cm의 간격으로 설계 확인 4. 바닥 덕트 외의 덕터는 내부에 유지·보수 작업용 조명 또는 전기콘센트가 설치되도록 설계		
업무용 건축물 바닥덕트와 배관		1. 구내선이 7.5m를 넘는 실내는 바닥덕트, 배관 설계 1) 바닥덕트 또는 배관은 실내의 용도와 규모를 고려하여 성형 또는 망형으로 설계 2) 바닥덕트 또는 배관의 매구간 교차점 또는 완곡부에 각 1개씩의 실내접속함을 설계 - 실내접속함의 간격은 7.5m 이내, 직선관로로서 선로작업에 지장이 없는 경우에는 간격을 12.5m 이내 2. 접속함 및 인출구는 상면에 돌출되거나 침수되지 않도록 설계		

16. 국선단자함

항목	도면 번호	검토내용	검토 결과	근거
국선단자함 설치		1. 국선은 구내선과의 분계점에 설치된 주단자함 또는 주배선반에 수용하도록 설계 2. 국선은 주배선반에 수용하도록 설계 1) 광섬유케이블 또는 300회선 미만의 동케이블을 수용하는 경우 : 주단자함 또는 주배선반 2) 300회선 이상의 동케이블을 수용하는 경우 : 주배선반 3. 국선단자함에 구내케이블을 수용하기 위한 단자를 설계여부. 4. 공사시방서에 국선단자함에서 보호기를 통하여 국선과 구내케이블간의 회선접속의 설계		접지설비 · 구내통신설비 · 선로설비 및 통신공동구등에 대한 기술기준 제29조
국선단자함 요건		1. 국선단자함은 기술기준에 적합하도록 설계 1) 국선단자함은 국선수용 단자, 단자반 및 보호기를 설치할 수 있는 충분한 공간 및 구조를 갖추어야 하며 관로의 분계점과 가장 가까운 곳에 설치하도록 설계 2) 국선단자함은 실내에 설치하고 선로를 수용할 단자함의 하부는 바닥으로부터 30cm 이상 되도록 설계 3) 설치를 하지 않아야 하는 장소 가. 세면실, 화장실, 보일러실, 발전기계실 나. 분진·유해가스 및 부식증기를 접하는 장소 다. 소화 호수시설을 갖춘 벽장 내 4) 절연저항 : 50MΩ 이상 5) 단자 또는 접속어댑터 : 배선 케이블 등급과 동등 이상의 성능 6) 회선표시물 : 각인 또는 표시판, 개폐장치: 잠금장치 구비된 문 7) 보호장치 : 휴지 기능, 피뢰 기능 및 접지 기능 8) 전원단자 : AC 전원단자 9) 국선단자함과 장치함을 별도로 설치하는 경우 국선단자함과 장치함 구간에 28mm 이상 배관 1개 이상 설계 2. 400×500×80mm형 국선단자함 - 크기 : 0.2m^2 이상, 한 변의 길이 400mm 이상(깊이 80mm 이상) 3. 700×800×130mm형 국선단자함(종합유선방송 수신설비 수용 시) - 크기 : 0.56m^2 이상, 한 변의 길이 700mm 이상(깊이130mm 이상) - 단자함 내부 절연보조장치 및 통풍구, 용도별 설비 수용을 위한 격벽 설계		

17. 구내간선계와 건물간선계

항목	도면 번호	검토내용	검토 결과	근거
구내간선계와 건물간선계		1. 동등 이상 내경을 가진 예비공 1공 이상을 포함하여 2공 이상 설계 2. 트레이 및 덕트 등을 설치할 경우에는 증설을 고려하여 여유 공간을 확보 설계		접지설비 · 구내통신설비 · 선로설비 및 통신공동구등에 대한 기술기준 제28조

18. 중간단자함 및 세대단자함

항목	도면 번호	검토내용	검토 결과	근거
중간단자함 및 세대단자함 설치		1. 중간단자함 설치위치는 적정하게 설계 1) 제28조제5항제4호의 규정에 부적합한 배관의 굴곡점 2) 선로의 분기 및 접속을 위하여 필요한 곳 2. 세대단자함 설치위치는 적정하게 설계 1) 공동주택에는 세대별로 세대단자함을 설계 2) 세대 내에서 분기가 없는 기숙사 및 주택법시행령 제10조제1항제1호에서 규정하는 원룸형 주택의 모든 요건을 갖춘 주택 제외		접지설비 · 구내통신설비 · 선로설비 및 통신공동구등에 대한 기술기준 제30조

19. 주거용 건축물의 구내 배선

항목	도면 번호	검토내용	검토 결과	근거
주거용 건축물 구내 배선		1. 주거용 건축물에 설치하는 구내배선은 적합하게 설계 확인 1) 한 개의 공동주택인 경우에는 [별표 11]의 제1호 표준도에 준하여 설계 2) 두 개 이상의 공동주택이 하나의 단지를 형성할 때는 [별표 11]의 제2호 표준도에 준하여 설계 3) 국선단자함이 설치된 공동주택에서 각 공동주택별로 구내간선케이블을 설치하여 동단자함에 배선하여 설계 4) 세대단자함에서 각 인출구까지는 성형배선 방식으로 설계 5) 국선단자함에서 세대 내 인출구까지 꼬임케이블을 배선할 경우에 구내배선설비의 링크 성능은 100MHz 이상의 전송특성이 유지되도록 설계 6) 동단자함이 설치 된 경우에는 링크성능 구간은 동단자함에서 세대 내 인출구까지로 설계 7) 홈네트워크설비를 설치하는 경우에는 홈네트워크 주장치와 홈네트워크 기기간에 꼬임케이블, 신호		접지설비 · 구내통신설비 · 선로설비 및 통신공동구등에 대한 기술기준 제33조

항목	도면 번호	검토내용	검토 결과	근거
		전송용케이블 등을 사용하여 통신소통에 지장이 없도록 설계 8) 제30조제1항 각호에 해당하지 아니하여 국선단자함 또는 동단자함에서 세대단자함 또는 인출구까지 직접 배선하는 경우 수평배선계의 케이블 설치방식으로 설계		

20. 업무용과 기타 건축물의 구내 배선

항목	도면 번호	검토내용	검토 결과	근거
업무용건축물과 기타건축물 구내 배선		1. 업무용과 기타건축물에 설치하는 구내배선은 기준에 적합하게 설계 1) 한 개의 건축물인 경우에는 [별표 12]의 제1호 표준도에 준하여 설계 2) 하나의 부지에 두 개 이상의 건축물이 있는 경우에는 [별표 12]의 제2호 표준도에 준하여 설계 3) 국선단자함이 설치된 건축물에서 각 건축물별로 구내간선케이블을 설치하여 동단자함에 배선하도록 설계 4) 층단자함에서 각 인출구까지는 성형배선으로 설계 5) 국선단자함에서 인출구까지 꼬임케이블의 링크성능은 100MHz 이상의 전송특성이 유지되도록 설계 6) 동단자함이 설치된 경우 링크성능 구간은 동단자함에서 인출구까지 설계 7) 제30조제1항 각호에 해당하지 아니하여 국선단자함 또는 동단자함에서 인출구까지 직접 배선하는 경우는 수평배선계의 케이블 설치방식으로 설계		접지설비·구내통신설비·선로설비 및 통신공동구등에 대한 기술기준 제33조

21. 회선 종단장치

항목	도면 번호	검토내용	검토 결과	근거
회선종단장치		1. 주거용건축물의 통신용 인출구는 모듈러잭이나 동축커넥터 또는 광인출구 등으로 종단하도록 설계 2. 업무용 및 기타건축물의 통신용 인출구는 각 실별 단위로 모듈러잭이나 동축커넥터 또는 광인출구의 통신용 인출구 또는 통신용 단자함으로 종단하도록 설계 3. 인출구는 통신용선로, 방송공동수신설비, 홈네트워크설비 등을 하나의 인출구로 종단할 경우에는 선로상호간 누화로 인한 통신소통에 지장이 없도록 설계 가능		접지설비·구내통신설비·선로설비 및 통신공동구등에 대한 기술기준 제31조

22. 구내통신선의 배선

항목	도면 번호	검토내용	검토 결과	근거
구내통신 선의 배선		1. 건물간선케이블 및 수평배선케이블은 100MHz 이상의 전송대역을 갖는 꼬임케이블, 광섬유케이블 설계 2. 옥외의 구내간선케이블은 옥외용 꼬임케이블, 옥외용 광섬유케이블 설계 3. 공동구, 지하주차장 등 외부 환경에 영향이 적은 지하에 설치되는 경우에는 옥내용 케이블 설계		접지설비 · 구내통신설비 · 선로설비 및 통신공동구등에 대한 기술기준 제32조

23. 광케이블과 꼬임케이블

<table>
<tr><th>항목</th><th>도면
번호</th><th>검토내용</th><th>검토
결과</th><th>근거</th></tr>
<tr><td>광케이블
링크
성능 기준</td><td></td><td>
1. 광케이블은 구내통신선로의 링크성능 기준 [별표 6]을 시방서에 표기 설계
2. 공사시방서에 케이블은 다음의 성능 이상급 설계
가. 공동주택 및 업무용건축물
<table>
<tr><th>종류</th><th>파장 (nm)</th><th>채널손실</th></tr>
<tr><td rowspan="2">단일모드</td><td>1,310</td><td>7dB 이하</td></tr>
<tr><td>1,550</td><td>7dB 이하</td></tr>
<tr><td rowspan="2">다중모드</td><td>850</td><td>13dB 이하</td></tr>
<tr><td>1,300</td><td>9dB 이하</td></tr>
</table>
주) 링크성능은 집중구내통신실에서 광섬유케이블의 종단(세대단자함 또는 인출구)까지의 기준임
나. 공동주택 외 주거용 건축물 및 기타건축물
<table>
<tr><th>종류</th><th>파장 (nm)</th><th>채널손실</th></tr>
<tr><td rowspan="2">단일모드</td><td>1,310</td><td>3.45dB 이하</td></tr>
<tr><td>1,550</td><td>3.45dB 이하</td></tr>
</table>
주) 링크성능은 국선단자함에서 광섬유케이블의 종단(세대 단자함 또는 인출구)까지의 기준임
</td><td></td><td rowspan="2">접지설비 · 구내통신설비 · 선로설비 기술기준 제33조</td></tr>
<tr><td>꼬임케이블
성능 기준</td><td></td><td>
꼬임케이블은 100.0MHz 이상의 전송특성을 갖도록 시방서에 표기하고 설계 반영
<table>
<tr><th rowspan="2">측정항목</th><th rowspan="2">측정주파수
(MHz)</th><th colspan="2">기준값</th></tr>
<tr><th>100MHz</th><th>250MHz</th></tr>
<tr><td rowspan="4">반사손실
(dB)</td><td>1</td><td>17.0 이상</td><td>19.0 이상</td></tr>
<tr><td>16.0</td><td>17.0 이상</td><td>18.0 이상</td></tr>
<tr><td>100.0</td><td>10.0 이상</td><td>12.0 이상</td></tr>
<tr><td>250.0</td><td>-</td><td>8.0 이상</td></tr>
</table>
</td><td></td></tr>
</table>

항목	도면 번호	검토내용	검토 결과	근거

측정항목	측정주파수 (MHz)	기준값	
		100MHz	250MHz
감쇠 (dB)	1.0	2.2 이하	3.0 이하
	16.0	9.1 이하	8.0 이하
	100.0	24.0 이하	21.3 이하
	250.0	-	35.9 이하
근단 누화손실 (dB)	1.0	60.0 이상	65.0 이상
	16.0	43.6 이상	53.2 이상
	100.0	30.1 이상	39.9 이상
	250.0	-	33.1 이상
근단 누화 전력합 손실 (dB)	1.0	57.0 이상	62.0 이상
	16.0	40.6 이상	50.6 이상
	100.0	27.1 이상	37.1 이상
	250.0	-	30.2 이상
원단감쇠대누화비 (dB)	1.0	57.4 이상	63.3 이상
	16.0	33.3 이상	39.2 이상
	100.0	17.4 이상	23.3 이상
	250.0	-	15.3 이상
원단감쇠대 누화비전력합 (dB)	1.0	54.4 이상	60.3 이상
	16.0	30.3 이상	36.2 이상
	100.0	14.4 이상	20.3 이상
	250.0	-	12.3 이상
전달지연(ns)	10.0	555 이하	555 이하
전달지연변이(ns)	10.0	50 이하	50 이하

24. 선로성능 유지

항목	도면 번호	검토내용	검토 결과	근거
선로 성능 유지		1. 공사시방서에 통신용선로, 방송공동수신설비, 홈네트워크설비 등을 동일 배관에 함께 수용할 경우에는 선로상호간 누화로 인하여 통신소통에 지장이 없도록 설계 2. 공사시방서에 구내배선에 사용하는 접속자재는 배선케이블 등급과 동등 이상의 제품을 설계		접지설비 · 구내통신설비 · 선로설비 및 통신공동구등에 대한 기술기준 제33조

25. 회선 수 확보

항목	도면 번호	검토내용	검토 결과	근거
공통		1. 구내통신선로설비에는 충분한 회선을 확보하여 설계 1) 구내로 인입되는 국선의 수용 회선 수 2) 구내회선의 구성 회선 수 3) 단말장치 등의 증설을 반영한 회선 수		방송통신설비의 기술기준에 관한 규정 제20조
주거용 건축물		1. 주거용건축물 회선수 확보하여 설계 1) 국선단자함에서 세대단자함 또는 인출구까지 단위세대당 1회선(4쌍 꼬임케이블 기준) 이상 및 단일모드 광섬유케이블 2코어 이상 2) 광다중화 기능을 갖는 국선단자함과 동단자함이 있는 경우에는 국선단자함에서 동단자함까지 단일모드 광섬유케이블 12코어 이상, 동단자함에서 세대단자함이나 인출구까지 단위세대당 1회선(4쌍 꼬임케이블 기준) 이상 및 단일모드 광섬유케이블 2코어 이상		방송통신설비의 기술기준에 관한 규정 제20조
업무용 건축물		1. 업무용건축물 회선수 확보하여 설계 1) 국선단자함에서 실단자함 또는 인출구까지 업무구역(10제곱미터)당 1회선(4쌍 꼬임케이블 기준) 이상 및 단일모드 광섬유케이블 2코어 이상 2) 광다중화 기능을 갖는 국선단자함과 동단자함이 있는 경우에는 국선단자함에서 동단자함까지 단일모드 광섬유케이블 12코어 이상, 동단자함에서 실단자함이나 인출구까지 업무구역(10제곱미터) 당 1회선(4쌍 꼬임케이블 기준) 이상 및 단일모드 광섬유케이블 2코어 이상		방송통신설비의 기술기준에 관한 규정 제20조
주거용과 업무용 외의 건축물		1. 주거용과 업무용 외의 용도를 갖는 건축물 회선 수 확보하여 설계 1) 건축물의 용도를 고려하여 주거용과 업무용 회선 수 확보기준을 신축적으로 적용하여 설계		

7.8.2 이동통신구내선로설비공사의 착공전 설계도 확인

1. 급전선의 인입 배관

항목	도면 번호	검토내용	검토 결과	근거
급전선의 인입 배관		1. 급전선 또는 광케이블을 인입하기 위한 배관 등은 [별표 7]의 제1호부터 제3호의 표준도에 준하여 설계 1) 옥외 안테나(옥상 또는 지상에 설치하는 안테나를		접지설비 · 구내통신설비 · 선로설비 및 통

항목	도면 번호	검토내용	검토 결과	근거
		말하며 이하 같다)에서 기지국의 송수신장치 또는 중계장치(이하 "중계장치 등"이라 한다)까지 급전선 또는 광케이블을 설치하기 위한 시설은 배관, 덕트 또는 트레이로 설계 2) 옥외 안테나에서 중계장치 등까지 설계하는 배관은 건물 내 통신배관실을 이용하여 설치하는 경우 외 다음 각 목에 적합하게 설계 - 급전선을 수용하는 배관의 내경은 36mm 이상 또는 급전선 외경(다조인 경우에는 그 전체의 외경)의 2배 이상이 되어야 하며, 3공 이상을 설치하도록 설계 - 광케이블을 수용하는 배관의 내경은 22mm 이상이어야 하며, 예비공 1공 이상을 포함하여 2공 이상을 설치하도록 설계 3) 배관 및 덕트는 제28조제4항제1호, 제5항 및 제6항의 규정을 준용하여 설치하도록 설계 - 구내통신선로설비의 배관이 제28조제5항제2호의 요건을 만족하고 상호 소통에 지장이 없는 경우에는 공동으로 사용할 수 있도록 설계		신공동구등에 대한 기술기준 제35조
		4) 도시철도시설에서 배관의 설치 구간은 관로의 분계점에 가까운 맨홀에서 중계장치 까지 설계		

2. 접속함

항목	도면 번호	검토내용	검토 결과	근거
접속함		1. 설치 위치 : 급전선 또는 광케이블의 포설 및 철거가 용이하도록 접속함을 설계 1) 배관의 길이가 40m를 초과할 경우 2) 제28조제5항제1호의 규정에 부적합한 배관의 굴곡점		접지설비·구내통신설비·선로설비 및 통신공동구등에 대한 기술기준 제36조
		1. 성능은 기술기준에 적합하게 설계 1) 절연저항 : 50MΩ 이상 2) 두께 1.5mm 이상의 연강판 또는 동등 이상 3) 문 : 여닫이식		접지설비·구내통신설비·선로설비 및 통신공동구등에 대한 기술기준 제36조

3. 접지시설

항목	도면 번호	검토내용	검토 결과	근거
접지시설		1. 접지시설은 제5조의 규정 및 [별표 7]의 제1호부터 제3호의 표준도에 준하여 설계 - 접지단자는 중계장치 등이 설치되는 각 층에 중계장치 등으로부터 최단거리에 설치하도록 설계		접지설비 · 구내통신설비 · 선로설비 및 통신공동구등에 대한 기술기준 제37조
		공사시방서에 기간통신사업자는 접지단자로부터 중계장치 등까지 접지선을 설치하도록 명기		

4. 상용전원

항목	도면 번호	검토내용	검토 결과	근거
상용전원		중계장치 등의 전원은 용량이 4kW 이상으로서 교류 220V 전원단자가 3개 이상이어야 하며, [별표 7]의 제1호부터 제3호의 표준도에 준하여 설계 - 전원단자는 중계장치 등이 설치되는 각 층에 중계장치 등으로부터 최단거리에 설치하도록 설계		접지설비 · 구내통신설비 · 선로설비 및 통신공동구등에 대한 기술기준 제38조
		공사시방서에 기간통신사업자는 전원단자로부터 중계장치 등까지 전원선을 설치하도록 명기		

5. 배관시설

항목	도면 번호	검토내용	검토 결과	근거
배관시설 구조		이동통신구내선로설비를 구성하는 배관시설은 설치된 후 배선의 교체 및 증설시공이 쉽게 이루어질 수 있는 구조로 설계		방송통신설비의 기술기준에 관한 규정 제18조

6. 중계기설치를 위한 장소확보 공통사항

항목	도면 번호	검토내용	검토 결과	근거
장소확보		1. 규정 제17조의2 및 제17조의3에 따른 대상 시설에는 송수신용 안테나, 중계장치 등의 설치 또는 운영을 위하여 기준에 적합한 장소를 확보하여 설계 1) 옥외 안테나의 설치를 위하여 전파의 송수신이 가장 양호한 곳으로서 각각 4m2 이상의 면적을 갖는 1개소 이상의 설치장소. 다만, 분계점에 가까운		접지설비 · 구내통신설비 · 선로설비 및 통신공동구등에 대한 기술기준 제39조

항목	도면 번호	검토내용	검토 결과	근거
		맨홀에서 중계장치 등까지 광케이블을 통해 신호를 전달하는 경우에는 해당 없음. 2) 중계장치 등의 설치를 위하여 분진이나 유해가스로부터 격리된 각각 2m2 이상의 면적(높이 2m 이상)을 갖는 1개소 이상의 설치장소 3) 설치장소는 옥외안테나 또는 중계장치 등의 설치 및 유지·보수를 위한 작업 등에 지장이 없도록 설계		

7. 공동주택 및 공동주택 외 건축물 중계기 설치 장소

<table>
<tr><th>항목</th><th>도면 번호</th><th>검토내용</th><th>검토 결과</th><th>근거</th></tr>
<tr><td rowspan="2">공동주택</td><td rowspan="2"></td><td>1. 중계기 설치 장소를 적합하게 선정하여 설계
<table>
<tr><th>설 치 대 상</th><th>설 치 장 소</th></tr>
<tr><td>가. 규정 제24조의2제1항에 따라 협의하여 지상층에 이동통신구내중계설비를 설치하기로 한 주택 및 시설</td><td>각 지하층 및 과학기술부장관이 정하여 고시하는 기준에 적합한 지상층</td></tr>
<tr><td>나. 가목에 해당하지 않는 지하층이 있는 주택 및 시설</td><td>각 지하층</td></tr>
</table>
1) 기지국의 송수신장치 또는 중계장치를 옥상에 설치하는 경우에는 단지 내 1개소 이상의 장소를 확보하여야 하며, 지하층에 설치하는 경우에는 지하층 바닥면적의 합계 5,000m^2 당 1개소 이상의 장소를 확보하도록 설계
2) 옥상의 기지국 송수신장치 또는 중계장치를 별도의 실 안에 설치하고자 하는 경우에는 실내 적정 온도 유지를 위해 환기구를 갖추도록 설계
3) 옥상에 옥외안테나 등을 설치하는 경우에는 접지시설 및 전원시설 등이 옥상까지 확보되어야 하며, 옥상을 관통할 때에는 방수 처리를 포함한 설계
4) 500세대 미만의 공동주택의 경우에는 지상층을 제외한 지하층에만 구내용 이동통신설비를 설치하도록 설계</td><td rowspan="2"></td><td rowspan="2">집지설비·구내통신설비·선로설비 및 통신공동구등에 대한 기술기준 [별표 7] 제2호</td></tr>
<tr><td>공사시방서에 옥외 안테나를 옥상에 설치하는 경우 기간통신사업자는 옥상의 옥외 안테나에서 기지국의 송수신장치 또는 중계장치까지 배관, 덕트 또는 트레이를 설계</td></tr>
</table>

<table>
<tr><th>항목</th><th>도면
번호</th><th>검토내용</th><th>검토
결과</th><th>근거</th></tr>
<tr><td>공동주택 외
건축물</td><td></td><td>1. 중계기 설치 장소를 적합하게 선정하여 설계
<table>
<tr><th>설 치 대 상</th><th>설 치 장 소</th></tr>
<tr><td>가. 「건축법 시행령」 제2조제17호에 따른 다중이용건축물(공동주택 제외)</td><td>각 지하층 및 각 지상층</td></tr>
<tr><td>나. 가목에 해당하지 않는 지하층이 있는 건축물(공중 지하도·터널·지하상가 및 지하주차장 등 지하건축물 포함)</td><td>각 지하층</td></tr>
</table>
1) 건축물에서 기지국의 송수신장치 또는 중계장치의 설치장소는 바닥면적의 합계 10,000m2 당 1개소 이상의 장소를 확보하도록 설계
2) 터널의 기지국 송수신장치 또는 중계장치는 터널 내부 또는 지상에 설치할 수 있도록 설계
3) 터널의 지상에 기지국 송수신장치 또는 중계장치를 설치하는 경우 접지시설 및 전원설비 등을 지상에 확보하도록 설계
4) 터널 길이에 따라 신호전달이 어려운 경우 2개 이상의 중계장치 설치하도록 설계
5) 복수 터널인 경우 각 터널 별 별도의 관로를 설치하고 지상에서 터널 내부로 관통할 때는 방수처리가 되도록 설계</td><td></td><td>접지설비·구내통신설비·선로설비 및 통신공동구등에 대한 기술기준 [별표 7] 제1호</td></tr>
</table>

7.8.3 방송 공동수신설비공사의 착공전 설계도 확인

1. 지상파TV, 위성방송, FM라디오방송, DMB방송설비의 공사

(1) 안테나설비

<table>
<tr><th>항목</th><th>도면
번호</th><th>검토내용</th><th>검토
결과</th><th>근거</th></tr>
<tr><td>방송통신
기자재
설계</td><td></td><td>1. 방송통신기자재는 전파법의 적합인증 제품과 정부인증 규격품을 사용 하도록 시방서에 기록 확인</td><td></td><td rowspan="2">• 전파법 제58조의2
• 방송 공동수신설비의 설치기준에 관한 고시 제10조</td></tr>
<tr><td>방송
주파수
전송방법</td><td></td><td>1. 방송 공동수신 안테나 시설은 수신안테나로부터 들어오는 방송의 신호를 주파수의 변환 없이 그대로 전송 설계</td><td></td></tr>
</table>

항목	도면 번호	검토내용	검토 결과	근거
		1) 지상파TV방송 주파수대역 : 54~805.75 MHz 2) FM라디오방송 주파수대역 : 88~107.9 MHz 3) 위성방송 주파수대역 : 950~2150MHz 4) 이동멀티미디어방송 주파수대역(174~216MHz)		
지상파 수신 안테나		1. 수신안테나는 지상파방송(TV, FM, DMB), 위성방송 신호를 잘 수신할 수 있도록 설계·제작하여야 하며, 기계적·화학적으로 내구성이 우수한 안테나 설계 2. 공사 시방서에 수신안테나와 동축케이블의 접속부는 빗물이 침수되지 않는 구조로 접속도록 설계 3. 수신안테나 설치 상세 설계도면을 작성 확인 4. 수신안테나는 모든 채널의 지상파방송, 위성방송 신호를 수신할 수 있도록 안테나를 구성 설계 5. 둘 이상의 건축물이 하나의 단지를 구성하고 있는 경우에는 한조의 수신안테나를 설치하여 이를 공동으로 사용 설계 6. 수신안테나는 벼락으로부터 보호될 수 있도록 설치하되, 피뢰침과 1m 이상의 거리를 두도록 설계 7. 수신안테나를 지지하는 구조물은 풍하중을 견딜 수 있도록 견고하게 설치하도록 설계 8. 풍하중의 산정에 관하여는 「건축물의 구조기준 등에 관한 규칙」제9조를 준용하여 설계 9. 수신안테나 유지·보수시 추락방지와 접근이 쉽도록 옥상 출입구에서 안테나위치까지 통로 가까운 곳에 설치하도록 설계		방송 공동수신 설비의 설치기준에 관한 고시 제11조제3항, 제12조,제13조

(2) 증폭기 설치 설계

항목	도면 번호	검토내용	검토 결과	근거
증폭기		1. 지상파 방송용증폭기 1) 증폭기는 수신안테나로부터 입력된 신호를 수신주파수대역별로 분리증폭한 후 이를 다시 혼합하여 출력하거나 전 대역을 광 대역으로 증폭하는 제품 설계 2) 증폭기는 다음의 기준에 맞게 설계 (1) 수동으로 출력신호의 세기를 조정 (2) 지상파방송, 위성방송의 신호를 균일하게 증폭 (3) 케이블 또는 별도의 전력선으로부터 전원을 공급받을 수 있어야 하고, 공급되는 전원을 수동으로 연결하거나 차단 3) 위성방송용안테나와 연결한 증폭기의 전원은 18V		방송 공동수신 설비의 설치기준에 관한 고시 제11조제3항, 제16조, 제25조, 제7조5항

항목	도면 번호	검토내용	검토 결과	근거
		의 전원이 안테나쪽으로 공급이 되는 증폭기 설계 2. 종합유선방송용 구내전송선로설비에 사용되는 증폭기는 다음의 기준에 적합하게 설계 1) 케이블의 특성에 의하여 자연적으로 감쇄된 상향신호 및 하향신호를 분리하여 증폭하는 기능 2) 수동으로 증폭기능을 조정 기능 3) 등화기 및 감쇄기로 입력레벨을 등화 또는 감쇄 기능 4) 전원을 수동으로 연결 또는 차단할 수 있는 기능		

(3) 비상전원 설비

항목	도면 번호	검토내용	검토 결과	근거
비상전원 설비		1. 에프엠(FM)라디오 및 이동멀티미디어방송의 지하층 수신에 필요한 방송공동수신설비는 정전 시에도 항상 방송수신을 유지할 수 있도록 비상전원 공급이 가능한 회로를 구성하여 설계		방송 공동수신 설비의 설치기준에 관한 고시 제4조

(4) DMB 방송 중계기의 설치

항목	도면 번호	검토내용	검토 결과	근거
인입방법		옥상의 DMB 안테나에서 지하층 중계기까지 인입용 배관과 배선은 기술기준에 적합하게 설계		방송 공동수신 설비의 설치기준에 관한 고시 제11조제3항, 제12조, 제13조
배관설치		옥외 안테나와 최초 장치함이나 중계기설치 장소까지 22mm 배관 2공(주-1공, 예비-1공)의 배관을 설계		
전원설비		1. 중계기 설치장소에 AC220볼트 전원단자 1개 이상 설계 2. DMB증폭기에 무정전전원설비를 연결하도록 설계		
접속함		1. 접속함 위치는 유지관리가 쉬운 장소에 설계 2. 금속 접속함의 접지저항은 100Ω 접지 설계		

(5) 세대별 단자함

항목	도면 번호	검토내용	검토 결과	근거
세대별 단자함		1. 각 세대별 단자함에는 층 장치함으로부터 인입되는 지상파방송, 위성방송 및 종합유선방송을 각각 수신할 수 있도록 선로를 설계하였으며, 그 선로에는 출력단자의 임피던스가 75Ω인 분배기 및 직렬단자를 설계		방송 공동수신 설비의 설치기준에 관한 고시 제3조의2

(6) 안전조건 설계반영

항목	도면번호	검토내용	검토결과	근거
안전조건		1. 방송 공동수신설비에는 보호기를 설치하도록 설계를 하고 보호기의 성능 및 접지에 관하여는 「방송통신설비의 기술기준에 관한 규정」 제7조를 준용 설계		방송 공동수신설비의 설치기준에 관한 고시 제4조

(7) 장치함 설치 설계

항목	도면번호	검토내용	검토결과	근거
장치함		1. 장치함은 방송 공동수신 안테나 케이블과 연결하여야 하고 종합유선방송의 구내전송선로 설비에 최초로 접속하는 곳에 설계 2. 방송공동수신안테나 케이블의 분배 · 분기 또는 접속을 위하여 필요한 곳에 장치함 설계 3. 장치함의 내부에는 절연 보조 장치, 잠금장치 및 통풍구 등을 설치하도록 설계 4. 장치함은 계단이나 복도 실내의 공용부분에 설계 5. 장치함의 크기는 증폭기, 분배기, 분기기, 보호기 및 케이블 등 필요한 설비를 수용할 수 있는 충분한 공간을 확보하여 설계 6. 증폭기 · 분배기 간에 신호의 간섭이 없도록 설계 확인 7. 장치함은 각 층(지하층 포함)에 설치되는 층 장치함과 접속할 수 있도록 설계		방송 공동수신설비의 설치기준에 관한 고시 제3조의2
층 장치함		1. 층 장치함은 각 세대별 단자함과 접속할 수 있도록 설계 확인. 다만, 지하층에 설치되는 층 장치함의 선로에는 에프엠(FM)라디오 및 이동멀티미디어방송을 수신할 수 있는 중계기용 무선기기를 설치하되, 옥상 등의 수신안테나와 연결하도록 설계		방송 공동수신설비의 설치기준에 관한 고시 제3조의2

(8) 분배기, 직렬단자 설치

항목	도면번호	검토내용	검토결과	근거
분배기 분기기		1. 종합유선방송 신호를 임피던스의 변화 없이 분배하거나 분기할 수 있도록 설계 2. 유휴분배단자와 유휴분기단자는 사용회선에 영향을 미치지 아니하도록 75Ω으로 종단하도록 설계		방송 공동수신설비의 설치기준에 관한 고시 제11조, 제17조

<table>
<tr><th>항목</th><th>도면
번호</th><th>검토내용</th><th>검토
결과</th><th>근거</th></tr>
<tr><td>직렬단자
(75Ω)
출력 레벨</td><td></td><td>
<table>
<tr><th>아날로그채널(FM포함)</th><th>55~85dBμV</th></tr>
<tr><td>디지털 채널(8VSB)
초고화질 채널(OFDM, QAM)</td><td>37~67dBμV
39~69dBμV</td></tr>
<tr><td>이동멀티미디어방송채널</td><td>23~53dBμV</td></tr>
<tr><td>디지털위성방송채널</td><td>개정 후 36~66dBμV</td></tr>
</table>
- 2017.01.02 개정 (FM, 디지털 채널, 초고화질 채널, DMB, 디지털위성방송 채널의 출력레벨 개정)
</td><td></td><td></td></tr>
</table>

(9) 구내배관의 설치

항목	도면 번호	검토내용	검토 결과	근거
구내배관		1. 배관은 선로를 보호할 수 있고, 부식에 강한 금속관 또는 통신용 합성수지관 설계 2. 배관의 안지름은 배관에 들어가는 케이블 단면적의 총 합계가 배관 단면적의 32퍼센트 이하가 되도록 설계 3. 배관의 굴곡은 가능하면 완만하게 처리하여야 하고, 곡률반지름은 배관 안지름의 6배 이상으로 설계 4. 장치함부터 세대단자함까지 또는 장치함에서 다른 장치함까지 등 한 구간의 배관은 굴곡 부분은 3개소 이하로 하고, 1개소의 굴곡 각도는 직선상태의 배관이 꺾이는 각도가 90° 이하로 하며, 꺾인 각도의 합계는 180° 이하로 설계 5. 세대단자함부터 직렬단자까지의 배관은 성형배선이 구조로 설계 6. 세대단자함부터 직렬단자까지는 통신용 배관을 단독 또는 공동으로 사용을 하도록 설계 7. 건축물의 벽이나 바닥 안에 설치하는 증폭기와 분배기 등의 장치는 외부에서 교체하기 쉬운 장치함에 설계		방송 공동수신 설비의 설치기준에 관한 고시 제7조

(10) 구내배선의 설치

<table>
<tr><th>항목</th><th>도면
번호</th><th>검토내용</th><th>검토
결과</th><th>근거</th></tr>
<tr><td>광케이블</td><td></td><td>
1. 광(光)케이블
<table>
<tr><th>광섬유 케이블</th><th colspan="2">단일모드광섬유(SMF)</th></tr>
<tr><td>파장(nm)</td><td>1310</td><td>1550</td></tr>
<tr><td>손실(dB/km)</td><td>0.5 이하</td><td>0.4 이하</td></tr>
</table>
</td><td></td><td>방송 공동수신 설비의 설치기준에 관한 고시 제11조제3항</td></tr>
</table>

항목	도면 번호	검토내용	검토 결과	근거
		1) 광배선구간이 짧을 경우에는 광섬유의 크래딩에 가하는 광 파워는 수신기에 과부하를 주지 아니하도록 설계 2) 공동주택(특등급)의 경우에는 전송데이터가 집중되는 구내 간선계는 단일모드 광섬유케이블(SMF)을 설계(권장)		
콘넥터		1. 동축케이블의 콘넥터 접속 상태가 양호하게 설치하도록 시방서에 기록 1) 안테나와 연결한 콘넥터의 접속 상태 2) 증폭기와 연결한 콘넥터의 접속 상태 3) 분배기 및 분기기에 연결한 콘넥터의 접속 상태 4) 보호기에 연결한 콘넥터의 접속 상태 5) 신호처리기에 연결한 콘넥터의 접속 상태 6) 중계기용 무선기기에 연결한 콘넥터의 접속 상태 7) 직렬단자에 연결한 콘넥터의 접속 상태		방송 공동수신설비의 설치기준에 관한 고시 제12조, 제7조의2제3항
구내배선		1. 구내배선은 동축케이블 또는 광섬유케이블을 사용하고 성형배선 (1:1 단독 배선) 설계 1) 동일 실내에서는 직렬단자를 활용하여 분배 또는 분기할 수 있으나 분배의 횟수를 3개소 이내로 시방서에 기록 확인 2. 방송 공동수신 안테나 시설 및 종합유선방송 구내전송선로설비의 배선은 장치함까지 각각 단독으로 설계 3. 공동주택(세대 내에서 분기가 없는 기숙사 및 「주택법 시행령」 제3조제1항 제2호의 규정에 따른 원룸형 주택의 모든 요건을 갖춘 주택은 제외한다)인 경우에는 세대단자함까지 따로 설계하고, 세대 내는 성형배선으로 설계 4. 동일 실내에서 방송공동수신 안테나 시설과 종합유선방송 구내전송선로설비의 이용이 동시에 가능하도록 세대단자함부터 직렬단자까지 각각 배선 설계 5. 구내배선 상호간 또는 그 밖의 사용설비와 접속할 때에는 접속기구(커넥터)를 설계 6. 선로는 전력선간 상호 영향을 받지 않도록 설계		o 방송 공동수신설비의 설치기준에 관한 고시 제7조의2

2. 종합유선방송설비공사

항목	도면 번호	검토내용	검토 결과	근거
전송선로 구간		종합유선방송 구내전송선로설비는 도로와 택지 또는 건축물의 경계점으로부터 세대단자함까지로 설계		방송 공동수신설비의 설치기준에 관한 고시 제23조

<table>
<tr><th>항목</th><th>도면
번호</th><th>검토내용</th><th>검토
결과</th><th>근거</th></tr>
<tr><td>증폭기</td><td></td><td>1. 증폭기의 기능을 시방서에 표기 하였는가?
1) 케이블의 특성에 의하여 자연적으로 감쇄된 상향신호 및 하향신호를 분리하여 증폭하는 기능
2) 수동으로 증폭기능을 조정 기능
3) 등화기 및 감쇄기로 입력레벨을 등화 또는 감쇄기능
4) 전원을 수동으로 연결 또는 차단할 수 있는기능</td><td></td><td>방송 공동수신설비의 설치기준에 관한 고시 제25조</td></tr>
<tr><td>분배기 및
분기기</td><td></td><td>1. 분배기와 분기기설치 방법을 시방서에 표기 확인
1) 신호를 임피던스의 변화없이 분배하거나 분기 기능
2) 유휴분배단자와 유휴분기단자는 사용회선에 영향을 미치지 아니하도록 75Ω으로 종단 설계</td><td></td><td>방송 공동수신설비의 설치기준에 관한 고시 제26조</td></tr>
<tr><td>인입
접속점</td><td></td><td>종합유선방송사업자 또는 전송망사업자가 설치한 전송선로설비를 구내전송선로설비와 연결하기 위한 접속점은 구내전송선로설비중 보호기의 인입커넥터로 설계</td><td></td><td>방송 공동수신설비의 설치기준에 관한 고시 제28조</td></tr>
<tr><td>구내전송
선로설비
의
질적수준</td><td></td><td>디지털종합유선방송신호의 신호를 전송하기 위한 구내전송선로설비의 질적 수준은 다음 표를 공사시방서에 표기 확인
종합유선방송 구내전송 선로설비의 질적수준(제30조 관련)
<table>
<tr><th colspan="3">주파수범위</th><th>54~1,002MHz</th></tr>
<tr><td rowspan="5">출력레벨
(75Ω 연결 시)</td><td colspan="2">아날로그채널</td><td>55~85dBμV</td></tr>
<tr><td rowspan="4">디지털
채널</td><td>8VSB</td><td>37~67dBμV</td></tr>
<tr><td>QPSK</td><td>29~59dBμV</td></tr>
<tr><td>64QAM</td><td>35~65dBμV</td></tr>
<tr><td>256QAM</td><td>42~72dBμV</td></tr>
<tr><td>채널 간의 레벨차
(동일 변조 방식)</td><td colspan="2">인접사용 채널 간</td><td>5dB이내</td></tr>
<tr><td rowspan="5">신호대
잡음비(S/N비)</td><td colspan="2">아날로그채널</td><td>40dB 이상</td></tr>
<tr><td rowspan="4">디지털
채널</td><td>8VSB</td><td>22dB 이상</td></tr>
<tr><td>QPSK</td><td>14dB 이상</td></tr>
<tr><td>64QAM</td><td>20dB 이상</td></tr>
<tr><td>256QAM</td><td>27dB 이상</td></tr>
</table>
비고 : 기준 값은 댁내 직렬단자에서의 질적수준이고 측정항목 중 출력레벨은 채널전력을 말한다.</td><td></td><td>방송 공동수신설비의 설치기준에 관한 고시 제30조</td></tr>
</table>

7.8.4 정보통신공사 사용전검사 신청서

■ 정보통신공사업법 시행규칙 [별지 제9호 서식] 〈개정 2018.10.18〉

정보통신공사 사용전검사신청서

※ 색상이 어두운 난은 신청인이 적지 않습니다. (앞쪽)

접수번호	접수일	발급일	처리기간 14 일

신청인	성명(기관 또는 법인명)		대 표 자	
			전화번호	
	주 소			
시공자	상 호		정보통신공사업 등 록 번 호	
	대 표 자	(서명 또는 인)	전 화 번 호	
	영업소 소재지			

검사현장 명칭			
검사현장 주소			
공사의 종류			
구조 및 용도			
건축면적	제곱미터	연면적/규모(층수)	제곱미터/지하 층, 지상 층
착공일	. . .	완공일	. . .
검사희망 연월일	. . .		

「정보통신공사업법」 제36조 및 같은 법 시행령 제36조제1항에 따라 정보통신공사 사용전검사를 신청합니다.

년 월 일

신 청 인 (서명 또는 인)

특별자치시장 · 특별자치도지사 · 시장 · 군수 · 구청장 귀하

신청인 제출서류	공사의 준공설계도면 사본 1부	수수료 「정보통신공사업법 시행령」 제57조에 따른 수수료
담당 공무원 확인사항	정보통신공사업 등록증	

작 성 방 법

※ 연면적: 건축허가서상의 연면적 기재

행정정보 공동이용 동의서

본인은 이 건 업무처리와 관련하여 담당 공무원이 「전자정부법」제36조제1항에 따른 행정정보의 공동이용을 통하여 위의 담당 공무원 확인사항을 확인하는 것에 동의합니다. (※ 동의하지 않는 경우에는 신청인이 직접 관련 서류를 제출하여야 합니다)

신청인 (서명 또는 인)

210㎜×297㎜[백상지(80g/㎡) 또는 중질지(80g/㎡)]

7.8.5 정보통신공사 시방서

1. 적용법규

① 방송통신발전기본법, 같은 법 시행령
② 정보통신공사업법 같은 법 시행령
③ 전파법 같은 법 시행령
④ 방송통신설비의 기술기준에 관한 규정
⑤ 접지설비·구내통신설비·선로설비 및 통신공동구등에 대한 기술기준
⑥ 방송공동수신설비의 설치기준

2. 본 시방서의 적용 범위

정보통신공사의 사용전검사 대상에 해당하는 정보통신공사의 구내통신선로설비공사, 방송공동수신설비(지상파TV. FM방송, DMB방송, 위성방송, 종합유선방송구내전송설비의 공사), 이동통신구내선로설비공사에 적용한다.

3. 구내통신선로설비 공사

(1) 국선의 인입 통신배관 공사

① 국선의 인입배관의 내경은 선로외경(다조인 경우에는 그 전체의 외경)의 2배 이상이 되어야 한다.
② 국선 인입배관의 공수는 주거용 및 기타건축물의 경우에는 1공이상의 예비공을 포함하여 36mm의 2공 이상 설치한다.
③ 국선인입 통신케이블 배관은 KS HI-PVC 배관을 사용하고 주름관(CD관)을 사용하는 경우 KSC8455 제품을 사용하여야하며 1관 1조를 원칙으로 하고, 인입배관의 내경은 케이블 외경의 2배 이상으로 한다.
④ **발주자가 맨홀 설치하여 가공케이블을 지하인입 배관을 할 경우** : 발주자 맨홀에서 국선인입 전선관을 기간통신사업자 맨홀이나 전주까지 지하 매설하여 지하인입 할 때는 36mm의 3개(전화-2, 유선방송-1)의 배관을 시설 한다.
⑤ **발주자가 맨홀 없이 가공케이블을 지하인입 배관을 할 경우(국선5회선 미만)맨홀 설치 제외** : 국선단자함과 종합유선방송용 장치함에서 국선인입 전선관을 기간통신사업자의 전주까지 맨홀을 설치하지 않고 발주자의 대지에 통신전선지지대를 설치하여 가공 케이블을 지하인입 배관하여 국선단자함까지 연결 할 때는 36mm의 3개(전화-2, 유선방송-1) 배관을 시설 한다.

(2) 맨홀 설치

① 작업 시 필요한 공간을 확보할 수 있는 구조로 설계하고 차량출입과 작업이 용이한 위치에 설치하여야 한다.
② 맨홀에는 주변 실수요자용 통신케이블을 분기할 수 있는 인입 관로 및 접지시설 등을 설치하여야한다.
③ 차량이 다니는 곳의 맨홀은 2중 철개의 뚜껑을 설치하여야 한다.

(3) 구내배관의 설치

① 건축물의 구내에는 선로를 용이하게 설치하거나 철거할 수 있도록 배관 또는 닥트 등의 시설을 설치하여야 한다.
② 구내간선계 및 건물간선계의 배관 공수는 동등 이상 내경을 가진 예비공 1공 이상을 포함하여 2공 이상을 설치하여야 한다. 트레이 및 닥트 등을 설치할 경우에는 향후 증설을 고려하여 여유 공간을 확보한다.
③ 수평배선계의 배관은 성형구조, 성형배선이 가능한 구조이어야 한다.
④ 구내에 설치하는 배관의 요건
  가. 배관은 외부의 압력 또는 충격 등으로부터 선로를 보호할 수 있는 기계적 강도를 가진 내 부식성 금속관 또는 KSC(한국산업규격) 8454 동등 규격 이상의 합성수지제 전선관을 사용하여야 한다.
  나. 배관의 내경은 배관에 수용되는 케이블단면적의 총합계가 배관 단면적의 32% 이하가 되도록 하여야 한다.
  다. 배관의 굴곡은 가능한 완만하게 처리하여야 하되, 곡률반경은 배관내경의 6배 이상으로 한다.
  라. 배관의 1구간에 있어서 굴곡개소는 3개소 이내이어야 하며, 1개소의 굴곡 각도는 90° 이내로 하며 3개소의 합계는 180°이내이어야 한다. 다만, 옥내 전화선(한 조로 된 선로)을 수용하는 경우에는 굴곡개소를 5개소 이내로 하고 그 굴곡각도의 합계는 270°이내로 한다.
⑤ 옥내에 설치하는 닥트의 요건
  가. 닥트는 선로를 용이하게 수용할 수 있는 구조와 유지·보수를 위한 충분한 공간을 갖추어야 하며, 수직으로 설치된 닥트의 주변에는 선로의 포설, 유지 및 보수의 작업을 용이하게 할 수 있는 디딤대 등을 설치하여야 한다.
  나. 닥트의 내부에는 선로의 포설에 필요한 선로 받침대를 60cm 내지 150cm의 간격으로 설치하여야 한다. 다만, 선로용 배관을 따로 설치하는 경우에는 그러하지 아니하다.
  다. 닥트의 내부에는 유지·보수 작업용 조명 또는 전기콘센트가 설치되어야 한다. 다

만, 바닥 닥트의 경우에는 그러하지 아니하다

⑥ 국선단자함과 장치함(TV증폭기함)이 분리 설치되어 있는 경우 초고속정보통신회선을 서로 연결하여 사용할 수 있는 전선관 28C의 예비배관을 국선단자함과 장치함을 서로연결 되도록 시공하여야 한다.

⑦ 국선인입용 예비배관 내에는 부름 도입선을 넣어두고, 그 양단에 행선을 기입한 표찰을 부착하여야 한다.

⑧ 접지 시공 시, 접지케이블을 보호할 수 있도록 배관을 시공하여야 한다.

⑨ 사무실에 설치하는 10회선 이상의 통신단자함은 단자함에서 바닥방향으로 인출이 될 수 있도록 인출용 배관 28C 1공을 설치하여야 한다.

⑩ 예비배관은 방수가 되도록 서비스캡을 끼운다.

(4) 국선단자함 설치

① 구내로 인입된 국선은 구내선과의 분계점에 설치된 주 단자함(국선단자함) 또는 주 배선반에 수용하여야 한다.

② 국선단자함은 국선수용 단자, 단자반 및 보호기를 설치할 수 있는 충분한 공간 및 구조를 갖추어야 하며 관로의 분계점과 가장 가까운 곳에 설치하여야 한다.

③ 국선단자함의 최저 크기가 400 × 500 × 80mm 이상이어야 하고 우측에는 2구의 전원 콘센트(권장) 내장하고 광통신기기와 인터넷모뎀을 설치할 충분한 공간을 확보하고 좌측에는 통신용 낙뢰보호기와 110단자대가 내장 하여야 한다.

④ 국선단자함과 장치함은 통합(방송통신단자함)으로 사용 할 수 있으며 방송통신단자함은 최저크기가 600 × 700 × 150mm 이상이어야 하고 우측에는 3구의 전원 콘센트를 내장하고 좌·우 칸막이를 설치하여야 한다.

⑤ 회선의 표시를 위하여 회선표시판(선번장)을 비치하여야한다.

⑥ 국선단자함은 빗물이 스며들 외벽의 장소를 피하고 잠금장치를 할 수 있는 실내에 설치하고 바닥으로부터 단자함 하부까지 30cm높이에 설치한다.

⑦ 매입 국선단자함은 1.6T 이상의 압연강판으로 제작하고 단자함의 문과 테두리는 스테인레스 제품으로 하고 배관에는 콘넥타 (로크너트, 붓싱)로 마감하여야 한다.

⑧ 국선단자함은 1.6mm이상의 접지선으로 접지를 하고 100회선 이하는 100Ω 이하가 되어야 하고 단자함 절연저항은 50MΩ 이상, 접속저항은 0.01Ω 이하가 되어야 한다.

⑨ 국선단자함과 장치함 구간에는 28mm의 통신용 전선관(예비배관)를 서로 연결하여 두 단자함간 통신회선을 서로 구성할 수 있도록 해야 한다.

⑩ 기간통신사업자 맨홀과 지하로 배관이 연결된 경우의 조치 : 지하배관을 통하여 습기가 국선단자함에 유입되어 단자반의 부식을 막도록 국선단자함의 배관을 실리콘 등으로 배관의 빈틈을 밀폐하여야 한다.

⑪ 국선단자함의 설치위치는 단자함에 빗물이나 습기유입이 심한 외벽 설치를 피하고 실내에 설치하여야 한다.
⑫ 단자함본체와 낙뢰보호기간 접속이 쉽도록 접지 단자대를 설치하여야 한다.

(5) 중간단자함 설치

① 선로를 용이하게 수용하기 위한 접속함 (선로간을 직접 연결하기위한함) 또는 중간단자함(국선단자함과 세대단자함의 사이에 설치하는 단자함) 등은 국선단자함 으로부터 세대단자함까지의 구간 중에서 배관의 굴곡점, 선로의 분기 및 접속을 위하여 필요한곳에 설치되어야한다.
② 매입형의 단자함은 1.6T 이상의 압연강판으로 제작하여 문과 테두리는 스테인레스제품 으로 설치하고 잠금장치가 되어야 한다
③ 단자함 내부의 배관에는 콘넥타 (로크너트, 붓싱)로 마감하여야 한다.
④ 중간단자함의 크기는 300 × 400 × 150mm 이상 권장, 바닥에서 30Cm 높이로 한다.
⑤ 중간단자함은 1.6mm 이상의 접지전선으로 접지를 하는데 100회선 이하는 100Ω 이하, 장치함 절연저항은 50MΩ 이상, 접속저항은 0.01Ω 이하가 되어야 한다.
⑥ 중간단자함은 잠금장치, 통풍구를 설치하여야 하고, 접지단자가 구비된 구조로 설치하여야 한다.
⑦ 사무실에 설치하는 10회선 이상의 통신단자함은 바닥방향으로 인출이 될 수 있도록 인출용 배관 28C 1공을 설치하여야한다.
⑧ 중간단자함의 단자는 배선 케이블 등급과 동등 이상의 성능을 가질 것
⑨ 금속형 중간단자함은 접지가 되어야한다.

(6) 세대단자함 설치

① 주거용 건축물 중 세대별로 배선의 인입 및 분기가 용이하도록 세대단자함을 설치하여야 한다.
② 금속형의 세대단자함의 경우에는 1.6T 이상의 압연강판으로 제작하여야 하고 외부에 노출되게 설치시는 잠금장치를 구비 할것.
③ 세대단자함 크기는 300 × 400 × 150mm 이상의 규격에 높이는 바닥에서 단자함 하부까지 30Cm 높이로 한다. 금속형 단자함은 1.6mm 이상의 접지전선으로 접지를 100Ω 이하로 구성하여야 하여야한다.
④ 세대단자함 내에는 전원용 콘센트를 내장하고 전화용과 초고속통신용의 101단자와 종합유선방송용과 방송공동수신용(안테나설비)등 선택하여 시정할 수 있도록 배관과 배선을 하고 충분한 공간의 크기로 한다.
⑤ 단자함 내부의 배관에는 콘넥타 (로크너트, 붓싱)로 마감하여야 한다.
⑥ 세대단자함의 높이는 바닥에서 단자함 하부까지 30cm 높이로 한다.

⑦ 세대 단자함 절연저항은 50MΩ 이상, 접속저항은 0.01Ω 이하가 되어야한다.
⑧ 세대단자함의 단자는 배선 케이블 등급과 동등 이상의 성능을 가질 것

(7) 보호기 설치

① 낙뢰 또는 강전류 전선과의 접촉 등에 의하여 이상전류 또는 이상전압이 유입될 우려가 있는 구내통신설비에는 과전류 또는 과전압을 방전시키거나 이를 제한 또는 차단하는 보호기를 설치해야 한다.
② 선로설비의 상호간, 회선과 대지간 및 심선 상호간의 절연저항은 500V, 절연저항계로 10MΩ 이상, 접속저항은 0.01Ω 이하이어야 한다.

(8) 접지 설치

① 전기통신설비에는 보호기와 금속으로 된 주배선반 · 지지물 · 단자함(국선단자함, 구내통신단자함, 세대단자함 등)·장치함 및 지지물 등에는 접지를 한다.
② 통신시설의 접지저항은 10Ω 이하를 기준으로 하고 다음의 경우는 100Ω 이하로 할 수 있다.
가. 선로설비중 선조 · 케이블에 대하여 일정 간격으로 시설하는 접지
나. 국선 수용 회선이 100회선 이하인 주배선반(국선단자함)
다. 보호기를 설치하지 않는 구내통신단자함
라. 통신용 케이블의 쉴드 접지
③ 통신회선 이용자의 건축물, 전주 또는 맨홀 등의 시설에 설치된 통신설비로서 통신용 접지시공이 곤란한 경우에는 그 시설물의 접지를 이용할 수 있으며, 이 경우 접지 저항은 해당 시설물의 접지기준에 따른다.
④ 접지선은 직경 1.6mm 이상의 PVC 피복 동선 또는 그 이상의 절연효과가 있는 전선을 사용하고, 접지극은 부식이나 토양오염 방지를 고려한 도전성 재료를 사용한다.
⑤ 접지체는 가스, 산 등에 의한 부식의 우려가 없는 곳에 매설하여야 하며, 접지체 상단이 지표로부터 수직 깊이 75cm 이상 되도록 매설 하여야 한다.
⑥ 보호기는 원칙적으로 인입구 부근에 설치하고 접지하여야 한다.

(9) 구내 배선 전송특성 유지

① 층 단자함에서 인출구까지 꼬임케이블을 배선할 경우에 구내배선설비의 링크성능은 100MHz 이상의 전송특성이 유지되도록 하여야 한다(CAT.5e 이상급).
② 링크성능 기준(기술기준고시 제33조제3항)은 다음과 같다.
가. 동케이블의 링크성능 기준

측정항목	측정주파수 (MHz)	기준값	
		100MHz	250MHz
반사손실 (dB)	1	17.0 이상	19.0 이상
	16.0	17.0 이상	18.0 이상
	100.0	10.0 이상	12.0 이상
	250.0	-	8.0 이상
감쇠 (dB)	1.0	2.2 이하	3.0 이하
	16.0	9.1 이하	8.0 이하
	100.0	24.0 이하	21.3 이하
	250.0	-	35.9 이하
근단 누화손실 (dB)	1.0	60.0 이상	65.0 이상
	16.0	43.6 이상	53.2 이상
	100.0	30.1 이상	39.9 이상
	250.0	-	33.1 이상
근단 누화 전력합 손실 (dB)	1.0	57.0 이상	62.0 이상
	16.0	40.6 이상	50.6 이상
	100.0	27.1 이상	37.1 이상
	250.0	-	30.2 이상
원단감쇠대누화비 (dB)	1.0	57.4 이상	63.3 이상
	16.0	33.3 이상	39.2 이상
	100.0	17.4 이상	23.3 이상
	250.0	-	15.3 이상
원단감쇠대누화비전력합 (dB)	1.0	54.4 이상	60.3 이상
	16.0	30.3 이상	36.2 이상
	100.0	14.4 이상	20.3 이상
	250.0	-	12.3 이상
전달지연(ns)	10.0	555 이하	555 이하
전달지연변이(ns)	10.0	50 이하	50 이하

나. 광섬유케이블의 링크성능 기준

(1) 공동주택 및 업무용건축물

종류	파장 (nm)	채널손실
단일모드	1,310	7㏈ 이하
	1,550	7㏈ 이하
다중모드	850	13㏈ 이하
	1,300	9㏈ 이하

주) 링크성능은 집중구내통신실에서 광섬유케이블의 종단 (세대단자함 또는 인출구)까지의 기준.

(2) 공동주택 외 주거용 건축물 및 기타건축물

종류	파장 (nm)	채널손실
단일모드	1,310	3.45dB 이하
	1,550	3.45dB 이하

주) 링크성능은 국선단자함에서 광섬유케이블의 종단 (세대단자함 또는 인출구)까지의 기준

⑽ 구내배선의 설치 방법

① 업무용 및 기타건축물에 설치하는 구내배선은 층 단자함에서 각 인출구 까지는 성형배선 방식으로 하여야 한다.

② 구내통신용선로와 유선방송, 공동시청안테나설비의 배선을 동일 배관에 함께 수용할 경우에는 선로상호간 누화로 인하여 통신소통에 지장이 없도록 하여야 한다.

③ 구내배선에 사용하는 접속자재는 배선케이블 등급과 동등 이상의 제품을 사용하여야 한다.

④ 간선케이블과 수평케이블은 직접 접속되어야 하고 케이블 구간 중간접속을 하지 않아야 한다.

⑤ 구내케이블 인입시 적절한 인장력으로 케이블 손상 및 특성변화를 주지 않도록 하여야 한다.

⑥ 분계점에서 간선 케이블을 접속할 때는 각 페어는 동일한 순서로 접속 한다.

⑦ 통신단자함 내에 케이블 성단시, 충분한 여장을 두고 성단하여야 한다.

⑧ 수평배선 구간 (세대단자함에서 인출구)까지은 성형배선을 하여야 한다.

⑨ 구내배선의 절연저항은 대지간 10MΩ 이상이어야 한다.

⑩ 모든 도면에는 통신케이블 경로마다 구간별로 배관의 규격과 수량, 통신케이블의 규격과 회선수량을 표기하야 한다.

⑪ 세대단자함에서 인출구 까지(전화용, 초고속통신용, 방송수신용) 모두 성형배선을 하여야 한다.

⑫ 인출구(모듈러잭)의 핀 배열 및 페어별 접속

핀배열	1	2	3	4	5	6	7	8
LAN 568B 형	백/등	등	백/녹	청	백/청	녹	백/갈	갈

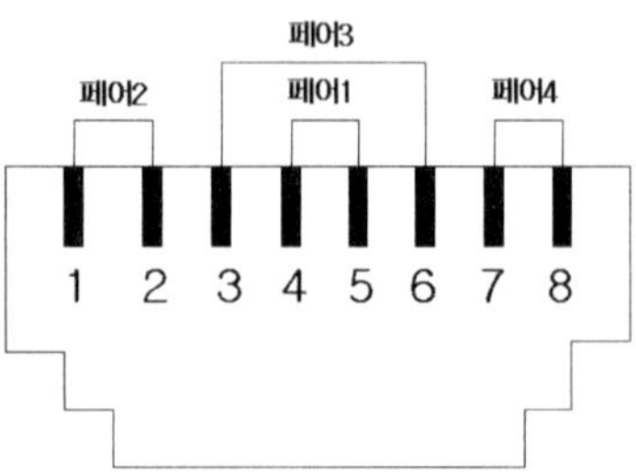

[페어별 색상구분] LAN 568B 형

⑬ 통신용 인출구는 8핀 모듈러잭을 사용해야 한다.

⑭ 인출구의 설치 개수는 각 실별(고정된 벽) 단위로 최소 1개소 이상 설치하여야 한다.

[인출구/모듈러잭(ISO8877)]

⑮ 통신용 인출구(아울렛)의 높이는 바닥에서 아울렛 하부 까지 30mm 높이로 한다(권장사항).

⑯ 통신용 인출구 설치는 하나의 모듈러에 전화용과 초고속 통신 겸용으로 사용하지 않도록 모듈러를 각각 분리 설치를 하여야 한다(하나의 아울렛 박스에 상단 : 전화용, 하단 : 초고속통신용). 거실, 주방, 내실 등은 따로 설치

⑰ 전화용, 초고속통신용, 텔레비전수신용 아울렛과 전원콘센트는 같은 위치에 설치한다.

4. 옥내통신선 이격거리

① 옥내통신선은 300V 초과 전선과의 이격거리는 15cm이상, 300V 이하 전선과의 이격거리는 6cm 이상으로 하고 도시가스배관과 혼촉되지 않도록 한다.

② 이격하지 아니 할 수 있는 경우

가. 옥내통신선이 절연선 또는 케이블이거나 광섬유케이블(전도성 인장선이 없는 것)일 경우(전선 또는 전선관과 접촉이 되지 아니하여야 함).

나. 전선이 케이블(캡타이어 케이블을 포함한다)일 경우(옥내통신선과 접촉되지 아니하여야 함)

다. 전선(300V 이하로서 케이블이 아닌 경우)과 옥내통신선간에 절연성의 격벽을 설치할 때 또는 전선을 전선관(절연성 · 난연성 및 내수성을 갖춘 것)에 수용하여 설치한 경우

5. 회선수 확보기준

구내통신선로설비에는 구내로 인입되는 국선의 수용과 구내회선의 구성 및 단말장치 등의 증설 등에 지장이없도록 충분한 회선을 확보하여야 하고 최소회선수의 기준은 〈표 7-1〉과 같다.

〈표 7-1〉 구내통신 회선수 확보기준(방송통신설비기술기준에 관한 규정 제20조)

대상 건축물	회선수 확보기준
1. 주거용건축물	단위세대당 1회선(4쌍 꼬임케이블 기준) 이상
2. 업무용건축물	각 업무구역당 (10제곱미터씩 나누어) 단일모드 광섬유케이블 2코어 및 꼬임케이블 1회선

비고

제1호 및 제2호의 건축물은 건축물의 용도를 감안하여 제1호 또는 제2호의 규정을 신축적으로 적용할 수 있다.

6. 방송수신설비설차공사

(1) TV 안테나설비의 안테나설치

① 설계 전 전파조사 실시 : TV수신 안테나 시설의 설치자는 구역별 수신 전계강도를 측정하여 측정결과리스트에 기록하여 발주자에게 제출하여야 한다.

② TV안테나 시설에 사용하는 설비는 다음과 같다.

1. 수신안테나 2. 레벨조정기 3. 주파수변환기 4. 증폭기 5. 분배기 및 분기기 6. 직렬단자 7. 동축케이블 또는 광케이블 8. 보호기

③ 수신안테나 구조

가. 수신안테나는 지상파텔레비전방송, 위성방송 및 에프엠라디오방송, DMB 방송의 신호를 잘 수신할 수 있도록 설치를 하여야 하며, 기계적 · 화학적으로 내구성이 우수하여야 한다.

나. 수신안테나와 동축케이블의 접속부는 방수구조이어야 하며, 임피던스 정합회로가 내장되어 직접 동축케이블이나 광케이블과 접속할 수 있어야 한다.

④ 수신안테나의 설치방법

가. 지상파수신안테나는 지상파텔레비전방송, 에프엠라디오방송은 수평으로 설치하고 DMB방송 안테나는 수직으로 설치하여 방송신호를 수신할 수 있도록 안테나를 조합하여 설치하여야 한다.(위성방송은 공용방송수신 위주 설치)

나. 둘 이상의 건축물이 하나의 단지를 구성하고 있는 경우에는 한 조의 수신안테나를 설치하여 이를 공동으로 사용할 수 있다.

다. 수신안테나는 벼락으로부터 보호될 수 있도록 설치하되, 피뢰시설과 1미터 이상의 거리를 두어야 한다.

라. 수신안테나를 지지하는 구조물은 풍하중(풍하중)을 견딜 수 있도록 견고하게 설치 하여야 한다. 이 경우 풍하중의 산정에 관하여는「건축물의 구조기준 등에 관한 규칙」제13조를 준용한다.

⑤ 증폭기 설치 : 증폭기는 수신안테나로부터 입력된 신호를 수신주파수대역별로 분리증폭한 후 이를 다시 혼합하여 출력하거나 전 대역을 광대역으로 증폭하여야 한다.

⑥ 동축케이블 접속 : 건축물 안으로 들어오는 동축케이블은 장치함에 설치된 최초의 증폭기 · 분배기 또는 분기기 등에 접속하여야 한다.

⑦ DMB 방송 중계기 설치 : 중계기는 수신안테나와 증폭기로부터 입력된 신호를 중계하여 재송신 하며 재송신용 안테나를 설치하여 수신이 되도록 설치한다.

(2) 옥내배관 설치

사용되는 옥내 관로의 배관은 다음의 기준에 맞도록 설치하여야 한다.

① 배관은 외부의 압력 또는 충격 등으로부터 선로를 보호할 수 있고, 부식에 강한 금속관 또는 통신용 합성수지관을 사용하여야 한다.

② 배관의 안지름은 배관에 들어가는 케이블 단면적의 총합계가 배관 단면적의 32퍼센트 이하가 되도록 하여야 한다.

③ 배관의 굴곡은 가능하면 완만하게 처리하여야 하고, 곡률반지름은 배관안지름의 6배 이상으로 한다. 이 경우 굴곡을 유지하기 위한 다른 보조장치를 사용하여서는 아니 된다.

④ 장치함부터 세대단자함까지 또는 장치함에서 다른 장치함까지 등 한 구간의 배관은 굴곡 부분은 3개소 이하로 하고, 1개소의 굴곡 각도는 90도 이하로 하며, 그 굴곡각도의 합계는 180도 이하로 한다.

⑤ 세대단자함부터 인출구 구간에는 통신용 배관을 공동으로 사용할 수 있다.

⑥ 방송단자함부터 직렬단자까지, 층 방송단자함부터 직렬단자까지, 세대단자함부터 직렬단자까지의 배관은 성형배선이 가능한 구조로 한다.

⑦ 공동주택이 외의 건축물로서 발주자가 방송공동수신설비를 이용할 경우 텔레비전 안테나와 에프엠방송, 위성방송용, DMB방송용 옥외 안테나에서 최초 장치함이나 중계기설치 장소까지 22mm 배관 4공(주-3공, 예비-1공)의 배관을 설치(권장)

⑧ 옥상의 DMB 안테나에서 지하층 중계기까지 인입용 배관과 배선은 기술기준에 적합하게 시공

⑨ DMB 중계기 설치장소의 접속함에 AC220볼트 전원단자 1개 이상 시공(권장)

⑩ DMB 중계기 접속함의 접지저항은 100옴 접지 시공(권장)

(3) 인입시설

옥상 안테나에서 장치함 구간의 배관과 도로변 종합유선방송선로에서 장치함의 배관은 36C로 하며 배관의 공수는 1공 이상으로 한다.

(4) 보호기설치

① 낙뢰 또는 강전류 전신마의 접촉 등에 의하여 이상전류 또는 이상전압이 유입될 우려가 있는 방송공동수신설비(종합유선방송설비 및 공동시청안테나 설비)에는 과전류 또는 과전압을 방전시키거나 이를 제한 또는 차단하는 보호기를 설치하고 접지하여야 한다.

② 선로설비의 상호간, 회선과 대지간 및 심선 상호간의 절연저항은 500V, 절연저항계로 10MΩ 이상, 접속저항은 0.01Ω 이하이어야 한다.

(5) 장치함 설치

① 장치함은 인입의 최초로 접속되는 지점에서 가장 가까운 곳에 설치

② 케이블의 분배·분기 또는 접속을 위하여 필요한 곳
③ 장치함의 내부에는 절연 보조 장치, 시건장치 및 통풍구을 설치
절연 보조판 설치방법은 단자함바닥 4곳에 볼트를 이용 바닥에서 10mm띄운 높이.(보조판넬위의 통신기기를 고정할 나사의 길이를 감안한 10mm공간 필요) 위에 합성 수지 절연판(10~5mm두께)을 얹어 고정 한다
④ 장치함은 계단이나 복도 등 실내의 공용부분에 설치하고 설치 높이는 단자함 하부까지 30cm 이상의 높이로 한다
⑤ 장치함의 크기는 증폭기, 분배기, 분기기, 보호기 및 케이블 등 필요한 설비를 수용할 수 있는 충분한 공간을 확보할 것
⑦ 종합유선방송설비와 공동시청안테나설비의 증폭기분배기 또는 분기기 등은 상호 신호의 간섭이 없도록 장치함에 수용하고 하나의 장치함에 공용 설치하여도 된다.

(6) 배관 등의 설치 방법

① 설비에 사용하는 배관 등은 배선의 교체와 증설시공이 쉽도록 설치하여야 한다.
② 건축물의 벽이나 바닥 안에 설치하는 증폭기와 분배기 등의 장치는 외부에서 교체하기 쉬운 장치함에 설치하여야 하고, 이들 장치와 접속하는 동축케이블이나 광(광)케이블은 적당한 길이의 여분을 가져야 한다.

(7) 안전조건

① 구내전송선로설비에는 보호기를 설치하여야 한다.
② 보호기의 성능 및 접지에 관하여는「방송통신설비의 기술기준에 관한규정」제7조를 준용한다.

(8) 동축케이블 등의 배선

① 동축케이블과 광케이블은 장치함부터 세대단자함까지 또는 장치함부터 최초로 접속되는 직렬단자까지의 구간은 단독으로 배선하여야 한다.
② 동축케이블이나 광케이블 상호간 또는 기타 사용설비와 접속할 때에는 접속기구(커넥터)를 사용하여야 한다.
③ 통신용 배관을 이용하여 배선을 할 경우에는 통신용 케이블의 손상 등으로 인한 통신소통의 지장이 없도록 하여야 한다.
④ 동축케이블의 주파수 대역은 54~2150MHz용을 설치 하여야한다.

(9) 직렬단자

직렬단자는 임피던스 75옴인 출력단자에 접속하여 방송을 수신할 수 있어야하고 직렬단자의 측정 레벨은 다음과 같이 출력이 되어야 한다.

측 정 항 목		기 준 값
주파수대역		54~2,150MHz
출력레벨 (75Ω 연결 시)	아날로그채널(FM포함)	55~85dBμV
	디지털 채널(8VSB) 초고화질 채널(OFDM, QAM)	37~67dBμV 39~69dBμV
	이동멀티미디어방송채널	23~53dBμV
	디지털위성방송채널	36~66dBμV
채널 간의 레벨 차(동일변조방식)	인접사용 채널 간	5dB 이내
	비인접사용 채널 간	10dB 이내
신호대잡음비 (S/N비)	아날로그채널	삭제
	디지털 채널(8VSB) 초고화질 채널(OFDM, QAM)	22dB 이상 24dB 이상
	이동멀티미디어방송채널	14dB 이상
	디지털위성방송채널	14dB 이상

⑽ 종합유선방송의 구내전송선로설비 설치

① 「방송법」 제79조제3항의 규정에 의하여 종합유선방송사업자 또는 전송망사업자가 설치한 전송선로설비를 구내전송선로설비와 연결하기 위한 접속점은 구내전송선로설비중 보호기의 인입커넥터로 한다.

② 구내전송선로설비는 장치함을 설치하여야 한다.

③ 구내전송선로설비에 사용되는 설비는 다음과 같다.

1. 분기기 및 분배기(5.75~864MHz) 2. 동축케이블(5.75~864MHz)
3. 증폭기(54~864MHz) 4. 보호기(5.75~864MHz) 5. 직렬단자(5.75~864MHz)

④ 구내전송선로설비에 사용되는 증폭기는 상향신호 및 하향신호를 분리하여 증폭하는 기능이 있어야 하고 수동으로 증폭기능을 조정할 수 있어야 한다. 등화기 및 감쇄기로 입력레벨을 등화 또는 감쇄할 수 있어야한다. 전원을 수동으로 연결 또는 차단할 수 있어야 하며 접지단자를 구비하여야한다.

⑤ 분배기와 분기기는 종합유선방송 신호를 임피던스의 변화 없이 분배하거나 분기할 수 있어야한다. 유휴분배단자와 유휴분기단자는 사용회선에 영향을 미치지 아니하도록 75옴으로 종단하여야한다.

⑥ 건축물 안으로 들어오는 동축케이블 장치함에 설치된 최초의 증폭기·분배기 또는 분기기 등에 접속하여야 한다.

⑦ 장치함에서 각 세대 안으로 들어오는 동축케이블은 통신용 케이블이 들어온 세대단자함을 같이 사용할 수 있다.

⑧ 종합유선방송의 직렬단자 측정 레벨은 다음과 같이 출력이 되어야한다.

측 정 항 목			기 준 값
주파수범위			54~1,002MHz
출력레벨 (75Ω 연결 시)	아날로그채널		55~85dBμV
	디지털채널	8VSB	37~67dBμV
		QPSK	29~59dBμV
		64QAM	35~65dBμV
		256QAM	42~72dBμV
채널 간의 레벨차 (동일 변조 방식)	인접사용 채널 간		5dB 이내
신호대 잡음비(S/N비)	아날로그채널		40dB 이상
	디지털채널	8VSB	22dB 이상
		QPSK	14dB 이상
		64QAM	20dB 이상
		256QAM	27dB 이상

⑾ 방송통신단자함, 국선단자함, 중간단자함, 접속함, 통신용단자함 접지

① 방송통신단자함, 국선단자함, 장치함, 풀박스, 접속함, 금속의 모든 통신용단자함의 접지저항은 100Ω 이하로 한다.

② 보호기 접지와 통신용 단자함 접지를 각각 따로 설치하지 않고 함께 설치할 수 있다.

7. 접지공사

⑴ 접지체 설치

① 접지체는 가스, 산 등에 의한 부식의 우려가 없는 곳에 매설

② 접지체 상단은 지표로부터 수직 깊이 75cm 이상 되록 매설하되 동결 심도보다 깊도록 하여야 한다.

⑵ 접지용 배관과 접지선 설치

① 접지배관과 접지선의 깊이는 지표에서 60cm 이상 지하 매설하여야 한다.
국선의 인입 배관을 60cm 이상 매설공사시 접지선 배관을 같은 깊이로 시설

② 접지선은 직경 1.6mm 이상의 PVC 피복 동선 또는 그 이상의 절연효과가 있는 전선을 사용하고, 접지극은 부식이나 토양오염 방지를 고려한 도전성 재료를 사용한다.

8. 구내이동통신설비

(1) 전기통신사업법의 설치 규정

① 전기통신사업법제69조의2(구내용 이동통신설비의 설치) ①항에 의한 다음 각 호의 시설에는 구내용 이동통신설비를 설치한다.
② 「건축법」 제2조제1항제2호에 따른 건축물 중 연면적의 합계가 1,000제곱미터 이상의 범위에서 대통령령으로 정하는 건축물에 구내용 이동통신설비를 설치한다
③ 「주택법」 제2조제12호에 따른 주택단지 중 500세대 이상의 범위에서 대통령령으로 정하는 주택단지에 건설된 주택 및 시설에 구내용 이동통신설비를 설치한다
3. 「도시철도법」 제2조제3호에 따른 도시철도시설에 구내용 이동통신설비를 설치한다.

(2) 옥외안테나에서 옥내안테나까지의 관로는 배관

① 옥외안테나에서 옥내안테나까지의 관로는 배관 또는 닥트로 설치한다
② 옥외안테나에서 기지국의 송수신장치 또는 중계장치가 설치되는 장소까지는 3공 이상의 배관을 설치하여야 한다.
③ 배관의 내경은 36mm 또는 급전선 외경(다조인 경우에는 그 전체의 외경)의 2배 이상이 되어야 한다.
④ 지하층에 설치하는 기지국송수신장치(또는 중계장치)로부터 지하층의 안테나(또는 종단장치)까지의 이동통신용 급전선은「소방시설설치유지 및 안전관리에 관한법률」제2조제1항제1호의 소방설비 중 무선통신보조설비와 상호 기능에 지장이 없는 경우 공용 할 수 있다.

(3) 중계장치 장소 확보

① 기지국의 송수신장치, 중계장치 설치장소는 먼지나 유해가스로부터 격리된 장소의 급전선 인입관로와 최단거리에 가로 2m, 세로 1m, 높이 2m의 공간 확보 설계
② 기지국의 송수신장치 또는 중계장치 설치장소는 관로의 분계점에 가까운 곳으로 이동통신서비스 및 휴대인터넷서비스 등을 제공받기에 편리한 장소, 건축물의 지하층이 여러 층인 경우에는 매 2개 층 마다 확보 설계

(4) 접속함

① 관로의 길이가 40m를 초과할 경우와 관로의 굴곡점에는 급전선의 포설 및 철거가 용이하도록 적합한 접속함을 설치하여야 한다.
② 절연저항이 50MΩ 이상이 되어야 한다.
③ 두께 1.5mm 이상의 연강판 또는 동등 이상으로 하고 여닫이식 개폐장치가 있어야 한다.

(5) 접지시설

기지국의 송수신장치 또는 중계장치 설치장소까지 통신접지시설을 한다.

(6) 상용전원

기지국의 송수신장치 또는 중계장치용 전원콘센트는 용량이 4㎾이상으로서 교류 220V 전원단자가 3개 이상 설치하여야 한다.

9. 착공도면 및 준공도면 작성

5회선 이상의 구내통신회선이 적용되는 통신설비는 통신공사 종류별로 계통도를 작성하여야한다(공사시방서 무료다운로드 www.smartcityro.com).

7.8.6 정보통신공사 설계도면 범례 검토

1. 구내통신선로설비공사의 범례

(1) 통신용 배관과 배선

기 호	내 용
	바닥매입 배관, 배선
	천정노출 배관, 배선
	단자함으로 귀로 표시
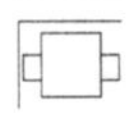	SYSTEM BOX
	전선관 및 전선 수
	상 승
	인 하
	소 통

(2) 인출구, 통신단자함

기 호	내 용
	전화 인출구 1구형
	LAN 인출구 1구형
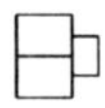	인출구 2구형
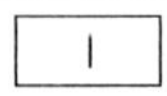	세대난사함
	중간단자함
	국선단자함
	세대단자함(TV공용)
	주 배선반(주 배선 접속랙)
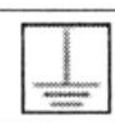	접지 단자함
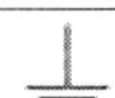	접 지
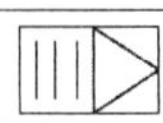	방송통신단자함(통합)
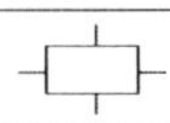	풀박스
	통신맨홀

(3) 방송공동수신 설비

기 호	내 용
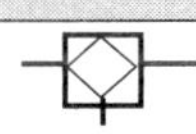	헤드엔드
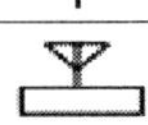	중계기
	증폭기
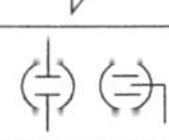	보호기
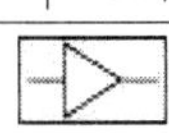	장치함(TV증폭기함)
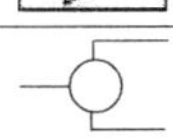	분배기
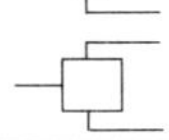	분기기
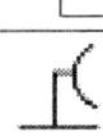	위성안테나
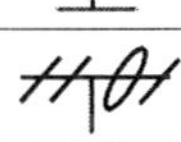	지상파안테나
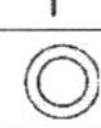	TV인출구(아울렛)

(4) 이동통신 구내선로설비

기 호	내 용
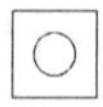	접속 단자
	이동통신용 안테나
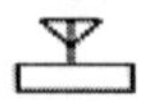	중계기
LCX	누설동축케이블
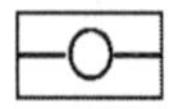	접속함

7.8.7 감리결과 보고서 작성 실무

1. 감리대상 공사의 범위 규정을 확인

정보통신공사업법시행령제8조(감리대상인 공사의 범위) ① 법 제8조에 따라 용역업자에게 감리를 발주하여야 하는 공사는 제6조제1항 각 호의 공사 및 다음 각 호의 어느 하나에 해당하는 공사를 제외한 공사로 한다. 〈개정 2013.3.23〉

1. 「전기통신사업법」에 따른 전기통신사업자가 전기통신역무를 제공하기 위한 공사로서 총공사금액이 1억원 미만인 공사
2. 철도, 도시철도, 도로, 방송, 항만, 항공, 송유관, 가스관, 상・하수도 설비의 정보제어 등 안전・재해예방 및 운용・관리를 위한 공사로서 총공사금액이 1억원 미만인 공사
3. 6층 미만으로서 연면적 5천 제곱미터 미만의 건축물에 설치되는 정보통신설비의 설치공사. 다만, 「전기통신사업법」에 따른 전기통신사업자가 전기통신역무를 제공하기 위한 공사 또는 철도・도시철도・도로・방송・항만・항공・송유관・가스관・상하수도 설비의 정보제어 등 안전・재해예방 및 운용・관리를 위한 공사로서 총공사금액이 1억원 이상인 공사는 제외한다.
4. 대・개체되는 기존 설비 외의 신설 부분이 제4조제1항에 따른 경미한 공사의 범위에 해당되는 공사
5. 그 밖에 공중의 통신에 영향을 미치지 아니하는 정보통신설비의 설치공사로서 미래창조과학부장관이 정하여 고시하는 공사

② 제1항에도 불구하고 제6조제2항제1호 및 제2호에 따른 공사로서 별표 2에 따른 감리원 자격이 있는 발주자의 소속직원이 관계법령에 따라 감리하는 공사의 경우에는 용역업자에게 발주하지 아니할 수 있되, 그 소속직원은 감리하려는 공사규모에 해당하는 제11조제1항에 따른 적합한 기술등급을 보유하여야 한다.

③ 제1항제3호의 경우 정보통신설비가 설치되지 아니하는 지하층・축사・창고・차고 등은 건축물의 층수 및 연면적의 계산에 포함하지 아니한다.

2. 감리원의 문서통보 업무

> 정보통신공사업법 제11조(감리결과의 통보)제8조제1항의 규정에 의하여 공사의 감리를 발주 받은 용역업자는 공사에 대한 감리를 완료한 때에는 대통령령이 정하는 바에 의하여 그 감리결과를 발주자에게 서면으로 통보하여야 한다.

3. 감리결과 서면 통보 내용의 규정

> 정보통신공사업법 제11조(감리결과의 통보)제8조제1항의 규정에 의하여 공사의 감리를 발주 받은 용역업자는 공사에 대한 감리를 완료한 때에는 대통령령이 정하는 바에 의하여 그 감리결과를 발주자에게 서면으로 통보하여야 한다.

4. 발주자가 시장, 군수, 구청장에게 감리결과 통보의 규정을 확인한다.

> 정보통신공사업법시행령 제35조(사용전검사의 대상공사) ② 공사를 발주한자는 제1항제1호의 경우 제14조에 따라 발주자에게 통보한 감리결과보고서의 사본(설계도면 등 부속서류는 제외한다)을 시장 · 군수 · 구청장(자치구의 구청장을 말한다. 이하 같다)에게 제출하여야 한다.

7.8.8 감리결과 통보 민원처리 순서를 확인

1. 정보통신공사의 감리결과 통보 업무처리 절차 표

발주자(정보통신공사 감리용역 계약)	➡	통신감리가 종료 되면 발주자에게 감리결과 통보	➡	발주자는 감리결과 통보 받은 사본을 시, 군, 구청장에게 공문으로 제출
(발주자)		(감리자)		(발주자)

➡	시, 군, 구청 사용전검사 부서 감리결과 검토	➡	감리결과 적합 시 발주자와 허가부서 공문통보	➡	발주자 공문 수령
	(사용전검사 부서)		(사용전검사 부서)		(발주자)

5. 감리결과 통보서식 종류

> 정보통신공사업법 시행에 관한 방송통신위원회 규정
>
> 제3조(감리결과 통보서식 등) ① 용역업자는 법 제11조 및 영 제14조에 따라 발주자에게 통보해야 하는 감리결과에 다음 각 호의 서식을 포함하여야 한다.
>
> 1. 별지 제7호서식의 감리결과보고서

> 2. 별지 제8호서식의 시공상태의 평가결과서
> 3. 별지 제9호서식의 사용자재의 규격 및 적합성 평가결과서
> 4. 별지 제10호서식의 정보통신기술자 배치의 적정성 평가결과서
>
> ② 용역업자가 통보한 감리결과에 제1항에 따른 사항이 미비해 발주자의 보완요청이 있을 경우 용역업자는 7일 이내에 보완된 감리결과를 발주자에게 재통보하여야 한다.

6. 감리 결과의 통보를 하지 아니한 자의 벌칙

> 정보통신공사업법제78조(과태료) ① 다음 각 호의 어느 하나에 해당하는 자에게는 300만원 이하의 과태료를 부과한다.
> 2. 거짓이나 그 밖의 부정한 방법으로 제8조제5항에 따른 감리원의 자격증을 발급받은 사람
> 3. 제11조에 따른 감리 결과의 통보를 하지 아니한 자

7. 기술기준의 적합여부를 확인

- 정보통신공사업법제6조(기술기준의 준수) ① 공사를 설계하는 자는 대통령령으로 정하는 기술기준에 적합하게 설계하여야 한다.

② 감리원은 설계도서 및 관련 규정에 적합하게 공사를 감리하여야 한다.

- 정보통신공사업법 시행령 제5조(설계에 있어서의 기술기준) 법 제6조제1항에서 "대통령령으로 정하는 기술기준"이란 다음 각 호의 기술기준을 말한다. 〈개정 2008.12.31, 2011.3.29〉

1. 「방송통신발전 기본법」 제28조제1항에 따른 기술기준

1의2. 「전기통신사업법」 제61조, 제68조제2항 및 제69조제2항에 따른 기술기준

2. 「전파법」 제37조제1항, 제45조, 제47조의2제1항 · 제2항 및 제47조의3제1항에 따른 기술기준
3. 「방송법」 제79조제1항에 따른 기술기준
4. 「건축법 시행령」 제87조제4항 및 「주택건설기준 등에 관한 규정」 제42조에 따른 기술기준

8. 시, 군, 구청장에게 감리결과 보고서 제출 공문 작성 접수

우 12345 /00도00군 00면 000-0번지/TEL(000)000-0000(代)/ Fax (00)000-0000)

문서번호 : 0000-00호

시행일자 : 20 년 월 일

수 신 : 시, 군, 구청장

참 조 : 사용전검사담당과장

제 목 : 감리결과 보고서 제출

선 결				결재(공람)		
접수일시		접수번호				
처리과						

정보통신공사업법 시행령 제35조 ②항 규정에 의하여 정보통신공사감리 발주 후 감리결과 내용을 붙임과 같이 제출합니다.

가. 공사 개요

- o 공사명 : 00도 00군 00면 00리 00번지 정보통신공사
- o 발주자 : 0 0 0
- o 발주자 주 소 :
- o 건축현황 : 지상0층 지하0층 , 연면적 : 0,000 ㎡
- o 건축물 대지 주소 :

나. 정보통신공사의 종류 : 구내통신선로설비공사, 방송공동수신설비공사(종합유선방송구내전송선로설비공사), 이동통신구내선로설비공사

다. 붙임 : 1. 정보통신공사 감리결과 보고서 사본 - 1부

년 월 일

발주자 : (인)

9. 감리결과 보고서

■ 정보통신공사업법 시행에 관한 규정 [별지 제7호서식]

정보통신공사 감리결과 보고서

감리자	상 호		(정보통신 엔지니어링사업자신고번호) (정보통신기술사사무소 등록번호)	제 호
	감 리 원	(서명 또는 인)	전화번호(이동전화번호)	
	주 소			
시공사	상 호		정보통신공사업등록번호	제 호
	대표자		전 화 번 호	
	주 소			

현장명(공사의 명칭)			
현 장 주 소			
공사의 종류			
구조 및 용도			
건 축 면 적	㎡	연 면 적	㎡
착 공 일	. . .	완 공 일	. . .

「정보통신공사업법」제11조 및 같은 법 시행령 제14조에 따라 정보통신공사 감리결과를 보고합니다.

년 월 일 상 호 :

대 표 자 : (서명 또는 인)

(발주자) 귀하

제출서류	1. 시공상태의 평가결과서 1부. 2. 사용자재의 규격 및 적합성 평가결과서 1부. 3. 정보통신기술자배치의 적정성 평가결과서 1부. 4. 정보통신공사 도급 및 (재)하도급 계약서 사본 1부. 5. 감리원 자격증 사본 1부 --- 시, 군,구청장의 별도 추가서류 요구(근거:정보통신공사업법제36조2항) 6. 감리계약서 사본 1부 7. 통신측정 결과표(측정 계측기 프린트는 프로그램화로 서식은 자유) 1) 구내통신선로측정 결과표 1부 - UTP 케이블, 광케이블 측정 2) 방송수신설비 측정결과표 1부 -동축케이블 측정, DMB 방송수신레벨측정, 직렬단자(아울렛)DB측정 8. 접지저항 측정기 모니터 화면 사진- 1부(서식은 자유) 통신측정 결과표 작성 유의사항 * 감리원은 층별 구간을 설정하여 시공사에게 계측기로 측정하도록 하고 현장에 입회하여 기술기준에 적합한 성능인지 확인 감독한다. (측정서식 자유)

210㎜×297㎜[백상지(80g/㎡)]

10. 정보통신 감리현장 사진

사진	사진
① 국선(방송통신)단자함 사진	② UTP케이블 링크 측정 사진
사진	사진
③ 아울렛 설치 사진	④ 접지 저항 측정 사진
사진	사진
⑤ 감리 현장 건물 사진	⑥ 국선의 지하인입 배관 사진

11. 광케이블 측정 결과

광케이블 시험DATA

공 사 명	●●●단지 아파트 건립공사	작업구간	MDF~102동
공 정 명	구내 광케이블 접속 및 시험	FDF선번	102동 3,4
작 업 일	20●●.●.	작 업 자	●●●
[core 3]		[core 3]	
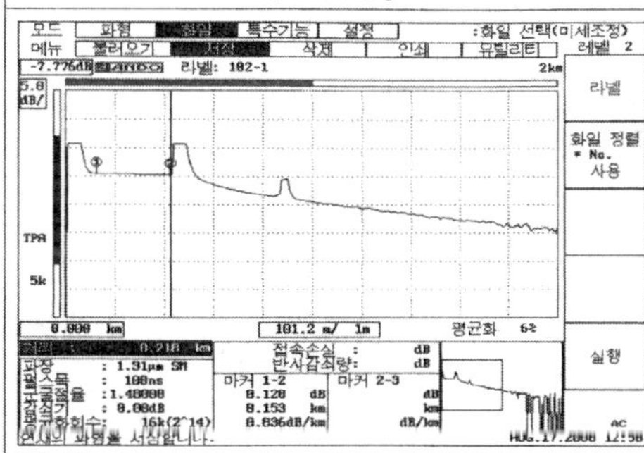		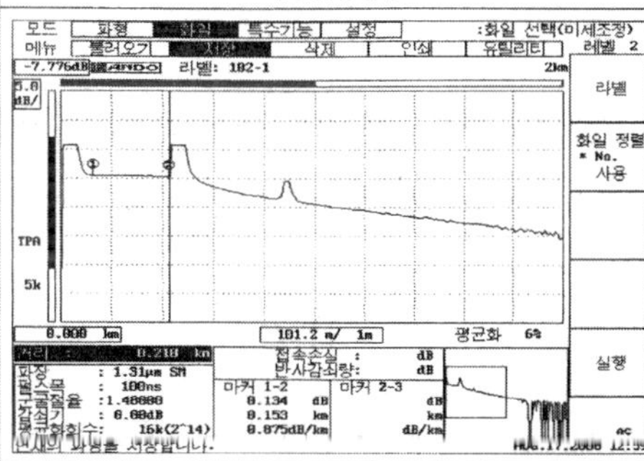	
DATA 설명	MDF~102동 1공구	DATA 설명	102동 1공구~MDF
[core 4]		[core 4]	
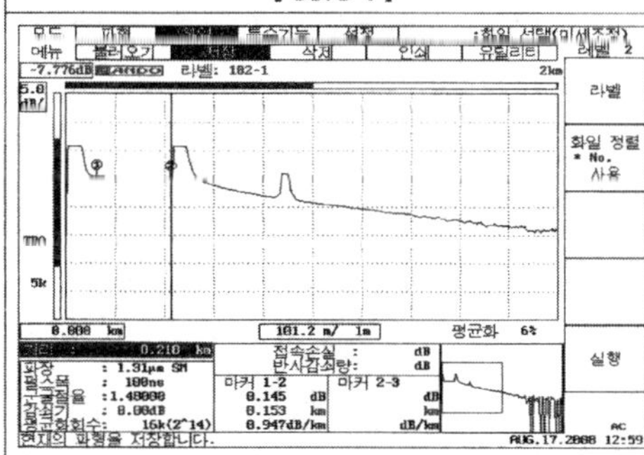		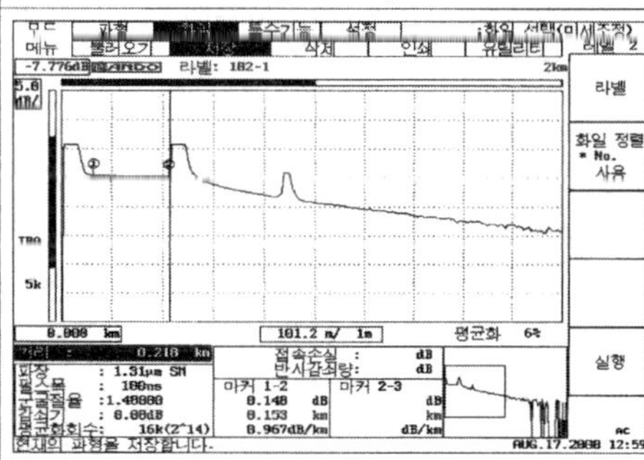	

12. UTP 케이블 측정 결과

LINKWARE
CABLE TEST MANAGEMENT SOFTWARE

Cable ID: J.K-TOWAR/1F-3 | **Test Summary: PASS**

Date / Time: 02/18/2008 01:08:29pm
Headroom: 10.7 dB (NEXT 36-78)
Test Limit: Korea Cat 5e Channel
Cable Type: UTP 100 Ohm Cat 5e
Fault Anomaly Threshold: 15%

Operator: Your Name
Software Version: 1.925
Limits Version: 5.17K
NVP: 69.0%
Shield Test: N/A

Model: DSP-4300
Main S/N: 8168006
Remote S/N: 7695026
Main Adapter: LIA 013
Remote Adapter: LIA 012

Wire Map **PASS**
1 2 3 4 5 6 7 8 S
| | | | | | | |
1 2 3 4 5 6 7 8

Length (ft), Limit 315	[Pair 78]	153
Prop. Delay (ns), Limit 555	[Pair 45]	233
Delay Skew (ns), Limit 50	[Pair 45]	7
Resistance (ohms), Limit 25.0	[Pair 45]	7.9
Impedance (ohms), Limit 85-115	[Pair 36]	108
Insertion Loss Margin (dB)	[Pair 45]	14.8
Frequency (MHz)	[Pair 45]	100.0
Limit (dB)	[Pair 45]	24.0

	Worst Case Margin		Worst Case Value	
PASS	MAIN	SR	MAIN	SR
Worst Pair	36-78	12-45	36-78	12-45
NEXT (dB)	10.7	11.0	12.8	14.0
Freq. (MHz)	25.1	10.2	95.6	89.4
Limit (dB)	40.4	46.9	30.4	30.9
Worst Pair	36	12	36	12
PSNEXT (dB)	12.9	12.6	14.9	16.1
Freq. (MHz)	63.8	15.7	95.8	99.8
Limit (dB)	30.4	40.7	27.4	27.1

PASS	MAIN	SR	MAIN	SR
Worst Pair	12-36	12-36	12-36	12-36
ELFEXT (dB)	17.1	17.3	17.5	17.6
Freq. (MHz)	92.4	92.4	100.0	100.0
Limit (dB)	18.1	18.1	17.4	17.4
Worst Pair	12	12	12	12
PSELFEXT (dB)	17.4	16.7	17.4	16.7
Freq. (MHz)	100.0	100.0	100.0	100.0
Limit (dB)	14.4	14.4	14.4	14.4

PASS	MAIN	SR	MAIN	SR
Worst Pair	36	36	36	78
RL (dB)	1.1	5.2	2.5	5.8
Freq. (MHz)	35.6	35.8	94.0	57.0
Limit (dB)	14.5	14.5	10.3	12.5

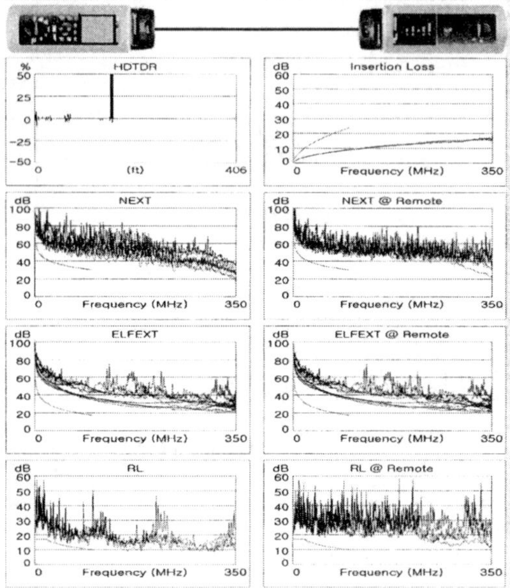

13. 방송공동수신설비 수신 레벨 측정결과

세대별 TV수신레벨 측정표

측정동	측정기구명	측정자	●● 정보 통신 : ●
211동	Teleman TV Signal Analyzer 1501i	확인자	통 신 감 리 원 : ●

세대별 \ CH	ANALOG AFN (02)	ANALOG EBS (06)	ANALOG KBS1 (07)	ANALOG MBC (09)	ANALOG KBS2 (11)	ANALOG TBC (13)	DIGITAL KBS1 (14)	DIGITAL TBC (15)	DIGITAL KBS2 (16)	DIGITAL MBC (17)	DIGITAL EBS (18)	위성 EBS1 (20)	위성 EBS2 (22)	위성 EBSe (24)	OUN (26)	위성 SBS (28)	위성 STAR (30)	위성 STAR (32)	위성 STAR (34)	위성 STAR (36)	위성 STAR (38)	위성 BS1 (40)	위성 BS2 (42)
1 0 7호	77	75	75	73	75	75	74	77	75	73	77	75	74	73	75	76	76	77	77	77	75	76	73
2 0 7호	75	76	77	74	77	75	73	77	76	77	77	75	76	75	75	75	75	76	74	73	77	76	74
3 0 7호	73	75	73	76	77	75	75	77	73	76	75	75	77	75	75	76	74	73	77	75	75	76	75
4 0 7호	74	77	75	75	77	76	74	73	75	77	75	75	76	76	77	74	77	76	73	76	75	73	73
5 0 7호	77	73	77	73	76	75	75	75	76	75	76	76	77	77	75	76	75	73	75	75	76	74	77
6 0 7호	77	77	75	75	77	73	76	76	77	73	77	75	76	76	76	75	77	76	77	73	74	77	75
7 0 7호	77	75	75	77	77	77	76	76	73	76	76	77	76	73	75	76	77	77	74	77	75	76	74
8 0 7호	77	75	75	73	75	75	74	77	75	73	77	75	74	73	75	76	76	77	77	77	75	76	73
9 0 7호	75	76	77	74	77	75	73	77	76	77	77	75	76	75	75	75	75	76	74	73	77	76	74

14. 사용자재의 규격 및 적합성 평가 결과서

■ 정보통신공사업법 시행에 관한 규정 [별지 제9호서식]

사용자재의 규격 및 적합성 평가결과서

성명: 공사명:

현장 주소:

착 공 일		. . .	완 공 일	. . .
감리자	상 호		정보통신분야 엔지니어링사업자신고번호) (기술사무소등록번호)	세 호
	감 리 원	(서명 또는 인)	전화번호 (이동전화번호)	

기록의 범위: 현장에 자재를 반입한 품목 모두 기록

연번	품 명	규 격	단위	설계량	반입량	반입일	합격량	불 합 격		검수자
								불합격량	사 유	
1										
2										
3										

10㎜×297㎜[백상지(80g/㎡)]

정보통신공사 현장에 사용된 사용자재의 품질은 표준(인승)규격으로 설계노서(세시방서) 기술기준에 적합하게 사용 및 시공되었음을 확인합니다.

년 월 일

감리 업체명 : (인)

감 리 원 : (인)

15. 자체 감리를 한 경우는 자체감리 확인서를 확인한다.

정보통신공사 자체감리원 지정 확인서

발주회사	상 호		사업자등록번호	
	대 표 자		연락처	
	주 소			

성 명	자격등급	자격발급 번 호	업무배치 구 분	생년월일	발급일자	재직기간	소속

상기 정보통신 ( )급 감리자 성명( )는 우리 00주택공사의 재직자로서 정보통신공사의 현장(00 광역시 00구 00동 000번지의 00아파트 00단지 제 00공구)의 정보통신감리자로 00년 00월 00일자로 지정해서 00년 00월 00일까지 정보통신감리를 수행했음을 확인합니다.

년 월 일

발주자 : 00주택공사

대표자 : 000 (인)

00시, 군, 구청장 귀하

16. 시공 상태 평가결과서를 확인한다.

■ 정보통신공사업법 시행에 관한 규정 [별지 제8호서식]

시공상태의 평가결과서

발주자 성명 : 공사명 :

현장 주소 :

착공일		. .	완 공 일	. .
감리자	상 호		(정보통신분야 엔지니어링사업자신고번호) (기술사무소등록번호)	제 호
	감리원	(서명 또는 인)	전화번호 (이동전화번호)	

검 사 항 목 및 내 용(해당공사만 기재)	검사결과	검사자
1. 구내통신선로설비공사에 대한 검사		
1) 방송통신 기자재의 형식승인제품 사용여부	기술기준에 적합	
2) 국선수용 및 구내회선의 충분한 예비 회선수 확보여부		
3) 구내통신실 위치 및 면적 확보의 적정여부		
4) 국선 인입관로 적정여부		
5) 국선 예비 인입배관 확보 및 굵기의 적합여부		
6) 국내 건물간선계, 수평배선계 및 옥내배관의 적정여부		
7) 국선/중간/세대 등 통신단자함 설치 및 요건 충족여부		
8) 구내배선 방식(성형배선)의 적정여부		
9) 예비전원 설비 확보 및 접지설비 적정여부		
2. 방송공동수신설비(지상파TV, 위성방송, FM라디오, 종합유선방송)공사에 대한 검사		
가. 공통사항		
1) 배관, 배선, 증폭기, 분배기의 외부 교체 용이성 여부		
2) 옥내배관 및 배선의 적정여부		
3) 장치함 설치장소 및 공간확보의 적정여부		
나. 지상파TV, 위성방송, DMB설비, FM라디오방송설비		
1) 방송통신기자재의 형식승인 또는 해당 성능기준 제품사용여부		
2) 수신안테나 설치방법의 적정성여부		
3) 수신안테나의 레벨조정 및 출력레벨의 적정성 사용여부		
다. 종합유선방송설비		
1) 방송통신기자재의 형식승인 제품사용여부		
2) 인입설비(지하/가공/맨홀/핸드홀/인입배관)의 적정여부		
3) 지상파TV 및 종합유선방송설비 분리 설치방식의 적정여부		
4) 신호분배 및 신호레벨의 적정여부		
3. 이동통신구내선로설비공사에 대한 검사		
1) 급전선 인입표준도 등에 의한 적정 설치여부		
2) 옥외안테나와 중계장치간 배관 및 닥트의 적정 설치 여부		
3) 접속함의 적정 설치 여부		
4) 전원단자 및 접지설비의 적정 설치여부		
5) 중계장치, 송수신용안테나 설치장소 개소 수 및 설치면적의 확보 여부		
6) 중계장치 설치장소의 적정 수용 여부		
4. 지능형 홈네트워크 설비 등 기타 정보통신공사에 대한 검사		
:		
:		
:		

210㎜×297㎜[백상지(80g/㎡)]

17. 감리원자격증 사본

■ 정보통신공사업법 시행에 관한 규정 [별지 제3호서식]

감 리 원 자 격 증

과학기술정보통신부

○○정보통신공사협회

145mm × 90mm[보존용지(1종) 120g/㎡]

(제2쪽)

감 리 원 자 격 증

발 급 번 호 :

등 급 :

성 명 :

생 년 월 일 :

주 소 :

사 진 (2.5㎝×3㎝)

「정보통신공사업법」제8조 및 같은 법 시행령 제9조에 따라 감리원 자격증을 교부합니다.

년 월 일

○○정보통신공사협회장 직인

145mm × 90mm[보존용지(1종) 120g/㎡]

18. 정보통신기술자 배치의 평가결과서

■ 정보통신공사업법 시행에 관한 규정 [별지 제10호서식]

정보통신기술자 배치의 적정성 평가결과서

발주자 성명 : 공사명 :

현 장 주 소 :

착공일		. . .	완 공 일		. . .
감리자	상 호		(정보통신분야 엔지니어링사업자신고번호) (기술사무소등록번호)		제 호
	감리원	(서명 또는 인)	전 화 번 호 (이동전화번호)		

시공사	상 호		전 화 번 호	
	대표자		정보통신공사업 등 록 번 호	제 호
	주 소			

시공현장 정보통신기술자

성 명	자 격 등 급	자격발급번호	업 무 배 치 구 분

상기 정보통신기술자는( )정보통신공사 현장에 「정보통신공사업법」제33조 및 같은 법 시행령 제34조에 따라 적절하게 배치되었으며, 공사전반에 걸쳐 설계도, 시방서 및 기타 도급계약 등 관계법령에 따라 그 업무를 성실히 수행하였음을 확인합니다.

년 월 일

상 호 명 :

감 리 원 : (서명 또는 인)

(발주자) 귀하

210㎜×297㎜[백상지(80g/㎡)]

19. 정보통신공사 도급 계약서

정보통신공사 도급 계약서 (표지-기본 내용)

1. 공 사 명 :
2. 공사현장 주소 :
3. 공 사 개 요 1) 건축 허가서의 주 용도 :
   2) 층 수 : 지하 층, 지 상 층
   3) 건물 연면적 : ㎡
   4) 회선수 : 국선 회선, 구내선 회선
5. 계약 금액 : 일금 원정 (₩)
6. 착공 일자 : 200 년 월 일
8. 준공 일자 : 200 년 월 일

위의 시설공사 계약을 체결함에 있어 시공자는 설계도서 및 기술기준에 적합하게 공사 일정 기간 내에 성실히 본 공사를 (시공준공)할 것을 확약하며 정보통신공사업법 시행령 제26조의(공사도급계약서의 내용)을 준수하여 계약한다.

년 월 일

발 주 자
대 표 자 : (인)
주민(법인)등록번호 :
전 화 번 호 :
주 소 :

계 약 자 (시공사)
상 호 :
대 표 자 : (인)
주민(법인)등록번호 :
정보통신공사업 등록번호:
전 화 번 호 :
주 소 :

* 공사업등록증 사본을 첨부 하여 확인한다.

20. 정보통신공사 감리계약서

정보통신공사 감리계약서 (표지)

1. 공 사 명 :
2. 공사현장 주소 :
3. 공 사 개 요 1) 건축 허가서의 주 용도 :
   2) 층 수 : 지하 층, 지 상 층
   3) 건물 연면적 : ㎡
   4) 회선수 : 국선 회선, 구내선 회선
5. 계약 금액 : 일금 원정 (₩)
6. 착공 일자 : 200 년 월 일
8. 준공 일자 : 200 년 월 일

위의 감리계약을 체결함에 있어 감리자는 설계도서 및 기술기준에 적합하게 공사 일정 기간 내에 성실히 본 공사를 (감리완료)할 것을 준수하여 계약한다.

년 월 일

발 주 자
대 표 자 : (인)
주민(법인)등록번호 :
전 화 번 호 :
주 소 :

계 약 자 (감리자)
상 호 :
대 표 자 : (인)
주민(법인)등록번호 :
엔지니어링사업자등록번호, 정보통신기술사사무소 등록번호:
전 화 번 호 :
주 소 :

* 엔지니어링사업자신고증 사본을 첨부하여 확인한다.

21. 엔지니어링사업자 신고증 사본

엔지니어링산업진흥법시행규칙 제7조 제2항 [별지 제9호서식]

엔지니어링사업자 신고증				
명 칭				
대표자성명			생년월일	
소 재 지			전화번호(FAX, E-mail)	
엔지니어링업	신고번호	제 호		
	기술부문	등 개 부문		
	전문분야	등 개 분야		
엔지니어링 컨설팅업	신고번호	제 호		
	기술부문	등 개 부문		
	전문분야	등 개 분야		
신고 연 월 일	년 월 일			

「엔지니어링산업 진흥법」 제21조제1항 및 같은 법 시행규칙 제7조에 따라 위와 같이 신고하였음을 증명합니다.

년 월 일

협회장 직인

210㎜×297㎜[보존용지(1종) 120g/㎡]

22. 감리원의업무 범위 규정에서 체크리스트작성

(1) 공사 진척 검사 체크리스트작성

- 정보통신공사업법시행령 제12조(감리원의 업무범위) 4호 공사가 설계도서 및 관련 규정에 적합하게 행하여지고 있는지에 대한 확인과 공사 진척부분에 대한 조사 및 검사

정보통신공사업법시행령 제12조(감리원의 업무범위) 법 제8조제7항에 따른 감리원의 업무범위는 다음 각 호와 같다.

1. 공사계획 및 공정표의 검토
2. 공사업자가 작성한 시공상세도면의 검토·확인
3. 설계도서와 시공도면의 내용이 현장조건에 적합한지 여부와 시공가능성 등에 관한 사전검토
4. 공사가 설계도서 및 관련규정에 적합하게 행하여지고 있는지에 대한 확인
5. 공사 진척부분에 대한 조사 및 검사
6. 사용자재의 규격 및 적합성에 관한 검토·확인
7. 재해예방대책 및 안전관리의 확인
8. 설계변경에 관한 사항의 검토·확인
9. 하도급에 대한 타당성 검토
10. 준공도서의 검토 및 준공확인

나. 공사의 진척 부분 검사 체크리스트 작성
- 정보통신공사업법시행령 제12조의 제4호와 제5호

4. 공사가 설계도서 및 관련규정에 적합하게 행하여지고 있는지에 대한 확인
5. 공사 진척부분에 대한 조사 및 검사 체크리스 작성하여 제출을 요구한다.

23. 정보통신공사의 공사 진척부분에 대한 검사 체크리스트 작성실무

정보통신공사의 공사 진척부분에 대한 검사 체크리스트

발주자		주 소	
주용도		연면적	( )제곱미터
현장 주소			
검사 일자	. . .	시공사 검사원	
시공회사		정보통신감리원	
공사종류	구내통신선로설비공사	구내용 이동통신설비공사	방송 공동수신설비공사
대상 확인			

※ 결과 - 시공 보완 : △, 시공 적합 : ○, 시공 부적합 : X

(1) 구내통신선로설비공사의 검사

1) 방송통신기자재 시공자재 반영 여부 확인

항목	도면 번호	검사내용	검사 결과	근거
방송통신 기자재 규격품		1. 공사시방서에 방송통신기자재는 전파법의 적합인증 제품(KC)과 정부인증규격품 (KS)사용 시공 1) 모듈러 잭/플러그, 배선반(110블럭) 등		전파법제58조의2

2) 분계점 도면 검토

항목	도면 번호	검사내용	검사 결과	근거
분계점		1. 사업용방송통신설비와 이용자방송통신설비의 분계점은 도로와 택지 또는 공동주택단지의 각 단지와의 경계점기준 2. 국선과 구내선의 분계점을 사업용방송통신설비의 국선접속설비와 이용자방송통신설비가 최초로 접속되는 점(국선단자함) 시공		방송통신설비의 기술기준에 관한 규정 제4조
분계점 접속기준		분계점에서의 접속방식은 간단하게 분리 · 시험할 수 있도록 국선단자함 시공		방송통신설비의 기술기준에 관한 규정 제5조

3) 옥외회선 도면검토

항목	도면 번호	검사내용	검사 결과	근거
옥외 회선 지하인입		구내통신선로설비의 옥외회선은 지하로 인입(引入)시공		방송통신설비의 기술기준 규정 제18조

4) 맨홀 설치 장소

항목	도면 번호	검사내용	검사 결과	근거
맨홀 장소		1. 맨홀 또는 핸드홀은 케이블의 설치 및 유지·보수 등의 작업 시 필요한 공간을 확보할 수 있는 구조 시공 2. 맨홀 또는 핸드홀은 케이블의 설치 및 유지 · 보수 등을 위한 차량출입과 작업이 용이한 위치에 시공 3. 맨홀 또는 핸드홀에는 주변 실수요자용 통신케이블을 분기할 수 있는 인입 관루를 설치 시공		접지설비 · 구내통신설비 · 선로설비 및 통신공동구등에 대한 기술기준 제48조

5) 지하관로 매설

항목	도면 번호	검사내용	검사 결과	근거
지하관로 매설		1. 지면에서 관로상단까지의 거리는 기준에 맞게 시공 1) 「도로법 시행령」 [별표 2] 제1호 마목 : 0.8m 이상 2) 철도, 고속도로 횡단구간 등 특수한 구간 : 1.5m 이상 2. 시방서에 관로 상단부와 지면사이에는 관로보호용 경고테이프를 관로 매설경로에 따라 매설 시공 3. 관로는 가스등 다른 매설물과 50cm 이상 떨어져 매설 시공 상태 4. 맨홀 또는 핸드홀간에 매설하는 관로는 케이블 견인에 지장을 주지 아니하는 곡률을 유지하고 직선성을 유지하도록 시공		접지설비 · 구내통신설비 · 선로설비 및 통신공동구등에 대한 기술기준 제47조

6) 보호기 및 접지

항목	도면 번호	검사내용	검사 결과	근거
보호기 및 접지		1. 보호기, 금속으로 된 주배선반, 단자함(구내통신단자함, 옥외분배함 등) · 장치함 및 지지물 접지단자를 설치하여 접지하도록 시공		방송통신설비의 기술기준에 관한 규정 제7조

7) 맨홀설치

항목	도면 번호	검사내용	검사 결과	근거
맨홀설치		1. 국선인입을 위한 관로, 맨홀, 핸드홀 및 전주 등 구내통신선로설비는 사업자의 맨홀, 핸드홀 또는 인입주로부터 건축물의 최초 접속점까지의 인입거리가 가능한 최단거리 설치 시공 2. 국선을 지하로 인입하는 경우에는 배관, 맨홀 및 핸드홀 등을 [별표 2] 제1호 표준도에 준하여 시공 3. 구내의 맨홀 또는 핸드홀을 설치하지 아니하고 [별표 2] 제2호 표준도에 준하여 설치하도록 시공 - 인입선로 길이가 246m 미만이고 인입선로상 분기되지 않는 경우 - 5회선 미만의 국선을 인입하는 경우 4. 건축주가 5회선 미만의 국선을 지하로 인입시키기 위해 사업자가 이용하는 인입맨홀 · 핸드홀 또는 인입주까지 지하배관을 설치하는 경우에는 [별표 2의1] 표준도에 준하여 시공 5. 종합유선방송설비의 인입을 위한 배관의 공수는 1공 이상으로 하며, 인입관로상 맨홀 및 핸드홀 등은 구내통신선로설비의 맨홀 및 핸드홀 등과 공용으로 사용할 수 있도록 시공		접지설비 · 구내통신설비 · 선로설비 및 통신공동구등에 대한 기술기준 제26조

8) 접지설비

항목	도면 번호	검사내용	검사 결과	근거
접지 저항		1. 통신관련 접지저항은 10Ω 이하를 기준으로 시공		접지설비 · 구내통신설비 · 선로설비 및 통신공동구등에 대한 기술기준 제5조
		1. 다음의 경우는 100Ω 이하로 시공 1) 선로설비중 선조·케이블에 대하여 일정 간격으로 시설하는 접지(단, 차폐케이블은 제외) 2) 국선 수용 회선이 100회선 이하인 주배선반 3) 보호기를 설치하지 않는 구내통신단자함		
접지선		접지선은 PVC 피복 동선 또는 그 이상의 절연효과를 갖는 절연전선을 사용하고 접지극은 부식이나 토양오염 방지 를 고려한 도전성 재료를 시공 1) 10Ω 이하인 경우 직경 2.6mm 이상 2) 100Ω 이하인 경우 직경 1.6mm 이상		
접지체		접지체는 가스, 산 등에 의한 부식의 우려가 없는 곳에 매설하여야 하며, 접지체 상단이 지표로부터 수직 깊이 75cm 이상 되도록 매설하되 동결심도보다 깊도록 하여 시공		

9) 옥내통신선 이격거리

항목	도면 번호	검사내용	검사 결과	근거
옥내통신선 이격거리		1. 옥내통신선은 이격거리를 기준으로 시공 1) 300V 초과 전선과의 이격거리는 15cm 이상 2) 300V 이하 전선과의 이격거리는 6cm 이상(애자사용 전기공사시 전선과 이격거리는 10cm 이상) 3) 도시가스배관과는 혼촉 되지 않도록 시공		접지설비 · 구내통신설비 · 선로설비 및 통신공동구등에 대한 기술기준 제23조

10) 업무용 건축물의 통신실 면적 확보

항목	도면 번호	검사내용	검사결과	근거
업무용 건축물 통신실 확보		1. 6층 이상이고 연면적 5,000m^2 이상인 업무용 건축물의 집중구내통신실과 층구내통신실을 시공 1) 집중구내통신실: 10.2m^2 이상으로 1개소 이상 확보 시공 2) 층 구내통신실을 확보하여 시공 (1) 각 층별 전용면적이 1,000m^2 이상인 경우에는 각 층별로 10.2m^2 이상으로 1개소 이상 (2) 각 층별 전용면적이 800m^2 이상인 경우에는 각 층별로 8.4m^2 이상으로 1개소 이상 (3) 각 층별 전용면적이 500m^2 이상인 경우에는 각 층별로 6.6m^2 이상으로 1개소 이상 3) 각 층별 전용면적이 500m^2 미만인 경우에는 각 층별로 5.4m^2 이상으로 1개소 이상 2. 6층 이상이고 연면적 5,000m^2 이상인 업무용 건축물외의 업무용 건축물은 집중구내통신실을 확보하여 시공 1) 건축물의 연면적이 500m^2 이상인 경우 10.2m^2 이상으로 1개소 이상 확보 2) 500m^2 미만인 경우는 5.4m^2 이상으로 1개소 이상 3) 같은 층에 집중구내통신실과 층구내통신실을 확보하여야 하는 경우에는 집중구내통신실 확보 4) 층별 전용면적이 500m^2 미만인 경우로서 각 층별로 통신실을 확보하기가 곤란한 경우에는 하나의 층구내통신실에 2개층 이상의 통신설비를 통합하여 수용할 수 있다. 이 경우 층구내통신실 확보면적은 통합 수용된 각 층의 전용면적을 합하여 층구내통신실의 확보 면적란의 기준을 적용 5) 같은 층에 층구내통신실을 2개소 이상으로 분리 설치하려는 경우 층구내통신실의 면적은 최소 5.4m^2 이상 3. 집중구내통신실은 지상에 설계하고 조명시설과 통신장비전용의 전원설비를 갖추어야 하며 출입구에 잠금장치를 시공		방송통신설비의기술기준에 관한 규정 제19조

11) 공동주택 통신실의 면적 확보

항목	도면 번호	검사내용	검사결과	근거
공동주택의 구내통신 실면적 확보		1. 공동주택의 구내통신실 면적 확보 기준에 맞게 확보 시공 1) 50세대 이상 500세대 이하 단지 : 10m^2 이상으로 1개소 이상 2) 500세대 초과 1,000세대 이하 단지 : 15m^2 이상으로 1개소 이상 3) 1,000세대 초과 1,500세대 이하 단지 : 20m^2 이상으로 1개소 이상 4) 1,500세대 초과 단지 : 25m^2 이상으로 1개소 이상 2. 집중구내통신실은 외부환경에 영향이 적은 지상에 확보 3. 집중구내통신실에는 조명시설과 통신장비전용의 전원설비 구비여부 4. 집중구내통신실의 출입구에는 잠금장치 시공		방송통신설비의 기술기준에 관한 규정 제19조

12) 홈 네트워크배관 공수

항목	도면 번호	검사내용	검사결과	근거
홈 네트워크 배관 공수		1. 구내의 옥내와 옥외에 한국산업표준 규격의 배관, 덕트 또는 트레이를 시공 1) 주택에 홈네트워크설비를 설치하는 경우 세대단자함과 홈네트워크 주장치간에는 홈네트워크용 배관을 1공 이상 시공(제5항제2호의 규정보다 통신용 배관에 여유가 있는 경우 공용 가능)		접지설비·구내통신설비·선로설비 및 통신공동구등에 대한 기술기준 제27조

13) 인입배관

항목	도면 번호	검사내용	검사결과	근거
인입배관		1. 배관의 내경은 선로외경의 2배 이상이 되도록 시공 1) 주거용 건축물 중 공동주택의 인입배관의 내경은 다음의 기준에 적합하게 시공 가. 20세대 이상의 공동주택 : 최소 54mm 이상 나. 20세대 미만의 공동주택 : 최소 36mm 이상 2) 주거용 및 기타건축물의 경우 - 1공 이상의 예비공을 포함하여 2공 이상 3) 업무용건축물의 경우에 - 2공 이상의 예비공을 포함하여 3공 이상		접지설비·구내통신설비·선로설비 및 통신공동구등에 대한 기술기준 제27조

14) 옥내배관

항목	도면번호	검사내용	검사결과	근거
배관의 요건		1. 배관은 기계적 강도를 가진 내부식성 금속관 또는 한국산업표준 KS C 8454 (지하에 매설되는 배관의 경우에는 KS C 8455) 규격 이상의 합성수지제 전선관 시공 2. 배관의 내경은 배관에 수용되는 케이블단면적의 총합계가 배관 단면적의 32% 이하로 시공 3. 배관의 굴곡은 가능한 완만하게 처리하여야 하되, 곡률반경은 배관내경의 6배 이상으로 시공 4. 배관의 1구간에 있어서 굴곡개소는 3개소 이내이어야 하며, 1개소의 굴곡 각도는 90° 이내로 하며 3개소의 합계는 180° 이내로 시공		접지설비 · 구내통신설비 · 선로설비 및 통신공동구등에 대한 기술기준 제28조
수평배선계		성형구조 또는 성형배선으로 시공		

15) 덕트의 설치

항목	도면번호	검사내용	검사결과	근거
덕트 요건		1. 덕트는 선로를 용이하게 수용할 수 있는 구조와 유지·보수를 위한 충분한 공간이 있도록 시공 2. 수직으로 설치된 덕트의 주변에는 선로의 포설, 유지 및 보수의 작업을 용이하게 할 수 있는 디딤대 등을 설치하도록 설계여부 3. 덕트의 내부에는 선로의 포설에 필요한 선로 받침대를 60cm 내지 150cm의 간격으로 시공 4. 바닥 덕트 외의 덕트는 내부에 유자보수 작업용 조명 또는 전기콘센트 설치 시공(선로용 배관 별도 설치 시 예외 가능)		접지설비 · 구내통신설비 · 선로설비 및 통신공동구등에 대한 기술기준 제28조
덕트 설치		1. 덕트는 유지·보수를 위한 충분한 공간이 있도록 설계하였는가? 2. 수직으로 설치된 덕트의 주변에는 선로의 포설, 유지 및 보수의 작업을 용이하게 디딤대 설치 시공 3. 덕트의 내부에 선로 받침대 60cm 내지 150cm의 간격으로 시공 4. 바닥 덕트 외의 덕터는 내부에 유지·보수 작업용 조명 또는 전기콘센트 시공		
업무용 건축물 바닥 덕트와 배관		1. 구내선이 7.5m를 넘는 실내는 바닥덕트, 배관 설계하였는가? 1) 바닥덕트 또는 배관은 실내의 용도와 규모를 고려하여 성형 또는 망형으로 시공 2) 바닥덕트 또는 배관의 매구간 교차점 또는 완곡부에 각 1개씩의 실내접속함을 시공 - 실내접속함의 간격은 7.5m 이내, 직선관로로서 선로작업에 지장이 없는 경우에는 간격을 12.5m 이내 2. 접속함 및 인출구는 상면에 돌출되거나 침수되지 않도록 시공		

16) 국선단자함

항목	도면 번호	검사내용	검사 결과	근거
국선 단자함 설치		1. 국선은 구내선과의 분계점에 설치된 주단자함 또는 주배선반에 수용하도록 시공 2. 국선은 주배선반에 수용하도록 시공 1) 광섬유케이블 또는 300회선 미만의 동케이블을 수용하는 경우 : 주단자함 또는 주배선반 2) 300회선 이상의 동케이블을 수용하는 경우 : 주 배선반 3. 국선단자함에 구내케이블을 수용하기 위한 단자를 설계여부 4. 공사시방서에 국선단자함에서 보호기를 통하여 국선과 구내케이블간의 회선접속 시공		접지설비 · 구내통신설비 · 선로설비 및 통신공동구등에 대한 기술기준 제29조
국선 단자함 요건		1. 국선단자함의 공통사항 1) 국선단자함은 국선수용 단자, 단자반 및 보호기를 설치할 수 있는 충분한 공간 및 구조를 갖추어야 하며 관로의 분계점과 가장 가까운 곳에 설치 시공 2) 국선단자함은 실내에 설치하고 선로를 수용할 단자함의 하부는 바닥으로부터 30cm 이상 되도록 시공 3) 설치를 하지 않아야 하는 장소 가. 세면실, 화장실, 보일러실, 발전기계실 나. 분진 · 유해가스 및 부식증기를 접하는 장소 다. 소화 호수시설을 갖춘 벽장 내 4) 절연저항 : 50MΩ 이상 5) 단자 또는 접속어댑터 : 배선 케이블 등급과 동등 이상의 성능 6) 회선표시물 : 각인 또는 표시판, 개폐장치 : 잠금장치 구비된 문 7) 보호장치 : 휴지 기능, 피뢰 기능 및 접지 기능 8) 전원단자 : AC 전원단자 9) 국선단자함과 장치함을 별도로 설치하는 경우 국선단자함과 장치함 구간에 28mm 이상 배관 1개 이상을 설치 2. 400×500×80mm형 국선단자함 - 크기 : 0.2m^2 이상, 한 변의 길이 400mm 이상(깊이 80mm 이상) 3. 700×800×130mm형 국선단자함(종합유선방송 수신설비 수용 시) - 크기 : 0.56m^2 이상, 한 변의 길이 700mm 이상(깊이130mm 이상) - 단자함 내부 절연보조장치 및 통풍구, 용도별 설비 수용을 위한 격벽 설치		

17) 구내간선계와 건물간선계

항목	도면 번호	검사내용	검사 결과	근거
구내 간선계와 건물 간선계		1. 동등 이상 내경을 가진 예비공 1공 이상을 포함하여 2공 이상 시공 2. 트레이 및 덕트 등을 설치할 경우에는 증설을 고려하여 여유 공간을 확보하여 시공		접지설비 · 구내통신설비 · 선로설비 및 통신공동구등에 대한 기술기준 제27조

18) 중간단자함 및 세대단자함

항목	도면 번호	검사내용	검사 결과	근거
중간 단자함 및 세대 단자함 설치		1. 중간단자함 설치위치는 적정하게 시공 1) 제28조제5항제4호의 규정에 부적합한 배관의 굴곡점 2) 선로의 분기 및 접속을 위하여 필요한 곳 2. 세대단자함 설치위치는 적정하게 시공 1) 공동주택에는 세대별로 세대단자함 시공 2) 세대 내에서 분기가 없는 기숙사 및 주택법시행령 제10조제1항제1호에서 규정하는 원룸형 주택의 모든 요건을 갖춘 주택은 제외한다.		접지설비 · 구내통신설비 · 선로설비 및 통신공동구등에 대한 기술기준 제30조

19) 주거용 건축물의 구내 배선

항목	도면 번호	검사내용	검사 결과	근거
주거용건물구내 배선		1. 주거용 건축물에 설치하는 구내배선은 적합하게 시공 1) 한 개의 공동주택인 경우에는 [별표 11]의 제1호 표준도에 준하여 시공 2) 두 개 이상의 공동주택이 하나의 단지를 형성할 때는 [별표 11]의 제2호 표준도에 준하여 시공 3) 국선단자함이 설치된 공동주택에서 각 공동주택별로 구내간선케이블을 설치하여 동단자함에 배선하여 시공 4) 세대단자함에서 각 인출구까지는 성형배선 방식으로 시공 5) 국선단자함에서 세대 내 인출구까지 꼬인케이블을 배선할 경우에 구내배선설비의 링크 성능은 100MHz 이상의 전송특성이 유지되도록 시공 6) 동단자함이 설치 된 경우에는 링크성능 구간은 동단자함에서 세대 내 인출구까지로 시공		접지설비 · 구내통신설비 · 선로설비 및 통신공동구등에 대한 기술기준 제33조

항목	도면 번호	검사내용	검사 결과	근거
		7) 홈네트워크설비를 설치하는 경우에는 홈네트워크 주장치와 홈네트워크 기기간에 꼬임케이블, 신호전송용 케이블 등을 사용하여 통신소통에 지장이 없도록 시공 8) 제30조제1항 각 호에 해당하지 아니하여 국선단자함 또는 동단자함에서 세대단자함 또는 인출구까지 직접 배선하는 경우 수평배선계의 케이블 설치방식으로 시공		

20) 업무용과 기타 건축물의 구내 배선

항목	도면 번호	검사내용	검사 결과	근거
업무용 건물과 기타 건축물 구내선		1. 업무용과 기타건축물에 설치하는 구내배선은 기준에 적합하게 시공 1) 한 개의 건축물인 경우에는 [별표 12]의 제1호 표준도에 준하여 시공 2) 하나의 부지에 두 개 이상의 건축물이 있는 경우에는 [별표 12]의 제2호 표준도에 준하여 시공 3) 국선단자함이 설치된 건축물에서 각 건축물별로 구내간선케이블을 설치하여 동단자함에 배선하여 시공 4) 층단자함에서 각 인출구까지는 성형배선으로 설계하였는가? 5) 국선단자함에서 인출구까지 꼬임케이블의 링크성능은 100MHz 이상의 전송특성이 유지되도록 시공 6) 동단자함이 설치된 경우 링크성능 구간은 동단자함에서 인출구까지 시공 7) 국선단자함 또는 동단자함에서 인출구까지 직접 배선하는 경우는 수평배선계의 케이블 설치방식으로 시공 8) 제30조제1항 각 호에 해당하지 아니하여 국선단자함 또는 동단자함에서 세대단자함 또는 인출구까지 직접 배선하는 경우 수평배선계의 케이블 설치방식으로 시공		접지설비 · 구내통신설비 · 선로설비 및 통신공동구등에 대한 기술기준 제33조

21) 회선 종단장치

항목	도면 번호	검사내용	검사 결과	근거
회선종단 장치		1. 주거용건축물의 통신용 인출구는 모듈러잭이나 동축커넥터 또는 광인출구 등으로 종단하도록 시공 2. 업무용 및 기타건축물의 통신용 인출구는 각 실별 단위로 모듈러잭이나 동축커넥터 또는 광인출구의 통신용		접지설비 · 구내통신설비 · 선로설비 및 통신공동구등에 대한

항목	도면 번호	검사내용	검사 결과	근거
		인출구 또는 통신용 단자함으로 종단하도록 시공 3. 인출구는 통신용선로, 방송공동수신설비, 홈네트워크 설비 등을 하나의 인출구로 종단할 경우에는 선로상호간 누화로 인한 통신소통에 지장이 없도록 시공		기술기준 제31조

22) 구내통신선의 배선

항목	도면 번호	검사내용	검사 결과	근거
구내통신선의 배선		1. 건물간선케이블 및 수평배선케이블은 100MHz 이상의 전송대역을 갖는 꼬임케이블, 광섬유케이블 시공 2. 옥외의 구내간선케이블은 옥외용 꼬임케이블, 옥외용 광섬유케이블 시공 3. 공동구, 지하주차장 등 외부 환경에 영향이 적은 지하에 설치되는 경우에는 옥내용 케이블 시공 가능함		접지설비·구내통신설비·선로설비 및 통신공동구등에 대한 기술기준 제32조

23) 광케이블과 꼬임케이블

<table>
<tr><th>항목</th><th>도면 번호</th><th>검사내용</th><th>검사 결과</th><th>근거</th></tr>
<tr><td>광케이블 링크 성능 기준</td><td></td><td>
광케이블은 구내통신선로의 링크성능 기준 [별표 6] 적합하게 시공
1. 공사시방서에 케이블은 다음의 성능 이상급 시공
가. 공동주택 및 업무용건축물
<table>
<tr><th>종류</th><th>파장 (nm)</th><th>채널손실</th></tr>
<tr><td rowspan="2">단일모드</td><td>1,310</td><td>7dB 이하</td></tr>
<tr><td>1,550</td><td>7dB 이하</td></tr>
<tr><td rowspan="2">다중모드</td><td>850</td><td>13dB 이하</td></tr>
<tr><td>1,300</td><td>9dB 이하</td></tr>
</table>
주) 링크성능은 집중구내통신실에서 광섬유케이블의 종단(세대단자함 또는 인출구)까지의 기준이나 공동주택 외 주거용 건축물,
나. 공동주택 외 주거용 건축물 및 기타건축물
<table>
<tr><th>종류</th><th>파장 (nm)</th><th>채널손실</th></tr>
<tr><td rowspan="2">단일모드</td><td>1,310</td><td>3.45dB 이하</td></tr>
<tr><td>1,550</td><td>3.45dB 이하</td></tr>
</table>
주) 링크성능은 국선단자함에서 광섬유케이블의 종단(세대 단자함 또는 인출구)까지의 기준임
</td><td></td><td>접지설비·구내통신설비·선로설비 및 통신공동구등에 대한 기술기준 제33조</td></tr>
</table>

<table>
<tr><th>항목</th><th>도면
번호</th><th>검사내용</th><th>검사
결과</th><th>근거</th></tr>
<tr><td>꼬임
케이블
성능 기준</td><td></td><td>2. 꼬임케이블은 100MHz 이상의 전송특성을 갖도록 시공
<table>
<tr><th rowspan="2">측정항목</th><th>측정주파수</th><th colspan="2">기준값</th></tr>
<tr><th>(MHz)</th><th>100MHz</th><th>250MHz</th></tr>
<tr><td rowspan="4">반사손실
(dB)</td><td>1</td><td>17.0 이상</td><td>19.0 이상</td></tr>
<tr><td>16.0</td><td>17.0 이상</td><td>18.0 이상</td></tr>
<tr><td>100.0</td><td>10.0 이상</td><td>12.0 이상</td></tr>
<tr><td>250.0</td><td>-</td><td>8.0 이상</td></tr>
<tr><td rowspan="4">감쇠
(dB)</td><td>1.0</td><td>2.2 이하</td><td>3.0 이하</td></tr>
<tr><td>16.0</td><td>9.1 이하</td><td>8.0 이하</td></tr>
<tr><td>100.0</td><td>24.0 이하</td><td>21.3 이하</td></tr>
<tr><td>250.0</td><td>-</td><td>35.9 이하</td></tr>
<tr><td rowspan="4">근단 누화손실
(dB)</td><td>1.0</td><td>60.0 이상</td><td>65.0 이상</td></tr>
<tr><td>16.0</td><td>43.6 이상</td><td>53.2 이상</td></tr>
<tr><td>100.0</td><td>30.1 이상</td><td>39.9 이상</td></tr>
<tr><td>250.0</td><td>-</td><td>33.1 이상</td></tr>
<tr><td rowspan="4">근단 누화
전력합 손실
(dB)</td><td>1.0</td><td>57.0 이상</td><td>62.0 이상</td></tr>
<tr><td>16.0</td><td>40.6 이상</td><td>50.6 이상</td></tr>
<tr><td>100.0</td><td>27.1 이상</td><td>37.1 이상</td></tr>
<tr><td>250.0</td><td>-</td><td>30.2 이상</td></tr>
<tr><td rowspan="4">원단감쇠대누화비
(dB)</td><td>1.0</td><td>57.4 이상</td><td>63.3 이상</td></tr>
<tr><td>16.0</td><td>33.3 이상</td><td>39.2 이상</td></tr>
<tr><td>100.0</td><td>17.4 이상</td><td>23.3 이상</td></tr>
<tr><td>250.0</td><td>-</td><td>15.3 이상</td></tr>
<tr><td rowspan="4">원단감쇠대
누화비전력합
(dB)</td><td>1.0</td><td>54.4 이상</td><td>60.3 이상</td></tr>
<tr><td>16.0</td><td>30.3 이상</td><td>36.2 이상</td></tr>
<tr><td>100.0</td><td>14.4 이상</td><td>20.3 이상</td></tr>
<tr><td>250.0</td><td>-</td><td>12.3 이상</td></tr>
<tr><td>전달지연(ns)</td><td>10.0</td><td>555 이하</td><td>555 이하</td></tr>
<tr><td>전달지연변이(ns)</td><td>10.0</td><td>50 이하</td><td>50 이하</td></tr>
</table>
</td><td></td><td></td></tr>
</table>

24) 선로성능 유지

항목	도면 번호	검사내용	검사 결과	근거
선로 성능 유지		1. 공사 시방서에 통신용선로, 방송공동수신설비, 홈네트워크설비 등을 동일 배관에 함께 수용할 경우에는 선로 상호간 누화로 인하여 통신소통에 지장이 없도록 시공 2. 공사시방서에 구내배선에 사용하는 접속자재는 배선케이블 등급과 동등 이상의 제품을 시공		접지설비 · 구내통신설비 · 선로설비 및 통신공동구등에 대한 기술기준 제33조

25) 회선 수 확보

항목	도면 번호	검사내용	검사 결과	근거
공통		1. 구내통신선로설비에는 충분한 회선을 확보하여 시공 1) 구내로 인입되는 국선의 수용 회선수 2) 구내회선의 구성 회선수 3) 단말장치 등의 증설을 반영한 회선수		방송통신설비의 기술기준에 관한 규정 제20조
주거용 건축물		1. 주거용건축물 회선수 확보하여 설계 1) 국선단자함에서 세대단자함 또는 인출구까지 단위세대당 1회선(4쌍 꼬임케이블 기준) 이상 및 단일모드 광섬유케이블 2코어 이상 2) 광대중화 기능을 갖는 국선단자함과 동단자함이 있는 경우에는 국선단자함에서 동단자함까지 단일모드 광섬유케이블 12코어 이상, 동단자함에서 세대단자함이나 인출구까지 단위세대당 1회선(4쌍 꼬임케이블 기준) 이상 및 단일모드 광섬유케이블 2코어 이상		방송통신설비의 기술기준에 관한 규정 제20조
업무용 건축물		1. 업무용건축물 회선수 확보하여 설계 1) 국선단자함에서 실단자함 또는 인출구까지 업무구역(10제곱미터)당 1회선(4쌍 꼬임케이블 기준) 이상 및 단일모드 광섬유케이블 2코어 이상 2) 광대중화 기능을 갖는 국선단자함과 동단자함이 있는 경우에는 국선단자함에서 동단자함까지 단일모드 광섬유케이블 12코어 이상, 동단자함에서 실단자함이나 인출구까지 업무구역(10제곱미터) 당 1회선(4쌍 꼬임케이블 기준) 이상 및 단일모드 광섬유케이블 2코어 이상		방송통신설비의 기술기준에 관한 규정 제20조
주거용과 업무용 외의 건축물		1. 주거용과 업무용 외의 건축물 회선 수 확보하여 시공 1) 건축물의 용도를 고려하여 주거용과 업무용 회선 수 확보기준을 신축적으로 적용하여 시공		

(2) 이동통신구내선로설비공사의 사용 전 검사

1) 급전선의 인입 배관

항목	도면 번호	검사내용	검사 결과	근거
급전선의 인입 배관		1. 급전선 또는 광케이블을 인입하기 위한 배관 등은 [별표 7]의 제1호부터 제3호의 표준도에 준하여 시공 1) 옥외 안테나(옥상 또는 지상에 설치하는 안테나를 말하며 이하 같다.)에서 기지국의 송수신장치 또는 중계장치(이하 "중계장치 등"이라 한다)까지 급전선 또는 광케이블을 설치하기 위한 시설은 배관, 덕트 또는 트레이로 시공		접지설비·구내통신설비·선로설비 및 통신공동구등에 대한 기술기준 제35조

<table>
<tr><th>항목</th><th>도면
번호</th><th>검사내용</th><th>검사
결과</th><th>근거</th></tr>
<tr><td rowspan="2"></td><td rowspan="2"></td><td>2) 옥외 안테나에서 중계장치 등까지 설계하는 배관은 건물 내 통신배관실을 이용하여 설치하는 경우 외 다음 각 목에 적합하게 시공
- 급전선을 수용하는 배관의 내경은 36 mm 이상 또는 급전선 외경(다조인 경우에는 그 전체의 외경)의 2배 이상이 되어야 하며, 3공 이상 시공
- 광케이블을 수용하는 배관의 내경은 22 mm 이상이어야 하며, 예비공 1공 이상을 포함하여 2공 이상 시공
3) 배관 및 덕트는 제28조제4항제1호, 제5항 및 제6항의 규정을 준용하여 시공
- 구내통신선로설비의 배관이 제28조제5항제2호의 요건을 만족하고 상호 소통에 지장이 없는 경우에는 공동으로 사용할 수 있도록 시공</td><td></td><td rowspan="2"></td></tr>
<tr><td>4) 도시철도시설에서 배관의 설치 구간은 관로의 분계점에 가까운 맨홀에서 중계장치 까지 시공</td><td></td></tr>
</table>

2) 접속함

<table>
<tr><th>항목</th><th>도면
번호</th><th>검사내용</th><th>검사
결과</th><th>근거</th></tr>
<tr><td rowspan="2">접속함</td><td rowspan="2"></td><td>1. 설치 위치 : 급전선 또는 광케이블의 포설 및 철거가 용이하도록 접속함을 설치하여 시공
1) 배관의 길이가 40m를 초과할 경우
2) 제28조제5항제4호의 규정에 부적합한 배관의 굴곡점</td><td></td><td rowspan="2">접지설비 · 구내통신설비 · 선로설비 및 통신공동구등에 대한 기술기준 제36조</td></tr>
<tr><td>1. 성능은 기술기준에 적합하게 시공
1) 절 연 저 항 : 50MΩ 이상
2) 두께 1.5 mm 이상의 연강판 또는 동등 이상
3) 문 : 여닫이식</td><td></td></tr>
</table>

3) 접지시설

<table>
<tr><th>항목</th><th>도면
번호</th><th>검사내용</th><th>검사
결과</th><th>근거</th></tr>
<tr><td rowspan="2">접지시설</td><td rowspan="2"></td><td>1. 접지시설은 제5조의 규정 및 [별표 7]의 제1호부터 제3호의 표준도에 준하여 시공
- 접지단자는 중계장치 등이 설치되는 각 층에 중계장치 등으로부터 최단거리에 시공</td><td rowspan="2"></td><td rowspan="2">접지설비 · 구내통신설비 · 선로설비 및 통신공동구등에 대한 기술기준 제37조</td></tr>
<tr><td>공사시방서에 기간통신사업자는 접지단자로부터 중계장치 등까지 접지선을 시공</td></tr>
</table>

4) 상용전원

항목	도면 번호	검사내용	검사 결과	근거
상용전원		1. 중계장치 등의 전원은 용량이 4 ㎾ 이상으로서 교류 220V 전원단자가 3개 이상이어야 하며, [별표 7]의 제1호부터 제3호의 표준도에 준하여 시공 - 전원단자는 중계장치 등이 설치되는 각 층에 중계장치 등으로부터 최단거리에 시공		접지설비·구내통신설비·선로설비 및 통신공동구등에 대한 기술기준 제38조
		공사시방서에 기간통신사업자는 전원단자로부터 중계장치 등까지 전원선을 시공		

5) 배관시설

항목	도면 번호	검사내용	검사 결과	근거
배관시설 구조		이동통신구내선로설비를 구성하는 배관시설은 설치된 후 배선의 교체 및 증설시공이 쉽게 이루어질 수 있는 구조로 시공		방송통신설비의 기술기준에 관한 규정 제18조

6) 중계기설치를 위한 장소확보 공통사항

항목	도면 번호	검사내용	검사 결과	근거
장소확보		1. 규정 제17조의2 및 제17조의3에 따른 대상 시설에는 송수신용 안테나, 중계장치 등의 설치 또는 운영을 위하여 기준에 적합한 장소를 확보하여 시공 1) 옥외 안테나의 설치를 위하여 전파의 송수신이 가장 양호한 곳으로서 각각 4m2 이상의 면적을 갖는 1개소 이상의 설치장소. 다만, 분계점에 가까운 맨홀에서 중계장치 등까지 광케이블을 통해 신호를 전달하는 경우에는 해당 없음. 2) 중계장치 등의 설치를 위하여 분진이나 유해가스로부터 격리된 각각 2m2 이상의 면적(높이 2 m 이상)을 갖는 1개소 이상의 설치장소 3) 설치장소는 옥외안테나 또는 중계장치 등의 설치 및 유지·보수를 위한 작업 등에 지장이 없도록 시공		접지설비·구내통신설비·선로설비 및 통신공동구등에 대한 기술기준 제39조

7) 공동주택 및 공동주택 외 건축물 중계기 설치 장소

<table>
<tr><th>항목</th><th>도면 번호</th><th>검사내용</th><th>검사 결과</th><th>근거</th></tr>
<tr><td rowspan="2">공동주택</td><td rowspan="2"></td><td>1. 중계기 설치 장소를 적합하게 선정하여 시공
<table>
<tr><th>설 치 대 상</th><th>설 치 장 소</th></tr>
<tr><td>가. 제24조의2제1항에 따라 협의하여 지상층에 이동통신구내중계설비를 설치하기로 한 주택 및 시설</td><td>각 지하층 및 미래창조과학부장관이 정하여 고시하는 기준에 적합한 지상층</td></tr>
<tr><td>나. 가목에 해당하지 않는 지하층이 있는 주택 및 시설</td><td>각 지하층</td></tr>
</table>
1) 기지국의 송수신장치 또는 중계장치를 옥상에 설치하는 경우에는 단지 내 1개소 이상의 장소를 확보하여야 하며, 지하층에 설치하는 경우에는 지하층 바닥면적의 합계 5,000m² 당 1개소 이상의 장소를 확보하여 시공
2) 옥상의 기지국 송수신장치 또는 중계장치를 별도의 실 안에 설치하고자 하는 경우에는 실내 적정 온도 유지를 위해 환기구 시공
3) 옥상에 옥외안테나 등을 설치하는 경우에는 접지시설 및 전원시설 등이 옥상까지 확보되어야 하며, 옥상을 관통할 때에는 방수 처리를 포함한 시공
4) 500세대 미만의 공동주택의 경우에는 지상층을 제한 지하층에만 구내용 이동통신설비 시공</td><td rowspan="2"></td><td rowspan="2">접지설비 · 구내통신설비 · 선로설비 및 통신공동구등에 대한 기술기준 [별표 7]</td></tr>
<tr><td>공사시방서에 옥외 안테나를 옥상에 설치하는 경우 기간통신사업자는 옥외 안테나에서 기지국의 송수신장치 또는 중계장치까지 배관, 덕트 또는 트레이 시공</td></tr>
<tr><td>공동주택 외 건축물</td><td></td><td>1. 중계기 설치 장소를 적합하게 선정하여 시공
<table>
<tr><th>설 치 대 상</th><th>설 치 장 소</th></tr>
<tr><td>가. 「건축법 시행령」 제2조제17호에 따른 다중이용건축물(공동주택 제외)</td><td>각 지하층 및 각 지상층</td></tr>
<tr><td>나. 가목에 해당하지 않는 지하층이 있는 건축물(공중 지하도 · 터널 · 지하상가 및 지하주차장 등 지하건축물 포함)</td><td>각 지하층</td></tr>
</table>
1) 건축물에서 기지국의 송수신장치 또는 중계장치의 설치장소는 바닥면적의 합계 10,000m2 당 1개소 이상의 장소를 확보하도록 시공
2) 터널의 기지국 송수신장치 또는 중계장치는 터널 내부 또는 지상에 설치할 수 있도록 시공</td><td></td><td>접지설비 · 구내통신설비 · 선로설비 및 통신공동구등에 대한 기술기준 [별표 7]</td></tr>
</table>

항목	도면번호	검사내용	검사결과	근거
		3) 터널의 지상에 기지국 송수신장치 또는 중계장치를 설치하는 경우 접지시설 및 전원설비 등을 지상에 확보하도록 시공 4) 터널 길이에 따라 신호전달이 어려운 경우 2개 이상의 중계장치 설치하도록 시공 5) 복수 터널인 경우 각 터널 별 별도의 관로를 설치하고 지상에서 터널 내부로 관통할 때는 방수처리가 되도록 시공		

8) 도시철도시설 중계기 설치 장소

항목	도면번호	검사내용	검사결과	근거
도시철도시설		1. 중계기 설치장소는 기준에 적합한 장소에 설계 하였는가? 1) 기지국의 송수신장치 또는 중계장치는 역사 및 역 시설에 2개소 이상, 승강장 양끝단에 각각 1개소 그리고 선로구간에서는 승강장 양 끝단으로부터 각 방향으로 250±20m 간격마다 설치 장소를 확보 시공 2) 통신실에 여유가 있는 경우에는 외부로부터 인입된 광케이블과 최초로 접속되는 기지국 송수신장치 또는 중계장치 시공		접지설비·구내통신설비·선로설비 및 통신공동구등에 대한 기술기준 [별표 7]

(3) 방송 공동수신설비공사의 사용 전 검사

1) 지상파TV, 위성방송, FM라디오방송, DMB방송설비

① 안테나설비

항목	도면번호	검사내용	검사결과	근거
방송통신기자재 설계		1. 방송통신기자재는 전파법의 적합인증 제품과 정부인증 규격품을 사용 하여 시공		• 전파법 제58조의2 • 방송 공동수신설비의 설치기준에 관한 고시 제10조
방송 주파수 전송방법		1. 방송 공동수신 안테나 시설은 수신안테나로부터 들어오는 방송의 신호를 주파수의 변환 없이 그대로 전송하여 시공 1) 지상파TV방송 주파수대역 : 54~805.75MHz 2) FM라디오방송 주파수대역 : 88~107.9MHz 3) 위성방송 주파수대역 : 950~2150MHz 4) 이동멀티미디어방송 주파수대역(174~216MHz)		
지상파 수신 안테나		1. 수신안테나는 지상파방송(TV, FM, DMB), 위성방송 신호를 잘 수신할 수 있도록 설계·제작하여야 하며, 기계적·화학적으로 내구성이 우수한 안테나를 시공		• 방송 공동수신설비의 설치기준에 관한 고

항목	도면번호	검사내용	검사결과	근거
		2. 공사 시방서에 수신안테나와 동축케이블의 접속부는 빗물이 침수되지 않는 구조로 시공 3. 수신안테나 설치 상세 설계도면대로 시공 4. 수신안테나는 모든 채널의 지상파방송, 위성방송 신호를 수신할 수 있도록 안테나를 구성 시공 5. 둘 이상의 건축물이 하나의 단지를 구성하고 있는 경우에는 한조의 수신안테나를 설치하여 이를 공동으로 사용 시공 6. 수신안테나는 벼락으로부터 보호될 수 있도록 설치하되, 피뢰침과 1미터 이상의 거리를 두어 시공 7. 수신안테나를 지지하는 구조물은 풍하중을 견딜 수 있도록 견고하게 시공 8. 풍하중의 산정에 관하여는 「건축물의 구조기준 등에 관한 규칙」 제9조를 준용하여 시공 9. 수신안테나 유지·보수 시 추락방지와 접근이 쉽도록 옥상 출입구에서 안테나위치까지 통로 가까운 곳에 시공		시 제11조제3항, 제12조, 제13조

② 증폭기

항목	도면번호	검사내용	검사결과	근거
증폭기		1. 지상파 방송용 증폭기 1) 증폭기는 수신안테나로부터 입력된 신호를 수신주파수대역별로 분리증폭한 후 이를 다시 혼합하여 출력하거나 전 대역을 광 대역으로 증폭하는 제품으로 시공 2) 증폭기는 다음의 기준에 맞게 시공 (1) 수동으로 출력신호의 세기를 조정 (2) 지상파방송, 위성방송의 신호를 균일하게 증폭 (3) 케이블 또는 별도의 전력선으로부터 전원을 공급받을 수 있어야 하고, 공급되는 전원을 수동으로 연결하거나 차단 3) 위성방송용 안테나와 연결한 증폭기의 전원은 18V의 전원이 안테나쪽으로 공급이 되는 증폭기 시공 2. 종합유선방송용 구내전송선로설비에 사용되는 증폭기는 다음의 기준에 적합하게 시공 1) 케이블의 특성에 의하여 자연적으로 감쇄된 상향신호 및 하향신호를 분리하여 증폭하는 기능 2) 수동으로 증폭기능을 조정 기능 3) 등화기 및 감쇄기로 입력레벨을 등화 또는 감쇄 기능 4) 전원을 수동으로 연결 또는 차단할 수 있어야 하며 접지단자를 구비		방송 공동수신설비의 설치기준에 관한 고시 제11조제3항, 제16조, 제25조, 제7조5항

③ 비상전원 설비

항목	도면 번호	검사내용	검사 결과	근거
비상전원 설비		1. 에프엠(FM)라디오 및 이동멀티미디어방송의 지하층 수신에 필요한 방송공동수신설비는 정전 시에도 항상 방송수신을 유지할 수 있도록 비상전원 공급이 가능한 회로를 구성하여 시공		방송 공동수신 설비의 설치기준에 관한 고시 제4조

④ DMB 방송 중계기

항목	도면 번호	검사내용	검사 결과	근거
인입방법		옥상의 DMB 안테나에서 지하층 중계기까지 인입용 배관과 배선은 기술기준에 적합하게 시공		방송 공동수신 설비의 설치기준에 관한 고시 제11조제 3항, 제12조, 제13조
배관설치		옥외 안테나와 최초 장치함이나 중계기설치 장소까지 22mm 배관 2공(주-1공, 예비-1공)의 배관을 시공		
전원설비		1. 중계기 설치장소에 AC220볼트 전원단자 1개 이상 설계하였는가? DMB증폭기에 무정전전원설비를 연결하도록 시공		
접속함		1. 접속함 위치는 유지관리가 쉬운 장소에 시공 2. 금속 접속함의 접지저항은 100옴 접지 시공		

⑤ 세대별 단자함

항목	도면 번호	검사내용	검사 결과	근거
세대별 단자함		1. 각 세대별 단자함에는 층 장치함으로부터 인입되는 지상파방송, 위성방송 및 종합유선방송을 각각 수신할 수 있도록 선로를 설계하였으며, 그 선로에는 출력단자의 임피던스가 75Ω인 분배기 및 직렬단자를 시공. 다만, 각 세대별 단자함에는 중계기용 무선기기 제외한다.		방송 공동수신 설비의 설치기준에 관한 고시 제3조의2

⑥ 안전조건 설계반영

항목	도면 번호	검사내용	검사 결과	근거
안전조건		1. 방송 공동수신설비에는 보호기를 설치하도록 설계를 하고 보호기의 성능 및 접지에 관하여는 「방송통신설비의 기술기준에 관한 규정」 제7조를 준용 시공		방송 공동수신 설비의 설치기준에 관한 고시 제4조

⑦ 장치함 설치 설계

항목	도면 번호	검사내용	검사 결과	근거
장치함		1. 장치함은 방송 공동수신 안테나 케이블과 연결하여야 하고 종합유선방송의 구내전송선로 설비에 최초로 접속하는 곳에 시공 2. 방송공동수신안테나 케이블의 분배 · 분기 또는 접속을 위하여 필요한 곳에 시공 3. 장치함의 내부에는 절연 보조 장치, 잠금장치 및 통풍구 시공 4. 장치함은 계단이나 복도 실내의 공용부분에 설계 하였는가? 5. 장치함의 크기는 증폭기, 분배기, 분기기, 보호기 및 케이블 등 필요한 설비를 수용할 수 있는 충분한 공간을 확보하여 시공 6. 증폭기 · 분배기 등 서로 간에 신호의 간섭이 없도록 시공 7. 장치함은 각 층(지하층 포함)에 설치되는 층 장치함과 접속할 수 있도록 시공		방송 공동수신 설비의 설치기준에 관한 고시 제3조의2
층 장치함		1. 층 장치함은 각 세대별 단자함과 접속할 수 있도록 시공. 다만, 지하층에 설치되는 층 장치함의 선로에는 에프엠(FM)라디오 및 이동멀티미디어방송을 수신할 수 있는 중계기용 무선기기를 설치하되, 옥상 등의 수신안테나와 연결하도록 시공		방송공동수신 설비의 설치기준에관한고시 제3조의2

⑧ 분배기, 직렬단자 설치

항목	도면 번호	검사내용	검사 결과	근거
분배기 분기기		1. 종합유선방송 신호를 임피던스의 변화 없이 분배하거나 분기할 수 있도록 시공 2. 유휴분배단자와 유휴분기단자는 사용회선에 영향을 미치지 아니하도록 75Ω으로 종단 시공		방송 공동수신 설비의 설치기준에 관한 고시 제11조, 제17조
직렬단자(75Ω) 출력 레벨		아날로그채널(FM포함): 55~85dBμV 디지털 채널(8VSB): 37~67dBμV 초고화질 채널(OFDM, QAM): 39~69dBμV 이동멀티미디어방송채널: 23~53dBμV 디지털위성방송채널: 36~66dBμV - 2017.01.02 개정 (FM, 디지털 채널, 초고화질 채널, DMB, 디지털위성방송 채널의 출력레벨 개정)		

⑨ 구내배관의 설치

항목	도면 번호	검사내용	검사 결과	근거
구내배관		1. 배관은 선로를 보호할 수 있고, 부식에 강한 금속관 또는 통신용 합성수지관을 시공 2. 배관의 안지름은 배관에 들어가는 케이블 단면적의 총합계가 배관 단면적의 32% 이하가 되도록 시공 3. 배관의 굴곡은 가능하면 완만하게 처리하여야 하고, 곡률반지름은 배관 안지름의 6배 이상으로 시공 4. 장치함부터 세대단자함까지 또는 장치함에서 다른 장치함까지 등 한 구간의 배관은 굴곡 부분은 3개소 이하로 하고, 1개소의 굴곡 각도는 직선상태의 배관이 꺾이는 각도가 90° 이하로 하며, 꺾인 각도의 합계는 180° 이하로 시공 5. 세대단자함부터 직렬단자까지의 배관은 성형배선이 가능한 구조로 시공 6. 세대단자함부터 직렬단자까지는 통신용 배관을 단독 또는 공동으로 사용하도록 시공 7. 선축물의 벽이나 바닥 안에 설치하는 증폭기와 분배기 등의 장치는 외부에서 교체하기 쉬운 장치함에 시공		방송 공동수신 설비의 설치기준에 관한 고시 제7조

⑩ 구내배선의 설치

<table>
<tr><th>항목</th><th>도면 번호</th><th>검사내용</th><th>검사 결과</th><th>근거</th></tr>
<tr><td>광케이블</td><td></td><td>1. 광(光)케이블
<table>
<tr><td>광섬유 케이블</td><td colspan="2">단일모드광섬유(SMF)</td></tr>
<tr><td>파장(nm)</td><td>1310</td><td>1550</td></tr>
<tr><td>손실(dB/km)</td><td>0.5 이하</td><td>0.4 이하</td></tr>
</table>
1) 광배선구간이 짧을 경우에는 광섬유의 크래딩에 가하는 광 파워는 수신기에 과부하를 주지 아니하도록 사용
2) 공동주택(특등급)의 경우에는 전송데이터가 집중되는 구내 간선계는 단일모드 광섬유케이블(SMF) 사공(권장)</td><td></td><td>o 방송 공동수신설비의 설치기준에 관한 고시 제11조제3항</td></tr>
<tr><td>콘넥터</td><td></td><td>1. 동축케이블의 콘넥터 접속 상태가 양호하게 설치하여 사공
1) 안테나와 연결한 콘넥터의 접속 상태
2) 증폭기와 연결한 콘넥터의 접속 상태
3) 분배기 및 분기기에 연결한 콘넥터의 접속 상태
4) 보호기에 연결한 콘넥터의 접속 상태
5) 신호처리기에 연결한 콘넥터의 접속 상태
6) 중계기용 무선기기에 연결한 콘넥터의 접속 상태
7) 직렬단자에 연결한 콘넥터의 접속 상태</td><td></td><td>o 방송 공동수신설비의 설치기준에 관한 고시 제12조, 제7조의2제3항</td></tr>
</table>

항목	도면 번호	검사내용	검사 결과	근거
구내배선		1. 구내배선은 동축케이블 또는 광섬유케이블을 사용하고 성형배선(1:1 단독 배선) 시공 1) 동일 실내에서는 직렬단자를 활용하여 분배 또는 분기할 수 있으나 분배의 횟수를 3개소 이내로 시공 2. 방송 공동수신 안테나 시설 및 종합유선방송 구내전송선로설비의 배선은 장치함까지 각각 단독으로 시공 3. 공동주택(세대 내에서 분기가 없는 기숙사 및 「주택법 시행령」 제3조제1항 제2호의 규정에 따른 원룸형 주택의 모든 요건을 갖춘 주택은 제외한다)인 경우에는 세대단자함까지 따로 설계하고, 세대 내는 성형배선으로 시공 4. 동일 실내에서 방송공동수신 안테나 시설과 종합유선방송 구내전송선로설비의 이용이 동시에 가능하도록 세대단자함부터 직렬단자까지 각각 배선을 시공 5. 구내배선 상호간 또는 그 밖의 사용설비와 접속할 때에는 접속기구(커넥터)를 시공 6. 선로는 전력선간 상호 영향을 받지 않도록 시공		o 방송 공동수신설비의 설치기준에 관한 고시 제7조의2

2) 종합유선방송설비

항목	도면 번호	검사내용	검사 결과	근거
전송선로 구간		종합유선방송 구내전송선로설비는 도로와 택지 또는 건축물의 경계점으로부터 세대단자함까지로 시공		방송 공동수신설비의 설치기준에 관한 고시 제23조
증폭기		1. 증폭기 시공 1) 케이블의 특성에 의하여 자연적으로 감쇄된 상향신호 및 하향신호를 분리하여 증폭하는 기능 2) 수동으로 증폭기능을 조정 기능 3) 등화기 및 감쇄기로 입력레벨을 등화 또는 감쇄기능 4) 전원을 수동으로 연결 또는 차단할 수 있어야 하며 접지단자를 구비		방송 공동수신설비의 설치기준에 관한 고시 제25조
분배기 및 분기기		1. 분배기와 분기기 시공 1) 신호를 임피던스의 변화 없이 분배하거나 분기 기능 2) 유휴분배단자와 유휴분기단자는 사용회선에 영향을 미치지 아니하도록 75Ω으로 종단할 것		방송 공동수신설비의 설치기준에 관한 고시 제26조
인입 접속점		종합유선방송사업자 또는 전송망사업자가 설치한 전송선로설비를 구내전송선로설비와 연결하기 위한 접속점은 구내전송선로설비중 보호기의 인입커넥터로 시공		방송 공동수신설비의 설치기준에 관한 고시 제28조

<table>
<tr><th>항목</th><th>도면
번호</th><th>검사내용</th><th>검사
결과</th><th>근거</th></tr>
<tr><td>구내전송
선로
설비의
질적수준</td><td></td><td>디지털종합유선방송신호의 신호를 전송하기 위한 구내전송선로설비의 질적 수준은 다음 표에 적합한 시공
종합유선방송 구내전송 선로설비의 질적수준(제30조 관련)
<table>
<tr><td colspan="3">주파수범위</td><td>54~1,002MHz</td></tr>
<tr><td rowspan="5">출력레벨
(75Ω 연결 시)</td><td colspan="2">아날로그채널</td><td>55~85dBμV</td></tr>
<tr><td rowspan="4">디지털
채널</td><td>8VSB</td><td>37~67dBμV</td></tr>
<tr><td>QPSK</td><td>29~59dBμV</td></tr>
<tr><td>64QAM</td><td>35~65dBμV</td></tr>
<tr><td>256QAM</td><td>42~72dBμV</td></tr>
<tr><td>채널 간의 레벨차
(동일 변조 방식)</td><td colspan="2">인접사용 채널 간</td><td>5dB 이내</td></tr>
<tr><td rowspan="5">신호대
잡음비(S/N비)</td><td colspan="2">아날로그채널</td><td>40dB 이상</td></tr>
<tr><td rowspan="4">디지털
채널</td><td>8VSB</td><td>22dB 이상</td></tr>
<tr><td>QPSK</td><td>14dB 이상</td></tr>
<tr><td>64QAM</td><td>20dB 이상</td></tr>
<tr><td>256QAM</td><td>27dB 이상</td></tr>
</table>
비고 : 기준 값은 댁내 직렬단자에서의 질적수준이고 측정항목 중 출력레벨은 채널전력을 말한다.</td><td></td><td>방송 공동수신 설비의 설치기준에 관한 고시 제30조</td></tr>
</table>

3) 감리현장 사진을 촬영하여 첨부 한다.

사 진	사 진
① 국선(방송통신)단자함 설치	② UTP케이블 링크 측정
사 진	사 진
③ 아울렛 설치 사진	④ 접지 저항 측정값 사진
사 진	사 진
⑤ 사용전검사 대상 건물 사진	⑥ 국선의 지하인입 배관 사진

제8장

LAN과 통신보안시스템 설치

8.1 개 요
8.2 분석단계
8.3 기획단계
8.4 설계단계(기본 및 실시설계)
8.5 기본설계단계
8.6 실시설계단계
8.7 통신시스템 설치를 위한 환경시설
8.8 설치 및 운영단계
8.9 통신보안시스템 설치
8.10 네트워크 관리시스템 설계

8.1 개 요

통신망 설계과정의 기본절차는 분석단계, 기획단계, 설계단계, 구축·운영단계로서 구분되며, 각 단계는 다음 단계를 계획하는 데 기반이 되는 중요한 관계를 가지고 있다.

8.2 분석단계

통신망 설계를 효과적으로 수행하고 적합한 계획을 수립하는 것을 목적으로 설계에 영향을 미치는 모든 요소들을 나열하고 정형화하여 분석하는 단계로서 사용자의 요구사항을 분석하는 사용자 환경분석과 기존통신망의 특성을 분석하는 통신망 분석으로 구분할 수 있다.

우선 사용자의 요구사항 및 업무환경 등을 분석하기 위해서는 다음의 항목들을 고려하여야 한다.

① 통신망 요구사항
② 신규서비스 수용계획
③ 정보시스템 구축계획 등

8.2.1 분석단계에서 확인할 사항

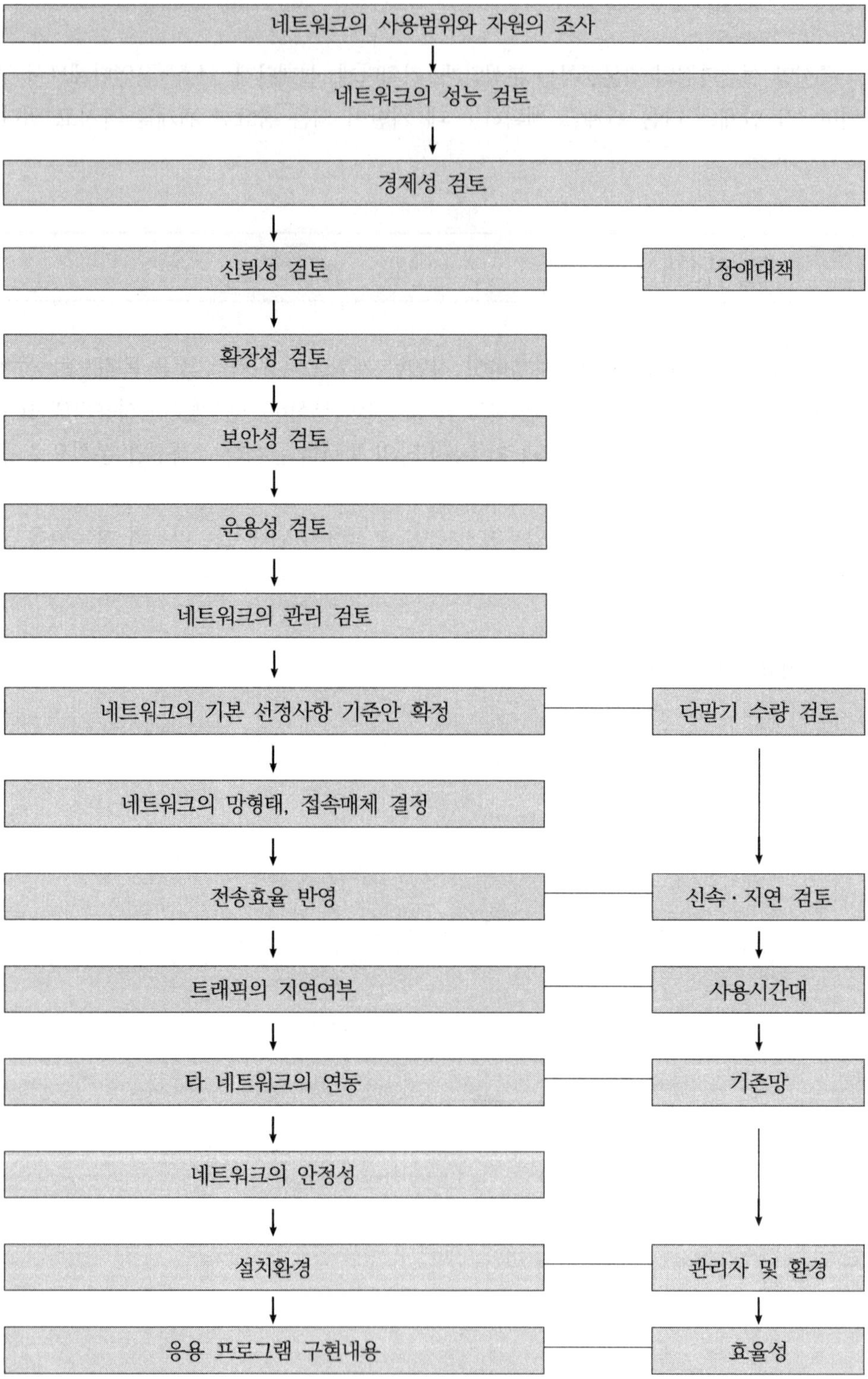

8.2.2 망 구축시 고려사항

망을 구축시 고려하여야 할 요소로는 성능 · 신뢰성 · 확장성 · 보안 및 관리부문이 있으며 장애, 서비스 요구사항도 고려되어야 한다. 이러한 요소들을 종합적으로 고려하여 통신망의 설계 및 구축이 이루어져야 한다.

1. 성 능

통신망은 단계별 및 단위 통신망별로 성능향상 방안을 제공하는 구조이어야 하며, 지역구간(local) 및 원격지구간(remote)에 서로 다른 성능향상 방법론을 사용하여 구간별로 성능향상을 고려해야 한다. 그리고 고속의 속도를 제공하는 기술을 사용하며, 기존 장비를 향후에도 지속적으로 사용할 수 있는 구조로 지향하여 투자대비 효과의 비가 우수한 기술을 선택하는 것이 바람직하다.

2. 신뢰성

신뢰성이 보장된 통신망을 구축하기 위해서는 장애관리 및 보안기능이 제공되어야 한다. 그리므로 통신망은 장애에 신속하게 대처할 수 있고 장애의 확산을 제어할 수 있는 구조이어야 하며, 장애발생시에도 최소한의 서비스를 제공할 수 있는 구조로 구축되어야 한다. 장기적으로 장애의 검출이 신속하고 용이하여 예정된 시간 내에 복구가 지원되는 구조로 구축되어야 한다.

3. 확장성

통신망의 규모가 확대되고, 신기술의 등장으로 통신망의 지속적인 변경이 필요하므로, 통신망의 구축시에는 변환이 용이한 계층적인 구조로 구축되어야 한다. 그리고 지속적으로 트래픽량이 증가될 것을 고려하여 대역폭의 증설이 용이한 구조로 구축하는 것이다.

또한, 최소의 변경으로 중소형 구조에서 대형 구조로 업그레이드가 가능하며, 단위 통신망별 물리 및 논리적인 분할기능과 다른 통신망과의 접속이 원활하고 통합수용이 용이한 구조가 되어야 한다.

기존 보유 전산환경을 고려하여 투자 대 성능비가 높으며, 차후 폐기성 장비와 새로 도입할 장비 및 소프트웨어의 용도에 적합한 구조로 구축되어야 한다.

4. 보안 및 관리

인터넷의 발전으로 통신환경이 개방 및 확산되는 추세로 인해 통신망 관리의 중요성과 함께 보안상의 문제가 대두되고 있다.

통신환경에서는 통신망 구성요소 중 일부에 문제가 발생하더라도 전체 통신망에 영향을 끼치게 되므로, 통신망에 대한 신뢰성 및 안전성을 보장하기 위해서 통신망 관리가 중요한 쟁점으로 부각되고 있다.

효율화된 관리가 지원되는 통신망 설계는 사용 프로토콜, 기술 및 장비의 수를 가능한 한 최소화하고, 통신망 현황의 분석이 가능한 구조가 되어야 한다.

통신망은 사용자의 다양성, 통신망상의 다양한 작업경로 등으로 특유의 보안문제를 가지고 있다. 그러므로 사용 애플리케이션의 중요도에 따른 통신망의 가용성 및 보안기능 구현이 요구되며, 개별작업 그룹에 대한 보안 및 통신망 사이의 보안기능을 동시에 제공할 수 있어야 한다.

8.2.3 분석의 필요성

조사 · 분석하여 향후 장기적인 통신망 계획을 수립하는 자료로 활용한다. 또한 기존 통신망의 자원인 각 통신시스템 현황, 설계 · 구현 · 운영에 대한 전반적인 운영현황에 대한 평가를 실시하여 장애에 대한 원인 규명 및 서비스 응답시간을 개선하기 위한 대책 수립, 통신망 자원의 재활용을 한다.

분석단계의 결과물은 기획, 설계, 구축 · 운영 단계의 기초자료로 활용되므로 체계적인 분석 · 진단 방법론에 의거하여 현행 통신망의 현황자료를 수집하고 분석하여야 한다.

8.2.4 현황 분석

현행 통신망의 현황자료를 수집하여 응용 프로그램 성능 및 용량산정시에는 기본 통신망 모델로 활용한다. 현황자료 수집은 통신망 설계과정의 분석단계에서 수집한다.

8.2.5 응용 프로그램 기획

특정 업무용 응용 프로그램의 구조, 통신망의 요구조건 등 응용 프로그램의 특성을 기술한다.

8.2.6 성능 및 용량 기획

현황 분석의 기본 통신망 모델과 응용 프로그램 기획의 프로그램 특성을 감안하여 향후 통신망 구조에서 신규 응용 프로그램을 수용하기 위한 사전에 통신망의 성능 및 용량을 예측하기 위한 모델링 및 시뮬레이션 작업을 실시한다. 이 작업의 결과를 통신망 설계에 활용한다.

8.3 기획단계

분석단계의 통신망 현황자료를 근거로 분석된 통신망의 문제점을 해결하고 기획단계의 응용서비스와 인원 · 투자비용 · 통신자원 등의 현실적인 요구사항을 고려한 단기 · 중기 · 장기 발전방향 및 통신망 구축 모델을 목표로 향후의 통신망 시스템을 구체화하는 작업이다.

이는 통신망 구현을 위한 설계도의 역할과 분석, 기획단계의 요구사항을 종합한다는 의미에서 통신망 구축단계 중 가장 중요한 단계라고 할 수 있다. 기본적으로 설계단계에서는 기획단계에서 정의된 통신망 구축 모델을 우선적으로 구체화시키며, 기능 · 서비스 및 기술 · 요구사항에서 언급된 요소항목을 최적으로 구축할 수 있도록 해결방안을 제공하여야 한다.

8.4 설계단계(기본 및 실시설계)

기본설계에는 사용될 응용서비스와 인원 · 투자비용 · 통신자원 등의 요구사항을 고려하고 계획을 수립하는 기획단계를 거쳐 통신망의 새로운 요구사항 수용, 보안대책 수립, 현실적인 투자 등이 고려되어 반영되어야 한다.

통신망 구축은 기본설계서에서 제시한 사항을 최대한 충족하면서 가장 빠른 시일 내에 효율적이고 안정성 있는 서비스를 제공하는 통신망을 구축하여야 하므로 일반적으로 7단계로 구분한다. 구축절차는 일반적으로 [그림 8-1]과 같은 절차에 따라 이루어진다.

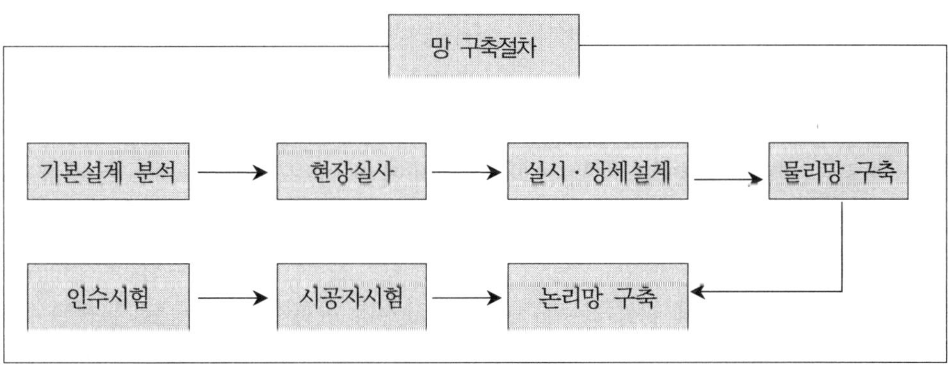

[그림 8-1] 망 구축절차

① 기본설계 분석단계로 기본설계에서 제시한 장비의 요건 · 성능을 고려하여 구축하고자 하는 망이 갖추어야 할 상세구조를 파악하는 단계이다. 분석은 단위별, 구축규모별, 적용기술(광역통신망기술, 구내정보통신망기술, 전송기술, 교환기술 등)별로 분류하여 분석해야 한다. 그렇게 함으로써 실시설계 및 구축시 체계적인 적용이 가능하다.

② 현장실사단계는 물리망 구축과 직접적으로 연관된 기본설계 물량을 토대로 실시한다. 원칙적으로 장비가 놓여지는 위치, 배선루트, 전원루트, 연동장비(전송장비) 등 연관된 모든 것을 실사하는 것이 원칙이다. 또한 중요도에 따라 유형별로 표본실사를 할 수도 있다. 현장실사에서의 필수사항은 사용자와 인터뷰하는 부분에 대한 조사양식을 구비하여야 한다.

③ 실시 · 상세설계단계는 현장실사에서 조사된 내역을 바탕으로 실시한다. 도면을 작성하고, 기본설계 분석을 토대로 물리망 구성, 논리망 구성, 주소체계 구성, 통신망 보안체계 구성, 관리체계 구성, 라우팅 구성, 가상랜 구성, 서버접속 구성, 장비설치 시방서, 검수 · 인수 시험절차서 등 상세내역을 포함하여야 한다. 실시설계 업무를 구축기술에서 다루는 것은 정보통신분야의 실제 업무에서 대개의 경우 장비납품, 실시설계 · 구축까지 '구축공사' 일괄계약 방식으로 이루어지기 때문이다. 실시설계에 대한 설계감리를 하는 경우도 있는데 이 경우는 기본설계를 수행한 기술자나 공사발주자가 할 수 있다.

④ 물리망 구축단계는 이중마루 설치, 장비랙 설치, 전원공사, 배선(UTP, 광케이블 포설, 배선반, 덕트, 전송로 등) 공사, 장비설치 등 하드웨어적인 구축한다.

⑤ 논리망 구축단계는 통신망에서 실질적으로 서비스가 가능하도록 장비구성, 주소할당, 라우팅 연동, 통신망 보안작용 등을 통하여 일련의 소프트웨어적인 작업을 수행하는 단계이다.

⑥ 시공자 시험단계는 시공자가 구축이 끝난 시점에서 자체적으로 구축물량 파악과 장비 및 망 연동상태를 시험하는 단계로 단위장비 기능시험, 연동시험, 성능시험, 장애대처시험 등이 이루어지는 단계이다.

⑦ 인수시험단계는 망 구축 및 시공자 시험이 끝난 시점에서 구축된 망을 인수자가 검수 · 감리를 수행하는 과정으로 구축물량 파악과 장비 및 망 연동상태의 시험이다. 즉 망 운영권이 시공자에서 인수자로 이전되며 망구축이 종료되는 단계이다.

설계단계의 중요성에서 설계는 분석단계의 통신망 현황자료를 근거로 분석된 통신망의 문제점을 해결하고, 기획단계의 응용서비스와 인원 · 투자비용 · 통신자원 등의 현실적인 요구사항을 고려한 단기 · 중기 · 장기 발전방향 및 통신망 구축 모델을 목표로 향후의 통신망 시스템을 구체화하는 작업이다.

8.5 기본설계단계

기본설계에는 신기술의 발전방향과 기술분석을 토대로 통신망의 기본구조를 분석하여 채택할 방향을 설정하고 통신망의 새로운 요구사항 수용, 보안대책 수립, 현실적인 투자 등이 고려되어 통신망에 필요한 물리망, 논리망, 주소체계, 통신망 보안체계, 관리체계, 라우팅, 가상랜, 서버 접속 등 설계 구성요소의 설계방침과 구성방향, 각 시스템의 규격을 결정한다.

기본설계서의 작업이 완료되면 사용자(기업 및 기관)는 기본설계서를 바탕으로 제안업체에 제안요청서를 발송할 수 있다. 제안사는 제안요청서를 받아 제안사만의 통신망 구축방안을 제시하게 된다. 사용자는 제안답변서에 대한 평가를 실시하여 통신망 구축업체를 선정하게 된다. 제안요청서에는 기본적으로 상세설계를 할 수 있는 통신망 구축구조, 통신시스템의 기능 · 용량 · 물량 등의 모든 요소를 포함하여야 한다.

8.6 실시설계단계

8.6.1 실시설계

실시설계는 기본설계에서 제시한 물량 · 인력 · 비용 · 도구 · 기술 등을 토대로 현재상황을 반영하여 기본설계 목표(down time 최소화, 지속적인 업그레이드에 대해 최적상태 유지, 통신망 변화 예측 및 대처능력을 보유한 망 등)에 접근할 수 있는 요소기술 적용에 따른 사전준비 작업, 구축과정 및 결과를 검증할 수 있는 시험 시나리오를 산출해내는 체계적이고 구체적인 문서작업이다.

8.6.2 실시설계업무

일반적으로 실시설계에는 사전 준비작업 과정인 기본설계 분석 및 현장실사를 바탕으로 구축도면, 구축시방서, 논리망 상세설계서, 시험절차서 등을 포함하여야 한다.

실시설계업무는 기본설계 및 제안요청서에서 제시한 장비의 요건 · 성능을 고려하여 구축하고자 하는 통신망이 갖추어야 할 상세구조를 파악하는 단계로 단위별 구축 규모, 적용기술 유형별로 분석하여 현장실사, 도면작성 및 구축에 필요한 설계서에 반영하여야 한다.

예를 들면 단위별 구축 규모는 서버팜(sever-farm)이 위치하는 지역, 즉 LAN(Local Area Network : 구내정보통신망) 백본 영역과 지역별로 통합되는 WAN(Wide Area Network : 광역통신망) 백본영역 및 가입자 접속영역으로 분류될 수 있다. 또한 기술유형별로는 전송기술(전송매체, 광, 동축, 동기식 전송, 비동기식 전송 등), 교환기술, 라우팅 등이 있다.

8.6.3 현장실사

현장실사는 도면작성 및 물리망 구축에 앞서 필수적으로 수행해야 할 항목으로 장비가 설치되는 장소의 답사를 통하여 장비 설치장소의 구조 및 위치를 파악하여 실제 물리망 구축시에 고려되는 전기배선, 통신케이블 배선, 장비 설치위치 등을 결정해야 한다.

현장실사시에는 현장실사 협의서 및 실사 기초자료(물량표, 건물평면도) 등의 조사양식을 사전 준비하여야 한다. 또한 현장실사 협의서에는 사업명, 공사위치, 공사기간, 협의자, 실사일시를 필히 기재하여야 한다.

8.6.4 도면작성

구축도면은 장비간의 접속구성도, 장비실장도, 랙(rack) 실장도, 케이블 포설도로 이루어지며, 물리망 구축시 사용된다.

장비간 접속도는 장비와 장비 사이의 연결 및 배선반 연결을 나타내고, 장비실장도는 장비의 모듈 배치 및 포트 구성을 나타내며, 랙 실장도는 랙 내부의 장비 위치 및 종류를 나타낸다. 또한 케이블 포설도는 장비와 장비간 연결시의 케이블 종류 및 층간 배선루트를 나타내는 도면이다.

구축시방서는 장비 납품일정 및 전체 공정표, 단위장비 표준 구성지침 및 장비 설치 시방서, 물리적인 접속규격 및 물리망 연동 구성도를 제시하여야 한다. 여기서 시방서(specification)란 설계 · 제조 · 시공 등 도면으로 나타낼 수 없는 사항을 문서로 적어서 규정한 것으로 도면과 함께 설계의 중요한 부분을 이루고 있다.

상세설계서는 라우팅 구성도, 주소 설계, 가상랜 설계, 통신망 보안 등 요소기술에 대한 구축에 필요한 사항을 구체적으로 기술하여야 한다.

8.6.5 실시설계시의 고려할 사항

인터넷의 기본 구성 프로토콜인 TCP/IP 환경 하에서의 IP주소(Internet Protocol Address)는 서로간의 통신을 위해서 반드시 필요하고, 따라서 이의 체계적이고 효율적인 설계가 필요하다.

통신망 구축시, 통신망을 장비별 · 지역별 · 용도별로 구분하여 설계하고, 추후에 통신망의 업그레이드나 확장에 따른 IP 주소의 추가 사용까지 고려하여 설계하여야 한다.

통신 상대방까지 찾아가기 위해서는 상대방의 IP 주소를 보고 적절한 경로를 선택하여 찾아가는데 이러한 것을 라우팅(routing)이라 한다. 라우팅 프로토콜은 통신망의 구조, 규모, 용도, 특성, 장비의 부하율 등을 고려하여야 하고, 트래픽의 적절한 분산 및 경로의 이중화 등을 고려하여 선택해야 한다.

통신망의 확장에 따른 통신망의 논리적인 분할을 위하여 라우팅의 분할 및 가상랜(virtual LAN)을 사용한다.

가상랜이란 브로드캐스트(broadcast) 트래픽을 제한하여 불필요한 트래픽을 차단하기 위한 논리적인 LAN이다. 가상랜(VLAN)은 통신망 세그먼트에서 트래픽을 줄이므로 전체적인 성능을 증가시키고 여러 작업그룹과 그들의 리소스를 분리하여야 한다. 또한 신뢰하는 사용자만이 중요한 리소스에 접근하도록 제한함으로써 통신망 보안을 강화시킬 수도 있다.

결국 위에서 설명하였던 각각의 사항들에 대한 설계 및 선택결과를 최종적으로 통신망에 적용시키기 위하여 도면으로 또는 상세 문서로 표현이 되는 과정이다.

상세설계에서는 라우팅 권역, 망 연동구조 및 지역망 라우팅 구조 등이 포함된다. 통신망 특성에 따른 라우팅의 분할, 라우팅 정보의 축약 및 분배위치, 주소할당, 라우팅 프로토콜 설계, 가입자와의 연동정책 등이 포함되며, 트래픽 흐름의 특성을 고려하여 관리상의 용이성 및 경로 선택의 최적화를 목표로 설계되어야 한다.

실시설계는 기본설계의 목표를 기준으로 장비의 특성을 감안하여 물리망, 논리망, 주소체계, 통신망 보안체계, 관리체계, 라우팅, 가상랜, 서버 접속 등 설계 구성요소의 보다 상세한 접속규격 및 구성내역을 설계하며, 장비설치 시방서, 검수 · 인수 시험절차서 등 상세내역이 포함되며 시공을 할 수 있도록 최종의 설계이다.

실시설계는 정보통신분야의 실제업무에서 대개의 경우 장비납품, 실시설계, 구축까지 '구축공사' 일괄계약방식으로 이루어진다. 실시설계에 대한 설계감리를 하는 경우도 있는데 이 경우는 기본설계를 수행한 기술자나 공사 발주자가 할 수 있다.

8.6.6 현장조사 자료

순위	구 분	조사내용
1	랙 설치	• 도면표기(증설계획이 표시된 최신도면 입수 후 신설 장비 랙, 신설 HDSL 랙 설치위치 표기) • 근접 거리로 확보
2	광케이블 포설	신설 랙~기존 OFD 위치간 거리 (　)m • 포설방법(그리드, 케이블 랙), 광케이블 보호공법 적용여부(후렉블, 스파이러 슬라브, 광케이블 덕트, 기타) - 포설구간 · (　)m, 포박구간 · (　)m : 광케이블 커넥터 타입(SC, Bio) • 기타 조사내용 광Tie 공사시 OFD 종류 및 설치위치, 광케이블 포설루트 파악 (협의사항에 명기)
3	국내케이블 포설	• 도면 입수 및 케이블 통로 확인(도면은 케이블이 포설되는 전층 입수) • 신설 랙~기존(TDF, CDF, MDF)간 거리 (　)m (　)본 - 포설구간 · (　)m, 포박구간 · (　)m - 장비 랙의 TDF~HDSL 랙 단자간 거리 (　)m • Dots 셀프 확인(빈 Slot 유, 무) • 기타 조사내용 - Tie 케이블 필요시 별도 명시
4	전원케이블	• 랙별 소모용량 • 물자내역 참조 : DC 전원선 - 구간 : (　)에서 신설 랙까지 (　)m (　)본 • AC(UPS) 전원선 - 구간 : (　)에서 신설 랙까지 (　)m (　)본 • 기타 조사내용 - 전원케이블 결선상태 · DC 분전반의 용량 · AC 분전반의 용량 · 접지선 • 랙~접지단자간 거리(　)m
5	아웃렛(outlet) 수 량	• (　) 건물 • 층별 · 실별 수량확인
6	기 타	냉방설비, NMS 설비와 모니터 설치위치 등

8.6.7 내부통신망 설계

정보통신망을 크게 내부망과 외부망으로 구분할 때 소유 측면에서는 사설통신망에 해당한다고 할 수 있으며, 지역적인 면에서 내부망은 LAN(Local Area Network : 구내정보통신망)이 대표적인 통신망이며, 초고속 인터넷의 발전에 따라 홈네트워크(home network), 구내전화, 구내방송, TV공동시청망, 구내 인터폰 등 건물 내부에 설치되는 통신망을 내부망이라 한다.

이에 대하여 외부망은 공중통신망을 이용한 사설통신망의 연장이라고 할 수 있다. 가입자가 구축하는 외부망의 형태는 공중통신망 자원을 임대하여 내부망과 접속을 하고 전기적으로 연동하는 통신망이 외부망이다.

홈네트워크에 대비되는 외부망은 공중통신망의 가입자망이라고 할 수 있겠으나 현실적으로 홈네트워크의 규모가 작은 경우에는 공중통신망 사업자가 직접 시설하고 유지·보수하므로 홈네트워크를 가입자망에 포함시키는 경우도 있다.

또한 보안관리면에서는 내부통신망을 외부통신망으로부터 보호하기 위한 의미로 내부통신망을 내부망으로 생각할 수도 있으나, 접속방법에 내부망을 다양한 의미로 생각할 수 있고 이에 따른 구축방안을 다르게 제시할 수도 있다.

1. 내부망 설계기술의 비교

내부망을 구성하는 주요 요소는 노드(node), 링크(link), 스테이션(station)으로 나눌 수 있다. 노드는 보통 통신장비를 말하고, 링크는 전송로, 즉 전송매체로 이루어진 배선시스템(cable system)을 말한다. 스테이션은 보통 단말을 뜻하는데 단말의 종류는 PC와 서버, 네트워크 프린터 등이 있다.

내부망의 구축기술을 좌우하는 것은 노드에 해당하는 통신장비이다. 통신장비에 적용된 LAN 기술에 따라 구축방법이 결정되기 때문이다. 물론 기본설계나 실시설계 과정에서 충분히 검토되고 결정이 되기 때문에 설계서에 의거하여 구축하여야 한다.

2. 내부망의 통신장비

내부망에 주로 사용되는 통신장비는 허브(hub), 로컬 브리지(local bridge), 로컬 라우터(local router), 랜 스위치(LAN switch), 로컬 ATM 스위치(local ATM switch) 등이 있다. 장비에 로컬을 붙인 이유는 외부망 접속에 필요한 물리적 포트(인터페이스)를 포함하지 않는다는 의미이며, 내부망용 장비가 특별히 존재하는 것은 아니다. 대개의 장비들은 동시에 외부·내부 접속용 포트를 제공하거나 선택적으로 장착할 수 있다.

내부망 장비, 즉 로컬 통신망(local network) 장비에 적용되는 기본설계시 통신망 비교는 〈표 8-1〉과 같다.

초기 동축케이블 중심의 이더넷 기술부터 FDDI(Fiber Distributed Data Interface : 광섬유 분산 인터페이스)와 이더넷 혼용기술, 패스트 이더넷과 이더넷 혼용기술, ATM과 패스트 이더넷 혼용기술 등으로 발전하고 있으며, 10~1기가비트 이더넷 기술이 백본 설치를 고려하여야 한다.

〈표 8-1〉 이더넷, 패스트 이더넷, 토큰링, FDDI, ATM 비교

구 분	이더넷	패스트 이더넷	토큰링	FDDI	ATM
데이터 전송률	10Mbps	100Mbps	4/16Mbps	100Mbps (giga bit)	155,622Mbps
토폴로지	논리적 버스/스타형	스타형	링	이중링	스타형, 링(외형)
액세스 방법	CSMA/CD	CSMA/CD	토큰 패싱	토큰 패싱	가상채널
미디어	UTP, 동축, 광케이블	UTP, 동축, 광케이블	UTP, STP, 광케이블	광케이블	광케이블
노드간 최대 허용거리	500m/동축 100m/UTP	2km/광(MM)* 100m/UTP	100m/UTP	2km/광(MM)*	광케이블 2km/광(MM)*
최대 패킷 크기	1500bytes	1500bytes	4/18kBytes	4500bytes	9180bytes
주 소	16, 48비트 혼용	16, 48비트 혼용	16 또는 48비트 중 택일	16, 48비트 혼용	20바이트 (NSAP)
장 점	가격 저렴, 모든 이 기종간 장비 연동, 다양한 LAN용 S/W 지원 다양, 한 종류의 케이블 방식 구성 가능	이더넷 장비와 호환 가격 대 성능비 우수	IBM 환경에 적합	신뢰성 및 백업 가능	고속의 백본 구성에 적합
단 점	동일 세그먼트 내 많은 장비, 접속시 통신효율이 떨어짐	멀티미디어 데이터 처리 부적합	고가이며 케이블 구성 제한 IBM 고유 솔루션	노드 구성한계가 많으면 속도저하	시그널링 사용 시 절차가 복잡하여 성능 저하 가능

* 광(MM) : Multimode 광케이블

3. 내부통신망 구축시 고려할 사항

내부망을 구축할 때 투자비용이나 향후 망의 확장성, 신기술의 도입, 보안 등의 요구 사항을 고려하여 구축하여야 한다. 또한 사용될 서비스 및 업무의 용도와 사용량 등을 파악하고, 이에 맞는 통신기술을 선택하여 효율성 및 성능이 보장될 수 있어야 한다.

(1) 안정성과 보안성 검토

통신망을 구축할 때에는 안정성과 보안성을 검토하여 망의 구성시 이중화를 고려한 장애대처 및 복구기능, 보안기능을 최대한 고려하여 구축하여야 한다.

앞으로는 백본 개념을 도입하여 구축하는 방안이 바람직할 것으로 보여지며, 패스트 이더넷이나 기가비트 이더넷(gigabit Ethernet) 도입하여 이중화로 구성하는 것도 좋은 방안이다. 이때 백본 요구사항으로 트렁킹(trunking) 기술 및 노드간 장애대처 기능을 고려하여 구축하는 것이 바람직하다.

화상강의나 영상회의 등 멀티미디어 위주의 서비스가 주를 이룬다면 QoS가 지원되는 ATM(비동기 전송모드)의 도입도 해야 한다.

(2) LAN Emulation 도입

기존에 이더넷, 토큰링 및 FDDI로 망이 구축되어 운영되고 있었다면 LAN Emulation(LANE)을 도입하여 애플리케이션이나 네트워킹 소프트웨어가 별도의 수정 없이 ATM의 속도 및 다양한 이점을 누릴 수 있도록 기존 LAN을 ATM으로 하여 사용할 수 있다.

(3) MPLS 기술 도입

ISP(Internet Service Provider) 같은 서비스 제공업체의 내부 백본망에는 인터넷 통신품질(QoS) 개선과 가상 사설통신망(VPN) 서비스를 위해 MPLS(Multi-Protocol Label Switching)와 같은 기술을 사용해 망의 성능을 개선할 수 있다.

기존 인터넷망(IP망)의 경우 라우터가 인터넷 주소(IPv4)를 해독해 라우팅하는 것과 달리 MPLS는 데이터에 별도의 라벨을 붙여 교환하는 것으로 대역폭 보장 및 가상 사설통신망 서비스가 가능해 인터넷의 QoS를 높일 수 있고 트래픽 엔지니어링을 할 수 있는 것이 장점이다.

현재 인터넷망을 구성하고 있는 라우터뿐만 아니라 ATM(비동기 전송모드) 교환기에도 MPLS를 적용시킬 수 있다.

(4) VPN 구성(가상 사설통신망)

현재 대부분의 기업들은 자체적인 내부 사설통신망을 가지고 있으면서도 별도의 라우터를 이용해 인터넷에 연결하는 두 개의 망을 구성하고 있는 형태가 주를 이루고 있다. 그러나 인터넷이 안전한 공중통신망으로 자리잡지 못했기 때문에 자체적으로 내부 사설통신망에 외부의 침입을 막기 위한 보안정책을 적용시켜 구축하여야 한다.

여기에는 방화벽(firewall)을 통한 구축방법과 가상 사설통신망(VPN : Virtual Private Network)을 통한 구축방법 등이 있다.

가상 사설통신망은 공중통신망 기반시설을 터널링 프로토콜과 외부인으로부터 안전하게 보호되도록 주소 및 라우팅 체계의 비공개, 데이터 암호화, 사용자 인증 및 사용자 액세스 권한 제한 등의 기능을 제공하여 보안을 강화하고, 또한 공중통신망을 공유함으로써 저렴한 비용으로 공중통신망을 전용회선처럼 사용할 수 있는 망이다.

따라서 가상 사설통신망은 지역별로 분포되어 있는 기업의 통신망 구성시 저렴한 비용과 보안을 위한 좋은 방안이 될 수 있다.

8.6.8 외부통신망의 설계

외부망은 공중통신망 자원을 임대하여 사설통신망을 확장하는 WAN이라 할 수 있다.

WAN(광역통신망)이란 전용선, 패킷교환망, 종합정보통신망(ISDN), 초고속 국가정보통신망(ATM 교환망) 등의 공중통신 회선서비스를 사용하여 지역적으로 분산되어 있는 LAN이나 MAN(Metropolitan Area Network : 도시권통신망)을 상호 접속하여 구축한 다양하고 포괄적인 통신망이다.

1. 보안 측면

보안 측면에서는 공중통신망(예 인터넷)에 연결되기 전의 통신망을 내부망으로 정의하고 인터넷에 연동되는 부분 및 타 기관·업체 등과의 연동되는 부분을 외부망으로 규정하여 접점 부분에 방화벽 및 캐쉬 서버(cache server) 등을 중점적으로 구축한다.

최근 전국의 행정기관에는 캐쉬 서버를 운영하고 있다.

2. 라우팅 프로토콜 적용 측면

내부망은 IGP(Interior Gateway Protocol)인 OSPFv2(Open Short Path Firs Version 2), RIP(Router Internet Protocol), OSI(Open System Interconnection) 프로토콜 등으로 연동하며, 외부망은 EGP(Exterior Gateway Protocol)인 BGP(Boarder Gateway Protocol)로 연동하여 구축한다.

3. 외부통신망 설계기술의 비교

현재 국내에서 사용되고 있는 외부망 접속 방식은 일반전화선(PSTN)을 이용하는 다이얼업 방식, 통신사업자로부터 임대한 회선을 사용하는 전용선(leased line) 방식, X.25, 프레임 릴레이(frame-relay), 종합정보통신망, 디지털 가입자회선(xDSL), 비동기 전송모드(ATM) 등으로 다양하다.

〈표 8-2〉 WAN의 속도 및 사용기술에 따른 분류

비 교	중·저속	고 속	초고속
속도	1Mbps~DS0	1~100Mbps~DS1,DS3	100Mbps~OC3, OC 12
서비스 적용 분야	전화, FAX 등 회선교환망, 패킷교환망(X.25), WAN(HDLC, SDLC, V.24, V.35), N-ISDN	LAN(Ethernet, Token Ring, FDDI)MAN(DQDB, SMDS) WAN(Frame Relay)	LAN(ATM LAN) WAN(ATM WAN)멀티미디어 서비스(VOD, 영상서비스, B-ISDN)
단 말	전화기, FAX, Host, 터미널	서버(Unix, Windows)	HDTV, Multimedia PC
교 환	회선교환기, 패킷교환기, PBX	라우터, 스위치, 브리지	ATM 교환기, 광교환기
전 송	신호변환(MODEM, DSU/CSU, CODEC, 리피터) 다중화(TDM, FDM), 전송매체(꼬임선, 동축, 광케이블)	HUB, 리피터 전송매체(꼬임선, 동축, 광케이블) Transceiver	광전송장비(광신호 증폭 및 재생) LED, 광센서, 광케이블
신호방식 및 프로토콜	X.25, X.21, HDLC, SDLCTCP/IP, SNA, OSI, N-ISDN 프로토콜	Frame Relay, DQDB, SMDS, LAN(CSMA/CD, TB,TR, FDDI)	B-ISDN 프로토콜 ATM 프로토콜

광역통신망을 속도 및 사용기술에 따라 구분하면 〈표 8-2〉와 같다. 일반적으로 저속에는 X.25, 고속에는 프레임 릴레이, 초고속에는 비동기 전송모드가 사용된다.

현재 광역통신망에서 데이터 통신을 위해 사용하는 기술은 패킷교환망의 접속형(connection-oriented)인 가상회선 방식과 비접속형(connection-less)인 데이터그램 방식이 있다.

접속형 방식으로 X.25, 프레임 릴레이, 비동기 전송모드 등이 있으며, 비접속형으로는 TCP/IP의 IP 기술이 대표적으로 사용되고 있다. 광역통신망에서 주로 사용하고 있는 기술은 〈표 8-3〉과 같이 분류할 수 있다.

〈표 8-3〉 WAN에서 주로 사용하는 기술

기 준	구 분	사용 기술
프로토콜 방식	Connection-Oriented	X.25, 프레임 릴레이, ATM
	Connection-less	IP
속 도	저속	X.25
	고속	프레임 릴레이 방식
		셀 방식(ATM)

4. 외부통신망 구축시 고려할 사항

광역통신망 서비스 선택시 사용자 환경에 따라 속도증설이 용이한 프레임 릴레이, 비동기 전송모드, 그리고 인터넷 VPN 등을 고려할 수 있는데 사용자의 요구환경과 소요예산을 고려하여 사용하는 것이 바람직하다. 광역통신망 구축 및 서비스 선택시 고려할 사항은 다음과 같다.

(1) 선로 임대비용을 고려한 서비스 선택

전용회선(leased line) 방식보다는 교환기술을 이용하는 것이 일반적으로 임대비용이 저렴하고, 경우에 따라 전용회선을 사용하는 것도 투자 보호측면에서 좋은 구축이 될 수 있다.

(2) 사용 애플리케이션 요구사항을 감안한 적절한 접속기술 고려

애플리케이션의 요구사항에 따라 감안하여 IP, 프레임 릴레이, 비동기 전송모드 등의 적절한 접속기술들을 생각할 수 있는데 애플리케이션의 QoS와 운영시의 장애대체 기능을 어느 정도 보장해야 되는지를 고려해야 한다.

⑶ 사용환경을 감안한 성능 고려

최고의 효율을 발휘할 수 있는 적절한 선로 임대료와 최대 대역 사용률(약 70%)을 감안하여 구축하는 것이 중요하다. 그리고 사용률 증가를 위해서는 적절한 크기의 버퍼와 확장이 용이한 사용자 장비를 고려해야 한다.

광역통신망을 구축하기에 앞서 각 서버들의 대역폭 사용량, 전송횟수, 데이터 전송량 등을 파악하여 포트의 요구 대역폭을 파악하는 것이 매우 중요하다. 광역통신망의 대역을 산정시 고려할 사항으로는 가입자 접속회선의 대역 사용률을 최대 70%~80%로 보고 병목현상이 발생하지 않을 정도의 대역으로 구축하여야 한다.

광역통신망 구축시 향후 확장 부분과 보안, 장애복구 대책방법도 고려해야 하며, 마지막으로 장단기별 망의 발전방안을 고려하여 구축을 하는 것이 바람직하다. 전송방식 및 매체결정은 산정된 트래픽을 수용할 수 있는 대역폭과 장비의 거리를 고려하여 선택하여야 한다.

8.6.9 실시설계 평면도(설계사례)

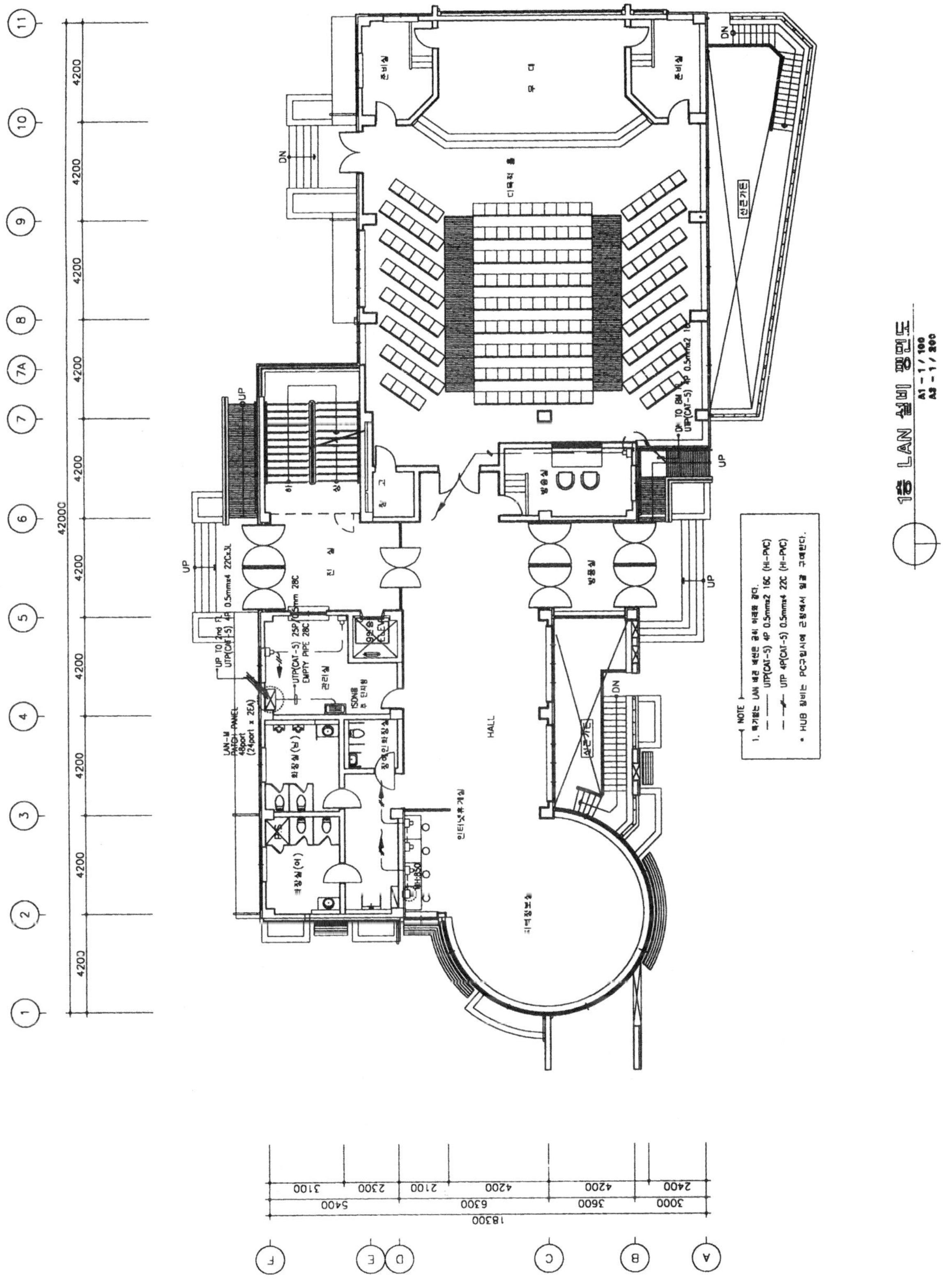

8.7 통신시스템 설치를 위한 환경시설

환경시설에는 통신망 시설에 부대적으로 필요한 공조(온·습도 조절장치)시설, 전원장치(UPS, 축전기 등), 건물간 배선통로인 지하공동구 등이 해당하는 것이다. 실제 구축과정에서는 기반시설 부분은 통신망 공사와는 별도로 추진되는 경우가 더 많다.

8.7.1 통신배선

배선의 경우 건물 내부에는 천장, 바닥, 마루 밑, 벽 속 등으로 이루어지고, 건물간은 땅속에 묻히는 것이 일반적인 경우이므로 물리망 중에서도 한번 구축하면 변경·증설·수리 등이 매우 어려운 특징이 있다. 배선시스템에 대한 부분을 참조하면 상세한 내역을 알 수 있으며, 배선시스템은 최초 구축에서 전송능력, 회선 수요량 및 유지보수를 고려하여 구축하여야 한다.

8.7.2 장비설치

장비설치는 우선 장비 랙의 배치가 중요하다. 장비 유지보수를 위한 적당한 공간이 필요하다. 또 증설에 대비한 랙의 추가도 고려되어야 하며, 장비에서 발생하는 열을 처리하기 위해 공기의 순환을 고려하여야 하며, 배선거리나 배선반의 위치도 고려되어야 한다. 장비 랙에 장비를 설치할 때는 장비 역할에 따라 위치를 정하게 되고, 랙 내부와 랙 외부로 나가는 배선을 고려하여 장비 위치를 선정하여야 하며, 또한 장비의 무게와 발열량도 고려하여야 한다.

열이 많이 나는 장비는 랙의 맨 윗부분에 설치하여 다른 장비에 대해 열에 의한 영향을 적게 주어야 한다. 공기 대류(對流)현상으로 더운 공기는 위로 올라가는 성질이 있기 때문이다.

8.7.3 장비의 배치

장비의 배치는 배선이 집중되는 장비를 중심으로 좌우 양측배치 또는 좌측 또는 우측배치를 하며, 배치기준은 배선체계, 향후 장비증가, 발열량 등이 고려되어야 한다.

냉방이 잘된 장비실의 경우는 랙이나 장비 배치에서 유연성을 가지지만 정전(장비는 비상전력을 사용하나 냉방기는 사용하지 않는 경우)이나 냉방기의 고장을 고려하여 공기순환에 의한 자연적인 방열이 되도록 고려되어야 한다.

장비를 배치한 후 장비간 배선을 하고 전원을 넣게 되면 구축과정이나 종료시점에 감리원(감독원)이 구축시방서에 준하여 시공하는지의 여부를 확인하는 절차가 필요하다.

소규모의 통신망인 경우는 물리망만으로도 구축이 종료되어 전원을 넣는 즉시 통신이 가능한 상태가 되기도 한다. 예를 들어 OSI 7 계층의 1계층에 해당하는 허브로만 구성되는 통신망의 경우는 물리망 구축단계만을 거쳐도 통신 단말간의 상호 통신에는 문제가 없다.

8.8 설치 및 운영단계

일반적으로 통신망 구축은 기본설계를 분석하고 현장실사를 바탕으로 구축도면, 구축시방서, 물리 및 논리망 상세설계서, 시험절차서 등의 실시설계서를 바탕으로 시공자가 통신망을 구축하고, 인수자는 통신망 검수·감리를 수행하며, 전체적인 통신망 구축 후 인수자는 망 운용의 효율화 및 안정화를 위해 통신망의 상태를 계속적으로 진단하면서 유지·운영 작업을 수행하게 된다.

8.8.1 구축단계

구축은 이중마루 설치, 장비 랙 설치, 전원공사, 배선(UTP, 광케이블 포설, 배선반, 덕트, 전송로 등) 공사, 장비설치 등 하드웨어적인 물리망 구축과 통신망에서 서비스가 가능하도록 장비구성, 주소할당, 라우팅 연동, 통신망 보안 적용 등의 논리망 구축이 있다.

구축이 끝난 시점에서 시공자는 자체적으로 구축물량 파악과 장비 및 망 연동상태를 검사하는 단위장비 기능시험, 연동시험, 성능시험, 장애대처시험 등을 실시한다. 시공자는 구축완료 후에 인수자의 시험을 받게 되며, 구축된 망에 대한 교육과 운영에 필요한 운영자 지침서를 만드는 업무를 마지막으로 수행하게 된다.

8.8.2 감리단계

망 구축 및 시공자시험이 끝난 시점에서 인수자는 구축된 망을 검수·감리를 수행하기 위해 구축물량 파악과 장비 및 망 연동상태를 점검하는 인수시험을 실시한다. 인수시험이 끝나고 이 시점부터는 망 운영권이 시공자에서 인수자로 이전되며, 전체적인 통신망 구축이 종료된다.

8.8.3 운영단계

통신망 구축이 종료되면 실질적으로 통신망 운영 및 유지를 위한 단계로 접어들며, 운영하고 있는 망에 대한 지속적인 모니터링 및 관리를 통한 적절한 보완조치를 하게 된다. 운영단계에서는 통신망의 운영상의 장애와 같은 불안정한 요소가 없도록 다음과 같은 내용들을 체계적으로 시행하여야 한다.

1. 사용경향 정보 모니터링

전역적 및 상세 모니터링을 통하여 통신망의 전반적인 트래픽에 대한 사용경향을 파악하는 것이다.

2. 응용 프로그램별 트래픽 정보

통신망에서 운용하고 있는 응용 프로그램의 트래픽 형태, 사용 프로토콜, 트래픽 양, 트래픽 흐름, 요구 응답시간 등의 통신망에 미치는 영향을 평가하기 위해 응용 프로그램의 특성을 상세히 기술하는 것이다.

3. 통신망 관련 정보의 문서화

구성관리, 성능관리, 장애관리 표준 지침서와 사용자 지침서, 모니터링을 통한 통신망 상태 보고서, 장애분석 보고서, 통신망 변경 보고서 등의 통신망 운영을 통한 현황자료 및 운영에 필요한 것을 문서화하는 것이다.

4. 문제관리의 체계화

통신망 운영에 있어서 발생 가능한 문제상황을 파악하여 즉각적인 조치가 이루어질 수 있도록 문제해결 절차 등을 체계화하는 것이다.

5. 변경관리의 체계화

통신망 운영에 있어서 망 변경 전의 사전통보, 변경 시나리오, 변경 최소 방안, 변경관리의 자동화 등의 통신망 장애에 대한 대처 및 변경한 내용을 체계적으로 관리하는 것이다.

통신망의 새로운 요구사항 및 갱신작업이 필요하게 되면 전체적인 통신망 설계과정을 통해 다시 분석단계, 기획단계, 설계단계, 구축·운영단계의 순환적인 과정을 반복하게 되는 것이다.

8.9 통신보안시스템 설치

8.9.1 보안일반론

1. 네트워크의 구성

(1) 네트워크 정의

네트워크(network)란 무엇인가? 먼저 단어를 분석해보면 Net + Work이다. Net는 본래 뜻이 '그물'이고 Work는 작업이므로 그대로 직역한다면 '그물작업'이 될 것이다. 그러나 우리가 다루려는 네트워크는 정확히 말하면 'Computer Networking'으로서 '컴퓨터를 이용한 그물작업'이 될 것이다. 부드럽게 번역한다면 '컴퓨터를 이용한 협동작업'쯤 될 것이다.

정리하자면 두 대 이상의 컴퓨터를 연결하여 근거리나 원거리 통신을 제공하고 서로 연결된 요소들간의 데이터 등을 전송하는 통신망을 말한다. 예를 들면, 사무실에서 하나의 컴퓨터에만 프린터가 연결되어 있다면 프린터가 연결되어 있지 않는 컴퓨터에서 파일을 인쇄하기 위해 컴퓨터가 네트워크로 연결되어 있다면 프린터를 공유하여 네트워크에 연결된 모든 컴퓨터에서 프린터를 이용하여 인쇄할 수 있다.

이와 같은 개념들이 확장되어 시스템과 시스템 사이가 네트워크로 발전하는데, 이것을 피어-투-피어(peer-to-peer) 네트워크라 한다. 두 시스템간의 통신이 다시 여러 컴퓨터로 확장되면서 근거리통신망(LAN)이라는 개념이 나오고, 두 개의 근거리통신망을 연결하는 인트라넷(intranet), 인트라넷과 인트라넷을 연결하는 엑스트라넷(extract), 그 다음 우리에게 친숙한 인터넷이라는 개념이 생겼다.

(2) LAN 이해

상대적으로 좁은 구역에 구현되어 있는 네트워크를 LAN이라고 한다. 일반적으로 300m 이하의 통신회선으로 연결된 PC 메인 프레임(main frame)과 워크스테이션들의 집합을 말한다.

LAN은 컴퓨터 사이의 전류나 전파신호가 정확히 전달될 수 있는 거리, 즉 한 기관의 빌딩 내에 설치된 컴퓨터 장비들을 직원들이 가장 효과적으로 사용할 수 있도록 연결된 고속의 통신망이다. 1970년대 말에서 1980년대 초, 제록스의 한 연구소에서 이더넷(Ethernet)이라 이름붙인 컴퓨터 연결방법이 처음으로 실용화되었는데, 이것은 LAN에 관한 중요한 업적이었다.

(3) WAN 이해

LAN들이 연결되어 있는 시스템을 WAN(Wide Area Network)이라고 한다. WAN은 여러 개의 개별 LAN들이 연결되어 형성된 광역 네트워크이므로 WAN을 구성하기 위해서는 장거리 통신서비스 사업자가 필요하다. 일부 상황을 제외하고는 WAN을 지원하는 장거리 서비스는 통신회사들이 제공한다.

세계적으로 현존하는 가장 큰 WAN이 바로 우리가 매일 이용하는 인터넷이다.

(4) 인터넷 이해

수백만대의 컴퓨터로 연결된 범세계적인 네트워크를 인터넷이라고 한다. 즉 인터넷은 전세계의 컴퓨터들이 그들의 일반적인 언어나 프로토콜을 통해 통신할 수 있도록 링크되어 있는 네트워크간의 네트워크라고 할 수 있다.

인터넷상의 컴퓨터들은 많은 경로를 통해 디지털 정보를 송수신할 수 있다. 중앙에서 통제되는 온라인 서비스와 달리 인터넷은 설계에 의해서 분산된다. 호스트(host)라고 불리는 각각의 인터넷 컴퓨터들은 독립되어 있다. 호스트 운영자들은 지역 서비스를 국제적인 인터넷 서비스로 만들어주기 위해 인터넷 서비스를 선택할 수 있다. 인터넷상의 모든 정보는 랜에서와 마찬가지로 서버에 저장이 된다.

인터넷의 트래픽은 인터넷 주소를 해독하고 개인 컴퓨터를 인터넷상의 특정 지점과 연결시켜주는 라우터에 의해서 방향이 결정된다.

인터넷을 통해서 FTP, Telnet, Gopher, Archie 등의 서비스를 이용할 수 있지만, 오늘날 인터넷 이용자를 폭발적으로 증가시켜온 주역은 WWW(World Wide Web)이라 할 수 있다.

WWW는 여러 가지 인터넷 분야 중 한 일부분이다. 1989년 Tim Berners-Lee라는 유럽의 학자에 의해 개발된 WWW는 HTML(Hypertext Markup Language)을 기본으로 사용자들이 하나의 웹 페이지에서 다른 페이지로 마우스 클릭 한번으로 이동할 수 있는 편의성으로 인해 사용자를 가장 많이 확보한 서비스로 자리잡았다. 현재는 웹상에서 다른 서비스를 에뮬레이션하는 방향으로 그 영역이 확장되고 있다.

(5) 프로토콜 이해

서로 다른 시스템이 통신하려면 서로 동일한 약속을 이용해야 한다. 어떤 데이터를 어떤 방법으로, 언제 주고받을 것인가를 미리 약속해야 착오가 없다.

담을 사이에 두고 서로 보이지 않는 두 사람이 물건을 담 위에 던져주고 받는 경우를 생각해보자. 두 사람이 어떤 물건을, 누가, 누구에게, 언제, 어떤 방법으로 던질 것인지를 사전에 미리 약속해야만 실수하지 않고 정확하게 받을 수 있다. 이러한 약속들을 컴퓨터 네트워크에서는 프로토콜이라고 한다.

1) 프로토콜의 예

인간과 인간의 한 예로서 전화의 경우를 생각해보자. 전화를 걸기 위해 최초에 수화기를 들고 다이얼링하여 상대방이 나오는 것을 기다린다.

두 사람이 서로 다른 언어를 사용하면 의사소통이 될 수가 없다. 그러나 인간의 대화에서는 말의 전후 관계, 상대방의 표정들을 통해 어느 정도 문법에 맞지 않아도 서로간에 내용을 전달할 수 있다. 이것은 인간이 분석하고 추론하는 지능을 지니고 있기 때문이다.

그러나 컴퓨터의 경우에는 인간의 경우처럼 융통성이 없으므로, 미리 규칙을 정해놓고 이 규칙을 따르지 않으면 통신이 불가능하다. 따라서 컴퓨터가 관여하는 통신에서는 규칙, 즉 프로토콜의 확립이 필수적이다.

2) 프로토콜의 기능

프로토콜의 주요 기능은 주소지정(addressing), 순서지정(sequencing), 단편화(frag- mentation)와 재조합(reassembly), 데이터 흐름제어(data flow control), 연결제어(con- nection control), 캡슐화(encapsulation), 오류제어(error control), 동기화(synchroniza- tion), 멀티플렉싱(multiplexing), 전송서비스(transmission service) 등이 있다. 각각의 프로토콜은 그 기능에 맞게 이러한 기능들 중 일부를 선택하게 지원한다.

3) 프로토콜 기술 요약

① 프로토콜은 통신 프로토콜을 말하며, 정보를 송수신하는 두 상대방 사이의 약속의 집합이다.
② 이 약속은 정보의 정확한 전송, 효율적인 전송, 안전한 전송을 위한 것으로 이는 곧 망에서 말한 통신의 3대 목적과 같다.
③ 채널에는 불완전성이 존재하고 불완전성이 신호의 감쇠 · 왜곡 · 현곡을 초래하며, 이와 함께 통신채널에 존재하는 잡음과 더불어 에러의 원인이 된다.
④ 프로토콜에는 에러제어, 동기, 흐름제어 등의 기술이 포함되어 있다.
⑤ 모든 정보기기의 통신에는 반드시 프로토콜이 필요하다.
⑥ ISO/OSI, SNA, DNA, TCP/IP 등은 네트워크 아키텍처이며, 이들은 수직구조를 갖는 여러 개의 프로토콜의 집합으로 구성된다.
⑦ 계층은 통신기능 중의 일부를 수행하는 프로그램 모듈이다.
⑧ 프로토콜에서 정보전송의 단위는 PDU(Protocol Data Unit)이다.
⑨ PDU는 정보를 운반하는 상자와 같은 것으로 발신지, 목적지의 주소, 전송할 정보, 에러 점검을 위한 정보, PDU의 시작과 끝을 알리는 플래그 등으로 구성된다.

(6) OSI 7계층과 TCP/IP

1) OSI 계층의 정의

개인 컴퓨터가 널리 보급되면서 중소형의 네트워크의 필요성이 제기되었다. 그런데 각각의 벤더들이 개별적인 방법으로 자회사의 제품들만 서로 통신 가능하도록 만들다보니 이기종간의 통신에 문제가 발생하였다. 이러한 문제점을 해결하기 위해 1980년대 초반에 ISO(International Organization for Standardization)는 여러 벤더들이 만든 시스템간의 상호 연동을 가능하게 하는 표준 네트워크 모델을 제정해야 한다는 필요성을 인식하고, 1984년에 이러한 요구를 수용하여 OSI(Open System Interconnection)의 네트워크 모델을 발표하였다.

이렇듯 계층별로 나열하는 것을 계층화(layering)라 한다. OSI의 하위 두 계층은 하드웨어나 소프트웨어로 구현되며, 상위 다섯 계층은 일반적으로 소프트웨어로 구현된다. OSI 네트워크 구조 모델은 데이터가 응용 프로그램으로부터 다른 컴퓨터의 응용 프로그램으로 어떻게 전송되는지 보여주는 것이다.

7개의 계층은 물리 · 데이터링크 · 네트워크 · 트랜스포트 · 세션 · 프리젠테이션 · 애플리케이션으로 나누어진다. 각 계층마다 하나 위의 층, 또는 하나 밑의 층에 대한 인터페이스와 통신대상이 같은 층과의 연락방법(통신 프로토콜)이 규정되어 있다. 이것에 의해 다른 기종간의 통신이 가능해진다.

2) OSI 7계층 참조모델

① 응용계층(application layer)

응용계층(계층 7)은 사용자에게 서비스를 제공하고 사용자가 제공한 정보나 명령을 하위계층으로 전달하는 역할을 수행한다.

또한 응용계층은 서버에 데이터베이스 관리 프로그램이 구동되었는지 여부를 알아보는 역할을 한다. 그리고 데이터베이스 관리 프로그램이 미결정 상태의 신규 추가정보를 수락할지 여부를 확인한다. 즉 OSI 모델의 일곱번째 계층인 응용계층은 여러 가지 점검사항을 완벽하게 진행한 후, OSI 모델의 6계층인 표현계층으로 사용자가 입력한 정보를 전달한다.

예 Telnet, FTP, SMTP, POP, SNMP, WWW

② 표현계층(presentation layer)

표현계층(계층 6)은 사용자가 인식하는 테스트 기반의 정보, 또는 그래픽 정보를 응용 프로그램이 이해하고 다룰 수 있는 컴퓨터에서 사용하는 기반의 이진(binary) 데이터로 변환한다. 사용자의 정보와 애플리케이션의 데이터에는 다소 차이점이 있다.

즉, 표현계층(계층 6)에서 비로소 사용자의 정보가 컴퓨터가 인식할 수 있는 정보로 전환된다. 다시 말하면, 응용계층은 사람이 이해할 수 있는 형태의 정보를 다루고, 표현계층은 컴퓨터가 인식할 수 있는 형태로 데이터를 처리해준다.

③ 세션계층(session layer)

세션계층(계층 5)은 송신측과 수신측간의 표현계층에서 사용할 데이터의 교환을 위한 세션과 대화방식을 결정한다.

만일, 데이터 교환의 유형이 올바르게 결정되지 않는다면 데이터 전송은 이루어지지 않는다. 따라서 데이터를 송신하는 측의 응용 프로그램에서 데이터 전송세션을 열고, 데이터 교환방식을 결정한다. 그런 다음 데이터를 전송하고 세션을 종료한다.

④ 전송계층(transport layer)

전송계층(계층 4)에서는 연결 지향(connection-oriented) 서비스를 제공한다. TCP(Transmission Control Protocol)/IP(Internet Protocol)군의 TCP 서비스가 전송계층(계층 4)에서 제공되는 서비스이다.

전송계층(계층 4)에서는 데이터베이스에 신규정보를 추가할 때 특정 응용 프로그램이 인식하는 데이터 규칙은 고려하지 않는다. 전송계층(계층 4) 서비스는 응용 데이터를 단순한 전송 데이터로 여기면서 특정 목적지로 완전하게 전송될 수 있도록 보장한다.

그래픽 데이터와 같이 대용량 데이터는 전송계층(계층 4)에 의하여 보다 작은 크기의 데이터인 패킷(packet)으로 분할된다. 전송계층(계층 4) 서비스는 패킷 크기도 관리하지만, 패킷당 전송헤더 정보도 추가한다.

⑤ 네트워크 계층(network layer)

네트워크 계층(계층 3)은 데이터를 하나의 노드에서 다른 노드로 전송하는 데 이용되는 계층이다. 또한 패킷들이 어떻게 네트워크상에서 라우팅되는지 정의하며, 네트워크상의 노드에 전송되는 패킷 흐름을 통제하고 상태 메시지가 네트워크상에서 어떻게 노드로 전송되는가를 정의한다.

전송계층(계층 4)으로부터 패킷 데이터를 수신받는 네트워크 계층(계층 3) 서비스는 받은 패킷 데이터에서 주소정보를 발췌한다. 그 다음 발췌한 정보를 근거으로 패킷 데이터가 목적지로 이용할 전송경로를 설정한다.

⑥ 데이터링크 계층(data link layer)

데이터링크 계층(계층 2)에 도착된 신규 데이터베이스 데이터는 실제로 연속적인 여러 데이터 처리과정을 통과한 데이터다. 즉, 최초의 사용자 정보는 응용 데이터로 전환된 후 사용할 세션을 연다. 그 다음으로 응용 데이터는 소규모 패킷으로 분할되고, 패킷 데이터는 세션계층(계층 5), 전송계층(계층 4), 네트워크 계층(계층 3)을 통과하는 동안 정확한 목적지로 합당한 흐름으로 전송되기 위해 필요한 관리정보인 헤더가 추가되는 캡슐화 과정을 거친다.

네트워크 계층(계층 3)과 상위계층(계층 7부터 계층 4까지)의 데이터 처리과정은 일반적으로 네트워크 데이터통신의 소프트웨어 측면을 다룬다. 반면에, 데이터링크 계층(계층 2)과 물리계층(계층 1)은 우선적으로 네트워크 하드웨어 측면에 관여된 네트워크 서비스를 우선적으로 다룬다. 서버와 워크스테이션 시스템에서 네트워크 매체와 네트워크 인터페이스 카드(NIC)가 함께 결합하여 데이터링크 서비스와 물리링크 서비스를 제공한다.

⑦ 물리계층(physical layer)

물리계층(계층 1)은 프레임을 컴퓨터 시스템 네트워크 인터페이스 카드(NIC : Lan Card)에서 네트워크 매체로 송수신 기능을 제공한다.

물리계층(계층 1)은 물리적 링크 성립, 관리 및 활성에 관여된 전기 · 기계 · 기능 및 절차 사양을 정의한다. 즉, 물리계층(계층 1)은 케이블 종류, 신호유형, 신호레벨, 신호주기, 전송률, 케이블 세그먼트 제한 및 물리적 커넥터 유형(wall kack, 광케이블 커플링, BNC 커넥터)들을 정의한다.

3) TCP/IP

TCP/IP는 OSI 모델을 직접 따르지 않는다. 가장 널리 퍼지고 사용되는 프로토콜 중 하나인데도 불구하고 왜 표준을 따르지 않았을까? 이유를 알자면 TCP/IP의 발생과정을 알 필요가 있다. 초기 네트워크는 다르게 만들어진 컴퓨터, 다른 회사 제품들, 그리고 각 컴퓨터의 다른 운영체제 등 매우 복잡한 환경에서 사용되어야 했고, 그래서 각 네트워크 모델마다 다르게 만들어져야 하는 번거로움을 피할 수 없는 상황이었다.

이런 상황에서 국제적인 표준안의 필요성을 느끼고 생각하게 되었지만 이런 상황과는 달리 OSI 모델은 전세계적인 표준기구에서 추진하는 것이었으므로 진척이 더딜 수밖에 없었다. 따라서 표준안의 확정을 너무 오래 기다릴 수 없는 상황이었다. 결국 이런 상황에서 미국 정부가 이러한 긴박한 필요성에서 만들어낸 것이 바로 TCP/IP인 것이다.

그 후 TCP/IP는 계속 발전하여 퍼져나가게 되었고, 지금은 어떤 프로토콜보다도 많은 컴퓨터를 연결하는 데 사용되는 프로토콜임을 부정하는 사람이 없을 정도로 일반화되어 있다. 물론 이것은 인터넷의 주 프로토콜이 TCP/IP라서 그렇기도 하다. 비록 OSI 모델을 그대로 따른 것은 아니지만 안정성 있게 잘 동작하고, 서로 다른 기종 컴퓨터 시스템을 연결하는 데 가장 많이 이용되고 있다.

TCP/IP Model

Application	Protocols
Transport	Protocols
Internet	Networks
Network Access	Networks

OSI Model

Application	Application Layers
Presentation	Application Layers
Session	Application Layers
Transport	Data Flow Layers
Network	Data Flow Layers
Data Link	Data Flow Layers
Physical	Data Flow Layers

[그림 8-2] OSI 7계층과 TCP/IP 계층 비교

① 응용계층(aplication Layer) : FTP, Telnet, SMTP

이 계층은 네트워크를 실제로 사용하는 응용 프로그램으로 이루어진다. 우리가 이미 알고 있는 전송 프로그램 등이 이 계층에 해당되는 프로그램이다. OSI 모델에서 보면 애플리케이션 계층과 프레젠테이션 계층과 세션계층이 여기에 해당된다.

② 전송계층(transport layer)

이 계층의 역할은 도착하고자 하는 시스템까지 데이터를 전송하는 것이다. OSI 모델에서 보면 전송계층에 해당하는 역할을 한다. TCP/IP 소켓 부분이 OSI 모델의 세션계층에 해당된다. TCP/IP에서는 시스템의 주소(address)와 포트(port)를 가지고 각 프로세스를 연결해서 통신한다. OSI 모델의 트랜스포트에 해당하는 부분은 TCP/IP 프로토콜에서 TCP 프로토콜에 해당한다.

TCP는 패킷에 에러가 없고, 중복됨이 없어 보내어진 순서대로 상대편이 받을 수 있도록 신뢰성 있는 데이터 전송을 보장하는 프로토콜이다. TCP는 신뢰성이 있는 만큼 헤더에 각종 에러 코드에 대응할 수 있는 각종 정보를 가지고 있다.

③ 인터넷 계층(internet layer)

이 계층의 역할은 데이터그램을 정의하고 데이터그램을 라우팅(routing)하는 일을 담당한다. 말이 조금 어렵긴 하지만 이 계층의 역할은 아주 간단한 것이다. 즉 데이터를 정확한 곳에 보내기만 하면 되는 것이다. 이 계층에서는 데이터그램이라는 용어를 사용하는데, 데이터그램이라고 하는 것은 IP 프로토콜에서 다루는 패킷 데이터를 말한다. 데이터그램이 가지고 있는 자료는 보낸 주소(source address), 받을 주소(destination address), 그리고 보내는 데이터, 그 외 몇 가지 조절 필드(control field)를 가지고 있다. 마치 편지를 부칠 때 보내는 주소, 받을 주소, 받을 사람, 편지 내용을 보내는 것과 유사하다.

인터넷 계층에서는 데이터그램이 가지고 있는 주소를 판독하고 네트워크에서 주소에 맞는 네트워크를 찾아가서 해당되는 호스트가 데이터그램을 받을 수 있도록 데이터그램을 전송한다. OSI 모델에서 보면 네트워크 계층과 데이터링크 계층에 해당한다.

7	애플리케이션 계층	TELNET, FTP, SMTP, SNMP, NIS, NFS, DNS	
6	프레젠테이션 계층		
5	세션 계층	NETBIOS	
4	트랜스포트 계층	TCP	UDP
3	네트워크 계층	IP, ARP, RARP, ICMP	
2	데이터링크 계층	제외	
1	물리계층		

[그림 8-3] TCP/IP 프로토콜군

④ 물리계층(physical layer)

물리적 계층에 대하여 TCP/IP 프로토콜에 따로 정의한 내용은 없다. 단지 IEEE가 정해놓은 기준의 하드웨어 표준을 따르고 있다. 보통은 데이터통신에서 이용되는 이더넷(Ethernet)을 이용한다. TCP/IP는 유닉스를 비롯해서 윈도우 시리즈에서 기본적으로 제공되며, 가장 널리 쓰이는 프로토콜이고, 그만큼 다양한 서비스를 가지고 있는 프로토콜이기도 하다. 다양한 서비스를 제공하기 위해 버클리 소켓, 윈도우 소켓 등 TCP/IP에 관한 많은 API를 지원한다.

실제로는 반드시 TCP/IP 프로토콜을 사용하는 것은 아니다. TCP 대신 UDP를 사용할 수도 있으니까. 그런데 왜 그렇게 부르는 것일까? 특별한 이유는 없다. 단지 TCP와 IP를 대표적으로 많이 사용하기 때문에 보통 TCP/IP라 부를 뿐이다.

(7) 토폴로지

1) 네트워크 토폴로지의 정의

네트워크에서 '토폴로지(topology)'란 매우 다양하게 사용되므로 종종 토폴로지의 정확한 의미가 무엇인지 혼동이 된다. 네트워크에서 토폴로지란 네트워크 케이블과 네트워크 장비들이 물리적으로 어떻게 배치되고 연결되는지와 관련이 있다. 다시 말하면 토폴로지는 네트워크 하부구조가 물리적으로 어떤 모양으로 구성되어 있는지를 의미한다. WAN에 있어서 토폴로지란 주로 원거리에 있는 장비들이 서로 어떻게 연결되어 있는지(interconnected)를 의미하며, 다른 의미로는 어떤 사이트가 다른 사이트와 어떻게 연결되는지에 대한 형태를 의미하기도 한다.

네트워크의 토폴로지는 다음의 3가지를 표현할 수 있다.

① 원격지 지점의 PC, 서버, 허브, 스위치, 브리지, 라우터 케이블 구성
② 회선 크로셋(closet)의 물리적의 위치를 알려주는 네트워크에 대한 세부적인 사이트 구성도
③ 네트워크의 구성에 대한 체계적인 연결 구조를 자세하게 보여주는 개념적 혹은 논리적인 도식도

2) 토폴로지의 종류

LAN에서 사용되는 토폴로지에는 Bus, Ring, Star, Cascading Star, Mesh Combination, Mesh & Star 방식이 있는데 중요한 세 가지 토폴로지의 의미에 대해 알아보면 다음과 같다.

① 버스 토폴로지
모든 장비들은 버스(bus) 혹은 백본이라고 불리는 중심적인 케이블에 연결되어 있다. 버스 네트워크는 상대적으로 소형 네트워크용으로 이용되기 쉽게 비용이 저렴하고 설치가 용이하다. 이더넷 시스템에서도 버스 토폴로지를 사용하고 있다.

② 링 토폴로지
모든 네트워크 장비들은 서로 서로 원 같은 모양으로 연결이 된다. 그래서 각 디바이스들은 직접 두 개의 다른 디바이스와 각각 양편에 연결이 된다. 링(ring) 토폴로지는 상대적으로 비용이 많이 들고, 설치가 어려운 반면, 높은 대역폭을 제공하고 넓은 지역에 구현할 수 있다.

③ 스타 토폴로지
모든 장비들은 중앙에 있는 허브에 연결된다. 스타(star) 네트워크는 상대적으로 설치가 쉽지만 모든 데이터가 반드시 중앙에 있는 허브를 통과해야 하므로 병목 현상의 발생률이 높다. 이러한 토폴로지들은 서로 혼합될 수도 있다. 예를 들면 버스-스타(bus-star) 네트워크는 높은 대역폭의 버스(백본에 사용)와 느린 대역폭을 지닌 스타(star) 세그먼트들과 결합한 경우이다.

(8) IP 주소

1) IP 주소의 정의

인터넷상에서 라우팅을 효율적으로 하기 위하여 물리적인 네트워크 주소와 일치하는 개념으로 부여된 32비트의 주소가 IP 주소이다. IP 주소를 이용하면 네트워크상의 유일한 호스트를 식별하는 것뿐만 아니라 호스트가 있는 네트워크를 식별할 수 있다. IP 주소는 클래스로 나뉘어 있으며, 하나의 네트워크에서 모든 호스트는 동일한 prefix를 공유한다.

2) 사설 IP 주소

위와 같이 IP 주소 공간은 제한되어 있으며 인터넷상에서 컴퓨터의 주소는 유일해야 한다. 따라서 인터넷과 연결할 경우는 공인 IP 주소를 반드시 사용해야 하지만 인터넷에 연결하지 않을 경우는 공인 IP 주소를 사용하지 않아도 되며, 사설 IP 주소의 범위 내에서 임의로 사용할 수 있다. 또한 사설 IP와 공인 IP를 적절히 혼용하여 인터넷 연결을 하기도 하는데, 이는 네트워크 확장성, 네트워크 보안 등을 위해 도입되기도 한다.

① A클래스 1개 : 10.0.0.0 - 10.255.255.255(/8 prefix)
② B클래스 16개 : 172.16.0.0 - 172.31.255.255(/12 prefix)
③ C클래스 256개 : 192.168.0.0 - 192.168.255.255(/16 prefix)

(9) 서브넷과 라우팅

1) 서브넷

① 서브넷의 정의

주어진 범위의 주소를 쪼개어 사용한 것을 서브넷(subnet)이라고 한다. 인터넷 주소는 호스트마다 개별적으로 주어지지 않는다. 인터넷 주소는 클래스 단위로 한 묶음씩 단체에게 주어진다. 즉 그것이 A클래스이든, C클래스이든 주어진 클래스의 네트워크에 대하여 단체는 또 다시 내부적으로 분류하여 사용하는 것이 가능하다. 즉, 학교에 B클래스 네트워크가 할당되었을 때 각 단과대나 조그마한 부서에 쪼개주어서 자체적으로 해결하게 만드는 방법이 있다. 이렇게 주어진 범위의 주소를 쪼개어 사용한 것을 서브넷이라고 한다.

주어진 클래스의 네트워크를 또는 그로부터 쪼개진 서브넷을 또다른 서브넷으로 쪼개는 일은 전적으로 관리자 마음에 달렸다. 그리고, 서브넷을 나누고 구별하는데 사용하는 방법으로 서브넷 마스크(subnet mask)가 있다.

② 서브넷을 해야 하는 이유

하나의 네트워크에 많은 호스트가 배정되므로 호스트가 낭비된다.

③ 구 조

서브넷화는 같은 네트워크 번호 할당을 통해 네트워크를 더 작은 네트워크로 나눌 수 있는 체계이다.

④ 장 점

- 관리의 단순화
- IP 주소할당 공간의 능률 향상
- 보안 향상

⑤ C-클래스 서브네팅 예

일반적인 클래스 C 주소	11111111	11111111	11111111	00000000
subnet mask :	255	255	255	0

서브네팅으로 2비트를 사용	11111111	11111111	11111111	11 00000000
subnet mask :	255	255	255	192

4개의 네트워크를 만들 때의 서브네팅(subnetting)

구 분	서브네팅 주소로 사용한 비트 수		
	일반 C클래스	2개로 서브네팅	8개로 서브네팅
서브넷 마스크	255.255.255.0	255.255.255.192	255.255.255.224
네트워크 수	1	4	8
각 네트워크 내의 사용 가능 호스트 수	256 - 2 = 254	64 - 2 = 62	32 - 2 = 30
실사용 가능한 호스트 수	254	62×4 = 248	8×30 = 240

※ C클래스 네트워크를 2개와 4개로 서브네팅 결과값

위의 표에서 보면 서브네팅을 하면 할수록 사용 가능한 호스트의 수가 2개씩 줄어드는 것을 볼 수 있다.

이 두 개의 IP는 다음과 같은 기능을 하기 위한 IP이다.

- Network Address : 이 주소는 hostid가 모두 0이므로 호스트가 정해지지 않은 주소로서 자신의 네트워크를 가리킨다. B클래스를 하나로 사용했을 때는 예를 들어 130.19.0.0의 네트워크에서 130.19.0.0은 자신의 네트워크 주소를 가리키는 것과 같다.
- Direct Broadcast Address : 이 주소는 hostid가 모두 1인 경우이다. 지정된 네트워크의 모든 호스트에 브로드캐스팅 정보와 같은 정보를 보내는 것이다. 예를 들면 130.19.255.255와 같은 브로드캐스팅 정보이다.
  - A클래스 : 255.0.0.0(넷 마스크)
  - B클래스 : 255.255.0.0
  - C클래스 : 255.255.255.0

2) 라우팅

IP 주소를 알아도 길 찾기가 쉽지 않다. 지도 그리기라고 비유할 수 있는 라우팅(routing) 테이블을 만들어 사용한다. 다시 말하면, 수많은 패킷들이 오고갈 때마다 IP는 그 패킷을 어디로 보내야 할지 결정해야 하므로, IP는 라우팅 테이블(routing table)이라는 자기 자신만의 테이블을 만들어 사용한다. 라우팅은 동적 라우팅과 정적 라우팅으로 크게 나눌 수 있다.

〈표 8-4〉 동적 라우팅과 정적 라우팅의 구분

동적 라우팅	정적 라우팅
라우팅 테이블의 자동 갱신	라우팅 테이블의 수동 갱신
네트워크 구조상의 변화를 빨리 반영	네트워크 구조상의 변화를 인지하지 못함
관리가 편리함	관리가 불편함
대규모의 복잡한 네트워크	소규모 네트워크 환경 또는 WAN
라우팅 프로토콜 사용(RIP)	IP 프로토콜만 사용

※ DHCP

DHCP(Dynamic Host Configuration Protocol)는 IP 주소를 비롯한 각종 TCP/IP 프로토콜 기본 설정을 개별 클라이언트들에게 자동적으로 할당하는 방식의 프로토콜이다. DHCP에 관련된 사양 및 표준은 RFC 1533, 1534, 1541, 1542에 정의되어 있다. 가장 최근의 RFC는 RFC1542로서 여기서는 DHCP를 위한 지원 사항에 대한 규약을 다루고 있다. DHCP는 기본적으로 TCP/IP 설정을 자동 관리하며, 개별 시스템에 IP 주소와 관련된 설정 정보를 부여한다. 구성은 DHCP 클라이언트와 서버로 구성되어 있다.

- **DHCP 클라이언트** : 기본적으로 클라이언트들은 시스템이 시작하면 DHCP 서버에 자신의 시스템을 위한 IP 주소를 요청한다. DHCP 서버로부터 IP 주소를 대여받게 되면 TCP/IP 설정은 초기화되고 다른 호스트와 TCP/IP 프로토콜을 사용해서 통신할 수 있게 된다.
- **DHCP 서버** : 서버는 DHCP 클라이언트들로부터의 IP 주소 대여 요청에 응답하며, 이를 위해서 할당 가능한 IP 주소들의 영역인 스코프(scope : 범위)를 유지 관리한다.
  예 203.224.29.10~203.224.29.100

⑽ **포트 번호**

인터넷에서 두 개의 서로 다른 호스트 사이를 구분할 수 있도록 해준 것은 각 호스트가 가지고 있는 인터넷 주소이다. 이렇게 원하는 주소로 잘 도착한 데이터가 호스트 내에서 가야 할 곳을 정하는 것이 바로 포트 번호(port number)이다. 이것은 바로 호스트 내에서 다중 프로세스에 대한 처리이다.

포트 번호를 사용하는 곳은 전송계층의 TCP 및 UDP이다. TCP와 UDP는 포트 번호를 이용해서 전송된 데이터를 해당 프로세스에 정확히 넘겨준다. 하나의 프로세스는 여러 개의 포트 번호를 동시에 사용할 수 있고, 때로는 공유하기도 한다. 포트 번호 필드의 길이는 2바이트로 표현되며, 65536까지의 포트 번호를 가지고 있고, 같은 포트 번호를 가지고 있더라도 다른 역할을 한다.

〈표 8-5〉 서비스 포트(service port)

포트번호	서비스	설 명
20	ftp-data	File Transfer(Default Data)
21	ftp	File Transfer(Control)
23	telnet	Vitual terminal protocol
25	SMTP	Simple Mail Name Transfer(Mail)
53	Name server	DNS(Domain Name Server)
66	SQL(UDP)	Oracle SQL * NET
70	Gopher	Gopher
79	Finger	Finger
80	HTTP	WWW
109	POP-2	Post Office Protocol Vision 2
110	POP-3	Post Office Protocol Vision 3
139	NetBIOS	
143	IMAP	Mail
161	SNMP(UDP)	Simple Network Management Protocol
3306	My-SQL	
3389	Terminal Client	터미널 클라이언트

※ POP3

POP3(Post Office Protocol 3)는 전자우편을 수신하기 위한 표준 프로토콜로서 가장 최신 버전이다. POP3는 인터넷 서버가 사용자를 위해 전자우편을 수신하고 그 내용을 보관하기 위해 사용되는 클라이언트/서버 프로토콜이다. 사용자(또는 전자우편 수신용 클라이언트 프로그램)는 주기적으로 서버에 있는 자신의 메일 수신함을 점검하고, 만약 수신된 메일이 있으면 클라이언트 쪽으로 다운로드한다.

POP3는 넷스케이프와 마이크로소프트 익스플로러 브라우저에도 역시 적용되었다.

POP3의 대안으로 사용할 수 있는 프로토콜이 IMAP이다. IMAP으로는 사용자는 설령 자신의 클라이어트 컴퓨터에 메일이 있다고 해도 서버에 있는 메일을 본다. 자신의 컴퓨터에서 지워진 메일도 서버에는 아직 남아 있다. 메일은 서버에 보관될 수도 있고 검색될 수 있다. POP3는 '보관하고 전달하는' 서비스라고 생각할 수 있으며, IMAP은 원격지 파일 서버라고 생각할 수 있다

POP와 IMAP은 둘 모두 전자우편을 받는 일을 담당하므로, 인터넷을 통해 전자우편을 전달하는 프로토콜인 SMTP와 혼동해서는 안된다. 송신자가 SMTP를 이용해서 메일을 보내면, 상대방 메일 서버에 있는 메일 처리기가 수신자를 대신해서 그것을 수신한다. 그리고 난 뒤 그 메일을 POP이나 IMAP을 이용하여 수신자가 읽게 되는 것이다.

※ IMAP

IMAP(Internet Message Access Protocol)은 로컬 서버에서 전자우편을 액세스하기 위한 표준 프로토콜이다. IMAP은 인터넷 서버를 이용하여 전자우편을 수신하고 보관하는 클라이언트/서버형 프로토콜이다. 사용자(또는 사용자의 전자우편 클라이언트 프로그램)는 편지의 제목과 송신자를 보고, 메일을 실제로 다운로드할 것인지를 결정할 수 있다.

사용자는 서버에 폴더나 우편함을 만들거나 관리할 수 있으며, 메시지를 지우거나 메시지의 일부 또는 전체의 내용에 대해 검색을 수행할 수 있다. IMAP은 사용자의 메일을 송수신하기 위해 업무시간 중에 지속적으로 서버에 액세스해야 한다.

좀더 덜 복잡한 프로토콜이 POP3이다. POP3를 이용하면 사용자의 메일은 서버의 우편함에 저장된다. 사용자가 메일을 읽을 때 즉시 사용자의 컴퓨터로 다운로드되며, 서버에는 더이상 남아 있지 않게 된다. IMAP은 원래 원격 파일 서버라고 생각할 수 있으며, POP는 '저장 및 전달' 서비스를 수행한다고 생각할 수 있다.

POP과 IMAP은 전자우편의 수신을 담당하므로, 인터넷 상의 각 지점으로 전자우편을 전송하는 프로토콜인 SMTP와 혼동하지 말아야 한다. 송신측에서 SMTP를 이용하여 메일을 보내면, 상대방의 메일 관리자는 수신인을 대신해서 그 메일을 받아놓는다. 그 후 수신인은 그 메일을 POP이나 IMAP을 이용하여 읽을 수 있게 된다.

내용은 IETF의 RFC 821에 정의되어 있다. SMTP의 대안으로 유럽지역에서 광범위하게 사용되는 것으로 X.400이 있다.

※ SMTP : 이메일 송수신, POP3나 IMAP가 필요

SMTP(Simple Mail Transfer Protocol)는 전자우편을 보내고 받는 데 사용되는 TCP/IP 프로토콜이다. 그러나, 수신측에서의 큐 메시지 능력의 제한으로 인해 대개 수신을 위해서는 POP3나 IMAP 중의 하나의 프로토콜을 쓰는 것이 보통이다. 이러한 프로토콜은 서버에 각자의 우편함을 두고 사용자 메시지를 저장한 다음, 주기적으로 서버에 접속하여 편지를 다운로드하는 식으로 운영된다.

다른 말로 설명하면 사용자들은 SMTP를 메일을 보내는 데 주로 사용하며, POP3나 IMAP 프로토콜은 자신의 서버에 수신되어 있는 메시지를 받아보는 데 사용한다는 말이다.

유닉스 기반의 시스템에서 Send Mail은 전자우편용으로 가장 광범위하게 사용되는 SMTP 서버이다. 상용 패키지인 Send Mail에는 POP3 서버가 포함되어 있으며, 윈도우 NT 버전도 나온다.

SMTP는 대개 TCP 25번 포트에서 운영되도록 만들어진다. SMTP의 자세한 내용은 IETF의 RFC 821에 정의되어 있다. SMTP의 대안으로 유럽지역에서 광범위하게 사용되는 것으로 X.400이 있다.

※ TELNET

터미널 서버 기능에 의해 대화형 가상 터미널 서비스를 제공 TCP/IP 환경하의 표준 프로토콜이다.

텔넷(TELNET)은 자신이 사용권한을 가지고 있다는 전제하에 다른 사람의 호스트 컴퓨터를 원격지에서 액세스할 수 있도록 해주는 방법이다. 좀더 기술적으로 말한다면, 텔넷이란 원격지 컴퓨터를 액세스하기 위한 사용자 명령어들과 TCP/IP 기반의 프로토콜을 말한다.

웹 서비스를 해주는 HTTP 프로토콜과 FTP 프로토콜은 원격지 컴퓨터에 특정 파일을 요구하기 위한 것이지만, 실제로 그 컴퓨터의 사용자가 되어 로그온하는 것은 아니다. 그러나 텔넷을 이용하면 정식 사용자로서 로그온하여 자신에게 부여된 권한에 따라 그 컴퓨터상에 있는 특정한 응용프로그램이나 데이터를 이용할 수 있다.

2. 존재하는 위협들

(1) 네트워크 위협

1) 네트워크 위협의 종류

① 가로채기(interception)

인가받지 않은 제3자가 컴퓨터 자원에 접근하는 경우이다. 이는 송신한 데이터 수신지까지 가는 도중에 몰래 보거나 도청하는 행위로 이로 인해 메시지의 보안성이 떨어지는데, 보안요구 조건 중 비밀성에 관한 위협이다. 여기서 제3자는 사람만을 지칭하는 것이 아니라 프로그램이나 다른 컴퓨터가 될 수도 있다.

② 가로막기(interruption)

시스템의 일부가 파괴되거나 사용할 수 없게 된 상태로 데이터의 전달을 가로막아 수신자측으로 정보가 전달되는 것을 방해하는 것으로 보안요구 조건 중 가용성에 대한 위협이다. 실제 예를 들어보면, 하드디스크의 파괴, 통신회선의 절단, 파일관리 시스템의 무력화 등이 여기에 속한다.

③ 수정(modification)

인가받지 않은 제3자가 컴퓨터 자원에 접근하여 내용을 변경하는 경우이다. 이는 메시지를 원래의 데이터가 아닌 다른 내용으로 바꾸는 것으로 보안요구 조건 중 무결성에 대한 위협이다.

④ 위조(fabrication)

인가받지 않은 제3자가 컴퓨터 시스템에 접근하여 위조물을 삽입하는 경우이다. 이는 사용자 인증과 관계해서 마치 다른 송신자에게 데이터가 온 것처럼 꾸미는 것을 말하는데, 역시 보안위협 요소 중 무결성에 대한 위협이다. 통신망에서 가짜 메시지를 삽입하는 경우나 파일에 가짜 레코드를 추가하는 경우가 여기에 해당된다.

2) 바이러스와 웜

① 바이러스와 웜의 정의

'웜 바이러스(worm virus)'는 엄밀히 따지면 '컴퓨터 바이러스'와는 별개의 종류이다. 우리는 흔히 컴퓨터의 시스템을 파괴하거나 작업을 방해하여 의도적으로 피해를 입히기 위해 작성된 프로그램들을 통틀어 '컴퓨터 바이러스'라고 말하지만 엄밀히 따지면 '컴퓨터 바이러스'도 악성 프로그램의 한 종류일 뿐이다. 이러한 악성 프로그램으로는 '웜', '컴퓨터 바이러스', '트로이목마' 등이 있다. 다시 말해서 '웜'이나 '트로이목마'는 컴퓨터 바이러스에 포함되지 않는다. 그런데도 그냥 '웜'이라고 하지 않고 '웜 바이러스'라고 하는 이유는 나쁜 의도로 만들어진 프로그램이라는 점에서 바이러스와 목적이 같고 일반인들에게 쉽게 인식시키기 위해서이다.

바이러스와 웜의 가장 큰 차이점은 감염대상을 가지고 있는가에 따라 분류되는데 바이러스는 감염대상을 가지고 있지만, 웜은 감염대상을 가지고 있지는 않는다.

PC와 인터넷을 안전하게 사용하기 위해서는 사용자들이 정보보호에 관심과 노력을 기울여야 할 것이다. 취약점이 있는 보안사항들을 수시로 패치해야 하고, 백신 프로그램을 이용하여 바이러스를 자동 검색하며, 최신 버전으로 백신 프로그램을 업데이트해야 한다. 또 PC나 서버 구성을 자신의 용도에 맞게 설정해주어야 한다.

② 웜

웜(Worm)은 감염대상이 정해져 있지 않고 불특정 다수를 목표로 활동하는 자기복제가 가능한 프로그램을 말한다. 특징은 빠른 전파속도와 엄청난 자기복제 능력이다. 특히 보안상 취약한 곳을 공격해서 자기복제하여 매우 짧은 시간에 많은 컴퓨터를 전염시킬 수 있다. 또한 네트워크를 통해서 복제본이 돌아다니기 때문에 전체 네트워크의 용량 초과로 인터넷 접속 불가라는 부수적인 결과도 초래하게 된다.

2003년 1월 25일의 인터넷 대란도 수백 바이트 크기의 작은 인터넷 웜 때문에 전체 네트워크가 마비되었던 것이다. 이 경우 개인이 사용하는 PC가 바이러스의 중간 경유지로 사용될 수 있기 때문에 개인 PC의 정보보호가 공공 PC에 대한 보안 못지 않게 중요하다.

> **※ 님다 바이러스**
> 웜(Worm)은 자기복제 능력은 있지만 다른 파일을 감염시키지는 않고 주로 이메일(E-mail)이나 인터넷을 통해서 특정 조건이 일치하는 다른 PC를 감염시킨다. 2001년 9월에 발생한 님다 바이러스(Nimda Virus)가 대표적인 웜이다.

③ 일반 바이러스

일반 바이러스(Virus)는 웜, 트로이목마의 특성과는 달리 시스템에 직접적인 영향을 끼친다.

Win32/YAI, Win32/Weird 바이러스는 파일을 삭제하며, CIH 바이러스는 바이오스(BIOS)를 파괴하여 PC를 전혀 사용할 수 없게 한다. 또한, 마이크로소프트사의 오피스 프로그램을 감염시키는 X97M_Morx와 같은 매크로 바이러스, 공유 폴더를 통해 악의적인 목적으로 유포되는 VBS/JumpBot도 일반 바이러스

범주에 포함된다. 하지만, 현재 많이 발견되는 바이러스는 웜과 트로이목마가 지닌 특징뿐 아니라 일반 바이러스가 지닌 특징도 복합적으로 포함하고 있기 때문에 특별히 어떤 종류인지 분류하기가 어려운 것이 현재 바이러스의 추세이다.

④ 트로이목마

트로이목마(Trojan horse)는 자기복제 기능보다는 주로 해당 컴퓨터의 정보를 빼내거나 웜과 같은 악성 코드를 전염시키기 위한 매개체로 많이 이용되는 백오리피스와 같은 유형의 프로그램이다.

백 오리피스는 강력한 해킹 프로그램으로 이메일의 첨부 파일 혹은 인터넷에서 유용한 프로그램인 것처럼 위장해서 사용자가 실행하는 순간 감염된다. 감염되면 컴퓨터에 침입해 사용자가 작업하는 모든 것을 감시하고 중요한 정보(신용카드 정보나 아이디, 은행계좌번호와 비밀번호 등)를 훔쳐내서 개인에게 큰 해를 입힐 수 있다.

- 대표적인 트로이목마 : 백 오리피스 2000
- 트로이목마 감염 증상
  - 접속한 시스템의 모든 파일을 실행할 수 있으며, 읽고 쓰기도 가능하다.
  - 인터넷 익스플로러 등 임의의 프로그램을 실행시키거나 현재 실행하고 있는 임의의 프로그램에 대한 실행 취소가 가능하다.
  - 사용자가 입력하는 모든 키보드 입력을 가로채서 사용하는 은행계좌의 아이디와 비밀번호를 알아내는 것은 물론이고, 보안카드의 비밀번호마저 쉽게 가로채서 저장한 후 지정된 장소로 보낸다.
  - 현재 실행중인 화면의 캡처도 가능해서 사용자가 무엇을 하고 있는지 확인할 수 있다.
  - 인터넷 웜과 같은 임의의 프로그램을 인스톨하고 실행해서 자신이 원하는 바이러스를 유포시킬 수 있다.

(2) 최신 해킹유형과 대응책

1) 스니핑 공격-훔쳐보기

네트워크에서 실행되어 그 주위를 지나다니는 패킷을 엿보는 프로그램으로 계정과 비밀번호를 알아내기 위해 자주 사용된다. 작동은 먼저 네트워크 디바이스를 열어서 "promiscuous mode"로 만들고 지나가는 모든 패킷을 읽는다. 패킷을 필터링하여 발신 및 수신주소, 서비스(telnet, rlogin, ftp, SMTP 등) 그리고 계정과 패스워드가 포함된 데이터를 구분해서 출력하는 동작을 실행하여 호스트를 공격한다. 아무리 네트워크 보안에 신경을 쓴 호스트라도 주변의 호스트가 공격당해서 스니핑(sniffing)을 사용한다면 무력해질 수밖에 없다.

2) 스푸핑(spoofing ; 속이다, 사기치다)

IP 주소를 속이거나 로그인 화면을 속이거나 MAC 주소를 속이는 등의 방법으로 네트워크 성능을 저하시키거나 계정 및 비밀번호를 알아낸다.

3) 플러딩 공격(TCP/IP SYN flooding)

서비스 거부(Dos) 공격의 한 가지로서 TCP/IP의 구현상의 문제점을 악용한 공격이다.

flooding은 '범람하다, 넘치다'라는 뜻으로 대상 호스트에 대해 지속적인 거짓 패킷을 보냄으로써 시스템이 마비되도록 하는 방법이다. 시스템에 관계없이 TCP/IP 연결을 허용하는 모든 시스템에 대해 사용될 수 있다. 여기서 TCP는 TCP 헤더에 SYN 플러그가 설정된 연결요청 패킷을 서버에게 전송할 때 정상적인 경우는 서버가 IP 헤더에 지정된 클라이언트 주소로 SYN/ACK을 한다.

그러면 클라이언트는 ACK를 서버로 전송하여 연결을 맺게 되어 비로소 자료의 전송을 시작할 수 있게 된다. 그러나 해커가 클라이언트 주소를 연결되지 못하는(즉, 존재하지 않는) 호스트로 위장된 여러 개의 연결요청 패킷 SYN을 전송하면, 대상서버는 3방향 핸드 쉐이크를 완결짓지 못한 채 타이머가 종료될 때까지 대기하는 상태가 된다.

4) 서비스 거부(denial of service) 공격

루트 권한을 얻기 위한 것이 아니고, 시스템 또는 네트워크의 자원을 고갈시키는 것을 목적으로 TCP/IP의 결함을 이용한 방법이다.

① DNS 서비스 거부공격
대상서버 53번 포트에 계속적인 거짓 정보를 보냄으로써 부하를 가중시킨다.

② ICMP 스머프(smurf)
ICMP 에코(echo) 패킷의 소스 주소가 공격할 호스트의 IP 주소를 설정하고, ICMP 에코 패킷의 목적지 주소가 바운스 사이트(bounce site)의 브로드캐스트(broadcast) 주소를 설정한다. ICMP 에코 패킷을 목적지 주소로 전송한다. 바운스 사이트의 브로드 캐스트 주소에서 공격할 호스트로 ICMP 에코 패킷들을 전송한다.

3. 네트워크 보안의 기본

(1) 보안의 종류

다른 사람이 모두 선한 사람이라고 가정한다면, 경찰서도 경찰도 필요없을 것이다. 집에서 열쇠도 담도 필요없어지고, 신문이나 뉴스는 보도할 것이 대부분 없어질 것이다. 그러나 오프라인 사회에서는 악의를 가진 행위 또는 미심쩍은 고의나 우연, 오해 등으로부터 범죄나 사건이 끊임없기 때문에 보안의 필요성은 누구나 통감하고 있다.

컴퓨터의 세계에 있어서 사용자는 선한 사람만 있는 것은 아니다. 또 비록 악의가 없었다고 하더라도 실수로 정보를 삭제하는 경우가 생기지 않도록 만전의 체제를 구축할

필요가 있다.

보안은 크게 2가지, 시스템 보안과 네트워크 보안으로 분류한다. 어느 쪽이라도 지켜야 할 대상은 컴퓨터 내부에 구축되어 있는 데이터다. 데이터는 컴퓨터의 처리대상이며, 우리가 실질적으로 필요로 하는 정보이기 때문에 그 가치는 컴퓨터 본체와 비교할 수 없을 정도이다.

예를 들어 태어났을 때부터의 성장기록을 디지털 카메라로 촬영하여 컴퓨터에 보관하고 있는데, 그 데이터가 없어진 경우의 손실은 어느 정도 측정할 것인가 생각해보자. 더욱이 기업이 고객을 대상으로 보존하고 있던 데이터, 예를 들어 예금잔고와 같은 경우를 생각해볼 때 기업의 신뢰성과 안정성을 고려해본다면 데이터의 가치는 기업의 가치 그 자체라고 볼 수 있다.

1) 네트워크 보안

네트워크 보안이란 자신의 네트워크에 연결되어 있지 않은 것과 같이 만드는 것이다. 불필요한 네트워크 서비스는 하지 않고, 꼭 필요한 서비스라도 접근 가능 시스템에 제한을 하는 것이다. 예를 들어 방화벽을 통하여 불특정 다수의 내부 네트워크의 출입을 허용된 인가자만이 허용된 서비스를 제외한 모든 서비스를 통제함으로써 보안에 대한 기초는 시작되는 것이다. 또한 IDS(침입탐지 시스템)를 통하여 허용된 서비스를 이용하여 들어오는 불법적인 침입이나 접근에 대해 살펴보고 불법적인 침입에 대한 적극적인 방어를 할 수 있는 것이다.

① finger, ruser : 계정을 얻기 위해 해당 시스템의 사용자 정보를 얻는 데 악용
② tftp : 사용자 인증 없이 내부의 파일 시스템에 접근할 수 있게 하고, 시스템의 패스워드를 외부로 유출시킬 수 있다.
③ 그 외에서도 유닉스에서는 send mail, mountd, NIS system, rlogin, rsh 등은 사용에 주의가 필요하다.

2) 시스템 보안

시스템 보안은 시스템 운영시 불필요한 계정이나 불필요한 모든 네트워크 서비스, 시스템 서비스를 제거하는 것이다. 이것은 불필요한 서비스나 계정 등을 이용하여 시스템에 불법적인 접근이나 침입으로부터 원천적으로 막는 것을 뜻한다. 또한 중요 데이터에 대한 무결성의 주기적인 점이나 시스템, 네트워크의 주기적인 보안 패치 또한 기본적인 시스템 보안에 속할 것이다.

시스템 보안에는 서버 보안이라는 솔루션을 통하여 네트워크 보안에 취약점을 이용하여 시스템까지 접근하는 불법 접근을 시스템 레벨에서 운영체제 자체를 보안하는 것이다.

예를 들어 침입자들은 관리자(administrator)의 권한만 있으면 시스템 안의 정보를 삭제시키고 변조시킬 수 있기 때문에 최종의 목적은 그 관리자의 권한을 획득하는 것이다.

이러한 관리자의 권한을 컨트롤할 수 있는 상위 권한자를 만들어 침입자들이 관리자의 권한을 획득하더라도 중요한 정보를 무분별하게 삭제하거나 변조시키는 행위를 차단하는 기능들을 수행하는 것이 서버 보안의 기능 중의 하나라 볼 수 있다. 시스템 보안은 다시 시스템 보안, 계정 보안, 파일 시스템 보안, 운영체제 프로그램 버그로 나뉜다.

① 계정 및 패스워드 보안

사용하지 않는(불필요한) 계정은 패스워드 파일 밖에 다른 곳에 보관, Shadow 패스워드 사용, 사전 및 사후 패스워드 검사, 그리고 일회용 패스워드 및 보안 통신도구 사용과 PAM(Pluggable Authentication Modules), 제한된 환경(chroot), Kerberos 인증시스템이 있다.

② 파일 시스템 보안

파일 시스템 보안 위협요소는 정보의 무결성(integrity)과 관련, 파일 및 디렉토리의 소유권 및 허가권 설정 오류, 백 도어 및 트로이목마 프로그램, 그리고 소프트웨어 설치 및 설정 오류로 인한 취약점이 있다. 일반적으로 실행 프로그램이 메모리에서 실행 후 지워지지만 특별한 목적의 접근 모드에서 sticky 비트로 t를 설정한 경우 프로그램이 메모리에서 지워지지 않으므로 버퍼 오버플로우(buffer overflow) 오류가 생길 수 있다(메모리에 sticky guard를 두면 된다).

(2) 편의성과 개인정보

사용자는 사용하기 쉬운 시스템을 원하기 때문에 사용자 인터페이스는 사용자의 편의성에 주안점을 두고 개발되고 있다. 컴퓨터 또한 사용자의 편의성을 만족하기 위해 태어난 것이기도 하다.

그러나 보안이란 이러한 편의성과 쉬운 사용법과는 상반된 부분이라 말할 수 있다. 예를 들어 아이디와 패스워드 입력에 대해 생각해보자. 만약 아이디만의 입력으로 메일을 확인한다거나 아이디조차도 입력하지 않고 메일을 확인한다면 이보다 더 편하고 사용하기 쉬운 시스템이 어디 있겠는가?

또 개인정보는 보안에 의해 보호되어야 할 대상이지만, 한편으로는 보안과 상반되는 국면이 있다. 회사의 기밀을 보호하기 위해서, 사원들의 메일을 검열하도록 하는 지시를 보안가이드라인에 명기한 기업도 있고, 주간지에는 사내 메일로 불륜 사실이 드러나서 해고당하는 등의 사건들도 있다.

이렇게 편의성과 개인정보는 보안과 상반되는 부분들이 있다. 이러한 부분들은 계속적인 기술발전을 통하여 편의성과 보안의 상반되는 부분들을 줄여나가야 할 과제이다.

(3) 관리와 공격

기술적인 측면에서 관리와 공격은 같은 입장에서 바라볼 수 있다. 실제 보안 취약점을 점검하고 조사하는 관리자도 불법적인 접근을 시도하여 정보를 캐내기 위한 해커도 모두 같은 인터넷 보안 스캐너(ISS : Internet Security Scanner)를 사용한다. 여러 가지 스캔 툴이 있으나 그 중 Security Administrator Tool For Analyzing Networks라는 이름의 도구가 있는데, 이 스캔 툴은 해커들에게는 SATAN(사탄)이라고 불리지만, 보호할 때의 입장인 관리자 입장에서는 Security Administrator Networks Tool For Analyzing가 되어 SANTA(산타)라고 불리기도 한다. 이는 도구의 사용목적에 따라 도구의 성격이 바뀔 수 있다는 것을 보여주는 좋은 예이라 할 수 있다.

해커가 컴퓨터에 대해 공격을 할 경우에 대해 생각해보자. 우선 TCP의 각 포트에서 어떤 서비스가 사용중인지를 체크하고 침입이 가능한 포트를 찾아낼 것이다. 다음은 이용중인 서비스에 자기에게도 피해가 올 수 있는지 약점이 있는지 체크한다. 인터넷 애플리케이션에도 많은 버그가 있는데 매월 10개 이상의 비율로 새로운 버그가 발견되고 있다는 통계도 있다.

해커가 지금까지 알려져 있지 않는 새로운 버그를 발견했을 경우에 최초 몇 개의 목표대상이 피해를 입게 된다. 그러나 이러한 경우는 매우 드물고, 대부분의 경우는 이미 알려져 있는 보안상의 버그를 순서대로 시험하는 것이 일반적인 방법이다. 이런 것은 화이트(선의의) 해커 또는 기술자의 능력이 블랙(악한) 해커를 이기고 있다. 또는 화이트 해커의 수가 훨씬 많다는 증거이기도 하다. 잘 알려져 있는 버그는 센드 메일(send mail)이지만 INN에는 보안상 치명적인 약점이 있어서 FTP, Telnet, Chargen, Echo, Finger 등의 서비스를 방심한 상태에서 실행할 때 해커의 공격대상이 되는 경우가 많다.

(4) 악의와 부주의

해커가 공격을 할 경우도 있지만, 바이러스에 감염되는 경우도 있다. 그러나 오프라인 사회에 범죄자가 존재하더라도 일반인 중에는 한번도 범죄자를 만나지 않는 경우도 있다.

접시를 깨거나 접시가 깨지는 경우를 생각해보자. 화가 나서 던져서 깨버리는 경우와 실수로 떨어뜨리거나, 씻는 도중 다른 식기와 부딪혀 깨지는 경우를 생각해보면 압도적으로 후자의 경우가 더 많다. 보안에도 이와 같은 경우로 생각해볼 수 있다. 실수로 파일을 지운다거나 덮어쓰기 해버리는 경우가 대부분이고, 악의에 의한 파괴는 일부에 지나지 않는다. 그래서 비용과 효과를 고려하면 미심쩍은 사태를 예방하는 편이 훨씬 효과적이라는 것을 알 수 있다.

자신의 생각을 해보자. 부주의에 의해 파일을 삭제해버린 경우를 많이 겪었을 것이다. 이렇게 부주의에 대한 대비에는 백업이 유효한 것이 분명하다. 백업을 하면서 작업을 한다면 부주의에 대해 좀더 효과적으로 대비하고 있는 것이다. 대부분의 부주의는 익숙하지 않는 작업에서 많이 발생한다. 즉 보통 사용하지 않는 기능을 사용했을 때 올바른 조작을 몰라서 잘못 조작한 결과 정보가 없어져버리는 것이다.

이것을 예방하기 위해서는 충분한 조작 연습과 함께 필요없는 기능을 사용할 수 없게 설정해놓는 것이 효과적이다. 모두 공용으로 사용하는 파일 등에 대해서는 읽기 전용의 이용자와 내용을 변경할 수 있는 관리자의 권한으로 구별하는 등 정교한 접근에 대한 제어를 하는 것이 효과적이다. 그것 이외에 보안의 중요성을 숙지시키는 일이나 생각 없는 대화나 행동에 포함된 리스크에 대해 정확히 정보를 전달하여 한 사람 한 사람 인식을 확고히 하는 것이 중요하다.

(5) 물리적 보안

네트워크 보안의 대전제로서 컴퓨터를 물리적으로 보호할 필요가 있다. 방화벽을 만들어놓더라도 컴퓨터 콘솔에서 자유롭게 커맨드를 실행할 수 있다면 아무 의미가 없는 것이다. 그래서 컴퓨터가 설치된 장소로의 출입을 물리적으로 차단하는 것이다.

이것은 컴퓨터실뿐만 아니라 비밀서류 등에 접속이 가능한 장소의 출입에 대해서도 마찬가지다. 보통 공용지역이라도 일반지역 · 비밀지역 · 특별지역 등으로 구분하여 설계하여 입관절차를 통해서 자유롭게 출입할 수 있는 장소와 그렇지 못한 장소를 분리한다. 사원의 출입을 사무실 · 사원식당 · 도서관 등의 일반지역과 기계실 · 창고 · 개발실 등의 비밀지역과 프로젝트실, 연구실 등의 특별지역으로 구분한다. 그리고 부주의에 의한 테일 게이팅(tail gating) 등을 고려하여 캐비닛이나 컴퓨터 자체에의 대책도 중요하다.

예를 들어 명찰과 같은 ID 카드를 검사하고 하는 것들이 물리적인 보안에 속할 것이고, 점심시간에 잠깐 자리를 비운 사이에 누군가 자신의 PC를 사용할 가능성이 있다. 이것을 방지하기 위해 스크린 세이버가 필요한 것이다. 그러나 PC의 경우 디스크나 Co-ROM으로 부팅하면 모든 정보에 접속할 수 있다. 컴퓨터 본체를 방어해도 LAN의 약점을 막을 수 없다. 그래서 배선실이나 배선 그 자체에의 접근도 막아야 한다. 전자파의 실험 등으로 옆방에서도 옆방 컴퓨터의 실행 상태를 관찰할 수 있다. 무선 LAN을 이용하는 환경에서는 무선이 전달되는 범위가 접속제한 대상이 되는 것이다.

4. 정보보호정책과 정보윤리

(1) 보호정책

정보보호는 "정보자산을 공개 · 노출, 변경 · 파괴, 지체 · 재난 등의 위협으로부터 보호하여 정보의 기밀성 · 무결성 · 가용성을 확보하는 것"으로 정의되어 있다.

일반적 정의	정보 자신을 공개·노출, 변조·파괴, 지체·재난 등의 위협으로부터 보호하여 정보의 기밀성·무결성·가용성을 확보하는 것
법적 정의	정보보호는 정보의 수집·가공·저장·검색·송신·수신 중에 정보의 훼손·변조·유출 등을 방지하기 위한 관리적·기술적 수단을 강구하는 것
학술적 정의	정보시스템 내부에 보관되거나 통신망을 통하여 전송되는 정보를 시스템 내부와 외부에 존재하는 각종 위협으로부터 안전하게 보호하여 정보시스템의 가용성을 보장하는 것

(2) 정보보호 목적

기업에 있어 정보보호의 목적은 "기업의 중요 정보가 성공적으로 사업수행에 기여하도록 보장"하고, "개인의 안정적 업무 기반을 해칠 수 있는 정보 침해 위험을 제거"하는 데 있다.

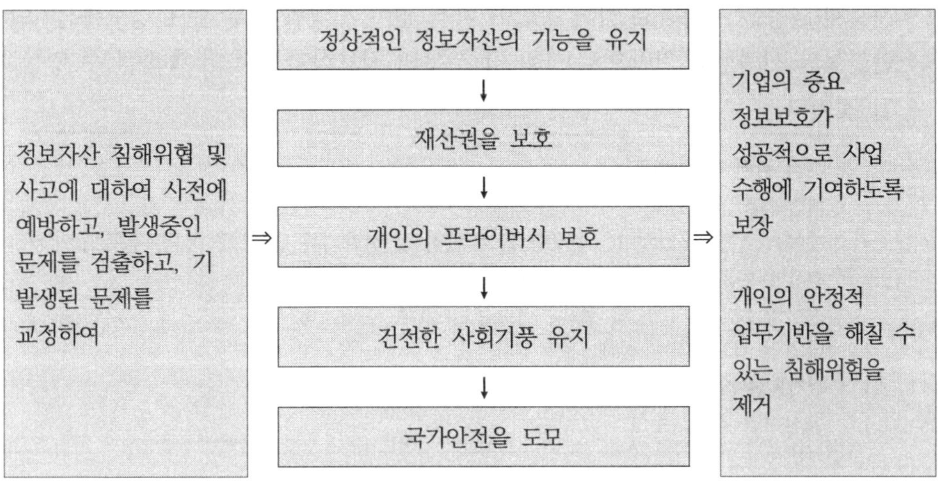

[그림 8-4] 정보보호의 목적

(3) 네트워크 보안에 관련된 각종 법규

정보통신부는 최근 들어 심각한 사회문제로 대두되어온 정보화 역기능을 최소화하기 위한 법제도 정비를 추진하여 '정보통신기반보호법(제정)'과 '정보통신망이용촉진 등에 관한 법률'을 공포했다.

이와 같은 정보통신망 이용촉진 등에 관한 법률은 개정을 통해 '정보통신망 이용촉진 및 정보보호 등에 관한 법률'로 그 명칭이 바뀌어 실질적인 개인정보보호 의무조항의 적용 대상자를 오프라인 사업자까지 확대하고, 개인정보 처리 위탁과 영업의 양수 등에 따른 사업자 책임을 강화하였으며, 소비자의 자기정보에 대한 접근권과 통제권을 최대한 보장하였다. 또한, 14세 미만 어린이의 개인정보 보호제도를 신설하고 '개인정보분쟁

조정위원회'를 설립하여 개인정보에 관한 분쟁을 신속히 해결할 수 있는 제도적 장치를 마련했으며, '내용선별 소프트웨어'의 개발 · 보급, 청소년보호법상 청소년 유해 매체물로 결정된 정보에 대한 청소년 유해 매체물 표시의무 부과, 서비스 거부공격, 사이버 명예훼손, 사이버 스토킹, 음란정보 유통행위 등 각종 사이버 범죄에 대한 처벌 근거를 마련하였다.

그리고 정보통신부는 '정보통신기반보호법'을 제정함으로써 각종 전자적 침해행위로부터 주요 정보통신기반시설을 체계적이고 효과적으로 보호하기 위한 범정부적 체계를 구축하여 안전하고 신뢰성 있는 정보화사회를 구축할 수 있도록 하였다.

'정보통신기반보호법'에서는 전자적 침해행위에 대한 예방과 침해사고에 대한 대응체계를 정비하도록 정부와 주요 정보통신기반시설 관리기관의 책무를 규정하고 있으며, 정보공유분석센터(ISAC) 등 민간의 자율적인 보호체계 구축을 장려하고 주요 정보통신기반시설의 취약점 분석 평가업무를 안전하고 신뢰성 있게 수행할 수 있는 정보보호전문업체 지정제도 등을 규정하고 있어 동법이 차질 없이 시행될 경우 주요 정보통신기반시설의 안전성과 신뢰성을 기반으로 사회 각 부문의 정보화가 더욱더 촉진될 수 있는 계기가 될 것이다.

※ 해킹 관련 각종 법규

- **형법(법률 제5057호)**
  데이터 부정조작, 변조, 업무방해, 비밀침해, 전자기록 손뇌 및 은닉, 컴퓨터 사기
- **전산망 보급확장과 이용촉진에 관한 법률(법률 제5219호)**
  전산망 보호조치 침해, 훼손, 전자문서 위작, 변작, 행사
  타인의 정보 훼손, 침해, 도용
- **전기통신사업법(법률 제5220호)**
  통신비밀 침해, 누설

8.9.2 주요 보안솔루션

1. 전체 보안구성도

구 분	제품군	특 징
보안컨설팅	취약성 점검시스템	시스템 · 네트워크에 대한 취약점을 점검하여 사전에 해킹 등의 위협으로부터 대처하기 위하여 운영
	보안컨설팅	물리적 · 관리적 · 기술적 보안에 대한 환경분석, 위험 평가 등을 통하여 마스터 플랜을 수립하기 위함
네트워크 보안 (1차보안)	침입차단시스템 (방화벽)	외부로부터 내부망을 보호하기 위하여 구성되며, 인증, 패킷 필터링, 프락시, NAT 등의 기능을 수행함
	VPN	IPSec 등을 이용해 터널링함으로써 공중망에서도 양단간 안전한 통신선로를 보장하기 위한 시스템

구 분	제품군	특 징
네트워크 보안 (2차보안)	침입탐지시스템(IDS)	방화벽을 통과한 침입을 탐지하기 위한 시스템으로 호스트 기반(HIDS)과 네트워크 기반(NIDS)이 있음
	침입방지시스템(IPS)	네트워크 트래픽에 대하여 모니터링을 하면서 유해한 트래픽의 Block/Accept 동작을 수행하는 시스템
서버보안 (3차보안)	서버보안 OS	운영체제의 보안기능을 강화하여 접근통제 및 권한관리를 통해 내부 자원을 보호하는 기능을 수행함
ESM	통합보인관리(ESM)	보안장비 및 네트워크 장비의 Agent로부터 로그를 수집하여 중앙에서 통합적으로 관리할 수 있는 시스템
바이러스/ 스팸 차단	바이러스 차단시스템	네트워크단에서 차단하는 Gateway 형태의 바이러스와 PC단에서의 바이러스 백신으로 구분되어 있음
	스팸 차단시스템	대량의 스팸메일과 첨부파일 등의 바이러스 메일을 차단하기 위한 시스템으로 메일서버와 연계되는 시스템
애플리케이션 보안	PKI	공개키를 운용할 수 있는 기반구조로서 인터넷뱅킹, 전자투표 등 개인의 신원을 인증하기 위한 시스템
무선보안	무선보안시스템	누구나 접속 가능한 무선환경에서 보안성을 제공하기 위하여 인증, 암호화의 기반기술을 이용하는 시스템
통합보안	통합보안시스템	방화벽, IDS, VPN, 바이러스, 스팸 차단 등의 서비스를 하나의 장비에서 통합적으로 제공하는 시스템

2. 취약성 점검, 보안컨설팅

(1) 취약성 점검

1) 정 의

자동화된 취약점 점검 툴(scanner)을 이용하여 네트워크 혹은 시스템 레벨에서 현재 운영되고 있는 시스템의 보안상태를 진단하고, 보안에 취약한 부분을 찾아내어 해결책을 제시함으로써 해킹사고의 가능성을 사전에 예방하기 위한 솔루션이다.

2) 기 능

① 자동화된 취약점 업데이트

② 최신 취약점에 대한 신속한 대응

③ 시스템 취약점 점검기능(시스템 기반)

④ 네트워크 취약점 점검기능(네트워크 기반)

3) 특 징

① N/W 취약점 점검의 경우 점검항목이 Linux 및 UNIX 계열 서버, Windows 계열 서버 등은 물론 Router, Switch 등의 네트워크 장비, 방화벽(firewall), 침입탐지 시스템(IDS) 등의 보안장비에 대한 취약점 점검도 가능하다.

② 시스템 취약점 점검의 경우 점검대상 서버에 에이전트(agent)를 설치하여 각 시스

템 내부의 접근관리, 사용자 관리, 네트워크 서비스, 파일 시스템, 응용 프로그램 등의 취약점을 점검하고 강화책을 제시한다.

(2) 보안컨설팅

1) 정 의

전산시스템과 네트워크 등 모든 IT 자산에 대하여 가능한 한 모든 불법적인 시스템 침입유형을 분석하고, 이에 대한 대책을 국제표준(BS7799)의 위험분석 방법론을 사용하여 마스터 플랜을 수립 · 제공함으로써 보안강화 방안을 도출하고 정보보호 체계를 확립하는 것이 목표이다.

2) 기 능

고객사 IT 자원에 대한 정보보호 현황 및 고객의 요구사항을 분석하여 최적의 정보보호 정책을 수립하도록 한다.

① 정보보호 수준평가
② 정보보호 위험평가
③ 정보보호 모델 및 정책 설계
④ 정보보호 마스터 플랜 수립
⑤ 정보보호 교육(보안관리자 및 운영교육)

3) BS7799 평가항목

정보보호 관리체계의 표준인 BS7799(ISO1779)의 항목 내용은 다음과 같다.

평가항목	내 용
보안정책	경영자의 정보보호에 대한 지원 의지 및 방향이 제공되어야 하며, 보안정책 문서 등이 정보보호 책임이 있는 모든 관리자 · 직원에게 이용 가능하도록 하는 계획의 수립에 대한 평가
보안조직	조직 내의 보안관리 체계, 보안책임의 할당, 외부업체와의 협력, 자체 감사 등 정보보안 관리를 위한 인프라가 구성 및 제3자 및 아웃소싱에 대한 보안통제 방안의 평가
자산분류 및 통제	모든 주된 정보자산 및 IT 자산을 포함하여 이를 보호하기 위한 것과 위험분석을 통해 사업내용과 일관성을 유지하는 정보자산에 대한 적당한 수준의 보호대책을 마련하는지의 평가
인적 보안	직원의 채용시 보안과 관련된 점검의 수행여부와 사용자의 보안교육 · 훈련 프로그램의 수행 및 사고발생시 보고채널의 평가
물리적 · 환경적 보안	물리적인 보안 통제구역의 설정, 통제구역에 대한 출입관리, 위협에 대비한 보호대책의 수립 등과 장비위치 및 주변환경(통신케이블 등)에 관련된 현황을 평가
통신 및 운영 관리	시스템 운영 보안과 관련한 현황을 파악하며, 보안정책이 반영된 운영지침 · 절차의 존재, 변경관리 수행의 적정성, 개발 · 운영 직무의 분리 등을 평가

평가항목	내 용
접근통제	서버의 사용자 계정 및 비밀번호 관리, 특권관리, 네트워크 서비스 허용 정책과 네트워크상에서의 노드와 터미널 인증 등의 접근제어 관련 통제가 적절하게 이루어지고 있는지를 평가
사업연속성 계획	조직 내 사업의 연속성을 유지하기 위한 관리적 절차의 존재여부와 그 절차가 위험평가에 기초를 두었는지, 그리고 검토를 통해 주기적으로 테스트되고 검증되는지 여부 등을 평가
순거성	시스템, 소프트웨어 등의 정보자산과 암호대책에 대한 규칙 등이 법적 · 계약적 · 규정적 요구사항들에 순응하도록 통제절차가 마련되어 있는지를 평가

3. 방화벽/VPN

(1) 방화벽

1) 정 의

외부로부터 내부망을 보호하기 위한 네트워크 구성요소 중의 하나로서 인터넷과 연결되는 지점에 위치하여 보호받아야 할 네트워크와 인터넷을 분리시켜 사내정보에 대한 사용자의 접근을 제어하고 침입 및 내부사용자의 불법정보 유출을 방지한다.

2) 기 능

① 기업보안의 필수적인 1차 방어막
② 사용자 인증기능 : OTP, 패스워드
③ 패킷 필터링 기능 : 서비스, IP, 유저(user)별 등 접근제한
④ 프락시 서버 기능 : SMTP, POP, Telnet, FTP, 바이러스 메일 등
⑤ VPN 기능 : IPSec 호환, 연동성
⑥ 감사기록 및 리포트 기능

3) 특 징

패킷이 필터링 기능으로 통과 여부를 판단하여 정보보호(이를 보안정책으로 결정함)
NAT(Network Address Translation : 내부네트워크의 IP를 변환하여 보여줌)를 이용한 내부보안

4) 문제점 및 개선책

① 방화벽의 문제점

- 외부의 침입을 효과적으로 막을 수 있지만 새로운 공격유형에 대한 탐지기능이 약함
- FTP, Telnet 등 내부자를 위해 허용된 서비스 접근시 해킹 가능
- 침입자가 방화벽 통과시 시스템 보안 무방비

- 내부자에 의한 공격에 시스템 보안 무방비
- 정상적인 트래픽으로 위장 가능한 DRDoS 공격에 무방비

② 방화벽의 개선책

- 고성능의 하드웨어 칩셋(hardware chipset)을 바탕으로한 단일장비에서의 멀티 기가바이트(multi gigabite) 성능 지원
- 액세스 레벨(access level)에서의 보안대책
  - 분산 방화벽(distributed firewall) 적용
  - 네트워크 정책 관리 및 적용 툴
- 타 보안솔루션과의 상호보완 및 연동방안 마련

⑵ VPN

1) 정 의

VPN(Virtual Private Network)은 공중망을 사설망처럼 이용할 수 있도록 사이트 양단간 암호화 통신을 지원하는 장치로서 원격사용자가 공중망·인터넷을 통해 내부망의 시스템 사용시, 공중망 구간에서의 도청으로 인한 정보유출을 방지하기 위해 사용자와 내부망간 암호화 통신을 제공하여 무결성과 비밀성을 제공한다.

2) 기 능

① VPN 구성요소 : 인증, 암호화, 터널링 프로토콜(IPSec, L2TP, PPTP 등), 키관리(IKE2)

② 접속방법에 따른 분류 : Intranet VPN(사내), Extra VPN(협력사), Remote VPN(외부접속)

3) 특 징

① 공중망·공유사설망을 이용한 안전한 기업환경 구축(전용선보다 유지비용 저렴)

② 지역적으로 분산된 작업환경의 안전한 통합·관리

③ 암호 알고리즘을 이용하여 공중망간에서 암호화 터널링을 제공

⑶ SSL VPN

1) 정 의

IPSec이 아닌 웹 서버 보안 프로토콜인 SSL(Secure Sockets Layer)을 이용하여 VPN에 접속, 사용 가능하게 하는 기술로 웹 브라우저에 기본적으로 탑재되어 있는 SSL을 이용하기 때문에 SSL, VPN 사용자는 기본 웹 브라우저만 있으면 어디서나 간편하게 VPN에 접속할 수 있으며, 설치 및 관리가 편리하고 비용도 절감할 수 있다.

2) IPSec과 SSL의 차이점

특 징	IPSec	SSL
보호	네트워크 레벨	트랜스포트
접속관리	규정된 사용자로 한정	다양한 사용자의 환경 수용
비용	고비용 클라이언트 S/W 관리필요	저비용 클라이언트 S/W 관리 불필요
플랫폼	모든 시스템 환경	클라이언트/서버 환경
확장성	사용자 추가 어려움	사용자 추가 편리함
편리함	비전문가에게 어려움	사용자 친화기반

3) SSL 핸드쉐이크 과정

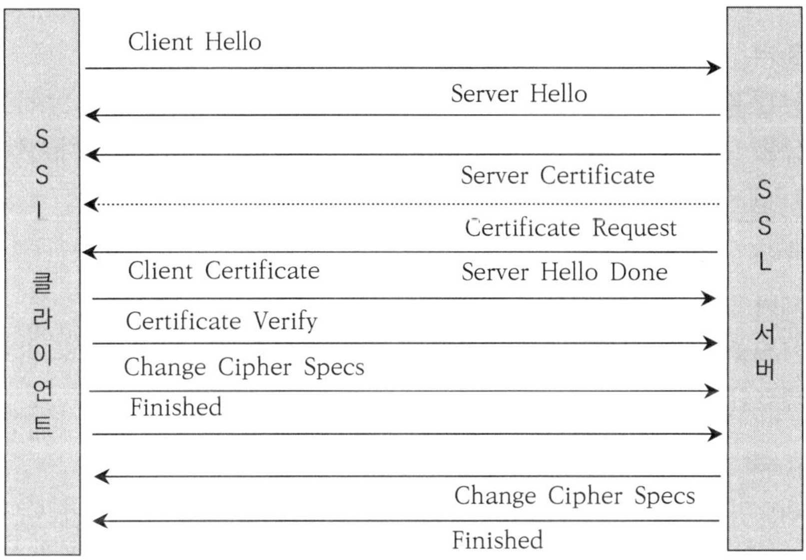

[그림 8-5] SSL 핸드쉐이크(handshake) 과정

SSL 프로토콜은 TCP/IP의 상위에서 HTTP, Internet Messaging Access Protocol (IMAP) 등 응용 레벨 프로토콜의 하위에서 동작하며, 클라이언트와 서버 자체의 인증 기능과 클라이언트와 서버 사이의 암호화된 연결 기능을 제공한다.

① 서버인증 기능

사용자는 서버의 신원을 확인하고 클라이언트의 소프트웨어는 서버의 certificate와 public ID가 정당하며 클라이언트의 신뢰된 인증기관들의 목록에 서버의 인증기관이 포함되었는지를 확인하기 위해 표준 공개키 암호화 기술을 사용한다.

② SSL 클라이언트 인증

서버는 클라이언트의 신원을 확인하고 서버의 소프트웨어는 클라이언트의 certificate와 public ID가 정당하며 서버의 신뢰된 인증기관들의 목록에 클라이언트의 인증기관이 포함되었는지를 확인하기 위해 표준 공개키 암호화 기술을 사용한다.

③ 암호화된 SSL 연결

클라이언트와 서버 사이에 송수신되는 모든 정보는 암호화·복호화된다. 데이터를 암호화하는 기밀성은 클라이언트와 서버의 security transaction을 위해 중요하며, 암호화된 SSL 연결을 통한 전송시에 데이터의 변조 여부를 자동으로 인지하는 무결성의 전송경로상의 위해자를 예방한다.

4. IDS/IPS

(1) IDS

1) 정 의

대상시스템에서 허가되지 않거나 비정상적인 행위에 대하여 탐지·식별하고 보고하는 기능을 보유하며, 방화벽으로는 해결할 수 없는 보안의 위험성에 대처할 수 있는 시스템으로 호스트 기반(HIDS), 네트워크 기반(NIDS) 방식이 있다.

2) 기 능

① 해커의 공격·공격시도의 실시간 탐지 및 대응

② 시스템이나 네트워크에서 발생하는 이벤트의 실시간 모니터링 및 리포팅 기능

③ 네트워크 기반 IDS(HIDS), 호스트 기반 IDS(HIDS)

3) 특 징

① 네트워크 기반 IDS와 호스트 기반 IDS를 용도에 맞게 선택해야 한다.

② 네트워크 기반 IDS는 방화벽 뒷단, DMZ 및 내부 백본 등 중요 네트워크를 실시간 모니터링하고 침입을 탐지하여 룰 기반으로 침입을 차단하는 방화벽의 한계를 보완하도록 네트워크 세그먼트에 설치·운영한다.

③ 에이전트 모듈과 관리 모듈이 구분되어 있어 통합관리가 용이해야 한다.

4) 문제점 및 개선책

① 침입탐지 시스템의 문제점

- 방화벽에 비해 침입탐입 기능이 뛰어나지만 실제 능동적인 대처기능이 없음
- 발견되지 않는 새로운 침입기법에 대응이 어려움
- Command 방식의 탐지는 근본적으로 한계를 지님
- 예방차원의 보안은 원천적으로 불가능
- 정상적인 트래픽으로 위장 가능한 DRDoS 공격에 무방비
- Command 방식의 해킹공격에 대한 대응은 미흡함

- 패턴매칭 방식에 의존하거나 단순히 트래픽(traffic) 양에 의존한 탐지로 인한 오탐지율

② 침입탐지 시스템의 개선책

- 기가비트급 하드웨어 장비 도입
- 신속한 보안정책 적용
  - IDS와 방화벽 연동을 통한 탐지와 차단 병행
  - IDS와 연계한 IPS의 사용
  - 통합된 보안정책 관리솔루션이 필요

(2) IPS

1) 정 의

침입방지 시스템은 다양하고 지능적인 침입기술에 대해 다양한 방법으로 보안기술을 이용해 침입이 일어나기 전에 실시간으로 침입을 막고 알려지지 않은 방식의 침입으로부터 네트워크와 호스트를 보호할 수 있는 시스템을 말한다.

2) 기 능

① 실시간 네트워크 트래픽을 처리할 수 있는 성능 보장
② 새로운 유해트래픽 유형 업데이트 기능
③ Traffic Anomaly Detection 기능
④ DoS, DDos 공격 탐지 및 차단 기능

3) 특 징

IPS의 구성은 인라인 형태의 구성과 Layer Seven Switches 형태가 주로 이용되며, 인라인 네트워크로 설치될 경우에 Layer 2 Bridge처럼 동작하여 모든 트래픽에 대하여 모니터링하면서 알려진 혹은 알려지지 않은 공격 코드를 찾아 트래픽의 Block/Accept 동작을 수행한다.

4) IPS의 주요 요소

① 정상적인 동작(normal operation)을 방해해서는 안된다.

- NIPS는 네트워크의 Delay 혹은 Latency를 주어서는 안된다.
- HIPS는 시스템 자원의 10% 이상을 사용해서는 안된다.
- 정상적인 네트워크 트래픽과 호스트 기반 프로세스는 IPS의 작동에 관계없이 동일하게 정상적으로 동작해야 한다.
- 블로킹(blocking)은 실시간 혹은 그에 근접(milli-second 단위의 미세한 latency)하게 수행되어야 한다.

② 다양한 알고리즘을 사용하여 악의의 행위(malicious actions)를 방지해야 한다.

- 알려진 공격 혹은 바이러스로부터 패턴 기반의 블로킹을 제공해야 한다.

- 네트워크 기반 방화벽 기능뿐만 아니라 응용 프로그램 레벨 상에서의 공격도 탐지 · 방어할 수 있어야 한다.

③ 공격 이벤트와 정상적인 이벤트를 구분할 수 있는 지혜를 가져야 한다.

- 오늘날의 1세대 IPS인 방화벽, 게이트웨이 안티 바이러스(gateway anti-virus)보다 훨씬 더 향상된 공격 식별 및 방지 능력을 제공해야 한다.

5) IPS의 요건

① 와이어 스피드(wire speed)로 인라인에서 동작 가능한 장치이어야 한다.

- 기가비트 트래픽을 처리하기 위한 전용 하드웨어 사용
- ASIC 및 네트워크 전용 프로세서 사용

② 패킷 정규화(normalization), 조합(assembly)과 검사를 수행해야 한다.

- 모든 트래픽을 대상으로 DPI(Deep Packet Inspection)를 수행해야 한다.

③ 네트워크 트래픽에 Protocol Analysis, Signature Analysis, Behavior Analysis 등을 포함한 다양한 방법론에 기반한 룰(rule)을 적용해야 한다.

④ 악의의 세션의 경우 단순하게 커넥션을 리셋(reset)하는 것이 아니라 드롭(drop)해야 한다.

5. 서버보안

(1) 정 의

운영체제의 보안기능을 강화하여 보호해야 할 데이터로의 접근권한을 통제하는 운영체제 차원의 보안(OS Level Security)으로 F/W, IDS에서 차단하지 못하는 해킹(내부 · 외부)으로부터 시스템을 근본적으로 보호한다.

(2) 기 능

① 운영체제(OS) 레벨에서 파일시스템 위 · 변조 방지를 위한 접근제어 기능을 적용한 Security Kernel Module이다.

② 보안커널 설치시 외부에서 해킹으로 인해 시스템 관리자(root) 권한을 획득하더라도 사용자 인증을 거치지 않은 불법사용자는 시스템 관리자(root)라도 파일 시스템 접근이 불가능하다.

③ 시스템 접속 이후 사용자의 로그인 시점부터 로그아웃까지 모든 오퍼레이션(operation)을 관리 · 통제한다.

(3) 특 징

1차보안 방화벽, 2차보안 IDS의 다음으로 3차보안인 서버보안은 내부 · 외부로부터의 침입, 내용을 변조 · 삭제 등의 불법적인 행위를 차단하며, 역할기반의 다중레벨로

시스템 자원을 관리함으로써 서버보안을 하도록 한다.

6. ESM

(1) ESM의 정의

방화벽, 침입탐지 시스템, 가상사설망, 인증 · 암호화 제품, 바이러스 · 백신 제품 등 서로 다른 기종의 보안솔루션을 통합 관리할 수 있는 솔루션으로 중앙관제를 통해 전사적으로 흩어져 있는 동종 혹은 이기종 보안솔루션을 상호 연동시키고, 이를 활용하여 전사적 보안정책을 수립한다.

(2) ESM의 기능

1) 확장성 및 유연성

① Multi-tier 아키텍처의 확장성 및 유연성

② 모듈별 설치 및 커스터마이징이 용이

2) 보안제품 컨트롤

이기종 보안제품의 컨트롤(OPSEC 및 자체 커스터마이징을 통해 이기종 보인제품의 정책 및 설정내역을 조절함)

3) 능동성 · 지능성 기반의 상호 연동

① CITRA/IDIP 모델 기반으로 보안 장비간의 상호 운영을 지원

② 능동 대응 및 능동 정책 설정

4) 이벤트 상관분석 기술

① 룰 기반의 강력한 이벤트 상관분석(correlation)을 통한 중복 이벤트 필터링

② 기업환경에 맞는 경험적 상관지식을 기반으로 한 룰 업데이트

(3) ESM의 특징

다종 · 다수의 보안 시스템을 통합관제 · 운영 · 관리한다(많은 보안시스템을 혼자 모니터링 가능하게 함).

ESM은 Agent, Server, Manager의 3단계 시스템으로 구성되어 각 보안 시스템마다 에이전트(agent)를 설치하고 이 모든 에이전트를 서버에 통합관리하고 이를 매니저(manager)로 개인이 어디서든지 관리할 수 있다.

기존의 분산된 단위 보안제품들의 운영 및 관리상의 어려움이 대두되고, 복합공격에 대한 효율적인 방어체계가 요구됨에 따라 통합보안관리 시스템(ESM)에 의한 통합적이고 체계적인 보안관리의 필요성이 발생하였다.

7. 바이러스웜, 스팸 차단 솔루션

(1) 바이러스웜

1) 정 의

인터넷을 통해 유·출입되는 모든 유해한 바이러스를 네트워크 입구에서 차단하는 게이트웨이(gateway)형 안티 바이러스(anti-virus) 솔루션으로 악성 바이러스 및 Dos 형 공격을 검색·필터링·차단하며, 콘텐츠 필터링에 의해 바이러스 및 스팸성 메일을 분석 차단한다.

2) 기 능

① HTTP, SMTP, FTP, POP3 프로토콜 등의 검색·치료
② 중앙집중식 관제운용이 가능
③ 투명한 게이트웨이 방식으로 구현되어 설치 및 용이성
④ 바이러스, 웜, 트로이목마 등 탐지
⑤ 악성 모바일 코드 탐지

3) 특 징

전통적인 디스크 혹은 PC 통신이 아닌 네트워크(mail, 공유폴더) 등을 통해 확산되어 Nimda, Sircam, Klez 등 대부분이 이메일 및 공유 폴더를 통해 감염·확산되고 있으며, OS 및 애플리케이션의 보안 취약점(vulnerability)을 활용한 CodeRed, Nimda, Klez 등의 공격도 늘고 있다.

바이러스는 1차적으로 네트워크 게이트웨이단에서 주로 웜 형태의 바이러스 패턴으로 패킷을 차단하며, 2차적으로 PC에서 시스템에 대한 백도어 및 바이러스에 대한 검색·치료 방안이 필요하다.

(2) 스팸 차단 솔루션

1) 정 의

대량으로 발생되어오는 스팸 메일과 바이러스 메일을 동시에 차단할 수 있는 기능을 수행하는 것으로, 스팸 메일로 인해 발생하는 시스템 및 네트워크 자원의 낭비, 메일 서비스 문제를 효율적으로 관리하고, 바이러스에 감염된 메일을 치료 또는 삭제하여 메일 서버를 보호함으로써 안정적인 메일 서비스를 가능하게 한다.

2) 기 능

① 메일 서버에 대한 네트워크 트래픽 제어
② 바이러스 메일에 대한 중요 정보자산의 보호
③ 메일 서버 장애시 Queuing 서버 역할

④ 유시 · 관리비용의 절감
⑤ 시스템 자원의 효율적 사용

3) 특 징

바이러스는 게이트웨이에서 차단해야 효과적이다.

① 설치 및 사용이 편리
② PC용 백신으로도 치료가 안 되는 웜형 바이러스 급증
③ 악성 바이러스 유입 차단 → 네트워크 성능 향상 및 업무효율 증대
- 콘텐츠 필터링에 의한 스팸 메일 차단기능 제공
- HTTP, SMTP, FTP, POP3 프로토콜을 검색 · 치료

8. 애플리케이션 보안

(1) 웹보안

1) 정 의

웹은 불특정 다수를 대상으로 홈페이지, 정보서비스, 다른 서비스와의 연계 등 다양한 서비스를 제공하며, 웹 서버 등의 시스템과 클라이언트와의 통신상에 복합적인 보안 취약점을 가지고 있다.

구 분	보안 취약점	해결방안
웹과 다른 서비스와의 통합 문제	웹과 다른 서비스들(웹, 데이터베이스 등)과의 통합 시의 인증 등의 보안 위험성	SOAP, SSO, EAM
클라이언트와의 통신보안	웹 브라우저 보안 기본설정 잘못 구성, 스니핑 등	HTTPS, SSL
웹 서버 구현상의 문제	웹 서버 구성상의 취약점, IIS, Apache 등의 취약점, CGI 취약점 등	취약점 점검, 취약점 패치
방화벽과 연계문제	어떤 서비스에서 외부로부터 내부로 패킷을 받아들이는 문제(DOS)	패킷 필터링 IPS

2) 웹보안 요구 기능

① 견고한 운영체제 : 서버보안 등을 통한 시스템 보안
② 접근통제 : 웹 서버에 접근하는 호스트 수 제한
③ 무결성 점검 : 데이터 베이스는 시스템에 대한 감사
④ 로깅과 기록 : 로그 정보를 통합, 요약, 삭제, 서비스 보고
⑤ 사용자 관리 : securID 등의 강력한 인증

3) 안전한 웹 서버 운영을 위한 요소

① 접근제어, 패스워드 인증기능 사용
② 철저한 백업
③ 로그 강화

④ 원격관리
⑤ 암호화 기능 이용
⑥ 침입탐지시 경고기능
⑦ 웹 서버의 소요비용 대비 보안기능
⑧ 각종 보안도구의 설치 · 운영

(2) PKI

1) 정 의

개방형 네트워크, 또는 분산형 네트워크 환경에서 요구사항을 만족시키기 위해서는 공개키 암호기술을 기반으로 인증서의 사용을 가능하게 해주는 기반구조를 말한다.

2) 주요 응용분야

① 이메일과 메시징(messaging)
- 안전한 이메일, 메시징은 디지털 서명과 암호화에 대한 키쌍을 사용
- S/MIME : 안전한 이메일/메시징 프로토콜

② 웹 액세스
브라우저나 웹 서버는 온라인 뱅킹, 온라인 쇼핑 등의 애플리케이션에 대해 인증과 기밀성에 대한 암호화 사용. SSL(Secure Sockets Layer)

③ VPN
암호화와 인증은 가상사설망의 리모트 액세스(remote access)의 주요한 기능으로 터널링 프로토콜을 통해 구현됨(PPP, IPsec).

④ Digitally Signed Code과 파일
다운로드되는 프로그램의 신뢰성 증가, 데이터 보안 요소 증가, 바이러스를 제어하기 위하여 사용

3) PKI의 목표

① 기밀성(confidentiality)
정보가 비인가된 개인 또는 개체에게 전송 · 보관중인 메시지에 대한 불법적인 열람 · 복사 및 유출 방지

② 무결성(integrity)
전자 데이터가 허가되지 않은 방법으로 변경되거나 파괴되지 않음을 보증

③ 인증(authentication)
전자 데이터의 발신처의 인증을 의미, 수신된 데이터가 발신처에서 전송한 것과 동일한지를 확인

④ 부인방지(non repudiation)
발신처가 발신한 전자 데이터의 내용을 부당하게 부인하는 것을 방지

⑤ 접근제어(access control)
인가된 개체가 요구할 때 항상 필요한 정보에 접근 허용여부에 대한 기능

9. 무선보안

(1) 무선보안의 정의

무선은 물리적 전송방식이 다를 뿐 유선상에서의 도청 · 가로채기 · 해킹과 같은 문제를 가지고 있으며, 무선랜 접속 구간에서 고려해야 하는 보안문제는 첫째, 비인가자의 접속차단, 둘째, 무선 구간에서 불법도청, 암호화, 데이터 위변조 방지를 위한 프라이버시 강화가 있다.

(2) 무선보안의 기능

① 무선랜 전송방식
FHSS 방식, DSSS 방식, OFDM 방식이 있다.

② 무선랜 환경에서의 보안기술
- IEEE 802.1x-EAP(Extensible Authentication Protocol)
- IEEE 802.11i(WPA : Wi-Fi Protected Access)
  Dynamic WEP(Wired Equivalent Privacy)
  TKIP(Temporal Key Integrity Protocol)/AES
- IPSec & SSL VPN

(3) 무선보안의 특징

무선 LAN 보안을 위해 현재 이용 가능한 기술로는, 첫째 인증을 제공하기 위한 IEEE 802.1x-EAP(Extensible Authentication Protocol) 기술과 암호화를 제공하기 위한 IEEE 802.11i(WPA : Wi-Fi Protected Access)의 다아내믹(dynamic) WEP(Wired Equivalent Privacy), TKIP(Temporal Key Integrity Protocol)/AES 기술이 있으며, 둘째로 유선상과 호환이 가능한 IPSec VPN, SSL VPN 등으로 나누어볼 수 있다.

10. 통합보안

(1) 통합보안의 정의

방화벽 이외에 IDS, 바이러스 차단, VPN 등의 솔루션을 추가 도입했을 때 복잡성, 비용과다, 속도저하의 문제점으로 인해 단일하면서도 저렴한 통합 보안시스템이 등장했다.

(2) 통합보안의 필요성

1) 인터넷 트래픽의 기하급수적 증가에 따른 다양한 보안장비의 요구

① 작은 패킷의 증가, 세션 수의 증가
② 웜(worm), DDoS 공격 위협

2) 다양한 요구

① VPN, IDS, IPS, 콘텐츠 필터링(contents filtering), URL 통제, 바이러스 스캔(virus scan)
② 각종 서버보안 및 클라이언트 보안 툴(tool)

3) 네트워크 구성 · 관리 및 통제의 간소화 요구

투자비 및 관리비용의 증대

(3) 통합보안의 특징

통합보안장비의 도입으로 다기능 보안서비스를 원 박스(one box)에서 제공하기 때문에 운영비용(TCO)을 감소할 수 있으며, 분산 · 개별적인 기능의 복수 보안솔루션을 운용하는 것에 비해 단일솔루션으로 관리가 가능하므로, 솔루션의 적용 · 운용 · 업데이트가 간편하다.

1) 요구사항

① 보안의 종합적 대책요구(보안 · 탐지 · 바이러스 · 이메일 등)
② 지능화된 웜 바이러스의 증가로 네트워크 단계에서 차단하는 대안 필요
③ 네트워크 대역폭의 증가로 처리가 빠른 하드웨어 솔루션 요구
④ 기존의 문제점 대두로 해결방안 필요
⑤ 개별적 보안시스템에서 통합솔루션으로의 전환

2) 제공기능

① Firewall
② IP Sec(VPN)
③ Intrusion Detection & Prevention
④ Anti-Virus
⑤ Contents Filtering
⑥ SPAM/Mail Filtering
⑦ Traffic Shaping

8.10 네트워크 관리시스템 설계

8.10.1 네트워크 관리시스템 설계 개요

1. 정 의

네트워크 관리를 수행하기 위한 관리기능을 탑재한 시스템을 관리시스템이라고 한다. 관리시스템은 네트워크 장치 및 데이터의 장애, 성능, 구성상태에 대한 감시 및 제어기능을 하는 NMS(Network Management System), 히스토리컬(historical) 관리정보를 수집하여 네트워크 이용현황을 파악하는 데 활용되는 트래픽 분석기, 데이터를 수집하여 프로토콜 내용을 해석하는 프로토콜 분석기 등의 도구를 의미한다. 보다 포괄적으로 관리시스템을 정의한다면 네트워크 자원을 효율적으로 사용할 수 있도록 지원해주는 S/W 및 H/W 장치라고 할 수 있다.

관리시스템은 관리업무 수행에 있어서 핵심적인 요소로, 기술직원 및 분석에 필요한 정보를 수집 · 가공 · 분석하는 데 필수적인 수단으로 사용한다. 네트워크의 문제점을 진단, 시스템 장애에 대한 예방점검과 문제의 조기발견 및 해결방법을 찾아내 네트워크에 연결된 정보시스템의 안정성을 유지시키고 시스템 장애 예방과 동시에 네트워크의 성능향상 방안을 마련, 더욱 향상되고 효율적인 네트워크 사용이 이루어질 수 있도록 한다.

네트워크 자원의 현황에 대한 자료관리 및 그 적정한 분배를 통해 항시 안정된 네트워크 사용을 유도시키며, 현재의 네트워크 구조 및 특성, 사용자의 수 및 그 요구조건을 분석하여 장래의 네트워크 변경 및 확장에 대비한다.

이러한 네트워크 관리시스템의 목적을 정의해보면 장치의 다운시간(downtime)을 감소시키고, 장애문제를 발생 초기에 해결할 수 있게 하며, 업무를 지원하는 각종 시스템 장치의 성능을 보장하고, 네트워크를 구성하는 자원의 효율적 관리를 지원하고, 네트워크와 시스템 사용자에게 일관성 있는 서비스를 제공하며, 향후 장치도입이나 기획에 각종 입안자료를 제시하여 적은 인원으로 최대의 관리지원을 목표로 한다.

2. 관리체제의 구조 설계

관리구조란 관리시스템과 관리 운용 단말간의 통신방식의 구조와 관리시스템과 관리대상간의 통신방식의 구조를 뜻한다. 관리시스템과 관리운용 단말간의 관리구조는 통신기술 구조의 발전과 더불어 발전해왔으며, 관리시스템과 관리대상간의 관리구조는 관리대상의 규모 등에 의해 좌우되어 발전해왔다.

이러한 환경에서는 관리시스템의 사용에 있어서도 집중과 분산이 병행되어야 하는데 일정한 범위의 관리기능을 물리적으로 분산시키는 동시에 정책적으로 중요한 기능은 중앙의 통제하에 있게 함으로써 분산과 집중을 조화시킬 수 있다.

관리기능을 수행함에 있어서 필요한 요소들은 관리대상과 관리 프로토콜이 있다. 관리 구성요소는 물리적인 개념의 개별장치뿐만 아니라 제공하거나 제공받는 서비스를 포함하는 시스템 혹은 서비스를 말한다. 관리 프로토콜은 관리를 위한 통신 프로토콜로서 관리 스테이션의 프로세스와 에이전트 프로세스간에 이루어지는 통신에 사용된다. 관리 프로토콜을 통해 관리되는 관리정보(MIB)는 통신방식에 따라 다르게 표현이 된다. [그림 8-6]은 관리체제의 개념을 보여주고 있다.

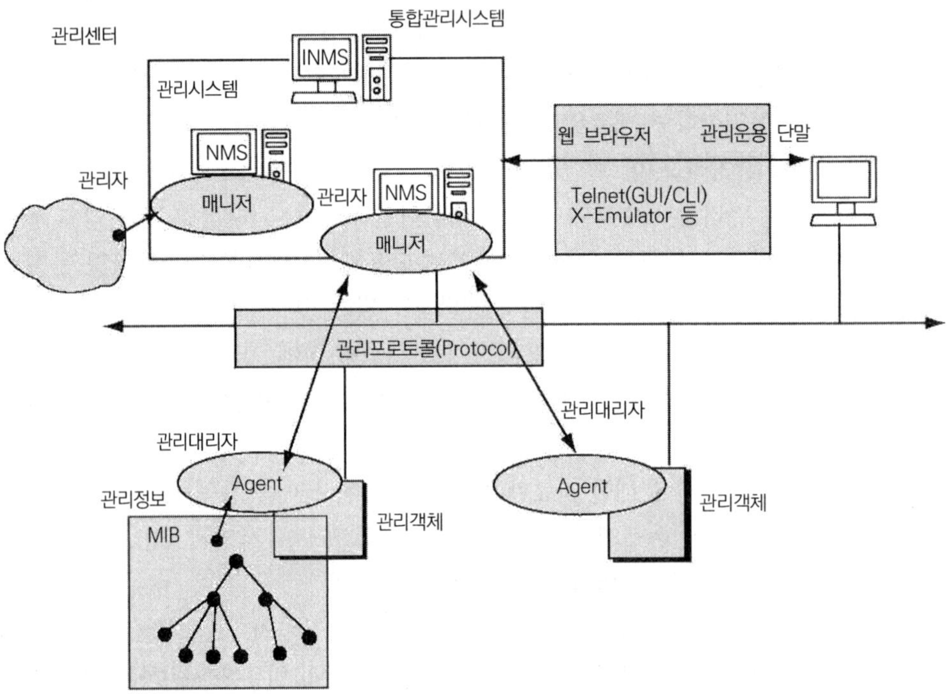

[그림 8-6] 관리시스템 운용구조

관리체제를 구성하는 방식은 네트워크 상황에 따라 다양한 구조를 가질 수 있는데 대표적인 예를 살펴보자.

3. 중앙집중식 구조 설계

중앙집중식 구조는 네트워크 관리의 책임이 집중된 하나의 컴퓨터 내에 네트워크 관리 플랫폼이 존재하는 구조이다. 이러한 네트워크는 단순히 하나의 관리시스템이 관리지역 내에 있는 관리대상 객체들을 직접 관리하는 형태의 구조를 가지게 되었다.

중앙집중형 네트워크 관리구조의 예로는 IBM NetView가 있다.

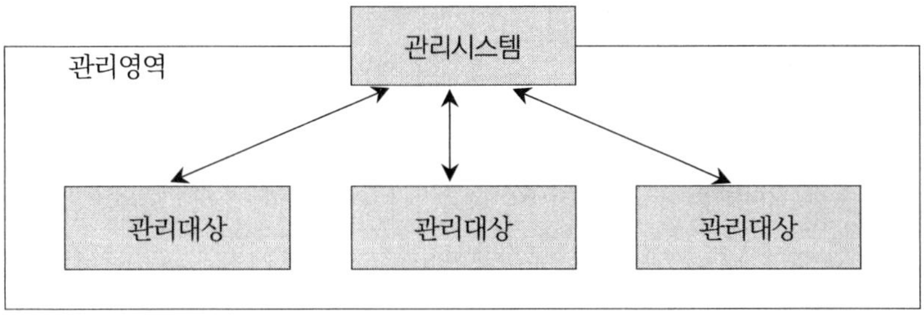

[그림 8-7] 중앙집중식 관리구조

이 구조의 장·단점은 다음과 같다.

(1) 장 점

① 네트워크 관리자가 모든 네트워크의 사건을 한곳에서 관찰할 수 있으므로 문제 해결이 용이
② 모든 응용 프로그램과 정보의 운영 및 보안이 용이
③ 물리적으로 사용자들의 네트워크 접근제한이 용이

(2) 단 점

① 완전한 백업이 항상 필요
② 네트워크가 커질수록 네트워크의 부담 가중
③ 중앙 네트워크 관리시스템의 네트워크로의 연결이 끊어질 경우 모든 관리능력 상실

4. 분산관리구조 설계

산업의 발전과 대형화에 따라 지역별로 떨어진 기업들간, 혹은 서비스 제공업체들의 네트워크가 점점 비대해지면서 하나의 관리시스템이 효율적으로 관리할 수 있는 관리대상 객체의 수를 넘어서게 되었다. 따라서 관리시스템이 이중 이상의 다단계 형태의 연결구조를 가지게 되면서 일정 부분의 기능 분담을 하게 되었다. 이것을 분산 관리구조라고 한다.

분산관리구조에서는 중앙 서버처럼 동작하는 복수 개의 네트워크 관리시스템으로 구성되어 있다. 클라이언트·서버 기술을 이용하여 기능의 일부가 클라이언트에 분산된다.

네트워크 전체 요소에 대한 데이터베이스를 갖는 다수의 동등한 플랫폼들로 구성되어 있다. 계층형 네트워크 관리구조의 예로는 SunNet Manager, OpenView/AIX, AT&T StarSentry 등이 있다.

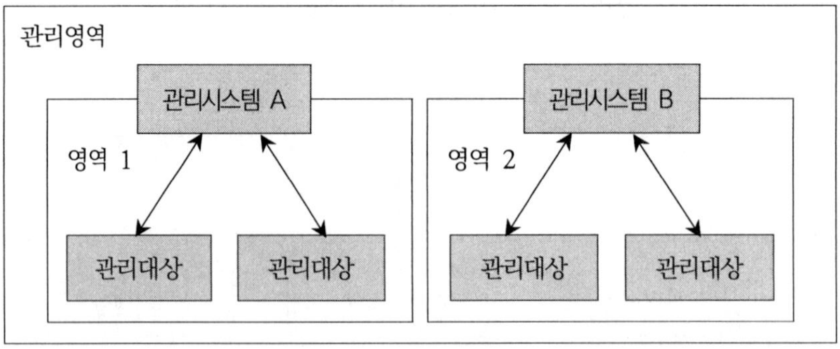

[그림 8-8] 분산관리구조

이 구조의 장·단점은 다음과 같다.

(1) 장 점

① 관리기능의 분산으로 집중 구조의 문제 완화
② 하나의 데이터베이스를 사용하므로 정보처리가 용이

(2) 단 점

① 정보 수집 빛 관리가 어려움
② 관리주체 결정 및 구성이 어려움

5. 통합구조 설계

중앙집중식과 분산식의 문제를 해결하는 절충식 방식이 통합구조이다. 이 방식에서는 분산으로 인한 복잡함 등의 문제점을 해결하기 위하여 물리적·논리적 관리구조상의 문제뿐만이 아니라 기능적인 측면을 고려하여 새로운 체계를 가지게 된다.

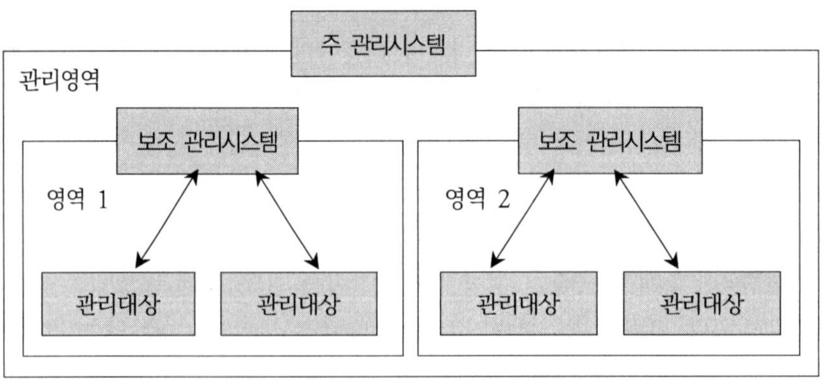

[그림 8-9] 관리구조상의 분산과 통합

이 방식에서는 하위의 개별 관리시스템이 독자적인 관리기능을 수행하는 동시에 중앙의 관리시스템이 전체 관리시스템에 대한 일관성있는 관리기능을 담당한다.

[그림 8-9]는 관리구조상의 분산과 통합을 나타낸다.

이 구조의 장·단점은 다음과 같다.

(1) 장 점

① 중앙집중 방식과 계층구조의 장점을 가짐
② 네트워크의 정보, 사건 등이 한 곳으로 집중
③ 모든 관리응용들을 한 곳에서 접근
④ 하나의 시스템에 의존하지 않음
⑤ 네트워크 관리 부담이 분산됨
⑥ 네트워크를 통한 네트워크 모니터링의 분산

(2) 단 점

① 모든 플랫폼이 각자의 DBMS를 가지기 위해 한 곳에서의 정보 변화가 다른 모든 DBMS에 복사되어야 한다.
② 매우 복잡한 동기가 필요하다.

6. 관리센터의 구조 설계

관리시스템이 배치되어 관리를 수행하는 물리적 장소를 관리센터 혹은 네트워크 운용센터라고 한다.

네트워크 운용센터에서는 네트워크상에서 운용되는 각종 서비스뿐만 아니라 네트워크를 구성하는 구성요소(장치)의 상태나 운용을 관리하게 된다. 즉, 우리가 살고 있는 아파트는 관리사무소 운영을 통해 보다 입주자들의 편의를 제공하게 되듯이 네트워크도 이와 같이 관리사무소와 같은 네트워크 운용센터(NOC : Network Operation Center)가 있어야 한다.

관리구조뿐만이 아니라 관리운용 측면에서 관리센터의 분산과 통합도 고려대상이 되어야 한다. 따라서 전국적인 관리대상을 가지는 경우에 지역별 혹은 기능(업무)별로 분산을 하고 분산된 개별 모듈을 통합이라는 이름으로 하나의 센터로 집중화하는 형태의 구조를 가지게 된다. 분산과 통합이 혼합되어 있는 관리센터에 예는 [그림 8-10]과 같다.

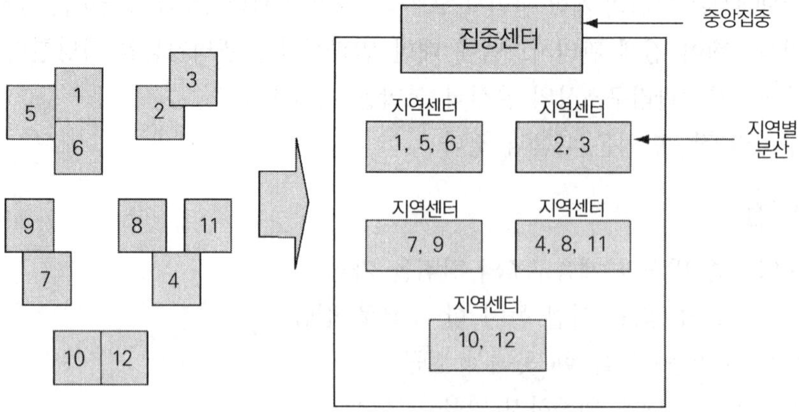

[그림 8-10] 관리센터의 분산과 통합

7. 관리구조의 발전형태

일반적인 관리구조는 [그림 8-11]과 같이 대형 메인 호스트에 터미널을 붙여서 사용하던 방식이 그 시작이라고 볼 수 있다.

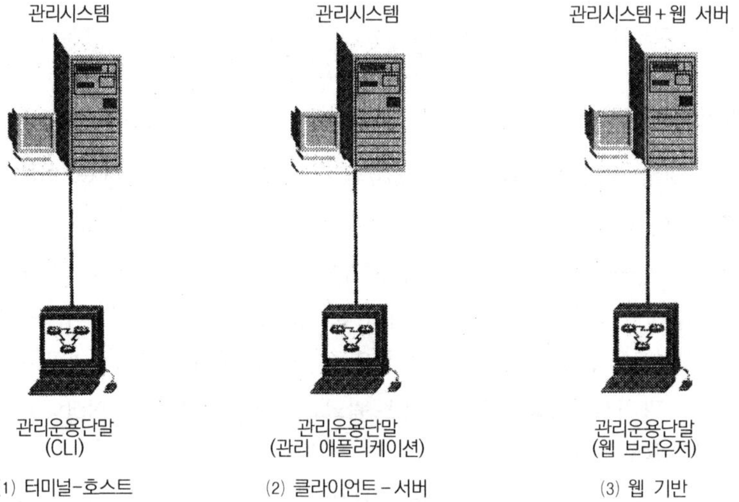

[그림 8-11] 통신기술의 발전

그 후 클라이언트·서버 방식이라 하는 C/S 형태의 통신이 수행되었으며, 현재는 웹 기반 통신방식과 클라이언트·서버 방식의 혼합형태로 운용되고 있다.

터미널·호스트 구조의 경우 사용자 애플리케이션을 비롯하여 모든 기능과 관리정보가 관리시스템에 집중되어 있어서 관리시스템에 부하를 많이 주게 되는 구조이다. 클라이언트·서버인 경우 사용자 애플리케이션을 통해서만 관리를 수행할 수 있도록 되는 구조를 말한다. 터미널·호스트 방식에 비해 관리시스템의 부담을 상당히 경감할 수 있는 구조이다.

웹 방식의 경우 관리운용 단말에 특정 관리 애플리케이션을 설치하지 않고도 관리를 수행할 수 있으면서 관리시스템의 부하를 줄이기 위해 관리 애플리케이션 계위에서 웹 서버를 설치하여 부하를 분산 및 경감하는 구조이다.

관리시스템과 관리운용 단말간의 관리구조 관리시스템과 관리운용 단말간의 관리구조의 발전은 [그림 8-11]과 같다.

현재 터미널 · 호스트 기반의 구조는 거의 사용하지 않는 상태이므로 클라이언트, 서버 방식과 웹 기반 방식의 특징을 비교해 보면 〈표 8-6〉과 같다.

〈표 8-6〉 클라이언트 · 서버 방식과 웹 기반 방식의 특징

웹 기반의 구조	클라이언트 · 서버 기반의 구조
표준 브라우저 모두를 지원	특정 플랫폼에 의존적인 제품 지원
다양한 운용환경(win, mac, motif …)	한정된 운용환경(win, motif …)
접속 S/W가 불필요	해당 접속 S/W가 필요
오버헤드가 적음	많은 메모리 사용으로 오버헤드 증가
별도의 클라이언트 프로그램이 불필요	별도의 클라이언트 프로그램이 필요
별도의 애플리케이션 배치가 불필요	별도의 애플리케이션 배치가 필요
유지보수비용 감소	유지보수비용 증가
클라이언트의 설정에 따라 다른 크기의 화면 제공	고정된 화면 크기
상태변환 없는 순수 데이터	상태변환을 이용한 데이터의 가공
현재 가장 많이 사용되는 기술	기존에 많이 쓰이는 기술
비연결 지향성(connectionless)	연결 지향성(connection oriented)

8. 관리시스템의 종류

관리시스템은 관리대상 네트워크, 네트워크의 규모, 중시하는 관리기능, 관심있는 관리업무, 관리시스템의 용도 등에 따라 다양한 종류가 있다. 또한 관리정보를 수집하는 방식에 따라서도 다양한 형태로 구현되고 있다. 이러한 관리시스템은 네트워크 관리 및 분석 업무수행에 있어서 핵심적인 요소로 기술지원 및 분석에 필요한 정보를 수집 · 가공 · 분석하는 데 필수적인 수단으로 사용된다.

관리시스템을 네트워크의 구조적 차원에서 본다면 [그림 8-12]와 같다.

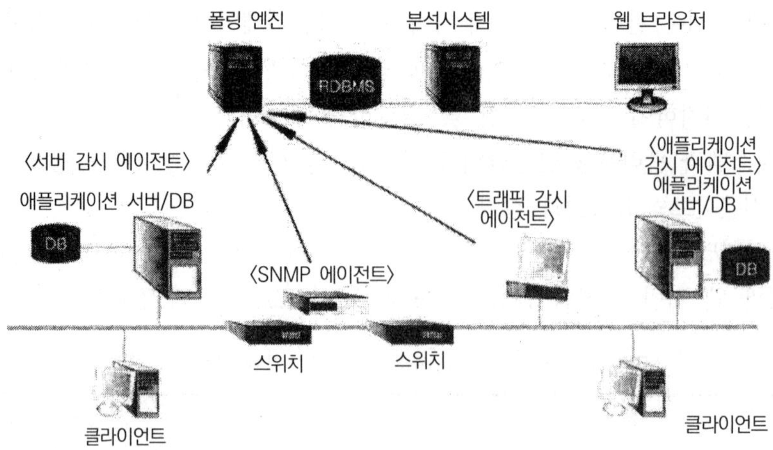

[그림 8-12] 관리시스템의 구조

(1) 용도별 구분

관리시스템은 그 용도와 기능에 따라 [그림 8-12]와 같이 구분해볼 수 있다.

각 도구들은 고유한 기능을 수행하도록 개발되어 있지만 때에 따라서는 타 도구와 기능이 중복되는 경우가 많이 있다. 이들 시스템은 용도의 차원에서 나열한 것으로 실지로는 단일의 제품에서 두 개 이상의 기능을 통합적으로 제공하기도 하고, 상호 연동되어 활용되기도 한다. 예를 든다면 네트워크 관리시스템과 트러블 타깃팅(trouble ticketing) 시스템이 상호 연동되어 사용된다.

〈표 8-7〉 관리시스템의 종류

구 분	기 능	대표제품
NMS 네트워크 관리시스템	주로 라우터·스위치 등의 네트워크 장치 모니터링을 하여 네트워크를 운영할 수 있도록 관리 지원하는 도구이며, 구성관리, 장애관리, 실시간 트래픽 모니터링 기능 제공	Mona lisa, OpenView, NA Sniffer
SMS 서버 관리시스템	주로 서버, 데스크톱 등을 효율적으로 관리하는 도구이며, S/W 분배, 구성관리	Zenius, Tivoli, Unicenter TNG
TNM 통신 관리시스템	각종 통신장치를 통합관리 및 ATM, Lan, 위성, ISDN 등 통신장치 현황관리	
TMS 트래픽 관리시스템	애플리케이션의 헬스와 로그 분석 및 네트워크 트래픽별 애플리케이션 성능분석	Topas, VitalSuite, Apptitude, Pegasus, Network Vantage
EMS 통합 관리시스템	NMS, SMS, TMN, TMS 등의 통합관리 및 애플리케이션, 데스크톱 서버관리, 보안, 스토리지, 헬프데스크, 운영관리	Newton, Unicenter TNG, Patrol, NetCool
PMS 성능 관리시스템	고객에게 서비스의 수준을 약정을 맺고, 준수하기 위한 주로 분석위주의 기능을 가진 도구이며, 임계치에 의한 수준관리, 보고서 기능 제공	Network Health, Trinity, 넷메트릭스, 바이텔넷 7

현실적인 관리에 있어서는 단일의 시스템이 전계층의 정보를 제공하지 못하므로 계층별로 구분하여 복수 개의 시스템을 병행하여 사용한다. 이를 통하여 네트워크 운영의 총체적 상황에 대한 관리가 가능하다.

네트워크 관리는 단순하게 네트워크 장치에 대한 관리만으로는 충분하지 않다. 네트워크는 단말과 호스트로부터 발생하는 트래픽을 유통시켜주는 수단이므로 네트워크 관리의 폭을 넓히면 결국 트래픽 · 호스트 · 단말 등에 이르기까지 광범위해진다. 또한 이들 시스템을 통합한 관점에서 일관성 있는 통합관리를 위해서는 개별관리 시스템과 더불어 통합관리 시스템도 필요해진다. 현재 네트워크 관리와 관련된 관리시스템의 종류를 나열해보면 〈표 8-7〉과 같다.

(2) 계층별 구분

관리시스템은 용도에 따라서 구분되기도 하지만 제공하는 정보의 계층에 따라 구분해 볼 수도 있다. 앞에서 살펴본 다양한 종류의 시스템 중에서 대표적인 시스템을 프로토콜의 계층 구분에 따라 도식화해보면 [그림 8-13]과 같다.

[그림 8-13]에서는 상하 측면으로는 프로토콜 계층을, 좌우 측면으로 물리적 장치로부터 애플리케이션 자원으로 나열하여 보여주고 있다.

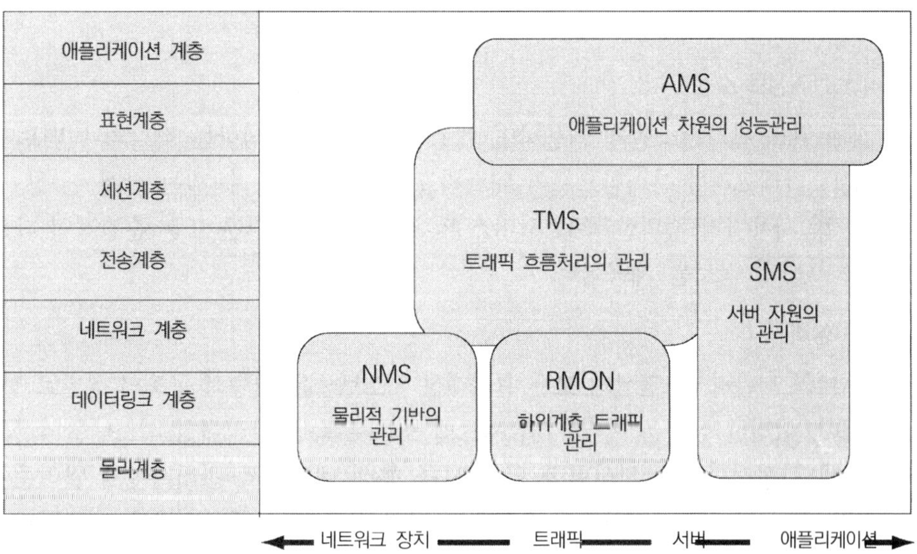

[그림 8-13] 계층별 관리시스템의 종류

9. 관리시스템의 기능

관리시스템은 네트워크의 운영상태에 관한 정보 수집 및 분석을 자동화해주는 도구를 네트워크의 운영상황을 지속적으로 감시하며, 네트워크 장치 및 회선의 이용률, 가용성을 비롯한 상태 및 성능정보를 제공한다.

(1) 기본기능

기본기능은 네트워크 관리의 핵심에 해당하는 기능으로 대부분의 망관리 시스템이 제공하는 공통기능이다.

기본기능의 구체적 예를 보면 다음과 같다.

① 각 통신회선 및 장치에 대한 지속적인 감시
② 그래픽 방식을 이용하여 네트워크 구성요소의 상태를 표시
③ 낮은 응답시간, 과다한 회선 에러 등의 네트워크 문제를 분석
④ 운영상의 문제를 자동으로 경보
⑤ 네트워크상의 모든 수준의 성능 및 구정 정보의 보관
⑥ 성능과 용량관리를 위한 보고서 작성 기능
⑦ 관리대상 객체의 그래픽 및 문자 표기와 관련된 관리 데이터의 제어
⑧ 네트워크의 상태를 파악하기 위한 시스템적 및 계층적으로 내재된 주밍(zooming) 기능
⑨ 다중작업(multi-tasking)을 위한 다중창(multi-window) 기능

(2) 기본기능의 분야별 구분

기본기능을 분야별로 구분하여 살펴보면 다음과 같다.

1) 관리정보 수집

네트워크 관리시스템을 이용하여 네트워크상에서 발생하는 각각의 이벤트에 대한 이벤트 카테고리를 분석함으로써 네트워크상에서 발생할 수 있는 장애 · 구성 · 변경 · 성능 및 사용자가 정의한 주요 서비스 및 장치, 장치의 다운 또는 순간적인 다운 현상 등의 포괄적 정보를 제공한다.

2) 상태감시

네트워크 관리시스템상의 모든 관리대상 시스템들은 계층적 구조의 심벌로 정의되어 있으며, 이러한 심벌은 여러 가지 서브맵 또는 부속된 관리대상 시스템들의 집합으로 시스템의 상태변화를 색상변화 및 경보를 통해 네트워크 관리자에게 알려준다.

네트워크 관리자는 서브맵을 오픈하여 각각의 호스트, 게이트웨이, 세그먼트 등에서 일어난 여러 가지 변화를 참고로 관리대상 시스템들의 상태를 점검할 수 있다. 서브맵을 관찰함으로써 각 장치의 상태, 인터넷 토폴로지의 연결상황, 네트워크 세그먼트 또는 라우터 등의 다운으로 인한 특정 도메인의 다운, 이벤트 카테고리에 정의된 각종 자원 및 사용자 정의 이벤트 발생에 대한 파급영역 파악 등에 사용할 수 있다.

3) 구성관리

네트워크 장치의 구성상태에 관한 정보를 제공한다. 주요 내용은 장치의 주소 · 상태 ·

구성 상황에 관한 정보를 제공한다. 대개의 경우는 테이블의 형태를 이용하여 제공하며, 토폴로지 맵 등을 이용하여 정보를 제공하기도 한다.

4) 장애관리

네트워크 장치의 동작상태 및 비정상적 동작에 관한 정보를 제공한다. 장애정보의 예로는 업-다운(up-down), 패킷 에러 등이 있다.

장애관리에서는 사전에 정의된 장애 임계치를 바탕으로 정보를 제공한다. 장애정보는 토폴로지 맵, 이벤트 창 등에서 실시간으로 제공되고, 필요시 장애이력, 분석정보 등의 테이블과 그래프의 형태로 제공해준다. 또한 이메일, SMS, 사운드(sound) 등의 형태로 장애경보를 제공하기도 한다.

5) 성능관리

성능관리는 자원의 서비스 품질의 관점에서 성능정보를 제공한다. 성능정보의 예에는 이용률·지연시간 등이 있다.

성능관리에서도 사전에 정의된 임계값을 바탕으로 정보를 제공한다. 성능정보는 토폴로지 맵, 이벤트창 등에서 실시간으로 제공되고, 필요시 장애이력, 분석정보 등을 테이블과 그래프의 형태로 제공해준다. 또한 이메일, SMS, 사운드 등의 형태로 성능 저하의 경보를 제공하기도 한다.

6) 리포팅 기능

구성·성능·장애관리의 결과를 가시적인 출력물로 제공하는 기능이다. 이 기능은 모든 관리시스템에서 공통적으로 제공하고 있으며, 화면·인쇄물·파일 등의 형태로 결과를 제공한다.

10. 부가기능

부가기능은 기본기능을 보조해주는 기능으로 필수적이지는 않지만 관리에 보조적이거나 도움을 많이 주는 기능이다.

(1) 운영관리 기능

운영관리는 구성장애 등의 각종 기능과 복합적인 관계를 갖는 기능으로서 사용자의 요구에 대응하여 발생되는 네트워크나 장치들과 같은 자원에 대한 일련의 관리활동을 말한다. 주로 장치·사용자에 대한 관리기능을 제공한다.

장치에 대해서는 관리의 기준이 되는 임계치 관리기능 등을 수행한다.

사용자 관점에서는 관리의 권한관리를 비롯한 보안관리 기능을 제공한다.

(2) 개선된 구성관리 기능

기본적인 구성관리를 보다 편리하게 하기 위하여 발전된 기능으로서 Provisioning,

자산관리, 시설관리 등의 기능을 제공한다.

각 기능은 다음과 같다.

1) Provisioning

대규모 네트워크에서 가입자 등록, 계약에 따르는 서비스 설정, 장치의 구성 등에 대한 제어기능을 한다.

2) 자산관리

네트워크 자원의 구매 · 설치 · 유지보수 · 운영 · 업그레이드 · 교체 등 전반적인 자사의 이동에 관한 관리기능을 제공한다.

3) 시설관리

네트워크 운영을 지원하는 전원설비, 화재설비 등 기반설비에 대한 감시 · 제어 기능을 제공한다.

(3) 분석기능

데이터 수집을 통해 주요 관심대상 네트워크 자원의 누적 데이터를 수집 및 관리함으로써 사전에 장애감지 경보 및 사후 장애원인 파악을 위한 데이터를 제공한다.

임계값(threshold) 등을 이용한 장애 예상경보(사용량, 에러량, 업-다운 …), 특정 시간대의 네트워크 서비스 상의 병목현상에 대한 지속시간 및 경향 분석, 사용자 서비스의 단절에 대한 원인 파악, 주 · 원 · 분기별 수집 데이터의 평준화(normalize) 등을 통한 네트워크 자원 등의 추이 변화 및 성능향상 계획 수립, 수집된 데이터의 가공 등을 통한 가동률 등 여러 가지 보고서를 작성할 수 있다.

(4) 장애처리 기능

장애발생시 장애를 처리하는 일련의 작업과정을 지원하는 기능을 제공한다. 이 기능에서는 장애의 감지, 신고접수, 조치내역 관리, 장애 처리과정 관리, 처리내역 통보 등의 업무를 자동화해준다. 이와 더불어 장애유형별 증상, 조치방식 등에 대한 지식정보를 관리하여 장애처리 업무를 지원한다.

(5) 용량관리 기능

이 기능에서는 자원의 용량 대비 서비스 품질의 관점에서 장기적 경향분석을 통하여 용량관리 업무를 지원한다.

11. 시스템 활용현황

관리시스템의 활용에는 여러 가지 어려움이 있다. 이는 관리대상이 되는 네트워크, 네트워크를 사용하는 조직, 관리시스템 자체, 관리자 등과 밀접하게 연관되어 있다.

또한 기술적 차원과 기술 외적 차원의 광범위한 문제까지 결합되어 있다. 관리시스템의 활용에 있어서 문제가 되는 사항을 조직 · 운영 · 기술적 차원으로 구분하여 살펴보자.

(1) 조직적 차원

1) 인식부족

네트워크 관리를 수행해야 하는 인식이 부족하므로 네트워크 관리시스템의 활용으로 얼마나 많은 투자와 자원이 효과적으로 배치가 가능한지에 대한 인식이 부족하다.

2) 투자문제

네트워크 장치에 대한 투자는 곧 자신이 속한 부서의 규모화와 역량의 증대라는 시각이 있다. 투자의 효율화에 따라 부서의 규모가 축소되는 것을 바라지 않는다. 네트워크 장치에 대한 투자가 효율적으로 이루어지지 않는 경우 책임 소재와 그에 따른 문책에 대한 문제가 있다. 따라서, 관리시스템의 역할을 제한적으로 실시하는 경우가 많다.

3) 비효율적 환경 분석

네트워크의 문제를 진단하고 분석하는 네트워크 컨설팅의 결과에 대한 책임성이 부족하다. 특히, 네트워크 설계나 시스템을 개발할 때 발생할지 모르는 문제에 대한 책임소재를 네트워크 컨설팅 결과로 전가하기 위한 컨설팅 사업 도입이 있을 수 있다. 장기적으로 이러한 행위는 네트워크 관리시스템의 신뢰성에 영향을 주므로 활성화에 영향을 준다.

(2) 운영의 차원

1) 전문성 부족

사용자의 사용법 숙지 등과 같은 문제는 웹 기술의 발전으로 해결책이 눈앞에 다가오고 있다. 그러나 보다 근본적인 문제는 네트워크 분석 및 진단에 전문성이 부족한 네트워크 관리자가 시스템 분석 파라미터를 기반으로 하여 네트워크의 현황과 재설계 등을 수행할 경우가 필요하다는 것이다.

2) 방법론 부재

관리방법론이 제공되지 않고 있는 것이 현실이다. 네트워크 관리 S/W에 대한 사용법 숙지가 이루어졌다 하더라도 이를 활용하는 것은 별개의 문제이다.

네트워크 관리시스템을 어떻게 자사의 네트워크에 접목하여 효과를 창출할 것인가는 네트워크 관리자의 상당한 부담이 된다.

3) 활용방안 부재

네트워크 관리시스템의 도입에 대한 비교검토와 함께 활용방안이 적극 제시되어야 한다. 일반적으로 네트워크 관리시스템은 그 기능에 따라 전문분야가 다를 수 있다.

(3) 기술적 차원

1) 시스템의 문제

각 네트워크 관리시스템에서는 사용상의 편의성을 주장하고 있으나 현실적으로 매뉴얼을 보면서 이를 활용하기 힘든 것이 현실이다. 예를 들면, 네트워크 관리시스템의 설치에서 활용에 이르기까지 유닉스와 관련된 명령어를 알고 있어야 하며, 네트워크 관리 S/W가 동작하지 않은 경우 유닉스와 관련된 문제를 네트워크 관리자가 해결해야 한다. 게다가 네트워크 관리 S/W에 대한 사용법을 숙지하려면 몇 권의 매뉴얼을 보아야 한다.

그러나 현실적으로 네트워크 관리자가 매뉴얼을 읽으면서 사용시스템의 사용법 숙지에는 많은 시간이 걸린다.

2) 전문성 요구

통신 및 네트워크 프로토콜에 대한 지식이 있더라도 네트워크에 대한 분석을 수행하기 위해서는 네트워크 관리 프로토콜과 관련 MIB에 대한 자세한 지식이 필요하다. TCP/IP 네트워크를 관리하기 위해서는 유닉스, NT, PC, 워크스테이션, 통신장치 등의 활용법, TCP/IP 프로토콜 기술숙지 등과 같이 거의 모든 분야에 대한 지식을 필요로 한다. 게다가 네트워크 관리 프로토콜 및 관련 개념에 대한 기술도 습득해야 한다.

이는 네트워크 운영자에게 상당히 큰 부담으로 작용하고 있다.

8.10.2 관리시스템 구축 설계

1. 구축방법론

앞에서 기술한 관리기능, 관리 스테이션, 에이전트 구조, 관리정보, 관리 프로토콜 및 관리시스템 등의 관리환경을 실제 운용하는 네트워크에 적용하는 것이 필요하다. 네트워크 자체의 특성이 점점 성장하고 변화하는 구조로 진화하는 특성을 갖고 있기 때문에 네트워크를 관리하는 환경도 고정된 형태가 아니라, 네트워크 변화에 따라 필연적으로 진화하게 된다. 그러므로 관리환경을 구축하는 방법 또한 처음과 마지막의 순서가 있는 절차적인 것이 아니라 네트워크의 구축과 동시에 다양한 모습을 가질 수 있다.

클라이언트 · 서버 시스템, 분산시스템 등 새로운 환경이 네트워크와 접목되면서 사용자의 요청은 점차 복잡해지고, 이에 따라 관리조직의 역할도 변해간다. 모든 전산 자원이 네트워크화되는 환경에서 사용자의 요구를 감시 · 평가하고, 사용자가 필요로 하는 모든 기술적, 기술 외적 서비스를 제공하며, 사용자 지원의 수준이 떨어지지 않도록 하기 위해서 관리부서는 보다 정교한 관리체계를 구축해야 한다.

관리환경을 구축하는 방법으로 크게 Top-Down 방법과 Bottom-Up 방법으로 구분할 수 있으며, 이 방법론에 따라 필요한 관리기능 정의, 관리정보 정의, 관리정보 수집방법, 관리정보 전달에 필요한 관리 프로토콜 선정, 관리시스템 구현 등을 하게 된다.

(1) Top-Down 방식

Top-Down 방식이란 관리자나 네트워크를 운영하는 조직이 그 네트워크의 특성을 고려하여 중점이 될 만한 관리기능을 먼저 선정한 후에 개별적인 세부사항을 결정하는 것이다. 즉, 관리자의 입장에서 필요한 관리기능을 정의한 후 이를 제공할 수 있는 관리환경을 구축하는 상위에서 하위로 구축하는 방법론을 말한다. 그러므로 관리자의 필요한 관리기능을 위주로 구현되므로 비용적인 면과 관리의 효율성이 증대될 수 있다.

그러나 다른 관리기능을 추가할 경우 변경되는 부부이나 추가되는 부분이 많을 수 있다.

이 방식에서는 가장 먼저 관리기능을 결정한 후 각 기능을 구현하기 위해 필요한 관리정보는 어떤 것이 있는가를 결정하고, 관리정보를 어떤 네트워크 설비나 기타 다른 관리시스템으로부터 가져올 수 있는지를 결정한다. 또한 이 관리정보를 수집하는 방법으로 관리 프로토콜과 관리정보 수집경로, 즉 네트워크의 어떤 경로를 통해 수집할 것인가를 결정한다.

그리고 마지막 단계로 이들 관리정보를 수집하여 관리자가 효과적인 방법으로 네트워크의 상태를 관리할 수 있도록 관리자에게 가공된 정보를 제공하는 관리시스템을 구축할 수 있는 방법을 결정한다.

(2) Bottom-Up 방식

Bottom-Up 방식은 하위 네트워크 설비에서 어떠한 관리정보를 제공할 수 있느냐에 중점을 두고 관리환경을 구축하는 방법론이다.

현재 구축된 네트워크에서 각 설비들이 어떠한 관리정보를 제공하는지를 검토하고, 이 관리정보를 수집할 수 있는 네트워크의 경로와 네트워크에서 운용이 가능한 관리 프로토콜은 어떠한 것이 있는지를 설정한 후 이 관리환경에서 가능한 관리기능을 추출하여 관리시스템 등을 구축하는 방법론을 말한다.

이러한 Bottom-Up 방식은 네트워크 설비를 제공하는 제품 공급업체에 많이 의존되는 관리환경에서 보통 구축하는 경향이 많다. 즉 제품 공급업체에서 제공되는 설비와 이 설비를 관리하는 장치관리 시스템 EMS(Element Management System)을 중심으로 관리환경을 구축할 경우를 예로 들 수 있다.

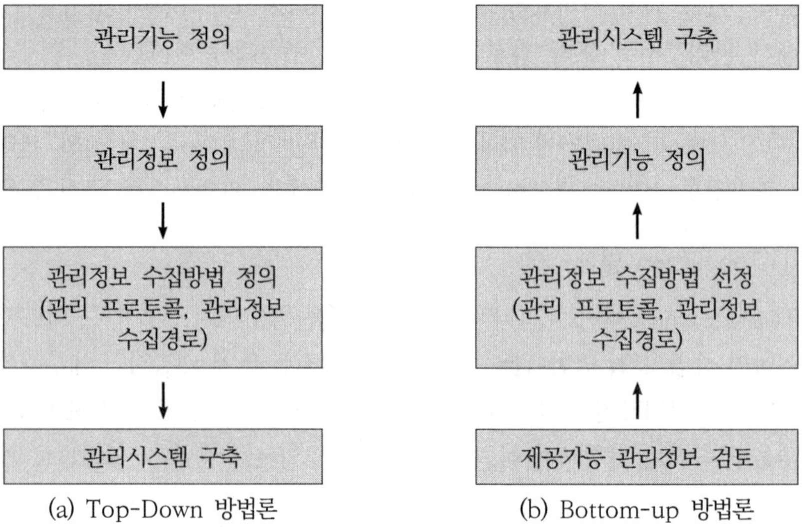

[그림 8-14] 장치관리 시스템 EMS

(3) 절충형

그러나 실제 관리환경을 구축할 경우 Top-Down 방법론과 Bottom-Up 방법론을 정확하게 이분화하여 구축하지 않고, 보통 네트워크 관리계층 이상의 서비스계층이나 사업계층에서 Top-Down 방식을 사용하는 경향이 있고, 네트워크 관리계층 이하의 계층에서 보통 Bottom-Up 방식을 사용하는 경향이 있다.

2. 사전준비

관리의 대상과 관리내용이 결정되면 실제 그러한 사항을 관리하기 위한 관리용 H/W와 S/W 그리고 인적 · 물적 자원을 정확하게 파악하여야 한다. 이때, 너무 이상적인 시스템을 구현하려 한다면 비용이 많이 발생하여 본래의 관리목적을 달성하지 못하게 되는 경우도 있다.

이러한 관리체계를 갖추기 위해서는 다음과 같은 측면을 검토해야 한다.

(1) 비 용

관리는 제한된 비용을 이용하여 최적의 서비스 품질을 제공하는 것이다. 따라서 관리시스템에 있어서도 비용은 중요한 고려사항이다. 이 관점에서는 다음과 같은 사항을 고려해야 한다.

① 네트워크 관리 관련 소요인력을 어느 정도인가?

② 네트워크 관리에 대한 교육비용과 장치에 대한 비용은 타당한가?

③ 네트워크 관리시스템의 구축비용은 적절한가?

④ 적절한 기대효과와 관리자 측면 및 사용자 측면을 고려하여 결정하였는가?

⑵ 관리조직

장애감시, 지원인력간의 업무의 분배 · 보고 등 일련의 문제해결 과정이 효율적으로 전개될 수 있도록 조직체계 · 역할에 따라 제어기능이 체계화되어야 한다. 효율적인 역할의 분담이 체계화되면 전체 네트워크를 한 장소에서 총체적으로 살펴볼 수 있을 뿐 아니라 각 지원인력의 업무가 효율적으로 진행되어 사용자에 대한 서비스 효율이 높아질 수 있다.

모든 관심과 노력은 전통적인 방식대로 장치관리에 초점을 맞추는 것이 아니라 사용자에게 제공되는 서비스에 초점이 맞추어져야 한다.

관리체계는 모든 네트워크 자원에 걸쳐 감시와 제어의 손길이 미쳐야 하며, 구성요소의 장애나 저성능 발생시 즉각 관련 인력에게 통보하여 서비스 중단이 발생하기 전에 조치를 취할 수 있는 체계가 되어야 한다.

이러한 환경에서는 관리시스템의 사용에 있어서도 집중과 분산이 병행되어야 하는데 일정한 범위의 관리기능을 물리적으로 분산시키는 동시에 정책적으로 중요한 기능은 중앙의 통제하에 있게 함으로써 분산과 집중을 조화시킬 수 있다.

⑶ 네트워크의 복잡성

관리환경을 구축할 경우 고려되어야 할 사항으로는 현재 사용중인 네트워크나 앞으로 구축하려는 네트워크의 특성을 파악하고, 이를 가장 효율적으로 관리할 수 있는 방안과 가장 단순화한 형태로 관리할 수 있는 환경구축에 중점을 두어야 한다. TCP/IP 프로토콜을 사용하고 있는 컴퓨터와 네트워크, 그리고 분산시스템들이 양적인 측면 외에 복잡성 면에서도 증가하고 있다.

반면에 끊임없이 발전하고 다양화되는 하부 네트워크 기술과 상위 응용을 관리하기 위해 큰 어려움을 겪고 있는 것도 사실이다. 최근 들어 대규모화되고 복잡해져가는 네트워크의 관리문제가 절실한 과제로 부각되고 있다.

⑷ 실질적 네트워크

효과적인 네트워크 감시체계를 구축하는 데 있어서 가장 큰 어려움은 실질적인 네트워크 규모에 적합한 시스템을 설계하는 것이다.

감시의 복잡성을 감소시키기 위한 방안으로서 계층적 구분 기법을 이용하면 네트워크를 몇 개의 서로 다른 감시영역으로 쪼갤 수 있다. 또한 기능단위별 구분기법으로 트래픽 관리의 각 측면에서 필요로 하는 측정요소를 결정할 수 있고, 빈도에 따르는 구분방식으로는 각 대상에 대한 감시 주기를 얼마로 할 것인지를 결정할 수 있다.

3. 시스템 구조의 설계

네트워크를 효율적으로 유지하기 위해서는 네트워크 관리시스템을 현재 환경에 적합하게 만들어야 할 것이다. 이렇게 하기 위해서는 네트워크 관리시스템에서 요구되는 각종 고려사항을 충분히 고려해야만 한다.

또한 네트워크 관리시스템은 그 기능에 따라 다양한 종류가 있으므로 네트워크에 대한 접목이 필요하고, 이들은 서로 보완적인 관계에 있는 것들이 많다. 따라서 네트워크의 각 장치를 분류하여 적합한 관리 S/W를 선정하고, 네트워크 관리의 범위를 설정해야 하며, 필요한 경우에는 개발이 함께 이루어져야 한다.

다음은 전산 네트워크 관리시스템을 도입하고자 할 때 고려되어야 할 사항을 나타낸 것으로서 여기서는 무엇보다도 현재 보유하고 있거나, 향후 도입 예정인 네트워크 자원을 관리해줄 수 있는 네트워크 관리시스템을 도입하는 것이 가장 중요하다고 할 수 있다.

⑴ 분산 · 집중 체계 결정

네트워크 관리시스템은 중앙집중식 네트워크 관리와 분산 네트워크 관리로 나눌 수 있는데, 중앙집중식 네트워크 관리는 네트워크의 모든 데이터를 중앙시스템의 데이터베이스에 저장하여 전체 관리를 중앙에서 하는 시스템으로 사용자들을 층이나 단위별로 묶어 각 지역에서 다수의 네트워크 관리시스템이 동시에 동작하는 분산 네트워크 관리에 비해 융통성이 적고 대규모 네트워크 관리에는 부적합하다.

관리시스템은 네트워크 특성에 따라 적정수준으로 지역에 분산될 수 있으며, 각 지역에 분산된 관리시스템은 지역차원에서 해결해야 할 문제를 추려내고, 중앙의 관리기능에서 필요로 하는 관리정보를 전송할 수 있도록 구성할 수 있다.

⑵ 관리 프로토콜 결정

신속하고 정확한 관리를 수행하기 위해서는 관리환경을 표준화 · 단순화하여 관리자가 업무를 수행하는 데 있어서 신속하고, 명확하게 수행할 수 있도록 관리시스템이 구축되어야 하는데 이때 관리 프로토콜 및 관리대상의 장치들을 표준화하여 관리업무에 부하가 없게 하는 것이 매우 중요한 사항이다.

현재, 또는 향후 네트워크가 다수공급자 환경 내지는 멀티 프로토콜 환경이 되었을 경우 이를 수용할 수 있는 개방표준을 준수하는가 하는 문제가 있을 수 있다. 따라서 네트워크 구성요소들은 표준관리 프로토콜을 반드시 지원하여야 한다.

프로토콜에 대한 고려사항을 보면 원격에서 네트워크의 트래픽 · 데이터 · 패킷 등을 관리해주는 기능, 클라이언트에서 수집한 데이터를 저장하는 데 사용되는 MIB (Management Information Base)에 대한 지원을 들 수 있으며, 현 상용표준 외에 향후 다양한 표준을 지원할 수 있는 네트워크 관리시스템을 선택하는 것이 바람직하다고 할 수 있다.

구현 당시에 고려한 사항이 변경되었거나 어떤 표준적인 해결책이 나왔을 때 또는 사용하고 있는 장치가 버전업(version-up)되었을 때의 계획 및 대책이 마련되어야 한다.

마지막으로 관리대상 중 관리정보, 즉 표준 프로토콜을 지원하지 않는 장치는 어떻게 관리할 것인가의 문제가 발생할 수 있다. 비표준 프로토콜 장치의 관리시스템 수용방안으로는 다음과 같이 독립적인 관리장치를 이용하는 방안과 SNMP 프락시(proxy) 에이전트를 이용하는 방안을 고려할 수 있다.

(3) 관리정보 결정

네트워크 관리에 필요한 정보를 수집하는 데 있어서 장애가 되는 걸림돌을 몇 가지 살펴본다면 먼저 네트워크 환경에 대한 전문적 지식과 정보간의 연관성에 대한 이해의 부족을 들 수 있다. 또한 분석 · 관리시스템의 기능 부족이나 사용의 어려움 역시 필요한 정보를 수집하는 데 있어서 장애가 되어 지나치게 많은 정보를 수집함으로써 필요한 정보를 선별해내는 데 어려움이 발생하거나, 관리에 핵심적인 정보를 입수하지 못하는 문제가 발생한다.

이 문제를 해결하기 위해서는 분석 · 관리 목적에 맡는 정보의 선택기준을 설정하고, 이를 관리시스템에서 뒷받침하도록 구성하는 작업이 필요하다.

네트워크에 관한 상세정보를 지속적으로 제공해 관리기능을 단순화하는 것이 관리시스템의 역할이다. 효율적 관리시스템을 구축하기 위해서는 적정한 항목설정과 측정범위 또한 단순화해야 한다.

관리자는 관리하고자 하는 네트워크에 적합하고, 장치나 서비스의 제공을 일관성 있게 제공하기 위하여 관리할 내용을 정확하게 선택하여야 한다. 또한 구성정보의 관리를 수행하고 사용자가 정의해준 내용에 따라 각 장치에 대한 폴링(polling) 주기 및 경보발생에 대한 임계값을 결정하게 된다.

(4) 관리대상 수용

네트워크 관리의 대상이 되는 장치의 수요 범위는 관리시스템의 성능 · 구조 전반에 걸쳐 영향을 미친다. 따라서 다음과 같이 네트워크의 구성요소에 대하여 검토가 있어야 한다.

표준 네트워크 관리 프로토콜로 관리가 가능한지 확인해야 한다.

① 특정 서버나 클라이언트 PC에 대한 관리가 필요한가?

② 관리내용은 관리하고자 하는 네트워크에 적합하고, 장치나 서비스의 제공은 일관성 있게 제공하기 위하여 관리할 내용을 정확하게 선택하였는가?

③ 어떤 난제를 설쳐 구현할 것인지, 어떤 기술을 수용할 것인지에 대한 상세한 사항들이 도출되었는가?

④ 현재 어떤 네트워크 장치가 구축되어 있거나 또는 구축 예정인가?

⑤ 네트워크 자원 중 어느 범위까지를 관리할 것인가?

(5) 관리정보의 처리

네트워크 관리시스템에서는 유용한 정보를 많이 제공한다. 이들 정보는 애플리케이션이나 플랫폼 정보와 결합하여 서비스 문제의 총체적 측면을 살펴보고, 문제해결을 위한 정보로 활용할 수 있다. 사용자 지원을 비롯한 운영인력은 이러한 관리정보를 공유할 수 있어야 한다.

네트워크 전반의 문제는 단일의 데이터베이스에 보관되어 있어야 하며, 이는 각 관련 인력이 각자의 역할과 관점에 따라 활용할 수 있어야 한다.

4. 관리기능의 설계

관리시스템을 설계할 때는 다음과 같은 문제에 대하여 고려해야 한다.

① 구현하고자 하는 기능이 현실적으로 가능한가?

② 관리기준은 어떤 문제에 대한 해답을 줄 수 있는가?

③ 문제에 대한 해답은 또다른 측정방법을 통해 얻을 수 있지 않은가?

이때 관리기능은 시스템에 종속적이기 때문에 자칫 특정 시스템을 염두에 두고 기능을 선정하면 필요로 하는 기능의 제공이 제한될 수 있다. 반면에 기능을 지나치게 많이 선택하게 되면 이를 지원하는 시스템의 선택이 어려워진다. 따라서 일정한 기준에 따라 기능을 설계할 필요가 있다.

관리기능을 설계하는 데 있어서 고려할 사항을 구체적으로 살펴보자.

(1) 기능의 우선순위

네트워크 관리의 기능적 영역들간의 우선순위를 결정한다. 일반적으로 장애관리가 최우선 순위이기는 하나 네트워크 운영의 성격상 가장 중요하다고 판단된 네트워크 관리영역을 지원하는 응용을 선택해야 한다.

(2) 관리기능 단순화

네트워크 상태에 관한 정보는 엄청나게 많기 때문에 효율적 시스템 구축을 위해서는 쓸모있는 항목만을 선별적으로 측정해야 하며, 규모에 적합한 수준으로 측정범위를 단순화해야 한다. 감시기능을 잘 정의하지 않으면 관리시스템을 구축하고 유지보수하기 어려울 뿐 아니라 규모에 맞게 조절하기 쉽지 않다.

효율적인 관리시스템은 관리업무를 단순화시켜 주므로 기능의 단순화는 중요한 요소이다.

(3) 성능관리

네트워크의 성능은 단지 네트워크 장치만을 관리하는 것으로는 충분치 않다. 성능은 단말, 네트워크 장치, 회선, 서버, 애플리케이션, DB 등 다양한 요소가 결합되어 나타나는 결과이므로 네트워크를 구성하는 모든 요소를 총체적으로 고려하여 평가되어야 한다.

각 구성요소는 성능관리의 차원에서 밀접한 관련이 있는 반면에 정보수집 방식, 성능 특성, 정보의 내용이 전혀 다르기 때문에 관리대상에 따라 관리시스템의 특성이 매우 다르다.

(4) 분석적 관점

관리정보는 네트워크 운영과 관리를 수행하기 위해서 필수적으로 분석해야 할 대상이 된다. 그러나 현실적으로 이러한 관리정보의 선택과 분석에 대한 문제는 일반적인 네트워크 관리시스템에서 충분하게 제공되지 않고 있다. 아울러 환경적 · 기술적 요인으로 인해 네트워크 관리시스템이 활용되지 못하고 있는 실정이다. 따라서 제공되는 정보의 분석적 기능이 얼마나 풍부한가는 중요한 고려사항이다.

5. 시스템 구축

관리시스템의 설계를 마친 후에는 실제적인 구현을 고려해야 한다. 이때 개별관리 시스템을 어느 정도까지 연계할 것인지, 어떤 단계를 걸쳐 구현할 것인지, 어떤 기술을 수용할 것인지에 대한 상세한 사항들이 도출되어야 한다.

구축을 완료하여 네트워크 관리시스템을 운영할 경우, 구현 당시에 고려한 사항이 변경되었거나 어떤 표준적인 해결책이 나왔을 때, 또는 사용하고 있는 장치가 버전업되었을 때에는 새로운 장치가 도입되었을 때와 마찬가지로 미래에 대한 계획 및 대책을 반드시 세워야 한다.

(1) 관리 스테이션

네트워크 관리 스테이션을 선택함에 있어 선택한 애플리케이션이 모두 특정한 하나의 플랫폼에서 동작할 경우 네트워크 관리구조에 적합한 플랫폼을 선택해야 한다. 관리 스테이션을 통해 총체적인 데이터 분석이 가능해야 하고, 기능적인 측면에서의 통합이 이루어질 수 있도록 해야 한다.

관리 스테이션은 관리정보의 최종 수집 · 분석 · 표현 등을 수행하며, 네트워크 구성요소의 효과적 원격제어를 수행하게 된다. 관리 스테이션은 통합된 응용을 포함하고 있으며, 네트워크 운영자에게 사용자 인터페이스를 제공하게 되는데, 사용자 인터페이스 계층(표현계층)에서는 운영자에게 관리정보를 적절한 형태로 표현해주고 약속된 방식으로 운영자의 요구사항을 받아들이는 기능을 수행한다.

(2) 시스템 인터페이스

개별관리 시스템을 어느 정도까지 연계할 것인가를 고려하여 시스템을 구축한다.

다른 종류의 관리시스템이 통합되는 경우 시스템간에 정보를 공유함으로써 통합된 형태의 응용을 지원할 수 있어야 한다.

또한 관리시스템은 향후 부가기능의 추가를 위하여 프로그래밍이 필요할 수 있다. 프로그램 가능성이란 프로그램을 작성하거나 응용을 사용에 알맞게 수정하는 데 있어서 사용자에게 편리한 인터페이스 기능을 제공하는 것을 말한다. 이를 위해서는 특정 프로토콜을 위해 설계된 API보다는 여러 가지 관리 프로토콜에 의해 사용될 수 있는 표준화된 API를 제공해야 한다.

(3) 데이터베이스 지원

개별장치에 대한 관리 응용 구성자료의 통합화와 각종 자료의 분석 및 조회, 출력을 위해 관계형 데이터베이스를 지원함으로써 효율적인 장치관리를 지원해야 한다. 네트워크 구조가 중앙집중적 구조에서 클라이언트 · 서버 구조로 전환되고 있는 추세로 인해 네트워크 상의 여러 자원도 분산되어 구현되고 있다.

따라서 통합관리 시스템은 이와 같이 분산되어 있는 모든 네트워크 자원들에 대해 하나의 통합된 데이터베이스를 구축할 수 있어야 한다.

6. 시스템 운영

관리시스템을 설치한 후 관리자 및 운용자는 관리시스템의 콘솔이나 별도의 관리운용 단말을 통해 관리시스템의 기능을 수행하게 된다.

이때 운영단계에서 고려할 사항은 다음과 같다.

(1) 관리업무 체계화

관리를 수행함에 있어 편리성과 경제성, 그리고 신뢰성 등을 부여하기 위하여 수동적인 작업이 아닌 많은 부분 자동화되고 친숙한 GUI를 제공하는 관리시스템을 통해 관리의 효율성을 극대화할 수 있다. 이때 관리시스템을 이용하여 일련의 사용자 지원 절차는 물론 운영업무 과정을 자동화함으로써 네트워크 관리자를 단순하고 반복적인 업무에서 해방시키는 데 크게 기여할 수 있다.

효율적인 역할의 분담이 체계화되면 전체 네트워크를 한 장소에서 총체적으로 살펴볼 수 있을 뿐 아니라 각 지원 인력의 업무가 효율적으로 진행되어 사용자에 대한 서비스 효율이 높아질 수 있다.

또한 관리체계는 모든 네트워크 자원에 걸쳐 감시와 제어의 손길이 미쳐야 하며, 구성요소의 장애나 저성능 발생시 즉각 관련 인력에게 통보하여 서비스 중단이 발생하기 전에 조치를 취할 수 있는 체계가 되어야 한다.

⑵ 관리시스템의 장애대책

분석장치에 장애가 발생하거나 갑자기 고장이 나는 경우에 네트워크 관리상의 치명적 문제가 발생하므로 분석장치의 장애 대책도 중요하다.

분석장치의 장애시 분석장치가 샘플을 수신할 수 없음에도 불구하고 수집장치는 불필요하게 계속 샘플을 전송할 가능성이 있다. 이 경우에 대비해 각 수집장치는 분석장치로부터 전송을 지시받은 후에만 정보를 전송하고, 그렇지 않은 경우는 자체 내에 보관하는 방법을 사용하면 장애문제를 쉽게 해결할 수 있다.

또 다른 주제 중 하나는 관리시스템의 이중화 대책이다. 각 에이전트가 하나의 관리시스템으로 관리정보를 전송하고, 정보를 각 애플리케이션이 공유하게 하는 것은 지극히 상식적인 일이다. 이렇게 하면 네트워크상의 트래픽이 최소화되며 관리작업은 하나의 장치에서만 하게 된다.

그러나 관리시스템의 장애시 모든 관리기능이 정지되는 문제가 발생한다. 이 문제를 극복하는 한가지 방법은 관리시스템의 역할을 대신하는 제2의 관리시스템을 구축하는 것이다. 이로써 1차 관리시스템의 장애시 예비용 장치가 관리기능을 대신함으로써 관리기능의 마비를 예방할 수 있다.

⑶ 사용자 관점

네트워크가 점차 진화하며 중요해지는 것은 관리업무가 수동적인 문제 해결의 역할에서 벗어나 문제의 예방을 위한 전향적 역할로 발전하는 것이다. 이렇게 되기 위해서는 사용자의 요구에 주의가 집중되어야 한다. 특히 새로운 애플리케이션에 대한 훈련, 필요한 기초지식을 사용자에게 전달해주는 일 등이 필요하다. 이러한 면이 수동적 문제 해결에 치중하던 과거의 전통적인 관리에서의 접근방식과 다른 점이다.

지원조직은 고객지원의 역할, 문제예방을 위한 전향적 업무 · 교육 지원을 통한 지원요청의 감소를 위한 노력해야 한다. 이때 모든 관심과 노력은 전통적인 방식대로 장치관리에 초점을 맞추는 것이 아니라 사용자에게 제공되는 서비스에 초점을 맞추어져야 한다.

지원조직은 고객지원의 역할, 문제예방을 위한 전향적 업무 · 교육 · 지원을 통한 지원요청의 감소를 위하여 다음과 같은 노력을 해야 한다.

① 관리용 H/W와 S/W, 그리고 인적 · 물적 자원을 정확하게 파악

② 네트워크 관리시스템 도입시 네트워크 관리자에 대한 사용자 교육, 기술지원 등 사후 서비스를 제공

⑷ 사용자 인터페이스

관리시스템은 다양한 플랫폼과 네트워크 환경에서 동작하며, 도구들은 사용자가 관심있게 바라보는 시각과 일치되는 측면의 정보를 제공할 수 있어야 한다. 이를 위해서 관리시스템의

응용 측면에서 통합관리 시스템을 위한 단일 이미지 기능을 제공해야 한다.

사용자 인터페이스 관점에서는 다음과 같은 요소가 고려되어야 한다.

① 일관된 사용자 인터페이스 제공
② 관리정보를 사용자에게 쉽게 보여주기 위한 편이성
③ 통합 망관리 시스템 구성을 위한 응용요소
④ 통신 프로토콜 및 공유 서비스
⑤ 관리데이터의 저장

(5) 교육 및 사후 기술지원 서비스

네트워크 관리자들은 네트워크 관리시스템을 운영함에 있어서 사용상의 어려움을 빈번히 겪게 된다. 따라서 관리시스템의 기능을 효과적으로 사용할 수 있도록 관리시스템 도입시 관리자에 대한 사용자 교육, 기술지원 등의 사후서비스를 제공받을 수 있는지도 반드시 고려해야만 한다.

또한 관리시스템 설치시, 트래픽이나 메모리에 주는 영향 분석과 시스템 설치 및 사용의 편이성 등도 확인되어야 할 상항들이다.

8.10.3 네트워크 관리시스템 기능

네트워크 관리시스템은 라우터 · 스위치를 비롯한 각종 네트워크 장치에 대하여 구성 · 성능 · 장애 · 보안 · 계정관리 기능을 수행한다.

이 부류의 제품은 기본적으로 SNMP 프로토콜을 이용하여 관리정보를 수집 · 가공하여 네트워크 관리자에게 관리기능을 수행한다. 많은 관리시스템은 기본적으로 토폴로지 맵을 이용한 관리기능을 비롯하여 기본적인 감시기능, 관리정보에 대한 통계처리 기능을 비롯하여 다양한 분석기능을 제공한다. 또한 관리업무의 효율을 높이기 위하여 각종 보고서 기능을 제공한다.

여기서는 Mona Lisa와 OpenView에 대하여 설명한다.

1. Mona Lisa/인티

(1) 개 요

Mona Lisa는 네트워크 관리분석 S/W로서 TCP/IP 네트워크에 접속된 SNMP 장치 및 이를 통해 유통되는 트래픽의 장애, 성능감시 및 분석기능을 제공하는 네트워크 관리 S/W이다. Mona Lisa는 NMS에 분석적 기능을 강화시킴으로써 분석업무의 효율을 높인 전문적인 분석기능을 제공해주고 있으며, 특히 심화분석 기능은 분석을 통한 문제의 파악 및 원인 파악에 유용하게 활용할 수 있다.

SNMP 관리정보를 각 네트워크 장치로부터 수집하여 분석이 용이한 형태로 가공 · 관리하는 분석 S/W로 주로 트래픽의 특성을 파악하기 쉽게 되어 있고, 히스토리컬(historical) 정보를 수집하여 분석적 정보를 제공한다.

Mona Lisa의 특징을 요약하면 다음과 같다.

① 라우터 · 서버 · 허브 · 스위치 등 네트워크 장치의 성능, 장애정보를 수집 · 가공
② 전체 네트워크상의 관리대상 장치를 인식하고, 각 장치의 이용률 · 장애율 · 처리율 · 가용성 · 심화분석 등의 기능을 수행
③ 해당되는 각 항목에 대해 장치별, 인터페이스별 정보를 제공
④ 전체기간 · 일일중 · 특정시간대 · 실시간 등으로 시간을 구분하여 분석

1) 제공되는 정보

제공되는 정보에는 SNMP MIB을 기반으로 하는 구성 · 성능 · 장애정보 등이 있다.

2) 관리 · 분석 대상

① 네트워크 장치 : 라우터, 스위치, 허브, RAS/NAS/DSLAM, VoIP 게이트웨이 등 SNMP를 지원하는 모든 네트워크 장치
② 서버 : SNMP를 지원하는 Window, Unix, Linux를 비롯한 모든 OS 계열의 서버

(2) 기 능

1) 홈

홈(home)은 초기 로그인시 기본적으로 제공되는 종합감시 기능으로 종합상황판, 토폴로지 맵, 이벤트 뷰의 3가지 화면을 통하여 기능을 제공한다.

① 성능장애 모니터링 : 그룹별로 지정된 모든 장치의 주요 운영정보를 색상으로 구분하여 표시
② 토폴로지 맵 : 맵상에 표시된 장치의 운영상태를 색상으로 구분하여 표시
③ 이벤트 뷰 : 네트워크에서 발생하는 각종 장애 및 성능상의 문제를 테이블 형태로 요약하여 제공

종합상황판에서는 장치의 실시간 장애 및 성능 모니터링을 제공하며, 장치의 핑(ping), 인터페이스 상황, 가용성, 지연시간을 한눈에 볼 수 있으며, 인터페이스별 정보와 인터페이스의 입출력 bps, Discard, Error 등의 수치정보를 볼 수 있다. 또한, 베이스라인을 두어 각 상태를 한눈에 표시함으로써 손쉽게 관리할 수 있다.

토폴로지 맵은 전체 장치를 그래픽 인터페이스를 통해 시각적으로 관리하기 위한 기능이다. 장치의 그룹관리를 통해 지역별 · 도메인별로 장치의 관리가 가능하며, 실시간 장애관리 기능을 사용하여 장치의 다운시에 즉각적으로 관리자가 대처할 수 있도록 되어 있다. 즉 토폴로지 맵에서는 실시간 장애관리, 구성정보 관리, 장애이력 관리, 장치관리 기능을 제공한다.

이벤트 뷰에서는 Mona Lisa에 등록되어 있는 장치의 현재 장애상태를 보인다. 등록

되는 장애는 시스템과 인터페이스의 다운 상태와 각 장치 · 인터페이스의 성능치가 베이스라인을 초과했을 때 이벤트로 등록된다. 이벤트 뷰에 등록되는 성능장애는 운영관리 - 관리속성 설정 - 베이스라인 · 등급에서 등록여부를 설정할 수 있다.

2) 운영관리 기능

운영관리는 관리자가 NRMS를 사용하기 위해 그룹의 관리정보나 관리할 장치를 등록하고 관리속성을 설정하기 위한 메뉴로 이루어진다. 운영관리 기능에서는 장치들을 체계적으로 관리할 수 있도록 등록을 하는 기능으로 본 시스템을 운영관리하기 위해 필수적인 설정항목이라 할 수 있다.

운영관리 기능은 운영을 효과적으로 할 수 있도록 지원하는 부분으로 주요 기능은 다음과 같다.

① 그룹관리 : 장치 및 사용자의 소속 그룹을 관리하기 위하여 그룹을 등록 · 수정 · 제거하는 기능
② 사용자 관리 : Mona Lisa 사용자를 등록 · 수정 · 제거하는 기능
③ 장치관리 : 신구장치를 Mona Lisa에 등록하고, 정보를 변경 · 제거하는 기능
④ 관리속성 관리 : 개별 장치별로 폴링 방식, 관리 속성별 임계값을 부여하는 기능
⑤ 통보관리 : 장치별 경보 등급에 따라 사용자에게 통보하는 방식을 부여하는 기능
⑥ DB관리 : DB에 저장되는 타 정보의 압축기간을 지정하는 기능

운영관리에서 설정된 데이터는 DB화되어 NRMS에서 타 관리기능의 기준이 되고 적용된다. 운영관리 설정값에 의해 성능 저하 및 장애의 실시간 감지를 제공하고, 성능 및 장애의 분석의 기준이 되는 조회, 검색, 보고서 작성시 유용하게 사용할 수 있다.

그룹관리는 관리하는 장치가 소속되는 논리적 그룹에 관한 정보를 설정하는 기능이다. 이 기능은 대규모 네트워크에서 복수의 조직이 존재할 때 조직별 · 그룹별 · 지역별 구분을 그룹핑하여 사용자 및 장치에 대해서 보다 편리한 관리기능을 제공할 수 있다. 실제로 물리적인 혹은 논리적인 장치의 특성에 따라 그룹핑함으로써 보다 효과적인 네트워크 관리를 할 수 있다.

사용자 관리는 그룹에서 장치를 관리하는 관리자의 계정을 만들거나 시스템을 운영할 관리자를 등록하는 기능이다. 사용자 정보관리는 사용자를 추가 · 수정 · 삭제를 할 수 있으며, 로그인한 사용자의 IP 주소 및 로그인 시간 등을 파악할 수 있다. 사용자 관리의 궁극적인 목적은 시스템 외부로부터의 불법적인 침입을 방지하고, 시스템 관리자나 사용자의 실수에 의한 시스템의 손상을 방지하며, 관리능률을 향상시키는 것이다.

장치관리에서는 장치등록을 통해 관리할 장치를 NRMS 시스템에 등록하고, 이를 그룹에 등록하고 조회하는 기능이다. 검색된 장치에 대한 관리의 효율을 높이기 위하여 신규, 관리 등의 상태로 이동, 장치 그룹핑, 관리가 불필요한 장치를 제거, 장치에 대한 구성정보의 설정기능을 수행할 수 있다. 또한, 해당 장치의 장치등록은 관리할 장치를

본 NRMS 시스템에 등록하는 것이다. 네트워크 장치의 구성정보를 수집하기 위해서는 검색범위를 설정하여 검색하는 방식과 등록하고자 하는 장치의 IP 주소를 입력하여 등록하는 기능을 제공한다.

관리장치 속성 설정은 관리대상에 대하여 장애율 · 가용성 · 이용률 · 처리율, 기타 심화분석을 위한 기준치를 설정하는 부분이다. 관리속성 설정에서는 폴링 주기, 베이스라인(base line), 경보등급을 설정한다. 기본적인 설정값은 초기에 설정되어 있으며, 추후에 네트워크 상황 혹은 관리정책에 따라 변경할 수 있다.

네트워크 분석기능을 수행하는 데 필요한 정보와 관리정보를 효율적으로 분석하기 위하여 폴링, 베이스라인, 장애등급 및 관리대상 정보를 설정한다.

폴링 설정기능은 분석대상 장치를 그룹별로 나누어 정보수집을 위한 폴링 주기 및 실시간 폴링 주기를 설정하는 기능으로 폴링 주기는 네트워크 규모, 정보의 양, 장치의 특성을 고려하여 네트워크 환경에 적합한 값으로 설정할 수 있도록 함으로써 네트워크 운영의 효율을 높일 수 있다.

베이스라인 설정기능에서는 장애율, 가용성, NTBF/MTTR, 이용률, 처리율의 분석에 적용될 베이스라인값을 설정한다. 베이스라인 상한값과 하한값 2개를 이용하여 하한값 이하는 안전상태, 하한값과 상한값 사이는 주의상태, 상한값 이상은 위험상태로 구분하여 관리를 한다.

장애등급 설정은 장치 및 회선의 장애등급 및 장애 등급별 정보방식을 설정하는 기능으로 장애등급은 관리정책, 장애특성, 네트워크 구조에 따라 등급을 달리함으로써 관리의 효율을 높일 수 있다.

관리대상 설정기능에서는 네트워크 장치의 구성정보를 수집하기 위하여 주기적으로 검색하는 조건을 설정하며, 검색된 장치에 대한 관리의 효율을 높이기 위하여 관리상태, 대기상태, 재고상태로 이동시키는 작업과 장치에 대한 구성정보의 설정기능을 수행한다.

3) 구성관리

구성관리에서는 분석대상 장치 및 회선에 대한 요약 및 상세 구성정보 및 구성변경 정보를 이용하여 구성상황의 분석기능을 제공한다. 구성정보 요약기능에서는 관리대상 그룹별로 구분하여 장치의 공통정보인 장치명, IP 주소, 인터페이스 수, 위치, 문의처, 동작시간 등의 정보와 회선을 구성하고 있는 두 장치의 인터페이스 관련 정보를 표형태로 요약하여 제공한다.

상세 구성정보에서는 라우터, 서버, 허브, WAN 스위치, 기타 장치목록을 제공하며, 특정장치에 대하여 인터페이스를 포함하는 상세정보를 제공한다.

또한 네트워크상에서 장치의 추가 · 이동 · 제거로 인하여 구성정보가 변경된 내역을 제공한다.

구성관리 기능에서는 구성정보표, MIB 브라우저를 통하여 구성정보를 제공한다.

4) 장애관리

장애관리 기능에서는 장애속성을 장애율 · 가용성으로 구분하여 장치 및 회선에 대하여 전체 장애의 요약정보, 상위 N개의 장애에 관한 분석정보를 제공한다.

기능에서는 분석기간, 분석대상, 장애항목, 장애등급별로 지정하는 기준에 따라 장애 발생 통계자료를 요약하여 제공하며, 장애등급, 장해빈도, 대상장치의 중요도에 따라 상위 N개의 장애목록을 제공한다.

장애율 분석은 라우터, 서버, 허브, WAN 스위치, 기타 장치에 대하여 시스템, 인터페이스, WAN 회선, 프레임 릴레이 회선의 가용성으로 나누어 제공하며, 인터페이스 리셋(reset)에 관한 정보를 별도로 제공한다. 분석을 효과적으로 지원하기 위하여 일간 · 주간 · 월간 · 전체로 기간을 구분하여 가용성 정보를 제공한다.

5) 성능관리

성능관리 기능에서는 성능항목을 이용률 · 처리율 · 지연시간으로 구분하여 장치 및 회선에 대하여 성능 요약정보를 제공하고, 각 성능 특성별로 상세한 분석정보를 제공한다.

성능 요약기능에서는 장치 · 인터페이스 · 회선으로 구분한 이용률 요약, 이용률이 가장 많은 상위 N개 장치/인터페이스의 이용률, 처리율이 많은 상위 N개 장치의 처리율, 처리율이 낮은 하위 N개 장치의 정보, 지연시간 분석 요약 정보를 제공한다.

이용률 분석에서는 라우터, 서버, 허브, WAN 스위치, WAN 회선, 프레임 릴레이 회선의 이용률에 관한 정보를 제공하며, 전체기간의 시간대별 이용률, 반복되는 일자의 동일시간대의 이용률, 일일 24시간 중의 특정시간대 이용률 등의 시간특성별 분석, 이용률의 분포특성에 대한 분석, 현재시점의 실시간 이용률 분석 등의 기능을 제공한다.

처리율 분석에서는 라우터, 서버, WAN 스위치의 처리율에 관한 정보를 제공한다. 시스템의 인터페이스를 통하여 입력된 패킷의 처리특성을 시간대별, 전체기간으로 구분하여 분석함으로써 장치의 성능, 타 분석항목과의 연관성을 파악하는 데 도움을 준다.

지연시간 분석은 사전에 설정된 두 장치간의 회선구간에서의 지연시간 특성을 분석하는 기능으로 분석기간 전체 동안의 지연시간 특성, 일일 중 시간대별 지연시간 특성, 지연시간의 분포특성 등의 분석기능과 특정구간에 대한 실시간 지연시간 감시기능을 제공한다. 이 기능은 타 분석기능과 결합하여 서비스 품질에 대한 평가를 하는 데 도움을 준다.

주요 기능 모듈은 다음과 같다.

① 성능관리

이용률 · 처리율 · 지연시간 항목에 대하여 요약정보 및 상세분석 정보를 제공

② 이용률 모니터링

MRTG에 익숙한 사용자를 위하여 성능관리 기능에서 MRTG 기능 제공

③ 성능 리포트

특정 인터페이스의 트래픽 부하를 시간 · 일자별 통계 및 최번시(peak hour) 정보를 제공

④ SLA 분석

특정장치의 인터페이스에 대하여 이용률 · 지연시간 · 가용성 · 패킷 로스(loss) 정보를 제공

6) 실시간 측정

실시간 측정 기능에서는 장애율 · 가용성 · 이용률 · 처리율 · 지연시간 항목에 대한 실시간 측정기능을 제공한다. 실시간 측정을 위한 폴링 주기는 1초 단위로 최대 60초까지 가변적으로 조정이 가능하다.

① 장애율 측정

관리하고 있는 장치의 실시간 장애 상태를 파악하기 위한 기능이다. 지정된 장치 · 인터페이스 항목에 대하여 측정을 시작하는 시점부터 측정을 중지시킬 때까지의 현재 시점의 장애율 정보를 연속적인 시간의 축에 장애율 정보를 제공한다. 이 기능을 이용하면 특정장치에 대한 현재의 장애율 상황을 파악하는 데 도움이 된다.

② 이용률 측정

관리하고 있는 장치들의 이용상태를 실기간으로 파악하기 위한 기능이다. 서버 장치를 들여와서 이 서버가 많은 사용자들에 의해 이용되고 있는지, 또는 효율적으로 이용 관리되고 있는지를 파악하기 위한 기능이라고 말할 수 있다. 또한 다른 특정한 회선의 비교 분석을 통해 장치의 교체나 다른 용도로 사용 가능한지를 파악할 수 있다.

③ 처리율 측정

관리되고 있는 장치에서 입력되는 패킷의 처리 상태를 파악하기 위한 기능이다. 예를 들어 한 회선으로 패킷들이 몰려 무시(discarding)되는 패킷이 많은지 등의 상태를 파악하기 위한 기능이다. 또는 입력패킷에 대해 출력패킷 비율이 어느 정도인지를 파악할 수 있는 기능이다.

④ 자연시간 측정

실시간 자연시간의 측정기능은 서버로부터 관리하는 장치까지의 지연시간을 파악하는 기능이다. 서비스 품실을 평가하는 중요한 항목이다. 일반적으로 지연시간이라고 말하는 것은 사용자가 인식하는 서비스 처리시간이다. 즉 사용자가 서비스 요청을 입력한 후 소요되는 사용자 단말의 처리시간, 네트워크의 전송시간, 서버 처리시간을 합한 것을 의미한다.

7) 심화분석

두 개 이상의 장치와 이에 해당하는 분석항목을 시계열 상에서 중복시켜 상호간의 연관성을 분석하는 시계열 분석기능과 동일 장치에 대한 두 개 이상의 분석항목간의 상관관계를 분석하는 상관관계 분석기능을 제공한다.

심화분석은 기능은 다음과 같다.

① 시계열 분석 : 동일 그래프에서 복수 개의 관리항목을 중첩하여 표시할 수 있는 기능을 제공

② 상관관계 분석 : 이용률 · 장애율 등 서로 다른 관리항목을 지정하여 상관관계 정보를 제공

③ 성능예측 : 이용률, 지연시간 정보의 향후 변동추이에 대한 예측정보를 제공

시계열 분석 기능에서는 두 개 이상의 장치 · 인터페이스의 분석항목을 단일의 시간축에 중복시켜 표시해줌으로써 분석항목간의 연관성을 분석할 수 있게 하며, 상관관계 분석은 동일 장치에 대한 두 개 이상의 분석항목의 상관관계를 표시하여 이를 분석할 수 있게 한다. 이 기능을 이용하면 성능분석 · 장애분석에서 파악하지 못하는 장치간 분석을 할 수 있다.

시계열 상에서 상호간의 연관성을 분석하는 시계열 분석기능, 상관관계를 분석하는 상관관계 분석기능, 과거 트래픽을 이용한 향후의 성능예측 기능을 제공한다. 이 기능을 이용하면 성능분석 · 장애분석에서 파악하지 못하는 장치간 분석항목간 연관성 파악을 통하여 네트워크의 문제를 정확히 분석할 수 있다.

8) 장애이력 검색

실시간 장애감지 및 경보만으로 장애내용을 파악할 수 없을 경우 향후에 장애이력에 대한 조회분석을 하기 위하여 중계 및 이력관리 기능이 필요하다.

장애이력 검색기능에서는 기간별, 장애유형별, 복구여부, 장치별로 과거의 장애이력 정보를 제공한다.

장애이력 관리에서 제공하는 기능은 다음과 같다.

① 기간별, 장애유형별, 복구여부, 장치별로 과거의 장애이력 정보를 제공

② 다양한 필터링 방식을 적용한 장애통계 관리

③ 장애등급 부여 기능을 통하여 부여된 등급별, 장치그룹별, 장애항목별 정보검색이 가능

④ 장애일시 · 등급 · 장애항목 등 이력정보 조회와 보고서 출력이 가능

9) 보고서

구성 · 장애 · 성능 · 심화 분석의 결과를 보고서로 인쇄해준다.

이 기능에서는 주로 사용하는 기본 보고서 양식을 제공하며, 필요한 경우 보고서명 ·

분석기간 · 분석대상 · 분석항목을 선택하여 새로운 유형의 사용자 정의 보고서를 작성할 수 있다. 또한 등록된 보고서 양식을 사용자가 원하는 시간에 주기적으로 인쇄하는 예약기능을 이용하면 특정 보고서를 예정된 시간에 인쇄할 수 있다.

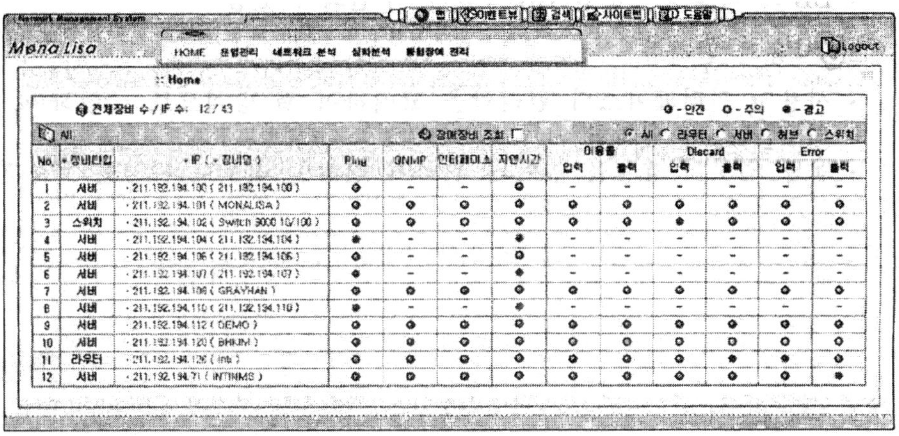

[그림 8-15] Mona Lisa의 화면

구성분석 · 장애분석 · 성능분석 · 심화분석의 결과를 보고서로 인쇄해주며, 주로 사용하는 수십 종의 기본 보고서 양식을 제공한다.

① 각 기능에서 검색 및 분석된 결과 화면에서 보고서의 미리보기, 파일출력 및 인쇄기능 제공

② 양식 작성 : 보고서의 제목, 그래프 테이블 등의 위치, 글꼴 등을 지정하여 양식으로 작성

③ 인쇄 : 각 관리기능에서 표현된 정보를 보고서 양식에 적용하여 인쇄

(3) 특 징

1) 구 조

① 프로세스 : 독립적 복수 개의 프로세스로 구성되어 중 · 대규모 네트워크에 융통성 있게 적용 가능

② 분산구조 : 분산서버 구조를 지원하며, 복수의 관리시비로 구성하여 규모에 무관한 적용

2) 통합된 감시기능

토폴로지 맵, 상황 테이블상에서 전체 네트워크의 운영상황을 요약하여 감시

3) 분석적 기능

① 메뉴 및 토폴로지상에서 관리 · 분석 결과의 계량화가 가능하도록 구현함

② 관리대상 · 분석속성 · 분석기간 · 표현형신의 선택을 통하여 다양한 분석이 가능

4) 차별화된 심화분석 기능 제공

① 관리항목의 연관관계를 중심으로 분석적 기능 강화
② 기존 NMS의 관리기능의 한계를 보강하여 시계열 분석, 상관관계 분석, 예측 기능을 제공

5) 확장성

① 표준 프로토콜 지원 : 표준 프로토콜로 SNMP, NIB I/II 지원
② 네트워크 규모 : 중 · 대규모 네트워크에 적용이 가능하며 5,000 인터페이스 이상의 관리가 가능
③ DB의 확장성 : 분산 DB 구조로 구현되어 있음

6) 사용의 편리함

① 사용자 인터페이스의 편리함을 고려하여 웹 방식으로 구현하며, 기능의 액세스가 편리함
② 운영업무의 효율을 높이기 위하여 편리한 리포팅 기능을 구현함

제9장

통신시스템 구매제안서 실무

9.1 통신 내 자재구매업무

9.1.1 내자의 정의

내자라 함은 국내에서 생산 또는 공급되거나 국내자본으로 구매하는 물품 및 용역을 말한다.

1. 조달요청 대상 및 범위

구 분	조달청 구매	수요기관 구매
내 자	• 7천만원 이상의 물품 및 용역 - 임차 · 대여 포함 • 제외 물품 - 음 · 식료품류, 동 · 식물품류, 농 · 수산물 - 무기 등 총포 · 화약류와 그 구성품 - 차량용 유류	• 7천만원 미만의 물품 • 긴급구매물자 • 지자체장이 관할 소재업체로부터 구매하는 것이 유리한 경우 • 물자의 특성, 수요시기, 시장여건 등 조달청장이 위임한 경우

2. 계약방법별 분류

(1) 경쟁계약

구 분	개 념	참가자격 및 기준
일반경쟁	• 불특정다수의 입찰희망자를 경쟁입찰에 참가토록 한 후 그 중에서 국가에 가장 유리한 조건을 제시한 자를 선정하여 계약을 체결하는 방법 • 입찰방식의 기본원칙	• 당해 입찰목적물의 제조 · 공급에 필요한 시설 · 점포를 소유하고 있는 자 • 관련 법령의 규정에 의한 면허 · 허가 · 인가 · 등록 등을 받은 자 ※ 조달청 입찰참가자격 등록
제한경쟁	계약의 목적 · 성질 등에 비추어 필요한 경우 경쟁참가자의 자격을 일정한 기준에 의하여 제한하여 입찰케 하는 방법	• 고시금액(2.1억원) 미만의 물품 제조 · 용역에 대한 지역제한 • 특수설비 또는 기술이 요구되는 물품제조로 물품제조실적 제한 • 중소기업간 경쟁지정물품 • 재무상태 등에 의한 제한입찰
지명경쟁	기술력 · 신용 등에 있어서 적당하다고 인정하는 특정다수의 경쟁입찰 참가자를 지명하여 입찰케 하는 방법	• 계약의 성질 · 목적에 비추어 특수한 기술 · 실적을 갖춘 자가 10인 이내인 경우 • 1억원 이하의 물품제조시 • KS 표시품, 재활용제품 등 제조 · 구매시 • 중소기업간 경쟁지정물품 • 5인 이상 지명하여 2인 이상 참가 승낙

(2) 수의계약

구 분	개 념	참가자격 및 기준
수의계약	경쟁입찰에 부치지 않고 특정의 상대를 선정하여 그 자와 계약을 체결하는 것으로, 특수목적을 위하여 예외적으로 인정하는 경우	〈대상〉 • 천재지변, 긴급한 행사 등 경쟁에 부칠 여유가 없을 경우 • 비밀물자 • 특정인의 기술·용역 또는 특정한 위치·구조 등으로 인하여 경쟁할 수 없는 경우 • 3천만원 이하의 물품 제조·구매·용역 • 다른 법률의 규정에 의하여 특정사업자로 하여금 제조·공급하도록 하는 경우 - 중소기업(협)조합과의 단체수의계약 - 방위산업체로부터 제조·구매계약 - 농공단지 입주업체 생산물품 - 신기술제품 또는 개별선정품 - 국가유공단체 및 장애인단체 생산물품 등 〈참가자격〉 • 일반경쟁 참가자격과 동일함
재공고에 의한 수의계약	입찰에 부쳤으나 입찰자가 없거나 입찰자가 있어도 낙찰자가 없어 유찰이 되는 등 입찰의 목적을 달성하지 못하였을 경우 실시하는 계약	〈대상〉 • 입찰참가자는 물론 당해 입찰에 참가하지 않은 자로서 국가에 가장 유리한 가격을 제시한 자 〈참가자격〉 • 일반경쟁 참가자격과 동일함

(3) 공급방법별 분류

구 분	개 념	대상물품
총액계약	당해 계약목적물 전체에 대하여 총액으로 계약체결	수요빈도가 적고, 제시된 규격에 의하여 제조납품하는 물품(수처리설비 등 시스템 물품)
단가계약	• 제조·수리·공급·사용 등 일정기간 동안 계약목적물의 안정적 공급을 가능하게 하기 위하여 단가에 대하여 계약을 체결 • 조달청에서 계약자에게 납품요구	수요빈도가 많고, 정형화된 규격에 의하여 제조·공급되는 물품(철근·시멘트·레미콘·아스콘 등 계약물량을 조정·통제할 필요가 있는 물품)
제3자 단가계약	계약방법의 특례로서 각 수요기관에서 공통적으로 사용하는 물자로 수요기관에서 직접 계약자에게 납품요구	행정 사무자동화 기기, 우수제품 등 계약자 규격물품으로 제조·공급되는 물품(전자복사기, FAX 등)

3. 주요 낙찰자 결정제도

(1) 적격심사제도

입찰자의 계약이행 능력을 심사하여 일정수준 이상의 평점을 받은 우량업체를 낙찰자로 결정하는 제도로서 덤핑입찰에 의한 낙찰 예방, 계약이행의 신뢰성 확보, 업체의 경영합리화 및 품질향상을 유도하는 제도

(2) 종합낙찰제

입찰가격 외에 품질 · 성능 · 효율 등을 종합적으로 고려하여 가장 경제성 있는 가격으로 입찰한 자를 낙찰자로 결정하는 제도

① 최저가 낙찰제도의 단점을 보완하기 위하여 도입된 제도

② 제품의 품질향상 및 에너지 절약제품 개발을 유도

③ 적용대상

- 재정경제부 장관이 지정 · 고시하는 물품의 제조 또는 구매계약(9개 품목)
- 발주관서의 장(조달청장)이 필요하다고 인정한 품목(9개 품목)

※ 현재 재정경제부 장관 고시품목이 폐지되었으나 조달청에서 18개 품목으로 자체 운영중임

(3) 2단계 및 규격 · 가격 분리입찰

1) 2단계 입찰(1995.7.6부터 시행)

① 적절한 규격의 작성이 어렵거나 계약의 특성상 한 번의 경쟁입찰방식으로는 부적합할 때

② 규격(기술)입찰과 가격입찰의 2단계 입찰을 거쳐 낙찰자를 결정하는 방식(국가계약법시행령 제18조)

③ 제품의 품질향상 및 에너지 절약제품 개발을 유도

2) 규격 · 가격 분리입찰(1977.4.1부터 시행)

2단계 입찰과 유사하나 입찰방식에 차이가 있으며 차이점은 다음 표와 같다.

구 분	개 념	입찰 유 · 무효	낙찰자 결정
2단계 입찰	• 규격(기술)입찰을 먼저 실시, 적격자 선정 • 적격자를 대상으로 가격입찰	각 단계별 2인 이상의 유효한 입찰	최저가 낙찰
규격, 가격분리 입찰	• 규격(기술)입찰과 가격입찰을 동시 실시 • 적격자를 대상으로 가격개찰	• 규격과 가격입찰 2인 이상의 유효입찰 • 규격 적격자가 1인인 경우에도 가격개찰	최저가 낙찰

(4) 리스계약제도

리스 이용자가 선정한 특정물건을 리스회사가 취득하거나 대여받아 리스 이용자에게 일정기간 사용하게 하고, 그 기간 동안 정기적으로 일정대가를 분할하여 지급받는 제도(물품구매 예산확보가 불가능한 경우 등에 이용)

(5) 단체수의계약제도

중소기업의 판로지원 및 육성을 위해 정부 등 공공기관이 중소기업협동조합과 수의계약을 통하여 물품을 구매하는 제도

(6) 특정조달계약(국제입찰)

정부조달협정 및 이에 근거한 국제규범에 따라 재정경제부 장관 또는 행자부 장관이 고시하는 금액 이상의 물품, 공사용역계약으로서 정부조달협정 가입국적의 외국인과 내국인을 대상으로 국제입찰에 의하여 계약하는 제도(정부조달협정 : 1994.4.15 마라케시)

9.1.2 구매업무 처리절차

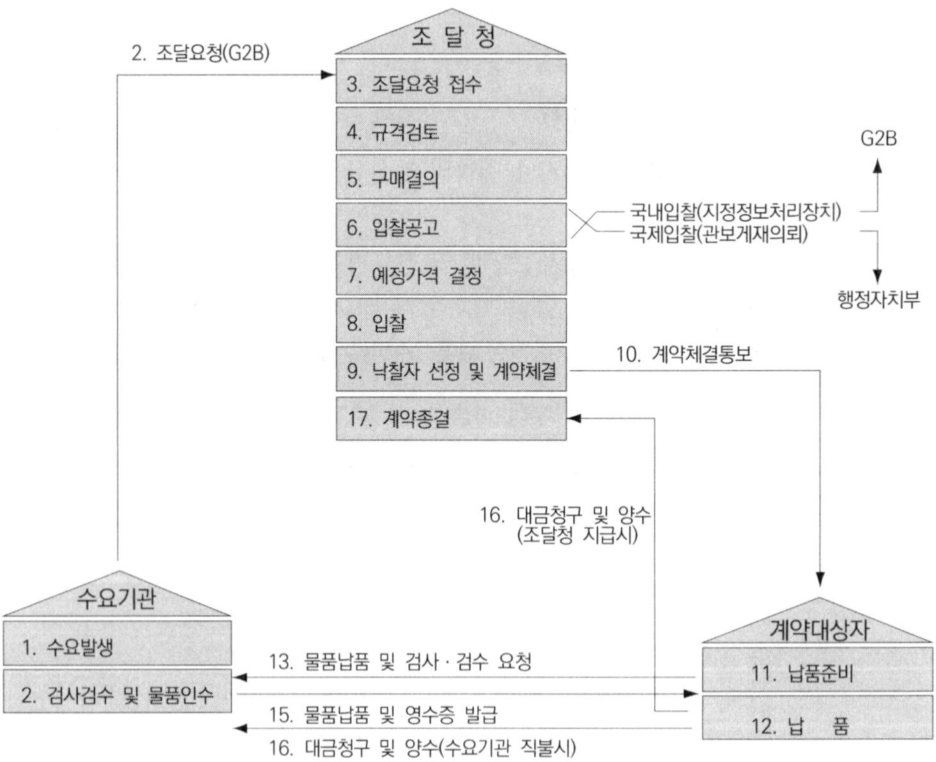

단계별 처리절차는 다음과 같다.

1. 수요발생

수요발생은 수요기관의 사업목적에 필요한 물품 및 용역의 필요에 따른 것이며, 해당 예산을 확보함으로써 발생한다.

2. 조달요청[나라장터(국가종합전자조달)]

수요기관의 장은 수요물자를 필요로 할 때에는 품명, 규격(시방서), 납기, 특수조건 및 추산가격, 배정예산 및 물품수급 관리계획 반영 여부 등을 기재하여 나라장터(국가종합전자조달) 시스템을 이용 조달요청한다. 다만, 구매예정금액이 품명당 5,000만원 미만인 경우와 수요긴급, 국방목적 등 자체 구매가 유리하다고 판단되는 경우에는 수요기관에서 자체 구매할 수 있다.

3. 조달요청 접수(나라장터)

조달요청서는 본청 및 수요기관을 관할하는 지방청에서 접수하며, 접수와 동시에 홈페이지에 게재하여 일반에게 공개한다.

4. 규격검토

정부물품 구매는 일반경쟁을 원칙으로 하여 가장 경제성 있는 구매가 가능하고 경쟁이 가능하도록 규격을 검토한다. 그러나 수요기관이 요청하는 물품이 국가계약법 시행령 제26조 각 호에 해당하는 경우에는 수의계약에 의거 구매할 수 있다.

5. 구매결의

검토가 끝난 조달요청서는 구매결의서를 작성하며, 구매결의서에는 다음 사항을 포함한다.

① 구매관리번호
② 수요기관명
③ 정부물품 목록번호, 품명, 규격, 수량
④ 계약방법
⑤ 낙찰자 선정방식(적격심사, 종합낙찰제, 2단계입찰, 분리입찰, 유사물품 복수경쟁 등)
⑥ 법적 근거
⑦ 예산금액 또는 추정가격
⑧ 협정물자(특정조달) 대상여부

⑨ 입찰일시(경쟁입찰시)

⑩ 납품기한 또는 계약기간, 납품장소, 인도조건, 검사 및 검수기관 이외에도 물품구매입찰유의서, 국가종합전자조달(나라장터) 시스템 전자입찰특별유의서, 청렴계약입찰특별유의서, 계약특수조건, 청렴계약특수조건, 일반조건, 입찰보증금 수납에 관한 사항 등

6. 입찰공고

입찰방법에 의하여 경쟁에 부치고자 하는 경우에는 지정정보 처리장치(나라장터 시스템)를 이용하여 공고(국제입찰의 경우는 관보 공고)하여야 한다. 다만 필요한 경우 일간신문 등에 게재하는 방법을 병행할 수 있다.

7. 예정가격 결정

예정가격은 계약담당 공무원이 구매를 위한 경쟁입찰 또는 수의시담을 하기 전에 당해 계약목적물의 특성 및 계약여건 등을 고려하여 예산의 범위 내에서 구매가격으로서 적정하다고 판단하여 정한 가격을 말하며, 동 가격은 입찰 또는 시담에 의한 낙찰자 선정의 기준이 되며, 계약체결에 대한 최고 상한금액이 된다.

8. 입 찰

입찰은 입찰공고에 명시된 입찰시간과 장소에서 실시한다.

9. 낙찰자 선정 및 계약체결

경쟁입찰은 입찰 후 낙찰 예정자로 선정된 자와 수의계약은 수의계약 대상자와 권리, 의무변동(발생・변경・소멸)의 효과가 발생하는 법률행위로서 계약서에 상호날인(계약금액 3천만원 이하 제외)함으로써 성립한다(공동계약과 장기계약을 제외한 모든 내자계약은 나라장터로 요청, 전자계약 가능).

10. 계약체결 통보

계약서에는 인지세법에 의한 인지세액을 계산하여 과세문서(계약서)에 인지를 붙임으로써 납부케 하고 계약당사자 및 수요기관에게 송부한다.

11. 납품준비

계약당사자는 계약서에 따라 물품을 납품하며, 계약물품은 계약서 규격, 시방서 및 제반 조건 등에 맞도록 제작한 물품을 공급한다.

12. 납 품

계약자는 납품에 필요한 제반 준비사항을 완료한 후에 서면으로 수요기관에 통지하고 필요한 검사를 받아야 한다.

13. 물품납품 및 검사 · 검수요청

계약상대자는 수요기관에 계약목적물에 대한 검사 · 검수 요청을 납품일까지 서면으로 신청한다.

14. 검사 · 검수 및 물품인수

'검사'는 계약목적물이 관련법령에 의거 적합하고 구매규격 · 시방서대로 제조 · 설치되었는지 여부를 검사공무원이 확인하는 것이며, '검수'는 검사에 합격된 계약목적물이 손상 또는 훼손품이 없고 납품서류상의 수량대로 납품되었는지 여부를 물품출납 공무원이 확인하는 것을 말한다. 검사는 검사요청을 받은 날로부터 14일 이내에 검사를 하여야 한다.

15. 물품납품 및 영수증 발급

물품을 인수한 수요기관에서는 물품납품 및 영수증을 발급하며, 계약조건에 따른 유보금 및 공채매입 여부 등 대금지급시 참고할 내용을 부기한다.

16. 대금청구 및 영수

수요기관에서 검사 · 검수가 완료되어 물품납품 및 영수증, 기타 제출서류를 첨부하여 계약자가 조달청에 대금청구를 하는 경우에는 제반기재 사항, 계약물품의 규격 및 수량, 납품기한 대 실제 납품일, 하자보증금 적립여부, 계약자에게 지급될 금액에 관한 사항 등을 확인 후 대금을 청구한다. 다만, 수요기관 직불의 경우에는 해당 수요기관에서 대금청구와 관련된 업무를 처리한다.

17. 계약종결

납품서류 확인 결과 하자가 없거나 보완이 완료된 경우에는 계약종결 서류를 작성하고, 계약종결 및 분할납품 이행내용(수요기관 직불의 경우는 수요기관 통보내용)을 조달 EDI에 입력한다.

경영분석담당관은 해당 계약과에서 지급을 의뢰한 계약종결 서류를 확인하고, 다음의 금액을 공제하고 계약자에게 지급(계좌입금)한다.

① 기성 또는 기납부분에 대한 대가 지급액

② 선금잔액

③ 지체상금 징수대상액
④ 계약금액 지급유보 대상액(사후원가검토조건부 계약 기타 설치 및 시운전 미필 등 일부 유보할 사유가 있는 경우)
⑤ 하자보수보증금(계약서에 명시된 경우에 한함)
※ ④ ⑤항은 보증서로 갈음할 수 있음

납품대가는 계약상대자의 청구를 받은 날로부터 14일 이내(국가계약법 시행령 제58조제①항 및 제②항)에 지급토록 규정하고 있다.

조달청은 위 대가지급기한에 불구하고 계약상대자가 유효한 서류를 갖추어 대가청구를 하면 지급한다.

18. 대금 납입고지 및 수납

계약상대자에게 계약물품대금을 지급한 후 계약대금과 해당 조달수수료를 가산하여 수요기관에 납입고지하고(수요기관 직불의 경우는 해당 수수료), 수요기관은 동 금액을 국고수납대리점에 납부한다.

9.2 정보통신시스템 도입 제안요청서와 제안서 작성요령

9.2.1 제안요청서

1. 제안요청 개요

발주자는 추진하고자 하는 정부사업의 사업계획서를 기반으로 하여 사업개요, 사업범위, 도입 요구사항, 사업기간, 소요예산 등을 명시한 제안요청서를 작성하여 검토완료 후 입찰공고를 수행한다. 발주자는 필요에 따라서 제안요청 설명회를 수행하여 제안 참가자격이 있는 사업자로부터 제안서를 접수받는다.

국가를 당사자로 하는 계약에 관한 법률 시행령(국가계약법 시행령)

지방자치단체를 당사자로 하는 계약에 관한 법률 시행령

1. 입찰에 부치는 사항
2. 입찰 또는 개찰의 장소와 일시
3. 공사입찰의 경우에는 현장설명의 장소 · 일시 · 참가자격 및 참가의무여부에 관한 사항, 협상에 의한 계약체결의 경우로서 제안요청서에 대한 설명을 실시하는 경우에는 그 장소 · 일시 및 참가 의무 여부에 관한 사항

4. 입찰참가자의 자격에 관한 사항
5. 4의2. 입찰참가등록 및 입찰관련서류에 관한 사항
6. 입찰보증금과 국고귀속에 관한 사항
7. 낙찰자결정방법, 낙찰자를 결정하는 경우에는 낙찰자결정에 필요한 서류의 제출일 및 낙찰자통보예정일을 포함한다.
8. 계약의 착수일 및 완료일
9. 계약하고자 하는 조건을 공시하는 장소
10. 입찰무효에 관한 사항
11. 입찰에 관한 서류의 열람·교부장소 및 교부비용
12. 추가정보를 입수할 수 있는 기관의 주소 등
13. 우편 입찰 등을 허용하는 경우에는 그 취지와 입찰서를 송부할 주소
    조달G2B를 이용하여 입찰서를 제출하도록 하는 경우에는 그 내용
14. 공동계약을 허용하는 경우에는 공동계약이 가능하다는 뜻(공동계약인 경우에는 공동수급체 구성원의 자격제한사항을 포함한다)과 공동계약의 이행방식
15. 부대입찰의 경우에는 그 취지
16. 대안입찰 또는 일괄입찰 등에 관한 사항
17. 기타 입찰에 관하여 필요한 사항

2. 제안요청서 작성

제안요청서란 발주자가 도입 목적에 맞는 과업내용을 작성하여 수행할 제안자에게 제시하는 문서이다.

제안요청서는 일반적으로 설비 개요, 현황, 추진방안, 제안요청 내용으로 구성되어 있으며 제안요청 내역은 정부사업 목적에 근거해 목표시스템 구성과 기능, 요건들을 구체적으로 정의해서 요구한다.

제안요청서가 통신설비 도입목적을 명확히 제시하여 제안자가 구체적으로 제시할 수 있도록 하여야 좋은 설비가 도입된다.

명확하지 않는 제안요청서는 분쟁을 일으켜 발주자와 제안자에게 손실을 끼칠 가능성이 크므로 반드시 요건을 명확하게 정의하여 소요비용, 납기 등을 산출하여 작성한다.

제안요청서 작성 이전에 발주를 위한 운영개념 기술서, 통신설비별 기능과 기술적 요구사항과 명세서가 문서화되어야 한다.

제안요청서〈서식 1〉 작성에 필요한 내용을 정리하고 분석한다.

〈서식 1〉 제안요청서]

1. 사업개요
   가. 도입배경 및 필요성
   나. 통신설비의 개요
   다. 시설의 범위
   라. 기대효과

2. 현황 및 개선방향
   가. 통신설비 설치현황
   나. 기존설비와 연계방안
   다. 개선방향
3. 통신설비의 기술적 사항
   가. 통신설비별 기능
   나. 전기적 특성 및 설비의 기술적 제원
   다. 통신기술 표준화정도, 국제규격사용 정도
   라. 설비설치 방법과 각종 회로도, 설계도면, 기술설명서
4. 제안요청 내용
   가. 제안요청 개요
   나. 통신설비 통신망도 및 개념도
   다. 대상 업무내역 및 구성요건
   라. 통신설비내역서, 운영시 공공요금액 산출
   마. 통신설비의 각종 자재 및 회선산출서
   바. 표준화 적용기술 설명서
   사. 통신설비의 운용방법
   아. 기술지원계획, 운영자교육계획
   차. 유지보수조건
   카. 기타

9.2.2 사업개요

(1) 추진배경 및 필요성

통신설비의 도입하여 추진될 내용 설명

(2) 통신설비의 개용

준공완료 후 운영될 통신설비의 요약
① 이용 대상자를 구분하고 내용을 제시
② 설치 전과 후를 명확히 구분하여 기술

(3) 사업범위

도입될 통신설비규모 및 범위를 간략히 기술하고, 이와 관련된 소프트웨어, 하드웨어 및 통신망 등 제반 시스템 구축내용을 기술

(4) 기대효과

① 통신설비를 도입하여 개선 및 비용절감 효과 등 제반 기대효과를 제시하고, 기대효과는 정량적 효과와 정성적 효과로 구분하여 기술

② 준공 완료 후 측정 가능한 성과지표 및 성과목표 기술

9.2.3 현황 및 문제점

(1) 통신설비 설치현황

① 전체적인 통신망을 작성 통신설비가 타 설비와 연계하여 근무부서의 인원 수를 조사하여 사용 대상자 등을 표시하고, 회선수 단말기 수 등을 산출하여 설비간 연계성을 도식화
② 설비개요 및 기능, 관련설비 등을 상세히 기술
③ 수행할 기술자 현황 작성 : 조직도를 참조하여 도식화하고 각 기술자별 역할 기술
④ 통신설비 현황 작성 : 현재 재활용이 가능한 설비명 등 재활용에 필요한 통신설비를 모두 조사하여 제안

(2) 제안하는 통신설비별 규격서 작성

① 통신 시스템 망도 작성 : 통신망, 소프트웨어 등 전체의 통신시스템을 도식화(통신 회선, 속도 명시)
② 각종 통신장비의 성능 재원을 장비명, 모델, 수량, 용도, 주요기능, 전기적 특성을 상세히 기술
③ 기타 제안하고자 하는 통신장비의 품명, 주요기능, 특징 및 용도 등을 기술
④ 기술규격서를 잘 숙지하여 발주처에서 필요한 내용이 무엇인지와 제안을 하고 난 이후에 누락한 것이 없도록 작성에 철저를 기하여야 한다.
⑤ 입찰안내서의 규격서 항목의 일련번호 순으로 상세히 설명을 하면서 제안을 하도록 한다.

(3) 개선방향

문제점 및 개선방향을 기술

9.2.4 추진방안

(1) 통신설비 도입 목표

사업추진에 대한 최종목표 및 단계별 추진목표를 제시

(2) 추진방향

본 사업의 목표달성을 위해 필수적인 전략 및 방향을 제시
① 기술적 측면, 관리적 측면, 정책적 측면, 표준화 측면, 법·제도적 측면 등에서 구체적 추진방향을 기술

② 첨단기술 적용 등 통신기술 활용방안, 관리방향, 표준화

(3) 추진체계

① 추진을 위해 필요한 조직 및 역할을 기술
② 통신장비운영에 필요한 기능 및 기술을 상세히 기술

(4) 추진일정

① 추진 예정공정표를 상세히 일별, 월별로 통신설비별로 (공종별) 나누어서 제시
② 착수에서 준공까지 총 수행기간, 추진단계, 일정별(착수 및 중간보고회, 완료보고회, 개통일) 등을 표시

9.2.5 제안요청 내용

(1) 제안요청 개요

제안요청 내용을 간략히 기술

(2) 통신망도

도입 설비를 중심으로 서비스 이용자, 주요 운영내용 등을 도식화하여 기술

(3) 시방서 및 구성요건

① 통신설비 설치범위 및 내용을 상세히 기술하고, 운용에 필요한 구성요건을 제시함
② 통신설비의 주요기능, 세부설명, 비고 등으로 구분하여 표시

(4) 도입 통신설비의 내역 및 구성요건

① 통신설비의 소프트웨어 및 통신망 등의 구성도를 제시
② 통신설비 구성을 위해 필요한 도입대상 하드웨어, 소프트웨어, 통신망 등의 내역(품목, 규격, 수량, 용도 등), 필수요구사항(기능요건) 및 구성요건을 제시

(5) 통신설비설치 실시설계도서를 작성하도록 제시

설치에 필요한 실시설계도서 작성제시
① 실시설계의 방향 제시
② 사업예산 규모와 통신망의 2중화 제시
③ 통신망의 원격관리와 점검에 필요한 각종 소프트웨어에 요구

(6) 표준화요건

목표시스템의 표준화를 위한 표준화 대상 및 추진방안 등을 제시

1) 통신보안에 필요한 각종 통신보안설비 요구

① 기존 통신망의 보안대책 제시
② 신설통신망의 보안방향 제시
③ 헤커의 침입을 예방하는 방안 제시
④ 각종 바이러스의 대책
⑤ 통신망의 취약부분을 해결하기 위한 방안 제시
⑥ 원격으로 통신망을 관리하는 보안 프로그램 제시

2) 통신설비의 시험 및 시운전 방안 제시

① 설치되는 설비의 공인기관을 통한 시험
② 설비별 호환성 방안 제시
③ 데이터, 통신, 보안설비 등 시운전 방안
④ 시운전의 구체적 방법 제시

⑺ 통신설비운영

정상운영을 위한 시스템적인 조건, 조직, 보안대책 등을 제시함

① 정상운영을 위한 단위업무별 처리요건, 필수기능, 운용시간 등 관련되는 특기사항을 제시함
② 관리 및 운영 부서 및 조직을 기술하고, 해당 조직의 역할과 책임, 기타 제도적인 운영관리 대책을 기술

⑻ 교육지원요건

사용자, 관리자 등 시스템의 이용 대상자별 교육내용, 교육기간, 인원 등을 제시

⑼ 기술지원요건

기술지원이 필요한 사항에 대한 내용을 기술

⑽ 유지보수요건

하드웨어 및 소프트웨어의 유지보수 활동을 위한 업무처리 등 수시점검, 정기점검, 장애발생시 응급조치요령 등을 제시

⑾ 저작권, 공급확인서 원본 제출

개발, 생산, 설치, 공급과 관련된 저작권의 책임은 계약자에게 있다는 명시와 계약자가 납품, 설치, 공급한 것은 발주자가 사용할 때 일어나는 모든 책임을 공급하는 계약자가 있다는 책임성을 반드시 표기하고 제안자가 독자 개발 및 생산이 아닌 경우는 공급원으로부터 차질 없이 공급하겠다는 공급 및 기술지원 확약계약서 원본을 입찰제안서에

계약원본을 제출하여야 한다.

9.2.6 제안안내서

1. 제안안내 개요

제안서 평가의 공정성과 편의를 위하여 제안서의 규격에서부터 목차, 작성요령, 서식 등에 대해 안내하여 사업자들로부터 통일된 규격의 제안서를 받기 위한 것으로 제안서 평가기준에 대한 내용도 포함시켜 기술한다.

2. 제안안내서 작성

제안서 제출시 필요한 일반사항과 제안서 작성요령 및 제안서(기술) 평가기준에 대해 명시하며, 제안서 제출시 필요한 관련 서식을 첨부하여 안내한다.〈서식 2〉

〈서식 2〉 제안안내서

Ⅰ. 사업개요
  1. 정보통신설비의 개요
  2. 입찰 참가자격
  3. 입찰 및 낙찰방식
  4. 입찰서류 및 제안서 제출안내
  5. 유의사항
  6. 기타
Ⅱ. 제안서 작성요령 및 서식
  1. 제안서 작성요령
  2. 입찰 및 제안서 관련 서식

3. 사업개요

⑴ 정부사업 개요

사업목적, 대상사업의 정의, 사업 추진방침, 추진체계 등을 기술

⑵ 입찰 참가자격

① 입찰에 참가하는 사업자의 자격을 제시
② 국가를 당사자로 하는 계약에 관한 법률 시행령 및 동법 시행규칙 경쟁입찰 참가자격을 갖춘 자
③ 공동수급체 구성원별 계약참여 최소 지분을 안내하여야 함(다만 국가를 당사자로 하는 계약에 관련 법률 시행령에 따른 공사 중 추정가격이 00억원 이상인 공사의

경우에는 5%)(「공동계약운영요령」)

④ 추정가격 00억원 미만의 사업인 경우 중소기업자만이 입찰참가 가능 (국가를 당사자로 하는 계약에 관한 법률 시행령 참조)

⑶ 입찰 및 낙찰방식

① 입찰 및 낙찰방식, 세부 평가방법(기술평가 및 가격평가) 제시

② 입찰방식 : 공개경쟁입찰/제한경쟁입찰/지명경쟁입찰/수의계약 등

③ 낙찰자결정방식 : 협상에 의한 계약체결/적격심사낙찰제/최저가낙찰제 등

⑷ 입찰서류 및 제안서 제출안내

① 제안서 제출마감, 제안요청 설명회, 제안 설명회(제안 평가회)의 일시, 장소, 유의사항 제시

② 제출서류, 문의처 제시

⑸ 유의사항

① 입찰에 참가하는 사업자에게 입찰 관련 주의사항을 제시

② 제안서 보상대상 사업인 경우 보상기준, 보상된 제안서의 활용 등 제안서 보상과 관련된 내용을 제시

⑹ 기 타

상기 제시되지 않은 사항을 제시

4. 제안서 작성요령 및 서식

⑴ 제안서 작성요령

제안서의 효력, 제안서 작성지침 및 유의사항, 제안서 목차, 제안서 세부 작성지침을 제시

⑵ 입찰 및 제안서 관련 서식

서식 목차 제시 및 제시된 목차에 따른 표준문서서식 제시

9.2.7 입찰공고

1. 입찰공고 개요

제안요청서 및 제안안내서를 조달청에 송부하여 입찰공고를 의뢰하면 조달청 내부 검토를 거쳐 정부조달관리시스템(G2B)에 공고된다.

2. 입찰공고

입찰공고는 다수의 사업자로부터 제안서를 받아서 사업을 추진하기 위한 제안요청 내용을 공고하는 것을 말한다.〈서식 3〉 입찰공고에는 발주자의 요구사항을 바탕으로 작성한 제안요청서와 계약조건, 제안서 평가방법 등을 포함한다.

사업자의 입찰참여는 계약상대자의 자격요건에 의해 제한할 수 있다.

입찰공고를 하였는데 입찰자가 없는 경우, 2인 이상의 유효한 입찰자가 없는 경우, 기술 및 가격평가에 의한 적합한 낙찰자가 없는 경우, 낙찰자가 계약을 체결하지 않는 경우에는 재공고 입찰을 수행할 수 있다.

〈서식 3〉 입찰공고(안)

1. 대상사업 및 제안요청 설명회 개최 관련 사항
   - 사업명
   - 발주기관
   - 사업예산
   - 제안요청 설명회 개최일시 및 장소 (필요시)
   - 입찰서 제출 마감일시 및 장소
   - 문의처
2. 참여자격
3. 입찰관련사항
   - 입찰 및 낙찰자 선정방식
   - 계약의 착수일 및 완료일
4. 기타 공지사항

[붙임]
1. 제안요청서
2. 제안안내서

9.2.8 제안요청 설명회

국가계약법시행령 제14조의2, 제43조 참조하여 발주자는 제안요청 설명회를 통해 사업자에게 사업의 내용을 구체적으로 설명하고자 하는 경우, 입찰공고에 명시한대로 제안요청 설명회를 실시할 수 있다.

제안요청 설명회는 사업의 중요한 사항과 사업자에게 강조하고 싶은 내용을 알려줄 수 있고, 추가 해설을 통하여 참여하고자 하는 사업자가 사업의 의도와 내용을 충분히 이해할 수 있도록 한다.

제안요청 설명회는 입찰 마감일전에 미리 수행하여야 하며, 업무성격상 제안요청 설명회가 필요가 없다고 인정되면 입찰공고의 제안요청서로 대체하거나 사업담당자와 유선상의 질의로 대체할 수 있다.

추정가격이 300억원 이상인 공사의 경우에는 반드시 제안요청 설명회를 개최하여야 한다. 또한 제안요청 설명회는 사업의 규모에 따라 제안서 제출마감일의 전일부터 기산하여 추정가격이 10억원 미만인 경우 10일, 추정가격이 10억원 이상 50억원 미만인 경우 20일, 추정가격이 50억원 이상인 경우 33일전에 개최하여야 한다. 추정가격이 100억원 이상인 사업으로 제안요청 설명회를 개최한 경우, 제안요청 설명회에 참석한 자만 입찰에 참가하게 하여야 한다.

※ 국가계약법시행령 제43조제⑥항

물품 및 용역계약에 있어서 발주자가 협상에 의한 계약을 체결하고자 하는 경우 필요시 제안요청서 등에 대한 설명회를 개최할 수 있다. 제안요청 설명회를 개최한 경우 설명회에 참가한 자에 한하여 계약에 참가하게 할 수 있다.

9.2.9 제안평가

「국가계약법시행령」, 「협상에 의한 계약체결기준」, 「소프트웨어 기술성 평가기준」참조 발주자는 사업자가 제출한 제안서를 기술능력과 입찰가격으로 구분하여 종합평가를 실시하며, 기술능력평가 점수와 입찰가격평가 점수는 종합평가 점수 대비 각각 80%, 20%의 비중을 적용하여 실시한다.

제안안내서의 입찰마감일시에 조달청에 제안서가 접수되면 제안서를 수령하고 제안서 평가계획을 수립한다.

2개 이상의 사업자가 제안서를 접수하여야만 평가단계로 진행할 수 있으며, 1개 이하의 사업자만 접수한 경우에는 유찰되므로 재공고 입찰을 실시하여야 한다.

1. 제안평가 절차

가격만으로 사업자를 선정하면 시스템 개발 및 유지보수에 대한 위험을 조래할 수 있으므로 사업자 선정시 가격평가 이전에 기술성 평가를 시행하고 있다.

기술평가를 통하여 발주자는 사업자에게 사용자 요구사항을 정확히 전달하여 발주자가 원하는 수준의 양질의 서비스를 정확히 제공받을 수 있고, 사업자는 자신의 사업능력을 객관적으로 정확히 평가받아 정당한 대가를 받고 발주자에게 전자정부사업 결과물을 제공할 수 있다.

2. 제안서평가위원회 구성

발주기관은 전자정부사업에 대한 제안서의 기술성을 공정하게 평가하기 위해서 제안서평가위원회를 구성한다. 제안서평가위원회는 제안서의 기술성 평가기준 확정 및 기술성 평가를 수행한다.

① 위원장 : 1인
② 위원 : 10인 내외(위원장 포함, 외부전문가 과반수 이상 포함)
③ 위원회 임무 : 제안서(기술성) 평가
④ 평가방법 : 제안서(기술성) 평가기준의 각 평가항목별 평가 시행

- 국가계약법시행령 제43조제9항에서 제안서평가위원회의 구성 및 운영에 관하여 필요한 세부사항은 각 중앙관서의 장이 정하도록 규정하고 있으며, 소프트웨어사업 발주 시에는 「소프트웨어 기술성 평가기준」에 따른 제안서평가위원회를 구성할 수 있음
- 발주자는 평가항목의 추가, 조정 및 배점한도의 조정(10점 이내)을 할 수 있으며, 소프트웨어사업의 경우 평가항목 및 배점한도 변경사유를 제안서평가위원회에 제출하여야 한다.

3. 제안서평가위원 대상 평가의뢰

발주자는 제안서평가위원회의 평가위원으로 확정된 위원들에게 기술성 평가의뢰를 한다.

〈서식 4〉 평가위원 대상 평가의뢰 공문

> 제목 : 00통신시스템 도입제안서 기술평가 의뢰
>
> 1. 관련문서 : 000-00
> 2. 000통신시스템도입에 대한 제안서평가위원회를 아래와 같이 개최하고자 하오니 귀 소속 위원들이 참석할 수 있도록 협조하여 주시기 바랍니다.
>   가. 회의일시 : 20 년 0월 0일 00시 00분
>   나. 장 소 : 00 회의실 00층)
>   다. 참가업체 수 : 00개회사
>   라. 주요내용 : 업체별 제안 발표, 제안서 기술성 평가
>
> 붙임 : 1. 기술평가계획 1부
> 2. 제안요청서 1부
> 3. 제안서 및 제안요약서 각 1부
> 4. 연락처 및 약도 1부. 끝.

4. 제안발표

발주기관은 제안서의 기술성 평가 등을 위하여 시간과 장소를 지정하여 각 업자에게 시간을 분리하여 개별로 제안서 내용을 발표하도록 할 수 있다.

제안 발표시간은 발표와 질의응답을 포함하여 00분 이내로 실시하며 제안업자는 제안 발표용 자료를 별도로 작성하여 제안발표를 수행한다.

제안 발표내용과 제안서의 내용이 일치하는지 여부를 검토하고, 충분하게 본 사업에 대하여 숙지하고 수행 기술능력이 얼마나 갖추고 있는지에 대하여 기술분야의 질문을 공정하게 하여 점수를 기록한다.

제안하는 각종 통신시스템을 설치하여 운영상 문제점이 무었인지도 모르고 입찰에만 응하였는지를 기술적 질문을 통하여 평가하여야 하고 좋은 통신시스템을 제안한 업자를 선택하도록 해야 한다.

5. 기술성 평가(주관기관 주관)

제안평가를 위해 구성된 제안서평가위원회는 제안서의 평가항목에 대한 기준을 바탕으로 기술능력평가를 실시한다. 평가항목은 서리계획부문, 기술적용부문, 운영부문, 기술지원부문, 유지보수방안, 교육지원, 품질보증, 등으로 구성하여 각 요소별로 객관적으로 평가한다.

① 기술성 평가수행 : 평가위원회는 기술성 평가항목에 대하여 100점 만점 기준으로 평가를 수행한다. 〈서식 6〉

〈서식 6〉 기술성 평가종합표 예시

위 원 명	제안업체별 평가점수					비 고
	제안사A	제안사B				
위원명1						
위원명2						
위원명3						
위원명4						
…						
전체합계						
평가합계						최고/최저 제외
평 균						최고/최저 제외

6. 입찰가격평가(발주자 주관)

(1) 가격평점 산식

「협상에 의한 계약체결 기준」에 따라 평가점수를 산출한다.

① 입찰가격이 추정가격의 80% 이상인 경우 : 최저입찰가격은 입찰업체의 입찰가격 중 최저가격

$$평점 = 입찰가격평가\ 배점한도 \times \left(\frac{최저입찰가격}{당해\ 입찰가격} \right)$$

② 입찰가격이 추정가격의 80% 미만인 경우

$$평점 = 입찰가격이\ 추정가격의\ 80\%일\ 경우의\ 평점 + 2 \times \left(\frac{추정가격의\ 80\%\ 상당가격 - 당해\ 입찰가격}{추정가격의\ 80\%\ 상당가격 - 추정가격의\ 60\%\ 상당가격} \right)$$

※ 1. 다만, 입찰가격이 추정가격의 100분의 60 미만일 경우에는 100분의 60으로 계산
2. 예정가격을 작성한 경우에는 추정가격을 예정가격으로 적용

9.2.10 우선협상대상자 선정

조달청은 기술 및 가격에 대한 종합적인 제안 평가결과에 따라서 협상 및 계약을 위한 우선협상대상자를 선정한다.

「협상에 의한 계약체결 기준」을 적용하여 기술능력평가 80%, 입찰가격평가 20% 방법으로 종합평가점수(기술능력평가와 입찰가격평가 합산)를 산정하고, 기술능력평가 배점한도 85% 이상인 자를 협상적격자로 선정하며, 최고 점수를 얻은 자를 우선 협상대상자로 지정하고 다른 협상 적격자에 우선하여 협상을 실시한다.

종합 평가점수가 동일한 경우 기술능력평가점수가 높은 제안자를 선순위자로 하고, 기술능력평가 점수가 동일한 경우에는 기술능력의 세부평가항목 중 배점이 큰 평가항목에서 높은 점수를 얻은 자를 선순위자로 한다.

9.2.11 협상(「협상에 의한 계약체결 기준」 참조)

발주자는 기술능력 및 입찰가격평가에 의하여 협상적격자 및 협상순위가 결정된 경우에는 지체없이 협상적격자에게 협상순위, 협상적격자 전원의 기술능력과 입찰가격 평가점수와 합산점수 및 협상일정을 통보하여야 하고, 협상순위에 따라 협상적격자와 기술 및 가격협상을 진행한다.

1. 기술 및 가격협상

발주자는 우선협상대상자와 기술 및 가격협상을 수행한다.

⑴ 협상내용과 범위

발주자는 제안서의 내용 전반에 대한 검토와 협상대상자의 기술적 이행사항을 확인하고, 협상대상자가 제안한 사업내용, 이행방법, 이행일정, 제안가격 등의 제안서 내용을 대상으로 협상을 하며 협상대상자와 협상을 통해 그 내용의 일부를 조정할 수 있다.

⑵ 가격협상 기준금액

가격협상 기준금액은 협상 대상자가 제안한 가격이 기준가격이 된다. 단, 협상대상자가 제안한 가격이 예정가격(또는 사업예산) 이상인 경우에는 예정가격 이하로 가격을 조정할 수 있다.

협상대상자가 제안한 내용을 가감하는 경우에는 가감내용에 상당하는 금액을 예정가격범위 내에서 조정 가능하며, 제안요청시 포함되지 않았으나 주관부서의 협상요구에 의하여 증가되는 사업범위에 대해서는 이에 해당하는 원가반영 가능하다.

2. 협상절차

① 우선협상대상자가 협상내용에 대하여 합의할 경우 차순위 협상대상자와 협상을 생략한다.
② 우선협상대상자와의 협상이 결렬되면 동일한 기준과 절차에 따라 차순위 협상대상자와 협상을 실시하고, 이 경우에도 협상이 결렬되면 순차적으로 차순위 협상대상자와 협상을 실시한다.
③ 모든 협상대상자와 협상이 결렬된 때에는 재공고입찰에 부칠 수 있다.

3. 협상기간

협상기간은 협상개시를 통보한 날로부터 10일 이내로 하되, 당해 사업의 규모, 특수성, 난이도 등에 따라 협상대상자와의 협의에 의하여 3일의 범위 내에서 조정할 수 있다.

4. 협상결과의 통보

주관기관의 계약담당공무원은 협상이 성립되면 협상결과를 조달청으로 통보하여야 한다.

9.2.12 계약(「용역계약일반조건」 참조)

제안요청서에 근거하여 제안서의 내용을 검토 및 평가하여 결정된 사업자와 계약을 체결하며, 조달청에서 운영하는 전자조달시스템(G2B)에서 전자적으로 이루어진다.

1. 계약문서 작성

발주자와 사업자의 협상이 완료되면 조달청은 계약의 목적 및 내용을 분명히 하여 분쟁이 발생하지 않도록 계약문서를 작성한다. 계약문서는 기술용역계약서, 입찰유의서, 용역일반계약조건, 용역계약특수조건, 과업내용서, 산출내역서, 공동수급협정서 등으로 구성되며 상호 보완의 효력을 가진다.

산출내역서는 계약금액의 조정 및 기성부분에 대한 대가의 지급 시에 적용할 기준으로 계약문서로서의 효력을 가진다.

2. 계약체결

계약은 일반 경쟁입찰과 협상에 의한 계약방식으로 체결하며, 사업자 확정통보를 받은 날로부터 10일 이내에 계약을 체결하여야 한다.

계약체결의 경우 계약관련 규정에 의한 계약의 일반조건과 특수조건 등의 일반원칙에 따른다.

계약체결 이후 제안서 평가결과의 세부내용과 협상결과는 공개하지 않으며, 계약에 필요한 서류는 다음과 같다.

① 표준계약서
② 과업내용서
③ 입찰유의서
④ 산출내역서
⑤ 용역계약일반조건
⑥ 공동수급협정서
⑦ 용역계약특수조건

9.2.13 소프트웨어 분야는 제안서 보상실시

제안서 작성에 설계를 포함하는 기술·노하우가 요구된다고 판단되는 총 사업비 추정가격 20억원 이상인 소프트웨어사업(단, 유지보수사업, DB구축사업, 단순 HW구축사업 등은 제외)의 경우 낙찰자로 결정되지 않은 우수제안서에 대해 작성비의 일부를 보상한다(사례 : 「소프트웨어사업의 제안서 보상기준 등에 관한 운영규정」 참조).

1. 보상대상자 선정

발주자는 「협상에 의한 계약체결기준」 제8조제①항에 의하여 협상적격자로 선정된 자 중 기술능력 평가점수가 100분의 80 이상인 자로서 낙찰자로 결정되지 아니한 2인 이내의 범위 내에서 제안서평가위원회가 보상대상자로 의결한 자를 제안서 보상대상자를 선정한다.

2. 보상비 산정

발주자는 보상대상자에게 지급할 보상비를 산정한다(보상비 규정은 입찰유형에 따라 다르게 할 수도 있다).

(1) 보상비 선정기준 및 한도

당해 사업예산의 1.3%(단, 사업별 최대 1억원)

(2) 보상기준

① 보상대상자가 2인인 경우 : 사업예산의 13/1000에 해당하는 금액을 기술능력 평가점수가 높은 자 순으로 13분의 8, 13분의 5 지급
② 보상 대상자가 1인인 경우 : 사업예산의 13/1000에 해당하는 금액의 13분의 5 지급

(3) 공동입찰시의 제안서 보상

2인 이상이 공동으로 입찰하여 제안서 보상대상자가 된 경우에는 보상비를 공동입찰의 대표자에게 지급한다(보상비 규정은 입찰유형에 따라 다르게 할 수도 있다).

3. 보상통지

발주자는 제안서 보상대상자가 확정되면 대상자에게 제안서 보상과 관련된 내용을 통지하고 제안서 보상결과에 대해 공개한다. 제안서 보상에 대한 통지에는 특별한 사유가 없는 한 통지일로부터 30일 이내에 제안서 보상대상자의 보상요청이 없으면 제안서 보상금에 대한 권리를 포기한 것으로 본다는 내용이 포함되어야 한다.

9.2.14 서식 및 예제

정부사업 발주 단계의 제안요청, 제안평가, 협상 및 계약업무에서 발생하는 산출물에 대한 서식목록과 서식예제에 대한 정보를 제공하고, 담당부서 및 계약부서는 해당 단계에 필요한 서식을 선택하여 사용한다.

구 분	서식명	작성기관
제안요청	제안요청서(RFP)	발주자
	제안안내서	발주자
	용역 입찰공고(안)	발주자
제안평가	평가위원 대상 평가의뢰 공문	발주자
	제안서 평가항목 및 배점한도	발주자
	기술성 평가종합표 예시	발주자

제안서 및 가격평가를 통하여 정부사업을 수행할 업자를 선정하는 단계 및 절차는 다음과 같다.

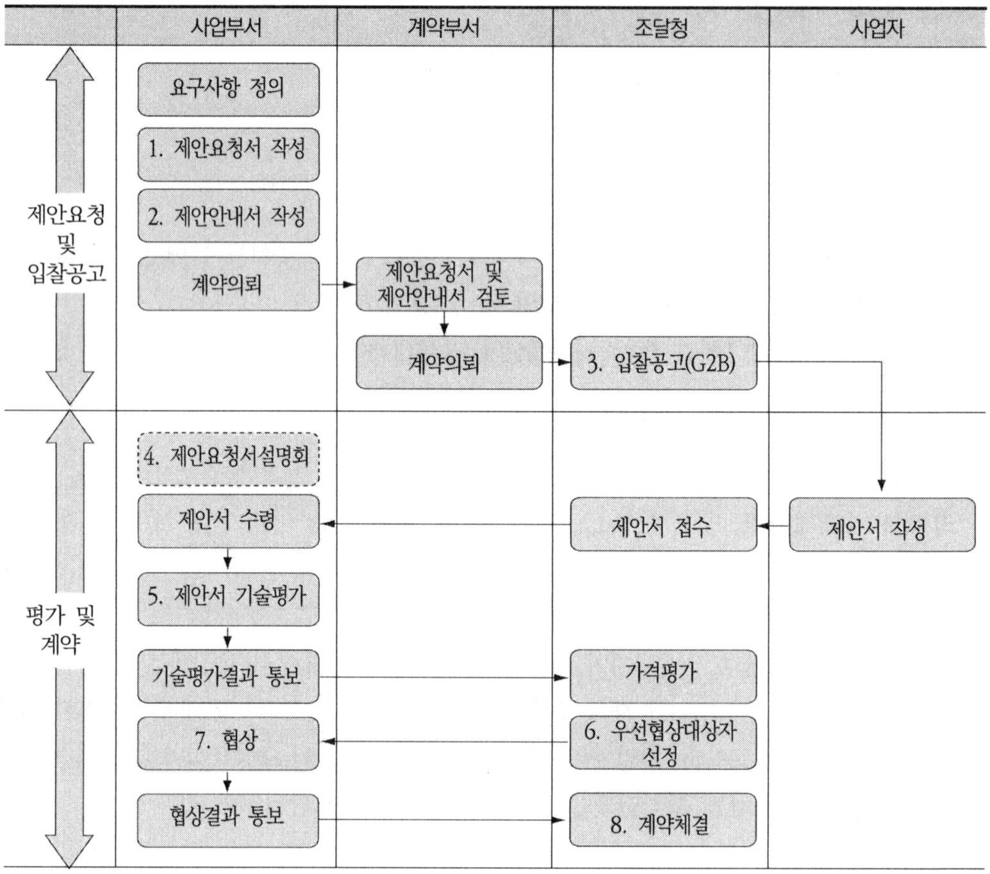

9.3 입찰참가자격 등록신청서 작성요령

1. 기본사항

문서번호 및 작성일자 : 업체 발신 문서번호와 신청서 작성일자 입력

2. 공통사항

① 사업자등록번호

- 3-2-5 자리로 나누어 입력
- 법인의 경우는 본사만 등록이 가능하며, 지사 · 공장 등은 등록 불가

② 상호명 : 사업자등록증상의 상호명을 붙여서 그대로 입력

예 「주식회사」를 「(주)」로 입력하지 말고 그대로 입력

③ 영문 상호명 : 약식 영문 상호도 가능

④ 개업 연월일 : 사업자등록증상의 개업 연월일

⑤ 지역코드 : 사업자등록증상의 주소를 읍 · 면 · 동 단위로 입력

예 실제 주소지가 행정동(둔산2동)으로 나뉘어져 있어도 사업자등록증상 주소인 법정동(둔산동)으로 입력

⑥ 우편번호 : 실제 주소지 관할 행정동 우편번호 선택

예 사업자등록증에 둔산동이더라도 실제 거주지 둔산2동에 해당되는 우편주소 기입

⑦ 주소지

- 개인(일반 과세자) : 사업자등록증상 사업장 주소 기재
- 법인(법인사업자) : 사업자등록증상 본점소재지 주소 기재

⑧ 전화번호 및 팩스번호 : 입찰업무 담당자 전화 및 팩스번호 기재

⑨ 종업원 수 : 노동청에 고용보험료를 내는 직원의 수

⑩ 홈페이지 : 홈페이지 주소가 있는 경우만 기재

⑪ 기업구분 : 해당사항이 있는 업체만 기입

- 창업 · 벤처기업 : 기관에서 발행한 창업 · 벤처 증명서가 있는 경우
- 원호기업 : 국가보훈처로부터 지정받은 물품을 공급하는 협회 및 업체
- 조합 : 중소기업조합법에 의한 협동조합, 사업협동조합, 협동조합연합회, 협동조합중앙회 등 법인만 해당
- 공익단체 : 직업안정법시행령 제14조제③항
  - 법인이 아닌 단체 중 그 설립에 관하여 행정기관의 인 · 허가를 받았거나 행정기관에 신고를 한 단체로서 활동의 공공성 · 사회성이 인정된 단체
    : 부가가치세법 제39조
  - 주무관청의 허가 또는 인가를 받거나 주무관청에 등록된 단체로서 상속세 및 증여세법시행령 제12조 각 호의 1에 규정하는 사업을 하는 단체
- 새마을공장 : 농어촌정비법에 의하여 농공단지에 입주한 업체
- 문화상품 : 인간문화재 및 장인이 생산한 전통공예품을 조달청에 조달품목으로 지정 공급받고자 하는 사업자

⑫ 대표자 성명 및 주민번호

- 대표자명과 주민등록번호를 기입하되 다수일 경우는 "추가" 버튼을 클릭해 추가 입력
- 복수 대표자일 경우에 대표자 중 1명을 대표 대표자로 지정 가능

⑬ 대표자 메일 : 가급적 대표 대표자의 메일 주소를 기재
⑭ 법인의 경우
- 법인설립일 : 등기부등본상「회사설립연월일」
- 법인등록번호 : 등기부등본상 등록번호
- 자본금 : 등기부등본상「자본의 총액」

3. 공급물품

① 품목명
- 참가하고자 하는 입찰이 특정 품목 등록을 자격으로 하고 있을 경우 업체는 반드시 입찰참가 품목명(UNSPSC분류번호 8자리)으로 등록되어 있어야 함
- 입찰참가자격 등록(변경)신청서 공급물품 사항에 입찰일 전일까지 등록한 후 전송하고, 업체정보 조회에서 확인해 등록되어 있는 경우 입찰에 참가 가능
- 당해 공급하고 있는 물품을 미리 검색하여 등록 가능

② 3년간 매출액 : 해당 품목(UNSPSC 8자리)의 매출금액
③ 대표물품여부 : 업체에서 공급하는 품목 중 대표적 물품 하나만 선택

4. 공장정보

① 공장명을 기입하며 공장이 여러 개일 경우는 추가 기능을 이용하여 입력
② 우편번호 및 주소 : 공장주소에 해당되는 주소지 선택하여 입력
③ 전화번호 및 팩스번호 : 공장에 관련된 전화번호 및 팩스번호 기재

5. 제조물품

① 제조물품명(unspsc, 8자리)
- 참가하고자 하는 입찰이 특정 품목의 제조등록을 자격으로 하고 있을 경우 업체는 반드시 입찰참가 품목명(UNSPSC분류번호 8자리)으로 제조물품 등록이 되어 있어야 함
- 입찰참가자격 등록(변경)신청서 제조물품 사항란에 해당 품목을 입력하여 전송하고 전송 후 출력시행문과 검증서류를 전송한 등록기관(각 지방조달청 등)에 우편 또는 방문 제출하여 검증서류를 확인해 입찰일 전일까지 확정 등록을 받아야 입찰 참가 가능

※ G2B접속 → 신청서에 해당 품목입력 → 저장 및 전송 → 출력시행문과 검증서류 등록기관 제출 → 담당공무원의 확정 등록

▸ 품목명 및 분류번호 : 다수물품일 경우 추가 기능 이용
▸ 세금계산서 및 카탈로그 등에 의하여 증명서류가 있는 경우만 입력

• 생산물품이 검색되지 않은 경우 목록시스템에 품목을 먼저 등록한 후 신청

② 3년간 매출액 : 제조물품에 대한 매출액
형식승인번호 : 형식승인서에 기재된 물품에 대한 번호

③ 형식승인기관 : 형식승인을 한 기관명(한글로 입력)

④ 대표물품여부 : 제조물품 중 대표적인 물품을 1개만 선택

6. 공사 · 용역업종

① 업종명 : 등록수첩/등록증 등 각 기관에서 신고 또는 등록에 의하여 교부한 증빙서류가 있는 경우만 입력

• 등록수첩과 등록증 내용이 동일한 경우(대부분 시설공사 면허)
  - 업종명 : 해당 등록관련 업종선택
  - 등록번호 : 등록수첩상 등록기관 발행번호 입력 예) 대구서구 2000-12-14
  - 등록일 : 등록수첩에 기재되어 있는 등록일
  - 시공능력평가액 : 공사관련 각 협회에서 매년 기입하는 평가액 기재하며 최근 연도만 기재(시공능력이 있는 업종만 가능)
    ※ 매 연도별 평가액 기재

• 등록수첩/등록증 기재사항과 업종이 다르게 나누어진 경우 선택방법
  예 업체가 보유한 등록증에 정보통신공사업등록으로 표기된 경우
    → G2B시스템 업종의 정보통신공사업 모두 선택하여 입력
      : 등록증의 명칭이 아닌 업종명을 기준으로 등록
  예 1) 전력전문설계업1종은 전력기술법에 의한 것으로 전기설계업1종과 종종 혼동
    2) 업종명 선택시 반드시 업종 또는 종류란에 해당되는 것을 선택

• 등록증과 등록수첩의 세부 내용기재가 다른 업종의 경우
  예 엔지니어링사업자 : 등록증에는 엔지니어링사업자만 되어 있고 등록수첩에는 업종이 세분화되어 있는 경우는 해당 업종을 추가 기능을 이용하여 선택하여 입력

업체에서 보유하고 있는 시설공사관련 등록수첩 및 용역관련 등록증에 따라 입력하며 입력순서는 공사에서 용역 순으로 입력(생성된 시행문에 따라 증빙서류도 정렬)

② 대표업종여부 : 공사 또는 용역을 통틀어서 회사의 대표적 업종을 선택

7. 입찰대리인

① 부서 : 근무부서 입력

② 직책명 : 회사의 직책 입력
③ 성명 및 주민등록번호 : 입찰대리인만 입력(대표자 제외)
④ 전화번호 및 팩스번호 : 입찰기관과 연락 가능한 담당자전화 및 팩스번호 입력
⑤ 이메일 : 기관에서 이메일로 문서를 보낼시 받아볼 수 있는 메일주소 기입
⑥ 휴대폰번호 : 입찰관련 담당자 휴대폰번호 기입

8. 접수 관련 정보

업체가 증빙서류를 제출하고자 하는 등록기관

① 선택한 기관에 면허수첩 등 증빙서류를 제출하고 담당자 확인 후 확정등록되며, 8.19일 현재는 조달청 본청 및 각 지방청에서만 수행 예정이며, 추후 다른 공공기관까지 확대 가능

② 시행문 출력
- 입찰참가자격 등록신청서를 전송한 후 생성되는 붙임 시행문을 출력한 후 인감도장으로 원본대조필을 날인해 등록기관에 우편발송 또는 방문
- 제조물품 증빙서류인 세금계산서 또는 카탈로그가 많을 경우 입력순으로 별도 철로 제출붙임

9. 입찰참가등록업체 시행문

입찰참가등록업체 시행문

302-701대구광역시 달성군 00면 00리 00번지	전화(053)668-0000 전송(053)668-0000
대표이사 홍길동 담당자 홍길원	담당 직통 전화번호 :

문서번호 : A사0000호
시행일자 20 . 7. 10 . (3년)
수 신 조달청장
참 조 입찰등록담당

<table>
<tr><td>선람</td><td colspan="2"></td><td></td><td>지시</td><td colspan="2"></td></tr>
<tr><td rowspan="2">접수</td><td>일자
시간</td><td colspan="2"></td><td rowspan="4">결재
·
공람</td><td></td><td></td></tr>
<tr><td>번호</td><td colspan="2"></td><td></td><td></td></tr>
<tr><td colspan="2">처리과</td><td colspan="2"></td><td></td><td></td></tr>
<tr><td colspan="2">담당자</td><td colspan="2"></td><td></td><td></td></tr>
<tr><td colspan="2">심사자</td><td colspan="2"></td><td colspan="2">심사일</td><td></td></tr>
</table>

제 목 G2B경쟁입찰참가자격 등록(변경) 신청

1. 등록서류 접수청

접수청		사업자등록번호	

2. G2B 경쟁입찰참가자격등록 신청 검증자료에 대한 붙임 서류를 송부하오니 등록하여 주시기 바랍니다.

붙임 : 등록분야별 검증항목을 선택하면 자동적으로 붙임서류 생성

○○주식회사 대표이사 0 0 0 (인)

9.4 제안서 작성실무

9.4.1 제안서 제출시

구비서류 준비 철저

9.4.2 일반부문의 준비

제안 기업체의 인력 · 조직 · 사업내용 · 실적내용 등 기술적인 내용 이외의 서류분양의 내용을 충분히 이해하고 일반부문을 별도로 나누어서 작성하고 근거 자료들을 모아서 인증, 사본은 원본필, 각종 증명은 새로 발급받는 등 진실한 자료임을 나타내어야 한다.

9.4.3 기술부문의 준비

기술부문으로 이행여부에 대한 결정을 하는 중요한 부문이기 때문에 소홀히 할 수 없다. 가급적이면 기술적인 요구사항, 기능, 특성, 통신망 구성도, 운영상의 예상 문제점, 신기술 채택, 타 기업보다 특수한 장점의 기술과 본 입찰건의 현장조사와 분석을 통한 문제점을 해결하는 대안적인 제안입찰이나 이러한 분석력과 문제점을 대상으로 상세하게 설명하고 대안을 제시하면 가장 높은 점수를 얻을 수 있다. 납품하는 통신시스템을 여러 제안자도 같은 형태로 제안을 하면 평가점수를 비슷하게 받을 수밖에 없다.

1. 제안자가 높은 점수를 얻는 방법

① 공고한 규격서와 제안하는 내용을 비교하고 검토하여서 공고내용의 문제점을 중심으로 더 좋은 시스템을 제시하라.
② 기존 운영자의 의견과 현장의 내용들을 설명하는 자료를 만들어서 제시하라.
③ 시스템의 문제점을 분석하고 실제 장애발생의 사례를 조사하여 입찰공고한 시스템은 문제점이 이렇게 발생할 수 있으니까 이 문제점은 이렇게 해결될 수 있다는 것을 설명하고 제시하라.
④ 같은 시스템 같은 내용의 제안서 제출은 최저가 금액경쟁에서 결정을 해야 하는데 납품 후 수익성이 낮다.
⑤ 최저가 금액의 높은 점수와 계약이 이루어지려면 평소에 분야별 협력사를 구성하고 저렴한 금액으로 제안할 수 있는 사전 견적을 수집해두었다가 적정한 금액으로 입찰에 참가하라.
⑥ 규격 평가 후에 금액 입찰의 성격은 규격 입찰내용은 서로가 유사하다. 얼마나 최저가에서 견적을 제시하여 낙찰하느냐는 구매금액 정보에서 좌우된다. 응찰하는

자가 제안설명회 때 심사위원들이 이해할 수 있도록 설명하고 제출한 자료는 상세히 기록하여 제안하여야 한다. 납품 설치의 경험이 적더라도 시스템을 충분히 이해하고 문제점 없이 운영할 수 있는 제안이 중요하다. 제안서 작성시에는 기술적이나 일반적인 내용의 항목별 요구사항들을 모두 작성하여야 한다.

No.	규격서 입찰공고내용	제안내용	문제점 분석
1	※ 항목내용 1-1-1	※ 항목별 설명 1-1-1	

입찰자는 제안내용을 규격서 입찰공고내용 1-1-1의 항목내용을 상세하게 설명하는 각종 자료와 설명서를 제안내용 항목 1-1-1로 순번을 정하여 편집하여야 한다. 발주처의 항목번호와 입찰자의 항목번호를 대등하게 설명을 하지 못하면 평가자는 평가에 많은 시간이 필요하게 되므로 입찰자는 좌우 번호를 순서에 따라 기록 제안하여야 한다.

2. 평가위원의 평가분석

① 규격서 내용을 숙지하지 못하고 설명한 사례
② 제안 입찰자의 설명이 부족한 사례
③ 제안 설명자가 구체적 내용을 제시 못하고 낮은 점수를 얻게 되는 사례

3. 평소에 기업의 경쟁력을 높여 놓아야 한다

① 유망중소기업, 신기술 보유, 특허 보유
② ISO 인증서, 품질관리분야 인증서
③ 고객만족도 조사평가서
④ 각종 우수사례 보도자료
⑤ 재품검사 및 인증의 근거자료
⑥ 형식승인품, KS품 인증결과서(시험성적서)
⑦ 사원의 기술자격증 보유
⑧ 실적증명서, 잘 정리된 카탈로그
⑨ 각 시스템별 운영(조작) 설명서 준비
⑩ 기존의 파워포인트, 사진물, 영상물 등 입찰 설명에 필요한 자료를 평소에 준비해두어야 한다.
⑪ 각 제품별 협력사의 높은 품질평가 자료들과 특허, 신기술, 각종 인증서 등을 가진 기업과 평소에 협력 체결을 해둔다(대리점 개설 등).

4. 제안서 작성

각종 시스템(자재)의 기능·특성 등을 규격서보다도 더 좋은 제품으로 구현이 가능한지 아니면 동일제품이 있는지 시장조사를 신속히 할 수 있는 구매정보망을 형성해두었다가 제안서 작성에 어려움이 없어야 한다.

9.4.4 구매설치 설계도서 이해

1. 구매와 구매설치의 차이

통신시스템 구매(자재구매) 설치의 설계도서는 정보통신공사의 설계도서와 거의 같은 방법이다. 구매란 용어만 사용할 때는 설치에 대한 인건비 계산을 하지 않고 물품을 납품하는 형식이다. 그러나 구매설치란 용어는 구매와 시스템 설치의 두 가지 업무를 하는 것이다. 설치에 따른 인건비를 계산해 주는 것이다.

정보통신공사방식과 구매설치의 방식을 선택하는 그에 대한 특별한 규정은 현재까지 없다. 정보통신공사의 성격은 케이블 포설을 비롯하여 잡자재들이 많이 소요되고 인건비와 자재비의 금액 비율이 50 : 50의 형태이다. 많은 인력이 소요되는 시설공사의 규모를 구매설치란 용어로 발주를 하지 않고 있다. 자재비(시스템 구입비)가 인건비보다 많은 경우는 주요 자재를 발주자가 별도로 구매하여 공사현장에 납품 입고하면 그 자재를 기존 도급한 공사업자가 설치분에 대한 인건비가 계산되어 계약되어 있으니까 자재를 설치한다. 이럴 때는 발주자가 구매만 한다. 완제품의 자재 중 팩시밀리, 전화기, PC 등 조달청에 단가계약성의 물품(자재)는 구매로 추진이 된다.

특히 정보통신공사업 실적에는 구매만의 업무실적은 시공실적에서 제외되고 구매설치의 실적은 경영평가에 포함한다.

2. 구매설치의 내용

구매설치의 성격은 설치비가 자재비의 10~40% 정도 수준으로 적은 인건비를 통신품셈을 활용하여 인건비를 산출한다. 그리고 원가계산서를 작성하는 데 공사원가 계산서에 준하여 작성한다.

구매설치의 좋은 점은 수요자(발주자)의 운영계획에 맞게 시스템의 기능과 성능, 각종 특성 등 자재규격서를 작성하여 세부적인 내용까지 공개하여 구매할 수 있는 장점이 있다. 공사발주의 자재는 간단하고 규격화되어 있으며, 다량의 소규모 자재를 위주로 도급발주한다.

자재구매, 설치의 방법의 단점으로는 입찰참가 자격만 되면 여러 업체가 참가가 되니까 금액의 최저가 형태로 수주에만 몰두한다.

계약을 하고 착수계를 제출한 이후에 납품을 위한 구매과정에서 저가 시스템을 선정하여 발주자에게 설치 허락을 요구하게 된다. 규격서대로 기능을 다 하지 못하는지 할 수 있는지 발주부서에서 확인하기 곤란한 문제점을 가지고 있는 점을 최대한 활용하는 것이다.

결국 검수과정에서 상당한 문제점과 품질이 떨어지는 제품이 설치될 수 있기 때문에 착수계를 제출하면 발주부서에서는 설계한 자료를 기준으로 설치계획 설명회를 거치는 것이 현실성이 있다.

그 설명회가 이루어진 후에 사용할 자재(시스템)의 승인요청을 제출받아 승인절차를 거치고 설치를 시행하여야 한다.

3. 구매설치의 문제점을 해결하는 방안

① 입찰참가 업체에게 평가 전에 제안 설명회를 가진다 : 질의 · 답변을 통한 실적 확인과 계약 후에 일어날 문제점은 없는지? 시스템을 충분히 이해를 하고 있는지? 제안서 제출자가 더 좋은 시스템을 값싸게 제시하고 개선방안이 있는지? 여러 가지 질문과 제안자의 시스템 구현 사전시험이나 설명회의 기회를 통하여 구매자는 간접평가나 아니면 입찰공고내용을 통한 성능시험의 직접평가도 실시한다.

② 질의와 평가는 구매하고자 하는 전문가를 배석시켜서 평가서에 점수를 기록하여 합산한다.

③ 입찰에 참가한 자의 설치사례 현장에 발주처에서 개별 출장하여 실제 구축한 통신설비를 견학하고 운영자의 만족도, 운영 관리상의 문제점, 유지보수의 문제점, 장애대책, 운영자 교육실적, 사용자의 불만 및 개선대책 등을 청취하여 얼마의 소요예산으로 추진하면 합리적인지 몇 개소의 현장을 견학 후 업체선정에 도움을 얻을 수 있다.

입찰에 참가한 업자와 동행하여 현장방문은 하지 않아야 한다.

④ 계약 후 착수계를 제출하고 계약이행기간(설치기간) 내에 건축공사의 연기(지연) 등으로 현장에 통신장비를 납품할 수 없는 현장상황이 되어 있을 때는 발주자가 납품연기를 하는 공문을 발송하여야 한다.

만일 납품자(계약자)가 연기를 해달라고 하여 납품연기를 문서로 하면 납품 자체는 계약위반이 된다. 반드시 발주자가 연기를 하여야 한다.

⑤ 현장에 납품을 하고 대금을 청구하고 난 이후 물품을 현장에 설치하지 못하는 상황이 발생하여 그 물품을 납품자가 보관을 하게 될 때는 발주 담당자는 중대한 책임이 따르게 된다. 납품자가 그 물품을 현장에 설치(납품)이행을 하지 않는 사고발생이 일어나기 때문에 발주자는 납기연기를 사전(최소한 10일 이전)에 하는 조치를 하여야 한다.

4. 제안서 평가기준표

① 사업명 : A, B지역 통신시스템 제작구매, 설치

② 평가방법 : 제안서 평가결과 총점이 80점 이상이면 적합, 80점 미만이면 부적합한 공급업체로 평가

부문	구 분	평가항목	평가기준	배점	평가점수기준		
					만족	보통	미흡
일반	제안요청 내용의 이해도	① 제안대상에 대한 이해도	시스템 구축방향 및 목표	5	5	3	1
		② 제안서 작성의 충실도	제안서 항목 및 작성의 충실도	5	5	3	1
	제안업체의 공신력 및 품질보증	③ 적합성	영상통신 구성장치 중 실용신안 이상의 기술을 갖춘 업체 여부	5	5	-	-
		④ 품질보증 능력	기술혁신형 중소기업(Inno-Biz) 획득업체	5	5	-	-
	제안업체의 우대사항	⑤ 유망중소기업 인증	유망중소기업 인증	5	5	-	-
	사업관련 실적	⑥ 유사분야의 수행실적	최근 2년간 홍수예보업무용 하천화상감시시스템 납품 및 용역수행 실적	10	10	-	-
	부문합계			35			
기술	구성기기 성능 만족도	⑦ 영상통신시스템	설치규격 준수 및 성능, 영상의 선명정도	15	15	10	5
		⑧ 전송장치의 규격 및 성능(광전송방식 포함)	전송장치의 송·수신 방법 및 성능	5	5	3	1
		⑨ 통신망의 우수성	통신방식, 통신장비, 통신망 구성의 효율성 및 우수성	5	5	3	1
		⑩ 기타 부속 기기 및 장비	무정전장치 및 낙뢰방지기의 규격준수 및 성능	5	5	3	1
		⑪ 기존장비와의 호완성	규격준수 및 성능	5	5	3	1
	설계 및 공사 만족도	⑫ 현장 상황의 이해도	수위 관측지점, 제어국의 위치선정 적정성, 관측소 및 상황실 설계의 우수성	5	5	3	1
		⑬ 공사 공정	공사 일정계획의 적정성	5	5	3	1
	부문합계			45			
지원	유지보수 계획	⑭ 유지보수 계획의 적합성	제안서에 제시되어 있는 향후 유지보수 적합성	5	5	3	1
	교육훈련	⑮ 운용교육 지원	제안서에 제시되어 있는 운용교육 지원 내용의 우수성	5	5	3	1
	기술지원	⑯ 향후 시스템 확장을 위한 기술수준	제안서에 제시되어 있는 향후 확장방안의 적정성	5	5	3	1
		⑰ 본 시스템 관련 연구활동	부설연구소 보유 여부	5	5	-	-
	부문합계			20			
총점				100			

평가 대상업체를 위 평가항목들에 의거하여 평가한 결과 총점 ____점으로 본 사업에 적합·부적합한 것으로 평가함.

평가위원 : 서명 :

○○광역시장

9.5 자재구매 및 시설공사의 지출예산집행 흐름도

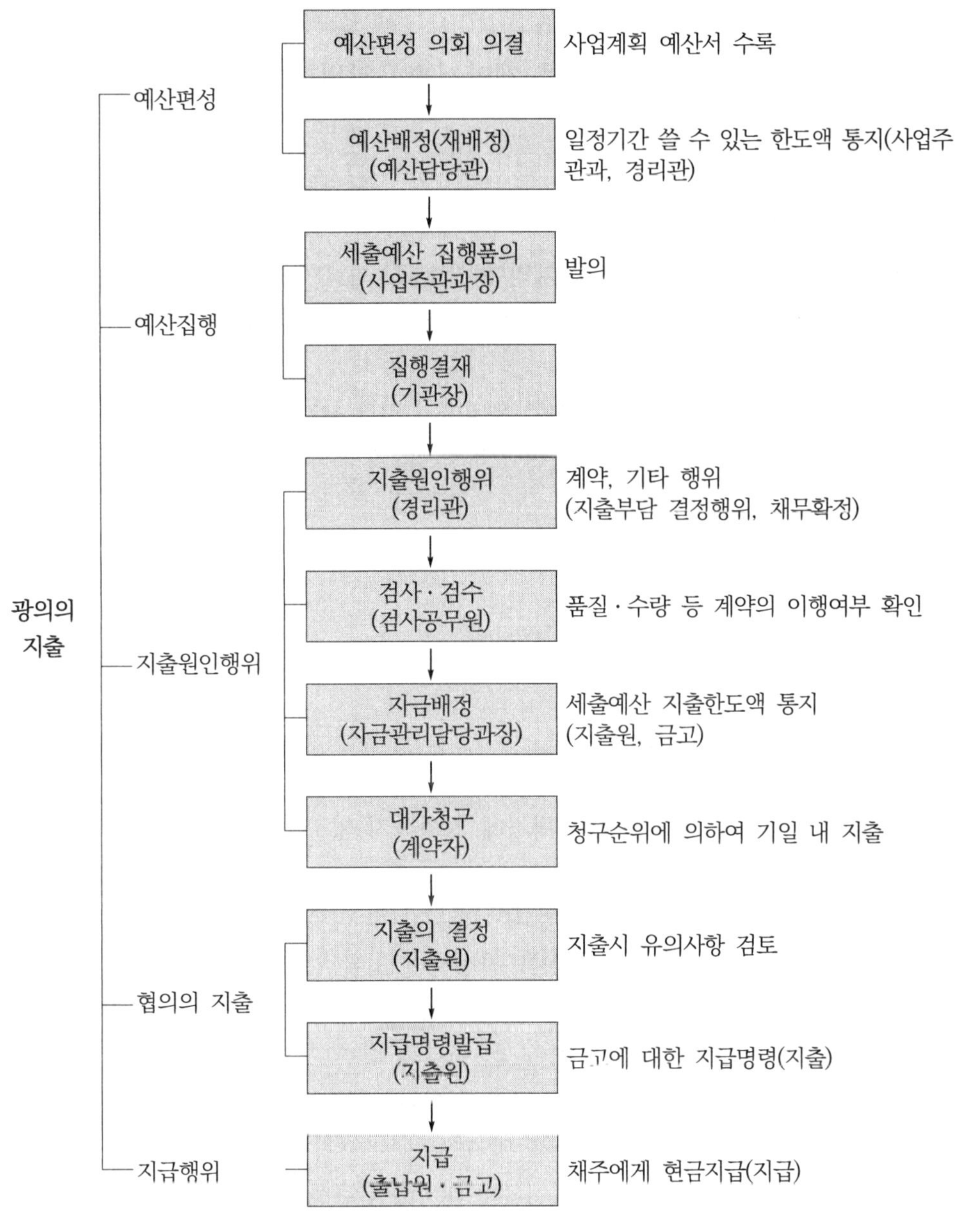

9.6 제안서 평가위원회 구성

OO통신설비 확장사업 제안서평가위원회 운영계획

1. 평가위원회 구성과 절차

지방자치단체를 당사자로 하는 계약에 제43조 제 1항에 근거하여 협상에 의한 계약 체결에 따른 제안서평가위원회구성 00사업에 따른 기술제안서를 평가할 예비위원 명부를 작성합니다.

관련 전문가로 구성된 평가위원회를 운영하여 입찰 참가업체의 제안서를 객관적이고 공정하게 평가함으로써, OO통신설비 확장사업의 계약체결을 위한 협상 적격자를 선정합니다.

2. 평가위원회 구성

□ 구 성

- 위원장 : 00 국장
- 위 원 : 위촉위원 7명
- 간 사 : 사업발주 부서담당

※ 간사와 위원장은 기술평가에 참가하지 않고, 위원회 진행만 담당

□ 평가위원 선정

- 계약담당자, 통신 및 그 사업분야 전문가 및 공무원, 대학교수 등으로 평가, 위원 예비명부(3배수 이상)를 작성하여 고유번호 부여
- 제안서 제출자(입찰참여자)가 제안서 미리 정한 위원회 구성인원수만큼 예비명부상의 고유번호를 추첨할 수 있도록 다빈도순으로 결정된 고유번호에 해당되는 평가위원을 해당 사업의 평가위원으로 선정한다.
  ※ 다빈도수가 동일한 위원들의 경우에는 고령자순에 의한다.
- 평가위원 중 불참자가 있는 경우를 대비하여 구성인원 15% 이내에서 추가로 추첨

※ 보안각서 징구를 통해 평가위원 인적사항 및 세부평가결과에 대한 보안관리

9.7 제안서 평가위원 후보자 등록신청서

제안서 평가위원(후보자) 등록신청서

<table>
<tr><td>성 명</td><td colspan="2"></td><td>주민등록번호</td><td></td><td>전문분야</td><td></td></tr>
<tr><td rowspan="2">자 택</td><td>주 소</td><td colspan="5">(우편번호)</td></tr>
<tr><td>전화번호</td><td colspan="2"></td><td>휴대폰</td><td colspan="2"></td></tr>
<tr><td rowspan="4">직 장</td><td>직 장 명</td><td colspan="2"></td><td>직위(직급)</td><td colspan="2"></td></tr>
<tr><td>주 소</td><td colspan="5">(우편번호)</td></tr>
<tr><td>전화번호</td><td colspan="2"></td><td>팩스번호</td><td colspan="2"></td></tr>
<tr><td>e-mail</td><td colspan="5"></td></tr>
<tr><td rowspan="4">학력사항</td><td>취득년월</td><td colspan="2">학 교</td><td>학 위</td><td colspan="2">전 공</td></tr>
<tr><td></td><td colspan="2"></td><td></td><td colspan="2"></td></tr>
<tr><td></td><td colspan="2"></td><td></td><td colspan="2"></td></tr>
<tr><td></td><td colspan="2"></td><td></td><td colspan="2"></td></tr>
<tr><td rowspan="4">경력사항</td><td>근무기간</td><td colspan="2">근 무 처</td><td>직 위</td><td colspan="2">주요업무</td></tr>
<tr><td></td><td colspan="2"></td><td></td><td colspan="2"></td></tr>
<tr><td></td><td colspan="2"></td><td></td><td colspan="2"></td></tr>
<tr><td></td><td colspan="2"></td><td></td><td colspan="2"></td></tr>
<tr><td rowspan="4">자격증
보유현황</td><td>취득년월</td><td colspan="2">자 격 증 명</td><td>인가 · 관리기관</td><td colspan="2">비 고</td></tr>
<tr><td></td><td colspan="2"></td><td></td><td colspan="2"></td></tr>
<tr><td></td><td colspan="2"></td><td></td><td colspan="2"></td></tr>
<tr><td></td><td colspan="2"></td><td></td><td colspan="2"></td></tr>
<tr><td>저서 및 논문</td><td colspan="6"></td></tr>
<tr><td>기타사항</td><td colspan="6"></td></tr>
</table>

위와 같이 '제안서 평가위원 등록 신청서'를 제출합니다.

년 월 일

작성자 : (인)

광역시 구청장 귀하

9.8 정보통신분야 기술제안서 작성요령

① 제안서를 항목별로 작성한다.

부문	항목	기 준
1. 개발 방법	사업 이해도	사업의 특성 및 목표에 대해 주변 환경분석과 업무내용의 연관관계 이해를 바탕으로 일관성 있는 방향과 전략을 제안한다.
	추진전략	개발업무 수행 시 위험요소를 고려하여 얼마나 창의적이며 타당한 대안을 제안한다.
	적용기술	사업에서 적용하고자 하는 기술이 향후 확장성을 고려하여 현실적으로 실현 가능하게 제안한다.
	표준 프레임워크 적용	시스템을 효율적으로 개발하고 유지 관리 할 수 있도록 소프트웨어의 기본 골격과 재사용 모듈 등 표준 프레임워크의 사용 계획과 예상되는 문제점을 구체적으로 기술하고 실현 가능한 대응 방안을 제안한다.
	개발 방법론	사업에 적정한 방법론의 제안 타당성을 평가하고, 실제 적용 사례와 경험을 바탕으로 효율적인 단계별 활동 내용을 구성하여 산출물의 적정성을 유지하고, 기술과 경험을 적절히 활용하여 제안한다.
2. 시스템 요구사항 기술	시스템 요구사항	도입대상 장비의 요구 규격을 충족시키는 장비를 제안하며 제시된 장비가 현 시스템과 인터페이스 및 확장 가능성이 있는지를 확인하고, 제안 장비의 설치 및 공급 계획, 유지보수에 대한 방안을 구체적으로 기술하여 제안한다.
	기능 요구사항	방법론 및 분석 도구를 통하여 구체적인 내용으로 분석되고 구현 방안을 구체적으로 기술 제안한다.
	보안 요구사항	관련 기능 등 타 요구사항 및 시스템과 관련되어 분석되고, 적용할 표준 및 구현 방안이 설계단계부터 반영되어 구체적으로 기술하고, 제안한 방안 및 기술을 적용하여 제안한다.
	데이터 요구사항	데이터 전환 계획 및 검증 방법, 에러 데이터 처리 방법에 대해 구체적인 내용을 제안하며, 데이터 전환을 위해 책임 조직을 투입하는 것을 제안한다.
	시스템운영 요구사항	시스템 운영요구 충족도는 운영 시 필요한 사항에 대하여 경험을 바탕으로 제시하고, 고려 사항 및 유사 시 대응책을 제안한다.
	제약사항	제약사항 충족도는 기능 및 품질 등 요구사항을 구현 시 관련 제약사항을 충족시키며 구현 방안 및 테스트 방안을 구체적으로 기술하여 제안한다.
3. 성능 요구사항	성능 요구사항	구현하고자 하는 기능을 통해 요구 성능이 충족되도록 방법론 및 분석 도구를 통하여 구체적인 내용으로 분석되고 구현 및 테스트 방안이 구체적으로 기술하여 제안한다.
	품질 요구사항	제공되는 분석 도구 및 구현 방안, 테스트 방안이 구체적으로 기술하여 제안되어 있는가를 평가하고, 분석 · 설계 등 각 단계별 품질 요구사항의 점검 및 검토 방안이 구체적으로 계획하여 제안한다. 또한 각 단계마다 품질 요구사항을 점검하는 별도의 전문 인력을 투입하여 제안한다.

부문	항목	기 준
	인터 페이스 요구사항	1) 시스템 인터페이스 : 타 시스템과의 연계 방안들에 대한 장·단점의 분석을 통해 가장 적합한 방안이 구체적으로 기술하여 제안하고, 구현 경험이 있는 인터페이스 담당자를 투입하여 제안한다. 2) 사용자 인터페이스 : 사용자 편의성을 고려하여 요구사항을 제공하기 위한 분석 및 설계, 구현 방안과 검토 계획을 구체적으로 제안하고, 구현 경험이 있는 사용자 인터페이스 담당자를 투입하여 제안한다.
4. 관리 방법	관리 방법론	사업위험, 사업진도, 사업수행시 보안을 관리하는 방법, 사업수행 성과물이나 산출물의 형상 및 문서를 관리하는 방법 제안한다.
	일정계획	사업수행에 필요한 활동을 도출하여 정확한 활동 기간의 산정과 도출된 활동 간의 배열이 합리적으로, 중간목표가 적정하게 제시하여 제안한다. 각 활동에 적합한 자원이 적절히 할당, 투입하여 제안한다.
	개발장비	사업자의 참여 의지 및 조직적 대응 정도, 사업참여의 준비성과 관련하여 개발환경의 구성여부와 해결방안을 명확히 제시하여 제안한다.
5. 시험 운영	품질보증	제시된 품질보증 방안이 해당 사업의 수행에 적합한지, 사업자가 대외적으로 인정받을 만한 품질보증 관련 인증을 획득한 사례를 제안한다.
	시험운영	시스템 공급자가 개발된 시스템의 시험운영을 위해 제공 및 지원하는 각종 시험운영 방법 및 조직 등에 대해 제안한다.
	교육훈련	시스템 공급자가 시스템 운영 및 관리자를 위해 제공 및 지원하는 각종 교육훈련의 방법, 내용, 일정 및 조직 등에 대해 제안한다.
	유지보수	시스템 공급자가 제시하는 하자보수 및 유지보수 계획, 조직, 절차, 범위 및 기간과 이와 관련된 기타의 활동 및 그 제한사항에 대해 제안한다.
	기밀보안	사업 추진 동안 악영향을 미치는 일련의 불순 활동들로부터 기밀을 보호함과 동시에 원활한 사업의 수행을 보장하기 위한 체계 및 대책에 대하여 제안한다.
	비상대책	시스템 공급자가 안정적인 시스템 운영을 위해 제시하는 각종 백업/복구 및 장애대응 대책에 대하여 제안한다.
6. 협력과 하도급	상생협력	공동수급체 구성을 통한 입찰참가 시, 입찰자 중 중소기업인 소프트웨어사업자의 참여비율(지분율)을 표기하여 제안한다.
	하도급계약 적정성	하도급에 참가하는 중소기업인 전문업체의 보유기술과 기술요구사항의 일치성, 보유기술의 실현 가능성, 입찰참가자(공동수급일 경우에는 공동수급체 선부)의 하도급 대금지급 방식의 적정성, 나라장터(정부계약 하도급 관리 시스템)를 통한 하도급 관리 여부 표기하여하여 제안한다. 이 경우 「소프트웨어산업 진흥법」 제20조의3 및 같은 법 시행규칙 제8조에 따라 「소프트웨어사업 하도급계약의 적정성 판단기준」을 준용하여 등급평가를 감안하여 제안한다

② 평가기준과 평가요소를 확인하고 제안한다.

평가 부문	평가 항목	평가기준	평가요소	배점 한도
1. 전략 및 방법론 (30)	사업 이해도	사업의 특성 및 목표에 대해 주변 환경분석과 업무내용의 연관관계의 이해를 바탕으로 일관성 있는 방향과 전략을 제시 평가기준을 확인한다.	• 개발목표 및 내용의 이해도 • 문제파악의 정확성 • 업무분석체계의 명확성 • 목표시스템 구성의 적정성 • 제안요청서와의 부합성	10
	추진전략	사업 수행 시 위험요소를 고려하여 얼마나 창의적이며 타당한 대안을 제시 평가기준을 확인한다.	• 추진전략의 창의성 • 추진전략의 타당성	10
	적용기술	사업에서 적용하고자 하는 기술이 향후 확장성을 고려하여 현실적으로 실현 가능하게 제시 평가기준을 확인한다.	• 제안기술의 실현가능성 • 적용기술의 혁신성 • 적용기술의 최신성	5
	프로젝트 추진 방법론	제안한 방법론이 타당한지를 평가하고, 실제 적용 사례와 경험을 바탕으로 효율적인 단계별 활동 내용을 구성하여 산출물의 적정성을 유지하고, 기술과 경험을 적절히 활용하고 있는가를 평가기준을 확인한다.	• 절차의 타당성 • 산출물의 적정성 • 도구와 기법의 적정성과 경험 • 적용방법론의 경험	5
2. 사업 수행 (30)	기능 요구사항	BPR 및 ISP 수립 방법론 및 적정한 분석 도구를 활용하여 현행 업무환경 및 업무 프로세스를 정확히 분석하고 개선된 업무 프로세스 및 정보화전략계획의 이행 방안이 구체적으로 기술되어 있는가를 평가하고, 제안한 방안 및 기술의 명확성과 타당성 평가기준을 확인한다.	• 현행 업무환경 분석의 적정성 • 수립방안의 요구사항 충족도 • 수립방안의 구체성 및 명확성 • 수립방안의 이행 편의성 및 용이성	20
	보안 요구사항	보안 관련 요구사항의 분석내용이 타당한지 여부와 제안한 보안기술과 방법이 적정한지 평가기준을 확인한다.	• 보안요구사항 분석 및 방안의 타당성 • 보안요구사항 분석의 적정성 • 관련 방안 및 기술의 적용 가능성	5
	품질 요구사항	품질 관련 요구사항의 분석내용이 타당한지 여부와 제안한 품질보증 기술과 방법이 적정한지 평가기준을 확인한다.	• 품질요구사항 분석 및 방안의 타당성 • 품질요구사항 분석의 적정성 • 관련 방안 및 기술의 적용 가능성	3
	제약사항	관련 제약사항에 대한 분석과 파악이 정확하고 이에 대한 대응 방안을 구체적이고 현실적으로 기술하였는가를 평가기준을 확인한다..	• 제약사항 문제파악의 정확성 • 제약사항의 충족도 • 제약사항의 대응 방안의 적정성	2

평가 부문	평가 항목	평가기준	평가요소	배점 한도
3. 프로젝트 관리 (20)	관리 방법론	사업위험, 사업진도, 사업수행시 보안을 관리하는 방법, 사업수행 성과물이나 산출물의 형상 및 문서를 관리하는 방법 등 평가기준을 확인한다.	• 위험관리 방안의 적정성 • 자원관리 방안의 적정성 • 진도관리 방안의 적정성 • 보안관리 방안의 적정성 • 형상관리 방안의 적정성 • 문서관리 방안의 적정성	3
	일정계획	사업수행에 필요한 활동을 도출하여 정확한 활동 기간의 산정과 도출된 활동 간의 배열이 합리적인지, 중간목표가 적정하게 제시되어 있는지, 각 활동에 적합한 자원이 적절히 할당되어 있는지 등 평가기준을 확인한다.	• 세부활동 도출 및 기간의 타당성 • 세부활동 배열의 합리성 • 중간목표 정의의 타당성 • 자원배분의 합리성	2
	수행조직 및 업무분장	수행 조직 및 업무 분장이 사업을 추진하기 위해 최적화되어 구성되어 있는지 평가기준을 확인한다.	• 수행 조직 및 업무 분장의 적정성	3
	투입인력 및 이력사항	투입인력이 프로젝트를 성공적으로 수행하기 위한 기술과 경험을 보유하고 있는지 평가기준을 확인한다.	• 수행 조직 및 인력의 적정성 • PM 및 수행인력의 통합전산센터 등 클라우드 통합 유사사업 경험 • PM의 타 프로젝트 사업관리 실적	10
	품질관리	적용 분석 도구, 수립 및 이행 방안이 구체적으로 분석되고 기술되어 있는가를 평가하고, 현황 분석 및 전략계획 수립 시 각 단계별 품질 요구사항의 점검 및 검토 방안이 구체적으로 계획되어 있는가 평가기준을 확인한다.	• 품질요구사항 점검 계획의 적정성 • 품질요구사항의 점검의 타당성	2
4. 프로 젝트 지원 (15)	품질보증	제시된 품질보증 방안이 해당 사업의 수행에 적합한지, 사업자가 대외적으로 인정받을 만한 품질보증 관련 인증을 획득한 사례가 있는지 확인하고 평가기준을 확인한다.	• 품질보증계획의 적정성 • 품질보증인력의 자질 • 사업자 보증 능력 • 국제 소프트웨어 개발 프로세스 품질인증 획득 여부	5
	교육훈련	본 사업의 결과물을 인수받는 자 및 사용자를 위해 제공 및 지원하는 각종 교육훈련의 방법, 내용, 일정 및 조직 등에 대해 평가기준을 확인한다.	• 교육훈련 방법의 적정성 • 교육훈련 내용의 적정성 • 교육훈련 일정의 적정성 • 교육훈련 조직의 적정성	2
	유지보수	하자보수 및 유지보수를 위한 계획, 조직, 절차, 범위 및 기간과 이와 관련된 기타의 활동 및 그 제한사항에 대해 평가기준을 확인한다.	• 유지보수 계획의 적정성 • 유지보수 조직의 적정성 • 유지보수 절차의 적정성 • 유지보수 범위의 적정성 • 유지보수 기간의 적정성	5

<table>
<tr><th>평가
부문</th><th>평가
항목</th><th>평가기준</th><th>평가요소</th><th>배점
한도</th></tr>
<tr><td></td><td>기밀보안</td><td>사업 추진 동안 악영향을 미치는 일련의 불순 활동들로부터 기밀을 보호함과 동시에 원활한 사업의 수행을 보장하기 위한 체계 및 대책에 대하여 평가기준을 확인한다.</td><td>• 기밀보안 체계의 적정성
• 기밀보안 대책의 확신성</td><td>3</td></tr>
<tr><td>5.
상생 협력
및 하도급
계약
적정성</td><td>상생협력</td><td>공동수급체 구성을 통한 입찰참가시, 사업 참가자 중 중소기업인 소프트웨어사업자의 참여비율에 따라 평가기준을 확인한다.</td><td><table><tr><th>중소기업 참여 지분율</th><th>평가
점수</th></tr><tr><td>50% 이상</td><td>5.0</td></tr><tr><td>45% 이상~50%미만</td><td>4.0</td></tr><tr><td>40% 이상~45%미만</td><td>3.0</td></tr><tr><td>35%이상~40% 미만</td><td>2.0</td></tr><tr><td>35% 미만</td><td>1.0</td></tr></table></td><td>5</td></tr>
<tr><td colspan="4">계</td><td>100</td></tr>
</table>

제10장

방송 · 영상설비 설치

10.1 방송설비설계의 관련 법령

비상방송설비의 화재안전기준(NFPC202) [시행 2023.2.10] [소방청고시 제2023-7호]

제4조(음향장치) 비상방송설비는 다음 각 호의 기준에 따라 설치해야 한다.

1. 확성기의 음성입력은 3와트(실내에 설치하는 것에 있어서는 1와트) 이상일 것
2. 확성기는 각 층마다 설치하되, 해당 층의 각 부분으로부터 하나의 확성기까지의 수평거리는 해당 층의 각 부분에 유효하게 경보를 발할 수 있는 거리 이하가 되도록 설치할 것
3. 음량조정기를 설치하는 경우 음량조정기의 배선은 3선식으로 할 것
4. 조작부의 조작스위치는 바닥으로부터 0.8미터 이상 1.5미터 이하의 높이에 설치할 것
5. 층수가 11층(공동주택의 경우에는 16층) 이상의 특정소방대상물은 발화층에 따라 경보하는 층을 달리하여 경보를 발할 수 있도록 할 것
6. 다른 방송설비와 공용하는 것에 있어서는 화재 시 비상경보 외의 방송을 차단할 수 있는 구조로 할 것
7. 다른 전기회로에 따라 유도장애가 생기지 않도록 할 것
8. 하나의 특정소방대상물에 둘 이상의 조작부가 설치되어 있는 때에는 각각의 조작부가 있는 장소 상호간에 동시 통화가 가능한 설비를 설치하고, 어느 조작부에서도 해당 특정소방대상물의 전 구역에 방송을 할 수 있도록 할 것
9. 기동장치에 따른 화재신호를 수신한 후 신속하게 필요한 음량으로 화재발생 상황 및 피난에 유효한 방송이 자동으로 개시될 때까지의 소요시간은 10초 이하로 할 것
10. 음향장치는 정격전압의 80퍼센트 전압에서 음향을 발할 수 있고, 자동화재탐지설비의 작동과 연동하여 작동할 수 있는 것으로 할 것

제5조(배선) 비상방송설비의 배선은 전기사업법 제67조의 규정에 따른 기술기준에서 정한 것 외에 다음 각 호의 기준에 따라 설치하여야 한다.

1. 화재로 인하여 하나의 층의 확성기 또는 배선이 단락 또는 단선되어도 다른 층의 화재통보에 지장이 없도록 할 것
2. 전원회로의 배선은 옥내소화전설비의 화재안전기준(NFSC 102) 별표 1에 따른 내화배선에 따르고, 그 밖의 배선은 옥내소화전설비의 화재안전기준(NFSC 102) 별표 1에 따른 내화배선 또는 내열배선에 따라 설치할 것

3. 전원회로의 전로와 대지 사이 및 배선상호간의 절연저항은 전기사업법 제67조의 규정에 따른 기술기준이 정하는 바에 따르고, 부속회로의 전로와 대지 사이 및 배선 상호간의 절연저항은 1경계구역마다 직류 250V의 절연저항측정기를 사용하여 측정한 절연저항이 0.1MΩ 이상이 되도록 할 것
4. 비상방송설비의 배선은 다른 전선과 별도의 관 · 덕트(절연효력이 있는 것으로 구획한 때에는 그 구획된 부분은 별개의 덕트로 본다) 몰드 또는 풀박스 등에 설치할 것. 다만, 60V 미만의 약전류회로에 사용하는 전선으로서 각각의 전압이 같을 때에는 그러하지 아니하다.

제6조(전원) ① 비상방송설비의 상용전원은 다음의 기준에 따라 설치하여야 한다.

1. 전원은 전기가 정상적으로 공급되는 축전지 또는 교류전압의 옥내 간선으로 하고, 전원까지의 배선은 전용으로 할 것
2. 개폐기에는 "비상방송설비용"이라고 표시한 표지를 할 것

② 비상방송설비에는 그 설비에 대한 감시상태를 60분간 지속한 후 유효하게 10분 이상 경보할 수 있는 축전지설비(수신기에 내장하는 경우를 포함한다)를 설치하여야 한다.

10.2 방송시스템 설계의 기초

음향(방송)시스템의 설계에 앞서 음에 대한 성질을 알아야 한다.

1. 음의 기본적인 성질

(1) 음 파

음은 공기 속을 진행하는 공기입자의 소밀한 진동파이다. 공기의 입자가 모여 밀도가 크게 되는 곳에서는 압력도 크게 되고 공기가 희박한 곳에서는 압력이 적게 되어 대기압보다도 압력이 적게 된다.

(2) 음속 · 주파수 · 파장의 관계

음파가 공기 중의 공간을 1초(S)간에 파동하여 전달되는 속도를 음속이라 한다.

음속 $C = 331.5 + 0.6t$

C : 공기 중의 음의 전파속도(m), t : 공기 중의 온도(℃)

상온 15℃를 기준 340m/초의 값을 갖는다. 1초 동안에 소밀의 파동이 일어나는 횟수를 주파수라 한다.

주파수가 많은 음을 고음, 주파수가 적은 음을 저음이라 한다. 사람이 들을 수 있는 주파수 범위는 20~20,000Hz 정도이다. 파장과 주파수의 관계는 다음과 같다.

$$\lambda = \frac{C}{f}$$

λ : 파장, f : 주파수, C : 음속

(3) 음 압

소리가 전달되는 과정에 소밀한 파의 압력변화의 크기를 음압이라 한다.

진폭이 크면 큰 소리로 들리고 진폭이 작으면 작은 소리로 들린다.

음압의 단위는 pa(파스칼) μbar로 표시하기도 한다.

- pa : N/m^2
- N(뉴톤) : 1kg의 질량에 $1m/s^2$의 가속도를 주는 힘
- μbar : $dyne/cm^2 \cdot \mu$(마이크로) $= 10^{-6}$

그래서 1pa = 10μbar이다.

음의 강도는 단위면적당($1m^2$)을 단위시간 1초로 통과하는 음의 에너지를 음의 강도라고 한다.

단위는 W/m^2이다.

음원의 출력은 음원에서 단위시간(1s)에 발생하는 에너지로 단위는 W이다.

(4) 데시벨

음압, 음의 강도, 음원의 출력은 보통 그 상용수를 취한 dB(데시벨)로 표시한다.

① 음의 강도레벨(L_1) : 음의 강도 I

음의 강도레벨 = $(L_1) = 10 \log \cdot I/I_0$(dB)

② 파워레벨(L) : 음원의 출력 P

파워레벨$(L_w) = 10 \log \cdot P/P_0$(dB)

기준치 $P_0 = 10^{-12}$W

(5) 라우드네스 레벨

음의 주파수가 다르면 음압이 같더라도 사람의 귀에는 같은 크기로 들리지 않는다.

그래서 소리는 낮은 주파수의 소리와 높은 주파수의 소리는 작게 들린다.

1kHz의 순음의 음압레벨을 기준으로 하고 이것과 같은 크기로 들리는 다른 주파수의 순음의 음압레벨을 라우드네스 레벨이라 한다. 단위로 Phon을 사용한다(1kHz의 음압레벨의 dB의 값과 Phon의 값이 같게 된다).

음압레벨(SPL) $= 20\log \cdot P/0.0002$(dB)

여기서 P : 음압레벨 측정점의 음압(μbar)
0.0002 기준 : 1kHz에서 0.0002μbar 소리는 사람의 최소 가청한계이다.

1) 소 음

최대	120	: 지하철, 시끄러운 공장
	100	: 큰 오케스트라의 최대 음량
	80	: 주행중인 승용차 내에서 소리, 떠들썩한 사무소
보통	60	: 교외도로
	40	: 조용한 주택, 침실
	20	: 무인극장, 스튜디오
최저	0	: 기준치

2) 특정지점에서의 음압레벨 계산

$Lp = Lo + 10\log P$(dB)
P = 스피커에 더해진 Power(W)
Lo = 스피커 출력 음압레벨(dB)

■예제■ 출력이 92dB의 스피커에 3W의 출력을 더 높여 스피커로부터 거리가 8m인 점의 음압레벨은 얼마가 되는가(이때 스피커는 점음원으로 계산)?
Lp = 스피커에서 1m인 점의 음압레벨(dB)

▶계산 거리 1m인 점의 음압레벨은 $Lp = 92 + 10\log 3 = 96.8$dB
거리 8m인 점의 음압레벨은 $Lp = 96.8 - 20\log 8 = 78.8$dB

3) 잔 향

귀에 도달하는 음이 2가지 이상으로 뒤따라오는 소리가 있어서 듣기에 거북한 음향공간이 많다. 실내 건축공간이 100여평 이상이 되면 강연자의 옆에 있는 스피커음이 20여 m 이상 떨어진 뒤쪽에서 들어보면 가까운 스피커의 소리와 시간차가 생긴다.

1.5초 이상 시간차가 나면 직접소리와 반사음이 겹쳐서 듣기 어렵다.
해결방안으로는 반사음을 줄이는 커튼이나 흡음제를 사용한다.

① 잔향이 일어나기 쉬운 공간
② 정사각형 또는 직사각형 공간에 콘크리트의 단단한 표면의 벽이나 천장의 실내공간은 반사음이 많아서 잘 일어난다.
③ 앰프의 조정 불량
④ 주파수가 높은 소리에서는 잔향시간이 짧다. 그렇다고 너무 높은 주파수의 고음으로 조정하면 듣기에 귀가 아프다. 흔히 저음의 음향 조정을 아무렇게나 하여 굵은 남성의 목소리 형태의 음향은 더 잘 일어난다. 그것은 주파수가 낮기 때문이다.
⑤ 여자 목소리보다 남자의 목소리는 주파수가 낮으므로 앰프의 음향을 저음에서 약간의 고음으로 올리고 볼륨을 줄여서 소리를 최적의 상태로 유지하여야 한다.

4) 스피커의 개수와 배치설계 및 설치

스피커의 위치는 듣는 사람의 뒤쪽으로 하면 방향감을 잃게 되고 앞의 강연자를 보려는 집중력이 떨어진다. 그런가 하면 스피커를 분산하면 명료도가 저하된다. 될 수 있는대로 스테이지(무대)의 방향에 놓는 것이 바람직하다. 그러나 마이크와 스피커가 가까우면 하울링이 일어나므로 스피커의 위치는 스테이지 근처의 천장이나 좌·우의 벽면에 많이 설치한다.

① 일반사무실의 스피커 배치와 1개의 스피커가 담당하는 면적

용 도	천장의 높이	스피커 간격	1개 스피커가 담당하는 면적
BGM방송	2.5m 이하	5m	약 $25m^2$
	2.5~4.5m	9m	약 $36m^2$
	4.5~15m	9m	약 $81m^2$
업무전달방송		9~12m	81~$144m^2$

③ 스피커의 배치
③ 스피커의 소리는 보통 120 정도의 각도로 소리가 진행한다. 그리고 귀의 높이는 의자에 앉으면 바닥에서 1~1.2(m)의 높이이다.
④ 최적의 음향의 크기는 60dB를 감안하여 스피커를 배치하여야 한다.

상 태	음성의 파워레벨(dB)	음성의 음압레벨 입에서 10m 떨어진 지점
대화(평균)	70	85
대화(최대)	90	105
속삭임	30	45
성 악	90~115	105~130

2. 음향시스템 설계 및 시공시기 검토

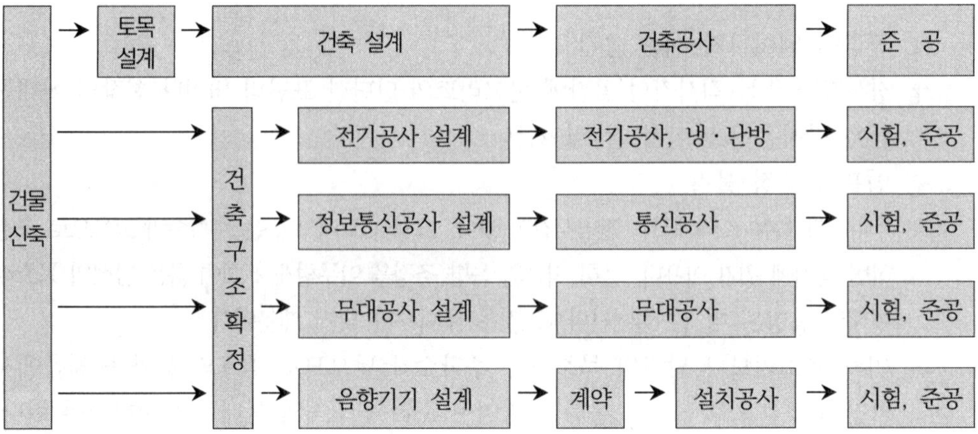

음향시스템 설계 착수시기는 건축구조가 확정이 나고 건물운영계획(안)이 나오면 음향기기의 설계에 착수한다.

설계가 끝나면 전기 · 통신 · 무대공사 착수시기에 계약이 이루어지고 이어서 설치공사를 시작한다. 흔히 음향기기의 설치설계를 진행중에 건축구조 설계를 하고 건축설계 종료시기에 전기 · 통신 · 무대 · 음향의 설계도면이 다르고 재설계를 하는 등 설계업체간에 협의가 없는 경우가 많으므로 항상 건축설계업체와 긴밀한 협조로 재설계나 설계후 변경, 공사중 설계변경이 일어나지 않아야 한다.

음향기기의 설치 설계중에 운영자측의 의견을 반영하여 전기인입설계도면, 정보통신도면, 냉 · 난방설비도면 등의 관련 도면을 입수하여 시공중에 어려움이 발생하지 않도록 해야 한다.

3. 음향조정실

① 음향조정실에는 냉 · 난방과 환기시설이 되어야 한다. 각종 통신시스템의 발열이 많아서 환기시설이 되어야 한다.

② 강당 내부와 음향조정실간 투명창문을 만들어 문을 열어서 강당의 음향을 들을 수 있어야 한다.

③ 전원설비가 충분하여야 한다. 그리고 믹스의 높이와 창문의 높이를 맞추어서 음향실 바닥이 높아야 한다. 그래서 무대의 바닥이 시각 안에 들어와야 한다.

10.3 방송시스템 설계 및 시공순서

방송시스템을 설계하는 과정에는 충분한 검토와 운영의 계획을 작성하고 운영자의 의견을 충분히 반영하여야 한다.

계략적인 업무의 흐름은 다음과 같다.

기본계획 →	기본설계 →	실시설계 →	시공 →	준공 →	운영
시 스 템 운영계획	도입예산 규모 가설계	시공에 필요한 도면, 내역서 산출서 작성	시공업체 선정	시 험	운영요령서 작성
• 시스템 사용의 목적 • 규모 • 예산 • 소음 측정 • 건축의 규모와 목적 • 옥내구조 • 실내음향 조건 조사	• 공간의 배치 계략적 설계 • 시스텐 설계 • 음향조정실 크기, 위치 선정 냉·난방 • 메인 스피커 배치와 건축 구조 확인 • 전원설비 조사 • 운영시 문제점 분석	• 설계도서 작성 -도면 -내역서 • 기기 구성도 작성 • 기기 기능의 시방서 작성 • 건축, 전기 도면과 경합 검토 • 상세도 작성 • 결선도 작성	• 공사의 주의사항 • 자재의 품질확인 • 시공계획서 작성 • 현장감독	• 시스템 시험 • 잔향시험 • 음악시험 • 명료도 시험 • 검수	•취급설명서 작성 • A/S 요령 작성 •시험성적서

10.4 방송시스템 설계시 검토사항

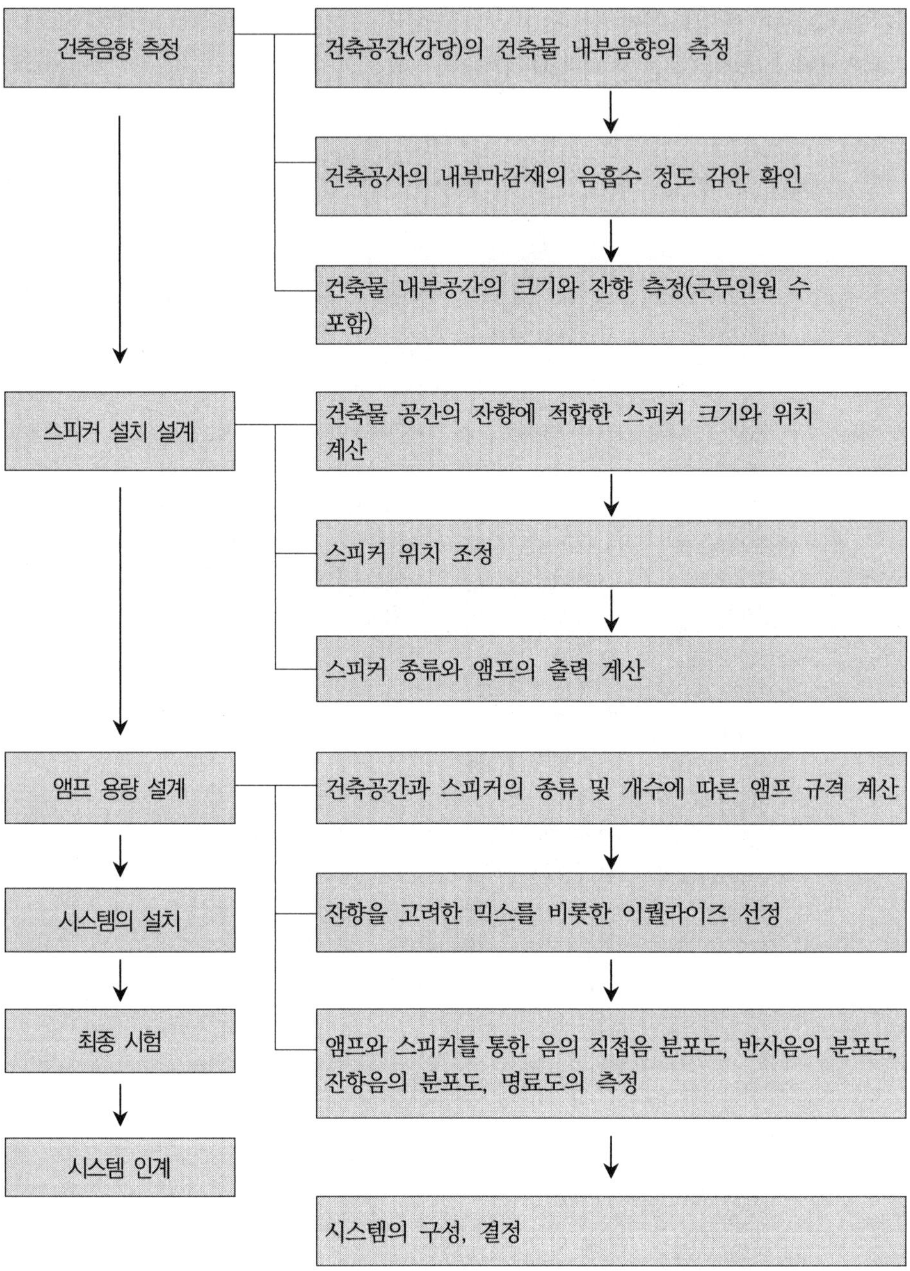

10.5 방송시스템의 설계

기본계획은 설계목표와 고려사항들을 충족시키는 여러 가지 가능한 대안(代案)을 만들어보고, 그 장단점을 비교 검토하여 최적(最適)의 안을 선정하는 과정이다.

건물의 배치와 외부공간 구성과 각종 기능들을 적합하게 수용할 수 있는 내부공간의 모양과 크기, 그리고 각 공간들을 연결 · 조직하는 방법들이 연구되고, 여기서 이루어진 공간계획과 건축의 구조방식과 음향설비의 기본시스템의 검토와 결정이 이루어진다.

기본계획은 창조적인 활동이 가장 활발하게 이루어지는 과정이며, 설계의 가장 중요한 과정이다. 건축공간 음향과 음향시스템의 전기적 음향이 잘 조화되도록 설계를 해야 한다. 따라서 이 과정에서 많은 대화가 이루어져야 하며, 이때 설계자는 발주자의 요구사항을 깊이 이해하고, 발주자는 설계자의 창조적 판단을 최대한 수용하려는 태도를 가짐으로써 훌륭한 작품이 이루어질 수 있다.

기본설계는 기본계획을 물리적으로 실현시키기 위한 보다 구체적인 작업으로, 음향설비 설치에 필요한 전문분야들의 기본설계들이 포함되며 따라서 각 분야의 전문가들이 본격적으로 설계를 시작하는 단계이다. 이렇게 이루어진 기본설계는 예산과 밀접한 관계가 있기 때문에 기본설계의 내용과 함께 추정예산에 대한 건축주의 승인을 받아야 한다.

설계의 마지막 '실시설계'는 최종 승인된 기본설계를 바탕으로 실제공사에 필요한 상세한 도면들을 제작하는 과정이다. 기본계획과 기본설계가 설계자 고도의 창조성을 요구하는 작업이라면 실시설계는 이를 실현시키기 위한 '기술적' 작업으로서, 실시설계는 물론 각종 계산 및 설계와 각종 설비들의 상세한 설계 등 시공에 필요한 모든 부분의 상세한 설계가 포함된다.

실시설계가 정확히 그리고 상세히 이루어질수록 공사과정에서 일어날 수 있는 착오나 변경 또는 발주자와 시공자 사이의 분쟁을 최소화시킬 수 있고, 공사의 품질을 높일 수 있으며, 설계의 의도를 실현하여 훌륭한 작품을 만들 수 있다. 특히 공사중에 흔히 나타나는 공사비의 추가를 최소한으로 억제할 수 있어 결국 시공에 투입되는 총예산을 줄여주게 된다.

한편, 음향공사의 모든 내용이 도면으로 표기될 수는 없다. 재료의 품질이나 각종 공사의 공법 또는 시스템의 특성과 기능 등 구체적으로 기술한 '시방서'를 작성하여 도면의 내용을 보완한다.

'설계도면'과 '시방서'는 시공과정에서 가장 기본적인 근거가 된다.

이러한 설계를 담당한 설계자는 기획과정에서 프로그램의 일에 참여하고, 시공과정에서는 감리로서 시공에 참여하여 시공 전체의 과정에서 가장 중심적인 역할을 담당하며,

완공 후에는 시스템의 유지관리와 본래 설계의도 유지 등 시스템이 잘 운영되도록 관심을 가져야 한다.

10.5.1 시공과 관리

시공은 통신공사 면허(등록)를 가진 회사에 의해 이루어지며, 통신 감리(監理)하에 진행된다.

'감리'는 공사과정 중에 설계의 내용을 시공자에게 정확히 전달하고, 현장여건에 따른 설계의 보완 및 조정, 경미한 설계의 변경, 현장감독 및 공정, 제작도면(shop drawing)의 검토 및 승인 등 설계내용이 정확히 이루어지도록 하는 '설계감리 역할'과 공사의 품질과 공법(工法) · 공정(工程) 및 공사비 지불에 관하여 건축주를 대신하여 시공자를 지도 감독하는 '기술감리 역할'을 담당한다.

감리의 역할은 설계를 온전히 실현시키기 위해 대단히 중요한 일이며, 시공 감리의 역할은 설계자가 아니라도 감리기술자이면 담당할 수 있어, 발주자가 감리비를 줄이기 위해 감리원을 고용하는 경우도 흔히 있다.

그러나 기술관리업무도 설계와 밀접한 관계가 있고, 두 가지 업무가 분리되면 현장감리체계에 혼란이 생기는 등 여러 가지 부작용이 생길 수 있어 가급적 설계자에게 일괄해서 위임하는 것이 가장 좋은 방법이다.

기획과 설계가 아무리 훌륭하게 이루어졌어도 시공이 부실하면 음향시스템은 의도한 기능을 수행할 수 없고, 제 수명을 다할 수 없으며, 좋은 시스템이 될 수 없다.

10.5.2 방송시스템의 설치설계

1. 좋은 마이크 선정

용도에 맞는 마이크를 써야 한다. 마이크는 다이내믹형 · 콘덴서형 · 리본 타입 등 여러 가지가 있지만 대부분 다이내믹형이나 콘덴서형을 쓴다(리본 타입은 충격에 매우 약하다). 다이내믹형은 충격에 강하고 음질도 좋기 때문에 찬양단의 보컬로 적합하다. 콘덴서형은 다이내믹형에 비해 충격에 강하지는 않지만 흡음성과 음질에서 뛰어나다.

따라서 콘덴서형은 강연용 마이크와 성가대, 오케스트라 악기의 흡음에 좋지만 음향의 고음성이 많아서 부드러운 음향이 되기는 어렵다. 지향성에 따라 무지향성(omni-directional), 양지향성, 단일지향성(cardioid), 초단일 지향성(hyper-cardioid), 극초단일 지향성(directional 또는 ultral-cardioid)으로 나뉜다.

일반적으로 강연용이나 찬양단 보컬용에는 주변소음에 영향을 덜 받고 하울링 발생을 줄일 수 있는 단일지향성 마이크를 많이 쓴다.

악기용으로는 단일지향성, 초단일 지향성, 양지향성 등을 쓴다. 또는 악기용 핀 마이크(micro-mic)를 쓰기도 하고(드럼 · 금관악기), 피아노 수음을 위해 납작한 Pressure Zone Mic를 쓰기도 한다.

2. 성능이 낮은 마이크 구별

① '프' '트' 등의 파열음(popping noise)에 과민반응이 나타나는 마이크(팝 필터를 사용해 감소시킬 수는 있다)
② 핸들링 노이즈(handling noise)가 많이 발생하는 것(마이크를 잡은 손을 조금만 움직여도 그 소리가 크게 확성되는 것)
③ 음성 주파수대역이 100Hz~15kHz이므로 이보다 주파수대역이 좁은 마이크는 사용하지 않는다(우수한 마이크는 20Hz~20kHz의 가청 주파수대역을 잘 재생하며, 주파수 그래프도 거의 평탄하다).
④ 마이크를 가까이 댈수록 저음(저주파)의 확성이 심한 것(이 경우의 마이크는 핸들링 노이즈도 심하다)
⑤ 마이크에 on/off 스위치가 달린 모델을 쓸 경우 스위치를 올리고 내릴 때 잡음이 발생하는 것은 좋지 않다.

10.5.3 방송설계를 위한 시스템 선정

1. 이퀄라이저(equalizer) 및 믹스(mix) 선정

중고음(4kHz~8kHz)을 키워주면 선명한 소리가 난다. 그러나 주의할 점은 중음을 너무 증가시키면 소리가 '땡땡'거리게 되어 설교를 듣기에 거슬리는 소리가 되기 쉽다. 2kHz~10kHz 대역이 하울링이 가장 나기 쉬운 주파수대역이기 때문에 중고음 증폭에서 주의를 요한다.

2. 충분한 앰프 출력

실내공간이 긴 경우 뒷부분에서 소리가 명확하지 않은 경우 개선방법은 2가지가 있다 앰프 출력이 충분한 것으로 교체하든지(스피커의 출력과 SPL이 충분한 경우), 앰프의 출력이 충분하다면 스피커를 교체하여야 한다.

3. 높은 SPL과 출력의 스피커

뒤에서 들었을 때 소리는 큰 것 같지만 명확하게 들리지 않은 경우가 있다. 출력만 높고 SPL(음압 : Sound Pressure Level)이 낮은 경우는 스피커 앞에서는 소리가 커도, 뻗어나가는 소리의 음압이 낮아 교회의 뒷부분에서 잔향의 영향을 받게 되고 소리가 잘 들리지 않게 된다.

4. 마이크 감도 · 지향성

감도(sensitivity)가 낮으면 소리의 흡수가 잘 안된다. 이 경우는 믹서 해당 채널에서 Gain(Trim)을 올려주거나 좋은 감도의 마이크로 교체해야 한다. 그리고 주변의 잡음을 차단하고 하울링의 영향을 덜 받는 단일지향성인 마이크를 쓰는 것이 좋다.

5. 마이크 게인 레벨(gain level) 확보

마이크 감도가 높아도 하울링이 발생해 믹서 게인 레벨을 더 올리지 못해 마이크 소리를 더 확성하지 못하는 경우가 있다. 이는 근본적으로 스피커와 마이크 위치에 문제가 있기 때문이다. 최소 마이크 축상에서 120°각도가 벌어져야 하며, 마이크 위치보다 스피커가 앞으로 나와야 한다. 또 거리도 더 넓혀주어야 한다. 그리고 하울링 주파수를 EQ를 이용해 차단함으로써 게인 레벨을 확보해준다.

6. 음의 사각지대가 없도록 스피커 설치 설계

스피커의 사각지대에 있으면 소리가 불명확하게 들린다. 스피커마다 수평 · 수직 지향각도(coverage angle)가 있다. 이 범위를 벗어나게 되면 소리가 불명확하게 들린다. 이 경우는 복수의 메인 스피커를 써서 지향각도를 넓혀주거나 사각지대에 서브 스피커를 설치해 해소하여 주어야 한다.

7. 과입력에 의한 스피커의 손상이 없도록 설계

음의 선명도를 높이기 위해 중고음과 고음 레벨을 올리다보면 스피커에서 고음을 재생하는 기능이 손상될 수도 있다(고음부에서 찌그러진 소리가 지속). 이는 앰프의 출력능력에 비해 스피커의 재생능력이 낮을 때 흔히 발생하기 쉽다. 이 경우에는 재생능력이 높은 스피커로 교체해야 한다.

스피커의 출력은 왜율(THD : Total Harmonic Distortion) 0.1% 이하 1kHz 기준으로(왜율은 더 낮을수록 좋다) 나온 프로그램 출력을 봐야 한다. 단순히 맥스 파워(max power)로 표시된 출력으로 시스템을 구성하면 실제에서는 절반 정도의 출력밖에 나오지 않기 때문에 반드시 프로그램 출력을 확인해야 한다. 좋은 스피커는 왜율이 낮고, 프로그램 파워와 맥스 파워의 비율이 커서 순간적인 과입력에도 잘 손상되지 않고 좋은 소리를 낸다.

대규모 콘서트에서 쓰는 스피커는 프로그램 파워보다 4~6배까지 큰 순간입력도 견딜 수 있게 설계되어 있다. 집회행사가 끝나고 나면 스피커가 손상되는 예가 많다. 필요 이상의 피크 레벨(peak level)의 과입력이 들어와 스피커가 손상된다(믹서와 앰프도 손상이 되기 쉽다). 능률이 좋은 스피커를 사용하기 이전에 시스템 전체를 보호하려면 컴프레서/리미터를 이용해 일정 레벨 이상의 입력을 막아주는 것이 중요하다.

8. 하울링이 없도록 설계

마이크의 레벨을 올리려 해도 하울링(Howling 또는 Feedback)이 발생해 게인 레벨을 더 확보하지 못할 때가 많다. 근본적으로 하울링이 발생하지 않는 장비는 없다. 그러나 하울링을 예방할 수는 있다.

하울링이 발생하는 주파수와 마이크와 스피커간의 각도와 거리를 파악하면 예방할 수 있다. 하울링의 발생원인은 스피커에서 나온 음성신호가 다시 마이크를 통해 증폭(확성)되는 과정이 계속 반복되면서 게인 레벨이 큰 주파수가 두드러지게 확성되면서 발생한다. 주로 중고음과 고음이 증폭(확성)이 잘 되기 때문에 '삐익'하는 듣기 싫은 소리가 발생한다. 따라서 마이크와 스피커의 거리를 벌이든지 또는 마이크가 스피커를 향하고 있기 때문이라면 마이크의 각도를 바꿔주어야 한다. 그래도 발생한다면 그래픽 이퀄라이저(graphic equalizer)를 사용해 하울링 주파수라고 생각되는 주파수대역을 감소시켜준다(측정 장비가 있으면 정확한 주파수를 알 수 있다).

일반적으로 믹서에 연결된 파라메트릭 EQ보다 그래픽 EQ가 더 정밀하게 음을 잡을 수 있지만, 고급 파라메트릭 EQ는 그래픽 EQ가 가질 수 없는 Notch Filter를 가지고 있어서 극도로 폭이 좁게 주파수를 선택해 하울링 주파수를 추출할 수 있다(주로 모니터 믹서에 있는 파라메트릭 EQ와 디지털 EQ에 Notch Filter가 있다). 보통 그래픽 EQ는 31밴드(band)(1/3 옥타브)이다. 이는 20Hz~20kHz의 넓은 주파수대역을 31등분으로 나누었다는 뜻이다. 기준이 되는 주파수와 앞뒤의 1/3옥타브 대역의 주파수가 영향을 받게된다. 정밀한 파라메트릭 EQ나 디지털 EQ는 1/6, 1/12옥타브 정도로 특정 주파수 대역만 추출해낼 수 있기 때문에 하울링 제거에 더 효과적이다.

10.5.4 시스템 조정 후 방송확인

1. 세 팅

음향시스템을 시뮬레이션을 거쳐 설치했다 하더라도, 처음에 소리를 들어보면 기대 이하일 경우가 많다. 기자재가 많을수록 또 세밀한 조정까지 가능한 고급제품일수록 제대로 된 소리를 만들려면 시간이 많이 소요된다. 그러나 모든 과정이 끝나면 정말 좋은 소리가 만들어진다. 실내 음향은 공간의 구조와 설계에 따라 많은 변수가 있다.

굴절 · 회절 · 집중 · 확산 · 반사 · 흡수의 복잡한 음향현상이 일어나기 때문에 고급히기보다는 모든 음향 사각과 위치를 점검해 좋은 음이 되도록 해야 한다. 좋은 세팅(setting)을 위해서 여러 가지의 요소가 필요하다.

설치공간에 대한 사전정보는 발주처는 설계도, 용적, 마감재질, 공간의 활용내용에 관한 자료를 제공하고, 시설자는 실제 음향 측정을 통해 주파수대별 흡음률, 반사율, 굴절과 회절, 특정 주파수의 공진 여부 등의 설치공간에 관한 객관적인 데이터를 산출해

그곳의 음향적 특성을 파악해야 한다. 최근에는 CAD를 이용해 설계도면에 따른 가상공간을 만들어 스피커 출력, SPL, 지향각도, 위치, 앰프출력 등의 데이터를 입력, 설치 후의 정확한 음향 상태를 확인할 수 있는 시뮬레이션 프로그램을 활용하기도 한다.

2. 캘리브레이션(calibration)

세팅이 끝난 후 다시 한번 음향 측정을 해 세팅 이후의 문제점을 제거하고 적절한 음향이 나오도록 재조정한다.

객석의 관중 참석수가 늘어나면 음향의 분산작용으로 더 높은 출력을 필요로 한다. 반대로 관중수가 줄어들면 하울링이 발생한다.

3. 워밍업

음향기기가 안정되는 데 약간의 시간이 필요하다. 다이내믹 레인지가 큰 음악은 피하고 이지 리스닝 계열의 음악을 두 세시간씩 1주일 동안 틀어주면 좋다. 따라서 처음 워밍업(warming-Up)을 시킬 때는 과도한 입 · 출력을 삼가고, 온도와 습기에 주의해야 한다. 스피커의 콘은 종이 재질이라 습기에 민감하고, 모든 기재들이 저온이나 고온에서는 능률이 떨어지기 때문에 습도와 온도유지도 중요하다.

4. 잡음의 원인 제거

통신기기는 원칙적으로 접지를 해야 한다.

스피커에서 나는 잡음의 대부분은 앰프의 케이스, 믹스, 마이크 접지선로 등 접지를 하지 않아서 잡음이 유도되어 앰프 입력단으로 잡음신호가 들어가거나 앰프와 믹서 자체의 잡음을 증폭시켜서 스피커로 출력되어 나오기 쉽다. 그리고 앰프의 입력신호선로(마이크 · 악기 · 튜너 등)의 접속점, 기구로 인한 잡음 발생을 확인하여 조치하여야 한다.

5. 접지 설계시의 고려사항

① 앰프, 믹서, 마이크 접속 박스류 등 접지선 포설

② 입력전원의 접지 확인

③ 마이크 선로의 포설 설계작업시 전기선로와 이격설계 및 시설

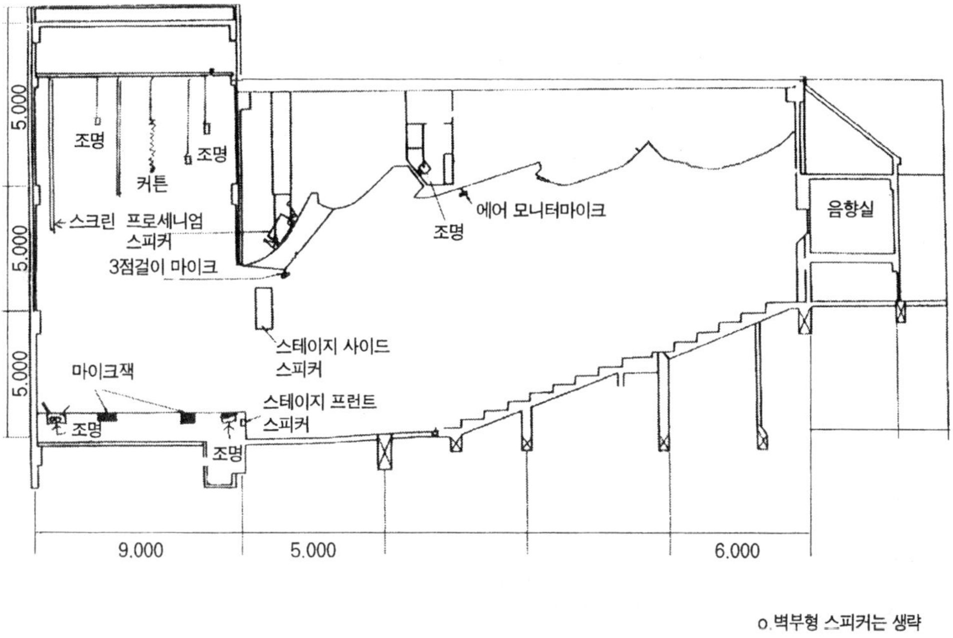

[그림 10 1] 문회회관 단면도

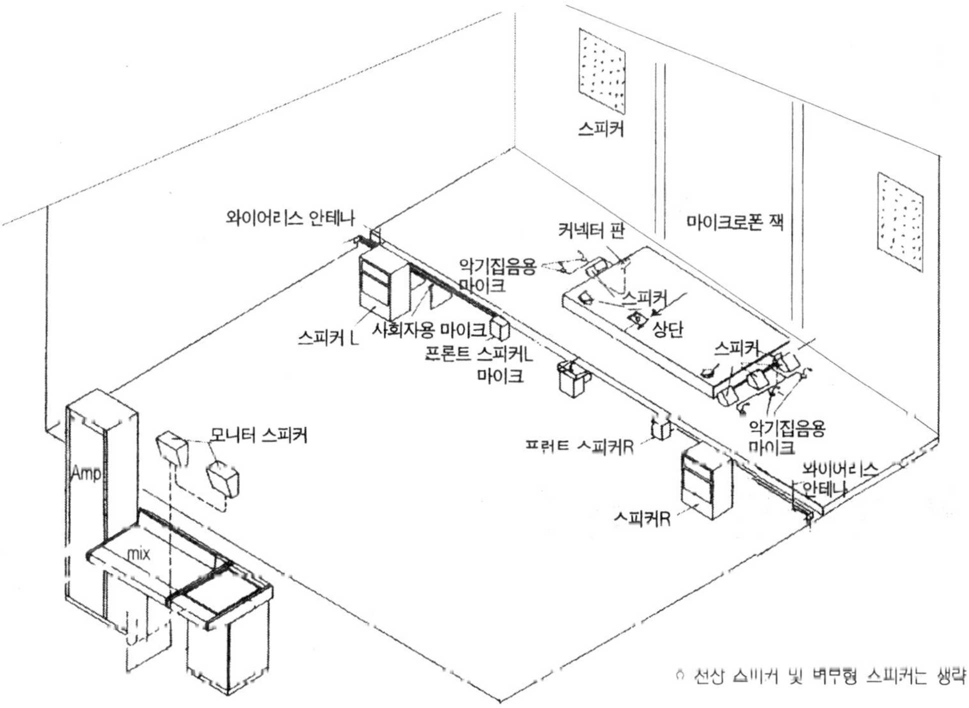

[그림 10-2] 시스템 개략도

10.5.5 250~400평 규모의 강당 방송설비설계

메인 스피커에 1200W, 600W의 주파수 특성이 다른 스피커를 사용하여 재생 주파수의 충실도를 높였으며, 믹싱 콘솔의 선정도 자모실 및 각 부속실에 확성을 해야 하는 경우를 대비하여 채널이 많은 콘솔이 필요하다. 또한 녹음이나 합창 또는 집회처럼 마이크의 입력 채널이 많이 요구되는 경우에 활용도가 높으며, 적절하게 입력채널 수를 선택하여 구성할 수 있다.

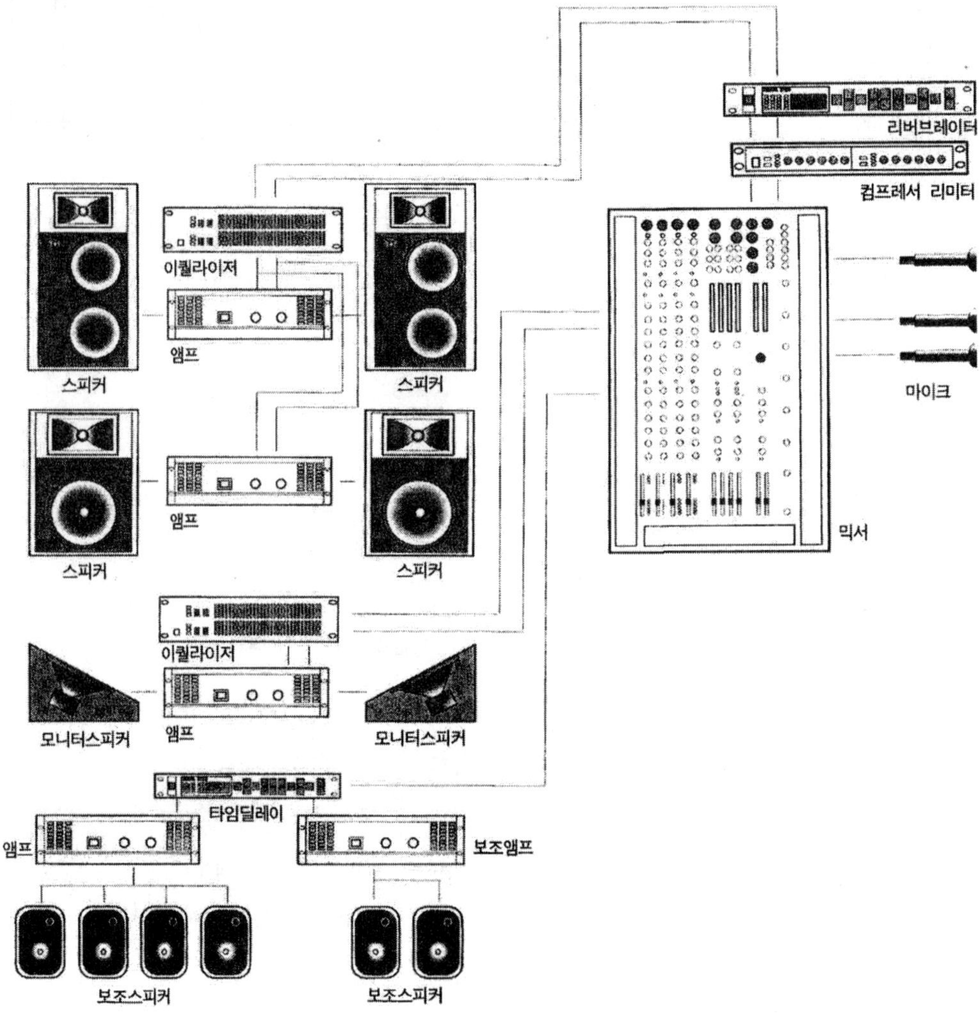

[그림 10-3] 250~400평 규모의 강당 음향설비도

10.5.6 80~150평 규모의 강당 방송설비설계

① 80~150평 규모의 강당은 보조 스피커 시스템이 필요하다.

② 실의 형태를 보면 직사각형의 길다란 모양과 부채꼴의 형태를 들 수 있는데 이 두 가지의 경우 모두 뒤쪽과 부채꼴 아래에 음의 사각지대가 생기게 된다. 따라서 이를 보완하기 위해서는 보조 스피커 시스템이 필요하다. 필요에 따라 모니터 스피커를 설치할 수 있다.

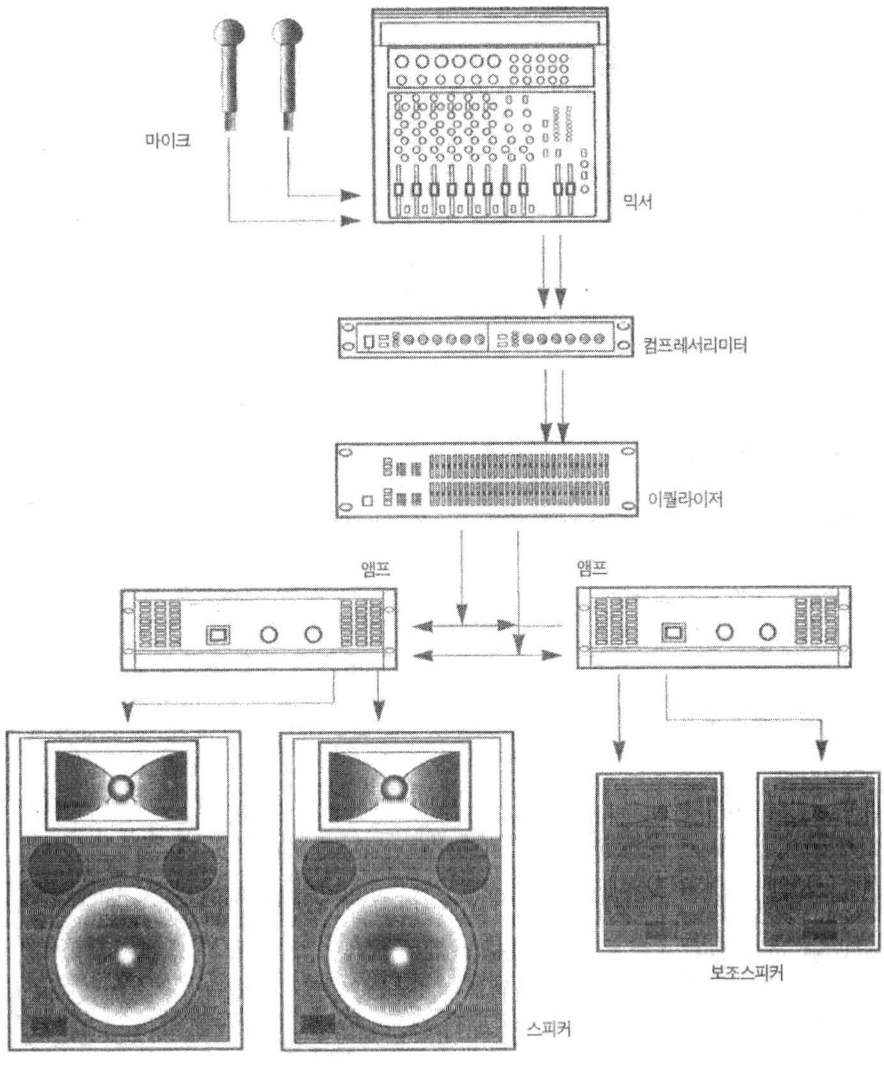

[그림 10-4] 80~150평 규모의 강당 음향설비도

10.6 영상설비 설치

10.6.1 천장부착방식

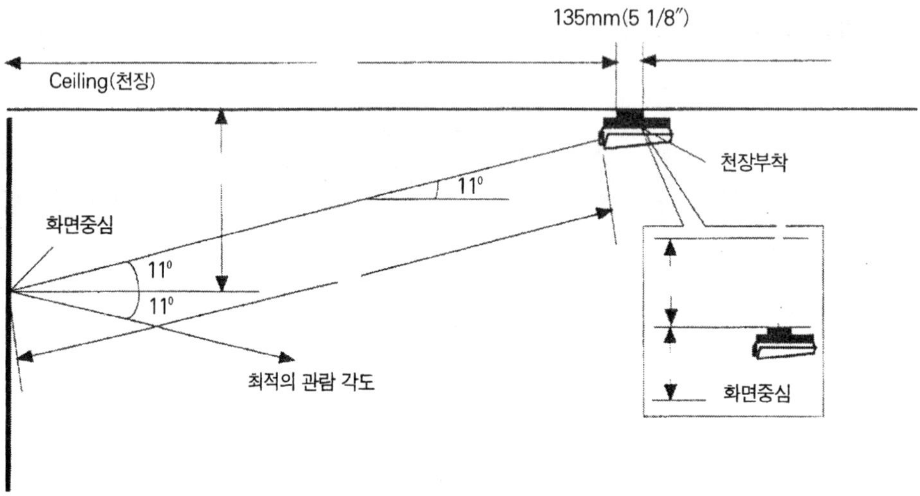

대각선 크기 160인치 이상 화면을 위한 천장부착 시스템
A = 렌즈와 화면 중심 사이의 거리
B = 천장부착 선반받이와 화면 중심 사이의 거리
C = 벽과 볼트 사이의 거리
D = 천장과 천장부착 선반받이 사이의 거리

[그림 10-5] 천장부착방식

구분	60인치 화면	100인치 화면	200인치 화면	300인치 화면
가.	79 1/8인치 (2,010mm)	123 3/8인치 (3,135mm)	234 1/8인치 (5,947mm)	344 7/8인치 (8,760mm)
나.	26 3/8인치 (669mm)	34 3/4인치 (884mm)	55 7/8인치 (1,421mm)	77인치 (1,958mm)
다.	85 1/2인치 (2,172mm)	129인치 (3,276mm)	237 9/16인치 (6,035mm)	346 3/16인치 (8,749mm)
라.			최소 1/8인치 (103mm)	최소 13인치 (328mm)

※ 프로젝터의 화면크기와 설치거리는 렌즈의 종류와 기종에 따라 달라질 수가 있다.

10.6.2 바닥형 이동방식

프로젝터는 렌즈의 크기에 따라 제품마다 다르지만 개략적으로 거리와 화면(스크린)의 크기는 [그림 10-6]과 같다.

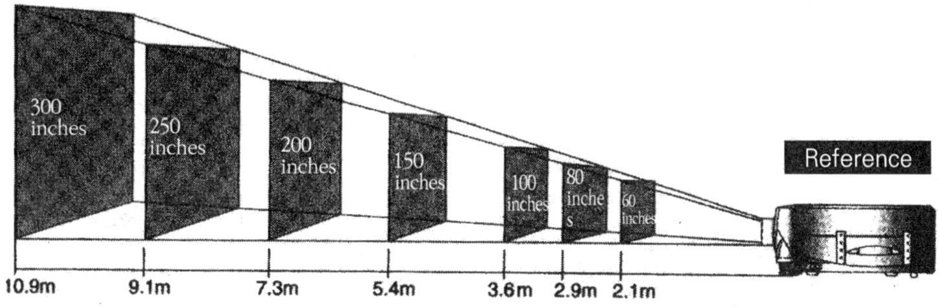

[그림 10-6] 프로젝터 설치시 스크린 크기

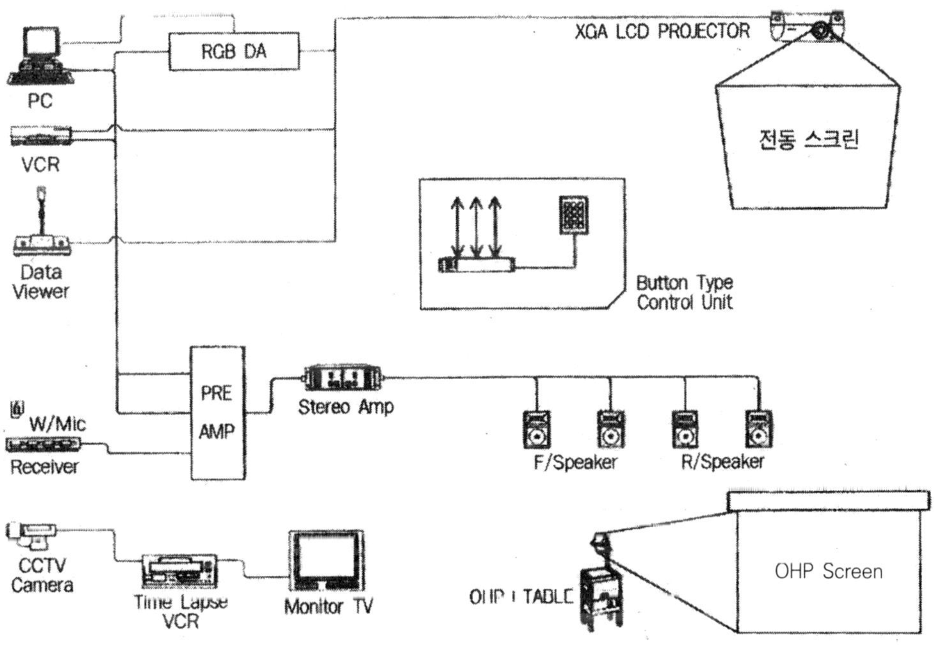

[그림 10-7] 영상교육 시스템

10.7 방송 및 영상설비설계 사례

10.7.1 일반시방서

1. 사업명

○○학교 방송설비 구매 설치

2. 사업개요

본 시방은 ○○학교에 음향, 영상장비를 설치함으로써 합리적이고 효율적인 학교운영에 목적이 있다.

3. 설치범위 및 자격

⑴ 범 위

① 음향다원화 방송설비
② 영상다원화 방송설비

⑵ 자 격

정보통신공사업법에 의한 등록(면허)을 소지한 업체

⑶ 계약자

계약자는 시험 및 검사를 완료한 후 계약기간 내에 납품 · 설치하여야 한다.

4. 일반사항

① 본 일반사항은 방송기기 · 영상장비를 설치 시행함에 있어 일반적인 계약조건과 공법 등에 관한 사항을 규정한 것으로서 각 장비별 설치에 적용하며, 계약의 일부로서 효력을 갖는다.
② 본 일반사항에서 정하지 아니한 사항은 장비별 설계서 및 특별시방서에 의한다.
③ 각 장비별 구매설치는 아래 사항의 장비별 설계서 및 특별시방서에 의하고 다음의 규정을 준수한다.
- 정보통신공사업법, 같은 법 시행령
- 전기통신설비의 기술기준에 관한 규정
- 전자공업협회(EIA)의 표준규격

- 한국공업표준규격(KS)
- 전기용품안전관리법
- 기타 관계법령 등

④ 본 일반시방 및 각 장비별 설계서에 의하여 제작설치를 함에 있어 시방서에 정한 사항이 관계법령 사항과 다른 부분이 있을 경우에는 관계법령을 우선으로 준수 시공한다.

⑤ 도급시행자는 공사완료 후 시스템의 운용자료 제공 및 교육을 실시하여야 한다.

5. 설비의 설치시행

(1) 설비의 설계도

① 각종 설비의 설치 전에 설치도면을 작성하여 감독관의 승인을 받고 제작 또는 설치한다.

② 설치를 수행하기 위하여 타 관련부뷰의 합의를 요할 경우는 사전에 감독관의 협의 하에 제작설치의 진행에 차질이 없도록 한다.

③ 설치는 관계되는 제반법규에 따라서 설치하여 각 시스템별 본래의 특성 및 기능을 유지할 수 있도록 성실히 시공한다.

④ 설치중 설치의 부실이 발생하면 감독관의 지시에 따라 즉시 재시공, 또는 보수하여야 한다.

⑤ 본 설계도서 및 시방서에 명시되지 않는 사항일지라도 설치 시공상, 구조상, 외관상 시공하며, 도면과 시방서의 내용이 상이하거나 명기가 없거나 의문이 생겼을 때 또는 내용 및 법규에 따른 해석상 차이가 있을 때는 감독관의 결정에 따라 시공한다.

(2) 설치용 자재

① 본 설치에 사용되는 모든 자재는 본 시방서 및 설계도서에 의하여 명기된 규격과 이상이 없도록 한다.

② 본 설치자재는 외자재의 경우 해당국 법령에 따른 규격품, KS규격품, 표준설계서 규격품, 기타 공인된 규격품 및 감독자가 지정하는 자재 또는 승인하는 자재의 순으로 사용한다.

③ 현장에 반입할 기기는 감독(감독관)의 검수를 받은 물품에 한하여 사용한다.

④ 본 설치와 관련하여 철거 또는 제작되는 소재별로 명칭 · 수량 · 규격 · 상태 등을 표시하여 감독관의 확인을 받은 명세서를 제출한다.

⑤ 도면승인(자재의 규격승인) 과정은 발주처와 감리의 협의를 거쳐 자재의 승인이 있은 후 제작하여 현장에 반입한다.

(3) 설치보고

① 계약자는 모든 설치의 시공계획서 및 공정관리도를 작성하여 각 공정단계별로 관리하며 주요 사항은 제출한다.
② 계약자는 설치 진척사항 및 예정공정에 관한 작업일보를 감독관에게 제출하여 감독관의 지시를 받는다.
③ 본 설치에 관한 업무보고 · 연락 · 통지 등을 할 경우에는 반드시 감독관을 경유한다.
④ 계약자는 감독관의 의사를 존중하고, 항상 상호 긴밀히 협의하여 시공에 만전을 기한다.

(4) 설치의 중지

① 천재지변이나 발주처의 요구에 의하여 공사가 중지될 때
② 계약자가 시방서 및 설계도서에 의거 시공하지 않을 경우
③ 계약자가 관계법령에 위배하여 시공하는 경우
④ 감독관의 지시를 부당하게 따르지 않을 경우

(5) 현장대리인 및 공사요원

① 계약자는 설치 착수 전에 본 설치수행에 필요한 시공 · 시험 · 검사 및 제반 지식에 풍부한 유경험자로서 통신공사법에 규정한 자격소지자를 현장대리인으로 선정하여 감독관에게 보고하고, 현장설치시 감독관의 지시에 따라 각종 업무에 보안의 책임을 담당케 한다.
② 본 설치를 위한 출입자는 사전에 출입조치를 받아 현장출입 및 작업시는 항상 보안의 책임을 담당케 한다.
③ 현장대리인은 보안 및 안전에 대한 책임자를 임명하고, 관계서류를 감독관에게 제출한다.

(6) 보안 및 안전

① 계약자는 본 설치 관련 설계도서와 설치중 습득한 비밀사항에 대하여 설치 시행 전후를 막론하고 타인에게 제공 또는 누설되지 않도록 제반 보안조치를 취한다.
② 계약자는 안전관리 책임자를 현장에 배치하여 공사중 발생할 수 있는 모든 사고를 미연에 방지하도록 한다.
③ 계약자는 본 설치에 관련된 모든 임명 및 시설에 대하여 안전조치를 취하여야 하며, 본 설치와 관련된 모든 사고에 대한 인명 및 재산상의 피해에 대하여 계약자 부담으로 원상복구 또는 피해보상의 책임을 진다.
④ 계약자는 본 설치에 참여하는 작업구역을 설정하여 작업보호구역 내에서 작업해야 하며, 각종 설계서 및 서류에 대한 보안대책을 세운다.

(7) 검사 · 시험 및 운전

① 계약자는 설치중과 설치 완료시 현장을 정리하여 검사에 대비하도록 한다.
② 시방서 및 설계도서와 상이하게 제작 또는 설치시 감독관의 지시에 따라 계약자 부담으로 재제작 또는 재시공한다.
③ 계약자는 설치 완료시 시험검사 항목표를 작성 · 제출하여 감독관의 승인을 받는다.
④ 각 설치별 공동검사 및 시험항목은 다음과 같다.

- 외관 및 구조 검사
- 배선상태 검사
- 장비별 규격 기능 동작시험
- 시운전 검사
- 준공검사

⑤ 본 시험검사에 소용되는 제비용은 계약자가 부담한다.

(8) 제출서류

1) 착수시 제출서류

계약자는 다음 서류 및 도면을 제출하여 감독기관의 승인을 받는다.

① 설치착수계
② 현장대리인계
③ 계약내역서
④ 설치계획서
⑤ 설치 예정공정표
⑥ 기타 감독관이 지정하는 필요한 서류

2) 제작도면 승인

① 각종 설치장치 배치도, 규격서의 내용이행을 위한 세부규격내용 제출
② 설비 유닛, 랙의 크기, 블록 다이어그램, 유닛과 단말기간 배선연결 도면
③ 별도의 완제품은 사용 메뉴얼 제출, 기탈로그

3) 납품완료시 제출서류

① 준공(설치완료) 검수계
② 준공내역서
③ 장비별 시험검사 성적서(자체)
④ 장비별 시운전 결과보고서
⑤ 장비별 유지보수 운영지침서 및 세부도서(준공도면)
⑥ 각종 주장치, 단말기 설치현장의 공사 전 · 공사중 · 공사 후의 사진첩

⑦ 기타 감독관이 지정하는 필요한 서류

(9) 준공도면

① 장비별 준공도면의 원도는 양질의 트레이싱 페이퍼를 사용해야 하며, 원도 둘레에는 훼손을 방지할 수 있도록 하고, 기재하는 문자 · 축적 · 범례 등은 설계도서에 준한다.
② 준공도면에는 모든 설계변경 사항을 명확하고 알기 쉽게 기재한다.
③ 제작승인도면은 준공도면으로 대체할 수 있다.
④ 음향시스템과 스피커간의 회선을 구성한 음향 선번기록장 첨부
⑤ 각 층별 음향(방송)단자함 내에 선번장 기록
⑥ 시스템 내부의 각종 커넥터, 케이블 연결과 접속의 경로 표시의 라벨을 상세하게 표기하여 부착한 사진첩

(10) 운용 및 유지보수

하자보수 관련 계약서 기간에 따라 성실히 실시하여야 한다.

(11) 교육훈련 및 기술지원

1) 교육훈련

① 계약자는 시스템의 원활한 운영 및 유지보수를 위하여 지정요원에 대하여 시스템 엔지니어 및 운용자 교육훈련을 실시하여야 한다.
② 교육훈련은 계약자 전액부담으로 교육이 가능하여야 하며, 일정(2일 이상) 및 인원은 추후 협의 후 결정한다.

2) 각 시스템별 설명서 제출

① 제품설명서
② 취급설명서 및 운영자 매뉴얼
③ 유지보수 매뉴얼(회로도 · 배치도 등 포함)
④ 비상응급조치 매뉴얼 등

6. 특기사항

(1) 공통사항

① 설치는 각 기기의 고유성능을 최대한 발휘할 수 있어야 하며, 타 기기 또는 전체 시스템에 간섭 또는 장애를 주어서는 안된다.
② 시설물은 운영자 및 이용자에게 전기적 · 기계적 위험을 주지 않도록 설치하여야 한다.

③ 각 기기는 수평 · 수직조정이 정확하고 안정되게 장착되어야 하며, 외관이 미려하게 설치되어야 한다.
④ 모든 장비는 감독관의 협의제품으로 신품이어야 한다.
⑤ 랙에는 기기의 방열을 위한 통풍장치가 되어 있어야 한다.
⑥ 랙은 19인치 국제규격에 합당하도록 제작한다.

10.7.2 자재시방서(규격서)

1. 전관방송 방송설비

① 본 설비는 ○○학교의 교직원과 학생, 각종 행사시에 공지사항 전달 등과 같은 일반방송과 민방위사태 발생시 경보 및 대피유도방송 등을 할 수 있고, 화재 발생시 방재반과 연동하여 자동적으로 발화층 및 그 직상층의 경보 및 대피유도 방송을 하는 데 목적이 있다.
② 교내방송은 일제방송과 부분 그룹방송이 가능하고, 자체 방송설비를 갖추며, 일반 및 비상방송을 송출할 수 있어야 한다.
③ 화재 및 비상훈련시에는 비상유도방송이 가능하여야 한다.
④ 화재발생시에는 방재센터와 연동되어 발화층과 직상층에 자동으로 화재발생을 알리는 방송이 가능해야 하며 수동에 의한 유도방송도 가능하여야 한다.
⑤ 비상방송은 일반방송보다 우선하여야 하며 비상방송의 축전지와 즉시 자동연결이 되어야 한다.

2. 기타 각 시스템별 규격서는 생략

메인 앰프, 믹스, EQ, 스피커, 마이크, 기타

10.8 폐쇄회로 텔레비전(CCTV)설비 및 방범설비 설계

10.8.1 CCTV설비의 설치와 방범설비 기준근거

주차장법 시행규칙

제6조(노외주차장의 구조 및 설비기준) 제①항10호

주차대수 30대를 초과하는 규모의 자주식 주차장으로서 지하식 또는 건축물식에 의한 노외주차장에는 관리사무소에서 주차장내부전체를 볼 수 있는 폐쇄회로 텔레비전 및 녹화장치를 포함하는 방범설비를 설치 · 관리하여야 한다.

10.8.2 영상통신설비 설계사례

1. 일반 시방서

(1) 설계설명서

1) 건 명

하천 영상통신 시스템 제작, 구매설치

2) 사업목적

본 과업은 홍수예상 지점은 주요 관측지점에 영상통신 시스템(CCTV)를 설치하고 상황실에 제어장치를 증설하여 OO강 홍수통제소에서 수위변화를 육안으로 확인이 가능하게 함으로써 홍수예보업무의 신뢰성을 확보하고자 한다.

3) 설치위치

번 호	지점명칭	주 소	비 고
1		(　)광역시, 구, 동, 대교 인근	신설
2		(　)북도, 시, 군, 동 인근	신설
3	낙동강 (　)소	(　)광역시, 구, 동, 번지	증설

4) 사업개요

① 하천 영상통신 시스템 설치(　　　) : 2식

② 하천 영상통신 시스템 제어장치 증설 : 1식

5) 설치기간

본 공사는 착공일로부터 3개월(90일) 간으로 한다.

※ 계약자는 홍수기 화상 영상전송시스템 운용을 위하여 최대한 설치기간을 단축하여야 한다.

(2) 일반시방서

1) 입찰자격

본 공사의 입찰자격은 정보통신공사업법 관계법령에 의거 등록한 공사업체이어야 한다.

2) 공사범위

본 공사는 기존 기기의 데이터 처리 흐름도, 철거 및 설치위치에 대한 현장확인과 시스템의 프로토콜(protocol) 등을 상세히 파악하고, 기존 장비와의 인터페이스(interface), 시운전, 주변장치에 대한 데이터 입·출력 등을 확인하여 시공하여야 하며, 본 설계서에 명시되지 않은 사항이 있을 경우라도 공사 시행상 당연히 필요한 경미한 사항은 계약자 부담으로 시공 처리한다.

3) 관련규정

본 공사는 계약시·설계도서 및 다음의 관련 규정에 의하여 시행하여야 하며, 불확실한 사항 및 경미한 사항은 발주자와 협의하고 지시에 따른다.

① 국가를 당사자로 하는 계약에 관한 법률 시행령 및 국가를 당사자로 하는 계약에 관한 법률 시행규칙
② 전파법, 전파법 시행령, 무선설비 규칙, 방송통신설비 기술기준
③ 방송통신발전기본법 및 정보통신공사업법, 정보통신공사업 시행령
④ 한국공업규격 및 산업규격
⑤ 기타 본 공사와 관련한 관계법령, 규칙, 고시, 기준 등

4) 일반시방서 및 특별시방서의 우선 순위

① 일반시방서의 내용과 특별시방서의 내용이 상이할 경우에는 특별시방서를 우선으로 하며, 도면과 시방서가 상이할 경우에는 도면을 우선으로 하되 도면이 오류나 누락으로 모순이 있거나, 보다 개선된 도면이 있을 경우에는 발주자와 계약자가 상호 협의하여 시행하여야 한다.
② 일반 및 특별시방서에 명기된 내용 이외에 정밀시공 및 품질확보를 위하여 필요한 사항은 발주자와 협의하여 시행하여야 한다.

5) 설계단가 적용기준

① 노임단가 : 대한건설협회에서 조사 공표한 시중노임단가
② 자재단가 : 물가정보, 견적가(관련업체)
③ 단가 및 수량산출 : 정보통신공사 표준품셈

6) 하자보증

계약자는 공급된 본 설비에 대하여 준공이로부터 2년간 다음 각 사항과 같은 하자가 발생하였을 경우 즉시 응급조치하거나 양호한 기기로 대치하여야 하며, 주변장비에 영향을 미쳤을 경우에는 해당 장비도 조치하여야 한다.

① 시스템 설계 잘못에 의한 결함이 발생하였을 경우
② 제작기술의 미숙으로 인하여 결함이 발생하였을 경우
③ 사용자재의 불량으로 인한 결함이 발생하였을 경우
④ 기기의 설치 잘못으로 인하여 결함이 발생하였을 경우
⑤ 기존 장치와의 Interface 오류로 인하여 결함이 발생하였을 경우

7) 안전관리 및 민원의 처리

① 계약자는 안전관리자를 선임하여 안전관리 및 산업재해 방지에 철저를 기하여야 하고, 특히 공사 시공중 발생한 제반 안전사고에 대하여 일체의 민 · 형사상 책임을 지고 처리하여야 한다.
② 계약자는 근로기준법, 사업안전보건법, 정보통신공사업법 및 공사 관련법규를 준수하여야 함은 물론이고 공사 시공시 기존의 시설물에 손상이나 기능에 장애를 야기하여서는 안 되며, 만약 손상을 입혔을 경우에는 이에 대한 일체의 책임을 지고 계약자 부담으로 원상복구 또는 변상조치하여야 한다.
③ 현장작업원의 안전을 위하여 작업개시 전 사전에 충분한 안전교육을 시킨 후 작업에 임하여야 한다.
④ 계약자는 설비의 도난이나 분실, 운반중 사고방지에 철저를 기하여야 하며, 이에 따른 모든 책임을 지고 처리 및 조치하여야 한다.
⑤ 공사의 시공중 발생되는 제반 민원사항은 계약자가 원만히 해결하거나 또는 발주자에게 보고하고 지시에 따른다.

8) 현장 대리인 및 근로자

① 계약자는 정보통신공사업법 또는 공사 관련법령에 적합한 현장대리인을 선임하여 착공계 제출시 현장대리인계를 함께 제출하여야 하고, 현장대리인은 제반의 권한을 위임받아 공사의 시공 및 관리업무를 수행하며, 현장대리인은 타 공사의 대리인으로 선임되어 있어서는 아니된다.
② 현장대리인은 공사현장에 상주하여 계약문서와 감독자의 지시에 따라 현장의 단속 및 공사에 관한 모든 사항을 처리하여야 한다.
③ 계약자는 당해 계약의 시공 또는 관리에 필요한 기술과 경험을 가진 근로자를 채용하여야 하며, 근로자의 행위에 대하여 모든 책임을 져야 한다.
④ 계약자가 채용한 현장대리인 및 근로자에 대하여 당해 계약의 시공 또는 관리상 적당하지 아니하다고 판단되어 감독자가 교체를 요구한 때는 즉시 교체하여야 한다.

9) 현장조사

① 계약자는 발주자가 제시한 기술자료의 검토 및 현장조사를 통하여 공사시행과 관련된 사항을 면밀히 파악하고 세부내용을 숙지하여야 하며, 제공되지 않은 기술정보 또는 계약서에 특별히 언급되지 않은 사항이 있을지라도 계약자는 시스템 전체의 완전한 동작과 기능에 지장이 없도록 자재와 기술력을 제공하여 공사를 시공 · 완료하여야 한다.

② 계약자는 현장조사를 실시한 후 통신회선 등에 대하여 검토하여 기간통신망사업자 등에 대관업무를 수행하여야 하며, 이와 관련된 비용 등은 공사비에 포함되어 있다.

10) 도면승인

계약자는 장비제작에 임하기 전에 계약된 설계도면보다 시스템 전체의 성능이 동급 이상으로 운용될 수 있도록 도면을 작성하여 제출하고 승인을 득한 후 제작하여야 한다.

① 승인용 도면(원본)을 착공 후 20일 이내에 작성하여 '승인용'이라고 날인하여 제출한다.

② 도면의 검토결과 수정을 지시받은 도면은 '재승인용'이라고 날인하여 문시 접수 후 5일 이내에 제출한다.

③ 승인용 도면의 제출시에는 설치자재의 규격, 상세도면, 구성도 등을 첨부하여 제출한다.

④ 승인을 득한 도면은 '시공용'이라고 날인하여 3부를 즉시 제출한다.

⑤ 도면의 승인기간은 도면을 접수한 날로부터 10일간으로 하고, 기간 내에 처리되지 않을 경우에는 자동 승인된 것으로 간주한다.

11) 시스템 종합시험

① 계약자는 개조 또는 신규로 설치한 모든 기기 및 운용 프로그램을 설치 완료한 후 15일 동안 종합 테스트-런(test-run)을 시행하여 시스템을 보완 및 안정화시키고, 이 기간 동안 전시스템이 이상 없이 작동된다고 판단될 때 준공처리할 수 있다.

② 종합시험 기간 중 중대한 결함이 발생할 경우에는 즉시 감독관에게 서면으로 보고하고 보완조치를 하여야 한다.

③ 종합시험은 공사기간에 포함되고, 최소한 준공일 15일 전부터 시행하여야 하며, 문서로서 종합시험 개시일을 보고하여야 한다.

④ 종합시험에 필요한 경비 및 회선료 등은 계약자의 부담으로 한다.

12) 설계변경 조건

본 공사의 시공에 있어서 다음과 같은 사유가 발생하였을 경우에는 설계변경을 할 수 있다.

① 발주자의 사정에 의하여 설계변경이 불가피하다고 인정될 때
② 현장 여건상 설계변경이 불가피하거나 장비의 구성 및 기능의 일부를 변경할 때
③ 본 공사에 소요되는 각종 기자재의 물가상승률이 ±5% 이상일 때 설계변경을 할 수 있다.
④ 상기의 각 항에도 불구하고 설계서 및 현장여건의 차이가 경미할 경우에는 설계변경하지 아니한다.

13) 준공기한의 연장

다음의 경우에는 준공기한을 연장할 수 있다.

① 천재지변 등 불가항력으로 본 공사시행이 불가능할 때
② 발주자의 정책 변경으로 본 공사가 중단되었을 때
③ 발주자의 계획 변경으로 본 공사의 내용이 증감되었을 때
④ 기타 공기를 연장할 정당한 사유가 있을 때

14) 계약의 해제 또는 해지

다음의 각 호에 해당되는 경우에는 계약의 전부 또는 일부를 해제 또는 해지할 수 있다.

① 정당한 이유 없이 약정한 착공 시일을 경과하고도 공사에 착수하지 아니할 경우
② 계약상대자의 책임 있는 사유로 인하여 준공기한까지 공사를 완성하지 못하거나 완성할 가능성이 없을 경우
③ 계약조건을 위반하고 그 위반으로 인하여 계약의 목적으로 달성할 수 없다고 인정될 경우

15) 공사의 중지, 일시중지

① 다음의 각 항에 해당되는 경우에는 발주자는 공사의 전부 또는 일부의 중지, 일시중지를 명령할 수 있다. 이 경우 국가를 당사자로 하는 계약에 관한 법률 시행령, 동법 시행규칙 등 기타 제반 관련 법률이 정하는 조항에 따른다.
  - 공사의 이행이 계약내용과 일치하지 아니하는 경우
  - 계약자가 설계도서·시방서 또는 공사감독관의 지시에 따르지 아니하는 경우
  - 극단적인 재해 또는 이변으로 인하여 공사의 계속이 불가능하다고 인정될 경우
  - 기타 발주기관의 필요에 의하여 계약담당공무원이 지시한 경우

② 계약자의 책임이라고 할 수 없는 상황에 의하여 공사가 중지되었을 경우로 판단될 때에는 발주자는 공기의 연장 등 기타 사항에 대하여 고려할 수 있다.

③ 상기 ①항 및 ②항에 의하여 중지된 공사를 다시 착공할 때 발주자는 지체없이 이를 계약자에게 통보하고 계약자는 통보일로부터 3일 내에 재착공하여 공사를 진행하여야 한다.

④ ①항의 규정에 따라 공사를 중지시킨 경우로 인하여 계약자는 기간의 연장 또는 추가금액을 요구할 수 없다.

16) 서류의 제출

계약자는 다음 각 호의 서류를 발주자에게 제출하여야 한다.

① 착공계의 제출 및 착공계 제출시 공사예정공정표, 현장대리인계, 안전관리자선임계, 보안각서 등을 첨부하여야 한다.

② 공사예정공정표에 의하여 월간작업계획 및 실적을 작성한 월간공정보고서를 익월 5일 전까지 제출하여야 한다.

③ 계획공정과 실제공정이 일치하지 않을 경우에는 계획공정을 수정하여 변경된 계획공정표를 제출하여야 한다.

④ 공사의 완공 후 즉시 아래의 각 사항이 상세히 기재된 준공도면 3부를 제출하여야 한다.

- 각 장치별 기능 및 사용방법 설명서
- 각 장비의 구성도 및 결선도 등 설비의 운용관리 및 고장수리에 필요한 사항

⑤ 사진의 제출 : 아래의 각 공사 진행사항을 촬영한 사진첩 2부

- 시공 전후 사항을 촬영한 사진
- 매몰되는 시설에 대한 주변전경 및 주요 부위의 상세한 사진
- 기타 주요 공정진행에 관한 사항을 촬영한 사진
- 공사 완료된 사진

17) 보 안

본 공사와 관련하여 설치되는 시설, 장비의 운영체제, 시스템의 구성 등 시공중에 지득한 사실에 대하여는 보안을 철저히 하여야 한다.

18) 교 육

계약자는 공사완료 후 모든 설치 장비의 유지보수 및 시스템 운용 전반에 대하여 발주자측 운용요원들에게 아래 각 호의 교육을 실시하여야 한다.

① 장비구성 및 유지보수 교육

② 각종 소프트웨어 도구구성 및 운용방법 등 필요한 사항

③ 설치장비에 대한 현장교육

④ 기타 설치장비의 원활한 운용을 위하여 필요한 사항 등

⑤ 계약자는 상기 내용을 포함하는 내실 있는 교육을 실시하여야 하며, 교재의 발간비

용 및 현장교육비 등(피교육자 여비 제외)은 공사비에 포함된 것으로 한다.

19) 규격의 적용 및 변경

① 본 공사와 관련한 시스템 설계 · 재질 · 제작 · 시험 · 검사 및 성능 등은 별도의 사양서에 명시하지 않는 한 한국공업규격 또는 국제 규격에 따르며, 가장 최근의 규격을 적용하여야 한다.

② 본 시방서와 상치되는 경우가 발생하였을 때에는 본 시방서가 우선하나, 이에 대하여 협의를 하여 가장 적절한 방법을 적용하고, 관련 규격 등이 없을 경우에는 최근에 잘 알려진 적절한 사례를 발주자에게 소개하고 승인을 받는다.

20) 자재의 포장 운반 및 보관

본 설비의 납품운반시에는 충격을 피하고 손상이 없도록 포장하여야 하고 특히, 보관시에는 분실이나 도난을 당하지 않도록 각별히 보호하여야 하며, 계약자의 과실로 이상이 발생한 장비는 계약자부담으로 조치하고 감독관의 확인을 받아야 한다.

21) 공사재료 및 품질

① 사용되는 모든 자재 및 부속품들은 KS 규격의 신품이라야 하며, 장비의 제작은 가장 최근 · 최상의 기술을 적용하여 경제성 · 시스템 확장성 · 신뢰성이 충분히 확보되어야 한다.

② KS규격이 없는 자재 또는 재료는 이와 동등 이상의 최상품을 사용하여야 하며, 현장에 반입되는 주요 물품은 감독관의 검사를 받아 합격된 것만을 사용하여야 한다.

③ 영구히 매몰되어 사후에 검사가 불가능한 경우에는 매몰되기 전에 감독관 지시에 의하여 시공하여야 한다.

④ 각 장치는 운용자가 내부 및 외부에 대한 점검 · 정비 · 청소 등 유지보수를 용이하게 할 수 있도록 제작하여야 한다.

⑤ 장치의 각 부품은 가능한 한 많은 호환성이 있도록 제작하여야 하며, 끝내기 작업은 최상급이어야 한다.

⑥ 사용되는 모든 자재는 시스템에서 요구되는 환경 및 운용조건하에서 고유기능 및 특성을 충분히 만족하여야 하며, 주변장치와 원활히 상호 호환되어야 한다.

⑦ 사용되는 모든 자재 및 부품은 설계수량, 규격, 전기적 · 기계적 특성 및 내구성이 충분히 만족하여야 한다.

⑧ 사용되는 모든 자재 및 부품은 온도, 습도, 진동 및 동작 또는 대기 등 제반 환경변화에 충분히 견딜 수 있어야 한다.

⑨ 사용되는 모든 자재 및 부품은 인체에 유해한 물질의 배출이나 쉽게 변형되는 재료를 사용하여서는 안된다.

⑩ 사용되는 자재 및 부품의 고장으로 인하여 전체 시스템의 오동작등 나쁜 영향을 주어서는 안되며, 인접해 있는 타 시스템 또는 부품에 손상을 주는 것이어서는 안된다.

⑪ 사용되는 모든 자재 및 부품은 허용오차 내에서 고유기능, 성능, 특성이 변하지 않는 타 부품 및 재료로도 대체가 가능한 것을 사용하여야 한다.

⑫ 사용되는 모든 자재 및 부품은 산업계에서 현재 상용되고 있으며 지속적으로 생산 · 공급이 가능한 것을 사용하여야 하며, 만약 생산 및 공급이 중단될 우려가 있다고 판단되는 부품은 발주자가 필요로 하는 적정 수량만큼 예비품으로 공급하여야 한다.

⑬ 사용되는 모든 장치 및 자재의 금속 표면 특히 용접부분은 내부식성이 충분히 좋아야 하며 미려하게 처리한다.

⑭ 각 장치의 인쇄회로기판(PCB), 커넥터 등 접속부분은 접촉저항이 작고 진동 등에 안정성이 있어야 하며 유지보수를 위하여 탈착이 용이하도록 제작하여야 한다.

⑮ 사용되는 각종 케이블류는 난연성이어야 하고 장기간 사용하여도 기능에 영향이 없는 내부식성이 충분히 확보된 것을 사용하여야 하며 외부에 노출된 케이블은 빗물 등의 외부환경으로부터 보호할 수 있는 조치(플레시블케이블 사용 등)를 하여야 하고 외부잡음에 영향을 받지 않는 것을 사용하여야 한다.

⑯ 외부에 노출되는 자재는 녹이 슬지 않는 아연도 강관이나 특수소재를 사용하여 제작하여야 한다.

⑰ 사용되는 모든 장치, 자재, 부분품의 성능 및 사용의 편이성 등은 현재 설치되어 있는 기존시설보다 동급 이상이어야 한다.

22) 특허 및 저작권

① 계약자는 제작 및 시공과정에서 사용하거나 제공한 특허 또는 비특허설계, 발명사항 등에 대하여 분쟁소지가 있는지 면밀히 분석하여 대처한다.

② 본 공사와 관련하여 설계 제작되는 소프트웨어 및 펌웨어는 발주자 운영에 관련 필요에 의하여 사용할 수 있다.

③ 계약자는 본 공사에 사용되는 모든 프로그램을 반드시 제작회사의 합법적인 절차를 거쳐 취득한 정품 소프트웨어만 사용하여야 하며, 불법복제 소프트웨어의 사용에 의해 발생되는 모든 분쟁(저작권 등)의 책임은 계약자에게 있다.

23) 철거장비의 처리

철거되는 기존의 장비 또는 자재는 훼손되지 않도록 세심한 주의를 기울여 철거하고 감독관이 지정하는 장소까지 운반한 후 보관하여야 하며, 철거목록을 작성하여 보고한다.

24) 기타 사항

① 설계서에 명시된 품질규격, 수량 등에 차이가 있을 경우에는 KS규격 또는 동등 이상의 품질과 수량이 많은 것이 우선한다. 다만, 발주자가 서면으로 지시한 사항은 예외로 한다.

② 현장에서의 시공위치 및 공법의 미세 변경 또는 이에 수반되는 약간의 수량의 증감 등 경미한 변경사항 등은 감독관의 지시에 따른다.

③ 계약자는 본 공사에 필요로 하는 각종 공구류 및 시험용 기기를 직접 조달하여 시공하여야 한다.

④ 공사 시공중 발생하는 경미한 소모성 재료는 계약금액의 변동없이 현장에서 구매하여 시공한다.

2. 특별시방서

(1) 개 요

본 과업은 홍수예보 주요지점 중 A · B지점에 하천 영상전송시스템을 신설하고 상황실에 제어장치를 증설하여 정보통신실 및 상황실에서 제어 및 관리하고 기설치된 시설물과의 완벽한 호환성을 이루어야 한다.

1) 하천영상전송시스템 설치(A · B지역)

A · B지점에 영상통신시스템을 설치하여 인근 지역의 동영상정보를 카메라로 촬영한 후 부호화 장비를 이용하여 통신회선을 통해 상황실에 선명하게 전달할 수 있도록 설치한다.

2) 하천영상통신시스템 제어장치 증설

A · B지점 신설 및 상황실, 정보통신실의 제어, 관리장치 조작, 현시장치 등을 증설하고자 한다.

(2) 주요 자재

번호	품 명	규 격	단위	수량	기 능	비고
1	COLOR CAMERA	0.001LUX	대	2	화상정보를 전기적신호로 변환	
2	ZOOM LENS	9.5~256.5mm	대	2	CAMERA에 장착되어 화상 확대	
3	CAMERA HOUSING (햇빛가리개 포함)	B/H/W	대	2	자동온도조절하여 CAMERA 보호	
4	PAN/TILT	45KG, 방폭형	대	2	카메라 상하좌우 조정	

번호	품 명	규 격	단위	수량	기 능	비고
5	실내용 CAMERA	줌, PAN/TILT, 주/야	식	2	관측소 실내 촬영용 카메라	
6	RECEIVER UNIT	RELAY TYPE	대	4	원격지의 제어명령을 CAMERA 등에 전달	
7	PROTECTOR	VIDEO, POWER, DATD	식	2	낙뢰 등으로부터 장비보호	
8	QUAD	4입력 1출력	대	2	현장 카메라 분할화면 표시 및 선택	
9	CODEC	V35, IP	대	2	통신회선으로 전송하기 위한 신호변화	
10	TPT	220V	대	2	낙뢰 등 이상 전원으로부터 장비보호	
11	UPS	1KVA, RACK용	대	2	정전시 장비에 전원공급 유지	
12	CAMERA POLE (피뢰침, 작업대, 기초포함)	5m×10"	식	2	CAMERA 고정을 위한 강관주	
13	접시시설	침상전극봉 ϕ14.2×1,575	식	2	피뢰 및 장비접지 시설	
14	투광기 및 BRACKET	400W	식	2	야간 사용을 위한 조명	
15	RACK	-	식	1	현장장비 실장용	
16	SIGNAL CONVERTOR	6PORT	대	3	신호변환	
17	VDA	1 IN, 6 OUT	대	1	화상을 분배·증폭하여 각 장비에 공급	
18	DVR	영상녹화용	식	1	CCTV동영상 저장기능	
19	WEB SERVER	6CH	대	1	네트워크를 통한 동영상 제공	
20	무선 전송장치	송, 수신용	식	1	무선 영상 및 데이터 송·수신기능	
21	수신증폭기	+26 ~ 30dB	식	1	장거리 전송시 수신기의 수신 감도 향상시키는 기능	
22	CONSOLE	19"LCD×9, 조작 PC 실장	식	1	각각의 영상을 LCD에 표출하고 조작 PC운용	
23	관측소	2,500×3,000mm	식	1	구포 관측시스템 장비보호	
24	기타 잡자재	디이머, 마그네트, 케이블, 누전차단기 등	식	1	전원 및 회로 결선용 자재	

⑶ 주요 자재 규격 및 설치

A 지점에 하천영상통신시스템을 신설하여 MPLS VPN(512K) 또는 VPN ME(1M)망을 이용하여 전송하고 B지점은 무선 영상전송장치를 이용한다. 정보통신실 및 상황실에서 카메라 제어 및 관리, 조작할 수 있도록 다음과 같은 규격으로 설치 시공하여야 한다.

1) 공통사항

① 장비가 낙뢰로부터 보호될 수 있도록 영상, 데이터, 전원선 등은 보호장치를 설치하여야 한다.

② 통신은 무선과 유선으로 구축하며 유선은 광통신망이나 MPLS VPN(512K) 또는 VPN ME(1M)로 구축하되 향후 새로운 방식으로 회선을 변경하여도 원활히 운용이 가능한 장비로 구성 및 설치하여야 하며 보다 좋은 방식이 있을 경우 발주자와 계약자가 상호 협의하여 시행하여야 한다.

③ 장비설치 후 각종 배선은 미관을 고려하여 설치하고 또한 견고하게 고정시켜야 한다.

④ 관측소 내부에 설치하는 장비는 운용 및 보수가 편리하도록 설치하여야 한다.

⑤ 각종 연결단자와 케이블 연결부위는 튼튼하게 하고 외부로 노출되는 연결부위는 고무와 비닐절연 테이프로 습기가 스며들지 않도록 처리하여야 한다.

⑥ 설치되는 모든 장비는 수리 등을 위하여 장비별 교체가 필요한 경우 원활히 교체될 수 있도록 호환성이 좋아야 하며, 수리가 용이한 제품이어야 한다.

⑦ 시스템 전체의 해상도는 특정장비에서 화질저하가 발생하지 않도록 상호 결합성이 좋은 장비로 시공하여야 한다.

⑧ 영상통신 제어장치 등은 향후 확장이 용이하도록 개량되어야 한다.

⑨ 모든 배선은 식별이 용이하도록 명표를 부착하여야 한다.

⑩ 실내 설치되는 장비는 RACK에 장착이 가능한 장비를 사용하여야 하며 외부에 설치되는 장비는 옥외용 제품이어야 한다.

⑪ 야간에 목자판 관측이 원활한 위치에 저조도 카메라 및 조명시설(투광등) 등을 설치하여 통제소에서 수동을 점등하고 자동으로 소등되는 기능이 있어야 한다.

⑫ 보조카메라는 주·야간에 관측소 실내 장비의 감시가 원활한 위치에 설치하고 조명등을 설치하여 통제소에서 소동으로 점등하고 자동으로 소등되는 기능이 있어야 한다.

2) COLOR CAMERA

렌즈를 통해 입사된 빛의 신호를 빛의 강약에 따라 전기적 신호로 변환하여 주는 기기로 저조도 컬러 카메라를 설치하여 주간 및 야간에도 사용이 가능하여야 한다.

① 컬러방식 : HD
② 촬상소자 : 200만화소
③ 최저조도 : 0.001LUX
④ 신호 대 잡음비 : 50dB
⑤ 수평해상도 : 480Line
⑥ 영상출력 : 1.0Vp-p 75ohm
⑦ 소비전력 : 6W
⑧ 전자셔터 : 1/20000 이상

3) ZOOM LENS

빛의 신호를 카메라에 전달하기 위한 전동식 렌즈로 카메라에 장착되어 피사체와 확대 축소의 기능을 원격으로 수행할 수 있도록 하고, 조리개 및 초점 조정은 카메라에 들어오는 영상신호에 의해 자동으로 조절되도록 설치하여야 한다.

① 초점 거리 : 9.5~256.5mm
② 최대구경비 : ND FILTER
③ 조작 기능 : IRIS : 자동 F1.0~CLOSE
④ ZOOM : 전동
⑤ FOCUS : 전동
⑥ 렌즈 마운트 : "C" MOUNT

4) CAMERA HOUSING(회전형)

옥외에 설치된 카메라를 외부 환경으로부터 보호하기 위한 케이스로서 카메라와 렌즈를 보호하고 동작을 원활하게 하기 위해서 내부에 작동 제한온도를 유지시키는 자동온도조절 Blower와 Heater가 있고 과다한 노출을 막는 햇빛 차단대가 있으며 와이퍼가 장착되어 원격으로 제어가 가능하여야 하고 걸쇠를 풀면 뚜껑을 위쪽으로 들어올려 내부 장비에 접근이 용이하도록 설치하여 한다.

① 사용전압 : AC 220V, 60Hz
② 중 량 : 4.6Kg
③ 재 실 : F.R.P

5) PAN/TILT(옥외형)

HOUSING의 지지대인 POLE의 위에 장착하는 장비로서 POLE과 HOUSING 사이에 위치하며, 원격으로 HOUSING의 방향을 조성하여 원하는 위치를 감시할 수 있도록 하여야 한다.

① 사용전원 : AC 220V, 60Hz

② 동작속도 : PAN 6°/sec, TILT 4°/sec

③ 동작각도 : PAN 350°, TILT +20° ~ -80°

④ 적정하중 : 45kg

⑤ 재질 : 알루미늄

6) 실내용 CAMERA

현장 실내에 설치되어 각각의 장비를 ZOOM IN/OUT할 수 있어야 하고 종합적인 기능을 수행할 수 있는 카메라여야 하며, 별도의 제어신호에 의한 조명등을 설치하여 주간 및 야간에도 사용이 가능하여야 한다.

① 컬러방식 : HD급

② 촬상소자 : 200만화소 이상

③ 신호대 잡음비 : 50dB

④ 수평해상도 : 470Line

⑤ 영상출력 : 1.0vp-p

⑥ 사용전원 : AC 220V, 60Hz

7) RECEIVER UNIT

원격지로부터의 신호를 수신하여 LIGHT(투광등) 전원, WIPER, LENS, PAN/TILT, FOCUS, IRIS 등을 원활히 제어하여야 한다.

① 전동 LINE 구동방식 : CURRENT LOOP

② 접점소자 : RELAY TYPE

③ 동작표출 : LED 점등

④ 사용전력 : 25W 이하

8) VIDEO PROTENTOR

사용주파수 1.5GHZ 이내의 주요장비의 CABLE에 직렬로 삽입하여 외부에서 유입되는 Surge, Secondary Surge, Noise 등을 감쇠 및 접지로 유입하여 장비를 보호하며 Fault요인이 제거되면 즉시 자동으로 기능이 복구되는 RF용 과전압 과전류 보호기로 설치하여야 한다.

9) POWER PROTECTOR

DATA 통신 또는 Control System 산업용 CPU 전원 기타 PLC 및 정밀장비 전원에 직렬로 삽입하여 외부에서 유입되는 Surge, Secondly Surge, Noise를 감쇠 및 제거하여 장비를 보호하며 Fault요인이 제거된 후 즉시 자동으로 기능이 복구되는 전원용 자동복구형 과전압, 과전류 보호기로 설치하여야 한다.

10) DATA PROTECTOR

장비의 제어 등을 위한 DATA 신호회선에 삽입하여 외부에서 유입되는 Surge, Secondly Surge, Noise를 감쇠 및 제거하여 장비를 보호하며 Fault요인이 제거된 후 즉시 자동을 기능이 복구되는 선로용 자동 복구형 과전압, 과전류 보호기로 설치하여야 한다.

11) QUAD

현장 및 상황실에 설치하며 상황실의 원격제어신호에 의하여 여러 개의 입력화상 중 1개를 선택하여 개별 표시할 수 있는 기능이 원활히 수행되도록 설치하여야 한다.

① 입력영상 : 4개
② 출력영상 : 1개

12) CODEC

원격지에서 고화질 및 고음질의 전송 및 카메라 등 주변기기 제어정보를 전송하는 기능이 있고, 128kbps~2,048kbps까지의 전용선, VPN망 등을 통하여 전송이 가능하도록 설치하여야 한다.

① 데이터 전송방법 : ITU-T H.320, IP
② 네트워크 인터페이스 : V35, IP(10/100BASE-T)
③ LAN : 1EEE 802.2(10/100 BASE-T), 시스템 진단용
④ 데이터 입출력 : RS-232C SERIAL PORT, 제어용
⑤ 영상 압축복원 : H263, H264+, MPEG4
⑥ 입력 : H.263, H.263+ : CIF(352×288), SIF(320×240), HALF-D1(352×480/704×240), D1(704×480), MPEG4 : CIF(352×288), QCIF(176×144), HALF-D1(352×480/704×240), D1(704×480)
⑦ 최대프레임 : 30frame/sec
⑧ 기 능
- 시스템 상태 표시
- LAN통신을 이용 복원영상을 PC 브라우저로 볼 수 있는 기능
- 비디오 데이터 대역폭 변경 기능
- 비디오 화질 우선, 움직임 우선 선택 기능
- 비디오 화질조절 기능(밝기, 명암, 색농도)
- 원격 화질조절 기능
- 원격지 시스템 재부팅 기능
- 자동 접속 기능

13) 전원시설

본 시설은 한전으로부터 전원을 수전받기 위한 시설과 원활한 전원을 공급하기 위한 시설 등으로 화상감시시스템에 전원을 원활히 공급(220V)할 수 있도록 제작 · 설치하며 전문 전기공사업 면허소지자가 시공하여야 한다.

① TPT

전원을 장비에 공급하는 전단에 설치되어 각종 이상전원을 감쇠 및 통과시켜 장비를 보호하도록 하여야 한다.

- 용량 : 3KVA
- 1차전압 : AC 220V, 60Hz
- 2차전압 : AC 220V, 60Hz

② UPS

현장에 설치된 장비의 전원 중단시를 대비하여 UPS(무정전전원장치)를 설치하여 전원이 자동 공급하도록 하여야 한다.

- 용량 : 1KVA
- 형태 : RACK TYPE
- 입력전압 : AC 220V, 60Hz
- 출력전압 : AC 220V, 순정형파
- 역률 : 1KVA 95% 이상
- BACK-UP시간 : 30분
- 축전지 포함

③ 전원장치 제작

현장 내의 전등 및 콘센트를 적정위치에 설치하고, 누전차단기는 장비용 누전차단기와 구분되게 설치한다.

14) CAMERA POLE

카메라와 렌즈를 포함한 HOUSING, PAN/TILT 등을 장착하기 위한 장비로서 지상에 기초를 설치한 후 그 위에 설치하고 설치장비의 하중 및 강풍과 악천후에 견딜 수 있도록 견고히 시공하여야 하며 강관주에 경고 및 사용자 안내판을 부착하고 점검 및 유지보수가 용이하도록 작업대 등을 설치하여야 한다.

① 높이 : 5M
② 지름 : 261mm
③ 재질 : 고강도 강관
④ 색상 : 용융도금의 밝은 회색
⑤ 접지 : 피뢰침 부착 및 접지 결선

⑥ 앵카 등의 설치를 위한 재료비는 기기 및 자재비에 포함된 것으로 한다.

15) 접지시설

본 시설은 장비를 낙뢰로부터 보호하기 위한 시설로 피뢰접지와 장비접지, 전원접지를 각각 가장 양호한 위치 및 방향을 설정하여 시공하여야 한다.

① 침상전극봉은 수평으로 매설하고 침이 손상되지 않도록 주의하여야 한다.
② 접지저항은 장지접지 3종, 전원접지 2종, 피뢰접지 1종으로 시공하여야 한다.
③ 접지선은 원활히 보호될 수 있도록 플렉시블전선관을 사용하여 피복하고 미관을 고려하여 조밀한 간격으로 고정하여야 한다.
- 1종접지 : 2.6mm 이상
- 2종, 3종접지 : 1.6mm 이상

④ 접지를 위한 저감제 등 타설 필요시 비용은 기기 및 자재비에 포함된 것으로 한다.

16) 투광기 및 BRACKET

야간 영상통신을 위하여 상황실에서 원격으로 조명등을 점등 및 소등할 수 있고 일정시간 경과시 자동 소등되도록 구성하여야 한다.

① 출력 : 400W
② 브라켓은 풍향 등에 견디며 견고하게 부착되어야 한다.

17) RACK

현장 및 정보통신실에 CCTV CONTROL장비 및 주변기기 등을 설치하기 위한 것이며 조작이 편리하고 미려한 외관을 갖도록 제작 및 설치하여야 한다.

① 부식 및 산화방지가 가능한 재질을 사용하여야 한다.
② 모든 내장기기 및 기구는 패널 매입형으로 하여야 한다.
③ 배면의 케이블 연결시 유지보수가 용이하도록 하고 케이블을 잘 정돈하여야 한다.
④ 내부 습기 및 열을 방지할 수 있는 FAN UNIT가 부착되어 통풍이 잘 되어야 한다.
⑤ RACK을 장비접지하여 장비를 보호하여야 한다.
⑥ RACK은 관측소내에 설치하며 기존장비에 영향을 받지 않도록 크기를 고려하여 제작하여야 한다.
⑦ RACK은 실내용 카메라에서 제어기의 전원 및 동작상태를 파악할 수 있도록 설계하여야 한다.

18) SIGNAL CONVERTOR

다수의 RECEIVER를 OPTICAL LINK, MODEM 등으로 통신하는데 있어 SIGNAL이 상호 호환이 안되는 것을 보완하여 SIGNAL을 변환하여 통신하게 하는 장비이며, RECEIVER 통신신호인 CURRENT LOOP를 RS-232C, RS-422, RS-485로 변환하는 기기이어야 한다.

① 사용전원 : AC 110V/220V, 60Hz
② 입력전압변동률 : ±10% 이내
③ 전송 LINE 구동방식 : CURRENT LOOP
④ 입력신호 : RS-232C, RS-422, RS-483
⑤ 총 변환 채널수 : 6CH
⑥ 사용전력 : 10W 이하

19) CONSOLE

영상 통신장치 및 CONTROL KEYBOARD, 조작용 CLIENT 컴퓨터 등을 실장하여 조작이 편리하고 미려한 외관을 갖도록 제작 및 설치하여야 한다.

① 영상 현시용 모니터
본 장비는 하천 영상을 현시하기 위한 디스플레이 장치로 아래 사양 이상의 성능을 만족하여야 한다.
- LCD : LED 24" 8개(4개는 TV수신용 튜너 내장), 조작(CLIENT)용 19" 1개
- 최대해상도 : 1280×1024
- 측면에서도 항상 밝고 선명한 화면을 확보할 수 있는 고품질의 디스플레이 장치로 구성하고 결선하여야 한다.

② 감시용 컴퓨터
본 장비는 통신망의 이상 유무 및 사용카메라의 동작감시를 할 수 있도록 구성하여야 한다.
- CPU : PentiumIV 3.0GHz
- Memory : Cash 512KB, Main 1024MB
- Display : 8x AGP, HDTV 출력
- Hard Disk : 160GB
- Bay : RW-COMBO
- 통신 : LAN(인터넷 접속하여 조작 및 관리프로그램 운용할 수 있도록 구성)
- I/O Port : 1SIO, 1PIO, 2USB(2.0), 1IEEE1394
- OS : 한글 Windows XP
- 프로그램 설치 : DVR클라이언트 프로그램, 망감시 관리프로그램 실장

③ 배면의 케이블 연결시 유지보수가 용이하도록 하고 케이블을 잘 정돈하여야 한다.
④ 전면에서 용이하게 개폐가 가능하여야 하며, 종합적인 전원관리 등이 가능하여야 한다.
⑤ CONSOLE이 설치되는 곳의 주변 등은 향후 상황실 개선공사를 감안하여 미려한 외관을 갖도록 인테리어 작업을 시행하여야 한다.

20) 무선장치

CCTV 카메라에서 촬영된 영상과 제어용 데이터를 무선장치를 이용하여 실시간으로 송·수신하며 주·야간 및 기상변화에 상관없이 동작하여야 하며 낙뢰보호기를 장착하여야 한다.

① 영상송신기

본 장비는 하천 영상을 송신하는 장치로 아래 사양 이상의 성능을 만족하여야 한다.

- SIGNAL COMPOSITE : 1Vpp
- MODULATION : 300kHz 1Vpp±15MHz
- S/N RATIO : 40db MIN
- CURRENT CONSUMPTION : 120mA~300mA
- OUTPUT POWER : 10mW~
- IMPEDANCE : 75Ω mW
- ANTENNA CONNECTION : SMA FEMALE
- OPERATING TEMPERATURE : 0~50℃
- FREQUENCE : 2.410/2.430/2.450/2.470GHz
- APOWER : DC12V
- OPERATING TEMPERATURE : -10~50℃

② 영상수신기

본 장비는 하천영상을 수신하는 장치로 아래 사양 이상의 성능을 만족하여야 한다.

- VIDEO OUTPUT : 1Vpp/75Ω
- FREQUENCE : 2.410/2.430/2.450/2.470GHz
- CURRENT CONSUMPTION : 350mA
- OPERATING TEMPERATURE : -10~50℃
- POWER : DC12V

③ 수신증폭기

본 증폭기는 하천영상을 수신기의 수신감도를 향상시키는 장비로서 아래 사양 이상의 성능을 만족하여야 한다.

- GAIN : +26~30dB
- 주파수대역 : 2.4GHz
- 커넥터 : IN/OUT SMA-F
- 커넥터 삽입손실 : -0.3dB
- 전원 : DC 7~12V/20mA
- 커넥터 삽입손실 : -0.3dB

④ 영상 송수신 안테나

본 장비는 하천영상을 송 · 수신시 사용하는 안테나로서 지향성이 좋아야 하며 장거리 전송시 수직, 수평편파 특성을 고려하고, 설치가 간편하고 미관을 고려한 아래 사양 이상의 성능을 만족하여야 한다.

- 좌, 우/상, 하 조정가능
- VSWR : Loss than 1.5 : 1
- 송신 공중선 이득 : GR-24/24dBi
- 수평편파 감도 : 7.58
- 연결부 : N-j

⑤ 데이터 송수신 안테나

본 장비는 하천 CAMERA PAN/TILT를 원격에서 제어하기 위하여 송 · 수신시 사용하는 안테나로서 지향성이 좋아야 하며 장거리 전송시 수직 · 수평편파 특성을 고려하고, 설치가 간편하고 미관을 고려한 아래 사양 이상의 성능을 만족하여야 한다.

- 좌, 우/상, 하 조정가능
- VSWR : 1.5 이하
- 주파수 대역폭 : 4.5MHz
- 최대입력 : 100W
- 임피던스 : 50Ω
- F/B : 12dBi
- 연결부 : N TYPE FEMALE

⑥ 무선모뎀 장치

본 장비는 하천영상 CAMERA PAN/TILT를 원격에서 무선으로 제어하는 장치로서 아래 사양 이상의 성능을 만족하여야 한다.

- 채널수 : 8CH 이상
- 주소지정방식 : H/W or S/W
- DATA INTERFACE : RS-232, 9PIN
- DATA RATE : 1200bps~19200bps
- ERROR DETECTION : CRC-16, CHECKSUM

⑦ 기 타

- 배면의 케이블 연결시 유지보수가 용이하도록 하고 케이블을 잘 정돈하여야 한다.
- 전면에서 용이하게 개폐가 가능하여야 하며, 종합적인 전원관리 등이 가능하여야 한다.

- CONSOLE이 설치되는 곳의 주변 등은 인테리어 작업을 하여 미려한 왜관을 갖도록 정리하여야 한다.

21) WEB SERVER

본 장비는 인터넷 서버, 디지털 이미지 압축기, 플래시 메모리 등을 모두 내장하고 있는 일체형 네트워크 CCTV 카메라 서버이며, CCTV 카메라에서 검색한 영상을 전송받아 이를 다시 인터넷을 통해 실시간으로 영상을 제공하여야 한다.

① CPU : 32bit RISC Embedded processor
② 램(RAM) : 16MB SDRAM
③ 비디오채널 : NTSC, 6채널
④ 영상압축비율 : 20 : 1~300 : 1
⑤ 영상복원속도 : 2~30frame/sec
⑥ 전원 : DC12V, 1.0A

22) DVR

본 장비는 현장에 설치되어진 카메라로부터의 영상신호를 수신하여 디지털로 MPEG으로 영상을 입축 복원하여 장시간 녹화 재생하여 볼 수 있는 고해싱도의 기기이어야 한다.

① 최대 16대의 카메라 수용 가능
② 압축방식 : MPEG(ENGINE-K)
③ Motion Detection 기능
④ 카메라별, 시간별, 사건별, 녹화영상 복원 기능
⑤ 센서, 경보기 등과 연동 기능
⑥ 주요 특성
  - 최대영상 DISPLAY : 카메라당 30frame/sec 동영상
  - 최대 녹화속도 : 카메라당 30frame/sec
  - 해상도 : HD급
  - 화상 압축방법 : MPEG 독자개발 알고리즘
  - 화면분할모드 : 1, 4, 9, 16 분할
  - 원격지 통신 : PSTN, ISDN, LAN, 인터넷
  - 감지방식 : MOTION DETECTION
  - 카메라 입력 : 8CH
  - 제어출력 : 8CH
  - MAIN PROCESSOR : PENTIUM CELERON 866MHz 이상
  - 운영체계(OS) : Windows 7 이상
  - 저장용량 : 500G 이상

23) 현장 관리소

본 시설물은 A, B지점에 설치되며 CCTV제어시스템, 유 · 무선영상 전송시스템의 보호를 위하여 신축되며 향후 수위관측장치의 이설을 감안하여 내부에 장비의 설치 및 유지관리가 용이하게 설계하고 시설물 보호를 위하여 보호 울타리를 설치한다.

① 시설물은 강한 바람이나 태풍시 넘어가지 않도록 앙카 설치 및 용접을 하여 파손되는 일이 없도록 하여야 한다.
② 시설물 설치를 위한 성토는 주변을 고려하여 파손이 없도록 하여야 한다.
③ 바닥콘크리트는 강도가 180kg/cm^3 이상이어야 한다.
④ 시설물 출입문 및 녹막이 재료는 KS제품을 사용하여야 한다.
⑤ 울타리 설치는 칼라매쉬펜스를 사용하고 망눈은 50×150mm 이하, 철선은 5mm 이하이어야 하며 매쉬 상, 하단부는 이중구조 등으로 보강된 형식이어야 한다.
⑥ 각종 볼트, 너트 등 부자재는 녹이 슬지 않는 스테인리스 제품을 사용하여야 한다.
⑦ A지점 관측소 설치지점은 보행자의 통행에 지장을 주지 않도록 제방 측면 절개지에 시공하고 시공시 기초(성토, 옹벽 등)를 견고히 하여 홍수시에도 강의 수압 등으로부터 안전할 수 있도록 시공하여야 한다.

〈표 10-1〉 계략적인 추진일정표 예시

기 간 / 공 종	30일 (1일~30일)	60일 (31일~60일)	90일 (61일~90일)	비 고
1 착 공	←→			
2 현장조사	←→			
3 도면 제출 및 승인	←→			
4 장비 구매제작 및 설치		←―――	―――→	
5 시스템 종합시험			←→	
6 준 공			←→	

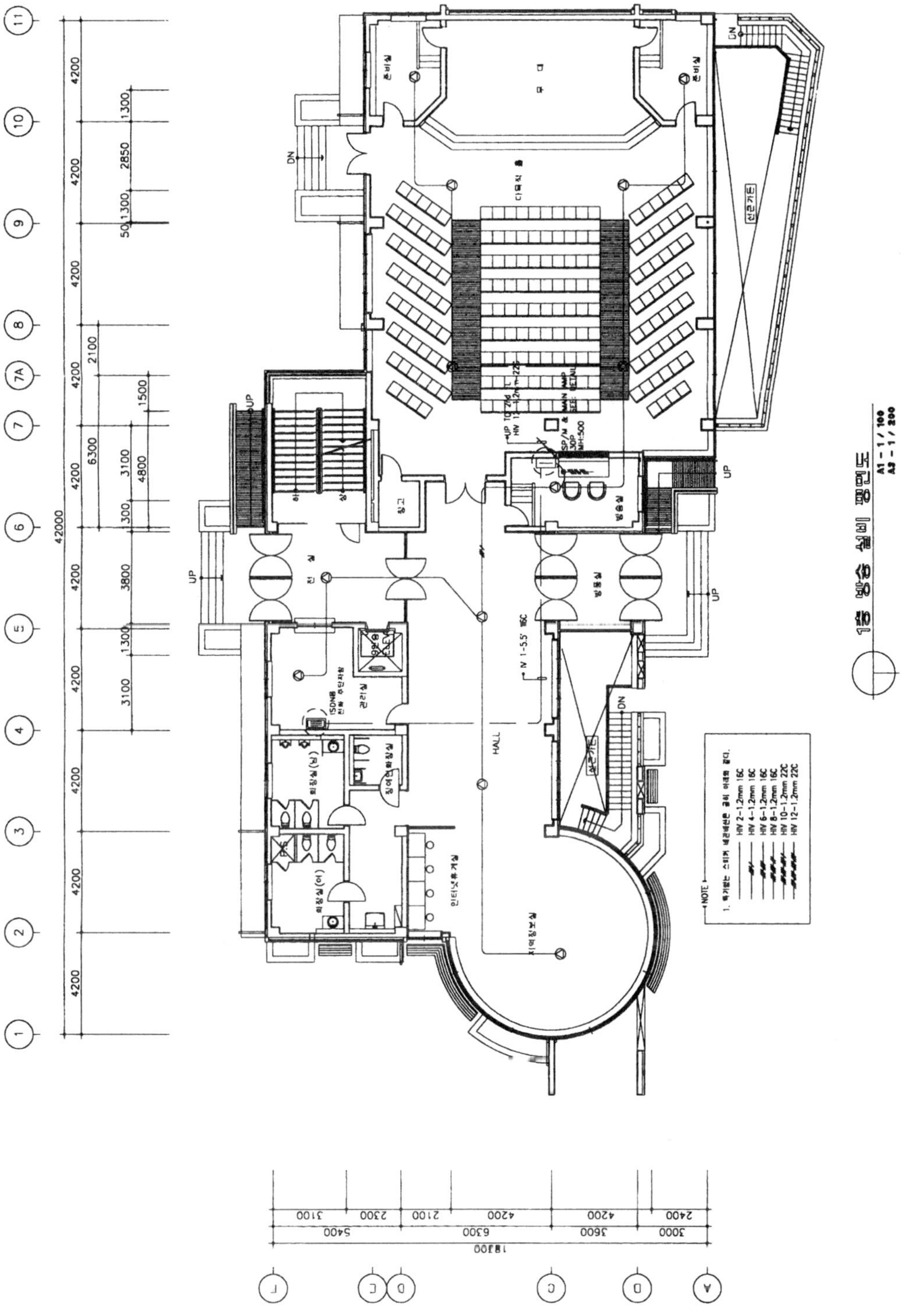

[그림 10-8] 1층 방송설비 평면도 A1-1/100, A2-1/200

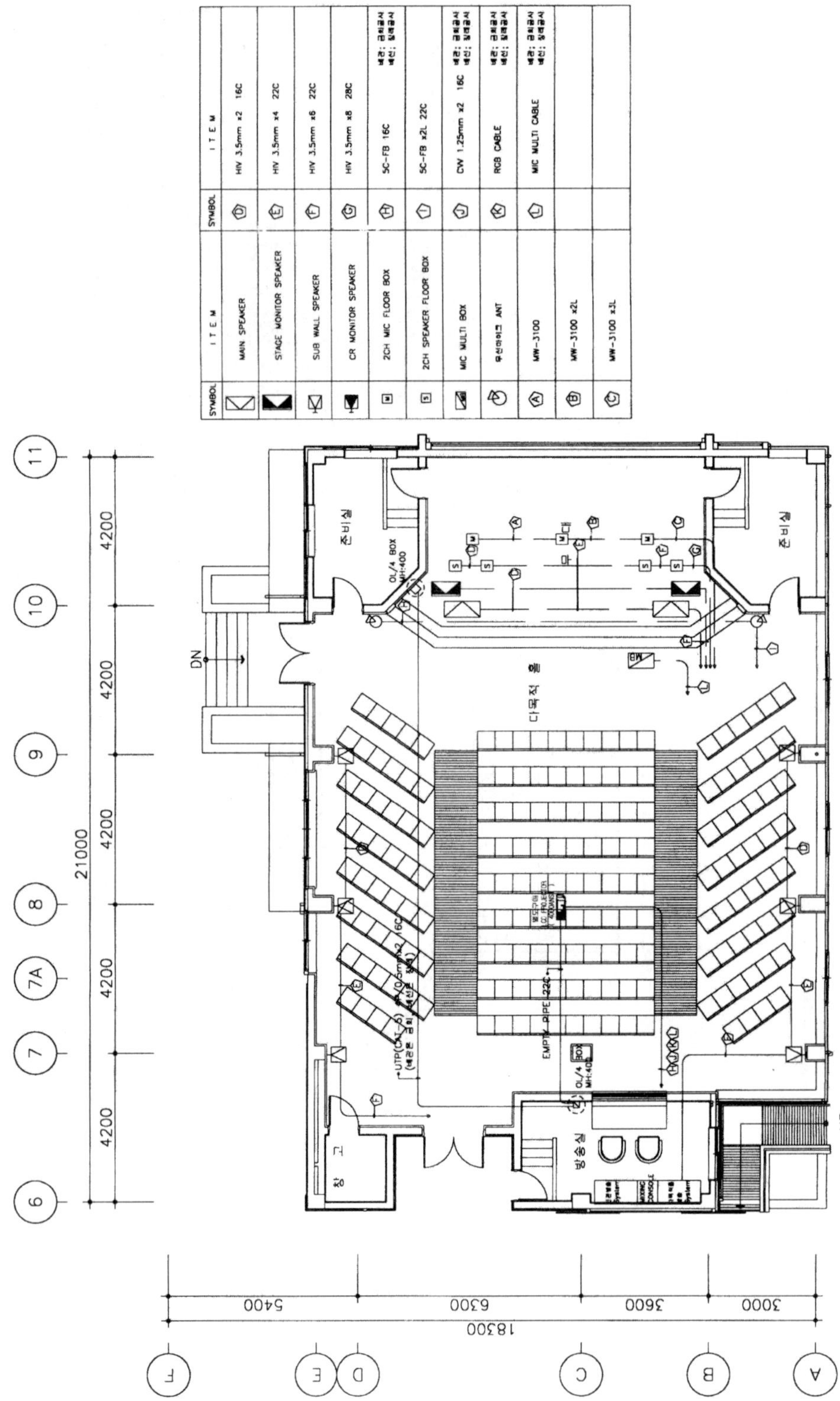

[그림 10-9] 다목적 홀 방송설비 평면도 Scale : 1 / 60

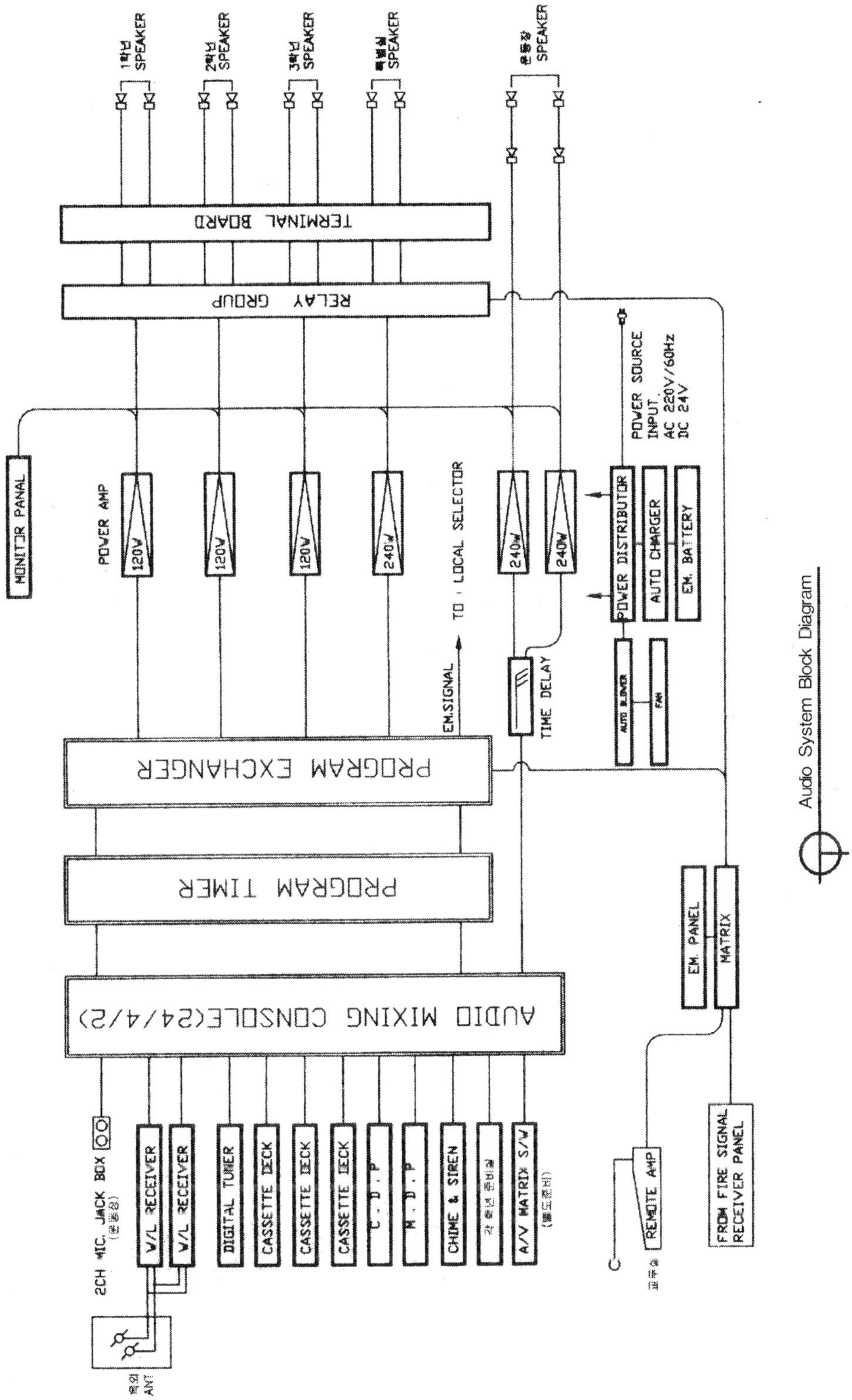

[그림 10-10] Audio System Block Diagram

제11장

정보통신공사 시공관리

11.1 정보통신공사의 일반시방서

11.1.1 총 칙

1. 적용범위

- 이 시방은 정보통신공사에 관한 표준을 나타내는 것이다.
- 이 시방은 내용 중 기술적인 분야가 필요한 것은 특기시방에서 정하도록 한다.

2. 용어의 정의

이 시방에서 사용되는 용어의 정의는 다음과 같다.

① '감리원'이라 함은 일정한 자격을 갖추고 감리전문회사에 종사하면서 감리업무를 수행하는 자를 말한다.

- '책임감리원'이라 함은 발주기관의 장과 감리용역계약에 의하여 체결된 감리전문회사를 대표하여 현장에 상주하면시 당해 공사 진빈에 관한 감리업무를 책임지는 자를 말한다.
- '보조감리원'이라 함은 책임관리원을 보좌하는 감리원을 말한다.

② '감독원'이라 함은 계약서 · 설계도서 및 시방서 등에 정해져 있는 범위 내에서 감독업무를 수행하는 자를 말한다.

③ '담당직원'이라 함은 공사수행에 따른 업무연락 및 문제점의 파악, 민원해결, 용지보상 지원, 기타 필요한 업무를 수행하기 위하여 발주기관의 장이 지정한 소속직원을 말한다.

④ '현장대리인(현장기술관리인)'이라 함은 공사도급계약 조건(현장대리인, 기술자의 배치, 기술자의 현장배치), 그밖의 관계법규에 의거하여 수급자가 지정하는 책임시공기술자로서 그 현장의 공사관리 및 기술관리, 그밖의 공사업무를 시행하는 현장직원을 말한다.

3. 서류제출

모든 공사는 관계법규, 설비기술기준 등을 준수하여 시공하고, 공사시공에 필요한 관공서, 그밖의 기관에 제출하여야 할 서류는 모두 감독관(감리원)의 확인을 받아 지체없이 행하며, 시공과 준공에 있어서 지장이 없도록 하여야 한다.

4. 이 의

도면과 시방서의 내용이 서로 다르거나 명기되지 않은 사항이 있을 때, 관련공사와 부합되지 아니할 때, 또는 이의(異議)가 생겼을 때에는 감독관(감리원)과 협의한다.

5. 경미한 변경

공사 시공에 있어서 현장에서의 마감상태·작업상태 등 기기 및 재료의 설치위치 또는 공법을 다소 변경하는 등의 경미한 변경은 감독관(감리원)과 협의하여 시공한다.

6. 관계법규 및 제규정

① 본 공사에 적용되는 관련 법령, 시행령, 시행규칙 및 기타 기술기준은 아래와 같으며, 본 공사에 적용가능한 범위 내에서는 본 공사의 시방서 일부를 구성하고 있는 것으로 본다.

- 방송공동수신설비 기술기준
- 전파법 시행령, 무선설비규칙
- 정보통신공사업법 및 시행령
- 방송통신발전기본법, 시행령, 방송통신설비의 기술기준에 관한 규정
- 접지설비, 구내통신설비, 선로설비 및 통신공동구 등에 대한 기술기준
- 단말장치 기술기준
- 유선방송국설비 등에 관한 기술기준

② 본 공사에 대한 설계도서가 관계법규와 상이할 경우에는 발주처·설계자와 협의 후 시공하여야 한다.

- 방송통신기자재 형식승인품 사용
- 전기용품안전관리법 및 시행령, 시행규칙
- 소방법, 소방기술기준에 관한 규칙

③ 본 공사에 관계법규 및 설계도서에 명시되지 아니한 사항은 감독관(관리원)과 협의하여 시행한다.

11.1.2 공사현장 관리

1. 일반사항

① 공사현장은 언제나 기기 및 재료 등을 깨끗하게 정리하고 청소하며, 화재·도난, 그밖의 사고방지에 최선을 다한다.

② 공사관계자 및 제3자에게 피해가 미치지 않도록 안전·위생관리 및 공해방지에 노력한다.

③ 오염되기 쉽거나 손상될 염려가 있는 기기·재료 및 기성부분의 설비는 적절한 방법으로 보호한다.

④ 공사장 내에서 발생되는 재료 및 물품 등은 모두 감독관(감리원)이 지정하는 현장 내의 장소에 정리 보관하고, 불필요하다고 인정하는 것은 즉시 장외(場外)로 반출

한다. 해체 및 발생재료의 처분 또는 재사용에 대하여는 특기시방 또는 감독관(감리원)의 지시에 따른다.

⑤ 공사가 끝났을 때에는 가설물 등을 신속하게 철거하고, 청소 및 뒷정리를 한다.

2. 가설물

① 현장관리 운영상 필요한 현장사무소 · 작업장 · 창고 및 화장실 등은 수급자 부담으로 설치할 수 있다. 설치장소는 공사진행에 장해를 주지 않는 곳으로 감독관(감리원)의 승인을 받는다.

② 휘발유 · 신나 등과 같은 인화성물질은 격리된 저장소에 보관하며, 화기를 사용하는 장소, 인화성재료의 저장소 등은 건축법 · 소방법 또는 관계법규에 따라 방화구조로 하든가 불연재료를 사용하고 소화기를 비치한다.

③ 공사용 비계 및 발판 등을 설치할 때에는 견고하고 안전하게 설치해야 하며, 항상 지정된 위치보존에 주의한다.

④ 공사용수 및 전력은 특기시방서에 명기하지 않는 한 감독관(감리원)과 협의하여 시설한다.

⑤ 모든 가설물은 사용 후 계약자 부담으로 철거하여야 하며, 주위는 청결히 원상복구하여야 한다.

⑥ 가설물이 사용중에 있다 해도 공사진행상 장해가 될 경우에는 감독관(감리원)과 협의하여 이전 또는 철거하여야 한다.

11.1.3 기기 및 재료

1. 일반사항

① 가설공사용 재료 또는 특기시방에서 정하는 바를 제외한 모든 기기 및 재료는 신품으로서 전기용품안전관리법, 한국산업규격(KS), 공산품품질관리법, 그밖의 준용기준에 적합한 표준품 이상으로 한다.

② 도면 및 시방서에 기기 및 재료의 품질이 명시되지 않는 경우에는 그밖의 제반실비와의 균형을 고려하여 감독관(감리원)의 승인을 받아 선정한다.

③ 설치한 기기에는 제작회사, 제조번호, 제조연월일, 형식 및 성능 등을 명시한 명판을 부착하되 방송통신용품안전관리법, 방송통신기자재형식승인품, KS, 공산품품질관리법, 그밖의 준용기준에 적합한 표준제품으로 한다.

④ 자제반입은 공정표를 검토하여 반입시기에 반입되어 공사가 지연되는 일이 없도록 한다.

2. 기기 및 재료의 관리

① 공사현장에 반입된 검수자재 및 시험합격 재료는 감독관(감리원)이 지시하는 장소에 정리하여 보관하고, 불합격된 자재는 시공자로 하여금 지체없이 공사현장 밖으로 반출한다.
② 자재관리시 자재의 특성을 감안하여 변형 · 부식 · 파손 등 보관에 주의하여야 하며, 위험물 인화성 자재는 방화안전대책(소화기 설치 등)을 강구한다.
③ 통신전선관류(강관, 동관, PVC관 등)는 규격별로 분리 보관하고, 통신전선관 내에 이물질이 들어가지 않도록 하며, 시공시 이상여부를 확인한다.
④ 모든 기기 및 재료는 현장반입 전에 감독관(감리원)에게 보고하여야 하며, 품질 및 수량에 대한 검수를 받아야 한다. 반입시 파손된 자재는 다시 반출하여 신품을 재반입하고 검수를 받아야 한다. 다만 경미한 고장이나 손괴된 부분이 있는 경우로서 현장에서의 보수가 용이한 경우에는 감독관(감리원)의 승인을 얻어 현장에서 보수할 수 있다. 또한 운반중 도금이 벗겨진 경우에는 현장도착 전후 재도장하여 부식을 방지하며, 기능의 저하, 수명단축이 발생치 않도록 유의하고, 수급자 책임하에 철저히 보관한다.

3. 시험 및 검사

① 현장에 투입하는 기기 및 재료의 시험과 검사의 방법은 관계법규, KS, 그밖의 준용기준의 규정에 따른다.
② 주요 기기 및 재료는 감독관(감리원)의 입회하에 공장시험을 실시하고, 시험성적서를 제출하여야 한다.
③ 공정 중 특기시방에 명시되었거나 필요한 단계에서 반드시 기기 · 재료 · 시공에 대한 시험 및 검사를 행한다. 다만, KS에 의한 규격품과 공인기관의 시험성적서 또는 검사증 등에 의하여 인정된 것 또는 감독관(감리원)이 승인하는 경미한 사항에 대하여는 시험 및 검사를 생략할 수 있다.
④ 관공서 및 공공단체의 시험 및 검사를 필요로 하는 것은 그 시험 및 검사에 합격하여야 한다.

4. 지급자재

① 지급자재의 종류 · 수량 · 인도장소 등은 특기시방에 따른다.
② 지급자재는 조달 주문 전 감독관(감리원)의 승인을 받는다. 지급자재를 인수할 때에는 감독관(감리원)의 입회하에 검수하고, 검수 후 적정하게 보관 사용한다.

11.1.4 시 공

1. 일반사항

① 모든 공사는 도면 및 시방에 명시되어 있는 제반설비가 충분하고 만족스러운 기능을 발휘하도록 설계도서 · 공정표 · 시공계획서 · 제작도 등에 따라 시공한다. 다만, 명시되지 않은 사항은 감독관(감리원)과 협의하여 처리한다.

② 모든 설비는 모든 극한상태를 극복하여 만족스럽게 운영되어야 하며, 적절히 보호될 수 있도록 시공되어야 한다.

2. 착공 및 시공계획서 작성

① 계약자는 공사 착공시에 다음 사항을 감독관(감리원)에게 검토를 받은 후 제출하여야 한다.

- 착공계
- 현장대리인계, 현장대리인 재직증명서, 현장대리인 자격증 사본
- 계약내역서
- 예정공정표
- 안전관리계획서
- 시공계획서

② 계약자는 시공계획서 등을 제출하고 감독관(감리원)의 승인을 받는다. 공정표에 변경이 생긴 경우에는 변경공정표를 지체없이 제출하여 감독관(감리원)의 승인을 받는다.

③ 필요에 따라 각 공사의 세부공정표 및 세부시공계획서를 작성하여 감독관(감리원)의 승인을 받는다.

3. 제작도 및 시공도

① 계약자는 기기제작 및 시공상 필요한 도면 또는 견본을 제시하여 감독관(감리원)의 승인을 받는다.

② 감독관(감리원)이 필요하다고 인정하여 시공상세도를 요구하는 경우에는 시공상세도를 작성하여 감독관(감리원)의 승인을 얻은 후 시공하여야 한다.

4. 공사보고

① 공사에 관한 상황, 작업내용, 자재의 반입 및 반출, 기후조건, 그밖의 필요한 사항을 기재한 공사보고서를 제출하여 감독관(감리원)의 승인을 받는다.

② 계약자는 감독관(감리원)이 공사진행상 필요한 모든 서류상의 요구가 있을 경우에

는 그 지시에 따라야 한다.

③ 계약자는 다음 사항의 공사업무기록서를 감독관(감리원)에게 제출하여야 한다.
- 감독관(감리원)의 지시사항에 대한 조치결과
- 공사진도 보고서
- 기타 감독관(감리원)이 요구하는 사항

5. 별도 발주공사와의 관계

① 공사진행상 관계되는 별도 발주공사와의 협의가 필요할 때에는 감독관(감리원)의 입회하에 해당 공사관계자와 협의 하에 공사진행에 지장이 없도록 한다.

② 특히 건축구조적으로 결함을 발생시킬 우려가 있거나 마감과 관계되는 공사가 본 공사로 인하여 다른 계약자에게 피해를 유발시켜서는 아니되며, 만약 이러한 상황이 발생되었을 때에는 감독관(감리원)과 충분한 협의를 거쳐 복구되어야 한다.

6. 공사사진 관리

① 공사완공 후 용이하게 공사점검을 할 수 없는 설비, 감독관(감리원)이 부재중 시공된 설비, 감독관(감리원)이 필요하다고 인정하는 설비는 사진을 촬영하여 사진첩 등에 설명을 기입하여 정리하고 감독관(감리원)에게 제출한다.

② 시공중 촬영하는 경우에는 공사의 집행과정과 질을 판별하기 용이하도록 시공 종별이 바뀔 때마다 촬영한다.

③ 촬영된 사진은 공정순서대로 사진첩 등에 설명을 기입하여 정리하고 감독관(감리원)에게 제출한다. 제출부수 · 시기 및 기타 필요한 사항은 감독관(감리원)의 지시에 따른다.

7. 시공검사 및 입회

① 공정중 특기시방서에 명시되었거나 필요한 단계에서 시공에 대한 시험 및 검사를 행한다.

② 시공 후에 매몰 또는 은폐되어 검사가 불가능하거나 곤란한 공사부분은 감독관(감리원)의 입회하에 시공한다. 또한 감독관(감리원)의 검사가 사정상 어려울 경우에는 사진을 촬영하여 보관한다.

8. 유지보수 관리를 위한 표시

① 각종 단자함 · IDF · MDF · 단자반 · 접속함 등에는 도면에 명기된 해당 기기의 기호를 표시하여야 하며, 도면에 기기 기호가 없는 경우에는 감독관(감리원)의 승인을 얻어 기기기호를 표시한다.

② 각종 배선이 공동구와 PIT에 설치된 것은 분배반의 회로번호를 병기하여 공동구와 PIT 등의 개구부나 입구, 매 20m 이내 간격마다 표시판을 설치한다. 배관에 의한 배선은 풀박스 또는 연결박스 내에서 시행하고, 부하단에서도 표시하여야 한다.
③ 전선가닥 수가 5개 이상의 경우에는 전선을 찾기 용이하도록 전선번호를 양단박스 · 연결박스 등이나 단자함 내에 설치하여야 한다.
④ 이와 같은 각종 기호는 준공도면에 반드시 표시하여야 한다.

9. 준공도면

① 계약자는 공사시공중 도면 등과 다르게 시공한 부분은 즉시 현장 보관도면에 기재하여(배선경로의 변경, 각종 기계기구장치 등의 위치변경, 단말기 위치의 변경, 도면 등의 기재사항과 다른 것을 포함하여 실제 시공한 전체 공사를 말한다) 준공 시 준공도면을 작성하는 데 이용하여야 한다.
② 계약자는 공사 준공검사를 필한 후에 수정을 요하는 사항을 수정한 후 감독관(감리원)이 지시하는 기일 내에 수정을 요하는 사항이 완전히 수정되었는지의 여부를 확인받아 원도와 복사된 도면을 준공서류와 함께 감독관(감리원)에게 제출한다. 제출시기 및 제출부수 등은 감독관(감리원)의 지시에 따른다.

11.1.5 안전보건 관리

① 모든 공사는 산업안전보건법에 준용하여 산업재해 예방을 위한 기준을 준수하여야 하고, 산업재해 발생의 방지에 노력하여야 한다.
② 공사현장의 안전 · 보건을 유지하기 위하여 안전보건 관리체제를 구성하여야 하며, 안전보건 관리규정을 작성하고 감독관(감리원)에게 제출하여 승인을 얻어야 한다. 안전수칙에 따라 작업 전 재해 방지에 필요한 교육으로 충분히 주지시키고, 항상 안전관리에 유의하여야 한다.
③ 하도급공사 계약을 체결할 때에는 노동부 장관이 정하는 바에 의하여 산업재해 예방을 위한 표준안전관리비를 공사금액에 계상하여야 한다. 계상된 표준안전관리비는 공사현장의 재해 방지 및 근로자의 보건관리에 사용하며, 다른 목적으로 사용하여서는 아니된다.
④ 인적 · 물적 사고가 발생하였을 시는 즉시 감독관(감리원)에게 보고하고, 민형사상의 모든 책임은 수급자가 지며, 모든 경비도 수급자 부담으로 해결 또는 종결하여야 한다.
⑤ 계약자는 공사진행에 있어서 부근 거주자 및 통행자에게 소음 · 진동 · 교통장해 및 분진 등으로 생명 · 신체 및 재산에 대한 피해 · 불편이 없도록 주의하여 시공하여야 한다.

⑥ 계약자가 고용하는 시공 종사자가 신체적 · 정신적 및 기능적으로 부적당한 행위가 있을 때에는 감독관(감리원)이 즉시 그의 교체를 요구할 수 있으며, 불안전한 자의 현장투입을 금하여야 한다.

⑦ 안전관리 책임자가 장기 출장할 때에는 후임자를 선정하고, 감독관(감리원)에게 승인을 얻어야 한다.

⑧ 계약자는 전선 · 케이블을 지하 매설시에는 굴착공사 착수 전 상하수도 · 도시가스 · 통신 및 전력케이블 등의 지장물에 대해 위치 · 용량 · 상태 등을 파악하여 재해가 발생되지 않도록 보안대책을 수립 후 공사를 착수하여야 한다.

⑨ 작업현장에 출입하는 사람은 필히 적절한 안전장구 및 보호구를 착용하도록 하여야 한다.

⑩ 모든 작업도구 및 공기구는 사전에 점검하여 견고한 것만을 사용하도록 하여야 한다.

⑪ 야간 작업시에는 충분한 조명시설을 설치하여야 한다.

⑫ 작업 전, 작업중에는 음주행위를 금하여야 한다.

⑬ 모든 중량물은 감독관(감리원)이 입회한 후 시공책임자의 책임으로 안전하게 운반하여야 한다.

⑭ 공사에 필요한 자재의 적재가 무너지지 않도록 안전하게 하여야 한다.

⑮ 계약자는 주위 민원발생 우려가 있는 건축물 또는 구조물이 있을 경우에는 사전검사를 한 후 그 부분의 모든 곳을 촬영하여 민원 야기시 즉시 해결하도록 한다.

⑯ 계약자는 안전관리법 등 모든 규정에 의하여 교통안전표지물 또는 산업안전표지물을 설치하여 안전사고를 예방하여야 한다. 또한 공사안내판을 필히 설치하여야 한다.

11.1.6 준공검사 및 공사인도

① 준공검사 : 공사가 완료되었을 때에는 발주처에 준공검사원을 제출하고, 또한 정보통신공사 사용전검사를 실시한다. 자체 검사를 필요로 하는 것은 그 시험 및 검사에 합격하여야 한다.

② 공사준공 관련자료

- 공사가 완료되었을 때에는 각종 기기장치의 제작도, 카탈로그, 결선도, 제품의 운영관리를 위한 운전지침, 제작자의 주소와 전화번호, 필요한 보수 부품의 구입처, 하자보수기간, 각종 기기의 시험성적서 등 유지보수에 필요한 자료를 감독관(감리원)에게 준공서류와 함께 제출하여야 한다. 제출부수는 감독관(감리원)의 지시에 따른다.
- 계약자가 설치한 각종 기기에 부속되어 있는 공구류 및 유지보수시 필요한 특

수공구(일반적이 아닌 것으로 해당 기기 전용의 공구) 등은 명세서와 함께 현품을 감독관(감리원)에게 인계하여야 한다. 기기와 함께 납품된 예비품 및 단순하자 보수용 부품의 경우도 같다.

- 계약자는 공사가 준공된 후 감독관(감리원)이 지정하는 적절한 시기에 건축물의 관리자에게 시설내용에 대한 상세한 안내와 교육을 실시하여야 한다. 교육내용은 각종 시설물의 설치위치, 배선경로, 각종 기기의 조작방법, 조작상의 주의사항, 조작순서 등 시설물을 운전하는 데 필요한 전반적 사항을 포함한다. 교육안내 시간 · 시기 등은 감독관(감리원)의 지시에 따르며, 교육의 정도는 시설물 관리자가 충분히 인정되는 범위 내로 한다.
- 공사계약서 · 시방서의 특기사항 외 특허권 사용은 모두 계약자가 책임 처리한다.

11.2 정보통신공사 시행

11.2.1 정보통신공사 시행 업무처리 순서표

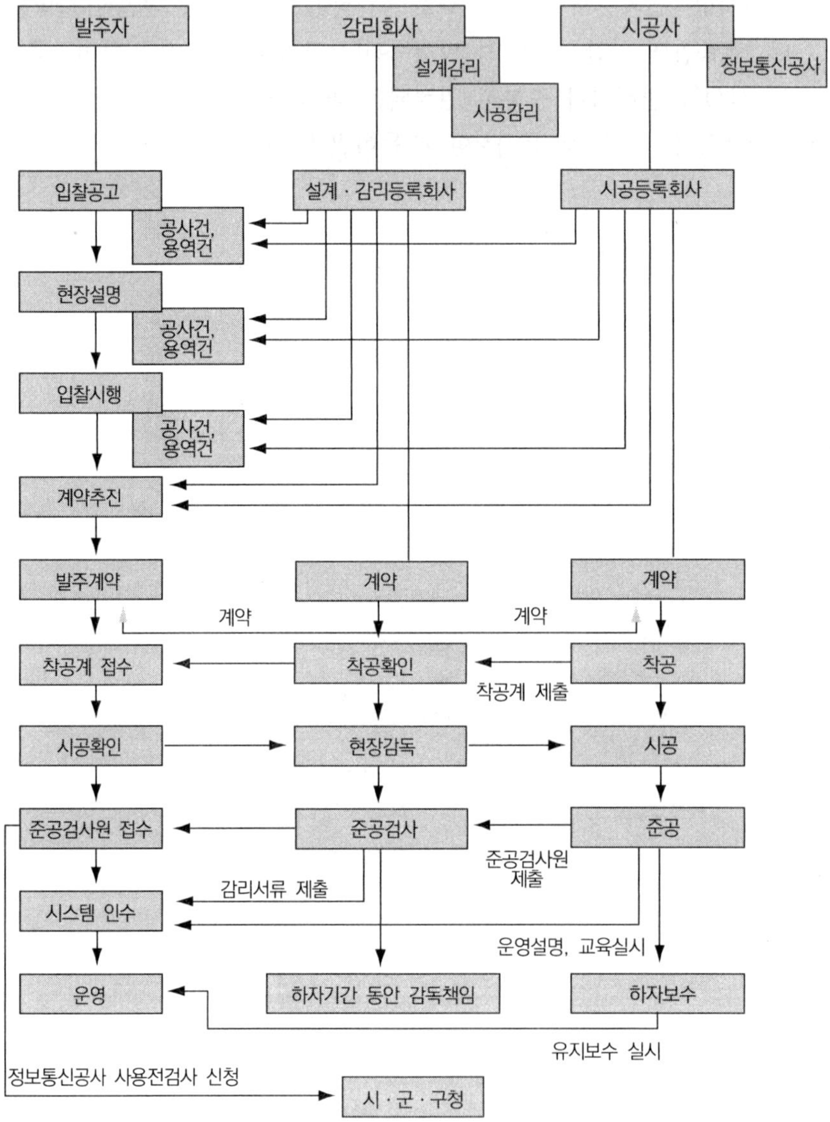

11.2.2 정보통신공사 시행업무

1. 정보통신공사 실시

정보통신공사를 실시하는 방식에는 공사를 실시하는 책임과 위험부담을 지는 당사자에 따라 직영공사방식과 도급공사방식으로 구별할 수 있다.

(1) 직영공사방식

직영공사방식은 사업주가 자신의 책임으로 공사를 실시하는 데 필요한 시공계획을 세우고, 직접 노력을 동원하고, 자재를 조달하여 작업을 지휘 · 감독하면서 공사를 수행하므로 공사에 따르는 모든 책임과 위험부담은 모두 자신이 떠맡게 된다. 여기에는 사업주가 공사업무의 계획 · 운영 · 관리를 직접 담당하는 경우도 있지만, 때로는 경험이 있는 유능한 공사관리자를 고용하여 자신의 업무를 대행하게 할 수 있으며, 어느 경우에나 공사에 관련되는 모든 책임은 사업주가 진다.

(2) 도급공사방식

도급공시방식은 직영공사방식과는 달리 사업주인 발주자가 경험있고 기술능력이 있는 시공자와 공사도급계약을 체결하고, 시공자로 하여금 공사업무의 계획 · 운영 · 관리를 담당하여 공사를 수행하게 하므로 공사수행에 따르는 모든 책임은 도급계약에 규정된 범위 내에서 시공자가 맡게 된다.

도급방식으로 공사를 실시하는 데는 공사의 내용과 성질에 따라 전체 공사에 대하여 한 시공자에게 도급계약을 발주하는 일괄도급과 공사를 부분공사로 분할하여 각 부분공사별로 개별 시공자와 도급계약을 맺는 분할도급이 있다.

소규모이거나 단순공종으로 된 공사는 기술적인 전문성이 다른 여러 공종으로 된 복합공사에서는 각각 공사구역이나 공종에 따라 구분하여 분할도급으로 실시하기도 한다.

분할도급방식에는 사업주가 여러 시공자를 다루어야 하고, 개별 시공자의 공정을 전체 공사공정에 따라 조정해야 할 책임이 있으므로 공사운영이 번거롭다.

2. 정보통신설비 설치 업무내용

통신공사를 실시하는 데는 많은 자원과 기능이 공정의 진행에 따라 복합적으로 동원되어 활용되므로 이들 자원과 기능을 적시에 조달해서 조직적으로 운용하지 않으면 공사목표를 효과적으로, 그리고 효율적으로 달성할 수 없다.

공사실시에 관련되는 업무를 크게 구분하면 다음과 같다.

① 설계 · 기술(engineering) : 설계용역계약

② 구매(procurement) : 구매계약

③ 시공 · 설치(construction-erection) : 시공도급계약
④ 준공 및 인도(commissioning) : 시공도급계약
⑤ 공사관리(project management) : 공사감리용역계약

이들 업무는 도급방식으로 공사를 실시할 경우에는 업무별로 별개 계약으로 구분하여 계약을 체결하여 수행할 수 있다. 때로는 2개 이상의 업무를 포괄해서 일괄도급계약(turnkey contract)을 체결할 경우가 있는데 설계 · 시공 일괄계약이 그 대표적인 예이다.

(1) 설계(기술)업무

설계업무는 사업계획단계의 계획조사뿐 아니라 실시단계의 시설물에 대한 상세설계와 시공중 제작, 시공설계 등을 말하며, 여기에는 설계에 필요한 통신시스템 검토, 설계도면과 시방서의 작성, 수량계산 및 비용적산 등의 업무를 포함한다.

상세설계는 특히 설계 · 시공 일괄도급계약으로 실시되는 공사에서는 매우 중요한 과업이 되므로 많은 전문기술진을 보유하거나 고용하지 않으면 안된다. 많은 기기류를 설치하는 통신설비공사에서는 기기제작 시방서를 작성하고, 제작을 완성하여 납품된 기기를 검수하는 업무도 이들 기술진의 과업이다.

(2) 구매업무

통신설비공사에서 구매업무는 매우 중요하고 전문적인 기능이므로 기기류의 제작시장을 조사하고, 예정된 구매일정에 따라 제작자를 선정해서 기기구매계약을 체결하고, 납품시기를 독촉하고, 설치일정에 맞추어 안전하게 현장까지 운송하는 모든 업무를 포함한다. 시공내역서의 자재구매는 시공을 수행하는 시공자의 공사관리업무에 속한다.

(3) 시공업무

통신공사 시공은 현장에서 설계도서에 따라 시공계획을 세우고, 배관 · 배선과 기기를 설치하는 활동이며, 이것을 지원하는 통신분야 인력, 자재구매, 시공장비 동원, 각종 계측기 동원 등 자원조달 및 운용, 시공감독, 공정관리, 원가관리, 품질관리, 안전관리 등의 업무를 포함한다.

(4) 준공 및 인도업무

공사 시공이 설계도서에 따라 완료되고, 완성된 공사가 계약에 명시된 기능과 성능을 갖고, 시공이 완료되면 공사를 사업주에게 인도하는 절차이다. 설비공사에서는 완료이며, 여기에는 운전요원 훈련, 유지관리 교육, 시험운전이 포함되고, 설비가 정상운영 상태에 도달했을 때 공사인도가 가능하게 된다.

(5) 공사관리업무

정보통신공사가 성공적으로 시행될 수 있도록 계획조사로부터 공사가 준공되어 인도될 때까지 사업시행절차에 따라 공사업무의 전반에 대한 운영일정을 세우고, 모든 업무가 예정된 일정대로 착실하게 진행되도록 지원하고 관리하는 업무이다. 공사관리업무가 용역계약으로 수행되는 경우에는 정보통신분야 감리업체와 용역계약을 하기도 한다. 정보통신공사는 시공공정을 관리하지 않으면 성공적으로 공사시공을 수행할 수 없다.

정보통신공사는 그 생산조건에서 다음의 특징을 들 수 있다.

첫째, 정보통신공사는 특정한 사업주의 주문 또는 경우에 따라 공사를 수행하는 주문생산 활동이므로 모든 공사는 같은 것이 없고, 내용이 다른 넓은 다양성을 지니고, 경험을 반복해서 활용할 수 없다.

둘째, 정보통신공사는 공사를 구성하는 개개 시설물의 위치로 옮겨가며 현장에서 시공되므로 시공감독과 공정관리에 어려움이 많다.

셋째, 정보통신공사는 개개 시설물의 기술적인 내용이 다르고 광범위한 전문지식과 경험, 그리고 철저한 사전 시공계획이 있어야 원활하게 공사를 수행할 수 있고, 우발사고에 의한 손실을 예방할 수 있다.

이밖에도 최근에는 공사의 종류가 다양화되고, 내용이 통합화하면서 시공공정이 고도로 복잡해지고 있어서 여러 종류의 기자재와 기능, 그리고 계측장비가 공정에 따라 적시에 원활하게 조달되지 않으면 예정된 일정으로 공사를 수행할 수 없고, 요구되는 공사의 품질을 보장할 수 없다. 그러므로 착실한 사전 시공계획에 따라 조직적이고 체계적인 공정관리를 해나가지 않으면 성공적으로 공사목표를 달성하기 어렵다.

1) 공사관리의 의무

관리라 함은 어떤 업무를 수행함에 있어서 업무의 목표가 효과적으로 달성되고, 업무가 효율적으로 수행될 수 있도록 필요한 수단을 조화있게 할당하여 운용하는 모든 노력을 말한다. 국가사회가 산업화되어가면서 경제활동이 확대되어가고, 질이 좋은 생활환경에 대한 요구가 커감에 따라 통신시스템 수요는 양과 질에서 모두 커가고 있다.

따라서 정보통신공사는 그 종류가 다양화하고, 규모와 내용이 대형화 · 복잡화 · 고도화해져서 공사의 운영은 더욱 복잡해졌다. 그러므로 공사를 수행하는 데 필요한 모든 수단을 효과적으로 동원하여 공사목표를 효율적으로 달성하게 하는 공사관리 기능은 그 중요성이 매우 큰 것으로 인식되고 있다.

일반적으로 정보통신공사는 전문적인 통신기술을 필요로 하고, 공사를 완성하는 데 향후 증설과 타 설비와 연동을 예상해야 한다. 공사가 예정된 준공일까지 완성되어야 하는 것은 사업의 성격이나 도급계약의 의도에서 보면 매우 엄격한 전제조건이다.

공사의 준공이 예정된 준공일을 넘어 지연되면 공사비가 증가하게 되고, 도급공사에서는 계약위반으로 상당한 지체보상금을 지불해야 하는 결과가 되며, 태만에 대하여 부과되는 제재와 신용의 실추로 시공회사의 영업에 큰 손실을 가져오게 된다(공정관리).

공사수행은 도급금액 또는 실행예산의 한도 내에서 완료되어야 한다. 공사수행중 우발사고나 관리태만으로 공사비가 증대하면 그만큼 예산을 초과하거나, 기대한 이익이 잠식되거나, 심하면 손실을 가져오고, 반대로 모든 활동이 효율적으로 진행되어 공사원가가 감소하면 그만큼 예산이 절감되고 이익이 증대하게 된다(원가관리).

설계도면과 공사시방서 등 설계도서는 수행해야 할 공사의 내용을 명시하는 시방이므로 공사시공을 시방서에 따라 정확하게 수행함으로써 완성된 공사가 제기능을 다하고, 안전이 보장되고, 가치를 보존할 수 있다.

도급계약으로 수행하는 공사는 거부할 수 있으며, 계약이행의 태만에 의한 계약위반이 된다. 그러므로 공사시공중 시공상태의 확인과 시험, 검사를 철저히 하여 품질결손이나 하자를 이유로 완성된 공사를 철거하여 재시공하고, 이 때문에 공사원가가 증대하고 공사준공이 지연되는 결과가 발생해서는 아니된다(품질관리).

시공되는 통신설비는 사용중 모든 사용자에게 통신망이 안정되어야 한다. 그러므로 법규에 의해서 요구되는 안전시설을 갖추고 사고예방을 위하여 필요한 모든 조치를 취하지 않으면 안된다. 시공중 안전사고가 발생된 경우에는 법규에 따라 제재가 부과될 뿐 아니라 사업주와 시공자의 대외신용에 큰 손실을 가져다주게 된다(안전관리).

그러므로 공사의 수행에는 공사기간과 원가에 대한 목표를 철저하게 지켜야 할 뿐만 아니라 사회와 계약이 요구하는 안전과 품질을 보장하는 것이 지상과제가 되므로 공기·원가·품질 및 안전을 공사관리의 4대 목표로 삼고 있다.

또한 통신공사는 공사의 시공안전과 시공품질이 보장되는 시공공정(방법)을 세워서 시공작업을 운영하고, 공정의 진행에 따라 필요한 시기에 질적·양적으로 적합한 재료·노력·기계 및 자금을 공급하고, 그것을 활용하면서 시설물을 만들어가는 활동이므로 방법·재료·노력·기계 및 자금은 공사실시에 중요한 수단이 된다. 이러한 시공수단을 효율적으로 조달해서 운용하는 일은 공사관리 목표가 효율적으로 달성될 수 있게 하는 공사관리의 중요한 기능이 된다(조달관리).

따라서 안전관리·품질관리·공정관리 및 원가관리는 목표관리업무로서 철저한 계획과 통제기능이 요구되며, 작업관리·자재관리·노무관리·장비관리 및 자금관리는 실행업무로서 조직적인 관리가 되지 않으면 안된다.

안전과 품질은 시공방법과 작업관리에 좌우되며, 이것들의 수준을 높이면 원가를 높이고 공기를 지연시키게 된다. 공사를 단축시키면 원가를 높이고 졸속한 시공으로 안전과 품질에 유해한 영향을 미칠 수 있다. 원가와 공기를 동시에 무리하게 줄이고 단축하면 안전과 품질은 크게 손상을 받게 된다.

2) 통신공사 관리자

통신공사 관리자(management group)는 사업주와 체결하는 계약의 범위에 따라 사업주를 대리하여 공사를 감리하거나 시공자와 마찬가지로 자기 책임으로 공사도급계약을 수행하며, 종합기술용역회사나 종합건설회사가 이 기능을 할 수도 있다. 공사관리자의 업무범위는 설계와 시공을 일괄해서 대상으로 하는 경우와 시공만을 대상으로 하는 경우로 구별할 수 있다.

또한 계약성의 책임은 사업주를 대리하여 공사를 감리하는 공사관리용역의 경우와 시공자의 경우와 마찬가지로 공사계약 또는 일괄공사계약을 체결하여 시공 또는 설계와 시공을 자기 책임으로 수행하는 경우로 달리 볼 수 있다. 후자의 경우에 공사관리자는 공사의 설계와 시공을 반드시 자신이 직접 수행하는 것은 아니다.

공사관리용역계약에서 공사관리자는 설계자나 시공자와 같이 계약당사자는 아니지만 설계자나 시공자를 선정해서 사업주와 계약을 체결하도록 추천하고, 그들의 업무수행을 지휘·감독하는 위치에 있게 된다.

3) 감리자

사업시행자(발주자)가 고용하여 시공감리를 담당하게 한 관리자는 공사현장에서 사업시행자(발주자)를 대리하여 시공자의 시공을 감독하고, 확인·검사하며, 공사의 중간 기성과 준공을 확인하고 증명서를 발급한다. 감리자는 자신의 현장대리인과 고용원을 감리원으로 현장에 상주시켜 감리업무를 수행하게 하며, 현장에 상주하는 책임감리원은 시공자의 현장시공을 지휘하고, 시공자가 공급하는 공사용 자재를 검사하며, 시공을 지시·독려·확인·검사하여 감독한다.

또한 감리자는 사업주를 대리하여 시공감리업무를 수행하는 과정에 공사의 변경이나 공사비용 및 공사기간 변동을 초래하는 경우 외에는 공사가 설계도서에 따라 정확하게 수행되도록 감독하는 데 폭넓은 재량권을 부여받고 있다.

감리자는 감리전문회사로서 감리용역계약을 수행하는 회사이지만 건설기술관리법과 정보통신공사업법에서는 공공건설사업에 참여하는 감리전문회사는 법규에 따라 자격을 갖추어 감리를 하고 있다. 여기서 책임시공감리자는 일반시공감리업무 외에 기성검사·증명 및 실제변경 조치 등 폭넓고 실질적인 공사감독의 책임과 권한을 부여받고 있다.

(6) 공사관리의 기본체계

공사관리는 공사의 종류 및 입지, 사회적 여건 등 개개 공사의 특수성 때문에 그 내용을 달리하겠지만 공사수행에 관련되는 업무는 어느 경우에나 주어진 방침에 따라 계획을 세워서 실시하고, 체계적으로 통제하고 개선해야 하는 관리방법에는 변함이 없다.

일반적으로 관리업무는 다음의 순서에 따라 수행한다.

1) 목적을 달성한다

목적을 설정하는 데는 업무에 관련되는 정보를 수집·정리해서 분석하고, 분석결과에 따라 업무를 수행하는 방침과 실행기준을 정해두어야 한다.

2) 목적을 달성하는 방법을 결정한다

목적을 달성하는 데는 여러 가지 대안방법이 있을 수 있으므로 설정된 방침에 가장 적합한 대안을 상세하게 검토해서 계획을 세우고, 결과에 영향을 크게 미칠 수 있는 요인에 대해서는 미리 구체적인 기준·방법 및 순서 등 실행지침을 정해두어야 한다.

3) 교육훈련을 한다

업무에 참여할 모든 요원에게 업무의 목적을 알리고 계획의 내용과 지침을 충분히 교육·훈련시켜서 업무가 계획대로 실시되도록 하여야 한다.

4) 계획대로 업무를 실시한다

업무를 수행하는 데는 필요한 수단을 필요한 대로 적기에 공급하고, 수행과정을 지휘·감독해서 업무가 계획에 따라 수행되고 정해진 방법과 기준이 만족되도록 해야 한다.

5) 업무가 계획대로 실시되고 있는지 검토한다

검토에는 계획에 못 미치는 원인을 실시과정에서 검토해가는 방법과 실시된 결과를 계획과 비교해서 검토하는 방법이 있다. 여기에는 관련된 모든 요인을 기록하고 비교·분석하여 분석결과와 필요한 시정방법을 보고하는 절차가 따른다.

(7) 시정조치를 취한다

실시결과가 계획에 못 미치는 경우에는 계획대로 되지 않는 원인을 제거할 수 있는 시정조치를 취해야 하며, 조치의 결과는 점검해서 확인하는 것이 중요하다. 또한 실시과정에 실행지침이 지켜지는지 아니면 지침에 결함이 있는지도 검토해야 하고, 필요하면 지침을 포함하여 계획을 갱신할 필요가 있다.

모든 관리에서와 마찬가지로 공사관리도 순환과정으로 반복되는 "계획 - 실시 - 검토

-조치"의 활동을 계속하면서 효과적으로 이행되어야 한다. 공사의 목표를 효과적으로 달성하기 위해서는 공사관리업무는 다음의 4단계로 이행되어야 한다.

① 1단계
안전·품질·공기 및 원가의 목표를 만족시킬 수 있는 공사의 실행계획과 지침을 결정한다(plan).

② 2단계
계획과 지침에 따라 공사를 지휘·감독하면서 실시한다(do).

③ 3단계
실시된 결과를 계획 및 지침과 비교해서 공사의 실시상황을 검토·분석한다(check).

④ 4단계
공사실시 결과가 목표를 만족시킬 수 있도록 조치한다(action).

통신공사는 개개 공사의 성격과 내용이 다르고, 두 공사가 같은 것이 없으며, 공사의 규모가 전문화·복합화하면서 공정의 복잡성이 더해져서 이러한 관리체계를 활용한 조직적이고 체계적인 공사관리가 절실하게 요구된다.

11.2.3 공사관리업무

공사관리는 공사가 안전과 품질기준을 만족하면서 공기 내에 경제적으로 수행될 수 있도록 시공계획을 세워서 운영하고 관리하는 것이므로 관련기준을 따라야 하는 안전관리·품질관리와 함께 공정관리와 원가관리는 공사목표 달성을 위한 기본적인 관리업무가 된다.

이러한 공사목표가 효과적으로 달성될 수 있도록 하기 위해서는 공사수행에 필요한 방법·재료·노력·기계·자금 등의 시공수단을 효율적으로 조달하고 운용하는 자원조달 관리는 중요한 실행업무가 된다.

1. 시공계획

계약약관과 설계도서에 따라 시설물을 건설할 수 있는 시공방법을 결정해서 계획하고, 안전과 품질기준을 만족시키면서 공사를 예정된 공사기간 내에 경제적으로 시공할 수 있는 다음의 방침을 결정한다.

① 시공방법 : 주요 공종에 대한 공법과 시공공정
② 단말기의 배치
③ 주요 자재의 선정
④ 전체 공사일정 계획

⑤ 공사 운영방침 : 현장조직, 계측장비 수배, 하도급 및 외주

2. 공정관리

시공계획을 기초로 하여 공정계획과 조달계획을 세우고 공사목표가 달성될 수 있도록 공정을 통제하고 관리하는 활동이다.

(1) 계획단계

① 공정계획 : 상세공사일정
② 조달계획 : 노무, 자재, 각종 계측기, 자금의 수량 및 조달일정

(2) 실시단계

① 공정계획에 따라 일상의 작업지시 및 감독
② 조달계획에 따라 자재 · 노력 · 계측기 동원
③ 공종별로 실적자료를 기록 · 정리하여 계획과 실적을 비교 · 분석
④ 공정촉진, 작업개선, 계획갱신 등 시정조치

3. 원가관리

정보통신공사가 완벽하게 수행될 수 있도록 실행예산서를 작성하고, 이에 따라 원가를 통제하고, 나아가서 원가를 절감할 수 있도록 관리하는 활동이다.

(1) 계획단계

① 원가계획 : 실행예산서 작성
② 원가회계 체계의 정립

(2) 실시단계

① 자재비 · 노무비 · 장비비 · 외주비 · 경비 등 비용의 기록 · 정리 및 분석
② 원가절감 조치

4. 품질관리

정보통신공사의 품질은 사용하는 재료와 완성된 부분의 품질을 말하며, 품질관리는 설계도서에 나타내었거나 인용된 품질기준이 공사수행중 만족될 수 있도록 통제하고 관리하는 활동이다. 품질관리는 시공에 사용되는 재료와 시공상태, 그리고 발주자가 인수할 완성물을 대상으로 한다.

5. 안전관리

정보통신공사의 안전은 시설물의 안전한 사용을 위하여 공사계획과 설계단계에서도 중요한 유의사항이 되지만, 시공중 공사를 수행하는 데 중요하며 사고예방은 사회적인 요구사항으로 법규로 규정하고 있다.

설계단계에서는 정보통신분야의 방송통신설비의 기술기준을 관련법규로 규정하고 있으므로 이 기준을 만족할 수 있어야 하며, 시공단계에서는 현장에서의 근로재해와 현장인근의 제3자 재해를 방지할 수 있도록 관련 법규를 준수하고, 시공수단의 사용과 가설물에 대한 재해예방대책을 세워 통제하고 관리하여야 한다.

이밖에도 시공중 발생하는 환경공해 방지에 대한 대책 등도 포함한다.

6. 자재의 승인 및 관리

정보통신공사와 정보통신 기자재 구매업무 등 공사의 착공계, 물품(기자재)의 구매설치의 착수계를 제출하고 현장에 공사시작이 되기 전에 사용할 자재의 사전승인을 발주자로부터 결정을 받고 현장에 설치한다. 이러한 절차의 과정을 거치지 않고 자재를 설치하면 분쟁과 불신, 재설치, 철거 등 시공자의 불편과 발주자의 계약해지 등 어려움이 예상된다.

시공자(설치자)는 사전에 각종 자재의 재품설명서, 시험성적서, 규격서, 카탈로그 등을 준비하여 '자재승인요청서'를 작성하여 A사, B사 비교하여 납품코자 하는 A사를 표기한 후에 문서로 발주처에 제출하면 발주처에서는 발주 당시의 규격과 일치하는지 확인 후에 시공자(설치) 납품자에게 통보하는 방법을 취한다.

11.3 정보통신공사 시공계획

11.3.1 정보통신공사 시공계획 흐름도

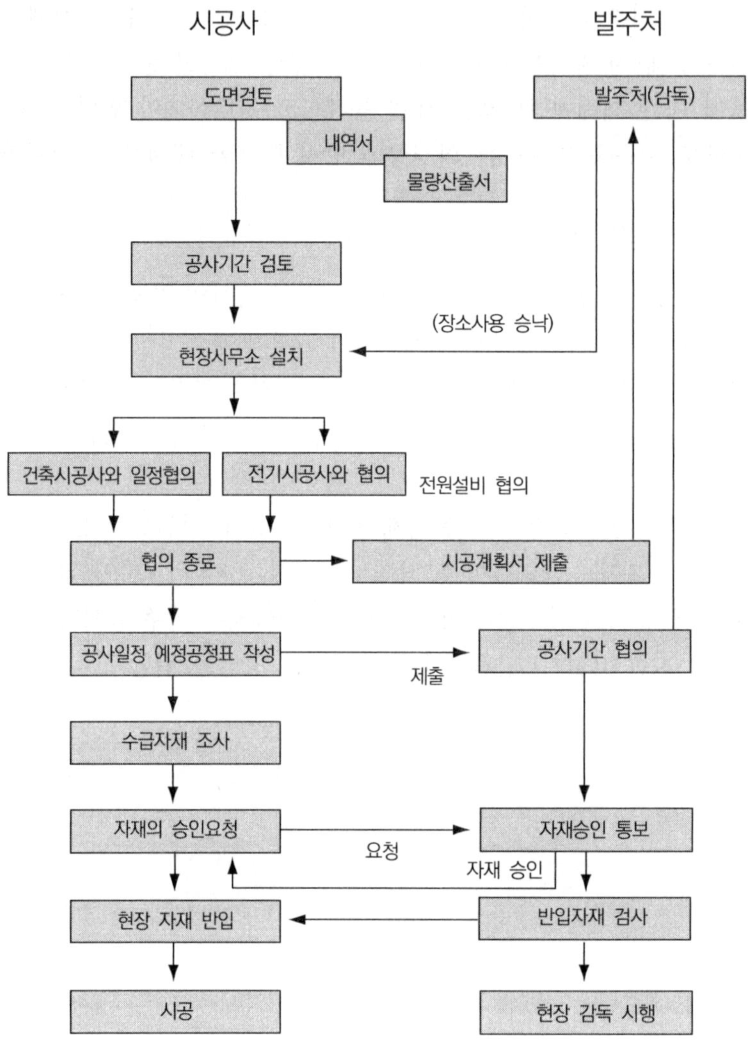

11.3.2 공사추진 공정계획

1. 정보통신공사 공정계획

(1) 공기와 공사비

정보통신공사 시공은 안전과 품질이 보장되는 시공방법으로 예정된 공기 내에 가장 적은 비용으로 수행하는 것이 시공관리의 목표이다. 일반적으로는 공기는 정상적인 시공속도를 기준으로 결정하고 있다. 공기가 과도하게 단축되는 지급시공에서는 시공의 안전과 품질이 저하되고, 안전과 품질을 기준 이상으로 유지하는 경우에는 비용이 크게 증대하게 된다. 주어진 공기에 비용을 과도하게 줄이면 시공일정을 유지하기 위해서 시공의 안전과 품질이 크게 저하된다.

공사비는 시공에 직접 관련되는 재료비 · 노무비 · 장비비 · 경비 등의 직접비용과 현장의 관리요원에 대한 인건비 · 현장운영경비 · 보험료 등의 간접비로 구분된다. 이 중에서 간접비의 대부분은 공기와 함께 비례해서 증가하는 변동비이다. 공기를 정상공기에서 단축하는 데는 작업시간을 늘리거나 자재 등을 추가로 활용해야 하므로 모두 추가비용을 물게 된다.

반대로 공기를 지연시키면 계약공기를 초과했을 때 계약조건에 따라 지연에 대한 지체보상금이 간접비에 추가되지만 반면에 직접노력 · 가설재 · 장비 등을 다른 공사에서 전용할 수 있으므로 오히려 적게 들게 된다.

[그림 11-1]에서 보는 바와 같이 전체 공사비는 정상공기보다 다소 짧은 시점에서 최소가 된다. 이때의 공사비는 도급공사비보다 낮을 때 그만큼의 이익이 보장되며, 시공능률을 높여 노무비 · 장비비가 절감되면 이익폭은 더 커지게 된다. 최대 이익이 보장되는 공기에 대한 시공속도가 경제적인 시공속도가 된다.

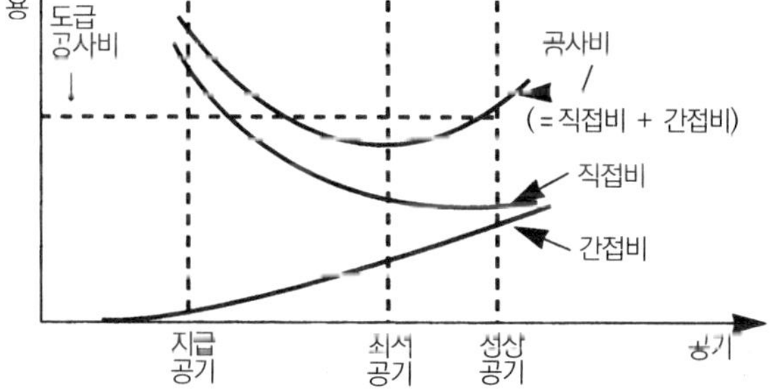

[그림 11-1] 공기와 공사비의 관계

⑵ 공종 분류

통신공사의 계획조사 · 실시 · 운전 및 유지관리에 걸쳐서 많은 자료가 수집되어 정리되고 도면이나 문서로 작성된다. 이러한 자료는 수시로 참조되고 수정 · 보완된다. 특히 계획자료는 공사 실시중에는 기준자료로서 현황과 대비하여 분석하고, 공사준공 후에는 실적자료로서 정리되어 문서로 남겨 이후의 공사에 참고자료가 된다.

통신공사의 모든 활동은 공사에 포함된 공종에 관련되므로 공사의 계획과 실시중에 필요한 자료를 참조하고 활용하는 편의를 위해서는 공사의 공종 분류체계를 표준화하여 여기에 자료를 관련시키는 것이 바람직하다.

공종의 표준분류체계를 작성하는 데 유의해야 할 사항을 들면 다음과 같다.

① 설계도서, 시공의 계획 및 관리, 적산, 설계변경 등에 공통적으로 사용할 수 있는 범용성을 갖추어야 한다.

② 실용성을 고려해서 너무 복잡하지 않아야 한다.

③ 자료의 정리와 참조가 용이해야 한다.

④ 분류의 기준은 일관된 체계에 따라야 한다.

⑤ 공종의 추가가 가능하도록 융통성을 가져야 한다.

⑥ 통신설비의 운용이 용이한 분류기호체계를 가져야 한다.

⑶ 전체 공사일정

전체 공사에 대한 공사기간은 직영공사의 예정공사기간 또는 도급공사의 계약기간이 되겠지만 시공계획에서는 기본방침으로 이 기간의 범위 내에서 정할 수 있다. 일반적으로 공사기간의 단축은 시공회사의 시공능력을 가늠하는 지표가 될 수 있으며, 공사도급계약에서는 공기단축에 대하여 상여금을 지급하는 규정을 두고 있다.

또한 공사 시공중에 기상 · 해상의 이변이나 예측하지 못한 사고로 공기가 예상한 것 이상으로 지연될 수 있으므로 공기지연에 대비하여 계약기간에서 상당한 여유시간만큼 공기를 단축해서 정할 수 있다. 그러나 과도한 단축은 공정의 진행과 시공수단의 운용에 무리가 따르므로 공사비를 증대시키게 된다는 것을 유의해야 한다.

전체 공기 외에 공사기간 중에 설정하는 중간공기는 때로 계약조건으로 정해지기도 하지만 시공자가 시공목표로 정하기도 한다. 중간공기는 주요 공종에 대한 부분 공기로 정하거나 주요 장비나 설비의 조달 또는 전용일정에 관련된다.

공사의 전체 공기나 중간공기는 모두 중요한 시공관리기준으로 공사공정의 이정표가 되므로 기본계획이나 상세계획단계에서 검토하는 공사일정은 이 공기를 만족하도록 조정하지 않으면 안된다.

(4) 공정계획

1) 공정계획의 작성요령

공정계획은 채택된 시공방법에 따라 공사시공을 착수해서 완공할 때까지 각 공종에 대한 일정계획을 세우는 데 그치지 않고, 시공중 시공현황을 평가하고 통제하는 시공관리의 지침과 척도를 제공한다.

공정계획은 다음의 순서에 따라 세울 수 있다.

① 공종에 따라 활동을 분류하고, 각 활동의 진행순서(시공공정)를 결정한다.

② 각 활동의 시공에 소요되는 작업기간을 결정한다.

③ 전체 공사가 예정된 공기 내에 완료될 수 있도록 모든 활동을 진행순서(시공공정)에 따라 배열하고 시간축척 위에서 조정한다.

④ 공사기간을 통해서 노력 · 자재 · 장비 · 자금 등의 소요량이 과도하게 집중하거나 필요없는 대기시간이 발생하지 않도록 일정을 조정한다.

⑤ 이렇게 작성된 공사공정표를 기초로 공사에 관련되는 노력 · 자재 · 장비 · 자금 등 모든 활동에 대한 공정표를 작성한다.

공정계획 검토에 있어서는 시공의 원활한 진행에 지장을 줄 수 있는 시공이 어려운 공종, 수량이 큰 공종, 특수한 기술을 요하는 공종 등이 원활하게 시공될 수 있도록 특별히 유의해야 한다.

공사공정표가 작성되고 여러 활동에 대한 일정이 결정되면 자원의 시간적인 분포가 나타나게 된다. 유사한 공종이 같은 시기에 중첩되는 경우에는 노력 · 자재 · 장비 · 자금 등의 자원이 과도하게 집중될 수 있으므로 자원배당 및 평준화기법에 따라 관련되는 공종의 조정을 조정하여(시공순서 · 시공시기) 집중을 완화시킬 수 있다. 공정계획은 시행착오 과정을 거쳐 반복해서 조정했을 때 현실적으로 합리적인 결과를 얻을 수 있다.

2) 단계별 공정계획

① 전체 공사공정표

전체 공사공정계획은 기본계획단계에서 시설물 단위의 공정을 활동으로 분류하고, 각 활동에 대하여 작업기간을 추정하여 실시할 순서에 따라 시간축척 위에 막대기로 활동의 시작과 종료시각을 연결하는 직선을 그어 막대도표의 형식으로 공정표를 작성한 것이다.

이 막대도표 위에는 공정의 이정표가 되는 중간(부분)공기를 유지하고, 자원부하가 동원한도 내에서 평준화되도록 조정하는 것이 필요하다. 이렇게 작성된 상세 공사공정표는 시공작업 공정관리와 조달계획과 함께 공사관리업무계획을 작성하는 뼈대가 된다.

② 상세공사공정표

상세계획단계에서 작성하는 상세공사공정계획은 작업공종 또는 한 작업공종에 대하여 공정통제와 자원조달 관리에 필요한 수준까지 세분된 활동으로 분할하고, 각 활동의 작업기간을 추정하여 실시할 순서에 따라 연결한 네트워크로 작성한다. 개별활동의 시작 및 종료시각을 분석하는 데는 전체 공사공정표에 나타낸 착공·준공 시점과 중간(부분)공기를 유지하고, 자원부하가 동원한도 내에서 평준화되도록 조정하는 것이 필요하다. 이렇게 작성된 상세공사공정표는 시공작업 공정관리와 조달계획과 함께 공사관리업무계획을 작성하는 뼈대가 된다.

2. 예정공정표 작성

공정계획표는 공정계획의 결과를 종합해서 나타내므로 공정관리에 필수적인 자료이며, 공정에 관한 정보를 제공할 뿐 아니라 공정을 검토하고 개선하는 수단이 된다.

공정표는 공사의 성격, 공정관리의 목적에 따라 여러 형식으로 작성된다.

(1) 막대공정표

막대공정표는 정보통신공사에서 널리 사용되고 있다. 공사시공 대상이 되는 공종을 분류해서 열거하고, 각 공종의 실시시간을 횡축의 월·일 단위 시간축척에 맞추어 시작시점과 종료시점은 막대의 양단에 대항하는 시간축척에서 읽을 수 있지만 공종 사이의 선후관계를 표현할 수 없는 것이 결점이다.

때로는 종방향으로 공종 사이에 점선으로 관계되는 시점을 연결하여 상호 관계를 나타낼 수 있지만 공종이 많은 경우에는 복잡하고 식별이 어렵다. 각 공종의 계획과 실적을 함께 평행한 막대기로 나타내면 시공 진척현황을 파악하는 데 편리한 점이 있다.

막대도표는 일찍이 통신공사의 공정계획에 활용되어왔으나 활동의 상호 의존관계를 나타내지 못하는 것이 단점이다. 이것을 보완하기 위해 이정표간에 의존관계를 나타내고 있으나 개별활동간의 의존관계를 나타내는 데 미흡하고, 특히 한계활동을 식별하거나 활동의 여유시간을 알아낼 수 없다. 그러므로 막대도표는 상세한 공정계획을 검토하는 데 부적당한 것으로 알려져 있다.

그러나 막대도표는 활동을 도표상에서 작업일 또는 일력 시간축척을 갖는 막대기로 나타내고 있어서 활동의 예정된 시점 및 종료시점을 포함한 공사일정 자료를 명료하고 간결하게 나타내는 데 매우 쓸모있는 수단이며, 모든 공사관계자에게 일정에 대한 이해가 쉬울 뿐만 아니라 작업진도의 기록과 감시에 편리하다.

그러므로 막대도표가 네트워크 분석의 결과를 최대한 묘사하고, 이정표의 의존관계를 최소한 나타낼 수 있다면 공정관리실무에 효율적으로 활용할 수 있다.

정보통신공사의 공사추진 예정공정표의 사례를 [그림 11-2]에서 나타내었다. 공사의 공종별 비중을 나타내기도 하고, 일정기간별 공사추진 공정률을 정확히 나타내므로 기성준공 처리나 물가변동에 따른 품목조정을 실시하여 잔여공기에 대한 금액변동만큼 공사대금을 청구할 수 있는 등 공사추진 예정공정표는 그만큼 중요하다.

특히 시공중 부도가 발생하면 공정의 성과에 대한 대금지불과 잔여공기에 대한 재입찰, 보증업체의 시공 등 복잡한 문제가 발생할 우려가 크므로 공정표 작성에 신중을 기해야 한다.

━━ 계획
■ ■ ■ 실행

공 종	100%	공 사 일 정											
		세부공종	1	2	3	4	5	6	7	8	9	10	~	
선로설비공사	20%	배관공사												
		배선공사												
		박스설치공사												
교환설비공사	40%	교환기설치												
		키폰설치												
		전화기설치												
구내정보통신망 (LAN)공사	20%	배선공사												
		기기설치												
		시 험												
CCTV공사	10%	배선공사												
		기기설치												
		시 험												
무선통신 및 방송설비공사	3%	배선공사												
		기기설치												
		시 험												
TV공시청공사	7%	배선공사												
		증폭기 · 분배기 설치												
		시 험												
공정률	계획공정(100%)		3%	4%	5%	6%	8%	10%	15%	18%	19%	22%	~	100%
	실행공정(100%)		3%	4%	5%	6%	8%	10%						100%

[그림 11-2] 정보통신공사 공사추진 예정공정표

(2) 공사일정 분석

통신공사 공정도표가 작성되면 일정 분석을 하고 정해진 공사준공일이나 이정표에 대하여 일정을 검토하고, 일치하지 않는 경우에는 주요 작업에 대하여 계획을 조정하고, 필요하면 공기단축 기법을 활용하여 일정을 조정해야 한다.

인력과 장비의 소요량은 여러 요소작업에 대하여 불균형이나 수요의 상충이 최소가 되도록 조정하게 된다. 이러한 조정을 거쳐 계획담당자는 각 작업활동의 시작시기와 종료시기에 대한 일정을 세울 수 있다. 이렇게 작성된 공사일정(work schedule)은 공사기간중 공사관리 기준이 되며, 필요하면 공사진행과정에 수정과 보완을 하게 된다.

정보통신공사 현장작업은 공사일정에서 정해진 일정에 따라 실시되어야 하고, 공정관리는 공사가 진행됨에 따라 주기적으로 진도를 측정하여 분석 · 보고하고, 공사일정으로부터 이탈하는 작업이 지적되면 필요한 시정조치를 취하고, 공사일정을 수정하게 된다.

정보통신공사 공정관리를 위한 진도측정은 개별작업에 대한 일정을 기준으로 하여 어느 시점에 완성된 작업을 확인하고, 진행중인 작업에 대해서는 잔여부분을 완성하는 데 소요되는 시간을 추정하여 예정종료 시각을 결정하는 것이 관례이다. 이것을 예정일정과 비교하면 각 작업활동에 대한 일정상황을 파악할 수 있으며, 시공관리자는 이 자료를 참조하여 필요한 조치를 할 수 있다. 모든 활동이 일정대로 시작되고 종료되는 일은 매우 드물기 때문에 이러한 현장자료는 잔여공사에 대한 일정을 갱신하고 준공일을 제시하는 데 활용된다.

3. 정보통신사 공정도표 작성

(1) 공정활동의 표시

정보통신공사의 진행과정을 도표로 나타내어 먼저 공사를 여러 개의 요소작업인 활동으로 분할하고, 이들 활동을 진행하는 순서와 주어진 계약조건에 따라 연결해간다. 활동을 화살표시(activity-on-arrow)로 나타내어 연결한 화살도표(arrow diagram)이며, 이 때문에 ADM(Arrow Diagramming Method) 기법이라고 한다.

활동을 화살표로 나타내면 화살의 머리가 가리키는 방향이 진행방향이 되므로 꼬리는 시작시점이 되고, 머리는 종료시점이 된다. 일반적으로 화실의 위쪽에 활동의 명칭을 나타내고, 아래쪽에 활동에 소비되는 시간의 추정치로서 활동기간(activity duration)을 표시한다.

[그림 11-3]에서 활동명칭은 판독이 쉽게 될 수 있도록 기호가 아닌 설명문을 기재한다. 때로는 활동의 연결을 나타내기 위해서 화살의 꼬리와 머리에 동그라미를 그려넣고, 이것을 절점(node) 또는 경유점(event)이라고 한다. 그러므로 꼬리부분은 꼬리절점 또는 시작경유점이라고 하고, 머리부분을 머리절점 또는 종료경유점이라고 한다.

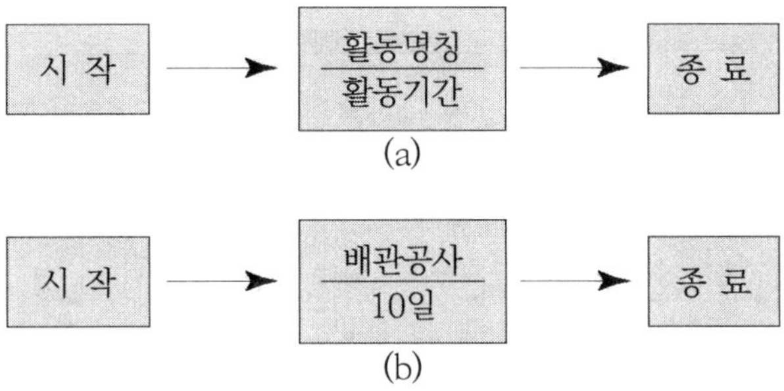

[그림 11-3] 활동의 화살표시

(2) 활동의 연결

하나의 활동 연결은 몇 개의 활동이 선후관계에 따라 직렬로 연결된 것으로 가장 단순한 직렬공정을 나타내며, [그림 11-4](a)는 선행활동이 종료되어야 후속활동이 바로 시작할 수 있는 경우이다.

다른 경우로는 한 활동이 종료되면 1개 이상의 활동이 즉시 시작할 수 있는 [그림 11-4](b)와 하나의 활동이 시작하기 전에 1개 이상의 활동이 모두 종료되어야 하는 [그림 11-4](c)의 경우가 있다.

여러 개의 활동이 동시에 시작되는 절점을 분기절점이라 하고, 여러 개의 활동이 종료되어 후속활동에 연결되는 절점을 집합절점이라 한다.

[그림 11-4](e)는 병행활동을 나타낸 경우로서 활동 (b)와 (c)는 반드시 동시에 시작하거나 종료하여야 하는 것은 아니다.

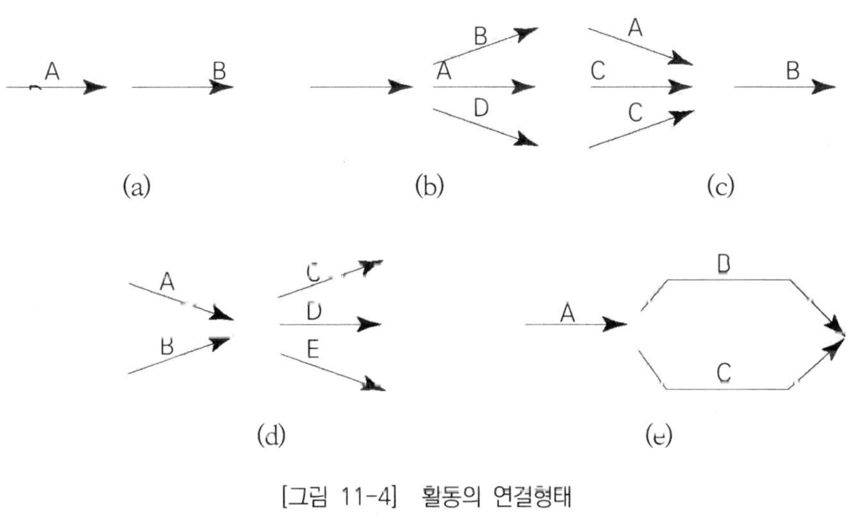

[그림 11-4] 활동의 연결형태

(3) 공정도표의 작성

네트워크가 현실적인 작업공정을 묘사했을 때 여기에서 추출되는 관리자료가 활용성

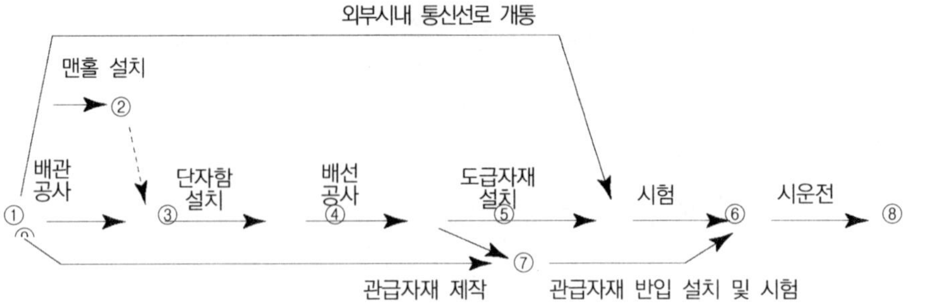

[그림 11-5] 구내통신공사의 화살공정도표

이 있게 된다. 따라서 네트워크의 전개에는 활동의 순서가 중요하므로 활동간의 의존관계가 완벽하고 정확하게 설정되어야 한다.

각 활동에 소요되는 근로자와 장비는 자원계약 조건에 대한 확인이 가능한 경우가 아니면 필요할 때 충당되는 것으로 가정한다. 이 단계에서는 각 활동의 추정시간과 자원의 상충에 대한 문제는 고려할 필요가 없으며, 일정계획 단계에서 상세하게 검토해서 조정하게 된다.

화살도표의 작성요령을 설명하기 위하여 배관공사, 단자함 설치가 완료되면 배선공사를 하고, 관급자재 제작과 설치가 모두 끝난 후에 시험을 병행해서 진행할 수 있다. 작업순서를 결정하는 데는 각 활동별로 선행활동을 확인하는 것이 확실한 방법이다. 이제 앞에서 들었던 여러 형태의 활동연결을 활용해서 화살공정도표를 작성하면 [그림 11-5]와 같다.

네트워크에서 각 활동은 시작시점을 나타내는 경우점을 가지며, 이것은 동시에 이 경유점에 선행하는 모든 활동의 종료시점이다. 그러므로 선행활동이 모두 종료되기 전에 후속활동 중에서 어느 하나라도 시작되어 화살이 중첩되어서는 아니된다. 이런 경우가 발생하면 그 작업을 세분해서 접속하는 부분이 시간적으로 중첩되지 않도록 해야 한다. 또한 네트워크는 활동의 연결에 불연속이 있어서는 아니되므로 최종활동을 제외하고 모든 활동은 적어도 하나의 후속활동을 가져야 한다.

화살도표가 완성되면 모든 결점에 숫자로 절점번호를 기입한다. 절점번호는 화살의 흐름방향으로 활동이 위치한 위상에 따라 순차적으로 매겨진다.

(4) 도표의 형식

네트워크 도표를 전개하는 초기단계에서는 도표의 형태보다는 활동의 의존관계에 중점을 두고 진행순서대로 작업해간다. 처음에는 방향선이나 곡선이 복잡하게 얽히고, 명목활동이 필요 이상 많고 교차가 많게 되나 수정과 정돈을 거치면서 도표는 정연한 형태를 갖추게 된다. 중요한 것은 완성된 도표에서 작업순서가 정확하고 완벽하게 묘사되어야 한다는 점이다.

정보통신공사에서는 일반적으로 수평방향의 전개가 표준으로 생각되나 때로는 수직방향의 전개가 편리할 때도 있다. 수평전개에서는 최초 절점을 좌측에 두고 우측으로 진행하며, 주요한 공정이 중간에 위치하게 해서 네트워크의 골격이 되게 하고, 그 상하위에 부수적인 공정을 두어 폐합곡선을 형성하게 한다. 한 네트워크가 완성되면 각 활동을 나타내는 화살의 일부분은 수평하게 그리고 이 부분의 위쪽에 활동명칭을, 아래쪽에 활동기간을 각각 기재한다. 화살에 기재하는 활동명칭은 기호가 아니고 읽어서 식별할 수 있는 간략한 설명문으로 하는 것이 이후에 관계자 모두가 도표를 활용하는 데 편리하다.

화살도표를 구성하는 화살의 크기와 간격은 실용에 적합해야 하며, 너무 작은 도표는 읽기에 불편하고 수정이나 교정을 할 수 없게 된다. 도표는 여러 사람이 참조하고 사용할 수 있어야 하므로 작도상의 미려함보다는 단순하면서도 내용이 충실한 형식을 가져야 한다.

도표를 작성하는 데는 한 화살이 다른 화살과 교차하는 경우가 있을 수 있으나 구별을 쉽게 하기 위해서는 화살이 접합되는 절점을 교차하는 것은 피해야 하고, 불필요한 교차선은 제거하는 것이 혼잡을 피하는 일이다.

절점번호는 도표가 완성되었을 때 기입하는 것이 좋으며, 번호는 간격을 두어서 진행방향에 따라 숫자로 표시하고, 식별을 위해서 필요하면 영문자를 혼용할 수 있다.

화살도표에는 표제와 작성일자를 기재해서 수정이 있을 경우 식별할 수 있게 해야 한다. 사용하는 도표에는 색채를 사용하여 작업의 활동연결을 따라 구별할 수도 있다.

(5) 총괄공정도표

정보통신공사 공정관리를 효과적으로 하기 위해서는 공정도표가 상세하게 작성되어 있어야 한다. 보통규모의 공사도 네트워크 도표에 수백 개의 활동이 포함될 수 있다. 일상의 현장시공 관리를 위해서는 이 정도의 상세한 내용은 불필요하고 간략한 총괄공정도표가 필요하다.

발주자 · 감리자 · 시공자의 고위관리자, 그리고 하도급 시공자 등 그밖의 관계자를 위해서는 간결하고 단순하게 제시하는 것이 사용에 편리하다. 수백 개의 활동으로 구성된 화살도표를 단순화하는 데 중요한 것은 당초의 작업순서에 대한 요점이 함축되어야 하므로 총괄도표는 다음의 요령으로 작성되어야 한다.

① 분기점 사이에 걸쳐 있는 활동의 연결은 하나의 활동으로 감축한다.
② 분기점과 집합점 사이에 걸쳐 있는 여러 개의 병행활동은 하나의 활동으로 집합한다.

이 두 방법은 네트워크의 골격을 전혀 손상하지 않는 것으로 대개의 도표에서는 자재

계약 조건과 작은 작업활동은 생략되어 있거나 관련되는 활동에 포함되어 있다.

총괄공정도표는 상세공정도표의 작업요령을 정확하게 그대로 나타내는 것은 아니지만 시공자의 고위관리자나 그밖의 관계자가 공사의 진행상황을 파악하는 데는 적절하다.

(6) 마디활동 표시

앞에서 네트워크 도표의 작성은 화살표시(activity-on-arrow)를 사용하여 왔다. 마디표시(activity-on-node)는 활동을 원형이나 사각형의 도형으로 표시하고, 활동 사이의 의존관계를 나타내는 연결선은 실선으로 나타내고 있다. 화살표시 방법과 마디표시 방법은 활동을 표시하는 기법만 다를 뿐 네트워크 작성요령은 마찬가지이다. 원형과 사각형을 비교하면 활동의 명칭과 기간 등을 기재하는 데 사각형이 더 적합하다. 후술하는 PDM 네트워크 기법에서는 마디표시만을 사용하고 있으나 조금 변형하면 화살표시가 가능하다.

[그림 11-7]은 화살표시법과 마디표시법을 비교한 것이며, [그림 11-6]의 마디표시에서 실선은 활동 사이의 의존관계를 나타낼 뿐이며 길이는 의미가 없고, 명목활동도 없다. 네트워크 도표는 두 표시방법을 사용했을 때 다른 차이는 없으므로 화살표시 도표를 마디표시 도표로 쉽게 변경할 수 있다.

일반적으로 마디표시 도표에 비하여 이해하기 쉽고 수정이 용이하다. 화살표시 도표는 작도와 이해가 어렵고, 특히 명목활동의 의미를 적절히 사용하게 되려면 많은 경험과 시간이 요구된다. 그러나 화살표시 도표가 활용되고 있는 것은 건설공사에서 활용도가 우수하고 공정계획을 세우는 데 표준이 되어온 데 있다.

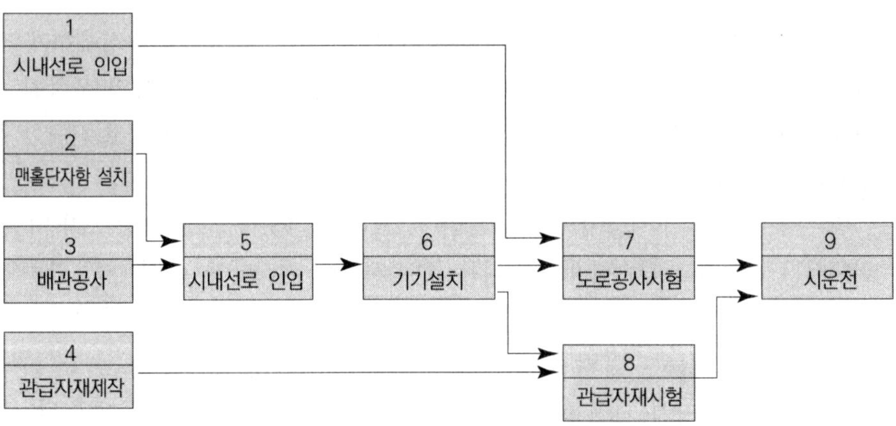

[그림 11-6] 구내통신공사의 마디도표

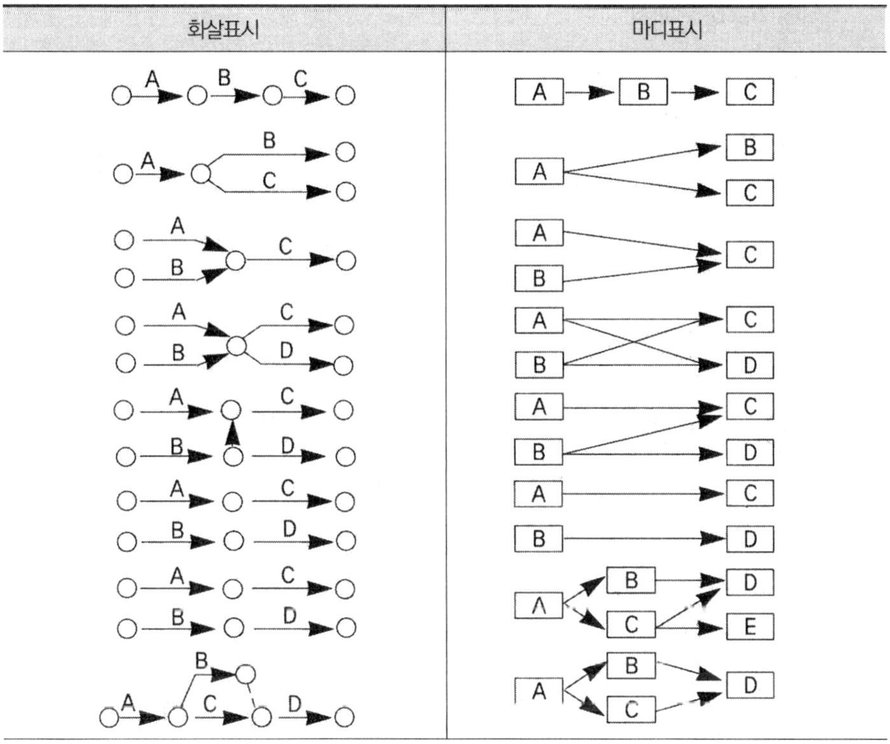

[그림 11-7] 화살표시법과 마디표시법의 비교

11.4 안전관리계획서 작성

공사계약 일반조건 제17조제①항의 3에 의한 안전관리계획서를 착공과 동시에 발주처(감독 · 감리)에 제출하여야 한다.

안전관리계획서는 총괄 안전관리계획과 공종별 안전관리계획으로 작성 제출한다.

11.4.1 총괄 인지관리계획

(1) 공사의 개요

공사전반에 대한 개략을 파악하기 위한 위치도 · 공사개요 · 전체공정표 및 설계도서(당해 공사를 인가 · 허가 또는 승인한 행정기관 등에 이미 제출된 경우는 제외한다)

(2) 안전관리조직

공사관리조직 및 임무에 관한 사항으로서 시설물의 시공안전 및 공사장 주변안전에 대한 점검 · 확인 등을 위한 관리조직표

(3) 공정별 안전점검계획

자체안전점검, 정기안전점검 시기 · 내용, 안전점검공정표 등 실시계획 및 점검결과에 따른 조치계획에 관한 사항

(4) 공사장 주변 안전관리계획

공사중 지하매설물의 방호, 인접시설물의 보호 등 공사장 및 공사현장 주변에 대한 안전관리에 관한 사항

(5) 통행안전시설 설치 및 교통소통계획

공사장 주변의 교통소통대책, 교통안전시설물, 교통사고 예방대책 등 교통안전관리에 관한 사항

(6) 안전관리비 집행계획

안전관리비 계상액, 산정내역, 사용계획 등에 관한 사항

(7) 안전교육계획

안전교육계획표, 교육의 종류 · 내용 및 교육관리에 관한 사항

(8) 비상시 긴급조치계획

공사현장에서의 비상사태에 대비한 비상연락망, 비상동원조직, 경보체제, 응급조치 및 복구 등에 관한 사항

11.4.2 공종별 안전관리계획

(1) 통신토목공사

① 도로의 굴착, 관로시설에 따른 교통대책
② 가설구조물 설치개요
③ 시공상세도면
④ 안전시공 절차 및 안전점검표

(2) 노출전선관 배관공사

① 틀비계 사용계획
② 낙하물 방지대책
③ 추락 방지대책
④ 전선관의 하중감안 시공시 안전대책

(3) **통신케이블 포설공사**

① 케이블 드럼의 운반시 안전대책
② 케이블 포설시 안전대책
③ 케이블 시공중 추락 안전대책

(4) **통신시스템 설치공사**

① 통신시스템 운반시 안전대책
② 통신시스템의 설치시 안전대책

(5) **통신용 전원공사**

통신시스템 전원공급 전의 전기안전대책

(6) **매입전선관 배관공사**

① 건축공사장의 배관작업자의 안전대책
② 전선관 운반시 안전대책

11.5 현장관리 각종 서류의 작성

11.5.1 공사일지 작성

시공사가 작성하는 공사작업일지를 기록할 때는 착공계를 제출할 때 제시한 공사추진 예정공정표에 준하여 그 일정대로 현장에 시공이 되어야 하고, 공사일지도 금일 작업한 내용을 기록 유지한다.

공사일지의 기록내용은 주로 그날의 시공내용과 투입되는 인력 수, 그리고 투입되는 자재량을 기록한다. 특히 장기공사인 경우는 주간 및 월간공정을 감독자에게 보고해야 하므로 공정률을 기록한다.

장기공사일 때는 몇 차례의 시공실적을 기준으로 하여 기성준공을 실시하고 기성금을 청구하여 발주처로부터 시공실적만큼의 공사대금을 받기 때문에 그 일의 근거와 실적은 예정공정표의 기준이 된다.

공사일지 양식이나 내용은 어떤 규정에 준하기보다는 공사현장과 감독부서의 현장관리에 적합한 방향에서 회사의 기준이나 규정을 따라 표준화된 양식이 되면 아주 편리하다(공사일지 양식 표준안 참조).

끝으로 공사일지에 기록하는 인력이나 자재의 수량기입은 설계시에 산출한 인력산출서와 자재산출서를 기준으로 층별로 나누어 기록하며, 자재의 투입은 현장에 반입하는 과정의 감독자로부터 검사받은 자재에 한하여 기록하여야 한다.

11.5.2 공사일지 작성시 유의사항

① 공정률을 기준으로 작업사항에 일치되게 작성(사례)

공 종			설계량	지하1층	지상1층	지상2층	지상3층
공종의 공사기간별			3월1일~ 3월31일				
자재및인력	자재 투입량	16C전선관	400m				
		22C전선관	60m				
	인력 투입량	통신내선공(인)	9				
		케이블공(인)	11				
		보통인부(인)	7				
현장(도면) 페이지							

② 자재투입량 계산(사례)

공 종	품 명	설계량	지하1층	지상1층	지상2층	지상3층	지상4층
구내통신선로 설비공사	16C전선관	300m	80				
	22C전선관	200m	20				
방송설비공사	16C전선관	1000m	100				
	22C전선관	400m	40				
계	16C전선관	1300m	80				
	22C전선관	600m	60				

③ 인력투입량 계산(사례)

공 종	품 명	설계량	지하1층	지상1층	지상2층	지상3층	지상4층
구내통신선로 설비공사	통신내선공	50명	5				
	케이블공	60명	6				
	보통인부	30명	3				
방송설비공사	통신내선공	40명	4				
	케이블공	50명	5				
	보통인부	40명	4				
계	통신내선공	90명	9				
	케이블공	110명	11				
	보통인부	70명	7				

11.5.3 검측 및 작업승인서 작성

정보통신공사용 자재를 현장에 투입하여 도면과 시방서를 기준으로 작업한 부분을 공정표의 일정에 맞추어 수시로 도면과 같이 작업을 시행했는지 여부를 확인하는 것을 검측이라 한다.

신축공사장의 경우는 건축공사 콘크리트 타설시 통신용 전선관이 매립되고, 매몰되면 나중에는 그 속 내부를 볼 수 없기 때문에 콘크리트를 투입하기 전에 통신용 전선관이 도면대로 시공했는지 여부를 검사 및 확인하고 사진촬영 등 그 근거를 남겨두어야 한다. 그래야 향후 케이블 배선작업이나 유지보수시에 배관과 케이블의 경로를 알 수 있다.

검측 및 작업승인을 현장 시공사에서 감독자에게 요청하면 감독은 현장에서 검측을 시행하고, 그 결과 및 후속작업을 통보해준다.

11.5.4 정보통신공사 현장 자재반입

공사현장에 각종 자재를 반입하고 작업을 할 때는 사전에 공사감독관에게 반입자재 검사신청서를 작성한다. 반입할 자재의 규격 · 시험품은 시험성적서 등을 첨부하여 제출하고 검사를 받아야 한다.

11.5.5 공사감독일지 작성

공사의 현장감독(감리)이 기록하는 공사감독일지에는 그날 공사의 시공내용과 인력 및 자재의 수급사항을 기록한다. 그리고 현장에서 기록하는 공사일지와 작업내용이 일치되게 기록되어야 하며, 추진공정률도 기성금 청구를 해올 경우를 대비하여 정확히 기록하여야 한다.

공사발주처에서는 공사추진 사항을 보고하고, 그에 대한 문제점을 분석하는 등 타업무와 연관된 통신공사의 진행일정이 관련되는 경우가 많기 때문에 감독일지는 정확히 기록한다.

예를 들면 청사의 이전계획, 신축건물의 개통시 등 건축공사와 기계설비, 소방공사, 전기공사 등 선행공정이 공사추진 일정에 잘 맞추어서 감독이 수행되어야 한다. 공사감독일지는 설계시 층별로 산출한 소요인력 산출서, 수급자재의 산출서 그리고 반입자재 검사신청서와 일치여부를 확인하면서 기록 및 결재를 시행한다.

11.6 대형공사(턴키) 발주에서 준공까지 흐름도

1. 시행방침 결정
   ↓ (발주처)
2. 대형공사 집행계획 결정
   ↓ (광역시 · 도→건설교통부)
3. 대형공사 집행계획 심의
   ↓ (광역시 · 도)
4. 대형공사 집행계획 공고
   ↓ (광역시 · 도)
5. 용역시행 계획 공고
   ↓ (광역시 · 도청 기획실)
6. 용역 사전심의 요청
   ↓ (발주처)
7. 용역발주 공고
   ↓ (발주처)
8. 용역업체 평가 및 선정
   ↓ (발주처) →용역감독 지정, 착수계 접수
9. 입찰안내서 작성(초안)
   ↓ (발주처, 용역사)
10. 입찰안내서 기술자문
    ↓ (발주처, 용역사)
11. 입찰안내서 법률자문
    ↓ (발주처, 용역사)
12. 입찰안내서 자문결과 제출
    ↓ (용역사→발주처)
13. 입찰안내서 제출(최종안)
    ↓ (용역사→발주처)
14. 입찰안내서 요약보고
    ↓ (발주처, 용역사)
15. 기본설계 평가배점기준안 작성
    ↓ (발주처, 용역사)
16. 입찰안내서 심의요청
    ↓ (발주처→건설교통부)
17. 입찰안내서 심의
    ↓ (광역시 · 도)
18. 입찰안내서 심의결과 통보
    ↓ (건설교통부 →발주처)
19. 심의결과 보완 제출
    ↓ (발주처→ 광역시 · 도)
20. 공사시행 품의
    ↓ (발주처) →공사시행 품의, 계략공사비 산출, 기본설계업자 및 용역사와 협조)
21. 공사계약 의뢰
    ↓ (발주처→조달청)
22. 사전심의(PQ)
    ↓ (조달청)
23. 입찰공고
    ↓ (조달청)
24. 현장설명
    ↓ (발주처)
25. 현장설명 참가자 조서 송부
    ↓ (발주처→조달청)
26. 입찰에 대한 질의사항 회신
    ↓ (발주처→업체)
27. 기본설계 입찰(도면, 금액)
    ↓ (조달청)
28. 기본설계 검토
    ↓ ↳통신감독 (발주처) (검토내용 작성)
29. 기본설계 검토의견 제출
    ↓ (용역사 협조) (발주처 내부 검토)
30. 기본설계 심의개최 통보
    ↓ (광역시 · 도→ 발주처)
31. 기본설계 검토의견 제출 및 설명
    ↓ (발주처→ 광역시 · 도)
32. 기본설계 평가(채점)
    ↓ (광역시 · 도)
33. 기본설계 채점결과 통보
    ↓ (광역시 · 도→ 조달청)
34. 개찰(설계점수, 금액)
    ↓ (조달청)
35. 실시설계 작성 및 제출
    ↓ (설계, 시공선정 업체→발주처)
36. 실시설계 심의
    ↓ (광역시 · 도)
37. 실시설계 적격자 결정 및 통보
    ↓ (조달청→발주처)
38. 심의결과 보완 제출
    ↓ (발주처→ 광역시 · 도)
39. 계약, 예산집행 심의
    ↓ (조달청)
40. 공사계약
    ↓ (조달청)
41. 시 공
    ↓ (감리용역 실시)
42. 준 공

11.7 정보통신공사 시행계약 이후 시행순서도

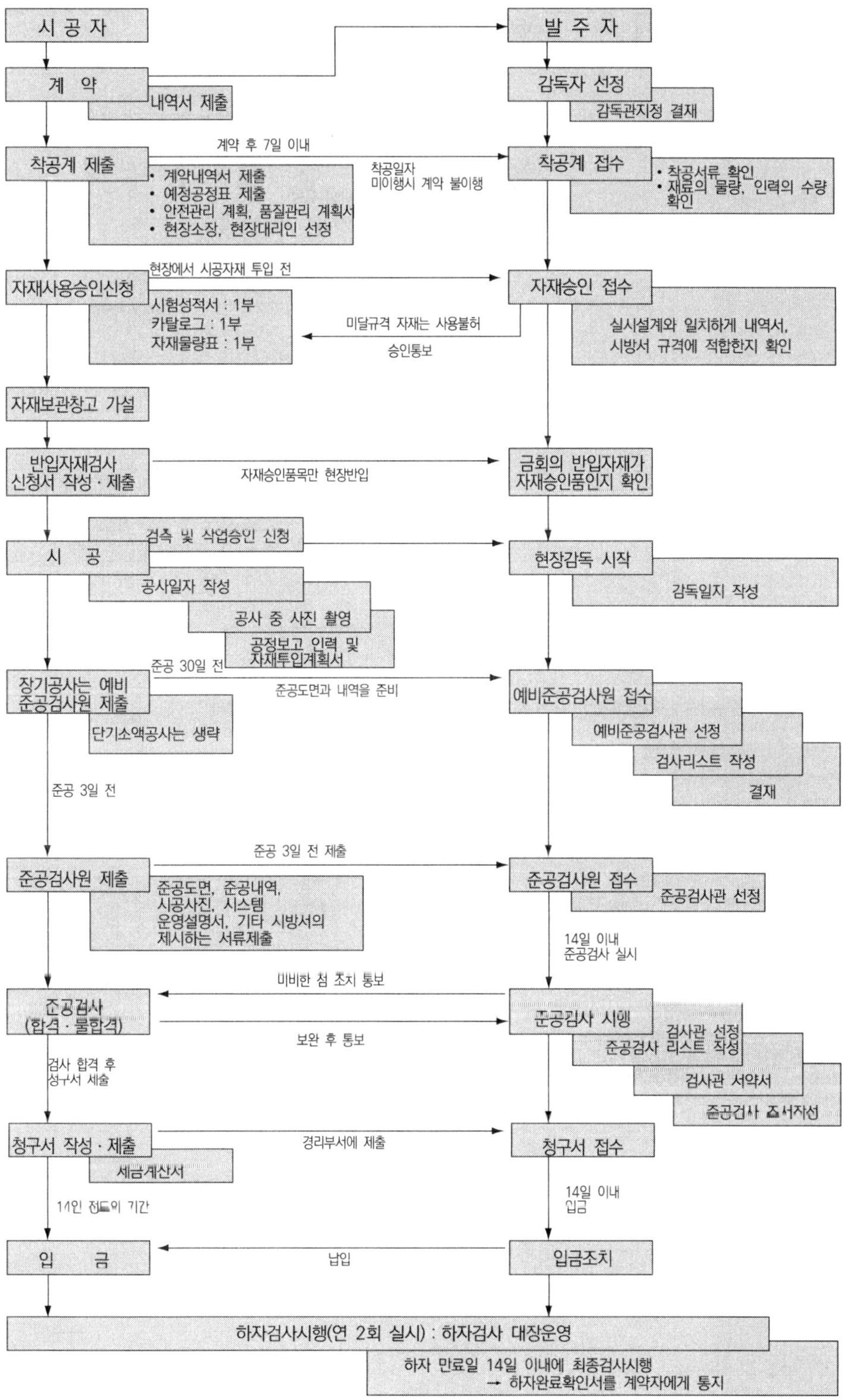

11.8 정보통신공사의 시공관리 흐름도

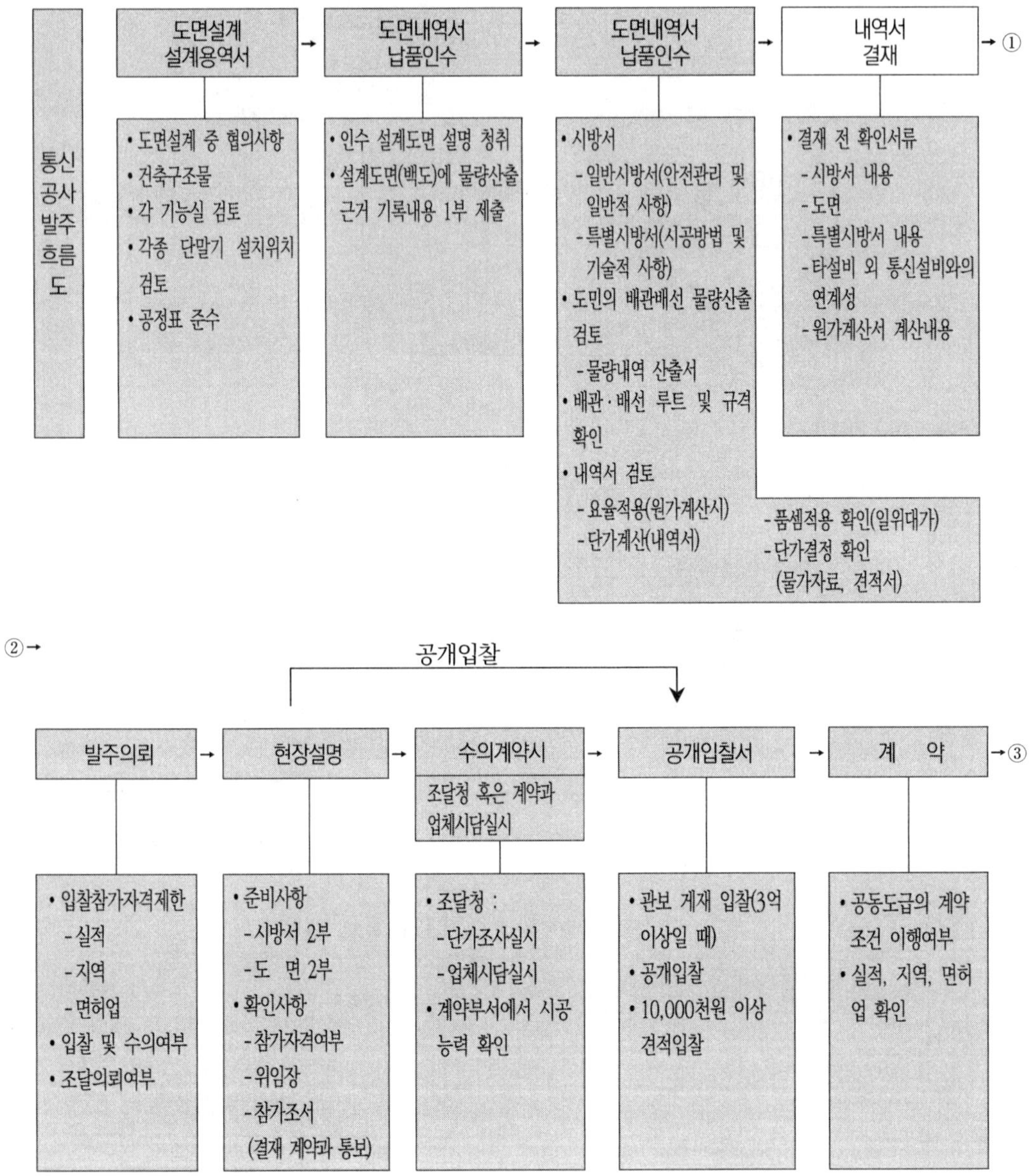

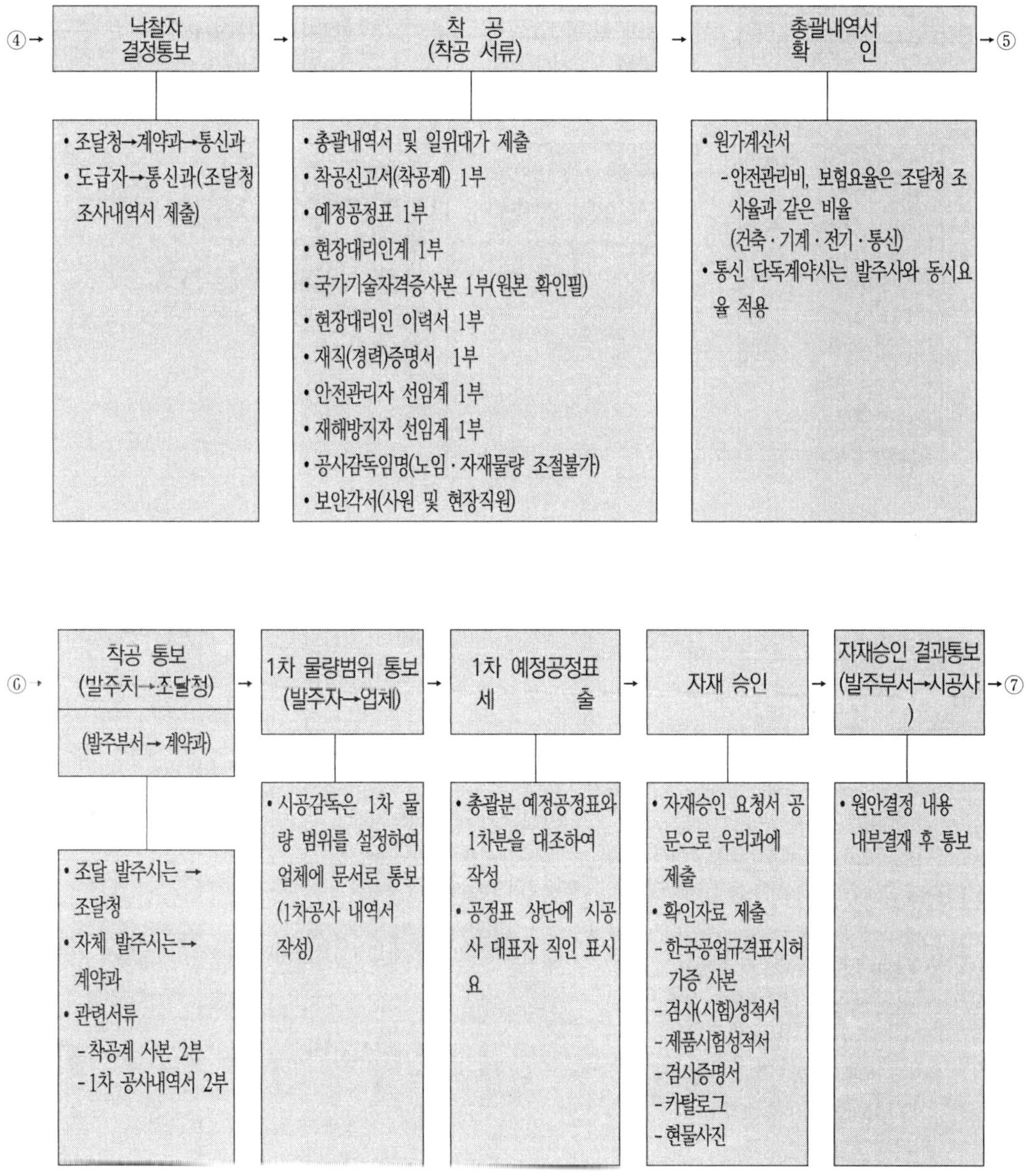
④→
낙찰자
결정통보
• 조달청→계약과→통신과
• 도급자→통신과(조달청 조사내역서 제출)
착 공
(착공 서류)
• 총괄내역서 및 일위대가 제출
• 착공신고서(착공계) 1부
• 예정공정표 1부
• 현장대리인계 1부
• 국가기술자격증사본 1부(원본 확인필)
• 현장대리인 이력서 1부
• 재직(경력)증명서 1부
• 안전관리자 선임계 1부
• 재해방지자 선임계 1부
• 공사감독임명(노임·자재물량 조절불가)
• 보안각서(사원 및 현장직원)
총괄내역서
확 인
• 원가계산서
- 안전관리비, 보험요율은 조달청 조사율과 같은 비율
(건축·기계·전기·통신)
• 통신 단독계약시는 발주사와 동시요율 적용
→⑤
⑥→
착공 통보
(발주처→조달청)
(발주부서→계약과)
• 조달 발주시는 → 조달청
• 자체 발주시는→ 계약과
• 관련서류
- 착공계 사본 2부
- 1차 공사내역서 2부
1차 물량범위 통보
(발주자→업체)
• 시공감독은 1차 물량 범위를 설정하여 업체에 문서로 통보
(1차공사 내역서 작성)
1차 예정공정표
세 출
• 총괄분 예정공정표와 1차분을 대조하여 작성
• 공정표 상단에 시공사 대표자 직인 표시요
자재 승인
• 자재승인 요청서 공문으로 우리과에 제출
• 확인자료 제출
- 한국공업규격표시허가증 사본
- 검사(시험)성적서
- 제품시험성적서
- 검사증명서
- 카탈로그
- 현물사진
자재승인 결과통보
(발주부서→시공사)
• 원안결정 내용 내부결재 후 통보
→⑦

⑧→ **시공준비** → **자재 및 인부수 층별 작업지시** → **반입자재검사신청서 제출 (현장대리→감독관)** →⑨

시공준비
- 가설사무소 및 가설창고 설치
- 도면검토
- 비상연락망도
- 작업일지
- 안전관리수칙
- 자재샘플 설치
- 안전모 착용
- 소화기 설치

자재 및 인부수 층별 작업지시

1, 2차 별도의 자재물량과 인부량을 층별로 산출하여 집계표 작성(현장 작업일지와 공사감독일지가 일치할 것)

반입자재검사신청서 제출 (현장대리→감독관)
- 반입자재 검사부 비치
- 자재를 현장에 반입하기 전에 검사신청서를 감독관에게 제출
- 반입하는 날 감독관이 현장에서 확인
- 반입자재의 관리를 위해 보관시 부식, 또는 분실방지를 위한 조치 강구

⑩→ **공 사 진 행** → **2차분 발주** →⑪

공 사 진 행
- 설계도면과 일치여부 확인
- 단계별 공사 마무리 후 매입되는 부분은 검측 후 사진촬영
- 조적작업시 각종 박스 설치장소 작업 후 사진촬영
- 철근작업 후 각종 박스 및 배관인출시 사진촬영
- 통신용 박스는 적색 도색 후 부착
- 통신용 노출배관 시공시 적색·청색 스프레이로 3m 간격으로 표시부착
- 매입·배관의 끝이 인출되는 부분에는 TEL, SP, TV LAN 등의 글씨를 표시
- 작업대의 안전시설 설치
- 자재, 인부량 1차분 물량 집계표를 근거로 기록
- 공사진척 현황에 대한 사진첩

  ※각종 일지 및 서류 준비사항
  - 주간업무보고
  - 반입자재검사신청서
  - 검측 및 직업승인신청서(수시 제출) 평면도 표시
  - 직업지시서
  - 금일작업 실적 및 명일 작업계획서
  - 매몰부분 검측대장 운영

2차분 발주

2차 내역서 설계
- 결재
- 계약 의뢰

⑫→ **2차분 계약** → **2차 착공** → **2차 예정공정표 제 출** → **2차 공사진행** →⑬

2차분 계약
- 계약변경 (2차분 계약)

2차 착공
- 착공계 제출
- 2차 계약내역서 제출
- 2차 공사감독 명령

2차 예정공정표 제출
- 1차분과 2차분의 연계를 감안한 공정표 작성

2차 공사진행
- 2차분 자재승인, 2차분 자재반입 자재검사

⑭ → (1, 2 차분) 예비준공 → (1차, 2차분) 준 공 → ⑮

(1, 2 차분) 예비준공
• 준공 1개월 전에 예비준공 실시 - 예비준공 검사자 명령부 작성 - 예비준공 내여서 - 예비준공검사 조서 - 공사감독과 예비준공감독조서 - 미진사항을 작성하여 업체에 결과 통보

1, 2차 준공시	전체 준공사
• 검사지 명령부 작성 • 준공검사원 • 준공검사 조서 • 검사관 서약서 • 공사감독관 감독조치 • 기타 필요하다고 인정되는 성과물 • 안전관리비 사용실적 관계서류(1차, 2차 별도) 제출	• 시험성적서 : 각종 3부 • 준공도 : 청사진 5부 및 원도(준공사) • 사진첩 : 주요 공정사항 1부 • 준공되면 CD로 제출

11.9 정보통신공사 착공에서 준공까지 업무처리 분석

업무순서	업무내용	확인사항	확인관련기관			
			발주기관	감독(감리)	통신시공사	건축시공사
1) 공사착공	1.계약서류 확인	• 착공일자 준수	○	○	○	
	2.계약금액기준 총괄내역서 작성	• 물량, 인력수 변경없이 단가 · 원가계산서 금액조정		○	○	
	3.착공계 제출	• 현장대리(초급 · 중급 · 고급확인)			○	
	4.현장사무소 설치위치 확보	• 현장의 공간확보			○	○
	5.시공도면 검토 및 내역서 검토	• 부족설계 여부		○	○	
	6.건축시공사 합동회의	• 건축시공 공정표 입수		○	○	○
	7.시공현장 비상연락	• 발주처, 감리 · 시공직원 대상			○	
	8.작업일지 준비	• 층별 자재량 산출			○	
	9.공사착수에 따른 통신 · 전기 분야 설비사 회의실시	• 통신기계실, 주장치의 전원공급계획 천장배관		○	○	
	10.공사표지판 설치에 따른 승인	• 글씨 외관상 확인		○	○	
	11.현장인력 채용계획	• 일당제 · 월급제 결정			○	
	12.현장 필요공구 및 차량확보 계획	• 임대 · 자체 수급계획			○	
	13.현장기술자 자격증 확인		○	○	○	
	14.현장사무소 설치 수도, 냉 · 난방 시설준비	• 난방시 화재주의			○	
	15.신고업무(소방 · 방송)	• 소방법에 의한 비상방송분야			○	
	16.하도급회사 합동회의	• 하도급범위, 성실시공분야	○			
	17.하도급계약서 확인	• 계약준수사항	○	○		
	18.발주처, 설계회사 및 시공사간 회의	• 시공사가 설계도서 이해	○	○	○	
	19.감리(감독사)와 발주처간 회의	• 감리(감독)계획	○	○	○	
	20.회의기록관리	• 책임소관기관명시		○	○	
	21.각 층별 소요물량 산출	• 설계산출서와 대비확인			○	
	22.각 층별 인력소요량 산출	• 설계산출서와 대비확인			○	
	23.현장시공기술자 안전교육실시	• 교육교재 작성하여 교육			○	
	24.현장기술자 교육실시	• 정기교육 검토			○	
	25.감독(감리)사에게 보고	• 시공중 보고사항			○	
	26.현장대리인 교체	• 사직, 인사, 현장관리 불량	○	○	○	
	27.기술자 교체	• 사직, 인사			○	

업무순서	업무내용	확인사항	확인관련기관			
			발주 기관	감독 (감리)	통신 시공사	건 축 시공사
	28.공사착공, 시공과정별 사진촬영	• 사진근거 자료로 공정관리		○	○	
	29.시공중 현장과 도면의 내용 불일치 처리업무	• 감독과 협의 후 교체		○	○	
	30.건축공정과 통신공정의 조정	• 건축감독부서의 협의	○	○	○	○
	31.부실시공 방지계획 수립	• 자재, 작업 마무리 확인	○	○	○	
	32.발주기관의 장에게 보고	• 시공상 문제점 발생분야		○	○	○
	33.건축구조물과 통신의 배관삽입 관련 문제발생회의			○	○	
	34.시내케이블 인입 협의	• 관할 전화국, 무선, CATV 관련 회사간 협의			○	
	〈안전관리〉					
	35.안전관리 계획수립	• 기술자안전 · 시설물안전계획			○	○
	36.안전관리 지도 · 감독	• 시공사의 안전관리실시사항		○	○	
	37.안전점검	• 점검기록부에 준하여 확인	○	○	○	
	38.안전교육	• 시공사 자체교육		○	○	
	39.안전관리비 집행 적정성	• 안전관리를 위한 지출증빙서류 구비			○	
	〈시공관리〉					
	40.시공계획서 수립				○	
	41.금일작업실적 및 명일작업계획	• 현장에서 공사감독에게 제출			○	
	42.기술검토 의견서 제출	• 부실시공 확인	○	○	○	
	43.특수공법 검토	• 기술적 분야 검토	○	○	○	
	44.검측업무	• 층별 도면에 표기		○	○	
	45.자재사용 승인신청				○	
	46.매몰부분 검사	• 사진촬영			○	
	47.자재검사 요청서	• KS품 확인, 시방서규격 확인		○	○	
	48.공사현장 정리작업				○	
	49.자재검수	• KS품 확인, 승인자재 여부		○	○	
	50.시공현장별 사진촬영			○	○	
	〈품질관리〉					
	51.시험전문기관 의뢰				○	
	52.자재별 품질보증서 제출(카탈로그)	• 발주시 규격서와 대조확인			○	
	53.자재시험계획				○	
	〈설계변경〉					
	54.경미한 설계변경	• 설계변경사유 기관장에게 보고	○	○	○	

업무순서	업무내용	확인사항	확인관련기관			
			발주 기관	감독 (감리)	통신 시공사	건 축 시공사
	55.발주기관 요청에 의한 설계변경	• 통신분야에서 설계변경하지 않도록 한다.	○	○	○	
	56.시공사의 검토의견에 의한 설계 변경	• 시공사의 건의에 의한 설계변경은 우려	○	○	○	
	〈계약금액 조정〉					
	57.설계변경에 따른 조정		○	○	○	
	58.물가변동에 따른 조정	• 국가를 상대로 하는 계약에 관한 법률, 시행령, 시행규칙 확인		○	○	
	59.발주기관의 요청에 의한 물량 조절에 따른 조정	• 금액 상승시키지 않을 것	○	○	○	
	〈공정관리〉					
	60.공사추진 예정공정표 작성	• 건축공정과 협의하여 작성			○	
	61.공정관리 계획	• 시공사의 계획			○	
	62.공사진도관리	• 예정공정보다 늦지 않도록 추진	○	○	○	
	63.수정공정계획	• 공사의 시공기간 연장발생 확인			○	
	64.부진공정대책		○	○	○	
	65.공정현황 월간보고	• 시공사·감독이 기관장에게 보고			○	
	〈기성검사〉					
3) 기성 및 준공 검사	71.검사자 임명	• 소액공사는 겸직가능	○			
	72.기성내역 및 공정 제출	• 도면·내역서에 기성부분 표시			○	
	73.기성도면 작성				○	
	74.기성검사 기간결정		○			
	75.기성부분 내역검토 확인		○	○	○	
	76.기성검사, 검사조사서 작성	• 기성부문 도면·내역서를 현장에서 확인	○	○		
	〈준공검사〉					
	77.준공검사자 임명		○			
	78.준공도면, 내역서 제출				○	
	79.준공검사원(준공계) 제출	• 시공사의 준공CD, 디스켓을 인수받아 처리	○		○	
	80.예비준공검사 실시					
	81.준공도면, 내역서 검토	• 1개월 전 예비준공 검사실시-예비준공 검사리스트 작성		○		
	82.검사결과 보고			○		
	83.검사조서 작성	• 검사의 지적사항 내부결제 후 시공사에 보완통보	○	○		

업무순서	업무내용	확인사항	확인관련기관			
			발주 기관	감독 (감리)	통신 시공사	건 축 시공사
	84.예비준공 검사 지적사항 보완			○	○	
	85.준공검사 실시	예비준공 검사시 지적사항 처리여부 확인	○	○	○	
	〈시설물 인수인계〉					
	86.시설물 인수인계 계획	• 시설물의 도면, 내역서, 기능, 특성 확인	○		○	
	87.인수인계		○		○	
	88.준공 후 현장문서 인수		○			
	89.하자보수 보증기간 서류확인	• 하자유보금 · 하자보증서 등	○	○	○	
4) 정보통신공사의 사용전 검사	• 공사시공 100% 공정에서 시 · 군 · 구청에서 사용전검사 신청서를 작성하여 제출 • 시 · 군 · 구청의 통신부서와 협의함	• 사용전검사 항목별 사항을 확인 • 감리한 현장은 감리결과서 제출	○	○	○	

제12장

공사감독(감리)업무

12.1 공사감독의 업무
12.2 시공현장 점검사항
12.3 공사감독자 확인서류

12.1 공사감독의 업무

① 공사감독자는 다음 서류를 작성 · 비치하여야 한다.

- 공사감독일지
- 발생품정리부
- 관급자제수불부
- 공정보고서
- 반입자재검사부
- 매몰부분검측부 및 사진관 구조물 검특부 및 대장
- 공사진척현황에 대한 사진첩
- 기타 필요한 서류 및 도표

② 공사감독자는 시공업자(이하 '시공자'라 한다)가 작성한 다음의 서류를 확인 · 검토한 후 이를 직접 비치하거나 시공자로 하여금 비치하도록 하여야 한다.

- 품질시험계획, 품질시험 · 검사대장
- 현장교육 실적부
- 시공자의 제반 안전관리실적(교육계획 등), 안전관리비 사용실적 관계 서류
- 주요자재 수불부
- 주요자재 검사부
- 기타 필요한 서류 및 도표

③ 공사감독자는 다음의 사항을 감독하여 당해 통신공사가 설계도서 등에 적합하게 시공되도록 할 것

- 공사착수단계
  - 공사현장의 시점 및 종점과 주요 구조물 현장, 기타 일반인이 보기 쉬운 곳에 공사내용을 알리는 공사안내 표지판을 설치하게 할 것
  - 공사검측에 필요한 평면도 등에 표시하여 보관하게 할 것
  - 설계도서의 시공성 등에 대한 적정여부를 검토하여 보고할 것
  - 설계도서를 숙지하고 착공과 동시에 정보통신공사업자로 하여금 설계도서와 실제 현장의 이상유무를 확인하도록 하고, 시공자의 확인 설계도서와 상이한 부분에 대하여는 실시설계 용역업자와 합동으로 확인한 후 도면의 표지에 현장대리인과 실시설계 용역업자의 책임자가 연명으로 서명 또는 날인하여 소속기관의 장에게 보고할 것
- 공사시행단계
  - 공사시방서 · 설계도서 · 계약서 · 예정공정표 · 품질보증계획 및 도급내역서 등에 의하여 자재 등의 품질 및 시공을 확인하고, 적정하지 못하다고 인정

되는 경우에는 재시공 지시 등 필요한 조치를 하여야 하며, 시공자가 이에 따르지 아니하거나 공사에 대한 결함이 발생할 우려가 있다고 인정하는 경우에는 공사를 중단하게 하고, 소속기관의 장에게 보고할 것
- 공정계획에 따라 공사를 추진하도록 감독하고, 공사진행에 차질이 있다고 판단되는 경우에는 시공자로부터 그 원인과 대책을 제출받아 검토할 것
- 시공자로부터 검측결과를 제출받고 그 제출된 내용을 확인하여 이상이 없는 경우에 한하여 다음 공정에 착수하게 할 것
- 시공 후 매몰되거나 사후검사가 곤란한 구조물은 반드시 현장에 입회하여 지도·감독하고, 시공상태를 증빙할 수 있는 사진과 상세한 기록을 비치할 것
- 시공자로 하여금 공사시행 전에 시공상세도를 작성·제출하도록 하고, 제출된 시공 상세도면을 검토·확인하여야 하며, 시공 상세도면이 작성되지 아니한 경우에는 구조물을 시공하지 못하도록 할 것
- 시공자로 하여금 현장 종사직원 및 기능공의 견실시공 의식을 고취하기 위하여 현장 정기교육을 실시하게 하고, 내용을 기록·비치하게 할 것

• 자재관리
- 공사현장에 반입된 검수자재 또는 시험합격재료는 공사현장 밖으로 반출하지 못하도록 하고, 불합격된 자재는 시공자로 하여금 지체없이 공사현장 밖으로 반출하게 할 것
- 관급자재에 대하여는 시공자로 하여금 적정하게 보관·사용하게 하고, 그 사용내역을 보고받아 관급자재수불부에 기록할 것
- 관급자재를 대체 사용하고자 하는 경우에는 반드시 소속기관의 장에게 보고하여 승인을 얻도록 할 것
- 주요 자재에 대하여는 시공자가 제출한 자재공급원 승인요청 내용을 검토·확인하고 이를 소속기관의 장에게 보고하여 승인을 얻은 후 사용하도록 할 것
- 잉여관급자재가 발생한 경우에는 품명 및 수량 등을 조사하여 소속기관의 장에게 제출하고 그 지시에 따를 것

• 안전관리 및 환경관리
- 시공자로부터 현장안전관리계획을 사전에 제출받아 계획대로 시행하는지 여부를 확인할 것
- 공사로 인하여 대기·수질 오염, 악취, 분진, 소음 또는 진동 등 환경오염이 발생되지 아니하도록 지도·감독할 것
- 안전관리 소홀로 인한 각종 안전사고를 미연에 방지하기 위하여 시공자가 수립한 안전관리대책의 적정여부를 검토하여야 하며, 정기적인 안전점검 및 우기·해빙 시기에는 특별점검을 실시하도록 하고, 안전점검을 실시하는 등 체계적이고 계획적인 안전관리가 시행되도록 지도·감독할 것

- 안전관리교육을 월 1회 이상 실시하도록 하고, 시공자의 월간 안전관리비 사용실적을 확인하도록 할 것

• 설계변경시 조치사항
- 공사시행 과정에서 구조물의 구조와 공법의 변경이 없는 현지여건에 따른 위치변경과 연장·증감이나 단순구조물의 추가시공 등 경미한 설계 변경사항이 발생한 경우에는 감독자가 변경사항 등에 대한 타당성 여부를 면밀히 검토하여야 한다. 또한 현장실정에 부합되며, 변경으로 인한 전체 공사비의 증감이 균형을 이루는 범위 내에서 우선 변경 시공하도록 지시하고, 사후에 발주자에게 서면보고하여야 한다. 구조·기능상 중요한 설계변경이 필요한 경우에는 그 사유와 의견을 첨부하여 발주자에게 서면보고하고, 승인을 얻은 후 시공하도록 조치할 것
- 시공자로부터 설계변경에 필요한 설계도면·수량산출서 등 관계 자료를 제출받아 설계변경도서를 작성하여 발주자에게 제출할 것
- 시공자 등이 제출한 현장실정보고 등에 의한 물량변경은 물론 추후 변경될 수 있는 요인을 사전에 충분히 도출하여 설계에 반영함으로써 설계변경 횟수를 최대한 줄이도록 할 것

• 명령 및 지시사항 처리
- 상급자로부터 시공 등에 관하여 받은 지시사항은 그 내용을 기록하고, 조치계획 및 그 결과를 보고한 후 비치할 것
- 시공에 관하여 시공자에게 지시하는 모든 사항은 서면을 원칙으로 하며, 조치결과를 제출받아 확인하고 그 내용을 비치할 것
- 민원에 관하여 현지조사 및 대책 등을 지시한 경우 기일 내에 조사 보고할 것
- 민원이 야기될 수 있는 요소를 사전에 반영하여 신속히 처리하여야 하며, 현장관계자의 면담요구서는 이에 응하고, 민원내용 및 처리결과를 소속기관의 장에게 보고할 것

• 공사현장관리
- 준공 전에 시공자로 하여금 공사용 임시시설의 철거, 자재반출, 원상복구 등 공사현장을 정리하게 할 것. 다만, 현장 임시건물에 대하여는 준공검사 완료 후 철거하게 할 수 있다.

④ 감독자는 공사진행에 관하여 다음의 사항을 사전에 검토하고, 공사진행상 문제가 있다고 판단될 경우에는 발주자에게 서면보고하여 그 대책을 강구할 것
• 세부공정계획
• 시공자의 현장기술자 확보 시행
• 기타 공사계획에 관한 사항

⑤ 공사감독자는 사용자재 및 공사시공 상황을 검사함에 있어서 공사시방서 기타

계약관계서류에 특별히 정한 것 외에도 시공자의 품질관리 여부를 지도 · 감독하고, 시험 및 검사결과를 기록 · 비치

⑥ 공사감독자는 현장품질시험의 실시를 위한 시험시설과 시험요원의 확보상황을 수시 확인하고, 다음 사항을 감독할 것

- 현장에 불량자재가 반입되지 아니하도록 철저히 확인하고, 당일 재반입을 금지시키도록 하며, 월간 불량자재 반입횟수 · 반입량 및 사유 등을 기록하여 소속기관의 장에게 보고할 것

⑦ 공사감독자는 공사현장에 다음 사태가 발생한 경우에는 필요한 응급조치를 취한 후에 상세한 경위를 발주자에게 보고할 것

- 천재지변 또는 기타의 사유로 공사현장에 피해가 발생하였거나 이로 인하여 장기간 시공이 불가능한 때
- 시공자 또는 현장대리인이 계속하여 현장에 주재하지 아니한 때
- 시공자가 정당한 사유없이 공사를 중단한 때
- 시공자가 불성실하게 공사를 시행하거나 정당한 지시에 응하지 아니한 때

⑧ 공사감독자는 시공자가 제출하는 다음 서류를 검토하고 의견을 첨부하여 발주자에게 보고할 것

- 공사착공계
- 공사기성부분 검사신청서
- 관급자재 대체사용신청서
- 준공기한 연기신청서
- 준공검사신청서(준공계)
- 현장실정보고서
- 기타 시공과 관련되는 중요서류

⑨ 공사감독자는 다음 사항에 대하여 매월 말일 현재의 추진상황을 다음 달 5일까지 발주자에게 보고할 것

- 공정
- 관급자재 수불상황
- 품질시험실적

⑩ 공사감독자는 다음 사항이 발생하였을 경우에는 이를 즉시 발주자에게 보고할 것

- 불법 하도급거래 또는 하도급 위반에 대한 다음의 1에 해당하는 사항
  - 하도급통지 또는 승인사항에 위반하여 시공하거나 일괄하도급하는 경우
  - 하도급업체가 재하도급하는 경우
  - 하도급 대금지불과 관련하여 분쟁 또는 민원이 발생하는 경우
- 장애요인 발생으로 공사추진이 불가능할 경우

⑪ 공사감독자 교체의 지시를 받은 경우에는 현장에 비치된 서류 · 기구 · 자재 및

기타 공사에 관한 사항을 후임자에게 인계하고, 전 · 후임자의 연서로 인계인수서를 작성 · 제출할 것

⑫ 공사감독자는 현장대리인 또는 공사에 참여하는 기술자 등의 경력에 대하여 기술자경력증명서를 제출받아 이중등록이 확인된 때 또는 공정관리 능력과 업무수행 능력상 부적당하다고 인정되는 때에는 발주자에게 실정을 보고하여 교체여부에 대한 방침을 받은 후 이들을 교체하도록 지시할 것

⑬ 공사감독자는 시공자가 보관하고 있는 관유물을 잃어버리거나 손괴한 때에는 그 상황을 소속기관의 장에게 보고함과 아울러 상당기간을 정하여 시공자로 하여금 변상 또는 원상복구하도록 하고, 기일 내에 원상복구를 하지 아니한 때에는 그 손실의 상황 및 변상을 요하는 금액의 조서를 작성하여 보고할 것

⑭ 공사감독자는 공사가 준공된 때에는 다음 사항을 조치할 것

- 준공검사 전에 충분한 기간을 두고 공사현장을 정밀히 확인 · 점검하여 지적사항을 미리 시정조치하도록 하고, 예비 준공검사를 신청하도록 할 것
- 시공자가 제출한 준공검사원을 검토하여 계약대로 시공이 완료되었는지 여부를 확인하고 감독조서를 첨부하여 발주자에게 접수되도록 할 것
- 준공보고서 및 정산설계도서 등을 검토 · 확인하고, 공사목적물이 발주자에게 차질없이 인계될 수 있도록 할 것
- 시공자로 하여금 준공표지판을 설치하도록 하고, 이를 확인할 것
- 공사감독자는 그 임무가 완료된 때에는 발주자에게 보고할 것

⑮ 공사감독자는 다음 사항에 따라 업무를 성실하게 수행할 것

- 감독업무를 수행함에 있어서 당해 공사의 설계도서 · 계약서, 기타 관련 서류 등의 내용을 숙지하고 당해 공사의 특수성을 파악한 후 감독에 임할 것
- 당해 공사가 설계도서, 계약서, 공정계획표, 발주자의 지시사항, 기타 관련 서류의 내용대로 시공되는지를 공사시행 단계별로 시의적절하게 확인 · 검측하여 엄격한 품질관리에 임해야 하고, 기타 시공자에게 품질 · 시공 · 안전관리에 필요한 기술지도 · 감독을 하고 이를 확인할 것
- 시공사의 업무와 책임을 면제시킬 수 없으며, 임의로 설계를 변경시키거나 기일연장 등 공사계약조건과 다른 지시나 결정을 하지 말 것
- 공사현장에 문제점이 발생되거나 시공과 관련한 중요한 변경 및 예산과 관련되는 사항에 대하여는 발주자에게 서면으로 보고할 것

⑯ 공사감독자는 다음의 요령으로 근무할 것

- 공사현장에 항시 상주하여야 하며, 부득이한 사유로 1일 이상 현장을 이탈할 때에는 근무상황부에 기록하여 발주자의 승인을 얻을 것
- 당일 감독업무 내용과 행선지 등을 기록하는 근무상황부관을 사무실에 비치하고, 항상 파악할 수 있도록 할 것

• 당일 공사추진상황 및 감독업무 수행내용을 공사감독업무 수행일지에 확인한 후 그 사본을 공사감독일지에 첨부할 것

⑰ 공사감독자는 공사시행에 따른 관련 기관과의 협의시 필요한 서류를 작성하여 발주자에게 제출할 것

12.2 시공현장 점검사항

1. 공사착공시 점검순서

(1) 시공계획 준비순서

항 목	점검내용
1. 서류확인 및 현장조사	① 통신공사계약서를 확인했는가(단독계약 · 공동계약 · 하도급계약 등)? ② 설계도서, 일반 · 특별시방서를 검토 · 확인했는가? ③ 통신공사 현장주변을 조사 · 확인했는가? ④ 건축공사 · 설비공사 · 전기공사 · 소방공사 등 시공시 문제되는 부분을 확인했는가?
2. 현장조직	① 현장 비상연락망을 확립했는가? ② 현장시공의 분야별 담당을 지정했는가? ③ 보조인력 확보는 되어 있는가?
3. 현장사무소 설치	① 현장사무소의 위치 등은 좋은가? • 도면 내역서의 면적에 적합한가? • 전기 · 가스 · 수도 · 전화의 인입은 가능한가? • 공사발주처 · 감리 · 설계사 등의 비상연락망은 되어 있는가? ② 가설자재는 검토했는가? ③ 특별한 가설설비를 필요로 하지 않는가?
4. 통신공사 및 기자재 제작 설치시 사전확인	① 건축 기본공정과 비교하여 통신공사 예정공정을 협의했는가? • 바닥의 콘크리트 타설, 천장설, 건축 마감시기는 검토했는가? • 주요기기의 승인, 제작기간 및 반입시기 • 시공도, 주요기기, 제작도 작성기간, 공사영 전기사정 • 시공의 시기 및 기간(작업량의 파악) • 종합 시운전 조정기간 • 준공시의 검사계획
5. 시공착수계획	① 시공방법을 검토해 시공계획을 작성했는가? ② 공사비 절감대책은 검토했는가? ③ 시공도 작성 · 제출 · 승인의 예정표를 작성했는가? ④ 월간 · 주간 · 부분 공정표를 작성했는가? ⑤ 공정관리계획을 세웠는가? ⑥ 현장 직원투입 계획은 세웠는가? ⑦ 공구류는 정비되어 있는가?

항 목	점검내용
	⑧ 자재의 공급계획은 잘되어 있는가? ⑨ 자재관리는 잘되어 있는가? ⑩ 관급자재의 반입계획은 세워졌는가? ⑪ 시공자재의 시공장소까지의 반입계획은 충분히 검토했는가?
6. 시공도면 확인	① 특기시방서는 서로 맞추어 보았는가? ② 법적 및 규정상 문제가 없는가? ③ 반입자재에 대해 감독자와 충분한 협의가 되었는가? ④ 주요기기의 납품은 검토했는가? ⑤ 통신기기 제작사와 협의 관련은 적절한가? ⑥ 설계도서는 정확한가(도면과 물량의 대조실시 후 공사착수)?
7. 안전관리계획	① 안전관리 체제를 확립했는가? ② 안전교육 내용은 준비되어 있는가? ③ 안전화 · 안전모 · 장갑 등의 안전에 필요한 물품을 구매했는가?

(2) 현상관리 점검순서

항 목	점검내용
1. 현장사무소	① 아래 사항은 게시 · 관리하고 있는가? • 회사명 • 면허번호(공사업) • 현장책임자의 성명 표시 • 안전관리책임자 표시 • 안전위생책임자 표시 • 조직편성표(발주자, 설계사무소, 감리사무소, 시공업자의 표기, 안전관리조직) • 현장담당자, 책임분담표 • 긴급연락망, 책임자명, 전화번호 • 구급병원 · 소방서 · 경찰서의 소재지, 전화번호 ② 사무소 비품의 준비는 되었는가? ③ 집기비품은 준비가 되었는가? ④ 구급함은 비치되었는가? • 알기 쉬운 곳에 놓여 있는가? • 위치 표시는 되있는가? ⑤ 소화기의 정비 등 화재예방은 잘 되었는가? • 소화기 설비장소의 표시는 되어 있는가? • 현장작업용으로 별도의 소화기가 준비되었는가? • 난로 · 유류의 정비 · 보관은 좋은가? • 사무소 · 현장대기소 · 창고에는 소화기가 별도로 설치되어 있는가?
2. 제출서류	① 관계서류는 제출했는가? • 공사착공계 • 현장대리인계 • 공정표 • 현장구성원(조직편성표)

항 목	점검내용
	• 현장비상연락망 • 작업원명부 • 품질관리계획(자재사용승인) • 총괄내역서

(3) 공사시공시 점검순서

항 목	점검내용
1. 케이블 인출용 슬라브	① 슬라브의 철근보강은 좋은가? ② 슬라브의 크기는 적정한가? ③ 시공도와 같이 배관되었는가? ④ 배관경로를 변경했을 경우에는 시공도를 정정했는가? ⑤ 작업완료 후 밟힌 곳의 철근이 구부러진 것은 바르게 했으며 청소는 했는가?
2. 합성수지제 전선관	① 합성수지관은 콘크리트에 매립해서 사용하고 있는가? ② 합성수지제 가요관 및 후강전선관의 굴곡이 맞는가? ③ 합성수지제 가요관 및 후강전선관의 배관에서 찌그러진 곳은 없는가? ④ 합성수지제 가요관 및 후강전선관 관에서 입상부분은 견고하게 고정되었는가?
3. 천장배관	① 배관의 지지방법, 간격은 좋은가? ② 천장 슬라브부터의 돌출한 배관과 은폐배관과의 접속에 무리는 없는가? ③ 점검구나 매입기구, 덕트 등의 취부에 지장이 있는 배관은 없는가? ④ 공조덕트, 설비배관 등에 접촉해 있는 배관은 없는가? ⑤ 관 끝의 리머 처리는 잘 되는가? ⑥ 배관은 로크너트로 충분히 조였는가? ⑦ 접속개소에는 접지가 잡혀 있는가?
4. 통신용 박스 설치	① 박스는 배관에 대해 적정한 크기인가? ② 박스에는 불필요한 구멍이 뚫려 있지 않은가? 또 불필요한 구멍은 막았는가? ③ 배관이 박스의 록아웃보다 적을 때의 처리는 했는가? ④ 박스의 고정위치는 좋은가? ⑤ 박스와 조명기구와의 거리는 너무 떨어져 있지는 않은가? ⑥ 박스의 취부위치가 전선의 교환 및 접속에는 지장이 없는 장소인가? ⑦ 습기 · 물기가 있는 장소의 박스에는 방습 또는 방수조치를 했는가? ⑧ 박스의 접지는 잘 되었는가(필요시)? ⑨ 시공도와 같이 배관되어 있는가? ⑩ 배관경로를 변경한 경우에는 시공도면을 정정했는가? ⑪ 박스는 KS를 사용했는가?
5. 노출배관	① 배관의 지지, 취부방법, 간격은 좋은가? ② 배관 주위의 처리는 잘 되었는가? ③ 배관은 설비배관 등에 접촉되어 있지 않았는가? ④ 관 끝의 리머 처리는 좋은가? ⑤ 벽 또는 바닥 관통부분은 몰타르로 마무리는 잘 되었는가? ⑥ 박스 및 배관의 접속은 좋은가? ⑦ 도장의 방법 및 색 도장은 잘 되었는가?

항 목	점검내용
	⑧ 시공도대로 배관되었는지 확인했는가? ⑨ 미관상 문제는 없는가? ⑩ 배관경로를 변경했을 경우 시공도면을 정정했는가?
6. 통신케이블 및 전선입선	① 박스 내의 청소는 했는가? ② 배관청소는 했는가? ③ 로크 너트, 부싱의 취부가 빠진 데는 없는가? ④ 전선의 종류·치수·본수 등은 적정한가? ⑤ 전선의 색별은 좋은가? ⑥ 전선의 접속방법은 좋은가, 또한 압착 슬라브의 치수는 맞는가? ⑦ 전선의 여분은 충분한가? ⑧ 강전회로와 통신용 전선이 동일 관 및 박스에 넣어 있지는 않은가? ⑨ 입선 후의 청소는 잘했는가?
7. 통신용 플로어 덕트	① 플로어 덕트 취부 • 치수는 도면대로 적절한가? • 정크션의 취부위치, 고정상태는 좋은가? • 덕트의 자른 끝은 리머로 손질했는가? • 덕트의 종단부에는 덕트 엔드가 취부되었는가? • 덕트 서포트의 취부위치, 간격 및 고정상태는 적정한가? • 수평은 좋은가? -수평이 맞지 않을 경우 물이 고일 수 있으므로 주의한다. • 필요로 하는 접지공사는 했는가? • 작업완료 후의 청소상태는 좋은가? • 시공 때와 같이 배관되었는지 확인했는가? • 공사완료시 배관에 대하여는 생각했는가? ② 바닥 마무리 • 몰타르 마무리의 높이에 맞추어 익스텐션 링, 인서트를 취부했는가? • 정크션 박스, 덕트 엔드 및 벽 칸막이로부터 첫번째의 인서트에는 인서트 마커(marker)를 취부했는가? • 인서트 마커의 비스가 바닥보다 튀어나오지 않았는가? • 플로어 덕트의 안은 청소했는가?
8. 통신용 케이블 랙	① 인서트 위치는 좋은가? ② 랙의 치수·구조는 좋은가? ③ 랙의 취부 금구류 및 지지볼트의 굵기는 랙 및 케이블의 중량에 충분히 견딜 수 있는 강도인가? ④ 랙의 지지간격은 3m 전후로 되어 있는가? ⑤ 은폐장소에는 점검구가 있는가? ⑥ 접지공사는 했는가, 또 나사가 헐거워지지 않았는가? ⑦ 통신선과 제어의 케이블이 동일 랙 위에 포설해 있는 경우 세퍼레이터가 있는가, 또 접지는 되어 있는가? ⑧ 포설된 케이블의 정리·결속은 잘 되어 있는가? ⑨ 배선도와 같이 배선되었는지 확인했는가? ⑩ 방화구역 관통부분의 내화처리는 잘 되었는가? ⑪ 랙의 지지방법 및 볼트의 길이는 통일되어 있는가?

항 목	점검내용
	⑫ 지지볼트의 절단면은 녹방지 처리를 했는가? ⑬ 지지볼트는 수직으로 취부되었는가? ⑭ 진동에 대한 조치는 했는가(지하철의 현장은 나사풀림 검사)? ⑮ 랙은 수평으로 취부되었는가? ⑯ 랙은 직선부분에 비틀어짐이나 굽어짐은 없는가? ⑰ 접지공사는 빠진 데가 없는가? ⑱ 접지선의 치수는 적절한가? ⑲ 랙 위의 케이블에 손상이나 이상은 없는가? ⑳ 케이블에는 회로명, 행선표시, 케이블 치구 등의 표식을 부착했는가? ㉑ 포설된 케이블은 일정하게 배선되어 있는가?
9. 통신용 덕트	① 지지볼트용 인서트의 위치는 좋은가? ② 지지볼트(인서트)는 금속 덕트, 전선의 중량에 충분히 견딜 수 있는 굵기인가? ③ 덕트의 치수·구조는 좋은가? ④ 덕트의 지지간격은 3m 이내로 되어 있는가? ⑤ 금속 덕트 내면에 전선의 피복을 손상시킬 돌출물은 없는가? ⑥ 덕트 내·외면에는 녹처리를 했는가? ⑦ 덕트의 접속부에 이음새가 떠 있지 않은가? • 덕트 상호간을 견고하며 전기적으로 안전하게 접속할 것 ⑧ 덕트 내 전선받침에 대한 공사는 했는가? ⑨ 강전과 통신선의 전선이 동일 덕트 내에 포설되어 있을 경우 세퍼레이터가 있는가? ⑩ 덕트의 접속부, 덕트와 풀 박스 및 전선관의 접속부의 접지는 좋은가? ⑪ 덕트 내의 케이블 정리는 잘 되어 있는가? ⑫ 통신선이 올라간 장소 또는 내려간 장소의 전선지지·결속은 잘 되었는가? ⑬ 덕트의 끝부분은 잘 막아져 있는가?

(4) 축전지 설비공사 점검순서

항 목	점검내용
1. 기기의 배치	① 기기의 배치는 좋은가? ② 기기 주변의 보유거리는 충분한가? ③ 기기와 피트의 조합은 잘 되어 있는가?
2. 기 초	① 기기의 기초·치수·구조는 좋은가? ② 기초의 마무리는 잘 되어 있는가?
3. 기기의 설치	① 기기의 설치는 좋은가? • 직류전원장치(큐비클) • 축전지 지지대 및 축전지 • 충전장치 ② 축전지에 균열·손상, 액이 새는 것은 없는가?
4. 배 선	① 배선과 단자와의 조임새는 잘 되어 있는가? ② 방재용 전원의 경우, 내화배선은 시설했는가? ③ 큐비클 내의 배선정리는 좋은가(TV전선 사용)? ④ 축전지에서 전선 접속은 잘 되어 있는가?

(5) 단말기 설치 점검순서

항 목	점검내용
1. 전화교환기	① 교환기 및 관련 기기의 반입에 의한 파손이나 피복의 발생은 없는가(이에 대한 보수는 안전한가)? ② 기기의 설치는 견고하게 되었는가? ③ 필요개소에는 절연물을 사용했는가? ④ 기기 내부의 나사 조임새는 좋은가? ⑤ 포설경로는 좋은가, 또 필요 부분에 보호를 했는가? ⑥ 전원의 극성은 올바르게 접속되어 있는가?
2. 통신용전선	① 관로의 굴곡은 케이블의 통선에 지장이 없는가? ② 관에 케이블 인입용 유도선을 입선했는가? ③ 단자반의 취부높이는 적정한가? ④ 접속부분의 조임은 적정한가?
3. 구배배선 및 전화기 취부	① 구내배선의 전선 · 케이블의 선택은 올바른가? ② 전선 · 케이블류의 배선에 무리는 없는가(굴곡반경 · 지지간격 등)? ③ MDF의 단자반의 집속에 틀림은 없는가?
4. 음향설비	① 기기의 설치는 견고하게 되었는가? ② 선로 중에 간섭을 받을 다른 회로는 없는가? ③ 각 기기의 취부위치는 적정한가? ④ 천장 매입 스피커의 위치와 용도는 맞는가? ⑤ 스피커 취부방법은 견고하게 되었는가? ⑥ 단자반 내의 케이블 여유는 충분한가? ⑦전선의 구별은 좋은가? ⑧ 마이크 잭, 마이크 박스 등의 설치는 적정한가? ⑨ 기기 · 단자반의 접속방법은 적정한가?
5. 통신제어설비	① 취부방법은 견고한가? ② 1단자에 여러 개의 회로가 접속되어 있지 않은가? ③ 아웃렛 박스로부터 누름버튼 또는 표시기까지의 배선방법은 좋은가? ④ 단자반 내의 배선에 행선표시는 되어 있는가? ⑤ 단자반 내의 케이블은 여유가 있는가?
6. 인터폰설비	① 기기의 취부방법은 좋은가(위치 · 높이 확인)? ② 단자반 내의 케이블은 여유가 있는가? ③ 기기 가까이에 전원이 있는가? ④ 매입의 경우 박스의 치수는 적정한가? ⑤ 옥외에 취부할 경우 방수처리는 잘 되었는가? ⑥ 설치장소는 통화에 적절한가? ⑦ 기기 · 단자반의 접속방법은 적정한가?
7. 간이교환기 설비	① 주차장 설치 위치는 보수에 불편함이 없는가? ② 기기의 취부방법, 진동대책은 되었는가? ③ 회로 도중에 간섭을 일으킬 다른 회로는 없는가? ④ 비상전원용 배터리는 설치되었는가? ⑤ MDF, IDF, 구내전화단자함 등 점퍼선의 처리는 좋은가?

항 목	점검내용
8. 방송공동수신 설비	① 기기 · 단자반의 접속방법은 좋은가? ② 전선 · 케이블의 종류 및 조수는 좋은가? ③ 분배기 수용함의 크기는 좋은가? ④ 증폭기 · 감쇠기는 필요한가(수신레벨은 적정한가)? ⑤ 안테나 취부금구의 강도는 좋은가, 또 지선 인류금구가 적정한 위치에 있는가? ⑥ 안테나 소자의 조임새는 좋은가? ⑦ 안테나 접속용 케이블 인출구의 방수처리는 좋은가? ⑧ 안테나 피뢰침은 보호각 내에 있는가? ⑨ 단말 유닛 옆에 콘센트는 있는가?
9. CCTV설비	① 카메라의 취부는 견고한가? ② 모니터 설치방법은 좋은가? ③ 기기의 고정은 좋은가(조명탁의 위치 · 배선 등은 양호한가)? ④ 접지시설은 적정한가?
10. 구내정보통신망(LAN)설비	① 초고속 통신 운영에 대비한 예비배관을 시공했는가? • UTP 전선을 끼울 수 있는 배관 · 박스 설치 • 분배함, 랙(rack), 패치 패널(patch panel) 설치는 적당한가? ② 단말기 접속을 위한 8핀 모듈러잭을 사용할 수 있도록 시공했는가?(접지시설 확인) ③ 인입배관 54mm 또는 36mm 이상 예비배관은 시공했는가?
11. 이동통신구내선로	① 옥외안테나에서 중계장치간 배관(예비배관 포함)을 시공했는가? ② 배관의 내경이 급전선 외경의 2배 이상 되는가? ③ 이동통신용 접지는 10Ω 이하로 시공했는가? ④ 중계증폭용 전원공급을 위한 배관과 박스를 설치했는가?
12. 종합유선 방송선로	① 종합유선방송 인입을 위한 배관은 시공되었는가? ② 예비관은 설계되었는가? ③ 1구간 배관의 완곡 개소는 3개소 이내인가? ④ 배관의 내경은 인입선로 외경 2배, 옥내선로는 1.5배 이상인가? ⑤ 장치함의 접지저항 100Ω 이하와 접지선 1.6mm 이상인가? ⑥ 단말기 콘센트 부착은 적정한가? ⑦ 수신레벨은 양호한가?
13. 접지설비	① 접지공사 현장에는 전력분야 접지현장과 떨어진 장소인가? ② 접지봉 · 접지판 등의 재료는 도면과 내역서의 요구규격과 적합한가? ③ 접지극(봉)과 접지선의 접속방법은 적정한가? ④ 접지봉에서 실내접지함 구간의 접지선의 굵기는 시공도면과 일치하는가? ⑤ 접지공사 지벽은 지하토질의 접지공사에 적합한가? ⑥ 정보통신설비 주장치, 분배기, 단자함, 증폭기, 단말기류, 배관, 케이블 트레이, 덕트 등의 용도별로 분리하여 접지시공이 되고 있는가? ⑦ 접지공사 완료 후 준공까지 접지저항의 변동사항은 없는가?

12.3 공사감독자 확인서류

12.3.1 시공사 작성서류 제출

제 출 서 류	승인사항	제출기한	비 고
1) 공사착공계(용역, 구매는 착수계)	승 인	착공 7일 내	
2) 공사예정공정표	승 인	착공 7일 내	
3) 자재수급 계획서(자재승인요청서)	승 인	착공 7일 내	
4) 기술자 동원인원 계획표	승 인	착공 7일 내	
5) 시공계획서	-	착공 10일 내	
6) 안전관리 계획서	-	착공 7일 내	
7) 품질관리 계획서	-	착공 7일 내	
8) 일일 작업보고서	-	익일 오전 내	
9) 주간, 월간보고서	-	주간 3일, 월간 7일 내	
10) 지입자재 검수서	승 인	검수 2일 전	
11) 지입자재 수불부	-	-	시공사 자체
12) 자재반입 검사표	-	-	시공사 자체
13) 설계변경 요청서	승 인	-	
14) 공사계획변경 승인요청서	승 인	-	
15) 설계도면변경 승인요청서	승 인	-	
16) 시설공사 설비내역서	승 인	-	
17) 하도급 승인요청서	승 인	착공 10일 내	
18) 기성정산 및 준공신청서	승 인	준공 7일 내	
19) 준공검사원(준공계)(용역, 구매완료계)	승 인	준공일 전까지 제출	4부
20) 준공내역서	승 인	준공 7일 내	4부
21) 준공도면	승 인	준공 7일 내	7부
22) 공사사진첩(컬러)	승 인	준공 7일 내	2부
23) 공사관련자료 CD	승 인	준공 7일 내	4장
24) 안전관리비 사용계획서	-	착공 7일 내	
25) 안전관리비 사용내역서	승 인	준공 7일 내	
26) 안전교육일지	-	-	시공사 자체
27) 공사현황, 주요 자재현황 공사신도 현황, 비상연락표 안전관리수칙, 천우표 등	-	착공 후 10일 내	가설시설의 비치물
28) 기타 필요한 서류 및 도표		-	시공사 자체

12.3.2 감리원 작성서류

제 출 서 류	승인사항	제출기한	비 고
1) 감리착수계	승 인	착공 5일 내	
2) 예정공정표	승 인	착공 5일 내	
3) 공사착공계 검토의견서	승 인	착공 5일 내	
4) 감리수행계획서		착공 10일 내	
5) 감리 주간·월간보고서		주간 3일, 월간 7일 내	
6) 감리지시서(지시사항 처리서)	승 인		
7) 감리업무일지			감리 자체
8) 감리준공계		익일 오전 내	
9) 시공준공검사 조서	승 인		
10) 준공내역서	승 인	준공 7일 내	
11) 감리사진첩(컬러)		준공 7일 내	2부
12) 사용물 및 행정서류 인수인계		준공 7일 내	
13) 감리결과보고서 (목차 제1. 2. 3. 4장 참조)		준공 7일 내	4부
제1장 공사개요 : 공사명/공사목적/공사기간/공사금액/공사업자/공사주요내역/공사현장위치			
제2장 공사감리개요 : 감리명/감리목적/감리기간/감리금액/예정대로 추진실적/예정공정표/ 감리대상/ 유관회사 조직·담당·연락번호			
제3장 주요수행 내역 : 공사계약문서 검토내역서/행정관리/공정관리/자재관리/ 품질관리/안전관리/설계변경관리/정산관리/시설물 인계인수 내역			
제4장 종합평가 • 시공상태의 평가결과(각종 시험성적서 포함) • 시공자재의 규격 및 적합성 평가결과 • 기술자 배치의 적정성 평가결과 • 개선사항 • 유지보수 유념사항			

12.3.3 감리 및 현장관리자 사용 각종 서식 순서표

1. 공사감독명령부
2. 하자보수준공 검사원
3. 공사감독관 서약서
4. 발생품 정리부
5. 품질시험·검사 실적보고서
6. 월간 및 주간공정보고
7. 공사기성부분내역서

8. 준공검사원(준공계)
9. 공사사진대장
10. 공사(준공 · 기성부분 · 하자) 검사명령부
11. 공사기성부분검사원
12. 물품검사(검수)조서
13. 기성부분검사(감독)조서
14. 예비준공검사조서
15. 예비준공검사결과
16. 검사관서약서
17. 준공검사(감독)조서
18. 산업안전보건관리비 사용내역서
19. 감리착수계
20. 감리용역책임자선임계
21. 감리원인감계 및 재직확인서
22. 감리도급내역서
23. 감리용역예정공정표
24. 정보통신공사착공계 검토의견서
25. 자재승인요청서(시공사 → 감리단)
26. 자재승인요청내역서
27. 자재승인통보서(감리단→시공사)
28. 자재승인통보(감리용역발주가 아닌 경우)
29. 자재승인요청(감리용역발주가 아닌 경우)
30. 자재승인내역서
31. 보안각서
32. 물품납품 및 영수증
33. 물품대금청구서
34. 착공계
35. 공정현황보고
36. 현장기술자 근무상황부
37. 품질검사확인서
38. 금일 및 명일 작업계획서
39. 현장반입자재 검사부
40. 자재시험결과보고서
41. 안전관리점검표

42. 매몰부분 검사대장
43. 관급자재수불부
44. 공사현장 회의록
45. 시공상세도 승인요청서
46. 검측 및 작업승인서
47. 반입자재 검사신청서
48. 공사일지
49. 현장대리인 선임계
50. 현장대리인 재직증명서
51. 공사감독일지(감리발주 아닌 경우)
52. 정보통신공사 예정공정표
53. 감리용역완료계
54. 감리업무일지
55. 자재구매설치 착수계
56. 자재구매 예정공정표
57. 자재구매설치 완료계

1. 공사감독명령부

공사감독명령부

년 월 일 발의

<table>
<tr><td>담당자</td><td>담 당</td><td>과 장</td><td>국 장</td><td>부시장</td><td>시 장</td><td rowspan="2">결재</td></tr>
<tr><td></td><td></td><td></td><td></td><td></td><td></td></tr>
<tr><td>공사명</td><td colspan="6"></td></tr>
<tr><td>계약금액</td><td colspan="6"></td></tr>
<tr><td>계약자</td><td colspan="6"></td></tr>
<tr><td>공사현장 주소</td><td colspan="6"></td></tr>
<tr><td>착공일자</td><td colspan="6"></td></tr>
<tr><td>준공예정일자</td><td colspan="6"></td></tr>
<tr><td>공사개요</td><td colspan="6"></td></tr>
<tr><td>수명자</td><td colspan="6">감독원 직 성명 (인)</td></tr>
<tr><td>비 고</td><td colspan="6"></td></tr>
</table>

2. 하자보수준공 검사원

하자보수준공 검사원

1. 공 사 명 :
2. 공사 위치 :
3. 계약 금액 :
4. 계약 연월일 :
5. 준공 연월일 :
6. 하자보증금 :
7. 하자기간 :
8. 하자발생금액 :
9. 하자보수준공 연월일 :

위 공사에 대한 하자보수가 완료되었으므로 검사하여 주시기 바라며, 검사결과 하자가 있을 시에는 즉시 보수할 것을 서약하고 이에 검사원을 제출합니다.

년 월 일

감독자 경우 (인)

주 소
상 호
성 명 (인)

귀하

3. 공사감독관 서약서

공사감독관 서약서

소 속 :

공사명 :

년 월 일 착공공사에 대하여

복무규정에 따라 감독관으로서 임무를 성실하고 공정하게 수행할 것은 물론 감독관으로서의 품위를 지킬 것이며, 감독 소홀로 부실공사의 결과를 초래하였을 때는 어떠한 책임도 감수할 것을 서약합니다.

년 월 일

서약자 (인)

귀 하

4. 발생품 정리부

발생품 정리부

공 사 명 :

착공일 : 년 월 일
준공일 : 년 월 일

발생 연월일	품 명	규 격	단 위	수 량	사 유	출납자수령

5. 품질시험 · 검사 실적보고서

품질시험 · 검사 실적보고서(월분)

공종	시험 검사 항목	계획 시험 검사 회수	전월까지 시험 · 검사횟수				금월 시험 · 검사횟수				누계 시험 · 검사횟수			
			실시	합격	불합격	재시험 검사	실시	합격	불합격	재시험 검사	실시	합격	불합격	재시험

6. 월간 및 주간공정보고

월간공정보고

재 호 :
공사명 :
수 신 : 기관장

월간 공정보고를 아래와 같이 보고함.

보고자(감독) (인)
보고일자 : 년 월 일

공정 / 공종	전월까지 누계(%)			금 월(%)			누 계(%)			비고
	계획	실적	대비	계획	실적	대비	계획	실적	대비	
○○공사										
○○공사										
○○공사										

주간공정보고 세부내용

수 신 : OO 감독관 귀하 보고일자 : 년 월 일

공종	금주 실적내용	다음주 계획내용
○○공사		
○○공사		
○○공사		
○○공사		
○○공사		

보고자 : OO 공사 현장 대리인 O O O ㊞

7. 공사기성부분내역서

공사기성부분내역서

1. 도급액 :
2. 공사명 :
3. 기성부분금액 :　　년　월　일 현재
4. 내　역 :

공사내역	규격	도급액			금회기성액			전회까지의 기성액			적용
		수량	단가	금액	수량	금액	비율(%)	수량	금액	비율(%)	

(을)

공사내역	규격	도급액			금회기성액			전회까지의 기성액			적용
		수량	단가	금액	수량	금액	비율(%)	수량	금액	비율(%)	

8. 준공검사원(준공계)

준공검사원(준공계)

공사감독 경유 (인)

1. 공 사 명 :
2. 공사 위치 :
3. 계약 금액 :
4. 계약 연월일 :
5. 착공 연월일 :
6. 준공기한 :
7. 실지준공 연월일 :
8. 첨부서류 : 준공사진, 준공내역서, 준공도면

위 공사의 도급시행에 있어서 공사전반에 걸쳐 공사설계도서, 제시방서, 품질관리기준 및 기타 약정대로 어김없이 준공하였음을 확인하오며, 만약 하자책임기간 내에 공사의 시공 · 감독 및 검사에 관하여 하자가 발견시는 즉시 실액변상 또는 재시공할 것을 서약하고 이에 준공검사원(준공계)을 제출합니다.

년 월 일

주 소
상 호
성 명 (인)

귀하

9. 공사사진대장

공사사진대장

공 사 명	
촬 영 일	서기 년 월 일
사진종별	착수 공정 준공
설 명	
도면의 위치	

사진내용 기록 :

10. 공사(준공 · 기성부분 · 하자) 검사명령부

공사 준공 / 기성부분 / 하자 검사명령부

년 월 일 발의

시행부서 과	담 당	과 장	부 장	이 사	사 장	결재
계약 · 경리과	담 당	과 장	부 장	이 사	사 장	
공 사 명						
계약 금액						
수 급 자						
계 약	년 월 일	준공기한	년 월 일			
착 공	년 월 일	준공기한	년 월 일			
수 명 자	검사원 : 과 직 성명 (인)					
	입회원 : 과 직 성명 (인)					
검 사						
비 고						

11. 공사기성부분검사원

공사기성부분검사원(제　　회)

공사감독 경유　　　　　　(인)

1. 공 사 명 :
2. 공사 위치 :
3. 계약 금액 :
4. 계약 연월일 :
5. 착공 연월일 :
6. 준공기한 :
7. 실지준공 연월일 :　　년　　월　　일　　현재　　%
8. 첨부서류 : 준공사진, 준공내역서, 준공도면

위 공사의 도급시행에 있어서 공사전반에 걸쳐 공사설계도서, 제시방서, 품질관리 기준 및 기타 약정대로 어김없이 기성되었음을 확인하오며, 만약 공사의 시공 · 감독 및 검사에 관하여 하자가 발견시는 즉시 재시공 또는 보완조치할 것을 서약하고 이에 기성검사원을 제출하오니 검사하여 주시기 바랍니다.

년　　월　　일

주 소
상 호
성 명　　　　　　(인)

귀하

12. 물품검사(검수)조서

(앞쪽)

<table>
<tr><td colspan="5">물품검사(수)조서</td></tr>
<tr><td>① 계 약 건 명</td><td colspan="4"></td></tr>
<tr><td>납 품 자</td><td>② 상 호</td><td></td><td>③ 성 명</td><td></td></tr>
<tr><td>④ 계 약 금 액</td><td colspan="4">금 원(금 원)</td></tr>
<tr><td>⑤ 계약체결년월일</td><td colspan="4">년 월 일</td></tr>
<tr><td>⑥ 납 품 기 한</td><td colspan="4">년 월 일</td></tr>
<tr><td>⑦ 납 품 년 월 일</td><td colspan="4">년 월 일</td></tr>
<tr><td>⑧ 검사(수)년월일</td><td colspan="4">년 월 일</td></tr>
<tr><td>⑨ 검 사 (수) 장 소</td><td colspan="4"></td></tr>
<tr><td>⑩ 물품관리시스템
등 록 대 상 구 분</td><td colspan="3">비대상 ( ), 대상(등록 □ , 미등록 □)</td><td>물품출납부
등 재</td></tr>
<tr><td colspan="4" rowspan="4">위와 같이 검사(수) 하였음

⑪ 년 월 일

⑫ 검수자 국 과 직급 성명 (인)
검수자 국 과 직급 성명 (인)</td><td>물 품
출납인</td></tr>
<tr><td></td></tr>
<tr><td>분임물품
출 납 원</td></tr>
<tr><td></td></tr>
</table>

〈기재요령〉 2가지 이상 또는 분할 납품에 대하여는 이면을 사용 〈개정 2008.2.18〉

(뒤쪽)

물품검사(수)내역서

물품목록 번 호	물품명 / 규격명	단위	단가(원)	계약상의 수량	전회까지의 납품 수량	금회 검사(수)량	사용부서

〈물품검수조서 작성요령〉

① 계약건명 : 계약시 명시한 계약건명을 기재한다.
②③ 상호 및 성명 : 물품을 납품한 업체의 상호 및 성명을 기재한다.
④ 계약금액 : 계약시 체결한 금액을 기재한다.
⑤ 계약체결년월일 : 계약한 날짜를 기재한다.
⑥ 납품기한 : 계약서에 명시된 납품기한을 기재
⑦ 납품년월일 : 물품을 납품한 일자를 기재를 기재하며, 납품기한보다 납품년월일이 지난 경우에는 납품업체에서 지체상금을 지급한다,
⑧ 검수년월일 : 납품한 물품에 대하여 검수완료한 날짜를 기재하며, 납품업체가 물품을 납품하고 대금요청받은 날로부터 14일이내에 검수 완료하여야 한다.
⑨ 검수장소 : 납품한 물품을 검수한 장소를 기재한다.
⑩ 물품관리시스템 등록대상구분 : 물품관리시스템에 등재대상인 경우 물품은 시스템에 물품 등록 후 물품검수조서를 제출하며, 비등재 대상인 경우에는 비대상에 체크하여 물품검수조서를 제출한다.
※ 물품관리시스템 등록대상 : 물품 1품목당 10만원 이상, 사용기간 1년 이상인 물품(위탁기관 물품 제외, 대장 별도관리)
⑪ 검수한 날짜는 ⑧번에 기재한 검수년월일을 기재한다.
⑫ 검수자의 경우 본인 외 1인을 검수자로 지정하며, 지방자치단체 재무회계규칙에 의거 검수인을 지정한다.
※ 검수자의 (인)은 반드시 도장을 사용한다.
※ 물품검사(수)조서는 원본을 제출한다.

※ 물품관리시스템 등록대상인 경우, 물품검수내역서는 물품취급단위별로 기재하여야 함

13. 기성부분검사(감독)조서

기성부분검사(감독)조서

공 사 명			
계 약 자			
계 약 금 액	금 원 (금 원)	기 성 부 분 준 공 금 액	금 원 (금 원)
계 약 일 자	년 월 일	착 공 일 자	년 월 일
준 공 기 한	년 월 일	부분준공일자	년 월 일
준공검사일자	년 월 일	참 고 사 항	

위 공사(용역)에 대한 감독 및 기성부분 준공검사를 마쳤는 바 공사 설계서와 도면 및 규격서(과업지시서) 기타 계약조건의 내용과 같이 준공되었기에 본 조서를 제출함.

년 월 일

현장감독공무원 과 직 성명 ㉠

검 시 자 과 직 성명 ㉠

과 직 성명 ㉠

○○시·도 (분임)경리관 귀하

〈개정 2008.2.18〉

14. 예비준공검사조서

예비준공검사조서

공사명 :

년 월 일 준공 예정

년 월 일 과 계약분

위 공사 예비준공 검사의 명을 받아 년 월 일 검사한 결과 붙임과 같이 보고합니다.

붙임 : 예비준공 검사결과서 - 1부

년 월 일

예비준공 검사관 (인)

귀하

15. 예비준공검사결과

예비준공검사결과

공사명 : 　　　　　　　　　　　　　　　　년　　월　　일

지적내용	시정해야 할 사항	비 고

16. 검사관서약서

검사관서약서

소 속 :
직 급 :
성 명 :

위 본인은 년 월 일 계약분( )공사의 (기성 · 하자 · 준공 · 자재납품) 검사를 실시함에 있어서 검사업무규정에 따라 검사업무를 성실하고, 공정하게 수행할 것은 물론 검사 불철저로 부실시공의 결과를 초래하였을 때에는 어떠한 책임도 감수할 것을 서약합니다.

년 월 일

서약자 과 급 (인)

귀하
(기관장 귀하)

17. 준공검사(감독)조서

준공검사(감독)조서

공 사 명			
계 약 자			
계 약 금 액	금 원 (금 원)	준 공 금 액	금 원 (금 원)
계 약 일 자	년 월 일	착 공 일 자	년 월 일
준 공 기 한	년 월 일	준 공 일 자	년 월 일
준공검사일자	년 월 일	참 고 사 항	

위 공사(용역)에 대한 감독 및 준공검사를 마쳤는 바 공사 설계서와 도면 및 규격서(과업지시서) 기타 계약조건의 내용과 같이 준공되었기에 본 조서를 제출함.

년 월 일

현장감독공무원 과 직 성명 ㉤

검 사 자 과 직 성명 ㉤

과 직 성명 ㉤

○○시 · 도 (분임)경리관 귀하

〈개정 2008.2.18〉

18. 산업안전보건관리비 사용내역서

[고시 제2001-22호 별지 제1호 서식] (앞쪽)

산업안전보건관리비 사용내역서

시공사		공사명	
소재지		대표자	
공사금액	원	공사기간	~
발주자		누계공정률	%
계상된 안전관리비	원	공사진척도에 따른 사용 기준금액	원 (안전관리비×별표3사용기준)
사용금액			

항 목	금 액
계	
1. 안전관리자 등, 인건비 등, 각종 업무수당 등	
2. 안전시설비 등	
3. 개인보호구 및 안전장구 구입비 등	
4. 안전진단비 등	
5. 안전보건교육비 및 행사비 등	
6. 근로자 건강진단비 등	
7. 건설재해예방 기술지도비	
8. 본사사용비	

※ 첨 부 : 항목별 사용내역서 - 1부

건설업 산업안전보건관리비 계상 및 사용기준 제10조제①항의 규정에 의하여 위와 같이 사용내역서를 작성하였습니다.

년 월 일

작성자 직책 : 성명 : (인)

대표이사 : (인)

[고시 제2001-22호 별지 제1호 서식] (뒷 면)

항목별 사용내역

항 목	사용일자	사용내역	금 액
1. 안전관리자 등 인건비 및 각종 업무수당 등			
2. 안전시설비 등			
3. 개인보호구 및 안전장구 구입비 등			
4. 안전진단비 등			
5. 안전보건교육비 및 행사비 등			
6. 근로자 건강진단비 등			
7. 건설재해예방 기술시노비			
8. 본사사용비			

주 : 사용내역은 항목별 사용일자가 빠른 순서로 작성

19. 감리착수계

감 리 착 수 계

1. 용 역 명 : ○○신축정보통신공사의 정보통신 감리용역
2. 계약 금액 :
3. 계약년월일 : 년 월 일
4. 착수년월일 : 년 월 일
5. 준공년월일 : 년 월 일 (○○일간)

상기 감리용역을 첨부의 내용과 같이 시행하고자 감리착수계를 제출하오니 승인하여 주시기 바랍니다.

년 월 일

경유	발주자 업무담당

계약자 주 소 :

상 호 : ○ ○ ○ ○ ○

성 명 : ○ ○ ○ (인)

첨부 : 1. 감리용역 책임자 선임계(자격증사본) 1부
2. 예정공정표 1부
3. 감리원인감계 1부
4. 도급내역서 1부
5. 예정공정표 1부
6. 보안각서 1부

○○시장 귀하

20. 감리용역책임자선임계

감리용역책임자선임계

1. 용 역 명 : ○○신축정보통신공사의 정보통신 감리용역
2. 계약금액 :
3. 과업기간 :

성 명	감리등급	수행역할	투입기간	비 고
○ ○ ○	○○감리원	현장 상주감리	. . . ~ . . .	

첨 부 : 감리원 자격증사본 1부

년 월 일

○○시장 귀하

21. 감리원인감계 및 재직확인서

감리원인감계 및 재직확인서

용 역 명 :○○신축정보통신공사의 정보통신 감리용역

상기 용역에 다음 사원은 우리 회사의 재직자로써 현장 감리원으로 선정하여 신고하오며, 감리원 사용인감을 제출합니다.

성 명	
주민등록번호	
근 무 기 간	년 월 일부터 년 월 일 현재
감리원의 자격	○○ 감리원
사 용 인 감	

계약자

00기술사 사무소

주소 :

대표이사 : (인)

년 월 일

○○시장 귀하

22. 감리도급내역서

감리도급내역서

용 역 명 : ○○신축정보통신공사의 정보통신 감리용역

항 목	단위	수량	단 가	금 액
1. 직접인건비				
○급기술자	식	1		
2. 직접경비	식	1		
주재비	식	1		
출장비	식	1		
차량경비	식	1		
3. 제경비	식	1		
4. 기술료	식	1		
5. 소 계				
6. 부가 가치세				
7. 총 감리비계				

년 월 일

○○시장 귀하

23. 감리용역예정공정표

감리용역예정공정표

1. 용 역 명 : ○○신축정보통신공사의 정보통신 감리용역
2. 용역기간 :

공 정	일 정														비 고
	○월		○월				○월					○월			
	○/○	○/○	○/○	○/○	○/○	○/○	○/○	○/○	○/○	○/○	○/○	○/○	○/○	○/○	
1. 내역서 및 시공계획 검토 (실사포함)															
2. 자재관리 및 검수															
3. 공정 및 현장관리															
4. 품질관리															
5. 설계변경 및 최종시험															
6. 준공검사 실시 (사전검사포함)															
7. 감리보고서 작성															
8. 통신설비인계확인															

24. 정보통신공사착공계 검토의견서

용역명 : ○○신축정보통신공사의 정보통신 감리용역

구 분	내 용	검 토 결 과
공사착공계	• 공사명 : ○○신축 정보통신공사 • 첨부서류의 확인 • 착공내역서 작성 및 각종규격서, 시방서 이행의 적정성 확인 • 시공계획서 확인 • 정부기관은 보안각서 작성 확인	적합함
예정공정표	• 공사명 : ○○신축 정보통신공사 • 공사기간 • 공정표 작성의 적정성	적합함
현장대리인계	• 기술자격의 확인 • 수행경력 여부	적합함
안전관리자 선 임	• 안전관리계획서 확인 • 안전관리자선임의 적정성 확인	적합함
주요 자재 수급 계획	• 설치기간 선정의 적정성 • 규격서와 일치한 자재공급 계획 여부	적합함
인력 및 장비투입계획	• 사업수행계획서 확인 • 기술자의 투입인원 • 세부공정별 사업수행계획	적합함

확인일사 : 년 월 일

확인자 : 정보통신 감리원 성명 (인)

25. 자재승인요청서(시공사 → 감리단)

00정보통신(주)

우 700-200 / 00광역시 00구 00동 123 / TEL (053)000-1234(代) / Fax (053)000-1235)

문서번호 : 00통신 08-01호
시행일자 : 2008. 01. 01.
수　　신 : 00감리단장
참　　조 : 00통신감리

<table>
<tr><td>선 결</td><td></td><td colspan="2"></td><td rowspan="4">결재(공람)</td><td></td><td></td></tr>
<tr><td rowspan="2">접수일시</td><td rowspan="2">200 . .
시 분</td><td rowspan="2">번호</td><td rowspan="2"></td><td></td><td></td></tr>
<tr><td></td><td></td></tr>
<tr><td>처 리 과</td><td></td><td colspan="2"></td><td></td><td></td></tr>
</table>

제　　목 : 00동 보건지소 신축 정보통신공사 자재 승인 요청

1. 귀 사의 무궁한 발전을 기원합니다.
2. 2008년 1월 00일 00광역시 00구청장과 계약 체결한 00동 보건지소 신축 정보통신공사의 자재승인 요청서를 붙임과 같이 제출하오니 승인 후 통보해 주시기 바랍니다.

붙임 : 1) 자재승인요청서 1부.
　　　2) 자재카탈로그 및 자재의 품질확인 자료 포함 1부. 　끝.

업무담당 감독관경유
000 (인)

00정보통신(주)
주소 :
대표이사 000(인)

00감리단장 귀하

26. 자재승인요청내역서

공사명 : 00동 보건지소 신축 정보통신공사										
NO (카탈로그 NO)	품명	규격	설계량	승인요청		단위	시공사의 승인요청 자재			
				금회	잔량		A사	모델	B사	모델
1. 옥외 인입 통신 공사										
1.01	HI-PVC 전선관-지중	HI-PVC 36C	99			M				
1.02	케이블표시시트	200X250	22			M				
1.03	맨홀뚜껑	철제주물	1			EA				
1.04	맨홀(기성품)	450×950×700	1			EA				
2. 구내 통신 선로설비 공사										
2.01	HI-PVC 전선관	HI-PVC 16C	130			M				
2.02	HI-PVC 전선관	HI-PVC 22C	2			M				
2.03	접지용전선	F-GV 10mm^2	11			M				
2.04	UTP CABLE	CAT'5E 4P 0.5mm	239			M				
2.05	PVC 박스(카바부)	S/W용	3			EA				
2.06	모듈러잭	8PIN 2구	3			EA				
2.07	접지동봉	16Φ ×1800mm×3ea	1			EA				
2.08	외함(전비 SUS)	500×600×150	7			EA				
2.09	UTP 단자대	25P	7			EA				
2.10	PATCH PANEL	12PORT	7			EA				
2.11	외함(전비 SUS)	500×600×150	1			EA				
2.12	전화 단자대	110 BLOCK	1			EA				
2.13	피뢰보안기	10P	1			EA				
3. LAN설비 공사										
3.01	HI-PVC 전선관	HI-PVC 16C	111			M				
3.02	HI-PVC 전선관	HI-PVC 22C	137			M				

27. 자재승인통보서(감리단 → 시공사)

00감리단(주)

수신자 00 정보통신(주) 대표이사 000
(경유)
제목 000 보건지소 신축 정보통신공사 자재승인통보

00통신 00-01(년 월 일)호와 관련 자재승인 요청을 하신 규격 및 품질을 확인한 결과 다음과 같이 자재를 승인하니 시공에 차질이 없도록 일정대로 추진해 주시기 바랍니다.

붙임 : 자재승인내역서-1부 끝.

업무담당 감독관경유
000 (인)

00감리단장 귀하 (인)

00정보통신감리 000 00정보통신감리 부장 000 00정보통신감리 단장 000

협조자
시행 00감리-1478(년 월 일) 접수 00감리-1400(년 월 일)
우 000-000 대구광역시 00구 00동 111번지 /
전화 (053)000-1234 전송 (053)000-1234 / 공개

28. 자재승인통보(감리용역발주가 아닌 경우)

00광역시 00구

수신자 00 정보통신(주) 대표이사 000
(경유)
제목 000 보건지소 신축 정보통신공사 자재승인통보

통신 08-01(년 월 일)호와 관련 자재승인 요청을 하신 규격 및 품질을 확인한 결과 다음과 같이 자재를 승인하니 시공에 차질이 없도록 공사일정대로 추진해 주시기 바랍니다.

붙임 : 자재승인내역서-1부 끝.

00광역시 00 구청장 (인)

전결 00 / 00

정보통신서기 000 통신담당 000 00과장 000

협조자
시행 0000과-1478(년 월 일) 접수 0000과-1400(년 월 일)
우 000-000 00광역시 00구 00동 111번지 /
전화 (053)000-1234 전송 (053)000-1234 / 공개

29. 자재승인요청(감리용역발주가 아닌 경우)

00통신(주)

우 704-824 / 00광역시 00구 00동 0000-00번지 / TEL (053)600-1234) / Fax (053)600-1235)

문서번호 : 00-01호
시행일자 : 년 월 일
수 신 : 000시장
참 조 :

선 결			결재(공람)		
접수일시	200 . . 시 분	번호			
처 리 과					

제 목 : 00구 보건소 증축 정보통신공사 자재 승인요청

1. 귀 00시의 무궁한 발전을 기원합니다.
2. 년 월 일 계약 체결한 00구 보건소 증축 정보통신공사의 자재 승인요청서를 붙임과 같이 제출하오니 승인 후 통보해 주시기 바랍니다.

붙임 : 1) 자재승인요청서 1부.
2) 자재카탈로그 및 자재의 품질확인 자료 포함 1부. 끝.
※ 자재승인요청서순번을 자재카탈로그 및 자재의 품질확인자료에 순번표기

00통신(주)
주소 :
대표이사 0 0 0 (인)

00시장 귀하

30. 자재승인내역서

공사명 : 00구 보건소 증축 정보통신공사

NO (카탈로그 NO)	품명	규격	설계량	시공사 승인요청		단위	감리(감독관)의 승인자재		감독자 (인)	승인통보	
				금회	잔량		승인회사	모델		금회	잔량
1. 옥외 인입 통신 공사											
1.01	HI-PVC 전선관-지중	HI-PVC 36C	99			M					
1.02	케이블표시시트	200×250	22			M					
1.03	맨홀뚜껑	철제주물	1			EA					
1.04	맨홀(기성품)	450×950×700	1			EA					
2. 구내 통신 선로설비 공사											
2.01	HI-PVC 전선관	HI-PVC 16C	130			M					
2.02	HI-PVC 전선관	HI-PVC 22C	2			M					
2.03	접지용전선	F-GV $10mm^2$	11			M					
2.04	UTP CABLE	CAT'5E 4P 0.5mm	239			M					
2.05	PVC 박스(카바부)	S/W용	3			EA					
2.06	모듈러잭	8PIN 2구	3			EA					
2.07	접지동봉	16Ø×1800mm ×3ea	1			EA					
2.08	외함(전비 SUS)	500×600×150	7			EA					
2.09	UTP 단자대	25P	7			EA					
2.10	PATCH PANEL	12PORT	7			EA					
2.11	외함(전비 SUS)	500×600×150	1			EA					
2.12	전화 단자대	110 BLOCK	1			EA					
2.13	피뢰보안기	10P	1			EA					
3. LAN설비 공사											
3.01	HI-PVC 전선관	HI-PVC 16C	111			M					
3.02	HI-PVC 전선관	HI-PVC 22C	137			M					

31. 보안각서

보 안 각 서

용 역 명 :
용역 착수일 :
용역 준공일 :

아래의 본인은 기술용역계약일반조건 제35조(비밀엄수의무)에 의거 상기의 설계용역을 수행함에 있어 취득한 자료와 성과물을 유출(제공, 대여, 분실 등)할시 민·형사상의 책임을 질 것을 각서로 제출합니다.

- 아 래 -

성 명	공 종	생년월일	주 소	서 명	비 고
					자격증사본
					"
					"
					"
					"
					"
					"

계 약 자

상 호 : 기술사 사무소
주 소 : 시 구 동 번지
날 짜 : 년 월 일
대표이사 : (인)

시장 귀하

32. 물품납품 및 영수증

물품납품 및 영수증

증 빙 번 호					
계 약 번 호		납품지시번호		납 품 기 한	
계 약 일 자		납품지시일자		검사요청기한	
수 요 기 관		수요기관번호		회 계 명	
계약(납품요구) 금액		지 체 상 금		지 체 일 수	
감 가 액		선 금		지 급 액	
물 품 대		수 수 료		징수결정액	
조달청등록번호			계약 상대자 신청검사장소		

아래물품을 납품하고자 하오니 인수하여 주시기 바랍니다.

년 월 일

주 소 :

상 호 :

대표자 : ㊞(전화 :)

※ 단체수의계약 물품의 경우

납품업체명 :

대 표 자 : ㊞

아래물품은 검사결과 합격판정이 되었음을 증명함

검사요청일 년 월 일

검사보완일 년 월 일

(검사불합격시 기재)

검사합격일 년 월 일

검사완료일 년 월 일

소속검사관 실명도장 ㊞

수요기관 물품출납 공무원 영수인에 의하여 아래 물품이 납품되었음을 확인함.

년 월 일

조달청확인자 ㊞

아래물품을 정히 영수함.

수요기관 전화번호 :

검수요청일 년 월 일

검수완료일 년 월 일

소 속

출납공무원 실명도장 ㊞

순번	정부물품분류번호	품명 및 규 격	단위	수량	단 가	금 액	원 산 지
					물 품 대		
					부 가 세		
			계		합 계		

하자보수보증금 수납필	㊞	세금계산서 접수필	㊞

33. 물품대금청구서

물품대금청구서

o 계 약 번 호 :
(납품요구번호)
o 품 명 :
o 계 약 금 액 :
(납품요구금액)
o 금 회 납품액 :
o 지 체 상 금 :
o 선 금 공제액 :
o 유 보 금 : (%)
o 청 구 금 액 :

귀 청과 계약 체결하여 납품 완료한 상기 물품대금을 청구하오니 아래 구좌로 입금하여 주시기 바랍니다.

- 아 래 -

거 래 은 행:
예 금 종 류:
계 좌 번 호:
예 금 주:

년 월 일

주 소 :
회 사 명 :
연 락 처 :
대 표 자 : (인) *등록인감 날인

시장, 구청장, 군수, 조달청장 귀하

34. 착공계

착 공 계

1. 공 사 명 :
2. 공사 현장 :
3. 계약 금액 : 원정(\ )
4. 계약 일자 : 년 월 일
5. 착 공 일 : 년 월 일
6. 준공예정일 : 년 월 일

상기와 같이(공사, 구매설치) 착공하였기에 별첨 서류를 첨부하여 착공계를 제출하오니 승인하여 주시기 바랍니다.

년 월 일

감독경유

별 첨 : 예정공정표 1부.
현장대리인계 1부.
국가기술자격증사본 1부.
총괄내역서 1부(계약시 내역).
현장대리인 재직증명서 1부,
안전관리, 재해예방 계획서각 1부.
정부기관은 보안각서 1부(현장기술자 각각 작성).

장 귀하

계약자 주 소 :
회사명 :
대표자 :

35. 공정현황보고

공정현황보고

문서번호 :
공 사 명 :
수　　신 :

년 월 일부터 년 월 일까지 공사추진현황을 다음과 같이 보고합니다.

현장대리인 ○○○ (인)

1. 공정현황 총괄

장 소	공 종	보 합(%)	기성률(%)		예정률(%)	공사추진내용
			금 회	누 계		

2. 추진현황

장 소	관리항목	실착일수	공사진행일수	관리일	완료예정일	지연사유

36. 현장기술자 근무상황부

현장기술자 근무상황부

공 사 명 :

성 명	시 간	용 무	행선지	비 고

〈자성 및 기재요령〉

- 두꺼운 종이나 합판 등으로 상황판을 제작하여, 매일 기록 가능하도록 표지에 아스텔지를 씌워야 함

37. 품질검사확인서

품질검사확인서

품 명 :

No	사용자재	확인내용	KS 규정, 전기통신기자재 형식승인	첨부서류	비 고

검 사 일 : 년 월 일

검 사 자 : 소속 직책 직위 성명 (인)

납 품 자 :

38. 금일 및 명일 작업계획서

금일 및 명일 작업계획서

공 사 명 :

문서번호		보고일자	년 월 일
수 신		발 신	
참 조		작성자	
공 종	금일작업내용	도면위치	명일작업계획
작업 중 문제점			

39. 현장반입자재 검사부

현장반입자재 검사부

품 명 : 규 격 : 착공일 : 년 월 일

공사명 : 착공일 : 년 월 일

월 일	설계량	반입수량	합격수량	불합격수량	반입자	검수자	적 요

40. 자재시험결과보고서

자재시험결과보고서

공 사 명 :

문서번호		시험일자	
수 신		요청자	
검사자		검사기관	
검사대상			
검사결과		별도 검사가 필요없는 경우	기존 시험성적서 1부 첨부. 끝.

41. 안전관리점검표

안전관리점검표

공 사 명 :　　　　　　　　　　　　　　　　　　　　　년　　월　　일 현재

점검내용	점검결과		현상태	감독(감리) 확인	비고
	양호	불량			
1. 비상연락망 비치 점검상태					
2. 안내표지판 및 안전표지판 설치상태					
3. 도로통행에 장애가 되는 지장물 정리상태					
4. 공사용 장비가동 상태					
5. 작업장 주변 유도요원 배치상태 및 위험물(인화성물질) 보관상태					
6. 사용차량 점검 및 운영자 교육실시					
7. 도로횡단 구조물 작업시 교통상태 및 안전 유도장치 설치상태					
8. 야간 순찰조 운영 및 이행상태					
9. 안전교육 실시 및 이행상태					
10. 안전사고를 대비한 각종 조치사항 점검					
11. 전기누전, 감전의 위험 및 난로점검, 소화기, 방화사 등 비치상태					
12. 안전관리자 현장상주 이행상태, 기타 위험 개소 점검상태					

42. 매몰부분 검사대장

매몰부분 검사대장

공 사 명 : 착공일 : 년 월 일

공 종	검사위치(도면)	시공위치	검사일자	검사결과(사진내용)

43. 관급자재수불부

관급자재수불부

시공회사명 : 발주기관 :

공사명 : 착공일 : 년 월 일

품 명 : 규 격 : 착공일 : 년 월 일

월 일	설계량	인수량	출고량	잔 량	공급자확인	인수자확인

44. 공사현장 회의록

공사현장 회의록

공 사 명 :

일 시	년 월 일				
장 소			작성자		
제 목					
회의안건내용	시공사별	소 속	직 위	성 명	확 인
1.	참석자 토신시공사				
2.	건축시공사				
3.	전기시공사				
4.	기계시공사				
5.	설비소방시공사				
6.	전기소방시공사				
회 의 결 과					
구 분	내 용		처리방안	비 고	

45. 시공상세도 승인요청서

시공상세도 승인요청서

공 사 명 :

문서번호		요청일자	년 월 일
수 신		요 청 자	시공사 :
검 토 자		작 성 자	
제 목		승인일자	년 월 일
시공상세도면			
의 견			

46. 검측 및 작업승인서

검측 및 작업승인서

일련번호 : 년 월 일

<table>
<tr><td colspan="2">공사명</td><td colspan="5"></td></tr>
<tr><td rowspan="2">작업
일지</td><td>금회검측부분</td><td colspan="5"></td></tr>
<tr><td>후속작업계획</td><td colspan="5"></td></tr>
<tr><td colspan="2">작업위치</td><td colspan="5"></td></tr>
<tr><td colspan="2">기타 첨부사항</td><td colspan="5"></td></tr>
<tr><td colspan="7">상기와 같이 요청하오니 검측 및 후속작업을 승인하여 주시기 바랍니다.

( )통신공사 현장대리 : (인)</td></tr>
<tr><td>검토의견</td><td>승 인</td><td></td><td>조건부승인</td><td></td><td>승인불가</td><td></td></tr>
<tr><td>검토사항
(조건 및
불가사유)</td><td colspan="6">(감독관)</td></tr>
<tr><td colspan="7">검측 및 후속작업을 승인함

년 월 일
감독관 (인)</td></tr>
</table>

47. 반입자재 검사신청서

반입자재 검사신청서

일련번호 : 신청일자 : 년 월 일

공사명					
자재명		규 격			
설계수량		기검사수량		금회검사신청수량	
잔 량		시방서 및 도면번호, 관련규정			
거래명세표번호		제조회사		납품일자	
시험성적서	발행처			발행일자	

상기와 같이 반입자재를 검사·신청하니 검사하여 주시기 바랍니다.

( )통신공사 현장대리인 : (인)

금회검사신청수량	합격수량	불합격수량	입고수량	잔고수량
불합격 판정 이유				
검사결과 의견				

검사자(감독관) : (인)

검사일자 : 년 월 일

48. 공사일지

공 사 일 지

공 사 명 :

<table>
<tr><td colspan="7">200 년 월 일</td><td>현장대리</td><td>소 장</td><td>사 장</td></tr>
<tr><td rowspan="7">금
일
시
공
내
용</td><td colspan="3">요 일</td><td colspan="3">날씨 :</td><td rowspan="2"></td><td rowspan="2"></td><td rowspan="2"></td></tr>
<tr><td colspan="3">주간공정률(%)</td><td colspan="3">공정누계 %</td></tr>
<tr><td colspan="9"></td></tr>
<tr><td colspan="9"></td></tr>
<tr><td colspan="9"></td></tr>
<tr><td colspan="9"></td></tr>
<tr><td colspan="9"></td></tr>
<tr><td rowspan="8">출
역
사
항</td><td colspan="2">직종/인원</td><td colspan="2">출역인원</td><td colspan="2">누 계</td><td>직종/인원</td><td>출역인원</td><td>누 계</td></tr>
<tr><td colspan="2">현장대리인</td><td colspan="2"></td><td colspan="2"></td><td>내선전공</td><td></td><td></td></tr>
<tr><td colspan="2">통신외선공</td><td colspan="2"></td><td colspan="2"></td><td>기사1급</td><td></td><td></td></tr>
<tr><td colspan="2">통신설비공</td><td colspan="2"></td><td colspan="2"></td><td>기사2급</td><td></td><td></td></tr>
<tr><td colspan="2">통신내선공</td><td colspan="2"></td><td colspan="2"></td><td>H/W기사</td><td></td><td></td></tr>
<tr><td colspan="2">통신케이블공</td><td colspan="2"></td><td colspan="2"></td><td>S/W기사</td><td></td><td></td></tr>
<tr><td colspan="2">무선안테나공</td><td colspan="2"></td><td colspan="2"></td><td>보통인부</td><td></td><td></td></tr>
<tr><td colspan="2">플랜트 전공</td><td colspan="2"></td><td colspan="2"></td><td>누 계</td><td></td><td></td></tr>
<tr><td rowspan="7">금
일
수
급
자
재</td><td colspan="2">재료명</td><td colspan="2">설계량</td><td colspan="2">인수량</td><td>사용량</td><td>잔 량</td><td>비 고</td></tr>
<tr><td colspan="2"></td><td colspan="2"></td><td colspan="2"></td><td></td><td></td><td></td></tr>
<tr><td colspan="2"></td><td colspan="2"></td><td colspan="2"></td><td></td><td></td><td></td></tr>
<tr><td colspan="2"></td><td colspan="2"></td><td colspan="2"></td><td></td><td></td><td></td></tr>
<tr><td colspan="2"></td><td colspan="2"></td><td colspan="2"></td><td></td><td></td><td></td></tr>
<tr><td colspan="2"></td><td colspan="2"></td><td colspan="2"></td><td></td><td></td><td></td></tr>
<tr><td colspan="2"></td><td colspan="2"></td><td colspan="2"></td><td></td><td></td><td></td></tr>
<tr><td rowspan="2">시
공
사
항</td><td colspan="5">금일 시공 보고사항</td><td colspan="4">내일 시공 계획</td></tr>
<tr><td colspan="5"></td><td colspan="4"></td></tr>
</table>

49. 현장대리인 선임계

현장대리인 선임계

성　　명 :　　　　　　(인)
생년월일 :
근무부서 :
기술자격증 종류 :
자격증 번호 :

상기인을 금번 ○○○에서 발주한 ○○○ 정보통신공사, ○○ 구매설치건의 계약 수행에 있어서 현장대리인으로 선임하고, 성실히 수행할 것을 약속하며 현장대리인 선임계를 제출합니다.

년　　월　　일

· 별 첨 : 기술자격증사본 1부
재직증명서 1부

발주처 :　　　　　　　　장 귀하

회사주소 :
○○○ 주식회사
대표이사 ○○○ (인)

50. 현장대리인 재직증명서

현장대리인 재직증명서

발행번호 : 호

성 명 :
주민등록번호 :

주 소 :
재직기간 :
근무부서 :

상기인은 ○○○에서 발주한 ○○○ 정보통신공사 계약분에 대한 현장대리인으로서 ○○ 주식회사 재직중임을 증명합니다.

회사주소 :

○○○ 주식회사
대표이사 ○○○ (인)

발급일자 : 년 월 일

발급사
(인)

51. 공사감독일지(감리발주 아닌 경우)

공사감독일지

공 사 명 :

<table>
<tr><td colspan="4">년 월 일</td><td>감 독</td><td>정보통신담당</td><td>과 장</td></tr>
<tr><td rowspan="7">공사시공사항</td><td colspan="2">요 일</td><td>날씨 :</td><td rowspan="2"></td><td rowspan="2"></td><td rowspan="2"></td></tr>
<tr><td colspan="2">주간공정률(%)</td><td>공정누계 %</td></tr>
<tr><td colspan="6"></td></tr>
<tr><td colspan="6"></td></tr>
<tr><td colspan="6"></td></tr>
<tr><td colspan="6"></td></tr>
<tr><td colspan="6"></td></tr>
<tr><td rowspan="8">출역사항</td><td>직종/인원</td><td>출역인원</td><td>누 계</td><td>직종/직원</td><td>출역인원</td><td>누 계</td></tr>
<tr><td>현장대리인</td><td></td><td></td><td>내선전공</td><td></td><td></td></tr>
<tr><td>통신외선공</td><td></td><td></td><td>기사1급</td><td></td><td></td></tr>
<tr><td>통신설비공</td><td></td><td></td><td>기사2급</td><td></td><td></td></tr>
<tr><td>통신내선공</td><td></td><td>pjh</td><td>H/W기사</td><td></td><td></td></tr>
<tr><td>통신케이블공</td><td></td><td></td><td>S/W기사</td><td></td><td></td></tr>
<tr><td>무선안테나공</td><td></td><td></td><td>보통인부</td><td></td><td></td></tr>
<tr><td>플랜트 전공</td><td></td><td></td><td>누 계</td><td></td><td></td></tr>
<tr><td rowspan="6">수급자재</td><td>재료명</td><td>설계량</td><td>인수량</td><td>사용량</td><td>잔 량</td><td>비 고</td></tr>
<tr><td></td><td></td><td></td><td></td><td></td><td></td></tr>
<tr><td></td><td></td><td></td><td></td><td></td><td></td></tr>
<tr><td></td><td></td><td></td><td></td><td></td><td></td></tr>
<tr><td></td><td></td><td></td><td></td><td></td><td></td></tr>
<tr><td></td><td></td><td></td><td></td><td></td><td></td></tr>
<tr><td>비 고</td><td colspan="6"></td></tr>
</table>

52. 정보통신공사 예정공정표

정보통신공사 예정공정표

○ ○ 청사신축 정보통신공사 예정공정

- 공사기간 : 년 월 일 ~ 년 월 일
- 시공회사 : (주) ○ ○ 정보통신

━━━ 계획
■ ■ ■ ■ ■ 실행

공 종	100%	공 사 일 정 (주 간 단 위)												
		세부공정	1	2	3	4	5	6	7	8	9	10	~	
구내통신신로 설비공사	20%	배관, 배선공사												
		접지공사												
		단자함설치, 선로시험												
간이교환 설비공사	40%	키폰주장치 설치												
		키폰전화기 설치												
		시 험												
구내정보 통신망 (LAN)공사	20%	배관, 배선공사												
		기기설치												
		시 험												
CCTV공사	10%	배관, 배선공사												
		기기설치												
		시 험												
무선통신 및 방송(음향) 설비공사	3%	배관, 배선공사												
		기기설치												
		시 험												
방송공동수신 설비공사	7%	배관, 배선공사												
		증폭기 · 분배기 설치												
		시 험												
공성률	계획공정(100%)		3%	4%	5%	6%	8%	10%	15%	18%	19%	22%	~	100%
	실행공정(100%)		3%	4%	5%	6%	8%	10%						100%

53. 감리용역완료계

감리용역완료계

1. 사 업 명 : ○○정보통신공사 감리용역
2. 계약금액 :
3. 계약일자 : 년 월 일
4. 착수일자 : 년 월 일
5. 납품완료일 : 년 월 일 (00일간)
6. 계약번호 :

○○정보통신공사 감리용역을 첨부의 내용과 같이 완료하고 완료계를 제출하오니 승인하여 주시기 바랍니다.

첨부 : 감리결과 보고서 - 1부

년 월 일

OO 통신감리단
주 소 :
대표자 : ○ ○ ○ (인)

○○시장 귀하

54. 감리업무일지

감리업무일지

년 월 일(요일), 누계공정 %
날씨 : (기온 ℃)

책임감리원 업무일지

공사명 :

<table>
<tr><td rowspan="3">주요작업상황</td><td rowspan="2">공 종</td><td rowspan="2">단위</td><td rowspan="2">설계량</td><td colspan="2">금 일</td><td rowspan="2">누계 작업량</td><td rowspan="2">공정(%)</td><td rowspan="2">특이사항</td></tr>
<tr><td>작업위치</td><td>작업량</td></tr>
<tr><td></td><td></td><td></td><td></td><td></td><td></td><td></td><td></td></tr>
<tr><td rowspan="3">감리원별 업무수행내용</td><td>성 명</td><td>서 명</td><td colspan="5">주 요 업 무 수 행 내 용
(상세내용은 개인별 감리업무일지에 작성)</td><td>책임감리원 지시사항</td></tr>
<tr><td>(책임감리원)</td><td></td><td colspan="5"></td><td></td></tr>
<tr><td>(보조감리원1)</td><td></td><td colspan="5"></td><td></td></tr>
</table>

감리원별 업무수행내용				
	(보조감리원2)			
	(보조감리원3)			
	(보조감리원4)			

관련문서	업무분류	문서분류	공종구분	구조물명	위치	제 목 (내용요약)

특 이 사 항	

55. 자재구매설치 착수계

자재구매설치 착수계

1. 사 업 명 : ○○통신자재구매설치
2. 계약금액 :
3. 계약일자 : 년 월 일
4. 착수일자 : 년 월 일
5. 납품완료일 : 년 월 일 (00일간)
6. 계약번호 :

○○통신자재 납품 설치를 첨부의 내용과 같이 시행하고자 착수계를 제출하오니 승인하여 주시기 바랍니다.

첨부 : 1. 계약서 사본 - 1부
2. 계약내역서 사본 - 1부
3. 설치예정공정표 - 1부
4. 보안각서(현장기술자별) - 각 1부

년 월 일

계약자 : OO통신(주)
주 소 :
대표자 : ○ ○ ○ (인)

○○시장 귀하

56. 자재구매 예정공정표

예 정 공 정 표

1. 사 업 명 : ○○통신 자재구매 설치
2. 납품 설치기간 :

공 정	일 정														비 고
	○월		○월				○월					○월			
	○/○	○/○	○/○	○/○	○/○	○/○	○/○	○/○	○/○	○/○	○/○	○/○	○/○	○/○	
1. 설계규격 확인 (현장실사포함)															
2. 안전관리계획															
3. 자재의 카탈로그 확인															
4. 현장입고															
5. 현장설치															
6. 시운전															
7. 검사실시															
8. 통신설비인계															

자재구매와 구매설치 차이점 :

1) 구매는 설치인건비가 없고 물품을 현장에 도착만 시키고 납품영수증에 확인을 받는 것으로 종료가 된다(구입비만 집행).
2) 구매설치는 자재설치 인건비가 내역서에 계상이 되어 설치를 하고 시운전을 거치고 감독(담당자)이 검사를 하는 과정이 요구된다(구입비 · 시설비 모두가능).

57. 자재구매설치 완료계

자재구매설치 완료계

1. 계약건명 : ○○통신자재구매설치
2. 계약금액 :
3. 계약일자 : 년 월 일
4. 착수일자 : 년 월 일
5. 납품완료일 : 년 월 일
6. 계약번호 :
7. 납품기한 : 년 월 일

○○통신자재 납품 설치를 첨부의 내용과 같이 완료하여 완료계를 제출하오니 승인, 검수하여 주시기 바랍니다.

첨부 : 1. 설치 현장별 사진 - 각 1부
2. 사용설명서(운영매뉴얼)
3. 납품내역서 - 1부

년 월 일

계약자 : OO 통신(주)
주 소 :
대표자 : ○ ○ ○ (인)

○○시장 귀하

부 록

1. 정보통신설비설계의 범례
2. 정보통신기술자의 자격
3. 용어의 정의

1. 정보통신설비설계의 범례

⑴ 배선(배관 · 선 · 덕트 등을 포함)

명 칭	기 호	적 요
천장매입배선 노 출 배 선 바닥매입배선 상면노출배선 지중매설배선	– – – – – ------------- — — — — — ·· — ·· — —·—·—·— ————	① 천장매입배선과 천장바닥 내 배선을 구별하고자 할 경우에는 천장바닥 내 배선에 — ·· — ·· —을 사용하여도 좋다. ② 특별히 전선의 종류를 명시하고자 할 때에는 600V 비닐절연선을 IV, 600V 2종 비닐절연전선을 HIV 표기한다. ③ 전선의 굵기는 다음과 같이 기입한다. 사양서 등에서 확실한 전선의 굵기는 기입하지 않아도 좋다. 단위가 명백한 경우에는 단위를 생략하여도 좋다. 예 1.6 2 $2cm^2$ 8 ④ 전선수는 —///— 과 같이 표시하고, 경우에 따라서는 숫자로 병기하여도 된다. 숫자병기의 예 : cat6×3 사양서 등에서 확실한 때에는 기입하지 않아도 된다. ⑤ 전선의 접속점은 다음과 같다. ┬ ⑥ 배관은 다음과 같이 표시한다. —//— 1.6(19) 강제전선관의 경우 —//— 1.6(VF 16) 경질 비닐전선관의 경우 —//— 1.6(F2 17) 2종 금속제 전선관의 경우 ( ) 전선이 들어가 있지 않는 경우 사양서 등에서 명백한 때에는 기입하지 않아도 된다. ⑦ 케이블은 종류 · 굵기 · 심선수를 병기한다. 예 UTP cat6 0.5mm 2ℓ 단 케이블의 종류 · 굵기 · 심선수가 명백할 경우는 표시를 생략한다. ⑧ 접지선의 경우의 표시 E 2.6(15) ⑨ 접지선과 배선을 동일관 내에 넣을 경우의 표시 —/——///— E 5.5 2(22) ⑩ 접지선의 표시는 이것이 명백할 때에는 기입하지 않아도 좋다. - - - - - - - - -

명 칭	기 호	적 요
시스템 박스 (매입용)		⑪ 플로어 덕트의 표시(F7) (F4) ----◎---- 정크선 박스를 표시한다. ⑫ 금속 덕트의 표시 MD ⑬ 금속선의 표시 MM ⑭ 시스템 박스의 표시 □-----□----- 바닥 매입. 바닥에 매입하는 UTP 케이블, 전원케이블을 표기한다. ⑮ 리모콘 배선은 강제배선과 구별하게 가늘게 그린다. ⑯ 가공선에는 ──── 을 적용한다. ⑰ 구별이 필요없을 경우에는 실선만으로 표시한다. ⑱ 건축도의 선과 구별을 명백하게 하기 위하여 선을 굵게 그린다.
버스 덕트	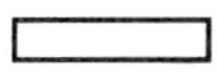	필요에 따라 다음 사항을 표시한다. ① 피드 벗 덕트 FBD 플러그인 버스 덕트 PBD 트롤리 버스 덕드 TBD ② 방수형인 경우는 WP
올리기 내리기 상하(중공)	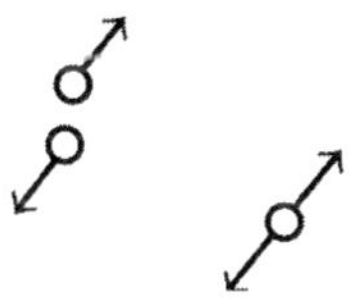	① 연결상태의 표시를 필요로 할 때에는 대조부호를 병기한다. ② 동일계의 올리기, 내리기는 특히 표시 안함 ③ 관 · 선 등의 굵기를 명기한다.
접지극		접지종별을 다음과 같이 병기한다. 제1종 E1, 제3종 E3 보기 : ⏚ E1
풀 박스 및 접속상자		박스의 대 · 소 및 형상에 따라서 실제의 감을 표시하게 한다. (재료의 종류, 치수를 표시한다)
수전점 점검구		인입구에 적용하여도 좋다.
단자반		대수를 병기한다. 20P
배전반 또는 분전반		① 용도를 특별히 구별할 경우에는 다음과 같이 한다.  전등용 전력용 전력 또는 전열용 ② 내열보호된 것을 나타낼 때에는 2중선으로 한다. 예 

명 칭	기 호	적 요
배전용 차단기	B (사각형 안)	① 필요에 따라서 극수 및 용량을 병기한다. ② 모터 브레이커를 표시할 경우는 를 사용한다.
누전차단기	E (사각형 안)	① 필요시 극수 및 용량을 병기한다. ② 과전류 소자부착의 것을 표시할 경우는 BE (사각형 안)를 사용한다.
누전화재경보기 (소방법에 의한 것)		필요시 급별을 병기한다.
접지센터	EC (사각형 안)	
접지단자		

(2) 음향설비의 기호

명 칭	기 호	적 요
천장매입형 스 피 커		① 각형 · 환형 다같이 적용한다. ② 콘식, 혼식 다같이 적용한다. ③ 아웃렛만일 경우에는 로 한다. ④ 방향을 표시할 필요가 있을 경우에는  로 한다. ⑤ 소방용 설비 등에 사용하는 것은 필요시 F를 병기한다. 예 
벽걸이형 스피커형	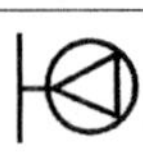	① 벽측을 칠한다(3각형의 꼭지점을 칠하므로, 3각형 스피커의 방향을 지시하게 된다). ② 각형 · 환형 다같이 적용된다.
트럼펫 스피커		① 각형 · 환형 다같이 적용된다. ② 3각형으로 개구방향을 표시하고 있으나, 특히 방향을 표시할 필요가 있을 경우는 로 한다.
와이드혼 스 피 커		각형 · 환형 다같이 적용된다.
양면스피커		① 각형 · 환형 다같이 적용된다. ② 콘식, 혼식 다같이 적용한다.
칼럼스피커		① 옥내용 · 옥외용 다같이 적용한다. ② 칼럼 스피커를 구성하고 있는 스피커의 수에는 관계가 없다. ③ 방향은 화살표로 표시한다. ④ 세로부착인가, 가로부착인가를 주기한다.

명 칭	기 호	적 요
앰 프	AMP	① 형상에는 관계가 없다. ② 개체가 복수라도 전체가 1개의 앰프라면 1개의 심벌로서 좋다. ③ 원격제어로 떨어진 장소에 있는 앰프를 동작시킬 경우, 특히 모자관계를 표시할 필요가 있는 시에는 모측을 AMP 과 같이 한다.
음량조정기	(AT)	① 어비뉴에이터, 볼륨식 다같이 적용한다. ② 노출형 · 매입형 다같이 적용한다.
채널 셀렉터		스피커 채널 셀렉터(저음 · 중음 · 고음) 등 ATT.
마이크용 잭(jack)	(MJ)	노출형 · 매입형 다같이 적용한다.
스피커용	(J)	위의 항에 준한다.
와이어리스 안테나		세로 · 가로의 부착을 명시한다.
일반안테나		① 안테나 일반 ② 다이폴 · 홀디드 안테나는 다음과 같이 한다.  다이폴  홀디드 안테나 세로 · 가로의 부착을 명시한다.
푸시 버튼		① 벽걸이에서는 벽면을 흑색으로 바른다.  ② 아웃렛인 경우는 전체를 흑색으로 표시한다. 
시보전기시계		벽매입, 브라켓, 걸기 등의 구별이 필요한 경우 병기한다.  P2 B2 F 브라켓
확성기 인터폰 (모)		
확성기 인터폰 (자)		

(3) 전원관계 기호

명 칭	기 호	적 요
전기 콘센트		① 벽붙이기는 벽측을 칠한다. 벽 이외에 부착할 때에는 칠하지 않는다.  ② 용량의 표시법은 다음과 같이 한다. • 10A, 15A는 병기하지 않는다. • 20A 이상은 병기한다. ③ 2구 이상의 경우는 구를 병기한다.  2 ④ 3극 이상의 경우에는 극수를 병기한다.  3P ⑤ 접지극부 콘센트는 E를 병기한다.
발전기	Ⓖ	① 공량을 병기한다. ② 필요시 전압 · 전류 · 전기방식을 병기한다. Ⓖ AC 220V
전동기	Ⓜ	위에 준한다.
정류기		
축전지	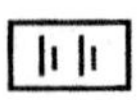	
개폐기	[S]	필요시 극수 · 용량 · 퓨즈 용량을 병기한다. [S] 2P30A
스위치	[SW]	벽부형 스위치

(4) 구내전송선로설비 및 유선방송 기호(감시설비 포함)

명 칭	기 호	적 요
텔레비전 안테나		필요에 따라 VHF, UHF 소자수 등을 병기한다.
혼합 · 분파기		
증폭기		
4분기기	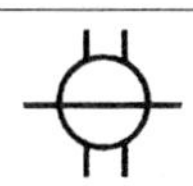	
2분기기		
4분배기		
2분배기		
직렬 유닛 1단자형 (75Ω)		(1) 분기단자 300Ω형인 경우는 로 한다. (2) 종단 저항붙이인 경우는 R를 병기한다. 
직렬 유닛 2단자형 (75Ω, 300Ω)		(1) 분기단자 75Ω 2단자인 경우는 로 한다. (2) 종단 저항붙이인 경우는 R를 병기한다. 
벽면단자		
TV증폭기함		TV증폭기함(장치함)
LCD 프로젝터	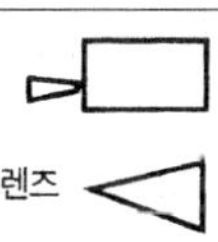	계통도에서 사용 배치도에서 사용. 왼쪽 끝이 렌즈쪽
카메라 보호케이스		왼쪽이 창쪽
텔레비전 카메라 고정설치방법	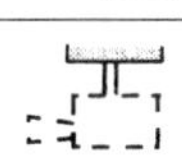	천장 매달기
	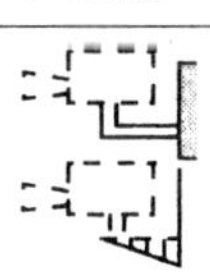	벽면 부착

명 칭	기 호	적 요
고정카메라 받침틀		
전동선 회전카메라 받침틀	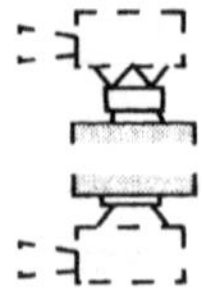	거치형 천장 매달기
유닛 기기	VDA 속에 적요의 기호를 넣는다.	VDA 영상분배 증폭기 PDA 펄스분배 증폭기 SG 동기식 발생기
전환기	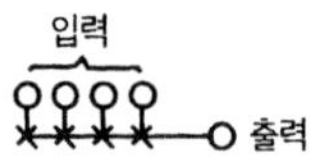	그림은 4입력 1출력의 전환기(스위치)를 나타낸다. ×가 전환포인트
모니터		
VTR		
조작기	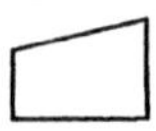	
주전송장치	H/E	헤드 엔드 설비

(5) 구내전송선로설비, 종합유선방송설비

1) 선로설비

번호	명 칭	약호	기 호	비 고
1.1	간선(trunk line)	TL	3mm	• 선의 굵기와 심선의 수를 명시 • 예 Ø1.2×2
1.2	분기선(feeder line)	FL	2mm	
1.3	분배선(distributed line)	DL	1mm	
1.4	인입선(subscriber line)	SL	0.5mm	
1.5	인입단자(tab off)	TO	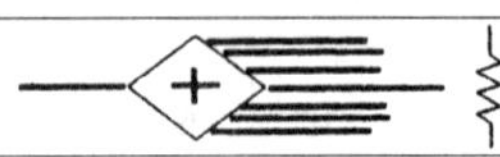	

2) 유선방송국설비 및 전송설비

번호	명 칭	약호	기 호	비 고
2.1	주전송장치(head end)	HE	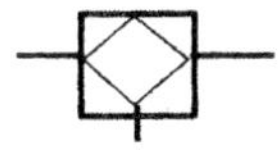	
2.2	수신공중선(antenna)	ANT		
2.3	전치증폭기(head amp)	H/A	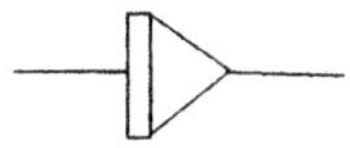	
2.4	채널변환장치(convertor)	CON	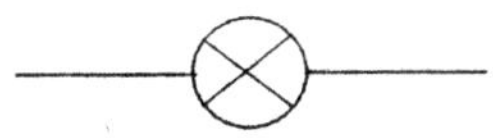	
2.5	증폭기(amplifier)	A	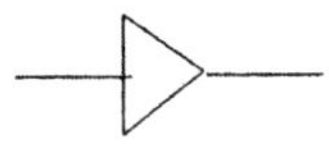	공동시청용
2.6	혼합장치(mixer)	MIX	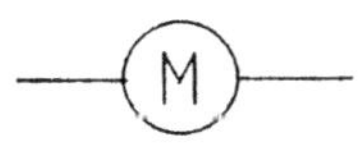	
2.7	분기증폭기(bridging amp)	BA	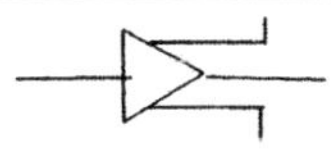	
2.8	보호기(surge protector)	P	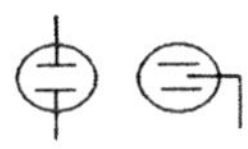	
2.9	전송상태 시청장치 또는 TV 수상기(monitor or TV)	TV	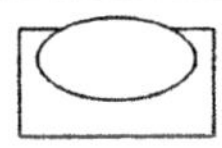	
2.10	분파기(splitter)	SPL	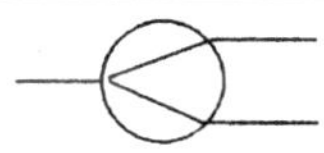	
2.11	합파기(combiner)	COMB	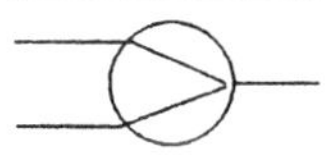	
2.12	감쇠기(attenuator)	ATT	ATT	
2.13	등화기(equalizer)	EQ	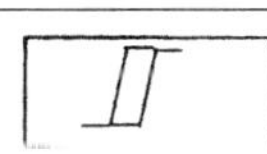	
2.14	분배기(distributor)	DIST	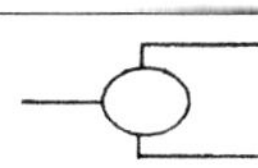	
2.15	분기기(branch)	B	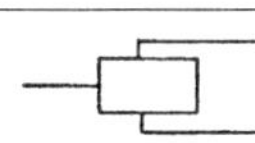	
2.16	채널선택장치(ch selector)	SEL		

번호	명 칭	약호	기 호	비 고
2.17	접지(ground)	G	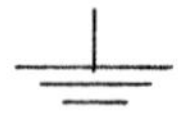	
2.18	녹화기(video recorder)	VR	VTR	
2.19	촬영기(video camera)	VC		
2.20	마이크로폰(microphone)	MIC	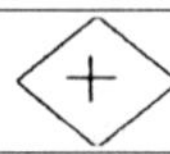	
2.21	광송신기 (optical transmitter)	OT	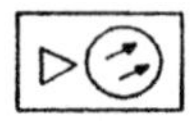	
2.22	광수신기 (optical receiver)	OR	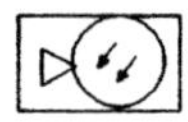	
2.23	옥외용 광 송수신기 (optical node unit)	ONU		
2.24	광 분기기 (optical splitter)	OS	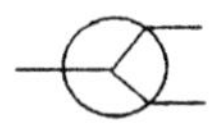	

(6) 구내정보통신(전화, LAN)용 기호

명 칭	기 호	적 요
내선전화기		버튼전화기를 구별하는 경우는 BT를 방기한다. 
가입전화기		
공중전화기		
팩시밀리	FAX	모사전송기(팩시밀리) 설치장소
전환기	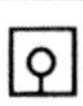	양쪽을 끊는 전환기인 경우는 다음과 같다. 
보안기		집합 보안기인 경우는 다음과 같이 표시하고 개수(실장/용량)를 방기한다. 보기 : 
단자반	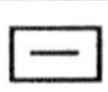	(1) 대수(실장/용량)를 방기한다. 보기 : 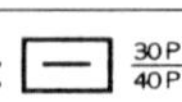 (2) 전화 이외의 단자반에도 이것을 적용한다. (3) 중간단자반, 주단자반, 국선용단자반을 구별하는 경우는 다음과 같다. 중간단자반  주단자반  국선용단자반 

명 칭	기 호	적 요
본배선반		외부 및 내부의 통신회선 분배, MDF로 표기
교환기		구내 자동교환기, 간이교환기
버튼전화 주장치		
인출구 (모듈러잭형)	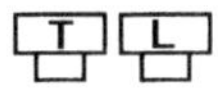	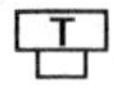 전화용 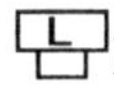LAN용(전화, LAN 겸하여 공동표기)
인출구 (방수형)	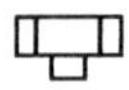	지하에 사용
모듈러 플러그		
세대단자함 (실내단자함)	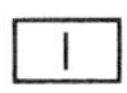	구내통신설비 및 구내전송선로설비 공동사용 가능
세대단자함 (국선용)	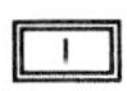	구내통신설비 및 구내전송선로설비 공동사용 가능
동배선반 (중간단자함)		APT 동별로 구분한 경우
주단자함 (국선용)		건물 외부의 사업자 케이블 인입, 내부회선 분배, MDF 이외 표기
주배선반 (국선용)	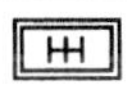	건물 외부의 사업자 케이블 인입, 내부회선 분배, MDF 이외 표기
세대단자함 (TV공용)	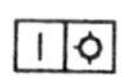	회선수 및 분배수를 표기한다.
중간단자함 (TV공용)	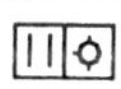	회선수 및 분배수를 표기한다.
동단자함 (TV공용)	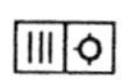	회선수 및 분배수를 표기한다.
모듈러 2구		구내통신 인출구(모듈러잭형) 2구용
모듈러와 TV단자	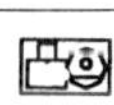	인출구(구내통신 모듈러잭형) 1구 및 TV

(7) 무선통신보조설비

명 칭	기 호	적 요
누설동축케이블	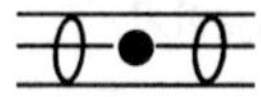	① 일반 배선용 그림기호보다 굵게 한다. ② 천장에 은폐하는 경우는  를 사용한다. ③ 필요에 따라 종별 · 형식 · 사용길이 등을 기입한다. 보기 :  ④ 내열형인 것은 필요에 따라 H를 기입한다. 보기 : 
안테나		① 필요에 따라 종별 · 형식 등을 기입한다. ② 내열형인 것은 필요에 따라 H를 방기한다
혼합기		주파수가 다른 경우는 다음과 같다. 
분배기	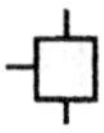	① 분배수에 따른 그림기호로 한다. 4분기기의 보기 : 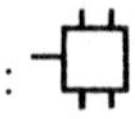 ② ① 필요에 따라 종별 등을 방기한다.
분기기 종단저항기	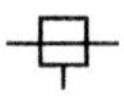 	필요에 따라 분기수에 따른 그림기호로 한다. 2분기기의 보기 : 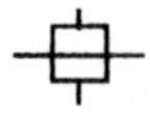
무선접속단자 커넥커 분파기(필터를 포함한다)	 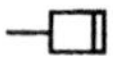 	필요에 따라 소방용 F, 경찰용 P, 자위용 G를 방기한다. 보기 :  필요에 따라 생략할 수 있다.

(8) 피뢰설비

명 칭	기 호	적 요
돌침부		평면도용 입면도용
피뢰도선 및 지붕 위 도체		① 필요에 따라 재료의 종류 · 크기 등을 방기한다. ② 접속점은 다음과 같다. 
접지저항 측정용 단자		접지용 단자함에 넣은 경우는 다음과 같다. 

2. 용어의 정의

ㄱ

가입자 단말장치 : 주전송장치로부터 전송된 신호(영상 · 음성 · 데이터 등)를 외부장치(TV 수상기 등)에 전달하고, 주전송장치와 데이터통신 등을 하는 장치를 말한다.

간선케이블(backbone cable) : 배선경로를 따라 망접속설비에서 같은 층이나 다른 층에 위치한 이용자의 세대단자함까지를 연결하는 구내케이블로서 수직케이블도 같은 의미로 사용한다.

감리 : 공사(건축법 제2조제3호의 규정에 의한 건축설비 및 건설산업기본법 제2조제4호의 규정에 의한 건설공사에 부대되어 설치되는 공사를 제외한다)에 대하여 발주자의 위탁을 받은 용역업자가 설계도서 및 관련규정의 내용대로 시공되는지 여부의 감독 및 품질관리 · 시공관리 및 안전관리에 대한 지도 등에 관한 발주자의 권한을 대행하는 것을 말한다.

감리원 : 공사(건축법 제2조제3호의 규정에 의한 건축설비 및 건설산업기본법 제2조제4호의 규정에 의한 건설공사에 부대되어 설치되는 공사를 제외한다)의 감리에 관한 기술 또는 기능을 가진 자로서 대통령령이 정하는 바에 의하여 그 자격을 확인받은 자를 말한다.

강전류전선(power line) : 전기도체 · 절연물로 싼 전기도체 또는 절연물로 싼 것의 위를 보호피막으로 보호한 전기도체 등으로서 300V 이상의 전력을 송전하거나 배전하는 전선을 말한다.

개인업무구역(individual work area) : 건물 내 이용자 1인당 점유되는 최소 공간을 말한다.

건물간선케이블 : 동단자함에서 층단자함까지, 또는 층단자함에서 다른 층의 층단자함까지(건물 내 수직구간)를 연결하는 통신케이블을 말한다.

건물배선반(building distribution) : 건물간선케이블이 종단되는 분배함으로서 캠퍼스 간선케이블이 접속된다.

건물인입설비(building entrance facility) : 통신케이블을 건물 내로 인입하기 위하여 관련규정에 따라 필요한 모든 기계적 · 전기적 서비스가 제공되는 설비를 말한다.

고주파수 : 3,400Hz를 초과하는 주파수를 말한다.

공중망접속(public network interface) : 통신사업자의 공중망과 이용자의 구내망간의 경계점으로 대부분의 경우에 공중망접속부는 망제공자의 설비와 이용자 통신설비의 접속점이다.

공중선 이득 : 주어진 방향의 동일한 거리에서 동일한 전계 또는 전력밀도를 발생시키기 위하여 주어진 공중선과 손실이 없는 기준공중선의 입력단에서 각각 필요로 하는 전력의 비를 말한다. 이 경우 따로 규정한 것이 없는 때에는 최대 복사방향에서의 이득을 통상 데시벨로 표시한다.

광섬유 이중 커넥터(optical fiber duplex connector) : 광섬유 심선의 두 쌍간에 광파워를 전송하기 위한 기계적 종단장치를 말한다.

광섬유 케이블 이중 어댑터(optical fiber duplex adaptor) : 두 개의 이중 커넥터를 연결 접속하기 위한 기계적 장치를 말한다.

광섬유 케이블(optical fiber cable or optical cable) : 하나 이상의 광섬유선을 포함하는 케이블을 말한다.

교환설비 : 다수의 전기통신회선(이하 '회선'이라 한다)을 제어 · 접속하여 회선 상호간의 전기통신을 가능하게 하는 교환기와 그 부대설비를 말한다.

구내간선케이블 : 국선단자함에서 동단자함, 또는 동단자함에서 동단자함까지(건물간 구간)를 연결하는 통신케이블을 말한다.

구내배선반(campus distributor) : 구내간선케이블의 배선이 시작되는 분배함을 말한다.

구내전송선로설비 : 유선방송을 수신하기 위하여 수신자가 구내에 설치하는 선로 · 관로 · 배관 · 증폭기 · 분배기 및 분기기 등과 그 부대설비로서 주택건설기준 등에 관한 규정 제42조 및 전기통신설비의 기술기준에 관한 규칙 제21조의 규정에 의하여 건축물에 설치하는 유선방송 전송선로설비를 말한다.

구내케이블(building wire) : 좁은 의미로는 간선케이블을 말하고, 넓은 의미로는 간선케이블과 실내케이블을 포함하여 건물 내에 사용된 모든 케이블을 말한다.

구내통신선로설비 : 국선접속설비를 제외한 구내 상호간 및 구내·외간의 통신을 위하여 구내에 설치하는 케이블, 선조, 이상전압전류에 대한 보호장치 및 전주와 이를 수용하는 관로·통신터널·배관·배선반·단자 등과 그 부대설비를 말한다.

국선 : 기간통신사업자·별정통신사업자 및 부가통신사업자의 교환설비 또는 전송설비로부터 이용자전기통신설비의 최초 단자에 이르기까지의 사이에 구성되는 회선을 말한다.

국선단자함 : 국선 및 구내간선케이블 또는 구내케이블을 종단하여 상호 연결하는 통신용 분배함을 말한다.

국선접속설비 : 사업자가 이용자에게 제공하는 국선을 수용하기 위하여 설치하는 국선수용 단자반 및 이상전압전류에 대한 보호장치 등을 말한다.

규격전력(PR) : 송신장치의 종단증폭기의 정격출력을 말한다.

급전선 : 이동전화역무 또는 무선호출역무 등에 사용되는 무선 송수신기와 안테나간에 연결하는 선로를 말한다.

기저대역 : 변조하기 전의 정보를 포함하고 있는 주파수대역을 말한다.

기준주파수 : 지정주파수에 대하여 특정한 위치에 고정되어 있는 주파수를 말한다. 이 경우 기준주파수가 지정주파수에 대하여 가지는 변위는 특성주파수가 발사에 의하여 점유하는 주파수대의 중심주파수에 대하여 가지는 변위와 동일한 절대값과 동일한 부호를 가지는 것으로 한다.

꼬임페어(twisted pair) : 평형전송선을 형성하기 위하여 두 개의 절연된 심선이 서로 꼬여 있는 심선을 말한다.

ㄴ

노드(node) : 세대공통 분배함의 분배기에서 인입 동축케이블과 인출 동축케이블을 연결하는 F형 커넥터

ㄷ

다중인출구(multi outlet) : 수평케이블이 종단되는 고정된 접속장치로서 여러 가지 단말장치에 접속할 수 있도록 여러 종류의 인출구가 동일 플레이트에 조합으로 다양하게 구성되어 이용자 공간의 배선에 대한 접속을 제공한다.

단말장치 : 전기통신망에 접속되는 단말기기 및 그 부속설비를 말한다.

대역 내(in-band) **채널** : 음성·영상서비스, 디지털 멀티미디어 서비스 및 정보서비스 등의 다양한 정보를 ISO/IEC 13818-1(MPEG-2)에 규정된 전송 스트림(TS : Transport Stream)의 형식에 따라 54MHz 내지 864MHz 주파수 대역으로 전송하는 채널을 말한다.

대역 외(out-of-band) **상향채널** : 가입자 단말장치에서 주전송장치로 정보를 주고 5.75MHz 내지 41.75MHz 주파수대역으로 전송하는 채널을 말한다.

대역 외(out-of-band) **하향채널** : 주전송장치에서 가입자 단말장치로 전달되는 제어정보, 접근정보, 응용코드 다운로드 및 프로그램 안내정보 등 기타 유사한 정보를 전송하는 채널을 말한다.

데드 포인트 : 전파도 음파와 같이 방의 천장·바닥·벽에서 반사해도 정재파를 만들고 전파의 강도가 강한 장소와 약한 장소가 생긴다. 만약 안테나가 전파에 상당히 약한 곳에 놓여지면 수신자가 작게 들리게 되는데 이러한 장소를 말한다.

도급계약 : 원도급·하도급·위탁, 기타 명칭 여하에 불구하고 공사를 완성할 것을 약정하고 발주자가 그 일의 결과에 대하여 대가를 지급할 것을 약정하는 규약을 말한다.

돌비 서라운드(dolby Surround) : Right, Left, Center, Rear의 4채널을 재생하기 위해 메인스피커(2), 센터스피커(1), 리어스피커(2) 등 기본적으로 5개의 스피커가 필요하다. 여기에 프런트 이펙트스피커나 서브우퍼 등을 추가함으로써 좀더 완숙한 재생이 가능하다. 리어스피커는 2개를 쓰지만 2채널이 아니

고 1채널이다.

동기신호 : 영상을 동기시키기 위하여 전송하는 신호를 말한다.

동단자함 : 구내간선케이블 및 건물간선케이블을 종단하여 상호 연결하는 통신용 분배함을 말한다.

동배선반(building distribution frame), **동단자함** : 2개 이상의 공동주택이 하나의 주거단지를 구성할 때 효율적인 구내배선관리를 위하여 각각의 공동주택에 설치하는 분배장치 또는 단자함을 말한다.

등가 등방복사전력(EIRP) : 공중선에 공급되는 전력과 등방성 공중선에 대한 임의의 방향에 있어서의 공중선 이득(절대이득 또는 등방이득)의 곱을 말한다.

ㄹ

라인 레벨(line level) : 소리신호 - 음향기기간의 접속과 기기 내부에서의 전기신호의 크기 가운데에서 기준으로 정한 크기가 바로 라인 레벨이라는 기준 레벨이다.

ㅁ

마스킹 효과(masking effect) : 큰 레벨의 신호에 의해 작은 레벨의 신호가 가려져 없어진 것처럼 보이는 효과

ㅂ

반송파전력(PZ) : 무변조상태에서 송신장치로부터 송신 공중선계의 급전선에 공급되는 전력으로서 무선주파수의 1주기 동안에 걸쳐 평균한 것을 말한다.

발주자 : 공사(용역 포함)를 공사업자(용역업자 포함)에게 도급하는 자를 말한다. 다만, 수급인으로서 도급받은 공사를 하도급하는 자는 제외한다.

배선구간(link) : 특정장비가 접속되어 적용되는 어떤 두 지점간을 연결하는 전송채널을 말한다.

배선반(distributor) : 패치 패널이나 패치 코드 등의 요소를 사용하여 케이블을 접속하는 설비를 말한다.

배선시스템(cabling) : 정보기기의 접속을 지원할 수 있는 통신케이블, 코드 그리고 접속장치로 구성된 시스템을 말한다.

버스 배선(bus wiring) : 이웃하는 인출구간에 서로 연결되어 연장 배선되는 방식이다.

변환접속점(transition point) : 수평배선계에서 케이블의 변경이 일어나는 지점을 말하며, 가령 원형케이블에 언더 카펫 케이블이 접속되거나 페어 수가 서로 다른 케이블이 접속되는 경우가 있다.

보조절분점(auxiliary disconnect point) : 여러 이용자가 사용하는 공용건물에서는 분계점과는 별도로 각 이용자 단위별로 자신의 구내시설을 효과적으로 운용하고 시험할 수 있도록 설치한 쉽게 절분할 수 있는 접속점을 말한다.

보호기 : 낙뢰 또는 강전류전선과의 접촉 등에 의한 이상전류 또는 이상전압의 유입을 제한하거나 차단하는 장치를 말한다.

복합케이블(hybrid cable) : 하나의 전체적인 외피 내에 둘 이상의 다중의 케이블 요소나 케이블, 다른 전송등급이 혼합된 케이블을 말한다.

분계점(demarcation) : 사업용 전기통신설비와 이용자 전기통신설비간의 경계점

분기기 : 입력신호 에너지를 간선에서 지선으로 불균등하게 분리시키는 장치를 말한다.

분배기(distributer) : 입력신호 에너지를 2 이상으로 분배하는 장치를 말한다.

분배장치(distribution device) : 간선케이블이 종단되고 실내 케이블이 시작되는 경계점이며, 분배코드를 통하여 간선케이블과 실내케이블을 연결하고 시스템에 이용되는 관련설비를 접속하는 장치로서 세대단자함 내에 통합 설치된다.

분배커넥터(distribution connector) : 간선케이블이 종단되고 실내케이블이 시작되는 경계점이며, 간선케이블과 실내케이블을 연결하고 기타 관련선 FH를 접속하는 단자대 또는 커넥터 형식의 장치로서

세대단자함 또는 세대공통 분배함 내에 통합 설치된다.

분배코드(distrbution cord) : 세대단자함(분배장치)에서 인입단자와 인출단자를 서로 연결 접속하고, 양끝이 모듈러잭으로 되어 있으며, 교체 가능한 배선이다.

브리지 탭(bridged tap) : 배선경로의 선로에 접속되어 있는 곁가지 배선이다. 예를 들면 사용되지 않는 실내케이블이 분배장치에서 사용되는 실태케이블과 접속되어 있는 경우가 브리지 탭이다. 곁가지 배선의 유도저항은 배선경로의 전송능력을 저하시킬 수 있다.

비차폐 꼬임케이블(unshielded twisted pair cable) : 차폐되지 않은 하나 이상의 심선으로 구성된 케이블을 말한다.

비트 오율 : 송신된 비트의 수에 대한 잘못 수신된 비트의 수의 비율을 말한다.

ㅅ

사업용 전기통신설비 : 전기통신사업에 제공하기 위한 전기통신설비로서 법 제7조의 규정에 의한 기간통신사업자가 설치 · 운영 또는 관리하는 전기통신설비, 법 제7조의 규정에 의한 별정통신사업자가 설치 · 운용 또는 관리하는 전기통신설비를 말한다.

사업자 : 전기통신역무를 제공하는 통신사업자를 말한다.

서비스정보(SI : Service Information) : 가입자 단말장치에서 프로그램을 수신하는 데 필요한 채널관련 정보 및 프로그램 안내정보로서, 대역 외 채널을 이용하여 제공되는 정보를 말한다.

선로설비 : 일정한 형태의 전기통신신호를 전송하기 위하여 사용하는 동선 · 광섬유 등의 전송매체로 제작된 선조 · 케이블 등과 이를 수용 또는 접속하기 위하여 제작된 전주 · 관로 · 통신터널 · 배관 · 맨홀 · 핸드홀 · 배선반 등과 그 부대설비를 말한다.

설계 : 공사(건축법 제2조제3호의 규정에 의한 건축설비 및 건설산업기본법 제2조제4호의 규정에 의한 건설공사에 부대되어 설치되는 공사를 제외한다)에 관한 계획서 · 설계도면 · 시방서 · 공사비내역서 · 기술계산서 및 이와 관련된 서류를 작성하는 행위를 말한다.

성형 쿼드(star quad) : 네 개의 절연된 심선이 서로 꼬여 있는 케이블로서 정면으로 마주보는 두 개의 심선이 전송 페어를 형성한다. 성형 쿼드를 포함하는 케이블을 같은 사양의 전기적 특성을 제공하는 페어로 구성된 케이블과 서로 바꾸어 사용될 수 있다.

성형배선(star wiring) : 세대단자함에서 각 인출구로 직접 배선되는 방식으로 스타배선도 같은 의미로 사용된다.

세대공통 분배함(integrated device box for customer) : 이용자가 고장 등의 문제발생시 추가배선이나 시험을 위하여 쉽게 절분할 수 있는 편리한 접속점을 제공하고 필요시 각 실간 연결선로와 이미 구성된 케이블의 경로변경 등을 목적으로 각 이용자의 전용공간에 설치한 분배함을 말한다. 세대공통 분배함 내에는 인입단자와 인출단자가 나란히 배열되며, 분계점으로부터 이용자의 전용공간으로 인입된 각 종류별 간선케이블이 인입단자 및 입력노드에 접속되고, 이용자 전용공간의 각 실까지 설치되어 있는 각 종류별 실내케이블은 인출단자 및 출력노드에 접속된다.

세대 내 성형배선 : 세대단자함 또는 이와 동등한 기능이 있는 단자함에서 각 인출구로 직접 배선되는 방식을 말한다.

세대단자함(customer device box) : 이용자가 고장 등의 문제발생시 추가 배선이나 시험을 위하여 쉽게 절분할 수 있는 편리한 접속점을 제공하는 것을 목적으로 각 이용자의 전용공간에 설치한 단자함을 말한다. 세대단자함 내에는 인입단자와 인출단자가 나란히 배열되며, 분계점으로부터 이용자의 전용공간으로 인입된 간선케이블이 인입단자에 접속하고, 이용자 전용공간의 각 실까지 설치되어 있는 실내케이블은 인출단자에 접속된다. 세대 내에 인입되는 통신선로 또는 종합유선방송설비 또는 홈네트워크설비 등의 배선을 효율적으로 분배 · 접속하기 위하여 이용자의 전용공간에 설치되는 분배함을 말한다.

송화음량 정격 : 송화자의 입과 최초의 접속교환기 사이의 음량손실을 말한다.

수급인 : 발주자로부터 공사를 도급받은 공사업자를 말한다.
수신설비 : 유선방송국에서 텔레비전 방송신호를 수신하기 위한 수신안테나, 케이블 및 증폭장치를 말한다.
수신장치 : 전파를 받는 장치와 이에 부가하는 장치를 말한다(수신공중선과 급전선을 제외한다).
수직해상도 : 비주얼 매체의 모니터 화상에서 수직방향으로 구분되는 영상의 세밀한 정도를 말한다. 주로 주사선의 수에 따라 결정되는데, 주사선 525선의 NTSC 방식에서 수직해상도는 약 350본 정도이다.
수평배선 케이블 : 층단자함에서 통신인출구(건물내 수평구간)까지를 연결하는 통신케이블을 말한다.
수평해상도 : 비주얼 매체의 모니터 화상에서 수평방향의 해상도를 말하는데, 휘도신호가 지닌 주파수 특성에 의해 결정된다.
수화음량 정격 : 접속교환기와 수화자의 귀 사이의 음량손실을 말한다.
스퓨리어스 발사 : 필요 주파수대역폭 바깥쪽의 주파수에서 발생하는 발사(정보의 전송에 영향을 미치지 아니하고 그 레벨을 저감시킬 수 있는 것으로 고조파발사, 기생발사와 상호변조 및 주파수 변환 등에 의한 발사를 포함하고, 대역외발사는 포함하지 아니한다)를 말한다.
실내케이블(station wire) : 세대단자함에서 인출구까지를 연결하는 구내케이블을 말한다.

ㅇ

아날로그 전화용설비 : 사업용 전기통신설비 중 단말장치의 접속점에서 아날로그 신호를 입·출력하는 설비로서 주로 음성의 전송·교환을 목적으로 하는 것을 말한다.
어댑터(adapter) : 한 쪽에는 모듈러 플러그로, 다른 한쪽은 하나 이상의 모듈러잭으로 구성되어 있는 접속장치를 말한다.
업무용 건축물 : 건축법시행령 제3조의4 별표 1 제10호에서 규정하는 업무시설을 말한다.
영상(video) : 실제의 광경을 광학적 또는 전기적으로 변환한 상을 말한다. 즉 광학적으로는 렌즈를 통해 스크린에 비친 상을 말하고, 전기적으로는 광전면에 생긴 상을 말한다.
영상모니터(video monitor) : TV방송국의 조정실에 있어서 화면 감시에 쓰이는 모니터 수상기를 말한다. 이것에는 마스터 모니터, 프로그램 모니터의 두 종류가 있다.
영상신호(video signal) : 비디오 신호 또는 약해서 비데오라고도 한다. 본래는 TV에 있어서 화면을 주시하여 얻어지는 수 Hz에서 수 MHz에 이르는 TV신호를 뜻한다. 최근에는 일반적으로 상기 주파수대에 있어서의 광대역 신호를 영상신호라고 부르는 경향이 있으며, 레이더나 펄스변조 통신방식 등의 펄스파형 신호나 반송파 다중 전화신호 등의 뜻으로도 널리 쓰이고 있다. 주사에 따라 생기는 직접적인 전기적 변화로서 정지 또는 이동하는 사물의 순간적 영상을 전송하기 위한 신호를 말한다.
오디오 앰프(audion AMP) : 스테레오 등에 쓰이는 음성주파 증폭기의 통칭이다. 음성주파수는 약 20~20,000이며, 이 정도의 주파수를 충실히 증폭할 필요가 있다. 일반적으로 주파수 특성은 수에서 정도까지 평탄하고 찌그러짐이나 잡음을 극도로 작게 하지 않으면 안된다.
용역 : 다른 사람의 위탁을 받아 공사에 관한 조사·설계·감리·사업관리 및 유지관리 등의 역무를 수행하는 것을 말한다.
용역업 : 용역을 영업으로 하는 것을 말한다.
용역업자 : 엔지니어링기술진흥법 제4조의 규정에 의하여 엔지니어링 활동주체로 신고하거나 기술사법 제6조의 규정에 의하여 기술사 사무소의 개설자로 등록한 자로서 통신·전자·정보처리기술부문의 자격을 보유하고 용역업을 영위하는 자를 말한다.
유선방송국설비 : 유선방송을 편성·운행·송출하기 위하여 주전송장치 등 수신공중선계, 텔레비전 카메라, 마이크로폰, 녹음기 및 녹화기 등 유선방송국 안에 설치하는 설비를 말한다.
유선방송설비 : 유선방송국설비와 전송선로설비를 말한다.
음량정격 : 음량손실의 객관적 척도로서 전화망의 임의의 양단 사이에 있어서 입력신호에 대한 출력신호를 전기적 또는 음향적 손실의 가중평균으로 표시한 것을 말하며, 그 단위는 데시벨(dB)로 한다.
음성신호 : 음성, 기타 음향에 따라 생기는 직접적인 전기적 변화로서 음성, 기타 음향을 전송하기 위한

신호를 말한다.

음성주파수 : 300Hz 이상 3,400Hz 이하의 주파수를 말한다.

음압(sound pressure) : 공기 따위의 음을 전달하는 매질 속을 음파가 이동할 때 매질 내에 진동적인 압력 변화가 생긴다. 이 압력의 변화를 음압이라고 하며, N/m^2의 단위로 나타낸다.

음압계(sound pressure meter) : 음의 진동적인 압력 변화인 음압을 측정하는 장치로서 마이크로폰, 증폭기, 정류형 전류계로 구성되어 있다. 마이크로폰을 음장에 놓았을 때의 음압과 놓기 전의 음압은 서로 다르기 때문에 미리 교정해서 사용한다. 지시의 단위는 dB이다.

음압레벨(SPL : Sound Pressure Level) : 음압의 크기를 나타낼 때는 어떤 기준의 음압을 정하고 그것에 대한 비를 데시벨로 나타내는데, 이 값을 음압레벨이라 한다. 스피커와 같이 청각에 관계가 있는 경우에는 $2 \times 10^4 \mu$bar를 기준음압으로 하고, 수중 음향인 경우에는 1μbar를 사용한다.

이동통신 구내선로설비 : 전기통신사업자로부터 이동전화역무 및 무선호출역무 등을 제공받기 위하여 지하 건축물에 건축주가 설치 · 운용 또는 관리하는 설비로서 관로 · 전원단자 · 케이블 · 안테나 · 통신용 접지설비와 그 부대시설을 말한다.

이용자 단말장치, 단말기기(CPE : Customer Premises Equipment) : 이용자의 구내에 설치되는 전화, 자동응답기, 스피커폰, 비디오폰, 데이터통신용 컴퓨터, 혹은 기타 단말설비를 말한다.

이용자 전기통신설비(customer telecommunication facilities) : 전기통신역무를 제공받기 위하여 이용자가 관리 · 사용하는 구내통신선로설비, 단말장치 및 전송설비 등을 말한다.

이용자(user) : 구내통신선로설비를 소유하거나 사용하는 사람을 칭한다. 건축하는 동안은 건물주나 그의 대리인이 보통 이용자이다. 임대시에는 세입자가 보통 이용자가 된다.

인입관로(entrance pathway) : 이용자의 택지나 공동주택단지의 경계점으로부터 기간통신사업자가 전기통신설비의 국선접속설비와 이용자 전기통신설비가 최초로 접속되는 점까지 국선케이블을 인입하기 위한 통신관로나 공동구를 말한다.

인입케이블(entrance cable) : 기간통신사업자가 이용자에게 각종 통신서비스를 제공하기 위하여 이용자 영역 내의 인입관로에 설치하는 국선케이블을 말한다.

ㅈ

잔향(殘響) : 반사음은 방의 여러 곳을 통하므로 음원의 음이 사라진 후에도 얼마 동안은 음이 남아 있게 된다. 이처럼 반사음이 만들어내는 여음을 에코(echo)라고 부르며, 잔향이라고 한다.

잔향시간(reverberation time) : 잔향이 많고 적음을 말하며, 음이 그친 후 잔향이 감쇠하면서 원래의 음에 비해 -60(1/1,000의 크기)이 되기까지의 시간을 초로 나타낸 것으로 주파수에 따라 잔향시간이 크게 달라진다. 저음은 잔향이 길고 고음은 짧다.

장비실(equipment room) : 분배함과 응용장비가 설치되는 공간을 말한다.

장비케이블(equipment cable) : 장비를 분배함까지 연결하는 케이블을 말한다.

장치함 : 증폭기 · 분배기 · 분기기 및 보호기를 수용하며, 동축케이블을 종단하여 상호 연결하는 함을 말한다. 증폭기함이라고도 한다.

재배치(rearrangement) : 사용환경의 변화에 따라 기존 구내통신선로설비의 구성요소를 대체 · 추가 · 교정 혹은 제거하는 작업을 말한다.

저주파수 : 300Hz 미만의 주파수를 말한다.

전기통신망 : 전기통신을 행하기 위하여 계통적 · 유기적으로 연결 · 구성된 전기통신설비의 집합체를 말한다.

전력유도 : 전기공장물 또는 전철시설 등이 그 주위에 있는 전기통신설비에 대하여 정전유도 및 전자유도 등에 의한 전압이 발생되게 하는 현상을 말한다.

전송선로설비 : 케이블 · 접속커넥터 · 분배기 · 분기기 · 중계장치 · 증폭장치 등 유선방송신호를 전송하는 데 필요한 전송설비와 선로설비를 말한다.

전송설비 : 교환설비 · 단말장치 등으로부터 수신된 전기통신 부호 · 문형 · 음향 또는 영상을 변환 · 재생 또는 증폭하여 유선 또는 무선으로 송신하거나 수신하는 설비로서 전송단국장치 · 중계장치 · 다중화장치 · 분배장치 등과 그 부대설비를 말한다.

전신왜율 : 전신부호의 소자길이 또는 위치가 이론적인 부호소자의 길이보다 늘어나거나 짧아지는 비율, 또는 빨라지거나 늦어지는 비율을 말한다.

전원설비 : 수변전장치, 정류기, 축전기, 전원반, 예비용 발동발전기 및 배선 등 통신용 전원을 공급하기 위한 설비를 말한다.

전하 결합소자(charge coupled device) : 전하 결합소자를 사용한 컬러 카메라이다. 전하 결합소자는 화상의 일그러짐이 없고 잔상이 없으며 수명이 길고, 소형 · 경량이라는 특징이 있어 경계감시용 · 산업용 · 공업계측용 등 사용범위가 광범위하다. 38만 유효화소의 CCD 고체촬상소자에 의해 수평해상도 470분 이상의 선명한 영상을 실현하며, 적용조도의 범위도 0.05～100,000lux의 고감도를 실현하여 저조도, 특히 야간에도 촬영이 가능하다.

절대레벨 : 하나의 전력을 1mW에 대한 대수비로 표시한 것을 말하며 단위는 디비엠(dBm)으로 한다.

절체접속, 절체부(cross-connect) : 케이블 요소의 종단과 패치 코드나 점퍼선을 통한 접속이 이루어지는 것, 또는 설비를 말한다.

점유 주파수대역폭 : 변조의 결과로 생기는 주파수대역폭의 하한 주파수 미만의 부분과 상한 주파수를 초과하는 부분에서 각각 발사되는 평균전력이 따라 정하는 경우를 제외하고 각각 0.5%와 같은 주파수대역폭을 말한다.

점퍼선(jumper) : 절제부에서 반영구적인 접속을 위하여 사용되는 커넥터 없는 심선을 말한다.

접속(splice) : 일반적으로 케이블 심선의 결합을 말한다.

접속음량 정격 : 단말장치 접속점에 공칭 임피던스로 연결된 전화망의 양접속교환기 사이의 음량손실을 말한다.

정보통신공사 : 정보통신설비의 설치 및 유지 · 보수에 관한 공사와 이에 따르는 부대공사로서 대통령령이 정하는 것을 말한다.

정보통신공사업 : 도급, 기타 명칭 여하를 불문하고 이 법의 적용을 받는 공사를 영업으로 하는 것을 말한다.

정보통신공사업자 : 법의 규정에 의한 등록을 하고 공사업을 영위하는 자를 말한다.

정보통신기술자 : 국가기술자격법에 의한 통신 · 정보처리분야의 기술자격을 취득한 자와 정보통신설비에 관한 기술 또는 기능을 가진 자로서 대통령령이 정하는 자를 말한다.

정보통신망 : 전기통신기본법 제2조제2호의 규정에 의한 전기통신설비를 이용하거나 전기통신설비와 컴퓨터 및 컴퓨터의 이용 기술을 활용하여 정보를 수집 · 가공 · 저장 · 검색 · 송신 또는 수신하는 정보통신 체계를 말한다.

정보통신설비 : 유선 · 무선 · 광선, 기타 전자적 방식에 의하여 부호 · 문자 · 음향 또는 영상 등의 정보를 저장 · 제어 · 처리하거나 송 · 수신하기 위한 기계 · 기구 · 선로, 기타 필요한 설비를 말한다.

종합음량 정격 : 송화음량 정격과 접속음량 정격 및 수화음량 정격을 모두 더한 것을 말한다.

주거용건축물 : 건축법시행령 제3조의4 별표 1 제1호 내지 제2호에서 규정하는 단독주택 및 공동주택을 말한다.

주단자함(main distribution box) : 수용되는 총국선 수가 300회선 미만인 단독주택 등의 소형건물에서는 사업자설비와 이용자설비를 상호접속하고 원활한 회선의 절체접속과 유지보수를 위하여 분계점에 설치되는 망접속장치를 말한다.

주배선반(Main Distribution Frame, MDF) : 수용되는 총국선 수가 300회선 이상인 공동주택 등의 대형 건물에서 사업자설비와 이용자설비를 상호접속하고 원활한 회선의 절체접속과 유지보수를 위하여 주단자함 대신에 분계점에 설치되는 망접속장치를 말한다.

주사 : 화면을 화소의 휘도 또는 색(휘도색상과 채도를 말한다)에 따라 일정한 방법에 의하여 화면을 수차 분석하여가는 것을 말한다.

주전송장치 : 유선방송신호를 증폭 · 조정 · 변환 및 혼합하여 선로에 송출하는 장치, 그리고 이에 부가된 장치(수신공중선계, 텔레비전 카메라, 마이크로폰, 녹음기 및 녹화기 등은 제외한다)를 말한다.

주파수 허용편차 : 발사에 의하여 점유하는 주파수대의 중심주파수와 지정주파수 사이에 허용될 수 있는 최대 편차 또는 발사의 특성주파수와 기준주파수 사이에서 허용될 수 있는 최대 편차를 말하며, 백만 분율 또는 헤르츠(Hz)로 표시한다.

중간단자함(intermediate distribution box) : 주배선반 또는 주단자함으로부터 세대단자함 사이에 배관의 굴곡이나 선로의 분기 및 접속을 위하여 설치하는 단자함을 말한다.

중계장치 : 선로의 도달이 어려운 지역을 해소하기 위해 사용하는 증폭장치 등을 말한다.

증폭기 : 동축케이블 · 분배기 및 분기기 등에 의한 상 · 하향 신호의 전송손실을 보상하기 위하여 사용하는 장치를 말한다.

지정주파수 : 무선국에서 사용하는 주파수마다의 중심주파수를 말한다.

직렬단자 : 동일 댁내에서 텔레비전 방송신호를 분배 또는 분기할 수 있으며, 그 내부에 텔레비전 단자가 내장되어 있는 것을 말한다.

직접접속(interconnect) : 장비케이블이 종단되고, 패치 코드나 점퍼선이 없이 각 배선계와 직접 접속되는 것 또는 장소를 말한다.

ㅊ

차폐 꼬임케이블(shielded twisted pair cable) : 각각 독립적으로 차폐된 하나 이상의 케이블 요소를 포함하는 케이블을 말한다.

차폐케이블(shielded cable) : 일반적인 외피내부에 전체적인 스크린이나 차폐에 감싸여진 둘 이상의 평형케이블 요소나 하나 이상의 쿼드 케이블 요소가 결합된 케이블을 말한다.

첨두 포락선 전력(PX) : 정상 동작상태에서 송신장치로부터 송신공중선계의 급전선에 공급되는 전력으로서 변조포락선의 첨두에서 무선주파수 1주기 동안에 걸쳐 평균한 것을 말한다.

층단자함 : 건물간선 케이블 및 수평배선 케이블을 종단하여 상호연결하는 통신용 분배함을 말한다.

층배선함(floor distributor) : 수평배선계와 다른 배선계 또는 장비간을 연결하는 분배함을 말한다.

ㅋ

캠퍼스(campus) : 하나 이상의 건물로 구성된 단지(구역)를 가리킨다.

케이블 요소(cable element) : 케이블의 가장 작은 구성요소(예 페어, 쿼드, 혹은 광섬유)로서 외피를 가진다.

케이블 유닛(cable unit) : 같은 유형이나 등급인 하나 이상의 케이블 심선으로 구성된 한 집합체를 말한다.

케이블(cable) : 각기 절연된 전선(심선)을 외피로 싸서 서로 묶은 것을 말한다.

코드(cord) : (점퍼)코드와 라인, 연장코드가 있으며, 유연성을 위하여 신축성 있는 배선을 사용한 케이블을 말한다.

키표시(keying) : 접속시 올바른 방향을 지정하고, 같은 형태이지만 용도가 다른 잭이나 광어댑터의 오접속을 방지하기 위한 커넥터 시스템의 기계적 요소를 말한다.

ㅌ

통신(telecommunications) : 전송, 즉 표시 · 신호 · 문자 · 영상 그리고 소리(이것들은 케이블 · 전파 · 광섬유, 혹은 기타 전자기적 시스템에 의한 어떤 근원의 정보를 말한다)의 송신과 수신을 다루는 기술의 한 분야를 말한다.

통신실(telecommunications closet) : 통신장비, 케이블 종단, 그리고 절체배선을 위한 한정된 공간으로 간선배선계와 수평배선계간의 절체점으로 인식된다.

통신인출구(telecommunications outlet) : 수평케이블이 종단되는 고정된 접속장치로서 업무구역 배선에 대한 접속을 제공한다.

ㅍ

패치 베이(patch bay) : 2대의 VTR을 사용하여 각각의 출력을 절환해서 1대의 모니터에 보낼 때 사용하는 장비로 커넥터에는 비디오 전용 플러그 · 잭을 사용한다.

패치 코드(patch cord) : 패치 패널에서 접속을 위하여 사용되는 커넥터가 연결된 유연성있는 케이블 요소를 말한다.

패치 패널(patch panel) : 패치 코드를 사용할 수 있도록 설계된 절체부로서 이동과 변동에 대한 관리기능이 있다.

페어(pair) : 각 심선들로 구성된 케이블에서 각 쌍을 이루는 두 개의 심선을 페어라 한다.

평균전력(PY) : 정상 동작상태에서 송신장치로부터 송신공중선계의 급전선에 공급되는 전력으로서 변조에 사용되는 최저 주파수의 1주기와 비교하여 충분히 긴 시간 동안에 걸쳐 평균한 것을 말한다.

평행도 : 통신회선의 중성점과 대지와의 사이에 발생되는 전압과 이로 인한 통신회선의 단자간에 발생되는 전압의 대수비율을 말하며, 그 단위는 데시벨(dB)로 한다.

평형케이블(balanced cable) : 하나 이상의 대칭적인 심선으로 구성된 케이블을 말한다.

프로그램 및 시스템 정보(PSIP : Program and System Information Protocol) : 가입자 단말장치에서 프로그램을 수신하는 데 필요한 채널관련 정보 및 프로그램 안내정보로서, 대역 내 채널을 이용하여 제공되는 정보를 말한다.

프로그램 채널 : 영상 · 음성 · 보조데이터로 구성되는 텔레비전 방송서비스 채널과 단일 스트림으로 구성되는 데이터 서비스 채널을 말한다.

프로젝터(projector) : TV, L에 DVDP 또는 컴퓨터에서 신호를 받아 스크린에 빛으로 보내 대화면(60인치에서 크면 300인치까지)을 만들어내는 것이다. 종류는 크게 단판식과 3판식 또는 업무용과 가정용으로 분류되며, 단판식은 빛을 쏘는 빔이 한 개의 렌즈를 통해서 나오고, 3판식은 적 · 청 · 황색의 3가지 색이 각각 렌즈로 각기 색상을 내어보낸다.

필요 주파수대역폭 : 주어진 발사종별의 전파에 대하여 특정한 조건하에서 사용되는 통신방식에 필요한 전송속도와 품질로 정보를 전송하는데 충분한 주파수대역폭을 말한다.

ㅎ

하도급 : 도급받은 공사의 일부에 대하여 수급인이 제3자와 체결하는 계약을 말한다.

하수급인 : 수급인으로부터 공사를 하도급받은 공사업자를 말한다.

홈네트워크 주장치(홈게이트웨이, 월패드, 홈서버 등을 포함한다) : 세대 내에서 사용되는 홈네트워크 기기들을 유 · 무선 네트워크 기반으로 연결하고 홈네트워크 서비스를 제공하는 기기를 말한다.

화상회의(video conference) : 지리적으로 멀리 떨어진 여러 회의실에서 각각 텔레비전 카메라, 모니터, 마이크, 스피커 등을 갖추고 이들을 통신회선으로 연결하여 한 곳의 상황이 영상 및 음향정보로 다른 회의실로 전달되는 회의방식.

화소(picture element) : 밝기와 색도가 다른 미소한 점, 즉 이 점의 집합체가 화상정보(화면)이다.

회신(line) : 통신서비스를 제공하거나 제공받기 위하여 전기통신의 전송이 이루어지는 유 · 무형의 계통적 전기통신로를 말하며, 서비스 단위의 개념이다.

후면투사식 : 프로젝터의 화상 투영은 일정한 투영거리를 필요로 하고 있다. 때문에 필요한 투영거리를 모두 사용해야 하는 전면 투사식은 상당히 넓은 공간이 아니면 설치하여 사용할 수 없게 된다. 이러한 이유 때문에 화상의 투영을 여러 번 굴절시키는 후면투사식이 개발되어 이용되고 있다.

기타

A/V 셀렉터 : 오디오와 비디오를 동시에 또는 개별적으로 전환하는 스위치 박스로서 신호라인에 완충증폭기를 넣고 있는 기종이 대부분이다.

AAL 5(ATM Adaptation Layer Type 5) : ATM 계층과 상위계층간에 통신특성이 다른 서비스를 연결하기 위한 계층으로서, 데이터통신 및 ATM의 시그널링과 관련된 제어정보를 전송하기 위한 규약을 말한다.

ATM(Asynchronous Transfer Mode) : 일정 크기를 갖는 정보전달 단위인 셀(cell)을 기본으로 하여 비동기식으로 보내는 방식을 말한다.

ATSC(Advanced Television Systems Committee) : 차세대 지상파 텔레비전 방식을 개발하고 심의하기 위하여 미국의 전자 · 방송 및 산업관련 기관들이 조직한 위원회를 말한다.

Camera Bracket : 카메라를 설치할 때 벽면에 고정하여 카메라를 지지해주는 받침대로 카메라의 방향을 상 · 하 · 좌 · 우 임의로 이동시켜 고정할 수 있다.

Camera Pole : 카메라를 옥외에 설치할 경우 광범위한 지역을 감시하기 위하여 콘크리트 기초 위에 앙카볼트로 고정, 카메라 설치운용 및 유지보수가 용이하도록 제작한다.

Camera Receiver Unit : 키보드의 조작에 의하여 원격제어할 때 중앙집중 제어장비를 통해 보내온 데이터를 수신하여 Camera Power, Light Power, Zoom/Focus 및 Pan/Tilt 등을 배선으로 조정 · 제어할 수 있는 원격 · 조정 수신장비로서 외부로부터 충격에 견딜 수 있어야 하며, 옥외형은 방진 · 방수가 확실해야 하며, 기기 외함은 산화로 인한 부식방지가 되도록 열처리 특수도장 또는 FRP재질을 사용한다.

CRX/Protector/SP **외함** : 옥외의 리시버 유닛(receiver unit) 등을 내장하여 외부충격 · 진동 · 먼지 및 자연환경 등으로부터 보호하기 위한 것으로 완전한 방우가 되어야 한다.

DVD(Digital Video Disc) : 개발초기에 그 뛰어난 저장능력 때문에 많은 관심을 끌었고, 보통 DC-ROM의 경우 단면의 저장능력이 640MB인 것에 반해 DVD는 무려 4.7GB에 달한다. 그러나 이것이 다시 양면 또는 단면 2층을 사용할 경우는 저장능력이 배가 된다.

DVR(Digital Video Recorder) : 일반적으로 사용중인 기존제품(일반형 PC)과 달리 에러 없이 24시간 연속운용이 가능한 Compact PCI 규격의 산업용 펜티엄 PC를 창작하여 안정성 및 신뢰성을 확보한 제품이다. DVR(산업용 펜티엄 PC)은 기존의 VTR(아날로그)를 대체하는 시스템으로 항시 녹화를 기본으로 하는 장비이므로 고도의 안정성을 바탕으로 녹화가 필요한 장소에 설치하여 화상을 현장에서 압축 · 저장하고, 동시에 데이터 인덱싱(data indexing)을 하여 상황 발생시 즉각적인 조치 및 빠르고 간편한 검색을 할 수 있는 최첨단 보안시스템이다.

Frame Switcher : 영상다중기록 제어기는 최대 8대분의 비동기 카메라의 영상을 1프레임(1/30초)별로 절환하여 1대의 VTR에 선명하게 다중녹화하고 녹화된 영상은 임의로 원하는 채널만 재생이 가능하여야 한다.

Halogen Light : 옥외용 카메라의 좌우에 부착하여 야간 감시가 용이하도록 조도를 공급하기 위한 기기이다. 소비전력은 500W 2개이다. 점등시간은 0.5~1초 이내이다.

Housing : 일반적으로 옥외에 설치할 경우 외부충격으로부터 보호하며 자연적인 환경(빗물 · 눈 · 직사광선 · 온도) 변화로부터 카메라를 보호하는 기기이다. 2중으로 제작되어야 하고 카메라 내장을 용이하도록 상단분리 삽입식으로 제작한다. 렌즈시계를 용이하도록 5mm 투명유리를 사용한다. 또한 팬 · 히터 작동은 자동으로 동작할 수 있어야 한다.

IP(Internet Protocol) : OSI(Open System Interconnection) 모델의 제3계층(네트워크층)에 해당되는 프로토콜로 다른 네트워크간 패킷의 전송 · 경로제어를 위한 규약을 말한다.

Key Board : CCTV 시스템을 원격 컨트롤할 수 있는 운용자 조작판이다.

Light Bracket : 옥외용 카메라의 Beam Light를 설치할 수 있는 지지금구이다. Pan/Tilt 위에 설치할 수 있도록 볼트구멍이 제작되어 있다.

Motorized Zoom Lens : 전동 줌렌즈는 CCTV 카메라의 여러 가지 작용에 적합하도록 설계되어 구조적으로 콤팩트하고 경량이며, 광학적으로 고감도이며, 전기적 · 기계적인 수행에서 뛰어난 안전성을 가져야 한다. 고감도 CCTV 카메라용으로서 자동조리개 조절을 할 수 있어야 한다. 자동조리개 조절은 자동광량조정을 위해 CCTV 카메라로부터 공급된 영상신호에 의해 작동되어야 한다.

MPEG(Moving Picture Experts Group) : 국제표준화기구(ISO : International Organization for Standardiza- tion)와 국제전기표준화회의(IEC : International Electrotechnical Commission) 산하의 정보기술표준화를 위한 합동기술위원회(JTC1 : ISO/IEC Joint Technical Committee 1)에 소속된 여러 기술분과 중 하나인 ISO/IEC JTC1/SC29[Sub-committee 29)/WG11(Working Group 11)]을 말한다.

Pan/Tilt(옥내용) : ±45°, Pan : 350°

Pan/Tilt(옥외용) : 키보드의 제어신호를 받아 카메라를 감시하고자 하는 곳으로 상 · 하 · 좌 · 우로 이동시켜 피사체를 포괄적으로 감시 및 관찰할 수 있도록 제작된다. 소음이 적고 부드럽게 회전할 수 있는 모터를 사용하여 순간 Start 및 Stop을 할 수 있도록 클러치가 내장되어야 한다. 수평 및 수직 회전각을 임의 조정할 수 있어야 하며, 상 · 하 · 좌 · 우회전시키는 모든 기어는 스틸기어를 사용하며, 강력한 힘을 전달할 수 있어야 한다. 회전각도 Tilt : -50° ~+60°, Pan : 340°

QPSK(Quardrature Phase Shift Keying) : 데이터 전송시 전압의 크기를 똑같이 하고 위상을 45°, 135°, 225°, 315°의 4가지로 전송하는 방식을 말한다.

Quad Viewer(컬러 4분리) : 4대의 카메라 영상을 1대 모니터로 집중감시하여 녹화 · 재생 · 분석에 용이한 컬러 4화면 분할장치이어야 한다.

Signal Distribution Unit : 키보드 조작에 의한 데이터를 상호간섭 없이 일정 크기의 신호로 카메라에 분배시켜 전송하는 장비이다.

Video Distribution AMP : 1개의 영상입력을 여러 개의 영상신호로 분배하여 한 지역을 여러 장소에서 관찰할 수 있는 기기로서 영상출력 전송시의 손실과 간섭을 막아주는 기기이다.

VU(Volume Unit) : 레벨미터는 음향기기에 거의 표준적으로 쓰이는 레벨미터로 0VU는 +4dBm의 값을 갖게 조정되어 있다. 출력을 표시하는 기능 외에 기기간의 레벨 세팅의 호환성을 위해서도 쓰인다.

64QAM 또는 256QAM(QAM : Quadrature Amplitude Modulation : 데이터 전송시 매 심벌 주기당 64개 또는 256개의 레벨로 출력하여 직교축(I, Q)에 대한 정사영 값을 정현파와 여현파에 각각 반송파를 억압 변조하여 합한 뒤 전송하는 방식을 말한다.

□ 참고문헌 및 자료 □

《건설공사 이론과 실제》, 이배호, 1998.

《네트워크관리》, 이종일 저, 2004.

건축법시행령, 주택건설기술기준에 관한 규정 법령

건축전기설비 표준시방서

공사계약, 물품구매계약 일반조건, 회계예규

무선설비규칙

방송공동수신설비의 기술기준에 관한 고시

엔지니어링 사업대가기준

음향, 영상설비공법, 한국정보통신공사협회, 2000.

방송통신발전기본법, 동법 시행령

방송통신설비 기술기준에 관한 규정

접지설비 · 구내통신설비 · 선로설비 및 통신공동구 등에 대한 기술기준, 전파연구소 고시

정보통신공사업법, 동법 시행령

정보통신설비설계 및 현장실무, 채해수, 영진출판사, 1999.

정보통신공사의 표준품셈 한국정보통신산업연구원

TTA.KO-04.0001-1998(주거용 건물에 대한 구내통신선로설비의 기술표준)

TTA.KO-04.0002-1998(업무용 건축물에 대한 구내통신선로설비의 기술표준)

TTA.KO-04.0005-2000(구내통신선로설비 설비 및 설치 기술표준)

‖‖ 저자약력 ‖‖

1. 대한민국산업현장교수(정보통신)
   (고용노동부장관 위촉, 제7기)
   (한국산업인력공단이사장 위촉, 제14기, 현재)
2. ICT폴리텍대학 산학협력단 외래교수(현재)
3. 방송통신설비기술기준, 구내통신설비기술기준 연구검토위원(현재)
4. 한국정보통신감리협회 전문위원(현재)
5. 대한민국신지식인 선정(행정자치부장관)
6. 지방행정의 달인 선정(행정안전부장관)
7. 국가직무능력표준(NCS) 구내통신구축계획 공동집필(2015)
8. 국가직무능력표준(NCS) 무선통신시스템구축 공동집필(2018)
9. 고려사이버대학교 외래교수(2013~2017)
10. 숭실사이버대학교 외래교수(2010~2013)
11. 영진전문대학 외래교수(2001~2005)
12. (전)대구광역시 방송통신기술직 공무원

[저 서]
1. 정보통신감리실무[상학당]
2. 정보통신설비설계 공사실무[상학당]
3. 방송통신설비기술기준 이해[상학당]
4. 정보통신장비구축 운영실무[상학당]
5. 정보통신설비설계 해설[상학당]
6. 유비쿼터스 무선통신시스템 기술기준[상학당]
7. 정보통신설비 기술기준[상학당]
8. 정보통신설비기준 · 선로설비기준 이해[상학당]

정보통신설비설계 공사실무

2025년 7월 25일 6판 2쇄 발행

저 자 채 해 수
발행인 남 승 우

발행처 도서출판 상尙 학學 당堂
서울특별시 동작구 사당로9가길 6
TEL : 02) 595-1692~4
FAX : 02) 595-1394
E-mail : shdbooks@naver.com
신고 : 2-155호 (1968. 11. 29)

정가 40,000원

ISBN 978-89-6587-252-8 93560

〈디자인〉 편집 엄해숙 / 표지 토틀컴